U0144665

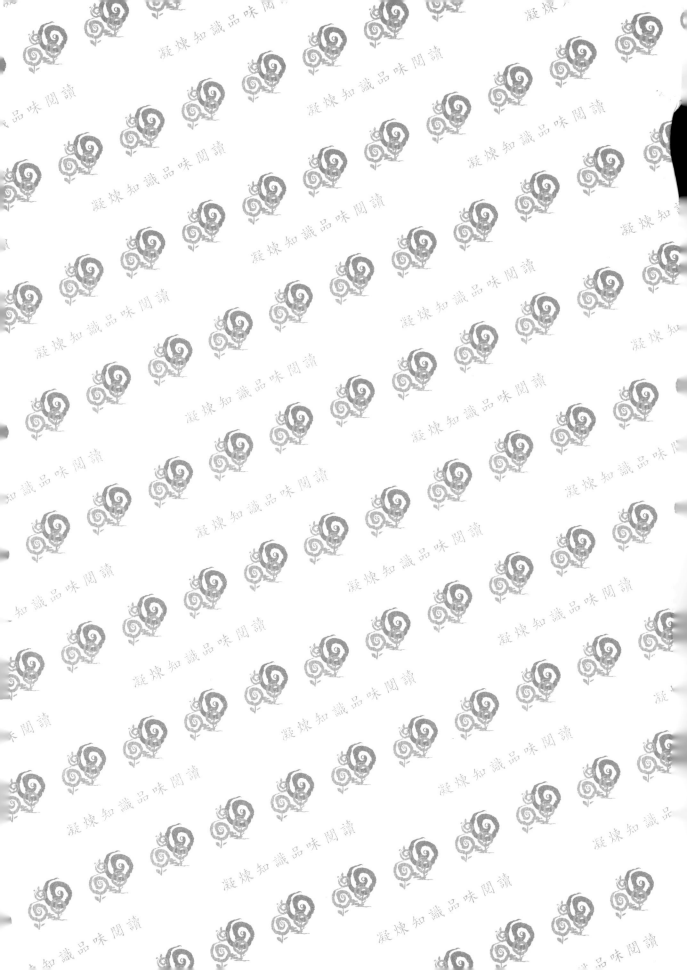

1.圖2-1

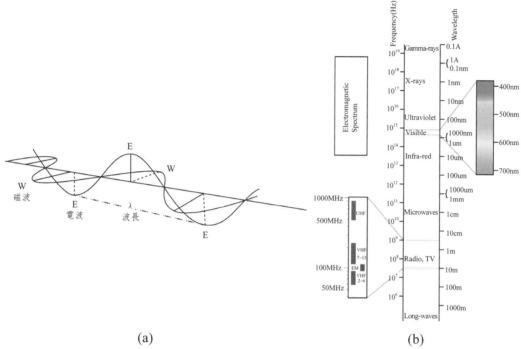

(a) (b)

圖2-1　電磁波之(a)電波／磁波行徑及(b)各種波段[11]（Wikipedia, the free encyclopedia, http://upload.wikimedia.org/wikipedia/commons/8/8a/Electromagnetic-Spectrum.png）

2.圖3-26

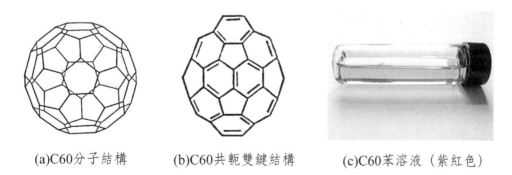

(a)C60分子結構　　(b)C60共軛雙鍵結構　　(c)C60苯溶液（紫紅色）

圖3-26　碳六十（C60）結構及C60苯溶液[23B]（(c)http://upload.wikimedia.org/wikipedia/commons/thumb/d/d7/C60_Fullerene_solution.jpg/220px-C60_Fullerene_solution.jpg）

3. 圖3-27

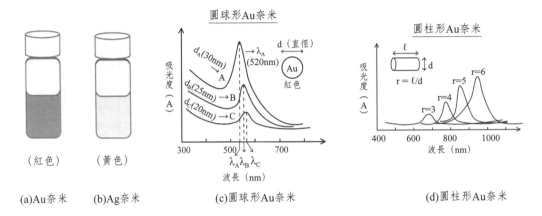

(a)Au奈米　(b)Ag奈米　(c)圓球形Au奈米　(d)圓柱形Au奈米

圖3-27　Au奈米(a)與Ag奈米(b)，以及(c)圓球形Au奈米顆粒直徑和(d)圓柱形Au奈米顆粒長寬比與吸收波長之關係

4. 圖5-9

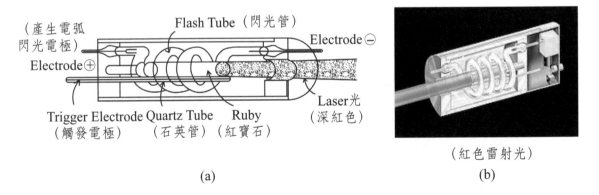

圖5-9　電弧（Arc）起動的紅寶石雷射管（Ruby Laser Tube）之(a)基本結構，及(b)實體圖[44]（From Wikipedia, the free encyclopedia http://en.wikipedia.org/wiki/Ruby_laser）

5. 圖5-12

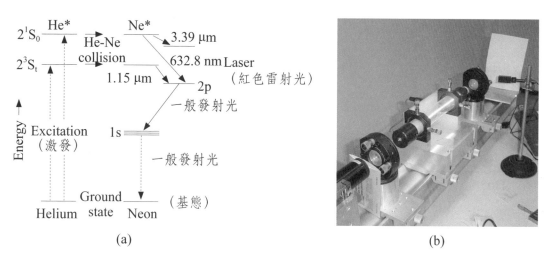

(a) (b)

圖5-12　He-Ne雷射能量轉移系統(a)示意圖，及(b)He-Ne雷射管及發出紅色雷射光實物圖[45A]

（資料來源：Wikipedia, he free encyclopedia, http://en.wikipedia.org/wiki/Helium%E2%80%93n eon_laser.）

6. 圖5-13

圖5-13　氬離子雷射（Argon-ion laser）裝置及發出藍綠色雷射光實圖[45B]

（資料來源：Wikipedia, he free encyclopedia, http://upload.wikimedia.org/wikipedia/commons/ thumb/e/e6/Nci-v_ol-2268-300_argon_ion_laser.jpg/220px-Nci-v_ol-2268-300_argon_ion_laser. jpg）

7. 圖 6-2

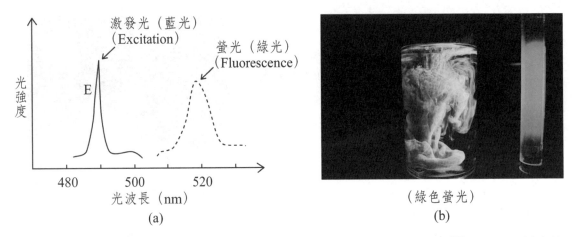

（a）   （b）

圖6-2　螢光素（Fluorescein）之(a)吸光／螢光圖譜，(b)螢光顯示[47]（藍光照射產生綠色螢光，來源：From Wikipedia, the free encyclopedia, http://en.wikipedia.org/wiki/Fluorescein）

8. 圖 6-3

（無磷光）（綠藍色磷光）（綠色磷光）

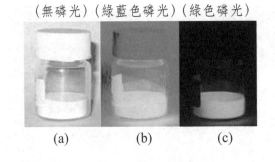

（a）　　　　（b）　　　　（c）

圖6-3　磷光物質（phosphors）銪摻鍶矽鋁酸鹽氧化物粉末（Europium doped strontiom silicate-aluminate powder）在(a)白天看不出磷光，及(b)紫外光照射下和(c)黑夜中呈現之磷光[49]

（來源：From Wikipedia, the free encyclopedia http://en.wikipedia.org/wiki/Phosphorescence）

9. 圖6-15

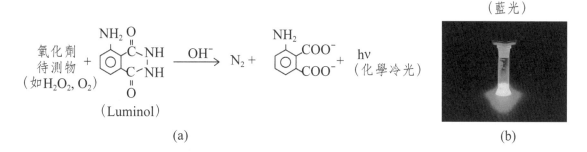

（藍光）

(a)

(b)

圖6-15　氧化劑待測物（如H_2O_2, O_2）和冷光標示物流明諾（Luminol或稱發光胺）
　　　　反應產生(a)化學冷光過程圖及(b)流明諾化學發光實圖[60]（From Wikipedia,
　　　　the free encyclopedia, http://upload.wikimedia.org/wikipedia/commons/thumb/
　　　　3/3a/Luminol2006.jpg/220px-Luminol2006.jpg）

10. 圖11-11

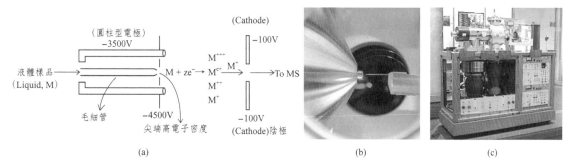

(a)　　　　　　　　　　　　　(b)　　　　　　(c)

圖11-11　電灑游離（Electro-Spray Ionization）源之(a)結構／操作原理示意圖，及
　　　　　(b)毛細管尖端運作時之景觀實圖[135]，及(c)Fenn公司生產的電灑游離-四極
　　　　　柱器（ESI-Quadrupole）質譜儀之實物圖[136]

（資料來源：From Wikipedia, the free encyclopedia，(b)圖：http://upload.wikimedia.
org/wikipedia/commons/thumb/e/e2/NanoESIFT.jpg/220px-NanoESIFT.jpg，(c)圖：http://
en.wikipedia.org/wiki/Electrospray_ionization）

11.圖12-1

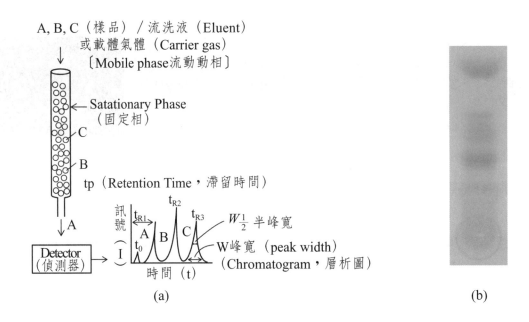

(a)

(b)

圖12-1　層析法之(a)分析過程及工作原理示意圖，(b)薄層層析法（TLC）分離葉綠
　　　　素中各種色素圖[147]（to為流動相（M）流經分離管所需時間）

12. 圖17-10

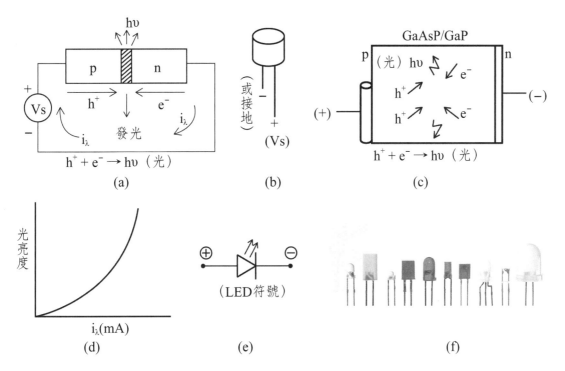

圖17-10　發光二極體（LED）之(a)結構，(b)商品形狀，(c)無機材料，及(d)電流和
　　　　　發光亮度，與(e)發光二極體符號和(f)實物圖[231]（f圖：From Wikipedia,
　　　　　the free encyclopedia, http://en. wikipedia. org/wiki/Light-emitting_diode）

13. 圖17-11A

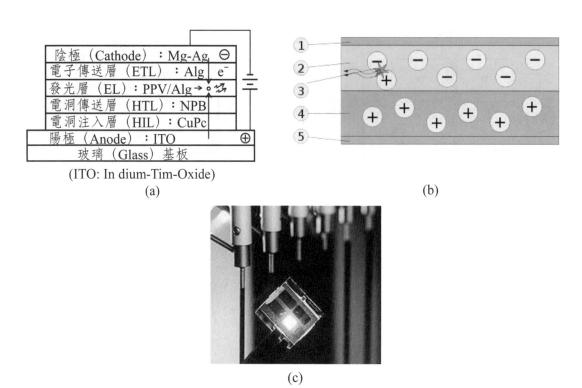

(a)　　　　　　　　　　　　　　　　　　(b)

(ITO: In dium-Tim-Oxide)

(c)

圖17-11A　有機發光二極體之(a)裝置，(b)發光原理示意圖（1.陰極(-)，2.發光層，
　　　　　3.發光，4.傳導層，5.陽極(+)），及(c)發綠光OLED實物圖[232]（b,c
　　　　　圖：From Wikipedia, the free encyclopedia, http://en.wikipedia.org/wiki/
　　　　　Organic_ light- emitting_diode）

14.圖22-3

(a)Au(100)表面STM圖   (b)石墨上半導體quinacridoneSTM圖

圖22-3　(a)金100面（Gold100）[336]及(b)有機半導體quinacridone在石
　　　　墨表面[337]之STM影像圖（參考資料：From Wikipedia, the free
　　　　encyclopedia,(a)http://upload.wikimedia.org/wikipedia/commons/thumb/
　　　　e/ec/Atomic_resolution_Au100.JPG/220px-Atomic_resolution$_A$u100.
　　　　JPG(b)http://upload.wikimedia.org/wikipedia/commons/thumb/8/82/
　　　　Selfassembly_OrganicSemiconductor_Trixler_LMU.jpg/400px-
　　　　Selfassembly_Organic_Semiconductor_Trixler_LMU.jpg）

15.圖22-10

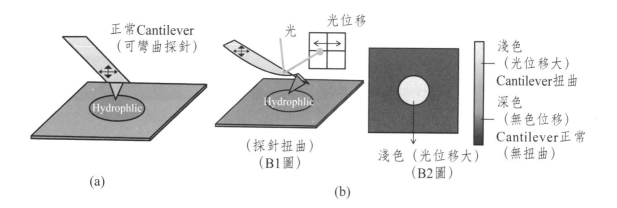

圖22-10　化學力顯微鏡（CFM）之(a)正常可彎曲微懸臂（cantilever）及(b)會吸引
　　　　　親水性（hydrophilic）樣品而產生微懸臂彎曲及雷射光之位移影像[345]（參
　　　　　考資料：From Wikipedia, the free encyclopedia, http://en.wikipedia.org/
　　　　　wiki/Chemical_force_microscopy）

16. 圖23-12

Tertiary structure of myoglobin detemined by neutron diffraction
●nitrogen, ○ carbon, ○oxygen, ●hydrogen

圖23-12　應用中子繞射測定肌紅素（Myoglobin）三度空間結構圖[401]。（參考資料：From Wikipedia, open-content textbooks-Structural Biochemistry | Proteins http://upload.wikimedia.org/wikibooks/en/2/2f/Neutron.jpg）

17. 圖24-1

(a)

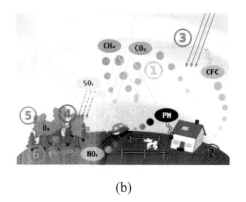

(b)

圖24-1　空氣污染之(a)工業污染源，及(b)主要空氣污染物示意圖[419a]（(b)圖：① CO_2溫室效應（greenhouse effect），②粉塵粒狀物（Particle Matter，．PM），③臭氧層破洞紫外線（UV radiation）直射，④SO_2酸雨（acid rain），⑤地表臭氧（O_3）增加，⑥空氣中NO_2及有機物（如CH_4）濃度增加；資料來源：From Wikipedia, the free encyclopedia, http://en. wikipedia. org/wiki/Air_pollution）

18.圖26-26

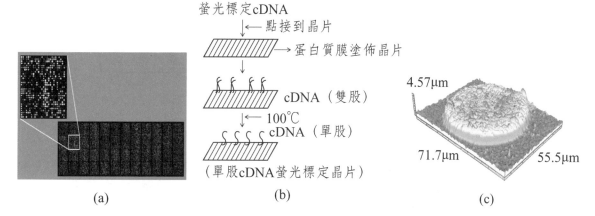

螢光標定cDNA
↓←── 點接到晶片
→ 蛋白質膜塗佈晶片

cDNA（雙股）
↓←── 100℃
cDNA（單股）
（單股cDNA螢光標定晶片）

(a)　　　　　　　　(b)　　　　　　　　(c)

4.57μm

71.7μm　　55.5μm

圖26-26　長三公分寬二公分的螢光標定cDNA之基因晶片(a)螢光反應圖[575]，
(b)製備過程，及(c)DNA生物晶片影像圖[576]（a, c圖：From Wikipedia,
the free encyclopedia,: http://upload.wikimedia.org/wikipedia/commons/
thumb/0/0e/Microarray2.gif/350px-Microarray2.gif; http://upload.wikimedia.
org/wikipedia/commons/thumb/3/3a/Sarfus.DNA Biochip.jpg/300px-Sarfus.
DNABiochip.jpg）

19. 圖26-31

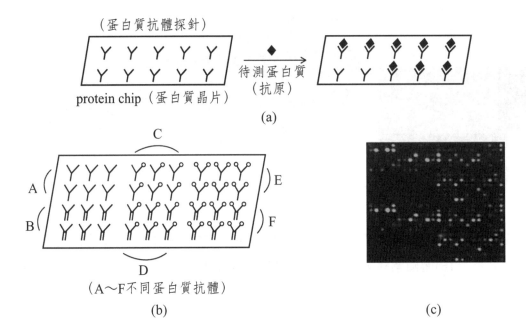

（蛋白質抗體探針）

Y Y Y Y Y
Y Y Y Y Y

protein chip（蛋白質晶片）

待測蛋白質
（抗原）

(a)

C

A
B

D

（A～F不同蛋白質抗體）

(b)

E
F

(c)

圖26-31　蛋白質晶片之(a)蛋白質抗體—待測蛋白質（抗原）反應圖，(b)含各種蛋白質抗體的蛋白質陣列晶片示意圖，及(c)蛋白質抗體和螢光標幟蛋白質抗原反應後之螢光掃瞄圖[588a]（(c)原圖來源：www.be-shine.com.tw/gpage2. html,98.131.42.229/images/photo-1 (320).jpg）

施正雄—— 著

第二版

儀器分析
原理與應用

Principles and Applications
of Instrumental Analysis

五南圖書出版公司 印行

編輯大意

　　本書提供一般大學研究所研究生及科技大學理工學院和醫藥學院學生與從事化學分析之研究機構，醫療機構及工業上各種研究人員之實用儀器分析基本知識，除一般儀器分析技術外，本書將介紹應用在分析儀器訊號收集、處理及控制之微電腦界面基本知識，以及簡介一些常用生化／環境感測器檢測方法。

　　本書將儀器分析概分二十七章，除第一章儀器原理及導論介紹分析儀器之儀器原理\結構及微電腦基本結構外，其他各章類分六大群（篇）：(一)導論及光譜／質譜，(二)層析分析法，(三)電化學分析法，(四)微電腦界面儀器分析應用，(五)電子／原子顯微鏡分析法，及(六)放射及生化／環境和熱分析法。在第一篇「光譜分析法」中將介紹：(1)紫外線／可見光光譜法，(2)紅外線光譜法，(3)拉曼及雷射光譜法，(4)螢光、磷光及化學發光光譜法，(5)原子光譜法，(6)核磁共振譜法，(7)電子自旋共振分析法，(8)X光光譜法，及(9)質譜法等九種分析法。在第二篇「層析分析法」中，將介紹(1)氣相層析法及(2)液相層析法之各種層析技術。在第三篇「微電腦界面儀器分析應用」中將介紹(1)邏輯晶片，(2)運算放大器，(3)類比／數位轉換器，(4)數位／類比轉換器，(5)輸出／輸入晶片，及(6)單晶微電腦晶片等在儀器分析上之應用。在第四篇「電化學分析法」中將介紹(1)電位分析法，(2)伏安電流分析法，及(3)電量分析法。在第五篇「電子／原子顯微鏡分析法」中將介紹(1)各種電子顯微鏡分析法，及(2)原子顯微鏡分析法。在第六篇放射及生化／環境和熱分析法中將介紹(1)放射化學分析法，(2)環境／生化感測器，(3)微機電及化學／生化晶片分析法，及(4)熱分析法。本書附有參考資料，以供參考。本書如有未盡妥善或遺誤之處，敬請各位先進指正。

目　錄

第八章　核磁共振譜法 175

第九章　電子自旋共振譜法 209

第二篇　層析分析法

第十二章　層析導論　　299

第十三章　氣相層析法　　319

第十六章　微電腦界面(二)－計數器、輸出／輸入元件及單晶微電腦　413

第五篇　電子／原子顯微鏡表面分析法

第二十一章　電子顯微鏡／能譜儀表面分析法　575

第一篇

導論及光譜／質譜法

第 1 章

分析儀器導論

叔本華（A. Schopenhauer, 1788-1860，德國哲學家）曾曰：「世界是我的表象，當我們認知太陽和大地時，所認知的並非太陽和大地本身，而是見到太陽的眼睛和觸摸大地的手而已」。若我們缺乏認知元件（如眼睛及手等感測器具），這世界是不存在的。

1-1　前言

設計分析儀器（Analytical instruments）的目的旨在偵測各種物質之性質、形狀、成分含量以及物質的各種變化（如位置、成分、速度及重量能量之變化），而這些物質性質及變化可用所設計的分析儀器轉換爲電流、電壓或電磁波加以偵測。本章將介紹如何將這些物質性質及變化轉換成電流、電壓或電磁波和說明針對一物質性質或變化設計一分析儀器之設計原理，並說明一般分析儀器及所用的微電腦之基本架構和微電腦常用的二進位／十六進位訊號表示法。

1-2　分析儀器設計原理

　　分析儀器所要偵測的物質性質及變化，以及最後轉換所得的電流、電壓或電磁波和量表所顯示的數字及指針的位置，這些都是表示這物質性質或變化，特將這些物質性質、變化、電流、電壓或電磁波和量表顯示皆通稱為**數據域**（Data Domains）[1-2]，換言之，原來物質性質是一數據域，轉變所得的電流也為一數據域，同樣量表所顯示的數字亦為一數據域。而由一**數據域（如物質性質）轉換成另一數據域（如電流）皆需一轉換器**（Transducer），任何一分析儀器實則皆由一個轉換器接一個轉換器串聯所形成的。本節將分別簡單介紹如何利用各種數據域及各種轉換器來設計一部儀器。

1-2-1　數據域[1-2]

　　若我們擬設計一部可以偵測螢火蟲發出來的光強度之儀器，首先定出如圖1-1所示構成此螢光偵測過程中可能之**數據域變化流程圖**。

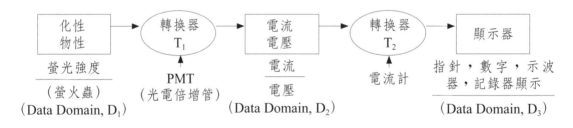

圖1-1　偵測螢火蟲螢光之數據域變化流程圖

　　由圖1-1所示，第一個數據域（D_1）為要偵測之螢火蟲螢光強度，第二個可能的數據域（D_2）為電流，第三個數據域（D_3）為電流顯示指針位置，不管是螢火蟲光強度，電流及指針位置這三個數據域都是表示要偵測之螢火蟲螢光強度，而如前所述：兩數據域間必須有一個轉換器（Transducer），將一數據域轉換成另一數據域。例如圖1-1中要用一轉換器T_1將光之數據域D_1轉換成電流之數據域D_2，通常可用光電倍增管（Photomultiplier tube）當轉換器將光轉換成電流（像此種將一種能的形式（如光能）轉換成另一種能的形式

（如電能）之轉換器稱爲換能器（Energy Transducers），因許多轉換器爲換能器，故國人常將Transducers譯成轉換器或換能器），萬一兩數據域間轉換找不到可用之轉換器，這表示所設計之數據域變化流程需修改。同理，由電流之數據域D_2轉換成電流指針顯示數據域D_3，也需另一轉換器T_2，這可用**電流計轉換器**可讀出電流大小。如此一來串聯轉換器T_1（光電倍增管）及轉換器T_2（電流計）即可組成一部可以偵測螢火蟲發出來的光強度之儀器。

　　數據域種類煩多，可略分爲**非電性**（Non-electric）及**電性**（Electric）數據域[2]。圖1-2爲常見的非電性及電性**數據域圖**（Domain map）。

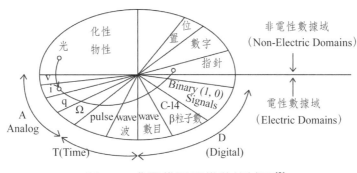

圖1-2　非電性及電性數據域圖[2]

　　非電性數據域包括擬偵測的物理性質（如光強度）及化學性質（如H^+濃度），和儀器顯示器所顯示的指針位置、數字等等。而電性數據域爲儀器中可傳遞的訊號，其中含常見的電流（i）、電壓（v）、電量（q）及電磁波之頻率（f）、振幅、脈衝（Pulse, p）和電腦中之1, 0訊號（Binary signals），以及碳-14衰變（Decay）所發出的β射線粒子數（電子數）等等。

　　電性數據域依訊號的連續性可略分爲非連續性的**數位訊號**（Digital Signal, D）數據域及連續性的**類比訊號**（Analog Signal, A）數據域，非連續性的數位數據域類似量子化的訊號如電腦中之1，0訊號及碳-14衰變所發出電子數皆只能爲整數。反之，連續性的類比數據域如電流、電壓皆可有小數且可連續性如1.1, 1.2, 1.3等等。然而有些數據域（如波及脈衝）表面看來只能整數（如幾個波或幾個脈衝）應爲數位訊號，但其訊號有部份（如波及脈衝之高度（振幅））之改變可以非連續性被改變而視爲類比訊號，像此種具有類比／數位兩種性質之數據域常與時間有關，特稱此種**數據域爲時間數據域**（Time domain, T）。

　　數據域圖可用來顯示擬設計的儀器之數據域變化，例如要偵測前述之螢火蟲發出螢光強度，如圖1-2及圖1-1所示，先要將螢光強度數據域（D_1）變為電流數據域（D_2），再變成指針位置數據域（D_3），將此**數據域變化圖**交給儀器設計者，這些設計者知兩數據域間需找一適當的轉換器（Transducer），若將這些轉換器（光電倍增管及電流計）串聯起來就是一部可偵測螢光強度之儀器了。

1-2-2　轉換器

　　任何數據域訊號變化皆需一轉換器（Transducers），故轉換器種類繁多，略分(1)將擬偵測物質之物性或化性轉換成電性數據域訊號之轉換器，(2)不同電性數據域訊號間轉換所需之轉換器，及(3)將電性數據域訊號轉換成非電性之顯示器數據域訊號等三大類。一般常將物性或化性轉換成電性數據域訊號之轉換器又稱為**辨識元件**（Recognition Module），辨識元件為偵測物質之物性或化性之儀器第一個也是最重要的轉換器。以下就舉一些常見之物性或化性轉換器：圖1-3為最常見之光轉換器的光電倍增管（PMT），其陰極材料Ag-Cs之Ag可吸收可見光／紫外線成激態Ag*，然後將能量傳給Cs而使Cs游離產生電子，再經多個放大代納電極（Dynode）產生大的電子流，像Ag-Cs可將物性（光）或化性轉換成電性訊號（如電流或電壓）之物質常稱為**感應辨識元**（Recognition element）。

　　熱電偶（Thermocouple）為常見的熱轉換器（圖1-4a），它是由兩種不同金屬（如Ni, Cr）所構成，當兩種金屬之兩接點（圖1-4a之Tr（參考溫度）及T（待測溫度））溫度不同時，就會有產生輸出電壓Vo（Vo $\cong$ A(T - Tr)，A為靈敏度（Sensitivity）），由電壓Vo大小就可計算出待測溫度T大小。反之，當外加電壓（Vcc）於熱電偶（圖1-4b）時，熱電偶兩接點會呈現一熱一冷，熱的一端即可當點火點，故外加電壓熱電偶廣泛應用為各種儀器及汽車之點火器（Starter）。另外利用Au易吸收熱射線之紅外線而生熱的特性，可用Au-Pb製成的熱電偶偵測紅外線，因而Au-Pb熱電偶常用做紅外線偵測器（請見本書第四章第4-2-4節）。

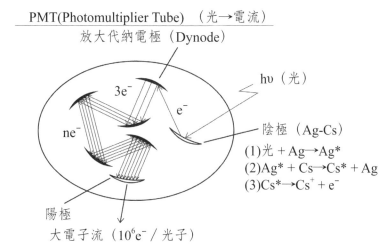

圖1-3　光電倍增管（Photo-multiplier tube, PMT）結構及偵測原理示意圖

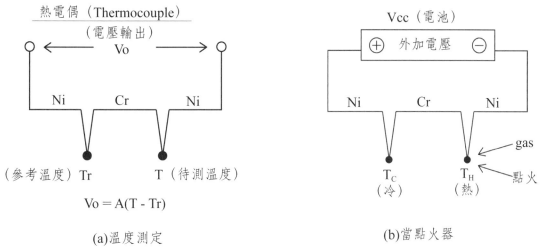

$$Vo = A(T - Tr)$$

(a)溫度測定　　　　　　　　(b)當點火器

圖1-4　熱電偶（Thermocouple）(a)溫度測定及(b)當點火器（Starter）線路及原理示意圖

　　電化學轉換器常用來偵測化合物濃度，例如常用的**氧電極**（Oxygen electrode，圖1-5），用來偵測血液或水中氧濃度。其原理是利用陰極將液體中氧（O_2）變成O_2^-離子而轉移到陽極放出電子，使外線路產生電流（圖1-5a），電流（I）大小和氧濃度有相當好的線性關係（圖1-5b）。氧電極除可用來偵測血液或水中氧濃度，亦可用來偵測廢水中**生物需氧量**（Biologic Oxygen Demand, BOD）。

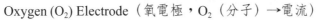

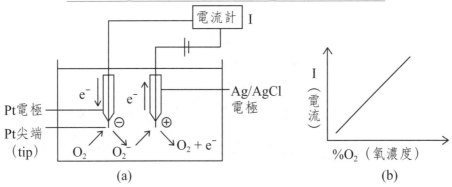

圖1-5 氧電極（Oxygen (O$_2$) electrode）之(a)結構及偵測原理示意圖及(b)電流和液體中氧濃度（O$_2$ %）關係圖

　　然而常用偵測電流之轉換器為**電流計**（Current meter，圖1-6），其原理是利用電流使電流計中接指針之線圈在磁場中產生力矩，力矩大小與電流成正比：

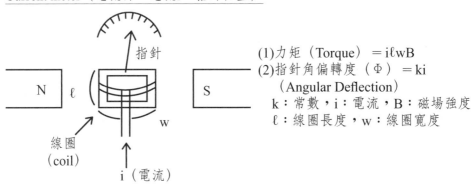

圖1-6 電流計（Current meter）結構示意圖

　　力矩 = 0.5×電流（i）×線圈長度（ℓ）×線圈寬（w）×磁場強度（B）

$$\hspace{10cm}（1\text{-}1a）$$

　　式中ℓ，w及B通常為定值，故指針偏轉角度（Φ）就和電流大小成正比：

　　偏轉角度（Φ）＝ 常數（K）×電流（i）　　　　　　　（1-1b）

換言之，指針位置即可讀出電流大小。

石英晶體微天平（Quartz Crystal Microbalance, QCM）[3]為偵測微量（< μg）物質之重要壓力轉換器。石英晶體微天平是利用石英晶體為壓電晶體（Piezoelectric crystal）性質，壓電晶體顧名思義一壓就有電，如圖1-7a所示，只要晶體表面受到壓力（如物質重量）晶體內容電荷就會分離（電分極），只要接上一金屬就可將電子流輸出。由其產生的電流的大小就可估算微量物質之重量。反過來，如圖1-7b所示，當加電壓（V_1）給此種石英壓電晶體就會產生內部電荷振盪而產生超音波（Ultrasonic wave，頻率f）輸出，石英壓電晶體為最普遍超音波產生器元件，常用在微電腦當振盪元件（微電腦中常用頻率4-20 MHz石英晶體，如圖1-7c所示），這種石英壓電振盪元件因若將物質置放在晶體表面造成壓力，會使其頻率（f）下降，由頻率改變多少即可估算此物質之重量[4]。一般石英晶體微天平（QCM）都是用此加電壓之振盪元件而偵測微量物質之重量。除了石英可做為壓電晶體材料外，其他晶體如PLZT（Pb, La, Zr, TiOx）及$LiTaO_3$亦為對壓力及質量相當敏感的壓電晶體材料。

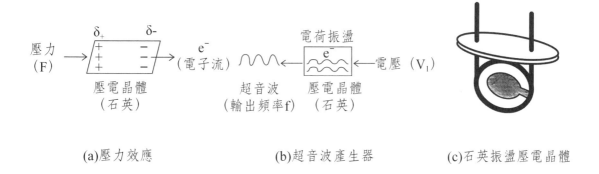

(a)壓力效應　　　　　(b)超音波產生器　　　　(c)石英振盪壓電晶體

圖1-7　石英壓電晶體之(a)壓力效應，(b)超音波產生器及(c)石英振盪壓電晶體示意圖

1-3　類比（A）／數位（D）訊號轉換

　　大部分由儀器輸出的訊號爲電流或電壓皆屬類比訊號（Analog signal），然而電腦輸入輸出訊號皆屬數位訊號（Digital signal：1(5 V)或0(0 V)），若要用電腦收集儀器類比訊號（Analog signal），需利用一類比／數位轉換器（ADC, Analog to Digital Converter，圖1-8），將儀器類比訊號（電壓V_1）轉換成數位訊號（$D_0 \sim D_7$）經輸出／輸入晶片（如8255 IC）輸入微電腦中做訊號收集（Signal acquisition）及數據處理（Data processing）。反之，若要利用電腦指揮儀器運轉，也一樣要利用一數位／類比（DAC, Digital to Analog Converter，圖1-8），將電腦輸出的數位訊號（$D_0 \sim D_7$）轉換成類比訊號（電壓V_o）輸入儀器中，再轉換成電流才會使儀器控制運轉。

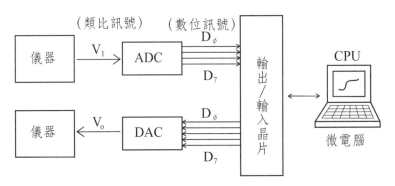

圖1-8　儀器／電腦間類比（A）／數位（D）訊號轉換系統圖

1-4　分析儀器基本架構

　　一般分析儀器基本架構如圖1-9所示，第一部分爲將物理（如光和熱）或化學性質（如血液中氧濃度）轉換成電壓，電流或頻率之感應辨識元件（Recognition Module），感應元件含有感應辨識元（Recognition element），如光電倍增管（PMT）中之Ag-Cs陰極及氧電極中之Pt電極皆

為感應元，可將物理（光）及化學（O_2濃度）性質轉換成電化學訊號（電子流）。感應元件除感應元外，還包括電子線路用來傳輸或初步放大電化學訊號。

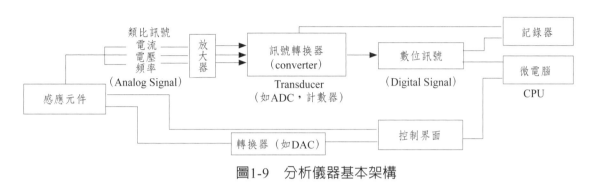

圖1-9　分析儀器基本架構

　　一般由感應元件輸出的電流，電壓或頻率訊號都很微弱，需要先接放大器（Amplifier）放大這些電子訊號，因為微電腦所能接受的訊號必為數位訊號，所以這些屬類比訊號之電子訊號必須接一類比／數位轉換器（ADC），將電子訊號轉換成數位訊號並傳輸到微電腦做訊號收集及數據處理。

　　在一般分析儀器中，也常用微電腦控制儀器或控制測試系統之溫度或壓力，則需包括數位／類比轉換器（Digital to Analog converter, DAC）之一控制界面，將微電腦控制儀器之數位指令轉換成電壓並經控制界面中電子線路將之轉換成電流或頻率訊號控制儀器。

1-5　微電腦基本結構[5-8]

　　現代分析儀器皆配備微電腦（Microcomputer, μC）做為儀器訊號收集、數據處理及控制儀器運轉之用。圖1-10為微電腦內部結構示意圖，微電腦心臟地帶為圖中之**中央處理機**（Central processing Unit, CPU），中央處理機是由**算術邏輯單元**（Arithmetic logic unit, ALU）及**控制單元**（Control unit, CU），計算單元負責微電腦資料及數據之計算及處理，而控制單元則控制微電腦資料之輸出輸入，而將中央處理機（CPU）製成的積體電路（IC）晶片通稱為**微處理機**（Microprocessor）。圖1-11微電腦結構中所示之Z-80

晶片為人類最早期所研製的含8位元中央處理機（CPU）之一種微處理機，圖1-12A為Z-80晶片實物圖，而圖1-12B為現今較常用的Intel公司生產的64位元Pentium 4-CPU。

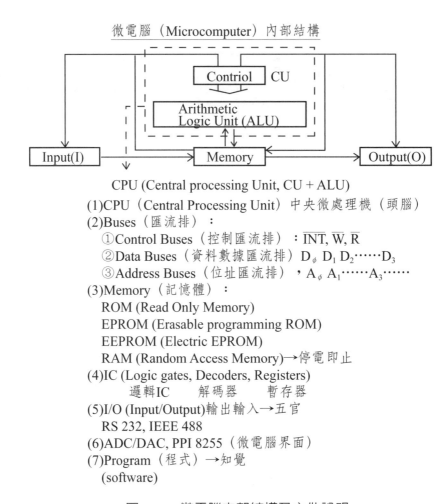

微電腦（Microcomputer）內部結構

CPU (Central processing Unit, CU + ALU)
(1)CPU（Central Processing Unit）中央微處理機（頭腦）
(2)Buses（匯流排）：
　①Control Buses（控制匯流排）：$\overline{INT}$, $\overline{W}$, $\overline{R}$
　②Data Buses（資料數據匯流排）D_ϕ D_1 D_2……D_3
　③Address Buses（位址匯流排），A_ϕ A_1……A_3……
(3)Memory（記憶體）：
　ROM (Read Only Memory)
　EPROM (Erasable programming ROM)
　EEPROM (Electric EPROM)
　RAM (Random Access Memory)→停電即止
(4)IC (Logic gates, Decoders, Registers)
　　　邏輯IC　　解碼器　　暫存器
(5)I/O (Input/Output)輸出輸入→五官
　RS 232, IEEE 488
(6)ADC/DAC, PPI 8255（微電腦界面）
(7)Program（程式）→知覺
　(software)

圖1-10　微電腦內部結構及主件說明

　　微電腦另一重要的部份為記憶體（Memory）系統，記憶體主要概分**RAM**（Random access memory）及**ROM**（Read only memory）兩大類。RAM記憶體中所存的是暫時存入待執行之的程式或資料，電腦停機或程式執行中止後會自動消失，圖1-11微電腦基本結構線路圖中所示之6116晶片即為RAM記憶體之一種。反之，ROM所存的程式或資料不會因電腦停機後消失，一般所使用之光碟片、磁碟片及硬碟之記憶體皆屬ROM，有的ROM其

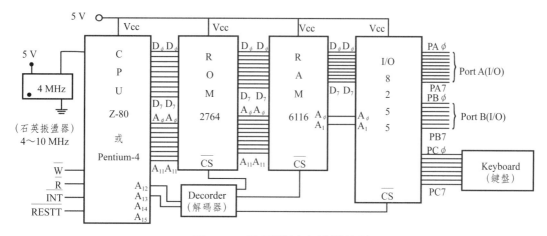

圖1-11　微電腦基本結構線路圖

資料只讀不能去除或修改，有的ROM其資料或程式可讀亦可去除或重複寫入新資料，此種可重複讀寫之ROM特稱**EPROM**（Erasable Programming ROM），而EPROM可用UV光照射其晶片櫥窗或用電子指令去除其內之程式或資料，此種可用電子指令去除其資料之EPROM特稱EEPROM（Electric EPROM）。圖1-11中所示之2764晶片（圖1-12C為其實圖）為EPROM記憶體之一種。

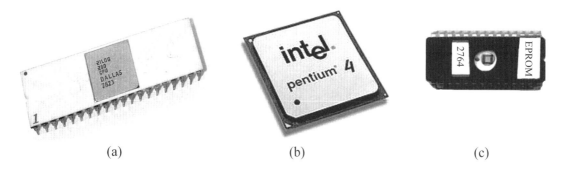

(a)　　　　　　　　　　(b)　　　　　　　　　　(c)

圖1-12　微電腦(A)中央微處理機CPU之微處理機Z80晶片[9]及(B)Intel Pentium 4 CPU[10]）和(C)EPROM-2764晶片實圖（AB圖來源：(A)From Wikipedia, the free encyclopedia, http://upload. wikimedia.org/wikipedia/commons/1/19/ Zilog_Z80.jpg(B)From Wikipedia, the free encyclopediahttp://upload. wikimedia.org/wikipedia/en/thumb/3/34/Pentium4ds.jpg/200px-Pentium4ds. jpg）

　　微電腦中央處理機（CPU）和其他各單元之間有各種連線做為各單元間數據輸送及控制各單元輸出輸入，這些微電腦單元間之連線如同人體內之神經線因而又稱**微電腦匯流排**（Buses），此種匯流排概分三大類：**(1)控制匯流排**（Control buses），**(2)資料數據匯流排**（Data buses）及**(3)位址匯流排**（Address buses）。控制線可控制中央處理機數據之輸出輸入及其他動作，如圖1-11中CPU之W, R, INT及RESET接線皆為控制線，分別控制CPU資料輸入（Write），輸出（Read），中斷（Interrupt）及重置（Reset）。資料數據線用來輸出輸入資料數據，圖1-11中CPU之$D_0 \sim D_7$這八條線皆為資料數據線，所有微電腦之資料數據線數目皆為八的倍數（即8, 16, 24, 32, 48, 64條），所謂48位元電腦，即此電腦有48條資料數據線，資料數據線至少為8條（$D_0 \sim D_7$）為8位元，8位元組成一位元組（Byte），即8位元 = 1 Byte，此8位元（$D_0 \sim D_7$）代表一數據，若微電腦要輸出一為120之數據（Data），可由圖1-13所示換算方法（將120除於2，第一個餘數（0）為D_0，第二個餘數（0）為D_2，餘者類推），將D = 120換成二進位（Binary）成0111 1000經這8條（$D_0 \sim D_7$）資料數據線輸出（1，0分別表示各資料數據線輸出電壓為5 V及0 V；1 = 5 V，0 = 0 V）。

D_7	D_6	D_5	D_4	D_3	D_2	D_1	D_ϕ	位元
2^7	2^6	2^5	2^4	2^3	2^2	2^1	2^0	
0	1	1	1	1	0	0	0	→120 = 進位
0	64 +	32 +	16 +	8 +	0	0	0	→120

```
2 │120      餘數
2 │ 60       0      Dφ
2 │ 30       0      D1
2 │ 15       0      D2
2 │  4       1      D3
2 │  3       1      D4
2 │  1       1      D5
      0       1      D6
  ----------------------
              0      D7
```

圖1-13　八位元資料數據線數據120輸送換算法

　　微電腦另外一神經網路線為**位址線**（Address buses），微電腦中央處理機（CPU）透過這些位址線控制資料數據從一特定位址之部份（CPU本身或

ROM，RAM或輸出／輸入端）輸出輸入。若要從位址320輸出數據，這時就如圖1-14由位址線輸出01 0100 0000（$A_9 \sim A_0$），位址線和資料線二進位之換算方法一樣，且1，0也分別表示各位址線輸出電壓為5 V及0 V。微電腦位址線最少也有16條（A0-A15），也有48，64條的。

$$
\begin{array}{cccccccccc}
A_9 & A_8 & A_7 & A_6 & A_5 & A_4 & A_3 & A_2 & A_1 & A_\phi \\
2^9 & 2^8 & 2^7 & 2^6 & 2^5 & 2^4 & 2^3 & 2^2 & 2^1 & 2^0 \\
0 & 1 & 0 & 1 & 0 & 0 & 0 & 0 & 0 & 0
\end{array}
$$

0　1　0　1　　0　0　0　0　0　0　→320　二進位
　　256　+　64　　　　　　　　　　　→320

	2	320	餘數	
	2	160	0	A_ϕ
	2	80	0	A_1
	2	40	0	A_2
	2	20	0	A_3
	2	10	0	A_4
	2	5	0	A_5
	2	2	1	A_6
	2	1	0	A_7
		0	1	A_8
			0	A_9

圖1-14　位址線輸送位址320資料換算法

微電腦輸出／輸入端（Output/Input, I/O）通常用RS232系列或IEEE488系列將數據（如D0～D7）分別以串列（Serial，先D0，再D1，一個一個送出）或並列（Parallel，D0-D7一起送出）方式輸出。因進出微電腦一定要為數位訊號（D，Digital），儀器產生的訊號常為類比訊號（A，Analog，如電流或電壓），故在微電腦I/O也常接ADC晶片（類比（A）／數位（D）轉換器，圖1-15A之ADC0804晶片）將儀器之類比訊號輸入電腦。反之，要用電腦控制儀器時，先用DAC晶片（數位／類比訊號轉換器，圖1-15B之DAC1408晶片）將電腦輸出的數位訊號轉換成類比訊號再輸入儀器中。另外，在微電腦I/O端也常需接選擇通道的晶片（如IC8255（圖1-11）及IC6821），這些通道選擇晶片通常有2～3個出入埠（Ports），數據可選擇由那一個Port輸出或輸入。若需特殊用途，微電腦I/O端也就需接其他特殊用途的晶片。

(a)　　　　　　　　　　　　　　　　　(b)

圖1-15　微電腦(A)ADC-0804及(B)DAC-1408晶片實圖

　　微電腦基本硬體結構圖（圖1-11）內部除以上所述之各單元外，還有許多各種功能的IC晶片，如邏輯閘（Logic gates），暫存器（Registers）及解碼器（Decoders）等等。解碼器就如門牌號碼一樣，若要一晶片（如8255）工作時，解碼器就會發出0的訊號給此晶片（如圖1-11中8255）之CS（Chip selector）腳使此晶片運轉。另外，使微電腦運轉是需一如圖1-11所示的約4-10 MHz之石英振盪器（Oscillator）。微電腦除這些硬體（Hardware）外，還需要讀入電腦軟體（Software），微電腦始可執行指令運轉。

　　一般較大微電腦含有許多，但也有只有一晶片之微電腦，此種微電腦特稱單晶微電腦（One-Chip Microcomputer）。此種單晶微電腦和一般微電腦一樣含有CPU, ROM, RAM, Data Bus, Address Bus, Control Bus及Input/Output等，甚至有的單晶微電腦還含有ADC。因為一片晶片即一部電腦相當方便，所以單晶微電腦常用在飛彈，機器人，火箭，飛機，汽車及許多工業上自動控制系統中。圖1-16及圖1-17分別為工業上常用的單晶微電腦8951及PIC16F877實圖，8951單晶微電腦有四個輸出／輸入埠（Port 0～Port 3）及串列輸出／輸入埠（TX/RX）並含EEPROM及RAM，而16F877單晶微電腦含有五個輸出／輸入埠（Port A～Port E），及串列輸出／輸入埠（TX/RX）並含EEPROM及RAM，同時有含8個ADC（AD0～AD7）可接八部儀器接收儀器類比訊號，這比8951功能強很多。16F877為功能相當強的單晶微電腦。通常可先撰寫組合語言（Assembly Language）再轉成二進位（Binary）檔，然後用燒錄器（Writer）將二進位檔讀（Read）入單晶微電腦以使其可執行指令運轉。單晶微電腦將在本書第十六章做詳細介紹。

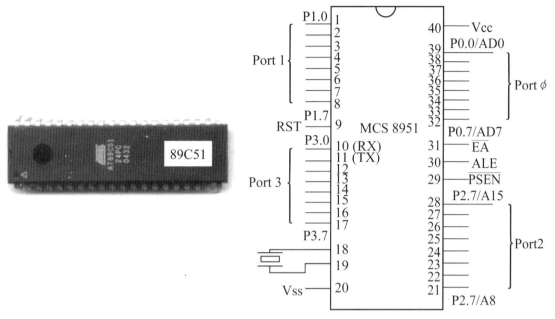

圖1-16 單晶微電腦MC8951實圖及其輸出／輸入埠

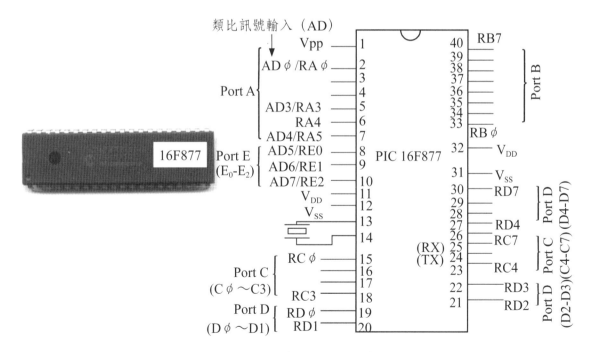

圖1-17 單晶微電腦MC-PIC16F877實圖及其輸出／輸入埠

1-6　二進位及十六進位

　　在前一節提到不管是從電腦之資料線（Data bus, D0-D7）或位址線（Address bus, A15-A0）每一條線皆以二進位1或0輸出，所以電腦會將十進位的數據先轉換成二進位（Binary），例如圖1-18所示，若要輸出十進位的201數據（圖1-18(A)），先依前一節圖1-13換算方法將201換成二進位1100 1001（圖1-18(B)）。然一般撰寫電腦程式時，用二進位不太方便，但用十進位撰寫電腦程式有些數字常又太大，亦不方便，故撰寫電腦程式常用十六進位（Hex），而十六進位數據可由二進位或十進位數據轉換而得。如圖1-18(C)所示，二進位轉換成十六進位分幾個步驟，(1)首先將二進位1100 1001每四個位元（1或0）爲一組，分成兩組（I，II組），而每一組皆以2^3，2^2，2^1，2^0，來計數每一位元，如第II組（十六進位的高位元組16^1）1100可計算成$2^3 + 2^2 = 12$，然 ≥ 10的就依A = 10，B = 11，C = 12，D = 13，E = 14，F = 15用英文字母計數，故此十六進位的高位元組（16^1）因C = 12就計爲C。而第I組（十六進位的低位元組16^0）1001可計算成$2^3 + 2^0 = 9$，故此低位元組（16^0）計爲9，換言之，此二進位1100 1001即可轉換成十六進位C9，C爲高進位（16^1），而9爲個位（16^0），若轉換成十進位D = $12 \times 16^1 + 9 \times 16^0 = 201$。如圖1-18(D)所示，十六進位數據亦可由十進位數據直接轉換而得，只要將十進位的201除於16，第一個所得餘數爲個位（16^0）9，第二個餘數即爲高進位（16^1）的12，而12可計爲C，故亦可得十六進位C9。

(A) 十進位（Decimal） 201

(B) 十進位→二進位（Binary）

$$
\begin{array}{ll}
2\,\underline{|\,201} & \text{餘數} \\
2\,\underline{|\,100} & 1 \quad D_\phi(2^0) \\
2\,\underline{|\,50} & 0 \quad D_1 \\
2\,\underline{|\,25} & 0 \quad D_2 \\
2\,\underline{|\,12} & 1 \quad D_3 \\
2\,\underline{|\,6} & 0 \quad D_4 \\
2\,\underline{|\,3} & 0 \quad D_5 \\
2\,\underline{|\,1} & 1 \quad D_6 \\
\underline{|\,0} & 1 \quad D_7(2^7)
\end{array}
$$

〔二進位〕

$\underline{1\ 1\ 0\ 0} \qquad \underline{1\ 0\ 0\ 1}$→二進位

$D_7\cdots\cdots D_4 \qquad D_5\cdots\cdots D_\phi$

$2^7\ \ 2^6\ \ 2^5\ \ 2^4\ \ 2^3\ \ 2^2\ \ 2^1\ \ 2^0$

$\downarrow\ \ \ \downarrow \qquad\quad \downarrow \qquad\qquad \downarrow$

128 64 8 － 1→十進位

(C) 二進位→十六進位（Hex）

〔二進位〕

(1) Ⅱ組 Ⅰ組 （將二進位分Ⅰ、Ⅱ兩組）

$D_7\leftarrow \underline{1\ 1\ 0\ 0} \qquad \underline{1\ 0\ 0\ 1}\rightarrow D_\phi$

(2) $2^3\ 2^2\ 2^1\ 2^0 \qquad 2^3\ 2^2\ 2^1\ 2^0$ （將一組皆分成$2^3 2^2 2^1 2^0$四位）

$\downarrow\ \ \downarrow \qquad\qquad \downarrow \qquad\quad \downarrow$

$8+4=12 \qquad\quad 8\quad +\quad 1$

(3) 12 9 → 十六進位

$(16^1) \qquad\ \ (16^0)$

$\downarrow \qquad\qquad \downarrow$

(4) C 9 → 十六進位

(A = 10, B = 11, C = 12, D = 13, E = 14, F = 15)

$\downarrow$

(5) $12\times16^1 + 9\times16^0 = 201$→十進位

(D) 十進位→十六進位（Hex）

$$
\begin{array}{lll}
16\,\underline{|\,201} & \text{餘數} & \\
16\,\underline{|\,12} & 9 & \rightarrow 16^0\ (\text{Hex}) \\
0 & 12 & \rightarrow 16^1\ (\text{Hex}) \\
& (C = 12) &
\end{array}
$$

故十六進位為C9→十六進位

十進位為$C\times16^1 + 16^0\times9 = 201$→十進位

（C = 12）

圖1-18 二進位、十六進位與十進位間之轉換

第 2 章

光譜法導論

　　電磁波及光波之所以可用在光譜法（Optical spectroscopy），主要是利用待測物質可以吸收（Absorb）光波及某段波段的電磁波，使待測物質由基態（Ground state）激化（Excite）到激態（Excited state），激態的待測物質可經由放出發射光而回到基態，所以吾人就可利用待測物質吸光或放光的行為來做定性及定量分析。換言之，光譜法乃基於電磁波／光波和待測物質之互相作用，故本章將分別介紹電磁波／光波以及電磁波／光波和待測物質之各種相互作用。

2-1　電磁波及光波簡介

　　電磁波（Electromagnetic radiation）為波動之一種，所以如圖2-1a所示電磁波具有波長（λ, Wavelength），而其**波長和頻率**（ν, Frequency）之間有下列關係：

$$\lambda = V_c/\nu \qquad\qquad (2\text{-}1)$$

　　式中V_c為波速（Velocity）電磁波在一固定距離（如cm）之**波數**（ω, Wavenumber）為波長之倒數：

$$\omega = 1/\lambda = \nu/V_c \qquad\qquad (2\text{-}2)$$

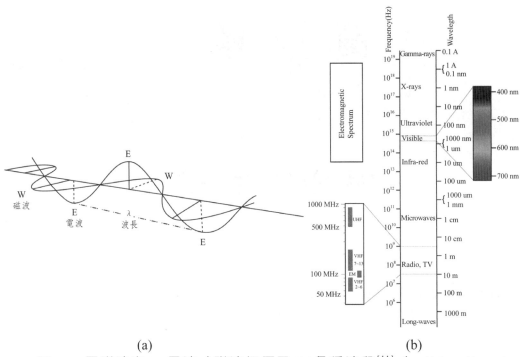

(a)　　　　　　　　　　　　　　　　　　　　(b)

圖2-1　電磁波之(a)電波／磁波行徑及(b)各種波段[11]（Wikipedia, the free encyclopedia, http://upload.wikimedia.org/wikipedia/commons/8/8a/ Electromagnetic-Spectrum.png）

　　若電磁波以光波（Optical wave）形式在空中行進時，其波速（V_c）為光速c（c $= 3.0\times10^{10}$ cm/sec.）時，波長（λ，單位：cm）和頻率（ν，單位：Hz，即sec^{-1}）關係為：

$$\lambda = c/\nu \qquad\qquad (2\text{-}3)$$

　　光波為光子（Photons）在空中之波動，光子能量（E）和光波頻率及波長之關係可由下列**愛因斯坦－布朗克方程式**（Einstein-Planck Equation）表示：

$$E = h\nu = hc/\lambda \qquad\qquad (2\text{-}4)$$

式中h為**布朗克常數**（Planck's constant），其值為6.62×10^{-34} joule-sec.電磁波如圖2-1a所示含**電波**（Electric component）及**磁波**（Magnetic component）兩部份，而圖2-1b為電磁波之各種波段及名稱。在大部份光譜分

析法（如紫外線／可見光（Ultra violet/Visible (UV/VIS）），紅外線（Infra red (IR)），X光光譜法）中，當一待測物質吸收一電磁波（**光波**）時吸收其電波部份，使電磁波電波部份之振幅（E, Amplitude）強度改變，而其原來電磁波之波長頻率及波速皆不變。少部份光譜分析法（如核磁共振（Nuclear magnetic resonance(NMR)）及電子自旋共振（Electron spin resonance (ESR)）中，待測物質吸收一電磁波（光波）之磁波部份，而使其磁波部份之振幅改變。如上所述，在光波和物質作用後，光波之電波或磁波部份之振幅會改變，而光波之波長頻率及波速皆不變。但若為**高頻**（如100-400 MHz）**聲波**（Acoustic wave）時，當物質和聲波作用後，聲波之波長也會不變，但聲波之波速及頻率都可能會改變。

　　現為人類所使用的電磁波之波長範圍約為10^4 m到10^{-14} m（10^{-4} Å，頻率範圍約為1 Hz到10^{21} Hz，如表2-1所示電磁波依性質及應用可分為幾個波段這幾個波段及在光譜法中應用如下：(1)**聲波**（Acoustic wave）：為人類可聽到的範圍（頻率約為0-10 KHz或15 KHz左右），此部份光譜法沒應用，(2)**無線電頻率**（Radio-frequency, RF）：含長波10 KHz～1 MHz及短波1 MHz～450 MHz，此波段只有短波應用在核磁共振（NMR）和電子自轉共振（ESR）光譜法，以及表面聲波（Surface Acoustic Wave, SAW）感測器（Sensors）中。(3)**微波**（Microwave，500 MHz至300 GHz）：此波段除常用做光譜法中光源及能源（Sources）外，可用在微波光譜法（Microwave spectroscopy）中。(4)紅外線（Infra red (IR) wave, 10^9～10^{14} Hz 或 10^{-7}～10^4 Å：此波段為熱射線可做光源外，常應用在紅外線（IR）及拉曼（Raman）光譜法中。(5)紫外線／可見光（Ultra-Violet (UV)/Visible (VIS) waves：UV(3000～30 Å)/VIS（10^4～3000 Å能量約為1～10 eV））：此波段可引起原子外層電子在兩電子能階間之轉移，因而紫外線／可見光，螢光法及原子光譜法中常用做光譜法中光源（Sources），也應用在紫外線／可見光，螢光法及原子光譜法。(6)X光（波長範圍約為10～0.1 Å能量約為1～100 KeV），X光也常用做光譜法及醫學儀器中光源，並應用在各種X光光譜法中。(7)加馬射線（γ, Gamma radiation）：γ射線除常用做光譜法及醫學儀器中光源外，也應用在γ射線光譜法及放射化學分析法中。表2-2為各種光譜法所用的光波波段及其和待測物質之分子、原子與電子之關係，各種光譜法中待測

物質變化將在下節做進一步說明。

　　另外，電磁波各波段習慣上有的用波長（如UV/VIS），有的用波數（cm^{-1}，如IR），也有用能量ev（如X光（Kev）及加馬光（Mev）），這些波長λ（Wavelength）、波數ω（Wave number）及能量E間互換關係如下式所示：

$$\lambda(\mu m) = 10^4/\omega(cm^{-1})；E(ev) = 12399/\lambda(\text{Å}) \qquad （2\text{-}5）$$

表2-1　電磁波頻率、波長及各波段相關光譜法

頻率	0~10 KHz	~1 MHz	~450 MHz	~1 GHz	~10 GHz	~30 GHz	~10^{14} Hz	~10^{15} Hz	~10^{17} Hz	~10^{19} Hz	~10^{21} Hz
波段	聲波	長波 (AM)	短波 (FM)	- 微波(Microwave)- UHF SHF EHF 超短波 高週波 超高週波			紅外線 (IR)	可見光 (VIS)	紫外線 (UV)	X射線 (X-ray)	γ射線 (γ-ray)
波長	~3 10^4 m	~300 m	~0.67 m	~30 cm	~3 cm	~0.1 cm	10^3~0.8 μm	800-380 nm	380-3.0 nm	10^2-10^{-2} Å	<10^{-2} Å
光譜法	聲音	廣播	NMR 譜法	NMR ESR 譜法	ESR譜法		IR 光譜法	VIS 光譜法	UV 光譜法	X-射線 譜法	γ射線 譜法

表2-2　各種光譜法所使用波段及待測物質分子、原子及電子變化

光譜法	常用波長範圍	待測物質變化
核磁共振（NMR）光譜法	0.3-10 m	原子核自轉（spin）方向
電子自旋共振（ESR）光譜法	0.3-30 cm	電子自轉（spin）方向
微波（Microwave）光譜法	0.8-4.0 mm	分子轉動（Rotation）
紅外線（IR）光譜法	0.8～300 μm（約30～ 10^4 cm^{-1}）	原子間振動（Vibration）
拉曼（Raman）光譜法	200～800 nm（吸收） 0.8～300 μm（偵測）	外層電子轉移（Transition）及原子間振動
紫外線／可見光（UV/VIS）光譜法	200～800 nm（eV範圍）	原子外層電子轉移（Transition）
螢光（Fluorescence）光譜法	200～800 nm（eV範圍）	同上
原子光譜法	200～800 nm（eV範圍）	同上
X光光譜法	0.1～100 Å（keV範圍）	原子內層電子轉移（Transition）
加馬（Gamma）光譜法	0.005～1.4 Å（MeV範圍）	原子核變化

2-2　電磁波／物質作用及相關光譜法

　　光譜分析法是利用電磁波照射到待測物質引起的變化，來偵測待測物質之含量及特性。當電磁波照射到待測物質可能引起的變化為(1)光**吸收**（Absorption）：光被物質吸收，(2)光**發射**（Emission）：物質吸收光或受熱後本身發出新的光，(3)**螢光**（Fluorescence）：物質吸收特殊波長光後本身發出新的光波，(4)光**繞射**（Diffraction）：光在物質內走不同路線所引起的干擾現象，(5)光**折射**（Refraction）：光在不同物質中速率不同所引起的，(6)光**散射**（Scattering）：光在物質內方向改變所引起的，(7)核子（Nuclear）及電子（Electron）**共振**（resonance）：物質中原子核或電子因吸收電磁波而引起的自轉（Spin）方向改變，及(8)原子間**振動**（Vibration）和**轉動**（Rotation）：物質分子之原子間之振動和轉動。本節將簡單介紹這些光所引起的變化並將分別說明這些現象應用在各種光譜的情形。

2-2-1　光吸收—分子／原子吸收光譜法

　　當光波照射到待測物質時可能會被物質之分子，原子或電子吸收，而使物質能階從基態（Ground state）到激態（Excited states）並使入射光的強度（I_0）變弱成強度為（I）之出射光，利用待測物質對特定波長之光吸收（Absorption）時光強度變化並應用下列**比爾定律**（Beer's law）可計算出物質之含量（濃度c）：

$$\log(I_0/I) = A = \varepsilon bc \tag{2-6}$$

　　式中A為吸光度（Absorbance），有時稱光密度（Optical density），b為光通過樣品所走之光徑，c為待測物質在樣品中之濃度，ε為此物質之吸收係數（Absorption coefficient）。用不同波長或不同分子或原子，吸收係數ε是不同的。若c為莫耳濃度（M）時，ε為莫耳吸收率（Molar absorptivity）並常稱為莫耳吸收係數（Molar absorption coefficient），且光徑b之單位為公分（cm）。另外，亦常用透光度（Transmittance, T）來表示物質吸光情形，透光度（T）和光強度（I）及吸光度（A）關係如下：

$$T = I/I_0; \quad A = \log(I_0/I) = -\log T \qquad （2\text{-}7）$$

根據比爾定律可計算出待測物在樣品中之濃度，即光吸收現象可做為待測物之定量分析。同時由於不同分子或原子吸收的波長不同，因而由吸收波長的不同亦可做為樣品分子或原子之定性分析。換言之，由光的吸收可用來做樣品中分子或原子之定量和定性分析之用，此種應用光吸收做物質之定性及定量之分析法特稱為吸收光譜法（Optical Absorption Spectrometry或Absorption Spectrophotometry）。

各種不同波段的電磁波的吸收作用應用在不同的吸收光譜法中，紫外線及可見光（200-800 nm）應用在分子的**紫外線／可見光（UV/VIS）光譜法**及原子吸收（Atomic absorption, AA）光譜法，這兩種光譜法分別建築在分子中原子之**外層價電子**在不同電子能階中之轉移（Transition），而電子能階之轉移能量剛好為紫外線及可見光（圖2-2）。另外，紅外線（0.8-300 μm或$30\text{-}10^4$ cm^{-1}）波段應用在分子之**紅外線（IR）吸收光譜法**（Infrared Absorption Spectrometry）中，分子因吸收紅外線而使分子中兩原子間之振動（Vibration）改變產生振動能階間轉移而改變原子間之距離及角度。電磁波所引起的分子振動及轉動將在2-2-8節再進一步說明。

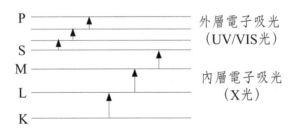

圖2-2　原子之內層及外層電子光波吸收情形

同樣地，X光波段（0.1-100 Å）可應用在**X光吸收光譜法**（X-Ray absorption spectrometry, XRA），在此光譜法中，樣品原子之**內層電子**因吸收X光而產生內層電子能階間轉移（圖2-2）。另外，傳統的核磁共振（NMR）和電子自轉共振（ESR）光譜法亦屬吸收光譜法，在此兩光譜法中待測物質之原子核及不成對電子因吸收廣播頻率或微波而使它們自轉方向改變，但現行的NMR及ESR光譜法並不測其電磁波吸收現象而測其物質發出之

電磁波，故此兩種光譜法將在另外專節（2-2-7節）介紹。

　　在所有吸收光譜法中有一吸光電子能階間轉移法則（Selection rule）：不管分子或原子吸收電磁波前後其所含電子之自旋（Spin）組態不變，如分子或原子中一成對電子（即兩電子自旋（Spins）分別為 +1/2及 − 1/2，Spin總合（S）＝ 0），當此物質吸光後，此兩電子自旋組態不變（仍然分別為 +1/2及 − 1/2）。

2-2-2　光發射－分子／原子發射光譜法

　　當用光波或熱能照測一待測物質時，此待測物質之分子或原子或電子可能會吸收此光波或其他能源（Sources）而由基態轉移到激態，然後如圖2-3所示再從激態（E）回到基態（A）或其他較低能階，放出各種特有的波長（圖2-3中λ_1, λ_2, λ_3, λ_4等）之光譜射線（Radiations）。這種現象稱為光發射（Emission）。光發射法中從基態到激態所用的激化能源（Excitation sources）可能為電磁波或其他能源。一般習慣上常將一些吸收特定波長的線光波（如可見光及X光）做激化能源的光發射分析法慣稱為螢光光譜法（Fluorescence Spectrometry），而將利用含多波長的連續光波和其他能源做激化能源的光發射分析法就慣稱為發射光譜法（Emission Spectrometry）。螢光光譜法將在下一節（2-2-3節）專節介紹。

　　在發射光譜法中除了用含多波長的連續光波外，常用的能源有熱能（如火焰），微波電漿（Plasma），電弧（Arc）及電花（Spark）等等，這些能源常發出含有非光譜線（Non-irradiation）及多波長（圖2-3）的光譜線（Irradiation）。利用火焰做激化能源的有分子及原子之火焰發射（Flame Emission）光譜法，用熱產生紅外線發射的稱為紅外線發射光譜法（Infrared Emission Spectrometry），用微波電漿做激化能源之原子發射光譜法有**感應耦合電漿發射**（Inductively Coupled Plasma (ICP) Emission）及**直流電電漿發射**（DC-Plasma Emission）光譜法，用電弧、電花及火焰激化能源之原子發射光譜法分別稱為**電弧發射**（Arc Emission）、**電花發射**（Spark Emission）及**火焰發射**（Flame Emission）光譜法，這些原子發射光譜法將在原子光譜法章分別詳加介紹。另外，也常用高速粒子（如質子）及放射線源

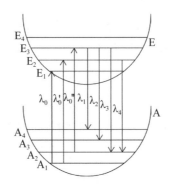

圖2-3　物質吸收多波長激化能源及其發射光譜線

（如Am-241）做激化能源產生X光發射，用高速質子及放射線源之X光發射
光譜法特稱為**質子感應X光發射**（Proton Induced X-Ray Emission, PIXE）
及**放射同位素X光發射**（Radio-Isotope X-Ray Emission, RIXE）光譜法。

2-2-3　螢光／磷光及化學發光－螢光／磷光／化學發光光譜法

　　習慣上，除了螢火蟲發出的螢光外，科學上常將吸收特定波長的光波（如
可見光及X光）做激化能源而使分子或原子激化到激態然後再回到基態而發
出的光波也稱為螢光（圖2-4中v_1-v_4）。利用螢光來做偵測的光譜法有(1)分
子螢光光譜法（Molecular Fluorescence Spectrometry），(2)原子螢光光
譜法（Atomic Fluorescence Spectrometry, AFS），及(3)X光螢光光譜法
（X-Ray Fluorescence Spectrometry, XRF）。分子螢光及原子螢光光譜法
所用的激化能源為紫外線／可見光且為其螢光為分子或原子之外層價電子所發
出的，而X光螢光光譜法中是由原子的內層電子在電子能階間轉移所發出的。
在這些螢光光譜法中之電子能階間轉移亦遵守電子能階間轉移電子組態不變
法則（如圖2-4基態（S_0）到激態（S_1）電子組態不變）。然而在分子螢光光
譜法中除螢光外，有時會有磷光（Phosphorescence）產生，如圖2-4所示，
磷光是由於當激化分子由基態（S_0）到激態（S_1）後，再經一能階系間轉換
（Intersystem crossing）作用而使電子組態改變（由成對電子之S_1激態變成
不成對即兩電子皆一樣自轉（1/2）的T_1激態，然後再由T_1激態回到原來基態
S_0並發出磷光。由於磷光產生過程比螢光產生較長，故一般磷光產生或持久時

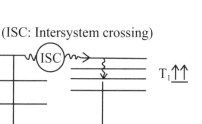

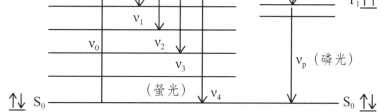

圖2-4　螢光及磷光產生簡圖

間（秒～天）比螢光（約10^{-7}秒）長很多。利用磷光做偵測的光譜法稱為磷光光譜法（Phosphorescence Spectrometry）。

　　化學發光（Chemiluminescence）是指待測物質（A）經和其他物質（B）進行化學反應而使其產物（C）或物質本身（A）之電子激化到激態，然後回到基態發光之現象，其可能的發光過程之一如下：

$$A（待測物質）+ B → C^*（激化態）\tag{2-8}$$

$$C^* → C + h\nu（發光）\tag{2-9}$$

　　化學發光常發生在生物系統中特成為生物發光（Bioluminescence），所以化學發光光譜法（Chemiluminescence Spectroscopy）常用於偵測如葡萄糖（Glucose）、H_2O_2、酵素（Enzymes）等生化樣品。

2-2-4　光繞射—繞射光譜法

　　光繞射（Diffraction）現象乃光波光子照射待測物質晶體之表層及內層反射光間所產生建設性干擾而形成一串一明一暗之光譜線，如圖2-5所示，當波長λ之光波以入射角θ照射待測物質之晶體時，照射到表面一層的原子之光波N_1反射出來的光波Q和照射到內面第二層原子之光波N_2而反射出來的光波P可能會產生建設性干擾（兩反射光波波峰對波峰，波谷對波谷）而產生明亮光譜線，反之，當兩反射光波波峰對波谷形成破壞性干擾的暗線。然而並不是所有的入射角θ或波長都會有繞射現象發生而是需要符合下列布拉格方程式（Bragg's Equation）：

$$m\lambda = 2d\sin\theta \qquad\qquad (2\text{-}10)$$

式中λ及θ分別為光波之波長及布拉格入射角（Bragg angle），d為晶體中晶格間距，m為整數1, 2, 3...等。若m = 1，而晶格間距d及波長λ固定，依上式入射角θ就需固定，換言之，只有一特定的入射角θ才會有繞射現象，所以只要測出有繞射現象的入射角θ，依此方程式就可計算晶體晶格間距d，若360°照射晶體由各方向之繞射光點就可建構此晶體中各原子及分子結構，而由繞射光點強度可分析出原子種類，如此一來就可看出整個晶體之原子分子結構及組成。另外，因化學晶體中晶格間距d常就是原子間距離，而原子間距離常為1～3 Å即d = 1～3 Å，sinθ = 0～1，若m = 1，由布拉格方程式可知λ也必須在約1～3 Å此波長範圍剛好為X光波長範圍，換言之，在所有電磁波中只有X光照射物質晶體會產生繞射現象，所以光譜法中只有X光繞射光譜法（X-Ray Diffraction (XRD) Spectroscopy）。另外，有些微粒子（如中子及電子）具有粒子及波動兩種特性，只要控制其能量使其波動波長符合布拉格方程式就會產生繞射，故有工業上所用的中子繞射（Neutron Diffraction）及電子繞射（Electron Diffraction）圖譜法。

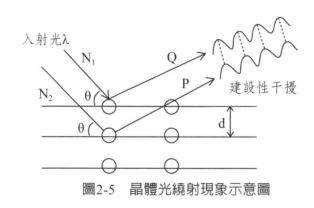

圖2-5　晶體光繞射現象示意圖

2-2-5　光折射及反射－折射／反射光譜法

光波在不同介質（如空氣，水，物質）中速度皆不同，當光波從空中進入待測物質時，如圖2-6所示，因光波在空氣中及物質中速度不同會產生折射（Refraction）。科學上，特將光波在真空中速度（C）和光波在一物質中速

度（V）之比定爲此物質之折射率（Refractive Index, n），如下式所示：

$$n（折射率）= C/V \qquad （2\text{-}11）$$

所有的物質皆有不同的折射率，換言之，利用偵測折射率可用來偵測各種物質，在光譜學上，稱用折射率偵測器（Refractive Index (RI) Detector）偵測物質的折射率或折射率的改變之偵測法爲折射率偵測法，此種RI偵測器因可偵測所有各種物質，列爲可偵測任何物質之通用偵測器（Universal Detector）之一種。因此之故，此RI偵測器除已知樣品之偵測外，常用在未知物質之偵測。通常物質若爲溶液或透明物質時，光波較易穿透物質表面折射到物質內部，故穿透式折射率RI偵測器通常用來偵測溶液或透明樣品。

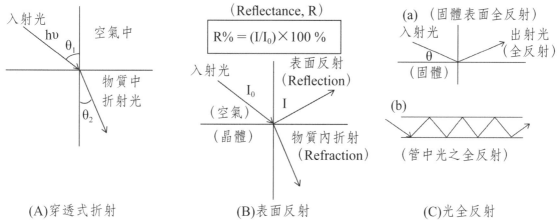

(A)穿透式折射　　　　　　(B)表面反射　　　　　　(C)光全反射

圖2-6　光波照射物質所引起的(A)物質內穿透式折射，(B)物質表面反射及(C)全反射示意圖

然而光波若照射到一些晶體表面，如圖2-6B所示，光波除了少部份跑到物質內部外，有很大部份光波從晶體表面反射（Reflection）出來，偵測這種表面反射光常常用在固體樣品之偵測，其百分比反射率（Percent Reflectance, R%）可由特定波長之入射光強度（Io）和表面折射光強度（I）之比計算得到：

$$R%（反射率）= (I/Io)\times 100 \% \qquad （2\text{-}12）$$

此晶體表面反射百分比R%除和光波入射角及出射角有關外，R%和光波波長及物質吸光情形有關，利用此種表面反射光偵測之光譜法稱爲反射光譜法（Reflectance Spectrometry）。此種反射光譜法常用在利用紫外線／可見光

（UV/VIS）固體樣品及紅外線固體樣品分析中。

對一些固體物質偵測時，若光波照射物質表面的入射夾角θ（圖2-6C(a)）小於一特定角時，光波並不會進入物質內而產生如圖2-6C所示的全反射（Total Reflection），而此特定角稱為臨界角（Critical Angle）。全反射可發生在固體表面（圖2-6C(a)）亦可發生在光纖管（圖2-6C(b)）中。此全反射因發生在物質表面，所以全反射的測定可用來瞭解物質或晶體表面結構，此種全反射光譜分析法常用在全反射X光螢光法（Total Refection X-Ray Fluorescence, TFXRF）的矽晶片表面分析及衰減式全反射紅外線光譜法（Attenuated Total Refection IR, ATR-IR）中偵測各種生化物質。

2-2-6　光散射－散射光譜法

當光波經一些微粒樣品時，若顆粒直徑（d）小於光波波長（λ）之1/4時，如圖2-7A所示幾乎所有的光波都穿過微粒。然當顆粒大小稍大，其直徑d和光波波長之1/4差不多時，大部份光透過微粒，而小部份光波折回或折射到各方向（如圖2-7B所示），此種光波因照射到物質而使光波改變方向且向各方向折射之現象稱為光散射（Scattering），換言之，在圖2-7B中，部份光波散射，部份光波透過。當光波照到大顆粒（顆粒直徑d大於1/4光波長）時，如圖2-7C所示，大部份光波折回散射，只有很小部份光波直接透過。一般光散射偵測器都放在和原來光波行徑方向成90°位置（如圖2-7C所示），這樣散射光受原來光波干擾較小。

由上述光散射和粒子直徑大小間之關係，可知粒子大小可用光散射強弱來估算一粒子之顆粒大小。實際上，在散射光譜法中，光散射不只用來估算粒子之顆粒大小，甚至可用來估算粒子分子之分子量。

在許多光散射過程中光波長λ並無改變，此稱彈性散射（Elastic Scattering），但有時候，散射光和原來光波長不同，此稱為非彈性散射（Inelastic Scattering），此兩種散射之偵測皆用在拉曼光譜法（Raman Spectrometry）中。

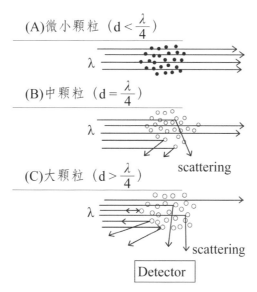

(A)微小顆粒 $(d < \dfrac{\lambda}{4})$

(B)中顆粒 $(d = \dfrac{\lambda}{4})$

scattering

(C)大顆粒 $(d > \dfrac{\lambda}{4})$

scattering

Detector

圖2-7　光散射和光波波長及被照射物質顆粒大小關係示意圖

2-2-7　核子及電子共振及其光譜法

　　一般光波主要對待測物質的分子、原子及電子產生能階轉移，較少牽涉到原子核，而無線電頻率（Radio-Frequency, RF）電磁波（30～1200 MHz）則可能會使原子核之自旋方向改變。如圖2-8所示，氫原子（H-1）之原子核在磁場中原來依順時間自旋（自旋能階（m_I）為 +1/2（自旋量子數Spin Quantum Number），若給于適當的RF電磁波，此氫原子核吸收此電磁波（ΔE），其自旋改為能階（m_I為 $-1/2$）較高的逆時鐘自旋。此種利用電磁波或其他力量使一粒子或物質之運動方向或速度改變或產生運動的現象常被稱為共振現象（Resonance）。反之，在高能階（m_I為$-1/2$）激態之原子核可再回低到能階（m_I為 +1/2）基態而放出電磁波。吾人可以用其吸收或放出電磁波的能量及數量做待測物質定性及定量，此種分析技術稱為核子磁共振光譜法（Nuclear Magnetic Resonance (NMR) Spectrometry）。此種核子磁共振可以發生在基態時具有自旋角動量（即基態自旋量子數（m_I）不為零（$m_I \neq 0$））之原子核。例如^{12}C及^{13}C之基態自旋量子數（m_I）分別為0及1/2，所以^{13}C會有核子磁共振現象，但^{12}C原子核則無核子磁共振現象。

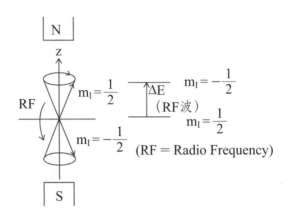

圖2-8　氫原子核（H-1）在磁場下吸收廣播波段（RF）電磁波改變其自轉（Spin）
　　　　方向（從自轉$m_I = 1/2$到反方向自轉$m_I = -1/2$）

　　同樣地，不成對電子（Unpaired Electron）具有基態自旋量子數（m_I）
為$-1/2$，所以不成對電子和原子核一樣在磁場下會吸收特定電磁波（從基態
（$m_I = -1/2$）躍至激態（$m_I = +1/2$）而使電子自旋方向改變，也同樣可由
激態回到基態而放出電磁波。同樣由其吸收或放出電磁波的能量及數量做含
單一電子之待測物質定性及定量，此種分析技術特稱為電子自旋共振光譜法
（Electron Spin Resonance (ESR) Spectrometry）。一般單一電子常存在自
由基（Free Radical）物質，醫學上已證實自由基物質和人體許多病變有關。
故此電子自轉共振光譜法常用來偵測生化醫學或材料中之自由基物質。

2-2-8　分子振動和轉動及其光譜法

　　電磁波在紅外線波段（$0.8 \sim 300$ μm或$30 \sim 10^4$ cm^{-1}）照射到一待測物質
之分子可能會引起分子中原子間之振動（Vibration，如圖2-9）而改變原子間
之距離（r）及偶極矩（Dipole moment）和其振動能階（如圖2-10）。若兩
原子環境不同（即各自接的原子團不同）或元素不同就具有偶極矩，兩原子間
偶極矩（μ）定義如下：

$$\mu（偶極矩）= q \times r \qquad (2-13)$$

　　式中q為兩原子之相對電荷絕對值（兩原子所具有的電荷分別為q+及
q-），r為兩原子間距離（如圖2-9a）。兩原子間具有偶極矩就較易吸收紅外

線而改變振動能階。

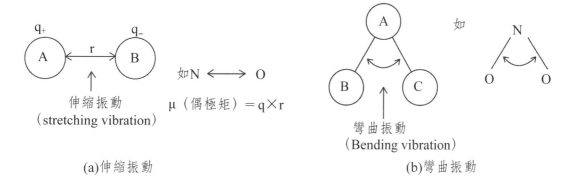

(a)伸縮振動　　　　　　　　　　　　　　　　　(b)彎曲振動

圖2-9　分子中原子間(a)伸縮振動及(b)彎曲振動

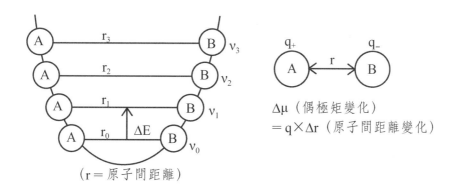

圖2-10　分子中原子間伸縮振動所引起之能階及偶極矩變化

　　分子中常見的原子間振動為伸縮振動（Stretching vibration）及變角振動（Bending vibration）。圖2-9a為具有偶極矩之兩原子間的伸縮振動，當此具有偶極矩之兩原子吸收適當波長的紅外線光波時，其原子間距離就會改變因而兩原子間的偶極矩也跟著改變，如圖2-10所示，其振動能階會因吸收紅外線能量（ΔE）而轉移（Transition）到高能階。變角振動如圖2-9所示為多原子間之間角會因吸收紅外線而改變且會引起分子之極性（各原子之總和偶極矩（Net dipole moment, Σμ）之改變。吸收紅外線所引起的振動狀態改變通常用在紅外線光譜分析法。拉曼光譜法雖然也是利用待測物質會因吸收光波而也一樣會引起振動能階及偶極矩改變，但其所吸收的是雷射可見光，其所激化的是電子而非原子，同時其偶極矩也不一定是分子原來就有的，而是由雷射光所

激發的誘發偶極矩（Induced dipole moment，如N≡N分子原來無偶極矩，照射適當的雷射光後會引起激發性偶極矩）。

　　分子除吸收紅外線會引起其振動狀態改變外，有些分子也會轉動（Rotation），一般分子轉動能階轉移所需能量要比分子振動及電子能階轉移來得小，如圖2-11所示，能階轉移能量：電子轉移 > 分子振動 > 分子轉動，電子轉移及分子振動轉移所需能量分別在紫外線／可見光及紅外線波段，而分子轉動能階轉移所需能量則在微波（Microwave）範圍，換言之，分子可能會吸收微波而引起轉動或轉動狀態改變，用微波引起轉動狀態改變之光譜法為常用的微波光譜法（Microwave Spectroscopy）。

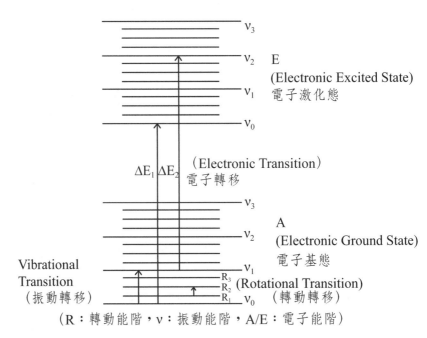

圖2-11　分子轉動、分子振動及電子能階轉移示意圖

2-3　光譜分析儀器基本結構

　　光譜分析儀器依其結構中是否有波長分光之單光器（Monochromator）或波長選擇器（Wavelength Selector）可概分1.分散式光譜儀（Dispersive

Spectrometers）及2.非分散式光譜儀（Non-Dispersive Spectrometers）兩種。在分散式光譜儀中，偵測過程中各種波長的光波在偵測前先經單光器（Monochromator）或波長選擇器選出單一波長再偵測，反之，非分散式光譜儀多波長光波在整個偵測過程中至始至終都沒將各波長分開，而是各波長幾乎同時偵測。本節將對這兩種光譜分析儀之基本結構分別介紹：

1.分散式光譜儀

　　一般常見的分散式光譜儀有：(1)吸收光譜儀（Absorption Spectrophotometer），(2)螢光光譜儀（Fluorescence Spectrophotometer），及(3)發射光譜儀（Emission Spectrophotometer）。圖2-12及圖2-13分別為常見的分散式吸收／螢光及發射光譜儀之基本結構示意圖。

　　在**吸收光譜儀**的結構（圖2-12a）中，需要有一個光源，而光源的種類隨著不同吸收光譜儀有所不同，例如紫外線／可見光（UV/VIS）吸收光譜儀可用會發出UV/VIS光的汞燈（Hg Lamp）當光源，而X光吸收光譜儀可用發出X光之X光管（X-Ray Tube）。通常由光源所發出的光為多波長的複色光，而一般**分散式**吸收光譜法中一特定時間都以單一波長為定量待測物之基礎，故光源後通常緊接一單光器，將含多波長（如λ_1, λ_2, λ_3...等等）的光波在陸續選擇單一波長（如先選λ_1，然後λ_2...），然後再陸續將所選的波長之光波經一光束分散鏡（Beam splitter）分成光強度皆為I_0之兩股光波（如圖2-12a所示），分別照射樣品槽（Sample cell）中待測物質及參考槽（Reference cell）中參考溶劑（無待測樣品）。若光波被待測物質吸收，則通過樣品槽的光強度（I）將減弱，而因參考槽中並無待測物質所以由參考槽出來的光強度還和原來的一樣（I_0）。然後用一個可偵測I_0/I比之偵測系統（Detector或Detection System）測出此I_0/I比，然後利用比爾定律（見式2-5），就可計算出待測物質濃度並如圖2-12a所示顯示在顯示器或紀錄器中。

　　螢光光譜儀之結構如圖2-12b所示，其結構中也一樣要有一個適合的光源，可能為燈管（Lamps）或雷射（Laser），同樣也要一個單光器將光源所發出的多波長光波選出一單波長（如λ_1），再用此單波長（入射光）照射在樣品室中之待測物質，而使待測物質發出各種和原來λ_1不同的波長（如λ_1', λ_2',

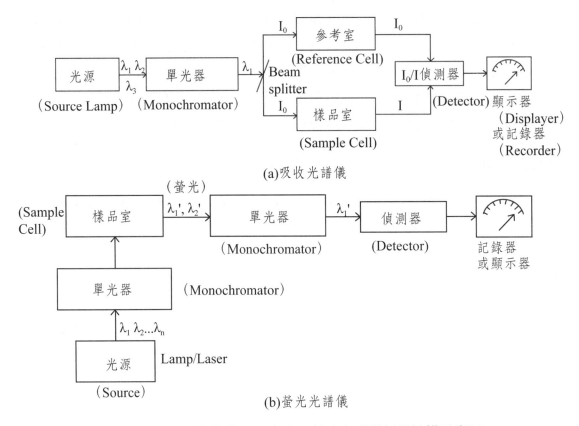

(a)吸收光譜儀

(b)螢光光譜儀

圖2-12   分散式(a)吸光及(b)螢光光譜分析儀結構示意圖

λ_3' 等）之螢光（出射光），然後如圖2-11b所示，這些不同波長的螢光需再用另一個單光器陸續選出單一波長光波，也陸續一一用偵測器（Detector）偵測這些不同波長的螢光。由圖2-12b可看出在螢光光譜儀中照射樣品的單波長入射光（如λ_1）和所發出的螢光（出射光）之光徑是成90°角，這樣入射光才不會干擾出射光的螢光。

發射光譜儀所用的激化源（Excitation Sources）可爲多波長光波及其他能源，所以常見的發射光譜儀如圖2-13所示有(1)能源發射光譜儀及(2)光源發射光譜儀。以其他能源的**能源發射光譜儀**（Energy source emission spectrometer）之裝置如圖2-13(a)所示，在此結構中通常待測樣品和能源裝置同放在一室（Source/Sample cell），例如用誘發耦合電漿（ICP）做能源時，待測樣品導入ICP電漿裝置中而被激化，樣品和能源裝置成一體。如圖2-13(a)所示，待測樣品被能源激化後會發出各種波長（λ_1, λ_2, λ_3等）的發

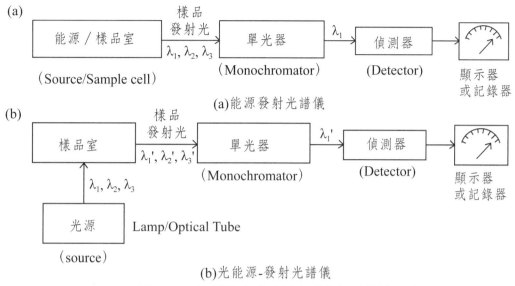

(a)能源發射光譜儀

(b)光能源-發射光譜儀

圖2-13 各種分光式發射光譜分析儀結構示意圖

射光（Emission of Radiation）。為著一一偵測各波長發射光波，如圖 2-13(a)先接一單光器先將不同波長光波一一分開，然後一一用接在單光器 後的偵測器偵測。另外，圖2-13(b)為以多波長光波為光源的**光源發射光譜 儀**（Light source emission spectrometer）結構圖，多波長光波可由燈管 （Lamp）或光產生管（Optical Tube，如X光管（X-ray Tube））產生。接 著這些多波長光波照射樣品室中待測物質（圖2-13(b)），使待測物質激化後 發出各種不同的波長（如λ_1', λ_2', λ_3'等）之新光波，再用單光器陸續分開各波 長光波並用偵測器一一偵測。

在各種分散式光譜儀器中所用單光器種類繁多，但最常用的單光器為光 柵（Grating），光柵最主要的元件為一表面刻有許多刻槽（grooves）或刻痕 （blazers）（最常見的為1840刻槽／毫米（grooves/mm））之晶體（如Rh 或LiF），如圖2-14所示，當一多波長光束照到這晶體表面各刻槽或刻痕時， 各種不同波長繞射光波會從不同的出射角（θ）發出來，換言之，多波長光束 經此晶體光柵會將不同波長之光波一一分開。光柵及其他單光器之分光原理將 在有關各章詳加說明。

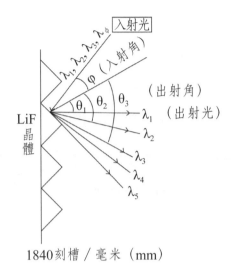

圖2-14　LiF晶體光柵（Grating）分光示意圖

2.非分散式光譜儀

最常見的非分散式光譜（Non-Dispersive Spectrometers）儀為**傅立葉轉換光譜儀**（Fourier Transform (FT) Spectrometers）[12]，基於吸光（Absorption）及光發射（Emission）作用，**傅立葉轉換**光譜儀器亦可分為**(1)吸光型傅立葉轉換光譜儀**（Absorption FT-Spectrometers），及**(2)發射型傅立葉轉換光譜儀**（Emission FT-Spectrometers）兩種。圖2-15為此兩種傅立葉光譜儀之基本結構示意圖。

在**吸光型傅立葉轉換光譜儀**（圖2-15a）中，具有各種波長的電磁波或光源（Source）先經一干涉器（Interferometer），使光源出來的各波長的光波來回震盪形成以時間為函數（I_t）之積分式集合波（如圖2-15a之P圖）。各波長的集合波再照射到樣品室中之待測物質，部分波長之光波被待測物質吸收，經偵測器偵測後將所得之各波長被吸收強度（$\Delta I_{(t)}$）對時間（t）作圖可得如圖2-15a中之T-1圖，T-1圖是為時間函數（Time Domain）之混合波吸光訊號圖，此時間函數訊號圖經傅立葉轉換[13]（Fourier Transform）可轉成以頻率函數（Frequency Domain）為主的吸光訊號（$\Delta I_{(\nu)}$）圖（圖2-15a之F-1圖），F-1圖為顯示器所顯示的最終以頻率函數為主之常見的光譜圖。此傅立葉轉換可由下列積分方程式表示：

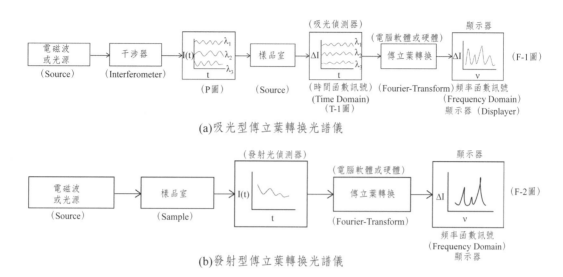

(a)吸光型傳立葉轉換光譜儀

(b)發射型傳立葉轉換光譜儀

圖2-15　非分散式(a)吸光型及(b)發射型傳立葉轉換光譜儀基本結構及原理示意圖

$$\Delta I(v) = \int_0^\infty \Delta I_{(t)} (\cos vt - i \sin vt) dt \quad (i = \sqrt{-1}) \quad (2-14)$$

式2-14就稱為傳立葉轉換方程式，此傳立葉轉換可用電腦軟體或硬體來完成。**傳立葉轉換紅外線光譜儀**（Fourier Transform Infra-Red Spectrometer, FTIR）即為常見的吸光型傳立葉光譜儀。

在**發射型傳立葉轉換光譜儀**（圖2-15b）中，同樣也用含有各種波長的電磁波或光源照射樣品室之待測物質，使待測物質激化並隨後從激態回到基態而發出和時間有關的多波長的發射光，由將偵測器所得之隨時間變化的多波長發射光強度（$I_{(t)}$）對時間作圖（t）可得如圖2-15b中之T圖，同樣再用式2-15傳立葉轉換方程式，將此時間函數為主的訊號圖（T-2圖）轉換成以頻率函數為主之訊號圖（圖2-15b之F-2圖）並由顯示器顯示，即可得一般所見的頻率光譜圖。

$$I(v) = \int_0^\infty I(t)(\cos vt - i \sin vt) dt \quad (2-15)$$

常見的發射型傳立葉光譜儀有「**傳立葉轉換核磁共振光譜儀**（Fourier Transform Nuclear Magnetic Resonance Spectrometer, FTNMR）」，「**傳立葉轉換拉曼光譜儀**（Fourier Transform Raman Spectrometer, FT-Raman）」及「**傳立葉轉換質譜儀**（Fourier Transform Mass Spectrometer, FTMS）」。

第 3 章

紫外線／可見光光譜法

　　人類很早就觀察到可見光對物質有可透光及反射等現象並用來偵測物質，此為人類最早的光譜分析法，人們進一步發現只要是有顏色的物質都可用可見光光譜法來偵測。隨著紫外線的發現，吾人發現分子或原子中之**外層電子或價電子**許多會吸收紫外線或可見光而從其基態激化到激態，所以人們也將紫外線／可見光光譜法（Ultraviolet/Visible Spectrometry）列為**電子光譜法**之一種。本章將分別針對紫外線／可見光光譜法之分析原理、儀器結構及其應用加以說明。

3-1　光譜法分析原理[14-17]

　　紫外線／可見光光譜法基於物質分子／原子中之電子吸收紫外線／可見光現象。紫外線波長範圍約100～400 nm，能量範圍約為10～3 eV，而可見光之波長範圍約為400～800 nm，能量範圍約為3～1.5 eV。本節將介紹物質吸收紫外線／可見光現象，及比爾吸光定律與分子結構對吸光度及波長之影響。

3-1-1　物質吸光原理

　　對有色物質而言，科學界已知有色物質之所以呈色是由於此物質吸收白光中之互補色光所引起的。表3-1為各種有色物質所吸收之波長以及其所吸收之光波波段。由表3-1可知一黃色物質其吸收（Absorption）白光中波長為435～480 nm之藍光（黃光之互補色），而未被吸收之黃光到達人的眼睛而被觀察其呈黃色。反之，一藍色物質則吸收波長為580～595 nm之黃光（藍光之互補色）而讓藍光通過。其他如紅色物質如表3-1所示，為吸收其互補色-藍綠色光（波長490-500 nm）。所以只要是有色物質就可用紫外線／可見光吸收光譜儀（UV/VIS Absorption Spectrometer）偵測。

表3-1　物質顏色與吸收光之波長之關係[17]

吸收波長（nm）	物質之顏色	吸收的光波
<380	—	紫外光（UV）
380-435	黃綠色	藍紫光（Violet）
435-480	黃色	藍色光（Blue）
480-490	橘色	綠藍光（Greenish-Blue）
490-500	紅色	藍綠光（Bluish-Green）
500-560	紅紫色（Purple）	綠光（Green）
560-580	藍紫色（Violet）	黃綠光（Yellowish-Green）
580-595	藍色	黃光（Yellow）
595-650	綠藍色（Greenish-Blue）	橘色光（Orange）
650-780	藍綠色（Bluish-Green）	紅光（red）
>780	—	近紅外線（Near IR）

　　然而有色物質之所以會吸收其互補色之可見光原因為何？由量子化學研究得知「可見光之吸收其實是使物質分子中之電子從其低能階之基態（Ground state）激化躍遷（Excitation）到激態（Excited sate）所致」。如圖3-1所示，吸收了可見光ΔE之能量使分子中電子從其基態（E_0）激化到激態（E_1）。然如圖3-1所示，電子從基態到激態不只吸收一波長（λ_1，能量ΔE_1）之光波，還會吸收ΔE_2，ΔE_3等其他波長(λ_2, λ_3)之光波，這是因為每一電子能階還包含分子振動（Vibration）能階，故一般分子化合物對紫外線/可見光之

吸收波峰（Absorption peak），不是單一吸收波長（λ_1，能量ΔE_1），而也含λ_2，λ_3（能量ΔE_2，ΔE_3)等波長之呈寬帶（Band）波峰。另外，這些電子能階之轉移（Transition）不只會因吸收可見光引起，也會因吸收紫外線而發生。換言之，一無色物質也會因吸收紫外線光而使其分子中電子激化到激態。也就是說，應用紫外線／可見光光譜儀可用來偵測有色（用可見光）及無色（用紫外線）之物質之吸光現象。

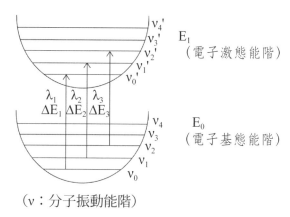

圖3-1　物質吸收紫外線／可見光所引起的電子轉移（Transition）

　　分子中吸收了紫外線／可見光後最容易被激化的爲價電子，在一分子（如C-C=C-NH$_2$）中價電子可能會有結成共價鍵之σ及π電子（雙鍵上）以及未共用的n電子（Non-bounding electrons，如N原子上之未共用電子對）。如圖3-2所示，σ及π電子可能分別吸收紫外線或可見光激化轉移到σ*及π*激態能階，而n電子則可能吸收紫外線或可見光激化到σ*及π*激態能階。依據吸光電子轉移選擇法則（Selection rule）只有這四種轉移（σ→σ*，π→π*，n→σ*，n→π*）是可以（Allowed）發生的，其他電子能階間轉移（如σ→π*，π→σ*）都禁止（Forbidden），也就是不會發生的。

　　這些電子能階間轉移所需吸收之光波波段如表3-2所示，σ→σ*轉移所需能量最大，所吸收的波段為< 200 nm之眞空紫外線光（Vacuum UV），因空氣中之N$_2$及O$_2$都會吸收此波段之光波，故樣品需在眞空中偵測，因而得名。此波段不只N$_2$及O$_2$會吸收，大部份共價化合物（如CH$_4$）都會吸收（表3-2）。而n→σ*轉移則吸收遠紫外線光（Far UV, 180-230 nm）且發生在許

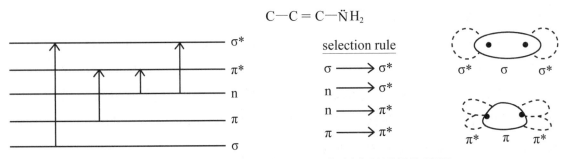

圖3-2　分子中各種價電子吸收光波所引起的轉移

多含未共用電子n之化合物如ROH，RNH$_2$，ROR'，RCOR'，RSH及RCHO等
（表3-2）。同樣地，n→π*轉移也發生在這些含未共用電子n之化合物並吸
收近紫外線或可見光（Near UV/VIS, 280-700 nm）。π→π*轉移可發生在
含π電子之共軛雙鍵化合物（Conjugated Compounds）及非共軛雙鍵化合物
（Non-conjugated Compounds），如表3-2所示，其所吸收之波段為200～
500 nm（共軛雙鍵化合物及< 200 nm（非共軛雙鍵化合物）。

表3-2　各種有機化合物之電子能階間轉移及可能吸收光波與波長

能階轉換（Transition）	吸光範圍（Region）	舉例（Example）
(1) σ→σ*	Vacuum UV (< 200 mm)	CH$_4$ at 125 nm N$_2$ at 160 nm O$_2$ at 200 nm
(2) n→σ*	Far UV (180～220 nm)	ROH 180～185 nm CH$_3$NH$_2$ 213 nm ROR' 180-185 nm Mercaptan R ≤ 190～200 nm RCOR' 190 nm
(3) n→π*	Near UV/Vis (280～700 nm)	Aldehyde 290 nm, Ketone 280 nm RCOOH 206 nm, Ester 206 mm Amides 210 nm, RCOCl 235 nm Anhydride, 225 nm, Acetone 277 nm
(4) π→π*	(i)Conjugated (200～500 nm) (ii)Non-Conjugated < 200 nm	C-C=C-C=C--

各種電子能階間轉移所吸收光波的波長和能量除了和分子共價鍵性質有
關外，和其周遭環境有關，例如分子在極性溶劑（Polar solvent）中，因分子

中之未共用電子n趨於穩定，因而n電子基態能階下降（如圖3-3a所示），以致於n→π*和n→σ*轉移之能量增加而波長往短波長之藍位移（Blue shift）移動。反之，如圖3-3b所示，在極性溶劑中，分子之π電子基態能階上升，故π→π*轉移之能量減少而波長往長波長之紅位移（Red shift）移動。

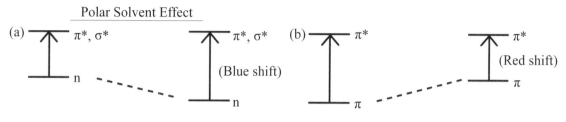

圖3-3　極性溶劑對物質中之n/π電子之電子能階轉移之影響

　　除分子中之電子外，中性原子（如Cu^0）及離子（如Fe^{3+}）中之外層電子也可能吸收紫外線或可見光，如圖3-4所示，一原子或離子之外層電子2p, 3s及3p電子可能吸收紫外線或可見光，而分別激化到3s, 3p及3d，依據吸光選擇法則（Selection rule），電子轉移只發生在角動量（ℓ）及電子自轉（S）之量子數改變為：$\Delta\ell = \pm 1$；$\Delta S = 0$，故3s（ℓ=0）電子只可吸光轉移到3p（ℓ=1）能階，而不能轉移到3d（ℓ=2）能階。中性原子之吸光光譜將在原子光譜法一章中介紹，本章將著重介紹分子及離子吸收紫外線或可見光之光譜分析法。

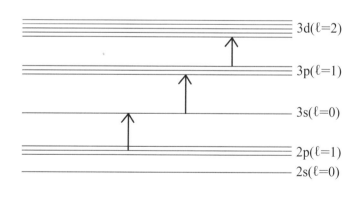

圖3-4　原子及離子中之外層電子之電子能階轉移

3-1-2　比爾定律[18]

在紫外線／可見光光譜法中，常用比爾定律（Beer's law）或稱比爾—朗伯定律（Beer-Lambert law）來計算待測物質在分析樣品中之濃度，當一特定波長光波以光強度（I_0）入射待測樣品，如圖3-5所示，此光波在樣品中所走的距離b（光徑）中被吸收一部份，並以強度I之出射光射出，比爾定律即說明出射光／入射光和樣品中待測物質濃度（c）之關係，依下列比爾定律吸光度（A, Absorbance）可計算如下：

$$A（吸光度）= \log(I_0/I) = \varepsilon bc \tag{3-1}$$

式中ε為吸收係數（Absorption coefficient），當光徑b單位為cm，待測物質濃度c之單位為mole/L（即Molarity, M）時，ε特稱為莫耳吸收率（Molar absorptivity）並常稱為莫耳吸收係數（Molar absorption coefficient，ε單位為$M^{-1} cm^{-1}$）。在學術上有時稱吸光度（Absorbance）為光密度（Optical density），而莫耳吸收係數ε也有稱為莫耳消光係數（Molar extinction coefficient）。另外，亦常用透光率來說明吸光情形，透光度（Transmittance, T）定義如下：

$$T（透光度）= I/I_0 \tag{3-2a}$$

透光度常用百分比來（T%）表示，常稱為透光率（T%）：

$$T\%（透光率）=(I/I_0) \times 100\% \tag{3-2b}$$

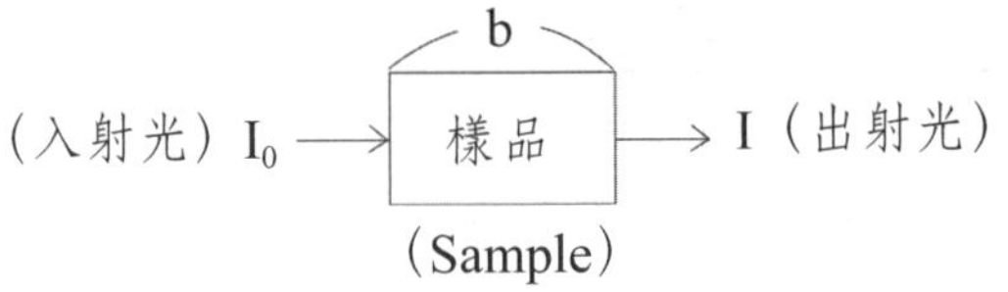

$A（吸光度，Absorbance）= \log(I_0/I) = \varepsilon bc$

$T（透光度，Transmittance）= \dfrac{I}{I_0}$

c：樣品中待測物質濃度（M）
ε：莫耳吸收係數（Molar Absorptivity）
b：光在樣品中所走之光程（cm）

圖3-5　待測物質之吸光作用及與其在樣品中濃度關係

待測樣品在不同波長（λ_1及λ_2）的吸光度會有不同，依據比爾定律（式3-1），待測物質之吸光度（A）對待測物質濃度（c）作圖可得不同直線（如

圖3-6所示），而直線之斜率（Slope）為εb，若樣品裝在樣品槽（Sample cell）中，而光經樣品槽所走的光徑b為固定，則由直線斜率可計算在不同波長λ_1及λ_2之不同吸收係數ε_1及ε_2。

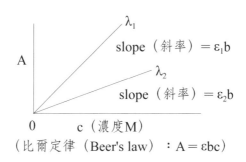

（比爾定律（Beer's law）：A = εbc）

圖3-6　物質在不同波長（λ_1及λ_2）之吸光度（A）與濃度（c）關係示意圖

　　若在一特定混合樣品中有多種待測物質1, 2, 3, …等，在固定波長λ下，此樣品之總吸光度（A_{total}）如下：

$$A_{total} = \varepsilon_1 bc_1 + \varepsilon_2 bc_2 + \varepsilon_3 bc_3 + \cdots\cdots \qquad （3-3）$$

　　在待測物質濃度高或樣品中待測物質起化學或物理變化時，若依比爾定律計算待測物質濃度就會有偏差，此稱為比爾定律偏差（Deviation from Beer's law）。如圖3-7所示，比爾定律偏差有負偏差（Negative deviation）及正偏差（Positive deviation）。

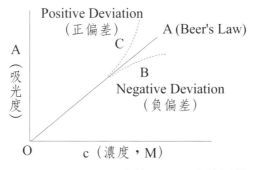

圖3-7　比爾定律及比爾定律偏差

　　造成比爾定律負偏差（圖3-7之B曲線）之原因很多，可能有下列幾個原因：

1.待測物質起化學變化

例如樣品中待測物質苯甲酸（C_6H_5COOH）及二鉻酸離子（$Cr_2O_7^{2-}$）在水中之水解作用會使待測物質濃度變小，造成在原來波長下吸光度下降及負偏差，兩物質之水解如下：

$$C_6H_5COOH + H_2O = C_6H_5COO^- + H_3O^+ \qquad （3-4）$$

$$（\lambda_{max} = 273 \text{ nm}） \qquad （\lambda_{max} = 268 \text{ nm}）$$

$$Cr_2O_7^{2-} + H_2O = 2CrO_4^{2-} + 2H^+ \qquad （3-5）$$

$$（\lambda_{max} = 450 \text{ nm}） \qquad （\lambda_{max} = 372 \text{ nm}）$$

其他的化學反應如氧化反應（如Fe^{2+}氧化：$4Fe^{2+} + O_2 + 2H_2O = 4Fe^{3+} + 4OH^-$）及錯合反應（如$Cu^{2+}$和$Cl^-$錯合：$Cu^{2+} + Cl^- = CuCl^+$）也會造成比爾定律負偏差。

2.溶劑及溫度效應

如前（圖3-3）所述，在極性溶劑中，待測物質之n電子基態能階下降而使π電子基態能階上升，以致於n→π*和n→σ*轉移往短波長之藍位移移動，而π→π*轉移往長波長之紅位移移動，換言之，造成待測物質之λ_{max}改變而在原來波長下之吸光度下降而形成比爾定律之負偏差。

溫度有時也會造成比爾定律負偏差，例如$FeCl_3$在HCl水溶液中，溫度升高會使此溶液顏色由黃色（Yellow, $FeCl_{4(aq)}^-$）轉成紅棕色（Reddish brown, $FeCl_{3(aq)}$），換言之，造成待測物質之λ_{max}改變及比爾定律之負偏差。

造成比爾定律正偏差（圖3-7之C曲線）之機會相對較少，常見之原因由於光譜儀之偵測器並不只偵測單波長而是偵測一段波長Δλ（Spectra width），如要偵測一單波長λ_1，實際上在波段Δλ中之λ_2及λ_3也會被偵測到。若光譜儀之分光器不能完全送單波長λ_1而也只能送一段波長Δλ'（Band pass，解析度）送出，那偵測器所測到的吸光度就不只λ_1吸光度而是加上λ_2及λ_3之吸光度，因而造成比爾定律正偏差。一般光譜儀之分光器的Δλ'（Band pass，解析度）可分為±1, ±2, ±5, ±10, ±20 nm幾種，Δλ越小儀器越貴。

3-1-3　分子結構對吸光之影響

待測物質之分子結構和紫外線／可見光吸收有相當關係。實際上已有不少方法可精確的利用分子結構預測此分子對紫外線／可見光吸收之最大吸收波長。一般較易吸收紫外線／可見光之分子為：具有發色團（Chromophores）分子，共軛烯類及金屬錯合物（Complexes）分子，本節將介紹這三類分子之分子結構對吸收紫外線／可見光之影響。

1.具有發色團（Chromophores）分子[19]

表3-3為有機化合物分子中常見的發色團及其吸收波長（λ）和莫耳吸收係數（ε）。具有這些發色團之分子就較易吸收紫外線／可見光，由表中可看出有π鍵之發色團（如C＝C，C≡C）及未共用電子對n之發色團（如NH_2，-N＝N-）有較大的莫耳吸收係數，換言之，有這些發色團之分子較易吸收紫外線／可見光。

表3-3　分子中發色團之最大吸收波長及莫耳係數

發色團	λ(nm)	ε_{max}	發色團	λ(nm)	ε_{max}
－C＝C	185	8000	－NH_2	195	2500
－C≡C	175	6000	－N＝N－	252	8000
－C＝0	188	900	－N＝0	300	100
－CHO	210	20	－NO_2	270	14
－COOH	205	60	－Br	205	400
－COOR	205	50	－	－	－

發色團（chromophore）：λ(nm)=最大吸收波長；ε_{max}=最大吸收莫耳係數。

2.共軛烯類（Conjugated alkenes）分子

許多共軛烯類都具有顏色，例如有30個共軛雙鍵的碳六十（C60）呈紫褐色及有11個共軛雙鍵的β-胡蘿蔔素（β-Carotene）呈黃色，換言之，這些共軛烯類除會吸收C＝C特有之紫外線波長外，亦可能會吸收可見光波段波長。許多研究提出由共軛烯類分子結構預測對紫外線／可見光吸收波長之方法，其

中以費瑟（Fieser）及庫恩（Kuhn）兩位學者針對線性共軛烯類（共軛雙鍵數目>4）預測對紫外線／可見光吸收波長之方法最有名。圖3-8為他們所提出計算線性共軛烯類分子之最大吸收波長λ_{max}及其莫耳吸收係數ε_{max}之法則與其應用在對β-胡蘿蔔素（β-Carotene）分子預測，由圖3-8可看出，λ_{max}及ε_{max}預測值和β-胡蘿蔔素分子溶於己烷中實際測試值相當接近。由此費瑟-庫恩法則（Fieser-Kuhn Rule）[20]可見共軛烯類之共軛雙鍵數目及分子結構對紫外線／可見光吸收波長及吸收係數有相當關係。

共軛雙鍵烯類（Conjugated Alkene）吸光Fieser-Kuhn法則
(1)吸收波長：$\lambda max = 114 + 5\ m + n(48 - 1.7n) - 16.5R_{endo} - 10_{Rexo}$
(2)吸收係數：$\varepsilon_{max} = (1.74 \times 10^4)n$

n：共軛雙鍵數目；m：接在雙鍵上之烷基數；
R_{endo}：具有雙鍵之環數（雙鍵在環內）
R_{exo}：雙鍵所接環數（雙鍵在環外）
應用：β-胡蘿蔔素（β-carotone）吸光預測

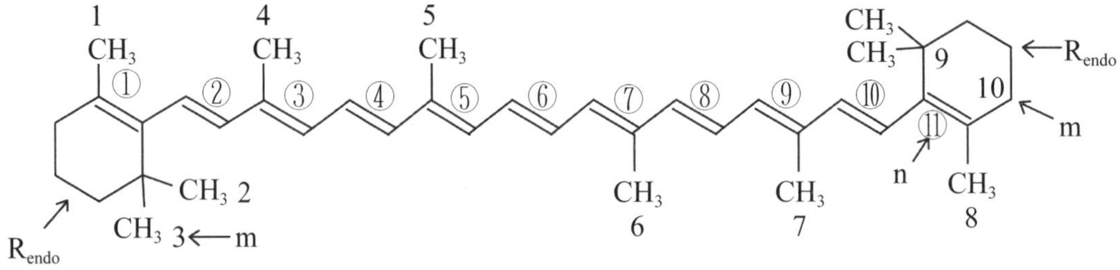

分子中：n（共軛雙鍵數）＝11，m（接在雙鍵烷基）＝10
　　　　R_{endo}（雙鍵在環內之環數）＝2，R_{exo}（雙鍵在環外之環數）＝0
計算值（λ_{max}^{cal}及ε_{max}^{cal}，依Fieser-Kuho法則）

計算：$\lambda_{max}^{cal} = 114 + 5 \times 10 + 11(4.8 - 1.7 \times 11) - 16.5 \times 2 = 453.2$ nm

實測：$\lambda_{max} = 452$ nm（在己烷溶劑中）

計算：$\varepsilon_{max}^{cal} = (1.74 \times 10^4) \times 11 = 1.71 \times 10^5$
實測：$\varepsilon_{max} = 1.52 \times 10^5$（在己烷中）

圖3-8　共軛烯類吸光波長及莫耳係數Fieser-Kuhn計算法則及其應用

3.金屬離子錯合物

　　過渡金屬（Transition-metals）離子中有些離子為無色（如Ag^+）或顏色很淺（如Fe^{2+}，淺綠色）很難直接用可見光光譜法偵測，故常利用這些金屬離子和有機配位基（Ligand）起錯合反應而生成顏色顯著，可吸收可見光之錯合物（complexes），然後用紫外線／可見光光譜儀偵測。例如在水中淺綠色（pale green）的亞鐵離子（Fe^{2+}）可和無色的有機配位基Oph作用形成顯著的橘色的錯合物$Fe(Oph)_3^{2+}$，錯合反應如下：

$$Fe^{2+}（淺綠色）+ 3Oph（無色）\rightarrow Fe(Oph)_3^{2+}（橘色，\lambda_{max} = 510\ nm）$$

$$(3-6)$$

　　此錯合反應中反應物Fe^{2+}只有很淺的淺綠色而有機配位基Oph則為無色，然其錯合物卻為顯著的橘色，這是由於如圖3-9所示，亞鐵離子（Fe^{2+}）價電子為6個d電子（d^6）分佈在同能階之5個d軌域，當其與配位基形成錯合物$Fe(Oph)_3^{2+}$後，5個d軌域因配位子場效應（Ligand field effect）而分裂成兩組能階，在低能階之電子就有可能吸收可見光能量ΔE而激化到高能階，故其錯合物呈橘色，可用紫外線／可見光光譜儀偵測。同樣地，其他大部份之過渡金屬離子（如Ag^+）都可用其和有機配位基（如SCN^-）形成有色錯合物（如$Ag(SCN)$，磚紅色）而可用紫外線／可見光光譜儀偵測。對金屬離子本身在水中已有顏色之離子（如Cu^{2+}，Fe^{3+}）是可以直接用光譜儀偵測，但一般形成錯合物之吸收係數ε要比原來金屬離子之吸收係數大很多。

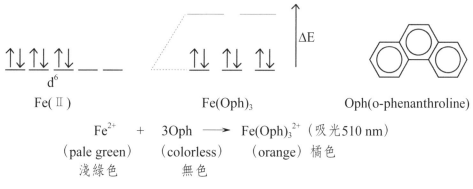

$$Fe^{2+} \quad + \quad 3Oph \quad \longrightarrow \quad Fe(Oph)_3^{2+}（吸光510\ nm）$$
（pale green）　　（colorless）　　（orange）橘色
淺綠色　　　　　無色

圖3-9　亞鐵離子之錯合反應及其錯合物對可見光之吸收

3-2　儀器結構

　　各種光譜儀依其儀器原理來設計其儀器結構。紫外線／可見光光譜法是依儀器原理利用待測物質吸收紫外線或可見光，然後偵測單波長吸光度並依比爾定律計算待測物質在樣品中之含量。所以儀器結構中光源，偵測器，單光器及樣品槽為必需之組件，所以，本節除介紹各種紫外線／可見光光譜儀基本結構外，將分別介紹光源，偵測器及分光器等主要組件。

3-2-1　儀器基本結構

　　紫外線／可見光光譜儀概分單光束（Single-beam）及雙光束（Double-beam）光譜儀兩類。如圖3-10所示，此兩類光譜儀皆先由一可發出紫外線／可見光之光源（Source）發出多波長（如λ_1, λ_2, λ_3）紫外線／可見光，再經單光器可得一單波長（如λ_1）之光波。在單光束光譜儀（Single-beam spectrophotometer）圖3-10(a)）中，從單光器（Monochromator）出來的單波長光波先經一快門（Shutter）選擇，將單波長光波照射到一樣品槽（Sample cell）中待測物質或照射一參考槽（Reference cell）中無待測物質之參考物質（通常為純溶劑）。樣品槽和參考槽皆需用石英材質，因一般玻璃會吸收≦350 nm紫外線。由參考槽出來之單波長光波因無待測物質吸收幾保持原來光強度P_0，而由樣品槽出來的單波長光波因被待測物質吸收部份而減低光強度成P。由樣品槽及參考槽出來光強度分別為P及P_0之單波長光波經一可偵測紫外線／可見光之偵測器（Detector），分別轉成電流或電壓I及I_0訊號輸出。這些電流或電壓I及I_0訊號經分叉器可分成兩道，一道直接用電流顯示器顯示或用記錄器繪出電流或電壓訊號。另一道可經類比／數位轉換器（ADC）將電壓訊號轉成數位訊號讀入電腦做數據處理。當然訊號讀取及數據處理需撰寫電腦程式軟體執行及控制。數據處理包括將I及I_0訊號依比爾定律計算出樣品中待測物質濃度。
　　在雙光束光譜儀（Double-beam spectrophotometer，圖3-10(b)）中，從單光器出來的單波長光波先經一分光板（Beam splitter）分成兩道單波長

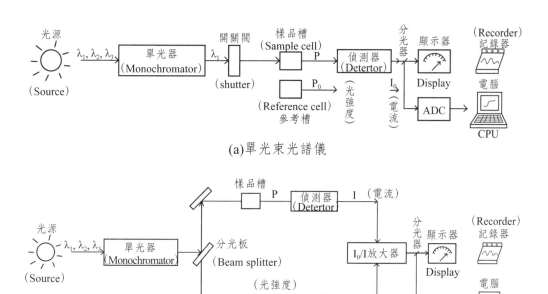

(a)單光束光譜儀

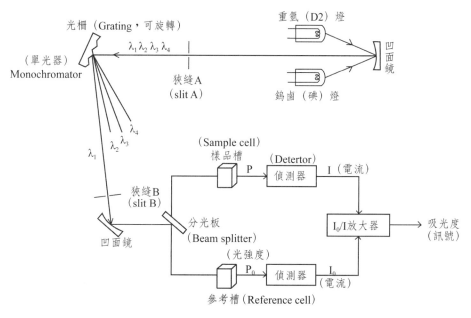

(b)雙光束光譜儀

(c)雙光束光譜儀中光波行進路徑

圖3-10 (a)單光束（Single-beam），(b)雙光束（Double-beam）紫外線/可見光吸收光譜儀結構及(c)光波行進路徑示意圖

光波，此兩道光波分別進入樣品槽及參考槽並分別照射樣品槽中之待測物質及參考槽中之參考物質（如純溶劑），然後由樣品槽及參考槽出來光強度分別為P及P_0之光波再用兩偵測器分別偵測，分別可得電流或電壓I及I_0訊號。此兩訊號（I及I_0）經一比較放大器（通常為運算放大器（OPA, Operational Amplifier））轉成電壓訊號（與吸光度成正比率關係）。此電壓訊號和單束光光譜儀一樣可用電流顯示器顯示／記錄器或經類比／數位轉換器（ADC）一微電腦做訊號轉換、讀取及數據處理並用電腦程式繪出待測物質吸光度與波長關係圖及計算樣品中待側物質濃度。圖3-10(c)為光波在雙束光光譜儀走的路徑，多波長之紫外線及可見光分別從氘（D_2）燈及鎢絲鹵（碘）燈出來後經凹透鏡集中經一狹縫A（Slit A, Slit寬度大小會影響光通量）照射到單光器中之光柵（Grating）將各波長光波依不同角度分開，特定時間只讓其中一波長通過狹縫B，若要選擇另一波長只要旋轉此光柵即可。經狹縫B出來的單波長經另一凹透鏡轉換方向照射到一石英光束分散鏡（Beam splitter）分成兩道單波長光分別照射到樣品槽中樣品及參考槽中參考物，從樣品槽及參考槽之光強度分別為P及P_0，然後分別進入同一種兩偵測器偵測分別得電流或電壓訊號I及I_0，再經I/I_0放大器可得特定波長之吸光度。一般單束及雙光束紫外線／可見光光譜儀大部份都設計用來偵測液體或氣體樣品，若要偵測固體樣品，需有稍為不同的設計，偵測固體用的紫外線／可見光光譜儀將在本章另節說明。

　　一般常用的紫外線／可見光光譜儀為雙光束光譜儀，圖3-11為Spectro廠牌之雙光束紫外線／可見光光譜儀實物圖。

圖3-11　Spectro牌之雙光束紫外線／可見光光譜儀實物圖[21A]。（http://www. spectroinc.com/q.htm）

　　傳統上的紫外線／可見光光譜儀各組件（光源、單光器、偵測器及 ADC）都分開且用電線或導光管連接，然而由於電子零件之進步，市面上已有除光源外，將分光器、偵測器及ADC皆混在一起的組件並用光纖做導光之光纖雙光束及單光束紫外線／可見光光譜儀（圖3-12）供應。此種光纖光譜儀不只價格比傳統的光譜儀便宜且重量也要輕很多。如圖3-12所示，光纖光譜儀亦分雙光束及單光束兩種光譜儀，圖3-12a為光纖雙光束光譜儀結構示意圖，主要組件為光源，光纖，探頭／樣品槽（Probe/Sample cell），偵測組件，此偵測組件屬組合型，包含單光器，偵測器及類比／數位轉換器（ADC），

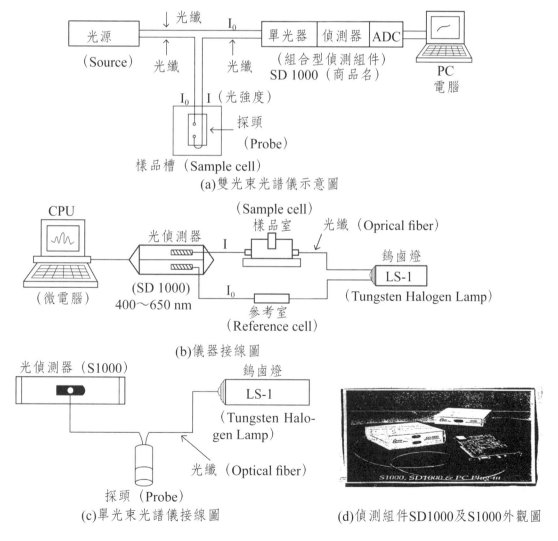

圖3-12.　光纖(a)雙光束光譜儀示意圖及(b)儀器接線圖及(c)單光束光譜儀接線圖和(d)偵測組件外觀圖（資料來源：Owens Optical Inc.公司）[21B]

轉換出來數位訊號轉接到電腦以做數據處理。圖3-12b為Owens Optical Inc.公司提供之光纖雙光束光譜儀接線實圖，光源用可發出可見光的鎢鹵燈（Tungsten-Halogen Lamp, LS-1），若用氘燈（D_2 Lamp）做光源即可發出紫外線，其組合偵測組件為SD1000。圖3-12c為單光束光纖光譜儀接線實圖，其組合偵測組件為S1000。圖3-12d為單光束及雙光束光纖光譜儀之組合偵測組件S1000及SD1000實物外觀圖及訊號轉換及傳輸用之電腦介面。

3-2-2　光源

紫外線／可見光之光源（light sources）最常用為產生紫外線（160～380 nm）的重氫（D_2）燈（Deuterium lamp）及可見光（320～3000 nm）之鎢絲燈（Tungsten lamp）或鎢絲鹵（碘）燈（Tungsten-halogen lamp）以及產生紫外線／可見光（230～650 nm）之汞燈（Mercury lamp），亦可用雷射光（Laser）及發光二極體（Light Emitting diode, LCD）當光源。在一般獨立的紫外線／可見光光譜儀（D_2）燈及鎢絲碘燈是一起用的，而用在其他儀器（如液體層析儀）中紫外線／可見光光譜儀當偵測器時常用汞燈做光源。圖3-13為D_2燈，鎢絲碘燈及汞燈示意圖，此三種燈管皆用石英材質，因一般玻璃會吸收 $\leq$ 350 nm紫外線且不適在高溫（如鎢絲碘燈操作溫度可達3500 ℃）中操作。

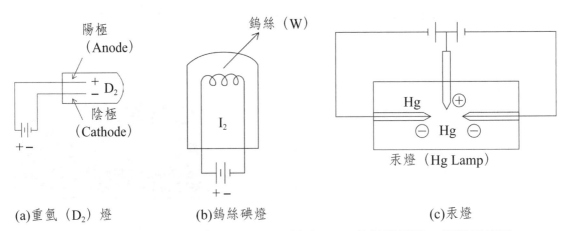

(a)重氫（D_2）燈　　　(b)鎢絲碘燈　　　(c)汞燈

圖3-13　紫外線／可見光光源(a)重氫燈，(b)鎢絲碘燈及(c)汞燈示意圖

在D_2石英燈管中，低壓D_2氣體因陰陽極放電（Discharging）而激化成激態D_2^*，再由激態回到基態而發出紫外線光。在鎢絲碘石英燈管中，鎢絲因通電而加熱激化再放出可見光，燈管中微量碘蒸氣會與鎢起作用形成WI_2保護鎢絲而可延長鎢絲碘燈之使用時間（Life time）。在汞石英燈管中，常用三電極放電而激化汞燈中之低壓（Low pressure）汞蒸氣再從激態回到基態並放出波長230～650 nm之紫外線／可見光。其他也可用當紫外線／可見光光源如表3-4所示，有氙弧燈（Xenon arc lamp，發出200～700 nm光），可調（波長）式染料雷射（Tunable dye laser，可發出265～800 nm光）及發光二極體（Light emitting diode, LED），不同顏色之LED如表3-4所示會發出不同波長之光波。弧燈、雷射及發光二極體將稍後在本書其他章節詳加介紹。

表3-4　各種紫外線／可見光光源及其所發出之光波波長

光源	發出波長
氘（D_2）燈	160～380 nm
鎢絲鹵（碘）燈	320～3000 nm
汞燈	230～650 nm
氙弧燈（Xenon Arc）	200～700 nm
雷射（Laser）	可調式塗料雷射（Tunable dye Laser）265～800 nm
發光二極體（LED）（Light Emitting Diode）	白（white）LED　400～800 nm 紅（red）LED　650～780 nm 綠（Green）LED　500～560 nm 藍（Blue）LED　435～480 nm

3-2-3　單光器

單光器（Monochromator）常用的主要元件為稜鏡（prism）或光柵（Grating），稜鏡常使用在傳統之儀器，然近代之分析儀器則以光柵作為單光器之主要元件，稜鏡和光柵都可以將多波長之光波依波長之不同一一分開。

稜鏡做為紫外線／可見光單光器時常用的材質為石英，如圖3-14a所示，一多波長之光波經稜鏡折射在不同出射角出射不同波長，而出射光中只有一特定波長（如λ_2）光可通過一狹縫（Slit）裝置，其他波長（如λ_1）不能通過，

如此一來此稜鏡／狹縫就構成只讓單一波長射出之一單光器。若在出射光出口處改放一可感光之感光片（Film），如圖3-14b所示，各種不同波長光將各在感光片上留一條線（line）。圖3-14c為各不同波長（λ）在感光片上不同位置（y）感光線，若將兩線條之位置差（Δy）與兩波長差（Δλ）之比（Δy/Δλ）定為此稜鏡單光器之分散度（Dispersion, D）：

$$D(Dispersion) = \Delta y/\Delta \lambda \qquad (3\text{-}7)$$

由圖3-14c可看出稜鏡各波段兩波長間之分散度（Δy/Δλ）皆不相等，即：

$$\Delta y_1/\Delta \lambda_1 \neq \Delta y_2/\Delta \lambda_2 \neq \Delta y_3/\Delta \lambda_3 \neq \Delta y_4/\Delta \lambda_4 \qquad (3\text{-}8)$$

如此難以由一未知波長光波在感光片位置來推測此光波之波長，例如圖3-14c上在感光片χ線條，雖在500及600 nm中間但不一定為550 nm，因為Δy雖為一半但Δλ不一定為一半（即550 nm），實際上如圖3-14c所示可能χ線之左邊的線才是550 nm，換言之，此稜鏡單光器不適合當需估算波長之單光器，而只能作為將各波長分開之分光器。反之，照在光柵上之各波段兩波長間之分散度（Δy/Δλ）皆相等（如圖3-15b所示），即所謂的線性分散度（Linear dispersion），故現在之紫外線／可見光光譜儀之單光器主要元件大部份都用光柵（Grating）而不用稜鏡。

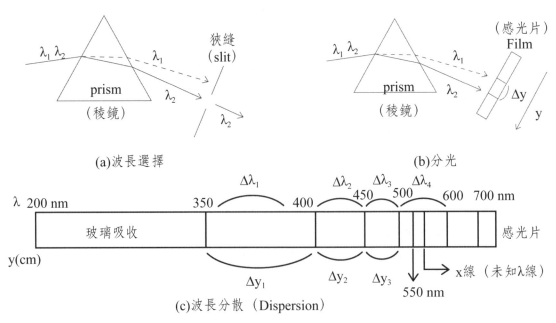

(a)波長選擇　　　　　　　　　　　　　　(b)分光

(c)波長分散（Dispersion）

圖3-14　稜鏡（prism）之(a)波長選擇，(b)分光及(c)波長分散示意圖

　　光柵（Grating）用做紫外線／可見光單光器常用的材質爲金屬（如Rh，銠），通常在金屬片表面上每毫米刻上約1200～2000條刻槽（grooves）或刻痕（blazers），最常見的光柵產品爲Echellette grating，其金屬上之刻痕數爲1450blazers/mm。如圖3-15a所示，光柵和稜鏡一樣亦可將多波長光波分散成各種不同波長。在圖3-15a之A及B圖中若將入射角（Φ）固定，兩道多波長入射光λ_1, λ_2分別照在金屬片兩刻痕（刻痕間距爲d）上，不同波長（如λ_1, λ_2）之繞射光就由不同刻痕上不同出射角（θ）射出，任何波長λ的光皆從兩不同刻痕射出兩道出射光，此兩道出射光（如λ_1及λ_1'）所走的路徑差爲Δδ，而此路徑差Δδ等於一光波之波長之整數倍（nλ）時，才會有明亮的此波長λ之光波射出，即：

$$\Delta\delta = n\lambda \tag{3-9}$$

　　式中n爲整數。由圖3-15a(B)中可知兩道入射光路徑差爲CB，而出射光路徑差爲DB，故兩道出入射光總路徑差Δδ爲CB + DB，則

$$\Delta\delta = n\lambda = CB + DB \tag{3-10}$$

　　而CD及DB分別爲：

$$CB = d\sin\Phi \text{和} DB = d\sin\theta \tag{3-11}$$

　　將式（3-11）代入式（3-10）可得：

$$n\lambda = d\sin\Phi + d\sin\theta \tag{3-12}$$

　　由式（3-12），若n = 1，入射角（Φ）固定，不同波長λ之繞射光就會有不同出射角（θ），達到光柵將不同波長之光波分光之目的。

　　多波長光波經光柵後就可分開不同波長光波，同樣地，若在射出光口放一狹縫（Slit）就可如圖3-15a所示，只可讓特定波長（如λ1）光通過而其他波長光被擋住。通過的光一樣可照在感光片中顯示，圖3-15b爲各種波長的光照在感光片上位置示意圖，若一樣將各波段兩線條間之位置差／兩波長差比（Δy/Δλ）定義爲分散度（Dispersion, D），由圖3-15b可看出光柵各波段兩線條間之分散度D幾乎一樣，即：

$$D = \Delta y_1/\Delta\lambda_1 = \Delta y_2/\Delta\lambda_2 = \Delta y_3/\Delta\lambda_3 = \Delta y_4/\Delta\lambda_4 = \Delta y_5/\Delta\lambda_5 \tag{3-13}$$

　　各波段之分散度D一樣（定值）即表示光波長（λ）和感光片上位置（y）成正比關係，由一光波在感光片位置即可估計光波之波長，如圖3-15b之感光片上一未知波長χ線條正處於波長500及600 nm兩線條正中間，其波長也可估

算為500及600 nm中間值（550 nm），即此χ線條波長為550 nm。由於光柵各波段之分散度D一樣，故光柵單光器之分散度D特稱為線性分散度（Linear dispersion, D）。

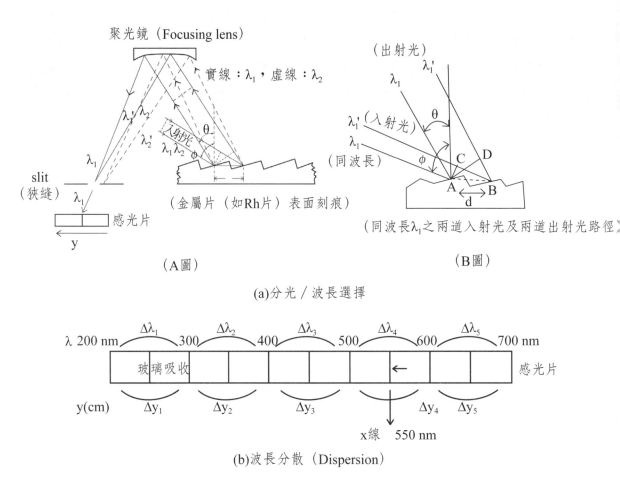

(a)分光／波長選擇

(b)波長分散（Dispersion）

圖3-15　光柵（Grating）之(a)分光／波長選擇及(b)波長分散示意圖

　　除了分散度外，另一光柵單光器之重要性質為分辨力（Resolving power），單光器之分辨力之定義如圖3-16所示，若一單光器剛好可分辨波長差為Δλ之λ'及λ"兩波長（但若兩波長（λ_1及λ_2）之波長差小於Δλ（< Δλ）則此單光器不能分辨此兩波長），那將此兩可分辨之λ'及λ"兩波長之平均值為λ，則此單光器之分辨力（R）為：

$$R（分辨力）= \lambda/\Delta\lambda \quad and \quad \lambda = \frac{1}{2}(\lambda' + \lambda'') \qquad （3\text{-}14）$$

　　一般紫外線／可見光光譜儀之光柵單光器分解力普遍用鐵離子（Fe(III)）之吸收波長（λFe）線及其波寬（$\Delta\lambda$，小於$\Delta\lambda$之其他光就不能分辨）來計算其分解力。而光柵單光器之分解力和金屬光柵上刻痕（blazers/mm）數目（N）及出射光狹縫寬度（Slit width, ω in mm）有關，則其分解力亦可估計如下：

$$R（分解力） \cong \omega N \qquad (3\text{-}15)$$

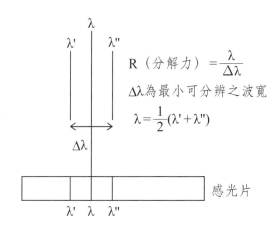

圖3-16　單光器之分解力（Resolving power）示意圖

　　出射光口之狹縫的寬度對光波分辨有相當影響，圖3-17為一狹縫的寬度為ω時，剛好可以分辨被光柵所分開的λ_1，λ_2及λ_3，其中只有λ_2光波可以通過，但λ_2光波經狹縫後如圖3-17所示會以扇形擴散在感光片上之位置為Δy，而實際上能經狹縫出來的波寬為大正三角形中小正三角形底$\Delta\lambda_{eff}$有效帶寬（Effective bandwidth）可通過，而$\Delta\lambda_{eff} = \frac{1}{2}(\lambda_3 - \lambda_1)$，即用此寬度時，剛好可分辨$\lambda_3$及$\lambda_1$光波而讓$\lambda_2$光波通過。如圖3-17所示，當從光柵出來的出射光只有等於狹縫的寬度為ω之一小段Δy波段光波可透過狹縫，換言之，$\Delta y = \omega$，故經狹縫後此光柵之線性分散度（Linear dispersion, D）為：

$$D = \Delta y / \Delta\lambda = \omega / \Delta\lambda_{eff} \qquad (3\text{-}16)$$

　　所以若需分辨兩波長（λ'及λ''）光波所需狹縫寬度ω：

$$\omega（狹縫寬度） = D(\Delta\lambda_{eff}) \qquad (3\text{-}17)$$

及

$$\lambda_{eff} = \frac{1}{2}(\lambda'' - \lambda') \qquad (3\text{-}18)$$

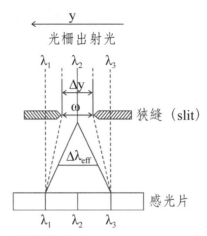

圖3-17　光柵狹縫寬度（Slit width, ω）和光波分辨示意圖

例如要用分散度（D）為0.8 mm/nm之光柵分辨兩波長490.2及490.8 nm之光波所需用狹縫的寬度ω為：

$$\omega = D(\Delta\lambda_{eff}) = 0.8 \times \frac{1}{2}(490.8 - 490.2) = 0.24 \text{ mm} \qquad (3\text{-}19)$$

3-2-4　偵測器

常用於紫外線／可見光光譜儀之偵測器有(1)光電二極體陣列（Photo-diode array），(2)光電倍增管（Photomultiplier tube），(3)光伏特計（Photovoltaic cell），(4)真空光電管（Vacuum phototube），及(5)光導體偵測器（Photoconductivity transducer）等。這些能使光波轉換成電性（電流或電壓）之偵測器統稱為光電管（Photocell）。

光電二極體陣列（Photo-diode array）因為體積小（通常製成矽晶片）且靈敏高為最近最常用在一般紫外線／可見光光譜儀之偵測器，如圖3-18a所示，光電二極體由n極（四價電子Si晶體含微量五價電子As，帶負電）及p極（四價電子Si晶體含微量三價電子B，帶正電）外接電壓（V_{bias}）所構成，當紫外線／可見光照射到二極體，會使帶負電之n極中電子往外接電壓正極移動，同時也會使p極帶正電的電洞往外接電壓負極移動而形成電流（i），此電流和照射到光電二極體之光強度有一正比例關係（如圖3-18b所示），此光電

二極體可感應到約200-1000 nm之紫外線／可見光。然因一個光電二極體之輸出電流並不大，故常串聯好幾個光電二極體（如圖3-18c所示）形成光電二極體陣列（市售含有1024-4096個二極體，每一個二極體寬度約為0.05 mm），做為紫外線／可見光光譜儀之偵測器。

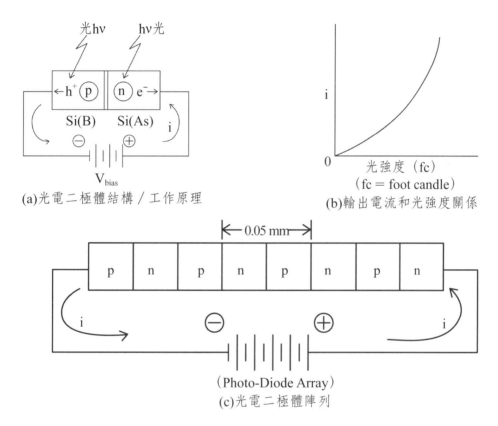

(a)光電二極體結構／工作原理

(b)輸出電流和光強度關係

（Photo-Diode Array）
(c)光電二極體陣列

圖3-18　光電二極體（Photo-Diode）之(a)結構／工作原理，(b)輸出電流和光強度關係及(c)光電二極體陣列（Photo-Diode Array）示意圖

　　光電倍增管（Photomultiplier Tube）也為紫外線／可見光光譜儀常見的偵測器（可偵測波長範圍110～1100 nm），圖3-19為光電倍增管（PMT）之結構及線路示意圖，當光照射到光電倍增管之陰極（如Ag-Cs）會使Ag原子激化，而激化Ag再將能量傳給Cs而使Cs離子化並從陰極放出電子，此陰極電子首先會射向第一個放大代納電極（Dynode, D_1），因這放大電極雖具負電壓（−550 V，如圖3-19b），但比陰極電壓（−600 V）較正，故從陰極出來的電子會加速撞擊第一個放大代納電極（D_1），然第一個放大電極仍然為負

電壓即其表面有多餘電子，所以當陰極出來的電子撞擊第一個放大代納電極後會撞出更多電子（如圖3-19b），然後出來的電子再撞擊第二、第三、第四（$D_2 \sim D_4$）放大代納電極，撞出更多更多電子（每一放大電極可視為一電子流放大器），再經更多的放大電極放大，最後傳至陽極並由陽極輸出強大電子流，一般市售光電倍增管受一光子照射後最後會從陽極輸出約$10^6 \sim 10^7$個電子。

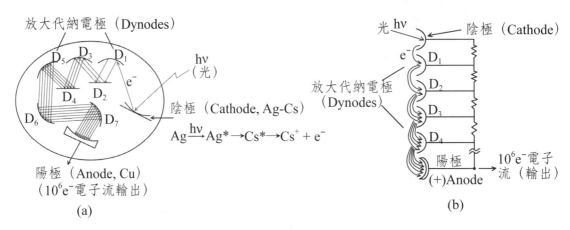

圖3-19　光電倍增管（Photomultiplier Tube, PMT）之(a)結構及(b)線路示意圖

　　光伏特計（Photovoltaic cell）常為偵測$350 \sim 750$ nm（大部份為可見光範圍）之光波，其主要將光波轉換成電壓再轉成電流（稱為光電流），其主要元件為一半導體（Semiconductor，如常用Se）及正極（如Fe或Cu）和負極（如Ag或Au），圖3-20為常用的Ag-Se-Fe光伏特計（Ag-Se-Fe Photovoltaic cell）結構及工作原理示意圖。可見光照射到光伏特計之負極（Ag）及半導體（Se），如圖3-20b所示使Ag及Se激化（圖3-20b之(1)(2)步驟），激化的負極（Ag）亦可能將能量傳送給半導體（Se）（圖3-20b步驟(3)），最後被激化的半導體（Se）游離化產生離子（Se^+）及放出電子（圖3-20b步驟(4)），因負極（Ag或Au）之電負度（吸引電子能力）大於正極（Fe或Cu），故放出的電子將移集到負極（Ag），而半導體離子成電洞而偏向正極（Fe）並形成正負極電壓（Vo），若連接正負極就有電流輸出，此亦為光電流（Photocurrent），一般市售光伏特計之輸出光電流約為$10 \sim 100$毫安培（mA）。

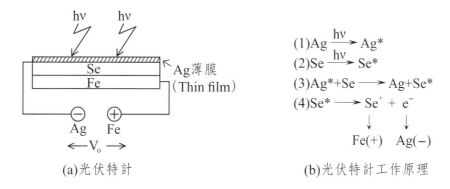

(a)光伏特計

(b)光伏特計工作原理

圖3-20　Ag-Se-Fe光伏特計（Photovoltaic cell）之(a)結構及(b)工作原理示意圖

　　眞空光電管（Vacuum phototube）的基本構造如圖3-21a所示，在一眞空管中含有外接電壓之陰陽電極，陰極表面塗有光敏物質（photosensitizer如Ga/As），在未照光前陰陽極間是中斷的，故並無電流輸出，然當光照射到陰極表面之光敏物質會使其放出電子（e^-），帶負電的電子就會向陽極撞擊，就使陰陽極及整個線路成通路而有電流（I_0）輸出，輸出之電流和照光之光強度成正比率關係。圖3-21b為眞空光電管工作示意圖，而眞空光電管所感應的波長範圍和其陰極表面塗佈的光敏物質有關，若用Ga/As當陰極光敏物質，如圖3-21c所示其可感應絕大部份紫外線／可見光範圍（200～950 nm），而當用Na/K/Cs/Sb做光敏物質其感應波長範圍就較小（約為200～600 nm）。所以要偵測紫外線／可見光就要用Ga/As眞空光電管。

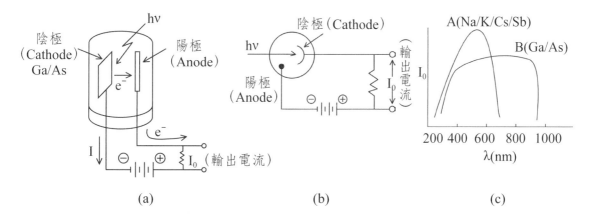

圖3-21　真空光電管之(a)基本結構，(b)工作原理及

(c)輸出電流和光波長關係示意圖

　　光導體偵測器（Photoconductivity transducer）是利用光波照射一光敏物質（如CdS，光敏電阻（photoresistor）），而使此光敏物質之導電度（Conductivity）增加，進而使其輸出電壓增加。圖3-22a爲光導體偵測器基本結構，在未照光前，雖外加電源（如+5 V）於光敏物質CdS，因CdS導電度不大故其輸出電壓（V_1）並不大，然而，當光敏物質被光波照射後其導電度增加（電阻阻抗變小）而使光敏物質輸出電壓（V_1）增大，經放大器放大後其最後輸出電壓（V_0）會增加。光導體偵測器之輸出電壓（V_0）大小及感應波長範圍和所使用之光敏物質有關，如圖3-22b所示，光敏物質CdS對可見光400-600 nm波段有很好感應。而Ga/As針對紫外線／可見光波段（200-950 nm）都會有好的感應，反之，PbS則針對紅外線光（> 1000 nm）有較好之感應。

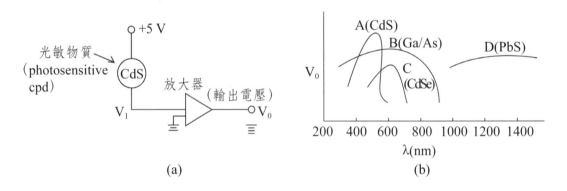

(a)　　　　　　　　　　　　(b)

圖3-22　光導體偵測器之(a)基本結構及(b)輸出電壓和光波長關係示意圖

3-2-5　固體紫外線／可見光光譜儀

　　一般紫外線／可見光（UV/VIS）光譜儀屬於穿透吸收式光譜儀只用來偵測液體或氣體樣品，若用來偵測固體樣品，儀器結構上將需有不同設計，常用於偵測固體樣品的UV/VIS光譜儀有(1)**反射型光譜儀**（Reflectance Spectrometer）及(2)**光聲波光譜儀**（Photo-Acoustic Spectrometer, PAS）兩種。

　　圖3-23a爲**反射型UV/VIS光譜儀**示意圖，紫外線／可見光由光源出來

後，經單光器選一單波長光波經光導管或光纖通到反射探針（Reflectance Probe），由探針之發送端（Transmitter）以I_o光強度照射到固體樣品表面，固體吸收部份光波後，以較弱光強度I反射到反射探針之接受端（Receiver）經光導管或光纖傳到偵測器，固體吸收光波能力可由光反射率（Reflectance, R%）來表示：

$$反射率（R%）=(I/I_o)×100 \%　　　　　　　（3-20）$$

圖3-23b為Owens Optical Inc.公司生產的反射型UV/VIS光譜儀之實物接線圖（LS-1為鎢絲鹵（碘）燈，S-1000為偵測器）。圖3-23c為利用反射型UV/VIS光譜儀偵測各色之固體顏料之反射率和波長之關係，紅色顏料因會吸收490-500 nm，故在這波段紅色顏料之反射率（R%）較低，反之，藍色顏料會吸收580-600 nm，在600 nm左右藍色顏料反射率較低，而在490-500 nm波段藍色顏料之反射率比紅色顏料高很多。

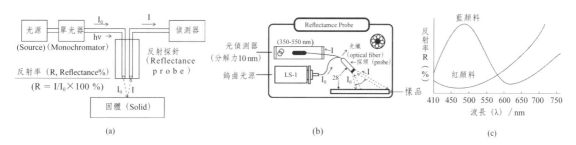

圖3-23　反射型UV/VIS光譜儀之(a)結構示意圖，(b)實物接線圖（資料來源：Owens Optical Inc.公司）[21B]及(c)對固體表面上各種顏料之反射率（R）和波長關係圖

　　光聲波光譜儀（Photo-Acoustic Spectrometer, PAS）[22]為另一個可偵測固體樣品之紫外線／可見光光譜儀，實際上，光聲波光譜儀可用來偵測各種固體，液體及氣體所有樣品。傳統的光聲波儀結構如圖3-24a所示，固體樣品放在密閉空氣樣品室中，樣品室上方裝有麥克風（Microphone），當UV/VIS光（通常為雷射（Laser）光）照射固體樣品時，固體樣品中基態電子（S）被激化（圖3-24b）成激化態（S*），然後又回基態放出光子及熱能，而此熱能被樣品室中氣體G（空氣）吸收而激化氣體成高能氣體G*，此高能氣體G*衝擊麥克風產生高分貝聲音，固體樣品吸收UV/VIS雷射光越大，放

出熱能越多，麥克風產生聲量也就越強，因為固體樣品的吸光會造成聲音的（Acoustic）改變，故此法因而稱為**光聲波光譜法**，圖3-24c為此傳統的光聲波光譜儀之最簡單線路圖，其含光源，選光斬波器（Chopper，當光開關），樣品室（含固體樣品及麥克風）和訊號放大器。

然因傳統的光聲波光譜儀用麥克風當偵測器，產生音量變化很難精確，故現在改用壓電晶體（Piezoelectric crystal）取代麥克風做偵測器，成一壓電式光聲波光譜儀。如圖3-24d所示，在樣品室中改放入石英壓電晶體，當UV/VIS雷射光照射到固體樣品被吸收，固體樣品之電子經激化，再回到基態而放出熱能及光子，所放出的熱能一樣使樣品室氣體（通常用惰性氣體Ar）激化增加動能成高能氣體，而此高能氣體形成壓力衝擊石英壓電晶體，而使石英壓電晶體產生電分極，形成多電子端及缺電子端，若多電子端接一金屬電極，這些電子就會輸出，產生電子流加以偵測，固體樣品所吸收的UV/VIS雷射光越多，則產生電子流也就越大，訊號越強。由壓電式光聲波光譜儀之工作原理看來，不論固體，氣體或液體樣品，只要樣品中之電子可吸收UV/VIS雷射光，石英壓電晶體就會輸出電子流，所以壓電式光聲波光譜儀可用來偵測各種固體，氣體，液體及膠體樣品，不限於只偵測固體樣品。

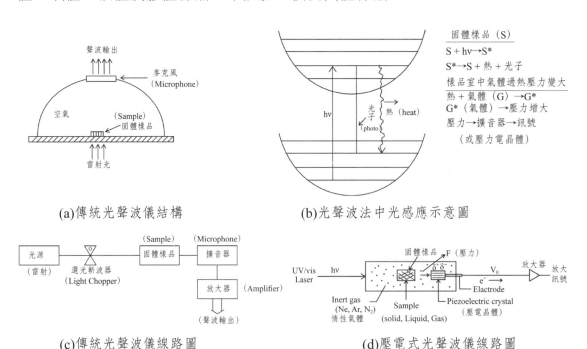

(a)傳統光聲波儀結構

(b)光聲波法中光感應示意圖

(c)傳統光聲波儀線路圖

(d)壓電式光聲波儀線路圖

圖3-24　光聲波光譜儀之儀器結構及工作原理示意圖

　　壓電式光聲波儀可應用在各類樣品，尤其在偵測固體材料及生化醫學物質應用更是引人注意。如圖3-25a所示，壓電式光聲波UV/VIS光譜儀可用來偵測Cr_2O_3粉末的靈敏度及解析度都比反射式及穿透吸收式UV/VIS光譜儀來得好且吸收峰也都一樣。如圖3-25b之B圖所示，壓電式光聲波儀用來偵測醫學生化物質如固體的細胞色素C（Cytochrome-C），也顯示其靈敏度及解析度比將樣品溶成溶液（圖3-25b(A)圖）用穿透式吸收光譜儀偵測來得好且二者吸收峰也都一樣（圖3-25b）。

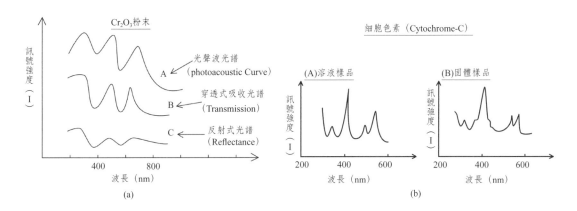

圖3-25　光聲波儀偵測(a)Cr_2O_3粉末，及(b)細胞色素C（Cytochrome-C）光譜圖

3-3　光譜法應用

　　紫外線／可見光光譜法為科學家較早開發之分析技術之一，廣泛應用在生化醫學、毒品藥物、材料、環境污染物及金屬化合物之分析，本節將分別舉例說明之。

3-3-1　生化醫學分析

　　紫外線／可見光光譜法在醫學檢驗上應用相當廣泛，舉凡糖尿病之葡萄糖檢驗、肝功能GOT檢驗、肝硬化／肝炎之膽紅素檢驗（Bilirubin test）及腎

功能**肌酸酐**檢驗（Creatinine test）都可用UV/VIS光譜法。以下將分別簡述說明其應用原理：

在臨床醫學上**葡萄糖**檢驗（Glucose Test）常利用其和o-Toluedine作用產生藍綠色的Glucosylamide，而可用其在波長625 nm之吸收來測定：

$$\text{Glucose + o-Toluedine} \rightarrow \text{Glucosylamide } (\lambda_{abs} = 625 \text{ nm}) \qquad （3\text{-}21）$$

此吸光光譜法對葡萄糖之偵測下限為20 mg/100 mL，可用來辨識病人是否有糖尿病（Diabetes），糖尿病血液中葡萄糖含量辨識診斷標準（Criterion of diagnosis）為 $\geq$ 300 mg/100 mL，換言之，一病人血液中葡萄糖濃度 $\geq$ 300 mg/100 mL，此病人就可能有糖尿病，就要進一步做糖尿檢驗（先給病人服用50克葡萄糖，2小時後其尿液中葡萄糖濃度若 > 118.8 mg/100 mL（等於6.6 mmole/L）時，即可確定此病人有糖尿病）。

肝功能GOT（Glutamic Oxalacetic Transaminase）及GPT（Glutamic Pyruvic Transaminase）檢驗法是利用肝中GOT和GPT交換酶（Transaminase）在肝臟細胞被破壞時會從肝臟釋放到血液中，只要偵測血液中GOT或GPT含量就可知肝臟被破壞情形。

血液中GOT交換酶含量分析通常先利用GOT交換酶可催化Aspartic acid及α-Ketoglutaric acid作用得Oxalacetic acid及Glutamic acid：

$$\text{Aspartic acid + α-Ketoglutaric acid + GOT}$$
$$\rightarrow \text{Oxalacetic acid + Glutamic acid} \qquad （3\text{-}22a）$$

然後加2, 4-Dinitrophenyl hydrazine和Oxalacetic acid作用產生Hydrazone（λ_{abs}=505 nm），然後再偵測波長505 nm之吸收度（Absorbance，A）即可推算血液中GOT含量：

$$\text{Oxalacetic acid + 2, 4-Dinitrophenyl hydrazine} \rightarrow$$
$$\text{Hydrazone } (\lambda_{abs} = 505 \text{ nm}) \qquad （3\text{-}22b）$$

一般健康人在505 nm測出之光吸收度為0.2～0.3，換算為GOT為8～40單位（正常值，Normal value），GOT大於40單位表示肝臟可能被破壞或有問題了。

同樣，血液中GPT交換酶含量分析先利用GPT酶可催化Alanine及α-Ketoglutaric acid作用得Pyruvic acid及Glutamic acid，然後再利用2, 4-Dinitrophenyl hydrazine反應產生Hydrazone（吸收505 nm光），最後

測505 nm吸光度，即可計算Hydrazone含量並可推算血液中GPT含量，全反應如下：

Alanine + α-Ketoglutaric acid + GPT→Pyruvic acid + Glutamic acid

（3-23a）

Pyruvic acid + 2, 4-Dinitrophenyl hydrazine→Hydrazone （λ_{abs} = 505 nm）

（3-23b）

　　一般健康人在GPT檢驗中505 nm之吸光度亦約爲0.2～0.3，換算爲GPT爲5～35單位（正常值）。GPT值大於35單位即表示肝臟被破壞有問題了。

　　膽紅素檢驗（Bilirubin test）法也爲肝功能檢驗相當普遍且有效的方法，膽紅素爲人體內代謝產物，若肝正常，肝會將膽紅素轉換成膽汁以吸收脂肪性維生素，但反之，肝有問題時，膽紅素不會被肝吸收，血液中之膽紅素濃度會增加，偵測膽紅素方法是利用其和p-Benzene diazonium作用產生紫色的Azobilirubin（λ_{abs} = 540 nm）：

Bilirubin + p-Benzene diazonium→Azobilirubin （λ_{abs} = 540 nm）（3-24）

　　血液中之膽紅素濃度可利用測定波長540 nm之吸收度來估算，一般健康人血液中膽紅素濃度正常值（Normal value）爲0.2～1.2 mg/100 mL。

　　腎功能常用其將血液中**肌酸酐**（Creatinine）過濾排到尿液中之能力，只要偵測血清及尿液中之肌酸酐含量就可知腎功能是否正常，若腎臟受損，血清中肌酸酐含量就會增加，反之，尿液中肌酸酐會相對減少，肌酸酐可利用其和Picric acid作用，產生橘黃色錯合物（Orange/yellow complex），而在波長500 nm測定其吸光度：

Creatinine + Picric acid→Orange/yellow complex （λ_{abs} = 500 nm）

（3-25）

　　一般健康人之血清中肌酸酐含量之正常值（Normal value）爲0.5～1.2 mg/100 mL。

3-3-2　毒品藥物

　　許多毒品（如安非他命）及藥物（如嗎啡）可用可見光光譜分析法偵測。**安非他命（Amphetamine, C_6H_5-CH_2-$CH(CH_3)$-NH_2）**檢驗可用Marquis

試劑（組成：硫酸／甲醛（v/v ＝ 1/0.05））和其作用由橙色轉變成褐色溶液，而用可見光光譜儀偵測並分析。同樣地，嗎啡（Morphine, $C_{17}H_{19}O_3N$）可利用其和5 mL之Folin-Ciocalteu試劑（組成：鎢酸鈉（Na_2WO_4, 10 g）／（Na_2MoO_4, 2.5 g）／硫酸鋰（Li_2SO_4, 15 g）／磷酸（5 mL）／溴水（數滴）溶液（水50 mL））和飽和碳酸鈉溶液（7.5 mL）加水100 mL起反應並用可見光光譜儀在765 nm波長偵測。

3-3-3　材料分析（奈米晶體／碳六十）

許多材料（如碳六十及奈米晶體）亦可用紫外線／可見光光譜法來鑑定。**碳六十（C60）**又稱**富樂烯（Fullerene）**[23A]，為美國萊斯大學（Rice University）化學系斯摩納（Smalley）及克魯（Curl）教授在西元1985年所合成的新材料並使他們獲得西元1996年諾貝爾化學獎。碳六十（C60）結構如圖3-26所示，為一含12個五環及20個六環之圓形結構（圖3-26a）並含有30個共軛雙鍵（圖3-26b），圖3-26c為碳六十苯溶液顏色。碳六十固體為紫色，其不溶於水而溶於甲苯中呈紫紅色，其在波長213, 257, 329, 404及440-670 nm會吸收，可用紫外線／可見光光譜儀在213（紫外線）及440-670 nm（紫紅色）偵測之。

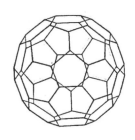
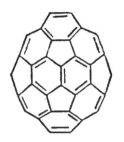

(a)C60分子結構　　　　(b)C60共軛雙鍵結構　　　　(c)C60苯溶液（紫紅色）

圖3-26　碳六十（C60）結構及C60苯溶液[23B]（(c)http://upload.wikimedia.org/wikipedia/commons/thumb/d/d7/C60_Fullerene_solution.jpg/220px-C60_Fullerene_solution.jpg）

　　許多奈米材料會吸收紫外線或可見光，可用紫外線／可見光光譜法定性及研究奈米顆粒粒徑大小。在定性方面，許多奈米溶液都有顏色，例如金（**Au**）奈米粒子（Gold nanoparticles, AuNPs）在水中為紅色（圖3-27a），會吸收波長550 nm左右會光波，而銀（**Ag**）奈米粒子（Silver nanoparticles, AgNPs，圖3-27b）在水中為黃色在231 nm及410 nm左右會吸收。金奈米顆粒有圓球形及圓柱形兩種，圓球形金奈米吸收波長及波寬會隨圓球形顆粒的粒徑變化，如圖3-27c所示粒徑越大（如粒徑30 nm），最大吸收波長會稍為往短波長移動且波寬也會較窄，而圓柱形金奈米之吸收波長會隨圓柱長寬比（r = L/D）越大（如r = 6）往長波長移動（如圖3-27d所示），由吸收波長大小可略估此圓柱形金奈米之長寬比。

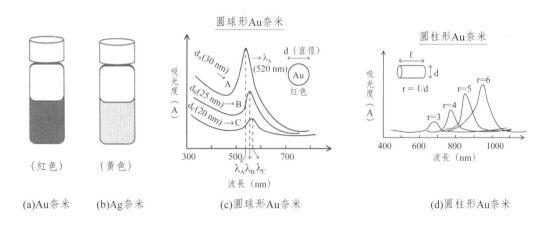

圖3-27　Au奈米(a)與Ag奈米(b)，以及(c)圓球形Au奈米顆粒直徑和(d)圓柱形Au奈米顆粒長寬比與吸收波長之關係

3-3-4　環境或商品污染物分析（NO_2/CH_3OH）

　　許多空氣及廢水中無機或有機污染物會吸收紫外線或可見光，亦可用紫外線／可見光（UV/VIS）光譜法分析。例如世界各國環境保護署（EPA, Environmental Protection Agency）偵測空氣中之二氧化氮（NO_2）污染物之標準方法即為索爾茲曼法（Saltzman method）之UV/VIS光譜分析法，其法如下：

$$2NO_2+2(C_2H_5)_3N（或其他鹼）+H_2O \rightarrow NO_2^-+NO_3^-+2(C_2H_5)_3NH^+ \quad （3\text{-}26）$$

$$NO_2^-+NH_2\text{-}C_6H_4\text{-}CH_2\text{-}NH_2(Sulfanilamide) \rightarrow Diazonium\ salt \quad （3\text{-}27）$$

$$Diazonium\ salt+N\text{-}(1\text{-}naphthyl)\ ethylenediamine$$

$$\rightarrow Azo\ cpd.(\text{-}C_6H_4\text{-}N = N\text{-}C_6H_4\text{-},\ \lambda obs = 540\ nm） \quad （3\text{-}28）$$

由式（3-28）所產生之紫色偶氮化合物（Azo compound）在540 nm波長吸收度，就可估計空氣中二氧化氮（NO_2）含量。此紫外線／可見光光譜偵測NO_2法之偵測下限為0.02 ppm，而我國對人體健康之NO_2最大容許標準量為1.0 ppm，這表示此光譜法確可用來鑑定空氣中二氧化氮含量是否已達到危害人體健康之程度。

許多商品或食品中污染物亦可用紫外線／可見光光譜法分析。例如酒中甲醇（CH_3OH）亦可用UV/VIS光譜法偵測並定量，其分析方法及步驟如圖3-28所示，甲醇檢驗（Methanol test）需用三種藥劑：(A)高錳酸鉀（$KMnO_4$）水溶液，(B)草酸（$H_2C_2O_4$）水溶液，及(C)薔薇苯胺（Rosaniline）含Na_2SO_3/HCl水溶液（此三種試液有市售商品）。首先，甲醇被$KMnO_4$（試液A）氧化產生HCHO（甲醛），而$KMnO_4$被還原形成MnO_2，然MnO_2為不溶於水之黑褐色化合物對偵測吸光度有相當妨害，故用其和草酸（試液B）作用被還原形成可溶無色之Mn^{2+}離子。所形成的甲醛則和試液C之薔薇苯胺[$HOC(C_6H_4NH_2)_2C_6H_3(CH_3)NH_2$]及$Na_2SO_3$/HCl反應形成一紫色化合物（Violet Cpd，吸收波長$\lambda obs = 540\text{-}560\ nm$）。甲醇在酒中含量可由上述反應產生的紫色化合物（圖3-28）在540-560 nm波長吸光度計算估計求得。此光譜法對甲醇的偵測下限可低至約0.01 %，而甲醇在酒中最大容許標準量最大為0.05 %，這表示此光譜法確可用來偵測在酒中甲醇含量是否已達到危害人體健康之程度。一般工業酒精中常加約4 %甲醇以防被人飲用。

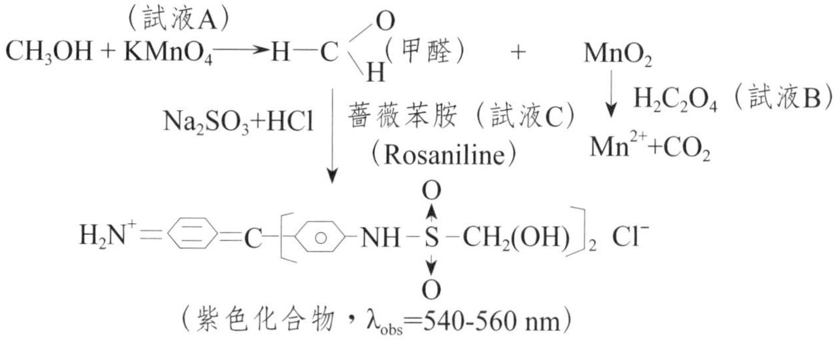

$$CH_3OH + KMnO_4 \xrightarrow{\text{(試液A)}} H-C\!\!\begin{array}{c}O\\H\end{array}\text{(甲醛)} \quad + \quad MnO_2$$

Na_2SO_3+HCl　｜　薔薇苯胺（試液C）　↓ $H_2C_2O_4$（試液B）

（Rosaniline）　$Mn^{2+}+CO_2$

$$H_2N^+ = \langle = \rangle = C - \left[\langle \odot \rangle - NH - \overset{O}{\underset{O}{S}} - CH_2(OH) \right]_2 Cl^-$$

（紫色化合物，λ_{obs}=540-560 nm）

圖3-28　酒中甲醇之光譜檢驗法步驟及過程

3-3-5　金屬錯合物分析及光譜滴定-Job method法

　　紫外線／可見光光譜法常應用在金屬錯合物定性及定量分析，例如常用可見光光譜法之Job method技術來測定一金屬錯合物M_mL_n之生成常數（Formation constant, K_f）及其配位子L（Ligand）之配位數n（Coordination number）。以Fe^{3+}和SCN^-所形成的紅色$Fe_mSCN_n^{3m-n}$錯合物為例，說明如何利用Job method光譜技術[24]來測定錯合物M_mL_n（Fe^{3+} = M，SCN^- = L）之生成常數K_f及配位數n，此技術之實驗步驟如下：

(1)步驟一：先配一系列含金屬離子M及配位子L總莫耳數（N_t）一樣（即$N_t = N_M + N_L$ = constant）之10～15瓶試液，例如在表3-5所示，配13瓶以1.0×10^{-3} M之Fe^{3+}及1.0×10^{-3} M之SCN^-總莫耳數（N_t）固定在24 mmol，即$N_M + N_L = N_{Fe} + N_{SCN}$ = 24 mmol，並偵測這13瓶試液（裝在光徑b = 1.0 cm之樣品槽中）在540 nm波長之吸光度（A）。

表3-5　各試液中所用含金屬離子（Fe^{3+}）及配位子（SCN^-）之體積及吸光度[24]

試液	金屬離子（Fe^{3+}） $1.00×10^{-3}$M體積（mL）	配位子（SCN^-） $1.00×10^{-3}$M體積（mL）	吸光度（A）
1	24.0	0.0	0.000
2	22.0	2.0	0.125
3	20.0	4.0	0.237
4	18.0	6.0	0.339
5	16.0	8.0	0.415
6	14.0	10.0	0.460
7	12.0	12.0	0.473
8	10.0	14.0	0.460
9	8.0	16.0	0.424
10	6.0	18.0	0.344
11	4.0	20.0	0.234
12	2.0	22.0	0.153
13	0.0	24.0	0.000

(2)步驟二：以金屬離子莫耳比率（X_M, $X_M = N_M/(N_M + N_L)$，N_M = 金屬離子莫耳數）和吸光度（A）作圖（圖3-29a），並由圖中最高點$X_M(max)$計算錯合物M_mL_n中之n/m比：

由　$[1 - X_M(max)]/X_M(max) = (1 - (N_M/(N_M + N_L)))/(N_M/(N_M + N_L))$

$$= N_L/N_M \qquad (3-29)$$

即　$n/m = N_L/N_M = [1 - X_M(max)]/X_M(max)$　　（3-30）

由圖3-29a（$Fe_mSCN_n^{3m-n}$錯合物）：$X_M(max) = 0.5$

則：$n/m = [1 - X_M(max)]/X_M(max) = (1 - 0.5)/0.5 = 1$　　（3-31）

換言之，$Fe_mSCN_n^{3m-n}$錯合物之分子式為：$FeSCN^{2+}$。

(3)步驟三：以配位子體積（V_L）和吸光度（A）作圖（圖3-29b），並計算錯合物之之生成常數K_f。

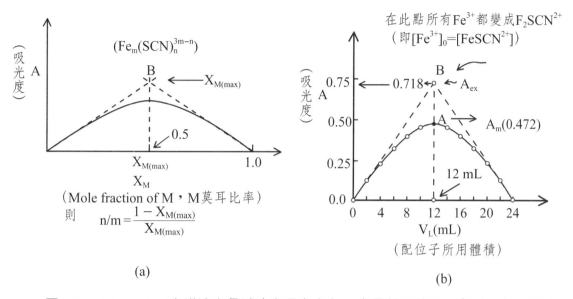

圖3-29　Job method光譜法中各試液之吸光度和(a)金屬離子莫耳比率（X_M），及(b) 配位子體積（V_L）關係圖

在圖3-29b中，可看出有一實線最高點A及一虛線最高點B，實線為真正實驗值，而虛線最高點B為假設在此點所有的金屬離子（Fe^{3+}）都全部形成錯合物（$FeSCN^{2+}$），換言之，在此點（$V_L = 12$ mL），錯合物濃度$C_{FeSCN^{2+}}$等於金屬離子濃度C_{Fe}^o，即

$$C_{Fe}^o = 12 \text{ mL} \times 1.0 \times 10^{-3} \text{ M}/24 \text{ mL} = 5 \times 10^{-4} \text{ M} = C_{FeSCN^{2+}} \qquad （3\text{-}32）$$

由此B點其吸光度為$A_{ex}(0.718)$及濃度依比爾定律可計算此錯合物在所用波長之莫耳吸收係數ε_{ML}：

$$A_{ex} = 0.718 = \varepsilon_{ML} \times b \times C_{FeSCN^{2+}} = \varepsilon_{ML} \times 1 \times 5 \times 10^{-4} \qquad （3\text{-}33）$$

$$則 \quad \varepsilon_{ML} = 1.44 \times 10^3 \text{ M}^{-1} \text{ cm}^{-1} \qquad （3\text{-}34）$$

再由圖3-29b之實線最高點A（真正實驗值）之吸光度$A_m(0.473)$可求出在此點（A點）錯合物$ML(FeSCN^{2+})$之濃度C_{ML}如下：

$$A_m = 0.473 = \varepsilon_{ML} \times 1 \times C_{ML} = 1.44 \times 10^3 \times 1 \times C_{ML} \qquad （3\text{-}35）$$

$$可得 \quad C_{ML} = 3.28 \times 10^{-4} \text{ M} \qquad （3\text{-}36）$$

在此點（B點），原始金屬離子濃度（C_{Fe}^o）為5×10^{-4} M，配位子原始濃度（C_L^o）為：

$$C_L^o = 12 \text{ mL} \times 1.0 \times 10^{-3} \text{ M}/24 \text{ mL} = 5 \times 10^{-4} \text{ M} \qquad （3\text{-}37）$$

此錯合物之生成常數K_f可求如下：

$$K_f = C_{ML}/(C_{Fe}^o - C_{ML})(C_L^o - C_{ML}) \qquad (3\text{-}38)$$

則$K_f = 3.28 \times 10^{-4}/(5 \times 10^{-4} - 3.28 \times 10^{-4})(5 \times 10^{-4} - 3.28 \times 10^{-4})$

$$= 1.11 \times 10^4 \ M^{-1} \qquad (3\text{-}39)$$

　　如此即可用可見光光譜法之Job method技術來測定一金屬錯合物M_mL_n之生成常數（K_f）及其配位子L（Ligand）之配位數n。

　　由以上各種紫外線／可見光光譜法之應用，可知紫外線／可見光光譜法不管在學術研究上（如有機光譜及無機錯合物研究）及醫學、環境、材料及生化上實用性皆有相當應用價值，紫外線／可見光光譜法之應用可說相當廣泛。

第 4 章

紅外線光譜法

　　紅外線為一人眼看不見的熱射線，人們利用紅外線來遙控家中的電視機及電動門，軍事上也用來感應夜間肉眼看不到的周遭事物。在科學研究上，因吸收紅外線可能會引起物質分子中原子間的振動（Vibration）能階改變，因而紅外線光譜法（Infrared Spectrometry）常應用來研究化合物分子結構及環境污染物之定性和定量。本章將介紹紅外線和分子間作用力並介紹紅外線光源（Sources），偵測器（Detectors）及各種紅外線光譜儀和其應用。

4-1　紅外線光譜法原理

　　紅外線光譜法是利用待測物質之分子吸收（Absorption）紅外線會引起其原子間之振動，利用其所吸收的紅外線頻率及吸光度或透光率來推測其分子結構及其在樣品中之含量。本節將介紹紅外線引起分子中原子間振動原理及所吸收之紅外線頻率。

4-1-1　分子中原子間振動

分子中原子間之振動（Vibration）[25-28]可概分爲兩大類：伸縮振動（Stretching vibration）及彎曲振動（Bending vibration）。如圖4-1a所示，伸縮振動爲鍵結的兩原子間（如C↔H, C↔O）及多原子間（如O→C→O）振動，而彎曲振動爲兩化學鍵間的變角運動。

分子振動由其對稱性又可分不對稱振動及對稱振動，如圖4-1b所示，當振動的兩原子不同時，其中一原子（如A原子）相對帶正電（q⁺），而另外一個原子（如B原子）相對帶負電（q⁻），則兩原子間就會有偶極矩（Dipole moment, D），會產生不對稱振動（Asymmentric vibration），此種不對稱振動（如圖4-1b中之N→O及O→C→O振動）會吸收紅外線（IR）光波，反之，若振動的兩原子完全相同且環境也完全相同（如O↔O, N↔N）就會產生對稱振動（Symmetric vibration），此種對稱振動不會吸收IR光波，對稱性多原子振動（如亦O←C→O振動）亦不會吸收紅外線光波。

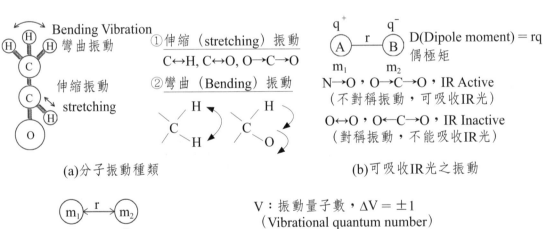

(a)分子振動種類　　　　　　　　　　(b)可吸收IR光之振動

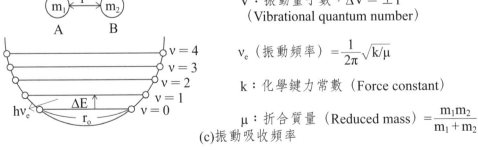

V：振動量子數，$\Delta V = \pm 1$
（Vibrational quantum number）

v_e（振動頻率）$= \dfrac{1}{2\pi}\sqrt{k/\mu}$

k：化學鍵力常數（Force constant）

μ：折合質量（Reduced mass）$= \dfrac{m_1 m_2}{m_1 + m_2}$

(c)振動吸收頻率

圖4-1　分子中原子間振動之(a)種類，(b)可吸收IR光之振動，及(c)振動吸收頻率

4-1-2　分子振動能量及頻率（Vibrational Energy/Frequency）

分子中兩原子間之振動能量（Vibrational energy, Evib）亦爲量子化，有量子化能階（如圖4-1c所示），在各能階有不同的振動量子數（Vibrational quantum number, v）及能量E_v爲：

$$E_v = (v + 1/2)h\nu_e \qquad (4-1)$$

其中

$$\nu_e = (1/2\pi)(k/\mu)^{1/2} \qquad (4-2)$$

式中ν_e爲振動頻率（Vibrational frequency），k爲原子間化學鍵之力常數（Force constant），μ爲具有質量m_1及m_2之兩原子之折合質量（Reduced mass），其定義爲：

$$\mu = m_1m_2/(m_1 + m_2) \qquad (4-3)$$

分子振動能階間之轉移（Transition）會吸收紅外線光及吸收能量ΔE，而振動能階間轉移使分子從一振動量子數（v_1）能階到另一振動量子數（v_2）能階之選擇規則（Selection rule）爲：

$$\Delta v = v_2 - v_1 = \pm 1 \qquad (4-4)$$

換言之，一在最低振動能階（v = 0）之分子只能激化到次一振動能階（v = 1），而由v = 0到v = 2吸收（即Δv = +2）機會很小，若有，也只是出現在光譜圖中非常小波點，此Δv = +2微小吸收波點稱爲泛音（Overtone，非正音）。然由v = 0及v = 1兩能階之能量E_0及E_1由式（4-1）分別爲：

$$E_0 = (1/2)h\nu_e \quad 及 \quad E_1 = (3/2)h\nu_e \qquad (4-5)$$

由式（4-5）及（4-2）可得吸收能量ΔE爲：

$$\Delta E = E_1 - E_0 = h\nu_e = h(1/2\pi)(k/\mu)^{1/2} \qquad (4-6)$$

令其吸收頻率爲v則：

$$\Delta E = h\nu = h\nu_e = h(1/2\pi)(k/\mu)^{1/2} \qquad (4-7)$$

即　　$\nu = \nu_e = (1/2\pi)(k/\mu)^{1/2}$　及　$\mu = m_1m_2/(m_1 + m_2)$　　（4-8）

換言之，吸收紅外線頻率v等於振動頻率ν_e。因振動頻率ν_e和紅外線吸收波長λ之關係爲：

$$\nu_e = c/\lambda \qquad (4-9)$$

紅外線吸收光譜法常用波數（Wavenumber, $\bar{\nu}$）：

$$\bar{v} = \frac{1}{\lambda} \tag{4-10}$$

由式（4-9）及（4-10）可得：

$$\bar{v} = \frac{1}{\lambda} = \frac{v_e}{c} \tag{4-11}$$

由式（4-8）及（4-11）得：

$$\bar{v}(\text{cm}^{-1}) = \frac{1}{2\pi c}\sqrt{k/\mu} \tag{4-12}$$

式（4-12）顯示影響振動波數（$\bar{v}$）因數為兩原子間化學鍵力常數（k，單位：N/m）及折合質量（Reduced mass, μ，單位：amu(1 amu = 1.66×10^{-27} kg)），而式中C為光速（3.0×10^{10} cm/sec）。由式（4-12）可知振動波數和化學鍵之力常數之平方根成正比，而化學鍵之力常數隨著化學鍵鍵數增加而增大，一般單鍵（如C-N），雙鍵（如C = N）及參鍵（C ≡ N）之力常數約呈倍數增加分別為5×10^2，1×10^3，1.5×10^3 N/m（牛頓／米），換言之，振動波數會隨化學鍵鍵數增加而約呈平方根增大，如圖4-2a所示，振動波數：C-N(1250 cm^{-1}) < C = N(1650 cm^{-1}) < C ≡ N(2150 cm^{-1})。而由式（4-12）可知振動波數和兩原子之折合質量平方根成反比，而兩原子之折合質量會隨兩原子質量變大而變大，如C-H及C-D之折合質量分別為：

$$\mu_{(C-H)} = m_1m_2/(m_1 + m_2) = 12 \times 1/(12 + 1) = 12/13 = 0.92 \text{ amu} \tag{4-13}$$

$$\mu_{(C-D)} = 12 \times 2/(12 + 2) = 24/14 = 1.71 \text{ amu} \tag{4-14}$$

可知C-D之折合質量（μ = 1.71 amu）大於C-H折合質量（μ = 0.92 amu），由式（4-12）及圖4-2a都可知：C-D之振動波數（2140 cm^{-1}）遠小於C-H之振動波數（3000 cm^{-1}），換言之，兩原子質量越大其振動波數反而越小，故如圖4-2a所示，C-X（碳-鹵素）和C-O振動波數：

$$\text{C-O(1100 cm}^{-1}) > \text{C-Cl(800 cm}^{-1}) > \text{C-Br(550 cm}^{-1}) > \text{C-I(500 cm}^{-1})$$

$$\tag{4-15}$$

(a) $\bar{v}(cm^{-1}) = \dfrac{1}{2\pi c}\sqrt{k/\mu}$

①C≡N　　C＝N　　C-N
2150 cm^{-1}　1650 cm^{-1}　1250 cm^{-1}
◄――――――――
　　$\bar{v}$增大，因k增大

②C-H　　　C-D
3000 cm^{-1}　2140 cm^{-1}
◄――――――
　　$\bar{v}$增大，因μ減少

③stretching　Bending
H↔O-H　　H$\overset{O}{\diagup\diagdown}$H
3650 cm^{-1}　1596 cm^{-1}
◄―――――――――――― bending
　stretching

④C-H,　C-C,　C-O,　C-Cl,　C-Br,　C-I
3000 cm^{-1}　1200　1100　800　550　～500 cm^{-1}
◄―――――――――――――
　　$\bar{v}$增大，因μ減少

$\mu = \dfrac{m\,m_2}{m_1+m_2}$, $v_e = \dfrac{1}{2\pi c}\sqrt{k/\mu}$

(b)

Spectral regions(cm^{-1})	Bond Causing absorption
3750-3000	O-H, N-H stretch
3300-2900	C≡C-H, C＝C-H
	◎-N, C-H(stretch)
3000-2700	CH_3, CH_2, C-H
	$C\overset{O}{\underset{H}{\diagup\diagdown}}$ (C-H stretch)
2400-2100	C≡C, C≡N, stretch
1700-1650	C＝O, streck
	(acids, aldehydes, ketones, amides, esters, anhydride)
1675-1500	C＝C, C＝N
	(aromatic/aliphalic stretching)
1475-1100	⟩C-H bending, C-N
1000-650	$C = C\overset{H}{\diagup}$, Ar-H
	bending (out of plane)

圖4-2　(a)兩原子間化學鍵力常數及原子質量對振動波數影響及(b)常見化學鍵之振動波數範圍

　　另外，由圖4-2a亦可知以振動波數而言，一般伸縮（Stretching）振動（如H-O：3650 cm^{-1}）比（Bending）變角振動（如 H$\overset{O}{\diagup\diagdown}$H ：1596 cm^{-1}）要大很多。圖4-2b為常見化學鍵之振動波數及波長範圍。一般如表4-1所示，依紅外線（IR wave）之振動波數將紅外線分成三波段：近紅外線（12,500-4000 cm^{-1}），中紅外線（4000-200 cm^{-1}）及遠紅外線（200-10 cm^{-1}）。一般紅外線光譜儀所用的光源及所使用的光譜波段為中紅外線範圍即4000-200 cm^{-1}。

　　一般紅外線吸收光譜圖常是用樣品透光度（Transmittance%, T%）對波數作圖，如圖4-3為碳六十（C60）分子之紅外線光譜圖。

表4-1　各種波段之紅外線之振動波數及振動波長

	近紅外線（Near-IR）	中紅外線（Mid-IR）	遠紅外線（Far-IR）
振動波數$\bar{v}$（Wavenumber, cm^{-1}）	12,500-4000	4000-200	200-10
振動波長λ（Wavelength, μm）	0.8-2.5	2.5-50	50-1000

註：波數$\bar{v}$ (cm^{-1}) = 10^4/ λ(μm)

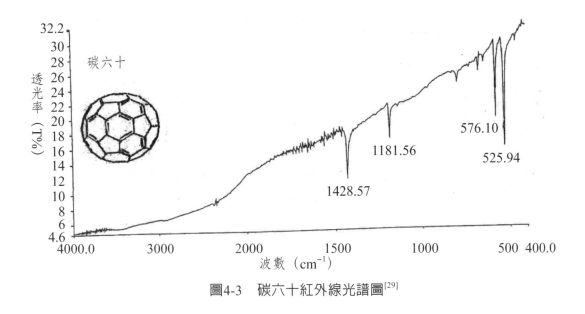

圖4-3　碳六十紅外線光譜圖[29]

4-2　分散式紅外線吸收光譜儀

　　紅外線吸收光譜法（Infrared Absorption Spectrometry）之儀器依其偵測器所測量的光波爲單波長或多波長紅外線而概分爲分散式紅外線光譜儀（Dispersive IR Spectrometer，即一般傳統紅外線光譜儀）及非分散式紅外線光譜儀（Non-Dispersive IR (NDIR) Spectrometer）。分散式紅外線光譜儀中各種不同波長紅外線是先經單光器分開成單一波長紅外線再由偵測器偵測，非分散式紅外線光譜儀則不用單光器而偵測器所偵測的爲不分開的多波長紅外線，非分散式NDIR光譜儀有很多種，著名的傳立葉轉換紅外線光譜儀（Fourier Transform IR (FTIR) Spectrometer）亦爲非分散式NDIR光譜儀之一種。另外，若依偵測的爲樣品的吸收或反射，紅外線光譜儀又可分爲紅外線吸收光譜儀（Absorption IR Spectrometer）及紅外線反射光譜儀（Reflectance IR Spectrometer）。各種紅外線光譜儀將分節介紹，而本節將介紹分散式紅外線吸收光譜儀及其應用。

4-2-1　分散式紅外線吸收光譜儀及應用

　　分散式紅外線吸收光譜儀（Dispersion IR Absorption Spectrometer）之偵測器所偵測為單波長紅外線被樣品吸收之吸光度。圖4-4為雙光束（Double-beam）分散式紅外線吸收光譜儀之基本結構圖，在此雙光束IR光譜儀中由IR光源出來的多波長紅外光經兩反射鏡分別經樣品槽（Sample cell）及參考槽（Reference cell），部份紅外光經樣品吸收後和來自參考槽紅外光由斬波器（Chopper）依序射入單光器（Monochromator）中。在紅外線光譜儀中單光器可放在樣品槽後面，而在紫外線／可見光光譜儀中單光器一定要放在樣品槽前面（見圖3-10），這是因為紫外線／可見光光子能量高，若用多波長紫外線／可見光直接照射樣品可能會造成光化學分解（Photochemical decomposition），故要先用單光器變成單波長光再照射到樣品，而紅外光光子能量較低不易引起光分解可直接照射樣品，單光器可放在樣品槽後面。斬波器之結構及功能將在微電腦介面控制元件（第17章）詳加介紹，而紅外線光譜儀所用的單光器也是光柵（Grating）。由單光器出來的單波長紅外線再經紅外線偵測器轉換成電壓類比（Analog, A）訊號，接類比／數位訊號轉換器（ADC）轉換成數位訊號輸入微電腦（CPU）做訊號收集及數據處理。紅外線光源、偵測器及樣品槽材質將在下幾節詳細介紹。

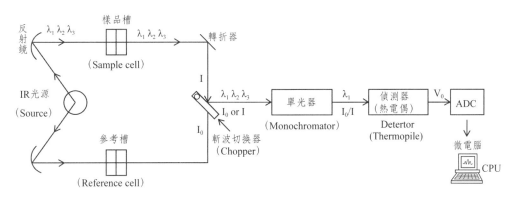

圖4-4　雙光束分散式紅外線光譜儀裝置示意圖

4-2-2　紅外線光源

常用的各種紅外線波段之光源（Sources）如表4-2所示，在近紅外線（12,500-4000 cm^{-1}），最常用的為鎢絲燈（Tungsten lamp，圖4-5a），鎢絲燈外加電壓於鎢絲熾熱後會發出可見光、近紅外線光及電子。另外可用做近紅外線光源的為奈斯特熾熱燈（Nernst Glower），此燈亦利用外加電壓於一稀土氧化物（Rare earth oxide, Ce/LaOx）或$ZrO_2/ThO_2/Y_2O_3$燈絲熾熱後會發出近紅外線光及中紅外線光（如圖4-5b所示）。

表4-2　紅外線光譜儀常用光源（Sources）

項目	近紅外線（Near IR）	中紅外線（Mid IR）	遠紅外線（Far IR）
波數（cm^{-1}）	12,500～4000	4000～200	200～10
光源（Source）	①鎢絲燈 　（Tungsten Lamp） ②奈斯熾熱燈 　（Nernst Glower）	①奈斯特熾熱燈 　（Nernst Glower） ②矽碳燈（SiC Globar） ③鎳合金燈（Nichrome lamp） ④CO_2雷射光 　（900～1100 cm^{-1}） Laser	高壓汞弧燈 （High pressure Hg Arc lamp）

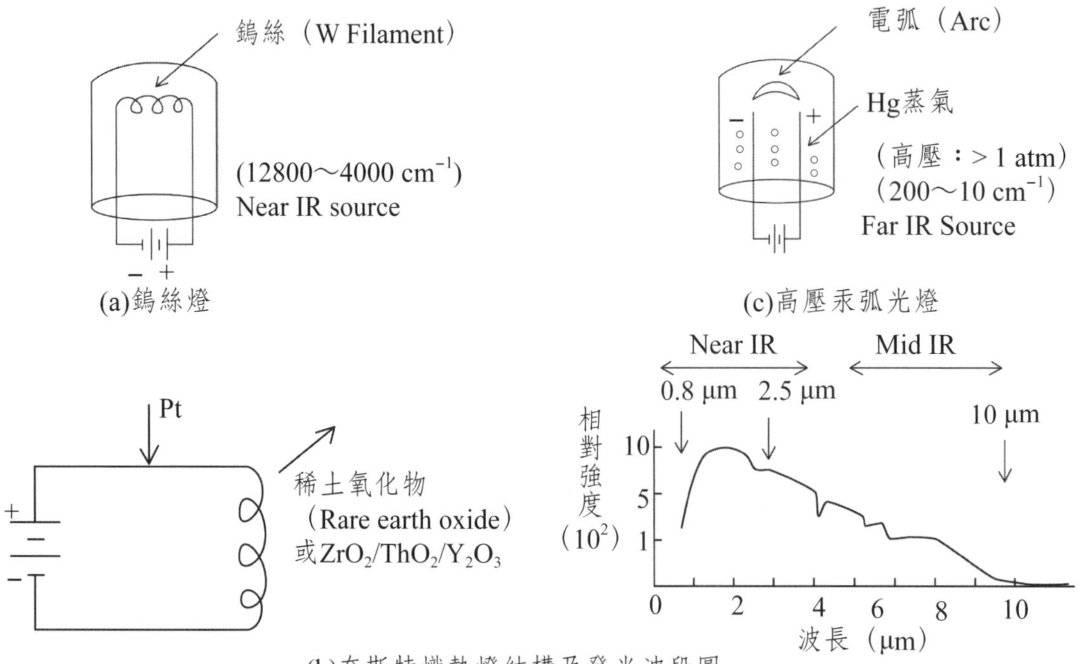

(a)鎢絲燈

鎢絲（W Filament）

（12800～4000 cm^{-1}）
Near IR source

(c)高壓汞弧光燈

電弧（Arc）

Hg蒸氣

（高壓：> 1 atm）
（200～10 cm^{-1}）
Far IR Source

(b)奈斯特熾熱燈結構及發光波段圖

Pt

稀土氧化物
（Rare earth oxide）
或$ZrO_2/ThO_2/Y_2O_3$

Near IR　　Mid IR
0.8 μm　2.5 μm　　　10 μm

相對強度（10^2）

波長（μm）

圖4-5　紅外線光源(a)鎢絲燈，(b)奈斯特熾熱燈及(c)高壓汞弧光燈結構圖

　　奈斯特熾熱燈亦為中紅外線（4000-200 cm^{-1}）波段常用的光源，奈斯特熾熱燈之燈絲之電阻具有負溫度係數（Negative temperature coefficient），即溫度越高電阻越低，加熱時溫度上升加速增高，換言之，很容易加熱到熾熱狀態而放出紅外線，為其優點，但也因溫度上升太快較易燒斷為其缺點。如表4-2所示，其他亦可做為中紅外線光源有：矽碳燈（SiC Globar）、鎳合金絲燈（Nichrome lamp）及雷射光（如CO$_2$ laser）。

　　矽碳燈為加熱於碳化矽（SiC）棒使之發出中紅外線光，因其具有正溫度係數（Positive temperature coefficient），即溫度越高電阻越高，加熱時溫度上升較慢，但也因此不易燒斷為其優點，然其操作溫度必須在低於1300℃，SiC才不會氧化。**鎳合金絲燈**雖得較低光度紅外線，但其有較長的使用壽命（Longer life）。**雷射**光源波段較窄（如CO$_2$ laser發900～1100 cm^{-1}波段光），通常用在偵測特殊物品或特殊用途上。

　　在遠紅外線（200-10 cm^{-1}）波段中，常用的光源為**高壓汞弧光燈**（High presuure Mercury Arc lamp），如圖4-5c所示，外加電壓使正負電極間產生高溫電弧（Arc），利用電弧激化高壓（> 1 atm）汞蒸氣使之從基態轉成高能激態，然後高能激態的汞蒸氣會回到其基態並放出遠紅外線光。

4-2-3　樣品槽（Sample Cell）

　　紅外線光譜儀不能和紫外線／可見光光譜儀一樣用石英當樣品槽材料，這是因為石英或玻璃只能透過12,500～2000 cm^{-1}紅外線波段，大部份中紅外線及遠紅外線波段不能透過石英或玻璃（如圖4-5所示）。一般紅外線（中紅外線）光譜儀樣品槽（IR Sample Cell）材質為NaCl及KBr晶體，如圖4-6所示，NaCl樣品槽（NaCl cell）只能透過波數600 cm^{-1}以上紅外線，而KBr樣品槽（KBr Cell）則能透過波數400 cm^{-1}以上紅外線，範圍較廣。一般固體樣品處理方式都將待測樣品和NaCl或KBr晶體與一油性物質（常用Nujol）混在一起磨成粉再壓成圓盤形樣品片（圖4-7a）偵測之，而水溶液之液體樣品因會將NaCl及KBr晶體溶解，則常用AgCl材質或KRS-6（Tℓl材質）之凹形樣品槽（圖4-7b）裝液體樣品偵測，氣體樣品則用氣體專用樣品槽（圖4-7c）。若要偵測遠紅外線光譜，如圖4-6所示，則不論固體或液體或氣體樣品皆需用CsI或

KRS-6（TℓI）製成之樣品槽，才可透過含遠紅外線光之所有波段紅外線光。

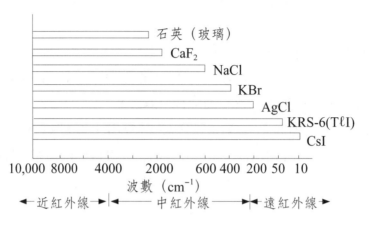

圖4-6　各種樣品槽材質可透過紅外線光波數範圍

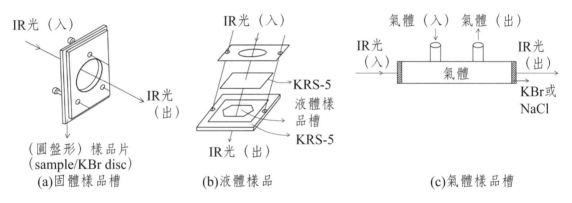

(a)固體樣品槽　　　(b)液體樣品　　　(c)氣體樣品槽

圖4-7　紅外線光譜儀常用之(a)固體樣品槽，(b)液體樣品槽及(c)氣體樣品槽

4-2-4　紅外線偵測器

各波段紅外線常用各種偵測器如表4-3所示，最常用的近紅外線偵測器為硫化鉛（PbS）晶體光導電偵測器（PbS photoconductive detector），而熱電堆（Thermopile），輻射熱計（Bolometer）及焦電偵測器（Pyroelectric detector）為常用的中紅外線光之偵測器，焦電偵測器及高萊輻射計（Golay detector）為常用之遠紅外線光偵測器。

表4-3　各波段紅外線常用各種偵測器

	近紅外線（Naer IR）	中紅外線（Mid-IR）	遠紅外線（Far-IR）
波數（cm^{-1}）	12,500～4000	4000～200	200～10
偵測器	Lead sulfide (PbS) photoconductive detector （PbS光導電偵測器）	Thermopile（熱電堆），Bolometer, Pyroelectric detector （焦電偵測器）	Pyroelectric detector（焦電偵測器） Golay detector（Golay偵測器）

　　常用來偵測近紅外線光之**硫化鉛（PbS）晶體光導電偵測器**結構如圖4-8a所示，當外接電壓Vs（通常為5 V），PbS為光敏物質可吸收紅外線光而使其電阻下降，即其輸出電壓Vo會比未照光時增大，由輸出電壓的變化可換算紅外線光強度。

　　熱電堆（Thermopile）為多個熱電偶（Thermocouple）連結而成，圖4-8b為常用偵測中紅外線光之Au-Pb熱電偶結構示意圖，紅外線光易被Au吸收，未照光前Au/Pb兩接點A, B溫度（T及Tr）相同，當紅外線光照射A點，Au吸收了紅外線光而使A點溫度T升高，以致於A, B兩接點溫度不同而在熱電偶輸出端產生輸出電壓Vo：

$$Vo（輸出電壓）\cong A(T - Tr) \qquad （4-16）$$

　　式中A為熱電偶靈敏度（sensitivity），由一連串熱電偶連接所形成的熱電堆可得相當高的輸出電壓，由熱電堆的輸出電壓可知紅外線光之光度。

　　輻射熱計（Bolometer）**當紅外線偵測器**（圖4-8c）是利用某些物質之電阻對溫度有相當靈敏感應，當這些物質吸收紅外線光後溫度上升而使其電阻相當靈敏的改變，有一些物質（如半導體Ge或InSb）其電阻隨溫度升高而減小，此種半導體物質常稱為熱阻體（Thermistor），將這些對溫度敏感的熱阻體在低溫（liquid He, 1.2 K）外接電壓（圖4-8c中Vs），當吸收紅外線光後溫度升高，其電阻下降，導致其輸出電流（Io）增大，即可估算這紅外線光之光度。Bolometer偵測器也有用金屬（如Pt及Ni）熱阻體代替半導體熱阻體，這些金屬熱阻體反過來其電阻會隨溫度升高而變大，故其吸收紅外線會使其電阻因溫度升高而變大，並使其輸出電流減小。

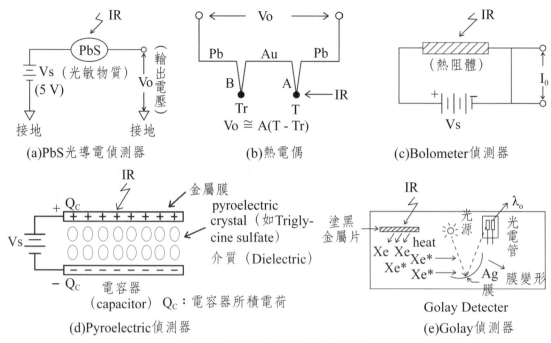

(a)PbS光導電偵測器　　　(b)熱電偶　　　(c)Bolometer偵測器

(d)Pyroelectric偵測器　　　(e)Golay偵測器

圖4-8　各種紅外線偵測器結構示意圖

焦電偵測器（Pyroelectric detector）[30]之結構如圖4-8d所示，其爲用Triglycine sulfate（(NH$_2$NH$_2$COOH)$_3$・H$_2$SO$_4$）介質（Dielectric）之電容器（Capacitor）改裝而成，電容器由兩金屬膜中間夾介質所製成，當外加電壓Vs使電容器金屬膜間充電儲存電荷量Qc，放電後即可得輸出電流（Io）。一般電容器外加電壓Vs去除後此電容器儲存電量Qc就失去，但此種介質Triglycine sulfate一經充電後即使去除外加電壓後仍會保持其儲存電荷量Qc，此種介質晶體特稱爲焦電晶體（Pyroelectric crystal），含此種焦電晶體之電容器稱爲焦電偵測器。此種焦電偵測器之電容（Capacitance, C）對溫度相當靈敏，其電容（C）和其儲存電荷量Qc及外加電壓之關係爲：

$$Q_c = CV_s \qquad\qquad (4\text{-}17)$$

當其介質吸收紅外線後溫度上升，靈敏地改變其電容C，即大大改變其儲存電荷量Qc，當其放電時即可得到與照光前不同的輸出電流，由輸出電流不同即可計算紅外線光之光強度。

高萊輻射偵測器（Golay detector）[31]之結構如圖4-8e所示，其原理爲先用一表面塗黑金屬片吸收紅外線光，然後放出熱能由偵測器中Xe氣體吸

收而膨脹，膨脹且高能之Xe*氣體撞擊一Ag金屬膜使金屬膜變形，偵測器中另有一可見光光源照射到此Ag金屬膜並反射至一眞空光電管（Vacuum phototube，結構及原理見第三章圖3-21）。當Ag膜受Xe撞擊變形時，會改變可見光反射至眞空光電管之光量，以致於光電管輸出電流改變，由輸出電流改變量即可知最先進入此**Golay偵測器**之紅外線光強度。

4-3 非分散式紅外線光譜儀及應用

非分散式紅外線光譜儀（Non-Dispersion IR(NDIR) Spectrometer）之偵測器所偵測的是各種波長之紅外線，而不是偵測經單光器將各波長光分開所得各單一波長光。傅立葉轉換紅外線光譜儀（Fourier Transform IR Spectrometer, FTIR）爲最常用之非分散式紅外線光譜儀，其他非分散式紅外線光譜儀亦常用在環境或材料中微量物質之分析。

4-3-1 傅立葉轉換紅外線光譜儀及應用

傅立葉轉換紅外線光譜儀（FTIR）[32]爲非分散式紅外線光譜儀。圖4-9爲FTIR光譜儀之結構及偵測原理示意圖。如圖所示，從紅外線光源中所發出來的各種波長（λ_1, λ_2, λ_3等）之紅外線光進入一常稱爲邁克生干涉儀（Michelson interferometer）[33A]首先進入S點經一晶體（CsI）光束分散鏡（Beam splitter）分成兩道光，照射到兩反射鏡，其中一爲可移動的反射鏡A（Movable mirror A），另一個爲固定不動的反射鏡B（Fixed mirror B），兩道光分別走d1及d2距離經兩反射鏡反射回來在S點產生建設性（兩道光波峰對波峰）及破壞性干涉（Interference），圖4-9中之圖A爲由可移動反射鏡之移動造成此兩道反射光來回之距離差Δd（$\Delta d = |d1 - d2|$）所造成和時間有關之干涉圖。對波長λ_1而言，當$\Delta d = \lambda_1/2$時，來回剛好差一個λ_1，會產生建設性干涉而造成圖4-9中圖A（干涉波圖）所示的最大波峰（Peak），由於可移動反射鏡之來回移動，就產生圖A中許多的波峰1, 2, 3…等。同樣地，若$\Delta d = \lambda_2/2$時，也會產生如圖4-9中之波峰1', 2', 3'…等，其他波長（λ_3, λ_4…等）

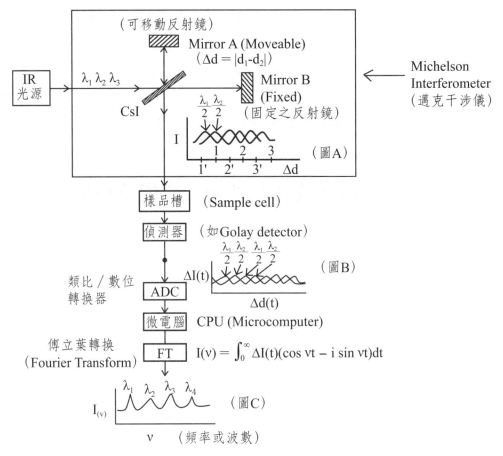

圖4-9　傅立葉轉換紅外線光譜儀（FTIR）之結構及偵測原理示意圖

亦復如此。然後將這多波長干涉照射到待測樣品而被樣品吸收後之紅外線被一IR偵測器偵測，偵測出來的和時間有關的各波長被吸收的強度電壓或電流訊號$\Delta I(t)$和$\Delta d(t)$關係圖如圖4-9中圖B（吸收干涉圖），因實際上Δd和時間有關，所以圖B亦為電壓或電流訊號$\Delta I(t)$和時間之關係圖。這些電壓或電流類比訊號可經類比／數位轉換器（ADC, Analog to Digital Converter）轉成數位訊號並讀入微電腦做訊號收集及數據處理，在微電腦中即可得圖B重現，然後利用下列傅立葉轉換方程式（Fourier Transform Equation）將以時間（Time domain）為函數的吸收干涉圖（圖B）積分且轉換成以頻率（Frequency domain）為函數之吸收頻率或波數圖（即圖4-9中圖C）：

$$I(\nu) = \int_0^\infty \Delta I(t)(\cos \nu t - i \sin \nu t)dt \qquad （4\text{-}18）$$

　　圖C為一般紅外線光譜圖，圖C之各波長之波峰實際上為將原來圖B各波長許多波峰（Peaks）積分所得。一般傳統紅外線光譜儀（IR）各波長只測到一次吸收峰之強度，而此傅立葉轉換光譜儀（FTIR）卻是許多吸收峰積分起來之強度，所以FTIR光譜儀之偵測靈敏度比傳統IR光譜儀要高很多且偵測下限（Detection limit）也比一般IR光譜儀低很多，其可移動反射鏡來回移動次數（即掃瞄（Scan）次數）越多其靈敏度越高，其偵測下限也越低，FTIR光譜儀對各種化合物之偵測下限可低至ppb濃度。所以FTIR光譜儀常用來偵測許多高純度物質（如矽（Si）晶片）中極微量的雜質（如SiC, SiN等）。圖4-10為傅立葉轉換紅外線光譜儀（FTIR）實圖。

圖4-10　JASCO FT4100型傅立葉轉換紅外線光譜儀（FTIR）實圖[33B]

4-3-2　其他非分散式紅外線光譜儀（CO／有機NDIR）

　　在環境微量污染物分析上，非分散式紅外線（NDIR）光譜儀為相當常用且相當靈敏的分析工具。本節將介紹常用來偵測空氣中微量有機氣體的「多重光徑非分散式紅外線光譜儀（Multi-Pass NDIR Spectrometer）」及微量無機污染物CO之「一氧化碳非分散式紅外線光譜儀（NDIR Spectrometer for CO）」。

　　圖4-11為多重光徑非分散式紅外線光譜儀之結構示意圖，其偵測原理為由紅外線光源提供之多波長紅外線光透過一雙圓筒型標準品RH／氮氣N_2槽，其中一圓筒（A）內裝純氮氣（N_2），另一圓筒（B）中裝滿待測有機標準樣品（RH），當紅外線光照射純氮氣圓筒時，因氮氣（N_2）不會吸收紅外線光，所以從純氮氣圓筒通過的多波長紅外線光和原來紅外線光是一樣的。這些紅外線光經反射鏡系統多次反射後經過含待測有機污染物（RH）之空氣中，有一

部份波長（如λ_1）被有機污染物RH吸收，最後到達IR偵測器（如熱電偶陣列（Thermopile）偵測器），從偵測器出來的類比電壓訊號經類比／數位轉換器（Analog to Digital Converter, ADC）將數位訊號傳入微電腦做訊號收集及數據處理。經過純氮氣圓筒之紅外線最後到達IR偵測器後各波長之總吸光度（$A_{tot(N2)}$）為：

$$A_{tot(N2)} = A_{\lambda 1} + A_{\lambda 2} + A_{\lambda 3} + A_{\lambda 4} + A_{\lambda 5} + \cdots\cdots \qquad (4\text{-}19)$$

　　若將圖4-11中之旋轉控制器起動將雙圓筒型標準品RH／氮氣N_2槽轉成裝滿待測有機標準樣品（RH）之圓筒（B），則有機標準樣品（RH）可完全吸收從IR光源的多波長紅外線中之λ_1波長光。當多波長紅外線光照射圓筒（B）中之有機標準樣品（RH）後，λ_1波長紅外線光全被吸收了，其他波長紅外線光經反射鏡系統及多次在反射在空氣中（含待測有機污染物（RH）），最後到達IR偵測器並經類比電壓訊號經類比／數位轉換器（ADC）將數位訊號傳入微電腦做訊號處理。因λ_1波長光已在樣品槽中被吸收完了，故經有機樣品（RH）圓筒出來紅外線最後到達IR偵測器後各波長之總吸光度（$A_{tot(RH)}$）為：

$$A_{tot(RH)} = A_{\lambda 2} + A_{\lambda 3} + A_{\lambda 4} + A_{\lambda 5} + \cdots\cdots \qquad (4\text{-}20)$$

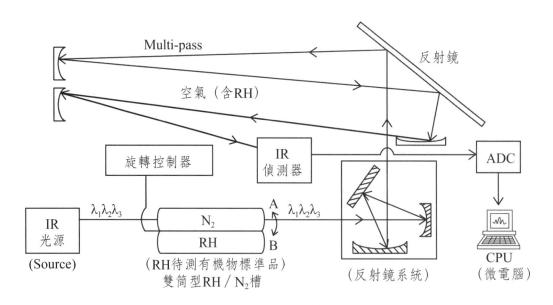

圖4-11　偵測有機氣體之多重光徑非分散式紅外線光譜儀（Multi-Pass NDIR Spectrometer）結構示意圖

由式（4-19）減式（4-20）可得：

$$A_{tot(N2)} - A_{tot(RH)} = A_{\lambda 1} \tag{4-21}$$

故由測量$A_{tot(N2)}$及$A_{tot(RH)}$就可得有機物RH吸收λ_1波長之吸光度$A_{\lambda 1}$，再由比爾定律（Beer's Law）：

$$A_{\lambda 1} = \varepsilon_{RH} \times b \times [RH] \tag{4-22}$$

式中ε_{RH}為RH之莫耳吸收係數（Molar absorption coefficient），ε_{RH}可由RH標準樣品的工作校準曲線（Calibration curve）求得。而b為IR光所經多重路距（光徑），[RH]為空氣中有機污染物之濃度，如此空氣中有機污染物RH之含量即可測得。此法常被環保單位用於鹵素碳烴（RX）及其他具有特殊功能基之有機物（如RN/RS）之現場檢測之用。

一氧化碳（CO）非分散式紅外線（NDIR）光譜儀之基本結構如圖4-12所示，因CO會吸收波長4.7 μm（2127 cm^{-1}）附近紅外線（即λ_{CO} = 4.7 μm），奈斯特熾熱燈（Nernst Glower）光源可發出4.7 μm附近紅外線，故其為偵測空氣中CO之NDIR光譜儀常用的光源。如圖所示，從紅外線光源出來之多波長紅外線光（$\lambda_1, \lambda_2, \lambda_{CO}$）經光束分散鏡（Beam splitter，也有用兩光源而不用光束分散鏡），分成兩道光分別經過充滿真實空氣可能含CO）之樣品槽及不含CO的標準空氣之參考槽，多波長紅外線經樣品槽時，其中波長4.7 μm（λ_{CO}）之IR光部份被CO吸收而使其光強度由原來Io減至I，反之，經過參考槽之多波長中波長4.7 μm之IR光沒被吸收，其從樣品槽出來後之光強度仍然為Io，通過樣品槽及參考槽之多波長紅外線分別進入由電極及金屬薄膜所隔成A，B兩室充滿CO之偵測器。樣品槽及參考槽出來之多波長紅外線中波長4.7 μm會分別激化A，B兩室中CO，由於從參考槽出來之波長4.7 μm IR光強度（Io）比樣品槽出來之光強度（I）大，因而B室中CO被激化成激態（CO*）也較多，其回到基態放出熱也較多，結果B室比A室熱迫使金屬膜往A室膨脹，而使電極及金屬膜距離Δd改變，基本上電極及金屬膜是一電容器結構，而電容器兩金屬片間距離改變會使電容及其放電電位（Vc）改變，最後經放大器Vc放大就會產生輸出電壓Vo改變，由輸出電壓Vo改變就可計算空氣中CO含量。換言之空氣中CO含量越大，從參考槽出來之波長4.7 μm IR光強度（Io）和樣品槽出來之光強度（I）相差也越大，B室中CO被激化成激態（CO*）也比A室較越多，輸出電壓Vo改變也更大。換言之，[CO]↑（濃度越大），(Io-I)↑，Δd↑，Vo↑（輸出電壓越大）。

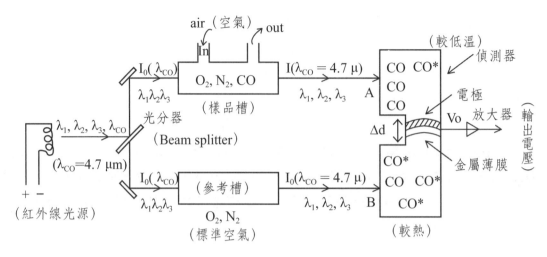

圖4-12 偵測一氧化碳（CO）之非分散式紅外線光譜儀（NDIR Spectrometer）結構示意圖

在世界各國之許多街角上常可見到一氧化碳（**CO**）**偵測器**，就是偵測 CO之非分散式紅外線（NDIR）光譜儀，圖4-13為聳立在台北市南門之一氧化碳（CO）NDIR偵測器之外觀圖及其偵測器主件示意圖（其用兩光源，不用光分器）。一氧化碳（CO）對人體最大危害為會和人體血液中血紅素（Hemoglobin, Hb）結合成HbCO，而使血紅素失去輸送O_2功能。

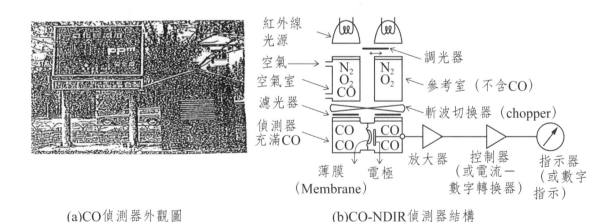

(a)CO偵測器外觀圖　　　　　　　　(b)CO-NDIR偵測器結構

圖4-13 台北市南門附近所設置之一氧化碳（CO）NDIR偵測器之(a)外觀圖，及(b)儀器結構示意圖[34]

4-4　反射式及全反射紅外線光譜儀及應用

　　紅外線光進入液體中可能產生被吸收（Absorption，圖4-14a中C圖），反射（Reflection，圖4-14a中B圖）及衰減式全反射（Attenuated Total Reflectance, ATR），圖4-14a中A圖）。在液體中紅外線光（IR）反射通常利用一含有傳送器（Transmitter）及接收器（Receiver）之探頭（Probe）放入液體中（圖4-14b圖），紅外線光以光強度Io由傳送器（T）射入液體中，經液體部份被吸收或散失後，部份紅外線光反射到探頭的接收器（R），再進入IR偵測器（圖4-14a中B圖）偵測。對固體樣品，紅外線光可從固體表面反射（圖4-14c圖），由反射前後光強度（Io及I）可計算反射率R%（R% = (I/Io)×100%），反射率和固體表面成分及IR波長有關。

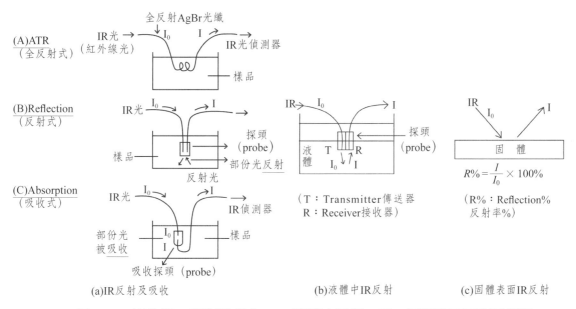

圖4-14　紅外線(a)反射及吸收，(b)液體中反射，及(c)固體表面反射示意圖

　　市面上有比較精緻的反射式紅外線光譜儀之產品稱為**擴散型反射式紅外線光譜儀**（Diffuse-Reflectance IR Spectrometer，圖4-15），在此儀器中紅外線光由光源發出後經反射鏡後分兩道IR光（A及B），其中一道光（A光）以光強度Io照射到待測固體樣品，部份紅外線光經固體樣品吸收後以較弱光強度I反射，最後到IR偵測器D$_1$（經樣品）。另一道光（B光）以光強度Io反射照

射到另一IR偵測器D_2（沒經樣品），最後由兩IR偵測器D_1及D_2之輸出電壓之差（$V_2 - V_1$）就可計算出固體樣品中待測成分之含量。

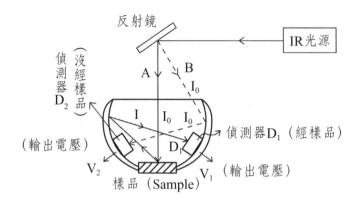

圖4-15　擴散型反射式紅外線（Diffuse-Reflectance IR）光譜儀結構示意圖

衰減式全反射（Attenuated Total Reflectance, ATR）[35A,B]光譜儀為現在相當廣泛應用在生化及化學樣品微量分析重要工具。在ATR光譜儀中主要元件為用溴化銀（AgBr）晶體所拉成的AgBr光纖（Optical fiber）管（圖4-16a），紅外線光以光強度Io進入AgBr光纖全反射（入射角θ大於此臨界角$θ_0$），此全反射光經液體樣品中，其部份上下振動之衰剪波（Evanescent wave）會滲入液體中被吸收（圖4-16b），光強度會隨在液體中全反射次數增多而變弱成I，由吸光度（A, A = log(Io/I)）大小可計算液體樣品中待測成分含量，在液體中光纖長度越長或全反射次數越多（有積分效果），吸光度也就越大，此ATR儀之偵測靈敏度也就越高。衰剪波滲透入液體中之距離dp（圖4-16b）和紅外線波長λ及入射角θ有關。

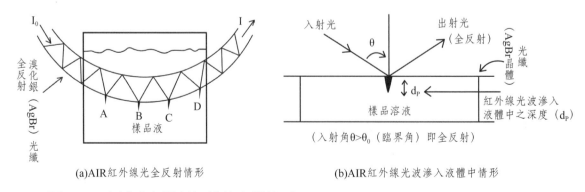

(a)AIR紅外線光全反射情形　　　　　(b)AIR紅外線光波滲入液體中情形

圖4-16　衰減式全反射紅外線光譜法（Attenuated Total Reflectance (ATR) IR Spectrometry）之IR光(a)全反射及(b)光波滲入液體中情形

第 5 章

拉曼光譜法

　　拉曼光譜法（Raman Spectrometry）是基於拉曼效應（Raman effect）所發展出來的光譜法，拉曼光譜法不只和紅外線光譜法一樣可偵測分子中原子間的非對稱振動（Asymmetric vibration）且可偵測原子間之對稱性振動（Symmetric vibration）。拉曼效應為紀念其發現者─印度物理學家拉曼博士（Sir/Dr. Chandrasekhara Venkata Raman）而命名，拉曼博士也因這卓越貢獻而獲得西元1930年諾貝爾物理獎。拉曼光譜法不只可應用在學術研究及工業上且可應用在臨床醫療（如青光眼診斷）上。因一般拉曼光譜法之光源常用雷射光，故本章除介紹拉曼光譜法之原理、儀器結構、拉曼光譜及應用外，還將簡單介紹雷射光源及應用。

5-1　拉曼效應及拉曼光譜法原理[28, 36-38]

　　拉曼效應（Raman effect）指的是當光波之光子（photons）照射到一物體之分子被吸收（Absorb）後，此分子會在和原來光方向不同的各種方向，發出和原來頻率不同的頻率的具有分子特性的**非彈性散射光**（Inelastic scattering light），即如圖5-1所示，一物質的分子吸收了具有原來頻率

（v_o）之光波而由其電子基態（A_o）到激態（$A*$），而當其電子再從激態$A*$回到基態A_o會向各方向放出具有不同頻率（v_1或v_2）之光波。這些放出來的光波v_1及v_2吾人常稱為拉曼光波（Raman peaks）或Raman光（拉曼光）。由圖5-1a可看出：由基態振動能階（$v = 0$）電子吸收v_o而引發的拉曼光v_1，此時$v_o > v_1$，此種轉移稱斯托克遷移（Stokes shift），而v_1拉曼光特稱為**斯托克光譜線**（Stokes line），反之，圖5-1b所示，由較高振動能階（如$v = 2$）電子吸收v_o而引裝的拉曼光v_2，此時$v_o < v_2$，此為反斯托克遷移（Antistokes Shift），v_2拉曼光則為**反斯托克光譜線**（Antistokes line）。因在基態振動能階（$v = 0$）電子數目比在高振動能階（如$v = 2$）電子數目要大很多，吸收v_o機會也就大很多，因而吸收後放出的斯托克光譜線（Stokes line）之強度也就比反斯托克光譜線（Antistokes line）要強很多。斯托克遷移及反斯托克遷移又統稱拉曼轉移（Raman shift），通常拉曼轉移用波數（cm^{-1}）變化表示，如圖5-1a及b之波數變化$\Delta v_1(cm^{-1}) = v_o - v_1$及$\Delta v_2 = v_2 - v_o$。圖5-1c為**斯托克及反斯托克拉曼散射**（Stokes/Antistokes Raman scatterings）、**瑞立彈性散射**（Rayleigh elastic scattering，吸收及發射頻率相同）及紅外線吸收關係圖。

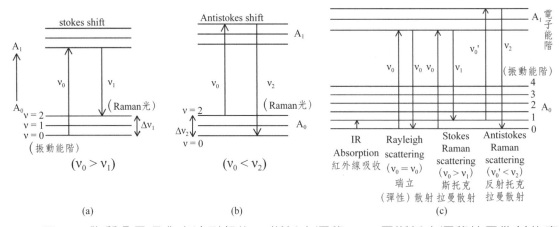

圖5-1　物質分子吸收光波引起的(a)斯托克遷移，(b)反斯托克遷移拉曼散射效應（A_0及A_1為電子基態及激態能階，$v = 0$，$v = 1$及$v = 2$為振動（Vibration）能階，v_0, v_1及v_2為頻率），及(c)拉曼／瑞立（Raman/Rayleigh）散射及IR吸收之關係圖

　　拉曼光譜法（Raman Spectrometry）中可以直接偵測分子所放出來之拉曼散射光波（如圖5-1之v_1及v_2）做為光譜分析之用，亦可偵測斯托克轉移及反斯托克轉移吸收光（v_0）及發出之拉曼散射光（v_1或v_2）之頻率差（圖5-1中之Δv_1或Δv_2）做為光譜線做分析之用，而這些頻率差（Δv_1或Δv_2）剛好和為分子振動（Vibration）所吸收紅外線（IR）頻率範圍相同，例如v_1剛好為一分子從v_0振動能階到v_2振動能階所需吸收之紅外線頻率，在紅外線光譜法中v_0到v_2振動能階是違反紅外線光譜吸收選擇法則（Selection rule，請見本書第四章），換言之，拉曼光譜法可用來補足紅外線光譜法之不足。

　　另外，紅外線光譜法（IR）不能偵測非極性對稱性分子振動，然而拉曼光譜法不只可偵測極性分子（如CO）非對稱性振動（Asymmetric vibration，IR光譜法可偵測），亦可偵測IR光譜法不能偵測的非極性分子（如N_2）之對稱性振動（Symmetric vibration），這是因為不管是極性分子或非極性分子皆可能會吸收雷射光而有拉曼散射效應並放出拉曼散射光，而吸收的雷射光及放出的拉曼散射光之頻率差為紅外線（IR）範圍的振動頻率，即由此頻率差可得分子振動之吸收頻率。如圖5-2所示，CO為極性分子其CO兩原子本身具有偶極矩（Dipole moment），當CO中電子吸收雷射光到激態（Excited state），然後其電子再由激態回到基態（Ground state）並放出拉曼散射光（Raman scattering light）。N_2為完全對稱分子屬於非極性分子，然其電子會吸收雷射光產生遷移而使N_2分子形成偶極矩並使其電子到激態，此種用雷射光激發使非極性分子形成的偶極矩稱為誘發偶極矩（Induced dipole moment, $Q = rq$）。N_2分子激化成具有偶極矩的極化分子其電子到激態後，其電子再由激態回到基態並放出拉曼散射光，可得拉曼光譜圖（Raman spectrum）。同時，此非極性N_2分子之對稱性振動吸收頻率可由其吸收的雷射光及放出的拉曼散射光之頻率差求得，換言之，拉曼光譜法可用來偵測對稱性振動（Symmetric vibration），可用來彌補紅外線光譜法不能偵測對稱性振動之缺陷。

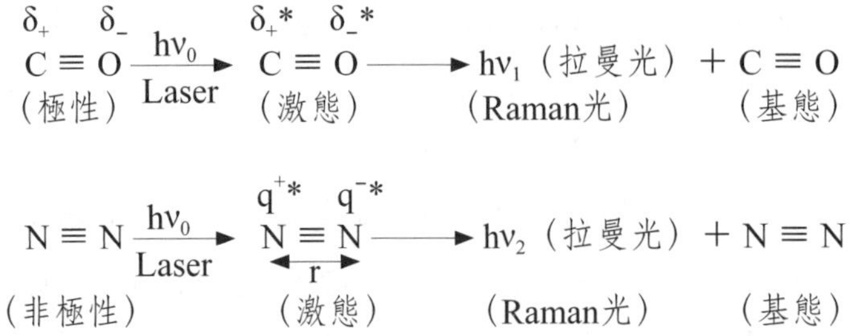

$$\begin{array}{ccc} \overset{\delta_+}{C} \equiv \overset{\delta_-}{O} & \xrightarrow[\text{Laser}]{h\nu_0} & \overset{\delta_+^*}{C} \equiv \overset{\delta_-^*}{O} \longrightarrow h\nu_1（拉曼光）+ C \equiv O \\ （極性） & & （激態） \qquad\quad （Raman光） \qquad （基態） \end{array}$$

$$\begin{array}{ccc} N \equiv N & \xrightarrow[\text{Laser}]{h\nu_0} & \overset{q^{+*}}{N} \equiv \overset{q^{-*}}{N} \longrightarrow h\nu_2（拉曼光）+ N \equiv N \\ （非極性） & & \underset{r}{\longleftrightarrow} \\ & & （激態） \qquad\quad （Raman光） \qquad （基態） \end{array}$$

圖5-2　極性分子CO及非極性分子N_2吸收雷射光及放出拉曼光過程示意圖

5-2　儀器基本結構

　　拉曼光譜儀（Raman spectrometer）[28,36-38]之基本結構如圖5-3所示，依拉曼光譜法原理其需要一雷射（Laser）光源以激化樣品槽（Sample cell）中待測樣品分子之電子至激態，然後又回基態並放出拉曼散射光（Scattered light），散射光射向各方向，但為避免雷射入射光干擾，只取和雷射光徑垂直方向的拉曼散射光經聚焦後，傳入由光柵（Grating）所構成的單光器（Monochromator），將各種波長之拉曼散射光分開並一一傳入偵測器（Detector）中偵測。因拉曼散射光之波長範圍屬紫外線／可見光（UV/VIS）範圍，故拉曼光譜儀之偵測器可用第三章所述之各種紫外線／可見光（UV/VIS）偵測器，圖5-3中所示的光電管（Photocell）即為其中之一種。另外，因拉曼光譜儀採用雷射光常在可見光波長範圍，故樣品槽材質用玻璃材質即可，不像紅外線（IR）光譜儀之樣品槽材質不能用玻璃而需用NaCl, KBr及CsI等材質。

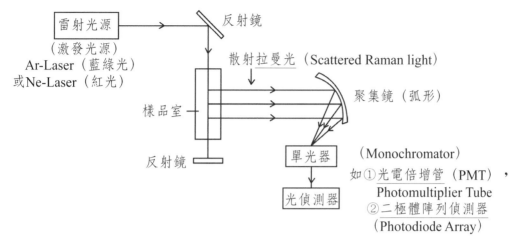

圖5-3　雷射拉曼光譜儀（Raman Spectrometer）結構示意圖

5-3　拉曼光譜

拉曼光譜（Raman spectrum）有兩種表示方法，一為如圖5-4a之(A)所示，可用分子發出來的拉曼光來表示，圖中顯示此拉曼光譜是當此分子吸收雷射激發光λ_0（510 nm）而使電子激化到激態E_1（如圖5-4b），然後電子回到基態E_0之不同振動能階（並分別發射出如圖5-4a之(A)及圖5-4b所示三種拉曼光λ_1（544 nm），λ_2（546 nm）及λ_3（549 nm）。第二種拉曼光譜表示法如圖5-4a之(B)所示，利用激發光及（υ_0）及拉曼光（υ）之頻率差（$\Delta\upsilon$，三拉曼光頻率差為$\Delta\upsilon_1$, $\Delta\upsilon_2$, $\Delta\upsilon_3$），例如$\Delta\upsilon_1 = \upsilon_0 - \upsilon_1 = (5.88 - 5.51)\times10^{14}$ s^{-1} $= 0.37\times10^{14}$ s^{-1}，然後再利用下式計算$1/\lambda$（即波數Wavenumber）：

$$1/\lambda = \Delta\upsilon/c \qquad (5\text{-}1)$$

式中c為光速（3×10^{10} cm/s），圖5-4a之(B)即為拉曼光強度對各拉曼光之$1/\lambda$所得之拉曼光譜圖。第一根拉曼光之$1/\lambda_1 = \Delta\upsilon_1/c = 0.37\times10^{14}/(3\times10^{10}) = 1233$ cm^{-1}，即如圖5-4a之(B)所示。這各拉曼光之$1/\lambda$大小屬紅外線分子振動光譜範圍（50-4000 cm^{-1}），實際上由圖5-4b，可以看出第一根拉曼光其最初及最後能階轉移可看成由電子能階E_0中的振動能階υ_0到υ_1，而第二及第

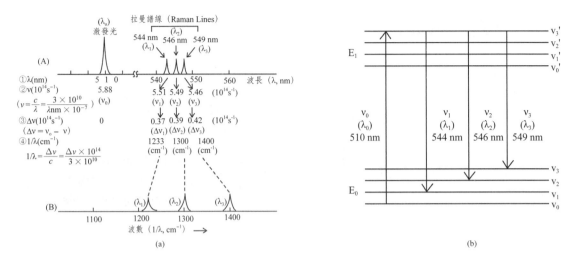

圖5-4　分子吸收可見光所引起的(a)拉曼光譜，及(b)其電子之拉曼轉移（Raman shift）

三拉曼光則由電子能階E_0中的振動能階v_0到v_2及v_0到v_3，由紅外線光譜的吸收法則（Selection rule），只有第一根拉曼光振動能階v_0到v_1紅外線吸收線是可以觀察到的，而第二及第三拉曼光所得到v_0到v_2及v_0到v_3振動能階轉移不能從紅外線光譜中觀察到的，但這些高階（$\Delta v \geq 2$）振動能階轉移卻可由拉曼光譜中觀察到且可計算出高階轉移之能量。換言之，拉曼光譜可用來補足紅外線光譜不能觀察到的高階（$\Delta v \geq 2$）分子振動能階轉移之信息及資料。同時，拉曼光譜法可偵測對稱及非對稱兩種分子振動光譜，而紅外線光譜法只能測得非對稱一種分子振動光譜，故拉曼光譜線一般要比紅外線光譜多。如圖5-5所示，L-cystine的拉曼光譜線比紅外線光譜多，其中S-S振動用拉曼光譜法可測到，但紅外線光譜法就測不到。

利用平行及垂直於雷射光之拉曼散射光（Scattered lights，如圖5-6）可用來判斷各拉曼光譜線屬非對稱性振動或對稱性振動光譜線。在拉曼光譜法中，可使原來屬非極性對稱性振動（Isotropic/symmetric vibration）因吸收雷射光而產生的誘導式極性α（Induced polarity）以及原來就具有極性的極性非對稱性振動（Anisotropic/anti-symmetric vibration），其非對稱極性（Antisymmetric polarity）為β，因而一分子之總極性（polarizability）為：

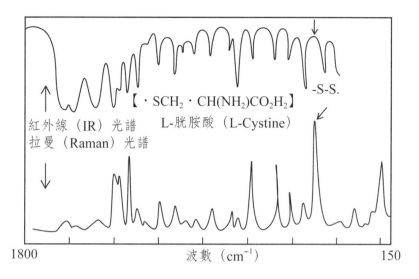

圖5-5 L-胱胺酸（L-Cystine）之Raman光譜及IR光譜[39]

（資料來源：JASCO公司，http://www.jascoint.co.jp/asia/products/spectroscopy/ftir/rft6000.html）

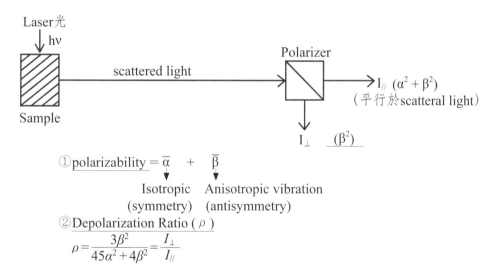

圖5-6 拉曼光譜法之分子對稱性誘發極性（Symmetric Induced Polarizability, α）及非對稱性極性（Antisymmetric Polarizability, β）之測定

$$Polarizability\ (Q) = \alpha + \beta \qquad (5\text{-}2)$$

為瞭解一分子之振動屬對稱性振動或非對稱性振動，特定義垂直及平行於雷射光之拉曼散射光強度比（$I_\perp/I_{//}$）為「去極化比（Depolarization ratio, ρ）」[40]，如圖5-6所示，平行及垂直於雷射光之拉曼散射光經極化器（Polarizer）分成平行光$I_{//}$及垂直光$I_{\perp}$，而平行光強度與（$\alpha^2 + \beta^2$）有關，而垂直光只和β^2有關。ρ與α, β實測關係如下：

$$\rho(\text{Depolarization ratio}) = 3\beta^2/(45\alpha^2 + 4\beta^2) = I_{\perp}/I_{//} \qquad (5\text{-}3)$$

當一分子振動屬對稱性（Sym）振動時，其β = 0，則其ρ值由式（5-3）為：

$$\rho(\text{Symmetric vibration}) = 0/45\alpha^2 = 0 \qquad (5\text{-}4)$$

反之，當一分子振動屬非對稱性（Antisym）振動時，其α = 0，則其ρ值由式（5-3）為：

$$\rho(\text{Antisymmetric vibration}) = 3\beta^2/(0 + 4\beta^2) = 3/4 = 0.75 \qquad (5\text{-}5)$$

由式（5-4）及式（5-5）可知，去極化比（ρ）值在0～0.75範圍。

舉一例說明如何利用ρ值（Depolarization ratio）來判斷一拉曼光譜線屬非對稱性或對稱性振動。如圖5-7所示，由氯仿（Chloroform, $CHCl_3$）之平行光$I_{//}$及垂直光$I_{\perp}$光譜線強度，Peak 1（760 cm^{-1}）之ρ值幾近為0（ρ = $I_{\perp}/I_{//}$ ≅ 0/$I_{//}$ ≅ 0），故由式（5-4）可判定Peak 1（760 cm^{-1}）為對稱性（Sym）振動。同樣Peak 2（400 cm^{-1}）之ρ值亦幾近為0，其亦屬對稱性（Sym）振動，反之，Peak 3（250 cm^{-1}）之ρ值幾近為3/4（ρ = $I_{\perp}/I_{//}$ ≅ 3/4 ≅ 3/4），故由式（5-5）可判定Peak 3（250 cm^{-1}）屬非對稱性（Antisym）振動。

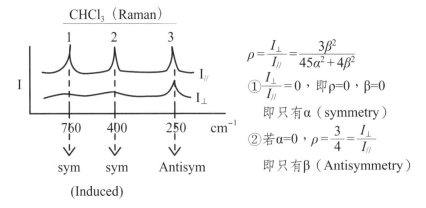

圖5-7　氯仿（Chloroform）之對稱性（Sym）及非對稱性（Antisym）拉曼光譜線

5-4　傅立葉轉換拉曼（FT-Raman）光譜儀

　　一般拉曼光譜儀之所以用雷射光當激發光源，主要是一般所得到的拉曼光並不很強，即使用雷射光在特定時間所量到的很多拉曼光仍然並不很強，故近年來發展出訊號積分式的傅立葉轉換拉曼光譜儀（Fourier Transform Raman (FT-Raman) Spectrometer）[42A]。圖5-8a為FT-Raman光譜儀之基本結構圖，雷射光照射樣品後產生的拉曼光經一含有光分器（Beam splitter）與一固定反射鏡（Fixed mirror）及一移動反射鏡（Moving mirror）之干涉儀（Interferometer），這干涉儀和FTIR儀所用的干涉儀結構及原理類似（請見第四章4-3.1節），但FTIR之干涉儀是在樣品槽前面，而FT-Raman之干涉儀是在樣品槽後面。當各種波長的拉曼光經干涉儀的光分器後分成兩道光，一道光射向固定反射鏡，另一道光射向移動反射鏡，然後皆轉回，兩者所經路徑分別為d_M（由固定鏡回轉）及d_f（由移動鏡回轉），當兩道回轉光再次遇在一起，若兩者路徑差Δd（$\Delta d = d_f - d_M$）為拉曼光之波長（如λ_1）整數倍時，會有建設性增強作用就會有波峰出現，當移動反射鏡來回移動，就有隨時間出現一連串波峰（如圖5-8a之圖A）。同理，其他波長的拉曼光（如λ_2及λ_3），如圖5-8a之圖A所示也會隨時間出現一連串波峰，只是不同拉曼光波長不同，出現波峰時間就會不同。此含各種波長以時間為函數（Time domain）之干涉光譜線（圖5-8a之圖A）一一經偵測器（Detector，如圖5-8a所示液態氮冷卻的鍺（Ge）偵測器）偵測後得到以時間為函數的數位訊號（I_t）光譜圖（即得圖A訊號圖）並存到電腦，然後利用**傅立葉轉換方程式**（Fourier Transform Equation）將以時間為函數的數位訊號（I_t）光譜圖（圖A）轉換成以頻率（Iv）為函數的光譜圖（圖B）。傅立葉轉換方程式如下：

$$I_v = \int_0^\infty I_t(\cos vt - i \sin vt)dt \qquad (5\text{-}6)$$

　　此傅立葉轉換方程式實為一積分方程式，其可將每一拉曼光隨時間而得的波峰全部積分，因而FT-Raman光譜儀所得每一拉曼光的強度比傳統Raman光譜儀要強上好幾倍，只要移動鏡來回移動掃瞄（Scan）的時間及次數越多，所得的波峰數目越多，積分起來的每一拉曼光的強度也就越強。另外由於只有同是一樣的拉曼光的波長才會在干擾儀中產生建設性干擾，不同波長的雜訊

相對干擾就減少很多，換言之，FT-Raman光譜儀之雜訊干擾就比傳統Raman光譜儀要少很多。因而用FT-Raman光譜儀所得的拉曼光譜線就要比用傳統Raman光譜儀所得的光譜線較清晰且具有較高解析度及高靈敏度[41]。圖5-8為Bruker公司生產的MultiRAM型FT-Raman光譜儀實物圖[42B]。

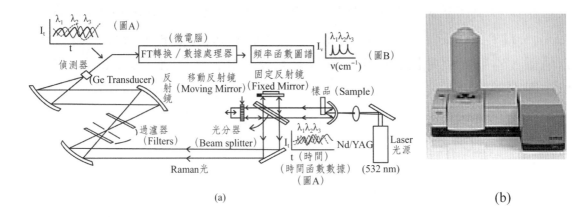

圖5-8 傅立葉轉換拉曼（Fourier Transform Raman (FT-Raman)(a)光譜儀結構示意圖，及(b)Bruker MultiRAM型FT-Raman光譜儀實物圖[42B]（Nd：YAG（釹鋁石榴石雷射neodymium-doped yttrium aluminium garnet; Nd: $Y_3Al_5O_{12}$），532 nm green light (ionized neodymium dopant replaces yttrium in the crystal structure of the yttrium aluminium)

5-5 雷射光源[43-45]

拉曼光譜法中所用的激發光源都用可見光雷射（Laser）光源，表5-1為常見之可見光雷射光源，而常用在拉曼光譜儀中之雷射光源為He-Ne雷射（簡稱Ne雷射）、Nd：YAG雷射（釹鋁石榴石雷射，Neodymium (Nd)-doped-Yttrium Aluminium Garnet (YAG) Laser）及Ar-Kr雷射（氬氪雷射）。He-Ne雷射（氦氖雷射）發射紅光雷射（632.8 nm Red Laser）雷射，Nd：YAG雷射其發射元件為釹鋁石榴石（Nd：$Y_3Al_5O_{12}$），其發射綠光雷射（532.0 nm Green Laser），而Ar-Kr雷射可由Ar或Kr原子發射各種顏色光（如表

5-1），而常用在拉曼光譜法的Ar-Kr雷射光為由Ar原子發出的藍綠光（488.0 nm Bluish Green Laser）。

人類第一支雷射光為紅寶石雷射（Ruby laser），為西元1960年由美國加州的梅曼博士（Dr. Theodore H. Maiman）利用紅寶石做元件開創出發射波長為694.3 nm深紅光雷射（Deep red laser）[44]。圖5-9為紅寶石雷射元件之基本構造及實圖，其用高電壓產生電弧閃光（Arc flash或簡稱弧光），紅寶石中含有約0.05 %之鉻離子（Cr^{3+}）會吸收電弧閃光中之綠（Green）光而使Cr^{3+}離子之電子激化提升（Pumping，或簡稱「激升」）至激態（Exciting state），然後利用觸發電極（Trigger electrode）發出能量以刺激（Stimulating）激態的Cr^{3+}離子發射紅色雷射光（Red laser light），發出的雷射光又會刺激其他激態的Cr^{3+}離子而發射更多的紅色雷射光，此種利用外來的刺激而引起的發射光特稱為**刺激發射光**（Stimulated emission），其有別於一般的**自然發射光**（Spontaneous emission），刺激發射所產生的雷射光一刺激就會有許多光子一起發射，換言之，刺激發射在單位時間所產生的雷射光光強度就相當高，反之，自然發射光因慢慢發射，其單位時間所產生的光強度就相對弱很多。另外，因刺激時用的能量都一定，以致於刺激發射所產生的雷射光波長及能量幾乎固定，換言之，雷射光不只強度高且其雷射光譜線寬（Line width）很窄（如圖5-10），反之，自然發射光因同時會有不同波長光出現，其光譜線寬就如圖5-10所示相當寬。

表5-1　常見可見光雷射之發射光

雷射（Laser）	發射光波長（nm）	雷射光顏色
He-Ne	632.8	紅光（red）
Ruby（紅寶石）	694.3	深紅光（Deep red）
Nd:YAG*	532.0	綠光（Green）
Cd	441.6	藍光（Blue）
Ar-Kr	488.0(Ar)	藍綠光（Bluish green）
	514.5(Ar)	綠光（Green）
	568.2(Kr)	黃綠光（Yellowish green）
	647.1(Kr)	橘紅色（Orange-red）

*Nd: YAG（釔鋁石榴石雷射neodymium-doped yttrium atuminium garnet; Nd: $Y_3Al_5O_{12}$）。

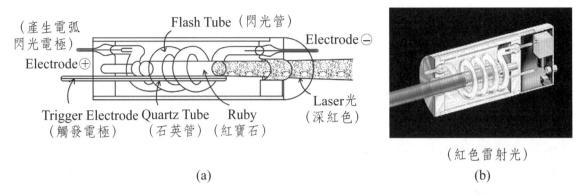

（紅色雷射光）

(a)　　　　　　　　　　　　　(b)

圖5-9　電弧（Arc）起動的紅寶石雷射管（Ruby Laser Tube）之(a)基本結構，及(b)實體圖[44]（From Wikipedia, the free encyclopedia http://en.wikipedia.org/wiki/Ruby_laser）

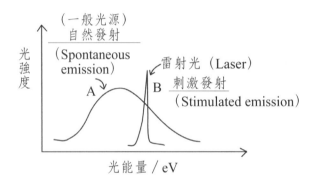

圖5-10　自然光發射（Spontaneous emission）及雷射刺激性光發射（Stimulated emission）波峰（Peaks）之比較

　　在兩能階間產生雷射光有一基本條件就是處於高能階的電子數（N_H）要比低能階的電子數（N_L）要大（即$N_H > N_L$），即所謂的Population inversion（居量逆轉）法則，一般為$N_H < N_L$，因一般基態的電子數（N_0）根據Maxwell-Boltzman Equation（請見第七章第7-1節）即使在幾千度溫度也很難有一半電子激化到激態（N_1），因之由激態（N_1）回到基態（N_0）放出雷射光是不可能的（因$N_0 > N_1$，違反居量逆轉法則產生雷射法則），故沒有二能階（N_0及N_1）雷射，反之有三能階、四能階或更多能階雷射。圖5-11為四能階雷射產生示意圖，圖中N_3激態以自然衰變（Spontaneous decay）到N_2激態，然後利用一刺激頻率或刺激能量刺激在N_2激態的電子發射雷射

光並到N_1激態，因此時電子數$N_2 > N_1$符合居量逆轉法則產生雷射法則，可產生雷射光。一般所用之刺激頻率（v_s）或能量（E）越接近雷射光之頻率（v_L）或能量（ΔE）大小，所產生的雷射光之光強度越大。若刺激之光波的頻率（v_s）和所發出之雷射頻率（v_L）相同時，此時雷射就可當放大器（Amplifier），實際上，雷射英文名稱Laser，就由Light Amplification by Stimulated Emission of Radiation的各字的開頭字母所組成，其將雷射定義爲經由刺激光發射（Stimulated Emission of Radiation）來放大光波（Light Amplification）的一種裝置。

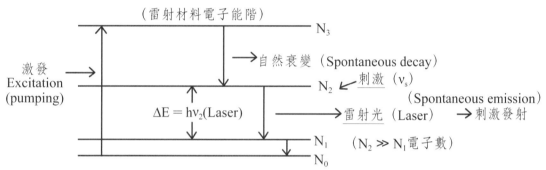

圖5-11　四能階雷射（Four-level laser）產生系統示意圖

　　雷射所用的激化源（Excitation or Pumping source）除了利用各種電弧燈（如DC-Arc及氣體Arc）外，還可用加熱燈（如鹵素鎢絲燈）及化學反應所引起的激化態（例如：$CS_2 + \frac{5}{2}O_2 \rightarrow 2SO_2 + CO^*$所形成$CO^*$激化態進而發出CO雷射，此種經由化學反應而產生的雷射特稱化學雷射（Chemical Laser）與其他能源（如電漿（Plasma）能源）。一般雷射所用的激化源都是直接由產生雷射的物質（如紅寶石雷射的紅寶石中Cr^{3+}離子）吸收能量激發（Excitation或Pumping）到激態然後再回到低能階而放出雷射，換言之，吸收能量激發與放出雷射都爲同一種物質。然而有些雷射中吸收能量激發之物質和放出雷射的物質卻是不同物質，如圖5-12a所示的He-Ne雷射，其吸收能量激發（Pumping）之物質爲He，但其放出雷射的物質卻是Ne，在此雷射中吸收能量激發的He*將能量傳給Ne，生成激態Ne*，然後放出Ne雷射。圖5-12b爲He-Ne雷射管實物圖，其發出紅色雷射光[45A]。He-Ne紅色雷射爲拉曼光譜儀中常用的雷射光，另一個拉曼光譜儀常用之雷射光源爲氬離子（Ar^+）雷射

（Argon-ion laser），氬離子雷射發出藍綠色光（blue-green light，波長：488及514 nm）。Ar⁺雷射是利用Ar⁺離子被激發並放出之雷射光，圖5-13為氬離子雷射裝置及發出藍綠色雷射光之情形實圖[45B]。

雷射在儀器分析應用很廣，除了用在拉曼光譜外，還常用在質譜儀，原子光譜儀及分子吸收、發射及螢光光譜儀與其他光譜儀（如應用在光聲波光譜儀（Photoacoustic spectrometer）中），雷射應用在各種光譜儀及質譜儀之技術將在有關各章中介紹。

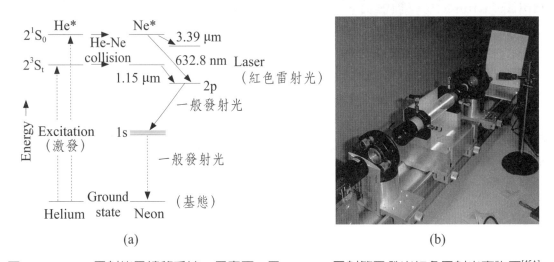

(a)　　　　　　　　　　　　　(b)

圖5-12　He-Ne雷射能量轉移系統(a)示意圖，及(b)He-Ne雷射管及發出紅色雷射光實物圖[45A]

（資料來源：Wikipedia, he free encyclopedia, http://en.wikipedia.org/wiki/Helium%E2%80%93neon_laser.）

圖5-13　氬離子雷射（Argon-ion laser）裝置及發出藍綠色雷射光實圖[45B]

（資料來源：Wikipedia, he free encyclopedia, http://upload.wikimedia.org/wikipedia/commons/thumb/e/e6/Nci-v_ol-2268-300_argon_ion_laser.jpg/220px-Nci-v_ol-2268-300_argon_ion_laser.jpg）

第 6 章

分子螢光、磷光及化學發光光譜法

　　分子發光（Molecular Luminescence）為一分子受激發（Excited）後，由激發態返回基態而放出來的光，由於其放出的為光波而非熱量故常稱為冷光。利用光子激發而得到的分子發光稱為光致發光（Photo-Luminescence）。螢光（Fluorescence）及磷光（Phosphorescence）皆屬於光致發光之範疇，而用化學反應所產生的分子發光稱為化學發光（Chemical luminescence），螢火蟲（Firefly）的發光實為經化學反應而引起的化學發光之一種，一般將在生物體發生的化學發光特稱為生物發光（Bio-Luminescence）。

　　利用光激發光做物質定性定量法稱為光致發光光譜法（Photo-luminescence spectrometry），常用於材料分析的光激發光光譜法為螢光光譜法（Fluorescence spectrometry）及磷光光譜法（Phosphorescence spectrometry）。螢光光譜法比起其他光譜法其訊號／雜訊（Signal/noise）可說較佳，因其靈敏度相當高，甚至有一分子螢光的說法，故在化學微量分析（Trace analysis）及生化醫學分析中常用螢光光譜分析法。本章將介紹分子螢光光譜法之原理、儀器結構及應用，而原子螢光將在第七章原子光譜法中介

紹。另外本章也將簡介磷光光譜法及化學發光（Chemical luminescence）光譜法之儀器原理及應用。

6-1　分子螢光及磷光光譜法原理[46-52]

　　分子螢光（Molecular fluorescence）及磷光皆屬於光致發光，其產生原理也都是由物質中分子之電子吸收光源之光波之光子，由低能階的基態躍遷到較高能階的激發態再返回低能階並放出發射光（如圖6-1），螢光及磷光之不同在於吸收光後到發射光這段過程有所不同，而由現象而言，螢光及磷光之不同在於螢光之生命期（Life time，通常為10^{-7}秒～幾秒）較短，而磷光之生命期較長（幾秒到幾天），所以當光源中斷時，螢光物質常常就會中止發光，而磷光物質常常還可以自行發光一段時間。換言之，螢光物質一定要在光源照射下才會發光，磷光物質發光時則不必一直用光源照射。磷光之所以有比螢光較長的生命期主要其產生過程如圖6-1所示，磷光不只和螢光一樣有光吸收（Absorption）及振動（Vibration）能階間之遷移外，還常牽涉到分子之轉動（Rotation）及其電子旋轉（Electron spin）方向的改變，這些過程需要一較長時間發出，換言之，磷光有較長的發光時間。

　　如圖6-1所示，螢光（Fluorescence）是螢光物質先吸收（Absorb）光源所發出之光波，使其電子由基態S_0（所有電子皆成對，S(spin) = 0, 2S + 1 = 1, Singlet，旋轉單重態）躍遷（Excitation）到較高能階的激發態S_2或S_1（電子也皆成對，S = 0, 2S + 1 = 1, Singlet），然後有的就直接由激發態返回低能階並放出螢光（Fluorescence），如圖6-1中在激發態S_1之振動能階v = 0之電子直接返回基態S_0各振動能階並放出各種波長螢光。然而有的激態（如S_2）電子則經由振動能階間的轉換或電子能階間（如S_2轉至S_1）之內部轉換（Internal conversion, IC）先至較低能階（如至S_1之振動能階v = 0）並放出熱能，然後再由此較低能階（S_1之v = 0能階）返回基態S_0各振動能階並放出各種波長螢光。因沒牽涉到電子旋轉方向的改變及分子轉動，從吸光到發出螢光的時間一般只在10^{-7}秒左右，然而長至幾秒的螢光亦有所聞，但不多。

　　然而磷光（Phosphorescence）為磷光物質吸收光源之光波先由旋轉單重態之基態S_0到另一旋轉單重態之激發態S_1（如圖6-1所示，S_1和S_0之電子皆都成對，S = 0, 2S + 1 = 1, Singlet），然後在此旋轉單重態（S, Singlet）激發態S_1之有些電子會透過一系統間轉換（Intersystem crossing, ISC）轉成不成對電子至一旋轉三重態（Triplet）之激態（如圖6-1之T_1），在此三重態之激態中有電子不成對，兩電子之旋轉量子數（S）皆為1/2（旋轉方向相同），故兩電子之總旋轉量子數S = 1/2 + 1/2 = 1, 2S + 1 = 3, T_1即為自旋三重態（Triplet）激態。這由旋轉單重態（S）到旋轉三重態（T）之系統間轉換常牽涉到分子的轉動。然後這轉至旋轉三重態（T）激態的電子再經振動能階間的轉換至較穩定的低振動能階（如T_1之v = 0振動能階）後，再如圖6-1所示其電子由此三重態（T）激態之低振動能階返回旋轉單重態（S）之基態S_0中各振動能階並放出各種波長磷光（電子旋轉方向再次改變，轉成皆成對電子）。因為磷光牽涉到電子旋轉方向的改變及分子轉動，故自吸光到產生磷光時間較長，換言之，磷光物質發出磷光之生命期較長，從幾秒至幾小時甚至幾天皆有。常聞之在夜間發光的夜明珠及鬼火其實都是由夜明珠及骨頭中之磷光物質白天吸收太陽光的能量，從白天到晚上慢慢將磷光釋放出來其實白天也發出磷光，只是白天太亮，看不到而已。

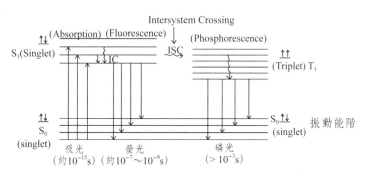

圖6-1　分子吸光後產生螢光及磷光之電子能階間轉移示意圖
（IC：Internal conversion）

　　螢光光譜法就是使待測的螢光物質吸收一光源所發出某特定一段波長之光波到激態，然後再測量其由激態返回基態所發出來之各種螢光的波長及強度組成螢光光譜圖（如圖6-2）。由螢光的波長可做螢光物質的定性分析，而由螢

光的強度可做螢光物質的定量分析。因螢光光譜牽涉到為樣品分子的電子在電子能階間之轉移，而電子能階間之轉移之能量屬紫外線／可見光（UV/VIS）光能量範圍，所以螢光亦屬UV/VIS光範圍（200-800 nm）。最有名的螢光劑當推螢光素（Fluorescein），圖6-2為螢光素之螢光光譜圖（圖6-2a）及所產生螢光圖（圖6-2b）。螢光素分子吸收（Absorption）一波長約為494 nm之藍光（E）躍遷（Excitation）到較高能階，然後發出最高波長約為521 nm之綠色螢光。通常所發出的螢光波長（λ_F）要比吸收光之波長（λ_0）要來得長。換言之，螢光之光子能量（E_F）或頻率（v_F）小於吸收光之光子能量（E_0）或頻率（v_0）。此種發射光之頻率（v_F）小於吸收光之頻率（v_0）常稱為斯托克式光譜線（Stokes line）。由於螢光物質之吸收光的波長及所發出的螢光波長雙重的選擇性，螢光選擇性（Selectivity）相當高，其他物質對螢光物質之螢光光譜分析干擾很小，雜訊因而很小，換言之，螢光之訊號（S）及雜訊（N）之比（S/N）很大，故螢光光譜法的偵測下限（Detection limit）比其他光譜法都來得低，螢光光譜法的偵測下限可低至ppb甚至ppt，所以螢光光譜法廣泛用在醫學中微量生化物質及毒品分析中。

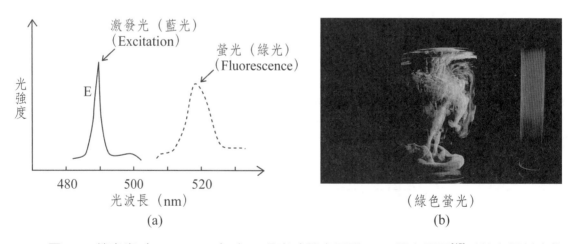

圖6-2　螢光素（Fluorescein）之(a)吸光／螢光圖譜，(b)螢光顯示[47]（藍光照射產生綠色螢光，來源：From Wikipedia, the free encyclopedia, http://en.wikipedia.org/wiki/Fluorescein）

　　同樣地，磷光物質（phosphors）亦可由其所發出的磷光之磷光波長及強度分別來做磷光物質之定性及定量分析。常見的磷光物質爲稀土金屬（如 YVO_4Eu_3）及過渡金屬（如(Zn, Cd)S：Ag）氮硫氧化合物，一些有機化合物（如有機分子菲（Phenanthrene））亦會有磷光反應，磷光物質和螢光物質通常可在黑夜裡來分辨，通常磷光物質因吸光和發光間時間可很長，故許多磷光物質可在白天吸光而在黑夜裡發光（如圖6-3），中國人常提的夜明珠據考證實際上是含稀土金屬之磷光物質，在此要特別注意的是人們常提的磷元素發光許多是由磷氧化所引起的，因而此種磷氧化發光，嚴格說來應屬化學發光而非磷光（參考資料：Wikipedia, the free encyclopedia "phosphor"）。然螢光物質因吸光和發光間時間較短，一般黑夜裡就看不出螢光。另外，因爲磷光產生過程比螢光複雜且多，故過程中所損失的能量可能比螢光多，故對同時具有螢光及磷光性之同一物質（如Phenanthrene），如用同一激發光源，一般磷光波長（λ_P）比螢光波長（λ_F）要長。以Phenanthrene（菲）爲例，若用約260 nm紫外光當激發光照射，會產生約360 nm的螢光，及更長波長約500 nm的磷光。換言之，所發出的磷光波長（λ_P）比螢光波長（λ_F）及原來激發光波長（λ_0）要長，即$\lambda_P > \lambda_F > \lambda_0$，換言之，磷光能量／頻率 < 螢光能量／頻率 < 激發光能量／頻率[48]。

　　磷光光譜亦牽涉到爲樣品分子電子在電子能階間之轉移，所以磷光光譜範圍亦屬紫外線／可見光（UV/VIS）光能量範圍（200-800 nm）。同時，和螢光物質一樣，磷光物質之吸收光的波長及所發出的磷光波長雙重的選擇性，其他物質對磷光物質之磷光光譜分析干擾也很小，磷光物質之訊號（S）和雜訊（N）比（S/N）也很大，故磷光光譜法亦有相當低的偵測下限（亦可低至ppb）。

（無磷光）（綠藍色磷光）（綠色磷光）

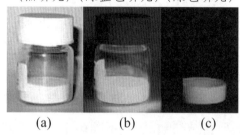

(a)　　　　(b)　　　　(c)

圖6-3　磷光物質（phosphors）銪摻鍶矽鋁酸鹽氧化物粉末（Europium doped strontium silicate-aluminate powder）在(a)白天看不出磷光，及(b)紫外光照射下和(c)黑夜中呈現之磷光[49]

（來源：From Wikipedia, the free encyclopedia http://en.wikipedia.org/wiki/Phosphorescence）

6-2　螢光光譜儀結構

　　圖6-4為一螢光光譜儀之基本結構示意圖，其主要元件含激發光源（Lamp, Light source）、樣品槽（Sample cell）、樣品槽前後兩個單光器（Monochromator）及偵測器（Detector）。因螢光光譜中發出的螢光屬紫外線／可見光（UV/VIS）光能量範圍，所以螢光光譜儀之偵測器為UV/VIS偵測器，而其激發光源亦為可發出UV/VIS（200-800 nm）光之光源。如圖6-4所示，由激發光源燈（Lamp）發出的各種波長之UV/VIS光波經第一個分光器分開，當其輸出為可被螢光樣品分子吸收的激發光（Exciting light）波長時，此激發光照射到樣品槽中之樣品產生射向各方向的螢光，由於避免受激發光干擾，取與激發光光徑垂直（90度）方向之螢光經第二個分光器將各波長的螢光分開並一一進入接在後面的螢光偵測器偵測，圖6-5為在螢光光譜儀中光波（激發光及螢光）由光源到偵測器所走之光徑示意圖。螢光經偵測器偵測後會產生螢光類比訊號（電壓或電流）輸出，這類比訊號可直接由一記錄器（Recorder）記錄或用顯示儀表（如Meter）顯示，也可再經一類比／數位訊號轉換器（Analog/Digital converter, ADC）轉換成數位訊號傳入微電腦做數據處理及繪螢光光譜圖。

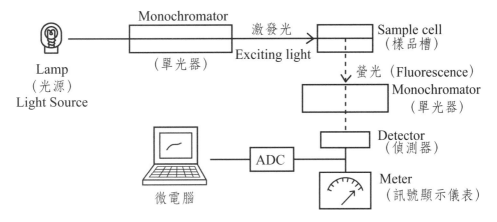

圖6-4　典型螢光光譜儀之結構示意圖。

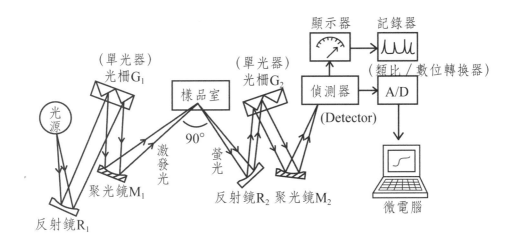

圖6-5　常用螢光光譜儀之光徑及儀器線路圖

　　因在螢光光譜法中激發光光源及所發出的螢光皆屬紫外線／可見光（UV/VIS）光能量範圍，故螢光光譜儀中所用的樣品槽材質、光源、單光器元件及偵測器皆和第三章所介紹的紫外線／可見光光儀所用元件類似，在螢光光譜儀中樣品槽材質也用石英（quartz），光源也常用電弧（Arc），D_2/W（氘燈／鎢絲燈）或低壓汞（Hg）燈，而單光器也常用光柵（Grating）當主要元件（光柵分光原理請見第三章），而常用的偵測器也常用光電倍增管（Photomultiplier tube, PMT）及光電二極體陣列（Photodiode Array）偵測系統。

　　為減少背景雜訊，發展出如圖6-6所示的雙光束（Double-beam）螢光光譜儀。在此儀器中，光源出來的光分成兩道，一道光經單光器進入樣品槽照射樣品產生螢光並經樣品偵測器偵測螢光，將螢光訊號（I_F）導入一相差放大器。另一道不經樣品的光經參考偵測器出來的背景參考訊號（I_B）也導入相減放大器，在相差放大器中螢光訊號（I_F）和背景參考訊號（I_B）相減並放大，可得背景雜訊較小，解析度較好的螢光光譜圖。

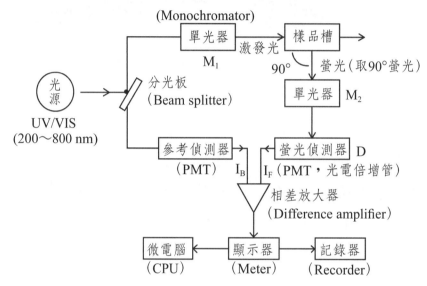

圖6-6　雙光束（Double-beam）螢光光譜儀之結構示意圖

6-3　螢光物質及螢光量子產率（Quantum yield）[53]

　　圖6-7為各種常用的有機螢光物質，由這些螢光物質之分子結構，可看出平面且有共振結構的共軛雙鍵化合物（Conjugated olefin）較易為螢光物質，尤其許多多環芳香族化合物（Polyromatic hydrocarbons）都為螢光物質。在這些共軛雙鍵化合物之π電子或n（Nonbonding）電子或在吸收激發光後會有π→π*或n→π*，然後由π*激態回到基態放出螢光。這些螢光有機物，包括常用當材料螢光劑的螢光素（Fluorescein），學術研究常用的螢光添加

劑的ANS（1-Aniline-8-naphthalene sulfonate）和Pyrene，以及常和過渡金屬離子（如Zn^{2+}）形成螢光錯合物以做微量金屬離子定性定量分析的Alizarin garnet R及8-Hydroxy quinoline。

　　許多無機金屬化合物也被發現為螢光物質，有螢光性質的無機化合物大都屬於含有d或f電子之過渡金屬化合物。例如含有$[Xe]4f^1$電子之Ce(III)具有螢光性，而不具有f電子（$[Xe]4f^0$）之Ce(IV)就沒螢光性。另外，相當著名的螢光物質$UO_2(NO_3)_2$亦屬過渡金屬化合物，其會吸收250 nm光激發而放出495～600 nm間5條螢光光譜線（如圖6-8）。此外，一些具有d或f軌域全滿（最有名的為ZnS，Zn(II)具有d^{10}電子）或半滿（如EuO, Eu(II)具有f^7電子）電子組態的金屬化合物常發現具有相當強的螢光性。雖然一般非過渡金屬或某些過渡金屬化合物沒有螢光性，但這些無螢光性的金屬化合物可透過其和一些芳香族配位基（L）會形成具有螢光性的錯合物，而這些錯合物之螢光性常常比原來的配位基還強。

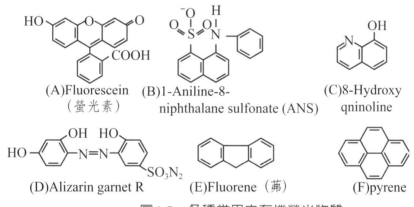

(A)Fluorescein（螢光素）　(B)1-Aniline-8-niphthalane sulfonate (ANS)　(C)8-Hydroxy qninoline

(D)Alizarin garnet R　(E)Fluorene（茀）　(F)pyrene

圖6-7　各種常用之有機螢光物質

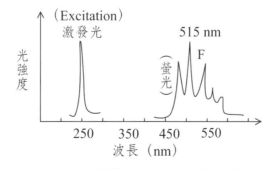

圖6-8　無機物$UO_2(NO_3)_2$之激發光及螢光光譜

　　在螢光物質中具有較剛性（Rigidity）的分子結構之物質，其發出的螢光強度較強，例如酚酞（Phenophthalein）和螢光素（Fluorescein）分子結構很相近，如圖6-9所示，不同的是螢光素分子中兩苯環間用-O-連起來，而酚酞分子苯環間都是分開的，因而螢光素分子結構較堅固，固定性較大，換言之，即螢光素分子比酚酞分子剛性較大，故螢光素分子發出的螢光強度遠比酚酞分子強很多。然若螢光劑分子上接有較重的鹵素原子（如 ⬡⬡^{I} ）會促進電子系統間轉換（Intersystem crossing, ISC）轉成不成對電子至自旋三重態（Triplet）激態，變成較易產生磷光而降低螢光產率，即螢光產率：⬡⬡^{Cl} > ⬡⬡^{Br} > ⬡⬡^{I} 。反之，磷光產率：⬡⬡^{I} > ⬡⬡^{Br} > ⬡⬡^{Cl} ，另外，在含螢光劑（如螢光素）之溶液中，若含有不成對電子之順磁性物質（如 Cu^{2+}，d^9）也會改變螢光劑之電子能階狀態而減弱螢光強度，此種會使螢光劑螢光強度減弱之物質（如 Cu^{2+}）常稱為「螢光淬滅劑」（Fluorescence quencher）。

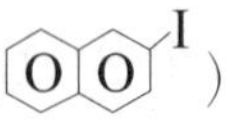

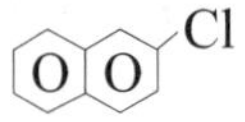

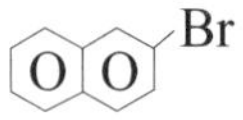

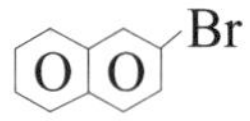

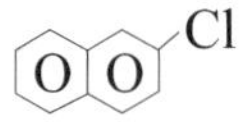

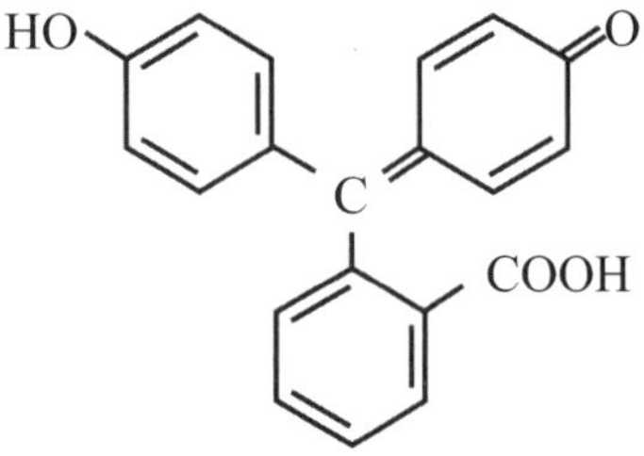

酚酞（Phenophthalein） 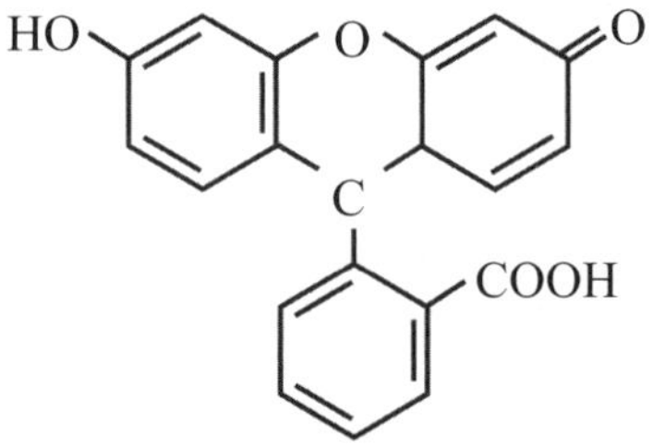　　　　　螢光素（Fluorescein）

圖6-9　酚酞（Phenophthalein）和螢光素（Fluorescein）之分子結構

　　螢光物質發出螢光之效率常用螢光量子產率（Quantum yield）來表示，螢光量子產率高，產生的螢光強度也常越強。螢光產率（Φ_F）之定義如下：

$$\Phi_F = \text{photons emitted/photons absorbed} = I_F/I_0 \qquad (6\text{-}1)$$

　　式中 I_0 為螢光物質吸收之激發光之光子數，I_F 為其所發出之螢光光子數，若螢光物質吸收激發光符合比爾定律（Beer's law），則螢光物質所吸收激發光功率（ΔP）和激發光之光功率（Radiant power of exciting radiation, P_0）及未吸收功率（P）和莫耳濃度（c）關係為：

$$\Delta P = P_0 - P = P_0 - P_0(10^{-\varepsilon bc}) = P_0(1 - 10^{-\varepsilon bc}) \qquad (6\text{-}2)$$

式中ε為螢光物質吸收激發光之吸收係數，b為激發光在樣品中所走的光徑。而所測到的螢光強度（Intensity of fluorescence, F）與所吸收激發光功率（ΔP）及螢光產率（Φ_F）之關係為：

$$F（螢光強度）= E_d\Phi_F\Delta P = E_d\Phi_F P_0(1 - 10^{-\varepsilon bc}) \qquad (6\text{-}3)$$

螢光物質為低濃度（$c < 10^{-5}$ M）時，式（6-2）展開為數學Maclaurin series後，可簡寫為：

$$F（螢光強度）= E_d\Phi_F P_0(1 - 10^{-\varepsilon bc}) \cong E_d\Phi_F P_0(2.3\varepsilon bc) \qquad (6\text{-}4)$$

式中E_d為偵測器所測到的螢光光子數（N_d）佔螢光物質所真正發出的螢光光子數（No）之比例，即：

$$E_d = N_d/No = \text{photons measured/photons emitted} \qquad (6\text{-}5)$$

6-4　螢光光譜法在化學分析應用[46,50-52]

因為螢光光譜法（Fluorescence spectrometry）對螢光物質有相當好的靈敏度及高選擇性，除了用在直接的螢光物質分析外，廣泛應用在各種化學分析儀器及技術上。例如，螢光光譜儀常用在各種液體層析儀（如HPLC（High Performance Liquid chromatograph）及CE（Capillary electrophoresis））當偵測器。螢光光譜法除可應用在一般有機螢光物質之偵測及研究外，亦可應用在許多生化／醫學物質、毒品、環境污染物及金屬離子之偵測，以及界面活性劑和醫學研究上。

許多生化／醫學物質都有螢光性，例如人體內一些荷爾蒙（Hormones）生成時所需的酪胺酸（Tyrosine, $HOC_6H_4CH_2CH(NH_2)COOH$）可吸收225及280 nm紫外線激發光並發出303 nm螢光，可用螢光光譜法偵測之。和酪胺酸一樣為胺基酸的色胺酸（Tryptophan, $C_{11}H_{12}N_2O_2$）亦可用螢光光譜法偵測，其可吸收220及280 nm激發光並放出438 nm螢光，左旋色胺酸是一種治療失眠的藥物。感冒解熱藥品中常用的阿司匹靈（Aspirin）及乙醯胺苯酚（Acetaminophen，商品：普拿疼之主成分）都可用螢光光譜法偵測，Aspirin可吸收290 nm激發光並放出300～420 nm螢光，對Aspirin之偵測下限

為2 ppm。Acetaminophen則可先用N-bromosuccinimide（NBS）氧化而產生可發出相當強螢光的氧化產物，此氧化產物可吸收330 nm紫外線激發光並放出442 nm螢光，由於其可發出相當強的螢光，其對Acetaminophen之偵測下限相當低為33.6 ng/mL。

由於螢光光譜法有相當好的靈敏度及選擇性，常用在毒品分析，偵測血液或尿液中許多微量且具有螢光性的毒品含量。最有名的為利用螢光光譜法偵測迷幻藥LSD（Lysergic acid diethylamide），因LSD會吸收325 nm紫外線激發光並放出445 nm螢光，此螢光法對在血液中LSD之偵測下限相當低為1 ppb。

微量環境污染物之偵測亦常用螢光光譜法，例如用螢光法偵測空氣中微量二氧化硫（SO_2）及微量多環芳香烴（Polycyclic aromatic hydrocarbons, PAHs）。二氧化硫分子可用190 nm～230 nm紫外線光來激發，再量測其所發出350 nm的螢光強度，以測定空氣中二氧化硫的濃度。多環芳香烴（PAHs）種類相當多，但多數為致癌物（Carcinogens）且具有螢光性，例如多環芳香烴中之Benzo(a)pyrene可被290 nm紫外線光激發而放出410 nm之螢光，此螢光法對Benzo(a)pyrene偵測下限可低至0.02 ng/g。

雖然許多金屬離子並無螢光性或只會發出微弱螢光，但透過這些金屬離子和一些有機螢光配位基（Ligand）產生會發出強螢光的錯合物。例如Al^{3+}離子和Alizarin garnet R（結構見圖6-7）形成會發出500 nm強螢光錯合物（其吸收激發光波長為470 nm），其對Al^{3+}離子之偵測下限可低至0.007 µg/mL，如此就可用螢光法偵測溶液中微量Al^{3+}離子。另如Sn^{4+}亦會和Flavanol（結構見圖6-7）結合成會吸收400 nm激發光並放出470 nm強螢光的Sn(IV)錯合物，對Sn^{4+}之偵測下限可低至0.1 µg/mL。

除了偵測各種微量的螢光物質外，螢光光譜法亦可用來做科學現象之學術研究上。例如(1)利用螢光劑Pyrene研究界面活性劑（Surfactants）在溶液中微泡（Micelles）的形成以及(2)應用螢光劑ANS（1-Anilino-8-naphthalene sulfonate）證實當外來刺激由神經末梢所發出的神經傳導體（Neurotransmitter）撞擊神經細胞膜會使細胞膜中的Ca^{2+}離子和神經傳導體結合而把微量Ca^{2+}離子從細胞膜中釋放出來。

螢光劑Pyrene[54]可用來研究界面活性劑微泡（Micelles）的形成，這是

因為Pyrene有五個螢光峰（如圖6-10(a)(b)，而圖6-10(c)則為分子結構），
而其中螢光峰第一波峰強度I及第三波峰強度III之比（I/III）和Pyrene所處的
溶液環境之極性（Em, Micropolarity）[55]有下列關係：

$$Em(Micropolarity) = 86.3 \times (I/III) - 87.8 \qquad (6-6)$$

由式6-6可知，當Pyrene處於極性溶液（即Em大）中時，其I/III螢光
強度比就會大，反之，在非極性溶液中其I/III螢光強度比就會變小。例如
Pyrene在非極性的正己烷（n-Hexane）溶劑中其I/III強度比只有0.61（如圖
6-10(a)），而在極性的丁醇中I/III強度比卻有1.02（（如圖6-10(b)）。若將
Pyrene放入一界面活性劑水溶液中，會發現Pyrene之I/III螢光強度比會隨界

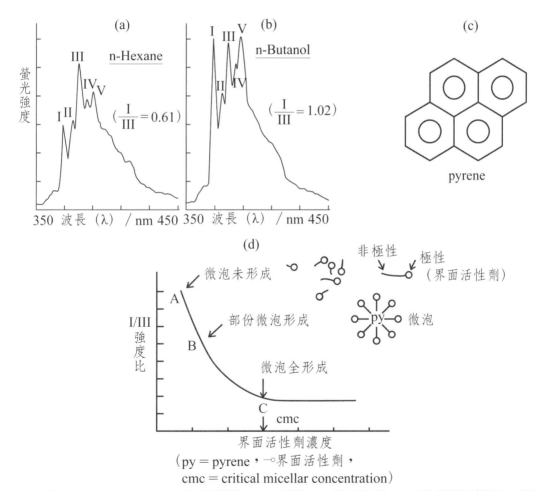

圖6-10　Pyrene在(a)正己烷溶劑、(b)丁醇中之螢光光譜、(c)其分子結構及(d)應用在
　　　界面活性劑微泡形成研究

面活性劑濃度變大而減小（如圖6-10d），這是由於在低濃度且未形成微泡的界面活性劑時（圖6-10d中之A點），Pyrene分散在水中（即極性環境中），其I/III強度比大。但當界面活性劑濃度變大（圖6-10d中之B點），有部份界面活性劑形成微泡而Pyrene(py)分子被微泡之非極性端包在中間，此時Pyrene處於非極性環境中，故其I/III強度比下降，當界面活性劑濃度持續增加到所有的界面活性劑皆幾乎形成微泡（圖6-10d中之C點），而所有Pyrene也全部被包在微泡中，此時其I/III強度比降到最低，此時的界面活性劑濃度即為界面活性劑在水中之微泡臨界濃度（CMC值，Critical Micellar concentration）[55-56]。

應用螢光劑ANS（1-Anilino-8-naphthalene sulfonate）確認在神經刺激及傳導中神經細胞膜會釋放出Ca^{2+}離子，主要由於ANS所發出的螢光強度會隨其所處的環境之極性變大而減弱（如圖6-11a，而圖6-11b為ANS之分子

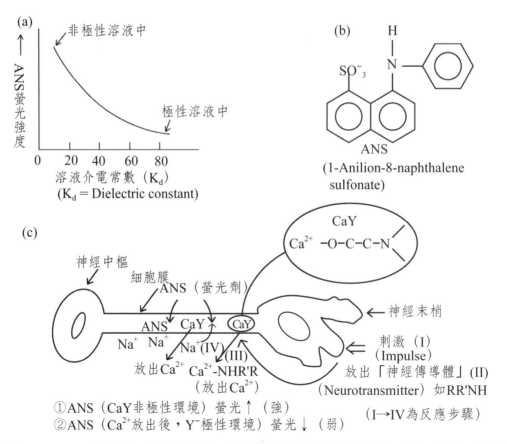

圖6-11　ANS螢光劑(a)其螢光強度與其溶液極性關係（介電常數K_d越大，極性越大）及(b)其分子結構和(c)應用在神經傳導放出Ca(II)離子研究

結構）。在此研究中將螢光劑ANS注入神經細胞膜中（如圖6-11c），此時神經細胞膜中之Ca^{2+}離子與一陰離子長鏈有機物Y^{2-}結合成中性CaY，而ANS在這中性非極性環境中螢光強度相當高，然當外來刺激（步驟Ⅰ）由神經末梢所發出的神經傳導體（如RR'NH）撞擊神經細胞膜（步驟Ⅱ）會使細胞膜中之CaY解離成Y^{2-}並放出Ca^{2+}離子和神經傳導體結合（如形成$Ca^{2+}\cdots RR'NH$）並從細胞膜中釋放出來（步驟Ⅲ），進而起動膜外之Na^+進入細胞膜（如圖6-11c所示步驟Ⅳ）而引起一連串神經傳導。CaY解離成Y^-放出Ca^{2+}離子時，在細胞膜內之螢光劑ANS所處的環境（含Y^{2-}）變爲極性，此時ANS的螢光強度因極性環境而變弱，由ANS的螢光強度變弱確認了神經刺激／傳導中有放出Ca^{2+}離子的假說。同時，由ANS的螢光強度變弱程度還可用來概估所放出的Ca^{2+}離子的多寡。

6-5　磷光光譜儀結構[49-52]

一般磷光光譜法（Phosphorescence spectrometry）之儀器結構如圖6-13所示，其結構和螢光光譜儀類似，主要含激發光源（Exciting source），單光器（Monochromator），樣品槽（Sample cell）及偵測器（detector）。因磷光之波長和螢光一樣同屬紫外線／可見光（UV/VIS）範圍，其光源和偵測器分別爲可發出UV/VIS光及可偵測UV/VIS光之儀器（請見第三章），磷光光譜儀常用的偵測器爲光電倍增管（PMT, Photomultiplier tube）。而由偵測器出來的電流類比訊號，可由儀表（Meter）或記錄器（Recorder）直接顯示，亦可將此電流類比訊號經類比／數位轉換器（ADC, Analog/Digital Converter）轉換成數位訊號，再傳入電腦中做數據處理及繪圖。

爲避免激發光干擾磷光，在一般磷光光譜儀中進入樣品槽之激發光光徑和擬偵測之磷光或螢光光徑成90度角（見圖6-12）。然而因磷光之生命期比螢光長，故生命期較長一點的磷光可用圖6-13所示的截波型磷光光譜儀偵測，在此截波型光譜儀中，一斬波切換器（Chopper）用來交替式選擇讓激發光通過或讓產生的磷光通過。當選擇讓激發光通過時，樣品被激發但不偵測磷光（不讓磷光通過出來），反之，當要偵測磷光時，截波器就讓磷光通過而不讓

激發光通過，如此一來進入樣品槽之激發光光徑和擬偵測之磷光光徑成180度（見圖6-13）即可，因為磷光偵測時不會有激發光通過，激發光絕不會干擾磷光之偵測。用截波型磷光光譜儀先決條件為磷光之生命期要比截波器轉換時間（Transfer time）長。好在大部分磷光物質的磷光之生命期都可符合此條件，可用截波型磷光光譜儀偵測。

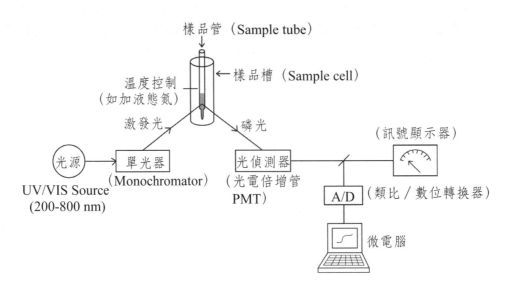

圖6-12　一般磷光光譜儀結構示意圖

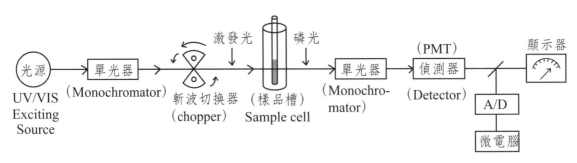

圖6-13　截波型磷光光譜儀結構示意圖

6-6　化學發光光譜法[57]

　　化學發光（Chemical Luminescence）指的是利用化學反應所產生的發光現象，螢火蟲（Firefly）的發光即為一經化學反應而產生的化學發光，一般將在生物體發生的化學發光特稱為生物發光（Bio-Luminescence）[58]。因化學發光常為在較低溫的室溫下發生，故也慣稱為化學冷光（cold body radiation），而化學發光光譜法為將一含待測物S（如Protein）樣品和一些特別化合物R（這些化合物常稱為冷光標示物）起化學反應產生一激態產物C*並隨後放出光波，然後由光波強度即可估算原來樣品中待測物含量。一般將此經由在常溫下化學反應所發出的光稱為化學冷光。化學冷光產生之基本反應過程如下：

　　　　S（待測物）＋ R（冷光標示物）→C*（激態產物）　　　　（6-7）

　　及　C*（激態產物）→C（或C分解物）＋ hv（化學冷光）　　　（6-8）

　　化學發光的典型例子為偵測蛋白質（Protein）時加入吖啶酯（Acridinium ester）當冷光標示物及H_2O_2/OH^-產生激態產物[Protein-Acridinium ester]*，隨後此激態產物分解降至低能階並放出化學冷光（如圖6-14a），而此化學冷光之強度會隨時間增長而減小（如圖6-14b），由圖可知此化學冷光之生命期並不長大約只在1秒左右。另外，各種氧化劑（如H_2O_2及O_2）亦可用化學發光法偵測，如圖6-15a所示將待測的氧化劑樣品中加入流明諾（Luminol）[59]分子當冷光標示物在鹼性溶液下起化學反應並放出425 nm波長（藍光）的化學冷光，而圖6-15b為流明諾發光實圖。

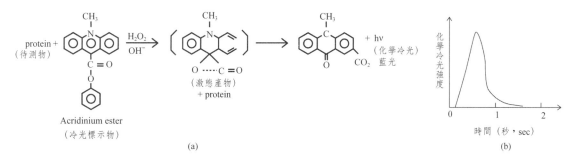

圖6-14　蛋白質待測物和冷光標示物Acridinium ester反應產生化學冷光(a)過程圖，及(b)時間關係示意圖

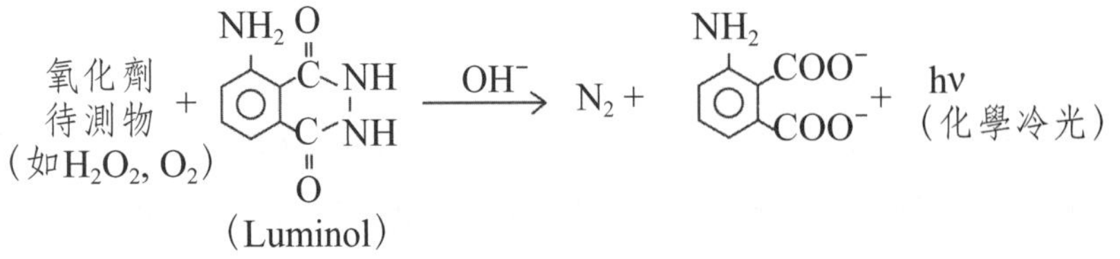

（藍光）

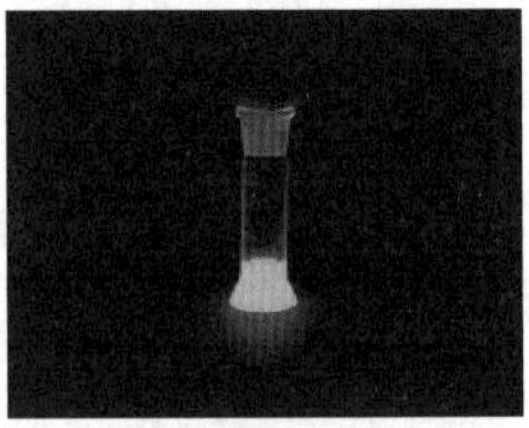

圖6-15　氧化劑待測物（如H_2O_2, O_2）和冷光標示物流明諾（Luminol或稱發光胺）
　　　　反應產生(a)化學冷光過程圖及(b)流明諾化學發光實圖[60]（From Wikipedia,
　　　　the free encyclopedia, http://upload.wikimedia.org/wikipedia/commons/thumb/
　　　　3/3a/Luminol2006.jpg/220px-Luminol2006.jpg）

　　在環境分析中，亦常應用化學發光法偵測微量環境污染物，例如常用化學
發光法偵測空氣中NO_2/NO及臭氧（Ozone, O_3）。在偵測空氣中之NO_2時，先
用$FeSO_4$將NO_2還原成NO：

$$(1)NO_2 + 2FeSO_4 + H_2SO_4 \rightarrow NO + Fe_2(SO_4)_3 + H_2O \qquad (6\text{-}9)$$

　　然後通入臭氧（O_3）和NO反應形成高能的NO_2^*，然後高能的NO_2^*降至
低能階並出波長600～3000 nm之化學冷光，偵測NO之化學發光反應如下

$$(2)NO + O_3 \rightarrow NO_2^* \qquad (6\text{-}10)$$

$$(3)NO_2^* \rightarrow NO_2 + h\nu（600\sim3000\ nm，化學冷光） \qquad (6\text{-}11)$$

　　若只要偵測NO時，就只進行(2)(3)兩反應（即式（6-10）及（6-11）反
應）即可。

　　偵測空氣中臭氧（O_3，Ozone）之化學發光法則加入乙烯氣體，產生高能
的甲醛（HCHO*）分子，然後高能甲醛降至低能階並放出波長450 nm之化學
冷光，偵測O_3化學發光反應如下：

$$O_3（臭氧）+ H_2C = CH_2（乙烯）\rightarrow HCHO^* \qquad (6\text{-}12)$$

$$HCHO^* \rightarrow HCHO + h\nu（450\ nm，化學冷光） \qquad (6\text{-}13)$$

　　化學發光強度可用化學發光偵測儀偵測，圖6-16為化學發光偵測儀
之基本結構示意圖。待測樣品（液體或氣體）和各種反應物質加入樣品槽
（Sample cell）中起化學反應並發出化學冷光，因化學冷光的波長範圍屬紫
外線/可見光（UV/VIS）範圍，可用光電倍增管（PMT, Photomultiplier

tube）偵測（若要測量化學發光之波長，則在樣品槽和PMT偵測器之間需放一單光器（Monochromator）），光電倍增管輸出爲電流訊號，可經一電流／電壓轉換放大器（I/V Amplifier，通常用運算放大器（Operational amplifier, OPA）），I/V放大器出來的電壓類比訊號再經類比／數位訊號轉換器（ADC, Analog/Digital Converter）轉成數位訊號，再將傳入數位訊號傳入微電腦中做數據處理及繪圖。

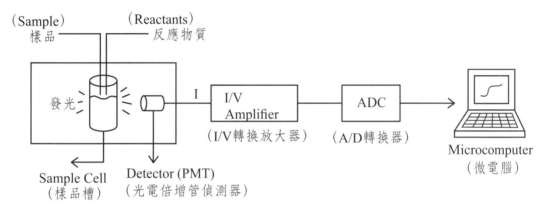

圖6-16　化學發光偵測儀基本結構示意圖

第 7 章

原子光譜法

　　原子光譜法（Atomic Spectrometry）是所有的元素分析中最普遍使用的分析法，原子光譜法是將元素離子先原子化（Atomization）成中性原子，然後再偵測中性原子。中性原子之光譜較不受其他離子及溶劑影響，故原子光譜法較不受其他離子干擾且選擇性較高。原子光譜法依其檢測中性原子之吸收光及發射光之特性，可概分為原子吸收光譜法（Atomic Absorption Spectrometry, AA）、原子發射光譜法（Atomic Emission Spectrometry, AE）及原子螢光光譜法（Atomic Fluorescence Spectrometry, AF）。原子光譜法由中性原子之電子吸收或放出紫外線／可見光範圍電磁波所致。本章將介紹各種原子光譜法（AA、AE及AF）之原理、儀器結構及應用。

7-1　原子光譜法簡介

　　原子光譜法（Atomic Spectrometry）[61-62]為將一樣品中之組成元素先原子化（Atomization）成中性原子再用原子光譜做定性及定量之化學分析法。為何要先將分子或離子先原子化？由圖7-1為一分子中之原子A經吸收波長λ_1及λ_2而激化後在分子中之分子發射光譜及此原子A原子化後之原子發射光譜

圖，由圖7-1(A1)中可看出成中性原子之原子A的電子由激態回到基態而發射之兩光波（350及550 nm）為線光譜，如圖7-1(A2)所示，其不受分子或環境中其他原子（原子M或R）干擾。反之，在分子中之原子A，雖然其電子也會吸收波長λ_1及λ_2而激化，但因原子A在分子中之基態由於受在分子中原子間振動（Vibration）及轉動（Rotation）影響分列成許多小能階，以致於其發射多波長光（圖7-1(B1)而形成帶狀光譜圖，光譜變寬很容易和其他原子（如原子M及R）光譜重疊混在一起互相干擾（圖7-1(B2)）。由原子的定量或定性觀點來看，原子光譜法確實比分子光譜法優越。

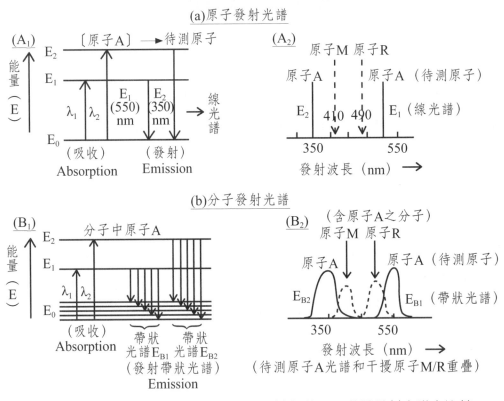

圖7-1　在一分子中原子A之(a)原子發射光譜及(b)分子發射光譜之比較

　　在任何原子光譜法第一步驟都需將分子或離子先原子化成中性原子，而原子化法可用火焰（Flame）法及非火焰（Flameless）法，火焰法為最簡單方法，而非火焰法則依不同原子光譜法用不同技術。本節就先用各種原子光譜法都可用的火焰法來介紹各種不同原子光譜法。圖7-2為常用的三種原子光譜法

所用的儀器結構及原理示意圖。各種原子光譜法偵測金屬元素（M）之原理及步驟如下：

（一）原子吸收（Atomic Absorption, AA）光譜法步驟

(1)原子化：M（樣品中要測之金屬元素（M）（如Cu））＋火焰或非火焰→M^o（中性原子）

(2)吸光：M^o（基態）＋ hv（特殊波長光，光強度Io）→M*（激態）＋ hv（光強度I）

（此特殊波長光由一元素光源（要測Cu^{2+}，就用Cu光源）所發出，只會被欲測金屬元素（如Cu）吸收）

(3)利用吸光度（A, A ＝ log(Io/I)）及比爾定律計算樣品中欲測金屬離子含量。

（二）原子發射（Atomic Emission, AE）光譜法步驟

(1)原子化／激化：M^{z+}火焰或非火焰→M*（激態中性原子）

(2)發光：M*（激態）→M^o（基態）＋光波（各種波長）

(3)由所發出的各種波長可知樣品中所含各種元素種類並由光波強度估算各種離子之含量。

（三）原子螢光（Atomic Fluorescence, AF）光譜法步驟

(1)原子化：M火焰或非火焰→M^o（基態）

(2)吸光：M^o（基態）＋ hv（特殊波長）→M*（激態）

(3)發光：M*（激態）→M^o（基態）＋光波（各種波長）

(4)由所發出的各種波長可知樣品中所含元素種類並由光波強度估算各種元素之含量。

依各種原子光譜法之原理所設計的各種原子光譜儀之儀器結構如圖7-1所示，在各種原子光譜儀中皆含有樣品導入系統（Sample introduction system），原子化器（Atomizer），單光器（Monochromator），偵測器（Detector）及訊號讀出器（Readout system）。因各種原子光譜法所吸收或發射之光波也是紫外線／可見光（UV/VIS），故各種原子光譜儀所用的偵測器也和紫外線／可見光光譜儀一樣為UV/VIS光偵測器。

(a)原子吸收譜法（Atomic Absorption (AA) Spectrometry）

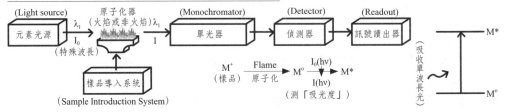

(b)原子發射光譜法（Atomic Emission (AE) Spectrometry）

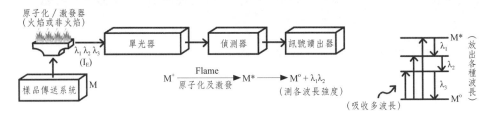

(c)原子螢光光譜法（Atomic Fluorescence (AF) Spectrometry）

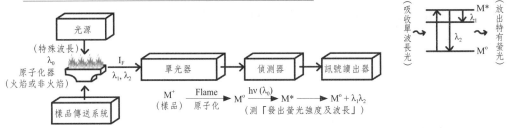

圖7-2　各種原子光譜法之儀器結構示意圖及偵測原理

　　原子吸收光譜儀（圖7-2a）中樣品中欲測的金屬離子（M^{z+}）經火焰或非火焰原子化器轉成原子（M）後，吸收由欲測的金屬離子所專用之元素光源所發出一強度為Io之特殊波長光（如要測Cu^{2+}，就用Cu元素光源，而其所發出的特殊波長，只會被此欲測的金屬離子（Cu^{2+}）所吸收），使其強度減弱成I，再經單光器去除其他波長，將此減弱之單波長光導入紫外線／可見光（UV/VIS）偵測器（因中性原子之電子會吸收或放出紫外線／可見光），偵測器出來的電壓或電流或數位訊號再經訊號讀出器（如含微電腦或顯示器）將訊號數據讀出或顯示出來並用比爾定律計算樣品中此欲測之金屬離子含量。原子吸收光譜儀因用欲測的金屬離子所專用之元素光源，故只針對欲測的金屬離子有感應，具有相當好的專一選擇性（Selectivity）。

　　在原子發射光譜儀（圖7-2b）中樣品中金屬離子（M^{z+}）經由原子化／激化器（通常原子化及激化都用同一種能源-火焰或非火焰能源）而原子化成原子（M）並吸收各種波長轉成高能中性原子（M*）後，然後原子中的電子由高能階（M*）轉移到各低能階（M）而發出各種波長光波，經單光器去除背景雜訊，再將這些光波導入UV/VIS光偵測器，同樣將偵測器輸出之電壓／電流或數位訊號送入微電腦或顯示器中，依波長及光強度的不同而估計樣品中之金屬離子種類及含量。原子發射光譜儀可同時偵測樣品中各種不同金屬離子，具有可偵測多元素之優越性。

　　原子螢光光譜儀（圖7-2c）中可看出待測金屬離子（M^{z+}）原子化器及原子激化器用的爲不同能源（反之，原子發射光譜儀中只用一種能源同時使離子原子化及原子激化），用一火焰或非火焰原子化器將離子原子化後，再用一光源產生的特定波長（λ_0）照射使原子激化到高電子能階（特定波長可被特定金屬離子吸收），然後高能原子再由高電子能階回到低電子能階並發出特有螢光（λ_1, λ_2等），再由UV/VIS光偵測器偵測，然爲避免原來光源所發出的特定波長光干擾，如圖7-2c所示，原子螢光光譜儀之偵測器和特定波長光源之光逕必成90°角度（反之，原子吸收光譜儀之偵測器和光源之光逕則成180°角度）。原子螢光光譜儀之偵測器出來之電壓／電流或數位訊號送入微電腦或顯示器中計算特定金屬離子之含量。原子螢光光譜儀利用特定波長光照射樣品，只有一特定金屬離子會吸收，爲第一種選擇性，然後由所發出螢光波長亦屬爲特定金屬原子之特殊特性，爲第二種選擇性，這兩種特殊選擇性使同樣用火焰做原子化器之火焰式原子螢光光譜儀對許多金屬離子選擇性比火焰式原子吸光光譜儀及火焰式原子發射光譜儀都要好，但因原子螢光光譜法需分開的原子化器及可發出特定波長的激化器，價格較高，在一般研究機構反而不常用原子螢光光譜儀，而常用原子吸光光譜儀及原子發射光譜儀。

　　因爲原子光譜法和紫外線／可見光（UV/VIS）光譜法一樣是由樣品中原子之電子吸光或發光所致，不同的只是UV/VIS光譜法偵測的爲樣品中分子或離子或原子，而原子光譜法所偵測的一定爲原子化後之中性原子。因而原子光譜法中原子之電子吸光或發光選擇法則（Selection rule）和UV/VIS光譜法是類似的，電子轉移只發生在角動量（ℓ）之量子數及總動量（J, J = ℓ + s, s = 電子自轉量子數）改變爲：$\Delta\ell = 1$；$\Delta J = \pm 1$，故如表7-1(1)所示，3s（ℓ

＝0）電子只可吸光轉移到3p（ℓ＝1）能階，而不能直接轉移到3d（ℓ＝2）能階或4s（ℓ＝0）。依據此吸光或發光選擇法則，任何原子之吸光或發射光可以有好幾條光譜線，例如鈉（Na）原子若依此原則從鈉原子中各電子能階（3s→5p）電子轉移（如圖7-3所示）所引起可能的吸收／發射光譜線就有相當多條。在Na原子吸收光譜中3s基態電子可轉移到3p，理論上，在3p之電子也可再移到3d能階，但一般原子吸收光譜法中能從基態（如3s）到第一激態（如3p）也只有10％左右而已，要再從第一激態轉移到第二激態（如3d）機會就微乎其微了，故原子吸收光譜法中只常見從基態到第一激態之光譜線（如表7-1(2)），反之，原子發射光譜法中，就可從高激態（如4p，圖7-3）一級一級轉移到次一級能階（如4p→3d, 4p→4s, 4s→3p, 3d→3p），最後再轉回基態（如3p→3s），故原子發射光譜法所發出之光譜線一般要比原子吸收光譜法之吸收光譜線要來得多。

表7-1　原子吸光及原子光發射原則與光譜線比較

(1)原子光譜吸光及發光選擇法則（Selection rule）

$$\Delta\ell = \pm 1 \text{或} \Delta J = \pm 1 \ (J = \ell + s)$$

允許轉移 （Allowed）	禁止轉移 （Forbiddan）
3s→3p（$\Delta\ell = 1$）	3s→4s（$\Delta\ell = 0$）
3s→4p（$\Delta\ell = 1$）	3s→3d（$\Delta\ell = 2$）
4p→3s（$\Delta\ell = -1$）	3p→4p（$\Delta\ell = 0$）
3d→3p（$\Delta\ell = -1$）	3d→3s（$\Delta\ell = 2$）
3p→3d（$\Delta\ell = 1$）	4p→3p（$\Delta\ell = 0$）
3p→4d（$\Delta\ell = 1$）	4d→3d（$\Delta\ell = 0$）

(2)一般吸收只發生在基態（Ground State）電子

（Na°）　　　　　　（Na原子基態為3s）

電子轉移	波長	吸收光譜	發射光譜
3s↔3p	589 nm	有	有
3s↔4p	330 nm	有	有
3p↔3d	818 nm	無	有
3p↔4s	1133 nm	無	有

（發射光譜一般比吸收光譜複雜）

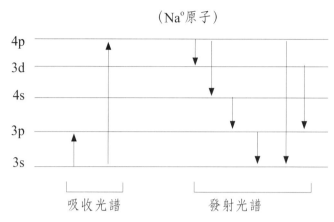

（Naº原子）

圖7-3　鈉（Na）原子之電子能階及電子能階間轉移所吸收／發射光譜線

　　若以火燄（Flame）做為原子化源或激化源，一元素到底用原子吸收火燄光譜法（AA）或用原子發射火燄光譜法（AE）可以得到較佳的偵測靈敏度（Sensitivity）及較低的偵測下限（Detection limit）？這可由在一定火燄溫度下原子在激態電子數（N_1）及基態電子數（N_0）之比（N_1/N_0）來判斷，這激態／基態電子數比（N_1/N_0）較大者，可用原子發射（AE）光譜法（因為激態電子數N_1較大者有利於由激態回到基態而產生發射光）。反之，激態／基態電子數比（N_1/N_0）較小者，激態電子數N_1較小，還回基態者少而產生發射光也少，故不適合用發射（AE）光譜法但因基態電子數N_0相對大，有利於光的吸收，故較適合用吸收（AA）光譜法。然而元素在一定火燄溫度下原子激態／基態電子數比（N_1/N_0）和激態／基態兩能階之能量差（ΔE）之關係可用下列之馬克士威-波茲曼方程式（Maxwell-Boltzman Equation）來計算：

$$\frac{N_1}{N_0} = \frac{g_1}{g_0} e^{-(E_1 - E_0)/kT} = \frac{g_1}{g_0} e^{-\Delta E/kT} \qquad (7-1)$$

　　式中g_0及g_1分別為基態及激態能階之計重（Statistic weights of the ground/excited states），E_0及E_1分別為基態及激態能階之能量（Energies of the ground/excited states），k ＝ 波茲曼常數（Boltzmann constant）＝ 1.38×10^{-16} erg/K，而g（Statistic weight of the energy state）＝ 2J ＋ 1及J ＝ ℓ ＋ S（ℓ及S分別為電子在特定能階之角動量及自轉量子數）。

　　例如Cd^{2+}離子在溫度2523 K之火焰中原子化，其原子（Cd）之基態（$^1S_0$, $\ell = 0$, S = 0, J = ℓ + S = 0, g_0 = 2J + 1 = 1）和激態（$^3S_1$, $\ell = 0$, S = 1, J

= ℓ + S = 1, g_1 = 2J + 1 = 3）之能量差（ΔE）相當於228.8 nm波長之光波能量，將ΔE、g及溫度資料代入式（7-1）中，計算可得Cd在此火焰中N_1/N_0之比值為4.5×10^{-11}（如表7-2所示），換言之，在激態的電子數N_1才為基態電子數N_0之千億分之一而已，要觀察到由激態回到基態所發出的發射光幾乎不可能，故用火焰原子發射（AE）光譜法來偵測Cd原子是不合適的，用原子吸收（AA）光譜法偵測較合適。同理，Zn原子在2523 K之火焰中N_1/N_0之比值為5.6×10^{-10}（如表7-2），亦表示火焰原子發射（AE）光譜法來偵測Zn原子亦不合適。反之，Na及Cs兩原子在2523 K之火焰中之N_1/N_0之比值分別為5.81×10^{-4}及7.17×10^{-3}，為Cd及Zn之N_1/N_0之比值的百萬倍（10^6-10^7倍），換言之，由於，Na及Cs兩原子在激態電子數N_1相當多，其回到基態所發出的發射光應該不少，故可用火焰原子發射（AE）光譜法偵測Na及Cs兩原子是可以的，當然N_0電子數仍然相當大，故亦可用原子吸收（AA）光譜法偵測Na及Cs兩原子。然而實際上，實驗顯示用發射（AE）光譜法偵測Na及Cs兩原子比用原子吸收（AA）光譜法有較好的靈敏度。

表7-2 在溫度2523 k火焰下各元素的激態／基態電子數比（N_1/N_0）

元素	吸收／發射波長（λ）	N_1/N_0（2523 K溫度）	適合AA/AE
Na	589 nm	5.81×10^{-4}	可用AE或AA
Cs	852 nm	7.17×10^{-3}	可用AE或AA
Cd	228 nm	4.5×10^{-11}	用AE較不靈敏
Zn	213 nm	5.6×10^{-10}	用AE較不靈敏

由於火焰式原子光譜儀先天上原子化效率不高，而原子光譜儀有發展原子化效率相當高之非火焰式原子化器。依原子化器之不同可將原子光譜法分類，如表7-3所示，火焰可用在原子吸收（AA）、原子發射（AE）及原子螢光（AF）光譜法中作為原子化器，而非火焰式原子化法中電熱（Electric thermal, ET）法、冷蒸氣法（Cold-vapor，通常用在Hg偵測）及氫化法（Hydride generation，通常用在偵測可產生氫化物的As, Se, Pb等）則常用在原子吸收（AE）及原子螢光（AF）光譜法中。而較高溫的非火焰式原子化法如誘導耦合電漿法（Inductively Coupled Plasma, ICP）則可用在原子發射（AE）及原子螢光（AF）光譜法中，另外，直流電漿法（DC Plasma）、電

弧（Arc）及電花法（Spark）等高溫原子化法亦常用在原子發射（AE）光譜法中。各種原子化法及原子化器之原理及裝置將在下列各節中分別說明之。

　　本章下列各節中將分別介紹各種原子光譜法（原子吸收（AA）、原子發射（AE）及原子螢光（AF））之儀器結構、偵測原理及應用。

表7-3　依原子化法不同之原子光譜法分類

原子化法	原子化溫度（℃）	使用方法	光譜法名稱
火焰（Flame）	1700～3150	吸收 發射 螢光	火焰原子吸收法（Flame AA） 火焰原子發射法（Flame AE） 火焰原子螢光法（Flame AF）
電熱 （Electric Thermal, ET）	1200～3000	吸收 螢光	電熱原子吸收法（ET-AA） 電熱原子螢光法（ET-AF）
冷蒸氣法（對Hg） （Cold-vapor, CV）	室溫	吸收 螢光	冷蒸氣原子吸收法（CV-AA） 冷蒸氣原子螢光法（CV-AF）
氫化法（對As，Pb，Se等）（Hydride Generation, HG）	微熱	吸收 螢光	氫化原子吸收性（HG-AA） 氫化原子螢光法（HG-AF）
感應耦合電漿法 （Inductively coupled plasma, ICP）	6000～10000	發射 螢光	感應耦合電漿發射法（ICP-Emission） 感應耦合電漿螢光法（ICP-AF）
直流電漿法 （DC-plasma）	6000～10000	發射	直流電漿發射光譜法 （DC-Arc Emission）
電弧（Arc）	4000～5000	發射	電弧發射光譜法（Arc-Emission）
電花法（Spark）	40,000	發射	電花發射光譜法（Spark-Emission）

註：AA(Atomic Absorption), AE(Atomc Emission), AF(Atomic Fluorescence)。

7-2 原子吸收光譜法[63-66]

原子吸光光譜儀幾乎為所有大學及研究機構必備儀器，通常用來偵測樣品中金屬離子。本節將針對原子吸收光譜法（Atomic Absorption Spectrometry, AA）所用儀器之儀器結構、光源、火焰、非火焰原子吸光（Flameless AA）光譜法及偵測器和訊號背景校正及分子／離子可能的干擾情形加以說明。

7-2-1 儀器結構

圖7-4為一般原子吸收光譜儀之基本結構，其組成元件包含中空陰極燈（Hollow cathode lamp, HCL燈）之線光源（line source）、含霧化器（Nebulizer）之霧化／噴灑室（Nebulizer/spray chamber）、原子化器（Atomizer，火焰或非火焰）、單光器（Monochromator）、偵測器（Detector）及含類比／數位轉換器（ADC, Analog to digital converter）與微電腦之訊號數據處理系統。中空陰極燈為線光源只發出幾條特殊波長之線光波而非發出含各種波長形成帶狀之連續光源（Continuum source）。含金屬離子之樣品溶液是靠霧化器吸入霧化／噴灑室中霧化成微小液滴而送到原子化器（如火焰頭）中原子化成中性原子，吸收來自中空陰極燈線光源之特殊波長，吸收後之光波由單光器去除其他波長之干擾光波，各種原子光譜儀所用之單光器和紫外線／可見光（UV/VIS）光譜儀一樣皆為晶體（如LiF）光柵（Grating）單光器。光柵單光器之結構及分光原理請見本書第二章2-3節及第三章3-2.3節，而偵測器也和紫外線／可見光光譜儀一樣常用光電二極體陣列（Photo-diode array）及光電倍增管（Photo-multiplier tube, PMT），這些偵測器偵測紫外線／可見光原理請見本書第三章3-2.4節。下面各節將針對原子吸光光譜儀中與UV/VIS光譜儀較特別的組成元件如火焰或非火焰原子化器、霧化器及線光源。

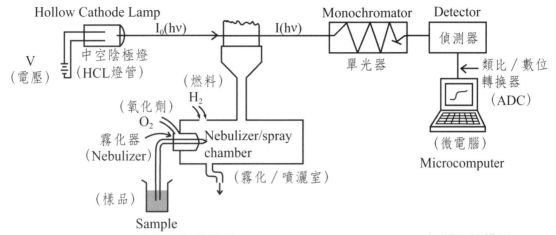

圖7-4　原子吸收光譜儀（Atomic Absorption Spectrometer）基本結構圖

7-2-2　火焰／霧化室

　　圖7-5a爲火焰／霧化室組件之細部結構示意圖，霧化室是用來將液體樣品吸入並將液滴霧化成霧化液滴送入火焰頭中，霧化室中主要包含噴霧器（Nebulizer）、衝撞珠（Impact bead）、擾流板（Flow spoiler）及燃料／氧化劑入口。噴霧器（圖7-5b）利用流入的高速氧化劑（如O_2）使噴霧器出口處呈低壓，而使樣品槽中液體樣品吸入噴霧器中而由噴霧器出口噴出到霧化室中，噴出的大液滴撞擊衝撞珠使液滴變小，這些小液滴隨高速氧化劑

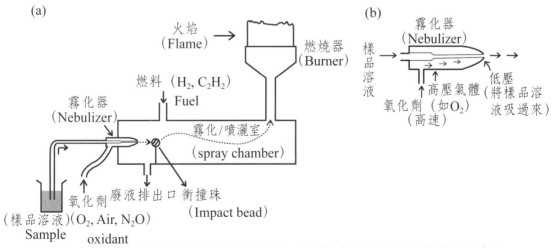

圖7-5　火焰式原子吸光光譜儀之(a)火焰／霧化室及(b)霧化器示意圖

及燃料變爲霧狀液滴經擾流板衝到火焰頭中，一般而言，樣品中100個待測物（MX）由樣品槽經霧化室可到達火焰頭的約只有10個化合物（效率只有10%），大部份化合物（約90%）都落在霧化室中並由霧化室底部之出口當廢液排出（Drain），這也是火焰原子化法靈敏度及偵測下限劣於非火焰法之原因。

　　火焰的功能主要是使液體樣品中之原子（如M）或分子（如MX）原子化成原子（M），離子化合物在火焰中原子化過程如圖7-6a所示，離子化合物MX先和溶劑在火焰中蒸發，溶劑變少了，離子M^+X^-／液體慢慢變成分子MX／液體，然後溶劑蒸發不見剩下MX氣體，最後MX氣體分裂各自原子化成M^o及X^o，在原子光譜法中通常就偵測金屬原子M^o。

　　火焰頭高低常會影響吸光度，這是因爲如圖7-6b所示，火焰分內焰及外焰，內焰及外焰皆呈熱不穩定不平衡，只有在內焰及外焰交接處，也是內焰頂端呈熱穩定，熱平衡。若光波能剛好通過此熱平衡區，所測到的吸光度較穩定，誤差自然較小。故要實驗時需調火焰頭高度，使光波能剛好通過熱平衡區。

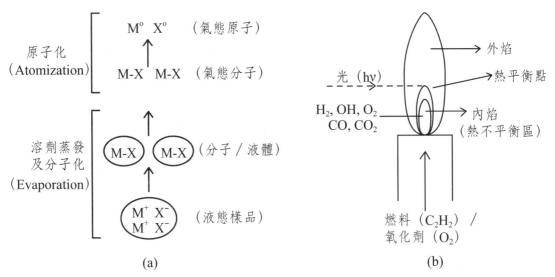

圖7-6　(a)M^+和X^-離子在火焰中原子化過程及(b)火焰頭之火焰示意圖

　　火焰溫度也會影響原子吸收法所測到吸光度，而火焰溫度會隨所用之燃料及氧化劑不同而不同，表7-4爲各種燃料及氧化劑產生之火焰的火焰

溫度。一般實驗室常用之氧化劑／燃料爲Air/Acetylene（C_2H_2，乙炔），Air/Hydrogen（H_2）及Oxygen(O_2)/H_2，這些氧化劑／燃料之火焰溫度分別爲2250，2045及2677 ℃，然而由於H_2會自燃因此具儲存危險，故最常用爲Air/Acetylene（乙炔）。對一般化合物而言，這些常用氧化劑／燃料之火焰溫度足以使化合物分解並原子化，但對一些難分解化合物，就需用較高火焰溫度之氧化劑／燃料才足以分解這些化合物，常用較高火焰溫度之氧化劑／燃料爲N_2O（Nitrous oxide，笑氣）／C_2H_2（Acetylene，乙炔）及O_2(Oxygen)/C_2H_2，其火焰溫度分別爲2955及3060 ℃，雖然O_2/$(CN)_2$（Oxygen/Cyanogen）之火焰溫度高達4500 ℃（表7-4），但因Cyanogen燃燒產生光譜線多且強常會干擾欲分析原子光譜線，同時其毒性也很強，故一般實驗室並不使用。在使用高溫度火焰溫度之氧化劑／燃料時，由於其燃燒快且放出的氣體多容易起爆炸，安全性需特別注意，不能將其氧化劑及燃料筒放在室內且因燃燒快要用大燃燒火焰頭。尤其使用N_2O（笑氣）／乙炔（C_2H_2）最好要放置室外及用大燃燒火焰頭以避免引爆危險。另外，因笑氣爲神經刺激物質，依法不得使用在醫院及醫療檢驗研究機構。以一般2000～3000 ℃之火焰做爲原子化源之原子化效率約只有10 ％，即100個輸送到火焰頭之金屬離子（如M^+）只有10個離子被原子化，加上待測分子（如MA）由樣品槽到火焰頭之效率也只有約10 ％（100個分子只有約10個送達火焰頭），換言之，100個待測分子（如MA）能到達火焰頭並使其離子原子化的只有一個，即整個火焰法原子化效率只有約1 ％而已，其靈敏度（Sensitivity）及偵測下限（Detection limit, DL）也就不好，測不到低濃度樣品，不能做微量分析（Trace analysis），若要得到較好靈敏度及偵測下限使其可做微量分析就要用非火焰（Flameless）原子化法。

　　原子吸收光譜法之靈敏度（Sensitivity, S）及偵測下限（Detection limit, DL）之定義和一般儀器有所不同，在原子吸收光譜法中，靈敏度（S）指的爲當一待測原子產生1 ％吸光（即吸光度（A）= 0.0044）的濃度，靈敏度（S）常用（μg/mL）/1 ％Abs或（μg/g）/1 ％Abs爲單位表示。而原子光譜法之偵測下限（DL）是待測原子產生訊號（N）爲雜訊（S）之3倍（即S/N = 3，訊號平均值／雜訊平均值 = 3）時之原子濃度。原子吸收光譜法之靈敏度及偵測下限之值都是越小表示越靈敏。一般儀器之訊號／雜訊比、靈敏度及偵測下限；將在第17章17-6-1節說明。

表7-4　各種常用燃料／氧化劑及火焰最高溫度

氧化劑（oxidant）	燃料（Fuel）	最高溫度（℃）
Air	H_2	2045
Air	C_2H_2（乙炔）[b]	2250
O_2	H_2	2670
O_2	C_2H_2	3060
N_2O[a]	C_2H_2	2955

(a)N_2O：笑氣（Nitrous Oxide）
(b)C_2H_2：乙炔（Acetylene）

　　除了火焰溫度外，使用的氧化劑／燃料燃燒時所發出的光譜線必須不能含有欲分析原子光譜線或干擾原子光譜線偵測，否則測出來的吸光度就不精確了。換言之，一種氧化劑／燃料並不適用於所有元素之原子光譜偵測。

7-2-3　非火焰原子吸收光譜法

　　如前節所述，火焰原子吸收法之靈敏度及偵測下限並不理想，很難使用在微量分析工作上，故非火焰原子吸收法（Flameless Atomic Absorption）因而發展出來以應用在微量分析上。最常用的非火焰原子吸收法為**電熱式原子吸收法（Electro-thermal AA, ET-AA）**，電熱式原子吸收光譜儀中使用電熱原子化器，如圖7-7所示，將中空石墨（Graphite）管放在電爐（Furnace）中加熱使樣品原子化，故電熱式原子吸光法又常稱為**石墨電爐吸收法**（Graphite-Furnace-AA）[67]。如圖7-7所示，將待測樣品注入中空石墨管中並放入電爐以約3000～4000 ℃溫度加熱，使樣品原子化，由於全部待測樣品全在石墨管中，不會像在火焰法中有約90％樣品變成廢液排出，故電熱原子吸光法之靈敏度及偵測下限可期待比火焰法要好。如所預期，由表7-5所示，對幾乎所有元素，電熱原子吸收法之偵測下限都比火焰法要低且大部份元素之偵測下限都可低到1.0 μg/L（約為ppb）。對大部份元素而言，電熱原子吸收法之靈敏度約為火焰原子吸收法之10～100倍左右。

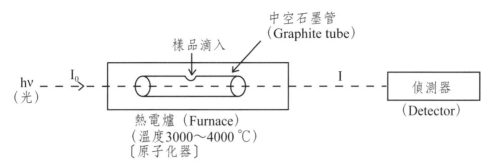

圖7-7　電熱式原子吸光儀電熱原子化器之裝置及石墨管示意圖

表7-5　火焰式及石墨（電熱）式原子吸收法（AA）對各種金屬元素之偵測下限[68]

| 元素 | 火焰AA[a]mg/L（ppm） | 石墨（電熱）AA(b) | | 吸收波長（nm） |
		mg/L（ppm）	μg/L（ppb）	
Ag	0.01	0.0002	0.2	328.1
Cd	0.002	0.0001	0.1	228.8
Cr	0.02	0.002	2.0	357.9
Cu	0.01	0.001	1.0	324.7
Fe	0.02	0.001	1.0	248.3
Ni	0.02	0.001	1.0	232.0
Pb	0.05	0.001	1.0	283.3

（資料來源：環保署公告(a)NIEA W306.52 A及(b)W303.51 A法）

　　雖然電熱原子吸收法對大部份元素有很好的靈敏度，但對有些在電爐4000 ℃高溫易揮發之元素如Hg及As，加熱中易從石墨管中排出，因而電熱法對這些元素之偵測下限（如對Hg約為20 ppb）雖是比火焰法低，但靈敏度比其他元素（偵測下限約為1 ppb）稍微差一點，故另外發展其他非火焰法偵測這些易揮發之元素。其中冷蒸氣原子吸收法（Cold vapor AA）為特別發展出來專偵測Hg元素[69]之非火焰法，冷蒸氣法顧名思義是在室溫下使汞離子（如Hg(II)）原子化。

　　圖7-8a為冷蒸氣法原子化器之裝置示意圖，圖中樣品槽中先加入還原劑$SnCl_2$，使其和樣品中汞離子（Hg^{2+}）起如下氧化還原反應，使汞離子還原成Hg^o原子：

$$Hg^{2+} + Sn^{2+} \rightarrow Sn^{4+} + Hg^o \qquad (7-2)$$

所產生的Hg^o用氮氣（N_2）吹入圖7-8a石英管中（石英管上方開關先關

閉），然後用單色光照射使Hg^o吸光，實驗後先在石英管上方開關接上一活性碳吸附管，然後打開開關使石英管中之Hg^o吹入活性碳吸附管中吸附（因Hg^o很毒，不得直接排出）。此種冷蒸氣法原子吸光儀偵測汞離子之偵測下限約為1 ppb，此法為現今所有測汞離子之方法中最靈敏最方便方法偵測方法且選擇汞吸收波長可專對汞離子，故此偵測汞離子之冷蒸氣原子吸光儀市面上常俗稱為汞分析儀（Mercury analyzer）。我國及世界各國之環保署（Environmental Protection Agency, EPA）偵測微量汞離子之標準方法即用此冷氣原子吸光光譜法。我國環保署公告NIEA W330.52 A檢驗法[68]即為應用冷蒸氣原子吸光法偵測水質中微量汞離子之標準方法。

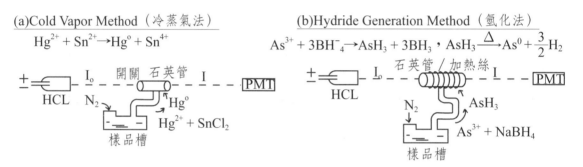

(a)Cold Vapor Method（冷蒸氣法）

$$Hg^{2+} + Sn^{2+} \rightarrow Hg^o + Sn^{4+}$$

(b)Hydride Generation Method（氫化法）

$$As^{3+} + 3BH_4^- \rightarrow AsH_3 + 3BH_3 \text{，} AsH_3 \xrightarrow{\Delta} As^0 + \frac{3}{2}H_2$$

圖7-8　非火焰原子化法(a)冷蒸氣法偵測Hg^{2+}及(b)氫化法偵測As^{3+}之裝置與原理

　　汞冷蒸氣法中常用之還原劑為$SnCl_2$，但也可用其他還原劑如$NaBH_4$，兩者皆可還原汞離子，然兩還原劑都不能將其他揮發金屬或類金屬離子（如As）轉成中性原子，但$NaBH_4$卻可將一些揮發金屬或類金屬離子（如As, Pb, Se）還原成氫化物。故發展另一非火焰法─**氫化原子吸收法**（Hydride generation AA）[70]來偵測這些可產生氫化物之金屬或類金屬離子（如Pb及As）。氫化法原子化器之裝置（圖7-8b）和冷氣法很相似，其方法是在樣品槽中先加入$NaBH_4$使使其和待測樣品中金屬離子（如As^{3+}）進行下列反應產生氫化物：

$$As^{3+} + 3BH_4^- \rightarrow AsH_3 + 3BH_3 \qquad (7\text{-}3)$$

　　產生的氫化物AsH_3然後吹入圖7-8b石英管中，再經繞在石英管上之加熱，此氫化物AsH_3受熱容易分解產生中性原子As^o如下：

$$2AsH_3 \rightarrow 2As^o + 3H_2 \qquad (7\text{-}4)$$

　　然後再用金屬元素所特有的吸收光譜線照射，使其吸收並計算吸光度，即

可估計此金屬在樣品中含量，此氫化原子吸光儀對金屬離子之靈敏度也很好，其偵測下限亦可低至ppb。

7-2-4 光源

原子吸收光譜儀需用線光源（Line source）來做光源，所謂線光源是指光源出來的為一條一條光譜線（如圖7-9a），而不是一般光源出來的光為一大片涵蓋一大段的連續光譜（如圖7-9b），產生連續光譜的光源稱為連續光源（Continuum source），氘燈（D_2 lamp）為有名之連續光源，而常用線光源為中空陰極燈（Hollow cathode lamp, HCL）[71]。

那為何在原子吸收光譜儀需要用線光源呢？這是因為當今光波偵測器之辨識力（其所能偵測最小波長範圍）並不能只專測一個待測波長光波，而是在待測波長附近之波長也會被測到，偵測器測到的為一段波長內所有光波，此段波長範圍（如圖7-9A, B）特稱為偵測器之譜寬（Spectral width, SW），在偵測器之譜寬內所有光波皆會被偵測器測到。偵測器的譜寬越小，其價格越貴，常見偵測器之譜寬為±1, ±2, ±5及±10 nm。如譜寬為±1 nm之偵測器的價格為±2 nm譜寬偵測器之兩倍以上。

若一樣品原子M可吸收波長為λ_0光波，當用線光源（圖7-9A）時，線光源（HCL燈）在偵測器之譜寬（SW）波長範圍內只發射λ_0光波，若樣品原子M吸收50 %原來光強度I_0，換言之，其吸光度A = $\log(I_0/I)$ = $\log(1/0.5)$ = 0.30。反之，若如圖7-9B用連續光源（D_2燈），其原始光強度I_0涵蓋λ_0及偵測器之譜寬（SW）範圍所有光之強度，雖樣品原子M一樣可吸收50 %λ_0光，但偵測器所測到的剩下光強度I如圖7-9B之右圖所示，I（剩下光強度）$\cong I_0$（原來光強度），故用連續光源所測到的吸光度A = $\log(I_0/I)$ = $\log 1$ = 0，幾乎無吸光度可顏言。圖7-10為分別利用線光源（HCL燈）及連續光源（D_2燈）之原子吸收光儀測樣品中Ca濃度（ppm）和吸光度（A）關係圖，由圖中可看出在固定濃度之Ca用線光源（HCL燈）所測得之吸光度都比用連續光源（D_2燈）大，用連續光源即使濃度很大所測得的吸光度（A）也很小，接近零吸光度，故原子吸收光儀之光源必須用線光源。

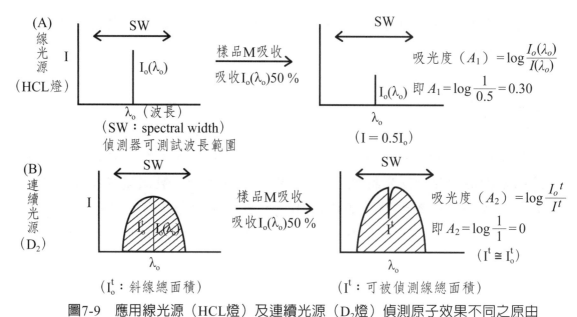

圖7-9　應用線光源（HCL燈）及連續光源（D₂燈）偵測原子效果不同之原由

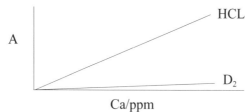

圖7-10　使用HCL燈及D₂燈之原子吸收光儀偵測Ca之濃度和吸光度（A）關係圖

　　原子吸收光譜儀中除了最常用中空陰極燈（HCL）當線光源外，還可利用無電極放電燈（Electrodeless discharge lamp, EDL）為線光源偵測一些較易揮發元素。首先介紹中空陰極燈（HCL）之結構及發光原理，如圖7-11A所示，中空陰極燈為石英管中插入一對加電壓之陰陽電極並注入Ar氣體。石英管中之陰極為樣品中擬測原子M^o金屬所製成，例如要測樣品中銅離子（Cu^{2+}），必須用銅（Cu^o）金屬製成的銅中空陰極燈（Cu-HCL燈管），換言之，測不同元素（M）之原子吸收光譜就要用不同元素（M）之中空陰極燈（HCL），故使原子吸收光譜法對不同元素有非常好的選擇性（High selectivity）。外加電壓（約400伏特），使陰極的金屬M帶許多電子，(1)當石英管中之Ar撞擊陰極的電子（e^-）會產生分解成高能Ar^{+*}及e^{-*}，(2)然後高

能Ar^+*再撞擊帶負電的陰極金屬M，使其產生高能M*，(3)最後此高能M*回到其基態M^o而放出其特性光譜線，這元素M專用之中空陰極燈發光原理可用下列方程式表示：

$$(1)e^- （陰極） + Ar \rightarrow Ar^+* + e^-* + e^-* \qquad （7\text{-}5）$$

$$(2)Ar^+* + M^o （陰極） \rightarrow M* + Ar^+ \qquad （7\text{-}6）$$

$$(3)M* \rightarrow M^o + h\nu （線光波） \qquad （7\text{-}7）$$

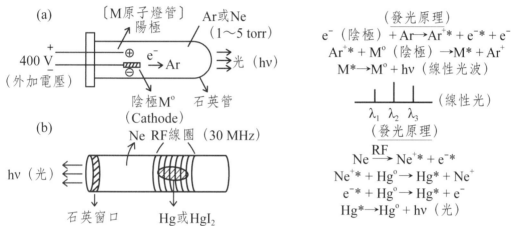

圖7-11　(a)中空陰極燈（HCL）及(b)Hg無電極放電燈（Hg-EDL）結構及發光原理

　　雖然中空陰極燈對於不同元素有非常好的選擇性，但若此元素不是固體或金屬且易揮發（如Hg及As），要想製成帶負電之陰極要費一番周章，故針對這些易揮發元素，發展出不用電極的無電極放電燈（Electrodeless discharge lamp, EDL）[72]。圖7-11b為無電極放電燈之結構、發光原理及實物示意圖，其燈管中主要元件為後利用高無線電波（Radio frequency, RF，約30 MHz）線圈、惰性氣體Ne及擬測原子元素（如Hg）或易分解成中性原子之化合物（如HgI_2）。其發光原理：首先利用高無線電波（Radio frequency, RF，約30 MHz）交流電流（dI_o/dt）產生交流式磁力線（dH/dt），兩者關係如下：

$$dH/dt （交流磁力線） = N(dI_o/dt) \qquad （7\text{-}8）$$

　　式中N為RF線圈數，此RF磁力線使燈管中Ne氣體原子內產生交流式渦電流（AC eddy current, dI/dt），Ne原子內渦電流（dI/dt）和交流磁力線（dH/dt）關係如下：

$$dI/dt （Ne渦電流） = K(dH/dt) \qquad （7\text{-}9）$$

　　式中K為常數。Ne交流式渦電流在使用30 MHz無線電波下每秒3×10^7（3千萬）次左右方向相反轉變，若一個人每秒3千萬次左右方向轉變，一定非常非常熱，惰性氣體Ne也一樣會變成很熱而激發成高能的Ne^+*及e^-*，產生的高能Ne^+*及e^-*合起來特稱為高能電漿（Plasma），Ne之分解反應如下：

$$Ne \rightarrow Ne^+* + e^-* \text{ (Plasma)} \qquad (7\text{-}10)$$

　　此電漿（Plasma）相當熱，以Hg-EDL燈管而言，電漿中之Ne^+*及e^-*分別和燈管中物質（如Hg或HgI_2）反應形成高能元素（如$Hg*$），反應如下：

$$Ne^+* + Hg^o \rightarrow Hg* + Ne^+ \qquad (7\text{-}11)$$

$$e^-* + Hg^o \rightarrow Hg* + e^- \qquad (7\text{-}12)$$

$$或 \quad Ne^+* + HgI_2 \rightarrow Hg* + Ne^+ + I^- \qquad (7\text{-}13)$$

$$e^-* + HgI_2 \rightarrow Hg* + e^- + I_2 \qquad (7\text{-}14)$$

　　最後這高能元素$Hg*$會從其激態回到基態而放出Hg-EDL燈管特性光譜線，反應如下：

$$Hg* \rightarrow Hg^o + h\nu （線光波） \qquad (7\text{-}15)$$

　　除Hg-EDL外，一些易揮發元素（如As及Se）無電極放電燈（如As-EDL及Se-EDL）也被開發出來，這些易揮發元素無電極放電燈的發光效果都相當好。圖7-12為用無電極放電燈（EDL）之原子吸光儀偵測一樣品中As及Se之吸光度（A），與用一般所用的中空陰極燈（HCL）所測到吸光度之比較，由圖可看出不管對As或Se都顯示使用EDL燈（EDL）所測得的吸光度比用HCL燈要高很多，即無電極放電燈靈敏度較高很多。

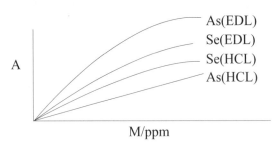

圖7-12　無電極放電燈（EDL）和中空陰極燈（HCL）偵測As及Se吸光度（A）比較圖（M＝As或Se，A為吸光度）

7-2-5　背景校正

　　為去除其他波長光波干擾或來自火焰或其他原子化器發出光波之干擾，原子光譜法需做背景校正（Background correction）。一般常用之背景校正技術為重氫（D_2）燈校正法及季曼效應（Zeeman effect）校正法兩種，本節將分別介紹此兩種背景校正技術之裝備及背景校正原理。

　　圖7-13為一般D_2燈校正原子吸收光譜儀基本結構示意圖，其操作方式為：

(1)開中空陰極燈（HCL），關閉D_2燈

　　所測到的吸光度（A_{HCL}）為樣品（M）吸光度（A_M）及背景雜訊吸光度（A_b）總合，即：

$$A_{HCL} = A_M + A_b \qquad (7\text{-}16)$$

(2)關閉中空陰極燈（HCL），開D_2燈

　　因D_2燈為連續光源，如7-2-4節所述及圖7-10所示，用D_2燈時，幾乎測不到樣品吸光度（$A_M \cong 0$），而其所測到的吸光度（A_{D_2}）為背景雜訊吸光度（A_b），即：

$$A_{D_2} = A_b \qquad (7\text{-}17)$$

由式（7-16）減式（7-17）即可得樣品（M）之真正的吸光度（A_M）：

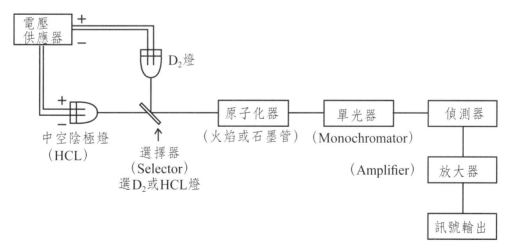

圖7-13　氘（D_2）燈背景校正原子吸光光譜儀結構示意圖

$$A_{HCL} - A_{D_2} = A_M + A_b - A_b = A_M \qquad （7\text{-}18）$$

即： $$A_{HCL} - A_{D_2} = A_M \qquad （7\text{-}19）$$

換言之，由分別開中空陰極燈（HCL）或D_2燈所得的吸光度之差，即可得樣品（M）之真正的吸光度（A_M）。

D_2燈已常為原子吸收光譜儀中標準配備，但因D_2燈發出的只為紫外線（波長 < 400 nm），故除非在D_2燈添加可產生可見光之螢光物質，否則D_2燈只用在吸收波長在紫外線範圍之元素的背景校正。若要紫外線-可見光全波段都可的背景校正，就用季曼校正法，用季曼校正裝備的原子吸收光譜儀俗稱季曼效應原子吸收光譜儀（Zeeman-effect AA spectrometer）。

季曼背景校正法（Zeeman background correction）[73]即在原子吸收光譜儀之原子化器水平方向加磁場或中空陰極燈（HCL）水平方向加磁場（如圖7-14所示）並在中空陰極燈及原子化器間加一極光板（Polarizer），圖7-14為季曼原子吸收光譜儀之基本結構示意圖。

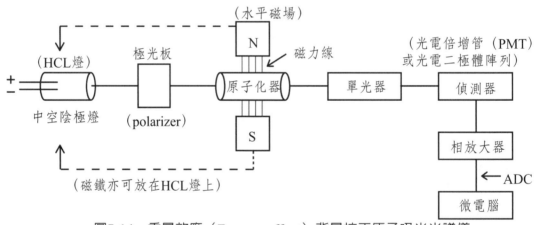

圖7-14　季曼效應（Zeeman effect）背景校正原子吸光光譜儀

季曼背景校正法基本原理建立在進到原子化器之光波或由中空陰極燈出來的光波在磁場下產生的季曼效應（Zeeman effect），所謂之季曼效應如圖7-15所示，即當一波長為λ_0之光波π在水平磁場時，其吸收或發射波長會改變成$\lambda_0 + \Delta\lambda$及$\lambda_0 - \Delta\lambda$，而形成如圖7-15所示在磁場垂直方向之$\sigma^+$及$\sigma^-$兩新的吸收或發射波（其波長分別為$\lambda_0 + \Delta\lambda$及$\lambda_0 - \Delta\lambda$）。

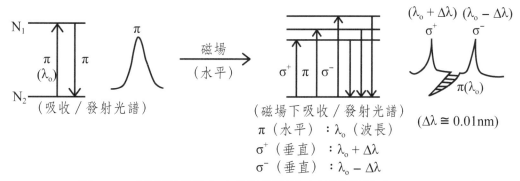

圖7-15 在磁場下吸收／發射光譜線之季曼效應（Zeeman effect）

圖7-16為磁場在中空陰極燈（HCL）或原子化器所引起的季曼效應並用來做背景校正之基本原理。若磁場在HCL燈水平方向時（圖7-16A），HCL燈所發出的光波除了原來樣品M可吸收之波長λ_o之水平π光波外，因季曼效應會在垂直方向產生σ^+（波長$\lambda_o + \Delta\lambda$）及$\sigma^-$（波長$\lambda_o - \Delta\lambda$）兩新發射波，然後若將此三發射波（$\pi$、$\sigma^+$及$\sigma^-$）經一垂直極光板（圖7-16A(I)途徑），只有$\sigma^+$及$\sigma^-$波可通過，因$\sigma^+$及$\sigma^-$波長（$\lambda_o + \Delta\lambda$及$\lambda_o - \Delta\lambda$）並不是樣品M可吸收之波長，故所測出來的吸光度（$A_\perp$）應為背景雜訊吸光度（$A_b$），即：

$$A_\perp = A_b \qquad (7\text{-}20)$$

若三發射波（π、σ^+及σ^-）經一水平極光板（圖7-16A之(I)途徑），只有π可通過，因π波之波長λ_o可被樣品M吸收或由背景吸收或發出，故所測到的吸光度（$A_\parallel$）為樣品M吸收（A_M）及背景吸收（A_b）總合，即：

$$A_\parallel = A_M + A_b \qquad (7\text{-}21)$$

由式（7-21）減式（7-20）即可得樣品（M）之真正的吸光度（A_M），即：

$$A_\parallel - A_\perp = (A_M + A_b) - A_b = A_M \qquad (7\text{-}22)$$

換言之，由改變極化板方向，由水平及垂直極光板所測得的吸光度差，即可得樣品（M）之真正的吸光度（A_M）。

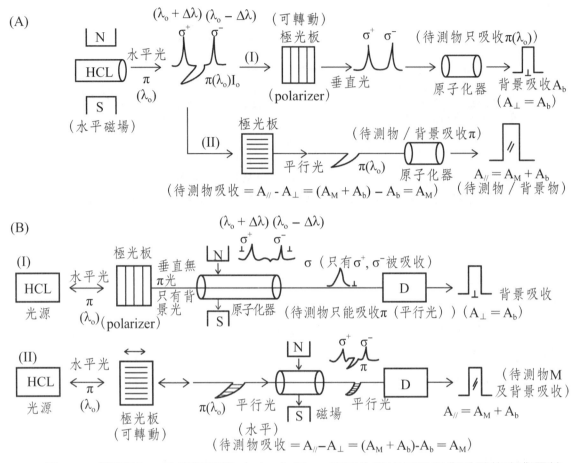

圖7-16　磁場在(A)中空陰極燈（HCL）及(B)原子化器之原子吸收季曼效應背景較正

同理，若將磁場放在原子化器水平方向（圖7-16B），經過垂直極光板（圖7-16B(I)途徑），由HCL燈出來的水平π光波（波長λ_o，可被樣品M吸收）並不能通過，只有垂直方向之背景σ^+及σ^-波可通過，它們的波長（$\lambda_o + \Delta\lambda$及$\lambda_o - \Delta\lambda$）不會被樣品M吸收，故此時所測之吸光度（$A_\perp$）應為背景雜訊吸光度（$A_b$），即：

$$A_\perp = A_b \tag{7-23}$$

反之，若當經過平行極光板（圖7-16B(II)途徑），HCL燈出來的水平π光波（波長λ_o）會通過並在原子器水平磁場之垂直方向產生波長為$\lambda_o + \Delta\lambda$及$\lambda_o - \Delta\lambda$之$\sigma^+$及$\sigma^-$波，π光波。π光波可被被樣品M及背景吸收，而被樣品M吸收會被

背景吸收，故經平行極光板所測得的吸光度（$A_\parallel$）為樣品M吸收（A_M）及背景吸收（A_b）總合，即：

$$A_\parallel = A_M + A_b \qquad\qquad (7\text{-}24)$$

由式（7-24）減式（7-23）即可得樣品（M）之真正的吸光度（A_M），即：

$$A_\parallel - A_\perp = (A_M + A_b) - A_b = A_M \qquad\qquad (7\text{-}25)$$

同樣地，由水平及垂直極光板所測得的吸光度差，即可得樣品（M）之真正的吸光度（A_M）。

7-2-6 離子化、分子及其他雜訊干擾

原子吸收光譜法偵測的為欲測元素的中性原子，若原子化沒完全，而仍然有欲測元素的離子或分子存在時，除所產生中性原子之原子數會減少因而下降偵測靈敏度外，還會因離子及分子帶狀光譜的干擾，而使雜訊增加，偵測誤差也因而增大。例如用原子吸光法偵測樣品中Ca原子，因Ca原子在原子化器（如火焰）中很容易會變成Ca^{2+}離子，因而如圖7-17a中Ca校準曲線所示，Ca偵測靈敏度並不高。故一般在偵測易離子化原子時，一定要在樣品中加另一個可能更容易離子化之原子，例如用原子吸光法偵測Ca原子時，在樣品中可添加K^+離子，這就可抑制欲測的Ca原子離子化，因而可增加偵測Ca原子之靈敏度（如圖7-17a中Ca/K曲線所示）。這外加的K^+離子就稱為**離子化緩衝劑**（Ionization buffer）。那為何加離子化緩衝劑K^+離子就可增加欲測Ca原子之偵測靈敏度呢？如圖7-17a右側所示，在火焰中，Ca^{2+}及K^+皆會原子化成中性原子（Ca及K原子），然Ca原子也會離子化回來成離子：

$$Ca^o \rightarrow Ca^{2+} + e^- \qquad\qquad (7\text{-}26)$$

但添加的K原子更易成離子成K^+離子及電子e^-，產生的電子e^-會和Ca^{2+}結合而迫使Ca^{2+}離子回到中性原子Ca^o：

$$K^o \rightarrow K^+ + e^- \qquad\qquad (7\text{-}27)$$

$$e^- + Ca^{2+} \rightarrow Ca^o \qquad\qquad (7\text{-}28)$$

Ca^{2+}變回中性原子Ca^o，因而Ca原子之偵測靈敏度增加。同樣地，如圖7-17b所示，利用原子吸光法偵測樣品中Sr^{2+}離子時，若添加K^+當離子化緩衝

劑，可增加Sr^{2+}離子之偵測靈敏度，同時也顯示離子化緩衝劑K^+離子添加量越多，Sr^{2+}離子之偵測靈敏度（由各校準曲線之斜率估算）就越增加。

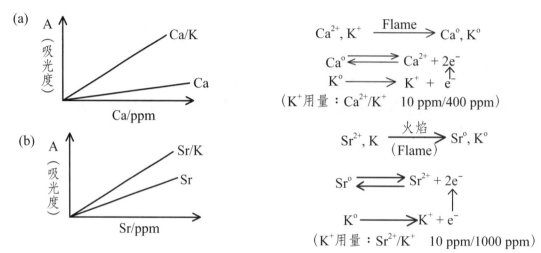

圖7-17　K^+當離子化緩衝劑（Ionization buffer）對(a)Ca及(b)Sr原子吸收吸光度之影響

另外，在利用原子吸光法偵測樣品中金屬離子時，金屬離子常因陰陽離子互相吸在一起而不易分解，因而不容易原子化而造成低偵測靈敏度。例如原子吸光法偵測樣品中Ca^{2+}離子時，常因樣品中有磷酸離子PO_4^{3-}時，Ca^{2+}及PO_4^{3-}離子易結合成$Ca_3(PO_4)_2$，在火焰中不易分解，原子化也會因PO_4^{3-}離子存在量增加而使Ca偵測吸光度下降（如圖7-18所示），然由圖7-18亦可看出PO_4^{3-}量增加到某一量後，再增加PO_4^{3-}量也不會再增加Ca吸光度，這可能到某一PO_4^{3-}量後，幾乎所有Ca^{2+}離子已和PO_4^{3-}離子結合了，再增加PO_4^{3-}量，不會再影響Ca偵測吸光度了。要如何解決這陰陽離子互相吸在一起之問題？如圖7-18所示：

⑴添加「釋放劑（Releasing agent）」La^{3+}，使La^{3+}和PO_4^{3-}結合，使Ca^{2+}從$Ca_3(PO_4)_2$釋放出來：

$$2La^{3+} + Ca_3(PO_4)_2 \rightarrow 2LaPO_4 + 3Ca^{2+} \qquad (7\text{-}29)$$

⑵添加「保護劑（Protecting agent）」$EDTA^{4-}$，使$Ca_3(PO_4)_2$之Ca^{2+}離子和$EDTA^{4-}$結合而成$Ca(EDTA)^{2-}$錯離子被保護起來，然後此錯離子在火焰或高溫中易分解得Ca^{2+}：

$$3EDTA^{4-} + Ca_3(PO_4)_2 \rightarrow 3Ca(EDTA)^{2-} + 2PO_4^{3-} \qquad (7\text{-}30)$$

$Ca(EDTA)^{2-} \rightarrow Ca^{2+} + EDTA分解物（CO_2 + H_2O + NH_3）$　　　（7-31）

Ca^{2+}就自由且被原子化成中性原子Ca^o而被偵測。

(3)使用溫度較高原子化器（如高溫火焰N_2O（笑氣）＋ 乙炔（C_2H_2）），使 $Ca_3(PO_4)_2$分解：

$$(Ca_3(PO_4)_2 \rightarrow 3Ca^{2+} + 2PO_4^{3-}$$　　　（7-32）

所得Ca^{2+}然後再原子化。

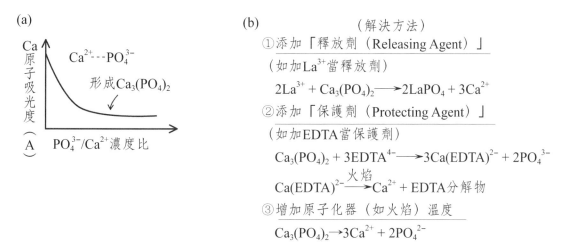

(a)

Ca原子吸光度（A）

$Ca^{2+}\text{---}PO_4^{3-}$

形成$Ca_3(PO_4)_2$

PO_4^{3-}/Ca^{2+}濃度比

(b)　　　　　　（解決方法）

①添加「釋放劑（Releasing Agent）」

（如加La^{3+}當釋放劑）

$2La^{3+} + Ca_3(PO_4)_2 \longrightarrow 2LaPO_4 + 3Ca^{2+}$

②添加「保護劑（Protecting Agent）」

（如加EDTA當保護劑）

$Ca_3(PO_4)_2 + 3EDTA^{4-} \longrightarrow 3Ca(EDTA)^{2-} + 2PO_4^{3-}$

$Ca(EDTA)^{2-} \xrightarrow{\text{火焰}} Ca^{2+} + EDTA分解物$

③增加原子化器（如火焰）溫度

$Ca_3(PO_4)_2 \rightarrow 3Ca^{2+} + 2PO_4^{2-}$

圖7-18　陰離子PO_4^{3-}存在對Ca原子吸收吸光度之(a)影響及(b)解決方法

在原子吸光法中分子的形成亦常造成相當程度的干擾，例如Ca原子在火焰中常形成CaOH，而此CaOH在火焰中產生許多光譜線（如圖7-19a所示），會對利用這些光譜線之波長偵測的許多原子造成相當大干擾及偵測上的誤差。另外，在含碳化物（如C_2H_2）之火焰中碳化物分解後會和空氣中之N_2或含氮氧化劑（如N_2O）起作用產生不少的氰氣分子（$(CN)_2$, Cyanogen），此分子亦會發出許多光譜線（如圖7-19b所示），一樣會對許多原子的原子吸光偵測造成相當大干擾及誤差。這些分子產生干擾去除法常用(1)原子化器中吹入氦（He）氣沖淡空氣中之N_2或含氮氧化劑，以減少$(CN)_2$之產生及干擾，(2)提高火焰溫度，以分解CaOH或$(CN)_2$，減少這些分子的干擾。(3)利用背景校正（Background correction）技術去除或減少這分子所發出光譜線的干擾。

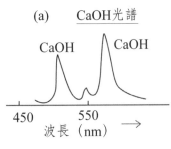

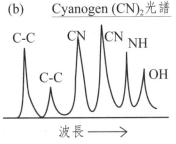

(a) CaOH光譜　　　　(b) Cyanogen (CN)₂光譜　　(c) 解決方法

①吹入He使N₂減少，形成 (CN)₂較少
②提高火焰溫度使CaOH分解
③使用背景校正 （Background Correction）

圖7-19　火焰原子法偵測Ca中形成之(a)CaOH及(b)(CN)₂（Cyanogen）之光譜及(c)解決方法

　　因為各種不同的燃料／氧化劑之火焰所發出的光波波段不同，若待測原子之吸收波長剛好在和火焰所發出的光波波段中，就會造成相當大的干擾，理論上，偵測不同原子就應用不同的燃料／氧化劑之火焰，然國內外一般大專院校及研究機構之原子吸光儀常常只配備一種或兩種固定的燃料／氧化劑之火焰裝置，因此就需要一可用來去除火焰所發出的發射（Emission）光波之干擾之儀器，常用去除火焰發射光波干擾的儀器為鎖定放大器（Lock-In-Amplifier），鎖定放大器去除火焰發射光波雜訊之工作原理及裝置圖將在本書第十七章第17-6-3節詳加敘述。

7-3　原子發射光譜法[74-77]

　　原子吸光法雖然對個別的原子有相當好的選擇性及靈敏度，但針對不同的原子就需要用不同的燈管當發光源，對要偵測多元素樣品之各種不同原子偵測就顯得相當不方便，故這幾年來可用來偵測一樣品中各種元素之原子發射光譜法（Atomic Emission Spectrometry, AE）技術就澎湃發展，本節將對原子發射光譜法之基本儀器結構及各種原子發射光譜法技術之工作原理及裝置簡介。

7-3-1　儀器結構

原子發射光譜儀之基本結構如圖7-20所示，包含樣品槽（Sample cell），原子化激發源（Atomization/Excitation source），單光器（Monochromator），偵測器（Detector）及訊號收集處理系統（Signal acquisition/data processing system，含放大器（Amplifier），類比／數位轉換器（ADC）及微電腦中央處理器（CPU））。若樣品為固體，就直接將樣品槽及固體樣品置於原子激化源中，若為液體樣品，樣品槽之樣品就需有一液體輸送系統（如火焰法中之噴霧器／霧化室）。原子化／激化源可使金屬離子化合物（MX）之金屬離子原子化成中性原子（M^o）且激化（Excitation）原子中的電子到高能階之高能原子（M*），隨後高能原子M*從高能階回到低能階（M^o）並發出一原子特殊光波，在原子化激發源中樣品之變化如下：

$$MX \rightarrow M^o \rightarrow M* \rightarrow M^o + \lambda_1, \lambda_2, \lambda_3 （各種波長之發射光） \qquad (7-33)$$

單光器之主體通常為用光柵（Grating），其用來將各種波長（λ_1, λ_2, λ_3 等）分開，使偵測器在一特定時間只測到一波長光波（如λ_1），然後轉動單光器之光柵或移動偵測器，使偵測器測到其他波長光波（如λ_2, λ_3等），光柵單

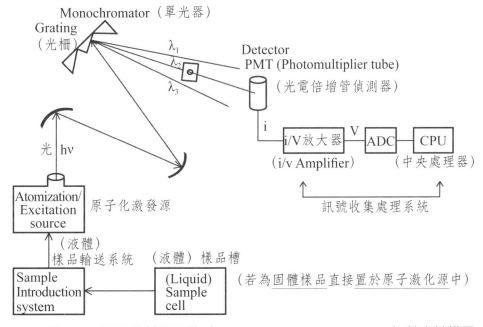

圖7-20　原子發射光譜儀（Atomic emission spectrometer）基本結構圖

光器之結構及分光原理請見本書第二章2-3節及第三章3-2-3節。在原子發射光譜儀中常用之偵測器為光電倍增管（Photo-multiplier tube, PMT），光電倍增管可將光波轉換成電流訊號，光電倍增管之工作原理請見本書第三章3-2-4節。光電倍增管出來的電流訊號（I）再經電流／電壓放大器（I/V Amplifier，如OPA（Operational amplifier））放大轉換成電壓，然後由類比／數位轉換器（ADC）轉成數位訊號再輸入中央處理器做數據處理。

各種原子發射光譜法技術主要不同在於原子發射光譜儀所用之原子化激發源（Atomization/Excitation Source）之不同，常用原子發射光譜法有(1)火焰發射光譜法（Flame Emission），(2)電弧發射光譜法（Arc Emission），(3)電花發射光譜法（Spark Emission），(4)感應耦合電漿發射光譜法（Inductively Coupled Plasma (ICP) Emission）及(5)直流電漿發射光譜法（DC Plasma Emission）。因這些原子發射光譜法之間之不同主要在原子激化器，本節以下將分別介紹這些原子發射光譜法之原子激化器的元件結構及工作原理並比較這些原子發射光譜法之相對靈敏度。

7-3-2 火焰發射光譜法

火焰發射光譜法（Flame Emission）顧名思義是利用火焰當原子化激發源，使離子原子化且激化原子的電子到高能階並發射原子特有波長之光波。化學研究室常做的焰色反應或常見之煙火秀實際上亦是火焰發射光之一種，只是一般焰色反應中所用之火焰溫度或煙火秀中燃燒溫度（約1000-2000 ℃）都不高，因而只有少數原子（如Na, K, Sr, B等）有較明顯之焰色反應及在煙火秀中顯色，而在一般研究室所用的火焰發射光譜儀因有連續高濃度的燃料及氧化物供應，所產生的火焰溫度（2500-3500 ℃）相對就較高，因而大部份原子都可見到火焰發射光譜。

然而因火焰燃燒時穩定度較差，故一般火焰發射光譜法都在含待測離子（如K^+）樣品中添加固定量的內標準（Internal standard）離子（如Li^+），透過偵測待測離子和內標準品離子之訊號比（如I_K/I_{Li}）就可減少因火焰不穩定度所引起的偵測誤差。因而常設計可同時偵測待測離子及內標準品離子之2-3頻道（2-3 Channels）火焰發射光譜儀，圖7-21a就是可測樣品中K^+及Na^+

離子與內標準品離子Li⁺之三頻道火焰發射光譜儀。

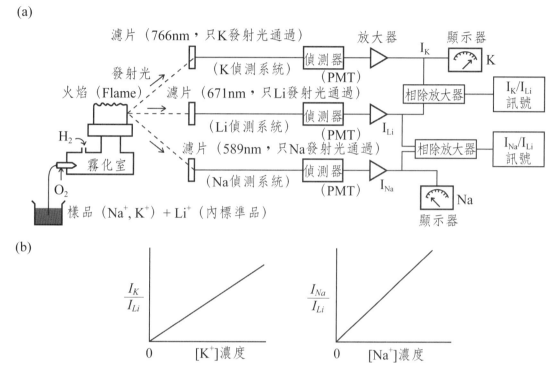

圖7-21　偵測樣品中Na⁺及K⁺和內標準品Li⁺之三通道（3 channel-）火焰發射光譜儀
　　　　(a)儀器結構圖，及(b)偵測Na⁺及K⁺之校準曲線

　　圖7-21a中之三頻道火焰發射光譜儀用同一火焰及霧化室系統，而用不同濾波器（filters）選擇要偵測的波長使其通過，例如例如在K通道中之濾波器，只讓鉀（K）原子發射之波長766 nm通過，使其光電倍增管偵測器（PMT, Photo-multiplier tube）只偵測到K原子之發射光，同樣，Na及Li頻道分別用589及671 nm可通過之濾波器，使Na及Li之發射光可分別通過，此三頻道系統不只可用指針（M）可分別顯示K及Na原子之發射光訊號，還可得到I_K/I_{Li}及I_{Na}/I_{Li}訊號比之偵測值。並可利用I_K/I_{Li}及I_{Na}/I_{Li}訊號比值分別和樣品中K⁺及Na⁺離子濃度作圖，建立如圖7-21b之K⁺及Na⁺離子之校準曲線（calibration curve）。

　　雖然火焰發射光譜儀和其他的原子發射光譜儀一樣可偵測一樣品中多元素原子，然由於火焰發射光譜法中因樣品原子在火焰發射光譜儀之霧化室中損失嚴重（約90％）且火焰之溫度（2500-3500 ℃）比起其他的原子發射光譜儀

中所用之原子化激發源溫度（約5000-10000 ℃）相對低很多，以致於激化形成的高能原子相對減少，火焰發射光譜法對大部份原子之偵測靈敏度相對比其他的原子發射光譜法要差很多，故現在火焰發射光譜法只用在一般常量（ppm以上）分析，若要偵測較微量（ppm以下），就要用下列所要介紹之其他的原子發射光譜法。

7-3-3 電弧發射光譜法

電弧發射光譜法（Arc Emission）[78]是利用電弧當原子化激發源的原子發射光譜法，電弧發射光譜儀之基本結構如圖7-22a所示，其電弧（Arc）是利用外加高電壓（200-400伏特）在兩石墨電極間形成的，兩石墨電極中一為實心石墨管，另一為用來裝樣品的上空之石墨管（如圖7-22b所示），樣品粉末和石墨粉混合放在石墨管上空處，若為液體樣品則需先滴入石墨粉中並用紅外線（IR）燈將樣品烘乾。外加電壓所形成電弧之溫度可達4500 ℃左右（因石墨粉有相當高的游離電位（Ionization Potential），石墨易保持溫度且導電），電弧中之電子流會將金屬離子（M^+）原子化成原子（M^o）並激化成高能原子（$M*$），然後高能原子之激態電子又回基態（M^o）並放出樣品中各原子之特性光譜線，過程如下：

$$M^+ + e^- （電弧，約220\ V）\rightarrow M^o \rightarrow M* \qquad (7\text{-}34)$$

$$M* \rightarrow M^o + \lambda_1, \lambda_2, \lambda_3 （各種原子的各種波長之發射光）\qquad (7\text{-}35)$$

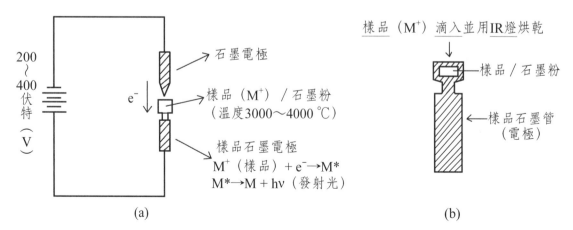

圖7-22 電弧發射光譜（Arc Emission）儀(a)基本結構及(b)樣品石墨管電極

一般電弧發射光譜法對大部份元素之偵測下限是要比火焰發射光譜法要來得低，即靈敏度較高。雖然電弧法比其他非火焰發射光譜法（如Spark及ICP法）之偵測下限稍微高一點，但因電弧發射光譜儀之原子化激發源只要用200-400伏特電壓比Spark及ICP法之原子化激發源要簡單且價格便宜很多並可偵測多元素，故電弧發射光譜儀早期（約西元1985年前）為許多大專院校、職校及研究機構常見之設備。在電弧發射光譜法常用Na或Fe原子當標準品，因Na在波長589 nm有相當強的發射光譜線，而Fe原子在許多波長有發射光譜線，可用來鑑定各發射光譜線之波長及所屬的原子，就可知樣品中所含有的原子種類，可做定性分析。然後由各原子的發射光強度亦可估計各種原子在樣品中含量，做定量分析。

7-3-4 電花發射光譜法

對許多珍貴的寶物之科學鑑定技術一直為世界各國著名博物館及鑑賞家所重視，電花發射光譜法（Spark Emission）[78]常為世界各國著名博物館用來鑑定珍貴古物之成分並辨真偽之幾近非破壞檢驗（Non-Destructive Test, NDT）技術，在所有原子發射光譜法中，只有電花發射光譜法對珍貴古物為幾近非破壞檢驗技術。圖7-23為電花發射光譜儀之原子化激發源（Atomization/Excitation Source）之基本結構及線路圖，圖中用來產生電花的電壓或稱電擊源（Spark source）約為22,000 V（2.2萬伏特），這相當高之電壓用變壓器（Transformer）由原先220伏特轉變成2.2萬伏特，高電壓表示可產生強電子流。當固體樣品（如古代金屬鼎）放置在原子化激發源中兩針狀電極之尖端（Tip），這2.2萬伏特高電壓所產生的強電子流就會由電極尖端放電穿過固體樣品，使固體樣品中之各種離子（如M^+）和電子流中電子作用產生中性原子（如M^o），同時吸收電子流高能量激化原子中電子到高能階而產生高能原子（M^*），然後其電子回到基態並放出各原子特有的紫外線或可見光（波長為$\lambda_1, \lambda_2, \lambda_3$），而高能原子也回到基態原子（$M^o$），過程如下：

$$M^+ + e^- （電擊，約22,000 V）\rightarrow M^o \rightarrow M^* \tag{7-36}$$

$$M^* \rightarrow M^o + \lambda_1, \lambda_2, \lambda_3 （各種原子之各種波長的發射光）\tag{7-37}$$

為避免損毀古物，用電花法偵測珍貴古物時，常用較不重要部份（如金鼎

之蓋子）來做偵測。此種電花發射光譜法因只有電子流穿過固體樣品中，雖電子流強但時間很短，幾不傷害到固體樣品，換言之，電花發射光譜法可視為幾近非破壞檢驗分析法，同時，由於電花法用了相當高電壓（2～3萬伏特）產生相當強且大之電子流，因而電花法對各種原子亦有很好的靈敏度及很好的偵測下限（如表7-6所示），使得電花發射光譜法成為偵測珍貴物品之微量非破壞檢驗分析法之重要工具，電花發射光譜儀也因而成為世界各國之著名博物館之常見設備。

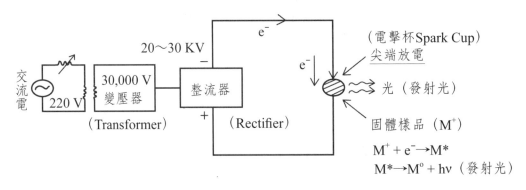

圖7-23　電花發射光譜（Spark Emission）儀之原子化激發源基本結構圖

7-3-5　感應耦合電漿發射光譜法

在現今各種常用原子發射光譜法中，感應耦合電漿發射光譜法（Inductively Coupled Plasma (ICP) Emission）[79]對各種元素偵測可說是最靈敏的微量分析方法。對各種原子之偵測中，ICP電漿發射光譜法對各種原子之偵測下限都比其他原子發射光譜法（如Flame, DC Arc, Spark發射光譜法）要低很多，換言之，較靈敏很多，對大部份原子之偵測下限可達1～0.1 ppb，相當靈敏（表7-6），因而ICP電漿發射光譜儀曾獲得國際儀器製造業最高榮譽的IR-100獎，足見此ICP電漿發射光譜儀之優異性能。

表7-6　感應耦合電漿發射光譜法（ICP）對各種元素之偵測下限[80]

元素	偵測下限（μg/L≈ppb）	元素	偵測下限（μg/L≈ppb）
Ag	3.0	Fe	1.0
Ba	1.0	Hg	6.0
Cd	1.0	Mn	1.0
Cr	1.0	Ni	1.0
Cu	2.0	Se	4.2
Pb	11.0	Zn	1.0

（資料來源：環保署公告NIEA W303.51 A水質分析標準法）

　　圖7-24a為ICP電漿發射光譜儀之樣品輸送／原子化激發源（Atomization/Excitation Source）之結構示意圖，由圖7-24a顯示液體樣品（如M^+）隨著高速Ar氣流進入樣品輸送霧化室並經預熱器使Ar溫熱（Ar在40℃以上易解離，預熱有助於Ar在原子化激發源中產生電漿），然後樣品M^+/Ar氣流再進入含有無線電波線圈（Radio-Frequency coils，RF線圈）之原子化激發源中，此RF線圈中之無線電波來自於一無線電波（RF）產生器，在ICP電漿發射光譜儀中RF線圈流動的交流式無線電波頻率常為30 MHz，此30 MHz無線電波會在原子化激發源中產生交流式磁力線（dH/dt），而交流式磁力線會使由樣品輸送系統所進來的樣品M^+/Ar中之Ar氣體原子內產生交流式感應渦電流（d(Io)/dt, Eddy current），在30 MHz無線電波下每秒$3×10^7$（30萬）次左右方向相反轉變，而使Ar原子變成很熱而分解成高能的$Ar^{+}*$及e^-*，此溫度可達10,000 ℃之高溫的$Ar^{+}*$及e^-*混合體即為Ar電漿（Ar Plasma），Ar電漿的產生原理和本章第7-2-4節所介紹的Ne電漿類似，詳細電漿產生原理請見第7-2-4節。在此10,000 ℃之高溫的$Ar^{+}*$及e^-*電漿（圖7-24b）中會使樣品M^+原子化成中性原子M°並將此原子中之電子激化到高能階，而使Mo原子激化成高能原子$M*$，然後此高能原子$M*$中之電子再回其基態並使原子回復到基態Mo並發出樣品中各種原子之特性波長（$λ_1, λ_2, λ_3$等）之光波。偵測過程如下：

$$Ar + RF電波 → Ar感應渦電流 → Ar* → Ar^{+}*及e^-*電漿（≈10^4 ℃）\qquad (7-38)$$

$$M^+（樣品）+ e^-* → M* \qquad (7-39)$$

$$M* → M^\circ + λ_1, λ_2, λ_3（各種原子之各種波長的發射光）\qquad (7-40)$$

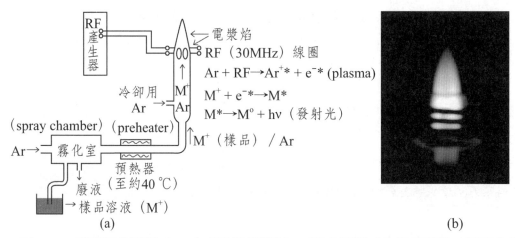

圖7-24　感應耦合電漿（ICP）發射光譜儀之(a)基本結構（含樣品輸送／原子化激發源），及(b)透過綠色玻璃片所看到的ICP電漿燄實圖[81]（From Wikipedia, the free encyclopedia, http://en.wikipedia.org/ wiki/Inductively_coupled_plasma）

　　由於ICP發射光譜法有相當優異的靈敏度及偵測下限，所以現在ICP發射光譜儀為國內外各研究機構中最常用來偵測多元素微量定性／定量分析之儀器。然ICP發射光譜儀因需要有價格不低的無線電波產生器以及純度高且價格高的Ar氣體（Ar不只在輸送樣品時需要，因電漿溫度高需用Ar冷卻其原子化激發源，故Ar需要量相當大），換言之，ICP發射光譜儀不只儀器比其他常用的原子光譜儀（包括原子發射光譜儀及原子吸收光譜儀）價格來得貴且所需消耗費（高純度Ar費用）相對高（以現在高純度Ar價格，ICP儀運轉一天就需要Ar耗材費約台幣一萬元左右）。

7-3-6　直流電漿發射光譜法

　　由於在ICP發射光譜儀中，產生的電漿並無儲存而是一下子就散去，以致於要一直要再用RF無線電波及Ar產生新的電漿，如此非常消耗電力及Ar，因而設計一直流三電極系統（如圖7-25）將產生的電漿固定在電極間，故RF無線電波只要使Ar產生電漿，就可關閉RF無線電波，也不需要再供應Ar產生電漿，此種利用直流三電極固定電漿系統的發射光譜法就稱為直流電漿發射光譜

法（DC Plasma Emission）。此DC電漿溫度亦可達6,000-10,000 ℃，其對金屬離子之偵測下限亦可達ppb，然因DC電漿雖固定在三電極中，難免隨時間流失而下降其溫度及電漿含量，故其電漿溫度不若ICP保持約10,000 ℃，且其對金屬離子之靈敏度亦較ICP發射光譜法稍為低一點。然其儀器價格要比ICP光譜儀要低一點。

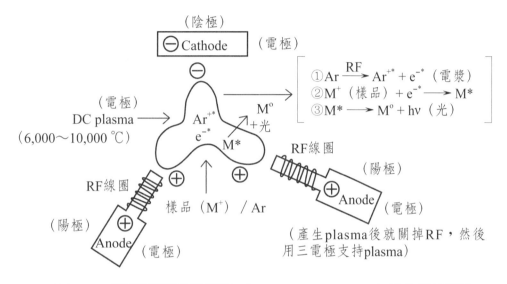

圖7-25　直流電漿發射光譜法（DC Plasma Emission）激化源結構圖

7-4　原子螢光光譜法[66,82]

　　原子螢光光譜法（Atomic Fluorescence Spectrometry, AF）之原理如本章7-1節所述，金屬離子原子化後其電子由基態（M°）先吸收一特定波長光波到激態（M*），然後再由激態（M*）回到基態（M°）而放出螢光。故原子此螢光法在偵測各種金屬離子有兩階段的選擇，第一個選擇在吸收特定波長光波，可免去一大部分其他金屬離子干擾，另外，由激態回到基態而放出特定波長的螢光為第二個選擇又免去許多其他離子干擾，二個選擇結果幾乎就可以免去所有其他金屬離子干擾，所以原子螢光光譜法有非常高的金屬離子選擇

性，其雜訊就很少其訊號／雜訊比（S/N）就很大，偵測下限就很低。一般火焰原子螢光（AF）光譜法對各種金屬之偵測下限就比火焰原子吸收（AA）光譜法及火焰原子發射（AE）光譜法來得低，這可能由於原子螢光法有上述兩種選擇，而原子吸收法（吸收特定波長光波的選擇）及原子發射法（發出不同波長光波的選擇性）卻都只有一種選擇性，因而雜訊相對比原子螢光法多。因原子螢光法雜訊較少，偵測下限就相對低很多，例如冷氣原子吸收法（Cold vapor-AA）之偵測下限約為1 ppb（約為μg/L），然如表7-7所示，冷蒸氣原子螢光法（Cold vapor-AF）[83]，之偵測下限卻可低至1 ppt（0.001 ppb，約為ng/L））。

　　雖然原子螢光法對金屬離子之偵測下限比原子吸收法及原子發射法都低，但為何現在各大學研究室常用原子吸收法及原子發射法偵測金屬離子呢？這除了現在原子吸收法及原子發射法大部份都採用非火焰原子化器其偵測下限皆可達到ppb，另外可能由於原子螢光法之兩種選擇性，以測微量汞之冷氣原子螢光儀為例，其儀器除用冷蒸氣汞原子產生器（圖7-26）當原子化器外，要有一提供高功率特定波長之線光源（如圖7-26b中之高功率紫外線光源或用無電極放電燈（EDL）），因高功率線光源才會使較多原子從基態到激態（M*），再回到基態放出較多螢光，然而高功率線光源價格較貴，整部儀器價格因而增高。如圖7-26b所示，在原子螢光儀中，其線光源發出的光和其所發出的螢光需成90度，才不會互相干擾。圖7-27為價格較低的火焰型原子螢光儀之基本

表7-7　冷蒸氣原子螢光偵測各種水樣中汞含量[83]

檢測序數	1 ng/L(≈ ppt)樣品	5 ng/L(≈ ppt)樣品	20 ng/L(≈ ppt)樣品
1	1.00[a]	5.13[a]	19.7[a]
2	0.97	5.24	20.5
3	0.93	5.23	18.7
4	1.00	5.27	20.8
5	0.94	5.05	20.0
6	1.01	5.09	20.4
平均測值	0.96	5.22	20.3
平均回收率（%）	96.0	104	101
相對標準偏差（%）	3.7	2.4	3.7

（(a)：測出濃度／ppt；資料來源：環保署公告NIEA W331.50 B水中汞分析標準法）

結構圖，可用一般火焰型原子光譜儀改裝，但仍需用高功率無電極放電燈（EDL）當線光源。

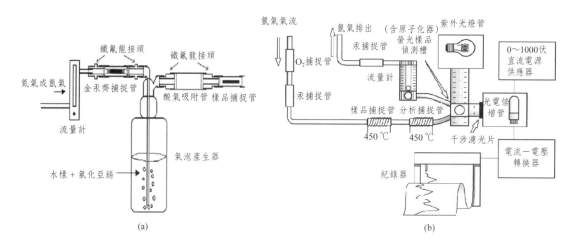

圖7-26　冷蒸氣原子螢光（Cold-VaporAtomic Fluorescence）光譜儀偵測水中汞之(a)原子化器（汞原子產生器）及(b)儀器結構示意圖[83]（資料來源：環保署公告NIEA W331.50 B水中汞分析標準法）

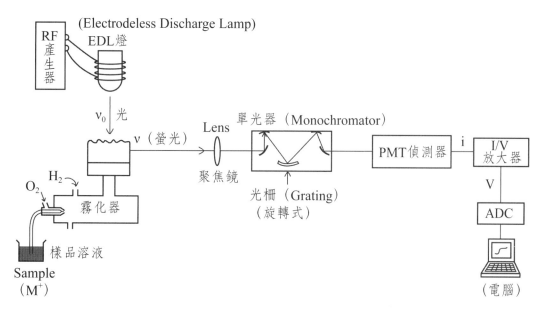

圖7-27　火焰式原子螢光（Atomic Fluorescence）光譜儀基本結構圖

7-5 原子光譜法之應用

現在幾乎絕大部份的學術界及工業界研究機構都用原子光譜法偵測各種微量或常量的金屬元素及可原子化非金屬元素（如硫及硼原子），尤其原子吸光法及原子發射法最常被使用。例如，世界各國之環境保護署（Environmental Protection Agency, EPA）皆用原子光譜法來偵測在廢水或廢棄物中各種微量金屬元素。表7-8為我國環保署為水質標準及對水質中各種微量金屬離子之檢驗方法，其所用的方法皆為原子光譜法，例如對Pb, Cd, Zn, Cu及Cr皆採用一般原子吸收光譜法，而對Hg採用冷蒸氣非火焰（無焰）原子吸收光譜法。

表7-8　環保署金屬元素水質檢驗之水質標準及檢驗方法

元素	水質標準（mg/L）	檢驗方法
鉛（Pb）	6.0	原子吸收光譜法：（77）環署檢字第00016號公告
鎘（Cd）	0.5	原子吸收光譜法：（77）環署檢字第00016號公告
鋅（Zn）	25.0	原子吸收光譜法：（77）環署檢字第00016號公告
銅（Cu）	15.0	原子吸收光譜法：（77）環署檢字第00016號公告
鉻（Cr）	10.0	原子吸收光譜法：（77）環署檢字第00016號公告
總汞（Hg）	0.25	冷蒸氣無焰式原子吸收光譜法：（77）環署檢字第00016號公告

對多元素樣品，一般研究室常採用原子發射光譜法，同時偵測多元素樣品中各種金屬元素含量。原子發射光譜圖中各條線即為樣品中各種微量元素之發射光譜線可做各種元素定性（不同波長表示不同元素原子），而發射光譜線強度則可做定量（光波線的深淺及強弱和元素原子含量有關）。可見原子發射光譜法對多元素樣品之原子定性 / 定量分析相當有用。

實際上，原子吸收光譜法及原子發射光譜法不只可用來偵測金屬元素，還可用來偵測樣品中一些可原子化的許多非金屬元素（如S, B, As, Ge及Se等）。

第 8 章

核磁共振譜法

核磁共振儀（Nuclear Magnetic Resonance Spectrometer，NMR儀）幾乎在世界各大學、學術研究機構及大型醫院都可找到其蹤跡，這是因為核磁共振儀不只可偵測各種有機分子之分子結構，也可檢測各種無機分子的存在及狀態，同時也可用來偵測人體內腫瘤的存在和血液堵塞與否。可見核磁共振分析法之應用相當廣泛。核磁共振儀（NMR）的發明人為：美國的布洛赫博士（Dr. Felix Bloch）及珀塞耳博士（Dr. Edward Mills Purcell），他們因研發核磁共振儀之卓越貢獻而共同獲得西元1952年諾貝爾物理獎。本章將介紹核磁共振儀之儀器結構及偵測原理並說明如何利用核磁共振法偵測各種有機分子結構及無機分子的存在及狀態和應用在醫療腫瘤診斷。

8-1　核磁共振譜法原理

核磁共振譜法[84-88]（Nuclear Magnetic Resonance Spectroscopy, NMR）是將一物質放在一磁場中，此物質中具有自旋量子數（I, Spin quantum number, I > 0）之原子（如H-1, I = 1/2）核會如圖8-1a沿著磁場方向順時針或逆時針旋轉，此時此原子核之能量由原來具自旋量子數I的能階降

低至 $+m_I$能階（圖8-1b），此原子核可能如大部份原子一樣沿著磁場做順時鐘旋轉並具有磁動量（Magnetic moment, μ）爲：

$$\mu = \gamma Ih/2\pi \qquad (8-1)$$

式中γ爲此原子核之迴轉磁比率（Gyromagnetic ratio），h爲蒲郎克常數（Planck constant）。在 $+m_I$能階之原子核，若外界供應無線電電磁波（Radio frequency in MHz, RF），此原子核可能會吸收無線電電磁波（如圖8-1a, b所示）而其能量由順時鐘旋轉的低能階 $+m_I$（在H-1，$+m_I = +1/2$）激升到逆時鐘旋轉的高能階$-m_I$（在H-1，$-m_I = -1/2$），傳統的核磁共振儀就用此電磁波吸收度之檢測來做此原子核之定性定量分析，然而近代（西元1974年以後）核磁共振儀則改用由高能階之原子核回到原來低能階時所放出的電磁波多少來做此原子核之定性定量分析。

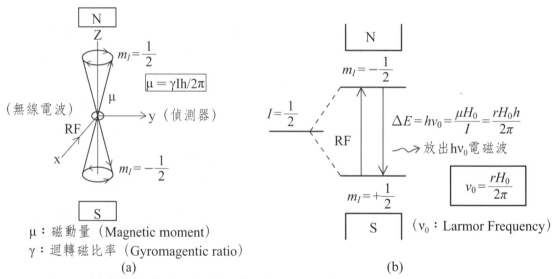

μ：磁動量（Magnetic moment）
γ：迴轉磁比率（Gyromagentic ratio）

(a)　　　　　　　　　　　　　(b)

圖8-1　核磁共振法中(a)無線電波對核自旋之感應及(b)核自旋改變所吸收之電磁波頻率

除了H-1外，還有一百多個原子核會有核磁共振，但不是所有的原子核都有核磁共振現象，只有具自轉量子數（即I > 0）之原子核才產生核磁共振，而如表8-1所示，只有質量數（Mass Number #）或原子序（Atomic Number #）至少有一個爲奇數（odd），若質量數爲奇數，不管其原子序是偶數（even）或奇數，其自旋量子數（I）皆爲1/2之奇數整數倍，例如H-1, F-19,

C-13及N-15之I值皆爲1/2，而O-17、Na-23及K-39之I值分別爲5/2、3/2及
3/2。而若原子序爲奇數而質量數爲偶數之I值皆爲整數倍數，例如D-1, N-14
之I值皆爲I＝1。反之，質量數及原子序皆爲偶數之原子核（如O-16, O-18,
C-12）其I值皆爲0，這些I＝0之原子核皆不會有核磁共振現象（或稱不會有
磁場效應），換言之，這些I＝0之原子核不能用核磁共振譜法偵測。

表8-1　各種原子核之自旋量子數（I）

Mass #（質量數）	Atomic #（原子序）	I	Example
odd（奇數）	enen or odd	$\frac{1}{2}, \frac{3}{2}, \frac{5}{2} \cdots$	$^{1}_{1}H, {}^{13}_{6}C, {}^{19}_{9}F, {}^{15}_{7}N$
even（偶數）	even	0	$^{14}_{6}C, {}^{16}_{8}O$
even	odd	$1, 2, 3 \cdots$	$^{2}_{1}D, {}^{14}_{7}N$

這些I＞0之原子核會有核磁共振現象而由其低能階到高能階所吸收之RF
電磁波能量ΔE及頻率v_0（又稱爲拉莫頻率，Larmor frequency）在磁場強度
H_0下（圖8-1b）爲：

$$\Delta E = hv_0 = \mu H_0/I = \gamma h H_0/2\pi \qquad (8\text{-}2a)$$

$$及 \quad v_0 = \gamma H_0/2\pi \qquad (8\text{-}2b)$$

根據馬克士威-波茲曼方程式（Maxwell-Boltzmann Equation），高能階
（$m_I = -1/2$）激態／低能階（$m_I = +1/2$）基態之核子數比（N_2/N_1）如下
式：

$$N_2/N_1 = e^{-\Delta E/kT} \quad (k = Boltzmann\ constant) \qquad (8\text{-}3)$$

由式（8-2b）可知一原子核之共振吸收頻率只和原子核特有的迴轉磁比
率（Gyromagnetic ratio，γ值）及磁場強度H_0成正比，若磁場強度H_0固定，
一原子核之共振頻率就只隨迴轉磁比率（γ值）變大而成正比變大。表8-2爲在
11.744 Tesla磁場下（500 MHz NMR儀之磁場，在此儀器H-1之共振頻率爲
500 MHz）各種常用之原子核的γ值及共振頻率（v），由表中可知原子核的γ
值越大，則共振頻率v也越大，另外各核子之靈敏度（Sensitivity, S）也和γ值
三次方成正比，關係如下：

$$S（靈敏度） = A\gamma^3(h/2\pi)^3 I(I + 1)) \qquad (8\text{-}4)$$

式中A爲核子之天然豐度（Natural abundance，A），由上式可知，一

原子核之γ值和天然豐度（A）越大則其靈敏度（S）一般也越大。例如C-13之γ_C值只為H-1之1/4（$\gamma_H \approx 4\gamma_C$）且C-13天然豐度只有1％（即C-13只占C原子總量之1％），而H-1之天然豐度為100％，故C-13靈敏度S比H-1低很多（C-13/H-1靈敏度比約為0.015/1）。

表8-2　常見原子核之迴轉磁比率（γ）及在11.744Tesla共振頻率[89]

原子核	$\gamma(10^6 rad \cdot s^{-1} \cdot T^{-1})$	$\gamma/2\pi(MHz \cdot T^{-1})$	共振頻率（MHz）
^1H	267.513	42.576	500.0
^2H	41.065	6.536	76.8
^3He	−203.789	−32.434	380.9
^7Li	103.962	16.546	194.3
^{13}C	67.262	10.705	125.7
^{14}N	19.331	3.077	36.2
^{15}N	−27.116	−4.316	50.6
^{17}O	−36.264	−5.772	67.7
^{19}F	251.662	40.053	470.1
^{23}Na	70.761	11.262	132.3
^{31}P	108.291	17.235	201.5
^{129}Xe	−73.997	−11.777	138.3

註一：資料來源：From Wikipedia, the free encyclopedia, http://en.wikipedia.org/wiki/Gyromagnetic_ratio）

註二：靈敏度（Sensitivity, S）＝$A\gamma^3(h/2\pi)^3 I(I+1)$，A＝原子核天然含量（Natural abundance），γ值取絕對值（γ值正（+）或負（−）值為表示核子在磁場旋轉方向不同）

　　在圖8-1中當具有自旋量子數（I）為1/2之H-1的能階在磁場下會分裂成兩能階（m_I = +1/2及−1/2），而會有一吸收線（從m_I = +1/2到−1/2，吸收RF能量），但對自轉量子數（I）> 0之原子核就會分裂成2I + 1能階，例如Cu-63之I值為3/2其在磁場下會分裂成2I + 1 = 2(3/2) + 1 = 4條能階（圖8-2），四條能階之m_I分別為 +3/2, +1/2, −1/2及−3/2，由於核磁共振電磁波之吸收選擇法則（Selection rule）為：

$$\Delta m_I = \pm 1 \tag{8-5}$$

　　由此吸收法則，Cu-63如圖8-2所示，會有三條吸收光譜線（從m_I = +3/2到 +1/2；+1/2到−1/2；−1/2到−3/2皆Δm_I = ±1）。

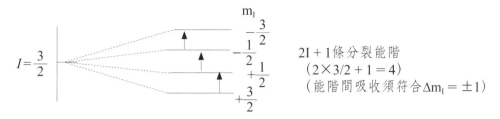

圖8-2　具有核自旋3/2之原子核（如Cu-63）在磁場中分裂之能階

　　配合核磁共振法原理，一核磁共振儀（NMR spectrometer）如圖8-3a所示至少需有(1)產生磁場之磁鐵，(2)發射無線電電磁波（RF）之傳送器（Transmitter）及線圈，(3)可接收經樣品後之電磁波的接收器（Receiver）及線圈，(4)放樣品之樣品探測槽（Probe）及(5)記錄器（Recorder）等主要元件，其他配件如磁場微調（Field sweep）或頻率微調（Frequency sweep）器及線圈。無線電電磁波傳送器主要元件為一石英晶體（RF X-crystal）振盪器。磁場微調器或頻率微調器是用來微調磁場以使分子（如$CHO-CH_2-CH_3$）中同類但不同原子（如CHO，CH_2及CH_3之不同H及或不同C）在不同磁場吸收相同RF電磁波或在相同磁場中吸收不同頻率。如圖8-3b所示，電磁波傳送器線圈（X軸），偵測器線圈（Y軸）及磁場（Z軸）相關位置互呈垂直。

　　核磁共振儀所用的磁鐵有三種：(1)永久磁鐵（Permanent magnet），(2)電磁鐵（Electromagnet），及(3)超導磁鐵（Super-conducting magnet）。若要得較高磁場，永久磁鐵需較龐大體積，故永久磁鐵只用在 ≦ 60 MHz之NMR儀（60 MHz儀需用產生 ≈ 1.41 Tesla（1 Tesla = 10 Kguass）磁場之磁鐵）。而電磁鐵產生較高磁場時，因電子在線圈擾動所引起的**熱雜訊**（Thermal noise或稱Johnson noise（強生雜訊））就會變大，故電磁鐵也只用在 ≦ 120 MHz之NMR儀（120 MHz儀需用能產生 ≈ 2.82Tesla之電磁鐵）。因而當今，≧ 120 MHz之NMR儀都用超導磁鐵，而超導磁鐵所用線圈材質（如Nb/Ti）必須在低溫下才為超導，如圖8-3c所示，在絕對溫度約 ≦ 10 K左右，Nb/Ti及Pb-Bi材質之超導線圈才會有超導電流並產生高磁場，故在超導磁場中需灌入液態氦（Liquid He，溫度在絕對溫度4 K左右）以維持在 ≦ 10 K之低溫。圖8-3d為Bruker公司所生產第一部1000 MHz（1 GHz，23.5 Tesla磁場）NMR儀超導體樣品探針（Probe）實物圖[90]。

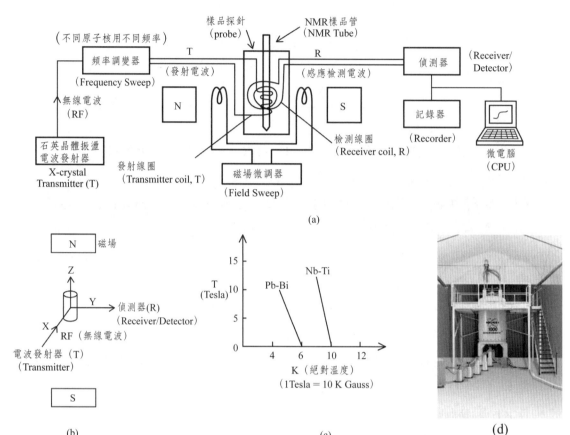

圖8-3　核磁共振儀之(a)儀器結構，(b)磁場/電波發射器/偵測器間相對位，(c)超導體
　　　　之超導磁場及絕對溫度關係圖，及(d)Bruker公司生產人類第一部1000 MHz(1
　　　　GHz, 23.5T)）核磁共振儀超導體樣品探針（Probe）實物圖[90]

（來源：From Wikipedia, the free encyclopedia, http://upload.wikimedia.org/wikipedia/commons/
7/7c/Bruker$_A$vance1000.jpg）

8-2　傅立葉轉換核磁共振儀（FTNMR）[84]

　　在前節曾提到若要偵測一分子（如CHO-CH_2-CH_3）中不同H（如CHO
及CH_2之H），可用頻率微調器來微調不同頻率以使不同H原子一一吸收不
同頻率電磁波產生共振。若一個一個頻率慢慢調，此種NMR儀稱為連續波
（Continuous Wave）NMR儀（即CW-NMR），此種CW-NMR要使分子所有

的原子都產生共振需相當長時間，故近代（西元1974以後）就逐漸改用一次就可把所有不同頻率給不同原子同時吸收產生共振之傅立葉轉換核磁共振儀（Fourier Transform NMR, FTNMR）。

傅立葉轉換核磁共振儀（FTNMR）之儀器原理及偵測過程如圖8-4所示，FTNMR之電磁波傳送器（Transmitter）發出的電磁波為由石英晶體（X-Crystal）振盪器所發出的RF電磁波（如500 MHz）及由微調用的脈衝開關（Pulse switch，圖8-5a）所產生的脈衝（如5000 Hz）之混合波。由圖8-4所示，一具有脈高H1（Pulse height）及脈寬tp（Pulse width）之脈衝（Pulse，圖8-4中圖A）先用FT積分硬體做傅立葉轉換（Fourier transform, FT）得到含各種頻率而頻寬為SW（Spectral width）的圖B，這傅立葉轉換由時間函數之脈高H1(t)轉換成頻率函數I(t)的具有SW頻寬之各種頻率（圖8-4中圖B），傅立葉轉換方程式為：

$$I(v) = \int H1(t)(\cos vt - i \sin vt)dt \qquad (8\text{-}6)$$

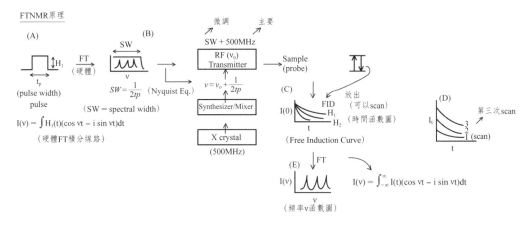

圖8-4　傅立葉轉換核磁共振儀之儀器原理及偵測過程

式中$i = (-1)^{1/2}$，$t = $ 時間。這頻寬SW要多大完全取決於所要偵測的NMR頻譜寬多少，一般常用SW = 5000 Hz，而選用脈衝之脈寬tp並以下尼奎斯方程式（Nyqust equation）[91a]來得到所要的SW：

$$SW = 1/(2tp) \qquad (8\text{-}6)$$

由圖8-5a之石英晶體（X-Crystal）振盪器發出的RF電磁波（F_0）先經組

合器（synthesizer）調成待測元素所需的共振頻率v_0，再經脈衝開關（Pulse switch）及混合器（Mixer）可得混合波（$v = v_0 \pm 1/(2tp)$），然後傳到RF傳送器（Transmitter）經發射線圈輸送到樣品探針（Probe）被樣品各原子（如CHO-CH$_2$-CH$_3$中各H-1）吸收，然後各原子核被激化到高能階後會回到基態而放出電磁波經接受器（Receiver）線圈傳到圖8-5之相偵測器（Phase detector），只要吸收一脈衝產生的頻率後，每個原子（如H-1）會得如圖8-5b之圖A以時間為函數的自由感應曲線（Free Induction Curve, FID），各個原子（如H$_1$, H$_2$, H$_3$）之FID曲線訊號組合就會在儀器上看到如圖8-5b之圖B之組合FID曲線訊號。若給與多個脈衝（即多次掃瞄（Scan）），此組合FID曲線訊號就會累積成強度很強的訊號曲線。經相偵測器（圖8-5）出來之組合FID曲線之時間函數（Time Domain）訊號I(t)再用微電腦（軟體）傅立葉轉換（FT）即可得到如圖8-5b之圖C所示如下的以頻率函數（Frequency Domain）訊號I(v)為座標之正常所見的NMR頻譜圖，其傅立葉轉換方程式：

$$I(v) = I(t)(\cos vt - i \sin vt)dt \tag{8-7}$$

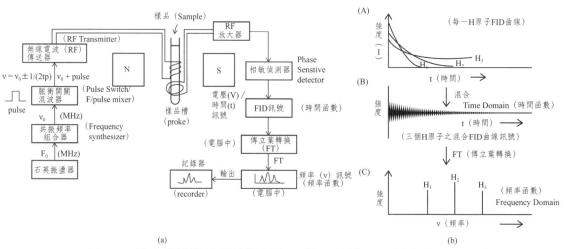

圖8-5　傅立葉轉換核磁共振儀之(a)儀器結構及(b)傅立葉轉換示意圖

因為傅立葉轉換（FTNMR）儀給分子中每一同類之原子之吸收頻率皆同時給予，從給脈衝到得FID訊號曲線之時間很短且可用多次脈衝掃瞄，故就是低濃度的樣品（如10^{-3} M）都可用此FTNMR儀偵測，同時，此FTNMR儀可用在偵測多種原子核NMR頻譜（X-Nuclear NMR），其只要在圖8-5中RF發

射組合器中加裝分頻器（Frequency divider），可得各種頻率分別偵測不同原子。

在FTNMR頻譜分析中脈衝之脈高及脈寬到底要用多少才可得到好的NMR光譜圖，在一般NMR申請單上常可見PW（Pulse width，即脈寬tp）要填，可見脈寬相當重要。圖8-6一開時在未給脈衝時，100個H-1原子核在基態（$m_1 = 1/2$）沿著磁場方向順時針旋轉且有磁動量μ_1，當給脈衝時，有些原子核從基態激化到激態（$m_1 = -1/2$）呈逆時針旋轉且有磁動量μ_2，若到其中一半（即50個）到激態，此時μ_1（順時鐘）＝μ_2（逆時鐘），兩磁動量之合力剛好在Y軸偵測器上，故可得最大的訊號，而磁動量好似從Z軸旋轉到Y軸，即變化角度θ為90度（$\theta = 90°$），也稱90度脈衝（90° Pulse）。要如何才可得到90度脈衝呢？變化角度θ和脈高H_1（Pulse height）及脈寬tp之關係如下：

$$\theta = \gamma H_1 tp \qquad (8-8)$$

NMR pulse

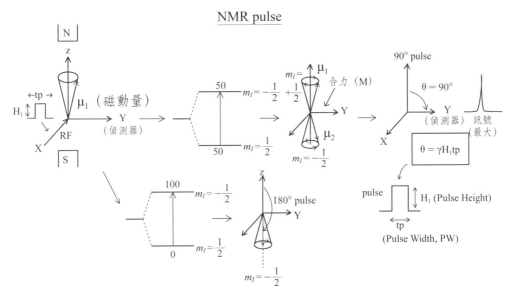

圖8-6 傅立葉轉換核磁共振法中90及180度脈衝（90°及180° Pulses）示意圖

式中γ為迴轉磁比率（Gyromagnetic ratio）。因一般NMR儀都將脈高H1保持固定，故依式（8-8）若要改變動量之變化角度θ，就只要改變脈寬tp即可。如一般NMR測定常用θ角為90°以得最大的訊號，脈高H1也常保持固定，γ也固定，依式（8-8），只有改變脈寬tp以得θ ＝ 90°。至於要得180度脈衝

（180° Pulse），如圖8-6所示，若將所有原子（100個）全激化到激態，此時只有-Z軸有磁動量，其變化角度θ為180度（由 +Z到－Z軸），然因其在Y軸偵測器上無任何磁動量，故測不到訊號。

8-3　化學遷移[91b]

分子中各不同原子核因環境（如周圍電子密度）不同會有不同吸收共振頻率（如圖8-7中之v_1, v_2, v_3），因這些不同共振頻率始於這些原子核的化學環境（如鍵結）不同，特將這些共振頻率v_{sample}和一標準品（Standard）之參考頻率v_{ref}比較，定出化學遷移δ（Chemical shift）[91b]如下：

$$\delta(ppm) = [(v_{sample} - v_{ref})/v_o] \times 10^6 \qquad (8-9)$$

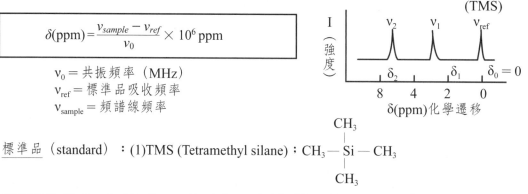

$$\delta(ppm) = \frac{v_{sample} - v_{ref}}{v_0} \times 10^6 \, ppm$$

v_0 = 共振頻率（MHz）
v_{ref} = 標準品吸收頻率
v_{sample} = 頻譜線頻率

標準品（standard）：(1)TMS (Tetramethyl silane)：$CH_3 - \underset{\underset{CH_3}{|}}{\overset{\overset{CH_3}{|}}{Si}} - CH_3$

(2)DSS (2, 2'-dimethyl-2-silapent-5-salphonate), $Me_3SiCH_2(CH_2)_2\text{-}SO_3^-Na^+$

圖8-7　核磁共振法（NMR）之化學遷移（Chemical shift）

式中v_o為一自由原子之Larmor共振頻率（如500 MHz之NMR儀，H-1及C-13之共振頻率分別為500及125 MHz）。（$v_{sample} - v_{ref}$）差通常只是幾個Hz，而v_o大小則為MHz。一般NMR光譜儀所用的H-1及C-13標準品為有機溶液樣品所用的TMS（Tetramethyl silane）及無機水溶液所用的DSS（圖8-7），而每一種原子核NMR所用的標準品也不同，例如K-39 NMR所用的標準品為KNO_2。

　　化學遷移δ和一原子核周圍之電子雲的電子密度有關，當一原子核周圍被高密度的電子雲包圍時，其所受的有效的磁場強度H_{eff}比原來外加固定磁場H_o要小，兩者之關係如下：

$$H_{eff} = H_o(1 - \sigma) \tag{8-10}$$

　　式中σ爲原子核受電子遮蔽常數（Shielding constant），周圍之電子密度越大，遮蔽常數σ就越大，有效的磁場強度H_{eff}就越小。根據式（8-3），磁場強度變小，共振頻率ν也變小（如圖8-8(A)所示），依式（8-9），其化學遷移δ也變小。反之，原子核周圍之電子密度變小，磁場強度H_{eff}，共振頻率ν及化學遷移δ就相對變大，即：

　　電子密度↓，磁場強度H_{eff}↑，共振頻率ν↑，化學遷移δ↑　　　（8-11）

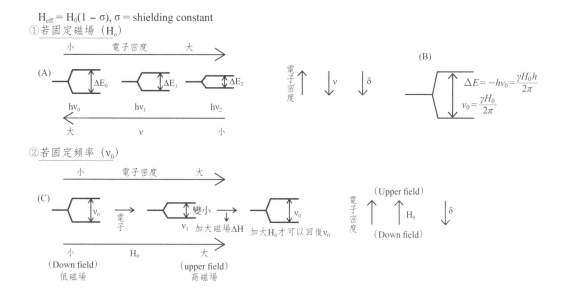

圖8-8　NMR化學遷移及吸收頻率和原子周圍之電子密度之關係

　　當周圍之電子密度變大使有效的磁場強度H_{eff}變小，共振頻率ν會變小，但若想堅持還是用原來頻率（圖8-8(B)，這就要加大磁場ΔH（圖8-8C），即：

$$H = H_o + \Delta H \tag{8-12}$$

　　換言之：電子密度↑，外加磁場強度H↑（Upper field，高磁場），化學遷移δ↓

$$\tag{8-13a}$$

反之，電子密度↓，外加磁場強度H↓（Down field，低磁場），化學遷移δ↑

$$(8-13b)$$

式（8-11）～式（8-13）關係可用丙醛（CHO-CH$_2$-CH$_3$）舉例說明（如圖8-9），在丙醛分子中，醛基（CHO）之H原子受C＝O拉電子基之影響，其電子密度比CH$_2$及CH$_3$之H原子都小，依式（8-11）及式（8-13），即如圖8-9所示，CHO之H原子相對CH$_2$及CH$_3$之H原子之電子密度，共振頻率，所需磁場強度及化學遷移關係如下：

CHO之H（相對）：電子密度（較小）↓，共振頻率ν↑，化學遷移δ↑所需磁場H（低磁場）↓

$$(8-14)$$

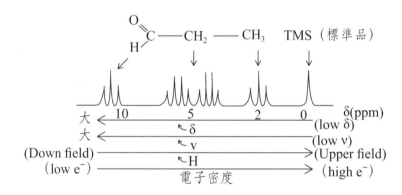

圖8-9　丙醛各H-1原子之化學遷移及與電子密度關係

在圖8-9中可看出丙醛分子各種H原子（CHO, CH$_2$, CH$_3$）之H-1 NMR光譜線都不只一條，這是因為每一種H原子都會受其鄰近n個H原子影響而分列成2nI＋1條（I為鄰近影響原子之自轉量子數），因鄰近n個H原子之I值為1/2，故每一種H原子受其鄰近n個H原子影響而分列成2nI＋1＝2×n×1/2＝n＋1條，例如丙醛之CHO之H受鄰近CH$_2$之2個H（n＝2）影響會分裂成n＋1＝2＋1＝3條光譜線（如圖8-9），同樣丙醛之CH$_3$也受鄰近CH$_2$之2個H影響也分裂成3條光譜線，而丙醛之CH$_2$之H既受右邊CH$_3$之H（n_A＝3）影響也受左邊CHO之H（n_B＝1）影響而分裂成$(2n_A I_A + 1) \times (2n_B I_B + 1) = (n_A + 1) \times (n_B + 1) = (3 + 1)(1 + 1) = 8$條光譜線，即如圖8-9及圖8-10所示。此種造成光譜線分裂的原子間交互作用稱為耦合（Coupling，或稱「偶合」），而分裂光譜線間之間隔大小特稱為耦合常數J（Coupling constant，

如圖4-10(B)所示），而分列各光譜線相對強度（或高度）之比依「巴斯卡三角形（Pascal's triangle）塔狀大小規則」如圖4-10(C)所示，例如分裂成3條光譜線的各條線之比為1：2：1。在丙醛分子中各C及O原子不會影響鄰近H-1原子光譜線，這是因為C及O原子中分別只有C-13及O-17有NMR感應（C-12, C-14, O-16及O-18皆無NMR感應），但C-13及O-17原子分別只占C及O原子之1 %及0.0037 %（天然含量，Natural abundance）左右而已，H-1原子邊為C-13或O-17原子機會很少，故一般有機分子中C及O原子不會影響鄰近H-1原子之NMR光譜線。但若為具有自轉量子數I > 0且天然含量不小之原子（如F-19及N-14）就會影響鄰近H-1原子之NMR光譜線。而在丙醛分子中各種不同H-1之訊號總強度之比可由NMR光譜的累積強度的改變之比（見圖8-10(A)）來求得如下：

CHO（1個H）：CH_2（2個H）：CH_3（3個H）＝ 2.0：4.0：6.0 ＝ 1：2：3

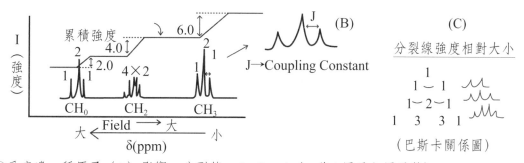

①受旁邊一種原子（A）影響：分裂線＝$2n_AI_A + 1$（n_A為A原子之原子數）
②受二種原子（A及B）影響：分裂線＝$(2n_AI_A + 1)(2n_BI_B + 1)$
③因H-1之$I = \frac{1}{2}$，故受旁邊H原子影響分裂線＝$2n_H \times \frac{1}{2} + 1 = n_H + 1$
④<u>累積強度改變比＝CH_0(1個H)：CH_2(2個H)：CH_3(3個H)＝ 2.0：4.0：6.0 ＝ 1：2：3</u>
圖8-10　丙醛各H-1原子之NMR光譜線受鄰近H-1原子影響分裂情形

　　當一會拉電子（如C＝O）之原子或原子團接近一H-1原子時，如前述會影響H-1化學遷移δ變大或光譜線往低磁場移動（見式8-14），反之，當一供應電子（如：NH_2）之原子或原子團接近一H-1原子時，H-1原子之化學遷移δ變小或光譜線往高磁場（Upper field）移動。然並不是所有原子核都是如此，例如當一供應電子（如：NH_2）之原子或原子團接近K-39或Cu-63原子時，則相反地會造成K-39或Cu-63原子核之化學遷移δ變大或光

譜線往低磁場（Down field）移動。這和H-1NMR完全相反，這是因為當供應電子之原子或原子團接近一待測原子時，此待測原子核周圍電子密度可能會增加而遮蔽（Shieding，遮蔽常數σ變大）而使有效磁場變小（即反磁場（dimagnetic）現象），即此待測原子核有反磁場正遮蔽常數σ_d（Dimagnetic shieding constant）導致化學遷移δ變小，反之，此待測原子核周圍電子密度也可能會減小而去遮蔽（Deshieding）而使有效磁場相對變大（即順磁場（Paramagnetic）現象），此待測原子核會有順磁場去遮蔽常數σ_p（paramagnetic deshieding constant）並使化學遷移δ變大，對此原子核之總遮蔽常數σ即為：

$$\sigma = \sigma_d + \sigma_p \qquad (8\text{-}15)$$

式（8-15）由拉馬西（Ramasy）先生提出，故又稱拉馬西方程式（Ramasy equation）。電子接近一待測原子時增加電子密度而引起的正遮蔽常數σ_d較容易瞭解，但電子接近原子時電子密度反而減少而引起的去遮蔽常數σ_p較不易瞭解，為此克多及山下（Kondo-Yamashita）兩位學者就提出他們的理論來解釋此現象，他們的理論就稱為克多-山下理論（Kondo-Yamashita Theory）。如圖8-11a所示，以K-39為例，他們認為電子接近K-39原子時，K-39原子核周圍之電子密度反而減少，這是因為K-39原子之3p電子會受外來電子感應激化到4p高能階（ΔE為激發能（Excitation energy）），這樣一來，包圍K-39原子核之電子密度反而會減少，因而增加去遮蔽常數σ_p及使光譜線往低磁場方向移動（化學遷移δ變大），這理論後來都一一被證實了。拉馬西先生也根據這理論發展兩下列方程式分別來計算一電子接近一原子核所引起的σ_d及σ_p：

$$\sigma_d = (4\pi e^2/(3\ mc^2)) \int r\rho(r)dr \qquad (8\text{-}16)$$

式中e及m為電子之電荷及質量，r為距離原子核之距離（radial distance from the nucleus），而$\rho(r)$為原子核周圍之電子密度（Electron density）。而δp為：

$$\sigma_p = -16\alpha^2(1/\langle r^3 \rangle_{np})(1/\Delta E),\ [\alpha = e^2/(2\ mc^2)] \qquad (8\text{-}17)$$

式中ΔE為從np到(n + 1)p之激發能（Excitation energy），e及m則為電子之電荷及質量，而$\langle r \rangle_{np}$為np電子能階距離原子核之平均距離。根據式

（8-15）、（8-16）及（8-16）可計算一電子接近H-1及K-39所引起的σ_d（正值）及σ_p（負值）如下：

$$H-1：\sigma = \sigma_d + \sigma_p = 32.1 - 5.5 = 26.6 \, ppm，（\sigma_d 主控） \quad （8-18）$$

$$K-39：\sigma = \sigma_d + \sigma_p = 17 - 365 = -348 \, ppm，（\sigma_p 主控） \quad （8-19）$$

由以上計算結果，可見H-1為σd主控，即一電子接近H-1時，其原子核周圍電子密度增加，引起遮蔽（Shielding）現象，而因遮蔽常數σ越大則化學遷移δ越小，因而如圖8-11b所示，光譜線往高磁場及低共振頻率ν和低化學遷移δ移動。反之，K-39為去遮蔽常數σ_p主控，當一電子（或供應電子原子團及配位基如：NH_2）接近K-39時，其原子核周圍電子密度減少即去遮蔽，因而共振頻率ν及化學遷移δ都變大（如圖8-11b所示）。

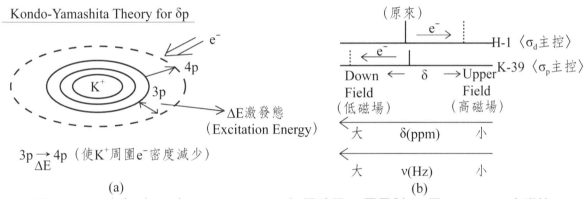

圖8-11 (a)克多-山下（Kondo-Yamashita）理論及(b)電子對H-1及K-39 NMR光譜線效應

當一電子或供應電子原子團接近一原子核到底會以增加遮蔽的σ_d主控或以去遮蔽的σp主控呢？這與此原子核在週期表的位置稍有關係，如圖8-12a，在同一族（如H, Li, Na, K, Rb, Cs）原子中，σ_d隨著原子序變大而變小，反之，σp隨著原子序變大而變大，故H-1σ_d主控，而K-39則為σp主控，但在第二週期原子（如Li及C）則σ_d（正值）$\approx \sigma p$（負值），即$\sigma = \sigma_d + \sigma p \approx 0$，換言之，當一電子接近此類原子時，化學遷移不只變化不大（因$\sigma \approx 0$）且不知會往低磁場或高磁場移動。例如表8-3中，H-1很明顯由σ_d主控，故當其鄰近原子（X）之電子親和力EA（Electron Affinity, EA）增大時，H-1周圍電子密度變小則其化學遷移δ_H就會跟著變大。例如CH_3-R分子中之R原子（如R = H,

I, Br, F）之電子親和力EA（Electron Affinity, EA）越大，其吸引電子能力就越大，因而其CH_3之H-1及C-13周圍電子密度都會變小，CH_3之H-1遮蔽常數σ_d就變小，有效磁場也變大，因而其化學遷移δ_H就會如預期的跟著R電子親合力（EA）越大也變大（圖：8-12b），顯示如下：

電子親合力（EA）：H(2.2) < I(2.7) < Br(3.0) < F(3.9)　　　　（8-20）

CH_3之H-1化學遷移δ_H(ppm)：

$\underline{C}H_3$-H(0.13 ppm) < $\underline{C}H_3$-I(2.15) < $\underline{C}H_3$-Br(2.82) < $\underline{C}H_3$-F(4.26)　　（8-21）

反之，C-13當其鄰近原子（X）之電子親和力Ex增大時，其化學遷移δ_C就如下所示

電子親和力（EA）：H(2.2) < I(2.7) < Br(3.0) < F(3.9)　　　　（8-20）

CH_3之C-13化學遷移δ_C：

$\underline{C}H_3$-H(-2.3 ppm) > $\underline{C}H_3$-I(-20.7) < $\underline{C}H_3$-Br(10.0) < $\underline{C}H_3$-F(75.4)　（8-22）

可看出其化學遷移δ_C並不一定會隨R電子親和力增大而做規則性或增大減小，而是忽大忽小（圖：8-12c），無規則性變化，這是因為C-13的$\sigma_d \approx \sigma_p$所致，故在解釋C-13之NMR光譜圖時需加注意的。

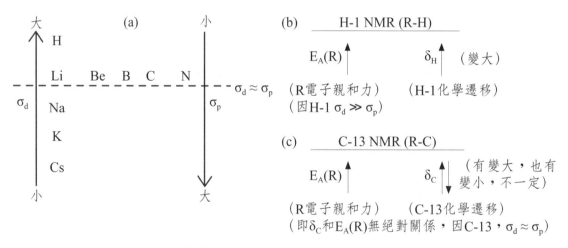

圖8-12　(a)原子之遮蔽常數σ_d和去遮蔽常數σ_p，及(b)H-1與(c)C-13化學遷移和所接
　　　　原子R之電子親和力（EA）關係

8-4 弛緩時間

除化學遷移外，核磁共振法中弛緩時間（Relaxation time）亦相當有用，弛緩時間為激化到激態之原子核回到基態或原來狀態所需時間。核磁共振法中弛緩時間如圖8-13所示有兩種：(1)T_2（Spin-spin relaxation time，自旋－自旋弛緩時間），T_2為從在激態的原子核開始放出電磁波訊號I_t到所有在激態的原子核回到基態而放出的電磁波訊號為零（$I_t = 0$）的時間（圖8-13），因T_2是和從激態（如Spin $= -1/2$）到基態（如Spin $= +1/2$）時間有關，故T_2稱為Spin-Spin弛緩時間[92]。(2)T_1（Spin-lattice relaxation time，自旋－晶格弛緩時間），雖然所有在激態原子核全回到基態，然而此時在激態的原子核因還處在原來放出電磁波訊號時同時也釋放出熱能的環境中，其動能KE及位能PE要回到最原始的狀態仍需一段時間Δt，吾人就將$T_2 + \Delta t$時間就定為T_1，因為T_1中Δt和原子核所處的環境（Lattice）有關，故T_1稱為Spin-Lattice弛緩時間[93]為：

$$T_1 = T_2 + \Delta t \qquad (8\text{-}23)$$

當原子核處在相當稀薄溶液中，由激態回到基態隨伴釋放出來的熱能很容易釋放掉，其$\Delta t \approx 0$，故式（8-23）又可寫成：

$$T_1 \geq T_2 \qquad (8\text{-}24)$$

但若在濃溶液或腫瘤（Tumor）中之原子核Δt就相當大，T_1也跟著變大，在醫學上所用的磁共振造影（Magnetic Resonance Imaging, MRI）技術就常用腫瘤中的H-1之T_1較大原理來偵測腫瘤。

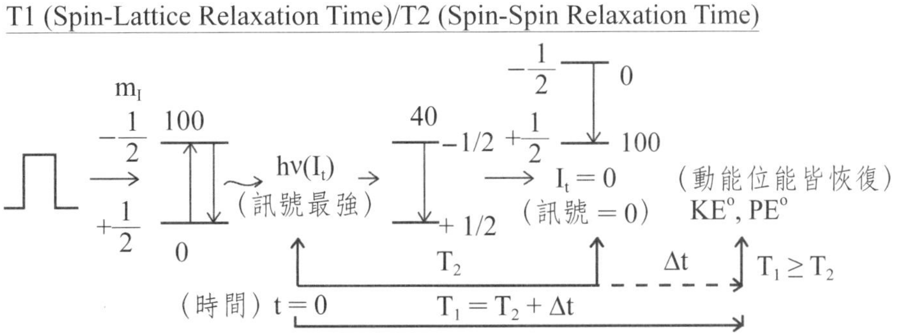

圖8-13 核磁共振之弛緩時間（Relaxation time）T_1及T_2

一般T_2可由和Y軸偵測器訊號My關係求得，而T_1可由和Z軸磁場方向訊號Mz關係求得。首先，T_2-弛緩時間可在均勻磁場下由前面所提的FID（Free Induction Curve）My曲線來決定，由圖8-14，Y軸偵測器訊號My為初始最大訊號My°之1/e（即My = (1/e)My°）時，代入My和T_2關係式：

$$My = My°e^{(-t/T2)} \tag{8-25}$$

若在時間t = t_2時（圖8-14A），My = (1/e)My°，代入上式，可得My = (1/e)My° = My°e^{(-t/T2)}

即可得t_2 = T_2，因而可用FID曲線，取My = (1/e)My°，畫平行線（如圖8-14A）交FID曲線並畫垂直線外差交X軸（Time軸），所得的時間t_2即為T_2。

T_2亦可由NMR光譜線之半高寬（$v_{1/2}$，圖8-14B）可得，半高寬和T_2之關係如下：

$$T_2 = 1/(\pi v_{1/2}) \tag{8-26}$$

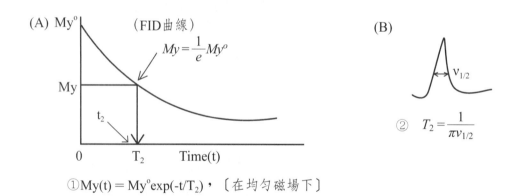

①$My(t) = My°exp(-t/T_2)$，〔在均勻磁場下〕

圖8-14　核磁共振之弛緩時間T_2（Spin-spin relaxation time）測定法

T_1-弛緩時間測定最常用反轉回復法（Inversion recovery method），如圖8-15所示，此法採用（180° pulse-τ (delay time)-90° pulse）n重複（如圖8-15(A)）先得以τ（delay time，延遲時間）為函數之Y軸偵測器訊號My（如圖8-15(B)），然後再得T_1（如圖8-15(C)）。此法基於經T_1和Z軸成θ角之投影M_z（Z軸磁場方向訊號）與最大值Mz°和時間t關係如下：

$$M_z° - M_z = M_z°(1 - \cos\theta)e^{-t/T1} \tag{8-27a}$$

當θ = 180°：$M_z° - M_z = M_0(1 + 1)e^{-t/T1} = 2 M_0 e^{-t/T1}$ $\tag{8-27b}$

T₁測定法：（Inversion Recovery Method, [180° pulse-τ(delay)-90° pulse]n）

方程式：$\ln(My^\circ - My) = \ln(2My^\circ) - \tau/T_1$，$My^\circ$為在不同τ可得最大Y軸訊號

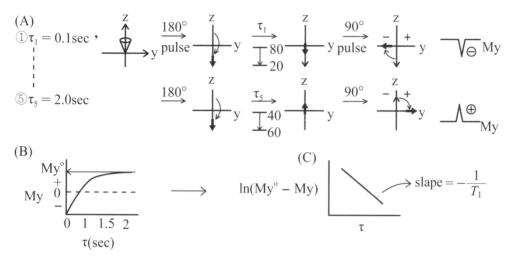

圖8-15　核磁共振之弛緩時間T₁（Spin-lattice relaxation time）測定法

　　當$t = \tau$（delay time）及轉90°後（$M_o = My^\circ$, $Mz = My$），即180° pulse-τ-90°pulse後，Y軸偵測器訊號My和延遲時間τ之關係為：

$$\ln(M_y^\circ - M_y) = \ln(2\,M_y^\circ) - \tau/T_1 \qquad （8\text{-}27c）$$

　　如圖8-15(A)所示，此法先用180°pulse使磁動量μ由 + Z軸到-Z軸（100％原子核都到激態），然後經一延遲時間τ（如τ = 0.1秒（s））後，部分原子核（如20 %）回到基態，使-Z軸上之磁動量μ減少一點，然後用90°pulse將磁動量μ以順時針旋轉至-Y軸，然而偵測器在 +Y軸，所以就得如圖(A)中所示往下（-）訊號。然後重覆180°pulse-τ(delay time)-90°pulse但用不同延遲時間τ（如τ = 0.2, 0.4, 0.6, 0.8及1.0 s）分別得不同光譜線（如圖8-16之La-139不同延遲時間所得光譜圖），而用τ = 2 s後（圖（8-15A）），可見有60 %原子核回到基態，此時磁動量μ由-Z軸轉至 +Z軸，然後再用90°pulse將磁動量μ以順時針旋轉至 +Y軸，即可得向上訊號。再將不同τ所得不同My繪圖可得圖8-15(B)，在τ很大時幾乎所有核子都回到基態（+z軸），然後再轉90°即可得Y軸訊號最大值之My°值。然後依式（8-27c），用$\ln(My^\circ - My)$對τ/T_1作圖，可得圖8-15(C)之直線，直線之斜率（Slope） = $-1/T_1$，即可得T₁值。

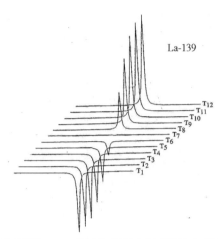

圖8-16 反轉回復法偵測La-139弛緩時間之波峰強度與延遲時間（$T_1 \sim T_{12}$）關係圖[94]

T_1和待測原子所在的分子轉動或移動有相當大的關係，下列由美國哥倫比亞大學三位教授所發展的所稱的BPP（Bloembergen, Purcell, Pound三位教授）方程式（Equation）可說明此關係：

$$1/T_1 = k\tau_c/(1 + 4\pi^2 v_o^2 \tau_c^2) \qquad (8\text{-}28)$$

式中τ_c為分子轉動（布朗運動（Brownian motion））一弧度（radian）或分子移動一分子直徑時所需之時間（稱為「關聯時間（Correlation time）」），k為常數，v_o為待測原子核之共振頻率。如圖8-17所示小分子和大分子的τ_c和T_1關係相當不同：

(a)小分子時，分子轉動及移動快，因而轉動所需時間τ_c小，故：

$$1/\tau_c \gg 2\pi v_o，\therefore 1 \gg (2\pi v_o)^2 \qquad (8\text{-}29a)$$

代入式（8-28），可得：

$$1/T_1 = k\tau_c，\therefore T_1 \propto 1/\tau_c \qquad (8\text{-}29b)$$

由式（8-29b）可知小分子中待測原子之T_1和τ_c成反比，即如圖8-17所示，小分子之τ_c越大其T_1反而越小。

(b)大分子時，分子轉動及移動變慢，因而轉動所需時間τ_c變大，故：

$$1/\tau_c \ll 2\pi v_o，\therefore 1 \ll (2\pi v_o)^2 \qquad (8\text{-}30a)$$

代入式（8-28），可得：

$$1/T_1 = k\tau_c/(4\pi^2 v_o^2 \tau_c^2) = k/(4\pi^2 v_o^2 \tau_c)，\therefore T_1 \propto \tau_c \qquad (8\text{-}30b)$$

由式（8-30b）可知大分子中待測原子T_1和τ_c成正比，如圖8-17所示，大

分子之τ_c越大其T_1也越大。H_2O在一般水溶液中為小分子，但在腫瘤中之H_2O可視為大分子（H_2O-腫瘤），故腫瘤越大，τ_c及T_1皆越大。

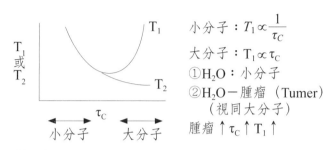

圖8-17　弛緩時間T_1和T_2和分子轉動的關聯時間τ_c（Correlation time）關係圖

　　若一原子核之T_1太長時，即此原子核從激態回到原來狀態需相當長（如Ag-109之T_1 = 50秒，而醋酸分子之COOH的C-13的T_1 = 30秒），若要連續給脈衝（Pulse），每一脈衝後要回到原狀態再給另一脈衝掃瞄需等很久時間很難得到好的（Signal/noise大）光譜線。為得到好的光譜線可加入一常稱為**弛緩試劑**（Relaxation reagent）的順磁性（Paramagnetic）物質（含不成對電子，Unpaired electron），以使待測原子核之T_1下降，這可能由於不成對電子吸收激態原子核能量而使原子核回到基態，因此原子核就易回到原來狀態，即原子核之T_1時間減少。常用的弛緩試劑為CrL^{3+}（Cr(III)可有5個3d不成對電子，L為有機配位子）及GdL^{2+}（Gd(II)可有7個4f不成對電子，L為有機配位子）。

　　反之，原子核之T_1太短也測不到訊號，在一般溶液中$T_1 \approx T_2$，而依式（8-26）：$T_2 = 1/(\pi\nu_{1/2})$，即$T_1 \approx T_2 = 1/(\pi\nu_{1/2})$，當$T_1$很小則光譜線頻寬$\nu_{1/2}$很大到譜線躺平（Broaden out），就看不到訊號了。故原子核之T_1太長或太短都不好，很難測到訊號，一般原子核之T_1為1秒左右較易測到訊號。

8-5　固態核磁共振法

　　待測原子的形狀（如圓形或具有極性的橢圓形）及周圍核子對待測原子之

T_1會有影響，但在樣品旋轉（Sample spinning）之液體溶液中，待測原子和周圍核子相對位置及極性方向各方向皆有（如圖8-18a），以致有些影響各方向會互相抵消，故這些對T_1的影響並不很大，但對固體樣品，這些原子核間之相對位置及極性方向皆固定（如圖8-18b），故對T_1的影響就相較變大。因而固態核磁共振法（Solid-State NMR）所用的儀器之結構與偵測液體樣品之儀器結構略有不同。待測原子的形狀及周圍核子對待測原子之T_1影響可用所產生的磁場變化ΔH表示（周圍核子接近待測原子時會使待測原子周圍磁場產生變化），T_1變化ΔT_1及周圍其他原子所引起的磁場變化ΔH之關係為：

$$\Delta T_1 = k/(\Delta H)^2 \tag{8-31}$$

式中k為常數，磁場變化ΔH受下列磁場因素之影響：

$$\Delta H = H_D + H_Q + H_{CS} + H_J + H_R \tag{8-32}$$

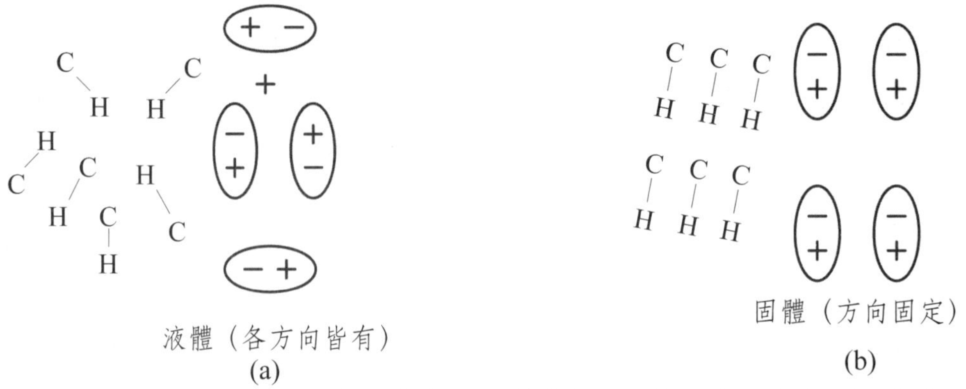

圖8-18　在樣品旋轉下(a)液體及(b)固體中各原子核相對位置

式中H_D為兩原子核間之雙極作用（Dipolar interaction）效應，H_Q為待測原子核之四極矩（Quadrupole moment）效應，H_{CS}為化學遷移（Chemical shift）效應，H_J為兩核間之耦合作用（Scalar coupling）效應，H_R為分子自旋轉動（Spin rotation）效應。除由分子在液體中之布朗運動所引起的分子自旋轉動H_R效應外，液體和固體樣品受其他效應影響大小比較如下：

$$\Delta H = H_D \quad + \quad H_Q \quad + \quad H_{CS} + H_J \tag{8-33}$$

液體：　0　　　　　0　　　　10^2　　10

固體：5×10^4　　$10^5 \sim 10^8$　　10^2　　10

由上可知液體和固體影響T_1最大的不同為雙極作用H_D及四極矩H_Q效應。

這兩效應在液體皆可用樣品旋轉（spinning）消除，同時，影響固體T_1最大的也是這兩效應，其他由待測原子核周邊電子雲所引起的化學遷移H_{CS}效應及因兩同類或不同類原子核之共振頻率很接近（如C-13及Br-80之共振頻率為10.67及10.70 MHz）所引起的耦合作用H_J效應相對小很多。以下就簡單介紹雙極作用H_D及四極矩H_Q效應：

兩原子核（如C-H）間之雙極作用H_D（Dipolar interaction）效應（如H-1對C-13之T_1影響）如圖8-19a所示，C-H鍵在固體中與磁場方向成θ角，C-H間之鍵長距離為d，H-1對C-13就會有雙極作用H_D如下：

$$H_D = [(\gamma_H \times h/(4\pi d)](3\cos^2\theta - 1) \qquad (8\text{-}34)$$

γ_H為H-1之迴轉磁比率（Gyromagnetic ratio），h為蒲郎克常數（Planck constant）。由式（8-30）中，可見固體樣品之雙極作用H_D相當大，故用傳統垂直（90°）樣品旋轉（Sample spinning），固體NMR光譜訊號不易取得。然若式（8-34）中之$(3\cos^2\theta - 1) = 0$，就會得$H_D = 0$：

$$3\cos^2\theta - 1 = 0，可得\theta = 54.44°（度），則H_D = 0 \qquad (8\text{-}35)$$

由式（8-35）可知若將固體樣品擺在和磁場方向成54.44°（度）旋轉（圖8-19b），就可消除此雙極作用H_D效應，而可得到固體NMR光譜訊號。這實在太神奇，故稱此54.44°（度）為魔術角（Magic Angle），而以54.44°魔術角旋轉之技術就稱為為魔術角樣品旋轉（Magic Angle Sampling

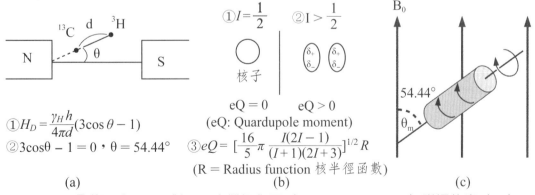

圖8-19　影響T_1之(a)H-1對C-13之雙極作用（Dipolar interaction）磁場效應（H_D）(b)自轉量子數I > 1之四極矩（Quadrupole moment），及(c)魔術角（θ_m）旋轉示意圖[95]（c圖From Wikipedia, the free encyclopedia, http://upload.wikimedia.org/wikipedia/commons/thumb/a/ab/MagicAngleSpinning.svg/512px）

Spinning, MASS）技術。現在世界上所有固體核磁共振儀（Solid state NMR）都用此54.44°旋轉之魔術角旋轉（MASS）技術[95]。

原子核具有自轉量子數I > $\frac{1}{2}$ 者具有四極矩eQ（Quadrupole moment），而四極矩效應對固體樣品中待測原子核之T_1影響也相當大（如式（8-33）所示）。如圖8-19b所示，當一原子核之自轉量子數I為0時，原子核呈圓形，但I > $\frac{1}{2}$ 之原子核則呈橢圓形且呈正負極性並具有四極矩eQ如下：

$$eQ = [(16\pi/5)(I(2I - 1))]/[(I + 1)(2I + 3)]R \qquad (8-36)$$

式中e為電子電荷，而R為和原子核半徑有關的核半徑函數（Radius function），由式（8-36）可看出，當I = 1/2時，eQ = 0，但當I > 1/2時，則eQ > 0，而原子核之T_1和Q值之關係為：

$$T_1 \propto 1/Q^2 \qquad (8-37)$$

因I > 1/2原子核（如I = 1）其四極矩eQ > 0，因而其T_1比I = 1/2原子核T_1一般來得小，例如：

$$N-14(I = 1)：Q = 7.1 \times 10^{-2}(單位：10^{-24} \ cm^2)，T_1 = 0.022秒 \qquad (8-38a)$$

$$N-15(I = 1/2)：Q = 0，T_1 = 12.4秒 \qquad (8-38b)$$

可見在固體中具有四極矩eQ之原子核（如N-14）的T_1較小，較難得到固體核磁共振訊號，一般都加強此類原子核之濃度或增加NMR儀之脈衝（Pulse）掃瞄（Scan）次數及調整脈高（Pulse height）或脈寬（Pulse width）來得到此原子核之固體核磁共振訊號。

8-6　核子奧佛豪瑟效應及遷移試劑

在NMR光譜法中，常用核子**奧佛豪瑟效應**（Nuclear Overhauser effect, NOE）技術來簡化NMR光譜及增強訊號，也常加**遷移試劑**（Shift reagent）來使一混在一起成一團的光譜線拉開，簡化光譜線以鑑定分子結構。本節將分別此兩種技術。

8-6-1　核子奧佛豪瑟效應

當一C-13原子和一H-1接在一起成C-H時，若待測原子（T）為C-13，其NMR譜線會被干擾原子（S）的H-1影響而分裂成二條線（如圖8-20A），其NMR訊號面積為Ao。如此時施與干擾原子H-1之共振頻率無線電波加予照射（Irradiation）使其激發至激態，並使之在激態及基態間振盪（如圖8-20B）而不會干擾待測原子C-13之振盪，此時可得C-13其原來不被干擾之NMR譜線（如圖8-20C）或干擾減少之譜線，此種使待測原子和干擾原子之交互作用解除的現象稱為解耦合（Decoupling，或稱「解偶」），可發現解藕合後之NMR訊號面積A比原來NMR訊號面積Ao要大很多，此種NMR訊號增強效應就叫做**核子奧佛豪瑟效應NOE**）[96]，即：

$$NOE = A - Ao \tag{8-39}$$

式中Ao及A分別為干擾原子（S）被激發前及後，待測原子（T）之NMR訊號面積。

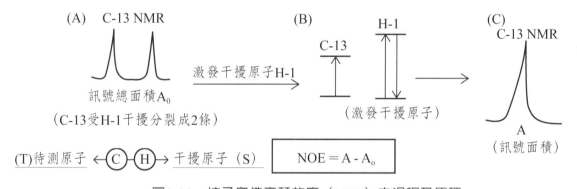

圖8-20　核子奧佛豪瑟效應（NOE）之過程及原理

NOE效應之大小與待測原子之分子結構有關，因而NOE效應可用來偵測分子結構之改變。然而NOE效應之大小可粗略估計如下：

$$NOE = 0.5(\gamma_S/\gamma_T) \tag{8-40}$$

式中γ_T及γ_S分別為待測原子（T）及干擾原子（S）之迴轉磁比率（Gyromagnetic ratio），以C-H中激發H-1（干擾原子）對C-13（待測原子）NMR之NOE效應而言，其大小為：

$$NOE = 0.5(\gamma_S/\gamma_T) = 0.5(\gamma_H/\gamma_C) = 0.5(2.8/0.7) = 1.987 \tag{8-41}$$

　　換言之，干擾原子H-1激發後，待測原子C-13 NMR訊號爲原來的2.987倍（A = (1 + 1.987)Ao）。

　　NOE效應之原理可由圖8-20來說明，在NMR技術中，待測原子（T）及干擾原子（S）之吸收選擇法則（Selection rule）爲：

$$(\Delta m_I)_T（待測原子）= \pm 1 , (\Delta m_I)_S（干擾原子）= 0 \qquad (8\text{-}42)$$

　　式中$(\Delta m_I)_T$及$(\Delta m_I)_S$分別爲待測原子（T）及干擾原子（S）之基態（α：$m_I = +1/2$）和激態（β：$m_I = -1/2$）之差。在干擾原子（S）未激發時，由圖8-21(A)可看出只有w_1吸收（αα→βα）符合式（8-42）之吸收法則。而當干擾原子（S）被激發後，干擾原子（S）在激態及基態間振盪（圖8-21B），即其α（$m_I = +1/2$）會轉換成β（$m_I = -1/2$），即α→β，故如圖8-21(B)可看出除原來的w_1吸收外，在干擾原子（S）α→β後，依式（8-42）之吸收法則，C-13之w_2,w_3及w_4之吸收變爲可能，故C-13之NMR訊號就可大幅增加，即爲NOE效應。

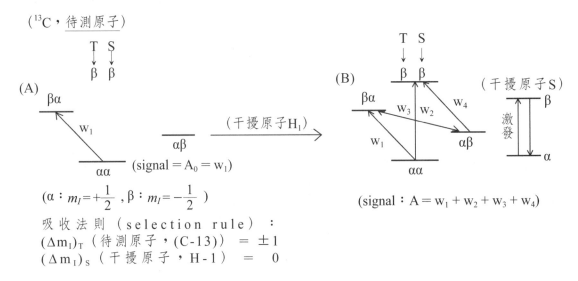

圖8-21　NOE效應中待測原子之NMR光譜訊號增強原理示意圖，(A)干擾原子（S）激發前及(B)激發後所得訊號

8-6-2　遷移試劑

　　當一待測物之NMR光譜線擠在一起時（如圖8-22a丙胺之C-13光譜

線），若加一試劑能和此待測物結合或錯合並將其擠在一起的光譜線拉開（如圖8-22a，Δδ為負值（如－94.5 ppm）或正值（如 +25.4 ppm）分別表示往低化學遷移或高化學遷移移動），此試劑特稱為**遷移試劑**（Shift reagent）。最常用的遷移試劑為鑭系金屬化合物（如圖8-22a中之EuL_3^{3+}（L = 有基配位子））[97]，其引起的遷移特稱鑭系感應遷移（Lanthanide Induced Shift, LIS）。引起LIS遷移的如圖8-22b所示為此鑭系金屬化合物之金屬離子（如Eu^{3+}）和待測物之具孤對電子（Lone paired electrons）之原子團（如：NH_2）錯合而引起的遷移。此LIS遷移如圖8-22b所示和鑭系金屬化合物所形成的角度θ及金屬和待測物之末端H距離r有關。由此原理可知只限帶孤對電子之原子團之待測物加鑭系遷移試劑才有效。

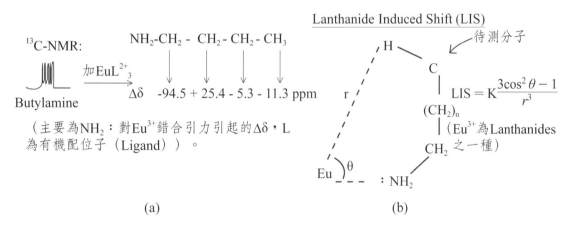

圖8-22　鑭系Eu(III)錯合物對(a)C-13 NMR光譜化學遷移改變（Δδ）及(b)其和待測分子錯合及影響示意圖

8-7　磁共振造影技術

現在國內外各大醫院已都有**磁共振造影**（Magnetic Resonance Imaging, MRI）醫療診斷設備，用以診斷包含腫瘤及血管堵塞等各重大疾病。磁共振造影（MRI）偵測腫瘤基本原理是利用前文（8-4節）所說的腫瘤中H-1或水分子H-1的T_1（Spin-lattice relaxation time）比一般H-1來得長並偵測其T_1或由

腫瘤中H-1之FID（Free induction Decay）累積曲線因T_1不同和一般H-1不同來設計儀器的。圖8-23為醫用之磁共振造影（MRI）設備示意圖及儀器實圖，其和一般FTNMR儀器一樣有磁鐵及無線電波（Radio frequency）源和偵測器及資料處理系統，所不同的偵測室為病人而非樣品，收集訊號的不是只用一接收線圈而是如圖8-24a所示的360度密集之訊號收集用的表面線圈（Surface

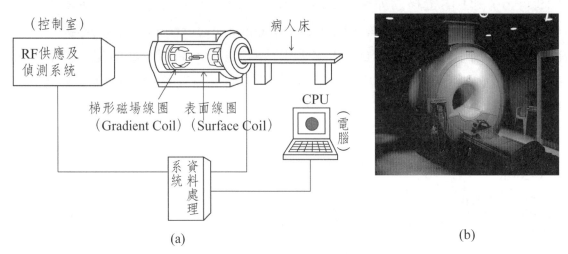

(a)　　　　　　　　　　　　　　　(b)

圖8-23　醫療用磁共振造影（MRI）儀之(a)設備結構示意圖，及(b)MRI儀實圖[98]

（來源：From Free wikipedia, http://upload.wikimedia.org/wikipedia/commons/thumb/b/bd/Modern$_3$T$_M$RI.JPG/250px-Modern$_3$T$_M$RI.JPG.）

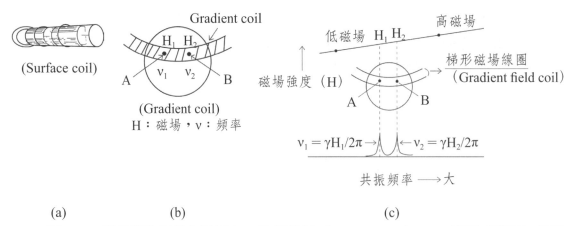

(a)　　　　　　　　(b)　　　　　　　　　　　　(c)

圖8-24　磁共振造影儀中所用之(a)表面線圈（Surface coil），(b)梯形（磁場）線圈（Gradient coil），及(c)梯形磁場（Gradient field）示意圖（γ：迴轉磁比率，Gyromagnetic ratio） coil），而所用的磁場為非均勻（Inhomogeneous）梯形磁場（Gradient field，如圖8-24b, c）。這非均勻的梯形磁場是由一梯形線圈（Gradient coil）內線路在不同部位（如圖8-24b中之A, B兩H-1原子）產生不同微磁場（當磁場微調），使不同部位因磁場稍為不同（H_1, H_2）而不同部位之H-1的共振頻率（v_1, v_2）也因而不同，這樣由不同頻率所測到的T_1或FID曲線才知屬於那一部位的，而此梯形線圈為360度（3D, Three-dimensional）旋轉，可得立體（3D）影像。

圖8-25為應用磁共振造影（MRI）依療設備偵測腦瘤（Brain tumor）造影之實圖，在圖8-25a中白色圓形者為腦瘤，外圈白色者為腦殼，越白者T_1越長。由於腦瘤處之T_1特別長，而T_1長如8-4節所言的難偵測，所以病人必須注射可使T_1減小的顯影劑（Contrast medium），而這MRI顯影劑如8-4節所言的需為含不成對電子（Unpaired electron）的順磁性（Paramagnetic）物質，可使待測原子核之T_1下降，常用在醫療用之MRI顯影劑為圖8-25b所示的Gd(II)-DTPA（Gd-Diethylene-triamine-pentaacetate）錯合物，在此錯合物中Gd(II)含有7個不成對電子在其f原子軌道（f^7），很容易使腦瘤H-1之T_1變短而可偵測得到。磁共振造影（MRI）技術不只可用在醫學診斷，而且可用在各種物質材料之偵測，用途相當廣泛。

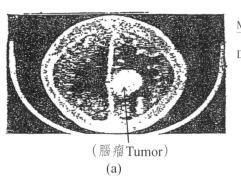

MRI顯影劑（Contrast medium）：Gd(II)-DTPA(Gd^{3+}, f^7)

DTPA：

（腦瘤Tumor）
(a)　　　　　　　　　　　　(b)

圖8-25 磁共振造影（MRI）法(a)偵測腦瘤（Brain Tumor）實圖，及(b)所用顯影劑（Contrast medium）

8-8　二維核磁共振法

　　一般傳統的NMR光譜為一維（One-dimensional）光譜圖（如圖8-21），然由一維光譜圖中不能得到分子中同類但不同待測原子（如H-1或C-13）間相關位置及相互作用，難用以得到一分子之立體結構，故需利用二維NMR光譜（Two-Dimensional NMR, 2D-NMR）來找出各待測原子間之相關位置及相互作用。另外，有些一維NMR光譜相當複雜，許多光譜線集在一起，分不清楚有多少光譜線，因而很難用以決定分子結構，這也可用二維NMR光譜法來分辨這些集在一起的光譜線。二維2D-NMR光譜法[99]是利用不同的脈衝系列技術（Pulse sequence，如90°(x)-FID（第一維）-t_1-90°(y)-FID（第二維）-t_2或90°(x)-FID（第一維）-t_1-180°(x)-FID（第二維）-t_2；90°(x)為沿Probe之x軸給90°Pulse，FID後收集訊號，t為時間）。二維2D-NMR光譜法有許多種，本節只介紹最常用的兩種2D-NMR法：(1)J-分辨二維NMR技術（J-Resolved 2D-NMR method），用以將集在一起的光譜線分辨出來，及(2)化學遷移相關性二維NMR法（Chemical Shift-2D-Correlation Spectrometry (COSY)），用以鑑定分子中各原子間（如H-1或C-13原子間）之相關位置及相互作用。

　　J-Resolved-二維(2D)-NMR光譜表示法如圖8-26所示，其一維（如X軸）為傳統一維FT NMR光譜，而另一維為各分裂光譜線間之間隔大小，即耦合常數J（coupling constant）。圖8-26a為丙醛分子中各H-1原子相互影響的J-Resolved-二維(2D)-NMR光譜示意圖，其各分裂光譜線皆有同一類（H-1）原子相互影響所形成的，特稱此種2D-NMR為同種（Homonuclear）之J-Resolved二維(2D)NMR光譜圖。圖8-26a顯示丙醛分子之CHO的H-1原子受其鄰近CH_2影響分裂成3條光譜線，3條光譜線以Y軸上3點像（Contour peak）表示（中條線皆J = 0，左右兩條分別具 +J及J）而分子中CH_2的H-1原子受左右兩鄰近影響分裂成8條光譜線，即以Y軸上8點分別分散在J = 0線之上下兩側。同樣地，丙醛之CH_3的H-1原子受其鄰近CH_2影響亦分裂成3條線且在Y軸上3點表示。圖8-26a僅為點狀（Contour）示意圖，而真正J-Resolved二維NMR圖所得點像並不都那麼簡單及那麼清楚。

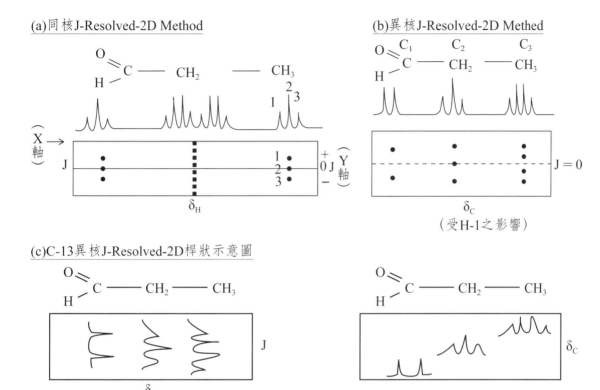

(a)同核J-Resolved-2D Method

(b)異核J-Resolved-2D Methed

(c)C-13異核J-Resolved-2D桿狀示意圖

圖8-26 丙醛分子之(a)H-1同種核（Homonuclear）及(b)C-13異種核（Heteronuclear）之J-Resolved二維（2D）NMR光譜點狀（Contour）示意圖和(c)C-13異種核J-Resolved二維（2D）NMR兩種（C-1及C-2）桿狀（Stack）示意圖

　　若一分子光譜中各分裂光譜線是由不同類原子影響所形成的（如H-1影響C-13 NMR光譜），特稱此種J-Resolved 2D-NMR為異種核（Heteronuclear）J-Resolved-2D NMR光譜圖。圖8-26b為丙醛分子中各C-13受H-1異種核J-Resolved-二維點狀C-13 NMR光譜圖。圖8-26c為C-13異種核J-Resolved-二維兩種（C-1及C-2）桿狀（Stack）示意圖。

　　然而J-Resolved-2D NMR光譜法並不能提供各原子間（如H-1或C-13原子間）之相關位置及相互作用之資訊，若要鑑定分子中各原子間之相關位置及相互作用，則可用**化學遷移相關性二維NMR法**（COSY-2D NMR）。圖8-27為丙醛分子之H-1同種核（H-1）二維（Homonuclear-2D）COSY-2D NMR譜

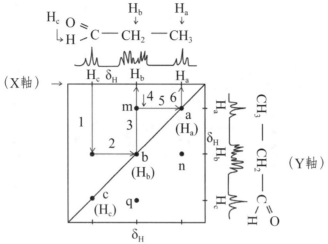

圖8-27　丙醛分子之H-1同種核（H-1）二維（Homonuclear-2D）COSY譜圖

圖，此COSY二維譜圖是由一維光譜圖δ_H（X軸）對同一個一維光譜圖δ_H（Y軸）作圖，由圖可看出X軸的CH_3對Y軸CH_3會有一譜點a，同樣，X軸的CH_2及CHO對Y軸CH_2及CHO分別會有譜點b及c，還有其他譜點且由a, b, c連線所成的對角線為軸上下對稱的其他譜點（如p, q對稱點及n, m對稱點），因為上下對稱兩邊完全一樣，解讀時只要用左邊一半圖譜即可。如何來解讀此同種H-1核二維COSY圖譜，其步驟如下：

⑴首先先將對角線各點（a, b, c等點）連接成對角線。

⑵由X軸上CHO之H-1（H_c）光譜線垂直下劃（如沿線1），只要遇到有點（點p）就轉90度劃平形線（即沿線2），此平形線（線2）會和對角線相交於點b，再轉90度往上劃垂直線（線3）交於X軸上另一H-1原子（即$CH_2(H_b)$），這表示此H_c及H_b兩原子是在隔壁，即$CHO(H_c)$和$CH_2(H_b)$可能連在一起的。

⑶再由X軸上$CH_2(H_b)$光譜線，同⑵法：$H_b \rightarrow$劃向下垂直線4$\rightarrow$遇m點$\rightarrow$轉90度沿平形線5$\rightarrow$和對角線交於a點$\rightarrow$往上再轉90度沿劃垂直線6$\rightarrow$交於X軸上$CH_3(Ha)$，這表示H_b及H_a兩原子是也在隔壁，而即$CH_2(H_b)$和$CH_3(H_a)$也可能連在一起的。如此經重複⑵法，可知一分子中各同類原子間之相關位置，即可解出此分子之化學結構。

　　一般2D-COSY頻譜並不如圖8-28丙醛分子之頻譜那麼簡單，例如圖8-28所示的黃體激素（Progesterone）之H-1之2D-COSY頻譜就相當複雜。但由圖中仍然可看出沿對角線有明顯的同種核之2D-COSY（δ_H對δ_H）特性對角線點群。

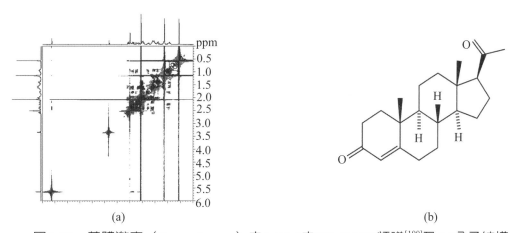

(a)　　　　　　　　　　　　　　　(b)

圖8-28　黃體激素（Progesterone）之(a)H-1之2D-COSY頻譜[100]及(b)分子結構

（資料來源：From Wikipedia, the free encyclopedia, http://en.wikipedia.org/wiki/Correlation spectroscopy）

　　以上所介紹為同種核COSY 2D NMR，而異種核（Heteronuclear）原子（如C-13/H-1）間之COSY 2D NMR可用來測知異類原子間結合情形（如那一C原子接那一個H原子），也是很重要的。圖8-29為2,3-雙酮戊醇（CH_3-CH_2-CO-CO-CH_2-OH）分子之C-13/H-1異種核二維（2D）COSY譜圖，此圖譜之X軸為此分子的C-13之一維光譜圖（δ_c），Y軸為H-1之一維光譜圖（δ_H），此δ_c-δ_H之2D-COSY譜圖很容易解讀的，例如由圖中之碳C_1原子光譜線劃垂直線只要遇到點（點a），然後劃平形線交Y軸H-1光譜圖中H_1光譜線，即表示碳C_1原子是與氫H_1原子是接在一起的，同樣圖中之c點可同法解讀為C_5原子是與H_3原子是接在一起的。反過來說，由圖中C_3及C_4碳原子劃垂直線不會遇到任何點（Cross peak）的，這是因為此分子中C_3及C_4並沒接任何H原子的。由此可知此種異種核二維（2D）COSY譜圖可用來在分子中兩種原子間之連接情形，協同各種同核之2D-COSY譜，即可建構整個分子之分子結構。

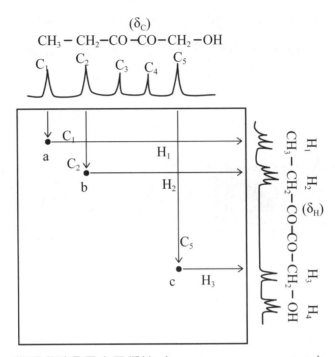

圖8-29　2, 3-雙酮戊醇分子之異種核（C-13/H-1 Heteronuclear）　COSY 2D NMR圖
　　　　 譜示意圖

第 9 章

電子自旋共振譜法

　　電子自旋共振譜法（Electron Spin Resonance Spectroscopy, ESR）主要是利用不成對孤對電子（Unpaired electron）在磁場中吸收無線電波段之電磁波而偵測分子或原子之分析法，此電子自旋共振法和偵測分子中原子核之核磁共振法（NMR）的儀器及原理上都相當類似，只是偵測對象相當不同，電子自旋共振（ESR）法針對含不成對孤對電子（Unpaired electron）之自由基（Free radical）的偵測是相當獨特且直接的。同時不同於NMR共振法使用無線電（Radio-frequency）波範圍，ESR共振法所用之電磁波屬微波（Microwave）範圍。電子自旋共振法因可偵測含不成對電子之順磁性物質故亦常稱為電子順磁共振法（Electron Paramagnetic Resonance, EPR）。由於醫學上證實人類許多疾病和體內之自由基（如•OH）物質增加有關，故電子自旋共振法近年來在生化醫學研究之應用與日俱增。本章將介紹電子自旋共振法之原理、儀器結構及應用。

9-1　電子自旋共振法原理

電子自旋共振法（Electron Spin Resonance, ESR）[101–103]是特別用來偵

測具有不成對單一電子之分子／原子或離子的重要工具。不成對單一電子之自旋量子數（Spin quantum number, s）為 $-1/2$（即 $s = -1/2$），若將此單一電子置於磁場中會趨於穩定，電子能量會下降具有自旋量子數 $m_s = -1/2$，沿著磁場逆時針旋轉（圖9-1a）具有磁動量（Magnetic moment, μe）且能量 $Es_o = -\mu_e H$（如圖9-1b，H為磁場強度）。當此單一電子吸收適當微波（Microwave）時會被激化（Excitation）到具有自旋量子數 $m_s = +1/2$ 的激態（能量 $Es = +\mu_e H$），所吸收的能量 ΔE 為：

$$\Delta E = Es - Es_o = \mu_e H - (-\mu_e H) = 2\,\mu_e H \tag{9-1}$$

而磁動量 μ_e 又和譜線分裂因子（Spectroscopic splitting factor, g，或稱g因子（g-factor））及自旋量子數s有關：

$$\mu_e = g\beta s \tag{9-2}$$

式中 β 為稱為波耳磁元（Bohr magneton）之常數，其值為 9.27×10^{-21} erg/gauss。g因子無單位，自由電子（free electron）之g因子為2.0023，但在自由基或原子中不成對電子其g因子會隨所屬的原子核而變化。因電子自旋量子數 $s = -1/2$，當式（9-2）代入式（9-1）可得：

$$\Delta E = 2\,\mu_e H = 2\,g\beta s H = 2\,g\beta(-1/2)H = g\beta H \tag{9-3}$$

而吸收能量 ΔE 和被吸收微波頻率 ν 之關系為：

$$\Delta E = h\nu \tag{9-4}$$

式中h為普朗克常數（Planck's constant），其值為 6.53×10^{-27} erg-sec。式（9-4）代入式（9-3）可得：

$$\Delta E = g\beta H = h\nu \tag{9-5}$$

由式（9-5）可知吸收能量 ΔE 與所用磁場強度H成正比關係，如圖9-1c所示，磁場強度H越大則吸收能量 ΔE 也就越大。同時，由式（9-5）被吸收頻率 ν 可得為：

$$\nu = g\beta H/h \tag{9-6}$$

不成對單一電子所屬的原子核不同其g值也不同，依式（9-6）其共振頻率 ν 會因而不同。但一般ESR共振法中常用固定的共振頻率 ν，因g值不同，依式（9-6），勢必改變其磁場強度H。常用之電子自轉共振（ESR）儀所用之電磁場強度為3400 Guass，依式（9-6）一單一電子（$g \cong 2.0$）之吸收頻率 ν 為：

$$\nu = g\beta H/h = 2.0 \times (9.27 \times 10^{-21}) \times 3400/(6.53 \times 10^{-27}) = 9.65 \times 10^9 \text{ Hz}$$

$$= 9650 \text{ MHz} = 9.65 \text{ GHz} \tag{9-7a}$$

由式（9-7a）中可知電子自轉共振（ESR）法中單一電子之吸收頻率（≅ 9.65 GHz）屬微波（Microwave）範圍。如式（9-6）及（9-5）所示，因樣品之吸收頻率（ν）或吸收能量（ΔE）會隨電磁場強度（H）及g值改變，電子自旋共振（ESR）頻譜不像核磁共振（NMR）用吸收或共振頻率（ν）作圖，而ESR常用下列兩種表示法做頻譜圖：(1)微波吸收強度（I）對磁場強度（H）頻譜圖，或(2)微波吸收強度（I）對g值頻譜圖。依據馬克士威-波茲曼方程式（Maxwell-Boltzman Equation），高能階（$m_s = +1/2$）激態／低能階（$m_s = -1/2$）基態／電子數比（N_2/N_1）如下式：

$$N_2/N_1 = e^{-\Delta E/kT} \tag{9-7b}$$

式中 k = 波茲曼常數（Boltzmann constant），T為溫度（K）。

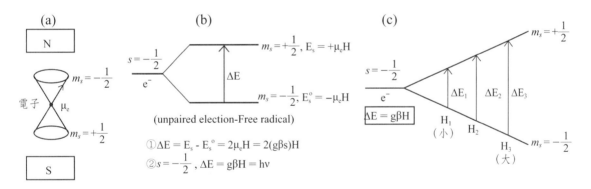

圖9-1 電子自旋共振法（ESR）中單電子在磁場中(a)旋轉，(b)分裂能階與吸收能量 ΔE，及(c)吸收能量ΔE和磁場強度H關係示意圖

和原子核在核磁共振法一樣，不成對單一電子在電子自轉共振法（ESR）的光譜線也會受鄰近原子（I）影響而分裂，在ESR共振法中具有能階m_s之單一電子（S）受具有能階m_I之鄰近原子（I）影響之微波吸收選擇法則（Selection rule）為：

$$\Delta m_s = \pm 1，\Delta m_I = 0 \tag{9-8}$$

圖9-2為氫自由基（H·）中單一電子（s = -1/2）之ESR譜線受其H原子核（I = 1/2）影響而分裂成兩條譜線情形，由圖可見，單一電子之基態（m_s

= − 1/2）及激態（m_s = +1/2）受其H原子核影響皆分裂成兩能階而成四能
階，在這四能階間，符合式（9-8）之吸收選擇法則，唯有A, B兩條吸收線。
單一電子之ESR譜線受周圍n個原子核（具有自轉量子數I）而分裂所得譜線數
目N為：

$$N（譜線數）= 2nI + 1 \qquad\qquad (9-9)$$

因一個H原子核（n = 1）之自旋量子數I = 1/2，代入式（9-9）可得N =
2×1×(1/2) + 1 = 2，故如圖9-2所示，在自由基H•中，單一電子受其H原子
核影響由原來一條譜線（線e）可分裂成兩條譜線（線a及b）。

H•（電子受H影響分裂$2n_H I_H + 1 = 2 \times 1 \times \frac{1}{2} + 1 = 2$條）

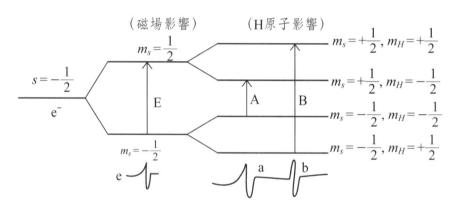

〔選擇法則：Δm_s（電子）= ±1，Δm_H（干擾原子）= 0〕
（selection rule）

圖9-2　不成對單一電子受鄰近原子H-1影響而分裂的ESR頻譜線

9-2　電子自旋共振儀之儀器結構

電子自旋共振儀（ESR Spectrometer）和核磁共振儀（NMR
Spectrometer）結構是有點類似，ESR共振儀如圖9-3a所示含一微
波源Klystron，微波能量微調用之衰減器（Attenuator），電磁鐵

（Electromagnet），增加靈敏及磁場微調用的調變線圈（Modulation coil）及磁場微調振盪器（Oscillator），石英管樣品槽（Sample cavity），微波晶體偵測器（Crystal detector），訊號放大器（Amplifier）及相敏偵測器（Phase sensitive detector），記錄器及微電腦（Microcomputer）。圖9-3b為ESR共振儀實圖。

　　ESR共振儀中所用的磁鐵常為約3400 gauss（0.34 Tesla）的電磁鐵，但一般ESR共振法中常用固定的共振頻率v（$\approx 10^4$ MHz），因g值不同，依式（9-6），勢必改變其磁場強度H，在一般ESR共振儀中電磁場磁場強度H可做線性增加（Linearly increased field），ESR共振儀之輸出訊號會隨磁場強度H改變而改變。

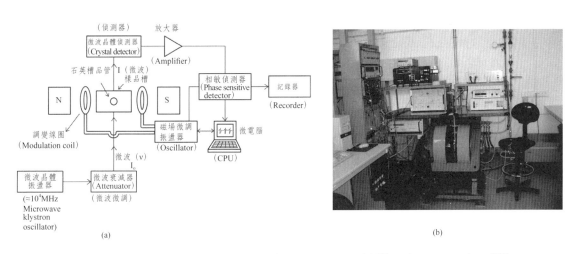

圖9-3　電子自旋共振（ESR）儀之(a)儀器結構示意圖及(b)實圖[104]

（來源：From Wikipedia, the free encyclopedia, http://upload.wikimedia.org/wikipedia/commons/thumb/1/19/EPR_spectometer.JPG/300px-EPR_spectometer.JPG）

　　如前節式（9-7）所示，單一電子之吸收頻率（$\cong 9.65$ GHz $\approx$ 10 GHz $= 10^4$ MHz）屬微波（Microwave）範圍，故一般ESR共振儀中之微波源會發出約10^4 MHz（10 GHz）微波，此微波源Klystron由電子振盪器（Electron oscillator）所組成的。當微波經衰減調節器做微調後，可被石英樣品管（直徑約為3 mm）中之樣品吸收（石英樣品管在ESR儀操作時並不旋轉）。吸收後之微波經晶體偵測器轉變成電流訊號再經放大器放大後，再輸入相敏偵測器去除雜訊（Noise）後送到微電腦（含類比／數位轉換器（ADC））做數據處

理或由記錄器繪出儀器訊號隨磁場強度H改變之關係圖。

　　隨著磁場強度H改變的電子自旋共振（ESR）儀之輸出訊號表示法如圖9-4所示有兩種：(1)吸收曲線（Absorption curve）訊號，及(2)分散曲線（Dispersion curve）訊號表示法，分散曲線為吸收曲線之訊號I對磁場H之微分（dI/dH）所得，一般電子自旋共振圖譜大都採用微分形式的分散曲線訊號表示法。注意在分散曲線中最大吸收波峰（Peak）為P點（譜線和磁場強度H線軸交接點）。

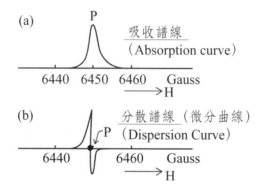

圖9-4　電子自旋共振（ESR）儀之(a)吸收（Absorption）及(b)分散（Dispersion）曲線輸出訊號

　　電子自旋共振（ESR）儀之常用標準品（Standard）為DPPH（Diphenyl pycryl hydrazyl），其分子結構如圖9-5所示，其分子之一個氮原子上有一不成對電子（N•），氮原子之天然豐度以N-14為最主要，而N-14自旋量子數$I = 1$，因而此電子受此氮原子及鄰近另一個氮原子（共兩個氮原子，$n = 2$）影響而分裂成$2nI + 1 = 2 \times 2 \times 1 + 1 = 5$條譜線（如圖9-5所示）。

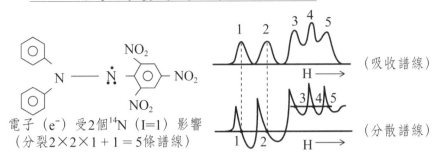

DPPH (Diphenyl pycryl hydrazyl)-ESR標準品

電子（e^-）受2個^{14}N（I=1）影響
（分裂2×2×1＋1＝5條譜線）

圖9-5　電子自旋共振（ESR）儀常用標準品（Standard）DPPH之分子結構及ESR圖譜

9-3　電子自旋共振法之應用

　　不管是有機或無機自由基（Free radical）物質都可用電子自轉共振（ESR）法偵測且ESR法可說為自由基物質最佳且非破壞檢驗法。電子自旋共振（ESR）法最常用途還是在偵測含有不成對電子之有機及無機化合物或自由基。最簡單的有機自由基為•CH_3，圖9-6為其電子自旋共振（ESR）譜線，在此自由基之碳原子有一個不成對電子會受其三個H原子（自旋量子數I_H＝1/2）影響而分裂成$2n_H \times I_H + 1 = 2 \times 3 \times (1/2) + 1 = 4$條譜線，但此不成對電子並不受C原子影響，因和在NMR法一樣，C同位素原子中只有C-13之自轉量子數（I）不等於零（I ≠ 0）會影響其他原子或自由電子，但C-13之天然豐度只有1.108 %而已，故也幾乎不會影響其他原子或自由電子之ESR或NMR訊號，所以•CH_3，只有4條ESR譜線。

　　圖9-7為有機自由基•$H_2C(OCH_3)$之電子自旋共振（ESR）譜線，在此自由基之碳原子有一個不成對電子，此電子先受CH_2之兩個H-1（自旋量子數I_H＝1/2）影響而分裂成$2 \times 2 \times (1/2) + 1 = 3$條譜線（即$2 \times n_H \times I_H + 1$），然後每一條譜線再受$OCH_3$之H-1影響而分裂成$2 \times 3 \times (1/2) + 1 = 4$條譜線，總譜線為$3 \times 4 = 12$條。此不成對電子不只不會受其C原子影響，也不會受其O原子影響。和C-13一樣，O-17也為O原子中之自旋量子數（I）不等於零（I ≠ 0）

之原子，但也因O-17之天然豐度才0.0037 ％，故O-17也不會影響其他原子或
自由電子之ESR或NMR訊號。

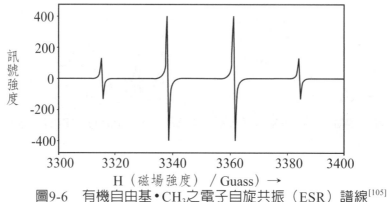

圖9-6　有機自由基·CH$_3$之電子自旋共振（ESR）譜線[105]

（資料來源：From Wikipedia, the free encyclopedia,　http://upload.wikimedia.org/wikipedia/en/
thumb/2/2a/EPR_methoxymethyl.jpg/300px-EPR_methoxymethyl.jpg）

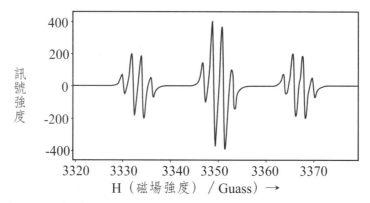

圖9-7　有機自由基·H$_2$C(OCH$_3$)之電子自旋共振（ESR）譜線[106]

（資料來源：From Wikipedia, the free encyclopedia, http://upload.wikimedia.org/wikipedia/en/
thumb/2/2a/EPR_methoxymethyl.jpg/300px-EPR_methoxymethyl.jpg）

　　無機自由基最有名的為·OH自由基，圖9-8a為·OH自由基之ESR頻譜線，
因此不成對電子只受一個H影響而分裂成二條線（2×1×(1/2) + 1 ＝ 2）。然
ESR最常用在一些順磁性之金屬化合物或金屬離子之偵測。然金屬或金屬離子
是否為順磁性（Paramagnetic property）取決於金屬或金屬離子之電子組態
中是否含有不成對的電子，有不成對的電子者就具有順磁性。圖9-8b為銅離子
（Cu^{2+}）之ESR圖譜，因Cu^{2+}離子最外層價電子為3d^9，其電子數為奇數，勢

必有一不成對的電子，故Cu^{2+}離子必有ESR譜線。因Cu原子中天然含量最大的原子核為Cu-63（天然豐度69.09％），而Cu-63之自轉量子數$I = 3/2$，故其不成對電子之ESR譜線受Cu-63原子影響會分裂成$2×1×(3/2) + 1 = 4$條譜線（如圖9-8b所示）。

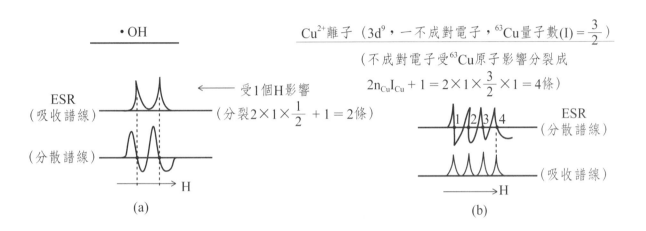

圖9-8　(a)•OH自由基及(b)金屬離子Cu(II)之電子自旋共振（ESR）譜圖

　　無機化合物除金屬化合物外，許多無機氣體如NO，NO_2及ClO_2皆有ESR訊號，表示這些氣體皆有不成對之電子。另外，在三態（Triplet-state）分子（如O_2^*, S_2^*）因皆有2個不成對電子，亦有ESR訊號，換言之，可用電子自轉共振法（ESR）來確認這較不穩定且能量較高的三態分子之存在。同時，近代醫學已證實許多癌症的發生和人體內之自由基物質增加有關，人體中最常見的自由基為•OH，此自由基在人體中和其他生化物質反應會產生其他自由基，自由基本身就是反應性較高物質，人體中自由基濃度增加可能會引起身體不適或疾病，許多醫學研究顯示會使自由基減少或變為穩定不帶不成對電子之一些物質會抑制癌細胞的增生，故電子自旋共振法（ESR）法近年來已為世界各國各大醫學中心用來研究癌細胞防治之重要工具。

第 10 章

X光光譜法

　　X光光譜法（X-Ray Spectrometry）為工業界最常用做為物件品管（Quality control）或海關監測之光譜分析檢驗法，因其具有非破壞檢驗法且X光（X-Ray）具有比紫外線、可見光及紅外線更高能量，因而有相當好的靈敏度。同時，由於X光是所有電磁波唯一具有繞射現象，而繞射現象可用來檢測各種分子之結構，因而X光譜儀又幾乎是所有化學分子研究機構必備的分析儀。英國科學家威廉・亨利・布拉格爵士（Sir William Henry Bragg）及威廉・勞倫斯・布拉格爵士（Sir William Lawrence Bragg）因開創利用X光對分子結構研究方法及繞射現象之卓越成就而獲得西元1915年諾貝爾物理獎。本章將依X光被物質的吸收、繞射及激化發光所發展出來的X光吸收光譜法（X-Ray Absorption Spectrometry, XRA）、X光繞射光譜法（X-Ray Diffraction Spectrometry, XRD）及X光螢光譜法（X-Ray Fluorescence Spectrometry, XRF）之原理、儀器結構及應用[107-110]。

10-1　X光及X光光譜法簡介

　　X光（X-Ray）為一看不見的電磁光波，其波長範圍約為100～0.01 Å（10～0.1 nm），能量為1～100 Kev，有時為方便將X光分為能量較低的軟X光（Soft X-ray，波長及能量範圍約為100-1 Å，1-10 KeV）及能量較高的硬X光（Hard X-ray，範圍約1-0.01 Å，10-100 KeV）（表10-1）。因為X光比紫外線／可見光（UV/VIS）及紅外線（IR）能量高且牽涉到的常為原子內層電子軌道，較不受外層電子及環境影響，而比X光更高能量的加馬（Gamma，γ）射線因涉及放射性原子核及放射線較為不便，故X光很適合做一物質內分子中原子組成及結構之定性及定量之用。同時，X光之平均波長約為1.0 Å，剛好適合分子中原子間距離（約為1～3 Å），故所有電磁波（從聲波－無線電波－微波－紅外線－紫外線／可見光-X光-γ射線）中，只有X光會對分子產生繞射（Diffraction）現象，而繞射（繞射原理將在本章說明）普遍在學術界及工業界用來測定分子結構利器，更由於X光檢測屬非破壞檢驗方法，故X光檢測長期為工業界品管常用之檢驗方法。本節將分別簡單介紹產生X光之X光源，X光偵測器及各種X光譜法。

表10-1　X光和其他電磁波之頻率、能量及波長範圍

頻率(Hz)	10^{22}　10^{20}　10^{18}　10^{16}		10^{14}	10^{12}	10^{10} (10 GHz)	10^8	10^6 (MHz)	10^4 (KHz)	10^2
能量(eV)	10^5 eV(100 KeV)	10^3 eV(KeV)	1.0(1 eV)	10^{-2}		10^{-9}			
波長(Å)	10^{-2}	10^2	10^4	10^6		10^{10}			
光及電磁波	γ射線（MeV）（$<10^{-2}$ Å）（$>10^{20}$ Hz）	X射線（1-100 KeV）λ ≈ 1 Å（10^{-2}-10^2 Å）（10^{16}～10^{18} Hz）	UV/VIS 紫外線／可見光	IR 紅外線	微波 GHz	無線電波（MHz～KHz）（λ：0.1 cm～1 m）		聲波1～10 KHz（λ ≈ 10^4 m）	

硬X光（Hard X-ray）　　　　　　　　　　　　　　軟X光（Soft X-ray）
能量（E）：10～100 KeV　　　　　　　　　　　能量（E）：1～10 KeV 波長（λ）：10^{-2} Å　　　　　　　　　　　　　波長（λ）：1～10^2 Å 頻率（v）：10^{18}～10^{20} Hz　　　　　　　　頻率（v）：10^{16}～10^{18} Hz

10-1-1　X光源

　　一般儀器所用的X光源為X光管（X-ray tube），其他的X光源包括同步輻射（Synchrotron radiation）及某些放射性同位素（如Fe-55及Am-241）亦會放出X光範圍電磁波用在特殊實驗室中，本節將介紹X光管及同步輻射產生X光原理及裝置。

　　X光管之結構如圖10-1所示，其主要包括產生電子之加熱絲及產生X光的金屬靶（Target）。當加陰陽極間之外加電壓（V）會使陰極（Cathode, C）之加熱絲（如W及LaB_6）產生電子並射向陽極（Anode, A）的金屬靶（如Mo），可將金屬靶原子之內層（如K層）電子打出，導致外層（如L層）電子降到內層（如K層）並放出X光。如圖10-2所示，當K層電子（主量子數n = 1）被打出，若L層電子（n = 2）掉下來到K層遞補，會放出X光且被命名為K_αX光由鈹（Be）窗放出（因Be對X光吸收率很小），但L層（圖10-2）又有幾個次層，由不同次層掉到K層所放出的X光就稱為$K_{\alpha1}$，$K_{\alpha2}$X光。若由再上一層的M層電子（n = 3）及N層電子（n = 4）掉下來到K層所發出的X光就分別稱為K_β及K_γX光。同樣地，當L層電子被打出，上一層的M及N層電子掉到遞補放出來的X光就分別稱為L_α及L_βX光。

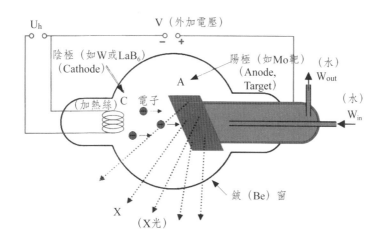

圖10-1　X光管（X-ray tube）結構示意圖[111]

（資料來源：From Wikipedia, the free encyclopedia, http://en.wikipedia.org/wiki/X-ray_tube）

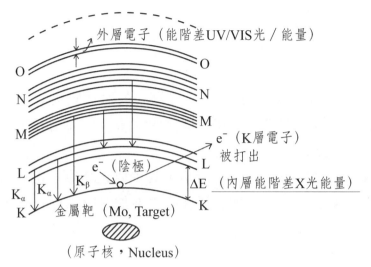

圖10-2　X-光管之X光線產生原理示意圖

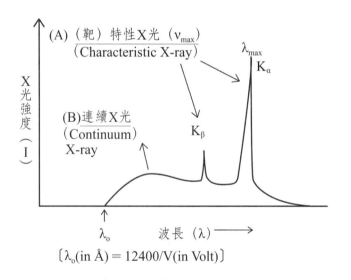

圖10-3　X-光管發出之光譜圖

　　圖10-3為X-光管所放出來典型的X光光譜圖，其中K_α及K_β光譜線為X-光管之金屬靶所放出來的特性X光（Characteristic X-Ray），其最高波峰頻率為ν_{max}。此特性ν_{max}會隨金屬靶原子之原子序（Z）增大而變大，此關係即為莫斯利定律（Moseley's Law）：

$$\nu_{max} = K(Z - 1)^2 \qquad (10\text{-}1a)$$

因$\nu_{max} = c/\lambda_{max}$可得：

$$1/\lambda_{max} = (K/c)(Z-1)^2 = k'(Z-1)^2 \qquad （10\text{-}1b）$$

式中K及k'皆爲常數（constants），λ_{max}爲波峰波長，c爲光速，k' = K/c。圖10-4(A)爲ν_{max}和原子序（Z）之關係圖。早期科學家就利用莫斯利定律和物質所發出之X光確定物質所含原子及其原子序，對元素週期表的建立有莫大貢獻。依莫斯利定律$\nu_{max}^{1/2}$和原子序－1（Z－1）應有線性關係，實際上如圖10-4(B)所示，$\nu_{max}^{1/2}$和原子序（Z）有近乎直線的線性關係（$\nu_{max}^{1/2}$和Z成正比），同時如圖10-4(C)，此特性X光之光強度亦會隨原子序（Z）增大而變大且K_α比L_α強度大。另外圖中還有連續X光（Continuum X-Ray），又稱爲制動輻射X光（Bremsstrahlung X-Ray），其光強度（I）會和所用陰陽極間之外加電壓（V）及原子序（Z）有下列關係：

$$I = kiZV^2 \qquad （10\text{-}2）$$

式中i爲X光管電流，而k爲常數（constant）。另外，此連續X光譜（圖10-3b）之最小波長λo亦和所用陰陽極間之外加電壓（V）有下列關係：

$$\lambda_o(in\text{Å}) = hc/eV = 12400/V(in\ volt) \qquad （10\text{-}3）$$

式中h, c, e分別爲普朗克常數（Planck'constant），光速及電子電荷量。

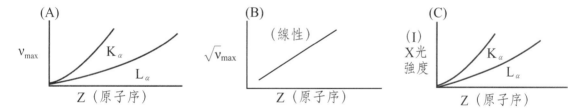

Moselev's Law: $\nu_{max} = K(Z-1)^2$
(Z = Atomic Number of Target, K = Constant)
Intensity (I)：$1 = kizV^2$
(K = Constant, i = X-Ray Tube Current (mA), Z = Atomic Number of Target, V = Voltage)

圖10-4　X光管靶產生之特性X光之(A)頻率ν_{max}，(B)$\nu_{max}^{1/2}$ 及(C)光強度和靶原子序Z之關係

　　同步輻射（Synchrotron radiation）裝置示意圖如圖10-5a所示，同步輻射中自由電子在一圓形電子儲存環中加速旋轉，當儲存環中之自由電子速率接近光速，從圓形儲存環之切線方向會發出一股相當強大的光束，其波長涵蓋紅外線－可見光－紫外線-X光（如圖10-5b所示）。如圖10-5c所示，這股強大的光束先經Be窗，只有X光容易通過，通過的X光再經聚光及單光器，可將特

殊波長之X光分出並送入同步輻射實驗室，做X光樣品試料檢測。同步輻射可說是目前最強大的X光源，圖10-5d爲台灣同步輻射中心興建光子源藍圖。同步輻射光源最大優點是可得到與雷射相比擬的強大光束及可提供含眞空紫外線（Vacuum UV，波長：10-200 nm）由紅外線到X光相當大波長範圍的強大電磁波，一般儀器很難產生強大的眞空紫外線光源，而眞空紫外線之能量剛好爲化學鍵範圍，要研究物質之生成及起源非用眞空紫外線不可，故同步輻射除在光譜研究外，在生化醫學研究上亦相當重要。

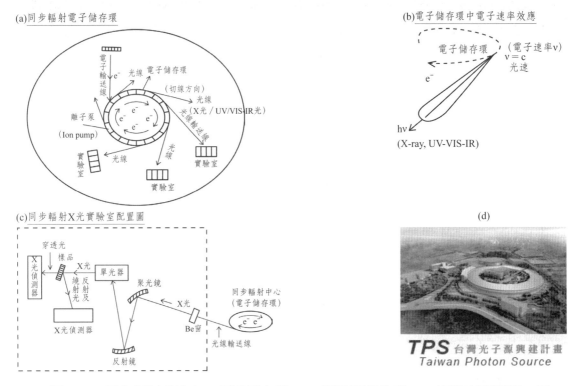

圖10-5　同步輻射系統之(a)電子儲存環，(b)電子速率效應，(c)實驗室配置圖，及(d)台灣同步輻射中心興建光子源藍圖[112]（http://www.srrc.gov.tw/chinese/img/index₁5.jpg）.

10-1-2　X光偵測器

X光偵測器（X-Ray detector）依是否先將不同波長的X光先分開再偵測

可分為(a)能量分散偵測器（Energy dispersive detector）及(b)波長分散偵測器（Wavelength dispersive detector）兩大類，波長分散偵測器是先將不同波長的X光先分開再偵測，而能量分散偵測器則不必將不同波長的X光先分開，故一般實驗室大部份用能量分散偵測器偵測X光，但波長分散偵測器先將不同波長的X光分開，能降低不同波長的X光干擾，故我國及其他世界各國商品標準局大都用波長分散偵測器偵測X光。

常用偵測X光之能量分散偵測器為：**(1)正比例計數器**（Proportional counter），**(2)NaI閃爍計數器**（NaI Scintillation counter），及**(3)鋰漂移鍺／矽半導體偵測器**（Li drifted Ge/Si (Ge(Li)/Si(Li) Semiconductor detector），本節將一一介紹如下：

正比例計數器（proportional counter）為氣體離子化偵測器（Gas ionization detector）之一種，圖10-6為氣體離子化偵測器系列之共同儀器結構示意圖。X-光進入一含Ar且具有外加電壓之正負電極的氣體箱，X光會將Ar離子化產生Ar^+及e^-（電子），此電子會撞擊正電極而形成電子流，此電子流經運算放大器（Operational amplifier, OPA）轉成電壓訊號且放大，此放大的電壓訊號再由類比／數位轉換器（Analog to digital converter, ADC）輸入電腦做數據處理。此偵測器出來的訊號為斷斷續續的脈衝（Pulse）訊號，此脈衝訊號高度（Pulse height, PH）和外加電壓（V）之關係如圖10-7所示，在電壓V_1-V_2時，脈衝高度低，不適合當X光偵測，而偵測X光所用電壓範圍為V_2-V_3（約200-300 volt），這段脈衝高度（PH）和電壓成正比，所以特稱用此段的電壓偵測X光的氣體離子化偵測器為正比例計數器（Proportional

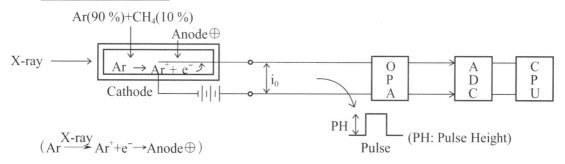

圖10-6　氣體離子化偵測器（Gas ionization detector）之基本結構示意圖

counter），圖10-8為正比例計數器結構及偵測原理示意圖。至於圖10-7中電壓範圍為V_3-V_4不規則沒被應用，而更高的V_4-V_5（約500-600 volt）則用在偵測α及β放射線。在正比例計數器偵測X光所得脈衝高度（PH）和X光頻率或波長有關，頻率或波長不同其脈衝高度就不同，而脈衝寬度（Pulse width）會隨特定頻率X光之光子數（或光強度）增大而變大。

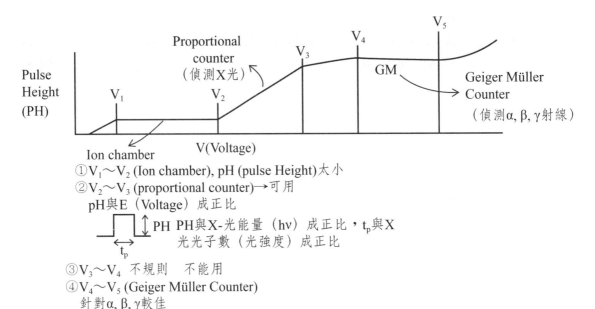

① V_1～V_2 (Ion chamber), pH (pulse Height)太小
② V_2～V_3 (proportional counter)→可用
　　pH與E（Voltage）成正比
　　PH PH與X-光能量（hν）成正比，t_p與X光光子數（光強度）成正比
③ V_3～V_4 不規則　不能用
④ V_4～V_5 (Geiger Müller Counter)
　　針對α, β, γ較佳

圖10-7　氣體離子化偵測器輸出脈衝訊號高度（Pulse height）和外加電壓（E）關係

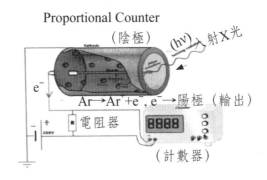

圖10-8　偵測X光之正比例計數器（Proportional counter）結構示意圖[113]

（資料來源：From Wikipedia, the free encyclopedia, http://upload.wikimedia.org/wikipedia/commons/f/f0/Geiger.png）

NaI閃爍計數器（NaI scintillation counter）可用來偵測X光及加馬（γ）射線，其結構（如圖10-9）主要由NaI單晶（single crystal）和光電倍增管（Photomultiplier tube, PMT）所組成。因光電倍增管（PMT）沒辦法直接感測X光，只可感應紫外線／可見光（UV/VIS），故先用NaI晶體接收X光，激化NaI晶體並放出紫外線／可見光到光電倍增管中，將光波轉換成電子流並放大，可得脈衝（Pulse）式電流訊號（光電倍增管PMT之工作原理請見第三章「紫外線／可見光光譜法」）。電流脈衝高度（Pulse height, PH）與X光頻率（ν）成正比，而脈衝寬度（Pulse width, tp）和特定頻率X光之光子數（光強度）成正比。

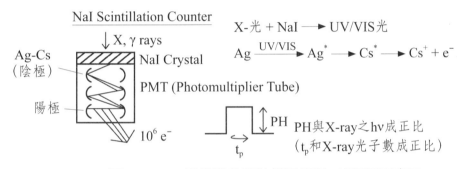

圖10-9 NaI閃爍計數器結構及偵測X光原理示意圖

鋰漂移鍺／矽半導體偵測器（Li drifted Ge/Si semiconductor detectors）如圖10-10a所示，為由含狹窄n極（約1 nm Li/Ge或Li/Si）及p極（B/Ge或B/Si）和中間的Li接面所組成，可視為一種逆壓（Reversed bias）二極體偵測器（逆壓二極體（p極接負電壓））平時無電流，照光時才會有電流（逆壓二極體將在本書第17章半導體介紹）。Ge(Li)或Si(Li)偵測器常用在偵測X光及γ射線。圖10-10a，b分別為Si(Li)偵測器之結構示意圖及實體外觀圖。如圖10-10a所示，當X光照射到Si(Li)偵測器之中間寬廣的Li接面（Junction）時，會使Li離子化成$Li^{-}*$及$e^{-}*$，$Li^{+}*$離子會向接負電壓（-500～-1000伏特）之p極漂移（drift）移動，而電子（$e^{-}*$）向n極移動並以電流訊號輸出。如圖10-10c所示，所得電流訊號再經放大器放大並以脈衝（Pulse）訊號輸出。如圖10-10d所示，輸出脈衝高度H_1和此X光頻率（ν）有關（高度一樣表示頻率及波長一樣），而脈衝寬度（t_p）和此波長之X光子

數目（或光子強度）成正比，這些脈衝訊號傳入多頻道（Multi-channel）光波分析器（Analyzer），將同頻率（脈衝高度H_1相同）的X光（如v_2）集在一起，即形成頻率（v）／光強度（I）之光譜圖。鋰漂移Ge/Si偵測器因體積小（2-3 cm長寬）且靈敏度高，廣為學術及工業界所使用。然此偵測器卻因在常溫下雜訊不小，常需在低溫下操作，這是因為Si(Li)偵測器主件中之Si及Li若在溫度>27 ℃下即使無X光照射也會發出電流雜訊，故Si(Li)偵測器操作時需用液態氮維持低溫，以免產生雜訊。

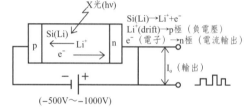

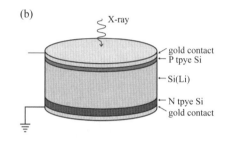

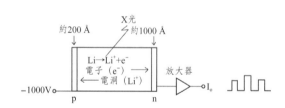

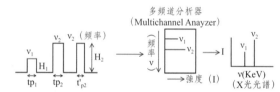

①H（pulse Height，脈高）和X光能量（hv）有關
②tp（pulse width，脈寬）和X光強度（光子數目）成正比

圖10-10　Si(Li)遷移（Li-draft）偵測器(a)偵測X光原理，(b)實體外觀圖[114]，(c)偵測器中受光後電子及電洞之移動情形，及(d)電流脈衝訊號處理示意圖（(b)圖：Wikipedia, the free encyclopedia, http://upload.wikimedia.org/wikipedia/commons/thumb/9/9c/Dmedxrf SiLiDetector.jpg/350px-DmedxrfSiLiDetector.jpg）

　　常用偵測X光的**波長分散偵測器**（Wavelength dispersive detector）為LiF晶體繞射偵測器（LiF crystal diffraction detector）。如圖10-11a所示，LiF晶體繞射多頻道偵測器如同一般光柵（Grating）晶體一樣可在不同出射角將各種不同波長之X光分開出來（晶體波長分離原理說明請見第三章3-2-3單

光器）。分出來的不同波長之X光再用多X光偵測器或感光器（感光板，感光底片）或其他轉能器（Transducer）轉成電流或其他訊號偵測之。因為在不同出射角用不同偵測器檢測不同波長之X光，需要許多偵測器，成本太高，因而有些波長分散偵測系統（如圖10-11b）就採用只用一個固定式單一偵測器而將LiF晶體旋轉，不同旋轉角可測得不同波長之X光。亦有固定LiF晶體而用旋轉式單一偵測器之偵測系統（圖10-11c），在不同旋轉角此偵測器亦可測得不同波長之X光。將此波長分散LiF晶體繞射偵測器和其他各種X光偵測器之能量解析度（Energy resolution）比較，此能量解析度（R）定義為一X光譜線之波峰能量E與半波峰ΔE能量比，關係如下：

$$R（能量解析度）= \Delta E/E \tag{10-4}$$

由式（10-4）可知：能量解析度（R）越小越好，越小表示此偵測氣分辨不同波長X光之解析力越好。如圖10-12所示，在低能量（10-50 Kev）X光，LiF晶體繞射偵測器比其他偵測器之能量解析度來得好，而在較高能量（> 50 Kev）X光，LiF晶體繞射偵測器能量解析度就會變差。反之，對能量> 50 KevX光，半導體偵測器（Ge(Li)或Si(Li) Semiconductor detector）的能量解析度比繞射偵測器及其他能量分散偵測器較佳（ΔE較小）。

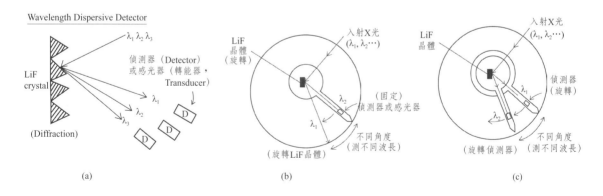

圖10-11 波長分散偵測器（Wavelength dispersive detector）之(a)多偵測器／波長分散偵測系統，與(b)固定式單偵測器及(c)旋轉式單偵測器／波長分散偵測系統

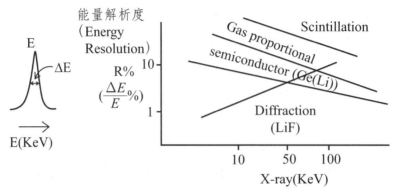

圖10-12　各種X光偵測器之能量解析度（Energy resolution）之比較

10-1-3　X光光譜法簡介

　　X光譜法基於X光對待測物質之感應所設計之分析方法，如圖10-13a所示，當強度為I_o之X光（能量hv_o）照射樣品原子時可能(1)部份X光會被**吸收**（Absorption），強度減弱成I，若用物質被X光之吸收程度及吸收波長來鑑定物質原子組成及含量之分析法稱為X光吸收光譜法（X-Ray Absorption Spectrometry, XRA），(2)產生**繞射光**（Diffraction radiation），用繞射X光偵測待測物質之分析法稱為X光繞射光譜法（X-Ray Diffraction Spectrometry, XRD），(3)產生**X螢光**（Fluorescence），如圖10-13b所示，X螢光是由因待測物質之原子中之內層（如K層）電子被X光（hv_o）打掉，然後由上一層（如L層）電子掉下遞補而放出不同能量（hv）的新X光（即螢光）。用此X螢光偵測待測物質之分析法稱為X螢光光譜法（X-Ray Fluorescence Spectrometry, XRF），(4)產生光電子（Photo-electron），X光（hv_o）撞擊待測物質之原子內層電子，而使內層電子擊出原子而成自由電子（即光電子），偵測此光電子之動能（KE）將可計算出原子每一層（如K層）電子之能量（計算方法請見第21章電子顯微鏡分析法），利用此光電子偵測待測物質之分析法稱為X光光電子能譜法（X-Ray Photo-electron Spectrometry, XPS），因常用來做化學分析又稱電子能譜化學分析（Electron Spectroscopy for Chemical Analysis, ESCA）法。因為此光電子

是直接由X光撞擊原子所得到的所以也被稱為一次光電子。另外還有另一種稱為歐傑電子（Auger electron）之光電子，其產生過程為先用X光將內層（如K層）電子打掉，而由上一層（如L層）電子掉下遞補而放出X螢光，然後此X螢光被其他層（如M層）吸收使此電子擊出原子外成自由電子，此由X光引起的一連串過程所得的自由光電子特稱為歐傑電子，利用此歐傑電子偵測待測物質之分析法稱為歐傑電子能譜法（Aüger Electron Spectrometry, AES）。因X光光電子光譜法（XPS）及歐傑電子光譜法（AES）牽涉到電子能譜，故將此兩電子光譜法列在本書第21章電子顯微鏡分析法中介紹，本章將只介紹X光吸收光譜法（XRA），X光繞射光譜法（XRD），及X光螢光光譜法（XRF）等三種X光光譜分析法。

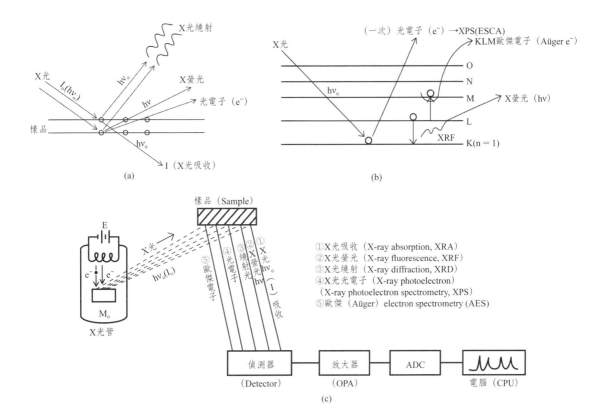

圖10-13　X-光光譜法中(a)X光撞擊樣品效應，(b)X-光螢光及光電子產生及(c)儀器基本結構示意圖

圖10-13c為一般X光光譜分析儀之基本結構示意圖，X光由X光管射出

撞擊樣品（有時在撞擊樣品前先經一過濾片（filter）過濾不需要波長之X光），然後將反射吸收，繞射及產生螢光之X光及光電子射入X光及光電子偵測器中，轉換成電流或電壓訊號，再經放大器（如OPA, Operational amplifier），再將放大的電流或電壓的類比／數位轉換器（ADC）轉成數位訊號送入電腦中做訊號收集（Signal Acquisition）及數據處理（Data processing）。

10-2　X光吸收光譜法

X光吸收光譜法（X-Ray Absorption Spectrometry, XRA）[115]不只應用在學術研究上，也應用在工業，醫學及海關監測上，此檢驗法基本上建立在一物質吸收X光前後的X光強度對比之訊號差或圖譜。如圖10-14a所示，一般的X光吸收光譜儀包含X光源（如X光管），樣品槽（Sample cell），偵測器，訊號放大器及類比／數位轉換器（ADC）與做數據處理之電腦。若一樣品（厚度為b）在樣品槽中被具有Po強度（Power）的X光（hv_o）穿過時，部份X光可能會被此樣品原子吸收，而使X光（hv_o）的強度減弱成P，吸收前後X光強度比（Po/P）和此樣品之密度（ρ）關係如下：

$$Po/P = e^{-\mu_m \rho b} \quad 或 \quad \ln(Po/P) = \mu_m \rho b \qquad （10-5）$$

式中μ_m為此樣品原子之質量吸收係數（Mass absorption coefficient），而X光對一待測物質之穿透力（Transmission, T%）則可用下列表示：

$$T\%（穿透力）= (P/Po) \times 100 \% \qquad （10-6）$$

圖10-14b為X光對一物質之穿透力（T%）與X光能量關係圖，由圖可看出每一種原子（如Ag）到一特定能量（如約30 Kev）時會突然吸收而使穿透力突然下降，這種突然吸收如刀鋒般，故常稱吸收邊鋒（Absorption edge），這突然吸收當然因為此時X光能量可能剛好等於此原子之內層（K或L層）電子游離或激發所需能量。如圖10-14c所示，這吸收邊鋒之吸收能量（Kev）會隨原子之原子序增大而增大且原子吸收X光後所放出來的K_α比L_α新X光之光強度要來得高。

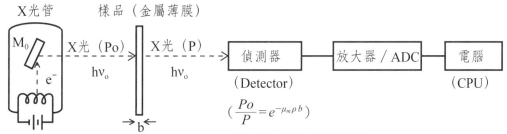

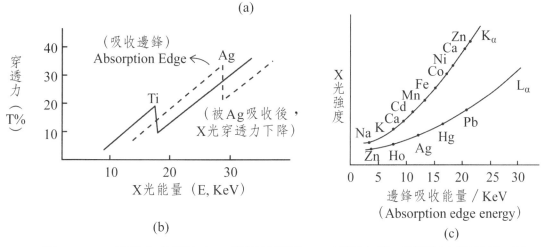

圖10-14　X光吸收光譜法之(a)儀器結構圖，(b)穿透力和X光穿透力關係圖，及(c)吸收邊鋒（Absorption edge）能量和K_α及L_αX光強度關係圖

　　因各種原子幾乎都是由內層（K或L層）電子吸收X光不牽涉到外層價電子，故不管在何種分子中，用特定波長（λ）照射時，每一種原子之質量吸收係數（μ_m）皆固定的且會隨原子的原子序（Z）及X光波長（λ）增加而變大（如圖10-15a及圖10-15b）。質量吸收係數和原子序及所用X光波長關係如下：

$$\mu_m = cZ^4\lambda^3/w_A \qquad (10\text{-}7)$$

　　式中c爲常數（constant），w_A爲原子之原子量。由於μ_m和原子序（Z）四次方成正比，故可知原子序越大之重元素是要比輕元素較易吸收X光。

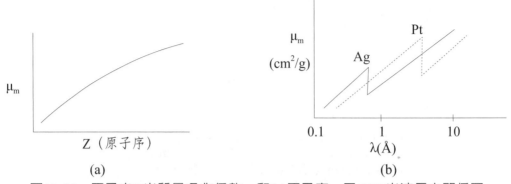

圖10-15 原子之X光質量吸收係數μ_m和(a)原子序，及(b)X光波長之關係圖

　　利用原子之質量吸收係數及金屬薄膜吸光度，在電子產業上常用來測量一相當薄（如 < 0.1 mm）金屬薄膜，例如利用一由Cu所發出之K_αX光射入一密度（ρ）為8.9 g/cm^3之Ni金屬薄膜，以測量此Ni膜之厚度（b），結果發現有45.2 %X光可穿透此Ni金屬薄膜（Ni之質量吸收係數（μ_{Ni}）為49.2 cm^2/g），即Po/P = 1/0.452，代入式（10-5）可得：

$$\ln(Po/P) = \ln(1/0.452) = \mu_{Ni}\rho b = 49.2 \times 8.9 \times b \qquad （10\text{-}8）$$

故b（Ni膜厚度）$= [\ln(1/0.452)]/(49.2 \times 8.9) = 1.81 \times 10^{-3} cm = 0.0181 mm$

$$（10\text{-}9）$$

　　這麼薄的金屬薄膜是很難用任何量厚器直接量，用此X光吸收法測定就相當方便。

　　以上所談的為原子的質量吸收係數μ_m，而由多種原子所組成的分子之質量吸收係數μ_m^T可由各原子所佔有的重量分率（ω, Weight fraction）及各原子質量吸收係數（μ）計算出來，例如要計算汽油主成分C_8H_{18}（辛烷）之質量吸收係數μ_m^T，計算公式如下：

$$\mu_m^T = \omega_C\mu_C + \omega_H\mu_H \qquad （10\text{-}10）$$

　　式中μ_C及μ_H分別為C及H原子之質量吸收係數，而ω_C及ω_H分別為C及H原子在分子中所佔有的重量分率，其值可由下列各原子之原子量（w）及原子數目計算而得：

$$\omega_C = 8w_c/(8w_c + 18w_H) = 8 \times 12/(8 \times 12 + 18 \times 1) = 0.84 \qquad （10\text{-}11）$$

及　$\omega_H = 18w_H/(8w_c + 18w_H) = 18 \times 1/(8 \times 12 + 18 \times 1) = 0.16 \qquad （10\text{-}12）$

　　由於C, H之質量吸收係數μ_C及μ_H分別為4.52及0.48 cm^2/g，將ω_C, ω_H, μ_C

及μ_H代入式（10-10）可得：

$$\mu_m^T（C_8H_{18}，辛烷）= \omega_C\mu_C + \omega_H\mu_H = 0.84\times4.52 + 0.16\times0.48 = 3.88 \text{ cm}^2/\text{g}$$
（10-13）

　　若一樣品由兩種或兩種化合物以上所組成，也可以利用兩化合物A及B各別的分子質量吸收係數來計算此溶液中各成分含量（%）。此混合樣品之質量吸收係數（μ^{tot}）爲：

$$\mu^{tot} = \omega_A\mu_A + \omega_B\mu_B$$
（10-14）

　　式中ω_A及ω_B分別爲化合物A及B之重量分率，而μ_A及μ_B分別爲化合物A及B之分子質量吸收係數。可用此式來測定溶液中各成分含量（%）。例如利用一波長爲1.51 Å光直射一含密度爲0.65 g/cm^{3}之有鉛汽油之0.5 cm樣品槽（光徑b = 0.5 cm）以測此樣品中四乙基鉛（$Pb(C_2H_5)_4$, LTE）及辛烷（C_8H_{18}, Oct）含量，實驗發現有80 %X光被吸收（20 %穿過），此樣品之質量吸收係數（μ^{tot}）依式（10-14）可爲：

$$\mu^{tot}（有鉛汽油）= \omega_{LTE}\mu_{LTE} + \omega_{Oct}\mu_{Oct}$$
（10-15）

　　又由式（10-5）可得：

$$\ln(Po/P) = \ln(1/0.2) = \mu^{tot}\rho b = \mu^{tot}\times0.72\times1$$
（10-16）

可得：$\mu^{tot} = \ln(1/0.2)/(0.65\times0.5) = 4.95 \text{ cm}^2/\text{g}$　　　　　　（10-17）

　　另外由式（10-13），$\mu_m^T（C_8H_{18}，辛烷）= \mu_{Oct} = 3.88 \text{ cm}^2/\text{g}$，而$\mu_{LET}$可計算如下：

$$\mu_{LET} = \mu_{Pb}\omega_{Pb} + \mu_C\omega_C + \mu_H\omega_H$$
（10-18a）

即：$\mu_{LET} = 230(207/323) + 4.52(8\times12/323) + 0.48(20/323) = 149 \text{ cm}^2/\text{g}$
（10-18b）

　　將μ^{tot}, μ_{Oct}及μ_{LET}之值代入式（10-15）中，可得：

$$\mu^{tot} = 4.95 = \omega_{LTE}\mu_{LET} + \omega_{Oct}\mu_{Oct} = \omega_{LTE}\times149 + \omega_{Oct}\times3.88$$
（10-19）

　　又因$\omega_{Oct} = 1 - \omega_{LTE}$，故由式（10-20）可得：

$$4.95 = \omega_{LTE}\times149 + (1 - \omega_{LTE})\times3.88$$
（10-20a）

即：ω_{LTE}（汽油中四乙基鉛添加重量分率）$= 0.097 = 9.7 \text{ %}$　　（10-20b）

　　以上所談的X光吸收，都用一特定波長做樣品測定，然而和其他光譜法中一樣，在X光吸收光譜法中亦常用多波長或連續波長來測定各種樣品。圖10-16a及10-16b分別爲鋰電極正極材料$LiCoO_2$粉末及$Cr^{3+}/Cr_2O_7^{2-}$水溶液之

X光光譜圖，圖10-16a中最明顯的為Co金屬離子之吸收，其吸收之X光能量接近Co之特性K_αX光能量。理論上，原子內層軌域間之電子轉移能量才為X光能量範圍，其吸收之X光能量應是特定的，其他能量或波長之X光應不被吸收，而實際上其他能量之X光亦會被吸收（如圖10-16a及10-16b），這可能由於X光具有非彈性散射（Inelastic (incoherent) scattering）的康普頓效應（Compton effect），此效應即X光雖其能量（$h\nu_o$）和樣品之原子的特性吸收能量不一致，但當X光照射一樣品物質時會分給該物質一部份能量（此物質可吸收能量），而剩下能量以不同能量（$h\nu$）或波長的新X光射出，此種現象就稱康普頓效應，而康普頓效應會隨樣品組成及環境改變而變化。這也說明在圖10-16b中雖然同為Cr原子，Cr^{3+}和$Cr_2O_7^{2-}$之吸收光譜明顯不同，以及說明X光之能量雖和化學鍵能量差很多，常常照射X光仍然會對人體有所傷害之原因。X光吸收法在醫學診斷應用相當廣泛，在一般大型醫院X光檢驗及電腦斷層掃瞄儀（Computerized Tomograph, CT）皆採用X光吸收法，電腦斷層掃瞄技術將在本章10-5節中介紹。

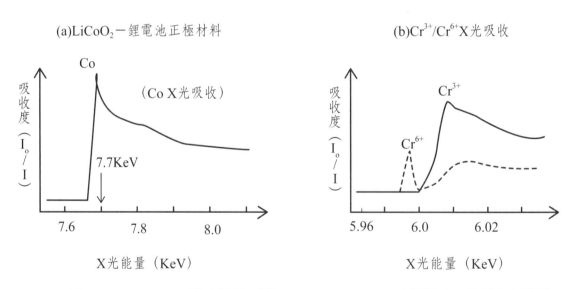

圖10-16　(a)$LiCoO_2$粉末樣品，及(b)$Cr(NO_3)_3/K_2Cr_2O_7$水溶液之X光吸收光譜圖

10-3　X光螢光光譜法（XRF）

　　由於不同的原子之X螢光有相當特殊的波長或頻率，對原子有優異的選擇性（Selectivity），因而X光螢光譜儀為學術及工業上物質定性及定量常用的工具，尤其常為金屬工業上品管（QC）幾乎必備之儀器。X螢光之發生是由於待測物質原子之內層（如K層）電子被一X光（能量$h\nu_0$）射出成光電子（如圖10-17a），而由上一層電子掉下遞補並放出此原子特有的頻率之新X光（能量$h\nu$），此新X光稱為X光螢光（X-Ray Fluorescence）[116]，而利用X光螢光偵測物質之分析法就稱為X光螢光光譜法（X-Ray Fluorescence Spectrometry, XRF）。

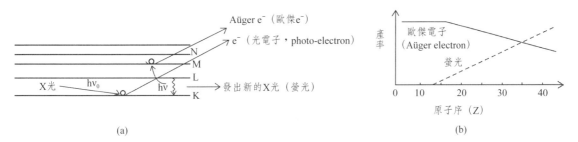

圖10-17　X光螢光光譜法之螢光及伴隨光電子(a)產生原理及(b)產率和原子序關係

　　在一原子發出X光螢光時，常常會伴隨產生歐傑電子（Aüger electron），歐傑電子如前面10-1.3節是由於產生的X光螢光被上一層（如M層）電子吸收而使此電子從原子射出而成的（如圖10-17a）。因而X光螢光及歐傑電子產生是互相消長的。如圖10-17b所示，原子序小的原子產生歐傑電子的機會相當大而使歐傑電子產率比X光螢光大，反之，X光螢光會隨原子序增大而變大，因而對原子序大的原子，X光螢光產率就比歐傑電子產率大了。

　　圖10-18為X光螢光光譜儀基本結構示意圖，各種波長之X光由X光管發出照射到樣品槽中之樣品而產生X光螢光，然後由和X光管入射光成90°度角之偵測器偵測X螢光，因為出射X光螢光和入射X光成90°度角才受入射X光之干擾最小。X光樣品槽通常由塑膠（如Polypropylene, PP）材質所構成的，因塑膠較不易吸收X光，X光樣品槽可裝液體、固體及氣體（密閉）樣品。由X光偵

測器出來的螢光電壓訊號送入含類比／數位轉換器（ADC）之微電腦中，先將電壓訊號轉換成數位訊號再用微電腦做數據處理及繪光譜圖。

X螢光光譜法之X光源除用X光管外，還可用前文所提的同步輻射（Synchrotron radiation）發出的X光範圍輻射光當光源。另外，還可用放射性同位素（如Am-241，半衰期(t1/2) = 45.8年）會發出59.5 Kev光源亦可做X螢光光譜儀之光源，此種光譜法特稱為放射性同位素感應X螢光光譜法（Radioactive induced XRF spectrometry）。另外，不用X光源而用粒子（如質子及電子）撞擊樣品有時亦可產生X光，此種產生X光之光譜法特稱為粒子誘發X光發散光譜法（Particle induced X Ray emission (PIXE) spectrometry）。

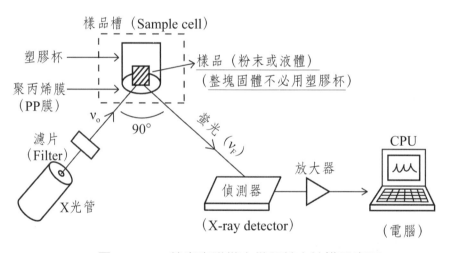

圖10-18　X螢光光譜儀之儀器基本結構示意圖

X光入射樣品表面之入射角度對入射樣品的深度影響很大，如圖10-19所示，一般X螢光光譜法中都用大於全反射臨界角（θ_c）之入射夾角φ（圖10-19a），以便將X光射入固體樣品更深中，分析深一層樣品。反之，在半導體工業表面分析中，就用小於全反射臨界角之入射角φ（圖10-19b），以便X光能在固體表面全反射，以便有效分析半導體固體表面之鍍膜或元件之組成和成分，此種用小入射角φ之全螢光光譜法就特稱為全反射螢光光譜法（Total Reflection X Ray Fluorescence (TRXRF) Spectrometry）。全反射螢光法廣泛應用電子工業微晶片及金屬膜之表面分析。

(a)一般XRF（X光入射角大於全反射臨界角φ$_c$）

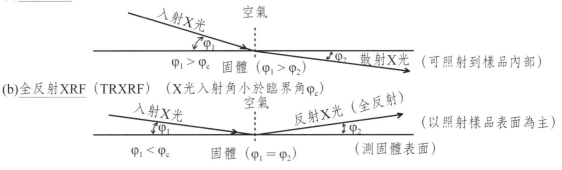

圖10-19　測固體表面之(a)一般X光螢光光譜（XRF）法及(b)全反射X光螢光光譜法
X光照射樣品情形

　　圖10-20為利用一般X光螢光光譜（XRF）法偵測獨居石（monazite）
樣品中鋯（Zr）之含量並偵測和Zr光譜線很接近之釷（Th）是否干擾，此
法為將獨居石樣品壓片直接偵測並利用Zr標準曲線直接測知樣品中Zr之含量
為約1.42 %且不受Th光譜線干擾，此直接非破壞X光螢光光譜法之偵測下限
（Detection limit）約為30 ppm，同時，包括壓片及做標準曲線此X光螢光光
譜法所需偵測時間只要約2小時即可完成，相當方便快捷，是一個兼備定性及
定量快捷分析方法，非常適合工業上快速品管（QC）之工作。獨居石蘊藏在

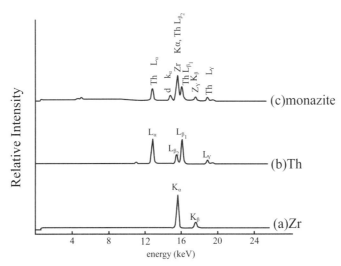

圖10-20　X光螢光光譜法偵測(a)鋯（Zr），(b)釷（Th）and (c)獨居石（monazite）[117]

（資料來源：張澤民，施正雄，葉有財，X射線螢光法測定獨居石之鋯含量，化學，40(3)，
80(1982)）

台灣西海岸，含有可做核燃燒棒之Zr，可做滋生原子爐（Breeder reactor）核燃料之釷（Th），及光電重要材料的稀土元素（如Ce, La, Eu）及少量鈾（U），爲台灣重要且豐富的礦藏。

10-4　X光繞射光譜法

在所有的電磁波中，只有X光才有繞射（Diffraction）現象，X光繞射光譜法[118]（X-Ray Diffraction Spectrometry, XRD）之原理如圖10-21所示，當一股X光射到固體樣品就反射成R_1反射波，而另一股X光則射到固體樣品內層再反射成R_2反射波，當R_1及R_2兩反射波相遇時，若兩反射波之波峰對波峰（同相（phase）），則此兩反射波就會有建設性干擾產生增強明線。反之，若一反射波之波峰對另一反射波之波谷（不同相），則兩反射波就會有破壞性干擾產生暗線，產生此一系列明暗相間條紋就稱繞射現象。繞射現象與X光入射角有關，只有特定入射角θ才會產生繞射現象，而非所有入射角都會有繞射現象。

英國人布拉格爵士（Sir William Henry Bragg）提出其著名的**布拉格方程式**（Bragg Equation）來解釋這繞射現象，因而獲得1915年諾貝爾物理獎，布拉格方程式如下：

$$n\lambda = 2d\sin\theta \tag{10-21}$$

式中λ爲X光之波長，d爲固體兩層間距離也常爲原子間距離（如圖10-21），θ爲X光之布拉格入射角，而n爲整數（1, 2, 3…），整數的n說明一系列明暗相間的繞射條紋而非只有一對明暗線。產生繞射之入射角就稱爲**繞射角**或**布拉格角**（Bragg Angle）。由於原子間距離d常爲1～3 Å，而sinθ值爲0～1，若n = 1，則λ必也在1～3 Å左右，而X光之波長落在1～3 Å，故在所有電磁波中只有X光才有繞射現象。但微小粒子如電子及中子具有波動性質，電子或中子波動的波長λ和其質量m與速度v（Speed）關係，即德布格利方程式（de Broglie Equation）如下：

$$\lambda = h/(mv) \tag{10-22}$$

　　式中h爲普朗克常數（Planck' constant），由上式可知只要控制電子或中子之速度v，即可使其波動的波長λ變成1～3 Å,如此一來電子或中子的行爲附合布拉格方程式（式10-21），故在此條件下，電子或中子也會有繞射現象，電子繞射及中子繞射常用於半導體工業上做晶片及半導體分析。

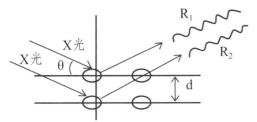

①R$_1$及R$_2$同相（波峰對波峰）產生「明亮線」
②R$_1$及R$_2$不同相（波峰對波谷）產生「暗線」
　繞射線：即一明一暗相間

Bragg Equation: $n\lambda = 2d\sin\theta$
（n = 1, 2, 3, …, d爲原子間距，λ爲光波長，θ爲入射角）

圖10-21　X光繞射光譜法之繞射原理

　　X光繞射光譜法常應用於晶體樣品分析，晶體由單位晶格（Unit cell）連結而成，而單位晶格中各層面可由**米勒指數**（Miller index hkl）[119]來命名。如圖10-22中之單位晶格的各面（如A面及B面）之米勒指數各指數之比（h：k：l）定義爲各面與單位晶格三軸(a, b, c)之截距（Intercept, a', b', c'）之倒數比如下：

$$h : k : l = 1/a' : 1/b' : 1/c' \qquad (10\text{-}23)$$

Miller Index hkl（每一個面皆可用hkl表示）

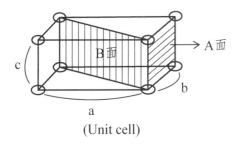

①A面之hkl求法
　A面和a, b, c三軸的截距（Intercept）
　a' : b' : c'截距 = 1 : ∞ : ∞
　（A面包含b, c軸，其b, c截距皆爲∞）
$$h : k : l = \frac{1}{a'} : \frac{1}{b'} : \frac{1}{c'} = \frac{1}{1} : \frac{1}{\infty} : \frac{1}{\infty}$$
　故hkl = 100，即A面爲100面
②B面 $h\,k\,l = \dfrac{1}{1} : \dfrac{1}{1} : \dfrac{1}{\infty} = 1\,1\,0$
　即B面爲110面，（包含c軸，截a, b軸）

圖10-22　單晶（Single crystal）之單位晶格（Unit cell）各面之米勒指數（Miller index hkl）

以A面爲例，其對a軸截距a' ＝ 1（含一單位），因A面含b軸及c軸，其對b軸及c軸之截距b' ＝ ∞及c' ＝ ∞，故A面之米勒指數爲：

h：k：l ＝ 1/a'：1/b'：1/c' ＝ 1/1：1/∞：1/∞ ＝ 1：0：0　　（10-24a）

故稱A面爲100面。同樣地，因圖10-22中B面對a及b軸截距爲a' ＝ 1及b' ＝ 1，而含c軸，對c軸截距c' ＝ ∞，B面之米勒指數即爲：

h：k：l ＝ 1/a'：1/b'：1/c' ＝ 1/1：1/1：1/∞ ＝ 1：1：0　　（10-24b）

B面因而可稱爲110面。

X光繞射法依所測的晶體不同可分爲(1)單晶X光繞射法（Single crystal X-ray diffraction）及(2)粉末X光繞射法（Powder crystal X-ray diffraction）兩大類，此兩類X光繞射法所用的X光繞射儀當然也不同。單晶X光繞射法可鑑定一未知晶體之分子結構，而粉末X光繞射法則常用來鑑定一晶體之單位晶格的晶格種類（如立方或四面結構）及原子間距離，而難用來測知一未知晶體之分子結構。

圖10-23爲一般單晶X光繞射法所用之穿透式及反射式兩種分析儀示意圖，在穿透式X光繞射儀（圖10-23a）中，單晶樣品放在X光源及底片（或偵測器）中間，X光照測單晶產生之繞射光照射到底片顯示圖樣。反之，反射式分析儀（圖10-23b）中，底片放在X光源及單晶樣品中間，X光經底片中間很小的小洞射到單晶產生之繞射光反射到中間的底片上顯示圖樣。穿透式分析儀之底片中間部份易被入射X光曝光且範圍不小，反之，反射式分析儀之繞射圖中間部份曝光範圍較小，看到的繞射點相對較多，這是反射式分析儀之優點，

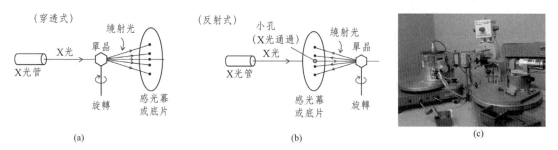

圖10-23　(a)穿透式，(b)反射式X光繞射儀示意圖，及(c)繞射儀實圖[120]（(c)圖來源：From Wikipedia, the free encyclopedia, http://upload.wikimedia.org/wikipedia/commons/thumb/7/7b/$X_R$ay$_D$iffractometer.JPG/800px-$X_R$ay$_D$iffractometer.JPG）

只是通常反射式分析儀所得之繞射點亮度似乎比穿透式稍爲小一點而已。圖10-23c爲市售之X光繞射儀。

X入射光，單晶樣品（Sample）及繞射光點之間三角形關係圖如圖10-24a所示，在特定入射角θ，X光照到一特定hkl面，會產生繞射光點P，而繞射光點P和軸線交叉點M之間距離σ_{hkl}爲：

$$\sigma_{hkl} = \lambda/d_{hkl} \tag{10-25}$$

式中λ爲X光波長，d_{hkl}爲兩hkl面間之間距（常爲原子間距離，見圖10-21）。由上式用固定X光波長，只要量測到繞射光點位置σ_{hkl}，就可計算出原子間距離d_{hkl}。

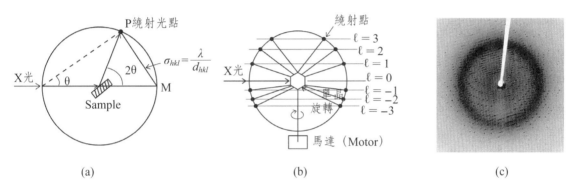

(a)　　　　　(b)　　　　　(c)

圖10-24　X光繞射法之(a)入射光和繞射光點之關係，(b)待測晶體旋轉受光圖，及
(c)一蛋白質晶體之X光繞射光點實圖[121]（(c)圖來源：From Wikipedia, the
free encyclopedia, http://upload.wikimedia.org/wikipedia/commons/thumb/7/
7d/X-ray_diffraction$_p$attern$_3$clpro.jpg/220px-X-）

在單晶X光繞射法中，爲使單晶之個晶面都可被X光照射到，單晶樣品做360度之旋轉，其繞射光點也分佈集中在各L面上（如圖10-24b），圖10-24c爲一蛋白質晶體之X光繞射光點實圖。利用電腦程式解析能將(1)這些繞射光點位置計算分子中各原子間距離並(2)利用繞射光點之大小計算原子的電子密度推算出何種原子，進而建構此分子之結構。圖10-25爲利用其單晶X光繞射圖解析所得之冠狀醚（Crown ether）18-Crown-6和$HgBr_2$之錯合物分子結構圖，Hg原子在冠狀醚分子環洞（Cavity）中。

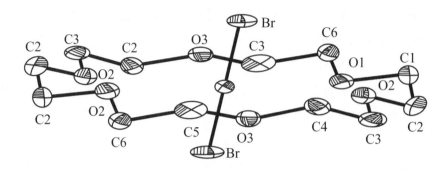

18 Crystal structure or HgBr$_2$/18-crown-6(1：1) complex.

圖10-25　HgBr$_2$/18-Crown-6錯合物之X光繞射解析實圖[122]

（資料來源：詹益松（Y.S.Jane），博士論文，國立台灣師範大學化學研究所，1995。）

　　粉末X光繞射法（Powder X-ray diffraction）常用在近代高科技材料如高溫超導體（如La, Ba, CuOx）及鋰電池正極材料（如LiMn$_2$O$_4$）及地質岩石（如花崗石或玄武岩）重要檢定工具。圖10-26a為粉末X光繞射法基本結構示意圖，其結構包含一固定半徑R之底片（Film），當X光照射粉末晶體樣品時若X光入射角剛好等於一小晶體的繞射角θ會就會有繞射光產生，若有類似平行的許多小晶體存在，它們的繞射光就會在底片上連成帶狀繞射條紋如圖10-26b所示，在圖中圍著中心點兩兩對稱帶線間距S（如S$_1$, S$_2$）與繞射弧度角θ$_{rad}$和底片半徑R之關係如下：

$$4\theta_{rad} = S/R \qquad (10\text{-}26)$$

　　繞射弧度角θ$_{rad}$即為布拉格角（Bragg angle），而此繞射弧度角θ$_{rad}$換算成360度角θ為：

$$\theta_{rad} = \theta/(57.296) \qquad (10\text{-}27)$$

　　式（10-27）代入式（10-26）可得：

$$4\theta = S(57.296)/R \qquad (10\text{-}28)$$

　　若將底片半徑R固定在0.5×57.296 mm時代入式（10-28）可得：

$$4\theta = S(57.296)/(0.5\times57.296) = 2S \qquad (10\text{-}29)$$

即：
$$S = 2\theta \qquad (10\text{-}30)$$

　　換言之，只要量底片上帶線間距S（如S$_1$, S$_2$）就可得繞射角θ（如θ$_1$, θ$_2$），再依布拉格方程式（nλ = 2dsinθ，式10-21）即可計算粉末樣品分子中

各原子間距離d（如d_1, d_2），由式10-30，粉末X光繞射光譜圖皆以2θ對繞射X光強度作圖如圖10-26c，以2θ為函數之三條繞射線可用布拉格方程式計算三個原子間距離d_1, d_2, d_3，如用波長λ = 1.54 Å之X光，$2\theta_1 = 52°$，依布拉格方程式計算可得原子間距離$d_1 = 3.04$ Å。

　　粉末X光繞射法為現代高科技產業中常用的晶體材料鑑定技術，例如圖10-27a即為利用粉末晶體X光繞射法偵測鋰電子正極材料的繞射圖。另外，粉末X光繞射法也是現代生化科技中研究核酸及蛋白質（含酵素）結構之重要工具，因為單晶X光繞射法需單晶，而許多生化物質很難養單晶，故粉末晶體X光繞射法就成研究生化物質結構之重要工具。圖10-27b為德國Bruker D8 Advance型號之粉末X光繞射儀實物圖。

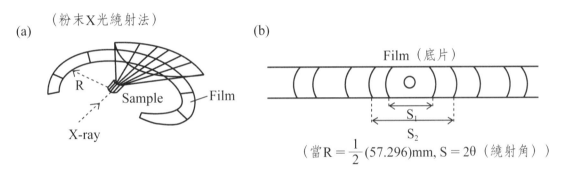

(a)（粉末X光繞射法）

R　Sample　Film　X-ray

(b)

Film（底片）

S_1

S_2

（當$R = \dfrac{1}{2}(57.296)$mm, S = 2θ（繞射角））

(c)譜線及計算原子間距離（d）

$(2\theta_1)$　$(2\theta_2)$　$(2\theta_3)$

d_1　d_2　d_3

I

2θ

若用λ = 1.54 Å　X光
依nλ = 2dsin θ，n = 1，若$2\theta_1 = 52°$，則

$$d_1 = \frac{1.54}{2\sin\dfrac{2\theta_1}{2}} = \frac{1.54}{2\sin 52/2} = 3.04 \text{ Å}$$

$$d_2 = \frac{1.54}{2\sin\dfrac{2\theta_2}{2}}, \quad d_3 = \frac{1.54}{2\sin\dfrac{2\theta_3}{2}}$$

圖10-26　粉末X光繞射法之(a)裝置圖，(b)底片或偵測板繞射譜圖，(c)繞射譜線，及原子間距離計算

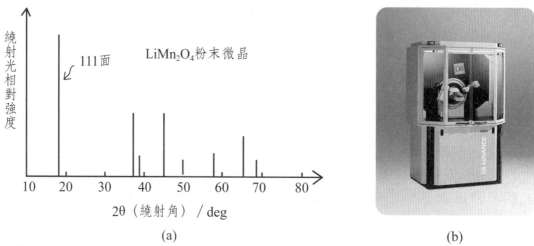

圖10-27 (a)LiMn$_2$O$_4$之粉末晶體X光繞射圖，及(b)德國Bruker D8 Advance型號之粉末X光繞射儀[123]（(b)圖來源：http://www.bruker-axs.de/typo3temp/pics/abbfe0b6ac.jpg）

10-5 （X光）電腦斷層掃瞄攝影醫學診斷分析法

　　在各大型醫院，X光電腦斷層掃瞄攝影儀（Computerized Tomograph, CT）[124]幾乎為必備之醫療診斷儀器。圖10-28a為電腦斷層掃瞄攝影儀基本結構也是第一代電腦斷層掃瞄攝影儀結構，其結構含電子槍（陰極），電子加速器，金屬靶（Target）及NaI-X光偵測器。當由電子槍發出之電子經電子加速器加速打到金屬靶（如Mo）產生X光，然後X光由病人身體下方照射病人全身，然後移動病人上方之NaI-X光偵測器做全身掃瞄檢驗，並將全身X光吸收訊號接到電腦做影像及數據處理，建構病人身體各器官影像。第一代X光電腦斷層掃瞄攝影儀只用一個偵測器，病人需等此X光偵測器掃瞄全身後才可動一動，否則建構出來的影像會被扭曲，若是大人還好，若是小孩病人，要他忍耐不動很難，故從第一代到現在第五代X光電腦斷層掃瞄攝影儀，進化最多的是X光偵測器數目增加，圖10-28b及圖10-28c為第五代X光電腦斷層掃瞄攝影儀之360度環形X光偵測系統和醫院用實物與影像圖[125]，在此360度X光偵測

系統中含上千個（約2000-3000個）NaI-X光偵測器，可在約一秒中完成病人
全身掃瞄，然後透過訊號資料收集系統（DAS, Data Acquisition System），
將上千個NaI-X光偵測器訊號分別透過此DAS系統中之運算放大器（如OPA,
Operational amplifier）產生電壓放大訊號再經類比／數位轉換器（Analog/
Digital converter, ADC）轉成數位訊號輸入電腦，做數據處理並建構病人身
體各器官影像。

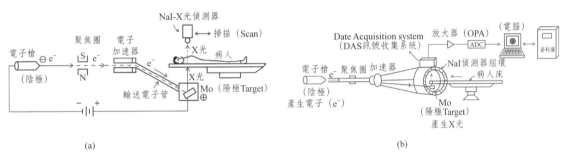

(a)   (b)

(c)

圖10-28　(a)電腦斷層掃瞄攝影儀（CT）基本結構，(b)360度偵測系統示意圖，
　　　　　及(c)醫院用CT實物與影像圖[125]（(c)圖來源：From Wikipedia, the free
　　　　　encyclopedia, http://upload.wikimedia.org/ wikipedia/commons/thumb/1/13/
　　　　　Rosies$_c$t$_s$can.jpg/300px-Rosies$_c$t$_s$can.jpg）

　　圖10-29a及b分別為利用電腦斷層掃瞄攝影儀偵測腦瘤（Tumor）及右腎
瘤所得之影像圖，由圖中可很明顯看到幾近圓形的腦瘤影像。因為人體各器
官皆由含C, H, O所組成的有機物所建構而成，然如前文所言，X光吸收會隨
原子序增加而增大，而這些C, H, O等輕元素原子序低，不易吸收X光就難被
X光偵測到，故在病人做電腦斷層掃瞄時，必須注射一可吸附在各器官表面上
之含原子序大之重元素化合物之顯影劑（Contrast medium或稱比對劑），可

增加各器官吸收X光，以便建構各器官之影像。一般醫院用的顯影劑可分離子型及非離子型顯影劑兩類，離子型顯影劑常用的爲硫酸鋇（$BaSO_4$），利用鋇（Ba）爲重元素易吸收X光性質。而非離子型顯影劑則常用有機碘化合物，因碘爲原子序大的原子也易吸收X光，圖10-29c爲各醫院常用做電腦斷層掃瞄顯影劑之兩種有機碘化合物之分子結構。

(a)（CT-腦池造影）

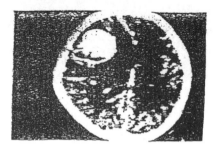

（腦瘤Tumor）

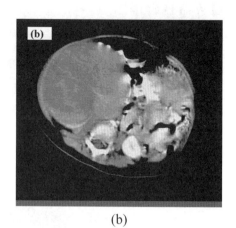

(b)

(c)有機碘顯影劑

圖10-29　電腦斷層掃瞄法(a)偵測腦瘤及(b)右腎瘤（Wilms' tumor of right kidney）影像[126]，與(c)常用有機碘顯影劑（Contrast medium）（From Wikipedia, the free encyclopedia, http://upload.wikimedia.org/wikipedia/commons/ thumb/7/7e/Wilms$_T$umor$_C$TScan. OGG/seek%3D3-Wilms$_T$umor$_C$TScan.OGG. jpg (CT Scan of 11 cm Wilms' tumor of right kidney in 13 month old patient)

第 11 章

質譜法

　　質譜法乃應用質譜儀偵測各種元素及分子之結構及同位素含量。質譜儀為西元1922年諾貝爾化學獎得主英國的阿斯頓博士（Dr.Francis William Aston）所開發，他藉助自己發明的質譜儀發現了大量非放射性元素的同位素。質譜儀幾乎可以偵測所有的元素及其同位素以及原子團與分子，為一般分析儀器所不能及的，同時，質譜儀對各元素及原子團之偵測下限也比一般分析儀器來得低，最重要的是質譜儀訊號穩定性比其他分析儀器皆來的好，由質譜儀對各元素訊號之高低幾可確定何者之含量多寡（其他儀器如層析儀或光譜儀訊號高的物質並不見得比訊號低的物質含量多），可用來偵測一原子各同位素間絕對含量比。由於質譜儀訊號穩定，偵測下限又低且對所有元素／原子／分子幾可偵查，所以質譜儀幾乎為各大學化學研究實驗室及工業上化學檢驗機構必備儀器，偵測下限常用來偵測微量物質（如微量有毒物質及微量生物醫學物質與微量環境污染物）之分子結構及分子／原子含量。本章將探討如何利用質譜儀偵測一物質之分子結構及含量原理，並將介紹質譜儀之基本儀器結構及各主要元件之工作原理。

11-1　質譜分析原理及儀器基本結構

　　質譜法（Mass spectrometry, MS）[127-131]主要分析一分子結構及其分子量，其方法是先將一未知結構之樣品分子截成許多帶電小碎片（如CH_3^+），然後再分析每一碎片為何物並如拼圖一樣將這些小碎片拼湊出其分子結構。所以，質譜法之偵測步驟如圖11-1A所示，先將樣品分子加以離子化（Ionization）及碎裂化（Fragmentation）成各種帶電小碎片，再用加速電場（Accelerating potential）將這些帶電小碎片加速到質量分析器（Mass analyzer）分離這些帶電小碎片，然後將逐一分離出來的帶電小碎片送入偵測器（Detector）中偵測，並繪出質譜，再經電腦拼湊出其分子結構。圖11-1B為一分子例子，第一步先用離子化源（Ionization source）將此分子離子化及碎裂化，得各種帶電小碎片（如OH^+, CH_3^+, $C-OH^+$），然後用加速電場將這些帶電小碎片送到質量分析器分離並一個個經偵測器偵測，即可得質譜，最後經電腦拼湊出此分子之分子結構。

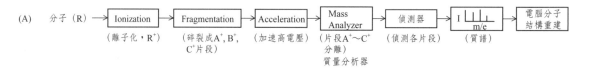

圖11-1　質譜法之(A)偵測步驟及(B)舉例偵測過程示意圖

　　由以上質譜法之偵測步驟來設計質譜儀，一質譜儀如圖11-2a所示基本上必須含有一樣品注入系統（Inlet system，送入樣品），離子化源（將分子離子化／碎裂化），加速電場（加速碎片離子），質量分析器（分離各種離子，如磁場或電場分析器），離子偵測器（如電子倍增管（Electron multiplier）

離子偵測器）及訊號處理系統（Data processor，包括訊號放大器，類比／數位轉換器，顯示器及微電腦）和真空系統（去除空氣干擾）。圖11-3為質譜儀發明人阿斯頓博士最早建立用來偵測CO_2同位素之質譜儀，他用電子離子化源及磁場質量分析器分別測得分子量分別為44（$^{12}C^{16}O_2$），45（$^{13}C^{16}O_2$），46（$^{12}C^{16}O^{18}O$）之同位素CO_2分子。

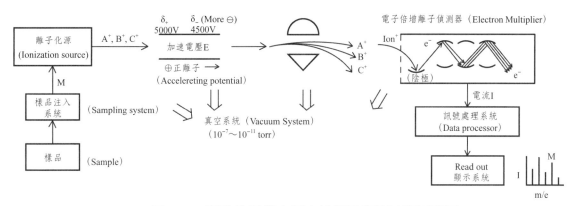

圖11-2 質譜分析儀之基本結構及偵測流程示意圖

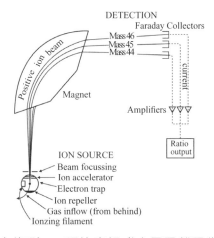

圖11-3 早期用來偵測CO_2同位素組成之電子離子化源之質譜結構[132]

（來源：From Wikipedia, the free encyclopedia, http://en.wikipedia.org/wiki/Mass spectrometry）

　　一般質譜儀設計偵測各種從離子源出來的碎片正離子（如OH^+, CH_3^+），此時所用的加速電場，要用漸減電壓（越來越負，如圖11-2）來吸引正離子並加速。反之，若要偵測從離子源出來的負離子（如OH^-, Cl^-，此種質譜儀特稱為負離子質譜儀），此時就要用漸增電壓的加速電場就可吸引並加速負離子。

爲免除空氣干擾，整部質譜儀必須抽眞空，需要一可達到$10^{-7}\sim10^{-10}$ torr的眞空系統，常用在質譜儀之眞空系統爲金屬擴散泵（Metal diffusion pump），離子泵（Ion pump）及渦輪分子泵（Turbomolecular pump）。各種眞空系統之結構及工作原理將在本書第21章電子顯微鏡中介紹。

圖11-4爲苯丙酸（3-phenylpropanoic acid, C_6H_5-CH_2-CH_2-COOH）所顯示典型的分子質譜。質譜的橫軸爲各種碎裂離子之質量電荷比（m/z，簡稱質荷比，如CH_3^+之m/z = 15），而縱軸爲各帶電碎片離子之相對強度，任何分子之質譜以最高波峰之帶電碎裂離子之強度爲100 %，例如圖11-4之苯丙酸質譜最高波峰之譜線爲m/z = 90譜峰（C_6H_5-CH^+原子團碎片），此m/z = 90譜線之強度就設定爲100 %，此最高波峰之譜峰特稱爲**基峰**（Base peak），其他譜線強度就依比例計算爲相對強度。整個分子之離子譜峰（m/z $\cong$ 分子量）就稱爲**分子峰**（Molecular peak），如圖11-4所示，苯丙酸之分子峰（M）爲150 m/z（苯丙酸分子量即爲150），因苯丙酸分子中C原子除大部份爲C-12外，還有C-13，所以會有M + 1（分子量 + 1，即151）峰，另外，苯丙酸分子中還有O原子除大部份爲O-16外，還有O-18，所以也有M + 2（分子量 + 2，即152）峰。如圖所示，此質譜還有其他帶電碎片譜峰如$COOH^+$(m/z 45), $C_6H_5^+$(m/z 77)及CH_2-CH_2^+(m/z 28)等等之譜峰。

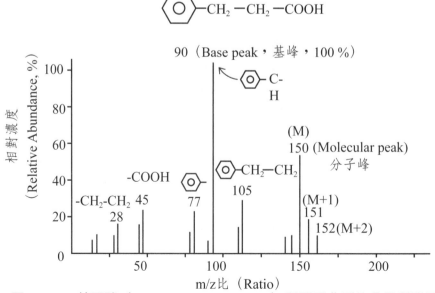

圖11-4　3-苯丙酸（3-phenylpropanoic acid）所顯示典型的分子質譜圖

　　各種質譜儀之結構主要不同在所用的離子源不同及質量分析器之種類不同，以下將會陸續介紹各種質譜儀常用的各種離子源及各種質量分析器與其他元件（如離子偵測器）的結構及工作原理。同時也將介紹如何利用質譜法來推斷一分子之分子式及結構式。

11-2　質譜儀離子化源

　　質譜儀的離子化源（Ionization sources）主要的功能是使樣品分子離子化及及碎裂化（Fragmentation）成各種帶電小碎片，質譜儀常用的離子化源為(1)電子撞擊源（Electron-Impact, EI），(2)化學離子化源（Chemical ionization, CI），(3)場游離法（Field ionization）及場脫附（Field desorption），(4)電灑／熱灑游離法（Electro/Thermo-Spray Ionization, ESI/TSI），(5)雷射源及基質輔助雷射脫附離子化（MALDI（Matrix-Assisted Laser Desorption Ionization））技術，(6)熱離子化源（Thermal ionization），(7)快原子撞擊（Fast atom bombardment）離子化源(8)離子源（Ion source），(9)電花離子化源（Spark ionization source）及電漿源（Plasma source）等，本節以下將一一介紹各種離子化源之結構及工作原理。

11-2-1　電子撞擊離子化源

　　傳統的質譜儀中最常用的離子化源為**電子撞擊離子化源**（Electron-impact (EI) ionization source），電子離子化源是以電子撞擊樣品分子，使分子離子化並碎裂成各種正離子碎片。圖11-5為電子離子化源之元件結構示意圖，其含通高壓電（+4930 V（伏特））且放出電子的加熱絲（Heated Filament，通常為鎢（W）絲或銠（Rh）絲）及接收電子的高電壓陽極（Anode, +5030 V），由於加熱絲的電壓（+4930 V）和陽極電壓（+5030 V）相差約100 V，所以從加熱（鎢）絲放出來的高能電子（e^-*）會射向陽

極，而射向陽極之中途的電子會撞到噴入離子化源的樣品分子（M）並使分子
離子化和碎裂化如下：

$$M+e^-* \rightarrow M^+ + 2e^- \tag{11-1}$$

$$M+e^-* \rightarrow A^+ + B^+ + C^+ + \cdots\cdots + ne^- \tag{11-2}$$

式中A^+, B^+, C^+…等等為各種（n個）碎裂所得碎片帶電原子團。

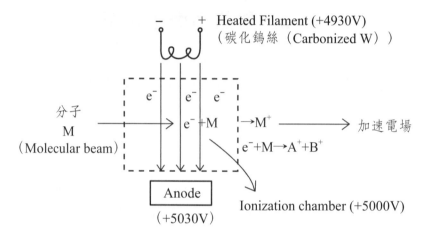

圖11-5　質譜儀之電子離子化源結構及離子化原理示意圖

　　由於加熱絲的電壓和陽極電壓（＋5030 V）相差100 V，由加熱絲射向
陽極的電子能量約為100 eV（電子伏特），因一般共價有機分子（Covalent
molecule）的離子化位能（Ionization potential）平均為10 eV（如苯
（Benzene），CH_4及丙酮分別為9.25 eV，12.98 eV及9.69 eV），故一般質
譜儀利用改變加熱絲和陽極間電壓差而設計射向陽極的電子能量範圍為10～
70 eV。圖11-6為利用電子離子化源所得的甲苯（Toluene）質譜圖，可得相
當高強度的分子峰（m/e = 92）。在電子離子化源質譜儀中，若採用較低電
子能量（如14 eV）較有可能得分子峰（Molecular peak），反之，若用較大
電子能量（如70 eV），可得較碎小離子，而所得分子峰就會顯示很弱或不易
觀察到。

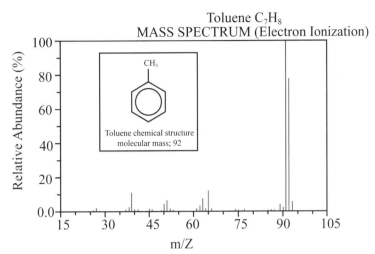

圖11-6 應用電子撞擊離子化源質譜儀所得之甲苯（Toluene）質譜圖[133]

（來源：From Wikipedia, the free encyclopedia, http://upload.wikimedia.org/wikipedia/commons/f/fc/Toluene_ei）

11-2-2 化學離子化源

　　由於電子離子化源（EI）對許多分子較難得到分子峰（Molecular peak），故應用一特殊化學試劑（Reagent）做媒介的化學離子化源（Chemical ionization (CI) source）被發展出來且已證實較容易得到分子峰。圖11-7為化學離子化源之基本結構示意圖，由圖可知化學離子化源實為電子離子化源結構中再加一化學試劑（通常用CH_4）之改良型離子化源，故化學離子化源中仍然要有放出電子的高電壓加熱絲（Heated Filament）及吸引電子的陽極（Anode）和化學試劑CH_4。化學離子化源對樣品分子（MH）的離子化及碎裂化過程，首先由加熱絲放出來的電子先與外加的化學試劑（如CH_4）碰撞反應如下：

$$CH_4 + e^- * \rightarrow CH_4^+ * + 2e^- \tag{11-3}$$

$$CH_4^+ * + CH_4 \rightarrow CH_5^+ * + CH_3^- \tag{11-4}$$

$$CH_4^+ * + CH_3 \rightarrow CH_4 + CH_3^+ * \tag{11-5}$$

$$CH_3^+ * + CH_4 \rightarrow C_2H_5^+ * + H_2 \tag{11-6}$$

即化學試劑CH_4與電子反應產生高能$CH_4^+ *$, $CH_3^+ *$, $CH_5^+ *$, $C_2H_5^+ *$等化學

試劑離子。然後這些化學試劑離子就和樣品分子（MH）反應使樣品分子離子化產生下列各種樣品分子離子：

$$CH_5^+{}^* + MH \rightarrow CH_4 + MH_2^+ \text{ (MH+1 peak)} \tag{11-7}$$

$$CH_4^+{}^* + MH \rightarrow CH_4 + MH^+ \text{ (MH peak)} \tag{11-8}$$

$$CH_3^+{}^* + MH \rightarrow CH_4 + M^+ \text{ (MH-1 peak)} \tag{11-9}$$

$$C_2H_5^+{}^* + MH \rightarrow C_2H_6 + M+ \text{ (MH-1 peak)} \tag{11-10}$$

由式11-7到式11-10可知化學離子化源會產生樣品分子峰（MH）外，還可能會產生分子峰加一的MH+1峰及減一的MH-1峰。然而用化學離子化源並不只有得到分子峰而已，一樣也會產生其他碎片離子，這是因為化學離子化源中還有加熱絲電子源，電子也會使分子（MH）離子化且氣化成氣態MH⁺及碎裂化成小碎片離子（A⁺, B⁺等等），反應如下：

$$MH + ne^- \rightarrow MH^+ + A^+ + B^+ + \cdots \tag{11-11}$$

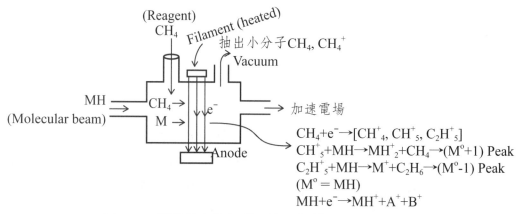

圖11-7　質譜儀之化學離子化源結構及離子化原理示意圖

圖11-8為一種常壓化學離子化源質譜儀（Atmospheric pressure chemical ionization (APCI) mass spectrometer）之基本結構圖，其用一乾燥氣體（Drying gas）當化學離子化源之試劑（Reagent），配合霧化室（Nebulizer）可用來偵測液體（liquid）樣品之分子結構。

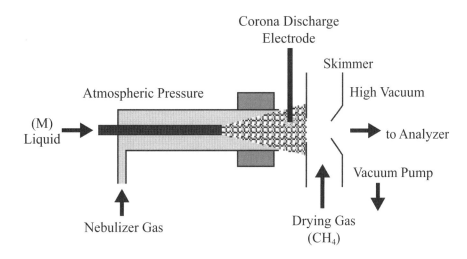

圖11-8 常壓化學離子化源質譜儀（Atmospheric pressure chemical ionization (APCI) mass spectrometer）之基本結構示意圖[134]（From Wikipedia, the free encyclopedia, http://upload.wikimedia.org/wikipedia/commons/6/62/Apci. gif）

11-2-3 場游離法及場脫附

場游離法（Field ionization (FI) source）及場脫附法（Field desorption (FD) ionization source）基本上皆利用高電場發射電子及產生大量電子而使樣品分子離子化的技術。在場游離法（FI）中用一高電壓（約7000 V）之電子發射器（Emitter）由其尖端（Tip）發出大量電子，進入此場游離離子化源（圖11-9）中之樣品分子（M）一遇由發射器尖端發射的大量電子，就可能會離子化且氧化：

$$M+e^- （發射器發射之電子）\rightarrow M^+ （氧化）+2e^- \qquad (11\text{-}12)$$

若樣品分子為（M）為氨基酸，其酸基（COOH）會解離產生H^+，但此H^+也會和氨基酸樣品（M）之胺基（NH_2）反應產生$M\text{-}H^+$，反應如下：

$$M （氨基酸）+H^+ \rightarrow M\text{-}H^+ （氧化）+e^- \qquad (11\text{-}13)$$

一般場游離法比電子源游離法更容易得分子峰（M^+或$M\text{-}H^+$）之質譜圖。

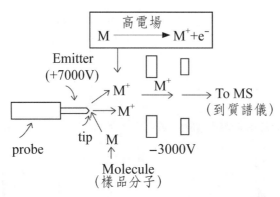

圖11-9　場游離（Field Ionization）離子化源結構及工作原理示意圖

　　場脫附法（FD） 則為先將液體或固體樣品（Liquid/Solid Samples）塗佈在一金屬導電體上（如圖11-10），然後施加2萬伏特（20 KV）高壓電使樣品分子（M）離子化成氣體離子（M^+或MH^+），反應如下：

$$M+e^-（金屬導電體上電子）\rightarrow M^++2e^- \qquad (11-14)$$

$$M+e^-+H_2O（溶劑）\rightarrow MH^+（氣化）+OH^-+e^- \qquad (11-15)$$

　　如場游離法一樣，若樣品分子為（M）為氨基酸，其解離產生的H^+也會和氨基酸樣品（M）之胺基（NH_2）反應也會如式11-13產生$M-H^+$。在場脫附法中產生氣體離子的大部份為整個分子離子（M^+或$M-H^+$），故用場脫附離子化源（FD）所得的質譜以分子峰（M^+或$M-H^+$）為主。

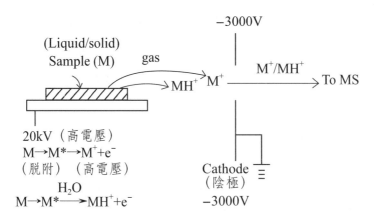

圖11-10　場脫附（Field desorption）離子化源結構及工作原理示意圖

11-2-4　電灑及熱灑游離法（ESI/TSI）

電灑游離法（Electro-Spray Ionization, ESI）為西元2002年諾貝爾化學獎得主（Nobel laureate）美國的菲恩博士（Dr. John Bennett Fenn）開發出來的。電灑游離法（ESI）克服了一般質譜儀所用離子源將高分子或大分子離子化時會將高分子撕成碎片，以致於不能得到完整的高分子峰的缺點，換言之，電灑游離法（ESI）可用來分析高分子及生化大分子（Biological macromolecules）。

圖11-11a為電灑游離（ESI）源之基本結構示意圖，將一液體樣品（M）和易揮發溶劑（如.methanol, acetonitrile）混合，然後經高電場中一毛細管（Capillary）並從具有高密度電子的毛細管尖端成帶電小液滴（Charged droplets）離子（M^+, M^{++}, M^{+++}及M^{z+}）噴出成汽態氣膠（Aerosol）離子，再經一陰極（Cathode）進入質譜儀加速電場。在樣品中加揮發性（如甲醇）及易導電（如加醋酸）溶劑易使所成的帶電小液滴顆粒變小。在毛細管尖端上樣品分子除離子化外，還包括溶劑揮發。圖11-11b為電灑游離（ESI）源毛細管尖端運作時之景觀實圖，而圖11-11c為Fenn公司生產的電灑游離-四極柱（ESI- Quadrupole）質譜儀之實物圖。

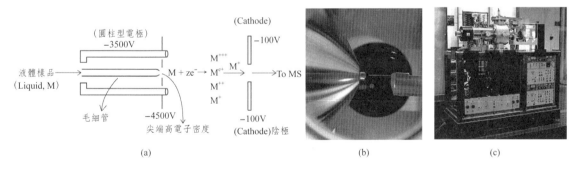

圖11-11　電灑游離（Electro-Spray Ionization）源之(a)結構／操作原理示意圖，及(b)毛細管尖端運作時之景觀實圖[135]，及(c)Fenn公司生產的電灑游離-四極柱（ESI-Quadrupole）質譜儀之實物圖[136]

（資料來源：From Wikipedia, the free encyclopedia，(b)圖：http://upload.wikimedia.org/wikipedia/commons/thumb/e/e2/NanoESIFT.jpg/220px-NanoESIFT.jpg，(c)圖：http://en.wikipedia.org/wiki/Electrospray_ionization）

　　電灑游離（ESI）法不只可以得到一般離子化源的正一價電荷分子峰（M^+），因毛細管尖端的高密度電子，易使高分子或大分子得到多電荷分子峰（M^{++}，M^{+++}及M^{z+}），據研究報導有的可得多電荷到約+60～+70（即M^{+60}和M^{+70}離子，即電荷數z = 60～70），因多電荷質譜圖仍然用m/z當橫座標，若一質譜儀原對z = 1離子可精確測到最大質量峰M_{max}，而其對帶電荷z = 60之離子則爲：

$$m/z = M_{max} 和 m/z = m/60 = M_{max}，即 m = 60 \times M_{max} \qquad （11-16）$$

　　由上式可知此ESI質譜儀可測出來的分子質量m = $M_{max} \times 60$之分子，例如一般質譜儀可測到分子量M_{max}爲1000之分子，而此ESI質譜儀可測到分子量爲m = $60 \times M_{max}$ = 60×1000 = 60,000，換言之，此ESI質譜儀可用來測上萬以上高分子量之生化分子（如蛋白質）或高分子，這也是ESI質譜儀最大優點。

　　若一樣品不易離子化可在毛細管外管加裝一含鈉鹽溶液介質（如$NaNO_2$）和毛細管中樣品一起噴到毛細管尖端透過電荷轉換，加速樣品分子（M）離子化成樣品離子（M^+），反應如下：

$$Na^+（鈉鹽）+e^-（尖端）\rightarrow Na^o \qquad （11-17a）$$

$$Na^o + M \rightarrow M^+ + Na^+ + 2e^- \qquad （11-17b）$$

　　式（11-17b）中，樣品（M）受Na^o離子化放出的大量電子（$Na^o \rightarrow Na^+ + e^-$）撞擊而離子化成離子（$M+e^- \rightarrow M^+ + 2e^-$）。

　　熱灑離子化源（Thermo-Spray Ionization, TSI）亦爲常用之質譜離子化源，圖11-12爲熱灑離子化源之基本結構及離子化原理示意圖。液體樣品分子（M）可直接注入不銹鋼加熱管（Stainless heater）但常常樣品中先加一些導電鹽類（如醋酸氨NH_4Ac）再注入不銹鋼加熱管，在不銹鋼加熱管中會因加熱形成噴霧（Spray）狀帶電荷小液滴（charged droplets），其離子化可能過程爲：

$$M+Heat \rightarrow M^+ + e^-（直接離子化） \qquad （11-18）$$

$$M + NH_4Ac + Heat \rightarrow M^+（氣化）+Ac^- + NH_3 + 1/2H_2（電荷交換離子化）$$

$$（11-19）$$

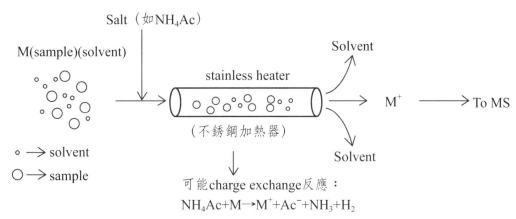

圖11-12　熱灑離子化源（TSI）之結構及離子化原理示意圖

11-2-5　Laser源及MALDI技術

雷射（Laser）亦爲常用在質譜儀當離子化源之激化源，用雷射當離子化源之質譜儀通稱爲雷射質譜儀（Laser Mass Spectrometer），雷射可直接照射樣品而使樣品中待測分子離子化，亦可間接先照射一基質再將能量傳給待測分子使之離子化，此間接式雷射離子化技術中最有名的爲**基質輔助雷射脫附離子化**（MALDI, Matrix-Assisted Laser Desorption Ionization）技術[137]。MALDI技術爲日本Shimadzu公司的田中先生（Koichi Tanaka）及德國Munster大學Hillkamp教授在西元1987年開發出來的，這個發明使田中先生獲得2002年諾貝爾化學獎（Nobel Prize in Chemistry）。MALDI離子化源使得質譜儀可用來偵測大分子及生化物質（如酵素及蛋白質）。

圖11-13a爲MALDI離子化源基本結構，其主要含雷射（Laser）激發源及樣品板（Sample cell），樣品板的材質通常用不銹鋼，在此不銹鋼樣品板中挖有好幾個樣品洞，就將樣品（Sample, M）及基質（Matrix, RH）混合放入這些樣品洞中。MALDI技術之基本原理爲利用雷射（Laser）先激化基質（RH）形成高能激態基質（RH*），然後激態基質（RH*）再將能量傳給樣品（M），使樣品（M）激化氣化並游離（圖11-13b）成離子化分子（MH^{z+*} 或 M^{z+*}），反應如下：

$$\text{Laser light} + \text{RH}（\text{Matrix，基質}）\rightarrow \text{RH*}（\text{基質激化}） \qquad （11\text{-}20）$$

$$\text{RH*} + \text{M}（\text{Sample，樣品}）\rightarrow \text{MH}^{+}\text{*} + \text{R}^{-}\text{*}（\text{能量轉換及離子化}）$$

$$（11\text{-}21a）$$

$$\text{RH*} + \text{M}（\text{樣品}）\rightarrow \text{MH}^{z+}\text{*} + \text{R}^{-}\text{*} + (z-1)\text{e}^{-} \qquad （11\text{-}21b）$$

$$\text{MH}^{z+}\text{*} + \text{R}^{-}\text{*} \rightarrow \text{M}^{z+}\text{*} + \text{RH} + \text{e}^{-} \qquad （11\text{-}22）$$

　　MALDI常用的雷射為氮雷射（337 nm Nitrogen Laser）及釔鋁石榴石雷射Nd：YAG雷射（355 nm Nd：YAG Laser）。基質（Matrix）常用各種有機酸（RCOOH，如2, 5-dihydroxybenzoic acid(2.5-DHB), cinnamic acid（桂皮酸，圖11-13c）），在偵測protein carboxypeptidase-A酵素則用鈷／甘油（30 nm cobalt particles in glycerol）當基質。

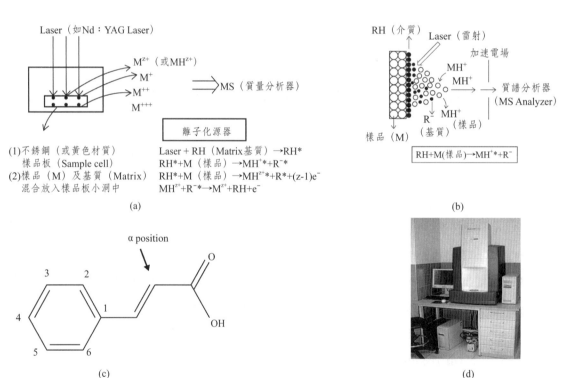

圖11-13　MALDI質譜技術之(a)離子化源結構和(b)樣品表面離子化原理，(c)常用基質cinnamic acid（桂皮酸）[137]及(d)MALDI-TOF質譜儀實物圖[138]（(c), (d)圖來源：Wikipedia, the free encyclopedia, (c)http://en.wikipedia.org/wiki/Matrix-assisted_laser_desorption/ionization). (d)http://upload.wikimedia.org/wikipedia/commons/a/af/MALDITOF.jpg）

　　應用MALDI離子化源質譜儀所得的樣品分子離子（M^{z+}）也和電灑游離（ESI）質譜儀一樣會含各種多電核分子離子（如M^{++}，M^{+++}等等），因而也如電灑游離（ESI）質譜儀一樣可用來偵測高分子量生化物質（如抗體，蛋白質，酵素）及高分子，也因而MALDI發明人田中先生和ESI質譜發明人菲恩博士於2002年一起獲得諾貝爾化學獎。圖11-13d為MALDI-TOF質譜儀實物圖。

11-2-6　熱離子化源（TI）

　　熱離子化源（Thermal ionization (TI) source）或稱「表面離子化源（Surface ionization source）」通常應用在偵測無機化合物（Inorganic compounds），因為無機化合物通常為金屬離子化合物（MX），這些金屬離子化合物（MX）離子化沒問題，問題在質譜儀能從離子化源進入加速電壓的離子，一定要為氣體離子，而一般無機金屬離子很難氣化，因此「氣化」乃偵測無機化合物需要克服之首要問題。熱離子化源就是針對無機化合物設計的。

　　圖11-14為熱離子化源之基本結構示意圖，其由三組金屬（如W）加熱絲帶（Metallic Filaments）所組成，這三組金屬加熱絲帶分別為S, C, S加熱絲帶。其操作方式為先將無機化合物（MX）塗放在兩個S加熱絲帶上並加熱至約2000 ℃，使無機化合物（MX）揮發至中間尚未加熱的C加熱絲帶，然後以更高溫度（≥ 2500 ℃）加熱C加熱絲帶，使其上的無機化合物（MX）離子化及氣化成氣態離子（M^{+*}），並導入質譜儀之加速電場中。

圖11-14　熱離子化源（Thermal ionization, TI）結構及操作原理示意圖

11-2-7 離子源（Ion source）及二次離子質譜儀（SIMS）

離子源質譜儀即為常稱的「二次離子質譜儀（secondary ion MS, SIMS）」。這由離子（如Ar^+）撞擊樣品（M）產生離子（如M^+）的離子源二次離子質譜法（SIMS法）雖然為西元1910年由湯木生先生（.J.J. Thomson）研究出來，二次離子質譜儀（SIMS）卻在1949年才由赫索根及袂莫（Herzog and Viehboek）兩位先生才開發成功[139]。二次離子質譜儀（SIMS）現在為電子工業及半導體研究室常用於偵測半導體的利器，其對各種元素的偵測下限為$10^{12}\sim10^{16}$atoms/cm^3。

圖11-15A(a)及圖11-15A(b)分別為離子源及二次離子質譜儀之基本結構示意圖。

(a)

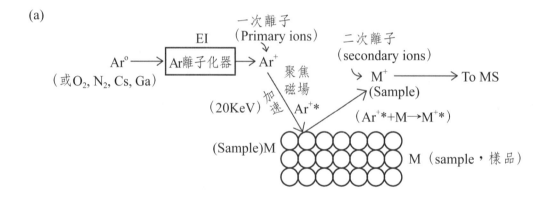

(b)

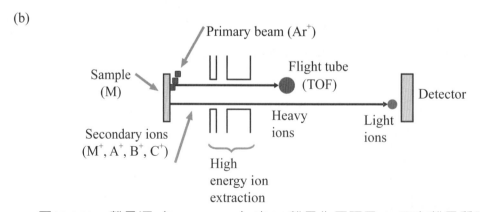

圖11-15A 離子源（Ion source）之(a)離子化原理及(b)二次離子質譜儀（TOF-SIMS）結構示意圖[139a]（(b)圖來源：From Wikipedia, the free encyclopedia, http://upload.wikimedia.org/wikipedia/en/1/1b/STATIC. SIMS.RICHA.5.GIF）

圖中用來撞擊樣品分子（M）之離子稱為一次離子（Primary ion，如Ar^+），而樣品分子受撞擊後產生的樣品離子（M^+）稱為二次離子（Secondary ion）。Ar^+為最常用的一次離子，如圖11-15A(a)所示，Ar^+是由中性Ar先經一電子離子化器（EI）離子化所得，然後經一聚焦磁場（圖11-15A(b)中Primary magnet），聚焦後撞擊樣品分子（M）產生樣品分子離子（M^+）及其碎片離子（如圖11-15A(b)之A^+, B^+等）如下：

$$Ar^{+}*+M \rightarrow M^{+}*+A^{+}+B^{+}\cdots+Ar^{+}（樣品分子離子化／氣化）\qquad（11\text{-}23）$$

如圖11-15A(b)所示，產生的樣品離子（M^+）及碎片離子再進入質譜儀之加速電場，再經質量分析器（如電場分析器、磁場分析器及飛行時間（Time of Flight, TOF）分析器），最後這些樣品離子進入離子偵測器偵測。除Ar^+，還有O_2^+, N_2^+, Cs^+及Ga^+也常用為一次離子。另外，依一次離子（如Ar^+）撞擊樣品方式不同及所偵測的樣品不同，二次離子質譜儀（SIMS）依其一次離子源輸送一次離子方式不同又分靜態及動態二次離子質譜儀（Static SIMS and Dynamic SIMS），靜態（Static）SIMS儀之結構實例如圖11-15B(a)所示，

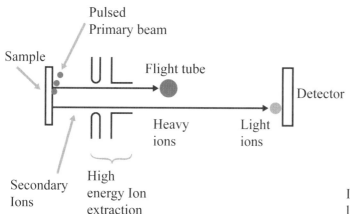

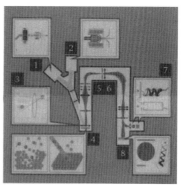

Ion gun (1 or 2), Sample (3), Ion lenses (5) ionization and sputtering (4), Filter (6) Electron multiplier (7, top), Faraday cup (7, bottom), or CCD screen (8).

(a) Static SIMS　　　　　　　　　　　　　(b) Dynamical Sims

圖11-15B　應用(a)靜態脈衝式（Static Pulse）及(b)動態濺射式（Dynamical Sputtering）之一次離子源的二次離子質譜儀實例構造圖（原圖來源：(a)http://en.wikipedia.org/wiki/Static_SIMS[139b], (b)http://en.wikipedia.org/wiki/Secondary_ion_mass_spectrometry[139c]）

其用穩定（Static）間歇性脈衝式（Pulsed）低能量（0.1～5 KeV）一次離子撞擊樣品表面並常用來分析表面原子薄膜（surface atomic monolayer）樣品，而動態（Dynamic）SIMS儀中則用較高能量（5-20 KeV）一次離子連續動態濺射式（Dynamic sputtering）深入樣品內部撞擊樣品分子，其儀器結構實例如圖11-15B(b)所示，含可射出高速離子之離子槍（Ion gun），其可用來分析塊狀（bulk analysis）樣品。動態二次離子質譜儀常配備四極柱（Quadrupole）質量分析器。

11-2-8　快速原子撞擊（FAB）離子化源

　　快速原子撞擊（Fast atom bombardment, FAB）離子化源是為偵測非揮發性極性分子所設計的。生化分子（Biomolecules）、極性天然物（Natural products）及離子化合物（Ionic compounds）都可用快原子撞擊（FAB）來偵測。快速原子撞擊（FAB）是英國的巴柏教授（Dr. Michael Barber）所開發出來，其原理是先將極性待測物（如oligopeptide efrapeptin D）和非揮發性（Non-volatile）的基質（Matrix）混合，再使用高能的快速原子（如Ar）撞擊樣品／基質混合物，使這極性分子離子化。快速原子撞擊（FAB）技術（用原子撞擊）和二次離子質譜（SIMS，用離子撞擊）及場脫附（FD，用電子撞擊）技術類似。常用的高能快速原子為Ar（Argon）或Xe（Xenon），而常用的基質為glycerol, thioglycerol, 3-nitrobenzyl alcohol (3-NBA), 18-Crown-6 ether, 2-nitrophenyloctyl ether, sulfolane, diethanolamine及triethanolamine.

　　圖11-16為快速原子撞擊（FAB）離子化源之基本結構圖，高能（約10 Kev）快速原子Ar^*撞擊基質（RH）產生高能基質（RH^*），然後RH^*將能量轉換給樣品分子（M）而使之氣化及離子化成樣品離子（M^+）或$(M+H)^+$，$(M-H)^+$，其離子化的過程和MALDI離子化源之技術類似，其過程如下：

　　Ar^*（快速原子）＋ RH（Matrix，基質）→RH^*（基質激化）　　（11-24）

RH^* ＋ M（Sample，樣品）→$M^+*+(M+H)^++(M-H)^++RH+R^-$（能量轉換／離子化）

(11-25)

　　快速原子撞擊（FAB）法可偵測到約3000 amu的分子，分子量超過3000

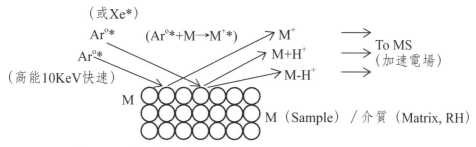

圖11-16　快速原子撞擊（FAB）離子化源離子化原理示意圖

amu的分子則仍需用MALDI及電灑（Electrospray）離子化源質譜儀。

11-2-9　電花源及電花源質譜儀

電花源質譜儀（Spark Source Mass Spectrometer, SSMS）為少數可用來偵測微量各種金屬及非金屬元素之質譜儀。電花源質譜儀（SSMS）之離子化源即為電花離子化源（Spark ionization source）。圖11-17為電花離子化源之基本結構及樣品分子離子化示意圖，其主要利用一高電壓尖端放電以高密度電子撞擊樣品，使樣品分子或原子（M）氣化並離子化成氣化的樣品離子（M^+），在這電花離子化源中通常用無線電頻率（約800 KHz Radio-frequency）之高電壓（>100 KV）之尖端放電系統，產生高溫（約5000 ℃）及高能且高密度電子，樣品分子或原子（M）離子化反應如下：

$$e^-* （高能） + M \rightarrow M^+* + 2e^- （離子化／氣化）\tag{11-26}$$

若為金屬離子樣品（M^+），其尖端放電之高能電子可幫助其金屬離子（M^+）氣化成氣態離子（M^+*），其能量轉換過程如下：

$$e^-* （高能） + M^+ \rightarrow M^+* + e^- （氣化）\tag{11-27}$$

氣化的樣品離子（M^+*）就會被導入質譜儀加速電場中，再入質量分析器及離子偵測器。

由於電花離子化源提供高溫／高能且高密度電子，可以用來離子化及氣化在樣品中各種金屬及非金屬元素，故含有電花離子化源之電擊源質譜儀（SSMS）對各種金屬及非金屬元素幾全可偵測且對這些元素之偵測下限也幾可低到ppb以下（如表11-1）。如表11-1所示之常用於偵測各種金屬及非金屬

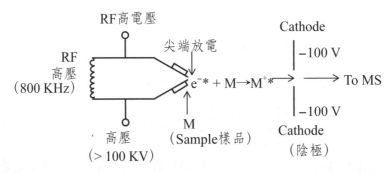

圖11-17　電花離子化源（Spark ionization source）離子化原理示意圖

元素的三種儀器中，電花源質譜儀（SSMS）對所有元素都有相當低的偵測
下限（0.0002～0.0005 ppm），換言之，電花源質譜儀（SSMS）可用來偵
測相當微量的各種元素。而ICP（Inductively coupled plasma，感應耦合電
漿）發射光譜法雖對一些元素也有好的偵測下限（0.0002～0.0008 ppm），
但對另一些元素之偵測下限就不好（如P的0.02及Se的0.03 ppm），不像
SSMS法對所有元素都有相當好且類似的偵測下限。而由表11-1亦可看出，
電熱原子吸光法（Electron-Thermal Atomic Absorption, ET-AA）對各種
元素之偵測下限均比ICP及SSMS高很多，即靈敏度差很多。電花源質譜儀
（SSMS）為一部可用在各種金屬及非金屬元素的微量分析之靈敏分析儀。

表11-1　各種常用偵測各元素分析法偵測下限（ppm）

元素	ICP(a)	SSMS(b)	ET-AA
Na	0.0002	0.0002	0.003
K	0.0003	0.0003	0.001
P	0.02	0.0003	—
Co	0.0001	0.0005	0.007
Cr	0.0008	0.0005	0.06
F	—	0.0005	100
Se	0.03	0.0002	0.5
Br	—	0.0003	—

(a)ICP: Inductively Coupled plasma (Emission)
(b)SSMS: Spark Source Mass spectrometry
(c)ET-AA: Electro-Thermal Atomic Absorption

11-2-10 電漿源及感應耦合電漿質譜儀

電漿源（Plasma source）為利用其所產生的高溫電漿使樣品原子（M）離子化及氣化成樣品離子（M^+），以便用質譜儀偵測。在質譜法中最常用的電漿源（Plasma source）為感應耦合電漿（Inductively Coupled Plasma, ICP）離子化源。因為ICP電漿源可提供穩定的高溫（約10^4 K）電漿，如本書第七章所示，使用ICP電漿源之原子發射光譜儀（ICP-Emission）對各種金屬或非金屬元素都有相當高的偵測靈敏度，然此種ICP-Emission光譜法確不能分辨同一元素之同位素（如^{63}Cu及^{65}Cu），若將ICP電漿源接上質譜儀（MS）成感應耦合電漿質譜儀（Inductively coupled plasma MS, ICP-MS），就可偵測幾乎所有的金屬或非金屬元素及其同位素和化合物。ICP-MS質譜儀幾乎對所有的元素都有相當好的靈敏度（比ICP-Emission及所有原子吸收光譜儀都好），對每一種元素及同位素都有低至ppb以下之偵測下限。

圖11-18a為感應耦合電漿源離子化源質譜儀（ICP-MS）之結構及原理示意圖，而圖11-18b為市售ICP-MS質譜儀之實物圖。在ICP電漿源中用30 MHz無線電電波（Radio-Frequency, RF）將輸送樣品分子或原子（M）之惰性氣體載體Ar感應產生Ar原子內渦電流，然後解離成高溫$Ar^+* + e^-*$電漿（詳細的電漿產生原理請見本書第七章原子光譜法），然後利用高溫（10^4 K）高能電漿撞擊樣品分子或原子（M），使之離子化及氣化，反應如下：

$$Ar + RF（30 MHz）\rightarrow Ar^+* + e^-*（Plasma電漿） \qquad （11-28）$$

$$e^-* + M（樣品）\rightarrow M^+* + 2e^-（離子化／氣化） \qquad （11-29）$$

因為ICP-MS質譜儀對對各種金屬或非金屬元素都有相當高的偵測靈敏度且低的偵測下限（$\leq$ 1 ppb），ICP-MS質譜儀已廣泛用來偵測電子科技產品（如矽晶片及其他半導體製品）及各種工業材料之微量元素與食品藥品和環境（水及空氣）中各種微量有毒元素及同位素。

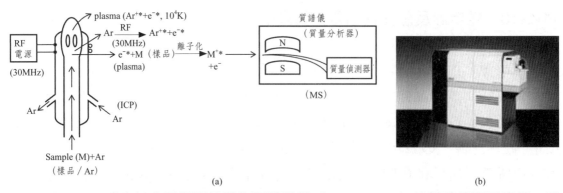

圖11-18　感應耦合電漿源離子化源質譜儀（ICP-MS(a)）結構和原理示意圖，及
(b)THERMO公司生產ICP-MS質譜儀實物圖[140]（(b)圖來源：http://static.
thermoscientific.com/images/F81009~wn.jpg）

11-3　加速電場及介穩離子

　　質譜儀中加速電場（Accelerating potential）的功能主要為使從離子化
源出來的樣品離子獲得動能加速進入質譜儀之質量分析器分離各種樣品及碎片
離子。在一般質譜儀中從離子化源進入加速電場者為正離子（如圖11-19a），
故一般質譜儀應稱為**正離子質譜儀**（但一般省略「正離子」三個字），而此分
析法可稱為正離子質譜法（positive-ion mass spectrometry）。如圖11-19a
所示，正離子（M^+，A^+，B^+等）從加速電場陽極被正電荷排斥，往加速電場陰
極（如 − 3000 V）加速前進，通過加速電場再進入質譜儀之質量分析器。但
若將加速電場之陰陽極互調，如圖11-19b所示，此時由離子化源出來的正負
離子中只有負離子（X^-）會因負-負電荷排斥，並被加速電場陽極（如 +3000
V）吸引加速前進通過加速電場，再進入質譜儀質量分析器，此種進入加速
電場及質量分析器為樣品負離子（X^-）而偵測負離子之質譜儀特稱為**負離子**
（X^-）質譜儀（此時不能省略「負離子」三個字），而此分析法就稱為負離
子質譜法（Negative-ion mass spectrometry）。

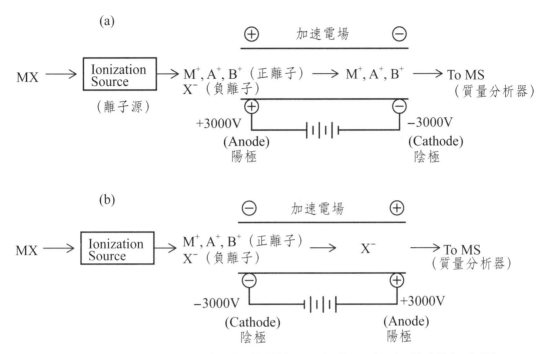

圖11-19　(a)正離子（M⁺）質譜儀及(b)負離子（X⁻）質譜儀加速電場

在質譜儀中樣品及碎片離子大都在離子化源離子化或解離的，然而有時候某一大離子碎片到加速電場中會進一步解離成更小離子，此種在加速電場才解離形成的離子特稱為**介穩離子**（Metastable ions）。如圖11-20所示，由離子化源出來的$C_6H_5\text{-}CO\text{-}CH_3^+$(M⁺, m/e = 120)離子在加速電場中再解離成$C_6H_5\text{-}CO^+$(M₁, m/e = 105)及$C_6H_5^+$(M₂, m/e = 77)兩種介穩離子。

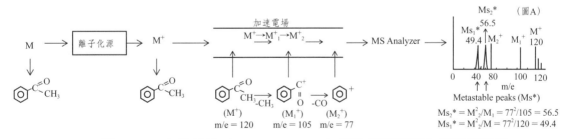

圖11-20　介穩離子（Metastable ions）產生過程及產生原理示意圖

圖11-20中之圖A為含有此兩種介穩離子之質譜圖，由圖A中可看出除了$C_6H_5\text{-}CO^+$(M₁, m/e = 105)及$C_6H_5^+$(M₂, m/e = 77)兩介穩離子之譜線外，還

有兩譜寬相當寬之譜峰Ms_1*（m/e = 49.4）及Ms_2*（m/e = 56.5），這兩寬譜線特稱為介穩譜峰（Metastable peaks）。這兩介穩譜峰不是屬於一真正離子的譜峰，而是因為某些介穩離子在加速電場中形成，其動能不穩定且和直接從離子源出來的離子之動態不同，故由質量分析器計算出來的m/e為不正確且譜寬相當寬的介穩譜峰。譜峰Ms_1*及Ms_2*都是由介穩離子$C_6H_5^+$(M_2)動能不穩定所得到虛擬之介穩譜峰。介穩譜峰（如Ms_1*）之m/e值和介穩離子之m/e值（如$C_6H_5^+$(M_2, m/e = 77)）與原來母離子（C_6H_5-CO-CH_3^+(M^+, m/e = 120)）之m/e值（$C_6H_5^+$直接由C_6H_5-CO-CH_3^+解離所得）關係如下：

$$Ms_1（介穩譜峰）= M_2^2（介穩離子）/ M（母離子） \qquad (11\text{-}30)$$
$$即 \quad Ms_1 = 77^2/120 = 49.4 \qquad (11\text{-}31)$$

同理：$C_6H_5^+$(M_2, m/e = 77)直接由C_6H_5-CO$^+$(M_1（母離子）, m/e = 105)解離所得，亦可得另一介穩譜峰Ms_2*，關係如下：

$$Ms_2（介穩譜峰）= M_2^2/M_1 = 77^2/105 = 56.5 \qquad (11\text{-}32)$$

11-4　質量分析器

質量分析器（Mass analyzers）在質譜儀中之主要功能為將由離子化源及加速電場來的各種樣品及碎片離子分離並在一個時間擇一離子送入偵測器偵測。質譜儀常用的質量分析器有(1)磁場（Magnetic field）分析器，(2)電場／磁場雙聚焦（Double focusing）分析器，(3)四極柱（Quadrupole）分析器，(4)飛行時間式（Time of Flight (TOF)）分析器，(5)離子阱（Ion Trap，含離子迴旋共振（Ion Cyclotron Resonance））分析器及(6)傅立葉轉換（Fourier Transform）質量分析器。本節將對各種質量分析器之分離或辨別離子之原理及基本結構加以介紹。

11-4-1　磁場分析器

磁場分析器（Magnetic field analyzer）為最早用在質譜儀之質量分析

器。圖11-21爲磁場分析器之配置圖，當具有m質量及電核z之正離子（M^{z+}）經加速電場（V）時得動能爲：

$$K.E（動能）= (1/2)mv^2 = zeV　或　mv^2 = 2zeV \qquad (11\text{-}33)$$

式中v爲離子速度，z爲離子電荷。

當此正離子進入磁場分析器受磁場強度H之磁力（Magnetic force）離心力F_B以及離子運動所引起的向心力（Centripetal force）F_C兩種力作用，爲使離子能成圓弧曲線（半徑爲r）出磁場分析器而進入偵測器，此兩力（磁離心力F_B及向心力F_C）必相等，即：

$$F_B = Hzev；F_C = mv^2/r \qquad (11\text{-}34)$$

及

$$Hzev = mv^2/r　或　v = rHze/m \qquad (11\text{-}35)$$

將式（11-35）之v代入式（11-33）可得：

$$m/e = H^2r^2z/2V \qquad (11\text{-}36a)$$

或

$$m/z = H^2r^2e/2V \qquad (11\text{-}36b)$$

由式（11-36a）及（11-36b）可知，若固定r，只要改變加速電場V，就可選不同質量m之離子，達到分離並選擇不同質量m之離子的目的。另外，根據式（11-36a）及（11-36b），一分子之質譜圖可用m/e對訊號強度或m/z對訊號強度作圖。

一質譜儀之質量分析器分辨不同質量離子之解析度（Resolution, R）方便上是以其對苯離子（$C_6H_6^+$, m/e = 78）偵測所得的譜峰（Peak）之譜寬（Δm）和其質量（m）兩者關係而定，質量分析器之解析度（R）定義如下：

$$R（Resolution，質譜解析度）= m/\Delta m　(C_6H_6^+, m = 78) \qquad (11\text{-}37a)$$

然較嚴格的定義，質譜儀解析度中之Δm爲質譜儀能夠分辨兩條質譜峰m_1, m_2（Two resolved peaks）最短的質量差（即$\Delta m = m_2 - m_1$），而m爲兩質量中間值（$m = (m_1 + m_2)/2$）。即：

$$R（質譜解析度，嚴格定義）= m/\Delta m = [(m_1 + m_2)/2]/(m_2 - m_1) \qquad (11\text{-}37b)$$

磁場分析器之解析度約爲5000，雖然這解析度還不錯，但這與以後發展出來的其他質量分析器相比並不算很好。

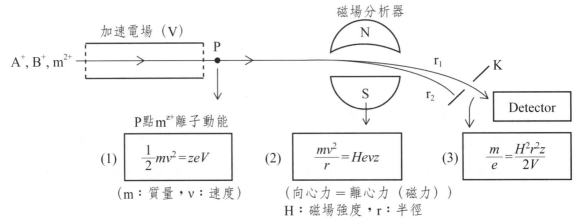

圖11-21　質譜磁場（Magnetic field）分析器結構及原理示意圖

11-4-2　電場／磁場雙聚焦分析器

　　磁場分析器之解析度之所以並不算很好，主要原因是在磁場分析器分離離子是建立在假設從加速電場出來的所有離子都具有相同的動能（如式11-33），然而事實上並不是所有的離子都具有相同動能，才會使譜寬（Δm）變大，而導致磁場分析器之解析度降低。為彌補這缺點，發展出電場／磁場雙聚焦分析器（Double focusing analyzer）（如圖11-22），在磁場分析器前接一電場分析器（Electric Analyzer），常用之電場分析器為如圖11-22所示的靜電分析器（Electro-static analyzer, ESA），其主要功能是將具有相同動能之離子收集起來進入磁場分析器，而將不同動能之離子去除。

　　如圖11-22所示，具有不同動能（KE）之各種離子（質量m，電荷z）由加速電場（V）進入電場分析器ESA（電壓強度為E），離子受電場吸引之離心力（F_C）和向心力（F_E）相等：

$$F_E = Eze ; F_C = mv^2/r \qquad (11\text{-}38a)$$

及　　　　　　　　　$$Eze = mv^2/r \qquad (11\text{-}38b)$$

因　　　　　　　KE（動能）$= (1/2)mv^2 = zeV \qquad (11\text{-}39)$

　　將式11-39代入（11-38b）可得：

$$Eze = mv^2/r = 2(KE)/r \qquad (11\text{-}40a)$$

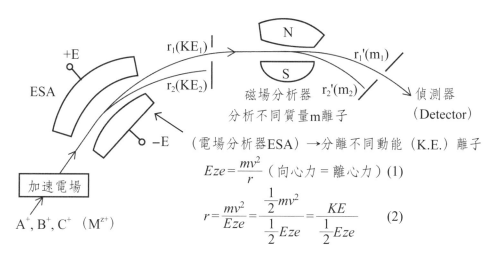

（電場分析器ESA）→分離不同動能（K.E.）離子

$$Eze = \frac{mv^2}{r}（向心力＝離心力）(1)$$

$$r = \frac{mv^2}{Eze} = \frac{\frac{1}{2}mv^2}{\frac{1}{2}Eze} = \frac{KE}{\frac{1}{2}Eze} \qquad (2)$$

圖11-22　質譜電場／磁場雙焦（Double focusing）分析器結構及原理示意圖

整理可得：　　　　　　　　$r = 2(KE)/Eze$　　　　　　　　　　（11-40b）

　　將（11-39）代入（11-40b）可得：$r = 2(zeV)/Eze = 2\ V/E$　（11-40c）

　　由式（11-40b）可知若用固定的加速電場（E），在一定半徑r出來的離子就會有固定相同的動能（KE），然後這些具有相同的動能之各種離子由固定半徑r進入磁場分析器進行質量分析。因為此時進入磁場分析器皆為相同動能之各種離子，故此電場／磁場雙焦分析器比傳統的磁場分析器要有更好的解析度（R），一般電場／磁場雙焦分析器之解析度（R）可達3×10^5。（傳統的磁場分析器的解析度只約為5×10^3）

11-4-3　四極柱分析器

　　四極柱分析器（Quadrupole analyzer）為現在最常用的質量分析器。四極柱分析器顧名思義是由雙雙成對兩組雙電極的四根電極所組成的（如圖11-23a所示）。在這兩組電極（電壓分別為U及V）以一無線電頻率（ω，Radiofrequency）供應總電壓（E）為：

　　　　　　E（總電壓）$= 2(U + V \cos \omega)$　　　　　　　　　（11-41）

　　各種離子在一定的總電壓（E）下，有的離子會產生共振現象（如圖11-23A(a)及A(b)中之A^+），此種產生共振的離子稱為穩定離子（Stable

ion），此穩定離子穩定通過四極柱分析器而進入離子偵測器（Detector）。
而其他離子被電極的電場排斥而從電極分析器被排出（如圖11-23A(a)及
A(b)中之B$^+$），此種因排斥而被排出的其他離子稱為非穩定離子（Unstable
ion）。如此一來，在固定總電壓（E）下，就只有一種離子可通過四電極分
析器到偵測器，若要偵測其他離子，只要改變總電壓（E），就可使另外一種
離子變成穩定離子並通過四極柱分析器到偵測器去偵測。

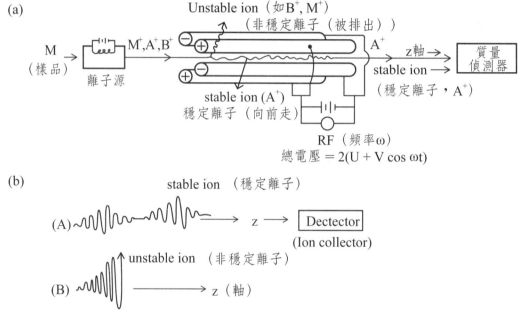

圖11-23A　質譜四極柱（Quadrupole）分析器之(a)結構及穩定／非穩定離子
　　　　　（Stable/unstable ions）在四電極中之軌跡

　　四極柱分析器之兩組正負電極具有分辨及選擇離子質量功能。其兩正電
極具有高質量過濾器（High-mass filter）功能（即讓高質量正離子當穩定
離子（Stable ion）通過，而去除低質量正離子（當非穩定離子（Unstable
ion）），反之. 其兩負電極具有低質量過濾器（Low-mass filter）功能，即
讓低質量正離子通過，而去除高質量正離子。其兩組正負電極之離子選擇性原
理將說明如下：
　　四極柱分析器之兩正電極當高質量過濾器之原理如圖11-23B(a)所示，當
此兩正電極只加直流（DC）正電壓Q+時（如圖11-23B(a)之(I)），因會排斥

同具正電荷之正離子，使所有正離子都保持在兩正電極間前進，沒離子選擇性。若加入無線電電波（RF）時（如圖11-23B(a)之（IIA&IIB）），而RF電波屬交流（AC）電波，當通過RF正電波時（圖11-23B(a)IIA），總電壓正電更增加，所有正離子一樣被電極排斥而都保持在兩正電極間前進，仍沒離子選擇性。但當通過RF負電波時（圖11-23B(a)IIB），這RF負電壓△δ-較易吸引質量較小離子（如B+）到這兩正電極上而成未穩定離子脫離Z軸（原來方向），反之質量大離子（如A+）不易被兩正極吸引而保持原來方向在Z軸而成穩定離子（Stable ion）射出到偵測器。換言之，加DC正電壓及RF負電波的兩正電極可當高質量過濾器（High-mass filter）讓高質量正離子當穩定離子（Stable ion）通過，而去除低質量正離子。

　　相對地，四極柱分析器之兩負電極當高質量過濾器之原理如圖11-23B(b)所示，在只加直流（DC）負電壓Q-時（如圖11-23B(b)之(I)），因正負電會相吸，大小正離子都會被兩負電極吸引而偏離原來行進方向。但在通過RF正電波△δ+時（11-23B(b)IIA），兩負電極之負電壓略減，對小離子（如B+）之吸引力下降（但對大離子影響相對較小），因而小離子B+就較易被偏轉而改變方向恢復到原來方向（Z軸）而可射出到偵測器被偵測。換言之，加DC負電壓及RF正電波的兩負電極可當低質量過濾器（Low-mass filter）讓低質量正離子當穩定離子（Stable ion）通過，而過濾掉高質量正離子。然若用DC負電壓Q-及RF負電波時（圖11-23B(b)IIB），由於兩負電極之總負電壓再增加，大小離子都會被兩負電極吸引而偏離原來行進方向。換言之，只有用加DC負電壓及RF正電波時（（11-23B(b)IIA）），此兩負電極才可當低質量過濾器而具有離子選擇性。

　　圖11-23B(c)為四極柱分析器之兩正電極當高質量過濾器及兩負電極當高質量過濾器分別可通過的正離子質量範圍曲線，圖中兩曲線相交之斜線小範圍為真正可通過此四極柱分析器之離子質量範圍。用不同總電壓（DC正負電壓（U）+RF正負電壓（Vcosωt）），可選擇不同的離子質量範圍△M，一般所用DC正負電壓（U）範圍為0~±250 Volts，RF(AC)正負電壓（V）為0~±1500 volts，而DC/AC電壓比（U/V）常保持約1/6。圖11-23B(d)為四極柱分析器之實物圖。

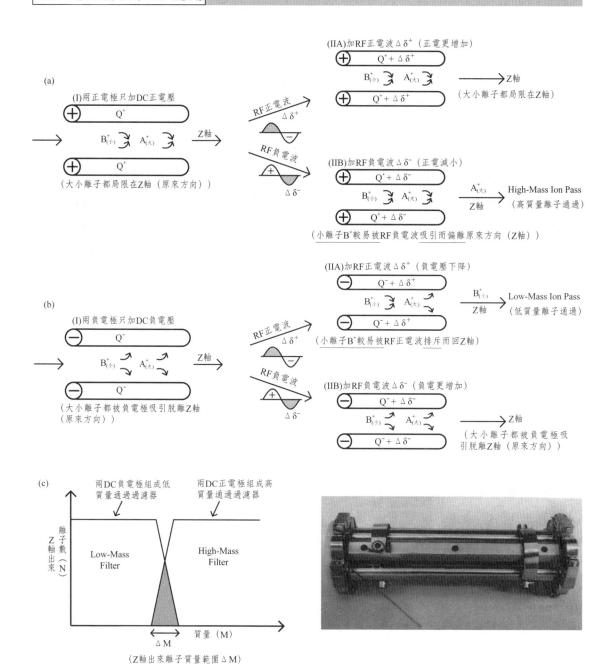

圖11-23B　四極柱分析器之(a)兩正電極組成高質量通過過濾器（High mass filter）
　　　　　及(b)兩負電極組成低質量通過過濾器（Low mass filter）工作原理示意
　　　　　圖與(c)經四電極當過濾器出來的離子質量範圍ΔM，和(d)實物圖（©圖參
　　　　　考資料：P. E. Miller and M. B. Denton, Anal. Chem. 63, 619 (1986)；d圖
　　　　　來源：http://huygensgcms. gsfc. nasa. gov/MS_Analyzer_1.htm）

由於四電極分析器之靈敏度和解析度都很好且比起其他常用的質量分析器價格便宜，四電極分析器已成為現今世界各國各大學及研究機構之質譜儀最常用之質量分析器。實際上，六電極（Hexapole）質量分析器已被開發出來，但商業上產品仍然不多，故使用情形還不普遍。

11-4-4　飛行時間式（TOF）分析器

飛行時間式分析器（Time of Flight (TOF) analyzer）顧名思義是利用各離子到固定距離所需的飛行時間之不同而彼此分離。圖11-24a分別為飛行時間式分析器基本原理及結構示意圖。在TOF分析器中，由加速電場來的離子進入尾端含有一負電壓陰極（Cathode）的飛行管（真空分離管），所有的離子（M$^+$（樣品離子）及碎片A$^+$, B$^+$離子）就往真空管尾端陰極衝，質量輕的離子（如B$^+$）跑得快，質量重的離子跑得慢，如此就可分離各種不同質量的離子。為著節省空間，現在許多TOF分析器常用反射式飛行管（圖11-24b）。圖11-24c為TOF-MS發明人Dr.William E. Stephens在1952年研發成功的TOF-MS質譜儀，他當時是用電子離子化源（EI）產生離子及用示波器（Oscilloscope）來觀察離子到達法拉第杯（Faradic cup）離子偵測器情形。

如圖11-24a所示離子之飛行時間（t）和飛行管長度（L）及其速度（υ）有關：

$$t（飛行時間）= L/υ \quad 或 \quad υ = L/t \tag{11-42}$$

離子之速度（υ）和其動能（KE）有關，而離子之動能來自加速電場（電壓V）：

$$Ve = (1/2)mυ^2 = KE \tag{11-43}$$

由式（11-42）之υ代入（11-43）可得：

$$Ve = (1/2)m(L/t)^2 \tag{11-44}$$

由式（11-44）可得飛行時間t及m/e值如下：

$$t = [(m/e)(1/2\ V)]^{1/2}L \tag{11-45}$$

及

$$m/e = 2\ Vt^2/L^2 \tag{11-46}$$

由式（11-45）可知在固定加速電場之電壓V，質量（m）越重的離子其飛行時間t就越長。而由式（11-46）可知質譜之m/e值也和飛行時間之平方

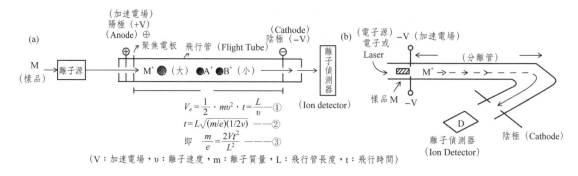

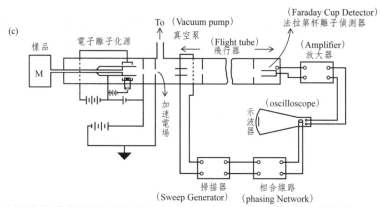

圖11-24 飛行時間分析器-質譜儀（TOF-MS）之(a)結構及偵測原理，(b)反射式TOF
飛行管及(c)1952年Dr.William E. Stephens研發成功的TOF-MS質譜儀示
意圖[141]（(c)圖來源：From Wikipedia, the free encyclopedia, http://upload.
wikimedia.org/wikipedia/commons/thumb/4/41/StephensTOF.gif/300px-
StephensTOF.gif）

（t^2）成正比，換言之，一離子之TOF-MS質譜線之m/e值為飛行時間t之函
數，可由飛行時間t算出來。

11-4-5 離子阱及離子迴旋共振

離子阱（Ion Trap）分析器爲近年來發展的一種質量分析器，離子阱分析
器顧名思義是將各種離子困在電場或磁場中，然後改變電場的電壓或磁場的強
度選擇一特定質量的離子放出離開到離子偵測器偵測，而其他質量離子則仍在
電場或磁場中。圖11-25爲典型的離子阱分析器之結構圖，在圖中利用無線電
頻率電壓（Radio-frequency (RF) voltage）將各種從離子化源出來的各種離

子（A^+, B^+, C^+等等）困陷（Trap）在電場中並依一定軌跡做圓周運動，這些在固定軌跡做圓周運動之離子慣稱為穩定離子（Stable ions），然後選擇RF電壓使其中一種具有特定m/e之離子（如C^+）脫離固定軌跡而從離子阱電場中脫困出來，此種脫離固定軌跡而從離子阱脫困出來的離子慣稱為去穩定離子（Destabilized ion，如C^+），此去穩定離子（如C^+）從離子阱脫困出來後到離子偵測器偵測。改變RF電壓就可選擇不同質量離子從離子阱脫困並到離子偵測器偵測。

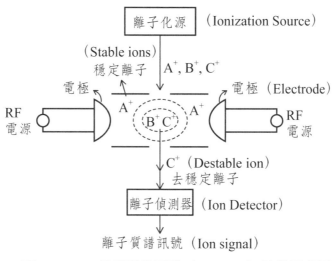

圖11-25　一般質譜離子阱（Ion Trap）結構示意圖

　　另一種以磁場為主的離子阱之質量分析器為相當有名的**離子迴旋共振**（Ion Cyclotron Resonance, ICR）分析器。美國物理學家Dr. Ernest Orlando Lawrence因發現此離子迴旋（Cyclotron）現象而獲得1939年諾貝爾物理獎。和核磁共振（NMR）技術類似，ICR分析器是如圖11-26a所示利用一無線電波頻率（Radio frequency (RF), ω）使特定離子在一磁場（強度B）下產生共振（Resonance），此共振離子（Resonance ion）在上下兩電板間以上下圓周軌跡做運動，而共振離子（M^{z+}）每撞擊到上下兩接收電板就會有電流訊號產生並由離子電流計記錄傳出（如圖11-26b），得電流（I）和時間（t）關係圖。此共振離子（M^{z+}）之質量（m）和RF頻率（ω）及磁場強度（B）之關係為：

$$m/z = eB/\omega \tag{11-47}$$

除共振離子外，其他不共振的離子稱為正常離子（Normal ion）。如圖 11-26b所示，不共振的正常離子就直接穿過ICR分析器並不會撞擊到上下兩接收電板，就不會有電流訊號，如此就可分離及選擇各離子。由式（11-47）可看出，在固定磁場強度（B），只要改變RF頻率（ω）就可使另一種不同質量（m）之離子產生共振而撞擊上下兩電極板並產生離子電流訊號。

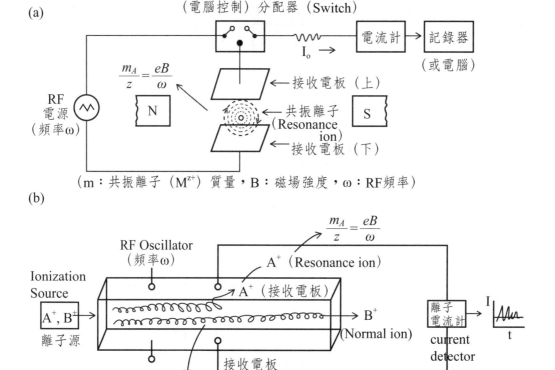

圖11-26　離子迴旋共振（ICR）分析器之(a)結構及(b)共振離子軌跡示意圖

11-4-6　傅立葉轉換質譜儀（FTMS）分析器

脈衝-離子迴旋共振（Pulse-ICR）分析器為改良型離子迴旋共振（ICR）分析器，而傅立葉轉換質譜（Fourier Transform MS, FTMS）為含有脈衝-離子迴旋共振分析器及傅立葉轉換（FT）系統之質譜儀。圖11-27a為傅立

葉轉換質譜（FTMS）組件及分析過程示意圖，而圖11-27b為Pulse-ICR分析器之結構及質量分析過程示意圖。圖11-27b中(A)圖為脈衝-離子迴旋共振（Pulse-ICR）分析器結構示意圖，在此Pulse-ICR分析器中，一無線電頻率脈衝（Radio-frequency pulse）進入一電波發射器（Transmitter），在此發射器中時間函數的脈衝（H1）經傅立葉轉換（FT）成頻率（ω）函數的波寬（Spectral width, SW）的多頻率電波（如圖11-27a所示），此傅立葉轉換（FT）轉換程式為：

$$I(\omega) = \int_0^\infty H_1(t)(\cos \omega t - i \sin \omega t)dt \qquad (11\text{-}48)$$

此含多頻率電波所涵蓋的波寬（SW）和脈衝寬度（Pulse width, ω）關係為：

$$SW = 1/(2tp) \qquad (11\text{-}49)$$

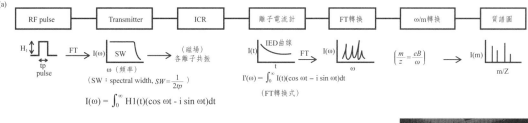

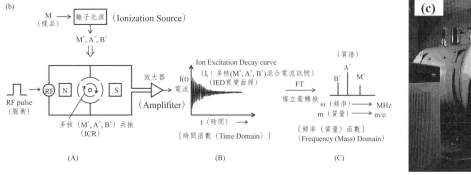

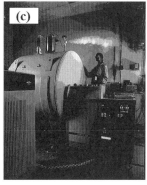

圖11-27　傅立葉轉換(a)質譜儀（FTMS）組件與分析過程，(b)脈衝-離子迴旋共振（Pulse-ICR）分析器之結構與質量分析過程示意圖，及(c)FTMS質譜儀實物圖[142]（(c)圖來源：From Wikipedia, the free encyclopedia，http://upload.wikimedia.org/wikipedia/commons/5/53/Pnnl_ftms.jpg）

而此含多頻率電波就被離子迴旋共振（ICR）分析器吸收，多頻率使所有離子同時都在磁場中吸收各離子特定的共振頻率而產生共振（不像前一小節所介紹的傳統的ICR分析器的頻率是一個一個給，慢慢掃瞄），不同質量（m）離子（M^{z+}）同時吸收不同頻率（ω）和磁場強度（B）之關係如下：

$$m/z = eB/\omega \qquad\qquad (11\text{-}50)$$

各種離子吸收其個別共振頻率而共振並撞擊ICR之上下兩電極板（請見上一節ICR結構（圖11-26）及原理）並產生離子電流訊號。各種離子所產生以時間為函數的電流訊號如圖11-27b中(B)圖所示，此時間函數的電流訊號圖特稱為離子激化衰減曲線（Ion Excitation Decay (IED) Curve）。接著利用另一個傅立葉轉換（FT）將此時間函數的IED電流訊號（I(t)）轉換成以頻率函數的RF頻率訊號（I'(ω)），如圖11-27b中(C)之頻率ω座標圖），其FT轉換程式為：

$$I'(\omega) = \int_0^\infty I(t)(\cos \omega t - i \sin \omega t)dt \qquad\qquad (11\text{-}51)$$

因為質譜法是要得到以質量（m）為函數的質譜圖，故需將此頻率訊號（I'(ω)）圖依式（11-50）：m/z=eB/ω轉換成以質量（m）為函數的質譜圖（如圖11-27a, b），圖11-27b中(C)之質量m座標圖，即為頻率／質量轉換後之以質量（m）為函數的FTMS質譜圖。圖11-27c為FTMS質譜儀實物圖。

11-5 離子偵測器

常用在質譜儀中之離子偵測器（Ion Detector）有(1)電子倍增（Electron Multiplier）離子偵測器，(2)法拉第杯（Faraday cup）離子偵測器，(3)攝影底板偵測器（Photographic plate detector）及(4)磷光閃爍偵測器（Phosphor scintillation detector）。其中以電子倍增離子偵測器及法拉第機架離子偵測器較常用，本節就介紹各種離子偵測器之結構及離子偵測原理。

圖11-28為電子倍增離子偵測器（Electron Multiplier Ion Detector）之基本結構及偵測過程示意圖。由質量分析器出來的各種離子射入電子倍增偵測器之陰極Cu-Be（Cathode），離子將陰極的Cu打出第一個電子

（e⁻），此電子向偵測器之帶正電的陽極Cu（Anode）方向移動（陽極及陰極電壓約為（±900 V），而陰極及陽極間約有20個帶電子之代納電極中繼站（Dynodes），當從陰極出來的電子打到第一個代納電極中繼站（1ˢᵗ dynode）而如撞球般的打出更多電子，這些電子再經第2, 3, 4…中繼站後打出數以倍增的電子，最後的中繼站出來的電子就有約10^6～10^7個電子射向陽極Cu，然後這些電子從陽極出來形成電子流經圖11-28中PK兩端就會輸出電位差Vo，從從陽極出來的電子流越大，輸出Vo越大。然後將此輸出電位差Vo接放大器（Amplifier）產生放大輸出電壓訊號。此放大器常用運算放大器（Operational amplifier, OPA，OPA將在本書第15章介紹）轉成電壓，再經類比／數位轉換器（Analog/Digital converter, ADC）轉成數位訊號讀入電腦做數據處理。

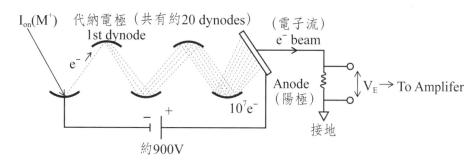

圖11-28　電子倍增（Electron Multiplier）離子偵測器結構及偵測過程示意圖

　　法拉第杯偵測器（Faraday cup detector）和電子倍增離子偵測器比較，相對地是一比較簡單的偵測器，其結構如圖11-29所示，因其主要元件為方型又被稱為法拉第籠（Faraday cage），其中有一被稱為收集電極（Collector electrode）的接地電極，此收集電極用來收集質量分析器來的樣品離子（M⁺），當樣品離子撞擊收集電極時，瞬間電極帶正電荷（含樣品離子M⁺），誘使一股電子流由收集電極之接地端經電阻R到達收集電極達成正負電荷平衡，可視同樣品離子（M⁺）和由接地端來的電核中和或相等，當電子流由接地端到收集電極時，其間之輸出電壓Vo下降，此輸出電壓Vo的下降訊號可經一電子放大器放大產生放大輸出電壓訊號並經類比／數位轉換器轉成數位訊號並微電腦做數據處理。

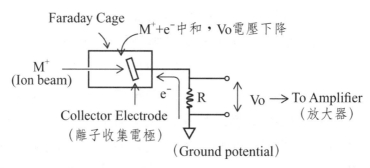

圖11-29　法拉第杯偵測器（Faraday cup detector）結構及原理示意圖

　　攝影底板偵測器（Photographic plate detector）常用在對所有的離子同時同步觀測（Simultaneous observation）之用。圖11-30a為攝影底板偵測器結構示意圖，如圖所示，所有經磁場分析器分離開的各種離子分別射到偵測器之塗AgBr底板（或底紙）上各處形成m/e譜線。用塗佈AgBr底板是因AgBr對高能離子相當靈敏，商業上也常用AgNO₃底紙代替，因AgNO₃對光的靈敏度較小，較易保存。在市場上常用此攝影底板偵測器的質譜儀為電場／磁場雙焦（Double focusing）質譜儀。

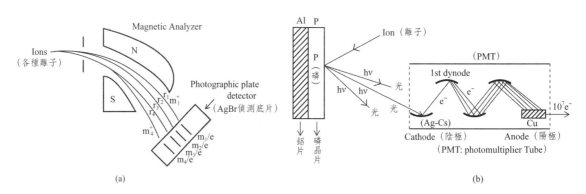

圖11-30　(a)攝影底板偵測器（Photographic plate detector）及(b)磷光閃爍偵測器（Phosphor scintillation detector）結構示意圖

　　磷光閃爍偵測器（Phosphor scintillation detector）也為某些質譜儀製造商用做離子偵測器，此偵測器之基本結構如圖11-30b所示，此偵測器是是利用樣品離子撞擊塗磷鋁片產生磷光，再用光電倍增管（Photomultiplier

Tube, PMT）將磷光轉成電子流（PMT之工作原理請見本書第三章），然後再將電流訊號經電流／電壓放大器（如運算放大器，OPA）轉換成放大輸出電壓，一樣再用類比／數位轉換器（ADC）轉成數位訊號並讀入電腦做數據處理。在磷光閃爍偵測器中，有時為提高磷光產率，其塗磷鋁片通負電成陰極（Cathode），當樣品離子撞擊塗磷鋁片時，不只會有離子撞擊磷原子產生的磷光，也會因某些離子撞擊陰極產生高能電子，而這些高能電子撞擊磷原子也會產生磷光，如此一來磷光產率增加，由光電倍增管（PMT）電子流訊號也就增強，可提高磷光閃爍偵測器偵測離子之靈敏度。

11-6　同位素質譜求化合物分子式法

常見一分子之質譜中除有其接近分子量的大的分子峰M（Molecular peak）外，在分子峰旁邊通常會有相對小很多的M+1及M+2譜峰。如圖11-31所示，未知樣品R之分子質譜中其分子峰M＝90，而分子峰旁邊還有M+1峰

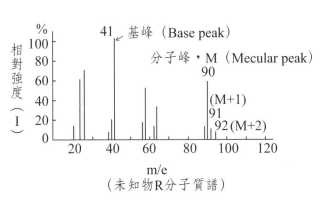

表A（原來質譜資料）

m/e	%	Name
41	100 %	Base peak
90	60 %	Malecular peak (M)
91	3.1 %	M+1 (Isotope peak)
92	2.6 %	M+2 (Isotope peak)

將M(90)設定100 % M+1 及M+2依比率更改

表B（加權資料）

Peak	%	說明
M(90)	100 %	表A中 $M \times \dfrac{100}{60}$
M+1(91)	5.2 %	表A中 $(M+1) \times \dfrac{100}{60}$
M+2(92)	4.3 %	表A中 $(M+2) \times \dfrac{100}{60}$

圖11-31　未知有機物R之質譜及分子峰／同位素峰（Molecular /Isotope Peaks）資料

（91）及M+2峰（92）。之所以有M+1峰及M+2峰主要是分子中原子具有同位素。如表11-2所示，C, H, N等原子分別除有C-12, H-1及N-14之主要原子（M）外，還有少量的M+1（C-13，H-2（即重氫），N-15）同位素，而幾乎沒有天然M+2同位素（如H-3相當少，約為H-1之10^{-12}而已，可不計）。而O及S原子除主原子（O-16及S-32）外，還有M+1（O-17及S-33）及M+2（O-18及S-34）。然Cl及Br除主原子（Cl-35及Br-79）外，天然幾乎沒有M+1同位素，而確有不少的M+2（Cl-37及Br-81）。因質譜中M+1峰及M+2峰由分子組成中各種原子同位素所總合而成，故常稱M+1峰及M+2峰為**同位素峰**（Isotope Peaks）。

表11-2　常見元素及其同位素質量及自然豐度（%）

Element（元素）	M		M+1		M+2	
	Mass	%	Mass	%	Mass	%
H	1	100	2	0.015	—	—
C	12	100	13	1.08	—	—
N	14	100	15	0.36	—	—
O	16	100	17	0.04	18	0.20
S	32	100	33	0.80	34	4.40
Cl	35	100	—	—	37	32.5
Br	79	100	—	—	81	98.0

*元素及同位素自然含量（Natural Abundances）

　　同位素質譜求化合物分子式法主要利用分子峰M和同位素峰M+1及M+2峰相對強度來做判斷。故此法首先要先將在質譜中原來分子峰強度（如圖11-31表A所示，未知物R原來分子峰（M=90）強度為60 %），改為100 %（原來強度×100/60後，如圖11-31表B所示），同樣，M+1及M+2峰之強度也跟著分別由3.1及2.6 %（圖11-31表A）更換成5.2及4.3 %（原來強度×100/60後，如圖11-31表B所示）。同樣地，如表11-2所示，對單一原子也一樣以主原子M為100 %（如O-16），M+1（如O-17）及M+2（如O-18）也採相對強度分別為0.04及0.20 %。

　　同位素質譜求分子式法常用有兩法(a)同位素峰計算法，及(b)同位素峰查資料法。以圖11-31未知樣品R為例，**同位素峰計算法**中步驟如下：

⑴將質譜中分子峰M之強度修訂為100 %，計算M+1及M+2峰相對強度（如上所述）。

未知樣品R（如圖11-31表B所示）：M(90) = 100 %，M + 1(91) = 5.2 %，M + 2(92) = 4.3 %。

⑵由M + 2(92) = 4.3 %，由元素同位素相對強度表（表11-2），得知S-34(M + 2)之相對強度為4.4 %很相近，故可先假設此未知樣品M分子式含一個硫（S）原子。

⑶由M + 1(91) = 5.2 %，因未知樣品R為有機物，必含幾個碳（C）原子。每一個C原子有C-13(M + 1)之相對強度為1.08 %（見表11-2）。因從前項(2)M + 2，得知可能含一硫（S）原子其也有M + 1(S-33)，M + 1(S-33)相對強度為0.80 %（見表11-2）。故未知樣品R分子式中所含碳（C）原子數目Nc可計算如下：

$$Nc = (5.2 - 0.80) \div 1.08 \approx 4 \qquad (11\text{-}52)$$

換言之，此未知樣品R分子式中含4個碳（C）原子。

⑷推斷分子式：由前述(2)(3)兩項，可知此未知樣品R分子式中可能含4個碳（C）原子及一個硫（S）原子。同時其分子峰M為92，故可推斷其分子式可能為$C_4H_{10}S$（分子量92）。而其分子結構可能為$CH_3\text{-}CH(SH)\text{-}CH_2\text{-}CH_3$。

同位素峰查資料法則以查各種同分子量分子之M + 1及M + 2相對強度之文獻資料，做為推斷分子式之基礎。以未知化合物D之質譜為例（如表11-3A），說明同位素峰查資料法步驟如下：

⑴將化合物D質譜（表11-3A）中分子峰M(150)之原來強度（50 %），以×2後修訂為100 %，計算M + 1(151)及M + 2(152)峰強度由原來5.1及0.44 %分別修訂為10.2及0.88 %。

⑵查文獻資料法：查文獻有關M = 150，而M + 1(151)及M + 2(152)峰相對強度接近10.2及0.88 %之所有可能的分子式（如表11-4所示）列出。

⑶利用質譜常見的「氮原子法則（Nitrogen rule）」去除文獻中不適合分子式：

氮原子法則為實驗法則，即「一分子含奇數氮（N）原子時，其分子峰M常

為奇數，反之，含偶數氮（0, 2, 4, 6等）原子時，其分子峰M常為偶數」。此化合物D質譜之分子峰$M = 150$為偶數，故其分子式中較可能為偶數個氮（N）原子，所以表11-4文獻資料所示可能分子式中有奇數氮（N）原子者（如表11-4中(2)$C_8H_8NO_2$，(4)$C_8H_{12}N_3$，(6)$C_9H_{12}NO$）先去除。

(4)推斷分子式：由前項(3)去除有奇數氮（N）原子者後，表11-4中剩下含偶數個氮（N）原子之分子式[表中(1)，(3)(5)(7)分子式]，尋找M + 1(151)及M + 2(152)峰相對強度最接近10.2及0.88 %者，結果可推斷其分子式最可能者為(5)$C_9H_{10}O_2$。

表11-3(A)　化合物D質譜資料

m/e	%
90	100(Base peak)
150(M)	50(Molecular peak)
151(M + 1)	5.1
152(M + 2)	0.44

表11-3(B)　化合物D加權質譜資料

m/e	%	説明
150(M)	100	將M設定為100 %
151(M + 1)	10.2	M = 100 %時比率更改
152(M + 2)	0.88	M = 100 %時比率更改

表11-4　分子量150之化合物的質譜資料

分子式	M + 1(%)**	M + 2(%)**
(1)$C_7H_{10}N_4$	9.25	0.38
(2)$C_8H_8NO_2$*	9.23	0.78
(3)$C_8H_{10}N_2O$	9.61	0.61
(4)$C_8H_{12}N_3$*	9.98	0.45
(5)$C_9H_{10}O_2$	9.96	0.84
(6)$C_9H_{12}NO$*	10.34	0.68
(7)$C_9H_{14}N_2$	10.71	0.52

**相對M = 150為100 %
*不符合「氮原子法則（Nitrogen rule）」者。

11-7　串聯質譜法簡介

　　串聯質譜法（Hyphenated MS）最常見的質譜儀為串聯式質譜／質譜儀（Tandem MS/MS），氣相層析／質譜儀（GC/MS）及液相層析／質譜儀（LC/MS）。

　　圖11-32為典型的串聯式質譜／質譜儀（MS/MS）之基本結構圖。在圖中，樣品分子M經離子化源（Ion source）離子化後，產生各種離子（A^+, B^+, C^+等）進入第一個四極柱（Quadrupole 1）分析器分離出A^+離子，到此為第一個質譜儀（MS），若只要研究A^+離子（為樣品分子M中部份片段）中原子結構，則須將A^+離子再碎裂成更小的原子團離子並需透過第二個質譜儀（MS）。如圖11-32所示，由第一質譜儀（MS）出來的A^+離子進入另一個離子源，在此離子源中用Ar撞擊A^+離子（可視為一種原子撞擊化學離子化源）產生更小離子（A_1^+, A_2^+, A_3^+等），而此Ar離子源建構在第二個四極柱（Quadrupole 2）分析器之內，此第二個四極柱分析器會選擇讓這些A^+離子分裂所產生的更小離子通過而摒除其他離子，然後再進入第三個四極柱（Quadrupole 3）分析器，將這些更小離子分離並得由這A^+離子分裂更小離子（A_1^+, A_2^+, A_3^+等）之譜線，即為A^+離子質譜圖，由此A^+離子質譜就可知A^+離子（原樣品分子M部份片段）中原子結構。

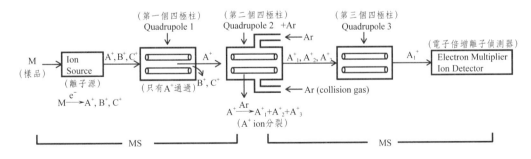

圖11-32　串聯式質譜／質譜儀（Tandem MS/MS）結構及操作原理示意圖

　　氣相層析／質譜儀（GC/MS）為在一般分析化學實驗室常見的儀器，一般氣相層析儀（GC）可用來分離及分析各種有機或無機揮發性物質在樣品中

含量，但卻不能測各種分析物之分子結構，故若在氣相層析儀分離管分離各分析物後接上一質譜儀（MS）當偵測器形成氣相層析／質譜儀（GC/MS），此GC/MS分析儀不只可分析各種分析物在樣品中含量，並可測出各種分析物之分子結構，圖11-33為GC/MS分析儀結構示意圖。主件中的氣相層析儀（GC）本身將在本書第14章介紹，而質譜儀之結構及原理則在本章前幾節已介紹，本節主要介紹為GC/MS分析儀中用以去除GC出來的GC氣體載體（Carrier gas）之GC與MS介面（Interface）。常用的GC/MS介面有(1)Barrier separator（屏障分離器）GC/MS介面，(2)Jet/Orifice（噴射／孔板器）GC/MS介面，及(3)分子分離薄膜（Molecular Separation Membrane）GC/MS介面。

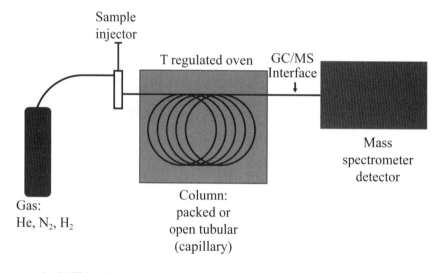

圖11-33　氣相層析／質譜儀（GC/MS）結構示意圖[142]（From Wikipedia, the free encyclopedia, http://upload.wikimedia.org/wikipedia/commons/thumb/b/b9/ Gcms$_s$chematic.gif/300px-Gcms$_s$chematic.gif）.

　　圖11-34為Barrier separator（屏障分離器）GC/MS介面基本結構及工作原理示意圖，此介面又常稱為Effluent splitter界面。此種介面主要由一有微洞之燒結中空玻璃管（Sintered porous glass）及真空抽氣系統組成，如圖11-34所示，當從氣體層析（GC）出來的有機分子M及GC氣體載體（Carrier gas，如He）進入此GC/MS介面之含微洞玻璃管時，氣體載體（如He）因屬小分子可用抽真空將其從玻璃管之微洞中抽出而跑出，而有機分子M屬較大分

子不會從微洞排出，如此就可將待測有機分子M及GC氣體載體He分開，氣體載體He被排出，只剩下有機分子M進入質譜儀（MS）之離子化源做質譜分析。

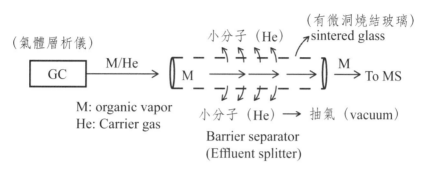

圖11-34 Barrier separator（屏障分離器）GC/MS介面（Interface）結構及工作原理示意圖

Jet/Orifice（噴射／孔板器）**GC/MS**介面之基本結構如圖11-35所示，其主要由一噴嘴（Nozzle）及撇取器（Skimmer）和真空泵（Vacuum pump）所組成。如圖所示，當從氣體層析（GC）出來的待測有機分子M及GC氣體載體（如He）從介面的噴嘴（Nozzle）噴出（Jet）時，GC氣體載體（He）分子小易被真空泵抽走，而剩下絕大部份為有機分子M進入撇取器（Skimmer），撇取器一般用孔板般的含有微洞玻璃管（如前介紹的Barrier separator介面之元件（圖11-34）），剩下很少的氣體載體（He）小分子可由玻璃管微洞跑出，進一步去除GC氣體載體（微洞玻璃管功用有如撇渣，故稱撇取器）。然而待測的有機分子M則可通過撇取器進入質譜儀的離子化器做質譜分析。

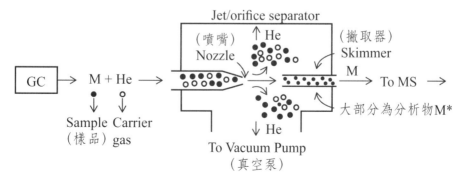

圖11-35 Jet/Orifice（噴射／孔板器）GC/MS介面結構及工作原理示意圖

　　近年來由於各種性質的薄膜（Membrane）技術高度開發，應用分離薄膜（Separation membrane）在GC/MS介面也越來越普遍，這種利用薄膜分離待測有機分子M及GC氣體載體之GC/MS介面就稱為分子分離薄膜（Molecular Separation Membrane）GC/MS界面。圖11-36為分子分離薄膜GC/MS介面之基本結構示意圖，如圖所示，有機分子M及GC氣體載體He從GC出來後撞擊一矽薄膜（Silicon membrane），有機分子M可通過此矽薄膜，而GC氣體載體（如He）通不過。如此一來，只有待測的有機分子M通過矽薄膜進入到質譜儀中做質譜分析。

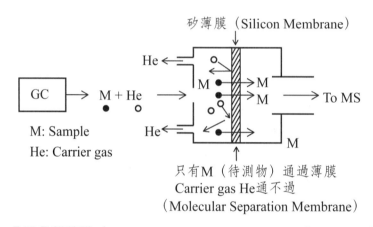

圖11-36　分子分離薄膜（Molecular Separation Membrane）GC/MS介面之結構及原理示意圖

　　早期液相層析／質譜儀（LC/MS）[143]不像GC/MS那樣普遍，因為LC之待測有機物M及溶劑都為液體，黏稠性及分子間作用力都比氣體大很多，前面所介紹的GC/MS介面都不太適合用在LC/MS系統上。然而在電灑（ESI, Electro-spray ionization）及熱灑（TSI, Thermal spray ionization）離子化源開發後，LC/MS儀才如雨後春筍被世界上各化學分析實驗室普遍被使用。因為電灑（ESI）及熱灑（TSI）離子化源本身就都可用來當LC/MS介面，它們都可用來去除LC出來的溶劑（Solvent）。

　　圖11-37a為電灑（ESI）離子化源當介面的LC/MS系統示意圖，如圖所示，由LC出來的待測有機物M及溶劑（Solvent）進入電灑（ESI）介面後，待測有機物M容易取得ESI之毛細管尖端高密度電子而離子化成各種帶電離子

由陰極導引進入質譜儀之加速電場進行質譜分析。反之，溶劑分子一般不易離子化不會進入質譜儀，如此待測有機物M之質譜分析就不會受溶劑影響。

　　圖11-37b則為熱灑（TSI）離子化源當介面的LC/MS系統示意圖，由LC出來的待測有機物M及溶劑進入熱灑（TSI）介面後，有機物M會因加熱器加熱及和鹽類（如NH_4Ac）之電荷交換（Charge exchange）而離子化成離子M^+並進入質譜儀之加速電場進行質譜分析。而其溶劑除因加熱揮發掉且溶劑分子不會和鹽類起作用因而也不易離子化，溶劑分子也就不會進入質譜儀，也就不會干擾待測有機物M之質譜分析。

(a)

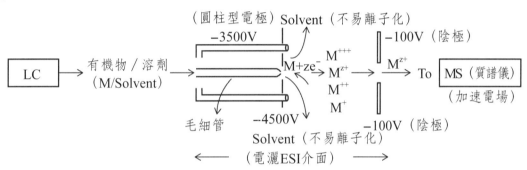

(b)

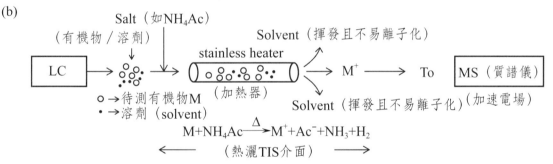

圖11-37　(a)電灑（ESI）／及(b)熱灑（TSI）介面的LC/MS系統及去除LC出來之液體樣品中溶劑原理示意圖

第二篇

層析分析法

第 12 章

層析導論

　　層析法（Chromatography）[144-146]一詞最早是由俄國化學暨植物學家茲韋博士（Dr. M. Tswett）於二十世紀（1900）初提出及命名的。他利用裝填有碳酸鈣的玻璃管成功地分離各種植物色素（如葉綠素及葉黃素）。因這種技術可分離各種色素，故他命此技術為Chromatography，其中Chroma希臘文即為顏色（Color）之意，而graphy之意為圖譜。換言之，Chromatography早期中文名為色層分析圖譜法，然經約一個世紀層析法廣泛應用及改進，現在之層析法不只可分離各種色素，還可分離各種沒顏色的有機物且可分離各種無機物。例如西元1952年諾貝爾化學獎得主：英國兩位化學家馬丁博士（Dr. A. J. P. Martin）及辛格博士（Dr. R. L. M. Synge）發明了「紙色譜法（Paper Chromatography）」，幾乎可以用於所有蛋白質、有機物和無機物的檢測。由於各種層析法可分別應用各種有機物及無機物之檢測，現在層析儀已為各化學／生化／醫學研究或檢驗實驗室幾乎必備儀器。本章將先介紹一般層析法之基本原理、種類、儀器基本結構及層析管柱效率，而各種液相層析（Liquid Chromatography）及氣相層析（Gas Chromatography）技術將分別在後二章（13及14章）介紹。

12-1　層析法簡介

本節將簡單介紹一般層析法之基本原理（包括物質分離及分析），層析法之分類和種類，以及層析法之分離層析管柱之分離效率。

12-1-1　層析法基本原理及種類

層析法是利用氣體或液體將一含各種分子（如A, B, C…等）之樣品（S）流經一分離管或分離板，將各種分子分開並先後從分離管或分離板流出並分別偵測之。圖12-1a為層析法之分析過程及工作原理示意圖。帶領樣品（S）流經分離管或分離板的氣體或液體稱為流動相（Mobile phase），而分離管或分離板中用以分離各種分子之材料則稱為固定相（Stationary phase）。帶領樣品（S）的流動相若為氣體就稱為載體氣體（Carrier gas），若為液體就稱為流洗液（Eluent）。流動相為氣體的層析法就稱為氣相層析法（Gas chromatography, GC），而流動相為液體的層析法就稱為液相層析法（Liquid chromatography, LC）。但若流動相為介於液體及氣體間的超臨界流體（Supercritical fluid, SF）的層析法就稱為超臨界流體層析法（Supercritical fluid chromatography, SFC）。一般層析法之固定相放在分離管中，然紙色譜法（Paper Chromatography）及薄層層析法（Thin Layer Chromatography, TLC）則分別用紙及分離板（塑膠或玻璃片）上矽膠（Silica gel）做為固定相分離各種物質，圖12-1b即為利用薄層層析法（TLC）分離葉綠素中各種色素圖[147]。

如圖12-1a所示，因樣品中各成分分子（A, B, C）被分離管吸附程度不同而使吸附力較小的分子（A）先從分離管出來，由各分子從分離管出來的訊號對時間先後順序作圖可得圖12-1a之層析圖（Chromatogram），而每一分子（如A）從分離管出來的時間就稱為滯留時間（Retention time，如t_{R1}），每一分子之譜峰（Peak）之高度及寬度分別稱為峰高（Peak height）及峰寬（Peak width, ω），而峰高的一半（半高）處的寬度則稱為半峰寬（Half-peak width）。圖12-1a之層析圖中之to為流洗液（Eluent）或載體氣體（Carrier

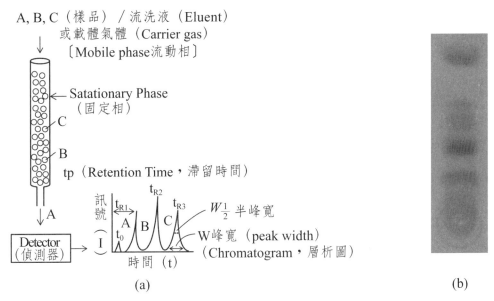

圖12-1　層析法之(a)分析過程及工作原理示意圖，(b)薄層層析法（TLC）分離葉綠素中各種色素圖[147]（to爲流動相（M）流經分離管所需時間）

gas）經分離管到偵測器所需的滯留時間。另外，分析物之層析圖亦可用滯留體積（Retention volume, V_R）來代替滯留時間（t_R），兩者關係爲：

V_R（滯留體積）＝ t_R（滯留時間）×u（流動相流速Flow rate）　（12-1）

　　如前所述，依流動相爲氣體或液體，層析法概分爲氣相層析（GC）或液相層析（LC）法，但若依固定相（Stationary phase）之不同，兩者又可細分如表12-1所示。例如在液相層析（LC）法中，若固定相爲液體（用以分離各種分子之液體吸附在支撐固體（Support）表面），則此液相層析稱爲液-液相層析（LLC）。反之，用固體（S）爲固定相的液相層析則稱爲液-固相層析（LSC）。同樣地，如表12-1所示，氣相層析（GC）法之固定相若爲液體（L）稱爲氣-液相層析（GLC），若爲固體（S）固定相之氣相層析稱爲氣-固相層析（GSC）。固定相爲液體的，此液體固定相特稱液相（Liquid Phase）。然而，有些固定相常用一有機物鍵結在支撐固體表面所成的有機物鍵結固體（Organic species bonded to a solid）固定相，此時的LC或GC，特分別稱爲液相鍵結層析（Liquid-bonded phase chromatography）或氣相鍵結層析（Gas-bonded phase chromatography），超臨界流體層析法（SFC）也常用一有機物鍵結在支撐固體表面所成的固定相，不常用液相的固定相。

表12-1　管柱層析法之分類

主分類 （Classification）	流動相 （Mobile phase）	固定相 （Stationary phase）	分離模式 （Separation mode）	次分類 （Type）
液相層析（LC）	液體（L）	液體（Liquid phase）（Liquid adsorbed on solid）	Partition 分配	LLC(Liquid-Liquid chromat)/pariton chromatography.液-液層析法／分配層析法
	液體（L）	有機分子鍵結固體表面（organic species bonded to solid surface）	Partition 分配	parition chromato/Liquid-bonded phase chromatography.分配層析法／液體鍵結層析法
	液體（L）	固體（Solid）	Adsorption 吸附	LSC (Liquid-solid chremato)/Adsorption chromatography.液-固層析法／吸附層析法
	液體（L）	離子交換樹脂（Ion exchange resin）	Ion Exchange 離子交換	Ion Exchange chromatography.離子交換層析法
	液體（L）	凝膠（Rigid gel）	Sieving/partition 篩選／分配	Exclusive chromatography.互斥層析法
氣相層析（GC）	氣體（G）	液體（Liquid phase）（Liquid adsorbed on solid）	Partition 分配	GLC (Gas-Liquid chromato)/partiton chromatography.氣-液層析法／分配層析法
	氣體（G）	有機分子鍵結固體（organic species bonded to solid）	Partition 分配	Partition chromato/Gas-bonded phase chromatography.分配層析法／氣體鍵結層析法
	氣體（G）	固體（Solid）	Adsorption 吸附	GSC (Gas-Solid chromatography)/Adsorption chromatography.氣-固層析法／吸附層析法
超臨界流體層析（SFC）	超臨界流體（super-critical Fluid）	有機分子鍵結固體表面（organic species bonded to solid surface）	Partition 分配	Supercritical fluid chramato/partition chromatography.超臨界流體層析法／分配層析法

若依表12-1中各種層析法之分離模式（Separation mode），層析法可概分四大類：(1)分配層析法（Partition chromatography），(2)吸附層析法（Adsorption chromatography），(3)離子交換層析法（Ion exchange chromatography），及(4)選擇性互斥層析法（Exclusive chromatography）。氣相層析只有分配及吸附兩種層析法，而液相層析上述四種層析法皆有。

分配層析法（Partition chromatography）指的是樣品分子在流動相及固定相會達一平衡關係之層析法。狹義的分配層析法指的為液（液）相層析（LLC）[148]，樣品分子（A）在液體流動相（M）及在支撐固體表面的液相（Liquid phase）固定相（S）之濃度間達成平衡（平衡常數$Keq = [A]_S/[A]_M$），其分配取決於樣品分子在兩液相間的溶解度之差異。廣義的分配層析法還包括用液相（Liquid phase）做固定相之GLC氣相層析法及有機物鍵結在固體表面做固定相之氣／液相鍵結層析法，因樣品分子在流動相及液相固定相或有機物鍵結表面固定相間容易交換也容易達成平衡，故也將這些用液相固定相或有機物鍵結表面固定相之層析法列為分配層析法，表12-1即用廣義的分配層析法列表。因為在分配層析法中樣品分子只被吸在固定相表面，要洗出很快，故分配層析法可得較窄的峰寬（Peak width）之譜峰，故現今液相層析（LC）及氣相層析（GC）大部份採用液相（Liquid phase）及有機物鍵結或塗佈在支撐固體表面（bonded phase）之固定相的分配層析法。

吸附層析法（Adsorption chromatography）[149]則常為用固體或固體上之吸附劑做固定相吸附樣品分子之層析法（見表12-1），固體內外皆可吸附樣品分子，然被吸附到固體固定相之內部的樣品分子不易接觸流動相，難在流動相及固定相間達成平衡，這和分配層析法可達流動相及固定相間平衡不同。同時在洗出時，被吸附到固體之內部及外部洗出時間相差很大，常造成較大峰寬（Peak width）之譜峰。傳統的紙色譜法及薄層層析法（TLC）可歸為此種吸附層析法。

離子交換層析法（Ion exchange chromatography）[150]是針對離子之液相層析法中，利用離子交換樹脂（Ion exchange resin，如R^-H^+）當固定相來吸附樣品離子（如Na^+）並進行離子交換（$R^-H^+ + Na^+ \rightarrow R^-Na^+ + H^+$），此離子交換層析法可用來分離樣品中各種陽離子或陰離子。

選擇性互斥層析法（Exclusive chromatography）是利用固定相可選擇性吸附一類分子而排除（Exculsive）另一類分子之層析法。最常用的為利用分子粒徑大小做選擇的大小排除層析法（Size Exclusive Chromatography, SEC），其法是用具有微孔洞之凝膠（Rigid gel）當固定相以選擇性讓一定顆粒大小範圍的樣品分子可進入凝膠之微孔洞中進行吸收及分離，不同大小的分子粒子從固定相洗下來的時間不同。此種選擇性互斥層析法主要用在分離及分析各種高分子及分子量較大的生化醫學樣品分子。

12-1-2　層析儀基本結構

圖12-2ab分別為液相層析儀（Liquid chromatograph）及氣相層析儀（Gas chromatograph）之基本結構圖，依上節層析法原理，各種層析儀共同必須含有分離管柱（Column），偵測器（Detector），記錄器（Recorder，或微電腦數據處理系統）及注入樣品之注入器（Injector）。其他組件就依不同層析法需有不同組件，如圖12-2a所示，液相層析儀需含過濾子（Filter，去

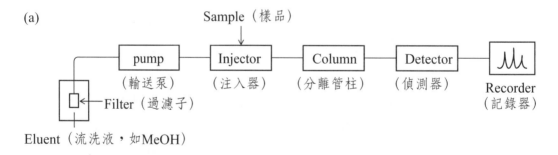

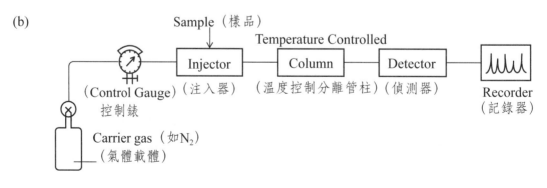

圖12-2　(a)液相層析儀（LC）及(b)氣相層析儀（GC）之基本結構示意圖

除雜質用）的流洗液（Eluent）槽及一輸送泵（Pump）用來輸送流洗液進入樣品注入器帶走樣品進入分離管柱。而氣相層析儀（GC，圖12-2b）則需有裝載體氣體（Carrier gas）之鋼瓶及控制氣體流量之控制錶（Control gauge），以及一控制分離管柱溫度之溫度控制系統（通常由微電腦控制）。圖12-2只是液相層析儀及氣相層析儀之基本結構圖，而不同種類的液相層析儀或氣體層析儀皆含有其他不同組件。不同液相層析儀及氣相層析儀之基本結構將分別在下二章（第13及14章）分別介紹。

12-2　層析管柱效率

層析管柱效率（Column efficiency）關係著分離管柱分離效果，為層析法最重要課題。當然一層析管柱之效率和分離管中材料及欲分離分子性質有關，本節只介紹層析管柱效率表示法，至於分離管柱中的材料將在下二章（第13及14章）各層析法中分別介紹。層析管柱效率通常用分離管之板高（Height equivalent of theoretical plate, HETP），理論板數（Number of theoretical plates），鑑別力（Selectivity factor）及解析度（Resolution）來表示。本章將一一介紹這些層析管柱效率表示法。然而層析管柱效率又和每一種分子在分離管柱中被吸附之難易有關，而一分子被吸附的難易度和此分子在分離管柱中之分配係數（Partition coefficient）有關，故本節在介紹層析管柱效率表示法前，先介紹分子在分離管柱中之分配係數及和分配係數有關的**容量因子**（capacity factor）及兩分子之**分離因數**（Separation factor）。

12-2-1　分配係數

待測物（R）進入分離管柱後，部分分子被分離管柱之吸附材料（固定相（S））吸附（濃度為C_s），而剩下部分分子留在流動相（M）隨流動相流動（濃度為C_m），此種分子在固定相（S）及流動相（M）中濃度之比（C_s/C_m）即為**分配係數**（Partition coefficient, Kp），表示如下：

$$K_p（分配係數）= C_s/C_m \qquad （12-2）$$

由此定義可知一待測物的分配係數（K_p）越大，則越易被分離管柱（固定相）吸附。以下將介紹一待測物之分配係數（K_p）及其在分離管柱中的滯留時間（t_R）之關係。

圖12-3a為此分子（R）經過長度為L之分離管柱後所得的層析圖，t_o為流動相（M）流經分離管柱所需時間，而t_R為此分子在分離管之滯留時間。此待測物分子（R）在分離管柱中的平均速率（v）為：

$$v（待測物平均速率）= L/t_R \qquad （12-3）$$

而流動相（M）在分離管柱中的平均速率（u，即flow rate）為：

$$u（流動相速率）= L/t_o \qquad （12-4）$$

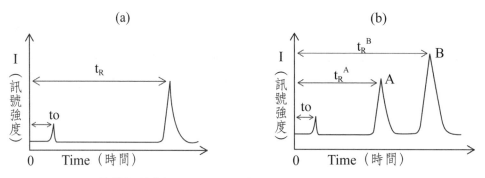

圖12-3　分離管柱對(a)一分子之（R）層析示意圖，及(b)兩分子（A/B）分離層析示意圖（t_o為流動相（M）流經長度為L之分離管柱所需時間）

若此分離管柱中含固定相S（分離材料）及流動相（M）之體積分別為V_s及V_m，而此待測物（R）總分子數為N_t，待測物被分離管柱吸附之分子數為N_s，被吸附後留在流動相之分子數為N_m，則：

$$N_s = C_sV_s \qquad （12-5a）$$

$$N_m = C_mV_m \qquad （12-5b）$$

$$N_t（總分子數）= N_m + N_s = C_mV_m + C_sV_s \qquad （12-6）$$

則待測物在流動相之莫耳分率（X_m）為：

$$X_m = N_m/N_t = C_mV_m/(C_mV_m + C_sV_s) \qquad （12-7）$$

待測物速率（v）及流動相速率（u）之比與待測物在流動相之莫耳分率（X_m）之關係為：

$$\upsilon = u \times X_m = u \times C_m V_m/(C_m V_m + C_s V_s) \tag{12-8a}$$

整理可得：

$$\upsilon = u \times [1/(1 + (C_s/C_m)(V_s/V_m))] \tag{12-8b}$$

由式（12-2）分配係數（$Kp = C_s/C_m$）代入式（12-8b）可得：

$$\upsilon = u \times [1/(1 + Kp(V_s/V_m))] \tag{12-9a}$$

再將式（12-3）及（12-4）之υ及u代入式（12-9a）可得：

$$L/t_R = (L/t_o) \times [1/(1 + Kp(V_s/V_m))] \tag{12-9b}$$

整理可得t_R和Kp之關係爲：

$$t_R = t_o[1 + Kp(V_s/V_m)] \tag{12-10}$$

此表示Kp和t_R及V_s/V_m有關，而在層析圖中只可得t_R，V_s/V_m不易測得，故將Kp（Vs/Vm）之值定義爲**容量因子**（capacity factor, k'），即：

$$k' （容量因子） = Kp(V_s/V_m) \tag{12-11}$$

代入式（12-10）可得：

$$t_R = to[1 + k'] \tag{12-12}$$

整理可得：

$$k' （容量因子） = (t_R - to)/to \tag{12-13}$$

由此可知一待測物之容量因子越大其滯留時間（t_R）越長。換言之，一待測物之容量因子越大，表示此待測物越容易被分離管材料（固定相）所吸附。

由式（12-1）滯留體積（V_R）和滯留時間（t_R）關係代入式（12-13），可得：

$$k' （容量因子） = (V_R - Vo)/Vo \tag{12-14}$$

另外，兩分子之容量因子之比（k_A'/k_B'）亦可用來表示兩分子（A, B）之**分離因數**（Separation factor, α_{AB}）兩者關係如下：

$$\alpha_{AB} （分離因數） = k_B'/k_A' \tag{12-15}$$

代入式（12-13）可得：

$$\alpha_{AB} （分離因數） = (t_R^B - t_o)/(t_R^A - t_o) \tag{12-16}$$

由A, B層析圖（如圖12-3b）之t_R^A, t_R^B及t_o，即可計算此兩種分子之分離因數。有些樣品（如Fe^{2+}）進入分離管後會變化（如部份Fe^{2+}氧化成Fe^{3+}），爲要表示在流動相（M）及固定相平衡關係，特定義爲**分佈係數**（Distribution coefficient, Kd）如下：

$$Kd = [Fe]_{total(S)}/[Fe]_{total(M)} = ([Fe^{2+}]_S + [Fe^{3+}]_S)/([Fe^{2+}]_M + [Fe^{3+}]_M)$$

$$（12\text{-}17a）$$

而對Fe^{2+}而言，其分配係數（Kp）：$Kp = [Fe^{2+}]_S/([Fe^{2+}]_M)$ 　　　　（12-17b）

　　然而對一般不會變化的樣品單一分子，分佈係數（Kd）和分配係數（Kp）是相等的，即：

　　　　[對每單一分子]　Kd（分佈係數）= Kp（分配係數）　　　　（12-18a）

　　對每單一分子在層析圖出現的譜峰（peak）之滯留體積（即V_{max}）可用來略估其Kd及Kp：

$$Kd = Kp \cong V_{max}/Vo'$$

$$（12\text{-}18b）$$

式中Vo'為管柱中流洗液空隙體積（Void volume of column）。

12-2-2　理論板高（HETP）及理論板數（N）

　　分離管柱的理論板高（HETP, Height Equivalent to Theoretical Plate）[151]是建築在將分離管看成有N個理論板數（Number of Theoretical Plate, N），而每一理論板之平均高度即為理論板高，在一定長度L的分離管的理論板高（HETP或用H表示）和理論板數（N）之關係如下：

$$HETP = H = L/N \qquad （12\text{-}19）$$

　　一分離管柱之理論板數（N）可視為分離管柱將不同的分子分離次數之函數，理論板數（N）越大，即表示分離次數越多，也就是分離效果越好。由式（12-19）可知，固定的長度（L），理論板數（N）越大，理論板高（HETP）越小，分離效果越好。換言之，理論板數（N）越大，板高（HETP）越小，分離效果越好，也就是分離管柱效率（Column efficient）越大。

　　圖12-4a為一種分析物分子從分離管柱（管長L）出來之分子數分佈圖，若視此譜峰（Peak）為高斯曲線（Gaussian curve），其峰寬（Peak width）為4個標準差（4σ，σ是以距離為函數，故稱為**距離標準差**（Distance standard deviation, σ）），而分離管柱的理論板高（HETP）定義為：

$$HETP = \sigma^2/L \qquad （12\text{-}20）$$

　　然一般層析圖係以滯留時間（t_R）為函數圖（如圖12-4b所示），此分子

譜峰（Peak）也可視為高斯曲線，其譜峰寬（ω）也等於4個**滯留時間標準差**（τ, Retention time standard deviation），即：

$$\omega = 4\tau \quad 或 \quad \tau = \omega/4 \qquad （12\text{-}21）$$

而距離標準差（σ）和滯留時間標準差（τ）之關係為：

$$\tau = \sigma/(L/t_R) \qquad （12\text{-}22）$$

將式（12-22）代入式（12-20）可得：

$$HETP = \tau^2(L/t_R)^2/L \qquad （12\text{-}23）$$

式（12-21）代入式（12-23）可得：

$$HETP = H = L\omega^2/(16t_R^2) \qquad （12\text{-}24）$$

由上式，板高（HETP或H）可由一譜峰之滯留時間（t_R），譜峰寬（ω）及管柱長（L）計算得之。

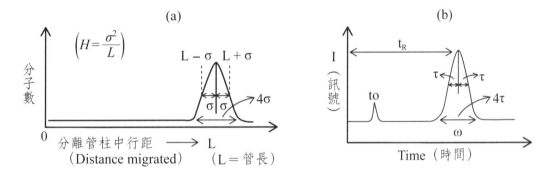

圖12-4　一分析物分子從分離管柱出來之(a)分子數分布圖及分散距離標準差（σ）及
　　　　(b)滯留時間標準差（τ）示意圖（to為流動相（M）流經分離管所需時間）

分離管柱的**理論板數**（N）可由其和理論板高（HETP或H）關係（式12-19）得如下：

$$N = L/H \qquad （12\text{-}25）$$

將式（12-24）代入式（12-25）可得：

$$N = L/H = 16(t_R/\omega)^2 \qquad （12\text{-}26a）$$

將式（12-1）代入（12-26a）且譜峰寬（ω）單位改為體積則可得：

$$N = L/H = 16(V_R/\omega)^2 \qquad （12\text{-}26b）$$

可知理論板數（N）可由一譜峰之滯留時間（t_R）或滯留體積（V_R）及譜

峰寬（ω）計算得知。同時由此式又可知在同一樣品內之不同分子之譜峰（如圖12-5所示），滯留時間（t_R）越長，其譜峰寬（ω）就越大，因對樣品之不同分子是用同一分離管，其理論板數（N）是一定的。

　　理論上，用任何一分子（如A或B）之譜峰計算出來的分離管柱理論板數（N）應是一樣的。實際上由各分子譜峰所計算出來之理論板數（N）值也是很相似，但常不完全相等，故一般多分子層析的分離管柱理論板數（N）是用各分子（如圖12-5之A，B，C）譜峰所得之理論板數（如N_A，N_B，N_C）之平均值。

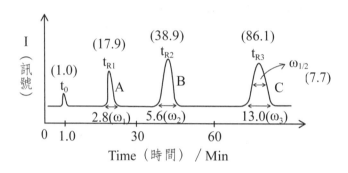

圖12-5　一含三種分子（A, B, C）樣品之層析圖

（管柱長度30 cm，to為流動相（M）流經分離管柱所需時間）

　　由圖12-5之層析圖由各分子（A，B，C）譜峰計算所得之理論板數（N_A，N_B，N_C）如下：

$$N_A = 16(t_{R1}/\omega_1)^2 = 16(17.9/2.8)^2 = 650 \tag{12-27a}$$

$$N_B = 16(t_{R2}/\omega_2)^2 = 16(38.9/5.6)^2 = 770 \tag{12-27b}$$

$$N_C = 16(t_{R3}/\omega_3)^2 = 16(86.1/13.0)^2 = 705 \tag{12-27c}$$

可見由各分子（A，B，C）譜峰計算所得之理論板數（N_A，N_B，N_C）大小差不多，但並非完全相等，故此分離管柱理論板數（N）就由其平均值而得：

$$N = (N_A + N_B + N_C)/3 = (650 + 770 + 705)/3 = 708 \tag{12-28}$$

而理論板高（HETP或H）依式（12-19）及管柱長度30 cm（L）可得：

$$HETP = L/N = 30/708 = 0.042 \text{ cm} \tag{12-29}$$

　　理論板數（N）及板高（HETP）都建立在譜峰寬上，但許多層析圖中之譜峰形狀左右不對稱，譜峰寬（ω）很難估算，故常用譜峰高一半處的半譜峰

寬（$\omega_{1/2}$，見圖12-5之C峰）計算理論板數（N）如下：

$$N = 5.5(t_R/\omega_{1/2})^2 \quad 〔\omega_{1/2}單位為時間〕 \qquad （12-30a）$$

或　　　　　　　$$N = 5.5(V_R/\omega_{1/2})^2 \quad 〔\omega_{1/2}單位為體積〕 \qquad （12-30b）$$

依（12-30a）式及用圖12-5之C峰的$\omega_{1/2}$計算理論板數（Nc'）為：

$$Nc' = 5.5(t_{R3}/\omega_{1/2})^2 = 5.5(86.1/7.7)^2 = 689 \qquad （12-31a）$$

和式（12-27c）所得Nc(705)相比，Nc'值(689)差不多。由Nc'值計算板高為：

$$HETP' = L/Nc' = 30/689 = 0.043 \ cm \qquad （12-31b）$$

此所計算所得理論板高（0.043 cm）和式（12-29）所得理論板高（0.042 cm）就很接近了。

12-2-3　解析度（R）

在層析圖中兩分子譜峰間是否可分開，分離情形如何，可用**解析度**（Resolution）來表示，如圖12-6所示，兩分子（A, B）譜峰間之解析度（R）如下：

$$R（解析度）= 2(t_{R2} - t_{R1})/(\omega_1 + \omega_2) \quad 〔\omega單位為時間〕 \qquad （12-32a）$$

或　$$R（解析度）= 2(V_{R2} - V_{R1})/(\omega_1 + \omega_2) \quad 〔\omega單位為體積〕 \qquad （12-32b）$$

式中t_{R2}及t_{R1}分別為兩分子（A, B）在分離管中之滯留時間，而V_{R2}及V_{R1}為兩分子之滯留體積，ω_1及ω_2則分別為兩分子（A, B）譜峰之峰寬（Peak widths）。依上式，圖12-6中兩分子（A, B）譜峰間之解析度（R）可計算如下：

$$R = 2(t_{R2} - t_{R1})/(\omega_1 + \omega_2) = 2(38.9 - 17.9)/(2.8 + 5.6) = 5.0 \qquad （12-32c）$$

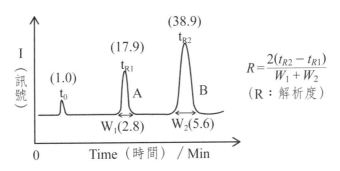

圖12-6　分離管柱對兩分子層析圖及解析度（Resolution）估算

（管柱長度30 cm，to為流動相（M）流經分離管柱所需時間）

　　一般兩分子譜峰之解析度（R）為1.5就可把兩分子譜峰分得開來，換言之，R < 1.5或1.0，兩分子譜峰就難分開，分得不好。反之，R > 1.5或2，則兩分子譜峰分得太開，就表示用的分離管柱太長，可以縮短。但到底多長的分離管才適合，就要找出解析度（R）和分離管柱長度關係，而分離管柱長度則和理論板數（N）有關，換言之，要找出解析度（R）和理論板數（N）關係式。

　　若只要剛剛可以分開兩譜峰，解析度（R）大約為1.0～1.5，而兩譜峰之峰寬也差不多相等，即：

$$\omega_1 \approx \omega_2 \tag{12-33a}$$

代入式（12-32a）可得：

$$R = 2(t_{R2} - t_{R1})/(\omega_1 + \omega_2) \approx (t_{R2} - t_{R1})/\omega_2 \tag{12-33b}$$

又由式（12-26）：$N = 16(t_{R2}/\omega_2)^2$代入式（12-33b）可得：

$$R = (t_{R2} - t_{R1})/\omega = (t_{R2} - t_{R1})/(4t_{R2}/N^{1/2}) = [(t_{R2} - t_{R1})/t_{R2}](N^{1/2}/4) \tag{12-33c}$$

　　此時的解析度（R）及理論板數（N）皆為最低要求，故式中R可改為R_{req}（即需求解析度），而N改為N_{req}（即需求理論板數），即：

$$R_{req} = [(N_{req})^{1/2}/4][(t_{R2} - t_{R1})/t_{R2}] \tag{12-33d}$$

將此式分子及分母各乘（t_{R2} – to），整理可得：

$$R_{req} = [(N_{req})^{1/2}/4][(t_{R2} - t_{R1})/(t_{R2} - to)][(t_{R2} - to)/t_{R2}] \tag{12-33e}$$

由式（12-16），α（分離因數）$= (t_{R2} - to)/(t_{R1} - to)$可得：

$$(\alpha - 1)/\alpha = (t_{R2} - t_{R1})/(t_{R2} - to) \tag{12-33f}$$

將式（12-33f）代入式（12-33e）可得：

$$R_{req} = [(N_{req})^{1/2}/4][(\alpha - 1)/\alpha][(t_{R2} - to)/t_{R2}] \tag{12-34a}$$

由式（12-15），k'_2（容量因子）$= (t_{R2} - to)/to$可得：

$$k'_2/(k'_2 + 1) = (t_{R2} - to)/t_{R2} \tag{12-34b}$$

將式（12-34b）代入式（12-34a）可得：

$$R_{req} = [(N_{req})^{1/2}/4][(\alpha - 1)/\alpha][k'_2/(k'_2 + 1)] \tag{12-35}$$

　　若以圖12-6，A，B兩分子譜峰為例，由層析圖算出解析度（R）如式（12-32b）算出R = 5.0，表示分離管柱長度（L_o = 30 cm）太長。若我們只要解析度為1.5（即R_{req} = 1.5）就可將兩譜峰分離得很好，那此時所需理論板

數（N_{req}）及所需分離管柱長度（L_{req}）爲何？

經重整式（12-35）可得：

$$N_{req} = 16R_{req}^2[\alpha/(\alpha - 1)]^2[(k'_2 + 1)/k'_2]^2 \qquad （12\text{-}36）$$

由圖12-6層析圖，可計算$\alpha = (t_{R2} - t_o)/(t_{R1} - t_o) = (38.9 - 17.9)/(17.9 - 1.0) = 1.24$，$k'_2 = (t_{R2} - t_o)/t_o = (38.9 - 1.0)/1.0 = 37.9$及$R_{req} = 1.5$代入式（12-36）可得：

$$N_{req} = 16(1.5)^2[1.24/(1.24 - 1)]^2[(37.9 + 1)/37.9]^2 = 192 \qquad （12\text{-}37a）$$

因分離管柱半徑及材料不變，理論板高（HETP, H）固定，故

$$N_{req}/N_o = L_{req}/L_o \qquad （12\text{-}37b）$$

由圖12-6層析圖，可計算原來理論板數（N_o）約爲：$N_o = 16(t_{R2}/\omega_2)^2 = 16(38.9/5.6)^2 = 770$，代入可得：

$$L_{req} = L_o(N_{req}/N_o) = 30(192/770) = 7.5 \text{ cm} \qquad （12\text{-}37c）$$

換言之，只要用長爲7.5 cm之分離管柱就可將兩譜峰分離得很好，不必用原來30 cm分離管柱。

12-3　范第姆特方程式（Van Deemter equation）

在層析法中，流動相（Mobile phase）的流速（Flow rate）對分離管柱的板高有相當大的影響，換言之，流動相的流速對分離管柱效率有相當大的影響。分離管柱的板高（HETP）和流速（u）的關係可用如下的**范第姆特方程式（Van Deemter equation）**[152a]表示：

$$HETP（板高） = A + B/u + Cu \qquad （12\text{-}38）$$

式中A，B，C分別爲分子多流徑係數（Multiple flow paths coefficient），擴散係數（Diffusion coefficient）及質量轉移係數（Mass Transfer coefficient），而A, B/u及Cu分別爲多流徑函數A（Factor A），擴散函數B（Factor B/u），及質量轉移函數C（Factor Cu）。圖12-7爲氣相層析（GC）及液相層析（LC）之分離管柱板高（HETP）和流動相流速關係圖，兩層析之多流徑函數A皆和流速（u）無關，而擴散函數B（B/u）之

板高（HETP）隨流速變大而變小，但質量轉移函數C（Cu）則隨流速變大而變大，故如圖12-7所示，兩層析之HETP/u關係圖皆有最低點（HETP有最小值），要有最佳管柱效率就需調節流速使HETP為最小值。由圖中可看出一般液相層析（LC）的HETP最小值要比氣相層析（GC）低，換言之，同一分離管柱應用在LC比在GC有稍為好的管柱效率，這可能因LC流速比GC較慢，分子較多時間被分離管柱吸附分離。同時也因LC流速比GC較慢，圖12-7中GC之HETP/u關係圖比LC往右移（較高流速方向）。

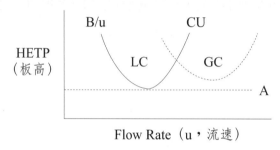

圖12-7　氣相／液相層析之分離管板高（HETP）和流動相流速關係示意圖。

　　范第姆特方程式中多流徑函數A（Factor A）是由於分子在分離管中所走的路徑不同所致。如圖12-8所示，有的分子（如分子a）在分離管走直線很快就流出（譜峰之a點），但有些分子（如分子b）在分離管走彎曲路徑很慢才流出（譜峰之b點），如此快慢差很多結果就造成峰寬（Peak width, ω）變大，而依式（12-26），分離管柱之理論板數（N）減小，而理論板高（HETP）依式（12-19）就會變大。

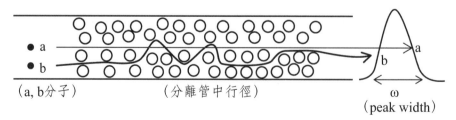

圖12-8　不同分子路徑（Multiple flow paths）對峰寬（Peak width）影響（Van Deemter Eq.中A term影響）

　　范第姆特方程式之擴散函數B（Factor B/u）是由於注入分離管中之樣

品，若流動相流動慢時，其沖流樣品分子慢，使樣品分子在分離管中慢慢擴散（Diffusion），以致有的分子走得快有的走得慢。如圖12-9所示，樣品在剛注入時，其分子分佈很窄（圖a），但經注入分離管柱若流動相流速小時，樣品分子會在分離管柱中擴散，其分子分佈變寬（圖b），分子流出管柱之時間也就會快慢差很多，結果就造成峰寬（ω，圖c）變大，而造成分離管之理論板數（N）減小，而板高（HETP）變大的結果。另外，流速變大時，流動相沖流樣品分子快，樣品分子慢慢擴散機會相對變小，故樣品分子在分離管中分佈範圍（圖b）會變小，峰寬（ω）及理論板高（HETP）也就都會跟著變小。換言之，此擴散函數B（B/u）會隨流速變大時而變小，而使峰寬（ω）及板高（HETP）也變小。

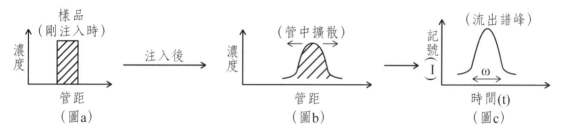

圖12-9　分子在分離管中之擴散（Diffusion）對峰寬（Peak width）影響（Van Deemter Eq.中B term影響）

　　一般在液相層析（LC）中，用當流動相的流洗液（Eluent）沖洗樣品分子比氣相層析（GC）載體氣體效果大，分子擴散機會相對較小，故在一般液相層析（LC）中常用高壓（High pressure）技術，迫使樣品分子間擴散範圍變小，譜寬（ω）就會變小，同時流洗液流速（u）也會增大，因而在LC中擴散函數B（B/u）變小且常可忽略。換言之，如圖12-10所示，在一般LC，HETP ≈ A + Cu。

　　當樣品分子在分離管中被固定相（分離材料）吸附後，樣品分子會在流動相（M）及固定相（S）間達成平衡（如圖12-11之圖a），然而流動相中之分子很快會隨流動相快速流離（如圖12-11之圖b），為達新平衡，原來被吸附在固定相（S）中之樣品分子開始向流動相轉移，此移動為具有質量的樣品分子之轉移，故稱為質量轉移（Mass transfer），這種轉移為范第姆特方程

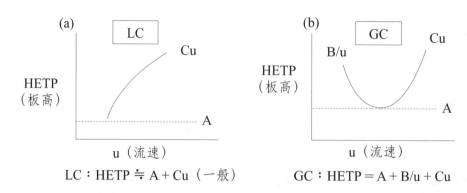

圖12-10　一般液相層析（LC）及氣相層析（GC）之板高（HETP）和流速關係圖

式中之質量轉移函數C（Factor Cu）之由來。此由固定相到流動相的質量轉移，使流動相產生新一群樣品分子，雖然這新一群樣品分子緊跟著原來隨流動相快速流離之第一群樣品分子，但兩群樣品分子仍然有一段距離（如圖12-11之圖b）。這兩群樣品分子先後流出分離管柱而形成圖12-11中圖c之具有拖尾（Tailing）的層析圖，這拖尾部份即由質量轉移所產生新一群樣品分子所造成。拖尾部份越大，此樣品分子的譜峰之峰寬（ω）就越寬，管柱的理論板數（N）就越小，而板高（HETP）就變大，管柱分離效果就會變差。此拖尾巴現象可由增快樣品分子從固定相到流動相之質量轉移速率而減少，而此轉移速率之加速可用(1)減少管柱顆粒粒徑（因質量轉移函數C和粒徑平方d^2成正比[152b]），及(2)採用薄膜固定相來達成[152c]，顆粒粒徑減小及薄膜固定相都會使分子在固定相位置距離表面相當近，而使分子從固定相到流動相之轉移速率變快，可減少拖尾巴現象，峰寬變窄而增加分離效果。

圖12-11　分子在分離管中固定相／流動相間質量轉移（Mass Transfer）對峰形（Shape）影響（Van Deemter Eq.中C term影響）

12-4　斯奈德方程式（Snyder equation）

　　除了流動相之流速（u）外，固定相之分離材料顆粒之粒徑（dp，Particle size）大小對分離管之理論板高（HETP）也會影響，此粒徑（dp）及流速（u）和板高（HETP）三者關係可由下列之斯奈德方程式（Snyder equation）表示：

$$\text{HETP} = 18(\text{dp})^{0.8}(\text{u})^{0.4} \tag{12-39}$$

　　若流動相之流速（u）固定，理論板高（HETP）和粒徑（dp）之關係圖如圖12-12a所示，兩者有幾乎直線關係且板高隨粒徑變大而變大。換言之，粒徑（dp）越小，理論板高（HETP）就越小，分離效果也就會越好。圖12-12b為用5及10 μm之粒徑（dp）分離管柱分離樣品之層析圖，其中C, D兩分子可用5 μm之粒徑分得開，然用10 μm之較大粒徑分離管柱則沒辦法將C, D兩分子分開。這證明了粒徑（dp）越小，理論板高（HETP）就越小，分離效果也就會越好。

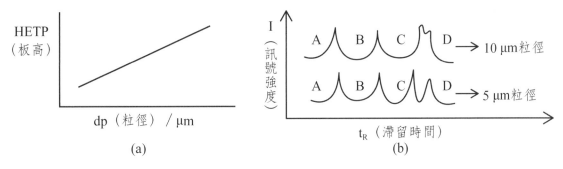

圖12-12　分離管柱中分離材料（Packing material）之粒徑（dp）和(a)理論板高（HETP），及(b)分子間譜峰分離之影響

　　除了粒徑（dp）外，分離材料顆粒之形狀亦會對峰寬（ω）、譜峰形狀（Peak shape）及理論板高（HETP）有影響。如圖12-13所示，大而不定形之顆粒會造成相當大的峰寬（圖12-13中圖a），大而圓之顆粒造成大的峰寬（圖b），而小而細的顆粒會得到較小的峰寬（圖c），也會得到較小的板高（HETP），及較佳的分離效果。

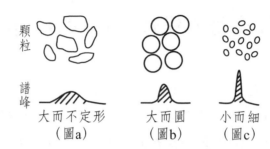

圖12-13　分離材料之顆粒形狀及大小對譜峰形狀（Peak shape）影響

第 13 章

氣相層析法

　　氣相層析法（Gas Chromatography，GC）雖然其開發比色層析法（最早液相層析法）晚，但氣體層析儀卻比液體層析儀更早廣泛被世界各國的化學實驗室使用，其主要原因為氣體易控制，容易輸送及加熱，不像液相層析儀需有相當穩定的液體輸送幫浦且較難升溫。然而氣相層析法所分離及偵測的為氣體分子，其密度比液體低很多，單位時間經分離管及偵測器之氣體分子數較少，故氣相層析儀所用的分離管材料及偵測器就需特別講究，例如常用在液相層析儀的紫化線／可見光偵測器，就很難用在氣相層析儀，因為氣相層析儀所測的氣體在單位體積中分子數少很多，較難測到。故本章除對氣相層析原理及儀器結構做介紹外，將對氣相層析儀所用的分離管材料及各種偵測器特別介紹。同時，本章除介紹一般氣相層析法外，亦將簡單介紹較特殊氣相層析法如 Kovats Index 氣相層析分析法，熱解氣相層析法（Pyrolysis GC），無機物氣相層析法及雙儀器氣相層析法（如GC/MS，GC/IR，GC-NMR）。

13-1　氣相層析儀器結構及分離管柱

　　氣相層析主要分離之功能由分離管柱材質（固定相）及管柱溫度所決定，其氣體流動相（稱爲載體氣體（carrier gas））不像液相層析的流動相那樣對樣品中各成分分子的分離有那麼大的影響力，氣體流動相主要功能爲輸送氣體樣品。氣相層析（GC）[153-156]依分離管柱中分離材料爲液相（Liquid phase）或固相可概分爲：(1)氣液相層析（Gas-Liquid Chromatography，GLC，分離材料爲液相），(2)氣相鍵結層析（Gas-bonded phase chromatography，分離材料爲有機物），及(3)氣固相層析（Gas-Solid Chromatography，GSC，分離材料爲固相）。在氣液相層析及氣體鍵結層析中分別用以分離各種分子之有機液相（Liquid phase）吸附及有機物鍵結在載體（Support）表面並塡入分離管柱中。在這些氣相層析中以氣液相層析爲較常用之分析方法。

　　圖13-1爲氣相層析儀（GC）之基本結構示意圖，其和液相層析儀一樣也包括樣品注入器、分離管柱、偵測器及訊號收集處理系統（含記錄器、類比/數位轉換器（ADC）及微電腦等）。不同的是氣相層析儀需有一個溫度控制烘箱（Temperature control oven），這是因爲氣相層析儀係用於偵測氣體樣品，而許多有機樣品在常溫爲液體（如苯C_6H_6），在分析全程中需轉換成氣體或氣膠（Aerosol），故需加溫控制。另外溫度控制有時也因溫度改變會使不同分子吸附在固定相之吸附力產生改變而分離。在GC分析物分離中，溫度控制概分(1)整個分離過程中都控制在一定溫度（如150 ℃），及(2)程序溫控（programmed temperature control），在分離過程中控制從低溫慢慢升溫到高溫（如從30 ℃到250 ℃），而升溫方式可用隨時間直線式（Linear）升溫或階梯型（Stepwise）升溫。另外，氣相層析儀之流動相爲載體氣體（Carrier gas），需有載體氣體鋼瓶及壓力表和流速控制器（Flow controller）。氣相層析儀之分離管柱（Column）可爲實心管柱（圖13-1a），也可能爲中空長毛細管（圖13-1b）。然而，氣相層析儀的分離管分離材料及偵測器種類和液相層析儀相當不同，氣相層析儀的分離材料及偵測器種類將在下文分別介紹。

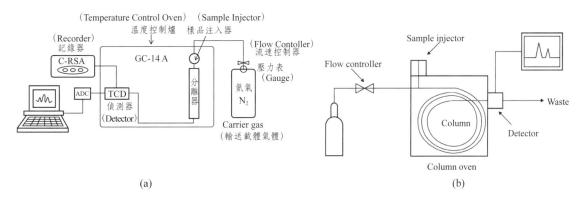

圖13-1　(a)實心管柱及(b)中空長毛細管分離管之氣相層析儀（GC）之基本結構示意圖[157~158]（來源：(a)P. Chang and J.S. Shih，Anal. Chim. Acta 360, 61 (1998), (b)Wikipedia, the free encyclopedia, http://upload.wikimedia.org/wikipedia/commons/8/87/Gas_hromatograph.png）．

　　氣液相層析為較常用之氣相層析分析方法，其分離管柱是由可分離各種分子之液態固定相（Liquid phase）當分離材料吸附在支撐固體（Support）表面並填入分離管柱中。表13-1為常用於氣相層析中作為固定相所用的液態固定相的商品名、分子組成、可使用溫度上限及可分離的樣品中之有機分子。這些液相分離材料分別由非極性（逆相（Reversed phase）如由Hexamethyl tetracosane所組成的Squalane）到極性（正相（Normal phase）如由Polyethylene glycol所組成的Carbowax 20 M）皆有，非極性固定相液相（如Squalane）用來離非極性有機化合物（如非極性Hydrocarbons），而極性液態固定相（如Carbowax 20 M）用來分離極性有機化合物（如極性的Alcohols，Esters，Pesticides）。這些液態固定相可應用之溫度上限在200～350 ℃，換言之，使用這些常用的液態固定相之氣相層析儀的溫度控制最高不能高於350 ℃，也就是說，一般氣相層析儀所能分析的樣品分子之沸點要低於350 ℃，實際上一般氣相層析儀只能分析沸點低於300 ℃之樣品分子，而沸點高於300 ℃之樣品分子通常就要改用液相層析法。表13-2為常用的液態固定相：SE-30/OV-1（分子組成：Polydimethyl siloxane）、OV-7/OV-3/SE-52（分子組成：Polyphenyl methyl dimethyl siloxane）、Carbowax 20 M（分子組成：Polyethylene glycol）及DEC succinate（分子組成：Polyethylene glycol succinate）之分子結構。

表13-1　氣相層析常用液態固定相之分子組成及用途

液態固定相 （Liquid Phase） 商品名	分子組成	溫度 上限 （℃）	極性	用途（可分離之有機物）
Squalane	Hexamethyl tetracosane	200	非極性	Hydrocarbons Gases
SE-30	polydimethyl siloxane	350		Aldehydes, Ketones, Hydrocarbons
OV-F	Polyphenyl methyl dimethyl siloxane	350		Heterocyclics, Aromatics
OV-22	polyphenyl methyl diphenyl siloxane	350		Alcohols, Aromatios
OF-1	Polytrifluoro propyl methyl siloxane	250		Amino acids, Alcohals Steroids, Nitrogen cpds.
XE-30	Polycyano methyl Siloxane	275		Drugs, Alkaloide, Halogenated cpds
CarbowaxzoM	Polyethylene glycol	250		Esters Alcohols pesticides
DEC adipate	Polyethylene glycol adipate	200		Fatty acids, Ester pesticides
DEC Succinate	polyethylene glycol succinate	200	極性	Steroids, Aminoacids Alcohols

表13-2　典型非極性及極性氣相層析液態固定相（Liquid phase）分子結構

非極性固定相（商品名）	極性固定相（商品名）
(A) $$CH_3-Si(CH_3)_2-O-[Si(CH_3)_2-O]_n-Si(CH_3)_2-CH_3$$ Polydimethyl siloxane [SE-30/OV-1]	(C) $$OH-CH_2-CH_2-[O-CH_2-CH_2]_n-OH$$ Polyethylene glycol [Carbowax 20 M]
(B) $$CH_3-Si(CH_3)_2-O-[Si(CH_3)(C_6H_5)-O-Si(CH_3)_2-O]_n-Si(CH_3)_2-CH_3$$ Poly phenyl methyl dimethyl siloxane [OV-F/OV-3/SE-52]	(D) $$HO-CH_2-CH_2-[O-CH_2CH_2-C-O-CH_2-CH_2]_n-OH$$ Polyethylene glycol succinate [DEC Succinate]

　　在氣液層析法（GLC）中，液體固定相是塗佈吸附在固體載體（Support）表面上（如圖13-2）形成液相／固體固定相。氣液層析法中最常用的支撐固體爲Chromosorb W及其衍生物系列商品，如圖13-2所示，Caromosorb W本身爲網狀水解矽酸鹽（Hydrolyzed silicate，|-Si-OH），由Caromosorb W可研製一系列固體載體。例如Chromosorb W加DMCS（Dimethyl dichloro-silane）藥劑形成DMCS-Chromosorb W（如圖13-2(1)所示，|-Si-O-Si(CH$_3$)$_2$Cl），然後利用此DMCS-Chromosorb W加CH$_3$OH（甲醇）反應可得著名的較惰性（Inert）的Aeropak 30支撐固體（如圖13-2(2)所示，|-Si-O-Si(CH$_3$)$_2$-OCH$_3$）。

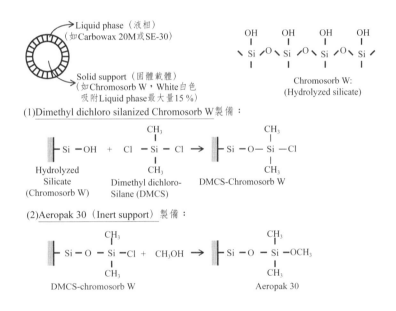

圖13-2　氣相層析（GC）分離管柱中液態固定相（Liquid phase）之固體支撐物（Support）之製備

　　依固定相裝塡方式，氣相層析（GC）分離管柱可分爲(1)實心式的塡充型管柱（Packing column）及(2)中空式毛細管管柱（Capillary column）。如圖13-3所示，實心式的塡充型管柱（圖13-3a）中，固定相顆粒塡滿了分離管柱，而中空式毛細管管柱（圖13-3b）中，則將固定相分離材料塗佈在分離管之管壁上，中間形成中空。塡充型管柱因爲實心，其對氣流的反作用力大，故不能太長，太長氣流通過困難，所以一般塡充型管柱長度爲50～150 cm，

最長只能到150 cm左右。反之，毛細管管柱爲中空型，在管壁上的固定相對氣流反作用很小，故毛細管管柱可以很長，可長至50 m以上（一般用10～30 m左右）。填充型分離管的管徑（約0.3 cm）當然要比毛細管管柱管徑（約0.02～0.05cm）大很多。反之，毛細管管柱中流動相（M）和固定相（S）體積比（$V_M/V_S \approx 100～300$）比填充型管柱（$V_M/V_S \sim 15～20$）要大很多，故毛細管管柱之分離有效長度相對比較長，所以一般毛細管管柱有比較好的分離效果。

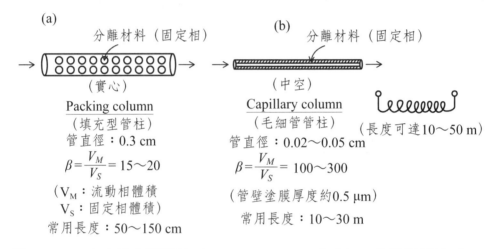

圖13-3　(a)實心填充型管柱（Packing column）及(b)毛細管管柱（Capillary column）之示意圖及一般規格

13-2　氣相層析偵測器

常見的氣相層析偵測器有(1)熱導偵測器TCD（Thermal Conductivity Detector，TCD），(2)火焰游離偵測器（Flame Ionization Detector，FID）／鹼金屬鹽火焰游離偵測器AFI（Alkali salt-FID），(3)電子捕獲偵測器（Electron Capture Detector，ECD）及(4)火焰光度偵測器（Flame Photometric Detector，FPD）。本節除介紹這些常見的GC偵測器外，也將介

紹可用於偵測腐蝕性物質之氣體密度偵測器（Gas density detector）。

13-2-1　熱導偵測器（TCD）

熱導偵測器（Thermal Conductivity Detector，TCD）[159]是一種泛用偵測器（Universal detector），可用來偵測幾乎所有物質，包括水（H_2O）、空氣中N_2和O_2及惰性氣體（如He，Ar）等。熱導偵測器之偵測基於待測物質（R）的導熱係數（Thermal conductivity coefficient，λ_R）及GC載體氣體（Carrier gas）的導熱係數（λ_0）之差異，熱導偵測器之輸出訊號（I）和兩者導熱係數差異絕對值（$|\lambda_0 - \lambda_R|$）成正比，關係如下：

$$TCD訊號(I) = k(|\lambda_0 - \lambda_R|) \tag{13-1}$$

式中k為比例常數，因為氫氣（H_2）的導熱係數（λ_H）是所有的有機及無機氣體中最大者，所以熱導偵測器（TCD）常用H_2當載體氣體（Carrier gas）。反過來，偵測H_2時，就用其他氣體（如Ar）當載體氣體。

圖13-4為熱導偵測器（TCD）之基本結構及偵測原理示意圖，若H_2當載體氣體時，在只有載體氣體（H_2）通過時，因為氫氣（H_2）有相當大的導熱係數（λ_H），會從圖13-4中惠斯登電橋（Wheatstone bridge）之Pt電阻絲（R_1）帶走熱能，而使Pt電阻絲溫度下降，因Pt為屬溫度靈敏的熱阻體（Thermistor），溫度下降其電阻就增加，熱導偵測器之輸出電壓（Vo）因

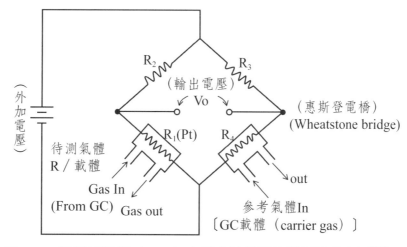

圖13-4　熱導偵測器（TCD）之基本結構及偵測原理示意圖[159]

而下降（圖13-4）。然當待測樣品氣體（R）從分離管出來進入偵測器時，待測氣體（R）之導熱係數（λ_R）比載體氣體H_2小，故其帶走的熱能較小，Pt電阻絲溫度下降較小，輸出電壓（Vo）之下降較小，換言之，待測氣體（R）進入偵測器時所得的輸出電壓（Vo）會比只有載體氣體H_2進入時較大。熱導偵測器之輸出電壓（Vo）變化量和待測氣體（R）含量及分子種類都有關。

物質分子之導熱係數（λ）和其分子大小或分子量有關，如表13-3所示，一物質分子之分子量越大（如C_5H_{12}），其導熱係數（λ）就越小（$\lambda_{C_5H_{12}} = 3.1 \times 10^{-5}$）。反之，分子量越小（如$H_2$），其導熱係數（$\lambda$）就越大（$\lambda_{H_2} = 41.6 \times 10^{-5}$）。

表13-3　常用載體氣體及化合物之導熱係數（λ）

氣體	導熱係數（$\lambda \times 10^5$）	分子量（MW）
H_2	41.6	2
He	24.8	4
CH_4	7.2	16
N_2	5.8	28
C_5H_{12}	3.1	72

熱導偵測器之偵測下限約為300 ppm，雖然其靈敏度不比其他GC偵測器好，但其可偵測已知或未知所有的有機／無機氣體分子為其最大優點，但因其在偵測空氣樣品中微量待測物時，空氣中大量N_2及O_2之TCD訊號掩蓋了空氣樣品中微量待測有機物或無機物訊號，故通常熱導偵測器需在真空（Vacuum）中操作。

13-2-2　火焰游離偵測器（FID）及鹼金屬鹽火焰游離偵測器AFI

雖然熱導偵測器（TCD）幾乎可偵測所有的分子，但也因為如此，除了空氣樣品TCD偵測要在真空中操作外，TCD對偵測水樣品中微量有機物或無機物也很難，水中樣品中H_2O訊號也會掩蓋水中待測物訊號。甚至一般惰性載體氣體（如Ar）也會因其TCD訊號干擾GC待測物之訊號，因而就需有一種對H_2O及空氣中N_2及O_2和惰性載體氣體都不會有訊號，但對待測物有感應之GC

偵測器。火焰游離偵測器（Flame Ionization Detector，FID）[160]就是這種GC偵測器，如圖13-5所示，火焰游離偵測器（FID）對一般常用之惰性載體氣體（如He及Ar）、空氣中N_2及O_2及水（H_2O）都沒感應，不會有訊號，因而不必在真空中操作就可用來偵測空氣及水樣品中微量待測物。

圖13-5a顯示火焰游離偵測器（FID）之基本結構圖。顧名思義，火焰游離偵測器是利用火焰（如H_2/O_2 Flame）使從GC分離管流出的待測物（RH）游離離子化（Ionization）成離子RH^+及e^-（電子），帶正電的RH^+流向FID之負電極，而e^-（電子）流向正電極產生線圈電流而FID偵測器就以電流（Io）輸出。圖13-5b為FID偵測器線路示意圖。

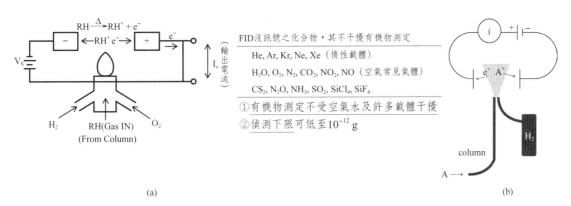

圖13-5　火焰游離偵測器（FID）(a)基本結構和對化合物感應訊號，及(b)線路示意圖）[160]（b圖：Wikipedia, t he free encyclopedia, http://en.wikipedia.org/wiki/Flame_ionization_detector）

因火焰游離偵測器（FID）是基於待測物在火焰中離子化，所以其對待測物之感應靈敏度取決於待測物離子化之難易，一般有機鹵化物（如RCl及RBr）及含N/O化合物（如RNH_2及ROH）較易離子化，FID偵測器對這些鹵化物、氮化物及氫氧化物也就有較高靈敏度，FID偵測器之偵測下限可低至10^{-12}g。

若將鹼金屬鹽（Alkali salt）放在FID偵測器火焰頭（如圖13-6）就形成鹼金屬鹽火焰游離偵測器（Alkali salt-Flame Ionization Detector，AFI）。這加了鹼金屬鹽的AFI偵測器（（Alkali salt-FID），只會對有機磷化物（RP）有很高的靈敏度，但對其他物質感應靈敏度就相當低（原因未

完全瞭解），故可稱為磷偵測器（Phosphorus Detector）。其偵測有機磷化物（RP）原理也是火焰使磷化物（RP）游離離子化形成RP^+及e^-（電子），帶正電的RP^+流向AFI偵測器之負電極，而e^-（電子）流向正電極產生線圈電流，AFI偵測器同樣以電流（Io）輸出。AFI偵測器對磷化物（RP）之偵測下限可低至10^{-11}g磷化物。

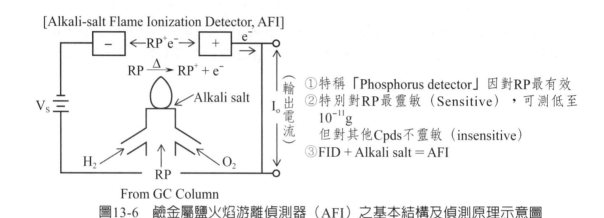

圖13-6　鹼金屬鹽火焰游離偵測器（AFI）之基本結構及偵測原理示意圖

13-2-3　電子捕獲偵測器（ECD）

電子捕獲偵測器（Electron Capture Detector，ECD）[161]顧名思義是利用待測物分子捕獲吸收電子能力來偵測。如圖13-7a所示，電子捕獲偵測器（ECD）的結構中具有一可發出電子的Ni-63或H-3貝他（β）-發射體（β-Emitters），在只有不會吸收電子之GC載體氣體（Carrier gas）進入偵測器時，此β-發射體所發出的電子（e^-）就直接到ECD偵測器之電子接收電極（Electron Collector Electrode），以電子流（強度 = Io）輸出。然當一可吸收電子之待測物分子（R）進入偵測器時，β－發射體所發出的電子（e^-）部份會被吸收（待測分子R吸收電子可能變為R^-，$R + e^- \rightarrow R^-$），以致於到達偵測器之電子接收電極之電子變少，因而待測物分子之輸出電子流強度（I_R）比純載體氣體之電子流強度（Io）相對減小，圖13-7為ECD偵測器線路圖。電子捕獲偵測器（ECD）的訊號（P）和輸出電子流強度變化（ΔI_R）關係如下：

$$ECD偵測器訊號(P) = k(Io - I_R) = k\Delta I_R \qquad （13-2）$$

　　式中k為比例常數，電子流強度變化大小（ΔI_R）和待測物分子之含量及種類有關。電子捕獲偵測器（ECD）對較易吸收電子的有機鹵化物（RX，如RCl）、氮化物（如NO_2）及含C＝C-CO化合物較靈敏，ECD偵測器對這些分析物之偵測下限（Detection limit）可低至10^{-12}g。

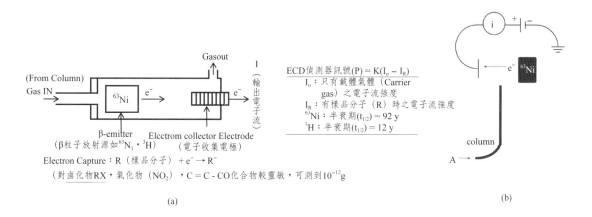

(a)

(b)

圖13-7　電子捕獲偵測器（ECD）之(a)基本結構及偵測原理，及(b)線路示意圖[161b]

（b圖：From Wikipedia, the free encyclopedia，http://upload.wikimedia.org/wikipedia commons/thumb/3/34/Electron_capture_detector.gif/200px-Electron_capture_detector.gif）

13-2-4　火焰光度偵測器（FPD）

　　火焰光度偵測器（Flame Photometric Detector，FPD）[162]對待測物之偵測是利用火焰使待測物分子（如RS）從基態（Ground state）激化到激態（Excited state）成高能量分子（RS*），隨後此高能量分子（RS*）由激態回到基態並放出此待測物（如RS）之特性光譜線（λ_1，λ_2等），然後這些光譜線再經光偵測器（如光電倍增管（Photomultiplier Tube，PMT））偵測並以電流或電壓輸出。所以火焰光度偵測器（FPD）主要元件就如圖13-8所示含火焰裝置及光偵測器兩部份。FPD偵測器出來的電流訊號先經運算放大器（OPA，Operational amplifier）變成放大電壓訊號（Vo），這電壓訊號（Vo）可用記錄器顯示或經ADC（類比／數位轉換器）轉成數位訊號傳入微

電腦做數據處理。

　　火焰光度偵測器（FPD）對有機硫化物（RS）及有機磷化物（RP）特別靈敏，FPD對分析物之偵測下限可低至10^{-12} g.

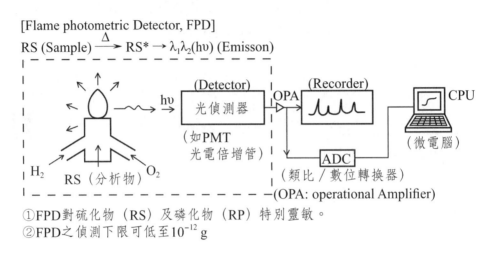

①FPD對硫化物（RS）及磷化物（RP）特別靈敏。
②FPD之偵測下限可低至10^{-12} g

圖13-8　火焰光度偵測器（FPD）之基本結構及偵測原理示意圖

13-2-5　氣體密度偵測器

　　氣體密度偵測器（Gas density detector）是針對腐蝕性待測氣體之偵測而設計的，在此偵測器之電子元件和腐蝕性待測氣體沒直接接觸，而是用包在抗腐蝕性物質（如Teflon）中的電子壓力偵測器來偵測。氣體密度偵測器之基本結構如圖13-9所示，此偵測器含有二個表面不會被腐蝕性氣體腐蝕之上下壓力偵測器D_1，D_2所組成。一由載體氣體（Carrier gas）所組成的參考氣體(A)進入此偵測器並經兩壓力偵測器D_1，D_2，此時兩壓力偵測器所測到的壓力相等（$P_{D1} = P_{D2}$），但當待測氣體（RH）由分離管出來並由偵測器中間進入偵測器，而由於待測氣體（RH）比由載體氣體所組成的參考氣體(A)密度大，故易往下流動而阻礙了參考氣體(A)經壓力偵測器D_2，而使壓力偵測器D_2所受壓力（P_{D2}）減少，換言之，$P_{D1} > P_{D2}$，由上下壓力偵測器D_1，D_2之所受壓力差，可得此偵測器訊號(I)：

$$I（氣體密度偵測器訊號） = k(P_{D1} - P_{D2})　　　　（13-5）$$

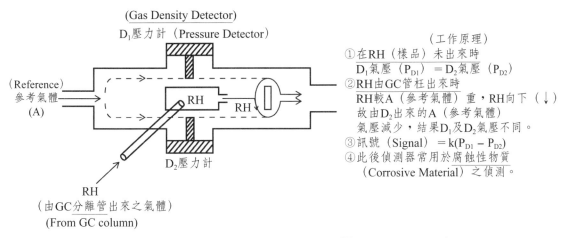

圖13-9　氣體密度偵測器之基本結構及偵測原理示意圖

式中k為比例常數。此偵測器訊號(I)大小和待測氣體之含量及密度、分子量有關。

13-3　Kovats Index氣相層析分析法

氣相層析分析法在對層析圖中各譜峰之定性，通常用已知分子標準品來確認定性並做定量，然而樣品中未知譜峰分子之定性就很難。西元1958年科次先生（E.Kovats）利用Squalane非極性氣相層析分離管分離各種飽和烴（Paraffin alkanes，C_nH_{2n+2}），發現各種飽和烴的對數滯留時間（$\log t_R$）或對數滯留體積（$\log V_R$）和其所含碳數（Nc）成線性正比例關係（如圖13-10(a)所示），他將飽和烴之含碳數（Nc）乘以100為各種飽和烴之滯留指數（Retention index），後人就稱為科次滯留指數I（Kovats retention index）或簡稱科次指數（Kovats index）[163]如下：

$$I(Kovats\ retention\ index) = Nc\ (Paraffin) \times 100 \qquad (13-3)$$

科次滯留指數（I）後來用做一樣品中各種飽和及不飽和有機物未知物（R）之定性，其方法是先建立各種飽和烴（Paraffin）和未知物（R）之氣體層析圖，然後選最接近未知物（R）之滯留時間（t_R）或滯留體積（V_R）之兩個飽和烴n及n+1（如圖13-10(b)[A]所示），然後建一各種飽和烴對數滯留時

間（log t_R）或對數滯留體積（log V_R）對科次滯留指數I（Kovats retention index）關係工作曲線圖（如圖13-10(b)[B]所示），然後利用實驗所得之未知物（R）之滯留時間（t_R）或滯留體積（V_R）應用工作曲線圖（log t_R或 logV_R對I）可得此未知物（R）之科次滯留指數I_R（如圖13-10(b)[B]中之I_R = 644）。然後查科次指數文獻，就可推測此未知物（R）為何物及其分子式了。未知物（R）之科次指數I_R亦可由下列式子計算得知（如圖13-10(b)[B]右側所示）：

I_R（未知物科次指數）$= 100[n + (\log V_R - \log V_n)/(\log V_{n+1} - \log V_n)]$

$$(13\text{-}4)$$

用此計算法亦可得未知物之科次指數I_R = 644，查文獻，可知此未知物（R）為苯（Benzene）。

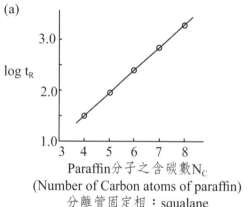

(a)

paraffin （C_nH_{2n+2}）之I值

(I = Kovat's retention index)
I = N_c （含碳數）×100
如C_5H_{12}之I = 5×100 = 500
C_7H_{16}之I = 7×100 = 700
①此t_R及N_c是直線關係
②V_R及N_c亦是直線關係
（t_R及V_R分別為各別paraffin之管柱滯留時間及滯留體積）

Paraffin分子之含碳數N_C
(Number of Carbon atoms of paraffin)
分離管固定相：squalane

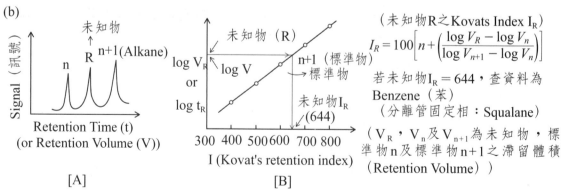

(b)

（未知物R之Kovats Index I_R）

$$I_R = 100\left[n + \left(\frac{\log V_R - \log V_n}{\log V_{n+1} - \log V_n}\right)\right]$$

若未知物I_R = 644，查資料為 Benzene（苯）
（分離管固定相：Squalane）

（V_R，V_n及V_{n+1}為未知物，標準物n及標準物n+1之滯留體積 (Retention Volume)）

[A]　　　　　[B]

圖13-10　(a)Paraffin之GC管柱滯留時間t_R與含碳數關係和其Kovats Index值定義，及 (b)未知物R之Kovats Index (I_R)之決定

13-4　熱解氣相層析法

　　熱解氣相層析法（Pyrolysis GC）和質譜法類似，先用電爐（Furance）將一有機化合物（如RCl）熱解（Pyrolysis）成碎片（如R及Cl），然後再用氣相層析儀偵測這些碎片（如圖13-11），最後用這些碎片來推出此有機化合物之分子結構。此熱解氣相層析法除可用來測定一純有機化合物之分子結構，還可用來偵測一大群缺乏標準品之有機化合物，其中最有名的為多氯聯苯（Polychloro Biphenyl，PCB）。多氯聯苯約有七十多種，因屬強毒性物質，許多多氯聯苯工廠已沒生產，但多氯聯苯為環境污染檢測重要污染物質，列為空氣污染必檢物質，因許多多氯聯苯缺乏標準品，所以許多國家之環境保護署（Environmental Protection Agent，EPA）就規定用熱解氣體層析法做為多氯聯苯標準檢驗法。這是不管何種多氯聯苯經電爐熱解後都會得一個聯苯（C_6H_5-C_6H_5，如圖13-11），只要偵測多少個聯苯就可估計可能有多少個多氯聯苯分子。當然現在有熱解氣相層析/和質譜（Pyrolysis GC/MS）連結儀了[164]。

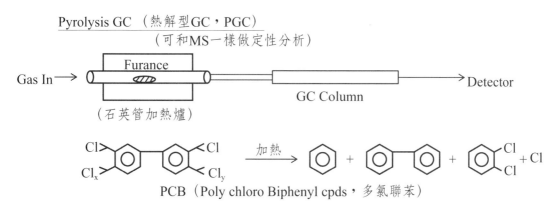

圖13-11　熱解型氣相層析系統（Pyrolysis GC）之基本裝置圖

13-5   無機金屬氣相層析法

　　因氣相層析法只能偵測約<300 ℃，一般無機金屬是無法用氣相層析法偵測，但有些金屬離子（如Sb^{3+}）或類金屬（如As^{3+}）會被氫化產生氣體氫化物（如AsH_3，如圖13-13）：

$$M^{z+}（如Ce^{4+}, As^{3+}, Se^{4+}, Sb^{3+}）+ NaBH_4（或H_2）$$
$$\rightarrow MHx（氣體如CeH_4, AsH_3, SeH_4, SbH_3） \qquad （13-5）$$

　　產生的氣體氫化物就可用氣相層析法偵測，可偵測金屬離子之氣體層析法就稱爲無機金屬氣相層析法（GC for Inorganic Metal species），這些金屬氫化物之GC層析圖如圖13-12所示。有些無機金屬離子（M^{z+}）亦可和有基配位子（Ligand，L）形成在<300 ℃可揮發的錯合物（Complex，MLn），然後用氣相層析偵測。例如Be^{2+}金屬離子可和有基配位子TFA（N-Trifluoacetylacetone）形成$Be(TFA)_2$錯合物，可在200 ℃下用氣體層析儀偵測[165]。

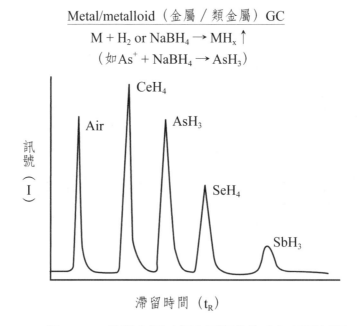

圖13-12　各種金屬／類金屬氫化物之氣相層析圖

13-6　串聯氣相層析法

　　串聯氣相層析儀（Hyphenated GC）較常見的為氣相層析－質譜儀（GC/
MS）及氣相層析－紅外線光譜儀（GC/IR），在此兩雙儀器系統中質譜儀
（MS）及紅外線光譜儀（IR）做為氣相層析儀（GC）之偵測器，兩偵測器的
目的都是為檢測由GC管柱分離出來各樣品分子之分子結構及原子團。

　　氣相層析－質譜儀（GC/MS）為化學實驗室常見儀器，在此GC/MS儀
中，常用毛細管分離管（Capillary column）之氣體層析儀，因毛細管管柱
GC流速及分離速度較傳統填充型管柱（Packing column）快且分離效果也
較好，使GC分離出來的各種分子進入質譜儀不致於和後來之其他化合物分子
混在一起。如圖13-13(a)所示，其儀器結構含毛細管管柱GC儀、GC/MS界面
（Interface）及質譜儀。常用的GC/MS介面有(1)Barrier separator（屏障分
離器，又稱Effluent splitter）GC/MS介面，(2)Jet/Orifice（噴射／孔板器）
GC/MS介面，及(3)分子分離薄膜（Molecular Separation Membrane）GC/
MS介面，這些GC/MS介面之結構圖請分別見第十一章11-7節之圖11-34，圖
11-35及圖11-36。質譜儀內含離子源、加速電場、質量分析器及偵測器（質
譜儀之結構及工作原理請見本書第十一章）。由GC儀出來的各種待測分子及
載體氣體（Carrier gas）經GC/MS介面將載體氣體分離去除而使待測分子可
直接進入質譜儀之離子源而成離子化碎片，這些離子碎片由加速電場導引進入

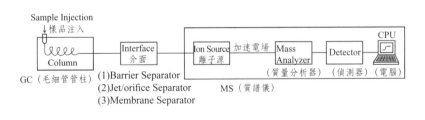

(a)　　　　　　　　　　　　　　　　　　(b)

圖13-13　氣相層析／質譜儀（GC/MS）之(a)基本結構示意圖，及(b) Waters，GCT
　　　　　Premier™桌上型毛細管氣相層析／飛行時間式（TOF）質譜儀（GC/MS）
　　　　　外觀圖[166]（GC/MS請見本書第11章第11-7節）

質量分析器分離並經質譜儀之偵測器再入微電腦重組推算其分子結構。圖
13-13(b)為Waters（GCT）-Premier廠牌桌上型毛細管氣相層析／飛行時間式
（TOF）質譜儀（GC/MS）外觀圖。

　　氣相層析－紅外線光譜儀（GC/IR）[167]為英國化學家斯科特教授（R.
P. W, Scott）所研製成功的。圖13-14(a)為GC/IR儀之長管式介面結構示意
圖，從GC分離管出來的樣品分子經一兩端皆為KBr窗口之長型紅外線石英
管。紅外線（IR）光（強度I_o）由紅外線光源（IR Source）出來經KBr窗
口進入長管照射長管中之樣品分子，部份紅外線光被樣品分子吸收，當紅
外線光從另一KBr窗口出來時，紅外線光之強度由I_o減至I並進入紅外線光
偵測器（Detector）偵測。然現在GC/IR儀中大都改用相當長的紅外線光纖
（IR Optical Fiber）之光纖式偵測管（如圖13-14(b)所示）來取代傳統長管
式偵測管，此可大大增加GC/IR儀之靈敏度及下降其對樣品分子之偵測下限
（Detection limit）。

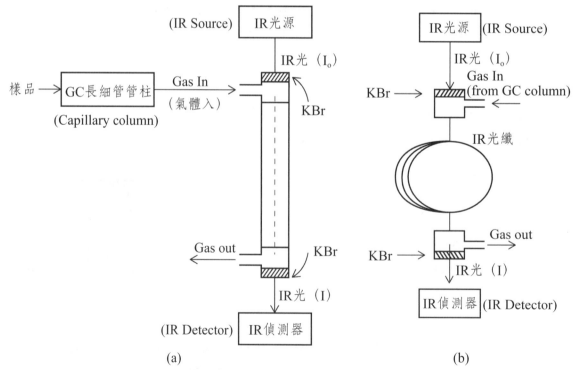

圖13-14　氣相層析/紅外線光譜儀（GC/IR）之(a)長管式，及(b)光纖式介面圖

　　GC/IR儀所用的GC分離管和GC/MS中一樣常用毛細管分離管柱（如圖13-14(a)所示），同樣也因毛細管管柱GC流速及分離速度較傳統填充型管柱快且分離效果也較好，使先進入IR偵測器長管中之樣品分子不致於和後來進入之其他化合物分子在管中混在一起。

　　除了GC/MS及GC/IR外，其他串聯氣相層析儀如氣相層析－核子磁共振儀（GC-NMR）儀亦被研製成功，以偵測室溫時其成分（RA，RB等等）皆為液體的樣品。GC-NMR儀為西元1983年H.Herzog及J. Buddrus兩位化學家[168]將GC分離管柱出口直接接在NMR儀之探頭（Probe）樣品管（NMR tube）中。如圖13-15所示，一其成分（RA，RB等等）在室溫時皆為液體之有機物樣品（R）先注入毛細管中空GC分離管中分離各成分，分離出來之有機物分子（如RA）直接進入NMR管中，因樣品中各有機物分子（如RA）由在GC管柱中之高溫回到NMR管中室溫恢復成液體，而載體氣體（Carrier gas）在室溫仍然為氣體而從NMR管中跑出，樣品中各有機物分子即可一個個陸續進入NMR管中偵測，最終可得樣品中各有機物分子之NMR光譜圖並可推算各有機物之分子結構。

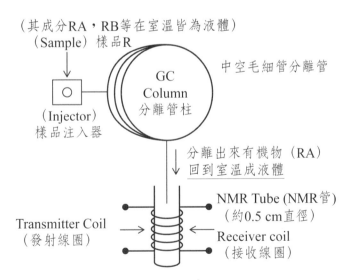

圖13-15　氣相層析－核子磁共振儀（GC-NMR）介面結構示意圖

第 14 章

液相層析／超臨界流體層析法

因液相層析法（Liquid Chromatography）[169-170]可用來偵測各種有機及無機（含金屬及非金屬）化合物，液相層析法已成爲現代化學及生化醫學研究常用之分析方法，液相層析儀也就幾乎爲世界各化學及生化醫學研究室及檢驗室常見的儀器。本章將介紹各種液相層析法：(1)高效能液相層析法（High Performance Liquid Chromatography, HPLC），(2)離子層析法（Ion Chromatography, IC），(3)毛細管電泳法（Capillary Electrophoresis, CE），(4)凝膠滲透層析法（Gel Permeation Chromatography，GPC），(5)流動注入分析法（Flow Injection Analysis, FIA），(6)高效能薄層層析法（High Performance Thin Layer Chromatography）及(7)其他較特殊液相層析法。本章除介紹上述各種液相層析法之原理應用及儀器外，亦將介紹介於液相層析及氣相層析間的超臨界流體層析（Supercritical Fluid Chromatography）之儀器原理及應用。

14-1　高效能液相層析法（HPLC）

本章定義的高效能液相層析法（HPLC）爲一般常用狹義的HPLC法，其所用的儀器爲一般實驗室常見的HPLC儀，而不是廣義的包括其他液相層析儀

（如GPC, CE, IC等等）之液相層析法。本節將簡介常用HPLC儀之儀器原理及結構，和常用分離管柱與偵測器（包含LC/MS）。

14-1-1　HPLC法原理及儀器結構

高效能液相層析法（HPLC）[170]指的是含有高效能分離管柱及較短分析時間之液相層析法，為使管柱分離效果較佳及縮短分析時間，在HPLC用高壓幫浦來輸送流洗液（Eluent）及樣品和顆粒小的分離管柱材料，這和傳統慢慢流的液相層析（LC）及用較大顆粒的分離管柱材料相當不同，所以HPLC比傳統LC有較佳的分離效果及較短的分析時間。所以一部高效能液相層析儀至少要有一樣品注入器（Sample injector），高壓泵（約6000 psi Pump），小顆粒高效能的固定相分離管柱（Column）及偵測分離後各分子之偵測器（Detector），圖14-1a所示的為一般較完整之高效能液相層析儀之結構圖，其不只含樣品注入器、高壓泵、分離管柱及偵測器外，又含梯度裝置（Gradient device），前置管柱（Precolumn）及訊號輸出處理系統（包括記錄器、類比/數位轉換器（ADC）及微電腦）。一般若只用特定濃度一種流洗液（如A）在一定溫度下就不需用梯度裝置，反之，若用不同濃度或不同溫度以及需用兩種或兩種以上具有不同種類或不同極性之流洗液（如A及B）以調節各分子之滯留時間，就需用梯度裝置，在梯度裝置中除具有不同濃度流洗液或不同種類和極性流洗液外，還有一梯度控制器以控制梯度流洗（Gradient elution）之程序。需梯度裝置做梯度流洗之例子如(1)整個層析分離時間拉得太長（wide range）時，除用原來低濃度流洗液（如0.5N HCl之流洗液A）外，需用裝有高濃度流洗液（如6N HCl之流洗液B）之梯度裝置在層析過程後半段將高濃度流洗液B注入原來流洗液A中，以增加流洗液濃度並縮短層析後半段分離時間，(2)當樣品中含有各種不同極性及不同種類之分子時，若用一種流洗液並不能將所有分子分離，此時需用兩種極性不同或種類不同的流洗液，例如常用甲醇（Methanol）當主流洗液（流洗液A），而用乙腈（Acetonitrile）或甲苯（Toluene）當梯度流洗液（流洗液B）。圖14-1a中之前置管柱常用在分離管柱中流洗液流速不穩或過濾流洗液中雜質或去除樣品中會干擾樣品分析之雜質（此時前置管就要放在樣品注入器後面）。圖14-1b為一含梯度裝置之HPLC儀實圖。

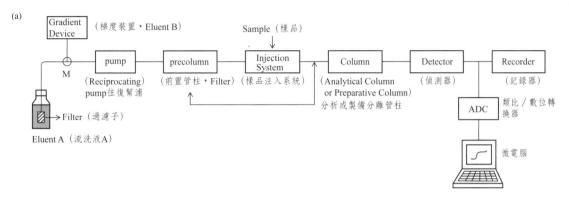

(a)

(b)

高效梯度液相層析儀系統

圖14-1　高效能液相層析（HPLC）儀之(a)儀器結構示意圖及(b)ECOM梯度HPLC儀
　　　　實圖[171]（網站：http://www.hplc.com.tw/index.htm）

如圖14-1a所示，由一往復高壓幫浦（Reciprocating pump，約
6000 psi）將流洗液A經一金屬過濾子（Filter）以過濾流洗液中小微粒或浮
懸物等雜質，然後輸送到達M點（若用梯度裝置會在M點和另一流洗液B混
合），然後經高壓幫浦及前置管柱，然後到樣品注入器中將樣品帶入分離管柱
中分離樣品中各種分子，分離後的分子進入偵測器中偵測，偵測器出來的訊號
可直接接到記錄器繪圖，同時也可將偵測器出來的類比（Analog，如電壓）
訊號經類比／數位轉換器（ADC）轉成數位訊號並輸入微電腦做訊號收集及
數據處理。一般流洗液常用有機溶劑，但若用酸性或鹼性流洗液，則不能用金
屬過濾子及金屬管柱，需用耐酸鹼的塑膠過濾子、管柱及高壓幫浦。以下各小
節將分別簡介HPLC儀之重要元件包含高壓幫浦、樣品注入器、分離管柱、固
定相材料及偵測器。

14-1-2　高壓泵及樣品注入器

　　最常用的HPLC高壓泵為固定容量（Constant volume）的往復泵（Reciprocating pump），一般HPLC高壓幫浦之壓力都在3000～6000 psi。如圖14-2a所示，在往復泵中利用馬達（可用步進馬達（Step motor）較精確）一進一回將流洗液由流洗液槽送進高壓泵，再壓入分離管中，圖14-2b為高壓輸液泵實物圖，其壓力可達4000 psi，流速可達45 mL/min。

　　圖14-3為含環路（Loop）之HPLC之樣品注入器（Sample injector）之結構及工作原理示意圖，HPLC之樣品注入皆採用二段式操作，如圖14-3a所示，第一階段先將樣品射入（Load）注入器之環路中，然後第二階段如圖14-3b所示，利用環路搖桿（Loop rod）推上或壓下改變連接口（如由圖14-3中1，2連接口連接改為2，3連接）將樣品由環路注入（Injection）分離管柱中。

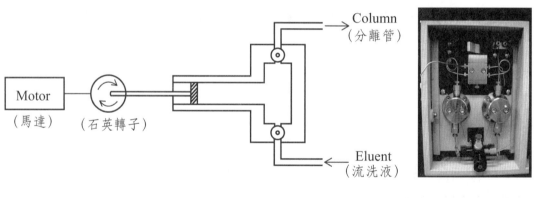

(a)往復泵示意圖　　　　　　　　　　　　　(b)高壓輸液泵實圖

圖14-2　HPLC儀之往復泵（Reciprocating pump）之(a)結構示意圖及(b)高壓輸液泵實圖[172]（流速範圍0.01-45 mL/min壓力：0-4000 Psi，取自http://166.111.30.161:8000/zhongxin/yiqi/HPLC-yiqi.htm）

(a)填充樣品（推入環路） (Load)

搖桿（Rod）
高壓泵（pump）
分離管（Column）

射入口　樣品　排出口

環路（Loop）

(b)注入樣品（由環路注入分離管）（Injection）

搖桿推上或壓下 （改變連接口）

搖桿
幫浦
分離管 （To Column）

排出口

環路（Loop）

圖14-3　樣品注入器樣品注入分二階段：(a)填充樣品射入環路（Loop），及(b)應用
　　　　環路搖桿推上或壓下將樣品由環路注入（Injection）分離管柱示意圖

14-1-3　HPLC分離管柱及固定相材料

　　高效能液相層析（HPLC）儀依分離材料之極性概分極性及非極性管柱，
極性的分離管柱材料之管柱稱爲正相管柱（Normal phase column），而非極
性管柱稱爲逆相管柱（Reversed phase column）。常用的HPLC管柱爲長度
約20～30 cm直徑約0.5～1.0 cm內含分離材料之不鏽鋼管柱（如圖14-4）。
正相（即極性）管柱分離材料以Silicate（Si-OH聚合物）爲最常用（如圖
14-5a），而逆相（即非極性）管柱以C-18管柱（內含Si-O-Si-C$_{18}$H$_{37}$聚合
物）爲最常用（如圖14-5b所示）。如圖14-5c所示，逆相C-18管柱分離材料

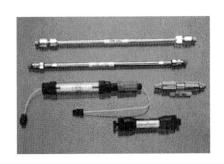

圖14-4　矽（Si）液相層析管柱實物外觀圖[173]（原圖來源：http://www.superchroma.
　　　　com.tw/pic/2-1.gif）

（Si-O-Si-C$_{18}$H$_{37}$聚合物）可由正相Silicate管柱分離材料（Si-OH聚合物）製備如下：

　-Si-OH（Silicate管柱）+Cl$_3$Si-C$_{18}$H$_{37}$→-Si-O-Cl$_2$Si-C$_{18}$H$_{37}$（C-18管柱）

$$（14-1）$$

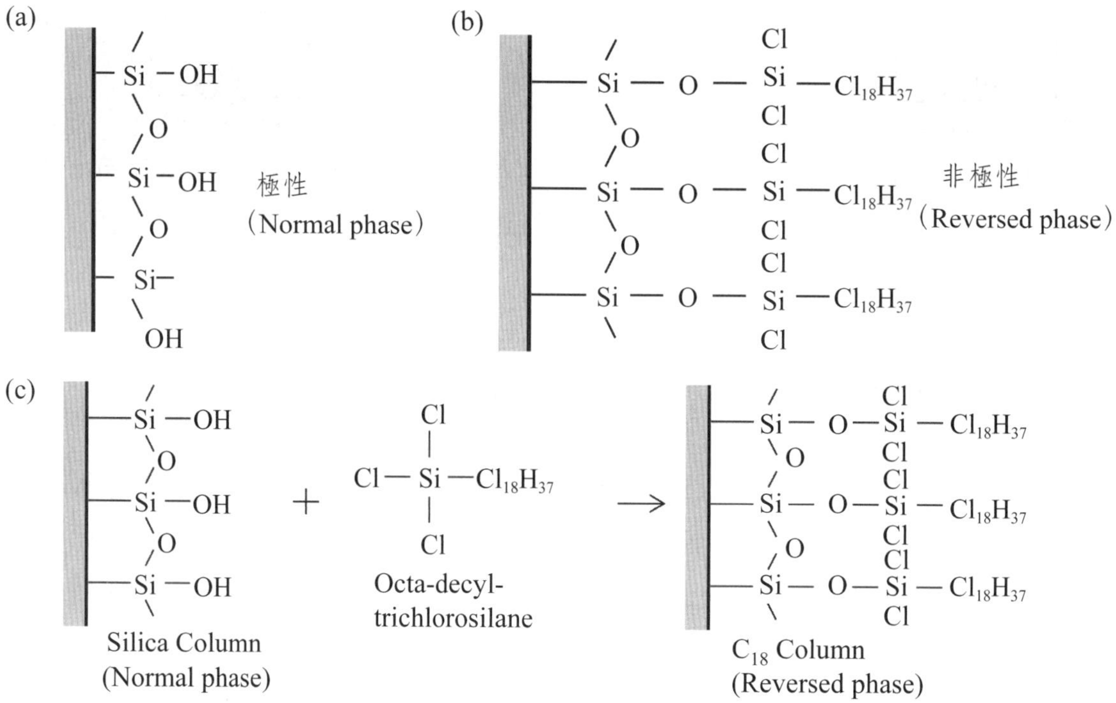

圖14-5　液相層析(a)極性正相矽管柱材料，(b)非極性逆相C18管柱材料，及(c)C18管柱材料之製備

　　表14-1常見的液體層析分離管柱市面產品及分離材料顆粒大小及表面積。在極性管柱就有矽管柱（Silica）、鋁管柱（Alumina）及聚醯胺管柱（Polyamide）等，而非極性管柱有炭管柱（Charcoal）、C18管柱（Si-C$_{18}$H$_{37}$）及苯基管柱（Phenyl）等。而一般分離管材料顆粒大小約為直徑約5-10 μm，也有較大顆粒（約30-50 μm）但不常用。如表14-1所示，依不同分離管材料顆粒大小，矽管柱市面上產品就有Lichrosirb Si, Microporasil, Micropak Si, Sul-X及Spherisorb，及Perisorb A等等。同樣鋁管柱市面上產品也有好幾種，但鋁管柱有Al$_2$O$_3$、Al-OH及AlO$^-$等不同管柱，購買時需注

意。聚醯胺管柱（Polyamide）則常用於生醫物質之分離，尤其是常用在和蛋白質有關之生化物質之分離。而非極性管柱只有C18管柱最常用。

表14-1　各種市售HPLC管柱（Column）規格

Type	Name	Size(μm)	Surface Area(m^2/g)
(1)Silica	Lichrosorb Si	5, 10, 20 μ	400
Porous particle	Microporasil	5, 10	400
Porous particle	Micropak Si	8-12	400
Porous particle	Sil-x	36-45	300
Porous particle	Spherisorb-Si	5, 10, 20	200
layer	Corasil	37-50	1-7
layer	Pellosil	37-44	1-4
layer	Persorb A	30-40	1-14
(2)Alumina	Lipropak Al	5, 10, 20	70-90
Porous particle	Lichrosorb Al	5, 10, 20	70-90
Porous particle	Micropak Al	5, 10	70-90
Porous particle	Spherisorb Al	5, 10, 20	95
layer	Pellumina	37-44	4
(3)Amide	polyamide	5, 10	400
(4)Amine	alkylamine	10	400
	alkylnitrile	10	—
(5)Charcoal	charcoal	—	—
(6)Si-$C_{18}H_{37}$	C_{18}	10	400
(7)Phenyl	phenyl	10	—

　　一般分析用液相層析管柱（Analytical column）如圖14-4所示只有直徑約0.2-04 cm，長度10-30 cm，然而如表14-2所示，**濃縮製備用管柱**（Preparative column）之直徑可達≥0.8 cm，長度25-100 cm。分析用管柱樣品進料量可達500 μg，而製備用管柱樣品進料量則可增大1000倍，即可達500 mg。如表14-2所示，分析用及製備用管柱在分離管材料材質及流速也不同，分析用管柱常用一般顆粒或薄膜（Thin film）固定相，而製備用管柱則常用高容量鍵結及高表面積之固定相（High-loading bonded phase & High surface area stationary phases，各種層析管柱種類請見本書第十二章12-1-1節）。另外，分析用管柱中流洗液之流速常為30-120 mL/hr，而製備用管柱之流洗液流速較快約為200-400 mL/hr。

表14-2　液相層析分析用管柱及製備用管柱之比較

項目	分析用管柱 （Analytical Column）	製備用管柱 （Preparative Column）
管柱：		
長度（cm）	10-30	25-100
直徑（cm）	0.2～0.4	0.8
形狀	直管	直管
填充物：		
顆粒直徑（μ）	5～40	10～20
表面積	中，高	高
流動相	非黏性	揮發性
固定相		
(i)分配式	薄膜	高裝載（loading）鍵結相
(ii)吸附式	薄膜	高表面積
(iii)離子交換式	薄膜，顆粒	高容量，低交聯
(iv)選擇性互斥式	凝膠	孔膠
流速（mL/hr）	30～120	200～400
壓力（psi）	500～5000	500～5000
溫度	最佳化（optimize）	增高溫度以增大溶解度
樣品量（μg·注入量）	0.050～500 μg	每次注入量高至500 mg

14-1-4　HPLC偵測器及LC/MS

　　常用的HPLC偵測器有(1)HPLC專用紫外線／可見光偵測器，(2)HPLC專用螢光偵測器，(3)電化學偵測器及(4)折射率偵測器。本節將分別介紹這些常用HPLC偵測器基本結構及偵測原理。

　　HPLC專用紫外線／可見光（UV/VIS）偵測器和一般紫外線／可見光偵測器主要不同在樣品槽之設計不同，HPLC專用UV/VIS偵測器樣品槽容量約為10 μL。如圖14-6a所示，UV/VIS光經一狹長b石英管照射其中樣品，其原來光度Io部分被吸收成I光度到光偵測器（如PMT，Photomultiplier Tube或Photodiode Array）偵測，然後再經電流／電壓放大器（I/V Amplifier）並輸出電壓到記錄器或微電腦做數據處理。圖14-6b及c分別為光電二極體陣列

（Photodiode array）UV/VIS偵測器實物圖。

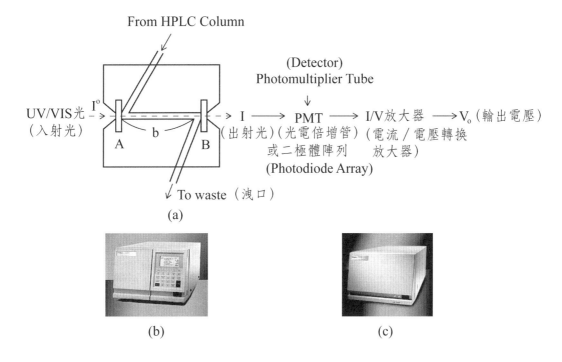

(a)

(b)　　　　　　　　　　　(c)

圖14-6　HPLC用紫外線／可見光（UV/VIS）偵測器(a)內部結構示意圖，(b)UV/VIS
　　　　偵測器[174]及(c)光電二極體陣列（Photodiode array）UV/VIS偵測器實物
　　　　圖[175]（(b)及(c)圖來源：http://www.waters.com/waters/nav.htm?cid=5151
　　　　98&locale=zh_TW; http://www.waters.com/webassets/cms/category/media/
　　　　overview_images/2998_overview.jpg）

　　螢光偵測器（Fluorescence detector）亦為HPLC常用偵測器，如圖
14-7a所示，UV/VIS經狹長b石英管照射其中樣品，而在各方向放出螢光，在
入射光徑之垂直方向放置一光偵測器（如Photodiode Array光二極體陣列或
PMT，Photomultiplier Tube）偵測螢光強度，即可換算樣品分子含量。圖
14-7b為多波長（200～900 nm）螢光偵測器實物圖。螢光偵測器可用在偵測
樣品分子為螢光劑時之液相層析（其層析圖如圖14-7c），亦可應用在非螢光
物質之樣品分子的分析中，其方法是在流洗液中加螢光劑，如圖14-7d所示，
當樣品分子未流出時，流洗液中一定濃度之螢光劑使偵測器偵測到一定螢光強
度Io，然當一樣品分子流出時，相對流洗液及所含螢光劑所佔比例相對減少，

故偵測器偵測到的螢光強度相對變小，訊號如圖14-7d所示向下，由向下相對量大小即可換算樣品分子含量，此法稱爲間接螢光法（Indirect Fluorescence Method）。換言之，不管樣品分子是否爲螢光物質，皆可用螢光法偵測之。同時，螢光法對一般樣品分子之偵測下限常可達到ppb，常比其他光譜偵測法（如UV/VIS光譜法）來得靈敏。

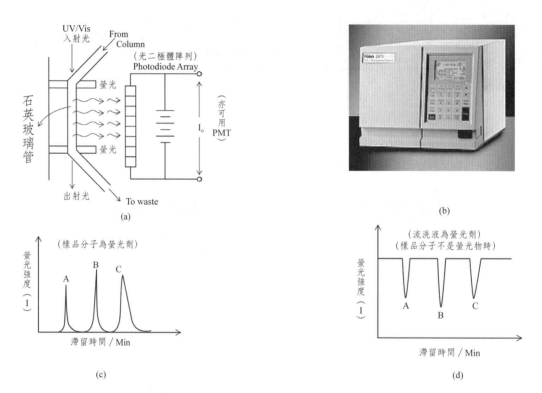

圖14-7　HPLC用螢光偵測器(a)內部結構示意圖，(b)螢光偵測器實物圖[176]，(c)樣品分子爲螢光劑之層析圖及(d)流洗液爲螢光劑時，非螢光物質之樣品分子的層析圖（(b)圖來源：（http://www.waters.com/webassets/cms/category/media/overview_images/2475_overview.jpg）

　　在HPLC分析中電化學（Electrochemical）偵測法亦爲常用之偵測法。最常用的電化學法爲伏安偵測法（Voltammetry），此法基於樣品分子之氧化還原而產生的氧化或還原電流並加以偵測。**伏安偵測器**（Voltammetric dectertor）結構及工作原理將在本書第19章詳細介紹，其裝置線路如圖14-8a所示包含三電極：工作電極（Working electrode）、相對電極（Counter electrode）及參考電極（Reference electrode）之樣品流動槽。若要測樣品分子之還原電流時，給予工作電極一負電壓使樣品分子還原並產生還原電流由相對電極輸出，由輸出電流即可換算樣品分子含量。參考電極之功能在檢視工作電極之眞正電壓是否如預期，若系統很穩定，參考電極就不一定需要。圖14-8b爲伏安偵測器實物圖。

　　電化學偵測法除常用的伏安偵測法外，還有測樣品分子之電導的電導偵測器（Electric conductivity detector），圖14-8c爲電導偵測器實物圖。

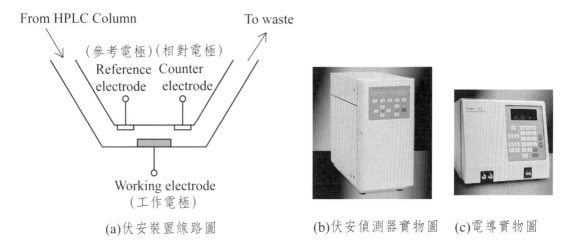

(a)伏安裝置線路圖　　　(b)伏安偵測器實物圖　(c)電導實物圖

圖14-8　液相層析電化學伏安偵測器(a)裝置線路圖及(b)實物圖[177]與(c)電導偵測器實物圖[178]（(b)及(c)圖來源：http://www.waters.com/webassets/cms/category/media/overview_images/2465_overview.jpg; http://www.waters.com/webassets/cms/category/media/overview_images/432Detector_overview.jpg）

　　折射率偵測器（RI，Refractive index detector）爲在找不到適當的樣品分子偵測器時（如分析物無光譜吸收）常用之偵測器。因不同物質有不同大小的折射率n（Refractive index），物質折射率n定義爲：

　　n（折射率）＝（光在眞空速度c）/（光在物質速度v）＝ c/v　　（14-2）

　　因爲每一種分子皆有折射率，所以，理論上折射率偵測器可用來偵測任何樣品分子，此種可偵測任何分子之偵測器稱爲通用偵測器（Universal detector）。圖14-9a爲常用的差示折射率偵測器基本原理示意圖，其含一連接內裝由管柱分離出來的樣品成分A之樣品槽（S, Sample cell）及一裝流洗

液之參考槽（R, Reference cell）。當一入射光同時射入樣品槽（S）及參考槽（R）時，當樣品分子流出進入樣品槽時，此時樣品槽（n_A）及參考槽（n_o）之成分不同折射率也就不同，會引起出射光射到分列式二極體位置偵測器（Split photodiode detector）或光歸零調節器（Optical zero adjustor）測得位置移動（Displacement of the beam）訊號，再經換能器（Transducer）產生電壓輸出訊號（Vo）改變，然後再將此訊號改變經放大器放大，由記錄器顯示樣品分子譜峰（如圖14-9所示）。圖14-9b為折射率偵測器實物圖。

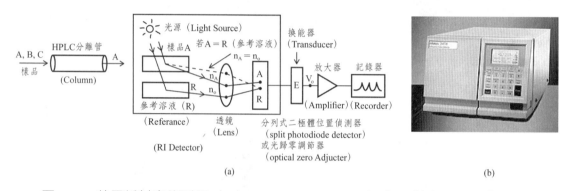

圖14-9　差示折射率偵測器（Differential RI detector）之(a)基本原理示意圖，及(b)折射率偵測器實物圖[179]（(b)圖來源：http：//www.waters.com/webassets/cms/category/media/overview_images/2414_overview.jpg）

　　上述四種一般常用的HPLC偵測器是可偵測樣品中各已知或未知的有機分子含量，但卻不能對一未知有機分子做定性。為要瞭解樣品中各種有機分子之結構，近年來將質譜儀當HPLC的偵測器之LC/MS組合（如圖14-10）發展迅速。因電灑離子源（ESI, Electro Spray Ionization Source）很方便可將由HPLC分離管柱出來的有機分子及流洗液（通常為有機溶劑）直接打入質譜儀之電灑離子源（如圖14-10a所示），而使有機分子M離子化（有機溶劑則難離子化），然後所得各種有機離子（M^{z+}）再進入質量分析器及偵測器偵測各離子，所以HPLC-ESI-MS組合的LC/MS儀廣泛應用在世界各大專院校及工業界各實驗室中。圖14-10b為LC/MS儀實物圖。其質量分析器及偵測器分別用電灑離子源（ESI）及離子阱（Ion trap，電灑離子源及離子阱之結構及工作原理請參考本書第11章質譜分析法）。

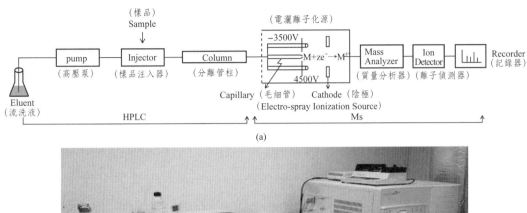

圖14-10　液相層析質譜儀（Liquid Chromatograph/Mass Spectrometer）(a)結構示
　　　　 意圖及(b)實物圖[180]，〔質譜（MS）部份用離子源ESI（Electro Spray
　　　　 Ionization）及離子阱（Ion trap, 150～2000 amu）質量分析器〕（取自
　　　　 http：//gmlabgmlab.googlepages.com/lc-ms）

14-2　離子層析法

　　離子層析法（Ion Chromatography）[181]是專門針對離子樣品之液體層析
法，因所有的離子都可用電導度計（Conductivity detector，或稱「電導偵測
器」）偵測，故所有離子層析法皆用電導度計當離子偵測器。一般所用的離
子分離離子裝置如圖14-11所示，在分離陽離子（如Na^+, K^+）時就用單管陽離
子交換管，從分離管出來的離子（如Na^+）和流洗液（如0.1 M HCl）再經電
導度計偵測。然所使用的流洗液之濃度（如0.1 M HCl）通常比分析離子（如
Na^+）大許多，故流洗液所造成的導電背景雜訊（Noise，N）比分析離子之離
子訊號（Signal, S）就大很多，換言之，訊號／雜訊（S/N）≪ 1，故用單管
離子分離管就很難看到欲分析離子（如Na^+）訊號。

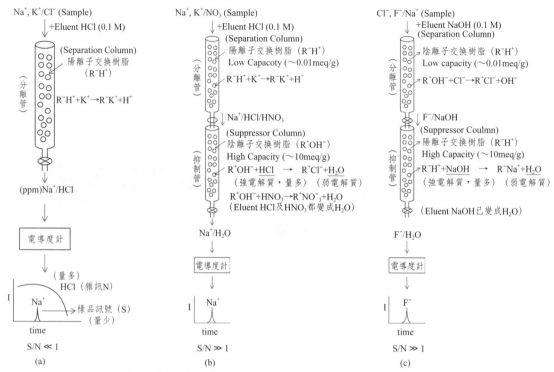

圖14-11　(a)一般單管柱離子交換分離管及(b)離子層析雙管柱分離陽離子，與(c)離子層析雙管柱分離陰離子之原理示意圖

　　爲解決此背景雜訊，道瓊斯化學公司（Dow Chemical Company）的斯莫（Hamish Small）先生在1970年代開發了雙管柱離子層析法（如圖14-11b, c）。如圖14-11b所示，在陽離子離子層析分離陽離子中，第一根管柱爲陽離子交換樹脂（Cation exchangers）所製成的分離管（Separation column）分離陽離子，第二根管柱爲陰離子交換樹脂（Anion exchangers）所製成的抑制管（Suppressor column）將高電解質的流洗液（HCl）轉換成低電解質的H_2O。

　　以分離KNO_3及$NaNO_3$爲例，在分離管（第一根管柱）中K^+被陽離子交換樹脂（R^-H^+）吸附，而Na^+隨流洗液（HCl）從第一根分離管流出，在分離管中反應如下：

$$K^+NO_3^- + R^-H^+ \rightarrow R^-K^+ + H^+NO_3^-$$

（14-3）

　　由第一根分離管流出來的Na^+，流洗液（HCl）及HNO_3再流入第二根含陰離子交換樹脂（R^+OH^-）的抑制管，反應如下：

$$HCl（強電解質）+R^+OH^-→R^+Cl^-+H_2O（弱電解質） \qquad (14\text{-}4)$$

$$HNO_3（強電解質）+R^+OH^-→R^+Cl^-+H_2O（弱電解質） \qquad (14\text{-}5)$$

換言之，在第二根管柱（抑制管）中強電解質的HCl流洗液及HNO₃都變成弱電解質的H₂O，因在第二根管柱中將流洗液之強電解質抑制成弱電解質的H₂O，故第二根陰離子交換樹脂管柱特稱為抑制管。從第二根管柱抑制管中只剩下Na⁺及H₂O進入電導度計中偵測，因H₂O為弱電解質其背景雜訊（N）很小，相對剩下分析離子Na⁺為強電解質，即分析離子訊號（S）訊號較大，換言之，訊號／雜訊（S/N）≫ 1，解決了強電解質流洗液干擾分析離子的問題。為著使第二根的抑制管用久一點，抑制管用的為高容量（High capacity，離子吸附力 ≈ 10 meq離子／g樹脂）的陰離子交換樹脂，反之，第一根的分離管用較低容量（Low capacity，吸附力 ≈ 0.01 meq/g樹脂），吸附的離子才容易被洗下來。

若用離子層析法分離各種陰離子，如圖14-11b所示，以流洗液NaOH分離Cl⁻及F⁻為例，分離管（第一根管柱）用低容量陰離子交換樹脂（R⁺OH⁻），而抑制管（第二根管柱）則用高容量陽離子交換樹脂（R⁻H⁺），其管柱中反應各為　：

$$[分離管吸附Cl^-]：Cl^-+R^+OH^-→R^+Cl^-+OH^- \qquad (14\text{-}6)$$

$$[抑制管將流洗液轉換]：NaOH（強電解質）+R^-H^+→R^-Na^++H_2O$$

$$（弱電解質） \qquad (14\text{-}7)$$

換言之，強電解質流洗液NaOH在抑制管中就變為弱電解質H₂O，只有相當微弱的背景雜訊（N），就不會干擾從抑制管流下來的F⁻的導電訊號（S），也就是說，訊號／雜訊（S/N）≫ 1。圖14-12為我國環保署環境檢驗所應用離子層析法分離水樣品中各種陰離子（F⁻, Cl⁻, NO₂⁻, Br⁻, NO₃⁻, PO₄³⁻, SO₄²⁻）之離子層析圖。

在離子層析法中所用的陰陽離子交換樹脂之主幹大部份是由Styrene及Divinyl benzene 所聚合而成的聚苯乙烯／二乙烯基苯（Polystyrene/divinyl benzene或Polystyrene-DVB）所組成（如圖14-13(1)所示），其商品以XAD命名之。而陽離子交換樹脂是由此XAD主幹樹脂和硫酸（H₂SO₄）作用磺酸化（Sulfonation）而成（如圖14-13(2)所示），此陽離子交換樹脂可用XAD-SO₃⁻H⁺或RSO₃⁻H⁺代表，磺酸化所得的陽離子交換樹脂商品中較著名的為Dowex

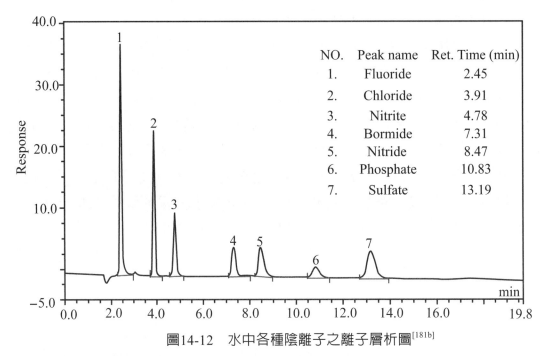

圖14-12　水中各種陰離子之離子層析圖[181b]

（資料來源：環檢所公告NIEA W415.52B水中陰離子檢測方法－離子層析法）

50及Amberlite IR-100。在磺酸化過程中若使用濃度較高的硫酸溶液可得較高容量（High capacity）陽離子交換樹脂。反之，若使用低濃度的硫酸溶液則得低容量（Low capacity）的陽離子交換樹脂。陰離子交換樹脂的合成則先用$AlCl_3$或$ZnCl_2$及$ClCH_2OCH_3$與XAD反應氯甲基化（Chloromethylation）形成XAD-CH_2Cl（如圖14-13(3)所示），然後此氯甲基化XAD再與三級胺（R_3N）反應即可得陰離子交換樹脂（XAD-CH_2-$NR_3^+Cl^-$）。若第一步驟用較強的路易士酸（Lewis Acid）$AlCl_3$可得較高容量（High capacity）陰離子交換樹脂，反之，用較弱路易士酸$ZnCl_2$則得到低容量（Low capacity）陰離子交換樹脂。胺化所得的陰離子交換樹脂商品中較著名的爲Dowex 1及Amberlite IR-400。

　　離子交換樹脂對各種離子的吸附力通常以分配係數（Kp）或分佈係數（Kd）表示（對單一分子而言：Kp ＝ Kd，請見本書第12章12-2-1節），離子交換樹脂對各種離子之Kp或Kd順序原則爲：

⑴體積大者吸附力（Kp或Kd）大：如$K^+ > Na^+$；$Cl^- > F^-$；$SO_4^{2-} > SO_3^{2-}$；$NO_3^- > NO_2^-$。

⑵荷電數大者吸附力大：如$Pu^{4+} > La^{3+} > Cu^{2+} > K^+$。

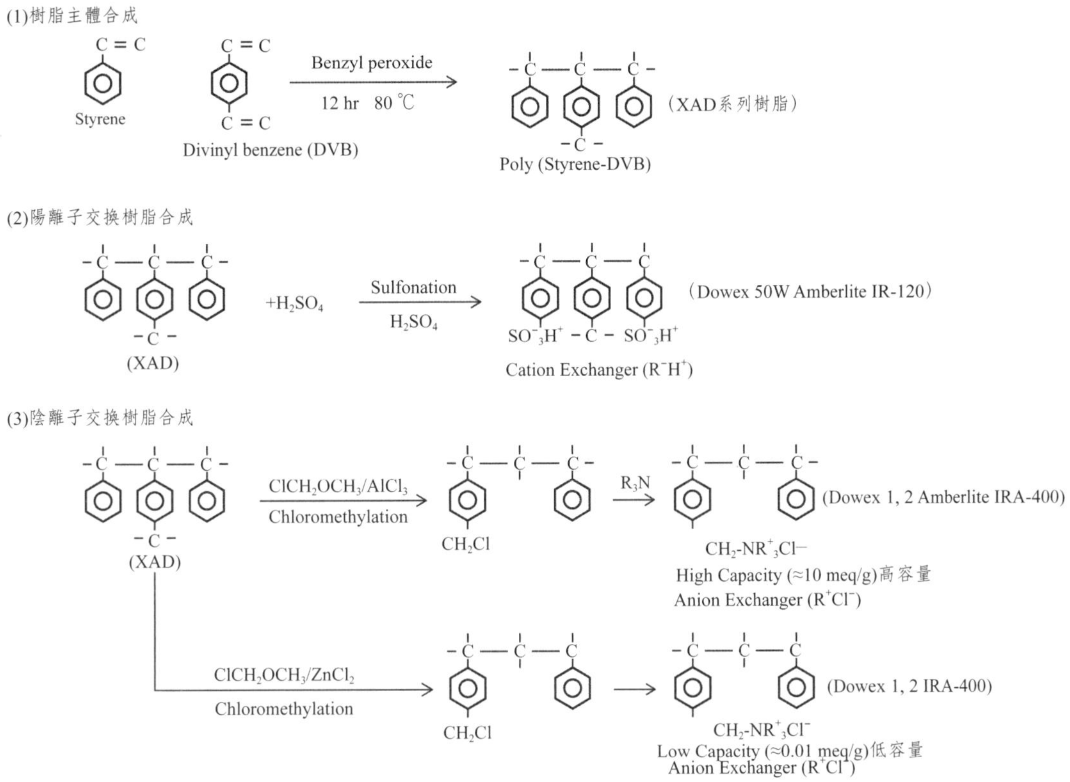

(1)樹脂主體合成

(2)陽離子交換樹脂合成

(3)陰離子交換樹脂合成

圖14-13　離子層析樹脂（Resin）主體及陰陽離子交換樹脂之合成步驟

⑶最外層電子對吸附力大影響：f > d > p > s；如$Ag^+(3d) > K^+(3p)$

　　雖然一般離子層析法為免除流洗液在導電度計偵測時干擾，需用兩管柱，然而有時分析離子會和流洗液一樣被第二根抑制管吸附時，就只能用**單管柱離子層析法**（One-column ion chromatography），例如用離子層析來分離重金屬離子（如Hg^+, Cu^{2+}），這些重金屬離子會和第二根抑制管中之陰離子交換樹脂（如R^+OH^-）反應而沉澱（如形成$HgOH$及$Cu(OH)_2$）。故只能用單管柱離子層析分離這些重金屬離子。然而用單管柱離子層析，為儘量避免流洗液干擾分析離子之偵測，必須用有機弱電解質（如酒石酸Tartrate, ethylenediamine及α-Hydroxyisobutyric acid (α-HIBA)）做流洗液。圖14-14a為分離各金屬離子（如Mn^{2+}, Zn^{2+}, Co^{2+}）之單管柱離子層析系統示意圖，而圖14-14b為利用單管柱陽離子層析系統及用有機弱電解質α-HIBA當流洗液分離14種難分離的稀土（Rare earth）金屬離子之離子層析圖。

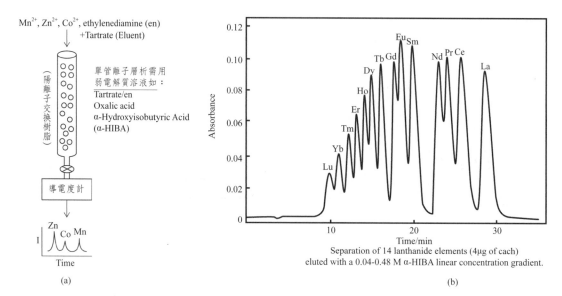

圖14-14　單管柱離子層析法(a)裝置及分離常見過渡金屬離子（Zn^{2+}, Co^{2+}, Mn^{2+}）示意圖，及(b)利用α-HIBA當流洗液分離14種稀土（Rare earth）金屬離子層析圖[182]（(b)圖來源：J.M. Hwang, J. S. Shih* and C.S. Wu, Analyst, 106. 869 (1981)）

14-3　毛細管電泳法

　　傳統的電泳法（Electrophoresis）如圖14-15a所示，在一薄片（如紙片或塑膠薄膜）兩端接上正負兩電極，然後將樣品滴在薄片中間，樣品中的各種陽離子（如M^+）物質往負電極移動分離，而各種陰離子（如X^-）物質往正電極移動分離，然而中性物質（N^o）則留在原地（薄片中間）不能分離，然而許許多多有機物為中性物質就不能用傳統的電泳法分離了。反之，毛細管電泳法（Capillary Electrophoresis）[183]則如圖14-15b所示，用毛細管取代薄片也在兩端加正負兩電極，其不只可分陰陽離子，還可分離中性物質。同時，陰陽離子（如M^+, X^-）及中性物質（N^o）都往同一方向移動。這些陰陽離子及中性物質之所以往同一方向移動是由於有一電滲透流（EOF, Electro-Osmotic Fluid）帶領陰陽離子及中性物質同一方向移動如圖14-15b所示。

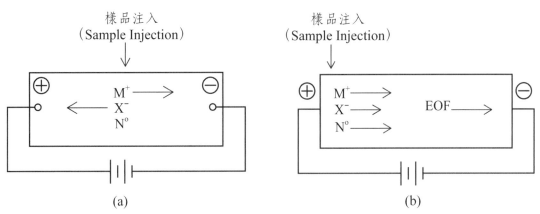

圖14-15　(a)傳統電泳法示意圖及(b)毛細管電泳法示意圖之比較（EOF, Electro-Osmotic Fluid）

　　電滲透流（EOF）如何在毛細管中產生呢？首先看毛細管結構，一般毛細管電泳法所用的毛細管如圖14-16a所示為含SiOH之矽毛細管。這SiOH矽毛細管只要將之用一pH > 3的緩衝流洗液（Buffer solution），這矽毛細管就會變成帶負電的SiO⁻矽毛細管（如圖14-16a所示）。如此一來，若毛細管右端接負電極，緩衝流洗液中之陽離子（如Na⁺）就會被矽毛細管之SiO⁻負電吸附，陽離子（Na⁺）一個接一個往負電極衝（如圖14-16b所示）而形成電滲透流（EOF），緩衝流洗液之電滲透流如同大洪水一樣帶領陰陽離子及中性物質往同一方向衝。

　　然而陰陽離子及中性物質雖被電滲透流帶領往同一方向移動，但它們在矽毛細管中之移動速度不同（如圖14-16c所示），因毛細管右端接負電極，所以陽離子如同傳統電泳法會有向右的電泳（Electrophoresis, eo）速度v_{eo}，加上同方向的電滲透流（EOF）速率v_{EOF}，所以陽離子（如M⁺）之向右（向偵測器）之總速率v_{M^+}為：

$$v_{M^+}（陽離子速率）=v_{EOF}+v_{eo} \qquad (14\text{-}8)$$

反之，陰離子有和電滲透流（EOF）向右方向相反的向左（向正電極）的電泳速率v'_{eo}，故陰離子（如X⁻）之向右（向偵測器）之總速率v_{X^-}為：

$$v_{X^-}（陰離子速率）=v_{EOF}-v'_{eo} \qquad (14\text{-}9)$$

而中性物質（N°）沒有電泳速度，故中性物質之速率v_N和電滲透流（EOF）速率v_{EOF}，差不多，即：

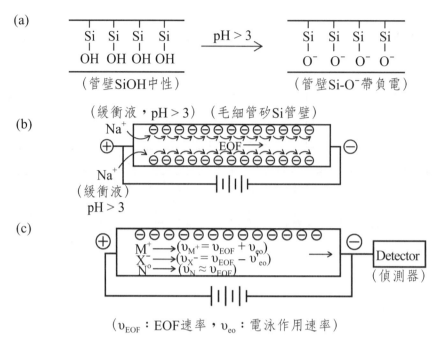

(υ_EOF：EOF速率，υ_eo：電泳作用速率)

圖14-16　在pH > 3時，矽毛細管(a)帶負電情形，(b)管內之電滲透流（EOF, Electro-Osmotic Fluid）及(c)各種離子移動速率示意圖

$$\nu_N\text{（中性物質速率）} \approx \nu_{EOF} \qquad (14\text{-}10)$$

因中性物質（N^o）重量及結構不同，故不同質量或結構之不同中性物質在矽毛細管中之流速ν_N也不同。

圖14-17為毛細管電泳儀之基本結構圖，其含樣品注入器（Sample injector）、流洗緩衝液（Buffer solution）槽、毛細管（通常75-100 cm，

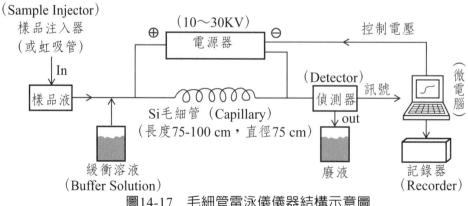

圖14-17　毛細管電泳儀儀器結構示意圖

直徑約75 μm）、電源器（Power supply，通常用10-30 KV）、偵測器（Detector）及訊號收集／數據處理系統（如微電腦（含類比／數位訊號轉換器（A/D））及記錄器）。

　　毛細管電泳偵測器常用的有(1)紫外線／可見光（UV/VIS）偵測器，(2)螢光偵測器及(3)電化學偵測器。其中UV/VIS偵測器及螢光偵測器結構和HPLC用的偵測器差不多，只是所用的光源強度一般要比HPLC用的要強一點，因為毛細管中單位長度中之待測分子比從HPLC管柱流出的分子數目少多了。然毛細管電泳中電化學偵測器之結構連接就要比HPLC電化學偵測系統要講究多了，這是因為毛細管電泳中毛細管加了高電壓，在接電化學偵測器前必須要先斷電（如圖14-18所示）。圖14-18為含電化學偵測器之毛細管電泳儀的基本結構示意圖，在毛細管接電化學偵測器前之P點先要斷電（即在P點就接高電壓之陰極（電源負極）），在P點後毛細管內液體就不受電壓影響且緊接電化學偵測器之工作電極（Working electrode），此電化學偵測器為常用的三電極系統，含工作電極、相對電極（Counter electrode）及參考電極（Reference electrode）和供應外加電壓（Applied voltage）的恆電位器（Potentiostat）。外加電壓使工作電極能將毛細管接出來的待測分析物還原或氧化，而此還原或氧化所得電流訊號經電流放大器放大後可由記錄器顯示，亦可將電流訊號經運算放大器（OPA, Operational amplifier）轉換放大成電壓訊號，再經類比／數位轉換器（ADC）轉成數位訊號讀入微電腦（CPU）中做數據處理並顯示層析圖。

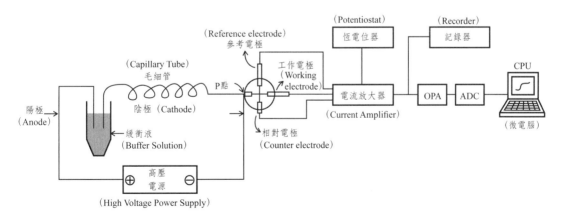

圖14-18　毛細管電泳／電化學偵測器系統之基本結構示意圖

在pH > 3，毛細管管壁帶負電，EOF由外加高電壓正極到負極，一陽離子分析物在毛細管中之速率和外加電壓（V）及毛細管長度（L）有關如下：

$$v_{M^+}（陽離子速率）= v_{EOF}, + v_{eo} = (\mu_{EOF}, + \mu_{eo})(V/L) \qquad (14\text{-}11)$$

式中μ_{EOF}，及μ_{eo}分別為待測陽離子之電滲透流及電泳移動係數（Mobility coefficients）。此陽離子分析物經毛細管中所需的滯留遷移時間（Migration time）t_m為：

$$t_m = L/v_{M^+} \qquad (14\text{-}12)$$

式（14-11）代入式（14-12）可得：

$$t_m = L^2/[(\mu_{EOF}, + \mu_{eo})V] \qquad (14\text{-}13)$$

由第十二章第12-2.2節所述：層析管之板高（HETP, H）和其層析峰之標準差σ（Standard deviation）之關係（$H = \sigma^2/L$），在毛細管電泳σ為：

$$\sigma^2 = 2Dt_m \qquad (14\text{-}14)$$

式中D為此陽離子分析物之擴散係數。故：

$$H = \sigma^2/L = 2Dt_m/L \qquad (14\text{-}15)$$

對分析物，毛細管之理論板數（N）則為：

$$N = L/H = L^2/(2Dt_m) \qquad (14\text{-}16)$$

將式（14-13）代入式（14-16）可得：

$$N = L^2/(2Dt_m) = (\mu_{EOF}, + \mu_{eo})(V/2D) \qquad (14\text{-}17)$$

式中D為此陽離子分析物之擴散係數。μ_{EOF}，及μ_{eo}可由v_{EOF}，及v_{eo}計算而來，v_{EOF}通常由分析物加中性物質（如DMSO）來做標示物（Marker）測其通過毛細管所需時間除以毛細管長度（L）即可得，而$v_{eo} = v_{M^+} - v_{EOF}$即可得。

在毛細管電泳法中，兩分析物譜峰分開程度之解析度（Resolution, R）和兩分析物在毛細管中速率（v_1及v_2）及理論板數（N）之關係如下：

$$R（解析度）= (N^{1/2}/4)(v_1 - v_2)/[(v_1 + v_2)/2] \qquad (14\text{-}18)$$

一般毛細管電泳法常用pH > 3之緩衝液，使毛細管管壁帶負電，電滲透流EOF由外加高電壓正極到負極，尤其分離有機或無機陽離子分析物時更常用。然若要分析以陰離子為主的分析物時，常使毛細管管壁帶正電，而電滲透流EOF由外加高電壓負極到正極，即常被稱為反向EOF，而使陰離子之速率$v_{X^-} = v_{EOF} + v_{eo}$，加速各陰離子速率。

　　圖14-19a為傳統上應用pH > 3之緩衝流洗液而使毛細管管壁帶負電之毛細管電泳儀（即正向EOF，由正極到負極）分離五種有機物之層析圖，由圖14-19a層析圖可看出有機物1, 2, 3, 4譜峰擠在一起，分離效果並不很好，同時，各有機物流出順序：有機物1（先）→5（後）。若在緩衝流洗液中加一質子化（Protonation）含氮（N）環狀有機物Cryptand 22（大環胺醚22），此質子化Cryptand22帶正電會被原來帶負電的毛細管管壁吸附而使毛細管管壁變成帶正電（如圖14-19b所示）並使電滲透流EOF反向（形成反向EOF），反向EOF由電壓負極到正極，以至於如圖14-19b所示各有機物流出順序由有機物5（先）→1（後），這和正向EOF（圖14-19a）各有機物流出順序（有機物1→5）剛好相反。同時，反向EOF所得的層析圖有機物1, 2, 3, 4譜峰分得很開（圖14-19b），分離效果比用正向EOF（圖14-19a）好很多。

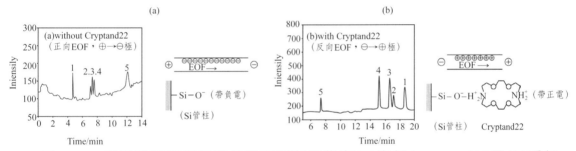

圖14-19　應用毛細管電泳法分離五種有機物在(a)沒加Cryptand22及(b)添加Cryptand22之層析圖[184]（節錄自C. S. Chiou and J. S. Shih，Analyst, 121, 1107(1996)），有機物：1.p-Hydroxybenzoic acid, 2.p-Chloro benzoic acid, 3.p-nitro benzoic acid, 4. Benzoic acid, 5. Terephthalic acid.

14-4　凝膠滲透層析法（GPC）

　　凝膠滲透層析法（Gel Permeation Chromatography, GPC）除和其他層析法可用來分析各種物質外，常用來測定未知生化物質（如蛋白質）及高分子之分子量。凝膠滲透層析法（GPC）為體積大小排除層析法（Size exclusion chromatography, SEC）的一種。體積大小排除層析法是依待測分子之分子

體積大小而分離，體積大小排除層析法（SEC）[185]可概分(1)凝膠滲透層析法（GPC）及(2)凝膠過濾層析法（Gel filtration chromatography, GFC）兩類。GPC層析法所用的管柱材料常為疏水性（Hydrophobic）膠體，所用的流洗液常為非極性有機溶劑（Nonpolar organic solvent）。反之，GFC層析法則用親水性（Hydrophilic）膠體做管柱材料及用水或極性溶劑做流洗液。一般GPC層析法則比GFC層析法較常用於高分子化學研究室中以分離各種不同大小待測分子並決定這些分子之分子量做定性定量分析。

　　凝膠滲透層析法主要基於體積不同大小待測分子注入含有小孔洞（Porous）膠體（圖14-20a）之管柱中時，較小分子（紅色分析物）會跑到膠體中之孔洞中，但若分子太大就很難（藍色分析物）進入孔洞中而易隨流動相流下（圖14-20b之A, B），因而較快從管柱中流出來，即較大分子之滯留時間較短（如圖14-20b之C）。反之，小分子較易在膠體孔洞間溜來溜去，所需的滯留時間較長。如圖14-20b之C所示，分子之分子量幾和滯留時間有成線性反比之關係，即分子量越大之分子的滯留時間越短。然而每一膠體管柱所能分離的分子量範圍有一定，換言之，太大分子量及太小分子量之分子並無上述線性反比關係，因太大分子量之分子不會進到任何孔洞，故大於一定分子量之所有分子可能就很快一起被洗下來，然太小分子量之分子可能會穿入大部份孔洞中而很難被洗下來。所以每一GPC膠體管柱只對特定分子量範圍內的分析物呈現分子量和滯留時間線性反比之關係。這分子量和滯留時間反比關係可由實

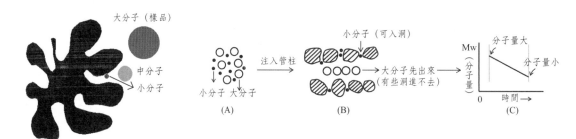

(a)膠體（黑）／分析物（小，中，大分子）　　　　　　(b)吸附及分離過程（管柱中）

圖14-20　GPC管柱中(a)膠體及不同大小／分析物，及(b)不同大小分子在管中吸附情形層析示意圖[186]（(a)圖來源：From Wikipedia, the freeencyclopedia, http://upload.wikimedia.org/wikipedia/commons/7/7d/Pore$_s$ize$_s$chematic.jpg）

際GPC層析圖看出來，由圖14-21聚苯乙烯（Polystyrene）之GPC層析圖中可看出分子量越大高分子越先流出來（滯留時間短），反之，分子量較小分子之滯留時間較長慢出來。

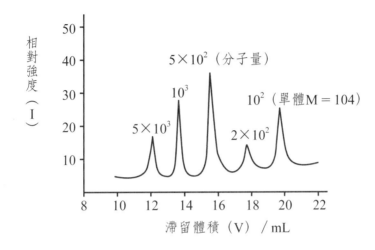

圖14-21　含不同分子量聚苯乙烯（Polystyrene）樣品之GPC層析圖

　　如圖14-22所示，凝膠滲透層析儀（GPC）之儀器結構和HPLC類似，包含樣品注入器、輸送幫浦、分離管柱及偵測器和記錄器。GPC儀主要和HPLC不同的為管柱材料及偵測器。因為GPC儀常用來偵測未知生化物質及高分子之分子量，故需用一任何分子皆有感應的通用偵測器（Universal detector）。GPC儀最常用的通用偵測器為折射率偵測器（RI, Refractive index detector），反之，HPLC最常用的偵測器為紫外線／可見光偵測器。折射率偵測器（RI detector）之結構及工作原理請見本章第14-1-4節。在分析具有可吸收紫外線／可見光之原子團（如NH，C＝C，C≡C或Aromatic group）之GPC儀中，有時會用紫外線／可見光偵測器。另外，對分子之質量相當靈敏的壓電偵測器（Piezoelectric detector）亦可當通用偵測器用來偵測從GPC管柱流出來的未知分子（壓電偵測器之結構及工作原理將在本書第25章介紹）。

　　表14-3A為常用的GPC管柱材料，其含可用水當溶劑（Solvent）流洗液的聚丙醯胺（Polyacrylamide，商品名Bio-Gel P）及聚類糊精（Polydextran，商品名Chladex），可用有機溶劑流洗液的聚苯乙烯二乙

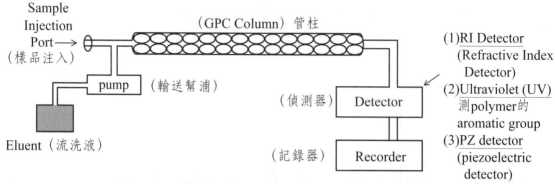

圖14-22　凝膠滲透層析儀（GPC）之基本儀器結構示意圖

表14-3　GPC之(A)常用管柱凝膠（Gel）材料及(B)CPG-10凝膠系列規格

(A)	組成（Composition）	溶劑（Solvent）
Bio-Gel P	聚丙醯胺 （polyacrylamide）	水
Chladex	聚類糊精 （polydextran）	水
Bio-Beads	聚苯乙烯二乙烯苯 （polystyrene/divinyl benzene）	有機（丙酮除外）
EM Gel	聚乙酸乙烯 （polyvinyl acetate）	有機
CPG-10	玻璃材質 （40～2500 Å）	有機＋H_2O
Porasil	孔矽膠	有機＋H_2O

(B)	(CPG-10) 型號 （孔洞大小Å）	待測分子直徑（Å）	可分析分子量範圍	表面積（m^2/g）
①	75	80～35	$1 \times 10^4 \sim 2 \times 10^3$	340
②	240	240～65	$2 \times 10^5 \sim 9 \times 10^3$	110
③	500	500～90	$6 \times 10^5 \sim 2 \times 10^4$	50
④	1000	1000～150	$2 \times 10^6 \sim 4 \times 10^4$	25
⑤	2000	2000～200	$2 \times 10^7 \sim 9 \times 10^4$	13

烯基苯（Polystyrene/Divinyl benzene，商品名Bio-Beads）及聚乙酸乙烯
Polyvinyl acetate，商品名EM Gel），與水和有機溶劑都可當流洗液的微孔
玻璃（Glass，商品名CPG-10）及矽膠（Silica）。

　　每一種GPC管柱材料之膠體都有一定孔洞大小。以微孔玻璃（Glass）

爲基材的CPG-10管柱爲例，如表14-3B所示，不同的玻璃微孔大小（Pore size），其所能分離的分子量（MW）大小就不同。小的孔洞（如Pore size = 75 Å）只能分離小分子量（$10^4 \sim 10^3$）之分子，反之，大的孔洞（如Pore size = 2000 Å）就能分離大分子量（$10^7 \sim 10^4$）之分子。

接下來將介紹如何利用凝膠滲透層析法來決定一未知物（如新發現的生化物質或新製造的高分子）之分子量。由GPC高分子實驗發現，不管待測分子爲何種聚合物（Polymers，如Polystyrene和Polyvinyl chloride），以$[\eta]_M$對V_R作圖可得同一條直線（如圖14-23a所示），$[\eta]$，M及V_R分別爲待測分子之固有黏度（Intrinsic viscosity），分子量及滯留體積（Retention volume）。此種不管待測分子爲何種分子都可得的同一條標準曲線，稱爲通用標校準曲線（Universal calibration curve）。換言之，只要用一種已知高分子（如聚苯乙烯（Polystyrene））建立此$[\eta]_M$對V_R作圖的通用標校準曲線，就可用此通用標校準曲線做爲未知分子（A）估算其分子量之用。

利用GPC法求一未知分子（A）分子量法之步驟如下：

⑴由未知分子（A）之滯留體積V_A，劃直線交接由聚苯乙烯所建立的通用標準曲線（圖14-23a），

⑵再外插$[\eta]_M$軸，即可得未知分子（A）之$[\eta]_A M_A$（圖14-23a），

⑶然後利用未知分子（A）之η_{sp}/c對c作圖（圖14-23b）（η_{sp}爲比黏度（Specific viscosity），c爲未知分子之重量濃度（g/cm^3）），η_{sp}及$[\eta]_A$和未知分子溶液之黏度η關係如下：

$$\eta_{sp} = (\eta - \eta_o)/\eta_o \qquad\qquad (14\text{-}19)$$

$$[\eta] = \lim_{(c \to 0)} (\eta_{sp}/c) \qquad\qquad (14\text{-}20)$$

式中η及η_o爲未知分子溶液及溶劑（Solvent，如Chloroform）之黏度。

⑷外插η_{sp}/c，即可得未知分子（A）之$[\eta]_A$（如圖14-23b所示），

⑸$[\eta]_A$既然可求得，再由通用標校準曲線所得的$[\eta]_A M_A$（步驟⑴求得），就可計算此未知分子（A）之分子量（M_A）。

然在學術研究上爲方便計，就直接利用各種不同分子量之聚苯乙烯標準品建立通用標校準曲線（如圖14-23c），然後由待測物之滯留體積或滯留時間，利用此標準曲外插即可得此待測物相對聚苯乙烯之相對分子量

（Molecular Weight related to polystyrene）。

(a)Universal Calibration Curve

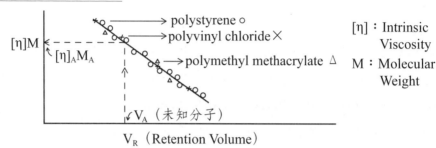

(b)Intrinsic Viscosity (η)

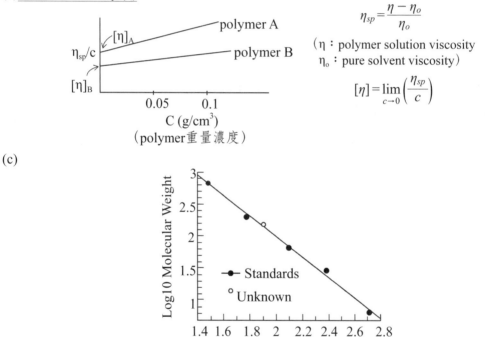

(c)

圖14-23 凝膠滲透層析法之(a)高分子通用標校準曲線（Universal calibration curve），(b)固有黏度（Intrinsic viscosity）求法，及(c)聚苯乙烯標準曲線求待測物（Unknown）之相對分子量法[187]（(c)圖來源：From Wikipedia, the free encyclopedia, http://en.wikipedia.org/wiki/Gelpermeationchromatography, V_R = Retention volume of polymer, V_o = Void volume of column）

14-5　流動注入分析法（FIA）

　　在例行的樣品分析或工廠常規性品管，常用流動注入分析法（Flow Injection Analysis, FIA）[188]做例行分析。由於例行樣品及擬偵測的分子也常固定，只要知道何種試劑（Reagent）可和擬偵測的分子反應而可用光譜法偵測，則只要提供可使待測分子和試劑在其中充分混合的空混合旋管（Mixing coil）即可，此混合旋管如同一般液體層析的管柱，只是此混合旋管為無分離材料的空管柱。圖14-24為以分析樣品中為例的典型流動注入分析儀（FIA）之基本結構圖，其中含樣品注入器、載體（Carrier）槽、試劑槽、蠕動幫浦（Peristaltic pump）、混合旋管、偵測器及訊號收集處理系統（含ADC，記錄器及微電腦）。在用FIA系統偵測Fe^{3+}離子中，試劑用SCN^-和樣品中Fe^{3+}用H_2O當輸送液進入混合旋管中慢慢混合並反應產生紅色錯合物的$FeSCN^{2-}$離子，此紅色錯合物離子再進入紫外線／可見光偵測器偵測，所得的電壓訊號可由記錄器直接顯示或再經ADC（類比／數位轉換器）轉成數位訊號讀入微電腦做數據處理及繪圖。

　　因為許多待測化合物都有特定的氧化或還原電位，因而電化學偵測器也常為FIA之偵測器，只要固定特定的外加電壓就可偵測特定擬偵測化合物。

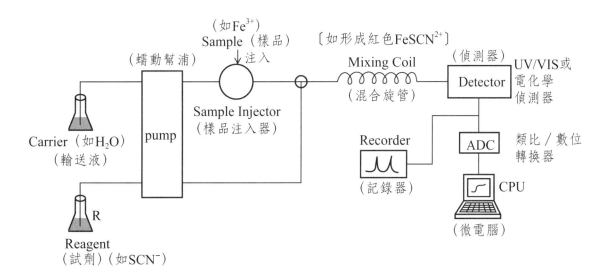

圖14-24　流動注入分析儀之基本結構示意圖

14-6 高效能薄層層析法（High Performance TLC）

一般薄層層析法（Thin-Film Liquid Chromatography, TLC）[189]首先準備一表面塗佈一含矽膠（Silica gel）/$CaSO_4$或加螢光劑（Sodium fluorescein）薄層之塑膠片（即一般所稱的TLC片）並將樣品滴在離TLC片底部約0.5 cm處，並將TLC塑膠片底端浸入一有機溶劑（展開液）中（如圖14-25所示），使樣品中各成分（A, B, C）隨著溶劑上升而分開，再用紫外線燈看TLC片螢光背景中各成分所顯示的黑點，計算各成分（如A）之阻滯因子R_f（Retardation factor）值如下：

$$R_f = 分析物移動距離（如d_A） / 溶劑移動距離（d_0） \qquad （14-21）$$

TLC片對成分A之理論版數（N）可由成分A移動距離（d_A）及所顯示黑點寬度（ω_A）計算：

$$N = 16(d_A/\omega_A)^2 \qquad （14-22）$$

及板高（HETP）：

$$HETP = d_o/N \qquad （14-23）$$

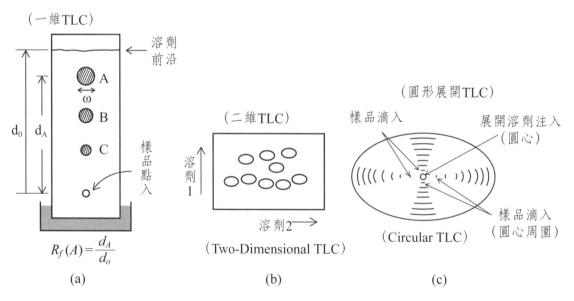

$$R_f(A) = \frac{d_A}{d_o}$$

(a)　　　　　　　　　(b)　　　　　　　　　(c)

圖14-25　各種薄層層析法(a)一維（1D）TLC，(b)二維（2D）TLC，及(c)圓形（Circular）展開TLC

　　然一般TLC法只能粗略看出樣品中可能有多少成分，一來無法確知是否將所有成分分開，二來不能對未知成分做定性，同時也不能做直接定量之用，所以一般TLC法只屬低效能之一維層析法。近年來針對一般TLC法之缺點，發展出所謂「高效能（High Performance）薄層層析法（HPTLC）」，常見的HPTLC法包括(1)發展二維（Two-dimensional (2D)）及圓形（Circular）TLC增加分離效果，(2)用「多波長光譜儀掃瞄偵測器」（Scanning multi-wavelength spectrometer detector）增加定性及定量功能。

　　二維高效能薄層層析法（2D-HPTLC）[190]為最常見的高效能薄層層析法，其方法如圖14-25b所示，先用一溶劑（溶劑1）將樣品各成分垂直向上展開，然後將TLC轉90°度，再用另一溶劑（溶劑2）再展開，結果就如圖14-25b所示。圖14-26為利用二維高效能薄層層析法（2D-HPTLC）及兩種混合溶劑（溶劑A及溶劑B）展開偵測各種之層析示意圖。樣品滴在TLC片左下方，先用混合溶劑A展開再轉90°度，在用混合溶劑B展開，由圖顯示此二維層析法可將此十二種物質分得清清楚楚。然由圖亦可看出若只用溶劑A，不能分開物質8和4，7和9，6和9，及10和11（有約相同d_A），同樣地，若只用溶劑B，不能分開物質1, 8和9，及2和12（有約相同d_B），唯有用溶劑A及溶劑B才可完全分離這十二種物質。

　　圓形薄層層析法（Circular TLC）為另外一種常用的高效能薄層層析法，其法如圖14-25c所示，將樣品滴在圓形TLC片圓心周圍，展開溶劑亦由TLC片圓心注入，樣品各成分會隨著展開溶劑向四面八方擴散，不同成分展開成各種同心圓。因每一成分和二維TLC一樣可向x, y二維展開，因而此圓形TLC法通常比傳統的一維TLC法分離效果要好很多。

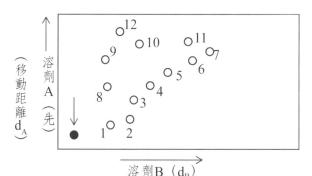

圖14-26　二維高效能薄層層析法（2D-HPTLC）偵測各種物質之層析示意圖

用「多波長光譜儀掃瞄偵測器」之HPTLC法，主要是利用多波長光波掃瞄整個TLC片，因若只用一單波長（λ_0）掃瞄整個TLC片（如圖14-27a）只能看出樣品中幾種成分，但有些成分在此單波長下是偵測不到的（如圖14-27a中B成分就測不到因其不吸λ_0光），所以在HPTLC法常用多波長光波掃瞄整個TLC片，對每一展開點（如圖14-27b中之A, B, C, D各點）都用多波長光波掃瞄，一來幾乎每一展開點都可偵測得到（例如原來用λ_0光測不到的B成分就可用λ_2光測得），二來可用每展開點之吸收光譜圖推算其可能成分。若此成分為文獻上已知化合物，由其吸光度即可估算其含量多少，做各成分定性及定量。同時由每一展開點光譜圖也可知此展開點所含是純物質或是分不開的混合物。

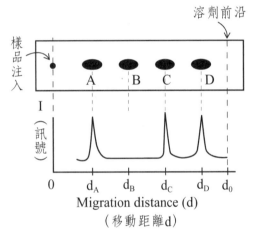

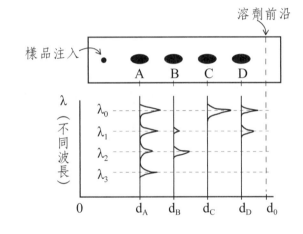

(a)應用同一單波長（λ_0）UV偵測各點　　　　(b)應用不同多波長UV光偵測各點

圖14-27　薄層層析法中應用(a)同一單波長及(b)多波長偵測TLC展開各點（A～D）所含分子

薄層分析法也常用以偵測生化樣品中的抗體（Antibody, Ab）或抗原（Antigen, A_g），此種方法稱為免疫擴散（Immuno-diffusion）[191]薄層分析法。圖14-28為用於偵測抗體（A_b）之最簡易的免疫擴散薄層裝置，在塗佈有洋菜膠（Agar gel）薄膜之含螢光劑TLC片上，在中間某一段中塗佈有抗原（A_g）。當含有抗體（A_b）之生化樣品溶液從TLC片兩端注入時，慢慢擴散遇到含有抗原（A_g）區域時，樣品中抗體（A_b）會和抗原（A_g）結合沉澱成一條條的沉澱線（Precipitin lines），由螢光器一看即可看出很明顯的沉澱

線，就可證明生化樣品溶液中具有抗體存在。反之，若要偵測樣品中是否有抗原（A_g），反過來就在洋菜膠TLC片上換成塗佈抗體（A_b）即可。

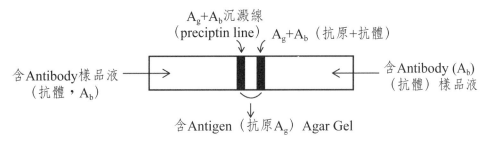

圖14-28　免疫擴散（Immuno-diffusion）薄層分析法偵測生化樣品中抗體（Antibody）

14-7　其他液相層析法

除了上述各種常用的液相層析法外，本節將分別介紹一些比較特殊用途的液相層析法包括(1)生化研究用的「親合層析法（Affinity Chromatography），(2)可用於液體（動相）—液體（固定相）系統的「逆向層析法（Counter Current Chromatography）」及(3)固體樣品分析用的「流體動力層析法（Hydrodynamic Chromatography）」的基本原理及管柱結構。

14-7-1　親和層析法

親和層析法（Affinity Chromatography）[192]主要針對生化樣品分析，其儀器結構與HPLC儀器不同的只是分離管柱中填充料（Packing material）不同而已。親和層析法是靠樣品中生化物質和分離材料的配位基（Ligand）間高選擇性的親和作用，換言之，不同的配位基所能吸附分離的生化物質就不同，例如配位基為CNBr（Cyanogen bromide）時，只會吸附分離含Amino原子團之生化物質（如圖14-29）所示的抗體、抗原、酵素、蛋白質及

核酸等），其他有機及生化物質相對不易吸附。反之，若要分離醣類，就要用Expoxy做配位基（如圖14-29）。那如何將這些配位基接在分離材料主幹上？如圖14-29所示，將配位基（Ligand）先接上偶合劑（Coupling agent，如-O-C(NH₂)-NR），然後再將配位基-連接劑再接一高分子基材（如聚丙醯胺（Polyacrylamide）或洋菜糖（Agarose））主幹上，就形成分離材料並填充到不鏽鋼管中成分離管柱。由於親和層析法對生化樣品有高的選擇性，常用於許多生化研究中，而研製高選擇性的特殊配位基也常為這些研究室之重要研究課題。

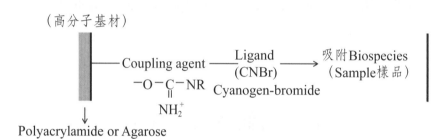

（高分子基材）

Coupling agent
$-O-\overset{\underset{NH_2^+}{||}}{C}-NR$

Polyacrylamide or Agarose

Ligand
(CNBr)
Cyanogen-bromide

吸附Biospecies
（Sample樣品）

Ligand之種類及用途
①CNBr：吸附具有Amino group之分子，可分離Enzymes, Antigen, Antibody, Nucleic acid, protein.
②CH-Sepharose (6-amino-hexanoic acid)：
　對含C=O及amino group吸引力強。
③Thio propyl-Agarose：
　對含S之protein有特別好的吸附力。
④Expoxy：對Sugars, Corbohydrates，及含OH有機物吸附強。

圖14-29　親和層析法之分離管材料及其中所含配位基（Ligand）種類及用途

14-7-2　逆流層析法

逆流層析法（Counter Current Chromatography, CCC）[193]為一種動相與固定相皆為液體且互不相溶，而其動相流動方向由一連串分離管下端經液體固定相逆流而上（如圖14-30）之萃取式層析法。逆流層析法操作方法是先在串聯的各分離管注入液體固定相（如有機溶劑丁烷），然後用一與固定相液體互不相溶的溶劑（如水）當動相將樣品溶解並由分離管下端通入分

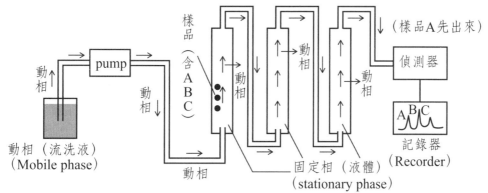

圖14-30　逆流層析法管柱及流動相（Mobile phase）流動情形示意圖

離管，然後再連續將動相液體通入一連串分離管，將樣品中各種成分分離帶出。在分離管中樣品各成分依其極性與在動相及固定相之不同溶解性，一一分離由動相帶出。所以逆流層析法實際上是一種液／液分配層析法（Partition chromatography）。

　　動相可以為水或有機溶劑，這取決於樣品極性或非極性，同樣固定相可為有機溶劑或水，原則是動相與固定相所用的液體或溶劑要互不相溶。

14-7-3　流體動力層析法

　　流體動力層析法（Hydrodynamic Chromatography, HDC）[194]是針對有機溶劑及水都難溶的固體樣品（如固體高分子聚合物（Solid polymer））之分離及分析。如圖14-31所示，流體動力層析（HDC）之分離管材料通常填充陽離子交換樹脂，其法是先用陰離子或陽離子界面活性劑（Surfactant，如 $CH_3(CH_2)n\text{-}SO_3^-$）產生親水性微胞（Micellar cell），將固體樣品包在親水性微胞中並注入離子交換樹脂分離管中，由於樣品中各固體成分有不同分子量（如一高分子產品中有不同分子量同種高分子）顆粒，這些不同分子量的各種顆粒在分離管移動速率都不同，故從分離管中流出時間也就不同，因而不同分子量物質就可互相分離。除了可用滯留時間（Retention time, t_R）或滯留體積（Retention volume, V_R）表示流出快慢，流體動力層析（HDC）常用一 $Cr_2O_7^{2-}$ 離子當指標物（Marker），因 $Cr_2O_7^{2-}$ 離子不會被親水性微胞

包在裡面，故比一般固體樣品各成分更易從分離管中流出，將$Cr_2O_7^{2-}$離子指標物滯留體積（V_o）和固體樣品滯留體積（V_R）之比定為R_f值（Retardation factor）如下：

R_f＝固體分析物滯留體積（V_R）／指標物滯留體積（V_o）　　（14-22）

故流體動力層析（HDC）之層析圖如圖14-31b所示可用滯留體積（V_R）或R_f表示。另外，由前述所知不同分子量物質之移動速率不同，若將分析物之分子量對滯留體積（V_R）可得幾近直線關係（如圖14-31c所示），分子量越大滯留體積也越大。換言之，流體動力層析法（HDC）和前述之GPC層析法一樣可用來決定一分析物之分子量。

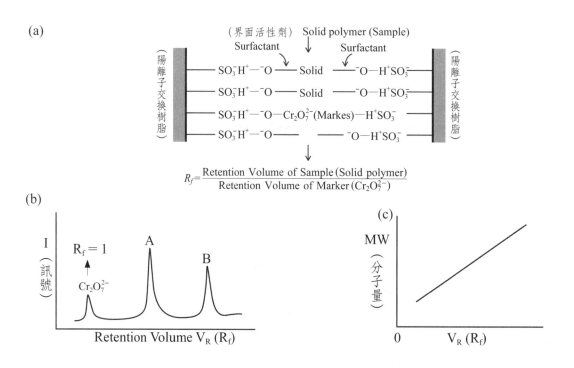

圖14-31　流體動力層析法之(a)分離管柱內吸附固體樣品分子示意圖，(b)層析圖，及(c)固體樣品分子之分子量與管內滯留時間（V_R）關係圖

14-8　超臨界流體層析及萃取法

　　液體層析（LC）用液體當流動相，雖吸附分離效果比氣體層析（GC）好，但流速慢，需較長分析時間。反之，氣體層析有較快流速縮短分析時間，但分離效果普遍較液體層析遜色。故若用性質介乎液體與氣體之間的超臨界流體（Super-critical Fluid, SF）當流動相，因其具有比液體速度快，又比氣體黏性大和待測物質作用大的性質，用超臨界流體的超臨界流體層析（Super-Critical Fluid Chromatography, SFC）[195]預期會具有液體層析（LC）般好的分離效果，也會有氣體層析（GC）快流速的優點。

　　如圖14-32所示之物質三相圖，在某一高壓力（稱爲臨界壓力（Critical pressure））以上及某溫度（稱爲臨界溫度（Critical temperature））以上，就會產生超臨界流體（SF），其密度、黏度及許多性質皆介乎液體與氣體之間。表14-4爲常見的超臨界流體及其臨界壓力（Pc）和臨界溫度（Tc）。臨界溫度在常溫上下（25～35 ℃）的物質有CO_2，N_2O及CF_3Cl，因N_2O及CF_3Cl毒性大且易污染環境，而CO_2毒性較小且臨界溫度（31.3 ℃）及臨界壓力（72.9 atm）都不高易取得，故當今的超臨界流體層析（SFC）通常用CO_2超臨界流體做其流動相。

　　圖14-33a爲超臨界流體層析儀（SFC）之基本結構示意圖，除了流動相用超臨界流體CO_2及壓力表外，其他元件和液體層析儀類似，其中包括幫浦、樣品注入器、分離管柱、偵測器及訊號收集處理系統（如記錄器或類比／數位轉換器（ADC）及微電腦）。超臨界流體層析儀之偵測器常用火焰離子化偵測

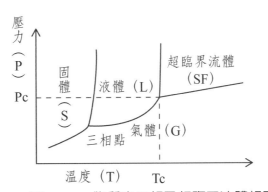

圖14-32　物質之三相及超臨界流體相圖

表14-4 常見超臨界流體臨界溫度，臨界壓力及密度

超臨界流體	臨界溫度（Tc）/ ℃	臨界壓力（Pc）/ atm	密度（g/mL）*
CO_2	31.3	72.9	0.47
H_2O	374	220	0.45
N_2O	36.4	72.5	0.45
CF_3Cl	28.8	38.7	0.58
n-pentane	196.6	41.7	0.55

*氣體密度：0.06～0.2 g/mL，超臨界流體密度：0.20～0.80 g/mL
液體密度：0.80～1.0 g/mL

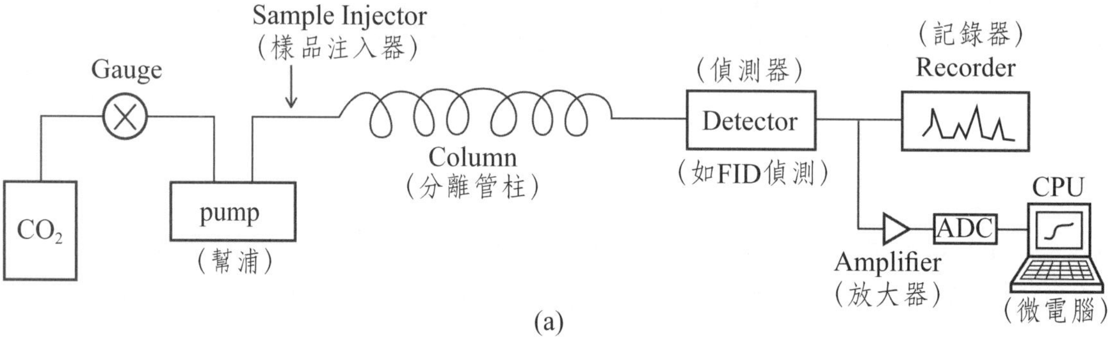

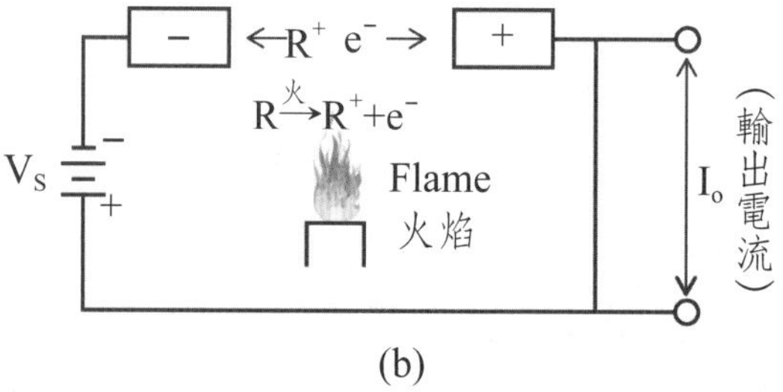

(a)

(b)

圖14-33 超臨界流體層析儀之(a)儀器基本結構及(b)火焰離子化偵測器示意圖

器（Flame ionization detector, FID），如圖14-33b所示，FID偵測器是利用火焰在正負電極中將有機物樣品分子（R）離子化成R^+, e^-，e^-往正電極移動，而R^+往負電極移動形成電流Io輸出，輸出Io可由記錄器顯示或經電流／電壓放大器（如韻算放大器OPA）轉換成電壓再經ADC轉換成數位訊號輸入微電腦做訊號收集及數據處理。因為FID偵測器也是氣體層析儀（GC）之重要偵測器，FID偵測器在第13章氣體層析法中有較詳細介紹其性質及應用。

超臨界流體層析法（SFC）除用毒性較小的CO_2超臨界流體當流洗液而不

用有機溶劑之優點外，SFC所需分析時間也要比傳統的HPLC液體層析要短很多，一般SFC所需分析時間只要一小時內就可完成，同樣的樣品若用HPLC則需更長時間才可分離完成，這是由於超臨界流體層析流動相CO_2流速比液體層析有機溶劑流動相流速大，分析時間可縮短。因為超臨界流體CO_2較屬非極性流動相，較適合分離非極性有機物。若要分離極性較大物質，則可在流動相CO_2加微量極性有機溶劑（如甲醇），較易帶動及分離極性有機物。

　　超臨界流體（SF）是一個很好固體萃取流體，其最有名的為用超臨界流體CO_2萃取啤酒花（Hop）及咖啡因，因為超臨界流體比液體萃取液更易穿透固體樣品，而比氣體對固體萃取效果更佳。故若在超臨界流體儀（SFC）前面接一超臨界流體萃取（Supercritical fluid extraction, SFE）系統形成SFE-SFC連線系統，就可用來分析固體樣品。

　　圖14-34為SFE-SFC連線系統之結構示意圖，在SFE系統中，將樣品放在萃取槽中，然後利用超臨界流體CO_2經幫浦流入萃取槽萃取樣品中各種有機物，然後超臨界流體帶領萃取到的各種有機物進入SFC層析分離管中分離，並經偵測器偵測由分離管出來的各種有機物。SFE-SFC連線系統最常利用在分析固體樣品中待測成分，例如在土壤分析中，可利用SFE-SFC連線系統分析土壤中各種殘餘殺蟲劑及多氯聯苯（PCB, Polychloro benzyl）。首先利用先將土壤樣品放在SFE電爐中先用超臨界流體CO_2萃取黏土中各種殘餘殺蟲劑及多氯聯苯，然後用SFC層析系統分離及分析萃取液中各種殘餘殺蟲劑及多氯聯苯。SFE-SFC連線系統也常應用在各種食品、藥物及工業材料中各種固體樣品中各種成分及有害物質。

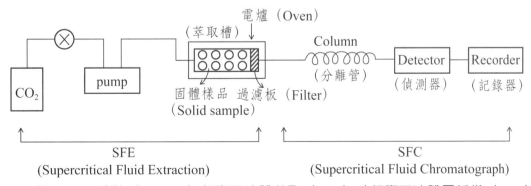

圖14-34　連線（On-line）超臨界流體萃取（SFE）／超臨界流體層析儀（SFC）系統

第三篇

微電腦界面儀器
分析應用

第 15 章

微電腦界面(一)—邏輯閘、運用放大器及類比／數位轉換器

　　現代各種分析儀器皆用微電腦來做訊號收集及轉換，數據處理和控制儀器之運轉和各種控制設定（如溫度、壓力及物件掃瞄等等），只靠微電腦本身這些功能是沒辦法完成的，它是需要利用在微電腦及儀器之間設計一微電腦界面（Microcomputer Interface）來做訊號收集及轉換，數據處理和控制儀器運轉。這微電腦界面內容可概分三大類(1)常含主件－邏輯閘（logic Gates）、運算放大器（Operational Amplifier，OPA）及類比－數位轉換器（Analog/Digital Converter，A/D），(2)輸出輸入單元－計數器、輸出輸入元件及單晶微電腦，及(3)半導體元件－半導體、二極體（Diodes）／電晶體（Transistors）及雜訊（Noises）／濾波器（Filters）。微電腦界面各元件將依類分三章簡介，本章將介紹微電腦界面常含主件－邏輯閘、運算放大器及類比-數位轉換器。

15-1　邏輯閘

邏輯閘（logic Gates）[196]在微電腦界面及微電腦如同人類之各種細胞一樣重要，其功能如同人之腦細胞有邏輯判斷抉擇之能力，故以邏輯閘命名之。不同的邏輯閘有不同的功能，基本的五種邏輯閘有AND、NAND、OR、NOR及NOT邏輯閘，其他邏輯閘（如EOR（Exclusive OR）及ENOR（Exclusive NOR））是由這五種基本邏輯閘所組成。本節將介紹各種常見的邏輯閘及其功能並簡介各種邏輯閘之間的運算法則－布林定律。

15-1-1　邏輯閘AND、NAND、OR、NOR及NOT

這五種邏輯閘為最原始的基本邏輯閘，其他邏輯閘由這五種基本邏輯閘所組成。本小節將一一介紹這五種邏輯閘：

（一）AND邏輯閘

如表15-1所示，二輸入之AND邏輯閘之符號（Logic gate symbol）為 ^A_B⎓T，其輸入可為2～8個（A,B,C,D...），輸出為T，在所有IC（Integrated Circuit，積體電路）晶片，其輸出輸入皆以二進位碼（Binary code）為1（通常為5伏特，5 V）或0（通常為0伏特，0 V）進出晶片，而AND邏輯閘其布林輸出（Boolean's Output）和輸入之關係為：

$$T_{(AND)} = ABC... \qquad (15-1)$$

由上式可知，只有所有輸入皆為1（即各輸入線皆以5 V輸入，A = B = C = ... = 1）時，經各輸入相乘後邏輯閘AND之輸出（T）才會為1（即5 V），而只要有一輸入為0，則AND之輸出（T）就為0。二輸入之AND邏輯閘之輸出輸入真值表如表15-1所示，圖15-1b①中列有二輸入之AND邏輯閘之邏輯晶片（商品名：IC 7408晶片）之各接腳（Pins）之接線示意圖，由圖中可知一IC 7408晶片中含有四組AND邏輯閘。IC晶片各接腳命名基本原則如圖15-1(a)所示，將IC晶片之切口放在左邊，然後各接腳以反（逆）時針方向命名之（腳（Pin）1,2,3..）。常見的AND邏輯閘之輸入端數可能為2～8個，如

圖15-1b②為四個輸入（ABCD）之AND邏輯晶片（IC 7421晶片）。

　　AND邏輯閘之基本線路示意圖如圖15-2a所示，在此三輸入（A,B,C）之AND邏輯閘中，只有當三輸入A,B,C皆接上（ON，即A＝B＝C＝1），此AND線路才有電流流動及輸出電流（即T＝1），反之只要三輸入中有一沒接上（Off，如A＝0），此AND線路就無輸出電流（即T＝0）。

表15-1　各種邏輯閘之輸出輸入真值表（Truth Table），布林輸出（T）及符號。（1＝5 V（伏特），0＝0 V）

輸入 A B	輸出 AND	NAND	OR	NOR	EOR or XOR	ENOR or XNOR	NOT(A)
0　0	0	1	0	1	0	1	1
0　1	0	1	1	0	1	0	1
1　0	0	1	1	0	1	0	0
1　1	1	0	1	0	0	0	0
布林輸出（T）（Boolean's Output）	AB	$\overline{AB}$	$A+B$	$\overline{A+B}$	$A\oplus B$	$A\odot B$或 $\overline{A\oplus B}$	$\overline{A}$
符號（Symbol）	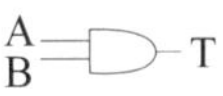	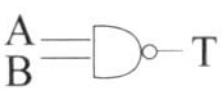	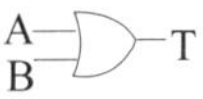	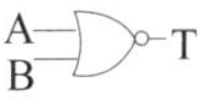	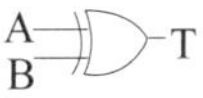	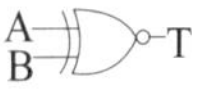	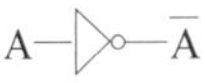

（二）NAND邏輯閘

　　NAND邏輯閘之符號為 $_A^B\!=\!\!\!\!\supset\!\!\!\!\circ\!-$ T，其可視為AND邏輯閘之反閘（即在各輸入一樣時，兩邏輯閘之輸出T剛好相反，一個為1另外一個就為0）。NAND邏輯閘之輸入亦可為多個（2～8個）。NAND閘之輸入（A,B,C,...）和輸出（T）之關係為：

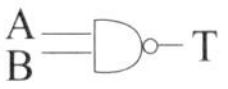

$$T(NAND) = \overline{ABC} \tag{15-2}$$

　　上式表示NAND閘之輸出T為各輸入乘積後再1,0互相反轉（如各輸入乘積結果為1，經反轉其輸出T即為0）。此式表示只有在所有輸入訊號（A,B,C...）皆為1時，其輸出（T）才為0，反之只要有任何一輸入為0，其輸出T就為1（如表15-1所示）。其和AND邏輯閘輸入輸出關係相反（只在所有輸入訊號皆為1時，其輸出才為1，任何一輸入為0，其輸出T就為0），故可稱NAND閘為AND閘之反閘。另外，NAND閘之線路比AND閘較複雜。圖15-1b

③為二輸入之NAND閘IC晶片（IC 7400晶片）內部示意圖。

(a)IC晶片各腳（Pin）命名規則

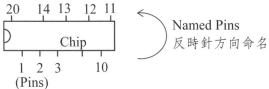

反時針方向命名
Named Pins

(b)各種邏輯晶片

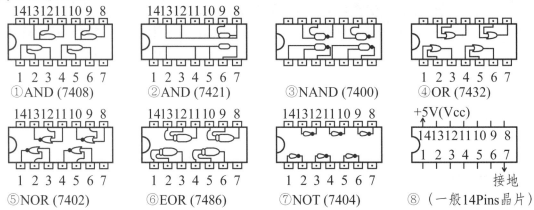

①AND (7408)　②AND (7421)　③NAND (7400)　④OR (7432)

⑤NOR (7402)　⑥EOR (7486)　⑦NOT (7404)　⑧（一般14Pins晶片）

圖15-1　邏輯閘各角命名規則及各種邏輯晶片內函示意圖

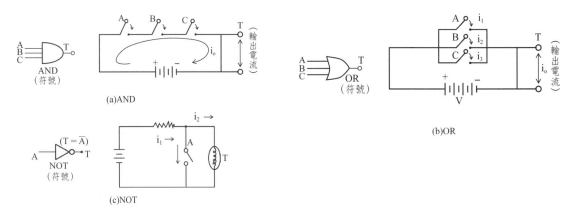

(a)AND

(b)OR

(c)NOT

圖15-2　邏輯閘AND，OR及NOT之基本等效線路示意圖

（三）OR邏輯閘

如表15-1所示，OR邏輯閘之符號為 $\overset{A}{\underset{B}{}}$⊃T，其輸入亦可為多個（2～8）

且其輸入（A,B,C,...）和輸出（T）之關係為：

$$T_{(OR)} = A + B + C + ... \qquad (15\text{-}3)$$

由式15-3可知，只要輸入訊號（A,B,C,...）中有一輸入為1，則OR閘之輸出T就會為1，其可由表15-1中二輸入OR閘之真值表看出來。圖15-1b④圖為二輸入OR閘（IC 7432晶片）內部示意圖。OR閘之線路較簡單如圖15-2b所示，由圖中可看出三輸入OR閘之輸入（A,B,C）是以並聯在線路中，只要這些輸入中一輸入（如A或B,C）為1（接上即ON），此OR線路就有電流流動且會有輸出電流（即T = 1）。

（四）NOR邏輯閘

如表15-1所示，二輸入NOR邏輯閘之符號為$_{B}^{A}$─▷o─T，其為邏輯閘OR之反閘，同時，NOR邏輯閘也可有2～8個輸入（A,B,C...），其輸出（T）和各輸入間之關係如下：

$$T(NOR) = \overline{A+B+C} \qquad (15\text{-}4)$$

由上式可知只要有一輸入為1，其輸出T就為0，只有所有輸入皆為0時，NOR閘之輸出T才為1，這剛好和邏輯閘OR之輸出剛好相反（如表15-1所示）。NOR閘之線路也比OR閘複雜。圖15-1b⑤圖為二輸入NOR閘（IC 7402晶片）內部示意圖。

（五）NOT邏輯閘

NOT邏輯閘為單一輸入及單一輸出之邏輯閘，其符號為A─▷o─$\overline{A}$，其輸出及輸入關係為：

$$T(NOT) = \overline{A} \qquad (15\text{-}5)$$

即NOT閘之輸出及輸入互相相反（如表15-1所示），圖15-1b⑦圖為NOT閘（IC 7404晶片）內部示意圖。圖15-2c為NOT閘之線路示意圖，由圖中可知，當線路中之A（輸入）接上（ON，即A = 1）時，此線路之電流流經A，而不會流到阻抗較大的T路線（即輸出T = 0），反之，當線路中之A（輸入）未接上（OFF，即A = 0），線路之電流必流經T路線（即輸出T = 1）。換言之，輸入（A）及輸出（T）互相相反。邏輯閘NOT相當有用，廣泛應用在系統中斷（輸入為0）時，輸出1的訊號以便顯示系統異常或向外發出警告

訊號。同時亦常用在組成其他邏輯閘，例如由圖15-3所示NAND邏輯閘可用AND + NOT組成及NOR可由OR + NOT組成。

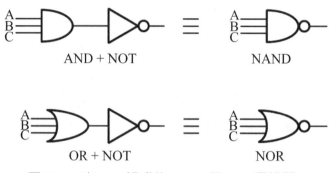

AND + NOT　　　　　　NAND

OR + NOT　　　　　　NOR

圖15-3　由NOT組成的NAND及NOR邏輯閘

15-1-2　邏輯閘EOR or XOR及ENOR or XNOR

EOR及ENOR兩邏輯閘皆由前述基本邏輯閘所組成，其用途大都用於輸入訊號間之比較。

(A)EOR or XOR邏輯閘

邏輯閘EOR（Exclusive-OR or XOR Gate）之符號為 A—B⟩⟩—T，通常用的為二輸入的EOR閘，其輸出和輸入之關係為：

$$T(EOR) = A \oplus B = \overline{A}B + B\overline{A} \qquad (15\text{-}6)$$

由上式可得如表15-1所示之EOR邏輯閘真值表，由真值表可看出只有當二輸入訊號相同（A = B = 1或A = B = 0）時，其輸出T皆為0，其他情形（有的輸入為1，有的為0）皆為1。實際上，若將EOR和OR兩邏輯閘相比，可看出只有當輸入兩訊號皆為1（A = B = 1）時，兩者之輸出T不同（OR輸出為1，EOR輸出為0）外（Exclusive），其他輸入情況兩邏輯閘（EOR和OR）之輸出T皆一樣，故EOR閘才被稱為Exclusive OR gate。圖15-1b⑥為EOR閘之晶片（IC 7486晶片）內容示意圖。EOR邏輯閘可由多個NAND或NOR及其他邏輯閘所組成，圖15-4a-b分別為由NAND及NOR-NOT-OR所組裝成的EOR邏輯閘線路示意圖。

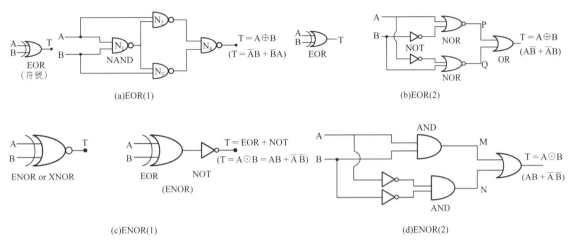

圖15-4　EOR及ENOR邏輯閘組裝線路示意圖

(B)ENOR or XNOR邏輯閘

　　邏輯閘ENOR（exclusive-NOR or XNOR）之符號為 $\overset{A}{_B}\!\!\!\supset\!\!\!\circ\!\!-T$，由表15-1比較ENOR及NOR兩閘，可看出除兩輸入（A,B,）皆為1時，ENOR及NOR輸出不同（ENOR輸出（T）為1，NOR輸出（T）為0）外（Exclusive），其他ENOR及NOR兩閘輸出（T）皆相同。另外由表15-1可看出當輸入一樣時，ENOR和EOR閘之輸出0或1剛好相反，故可視二輸入ENOR為二輸入EOR閘之反閘（Inversive gate），在前述二輸入EOR閘中只要兩輸入訊號相同，其輸出T為0，反之，ENOR閘在兩輸入訊號相同（1或0）時其輸出T為1，而兩輸入訊號不相同時輸出為0（見表15-1）。所以二輸入ENOR邏輯閘可由二輸入EOR閘連接NOT閘組裝而成（圖15-4c）。二輸入ENOR邏輯閘之輸出T和其兩輸入（A,B）訊號之關係式如下：

$$T(ENOR \text{ or } XNOR) = A \odot B = \overline{A \oplus B} = AB + \overline{A}\,\overline{B} \qquad (15\text{-}7)$$

　　ENOR邏輯閘亦可由其他邏輯閘如AND，NOT，OR所組成（圖15-4d），二輸入ENOR閘最大應用在兩輸入訊號相同（1或0）時就會輸出1，起動所連接的系統，故二輸入ENOR邏輯閘亦有稱之為二輸入等式閘（Equality gate，EQ）ABT，其符號可為 $\overset{A}{_B}\!\!\!\supset\!\!\!\circ\!\!-T$，亦有用 $\overset{A}{_B}\!\!\!-\!\!\boxed{\oplus}\!\!-\!\!-T$ 符號表示者。

15-1-3　布林定律

　　各種邏輯閘所組成的邏輯線路可用布林定律（Boolean's Theorems）[197] 來解析及運算，布林定律亦可用來解析及組合各種不同的邏輯線路。布林定律如表15-2所示包含有五大法則：(1)吸收法則（Absorption Theorem），(2)交換法則（Commutation Theorem），(3)第莫根法則（Demorgain's Theorem），(4)組合法則（Association Theorem）和(5)分配法則（Distribution Theorem）。其中交換法則（如A + B = B + A）及組合法則（如A(BC) = (AB)C）較符合一般人所認識的數學法則，然吸收法則（如A + AB = A）、第莫根法則及分配法則（如A + BC = (A+B) (A+C)）和一般人所認識的數學法則較不一致，但這些布林定律之法則在邏輯線路解析及運算則是正確的，故現在邏輯電子線路常稱布林線路。

表15-2　布林定律（Boolean's Theorems）之各法則

（一）吸收法則（Absorption Theorem） 　　(1)A + AB = A 　　(2)A(A + B) = A （二）交換法則（Commutation Theorem） 　　(1)A + B = B + A 　　(2)AB = BA （三）第莫根法則（Demorgain's Theorem） 　　(1)$\overline{A+B} = \overline{A} \cdot \overline{B}$ 　　(2)$\overline{AB} = \overline{A} + \overline{B}$ （四）組合法則（Association Theorem） 　　(1)A + (B + C) = (A + B) + C 　　(2)A(BC) = (AB)C （五）分配法則（Distribution Theorem） 　　(1)A + BC = (A + B) (A + C) 　　(2)A(B + C) = AB + AC

　　這些布林法則可用邏輯閘所構成的方程式左右兩邊之邏輯線路的輸出是否相等來證明，例如要證明吸收法則中：

$$A + AB = A \tag{15-8}$$

我們只要構築方程式左邊A + AB線路（圖15-5a），然後由A，B不同輸入值（0或1）所得的輸出T和右邊A值是否一致來證明，由A + AB線路之輸

出輸入眞値表（圖15-5b）可看出A＋AB線路之輸出T確與A各種輸入値相同（圖中以A＝1，B＝0時爲例，其輸出T_1和A一樣爲1），這就可證明吸收法則中A＋AB＝A關係是正確的，這顯示邏輯電子線路所顯示的邏輯和一般人之邏輯常識是不太一樣的。同樣方法構築方程式左右兩邊之邏輯線路（圖15-6a及15-6b）可證明下列分配法則：

$$A + BC = (A + B)(A + C) \qquad (15\text{-}9)$$

由圖15-6a及b兩邏輯線路在A,B,C不同輸入値所得眞値表（圖15-6c），可看出左右兩邊線路之輸出値皆相同（圖中以A＝1，B＝0，C＝1爲例，兩線路輸出（T_1及T_2）皆爲1），如此輸出相同的左右兩邊線路常稱互爲**等效線路**（**Equivalent circuit**），同時亦可證明式15-9之分配法則是正確的。

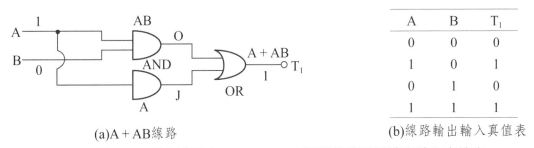

(a)A＋AB線路　　　　　　　　　　　　(b)線路輸出輸入眞値表

A	B	T_1
0	0	0
1	0	1
0	1	0
1	1	1

圖15-5　吸收法則中A＋AB＝A之邏輯線路及其輸出輸入眞値表

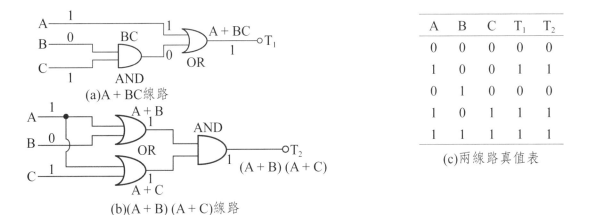

(a)A＋BC線路

(b)(A＋B)(A＋C)線路

A	B	C	T_1	T_2
0	0	0	0	0
1	0	0	1	1
0	1	0	0	0
1	0	1	1	1
1	1	1	1	1

(c)兩線路眞値表

圖15-6　分配法則中之A＋BC＝(A＋B)(A＋C)方程式左右兩邊之邏輯線路及其眞値表

15-2 運算放大器

運算放大器（Operational Amplifier，OPA）[198-200]在大部份分析儀器皆可發現之元件，運算放大器雖小但功能很多，它可用來做儀器訊號處理（如訊號之放大、縮減、相加減、相乘除、微分、積分、對數化、反對數化及正負電壓轉換和電流／電壓轉換）及當訊號比較器和波形產生器，本節重點在應用運算放大器做分析儀器訊號處理之用。

15-2-1 運算放大器特性、種類與放大原理

本節將簡單介紹OPA之特性、種類與放大原理。圖15-7a顯示OPA之符號及八支腳（8pins）OPA晶片（IC741或IC1458）示意圖及IC741實物和接腳圖。OPA具有可做輸入端之正(+)及負(-)腳（Pins 3,2）和輸出端（Vo，Pin 1）並分別在第8，4腳（Pins 8，4）接正負電壓（±Vcc，常用±5 V或±12 V，±15 V）當電源。

在做為儀器訊號放大器，OPA接儀器訊號常用方式有兩種，儀器訊號由OPA負(-)端輸入所構成的「反相負回授OPA（Reverse phase negative feedback OPA）」（圖15-7b）及訊號由OPA正(+)端輸入的「非反相負回授OPA（Non-reverse phase negative feedback OPA）」（圖15-7c）。反相OPA之意為其輸出輸入電壓正負相反，即一正電壓輸入經OPA放大後之輸出為負電壓，而負回授指的是OPA負(-)端連接輸出端形成環路。在反相負回授OPA之圖（圖15-7b）中由外來儀器訊號流經R1阻抗的電流為i_1，經p點分成入OPA負(-)端的電流（i_d）及進入回授環路的電流（i_2），即：

$$i_1 = i_2 + i_d \qquad (15\text{-}10)$$

由圖上所示OPA正負端之電位差為V_d（即$V_d = V_+ - V_-$），在OPA設計上使OPA正負端電位差V_d幾乎等於0，換言之，P點及OPA負端間也就幾乎沒電流，即id ≈ 0：

$$V_d = V_+ - V_- \approx 0 \qquad (15\text{-}11)$$

$$i_d \approx 0 \qquad (15\text{-}12)$$

由式15-10及15-12可得：

$$i_1 = i_2 + i_d \approx i_2 + 0 \approx i_2，即i_1 \approx i_2 \qquad (15\text{-}13)$$

(a)OPA晶片、符號及OPA-741晶片實物和接腳圖[198a]

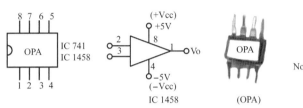

(b)反相負回授OPA（Reverse phase negative feedback OPA）

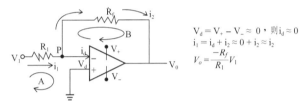

(c)非反相負回授OPA（Non-reverse phase negative feedback OPA）

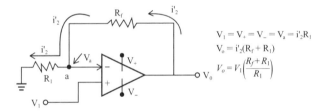

圖15-7 運算放大器（Operational amplifier，OPA）晶片、符號及種類

由反相負回授OPA圖（圖15-7b）之左邊A線圈，左邊儀器訊號輸入電壓V1應等於A線圈右邊之電壓總和，即：

$$V_1 = i_1 R_1 + V_d \qquad (15\text{-}14)$$

由式15-11及15-14可得：

$$V_1 = i_1 R_1 + V_d \approx i_1 R_1 + 0 = i_1 R_1 \qquad (15\text{-}15)$$

再由圖15-7b之右邊B線圈，左邊V_d電壓應等於B線圈右邊之電壓總和，即：

$$V_d = i_2 R_f + V_0 \qquad (15\text{-}16)$$

由式15-11及15-16可得：

$$V_d = 0 = i_2 R_f + V_0，即得V_0 = -i_2 R_f \qquad (15\text{-}17)$$

由式15-15及15-17和$i_1 \approx i_2$（式15-13）可得：

$$V_0/V_1 = -i_2R_f/(i_1R_1) = -R_f/R_1$$

即：

$$V_0 = -(R_f/R_1)V_1 \qquad (15\text{-}18)$$

換言之，此OPA之放大倍數$(A) = R_f/R_1$，故要放大多少倍，只要調R_f及R_1之電阻即可（但OPA最大輸出電壓爲±Vcc電源電壓）。例如要利用反相負回授OPA來將0.1伏特之儀器訊號（即$V_1 = 0.1$ V）放大10倍成負電壓輸出（即Vo $= -1.0$ V），依式15-18，只要在此OPA放置$R_f = 10$ KΩ及$R_1 = 1.0$ KΩ（即$R_f/R_1 = 10/1 = 10$）即可，其輸出電壓V_0爲：

$$V_0 = -(R_f/R_1)V_1 = -(10/1.0) \times 0.1 \text{ V} = -1.0 \text{ V} \qquad (15\text{-}19)$$

在非反相負回授OPA（圖15-7c）中，儀器訊號由OPA正$(+)$端輸入，一股電流（i_2'）由輸出端經回授環路再經a點及R_1最後流入接地。故此電流（i_2'）由輸出電壓V_0及R_1，R_f大小來決定：

$$V_0 = i_2'(R_1 + R_f) \qquad (15\text{-}20)$$

而OPA正$(+)$端電壓V_+等於輸入電壓V_1，而V-電壓等於a點電壓V_a即：

$$V_+ = V_1 \qquad (15\text{-}21)$$

$$V_- = V_a \qquad (15\text{-}22)$$

由式15-11（$V_d = V_+ - V_- \approx 0$）和式15-21及15-22可得：

$$V_1 = V_+ = V_- = V_a \qquad (15\text{-}23)$$

然

$$V_a = i_2' R_1 \qquad (15\text{-}24)$$

故

$$V_1 = V_a = i_2'R_1 \qquad (15\text{-}25)$$

由式15-20及15-25可得：

$$V_0/V_1 = [i_2'(R_1 + R_f)]/(i_2' R_1)$$

即

$$V_0 = [(R_1 + R_f)/R_1]V_1 \qquad (15\text{-}26)$$

換言之，非反相負回授OPA之放大倍數$(A) = (R_1 + R_f)/R_1$，若用$R_1 = 1.0$ KΩ，$R_f = 10$ KΩ放大從OPA正$(+)$端輸入0.1 V，可得輸出電壓V_0爲：

$$V_0 = [(R_1 + R_f)/R_1]V_1 = [(10 + 1.0)/1.0] \times 0.1 \text{ V} = +1.1 \text{ V} \qquad (15\text{-}27)$$

15-2-2　運算放大器（OPA）應用

　　OPA應用相當廣泛[198b]，本節將注重在OPA應用在儀器訊號處理而組成的各種OPA儀器訊號處理器並舉例說明OPA應用在各種儀器控制或測定元件（如OPA光度計及溫度測定／控制器）及電流／電壓轉換器上。

（一）OPA儀器訊號處理器

　　常見由OPA組成的儀器訊號處理器有：(1)非反相訊號放大器（Non-Reverse Phase Amplifier），(2)反相訊號放大器（Reverse Phase Amplifier），(3)訊號相減放大器（Difference Amplifier），(4)訊號相加器（Adder），(5)積分器（Integrator），(6)微分器（Differentiator），(7)電壓反相器（Inverting Amplifier），(8)訊號對數化放大器（Logarithmic Amplifier），(9)電壓隨耦器（Voltage Follower），及(10)比較器（Comparator）。圖15-8為各種OPA訊號處理器線路圖及輸出輸入關係式。這些OPA訊號處理器中除「非反相訊號放大器（圖15-8(1)）」及「反相訊號放大器（圖15-8(2)）」之訊號放大原理與應用已在上節介紹外，其他OPA訊號處理器將在本節簡單介紹。

　　OPA訊號相減放大器（Difference Amplifier）如圖15-8(3)所示，可應用於將一類比訊號V_2減另外一類比訊號V_1（即兩訊號差）並放大之，故又稱示差放大器，此兩訊號分別接OPA之正負端（V_2接正端）。其輸出輸入關係式為：

$$V_0（訊號相減放大器）= R_f(V_2/R_2 - V_1/R_1) \qquad （15-28）$$

　　若$R_1 = R_2$，則

$$V_0（訊號相減放大器）= (R_f/R_1)(V_2 - V_1) \qquad （15-29）$$

　　此訊號相減放大器除用在得兩類比訊號之差外，也常用在經儀器中樣品室（Sample cell）之儀器訊號V_2去除經參考室（Reference cell）之雜訊V_1之用。

　　OPA訊號相加器（Adder）則為兩儀器訊號相加，兩訊號皆接OPA之負端（如圖15-8(4)）（反相訊號相加器）或正端（非反相訊號相加器）。當$R_1 = R_2$，反相訊號相加器及非反相訊號相加器之輸出輸入關係式分別為：

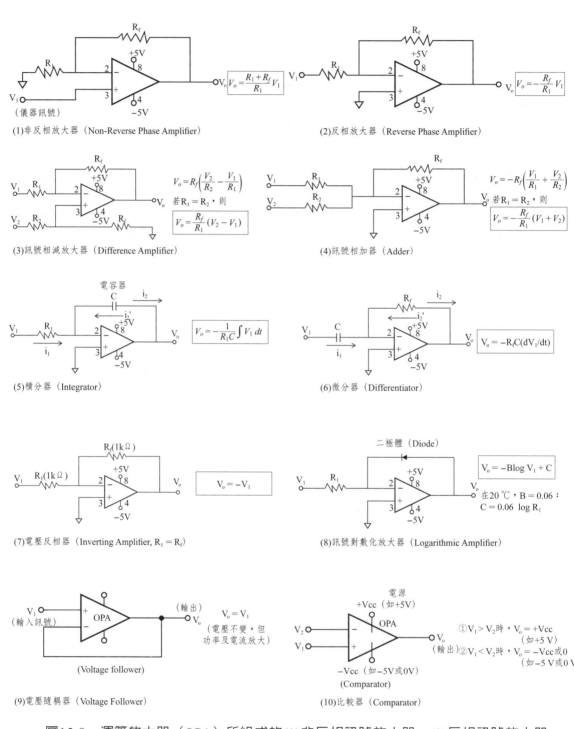

圖15-8　運算放大器（OPA）所組成的(1)非反相訊號放大器，(2)反相訊號放大器，
(3)訊號相減放大器，(4)訊號相加器，(5)積分器，(6)微分器，(7)電壓反相
器，(8)訊號對數化放大器，(9)電壓隨耦器，及(10)比較器

$$V_0 （反相訊號相加器） = - (R_f/R_1) (V_1 + V_2) \qquad （15\text{-}30）$$

$$V_0 （非反相訊號相加器） = [(R_f + R_1)/R_1](V_1 + V_2) \qquad （15\text{-}31）$$

OPA積分器（Integrator）在層析及光譜分析上波峰（Peak）面積之積分中相當有用，在OPA積分器線路（圖15-8(5)）中，電容器(C)取代了傳統OPA放大器中之電阻（R_f），具有電容C（Capacitance）之電容器中所存的電量（q）和積分器輸出電壓V_0之關係為：

$$q = CV_0 \qquad （15\text{-}32）$$

又因$i_2{}'$及$-i_2$方向相反

$$i_2{}' = - i_2 = dq/dt = d(CV_0)/dt \qquad （15\text{-}33）$$

而

$$i_1 = V_1/R_1 \qquad （15\text{-}34）$$

因OPA`之$i_1 = i_2$故

$$- i_2 = dq/dt = d(CV_0)/dt = i_1 = V_1/R_1 \qquad （15\text{-}35a）$$

可得

$$d(CV_0)/dt = - V_1/R_1 \qquad （15\text{-}35b）$$

所以

$$dV_0 = - [V_1/(R_1C)] \, dt \qquad （15\text{-}36a）$$

積分後可得

$$V_0 = - (1/R_1C)V_1 \, dt \qquad （15\text{-}36b）$$

式15-36b即積分器之輸出電壓V0為其輸入訊號V_1之積分且放大之結果。

OPA微分器（Differentiator）也是由電容器與OPA所構成，其和積分器不同的是其將電容器取代傳統OPA放大器中之電阻R_1（如圖15-8(6)所示，其電容器之電量q是用輸入訊號V1充電的，故其電容器中所存的電量（q）和積分器輸入電壓V_1之關係為：

$$q = CV_1 \qquad （15\text{-}37）$$

則

$$i_1 = dq/dt = d(CV_1)/dt \qquad （15\text{-}38）$$

又因

$$i_1 = - i_2{}' = - V_0/R_f \qquad （15\text{-}39）$$

式15-39代入式15-38中，可得：

$$C(dV_1/dt) = -V_0/R_f \qquad\qquad （15\text{-}40a）$$

上式整理可得：

$$V_0 = -R_f\,C(dV_1/dt) \qquad\qquad （15\text{-}40b）$$

　　換言之，微分器之輸出電壓V_0可證明其輸入訊號電壓V_1為微分且放大所得。微分器在化學分析上應用很廣，例如在化學滴定時所得的滴定圖常很難確定找到滴定終點（圖15-9(A)中P點），若將其微分可得較確定滴定終點之微分圖（圖15-9(B)）。同樣在電化學極譜圖（圖15-9(C)）中若經微分可得較精確的極譜微分圖（圖15-9(D)）。另外在光譜法中，常用的光譜圖有(1)吸收光譜圖（Absorption mode，如NMR常用）及(2)分散光譜圖（Dispersion mode，如ESR常用），然分散光譜圖（圖15-9(F)）實為吸收光譜圖（圖15-9(E)）微分所得。

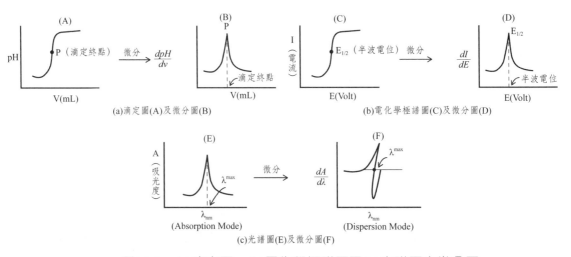

圖15-9　(a)滴定圖，(b)電化學極譜圖及(c)光譜圖之微分圖

　　OPA電壓反相器（Inverting amplifier）顧名思義就是用來將一負電壓訊號轉變成正電壓訊號或反之，將正電壓轉變成負電壓訊號。如圖15-8(7)所示，電壓反相器只是將反相OPA放大器（圖15-8(2)）之R_f設定等於R_1而已，故電壓反相器中$R_f = R_1$（一般兩者$(R_f，R_1)$皆用1 KΩ，但也有兩者皆不用，只用銅線代替，然只用銅線時輸出電壓常不穩）。電壓反相器輸出（V_0）／輸入（V_1）電壓之關係為：

$$V_0（電壓反相器） = -V_1 \qquad\qquad （15\text{-}41）$$

在電子線路中，在很多OPA訊號處理器系統（如積分器及微分器）之輸出電壓常爲負值，而在一般電子線路用正值電壓較方便，故常用此電壓反相器將負電壓訊號轉變成正電壓。反之，在很多電化學儀器中常需要負電壓來電解或電鍍（還原）金屬離子，就需要電壓反相器將正電壓訊號轉變成負電壓。

OPA訊號對數化放大器（Logarithmic Amplifier）爲一將輸入儀器訊號V_1對數化且放大成對數電壓訊號$\log V_1$。如圖15-8(8)所示，對數化放大器是將傳統OPA放大器中之R_f改用二極體（Diode，二極體將在後二章討論）改裝而成。對數化放大器之輸出（V_0）／輸入（V_1）電壓之關係爲：

$$V_0（對數化放大器）＝ -B \log V_1 + C \qquad （15-42）$$

上式中B，C和溫度有關，在20 ℃時，B＝0.06，C＝0.06 $\log R_1$。對數化放大器常用在光譜儀中**吸光度顯示器**中。圖15-10爲由兩組OPA對數化放大器所組成的吸光度（Optical Absorbance，A）顯示器線路示意圖。在圖中，由光偵測器出來的原來光強度訊號（Io）及已被部份吸收之光強度訊號（I）分別進入兩組的對數化OPA放大器，然後分別輸出電壓V_A（$V_A ＝ -0.06 \log Io + C$）及V_B（$V_B ＝ -0.06 \log I + C$），然後V_A及V_B分別再進入一訊號相減放大器之OPA正負極，最後輸出電壓V_0及V_A，V_B之關係式爲：

$$V_0（吸光度顯示器）＝ (R_f/R_1)(V_B - V_A) ＝ (R_f/R_1)[(-0.06 \log I + C)$$
$$- (-0.06 \log Io + C)] \qquad （15-43）$$

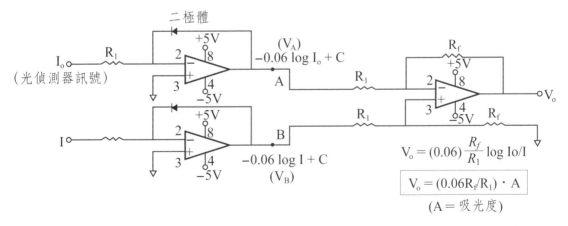

圖15-10　由兩組OPA對數化放大器所組成的吸光度（Optical Absorbance，A）顯示器線路示意圖

即V_0（吸光度顯示器）$= (R_f/R_1)\ [0.06\ \log\ (Io/I)]$

$$= 0.06(R_f/R_1)\ \log\ (Io/I) \tag{15-44}$$

因吸光度A $= \log\ (Io/I)$，故式15-44變為：

$$V_0（吸光度顯示器）= 0.06(R_f/R_1) \times A（吸光度） \tag{15-45}$$

OPA電壓隨耦器（Voltage follower）[198b]之結構如圖15-8(9)所示，其輸出電壓（Vo）和輸入電壓（V_1）相等，即：

$$[\text{Voltage follower}]：Vo（輸出電壓）= V_1（輸入電壓） \tag{15-46}$$

雖然一訊號經電壓隨耦器後電壓不變，但經電壓隨耦器後，訊號功率及電流都會放大。

OPA比較器（Comparator）[198b]之結構如圖15-8(10)所示，OPA比較器用來比較兩輸入電壓（V_1及V_2，V_1接OPA+極，V_2接-極，無R1及Rf），OPA比較器之輸出電壓（V_0）和兩輸入電壓比較大小之關係如下：

$$若V_1 > V_2，V_0 = +V_{cc} \tag{15-47a}$$
$$若V_1 < V_2，V_0 = -V_{cc}或0（接地） \tag{15-47b}$$

式中$+V_{cc}$及$-V_{cc}$為OPA所用電源之正負電壓，通常：$+V_{cc} = 5$ V或12 V，而$-V_{cc} = -5$ V或-12 V或0 V（接地）。

（二）OPA光度計

運算放大器（OPA）配合適當感測元件（如光感測元件CdS及PbS）亦可用來組裝各種偵測器（Detector）。圖15-11為利用可感測可見光之CdS晶片和OPA相減放大器連接而成的光度計（Photometer）。CdS晶片之阻抗會因光強度增大而下降，而使圖15-11中A點之電壓V_1升高（V_1即為OPA相減放大器

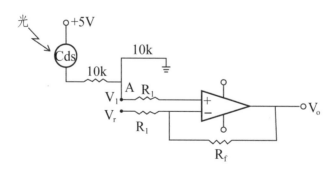

圖15-11　OPA-CdS光度計線路示意圖

正端輸入電壓），在特定的OPA相減放大器負端輸入參考電壓Vr，OPA相減放大器之輸出電壓V_0就會因而升高，由V_0上升值即可計算出可見光之強度。參考電壓Vr可用來調整偵測光強度範圍及輸出電壓V_0大小範圍。

（三）OPA溫度測定／控制器

　　利用熱敏晶片LM334或LM335和OPA相減放大器連接可組成OPA溫度測定器（Temperature measuring device or OPA-Thermometer）（如圖15-12a所示），LM334及LM335熱敏晶片之材料爲混合過渡金屬氧化物（Mn-Cu-Ox），當溫度升高，熱氣使圖15-12a中LM334熱敏晶片阻抗下降，使圖中電壓V_1升高，在固定的連接OPA負端之參考電壓Vr，此OPA溫度測定器之輸出電壓V_0因而增加，由V_0增加值就可計算環境之溫度值。

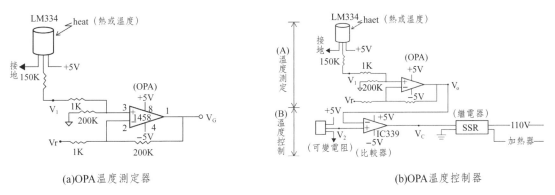

(a)OPA溫度測定器　　　　　　　　　　　　(b)OPA溫度控制器

圖15-12　(a)OPA溫度測定器及(b)OPA溫度控制器線路示意圖

　　若利用比較器（如LM339）和前述的OPA溫度測定器連接就可組成自動OPA溫度控制器（OPA Temperature controller）。如圖15-12b所示，此種OPA溫度控制器分「溫度測定」及「溫度控制」兩部分，溫度測定系統即爲前述的OPA溫度測定器，而由溫度測定系統輸出電壓V_0接一比較器（LM339 IC晶片）負端，而用可變電阻將一設定電壓V_2（V_2和設定溫度Tr成正比關係）接在比較器LM339之正端，V_0及V_2之差和比較器LM339之輸出電壓Vc之關係如下：

$$當 V_0 < V_2 則 Vc（比較器LM339）= 5\ V \qquad （15-48）$$
$$V_0 > V_2 則 Vc（比較器LM339）\leqq 0\ V \qquad （15-49）$$

在$V_0 < V_2$（溫度T低於設定溫度Tr）時，LM339輸出電壓Vc為5 V，此時固體繼電器（Solid state Relay，SSR）就會呈ON，繼電器另一邊之110 V電源就會ON，加熱器也就ON（繼續加熱）。反之，$V_0 > V_2$（溫度T高於設定溫度Tr）時，LM339輸出電壓Vc為≦0 V，此時繼電器就會呈OFF，繼電器另一邊之110 V電源及加熱器也都會OFF（停止加熱）。即：

T（溫度）＜Tr（設定溫度），則$V_0 < V_2$，Vc（比較器）＝5 V，

繼電器＝ON，加熱器＝ON　　　　　　　　　　　　　　　　　　（15-50）

T（溫度）＞Tr（設定溫度），則$V_0 > V_2$，Vc（比較器）≦0 V，

繼電器＝OFF，加熱器＝OFF　　　　　　　　　　　　　　　　　（15-51）

如此就可達到系統溫度自動控制，繼電器之原理及應用將在下一章詳細說明。

（四）OPA電流／電壓轉換器

許多電化學儀器之訊號為電流訊號，若要用微電腦做訊號收集及數據處理，需先將電流訊號轉換成電壓訊號再行處理。圖15-13為OPA電流/電壓轉換器（Current/voltage converter）之線路示意圖，其輸出電位和其輸入電流訊號i_1之關係式為：

$$V_0 = i_2'R_f \cong -i_1R_f \qquad (15-52)$$

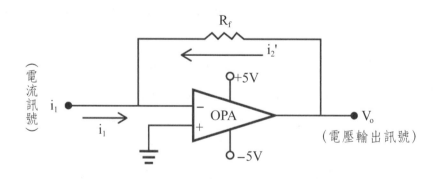

圖15-13　OPA電流／電壓轉換器之線路示意圖

15-3　類比－數位轉換器

由儀器出來經OPA訊號放大器或處理器所輸出的電壓爲類比（Analog）訊號，若要用微電腦做訊號收集及數據處理，因微電腦進出訊號均需爲數位（Digital）訊號（類比及數位訊號之定義請見本書第一章第1-2-1節），需用類比－數位轉換器（Analog to Digital Converter，ADC）將電壓類比訊號轉換成數位訊號始可爲微電腦接受，因微電腦輸出輸入資料皆需爲數位資料。反之，要用微電腦控制儀器（如溫度、儀器元件轉速及記錄器等等控制），由微電腦輸出的數位訊號則需用數位／類比轉換器（Digital to Analog Converter，DAC）轉換成類比訊號始可控制儀器，另外，爲控制微電腦輸出輸入需有一輸入輸出（Input/Output，I/O）元件（如8255 IC）。故如圖15-14所示，儀器和微電腦間之微電腦界面基本元件爲OPA，ADC，DAC及I/O元件。本節將介紹類比－數位轉換器DAC及ADC，而各種I/O元件將在下章介紹。

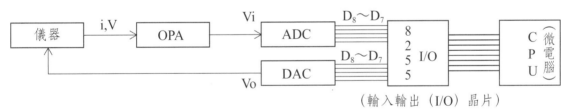

圖15-14　儀器－微電腦介面訊號處理及儀器控制結構示意圖

15-3-1　數位／類比轉換器（DAC）

IC 1408晶片爲常用之8位元（8 bit）數位／類比轉換器晶片（Digital to Analog Converter，DAC）[201]，其內部之結構及接腳圖如圖15-15所示，當微電腦各位元（D7～D0）輸出二進位0或1訊號進入三態開關（3°-State Switch），三態開關功能只有在其位元D爲1時，才會有電流由V_{cc}電源流至DAC輸出端，換言之，在位元D爲1時，三態開關之三端才會完全通。因各位

元所接電阻大小皆不同，各位元所流出的電流也不同，各位元流出的電流及總電流I為：

$$i_0 = D_0 V_{cc}/128R, \quad i_1 = D_1 V_{cc}/64R, \quad i_2 = D_2 V_{cc}/32R, \quad i_3 = D_3 V_{cc}/16R,$$
$$i_4 = D_4 V_{cc}/8R, \quad i_5 = D_5 V_{cc}/4R, \quad i_6 = D_6 V_{cc}/2R, \quad i_7 = D_7 V_{cc}/R \quad \text{（D為0或1）}$$
$$（15\text{-}53）$$

$$I = i_0 + i_1 + i_2 + i_3 + i_4 + i_5 + i_6 + i_7 \qquad （15\text{-}54）$$

式15-53代入式（15-54）可得：

$$I = Vcc[D_0/128R + D_1/64R + D_2/32R + D_3/16R + D_4/8R + D_5/4R$$
$$+ D_6/2R + D_7/R] \qquad （15\text{-}55）$$

因微電腦輸出之數據D為：

$$D = D_0(2^0) + D_1(2^1) + D_2(2^2) + D_3(2^3) + D_4(2^4) + D_5(2^5) + D_6(2^6) + D_7(2^7)$$
$$（15\text{-}56）$$

即

$$D = D_0(1) + D_1(2) + D_2(4) + D_3(8) + D_4(16) + D_5(32) + D_6(64) + D_7(128)$$
$$（15\text{-}57）$$

由式15-55及式15-57可得：

$$I = (Vcc/128R) [D_0(1) + D_1(2) + D_2(4) + D_3(8) + D_4(16) + D_5(32)$$
$$+ D_6(64) + D_7(128)] \qquad （15\text{-}58）$$

即

$$I = (V_{cc}/128R)D \qquad （15\text{-}59）$$

因DAC輸出電壓V_0為：

$$V_0 = -IR_f \qquad （15\text{-}60）$$

式15-59代入式15-60可得：

$$V_0 = -(V_{cc}/128R) \, D \, R_f \qquad （15\text{-}61）$$

式15-61為DAC之輸出電壓V_0與其輸入數據（D）之關係，同時由式中可看出DAC之輸出電壓V_0為負值，故常用市售DAC之IC晶片（如DAC 1408 IC晶片）的輸出V_0常為負電壓（最大值為 – 5 V或 – 12 V）。除8位元DAC外，常見市售有12位元及16位元DAC。

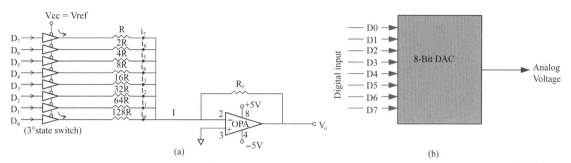

圖15-15 八位元數位／類比轉換器（DAC）(a)線路示意圖，及(b)接腳圖[202]

當DAC輸入各位元D皆為1時，即$D_0 = D_1 = D_2 = D_3 = D_4 = D_5 = D_6 = D_7 = 1$時，代入式15-56且式中D改稱為$D^{max}$，即

$$D^{max} = 2^0 + 2^1 + 2^2 + 2^3 + 2^4 + 2^5 + 2^6 + 2^7 = 255 \qquad (15\text{-}62)$$

在n位元之DAC，ADC或電腦資料線（Data bus）之D^{max}值一般式為：$D^{max} = 2^n - 1$如n = 8（入位元），$D^{max} = 2^8 - 1 = 255$，此時DAC之輸出電壓V_0變成V_{FS}（Full-Scale voltage，DAC最大輸出電壓），代入式15-61可得：

$$V_{FS} = -(V_{cc}/128R) \, D^{max} \, R_f \qquad (15\text{-}63)$$

式15-61／式15-63可得：

$$V_0 = V_{FS} (D/D^{max}) \qquad (15\text{-}64)$$

DAC最大輸出電壓（V_{FS}）可由改變所用電源V_{cc}而改變，一般在常用DAC中若用-5 V或-12 V當電源時，此DAC之V_{FS}為-5 V或-12 V。因而式15-61中，V_{FS}及D^{max}皆可預先知道。故若吾人從微電腦輸出一數據D = 80進入一V_{FS}為-5 V之8位元DAC後，DAC之輸出電壓V_0應為：

$$V_0 = V_{FS}(D/D^{max}) = -5(80/255) = -1.57 \text{ V} \qquad (15\text{-}65)$$

因DAC輸出為負電壓，故在電化學中常用DAC輸出負電壓來還原或電解金屬離子。但有時希望能得正電壓，這時只要如圖15-16所示，將DAC接上反相OPA即可得正電壓且可放大原來DAC最大輸出電壓V_{FS}。在圖15-16中DAC（IC1408）之$V_{FS} = V_{ref}$，其輸出電壓V_4為負電壓，為得正電壓，且放大，在DAC後加一反相OPA放大器，DAC輸出電壓V_4及最後得輸出電壓V_0分別為：

$$V_4 = -V_{ref} (D/D^{max}) \qquad (15\text{-}65)$$

及

$$V_0 = -V_4(R_f/R_{ref}) \qquad (15\text{-}66)$$

式15-65代入式15-66，可得：

$$V_0 = (V_{ref}(R_f/R_{ref}) \ (D/D^{max})　　　（15-67）$$

比較式15-67及式15-64，可知此新的DAC-OPA系統之最大輸出電壓
（V_{FS}）為：

$$V_{FS} = V_{ref} \times R_f/R_{ref}　　　（15-68）$$

由式15-68可知吾人可用DAC-OPA系統隨心所欲得到負電壓及正電壓。

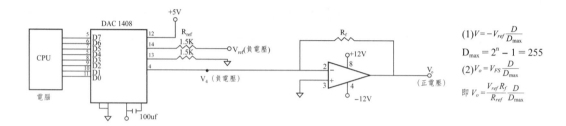

圖15-16　CPU-DAC-OPA供應正電壓系統

15-3-2　類比／數位轉換器（ADC）

儀器訊號大都屬於類比訊號，若要用微電腦收集及處理儀器訊號，因進
出微電腦需為數位訊號，故在儀器訊號進入微電腦前需加裝一類比／數位轉
換器（Analog to Digital Converter，ADC）[203]將儀器類比訊號轉換成數位
訊號進入微電腦，然而一般儀器訊號並不很強，故如圖15-17所示，儀器類比
訊號（V_1）先用OPA放大器放大或處理後（V）再進入ADC轉換成數位訊號
（D_0-D_7）再進入微電腦。由ADC轉換出來的數位訊號亦可如圖15-14先經輸
入輸出（I/O，如8255 IC）元件再進入微電腦。

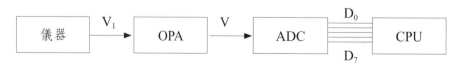

圖15-17　儀器-OPA-ADC-CPU訊號收集系統

　　ADC晶片有相當多種，若由輸出數位訊號方式可分並列（Parallel）ADC及串列（Serial）ADC兩類。圖15-18a中IC晶片ADC0804為8位元並列ADC，而圖15-18b中IC晶片ADC0831為8位元串列ADC，在並列ADC（ADC0804）輸出資料線有八條（D_0-D_7），資料由這八條線同時輸入微電腦中，而串列ADC（ADC0831）輸出資料線只有一條（D_0），其八位元（D_0-D_7）的資料是由D_0一個接一個（先D_0，然後D_1，D_2，D_3-D_7）陸續傳入微電腦。而圖15-18c中ADC0816為多頻道（CH0-CH15）之8位元並列ADC，其和同為並列ADC的ADC0804之不同在ADC0816可接16部儀器（CH0-CH15）之16個輸入儀器訊號（V_0-V_{15}），而ADC0804只能接收一部儀器之訊號（V_{in}）。

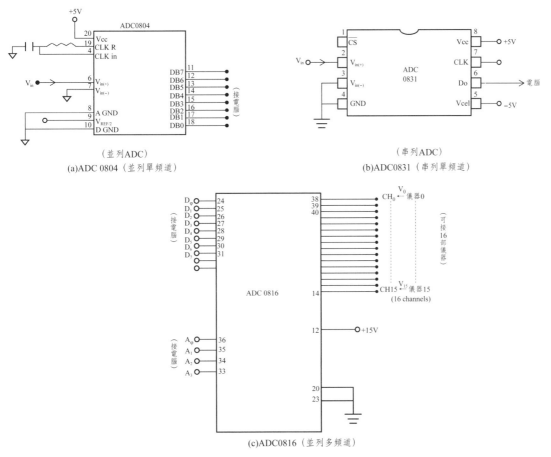

圖15-18　各種不同類比－數位轉換器（ADC）IC晶片

以上各種8位元ADC之輸出數位訊號D（由D_0-D_7輸出到微電腦）和其輸入電壓（V_{in}）之關係為：

$$D = D^{max} (V_{in}/V_{FS}) \tag{15-70}$$

式中V_{FS}為ADC之最大輸入電壓（Full Scale Voltage），在V_{FS}時，所有輸出位元皆為1訊號（5 V，$D_0 = D_1 = D_2 = D_3 = D_4 = D_5 = D_6 = D_7 = 1$），使$D = D^{max}$（在8位元ADC，$D^{max} = 2^8 - 1 = 255$，見式15-62）。例如一儀器輸入電壓為1.0 V輸入一V_{FS}為5.0 V之8位元ADC後，ADC之輸出數位訊號D為：

$$D = D^{max} (V_{in}/V_{FS}) = 255(1.0/5.0) = 51 \tag{15-71}$$

由第一章中圖1-14之八位元資料數據線數據輸送換算法，此D ＝ 51數位訊號換算成：$D_0 = 1$，$D_1 = 1$，$D_2 = 0$，$D_3 = 0$，$D_4 = 1$，$D_5 = 1$，$D_6 = 0$，$D_7 = 0$，經D_0-D_7位元輸入微電腦。圖15-19為儀器訊號-OPA-ADC0804-8255-CPU微電腦界面實際線路圖（8255晶片為一含三個輸出／輸入（O/I）埠(PA，PB，PC)之智慧型可程式界面晶片（Programmable Peripheral Interface (PPI) Chip），利用電腦程式可將數位訊號經此三個輸出／輸入埠進出微電腦，8255晶片將在下一章介紹）。

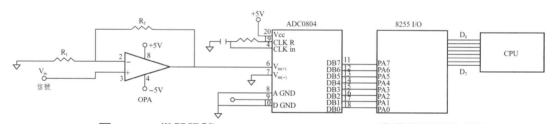

圖15-19　儀器訊號-OPA-ADC0804-8255-CPU微電腦界面線路圖

各種ADC晶片若依其工作原理及線路之不同可分下列幾類：

(A)連續近似ADC（Successive Approximation ADC）

(B)雙斜率積分ADC（Dual Slope Integration ADC）

(C)直接比較ADC（Direct Comparative ADC）

(D)電壓／頻率轉換ADC（Voltage to Frequency Converter ADC）

以下將對這幾種不同ADC之線路及工作原理簡單說明其工作原理：

(A)連續近似ADC

　　上述之ADC0804晶片即為此種連續近似ADC之一種，圖15-20為連續近似ADC（Successive Approximation ADC）之內部線路示意圖，此連續近似ADC由一DAC及一比較器所組成。當一儀器訊號V_{in}從比較器負端進入，然後試由DAC由D0-D7輸入數位訊號D值，使DAC輸出電壓V_{ref}，當$V_{ref} < V_{in}$時，比較器輸出V_0為0（即0 V），此時持續增加DAC之D值直到$V_{ref} \leqq V_{in}$時，比較器輸出V_0為1（即5 V）且輸入控制器使控制器通知DAC停止增加D值，此時DAC之D值即為儀器訊號V_{in}經此ADC系統轉換所得之數位訊號，此D值即可讀入電腦（如圖15-20）。一般將由類比訊號的儀器訊號經一ADC轉換成數位訊號D值所需時間稱為此ADC之轉換時間Tr（Transfer time），連續近似ADC之轉換時間Tr約為1秒鐘，這比其他種ADC要長一點，這是因為連續近似ADC要得到正確數位訊號D值，需由其DAC持續慢慢試所致。

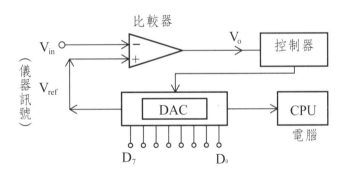

圖15-20　連續近似ADC（Successive Approximation ADC）線路示意圖

(B)雙斜率積分ADC

　　圖15-21a為雙斜率積分ADC（Dual Slope Integration ADC）之線路示意圖，其由OPA電容積分器，計數器及控制器所組成，由圖中可看出儀器訊號V_{in}先進入OPA電容積分器，使其電容器C充電（Charging）t_1時間，使其電容器充電至電壓Vc^m（如圖15-21b），然後利用控制器使S1開關改讓已經一反相OPA改為負電壓之參考電壓V_{ref}進入電容器C，使電容器開始放電（Discharging）並起動計數器開始數，持續放電至電容器之電壓由Vc^m到Vc ＝ 0為止，經控制器使S2開關停止放電，此時計數器計數值為D值而放電至Vc ＝ 0所需時間為t_2，如圖15-21b所示，充電及放電電壓形成雙斜率關係，兩者

之關係如下：

$$V_{in} \times t_1 = V_{ref} \times t_2 \qquad (15\text{-}72)$$

而放電時間t_2和計數器計數值為D值之關係為：

$$t_2 = \lambda D \qquad (15\text{-}73)$$

式中λ為比例常數（固定值），由式（15-72）代入式（15-73）可得：

$$D = t_2/\lambda = (V_{in} \times t_1)/(V_{ref} \times \lambda) \qquad (15\text{-}74)$$

式（15-74）中V_{ref}，t_1及λ為已知固定值，故式（15-74）可改寫為：

$$D = V_{in} \times (t1/(V_{ref} \times \lambda)) = V_{in} K \qquad (15\text{-}75)$$

式中K為常數且K $= t_1/(V_{ref} \times \lambda)$，式（15-75）即為此積分雙斜率ADC由儀器訊號V_{in}轉換成數位訊號D之關係式。ADC 7135晶片為一常用的雙斜率積分ADC，雙斜率積分ADC由類比訊號轉換成數位訊號所需轉換時間Tr約為1毫秒（1 ms），比連續近似ADC（Tr = 1秒）快得多了。

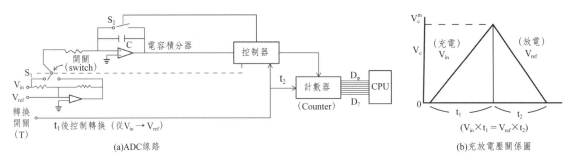

圖15-21　雙斜率積分ADC（Dual Slope Integration ADC）(a)線路及(b)充放電壓關係圖

(C)直接比較ADC

　　雖然積分雙斜率ADC之類比／數位轉換所需時間Tr可快到毫秒（1 ms），但許多化學反應尤其是生化反應發生到完成所需時間常為$<10^{-6}$秒（10^{-6} sec，μs），用積分雙斜率ADC就難以監測反應過程，故常需用轉換所需時間Tr相當短（<1 μs）的直接比較ADC。圖15-22為直接比較ADC之線路示意圖，其由一連串比較器所組成（C_0-Cn），在這些比較器之負端接不同的參考電壓V_{ref}，當儀器訊號Vin進入各比較器中，當$V_{in} > V_{ref}$，此比較器輸出電壓V_{out}為5 V，轉成即數位訊號D = 1，反之，當$V_{in} < V_{ref}$，比較器輸出電壓V_{out}為0 V，轉成即數位訊號D = 0，即：

$$V_{in} > V_{ref}：V_{out} = 5\ V，D = 1 \qquad\qquad （15\text{-}76）$$
$$V_{in} < V_{ref}：V_{out} = 0\ V，D = 0 \qquad\qquad （15\text{-}77）$$

　　例如當$V_{in} = 0.05\ V$時，比較器C_0之參考電壓為$0.02\ V$，即$V_{ref}(0.02\ V) <$ $V_{in}(0.05\ V)$，故輸出電壓V_{out}為5 V，其數位訊號$D_0 = 1$，同理，比較器C_1： $V_{ref}(0.04\ V) < V_{in}(0.05\ V)$，$V_{out}$也為5 V，其數位訊號$D_1 = 1$，反之，其他比較器（$C_2, C_3, C_4 \dots$等等）之參考電壓皆大於$V_{in}$（即$V_{ref} < V_{in}$），故這些比較器之輸出電壓$V_{out}$皆為0 V且其數位訊號D也皆為0（即$D_2 = D_3 = D_4 = D_5 = D_6 = 0$），換言之，$V_{in} = 0.05\ V$時，很快轉換成數位訊號（$D_6\text{-}D_0$）為0000011。

　　此類比較器越多其正確性就越大，例如上述$V_{in} = 0.05\ V$時，輸出數位訊號為0000011，若只用圖15-22線路ADC，其只有七個比較器，當另一個儀器訊號$V_{in}' = 0.55\ V$，其輸出數位訊號亦為0000011，這樣V_{in}及V_{in}'兩訊號就不能分辨了，但若在比較器C1及C2中放10個或更多比較器，參考電壓分得更細，V_{in}及V_{in}'兩訊號就可以分辨了。當然比較器越多價格就越貴，此直接比較ADC因轉換速度快，常用在高速電腦中。

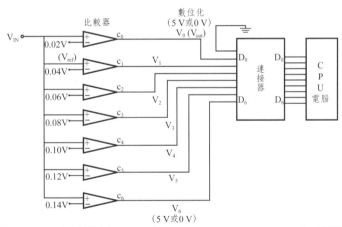

圖15-22　直接比較ADC（Direct Comparator ADC）線路示意圖

(D)電壓／頻率轉換ADC

　　儀器訊號若要做長距離的傳送，就需要有電壓（V）-頻率（F）ADC轉換系統電壓／頻率轉換ADC，將儀器訊號轉換成頻率訊號以便做長距離的傳送，圖15-23為利用IC晶片9400[204]所建立的電壓－頻率ADC轉換系統線路圖，儀器訊號V_{in}經此電壓／頻率轉換晶片（IC 9400）轉成頻率訊號Fo由發送

端（transmitter）輸出，經長距離傳送由接受端（Receiver）之計數器接收並將頻率訊號Fo轉換成數位訊號，然後將數位訊號傳入電腦做數據處理。除了IC9400晶片外，AD537，IC4151及IC4046晶片亦為電壓/頻率轉換ADC，其中IC 4046及AD537因價格較低常配合計數晶片（如8253）用在一般電腦中做儀器訊號／數位轉換之ADC界面。IC9400晶片比一其他電壓－頻率轉換ADC晶片價格要貴一點，主要因為其不只可做V/F轉換，亦可做F/V轉換，將頻率F訊號轉回電壓訊號V。

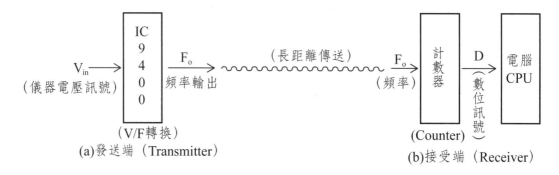

圖15-23　IC9400晶片組成的電壓（V）-頻率（F）ADC轉換及傳送線路

15-3-3　類比－數位轉換器應用

　　類比－數位轉換器ADC及DAC用途相當廣泛，凡是要處理分析儀器或控制儀器或實驗數據訊號收集及處理都需要ADC或DAC。本節就只舉兩例子，分別介紹ADC在分析實驗中酸鹼滴定及ADC/DAC在電化學應用。圖15-24a為利用電位計（pH計）-OPA-ADC-8255-CPU微電腦界面系統來收集及處理酸鹼滴定（Acid-Base Titration）之pH計儀器訊號。酸鹼滴定中由pH計中之pH電極偵測滴定溶液中pH值，然後pH計將pH訊號傳入OPA放大，然後用ADC將放大後的電壓訊號轉換成數位訊號，然後透過輸出輸入（O/I）晶片（如IC PPI-8255）傳入微電腦（CPU）並利用撰寫的電腦程式收集及處理酸鹼滴定之數位訊號，由電腦所得到的酸鹼滴定曲線如圖15-24b所示。

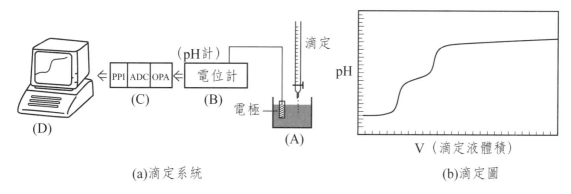

(a)滴定系統　　　　　　　　　　　(b)滴定圖

圖15-24　pH計-OPA-ADC-PPI (8255)-CPU(a)滴定系統及(b)顯示的滴定圖[205]
（資料來源：F.E.Chou and J. S. Shih，Chin.Chem., 48, 117 (1990)）

　　在利用DAC-ADC電化學偵測物質（如金屬離子）系統（DAC-ADC Electrochomical detection system，如圖15-25所示）中，先利用電腦透過DAC輸出負電壓，經反相OPA積分器，在不同時間輸入不同正電壓給電解槽中之相對電極C（Counter electrode），而使電解槽中工作電極W（Working electrode）形成負電壓使接近工作電極之金屬離子還原成金屬產生還原電流（I_0），此電流傳入電流／電壓OPA轉換器輸出電壓V_1（圖15-25），此電壓訊號再經ADC轉成數位訊號傳入電腦做訊號收集及數據處理。圖15-25中電解槽中之參考電極R是用來做校正及穩定工作電極之電壓。此DAC-OPA所供應的為以時間為函數之電化學所需的穩定工作電壓，故此DAC-OPA系統可供應穩定電壓為恆定位器（Potentiostat）之一種。

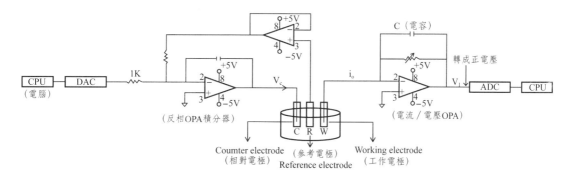

圖15-25　DAC-ADC電化學偵測系統線路示意圖

第 16 章

微電腦界面(二)─計數器、輸出／輸入元件及單晶微電腦

　　本章將分別介紹微電腦周邊之輸出／輸入（Output/Input，O/I）元件、計數器（Counter）及單晶微電腦（One-Chip microcomputer）。在輸出／輸入元件將介紹智慧型可程式界面晶片8255（Programmable Peripheral Interface，PPI 8255）及PIA6821（Peripheral Interface Adaptor 6821）系列以及解碼器（Decorder）和繼電器（Relay）。PPI 8255及PIA6821晶片用來做微電腦和其他元件（如DAC及ADC）輸出／輸入數位訊號之橋樑及控制器，在此兩晶片中有2-3埠（Ports），就如同台灣有基隆港、台中港及高雄港，可控制訊號從那一個埠進出。解碼器如同微電腦大門門牌，一微電腦界面（如含OPA-ADC-DAC）就掛在特定解碼器，有一定位址，要一微電腦界面工作，就要叫出此特定位址。而繼電器是用來連接電腦及機器之間之轉接器，一般電腦皆用5 V為電源，從電腦出來訊號最大也是5 V，但一般機器所用電源為110或220 V，用電腦5 V不能直接起動110或220 V之機器，故在電腦及機器間需加繼電器，電腦始可用來起動機器。計數器為測量頻率訊號所需之元件，亦常為微電腦周邊常見元件。另外，不管桌上型電腦或筆記型電腦體積都相當大，若要用在獨力機械系統（如飛彈，火箭及汽車）上所用的微電腦必須

用體積很小之電腦，單晶微電腦因而應運而生，顧名思義一片IC晶片即為一部電腦，有電腦功能，本章將介紹MCS-8951系列及PIC-16F877系列現最常用之兩類單晶微電腦。

16-1　輸出／輸入晶片

本節將介紹PPI 8255晶片及PIA 6821晶片之結構、功能及如何撰寫簡單電腦程式指令來控制數位訊號輸出及輸入，一般PPI 8255用在數據輸出及輸入，而PIA 6821晶片則用在單位元（one bit）輸出輸入自動控制之用。本節也將介紹解碼器之功能及如何組裝單位址及多位址之解碼器。並將介紹繼電器之結構功能及各種繼電器（如AC-DC、AC-AC、DC-DC-DC-AC繼電器）。

16-1-1　PPI 8255/8155晶片

PPI 8255晶片（Programmable Peripheral Interface，PPI 8255）[206]及8155晶片（8155和8255之不同只是內部多一可暫存資料之暫存器）皆為一40支腳含有三組8位元輸出／輸入（O/I）埠（Ports）之常用輸出／輸入晶片，8255晶片基本結構及接線如圖16-1a所示。其三個O/I埠為Port A，Port B及Port C，每一O/I埠之位元（如PA0～PA7）皆輸出／輸入同步（即輸出時，8位元皆輸出，反之輸入亦然）。每一埠之位址取決於8255連接微電腦之位址解碼器（Decorder）和位址線A0(2^0)及A1(2^1)。如表16-1所示，當解碼器位址為640時，各埠位址為640 + A0(2^0) + A1(2^1)，Port A (A0 = A1 = 0)位址 = 640 + 0 + 0 = 640，Port B (A0 = 1，A1 = 0）位址 = 640 + 1 + 0 = 641，Port C (A0 = 0，A1 = 1)位址 = 640 + 0 + 2 = 642，而控制Ports A～C之晶片內建控制埠（Control Port，CL，A0 = A1 = 1）之位址 = 640 + 1 + 2 = 643。圖16-1b為PPI 8255晶片接腳圖。

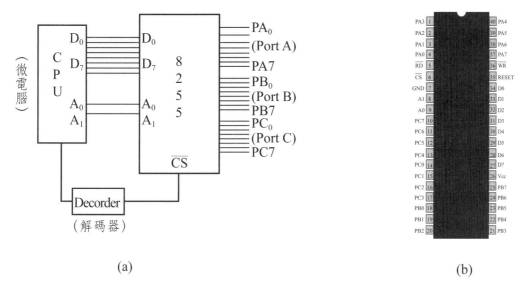

(a)

(b)

圖16-1　PPI 8255晶片(a)基本結構及接線，及(b)接腳圖[206]（(b)圖From Wikipedia, the free encyclopedia, http://en.wikipedia.org/wiki/Intel_8255）

表16-1　PPI 8255晶片各埠（Ports）位址

位址	$A_1(2^1)$	$A_0(2^0)$	各Port位址
640（Decorde位址）	0	0	Port A = 640 + 0 = 640
641	0	1	Port B = 640 + 1 = 641
642	1	0	Port C = 640 + 2 = 642
643	1	1	內部控埠（CL）= 640 + 3 = 643

　　要使資料經8255晶片輸出輸入，需先設定及起動8255晶片。若要設定8255之Port A為輸入，Port B及Port C則皆為輸出。各埠輸出輸入由晶片8255內建控制埠（CL Port）所控制，控制埠之八位元（$D_7 \sim D_0$）所控制的Ports A～C及各位元要設定之數據如表16-2A所示。控制埠之D_4，D_3，D_1及D_0分別控制PA(Port A)，PC_H(PC7～PC4)，PB及PC_L(PC3～PC0)且輸出位元顯示為0(Output = 0)及輸入位元顯示為1(Input =1)，8255只用在純輸出輸入時Mode = 0 ($D_6 = D_5 = D_3 = 0$)，$D_7 = 1$為晶片Active（活性化），故這些設定使控制埠需呈現$D_7 \sim D_0$為10010000，換算成十進位數據D為144（如表16-2A所示）。

表16-2　8255晶片起動設定及輸出／輸入指令

(A)8255內部控制埠控制如：PA輸入(1)，PB輸出＝0，PC輸出＝0

D_7	D_6	D_5	D_4	D_3	D_2	D_1	D_0	（Input（輸入）＝1）
			↓	↓	↓	↓	↓	（Output（輸出）＝0）
1	Mode		PA	PC_H	Mode	PB	PC_L	
1	0	0	1	0	0	0	0	→ D＝144
(2^7)			(2^4)					

(B)控制指令（Decorde位址＝640）

```
10　OUT　643,144（啓動及設定8255）
20　OUT　641,80（從PB輸出80）
30　Y＝INP(640)（從PA輸入資料）
```

　　若要起動及設定8255，如表16-2B（第10行指令）所示，由微電腦CPU輸出一數據D＝144給位址643之內建控制埠（即OUT　643，144）。現若要使微電腦從8255晶片之Port B（位址為641）輸出一數據80到外面，其指令如表16-2B（第20行指令）所示為：Out　641，80。若要由外界經由8255晶片之Port A（位址為640）輸入數據到微電腦CPU，只要執行表16-2B第30行指令，即：Y＝INP(640)或Y＝IN(640)即可。

　　圖16-2為OPA-ADC-PPI8255-CPU-DAC實際線路圖，以接收及處理儀器訊號並經由DAC輸出電壓，儀器訊號V_{in}經運算放大器（OPA）接收放大後，再經接在8255 Port A上之ADC0804轉成數位訊號利用表16-2B第10及30行指令將外界儀器訊號經放大及數位化後即可輸入電腦，另外亦利用表16-2B第10及20行指令經由接在Port B上之8位元DAC輸出負電壓V_o（若此DAC最大輸出電壓V_{FS}為－5.0 V，而其最大輸入數據$D^{max}＝255$，依上一章（第15章）式（15-64），可得$V_0＝V_{FS}(D/D_{max})＝-5.0(80/255)＝-1.568$ V）。

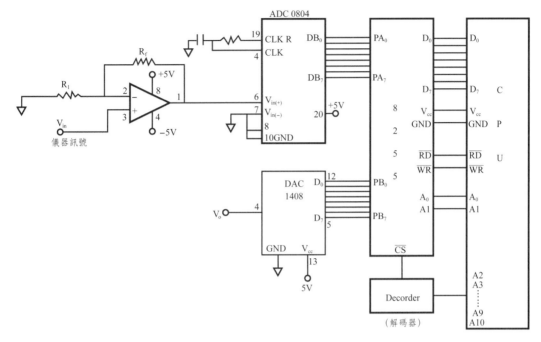

圖16-2 OPA-ADC-PPI8255-CPU-DAC儀器訊號接收及輸出電壓線路圖

16-1-2 PIA 6821晶片

PIA 6821晶片（Peripheral Interface Adaptor，PIA 6821）[207]其輸出／輸入（O/I）埠有兩個（Port A及Port B），這兩個O/I埠之八位元（8 bits）非同步，各位元輸出／輸入方向皆可不同，例如Port A中之PA0為輸出，PA1則可為輸入。圖16-3a為PIA 6821晶片基本結構及接線圖，PIA 6821有三個控制線CS0，CS1及CS2，CS0及CS1分別接微電腦位址線A2及A3，而CS2則接解碼器（Decorder）。PIA 6821為PIA 6820之改良晶片，圖16-3b為PIA 6821和6820晶片之實物圖。

因PIA 6821每一O/I埠之八位元（8 bits）非同步，每一個埠需一個內建控制埠（CL Port），所以需用兩條位址線A_0及A_1來控制Port A，CL(A)，Port B及CL(B)。若解碼器（Decorder）位址為640，因CS0及CS1分別接在位址線A_2及A_3且$A_2 = A_3 = 1$，為要使Port A工作，需如表16-3所示，設定$A_1 = A_0 = 0$，故Port A之位址為$640 + A_2(2^2) + A_3(2^3) + 0 + 0 = 652$，而Port A

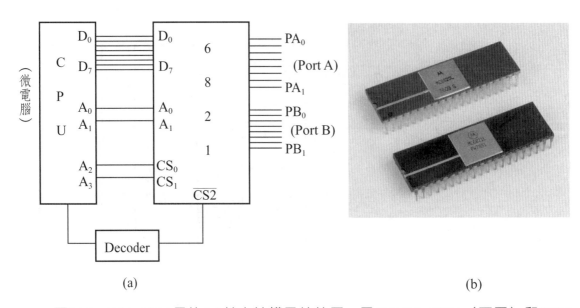

(a)   (b)

圖16-3　PIA 6821晶片(a)基本結構及接線圖，及(b)PIA 6821（下圖）和6820
　　　　（上圖）晶片實物圖[208]（(b)圖From Wikipedia, the free encyclopedia,
　　　　http://upload.wikimedia.org/wikipedia/commons/thumb/3/33/
　　　　Motorola_MC6820L_MC6821L.jpg/220px-Motorola_MC6820L_MC6821L.jpg

控制埠CL(A)需設定$A_1 = 0$及$A_0 = 1$，其位址為$640 + A2(2^2) + A3(2^3) + 0 + 1 = 653$。如表16-3所示，Port B需$A_1 = 1$及$A_0 = 0$，其位址為$640 + A_2(2^2) + A_3(2^3) + A_1(2^1) + 0 = 654$，而Port B控制埠 CL(B)需設定$A_1 = 1$及$A_0 = 1$，其位址為$640 + A_2(2^2) + A_3(2^3) + A_1(2^1) + A_0(2^0) = 655$。

表16-3　PIA 6821晶片各埠（Ports）位址

Decorder位址	$A_3(2^3)$	$A_2(2^2)$	$A_1(2^1)$	$A_\phi(2^0)$	各Port位址
640	1	1	0	0	port A = 640 + 12 = 652
640	1	1	0	1	port A內部控制埠CL(A) = 640 + 13 = 653
640	1	1	1	0	port B = 640 + 14 = 654
640	1	1	1	1	port B內部控制埠CL(B) = 640 + 15 = 655

表16-4為起動及設定PIA6821晶片之Port A及Port B所用的指令，其設定Port A之單數位元（PA1，PA3，PA5，PA7）為輸入，而設定Port A之雙數位元（PA0，PA2，PA4，PA6）為輸出，而設定所有Port B皆輸出，PIA6821輸

入為0，輸出為1，這和8255剛好相反，8255輸入為1，輸出為0，表16-4A顯示Port A各位元設定情形，各位元呈現01010101二進位數據，即等於十進位數據為85。要執行Port A（位址652），必先起動Port A之控制埠CL(A)（位址653），表16-4B第10行指令為起動CL(A)控制埠：OUT 653，4（即內建控制埠CL(A)之$D_2(2^2)$位元 = 1）。表16-4B第20行為Port A輸出（各雙數位元 = 1）及輸入（各單數位元 = 0）之指令。同樣地，要執行Port B輸出，先要起動Port B之控制埠CL(B)（位址655），即用表16-4B第30行指令：OUT 655，4（即CL(B)之$D_2(2^2)$位元 = 1）。而表16-4B第40行指令為使所有Port B之八位元皆輸出（$D_7 = D_6 = D_5 = \cdots = D_1 = D_0 = 1$，即皆輸出電壓5V），Port B（位址654）各位元呈現11111111二進位數據，即等於十進位數據為255，故指令為：OUT654，255。

表16-4　6821晶片起動設定及輸出／輸入指令

設定port A（舉例）： PA1, PA3, PA4, PA7為輸入（0）
（輸入＝0，輸出＝1）PA0, PA2, PA4, PA6為輸出（1）

(A)port A各位元輸出／輸入情形：

PA7	PA6	PA5	PA4	PA3	PA2	PA1	PA0
0	1	0	1	0	1	0	1→D = 85
	(2^6)		(2^4)		(2^2)		(2^0)

(B)啓動及設定6821各埠

10	OUT	653,4（port A內部控制埠$D_2 = 1$，以啓動port A）
20	OUT	652,85（port A之1,3,5,7輸入，0,2,4,6輸出）
30	OUT	655,4（port B內部控制埠$D_2 = 1$，以啓動port B）
40	OUT	654,255（使port B各位元皆輸出(1)）

因PIA6821晶片之Port A及Port B各位元皆可自由獨立設定為輸出或輸入，和其他位元無關，每一位元線皆可接一電子元件做輸出或輸入動作，可做為這些電子元件做自動控制。例如由上述PIA6821設定，吾人可將家中之門，瓦斯及燈控制器接Port A之單數位元（PA1，PA3，PA5，PA7）看這些位元是否有電壓輸入PIA6821。反之，若要利用PIA6821打開大門，熱水及大燈，可將大門，熱水及大燈之控制器接Port A之雙數位元（PA0，PA2，PA4，PA6）為輸出(1)，即輸出5 V給大門，熱水及大燈之控制器，以打開大門，熱水及大燈。

16-1-3 解碼器

解碼器（Decorder）[209]在微電腦或電腦介面就如同每一家之門牌一樣，每一電腦介面或輸出輸入（I/O）晶片（如PPI8255）都要接一解碼器，微電腦可透過執行電腦指令使解碼器輸出0的訊號使這些電腦介面或I/O晶片起動。

解碼器概分單位址解碼器（One-address decoder）及多位址解碼器（Multi-address decoder）。為建一位址703之單位址解碼器，首先將位址703用第一章圖1-15位址資料換算法化成如圖16-4上方所示的A_9～A_0二進位1010111111資料（其中除A_6及A_8為0外，其他為1），然後將微電腦A_0～A_7位址線接一具八輸入腳之NAND 7430晶片，而A_8及A_9接具二輸入腳NAND7400晶片。如圖16-4所示，除A_6及A_8因它們之二進位資料為0需先接一NOT晶片再接NAND晶片外，其他資料線就直接NAND晶片，這樣兩個NAND晶片之輸出就會為0。兩個輸出為0之NAND再接一7432 OR晶片，OR晶片輸出亦為0（A點處）。不管輸出或輸入，微電腦CPU之AEN端會送出0才可執行輸出或輸入，故要將A點之輸出及CPU之AEN輸出再接另一個7432 OR晶片，這個OR晶片之輸出（B點處）亦為0，這樣就完成一位址為703之單位址解碼器。若要使一電腦介面或輸出輸入（I/O）晶片（如PPI8255）工作，只要如圖16-4所示，由最後一個OR晶片之輸出端（B點）接上這些晶片或電腦介面即可。

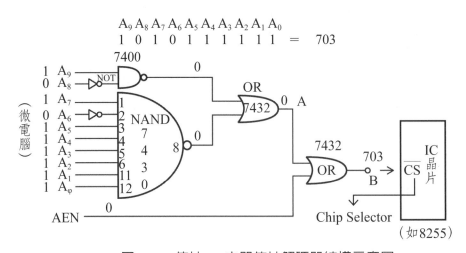

圖16-4 位址703之單位址解碼器結構示意圖

　　單位址之解碼器在實際上常不敷使用，需要設計多位址解碼器。通常多位址解碼器是由一單位址解碼器及多位址輸出晶片（如74138（八輸出）及74139（四輸出）IC）。圖16-5為由一位址為632之單位址解碼器及74138晶片所組成之一多位址（632-639）解碼器之結構圖。

　　起動74138晶片需設定其晶片上之三個輸入閘G0 = 1，G2A = 0及G2B = 0，一般就如圖16-5所示，將G0接電源5 V（即為1），將單位址解碼器（位址632）接G2A及G2B，當位址632解碼器執行時自然會送0至G2A及G2B使之為0，故此多位址解碼器最小的基本位址就為632。

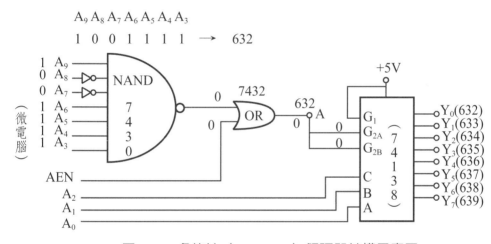

圖16-5　多位址（632～639）解碼器結構示意圖

　　多位址輸出74138晶片有八個輸出（Y_0-Y_7），各輸出受其晶片上A，B，C三輸入控制，八個輸出（Y_0-Y_7）和A，B，C三輸入之關係如表16-5所示，而A，B，C三輸入分別接到微電腦CPU之A_0，A_1，A_2位址線由微電腦可控制其輸出端，例如當A = B = C = 0時，其八個輸出只有Y_0端會發出0的訊號以起動I/O晶片或電腦介面，因A(A_0,2^0) = B(A_1,2^1) = C(A_3,2^2) = 0，故Y_0位址為632（基本位址）+ 0 = 632，反之，當A = B = C = 1時，只有Y_7端會發出0的訊號以起動I/O晶片或電腦介面，而Y_7位址為632 + A_0(2^0) + A_1(2^1) + A_3(2^2) = 639。因有八個輸出，此多位址解碼器就有八個輸出位址（632～639），可起動不同八個微電腦介面或八個不同的輸出／輸入晶片。多位址解碼器可起動多個不同的微電腦介面或多個不同的輸出／輸入晶片就是它的最大

優點。

表16-5　IC 74138晶片輸出／輸入真值表（Truth Table）

$C(A_2)$	$B(A_1)$	$A(A_0)$	Y_0	Y_1	Y_2	Y_3	Y_4	Y_5	Y_6	Y_7	啓動	住址
						$G_1 = 1, G_{2A} = 0, G_{2B} = 0$						
0	0	0	0	1	1	1	1	1	1	1	$Y_0(0)$ON	632 + 0 = 632
0	0	1	1	0	1	1	1	1	1	1	$Y_1(0)$ON	632 + 1 = 633
0	1	0	1	1	0	1	1	1	1	1	$Y_2(0)$ON	632 + 2 = 634
0	1	1	1	1	1	0	1	1	1	1	$Y_3(0)$ON	632 + 3 = 635
1	0	0	1	1	1	1	0	1	1	1	$Y_4(0)$ON	632 + 4 = 636
1	0	1	1	1	1	1	1	0	1	1	$Y_5(0)$ON	632 + 5 = 637
1	1	0	1	1	1	1	1	1	0	1	$Y_6(0)$ON	632 + 6 = 638
1	1	1	1	1	1	1	1	1	1	0	$Y_7(0)$ON	632 + 7 = 639

16-1-4　繼電器

繼電器（relay）[210]通常接在兩個不同電壓或頻率之不同系統中間（如圖16-6所示），一系統A可利用繼電器起動或關閉另一系統B。系統A可能爲從微電腦出來的5 V電壓DC（直流電）訊號，這電壓不足以起動一AC（交流電）110或220 V做電源之機器（系統B），故需用繼電器連接AB兩系統，但因兩系統常電壓不同，繼電器接兩系統線路不能直接連在一起，如圖16-6所示，繼電器內部分兩部份，一爲接系統A輸入（Input）之發送端（Transmitter，T），另一部份爲接系統B之輸出（Output）接受端（Receiver，R），發射端和接受端並不連接。當系統A發出ON訊號（二進位

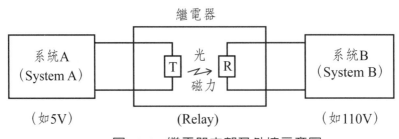

圖16-6　繼電器內部及外接示意圖

1或5 V），繼電器之發射端T就會發出電磁波（如光波）或磁力線照射接受端R以起動110或220 V之系統B。

　　繼電器種類相當多，在分析儀器中較常用的繼電器為固態繼電器（Solid State Relay，SSR）及磁簧繼電器（Read Relay），故本節僅介紹這兩種繼電器。固態繼電器SSR常用於單純控制系統與系統間之起動或關閉，而磁簧繼電器常用於系統中頻道選擇及轉換。

　　圖16-7A為用光波傳遞的固態繼電器之內部結構，當微電腦CPU傳出1 (5 V)訊號經繼電器內發光二極體（Light Emitting Diode，LED）發射端發出光波並照射到繼電器內之光電二極體（Photodiode）產生電流再經放大電晶體（Transistor）放大電流以起動系統B，使系統B中之加熱器（Heater）或發光／熱（Load）起動（ON）。圖16-7B為此固態繼電器之外觀接線圖，當輸入端（系統A）輸入（Input）電壓 > 3 V（二進位1為5 V）時，輸出端（系統B，Output）就會ON（通路），加熱器就會起動。反之，輸入電壓<3 V（二進位0為0 V）時，輸出端（系統B）就會OFF（斷路），加熱器就會停止加熱（OFF）。

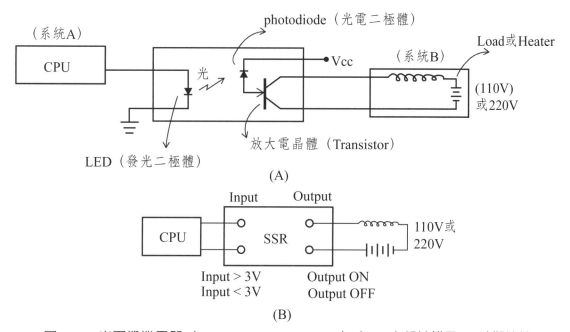

圖16-7　光固態繼電器（Solid-State Relay，SSR）之(A)內部結構及(B)外觀接線圖

　　圖16-8爲用磁力傳遞（吸引）的磁簧繼電器之內部結構及外觀接線圖，圖16-8A中當輸入端（如微電腦μC）無電壓（Input = 0）時，M線圈無電流不會產生磁力線，即不會吸引鐵片F，故COM（共通端）會和NC（Normal close）接在一起，會使接在COM-NC系統（如圖16-8B中之S1系統）起動（ON）。反之，當圖16-8A中之輸入端輸入電壓爲5 V（Input = 1）時，M線圈會產生電流並產生磁力線吸引鐵片F，使鐵片F轉接到NO（Normal open）端，而使COM和NC接在一起，會使接在COM-NO系統（如圖16-8B中之S2系統）起動（ON）。圖16-9爲市售之固態繼電器SSR及磁簧繼電器外觀圖。

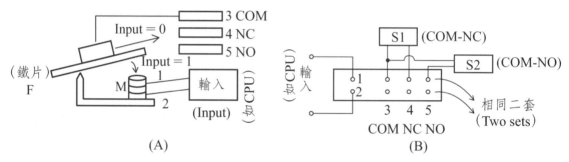

圖16-8　磁簧繼電器（Reed Relay）(A)內部結構及(B)頻道S1，S2選擇之接線圖

圖16-9　市售之(A)固態繼電器SSR及(B)各種磁簧繼電器外觀實圖

16-2　振盪器及計數器

　　振盪器（Oscillators）主要功能是產生特定頻率之電磁波，任何一部電腦皆有一石英晶體振盪器（Quartz Crystal Oscillator）以起動電腦。而計數器（Counters）主要用途則為測量一電磁波之頻率大小或計數其波數，本節將分別介紹振盪器及計數器結構及用途。

16-2-1　振盪器

　　常用振盪器（Oscillator）可概分三種(1)單純RC線路所建構的RC振盪器，(2)壓電晶體（Piezoelectric crystal，如石英）所組成的壓電晶體振盪器（如石英振盪器），及(3)可由輸入電壓控制其輸出頻率之電壓控制振盪器（Voltage-Control Oscillator）[211]。

　　常用RC振盪器（RC Oscillators）如圖16-10所示有(A)單電容及(B)雙電容RC振盪器，單電容RC振盪器常用在由金屬氧化物所製成的「互補金屬氧化物半導體」（CMOS, Complementary Metal Oxide Semiconductor）積體電路（IC）晶片，而雙電容RC振盪器則常用在「電晶體－電晶體邏輯電路」（TTL, Transistor-Transistor Logic）IC晶片。這兩種RC振盪器皆用利用其電容之充電放電及RC回授（Feedback）系統來回振盪而輸出特定頻率（f_0）之電磁波。

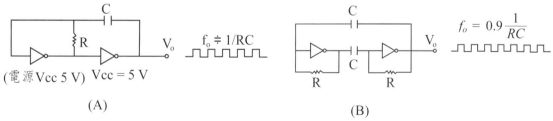

圖16-10　單純RC線路所構成的(A)單電容及(B)雙電容之振盪器

　　IC 555晶片振盪器為市售常見RC振盪器之一種[212]，如圖16-11所示為IC

555晶片振盪系統之接線圖及實物圖，其輸出之頻率取決於此IC 555振盪系統所用之電阻R1，R2及電容C大小如圖左所示，圖中顯示若R1 = 25 KΩ，R2 = 20 KΩ，C = 22 μF，則此IC 555振盪器之輸出頻率為1 Hz(1cps)，故此IC 555振盪器可做為電子時鐘振盪元件。

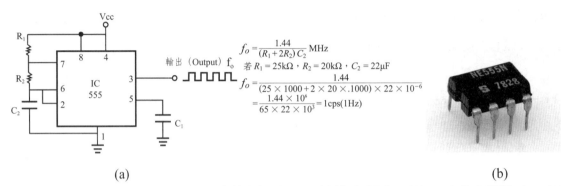

(a)　　　　　　　　　　　　　　　　　　　　　　　　(b)

圖16-11　RC-IC 555(a)所形成的振盪器及其輸出頻率，及(b)實物圖[212]（(b)圖 From Wikipedia, the free encyclopedia, http://en.wikipedia.org/wiki/ 555_timer_IC）

壓電晶體振盪器（Piezoelectric crystal Oscillator）為常用之高頻（MHz）振盪器，最常用的壓電晶體為石英（Quartz），即為石英振盪器，石英振盪器用在所有的大小電腦，其常用在電腦之頻率範圍為4-20 MHz。圖16-12為最典型的石英晶體振盪器結構接線圖及市售實物外觀圖。最常用在振盪器中石英晶體元件為石英圓形薄膜（半徑約4 mm，膜厚約0.18 mm）接上兩銀（或金）電極所組成。此石英晶體取代了雙電容RC振盪器（圖16-10B）中一電容而組成這石英振盪器（圖16-12）。石英振盪器之輸出頻率取決於石英晶體振盪頻率，相當穩定，常用石英振盪器輸出頻率為1～100 MHz。但因石英晶體振盪頻率是固定的（如10 MHz），所以石英振盪器輸出頻率（如10 MHz）是固定的。若要用一石英晶體但卻要得多頻率輸出，就要如圖16-13所示，將一振盪頻率為f_0的石英晶體接上一當「頻率分配器（Frequency divider）」之IC晶片4060，此石英晶體-4060 IC振盪系統所輸出頻率就為多頻率（從f_0至$f_0/16384$）。

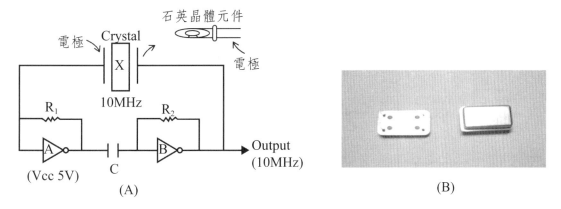

圖16-12　石英晶體振盪器(A)結構接線圖及(B)常見的石英振盪器實物外觀圖

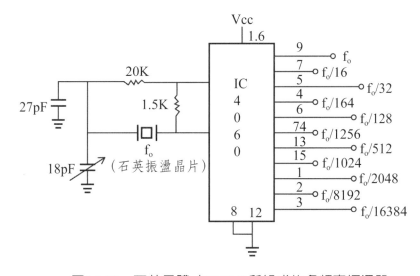

圖16-13　石英晶體／IC4060所組成的多頻率振盪器

　　前面所提的RC振盪器及石英晶體振盪器之輸出頻率都取決於它們內部結構所用之電阻（R），電容（C）及石英晶體，不能由外部改變其輸出頻率。但電壓控制型振盪器（Voltage-Control Oscillator）卻可由外部輸入電壓而改變其輸出頻率。圖16-14左圖為由IC4046晶片所組成的電壓控制型振盪器。由圖16-14右圖可看出其輸出頻率（f_0）會隨其輸入電壓（V1）增加而增大且兩者呈良好的線性關係。

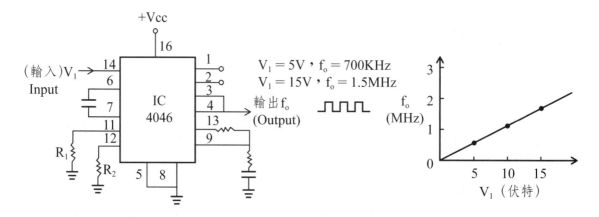

圖16-14　RC-IC4046所組成的電壓控制型振盪器（Voltage-Control Oscillator）

16-2-2　計數器

　　計數器（Counter）[213]的主要功能為將頻率訊號轉換成數位訊號以便利用數字顯示其波數或頻率大小或輸送至微電腦做數據處理。簡單計數器系統只做數字顯示，如在公共場所常見的七段顯示器（Seven-segment display）即如圖16-15所示，是用數字顯示其經計數晶片（如7490）將振盪器（如IC 555系統）頻率訊號轉換並累積成數位訊號（D0-D3），再經由電腦控制的7475晶片（若不用電腦控制，7475晶片可以不用）及七段顯示器控制晶片7447即可用十進位顯示其累積之數位訊號。

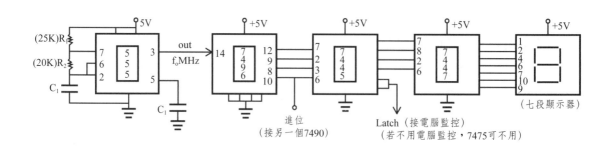

圖16-15　IC 555-數位化IC-七段顯示器組成的振盪-計數器

　　在分析儀器中則常用計數晶片（如8253及8254 IC晶片）為元件建構一計

數器。圖16-16為利用8253晶片及8255輸出輸入晶片所組成的計數系統。若要利用8253測定一未知頻率訊號Fu，可設定一特定時間（如1秒）8253所收到的波數即可測到其頻率並轉換成數位訊號（D0-D7）由8253傳送到8255再到電腦CPU做數據處理。在8253晶片中共有三組計數單元（Counts 0，1，2，即C0，C1，C2），為要設定一特定時間1秒，如圖16-16及圖16-17所示，從8253之C0（Count 0）的CLK0輸入一標準頻率訊號F0（如3 MHz），然後利用Count 0將標準頻率F_0除一個N值（即F0/N，因8253晶片只能轉換 < 2.6 MHz訊號），如$F_0 = 3$ MHz，$N = 50$，則新的頻率$f = F_0/N = 60022$ Hz（見圖16-17），換言之，振盪60022次剛好1秒，再將此新頻率f由C0之Out 0輸入8253之Count 1，然後連接Count 1及Count 2之G_1及G_2，同時將未知頻率F_{in}及由Count 0出來的新頻率$f = 60022$ Hz分別輸入Count 1及Count 2（見圖16-16及圖16-17），同時啟動。當Count 1振盪60022次後（即剛好1秒）會送一個1訊號經一NOT轉成0訊號給8255之Port C_6 (PC6)，8255即會由其PC7送1訊號經一NOT轉成0訊號給G_1及G_2以使Count 1及Count 2同時停止計數，那此時Count 2所收到未知頻率Fu總波數即為其頻率，然後利用8253轉成數位訊號並經其資料線（D_0-D_7）傳送到8255再到電腦CPU做數據處理。

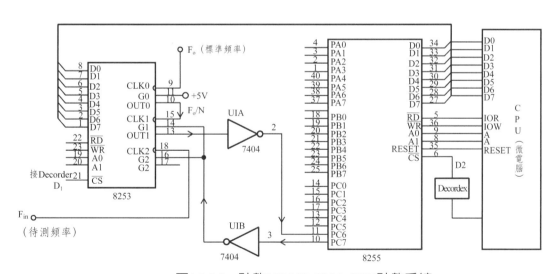

圖16-16　計數IC8253-8255-CPU計數系統

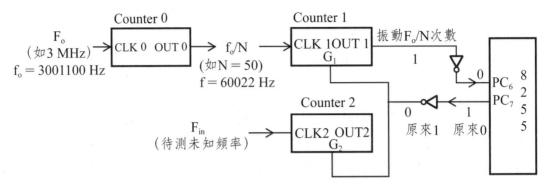

圖16-17　計數IC8253-8255計數系統之工作步驟

　　因為8253晶片只能轉換 < 2.6 MHz頻率訊號，若要轉換 > 2.6 MHz訊號，必須將此頻率訊號先經減頻器或減頻晶片（如7474 IC晶片）或頻率分倍晶片（4016 IC晶片），將頻率訊號減低成 < 2.6 MHz頻率訊號，始可用8253晶片偵測。常見市售計數器依可偵測頻率範圍分成可偵測到100 MHz及1-10 GHz兩類。

16-3　單晶微電腦

　　單晶微電腦（One-Chip Microcomputer (μC)）[214-220]為一晶片就如一部微電腦，它如表16-6所示具有一般微電腦基本結構，含CPU（中央處理機）、RAM、ROM、I/O線及位址／資料線，可說是麻雀雖小五臟俱全。表16-6所列的為由Intel及Microchip兩公司所生產常用各種八位元單晶微電腦之結構及所用初始程式類別。單晶微電腦應用在許多自動控制系統，例如飛彈、飛機、人造衛星、汽車、紅綠燈、霓虹燈及其他控制系統，在這些自動控制系統若用傳統體積大的大電腦相當不方便，反之，用體積小的單晶微電腦就相當方便。表16-6中8671 μC為人類最早（在西元1970年代）製造之單晶微電腦之一，8671 μC也是表中唯一可用BASIC語言撰寫初始程式之單晶微電腦，表中其他單晶微電腦皆需撰寫組合語言（Assembly）初始程式。早期許多單晶微電腦（如8048及8051）中之執行程式燒錄進單晶微電腦就不能更換，而具

有EPROM之單晶微電腦（如表中之8748，8751，16C71，16C74）就可用紫外線管照射將其中舊程式去除，可重新燒錄新的程式進去，可多次重複燒錄。然而用紫外線管照射終究太麻煩，西元1990左右各電子科技公司終於推出含EEPROM之單晶微電腦（如表16-6中8951及16F877），不必用紫外線管照射，直接可用一指令就可將舊程式去除。另外，許多單晶微電腦（如8748，8751及8951）若要輸入一類比訊號，必先接一ADC將此類比訊號轉換成數位訊號始可輸入單晶微電腦中，所以含ADC之單晶微電腦就陸續被開發出來，表16-6中Microchip公司生產的PIC16C71，16C74及16F877皆為常用含ADC之單晶微電腦。表16-6中所列的皆為8位元之單晶微電腦，然實際上市售有16位元單晶微電腦（如Intel生產的8096及Motorola生產的MC68HC16）及32位元單晶微電腦（如Motorola生產的68300及6508系列[220]產品），但因16位元及8位元單晶微電腦比8位元單晶微電腦貴很多，所以一般學術界及一般自動控制系統以用8位元單晶微電腦最為普遍。以下將介紹最常用之Intel生產的MCS-48及51系列及Microchip生產的PIC-16C7x及16F8x系列單晶微電腦。

表16-6　市售常用8 bit單晶微電腦晶片內部組件

單晶微電腦晶片	CPU	ROM	RAM	I/O線	位址線	資料線	程式語言	ADC
8671	8 bit	4 k	124×8	32	$A_0 \sim A_{15}$	$D_0 \sim D_7$	BASIC	—
8048	8 bit	1 K	64×8	27	$A_0 \sim A_{12}$	$D_0 \sim D_7$	Assembly	—
8748	8 bit	EPROM (1 K)	64×8	16	$A_0 \sim A_{12}$	$D_0 \sim D_7$	Assembly	—
8051	8 bit	4 K	128×8	32	$A_0 \sim A_{15}$	$D_0 \sim D_7$	Assembly	—
8751	8 bit	EPROM (4 K)	128×8	32	$A_0 \sim A_{15}$	$D_0 \sim D_7$	Assenbly	—
8951	8 bit	EEPROM(4 K)	128×8	32	$A_0 \sim A_{15}$	$D_0 \sim D_7$	Assembly	—
16C71	8 bit	EPROM(1 K)	36	13	位址／資料線共用（3條）		Assembly	4ADC
16C74	8 bit	EPROM(4 K)	192	24	$A_0 \sim A_{15}$ (24條)		Assembly	8ADC
16F84	8 bit	EEPROM(1 K)	36	13	$A_0 \sim A_{15}$ (13條)		Assembly	—
16F877	8 bit	EEPROM(4 K)	368	27	$A_0 \sim A_{15}$ (27條)		Assembly	8ADC

*16位元單晶微電腦：8096 (Intel)，MC68HC16 (Motorola)，TMS9940 (TI)，MPD70320 (NEC)，32位元單晶微電腦：68300系列（Motorola）

16-3-1　單晶微電腦MCS-48及51系列

　　美國Intel公司所生產的MCS-48及51系列單晶微電腦（µC）有8048，8748，8031，8051，8751及8951晶片[214-216]，其中8748，8751及8951晶片因有EPROM或EEPROM較為常用。圖16-18為8748，8751及8951單晶微電腦晶片之外觀圖及內部結構示意圖。MCS-8748 µC為西元1976年Intel公司推出產品，為西元八十年代相當熱門的單晶微電腦，其內部（圖16-18a）有兩個8位元之輸入／輸出（I/O）埠（Port 1(P1)及Port 2(P2)共16條I/O線）及一8位元之資料線（D0-D7）以輸入／輸出資料，但其（I/O）埠屬平列（Parallel）埠，而無串列（Serial）I/O埠，不能接RS232做串列輸入／輸出。然而因其為人類第一個含EPROM之單晶微電腦，八十年代汽車、飛機、飛彈及人造衛星上許多自動控制系統都用8748單晶微電腦。

　　因8748 µC無串列I/O埠，不能接RS232做串列輸入／輸出且只有兩個I/O埠，西元1980年Intel公司推出含EPROM且可做串列/並列輸入／輸出之8751單晶微電腦，如圖16-18b所示，其內部有4個8位元之I/O埠，Port 0，Port 1，Port 2及Port 3，共32條I/O線，其中Port 0及Port 1除可做I/O埠外，還可做資料線（Data Bus）及位址線（Address Bus）。另外，Port 3之P3.0及P3.1線分別可做串列輸入（RXD）／輸出（TXD），可接RS232做串列輸入/輸出之用。單晶微電腦8751 µC之EPROM（4 K）比8748 µC之EPROM（1 K）大四倍且8751 µC其他功能亦比8748 µC強很多。然因要清除其EPROM中之程式時，需用紫外線燈照射，相當不方便。故西元1990年左右Intel公司推出含EEPROM之8951 µC。由圖16-18c可看出其內容結構和8751 µC一樣含4個8位元之I/O埠（Port 0～Port3）且可做串列輸入（RXD）／輸出（TXD）而其因含EEPROM，只按一指令就可清除EEPROM中之執行程式，不必用紫外線燈照射，相當方便，又因其價格不貴，功能又強，故8951 µC已為當今（西元2000年來）最普遍及最常用之單晶微電腦。

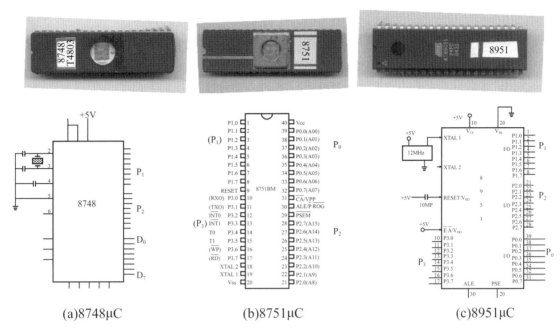

(a)8748μC　　　　　　　(b)8751μC　　　　　　　(c)8951μC

圖16-18　市售常用之單晶微電腦（μC，Microcomputers）晶片之外觀及結構

　　然而8951及8751 μC若要接收由分析儀器輸出之類比（Analog）訊號（如電壓）和一般微電腦一樣，需接一類比／數位轉換器（Analog to Digital converter，ADC）將類比訊號轉換成數位（Digital）訊號，再輸入這兩個單晶微電腦中，因8951及8751 μC晶片中皆無內建ADC。圖16-19為8951 μC接上ADC0804晶片接收外來之電壓類比訊號並用發光二極體（LED）排顯示及用12 MHz石英振盪晶體（OSC，Oscillating Crystal）以起動8951 μC之接線示意圖及實際圖。

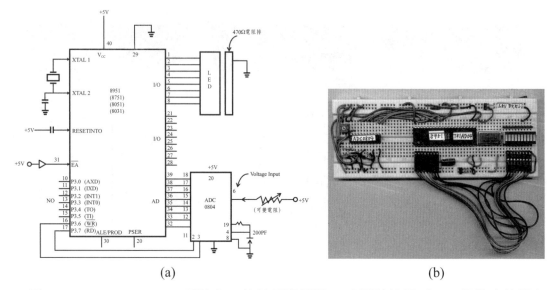

(a)　　　　　　　　　　　　(b)

圖16-19　8951-ADC0804系統之(a)接線示意圖及(b)實際接線圖（8951晶片中燒錄有
自行撰寫的T81AD04程式）

16-3-2　單晶微電腦PIC-16C7x及16F8x系列

　　Microchip公司所生產的PIC單晶微電腦實際上有PIC12Cxxx（如PIC12C508及12CE518），PIC16C5x（如PIC16C54及16C56），PIC16C6x（如PIC16C62及6C64），PIC16C7x（如PIC 16C71及16C74），PIC16F8x（如PIC16F84及16F877），PIC16C9x（如PIC16C92），PIC17Cxx（如PIC17C752及17C756）及PIC18Cxx（如PIC18C242及18C452）等。然而具有EPROM或EEPROM及內建ADC且可做串列輸入（RXD）/輸出（TXD），功能強，價格適中現今常用之單晶微電腦為PIC16F84及PIC16F877 μC[217-219]。圖16-20為PIC16C74及PIC16F877 μC之外觀圖及內部結構示意圖。PIC16C74 μC具有四個I/O埠（Port A，Port B，Port C及Port D共32條I/O線），其中Port A之八位元可做為8個ADC（AD0～AD7）之用，可輸入8種不同儀器之類比訊號。另外，16C74 μC之Port C的PC7及PC6可做為串列輸入（RXD）/輸出（TXD），可接RS232做串列輸入/輸出之用。

　　PIC16F877 μC則具有EEPROM，只要按一指令就可清除EEPROM中

之執行程式，相當方便，如圖16-20b所示其含五個I/O埠（Port A (6 bits)，Port B (8 bits)，Port C (8 bits)，Port D (8 bits)及Port E (3 bits)共33條I/O線），其中Port A之5位元（RA0-RA3及RA5）及PortE之3位元（RE0-RA2）等八位元可做為8個ADC（AD0～AD7）之用，可輸入8個類比訊號，其Port C之PC7及PC6可做為串列輸入（RX）／輸出（TX），亦可接RS232做串列資料輸入／輸出之用。由於PIC16F877 µC有八個內建ADC可直接輸入8個類比訊號且有EEPROM功能相當強，用來做化學實驗相當方便。

圖16-21a為利用PIC16F877 µC做化學酸鹼滴定之線路示意圖，由pH計出來之酸鹼滴定電壓訊號就接到16F877 µC之PortA之RA0（AD0），經PIC16F877 µC數位化出來之數位訊號可用發光二極體（LED）陣列（圖16-21a）顯示出來或經其Port B接大電腦之Printer port用並列傳送方式傳到大電腦做數據處理及繪圖。另外亦可將數位訊號由16F877 µC之PC7 (RX)及PC6 (TX)接RS232及大電腦用串列傳送方式傳入大電腦中做數據處理及繪圖。另外，PIC16F877 µC亦可接繼電器（Relay）以控制外在機械，圖16-21b為PIC16F877 µC接繼電器並用（LED）陣列監視繼電器輸出變化之實際接線圖。

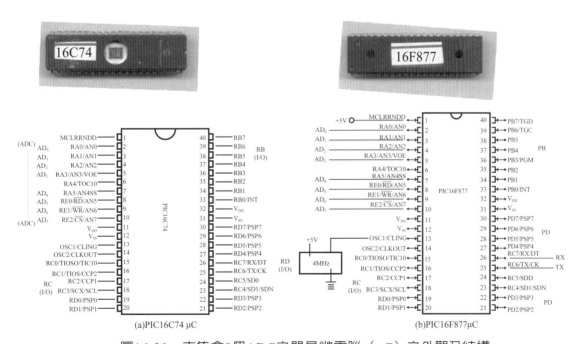

圖16-20　市售含8個ADC之單晶微電腦（µC）之外觀及結構

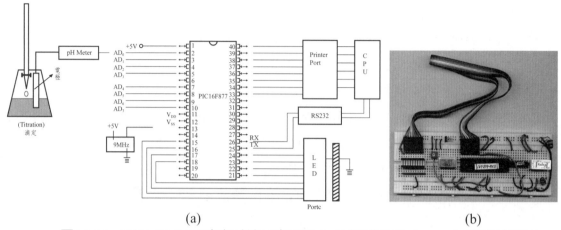

圖16-21　PIC16F877(a)滴定系統示意圖及(b)外接繼電器（Relay）實際接線圖

16-3-3　單晶微電腦執行程式及燒錄

　　除了很少數單晶微電腦（如8671 μC）用BASIC語言外，絕大部份之單晶微電腦皆需先撰寫組合語言（Assembly）初始程式。圖16-22b為執行8748 μC所撰寫組合語言程式之範例（SK001.ASM），每一單晶微電腦其生產之公司皆會提供其特有的組合語言指令集，以供使用者撰寫組合語言程式時之參考，由圖16-22b可看出組合語言指令和口語化英文相當接近，如25讀入單晶微電腦之暫存器R0（Register R0），就用MOV R0，#25，然後再將R0中之值輸入單晶微電腦累進器A（Accumulator A），就用MOV A，R0，相當簡單。

　　然而所撰寫的組合語言程式並不能直接燒錄到單晶微電腦中，通常需如圖16-22a所示將組合語言程式（如SK001.ASM）先用一轉換程式（如8748 μC用X8748及8951 μC用X51）轉成OBJ檔（如SK001.OBJ），然後用LINK程式（如LINK1）轉成十六進位HEX程式（如SK001.HEX），許多單晶微電腦（如8748及PIC16F877）就可將HEX程式直接燒錄到其晶片中，但有些單晶微電腦（如8951）需先用HEXBIN轉換程式將HEX程式轉成二進位BIN程式（如SK001.BIN），再燒錄入單晶微電腦晶片中。將HEX或BIN程式燒錄到單晶微電腦晶片中可用特有的燒錄器或用可燒錄各種單晶微電腦晶片之通用燒錄器，圖16-23為市售的單晶微電腦萬用燒錄器外觀圖。

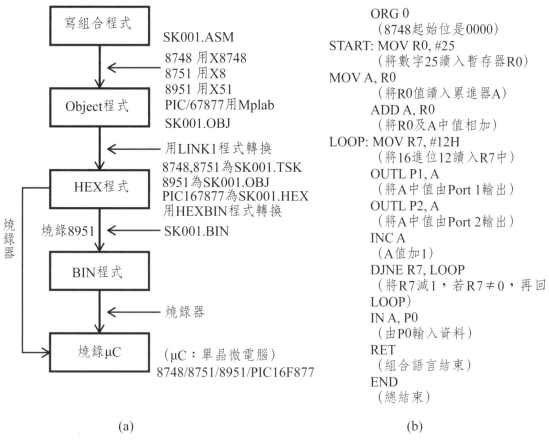

```
ORG 0
　（8748起始位是0000）
START: MOV R0, #25
　（將數字25讀入暫存器R0）
MOV A, R0
　（將R0值讀入累進器A）
ADD A, R0
　（將R0及A中值相加）
LOOP: MOV R7, #12H
　（將16進位12讀入R7中）
OUTL P1, A
　（將A中值由Port 1輸出）
OUTL P2, A
　（將A中值由Port 2輸出）
INC A
　（A值加1）
DJNE R7, LOOP
　（將R7減1，若R7≠0，再回
LOOP）
IN A, P0
　（由P0輸入資料）
RET
　（組合語言結束）
END
　（總結束）
```

(a)　　　　　　　　　　　　　　　　(b)

圖16-22　單晶微電腦(a)執行程式撰寫及轉換，及(b)8748 μC組合語言（Assembly）
　　　　程式（SK001.ASM）

圖16-23　市售單晶微電腦萬用燒錄器[221b]

16-3-4 單晶微電腦之應用

　　單晶微電腦雖小，但仍和一般微電腦一樣可用在儀器訊號之收集及處理（如類比／數位轉換），亦可做為自動控制元件，它不必接大電腦即可做訊號之收集及處理與當自動控制元件，換言之，單晶微電腦可獨立運作。當然如要繪圖和監視就需接大電腦，所以單晶微電腦之應用可分獨立運作及連接大電腦兩種方式。

　　圖16-24為利用單晶微電腦8748 μC獨立應用做加熱反應槽中溫度控制及供應電解槽電極之電壓。圖中8748 μC接I/O8155晶片，而在8155晶片Port A接一可接16個外來訊號之16通道ADC0816晶片以收集來自反應槽中溫度晶片（LM335）之溫度訊號並將其轉換成數位訊號經8155傳入8748 μC中，並在8748 μC中和設定的溫度值比較，若反應槽中溫度高於設定值，就會送出訊號由8155之PC4傳出0的訊號使接在加熱絲之繼電器OFF，使加熱絲停止加熱，反之，若反應槽中溫度低於設定值，PC4就會傳出1的訊號，使繼電器ON及加熱絲繼續加熱。另外，8748 μC可透過接在8155之Port B之DAC將負電壓傳送到電解槽電極，使電解槽中離子電解。單晶微電腦8748 μC這種溫度控制，訊號收集及輸出電壓之功能完全和一般微電腦功能是一樣的，可見單晶微電腦確可獨立運作以做自動控制，訊號收集及輸出電壓之用。

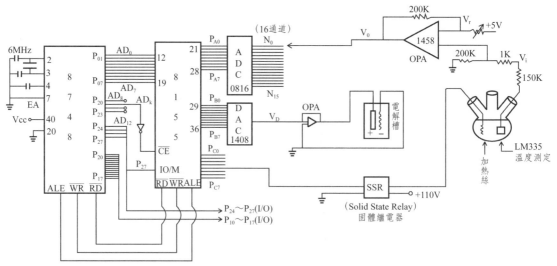

圖16-24　單晶微電腦8748-8155-ADC-DAC溫度控制及電解實驗系統[221a]（From施正雄，單晶微電腦在化學實驗控制上之應用，Chemistry (Chin.Chem.Soc.), 47, 320 (1989).）

　　然而，一些自動控制系統有時需繪圖和監看，這時常需要接一大電腦較方便。圖16-25即為接ADC0804之單晶微電腦8951 μC接上RS232介面再接一大電腦（RS232將在16-4節介紹）。外來類比電壓訊號先經ADC0804轉換成數位訊號讀入8951 μC做數據處理及計算，再將其處理結果之數據由8951 μC之串列輸出／輸入線（Port C之P3.1(TXD)/P3.0(RXD)）輸出串列訊號，經RS232傳入大電腦做繪圖和監看之用。但單晶微電腦資料串列輸入大電腦時，需考慮傳送速率（Baud Rate）需一致，例如大電腦用9600 Kb/s傳送速率時，為要使8951 μC傳送速率和大電腦一樣，8951 μC就要用11.0592 MHz之石英晶體振盪器以使傳送速率成為9600 Kb/s，而不能用常用的12 MHz或其它頻率之石英晶體振盪器，此點必須注意。由上討論可見，體積小的單晶微電腦既可獨立運作，亦可接大電腦做為自動控制系統及訊號收集和資料輸出／輸入之用，相當方便，也相當有用。

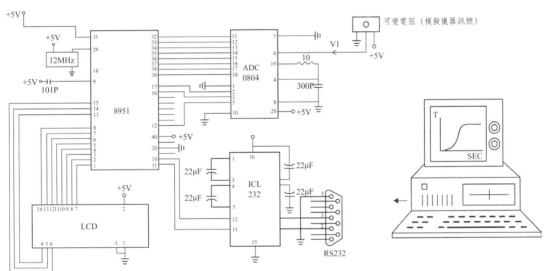

圖16-25　單晶微電腦8951-ADC-RS232-CPU（微電腦）系統

16-4　串列／並列傳送組件

　　微電腦之資料線之各位元（D0-D7）資料對外輸出輸入有兩種方式：(1)串列傳送（Serial transmission），即資料線各位元（D0-D7）資料（1或0）

只用一條線（TXD）一個一個（先D0再D1，D2，D3..D7）依序輸出，反之亦只用一條線（RXD）從外界將資料（D0-D7）一個一個輸入微電腦中，(2)並列傳送（Parallel transmission），即資料線各位元（D0-D7）資料（1或0）分別各用一條線（8位元資料線（D0-D7）總共就用8條線）和外界做輸出輸入。本節將分別對串列/並列傳送組件簡單說明。

16-4-1　串列傳送元件RS232

常見的串列傳送組件為RS232，如圖16-26a所示，每部微電腦之RS232組件含有UART（Universal Asynchronous Receiver Transmitter，通用非同步收發傳輸器晶片（如IC6850或8251），電壓轉換驅動元件（含SN 75188及SN75189晶片或MC1488及MC1489晶片），及接頭（如DB25或RJ45）。UART晶片的功能為將微電腦輸出之並列訊號（D0-D7）轉換成串列訊號一個一個（先D0再D1，D2，D3..D7）輸出或將外界輸入之串列訊號轉換成並列訊號輸入微電腦。

圖16-26a顯示由微電腦A出來八位元並列訊號（D0-D7）經UART晶片轉換成串列訊號，然後串列訊號（0或5 V）一個一個經電壓轉換驅動元件中傳送晶片（SN75188晶片或MC1488）將0或5 V電壓增高至－12或12 V並增大驅動力，再經接頭（圖16-26c中DB25（25 bins）或DB9（9 bins）或RJ45（8 bins））由TXD端（圖16-26b）以串列方式經直接接線或Modem/電話線（圖16-26b）傳送到另一電腦（微電腦B）之RS232組件之DB25或DB9或RJ45接頭之RXD端，並經其電壓轉換驅動元件中接收晶片（SN75189晶片或MC1489）將電壓（－12或12 V）轉換成0或5 V，然後由其之UART晶片將接收到的串列訊號轉換成並列訊號傳入微電腦B中。

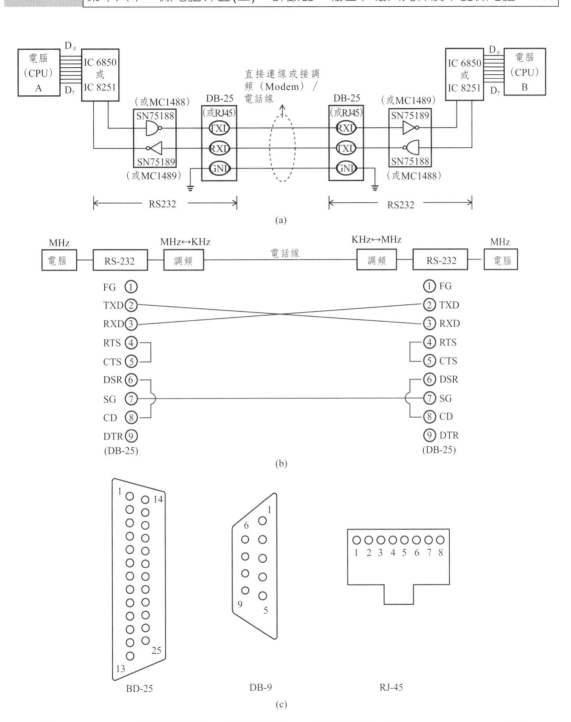

圖16-26　RS232串列介面之(a)線路系統，(b)輸送接線，及(c) DB-25，DB-9和RJ-45
接頭

16-4-2 並列傳送元件IEEE488

並列傳送常用於較近距離及主機和其他電腦連線應用，圖16-27為IEEE488並列傳送元件之結構圖，其主要含一驅動元件，資料匯流排（Data Bus）及控制匯流排（Control Bus）。由圖中顯示其資料傳送方式為由一主機（電腦A）將其數位資料（D0-D7）經一IEEE488或其他驅動元件（增加其驅動力）將其數位資料（D0-D7）輸入一資料匯流排中，接在資料匯流排上之所有終端電腦（如圖16-27中之電腦B及C）就都可收到此數位資料（D0-D7）。反之，各終端電腦亦可利用此資料匯流排將其數位資料經IEEE488驅動元件傳回主機（電腦A）中，而控制主機／端電腦或端電腦間之輸出輸入則由圖16-27中並列傳送元件之控制匯流排控制之。

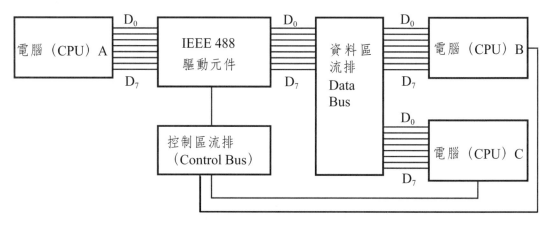

圖16-27　IEEE488並列輸送介面之線路系統

16-4-3 通用串列匯流排USB

通用串列匯流排USB（Universal Serial Bus）和RS232一樣，常為連接電腦和外在裝置或介面晶片（圖16-28(a)）的一種串列輸出輸入匯流排，但USB在傳輸速度上遠比RS232快得多，新的一代的USB4，傳輸速度為40 Gbit/s。圖16-28(b)為USB接頭及內部導線實物圖，顯示USB內部含4條導線D＋（綠），D－（白），電源線VDD（紅色4.4-5.25V）及接地線GND（黑），故USB有VDD，D-，D+及GND四個介面（如圖16-28(a)所示）。

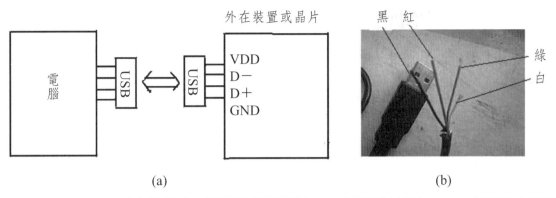

(a)　　　　　　　　　　　　　　(b)

圖16-28　(a)外在裝置或介面晶片與電腦以USB介面連接圖及(b)USB接頭及內部導線實物圖（圖b來源:https://zh.wikipedia.org/wiki/USB）[221c]

現在大部份儀器和電腦設備都有USB介面，但仍然還有很多儀器傳輸元件或晶片沒用USB介面傳輸，而用RS232介面傳送，若要改為USB介面傳送，需做系統改裝，依串列型及並列型傳輸元件及晶片改裝方法可參考如下：

(A)串列系統及晶片改接USB法

RS232及許多串列晶片（如串列ADC及DAC晶片和單晶片）若要接USB介面，需如如圖16-29所示，在電腦和外部系統之間，接一含有USB介面之介面晶片（如FT232，CP2102及CY7C54205等的非同步收發器（Universal Asynchronous Receiver/Transmitter (UART)晶片），由電腦USB介面出來之串列訊號先經介面晶片USB介面進入介面晶片內，然後串列訊號再經介面晶片之串列收發介面（RX/TX）傳到外部系統（如RS232系統）做輸出輸入傳送。

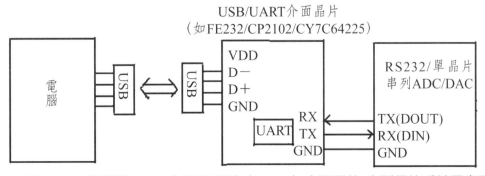

圖16-29　微電腦-USB-非同步串列（UART）介面晶片-串列晶片系統示意圖

(B)並列系統及晶片改接USB法

　　常見傳輸晶片為類比/數位轉換器ADC及DAC晶片，而現在市面所供應的ADC及DAC晶片大都為並列傳輸型且不能直接USB介面。現以圖16-30之並列DAC1408晶片為例，如圖所示，若要接電腦USB介面，需先接一USB轉換器晶片（如FT245）將微電腦所輸出的USB串列數位訊號先轉換成並列數位訊號（D0-D7），再輸入DAC1408晶片轉成類比電壓訊號V_4（負電壓）輸出，若再經反相運算放大器晶片OPA1458即可轉換成放大正電壓Vo輸出。

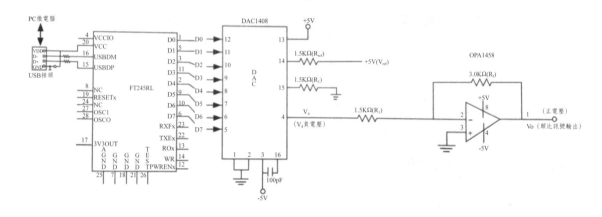

圖16-30　　USB轉接器晶片FT245-並列DAC1408-OPA1458系統

　　若將以上所提的USB轉接器晶片及DAC晶片結合可製成如圖16-31所示的單一USB-DAC晶片，PCM 2706C為常用具有USB接口之USB-DAC晶片，可直接接PC微電腦之USB接口組成微電腦-USB-DAC系統。串列數位訊號（Serial digital signal, D）可從微電腦USB接口進入USB-DAC晶片（PCM2706）並轉換成類比（Analog, A）電壓訊號VOUT(1)及VOUT(2)輸出，以啟動電化學儀器進行電化學反應。

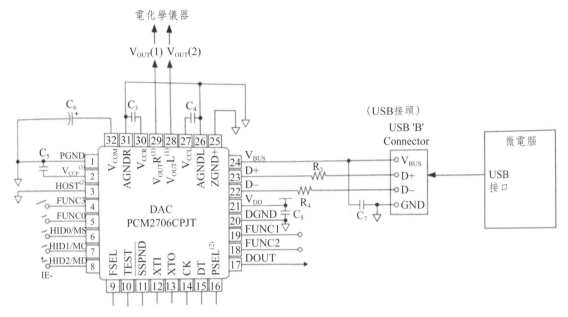

圖16-31　USB-DAC單一晶片（PCM2706）系統（參考資料：http://www.ti.com/product /pcm2704c）[221d]

　　同樣地，可將USB轉接器晶片及ADC晶片結合製成單一USB-ADC晶片。常見的USB ADC晶片有AK537及PCM2900晶片。圖16-32為AK537晶片之接腳圖及內部結構圖。AK537為兩輸入頻道之USB-ADC晶片，其MICR及MICL輸入支腳可分別接收由兩部化學儀器產生的類比(A)電壓訊號V1及V2並分別轉換成數位(D)訊號，然後由其所連接的USB接頭將串列數位訊號輸入到微電腦做數據處理。

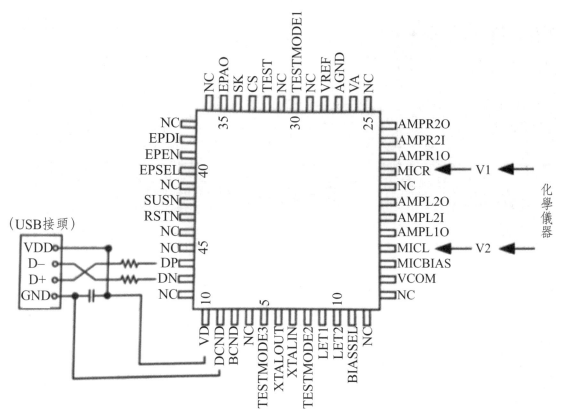

圖16-32　USB-ADC單一晶片（AK5371）系統（參考資料：http:www.datasheetir.com/AK5731+Audio-ADC-Converters）[221e]

第 17 章

微電腦界面(三)—半導體、二極體／電晶體及濾波器

半導體（Semiconductor）為積體電路IC晶片之基本材料，也是二極體（Diode）及電晶體（Transistor）之基質，所以半導體為當今高科技工業最重要材料，而二極體及電晶體為許多電子線路之重要元件，本章將介紹半導體、二極體／電晶體及其應用。另外本章也將介紹在電子線路中常用RC/RL線路及其應用。本章亦將簡介儀器雜訊來源及在電子線路中用來去除電子雜訊的濾波器，其中含常用的鎖定放大器（Lock-In-Amplifier）。

17-1　半導體簡介

半導體之所以在高科技產業之應用相當廣泛，主要是半導體之特性有別於傳統常用的塑膠、陶瓷和金屬材料。本節將簡單介紹半導體特性及其簡單分類。

17-1-1　半導體特性

　　任何物質之分子或原子中之電子，可概分為可以自由移動的自由電子
（Free electron）及被限定在一區域的固定化電子（Fixed electron），自
由電子因其可自由移動而導電，其所在的能階稱為導電能階（Conduction
band），而固定化電子常以和其他原子或分子共用，因而其所處的能階稱為
共價能階（Valence band）。而導電能階和共價能階間之能量差（如圖17-1
所示）稱為能隙（Energy gap，ΔEg）。當能隙ΔEg ≅ 0，此種物質稱為導體
（Conductor），有自由電子可傳遞。ΔEg很大（約>10 eV），物質可稱為絕
緣體（Insulator），由帶負電荷之電子或帶正電荷之電洞（Electric hole）可
傳遞。若ΔEg不大不小，此種物質則稱為半導體（Semiconductor）[222-224]，
在一定條件下，其電子及電洞可用來傳遞，電子及電洞在半導體被稱為帶電
荷載子（Electric carriers）。半導體導電性可由其費米能階（圖17-1之E_F，
Fermi level）[225]高低來判斷，其E_F能階為其脫離Valence band能階之電子中
有一半的機會在此E_F能階，或可說其有一半電子具有此E_F能量，E_F越高（越接
近Conduction band）表示越容易導電。

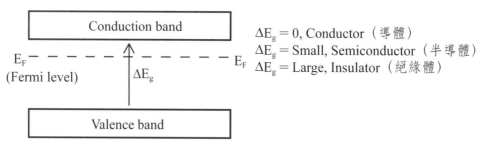

圖17-1　物質中電子之導電能階和共價能階間之能隙（Eg）

　　表17-1為銅（Cu）和各種半導體之能隙ΔEg和電子及電洞（帶電載子）
在25 ℃下之傳輸移動速率（Mobility of Electric carriers）與在25 ℃時之帶
電載子（Carrier，電子或電洞）之密度（個數n／物質1莫耳）。由表中可看
出，銅（Cu）之ΔEg ≅ 0，其帶電載子只有電子而無電洞，而且其電子之傳
輸移動速率（μe）在25 ℃下只有35 cm²/sec比起表中各種半導體之傳輸移動
速率來得小很多。鑽石（Diamond）雖其能隙ΔEg (5.47 eV)比一般半導體大

很多，但其電子及電洞在25 ℃下之移動速率（μ_e及μ_h）也不小。反之，Si及Ge的ΔEg不大，分別為1.12及0.80 eV而已，容易操作且它們的電子及電洞在25 ℃下之移動速率也不小，故為最常用之IC晶片材質。由表亦可看出Ge的電子及電洞傳輸移動速率與帶電載子（電子或電洞）之密度（個數n／物質一莫耳）都比Si大，理論上可製作性能較佳之IC晶片，但其價格比Si高很多，故一般IC晶片仍大部份用Si做材質。

表17-1中亦列有常用當紅外線（IR）及可見光（VIS）感應元件之半導體材料之ΔEg，μ_e及μ_h，如常用當IR感應元件材質之InSb，InAs，GaSb及GaAs，它們的$\Delta Eg < 1.5$ eV，屬於紅外線（IR）範圍且皆有較大的μ_e（InSb及InAs之μ_e分別為78000及33000 cm^2/s），可靈敏感應及吸收IR光，而CdS之ΔEg為2.42 eV，屬可見光範圍（能量範圍約3-1.5 eV），故可吸收可見光並做為可見光（VIS）感應元件之材質材料。

表17-1　銅及各種半導體之能隙（ΔEg）電子／電洞移動速率（M）及密度（n）

物質	ΔEg(ev)	μ_e(cm^2/v-s)[a]	μ_h(cm^2/v-s)[a]	Carrier density (n)[b]
copper (Cu)	0	35	-	~10^{23}
Diamond	5.4 F	1800	1600	-
Ge	0.80	3900	1900	2.5×10^{12}
Si	1.12	1500	600	1.6×10^{11}
GaSb	0.67	4000	1400	-
GaAs	1.43	8500	400	1.1×10^3
InSb	0.16	78000	750	（ΔEg　IR範圍）
InAs	0.33	33000	460	（ΔEg　IR範圍）
CdS	2.42	300	50	（ΔEg　可見光（VIS）範圍）

(a)μ_e：電子移動速率，μ_h：電洞移動速率（Mobility）。
(b)Carrier density：帶電載子（電子或電洞）在25 ℃之密度（個數n／物質－莫耳）

除了由一物質的能隙（ΔEg）可用來判斷其是否可能為半導體外，亦可由一物質之導電性和溫度之關係來判斷一物質是否為半導體。由圖17-2a可看出一半導體之導電度會隨溫度升高而增大，因溫度高半導體之電子能量高可克服ΔEg而增加自由電子之數目，因而增加半導體之導電性。反之，金屬（圖17-2b）之電阻卻會隨升高而增大，而電阻與導電度是成反比的。換言之，金

屬之導電度會隨溫度升高而變小，這剛好和半導體之溫度效應相反，這導電度的溫度效應可用來分辨半導體和金屬。

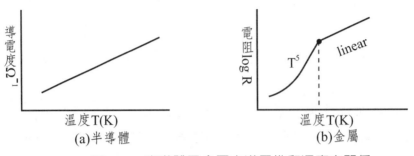

(a)半導體　　　　　　　　(b)金屬

圖17-2　半導體及金屬之導電性和溫度之關係

　　一半導體除其導電度會隨溫度改變外，其能隙（ΔEg）亦會隨溫度變化而改變。如圖17-3a所示，半導體Si及GaAs之ΔEg皆會隨溫度升高而下降。另外，半導體之ΔEg亦會隨物質中原子間的距離而改變，如圖17-3b所示，原子間距離小時，ΔEg會變小，甚至在原子間距離小到一程度（如圖17-3b中A點）時，其導電能階（Conduction band）和其共價能階（Valence band）部份重疊混在一起，即ΔEg ≅ 0，此部份的共價能階之電子很容易被允許（allowed）跑到導電能階而導電。反之，當原子間距離變大（如圖17-3b中B點）時，其ΔEg就會變大了，可見半導體中原子間距離影響ΔEg值相當大。

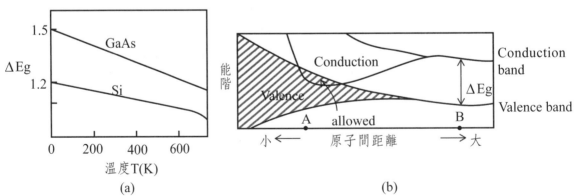

(a)　　　　　　　　　　(b)

圖17-3　半導體之能隙（ΔEg）和(a)溫度及(b)原子間距離之關係

17-1-2　半導體分類

　　若依半導體材質分類，半導體種類繁多，很難分類。因半導體是否摻加其他物質對其性質有相當大的影響，故一般半導體就依其摻加其他物質與否，半導體概分為固有半導體（Intrinsic semiconductor）[226]及外質半導體（Extrinsic semiconductor）[227]兩種（如圖17-4所示）。固有半導體即不摻加其他物質之半導體（如純Si），而外質半導體為摻加了其他物質之半導體（如Si摻加B成Si(B)）。在積體電路（IC）晶片中常用的固有半導體為Si/Ge半導體及金屬氧化物半導體（Metal oxide semiconductor，MOS）。如表17-1所示，Si/Ge固有半導體在25 ℃下有特定的電子及電洞密度（n_e及n_h），以一莫耳之Si半導體為例，在25 ℃下n_e及n_h皆為1.6×10^{11}。在特定溫度下，n_e及n_h之乘積可以用$n^2(t)$表示，即：

$$n^2(t) = n_e \times n_h \tag{17-1}$$

　　若在25 ℃下，式（17-1）則可為：

$$n^2_{(t25)} = n_e \times n_h = (1.6 \times 10^{11}) \times (1.6 \times 10^{11}) = 2.56 \times 10^{22} \tag{17-2}$$

　　外質半導體是在固有半導體（如Si）中摻加少許其他物質（如As或B）所製成的，最常見之外質半導體為Si/Ge摻雜半導體（Si/Ge Doping semiconductors）。例如Si半導體（圖17-5a）摻雜少許As（通常加$1/10^8$量）所形成的Si(As)半導體（如圖17-5b所示），因As原子有5個價電子，而Si原子有4個價電子，故每加一個As原子，Si(As)半導體就多一個電子。若一莫耳之Si半導體（約10^{23}個Si原子）摻雜$1/10^8$量之As原子（即含約10^{15}個As原子），換言之，因加了10^{15}個As原子，Si半導體中就多了有10^{15}個電子，即

$$n_e (Si(As)) = 10^{15} \tag{17-3}$$

代入式17-2可得：

$$n^2_{(t25)} = n_e(Si(As)) \times n_h(Si(As)) = 10^{15} \times n_h = 2.56 \times 10^{22} \tag{17-4}$$

由式17-3可得：

$$n_h (Si(As)) = 2.56 \times 10^7 \tag{17-5}$$

比較n_e及n_h（式17-3及式17-5）可知：

$$n_e (Si(As),10^{15}) > n_h (Si(As),2.56 \times 10^7) \tag{17-6}$$

換言之，Si(As)半導體帶負電（$n_e > n_h$），故Si(As)半導體可稱為n-型Si

半導體（Negative type-Si conductor）。

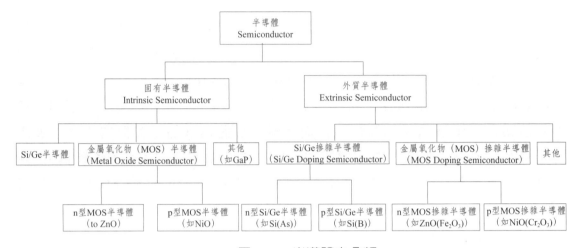

圖17-4　半導體之分類

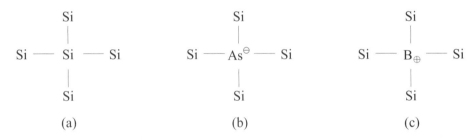

圖17-5　(a)固有Si半導體，(b)n型Si(As)半導體及(c)p型Si(B)半導體

反之，若Si半導體的摻加$1/10^8$量之B所形成的Si(B)半導體（圖17-5c），因B原子有3個價電子，而Si原子有4個價電子，故每加一個B原子，Si(As)半導體就少一個電子而增加一個電洞，故一莫耳Si（約10^{23}個Si原子）半導體摻加$1/10^8$量之B（即含約10^{15}個B原子）就含10^{15}個電洞，即：

$$n_h (Si(B)) = 10^{15} \qquad (17\text{-}7)$$

代入式17-2可得：

$$n^2_{(t25)} = n_e(Si(B)) \times n_h(Si(B)) = n_e \times 10^{15} = 2.56 \times 10^{22} \qquad (17\text{-}8)$$

可得

$$n_e(Si(B)) = 2.56 \times 10^7 \qquad (17\text{-}9)$$

及

$$n_e(Si(B), 2.56 \times 10^7) < n_h (Si(B), 10^{15}) \qquad (17\text{-}10)$$

即表示，Si(B)半導體帶正電（$n_e < n_h$），故Si(B)半導體可稱爲p-型Si半導體（Positive type-Si semiconductor）。

實際上不只Si/Ge摻雜（As及B）半導體會帶正電（p-type）或帶負電（n-type），圖17-4中屬固有半導體之金屬氧化物半導體（MOS，Metal Oxide Semiconductor）在一定溫度或加熱下有些也會顯示會帶負電（n-型（n-type）MOS）或帶正電（p-型（p-type）MOS）。例如ZnO及Fe_2O_3皆爲n-型金屬氧化物半導體（n-type MOS），這是因爲ZnO及Fe_2O_3在一定溫度或加熱下會放出電子(e^-)，成爲帶負電半導體，反應如下：

$$ZnO \rightarrow Zn^{2+} + 2e^- + 1/2\ O_2 \qquad (17\text{-}11)$$

$$Fe_2O_3 \rightarrow 2Fe^{3+} + 6e^- + 3/2\ O_2 \qquad (17\text{-}12)$$

反之，NiO，Cr_2O_3及MnO_2在一定溫度或加熱下都會產生電洞(h^+)，皆爲p-型金屬氧化物半導體（p-type MOS），反應如下：

$$NiO + 1/2\ O_2 \rightarrow Ni^{2+} + h^+ + 2O^{2-} \qquad (17\text{-}13)$$

$$Cr_2O_3 \rightarrow Cr^{3+} + 3h^+ + 3O^{2-} \qquad (17\text{-}14)$$

$$MnO_2 + 5/2O_2 \rightarrow Mn^{4+} + 3h^+ + 7/2\ O^{2-} \qquad (17\text{-}15)$$

雖然n-型及p-型金屬氧化物半導體在一定溫度或加熱下分別會放出電子(e^-)及電洞(h^+)，但在常溫下它們所產生的電子或電洞並不多，故這些金屬氧化物半導體常摻加同型之金屬氧化物（如n型的ZnO_2摻加n型的Fe_2O_3）形成如圖17-4所示的金屬氧化物（MOS）摻雜半導體，由於同型金屬氧化物的摻加，會使其原來的金屬氧化物半導體的費米能階E_F上升，而增加其可導電的電子或電洞數目，因而可增加金屬氧化物半導體的導電性。金屬氧化物半導體亦可製成IC晶片。

17-1-3　半導體矽晶圓規格

當今矽半導體所製成的矽晶圓（silicon wafer）[228]爲現代電腦及電子產品之主要元件，世界各國晶圓廠現今生產的晶圓片（Wafer）依大小可分8吋（200 mm）、12吋（300 mm）及18吋（450 mm）晶圓。圖17-6爲各種尺度（2，4，6，8吋）晶圓片實物圖。

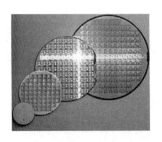

圖17-6 各種尺度（2,4,6,8吋晶圓片（Wafer）實物圖[228]（From Wikipedia, the free encyclopedia, http://en.wikipedia.org/wiki/Wafer_(electronics)）

　　各晶圓廠所生產的晶圓片若以其晶片中矽原子間距離及解析度大小分類可分為0.13微米（130 nm，130奈米）晶片、90奈米（90 nm）晶片、65奈米（65 nm）、45奈米（45 nm）晶片及14奈米（14 nm）晶片等等。同一大小晶圓（如12吋）晶圓廠亦可生產不同奈米級晶片，例如台積電12吋（300 mm）晶圓廠生產90奈米及0.13微米（130奈米）晶片，日本Spansion 12吋（300 mm）晶圓廠在2008年生產65奈米及45奈米（45 nm）晶片。在同一面積下，越小的奈米級晶片所能容納電子元件（如電晶體）就越多，例如在一平方公分（1 cm²）晶片中，45奈米（45 nm）晶片可容納電子元件（如電晶體）就比90奈米晶片多。目前台積電及其他一些國外半導體公司已準備量產4奈米（4 nm）晶片。

17-2　二極體

　　二極體（Diodes）[223-224，229]在近代高科技產業中是相當重要元件，二極體廣泛應用在許多重要電子，如光感測器、太陽能晶片、發光元件、繼電器、整流器及顯示器等。本節將介紹二極體線路之基本構造、特性、種類及其在儀器電子元件中之應用。

17-2-1　二極體基本結構及特性

　　二極體如圖17-7a所示是由一p-型半導體（如Si(B)）及n-型i半導體（如Si(As)）所組成，p-型和n-型i半導體接合處正負相消成中性的地區特稱為接

面（Junction或Depletion region），p-型和n-型半導體間的電位差爲V_{np}，而圖17-7b爲二極體之代表符號，圖17-7c爲二極體實物圖。由p-型到n-型半導體之電流爲多數載子電流（Majority current）I_m^o（圖17-7d），而由n-型到p-型半導體之電流爲固有電流（Intrinsic current）I_i^o（圖17-7e），在沒外加電壓時，$I_m^o = I_i^o$則：

$$I_m^o = I_i^o = Ke^{-QeV_{np}/kT} \qquad (17-16)$$

式中K爲比例常數，Qe爲電子電荷，k爲波茲曼常數（Boltzmann constant, 1.38×10^{-23} J/K），T爲溫度（K）。

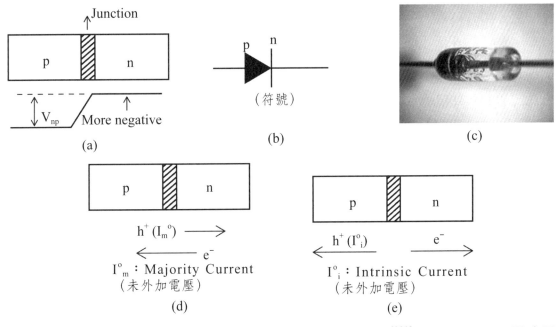

圖17-7　二極體之(a)基本結構，(b)符號，(c)實物圖[229]，(d)Majority電流及(e)Intrinsic電流（(c)圖；From Wikipedia, the free encyclopedia, http://en.wikipedia.org/wiki/Diode）

在外加偏電壓V_b（Bias voltage）時（如圖17-8a），固有電流（Intrinsic current）I_i^o電流不會改變，而多數載子電流（Majority current）I_m^o（由p到n）電流會改變成I_m爲：

$$I_m = Ke^{-Qe(V_{np}-V_b)/kT} \qquad (17-17)$$

此二極體之淨電流Inet則爲：

$$I_{net} = I_m - I_i^o = Ke^{-Qe(V_{np}-V_b)/kT} - Ke^{-QeV_{np}/kT} \qquad (17\text{-}18)$$

則：

$$I_{net} = Ke^{QeV_b/kT} \qquad (17\text{-}19)$$

因Majority current I_m為由p到n電流，V_b為正值，為順壓（圖17-8a），此稱為順壓二極體（Forward-biased diode），反之，V_b為負值，為逆壓（圖17-8b），此稱為逆壓二極體（Reverse-biased diode）。由式（17-19），二極體之淨電流I_{net}對外加電壓V_b作圖可得圖17-8c，由圖中可看出當V_b為正值（順壓）且大於一特定起動電壓V_d（常稱為「障壁電位（Barrier potential）」）時，則此（順壓）二極體（電流由p→n）增加很大，然反之，當V_b為負值（逆壓）時，$-V_b$再增多大，此（逆壓）二極體（電流由n→p）變化很小且幾乎沒電流，換言之，在正常情形下，由p→n之電流（順壓二極體）會產生（Allowed，如圖17-8a），而由n→p之電流（逆壓二極體）不會產生（Forbidden，如圖17-7b）。

n→p之電流只有在外加負電壓$-V_b$很大且大於一定值時（如圖17-8c），才會有突然大電流產生，此可產生突然大電流之一定值之負電壓$-V_b$特稱為齊納電壓（Zener voltage，V_z）或稱崩潰電壓（Breakdown voltage）。另外，當外來訊號（如電磁波）照射到逆壓二極體時，有時也會產生由n→p之電流，故逆壓二極體可做一些電磁波或光波之偵測器。

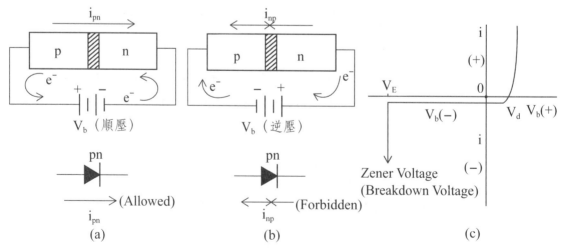

圖17-8　外加電壓Vb（Vias voltage）之(a)順壓及(b)逆壓二極體，與(c)二極體外加電壓Vb和產生電流之關係圖

17-2-2　功能性二極體

　　本節將介紹下列較常用功能性二極體：(1)光電二極體（Photodiode），(2)發光二極體（Light emitting diode，LED），(3)齊納二極體（Zener diode），(4)肖特基二極體（Schottky diode），(5)變容二極體（Variable capacitance diode），(6)透納二極體（Tunnel diode或稱「江崎二極體（Esaki diode）」）。

　　光電二極體（Photodiode）[230]為常用光波偵測器，其結構和符號如圖17-9a及b所示。光電二極體屬上一節所介紹的逆電壓二極體，在未照光時，n→p之電流是沒有的，但當照光時，此時就會有n→p之電流，由電流的大小就可計算出光強度。因一個光電二極體所產生的電流並不強，故一般在光譜儀中所用的光電二極體偵測器是由好幾個光電二極體串聯而成的光電二極體陣列（Photodiode Array）偵測器。圖17-9c及d分別說明光電二極體產生n→p之電流I_λ隨光強度fc增強與所加逆電壓V_b增加而增大情形。

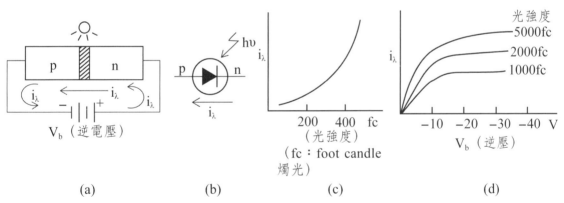

圖17-9　光電二極體之(a)結構，(b)符號，(c)電流和照光強度關係，及(d)電流和逆電壓關係

　　發光二極體（LED）[231]為一外加順電壓或訊號Vs會使發出光波之二極體，圖17-10為發光二極體之結構、符號及發光原理與強度。其發光原理為外加電壓或訊號Vs使由二極體之p到接面（Junction）之電洞(h^+)和來自n之電子(e^-)相遇而產生光：

$$h^+（電洞）+ e^-（電子）\rightarrow h\nu（光） \qquad (17\text{-}20)$$

　　不是所有的二極體皆可成發光二極體，只有少數的無機材質（如GaAsP/GaP）或有機材質（如Alq/PPV(Poly phenylene vinylene)）二極體才會發光。圖17-10為無機材質之發光二極體結構、形狀及其發光強度與p到Junction之電流關係示意圖，與發光二極體符號及實物圖。

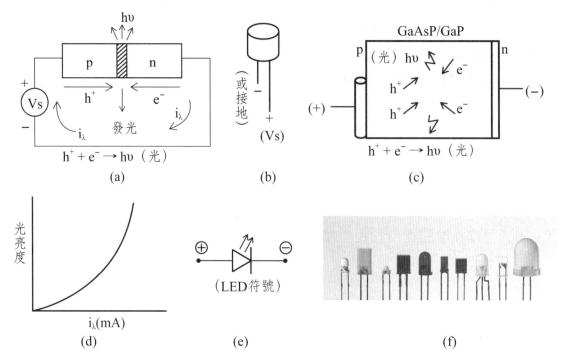

圖17-10　發光二極體（LED）之(a)結構，(b)商品形狀，(c)無機材料，及(d)電流和
　　　　　發光亮度，與(e)發光二極體符號和(f)實物圖[231]（f圖：From Wikipedia,
　　　　　the free encyclopedia, http://en. wikipedia. org/wiki/Light-emitting_diode）

　　由有機材質所組成的發光二極體特稱為**有機發光二極體**（Organic Light emitting diode，OLED）[232]。有機發光二極體所用的有機材質因可依所需發光顏色及強度設計合成，不像無機材質只限於特定材質，同時有機材質又易薄膜化，故近幾年來有機發光二極體（OLED），在學術研究及電子工業產能上之增加如日中升。圖17-11A為有機發光二極體的結構圖，發光原理示意圖，及發綠光OLED實物圖。圖17-11A-a為一較完整之有機發光二極體的結構圖，其含(1)陰極（如Mg-Ag），(2)陽極（如ITO銦錫氧化物導電玻璃基板（Indium Tin Oxide Conductive Glass））／基板（如玻

璃），(3)電子傳送層（ETL，Electron transporting layer，材料如Alq（圖
17-11B-a）），(4)電洞傳送層（HTL，Hole transporting layer，材料如
NPB（圖17-11B-b）），(5)電洞注入層（HIL，Hole injecting layer，材料
如CuPc（圖17-11B-c）），及(6)發光層（EL，Emitting layer，材料如高分
子PPV（圖17-11B-d））。電洞（h^+）由陽極→電洞注入層→電洞傳送層→發
光層，而電子（e^-）由陰極→電子傳送層→發光層，電洞及電子分別進入發光
層後，有的由電洞及電子直接接觸反應發光（如下之式17-20），有的和發光
層中之發光有機物A先作用再發光（如下之式17-21a及b）：

$$h^+ （電洞）+ e^- （電子）\rightarrow hv （光） \qquad （17\text{-}20）$$

$$e^- + A \rightarrow A^-* \text{ 及 } h^+ + A \rightarrow A^+* \qquad （17\text{-}21a）$$

$$A^-* + A^+* \rightarrow 2A + hv' （光） \qquad （17\text{-}21b）$$

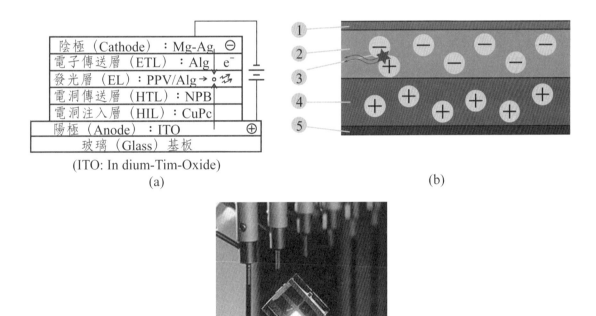

(a)

(b)

(c)

圖17-11A　有機發光二極體之(a)裝置，(b)發光原理示意圖（1.陰極(-)，2.發光層，
　　　　　3.發光，4.傳導層，5.陽極(+)），及(c)發綠光OLED實物圖[232]（b,c
　　　　　圖：From Wikipedia, the free encyclopedia, http://en.wikipedia.org/wiki/
　　　　　Organic_ light- emitting_diode）

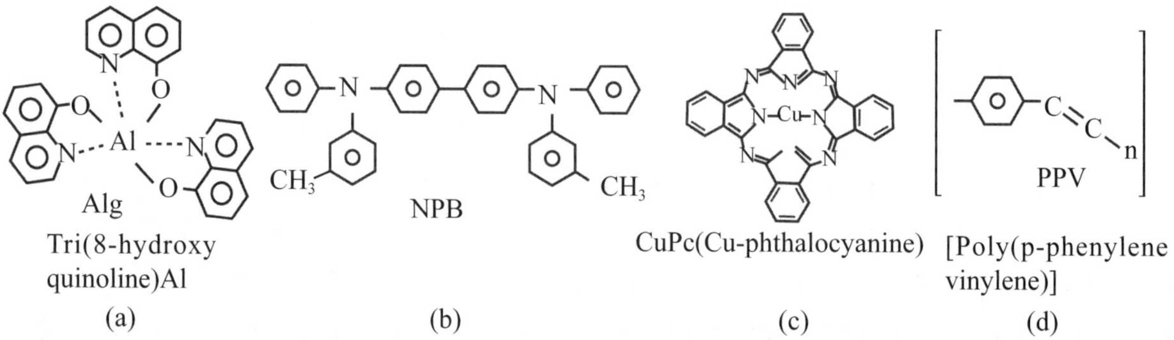

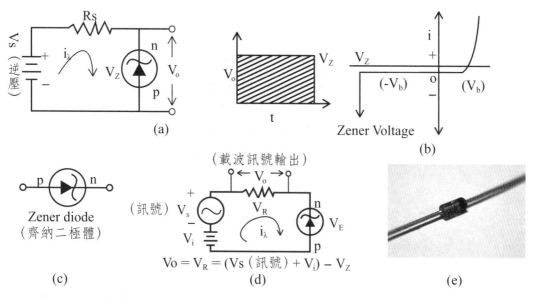

圖17-11B　有機發光二極體之(a)小分子激光分子及電子傳送分子Alq，(b)電洞傳送分子NPB，(c)電洞注入層物質CuPc，及(d)高分子激光分子PPV

　　齊納二極體（Zener diode）爲一種用外加齊納逆電壓（Zener voltage）之逆壓二極體（如圖17-12a），在一特定齊納逆電壓V_z時會產生大電流（如圖17-12b），其符號如圖17-12c所示。齊納二極體之輸出電壓V_o（圖17-12a）相當穩定，較不會隨時間（t）而改變，故齊納二極體可當做穩電壓器。另外，齊納二極體亦常做爲訊號之載波線路元件，圖17-12d爲載波一外來訊號V_s之齊納二極體載波線路圖，其載波輸出訊號因齊納二極體電壓V_z及固定逆電壓（V_i）而相當穩定。圖17-12e爲齊納二極體實物圖。

$$V_o = V_R = (V_s（訊號） + V_i) - V_z$$

圖17-12　齊納二極體之(a)結構及輸出電壓，(b)電壓／電流關係圖，(c)符號，(d)載波線路，及(e)實物圖[233]（(e)圖：From Wikipedia, the free encyclopedia, http://en. wikipedia. org/wiki/Zener_diode）

　　肖特基二極體（Schottky diode）[234]為一將二極體之p極改用金屬且部份
直接和n極接觸（如圖17-13a），如此可增加電子之流動速度，而使二極體電
流增加，如圖17-13b所示也縮小了起動電壓Vd（Barrier potential，由Vd縮
小成Vd'），同時也減小了齊納逆壓（Zener voltage，由Vz縮小成Vz'）。肖
特基二極體之符號及其含外加電壓之線路圖如圖17-13c及d所示。圖17-13e為
大中小三種肖特基二極體實物圖。

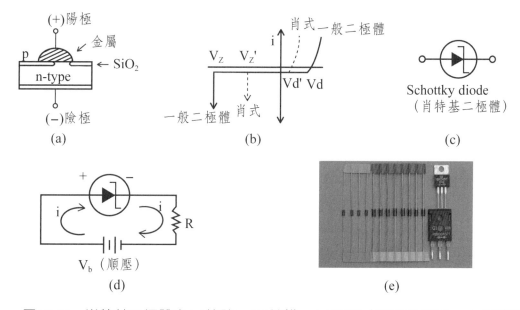

圖17-13　肖特基二極體之(a)符號，(b)結構，(c)電壓／電流關係圖，(d)線路圖，
　　　　　及(e)大中小三種肖特基二極體實物圖[234]（e圖：From Wikipedia, the free
　　　　　encyclopedia, http://en. wikipedia.org/wiki/Schottky_diode）

　　變容二極體（Variable capacitance diode或稱Varicap diode或
Varactor）[235]乃是可用一逆電壓控制其電容之逆壓二極體。二極體之n及p極
以Junction隔開，類似一電容器二片金屬用介質隔開，故二極體可視為一電容
器（如圖17-14a所示）。圖17-14b及c分別為變容二極體之符號及基本結構線
路圖，而如圖17-14d所示，變容二極體之電容會隨外加逆電壓變大（負值越
大）而減小。

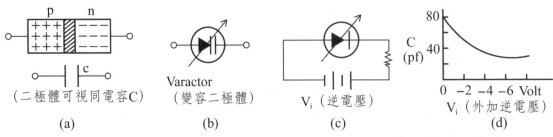

圖17-14　變容二極體之(a)符號，(b)結構，(c)線路圖，及(d)電壓（V_i）／電容（C）
關係圖

透納二極體（Tunnel diode）[236]為一將二極體之接面（Junction）薄膜
化成約10^{-6} cm之薄膜大小（如圖17-15a所示），如此一來，由p到n極之二極
體電流就很容易流動，而起動二極體所需之起動電壓V_d（Barrier potential）
也因而變小了（如圖17-15b所示，由V_d減少成$V_{d'}$），因起動電壓V_d很小，故
此透納二極體可應用在高速電腦或快速電子組件上。圖17-15c為透納二極體
之符號，而圖17-15d為透納二極體實物及其接線夾（Jumper）圖。

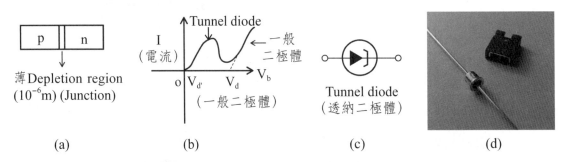

圖17-15　透納二極體之(a)結構，(b)電壓／電流關係圖，(c)符號，及(d)透納二
極體實物及其接線夾（Jumper）圖[236]（d圖：From Wikipedia, the free
encyclopedia, http://en.wikipedia.org/wiki/Tunnel$_d$iode）

17-2-3　二極體組成之儀器元件

　　二極體組成之儀器元件相當多，本節僅介紹下列常見含二極體之儀
器元件：(1)全波整流器（Full wave rectification device），(2)繼電器
（Relay），(3)太陽電池（Solar cell），(4)七段顯示器（Seven-segment-

display），及(5)鋰漂移鍺／矽偵測器（Li drifted Ge/Si (Ge (Li)/Si(Li) detector）。

全波整流器（Full wave rectification device，或稱Full Wave Rectifier）[237]由四個二極體組成，其結構如圖17-16-F2所示。此全波整流器可將含正負電壓之交流電Vm（圖17-16-F1）整流成直流電（圖17-16-F3），其整流原理如圖17-16所示，因電流只能從二極體之p極到n極，而不能從n極到p極，故(1)當交流電Vm之正電壓（圖17-16-A1）通過時，電流i從Vm出來，只能經D→A→B→C→回Vm（如圖17-16-A2所示），若將A，B兩點接輸出電壓V_0，因電流由A→B，故得正電壓V_0（圖17-16-A3所示）。(2)交流電Vm之負電壓（圖17-16-B1）通過時，電流i從Vm出來，只能經C→A→B→D→回Vm（如圖17-16-B2所示），A，B兩點接之輸出電壓V_0，因電流亦由A→B，故也得正電壓V_0（圖17-16-B3所示），換言之不論交流電Vm的正電壓或負電壓通過時，此全波整流器中A，B兩點接之輸出電壓V_0皆為正電壓（如圖17-16-F3），而達到全波整流之目的。

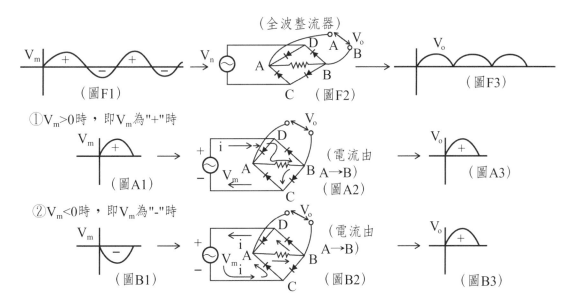

圖17-16 二極體全波整流器之結構及整流原理

繼電器（Relay）亦可由發光二極體，光電二極體及電晶體所組成，圖17-17為二極體所組成之繼電器基本結構，由微電腦出來的數位訊號（1 = 5

V或0＝0 V）若為1（即電壓V_i＝5 V）時，電流會經繼電器之發光二極體而發出光波，然後此光波照射到繼電器之光電二極體，而使電流由光電二極體之n極到p極並經電晶體放大而使高電壓電源（如110 V）之線路中得以有電流流通，而接在高電壓電源之儀器（如加熱器）就得以起動。反之，若微電腦出來的數位訊號為0（V_i＝0 V）時，繼電器之發光二極體就不會發光，光電二極體就無電流流動，高電壓電源之線路就無電流，接在高電壓電源之儀器也就不能起動。

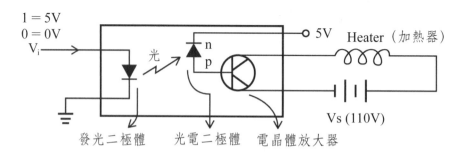

圖17-17 二極體／電晶體組成之繼電器結構及原理

太陽電池（Solar cell）[238]如圖17-18a所示亦由二極體所構成，當太陽光分別照射到二極體之n及p極，分別使n極之電子往太陽電池線路中負載（Load），而使電流i從p極傳到負載（如圖17-18b所示），使負載中之儀器（如燈泡及計算機）有電流足以起動，此電流再由負載傳到n極，再回p極，完成電流迴路並再次旋迴。一般太陽電池之材質常用矽（Si），而矽之導電能階和共價能階間之能隙（Energy gap，ΔEg）為1.2 eV，然如圖17-18c所示太陽光中最高強度之光能量卻為2.3 eV，故現行矽太陽電池效率並不好，只約11％而已。圖17-18d為單晶矽（Si）Solar cell實物圖。

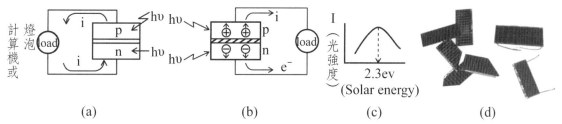

(a)　　　　　　　(b)　　　　　　(c)　　　　　　(d)

圖17-18　太陽電池（Solar cell）之(a)結構，(b)電流產生原理，(c)太陽光強度分配

圖，及(d)單晶矽(Si) Solar cell實物圖[238]（d圖：From Wikipedia, the free

encyclopedia, http://en.wikipedia.org/wiki/ Solar$_c$ell）

七段顯示器（Seven-segment-display）為常見之顯示器，最常用在公共場所的報時器中。圖17-19a顯示七段顯示器外觀是由A，B，C，D，E，F，G七段顯示元件所組成，而每一顯示燈都接有一發光二極體（如圖17-19b所示），當任何一段顯示元件（如A段）接收一5 V（數位1訊號）時，接在這段顯示元件（如A段）之發光二極體因有電流（i）通過就會發光顯示出來。

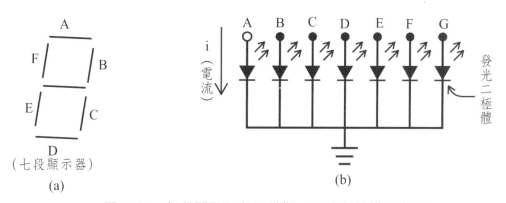

(a)　　　　　　　　　　　　　　　　　(b)

圖17-19　七段顯示器之(a)外觀及(b)內部結構示意圖

鋰漂移鍺／矽偵測器（Li drifted Ge/Si (Ge(Li)/Si(Li) detector）如圖17-20a所示為由含狹窄n極（約1 nm Li/Ge或Li/Si）及p極（B/Ge或B/Si）和中間寬廣的Ge或Si所組成。Ge(Li)或Si(Li)偵測器常用在偵測X光波及γ射線，為能量分散偵測器（Energy dispersion detector）之一種，即各種波長（λ1，λ2，λ3...）之X光波經此種能量分散偵測器會顯示出各種不同波長X光之各別強度（如圖17-20b，其詳細工作原理及儀器實圖請見第十章10-1-2節

「X光偵測器」）。如圖17-20a所示，當X光照射到Ge(Li)偵測器之中間寬廣的Li接面（Junction）時，會使Li離子化成Li^{+*}及e^{-*}，Li^{+*}離子會向接負電壓（$-500\sim-1000$伏特）之p極漂移（drift）移動，而電子（e^{-*}）向n極移動並以電流訊號輸出。如圖17-20b所示，所得電流訊號再經放大器放大並以電流脈衝（Pulse，I_o）訊號輸出。輸出訊號之脈衝高度H_1和此X光波長有關（高度一樣表示波長一樣），而脈衝寬度（tp）和此波長之X光強度（光子數目）成正比。

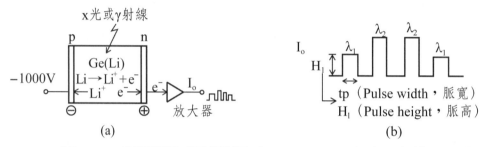

圖17-20　鋰漂移鍺／矽偵測器（Ge(Li) detector）之(a)結構及(b)輸出訊號

17-3　電晶體及其應用

電晶體（Transistors）[239a-c]由npn或pnp三極體之半導體所組成，電晶體常應用於放大電流訊號。圖17-21a為以**場效應電晶體**（Field-Effect Transistor，FET）[239b]為例的npn電晶體基本線路示意圖，其含S極〔源極（Source）或稱射極（Emitter(E)，發射（電子）極）〕，G極〔閘極（Gate）或稱基極（Base，B）〕及D極〔洩極（Drain，D）或稱接收極（Collector，C）〕等三極與外加電壓V_{SD}。當外來小電流（i_G）的訊號由G極進入電晶體時，S極會發射電子(e^-)經npn電晶體而由D極接收，反之，較大電流i_{SD}由D極進入電晶體，再流入接地的S極。圖17-21b為FET電晶體電流符號及電流流向，而圖17-21c為在不同外來訊號V_G時，電晶體由D極到S極之放大電流i_{SD}和外加電壓V_{SD}之關係，一般由G極進入電流i_G和放大電流i_{SE}之比約為

1/100〜1/1000左右（即$i_{SD}/i_G = 100〜1000$），換言之，G極小電流（i_G）訊號會引起D到S極之大電流（i_{SD}），即電晶體具有放大訊號之功能。圖17-21d為FET電晶體外觀示意圖，外來訊號接G極，D極接電源V_{SD}（一般為5-24 V），S極接地。圖17-21e為電晶體實物圖。

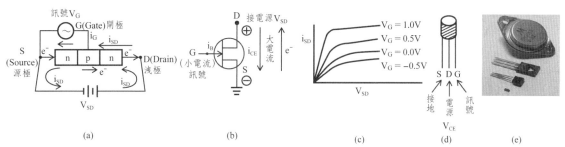

圖17-21　場效應電晶體（FET）之(a)結構，(b)符號及電流，(c)電流／電壓關係圖，(d)外觀示意圖，及(e)產品實物圖[239a]（e圖：From Wikipedia, the free encyclopedia, http://en.wikipedia.org/wiki/ Transistor）

圖17-22a，b為另一種應用二個電源（V_{EB}及V_{CE}）之**雙極介面電晶體**（Bipolar junction transistor，BJT）[239c]之結構示意圖及符號和電流流向，在BJT電晶體是以EBC（Emitter/Base/Collecttor）來命名其電晶體三個極，而FET電晶體則常以SGD來命名其電晶體三個極。BJT電晶體亦由B極（Base）輸入小電流訊號i_B進入電晶體中而引起流向C極（Collector）及E極（Emitter）的大電流i_C及i_E，一般i_C/i_B及i_E/i_B之比皆約100（放大100倍）。和場效應電晶體一樣，此雙極介面電晶體之輸出電流i_C或i_E皆如圖17-22c所示會隨其輸入電流i_B及外加電壓（如V_{CB}）之增大而變大。

光電電晶體（Phototransistor）[239-241]為常見應用在儀器中的電晶體，光電電晶體常用做光波偵測器。圖17-23a為光電電晶體之基本結構線路圖，其含一逆壓二極體及一場效應電晶體。逆壓二極體在未照光時沒電流流過，但當光波照射到光電電晶體之逆壓二極體時，逆壓二極體就有由n到p極之電流i_B流動，此電流i_B進入電晶體之B極，就會引起由電晶體之C極到E極之大電流，由此C→E電流大小即可估算入射光波強度。圖17-23b及c分別為光電電晶體之符號及市售產品外觀，因光電電晶體之B極和內建之逆壓二極體相接，不需外接，故光電電晶體只需外接C及E極，C極接電源正極而E極接電源負極或接地

即可。

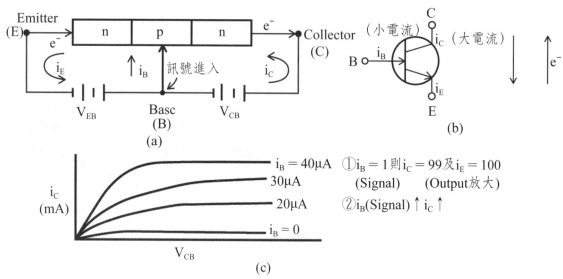

圖17-22 雙極介面電晶體（BJT）之(a)結構，(b)符號及電流，及(c)電流／電壓關係圖

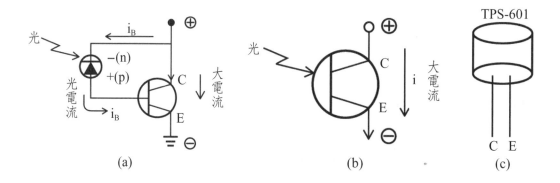

圖17-23 光電電晶體（Phototransistor）之(a)結構線路，(b)符號及(c)產品外觀

17-4 誘電性液晶顯示器及記憶體

液晶應用在液晶顯示器（Liquid crystal display）及記憶體（Memory），使顯示器及記憶體薄膜化，大大減少顯示器及記憶體之體積，故近幾年來電子工業用的液晶之合成及研究在學術界及工業界如雨後春筍。電子工業用的液晶最常用的為**誘電性液晶**（Ferroelectric Liquid Crystal，FLC）[242-243]，但傳統的誘電性液晶只能顯示黑白，而不能顯示彩色，故近年各國積極發展**色素誘電性液晶**（Chromo-Ferroelectric Liquid Crystal，C-FLC），此種液晶可顯示彩色，故本節將簡介傳統FLC誘電性液晶及色素誘電性液晶（C-FLC）。

（一）誘電性液晶顯示器

誘電性液晶（FLC）[242-243]之分子會因外加電壓而改變其分子形狀，而這些常用於電子工業的誘電性液晶分子之共同特點除了會因外加電壓而改變分子形狀外，在常溫下為排列整齊之液態分子且分子中都有皆有對掌中心（Chiral center，如圖17-24a所示）。誘電性液晶顯示器之元件是將液晶放在兩互相垂直之偏光板中（如圖17-24b所示），此類含對掌中心之誘電性液晶在未加電壓（如數位訊號0，電壓為0 V）時為S形分子，光波沿著液晶S形旋轉，剛好皆可透過此兩互相垂直之偏光板（圖17-24b之B-1）而透光出來（呈白色）。但當外加電壓（如數位訊號1，電壓為5 V）於此誘電性液晶時，其分子由S形轉變成直鍊形（圖17-24b之B-2），此時向下之光波只會透過上面偏光板而不能透過下面偏光板，故變成不透光（呈黑色）。其實，為使誘電性液晶改變其分子形狀所需之外加電壓（或稱轉換電壓V_t）約只要在1.0～3.0 V左右即可，圖17-24a之液晶分子的轉換電壓V_t如圖17-24c所示只要約為1.8 V即可。

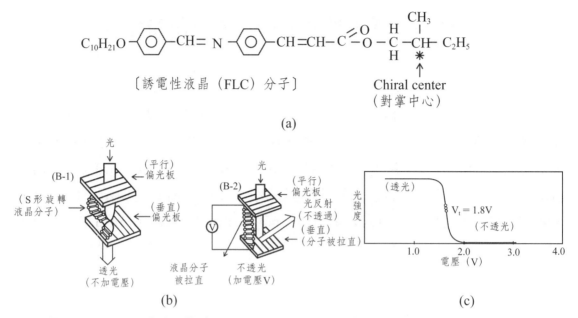

(a)

(b)　　　　　　　　　　　　　　　　　　(c)

圖17-24　(a)一種誘電性液晶分子及，(b)誘電性液晶顯示器元件及(c)其外加電壓效
　　　　　應

（二）色素誘電性液晶

　　因傳統誘電性液晶只能顯示黑白兩色，故近年來世界各國積極研究合成含色素之誘電性液晶，特稱爲色素誘電性液晶（Chromo-Ferroelectric Liquid Crystal，C-FLC）。圖17-25a爲一色素誘導性液晶分子結構圖，此液晶分子含傳統誘電性液晶之對掌中心及色素部份。此種色素誘電性液晶不只可用做彩色液晶顯示器薄膜材料，亦可做爲可擦式感光液晶記憶體（Erasable light-sensitive liquid crystal memory）材料，圖17-25b爲其所組成之記憶體之記憶及擦拭過程：首先，利用雷射寫入（照射）此色素誘電性液晶記憶體，使此液晶因受熱使其分子形狀改變且成混亂地區，使液晶記憶體部份成不透光區，此不透光區圖形即爲所要記錄之記憶資料。若要將此記憶資料從液晶記憶體擦掉，如圖所示，只要外加電壓就會使此液晶記憶體部份不透光區分子恢復原來整齊的液晶結構，如此輪迴即可一次又一次記錄－擦拭，重複使用。

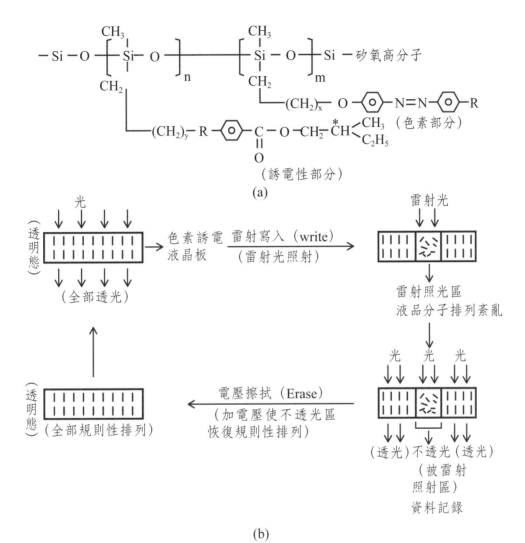

圖17-25　色素誘電性液晶之(a)分子（舉例）及(b)所組成的可擦式感光記憶體感光顯示及電壓擦拭擦式原理

17-5　RC/LR線路

RC線路（RC circuits）泛指含電阻（R）及電容器（C，Capacitor）之電子線路，而LR線路（LR circuits）泛指含電阻（R）及電感器（L，Inductor）之電子線路。RC及LR線路基本上分別為儲存電能（或電壓）及儲

存磁能之線路，也皆和時間有關之線路。本節將分別介紹RC及RL線路和其儲存電能及儲存磁能之原理及應用。

17-5-1　RC線路

RC線路（RC circuits）基本是由電容器（Capacitor，C）和電阻（Resistor，R）所構成，所以本節將先介紹電容器，然後介紹RC線路及其充電放電，並舉例說明RC線路之應用。

17-5-1-1　電容器

電容器（Capacitor）[244]可說是RC線路之主要元件。如圖17-26a所示，電容器基本上是由兩片金屬及金屬片間之介質（Dielectric）所組成的。市售之各種電容器的外觀及符號如圖17-26b-d所示，由電容器介質之極性與否，電容器可分一般非極性電容器及極性電容器兩大類，圖17-26b之碟形（Disk）陶瓷電容器及圖17-26c之塑膠／紙張（Plastic/paper）電容器皆屬於非極性電容器（符號為￪），而圖17-26d之雙極性電解質電容器，（Bipolar electrolytic capacitor）具有正負極，為極性電容器（符號為￪）。一般極性電容器（常用金屬鹽類電解質做介質）之電容（在μF範圍，10^{-6} Farad）比非極性電容器（在pF範圍，10^{-12} Farad）大，電容器之兩片金屬上所具有電荷q和其用於充電之外接電壓V成正比，關係如下：

$$q = CV \qquad (17\text{-}22)$$

式中C為比例常數，C也就是一電容器之電容（Capacitance）。另外，電容器之電容C亦和其兩片金屬之表面積(a)和兩片金屬間距離(d)有關，其相互間之關係如下：

$$C = \varepsilon_0 \, (K_d \times a)/d \qquad (17\text{-}23)$$

式中ε_0為比例常數，其值為8.9×10^{-12} farads/m，而K_d為電容器中兩片金屬間之介質的介電常數（Dielectric constant），介質的介電常數越大表示這介質之極性越大，表17-2為各種常見物質及常用在電容器中介質的介電常數。

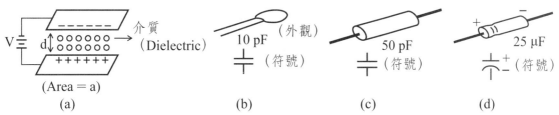

圖17-26　電容器（Capacitor）之(a)結構及外接電壓，(b)碟形（Disk）陶瓷電容器，(c)塑膠／紙張（Plastic/paper）電容器，及(d)雙極性電解質電容器（Bipolar electrolytic capacitor）

表17-2　各種物質之介電常數K_d

物質	K_d	物質	K_d
Air	1.0006	Paper	3.5
Glass	3.9～5.6	Water	78
Polyethylene	2.3	Quartz	3.9
Polystyrene	2.6	Oil	2.2
Teflon	2.1	Paraffin	2.1
Mica（雲母）	5.5	Cellophane	3.5

17-5-1-2　RC線路及其應用

本節將介紹RC線路之基本結構及充電放電原理，並簡介RC線路之應用，例如RC線路應用在濾波器及電壓分配器（Voltage divider）[245]。

17-5-1-2-1　RC線路

RC線路（RC circuits）之基本結構如圖17-27a所示含有電容C及電阻R和外加電壓或電壓訊號Vs。由式（17-22），電容C之電壓Vc和具有的電荷q之關係為：

$$Vc = q/C \qquad (17\text{-}24)$$

因C為常數，微分式（17-24）可得：

$$dVc = dq/C \text{ 及 } dq = C \ dVc \qquad (17\text{-}25)$$

而由圖17-27a線路之電壓關係：

$$Vs = V_R + Vc \qquad (17\text{-}26)$$

因電流I及V_R和電流關係為：

$$I = dq/dt \text{ and } V_R = IR \tag{17-27}$$

式（17-27）及式（17-25）代入式（17-26）可得：

$$(1/(Vs-Vc))\, dVc = dt/(RC) \tag{17-28}$$

令y = Vs－Vc可得dy = dVs － dVc = －dVc（因Vs為常數，dVs = 0），代入式（17-27）可得：

$$-(1/y)\, dy = (1/RC)\, dt \tag{17-29}$$

將式（17-29）積分：

$$- (1/y)\, dy = (1/RC)\, dt \tag{17-30}$$

從時間t = 0到t和y_0到y積分可得：

$$-(\ln y - \ln y_0) = t/(RC) \tag{17-31}$$

因y = Vs－Vc及充電時，t = 0時Vc = 0可得y_0 = Vs + Vc = Vs並代入式（17-30）得：

$$-[\ln(Vs-Vc) - \ln Vs] = -\ln[(Vs - Vc)/Vs] = t/(RC) \tag{17-32}$$

式（17-32）換成指數表示為：

$$(Vs - Vc)/Vs = e^{-(t/RC)} \tag{17-33a}$$

即：

$$Vc = Vs(1 - e^{-(t/RC)}) \quad [充電] \tag{17-33b}$$

式（17-33b）為從時間t = 0到t時，電容電壓Vc之關係式，RC線路中R×C乘積因其單位為時間（sec），故R×C乘積被稱為RC時間常數（Time constant），依式（17-33b）之Vc對時間常數（RC）作圖，可得圖17-27b充電（Charging）曲線，由此充電曲線，可知時間約在5RC（Time constant為5）時，即幾乎可充電完成（約至100％）。充電過程中RC線路中之電流亦可由式（17-33b）可求得，因Vs = V_C + V_R，即Vc = Vs － V_R，式（17-33b）可寫成：

$$Vc = V_s - V_s\, e^{-(t/RC)} = V_s - V_R = V_s - V_s\, e^{-(t/RC)} \tag{17-34}$$

整理可得

$$V_R = V_s\, e^{-(t/RC)} \tag{17-35}$$

因V_R = IR，故由式（17-35）可得RC線路中之電流I為：

$$I = (V_s/R)\, e^{-(t/RC)} \tag{17-36}$$

　　圖17-27b亦顯示電容放電（discharging）時之放電曲線，也顯示時間約在5RC電容器幾可放電完成，其放電之電容器電壓Vc隨時間t變化方程式如下：

$$Vc = Vs \times e^{-(t/RC)} \quad [放電] \tag{17-37}$$

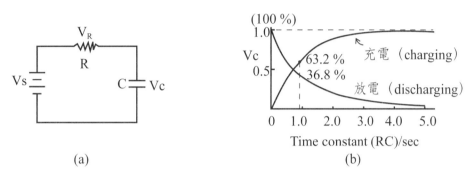

圖17-27　RC線路之(a)基本結構圖及(b)電容器C充電和放電圖

17-5-1-2-2　RC線路之應用

　　RC線路應用相當廣泛，例如可用在本書第十五章所介紹的微分器及積分器和當電壓分配器以及當濾波器，因為電壓分配器及濾波器在分析儀器相當重要，本節將特別介紹此兩種儀器。

　　RC電壓分配器（RC Voltage divider）[245]之結構如圖17-28所示，若將此RC線路中電阻R接輸出V_0，即輸出電壓$V_0 = V_R$，由式（17-35）可得：

$$V_0 = V_R = Vs\ e^{-(t/RC)} \tag{17-38}$$

　　由式（17-38）的V_0（輸出電壓）對t（時間）作圖可得圖17-28b，由圖中可看出，若要一特定電壓（如V_1）只要在特定時間（如t_1）收集輸出電壓即可得到任何所要的電壓，各種連續電壓皆可得，相當方便。反之，傳統的電壓分配器（如圖17-28c所示）之結構相當複雜，若要一特定輸出電壓就要加一電阻且其輸出電壓又不連續，只能得幾個特定電壓，相當不方便。故現在電子線路大都採用較方便的RC電壓分配器，由控制時間來控制所要的輸出電壓。

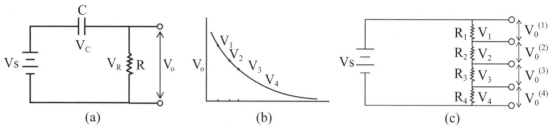

圖17-28　RC電壓分配器之(a)結構，(b)輸出電壓／時間關係圖及(c)傳統的電壓分配器。

RC濾波器（RC filter）依所濾過出來的波段概分**高頻通濾波器**（High pass filter）及**低頻通濾波器**（Low pass filter）兩大類，高頻通濾波器是濾去低頻雜訊而讓高頻訊號通過，反之，低頻通濾波器是濾去高頻雜訊而讓低頻訊號通過。

高頻通RC濾波器（High pass filter）[246]之基本結構如圖17-29所示，其由電壓訊號Vs，電容C及電阻R，而其輸出端接電阻，因而其輸出電壓為V_0等於電阻電壓V_R（即$V_0 = V_R$）。此RC線路之總阻抗Z（Impedance）為：

$$Z = R + j\,Xc \quad (j = (-1)^{1/2}) \tag{17-39}$$

亦可寫成：

$$Z = (R^2 + Xc^2)^{1/2} \tag{17-40}$$

式中Xc為電容之阻抗，而Xc與外來訊號之頻率f有下列關係：

$$Xc = 1/(2\pi f\,C) \tag{17-41}$$

此高頻通濾波器之訊號通過效率H_{jw}（Network Transfer Function）為：

$$H_{jw} = V_0/Vs \tag{17-42}$$

因此濾波器輸出V_0接在電阻R上，故$V_0 = V_R$且$V_R = iR$及$Vs = iZ$（i為線路電流）可得：

$$H_{jw} = V_0/Vs = V_R/Vs = iR/iZ = R/Z = R/((R^2 + Xc^2)^{1/2}) \tag{17-43}$$

⑴當外來訊號之頻率f→o（low frequency signal）時之Xc由式（17-41）為：

$$Xc = 1/(2\pi fC) = 1/0 \rightarrow \infty \tag{17-44}$$

代入式（17-43）可得：

$$H_{jw} = R/((R^2 + Xc^2)^{1/2}) = R/(R^2 + \infty)^{1/2} = R/\infty = 0 \tag{17-45}$$

　　由式（17-45）可知，當低頻訊號經此高頻濾波器時會被消減（在$f \to 0$時低頻$H_{jw} \to 0$）。

(2)當訊號之頻率$f \to \infty$（high frequency signal）時之Xc由式（17-41）為：

$$Xc = 1/(2\pi f\ C) = 1/\infty = 0 \tag{17-46}$$

　　及

$$H_{jw} = R/(R^2 + Xc^2)^{1/2} = R/(R^2 + 0)^{1/2} = R/R = 1 \tag{17-47}$$

　　換言之，當高頻訊號經此高頻濾波器時其H_{jw}接近1（即高頻易通過），這表示圖17-29a之RC線路確為高頻通濾波器，可將低頻訊號消除而讓高頻通過。一濾波器之輸出／輸入功率比（P_0/P_1）常用分貝（dB，decibels）來表示，其與輸出／輸入電壓（V_0/V_s）關係如下：

$$dB = 10\ \log\ (P_0/P_1) = 10\ \log[(V_0^2/Z)/(Vs^2/Z)] = 20\ \log\ (V_0/V_s) \tag{17-48}$$

　　將式（17-42）之H_{jw}代入式（17-48）可得：

$$dB = 20\ \log\ (H_{jw}) \tag{17-49}$$

　　為瞭解多高的頻率才不會被此高頻濾波器消減，特定一「**制低截斷頻率 f_1（Lower cutoff frequency）**」，其定義為在RC線路中$Xc = R$時，$f = f_1$，即：

$$Xc = 1/(2\pi\ f_1\ C) = R \tag{17-50}$$

　　即：

$$f_1 = 1/(2\pi RC) \tag{17-51}$$

　　若將dB對f/f_1作圖（Bode plot）可得圖17-29b，由圖中可知當$f/f_1 = 1$（即頻率為f_1）時訊號明顯開始被消減。當$f = f_1$時且$Xc = R$代入式（17-43）可得：

$$H_{jw} = R/(R^2 + Xc^2)^{1/2} = R/((R^2 + R^2)^{1/2}) = R/(R(2)^{1/2}) = 0.707 \tag{17-52}$$

　　這表示此f_1頻率只有0.707(70.7 %)訊號波可通過，有29.3 %訊號波被消減掉，而由式17-49可計算此f_1時的dB值為：$dB = 20\ \log\ 0.707 = -3$（如圖17-29b所示）。

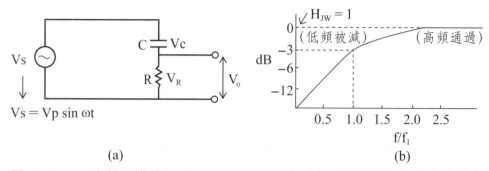

圖17-29 RC高頻通濾波器（High pass filter）之(a)線路圖及(b)功率／頻率關係圖（Vs為外來頻率訊號，其為電壓Vp及頻率ω之時間(t)函數。）

低頻通RC濾波器（low pass filter）[247a]之基本結構如圖17-30所示，其輸出電壓V_0接在電容C，故此RC線路之訊號通過效率H_{jw}（Network Transfer Function）為：

$$H_{jw} = V_0/V_s = V_c/V_s = i_{Xc}/i_Z = X_c/Z = X_c/((R^2 + X_c^2)^{1/2}) \quad （17-53）$$

(1)當外來訊號之頻率f→0時，如式（17-44）所示，$X_c = 1/(2\pi f\ C) \to \infty$，代入式（17-53）可得：

$$H_{jw} = \frac{X_c}{\sqrt{X^2 + R^2}} = \lim_{X_c \to \infty} \frac{X_c}{X_c} = \lim \frac{dX_c}{dX_c} = 1 \quad （17-54）$$

由上式可知通過效率$H_{jw} = 1$表示，低頻訊號會通過此RC濾波器，而不會被消減。(2)當訊號之頻率f→∞，如式（17-46）所示，$X_c = 1/(2\pi f\ C) = 1/\infty \to 0$，代入式（17-53）可得：

$$H_{jw} = X_c/((R^2 + X_c^2)^{1/2}) = 0/R = 0 \quad （17-55）$$

$H_{jw} = 0$表示高頻訊號經此RC濾波器，會被消減，這也表示圖17-30a之RC線路確為低頻通濾波器，可讓低頻通過而將高頻訊號消除。為要表示多高頻率就會被消減，特定義一「**制高截斷頻率**f_2（upper cutoff frequency）」，在f_2時，$X_c = R$，即：

$$X_c = 1/(2\pi f_2\ C) = R \quad （17-56）$$

即：

$$f_2 = 1/(2\pi RC) \quad （17-57）$$

在此低頻通濾波器之輸出輸入功率比（P0/PI）亦可用分貝（dB）表示（如式（17-48）及（17-49）），並可利用dB對f/f_2作圖，可得圖17-30b。同

樣當$f = f_2$時且$Xc = R$代入式（17-53）可得：

$Hjw = Xc/((R^2 + Xc^2)^{1/2}) = R/((R^2 + R^2)^{1/2}) = R/(R(2)^{1/2}) = 0.707$（17-58）

　　表示此f_2頻率只有70.7 %訊號波可通過，部份（29.3 %）被消減，而比f_2低的頻率訊號被消減比率就較小。同樣由式17-49可計算其輸出輸入功率比dB $= 20 \log 0.707 = -3$（如圖17-30b所示）。

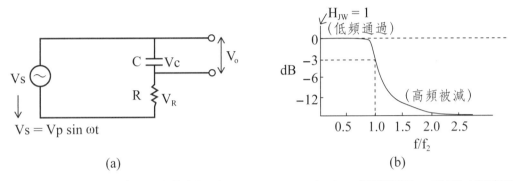

圖17-30　RC低頻通過濾波器（Low pass filter）之(a)線路圖及(b)功率／頻率關係圖
（Vs為外來頻率訊號，其為電壓Vp及頻率ω之時間（t）函數）

　　若只要一特定波長或一特定範圍之波長，則需如圖17-31a所示，將高頻通濾波器接上低頻通濾波器，經此兩濾波器後，剩下能通過的只如圖17-31b斜線部份波段了，而最不受此兩濾波器消減的為頻率為f_0（通常f_0為我們想要之頻率，用此兩濾波器去除比f_0大及比f_0小之頻率），而f_0接近高頻通濾波器之f_1及低頻通濾波器之f_2（即$f_0 \fallingdotseq f_1 \fallingdotseq f_2$）。由圖17-31b可看出，此種高頻通濾波器－低頻通濾波器（High-pass filter/Low-pass filter）連接的濾波器，最後所得的通常為一頻率波帶（Band），而非單純只剩一個頻率f_0，故此高頻通/低頻通連接濾波器可視為一種「**帶通濾波器**」（Band-pass filter）[247b]。

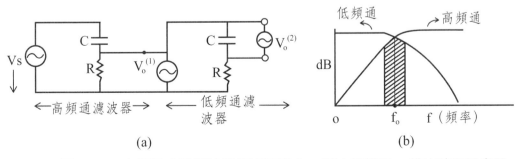

圖17-31　高頻通／低頻通連接濾波器之(a)基本結構及(b)輸出波段示意圖

17-5-2 電感器及LR線路

電感器（inductor）[248]含線圈及磁鐵或磁性物質（圖17-32a），其利用磁場或磁力線產生感應電流。一般電感器中磁鐵是靜止的（圖17-32a），但在動態的電感器（圖17-32b）中磁鐵是可移動的，此種動態的電感器可利用線圈電流的改變估算含運動磁鐵的物件之運動速度。圖17-32c爲電感器之符號，而圖17-32d爲常用在電子線路之一般電感器及含磁性氧化鐵（Ferrite，Fe_2O_3）電感器市售產品示意圖，氧化鐵電感器可用在高頻，而一般以鐵粉爲材料之電感器只能用在低頻。圖17-32e爲各種電感器實物圖。電感器之線圈感應電位VL會受其磁性物質或外來磁波之磁力線強度改變（$d\Phi$）及線圈數N而改變：

$$V_L = N(d\Phi/dt) \tag{17-59}$$

電感器之感應電位VL亦會產生線圈電流i改變，反之線圈電流i改變亦會引起感應電位VL改變，關係如下：

$$V_L = L(di/dt) \tag{17-60}$$

式中L爲電感器之電感（Inductance），其單位爲henry（H，volt-sec/ampare），其爲當電流變化（di/dt）爲1 A/sec時，會引起1 volt的感應電位V_L。一般L爲mH之電感器用在高頻，而μH之電感器用在低頻。另外，線圈中感應電流i大小與電感器之磁力線強度（Φ）有關，關係如下：

$$L \times i = N \times \Phi \tag{17-61}$$

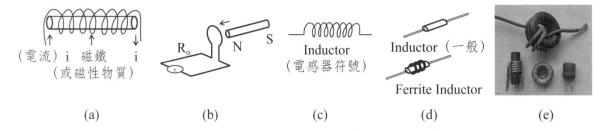

（電流）i 磁鐵 i
（或磁性物質）

R_o N S

Inductor
（電感器符號）

Inductor（一般）

Ferrite Inductor

(a)　　　　(b)　　　　(c)　　　　(d)　　　　(e)

圖17-32 電感器（Inductor）之(a)一般（靜止型）電感器，(b)動態型電感器，(c)符號，(d)市售電感器外觀，及(e)各種電感器實物圖[248]（e圖：From Wikipedia, the free encyclopedia, http://en. wikipedia.org/wiki/Inductor）

　　LR線路（LR circuits）或稱RL線路（RL circuits）之基本結構圖如圖17-33所示，其含電感器L及電阻並連接外加電壓，一般LR電感器用在磁力線或磁場使線圈產生電流或電流變化。換言之，通常磁能都先儲存在電感器L中，當需電感器放出磁能時，只要接上圖17-33a中之控制開關（S），電感器之磁能就會放出（Discharging），而線圈中就會產生感應電流。在磁能未放出時，電感器具有感應電壓V_L，當接上控制開關S(ON)，LR線路就會有感應電流i，電阻R之電壓也從0至V_R，LR線路之電壓關係如下：

$$Vs = V_R + V_L \qquad (17-62)$$

V_L由式（17-60）代入式（17-62）可得：

$$Vs = V_R + L(di/dt) \qquad (17-63)$$

因$V_R = iR$，故

$$dV_R = (di/dt)R \qquad (17-64)$$

將式（17-64）代入式（17-63）可得：

$$Vs = V_R + (L/R)(dV_R/dt) \qquad (17-65)$$

即：

$$dV_R/(Vs - V_R) = (R/L)dt \qquad (17-66)$$

令$Vs - V_R = x$，$d Vs - dV_R = dx$，因Vs為固定（constant），故dVs = 0，因而$dx = -dV_R$，將之代入式（17-66）可得：

$$-dx/x = R/L \, dt \qquad (17-67)$$

積分式（17-67）時間由0到，x由x0到xt可得：

$$-\ln xt - (-\ln x0) = (R/t) \qquad (17-68)$$

在t = 0時，因$V_R = 0$故x0 = Vs - V_R = Vs及時間t時，xt = Vs - V_R代入式（17-68）可得：

$$-\ln(Vs - V_R) - (-\ln Vs) = (R/t) \qquad (17-69)$$

由式（17-62），Vs - V_R = V_L代入式（17-69）並整理且指數化後可得：

$$V_L = Vs \times e^{-t(R/L)} \qquad (17-70)$$

因L/R之單位為sec，故L/R稱為L/R時間常數TC（Time Constant），即L/R = TC，式（17-70）變成：

$$V_L = Vs \times e^{-t(R/L)} = Vs \times e^{-t/(TC)} \qquad (17-71)$$

又由式（17-62），$Vs - V_R = V_L$代入式（17-71）可得：

$$V_R = Vs(1 - e^{-t(R/L)}) = Vs(1 - e^{-t/(TC)}) \qquad (17-72)$$

由式（17-71）及（17-72），V_L及V_R對時間常數TC分別作圖，可得圖17-33。可知此電感器放出磁能後，使電感器感應電壓V_L下降而使LR線路之V_R增加且產生感應電流i。

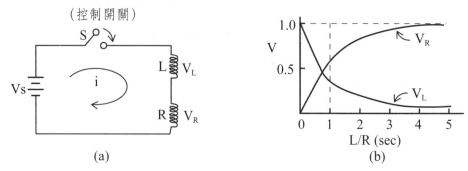

圖17-33　LR線路之(a)基本結構圖及(b)電感器之感應電壓V_L及V_R圖

電感器除釋放磁能，也放出一些熱能，這可由式（17-62），$Vs = V_R + V_L$，因單位時間放出之能量（即功率（Power））$= iV$，故左右各乘以i（電流）可得：

$$i Vs = i V_R + i V_L \qquad (17-73)$$

因$V_R = iR$及$V_L = L\, di/dt$代入式（17-73）可得：

$$i Vs = i^2R（此為熱能）+ Li\, di/dt（此為磁能） \qquad (17-74)$$

由上式可知電感器除釋放磁能，也放出一些熱能。反之，若用iVs能量充電（Charging），會使電感器L單位時間儲存Li di/dt之磁能。即LR線路可用來儲存磁能（U_B）為Li di/dt積分如下：

$$dU_B/dt = L\, i\, di/dt \qquad (17-75)$$

積分式（17-75）可得總儲存磁能U_B為：

$$U_B = (1/2)(Li^2) \qquad (17-76)$$

反之，RC線路是用來儲存電能U_E，由式（17-24），$Vc = q/C$且$i = dq/dt$及單位時間電能亦等於iVc（即$dU_E/dt = iVc$）可得：

$$dU_E/dt = i Vc = iq/C = (dq/dt)q/C \qquad (17-77)$$

積分式（17-77）可得：

$$U_E = (1/2)q^2/C \qquad\qquad (17\text{-}78)$$

故在一般電子線路中，LR線路當磁能儲存器，而RC線路當電能儲存器。

17-6　儀器雜訊及處理

儀器雜訊常導致化學分析之誤判及儀器偵測靈敏度下降，本節將用訊號／雜訊（Signal/Noise ratio，S/N）來說明儀器的雜訊程度，說明儀器雜訊來源及一般雜訊處理（含用Chopper/Lock-In放大器去除雜訊）。同時簡介IUPAC所建議的靈敏度（Sensitivity）及偵測下限（Detection limit）。

17-6-1　儀器訊號／雜訊比（S/N）、靈敏度及偵測下限

一儀器訊號之訊號／雜訊比（S/N, Signal/Noise）之定義如下：

S/N = mean（平均值$\overline{X}$）/Standard deviation（標準偏差σ）= $\overline{X}/\sigma$

$$\qquad\qquad (17\text{-}79)$$

而相對標準偏差（Relative Standard deviation，RSD）則為：

$$RSD = \sigma/\overline{X} \qquad\qquad (17\text{-}80)$$

式（17-80）代入式（17-79）可得：

$$S/N = 1/RSD \qquad\qquad (17\text{-}81)$$

因一般儀器誤差99％可信度（confidence level）都在±2.5σ內，即總誤差（最大值及最小值之差）為5σ，故：

σ（標準偏差）=（最大值 − 最小值）/5 = $(X_{max} - X_{min})/5$ 　(17-82)

如圖17-34之儀器的電流訊號I，其最高值為0.80 A（安培），最低值為0.40 A，而其所有訊號平均值為0.65 A，故其標準偏差σ及訊號／雜訊比（S/N）可計算如下：

σ（標準偏差）= $(X_{max} - X_{min})/5$ = (0.80 − 0.40)/5 = 0.08 　(17-83)

及　　S/N（訊號／雜訊比）= $\overline{X}/\sigma$ = 0.65/0.08 = 8.1 　(17-84)

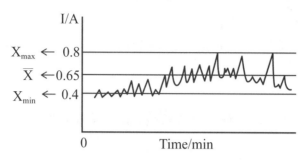

圖17-34　一儀器之電流訊號輸出情形

　　一般儀器之靈敏度（sensitivity，m）現大部份採用IUPAC（International Union of Pure and Apply Chemstry，國際純粹應用化學聯合會）建議的「校準靈敏度（calibration sensitivity，m）」，其定義爲由儀器訊號（I）及待測物濃度（C）所構成的校準曲線（Calibration curve）之斜率（Slope），即：

$$m（靈敏度）= \Delta I/\Delta C \qquad （17\text{-}85）$$

　　而一般儀器之偵測極限（Detection limit，C_L），也依IUPAC[249]建議，定義如下：

$$C_L = \frac{kS_B}{m} \qquad （17\text{-}86）$$

　　式中S_B爲20次測試無樣品雜訊之標準偏差（standard deviation of the blank signal）；m爲校準靈敏度，由校準工作曲線（Calibration working curve）之斜率計算所得。k爲在特定可信度（the confidence level desired，如99.86％可信度）之數字因子（Numerical factor），在k = 3時可信度即可達99.86％[250]，故一般用k = 3計算偵測下限。

　　舉例用一表面聲波儀來偵測空氣中污染物順-3-庚烯（cis-3-heptene）時[251]，由cis-3-heptene濃度（mg/mL）對表面聲波（Surface Acoustic Wave，SAW）頻率（Hz）訊號作圖，可得一直線（即標準工作曲線），由校準曲線之斜率可計算得校準靈敏度（m）爲47.6 Hz/(mg/mL)，而經20次測試由無樣品雜訊所得之雜訊標準偏差（S_B）爲9.55 Hz，然後和k = 3代入式（17-86）中，可得：

$$C_L = 3 \times 9.55/47.6 = 0.60 \text{ mg/L} \qquad （17\text{-}87）$$

　　換言之，利用表面聲波儀來偵測空氣中cis-3-heptene之偵測極限爲0.60 mg/L。除了用IUPAC法計算偵測下限外，學者也常採用「當S/N =3時之待測物濃度爲偵測極限」方法。

17-6-2　儀器雜訊來源

　　儀器之分析誤差大都來自各種雜訊所造成的，常見的儀器雜訊（Noise）來源爲(1)**熱雜訊**（Thermal noise）或稱爲強生雜訊（Johnson noise），(2)散粒雜訊（Shot noise）或稱界面衝擊雜訊，(3)閃動雜訊（Flicker noise），(4)環境雜訊（Environmental noise），及(5)待測物變化或處理所引起的化學雜訊（Chemical noise）。

　　熱雜訊（Thermal noise或稱Johnson noise或Johnson-Nyquist noise（強生-奈奎斯特雜訊））[252]是由電子或其他帶電體在儀器各組件中之熱擾動所引起的（如圖17-35a）。這些熱擾動常爲週期性，但電性呈不均勻及不穩定的波動頻率變化Δf（frequency bandwidth，頻率波動範圍），熱雜訊之大小可用雜訊電位平均平方根V_{rms}（Root-mean-square noise voltage）表示，熱雜訊之大小V_{rms}和溫度T及波動頻率變化Δf有關，關係如下：

$$V_{rms} = (4 \text{ } kTR\Delta f)^{1/2} \tag{17-88}$$

　　式中k爲波茲曼常數（Boltzmann constant，1.38×10^{-23} J/K），R爲系統阻抗（ohm），而波動頻率變化範圍Δf和分析儀器對分析物之感應時間tr（Response time）成反比：

$$\Delta f = 1/tr \tag{17-89}$$

　　若一儀器之感應訊號可達最高值（I_{max}，如圖17-35b），此儀器之感應時間tr定義爲訊號到達$0.9I_{max}$ (90 %)所需之時間。由式（17-89）可知感應時間tr越小（反應快）之儀器，其Δf越大，即熱雜訊也越大。另外，熱雜訊雖受Δf影響，但不受儀器訊號之頻率f影響，故熱雜訊亦屬於不受頻率f影響之白雜訊（White noise）且此熱雜訊甚至在儀器系統中無電流流動時亦可能存在。由式（17-88）可知，降低儀器之溫度T可減少熱雜訊。

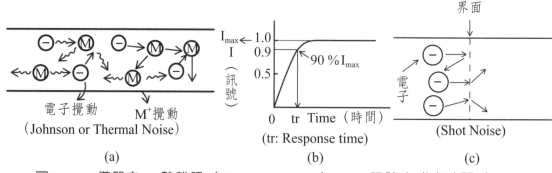

圖17-35 儀器之(a)熱雜訊（Thermal Noise），(b)訊號之感應時間（Response Time），及(c)散粒雜訊（Shot Noise）

散粒雜訊（Shot noise）[253]或稱**界面衝擊雜訊**為在儀器元件中電子（electrons）或其他帶電體流動甚至光子（photons）通過各種元件界面（如pn-Junction，陰極（Cathode）或陽極（Anode）界面）時彈散（如圖17-35c），所引起的電流變化雜訊，此電流雜訊大小可用電流雜訊平均平方根I_{rms}（Root-mean-square current fluctuation）表示，而此界面衝擊電流變化雜訊I_{rms}亦和電流波動頻率變化範圍Δf（frequency bandwidth）有關，關係如下：或稱

$$I_{rms} = (2Ie\Delta f)^{1/2} \qquad (17\text{-}90)$$

式中I為電流，e為電子電荷。同樣地，此Δf亦如式（17-89）所示和儀器之感應時間tr成反比，同時，此界面衝擊電流變化雜訊雖受頻率變化Δf影響，但卻亦不受儀器訊號之頻率f影響，故亦屬於白雜訊（White noise）之一種。

閃動雜訊（Flicker noise）[254]為一和儀器訊號之頻率f成反比的雜訊（即和1/f成正比），故又稱**1/f雜訊**（1/f noise）。低頻率（< 100 Hz）或DC直流訊號之閃動雜訊較大，而高頻率訊號（> 100 Hz）相對地之閃動雜訊較小，其原因可能是低頻訊號易被環境吸收或改變，而真正原因還未瞭解。閃動雜訊可用下式表示：

$$\text{Flicker noise（閃動雜訊）} = K(1/f) \qquad (17\text{-}91)$$

式中K為比例常數，f為儀器訊號之頻率。因低頻訊號之閃動雜訊較大，若要去除此雜訊，可將低頻訊號用調頻器（Modulator）調成較高頻率並放大再去除雜訊，最後再解頻成原來訊號可得很好之訊號/雜訊（S/N）比，此技術將在下節做較詳細介紹。

　　環境雜訊（Environmental noise）[255]最常見的是由環境（交通，工廠及居住和活動環境）中許多電磁波發射體（無線電電波，高壓電，天線，開關等）所發出的電磁波被儀器之導電體吸收而引起的訊號改變所引起的，例如核磁共振儀常會受電台發射的與偵測用的頻率相同的無線電電波干擾。另外，環境中之光波益常會干擾光譜儀中對光波強度之測定。有時甚至太陽黑子及宇宙射線之中子數目的不尋常也會造成某些儀器產生雜訊。

　　化學雜訊（Chemical noise）是由分析物質在用儀器測定或處理時發生化學或物理變化所引起的雜訊。例如儀器測定或處理時加熱所引起的溫度變化導致分析物的分解或改變，或分析物所參與之化學平衡產生變動，這些改變常會使其在特定波長的吸收度改變。另外，樣品處理（如加酸）時所引起分析物之變化或與其他物質產生反應，也常會造成儀器分析時之誤差及雜訊。

17-6-3　儀器雜訊處理

　　針對上節所述之各種儀器雜訊來源，雜訊的處理有不同方法。熱雜訊（Thermal noise）是由溫度升高而引起，故可將分析儀器放在冷氣房降溫減少熱雜訊。界面衝擊雜訊（Shot noise）可用儘量減少接面及接線來減低。而常見的閃動雜訊（Flicker noise）在低頻或DC訊號較大，故在儀器中低頻訊號常先利用調頻器（Modulator）把低頻訊號（S）調成高頻訊號（如圖17-36），然後將此高頻訊號經放大器放大，又經高頻通濾波器（High pass filter）去除低頻雜訊，再用解頻器（Demodulator）將此高頻訊號變化成原來低頻訊號（S），然後再經低頻通濾波器（Low pass filter）將原來低頻訊號（S）放大接收及偵測。換言之，經圖17-36流程就可將低頻或DC訊號之雜訊去除。

圖17-36　低頻訊號去除雜訊及放大流程圖

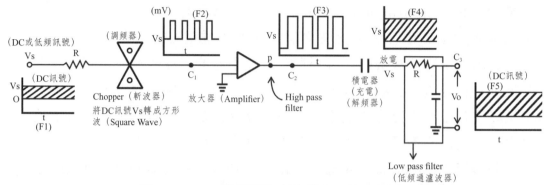

圖17-37　DC低頻訊號去除雜訊及放大線路示意圖

　　圖17-37為DC低頻訊號去除雜訊並放大之線路示意圖。DC訊號Vs（F1）先用斬波器（Chopper）當調頻器，將DC訊號轉成C1點之方形波（Square wave）訊號（Chopper轉動時，若剛好入射波正對Chopper上小孔時才會有訊號射出，反之，不正對Chopper上小孔時，入射波通不過，就無訊號出來），此方形波高頻訊號（F2）再經放大器放大並經高頻通濾波器去除低頻雜訊，得C2點之放大高頻訊號（F3），此高頻訊號經一積電器（如電容器充電）當解頻器，將高頻訊號調變成DC或低頻訊號（F4），此DC或低頻訊號再經低頻通濾波器去除高頻雜訊，最後得放大的DC或低頻訊號（如圖17-37之F5圖）。

　　另外，常用在去除DC或低頻光波訊號之雜訊的濾波器為**鎖定放大器**（Lock-In-Amplifier）[256]，圖17-38a為鎖定放大器之線路流程圖。此系統含一低頻或DC訊號系統Vs及參考訊號系統Vr，本系統是先用頻率為f_0之斬波器（Chopper）當調頻器將低頻或DC訊號Vs及參考訊號Vr分別轉換成同頻率的高頻訊號$Vs(f_0)$及$Vr(f_0)$，然後如圖17-38a將$Vs(f_0)$及$Vr(f_0)$送入一相偵測器（Phase detector），此相偵測器可將$Vs(f_0)$及$Vr(f_0)$互相加成並放大成頻率為f_0之$\lambda Vs(f_0)Vr(f_0)$高頻放大訊號（λ為放大倍數），也只有f_0頻率之訊號會放大（即鎖定（Lock-In）頻率f_0放大），其他頻率之雜訊都不會放大，相對訊號／雜訊（Signal/Noise，S/N）增大很多，然後此$\lambda Vs(f_0)Vr(f_0)$高頻放大訊號再經一解頻器（Demodulator）轉換成低頻或DC訊號，最後再經低通濾波器（Low pass filter）即可得放大的低頻或DC訊號。圖17-38b為一有雜訊之低頻訊號經鎖定放大器後可得雜訊很小（即S/N大）之儀器訊號。圖17-39a為典型的鎖定放大器之實驗系統，在此系統中由斬波器（Chopper）高頻參考訊號

（ref）及光偵測器（Photo detector）出來的樣品（Test object）光感應訊號一起進入鎖定放大器，即可得低雜訊之樣品的光感應訊號並顯示在指針顯示器（Gauge）上。圖17-39b為常見的鎖定放大器實驗系統及設備實圖。

環境雜訊（Environmental noise）中之電磁波或光波就需用金屬膜擋板將儀器保護以去除電磁波或光波，而熱波或高溫只要用溫度控制器或將儀器遠離高溫以控制溫度即可。因分析物質變化或處理所引起的化學雜訊（Chemical noise）確要改變樣品處理方法或儘量想辦法（如加保護劑）避免分析物質發生變化，但若分析物質變化不可避免，就需縮短分析時間並做校正修定，使分析結果較精確可靠。

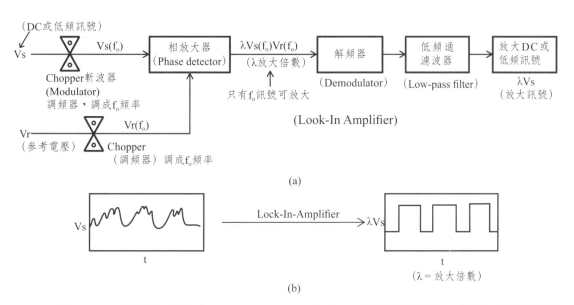

圖17-38　鎖定放大器（Lock-In-Amplifier）之(a)線路流程圖及(b)雜訊去除示意圖

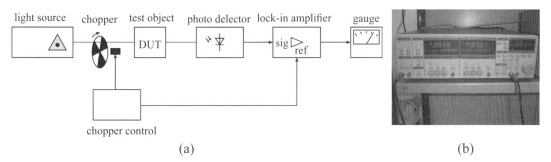

圖17-39　典型的鎖定放大器（Lock-In-Amplifier）之(a)實驗系統，及(b)設備實圖[256]

（From Wikipedia, the free encyclopedia, http://en.wikipedia.org/wiki/Lock-in_amplifier）

第四篇

電化學分析法

第 18 章

電化學法導論及電位分析法

　　電化學分析法乃是利用外加電壓施加在電極上使待測物起氧化還原反應並產生電流或利用待測分子之移動產生電壓變化，由氧化還原所產生電流或分子之移動產生電壓變化都可用做待測分析物之定性及定量。另外，由待測分析物之氧化還原所產生的產物多寡亦可做為待測物之定性及定量用。因電化學分析法儀器設備較一般光譜儀簡單價格便宜，通常只要二至三根電極及電源和一電表即可，同時電化學分析法又可和其他分析儀器相當靈敏地做為分析物之定性及定量，故電化學分析法幾乎為所有分析研究室必備儀器。

18-1　電化學分析法導論

　　電化學分析法（Electrochemical Methods）依電分析時之電反應形態可概分(1)電子跨越電解液及電極界面而產生氧化還原反應的法拉第（程序）法（Faradaic Process）[257]及(2)無氧化還原反應的非法拉第（程序）法（Nonfaradic Process）兩大類。本節將介紹法拉第法及非法拉第法之各種電化學方法及電化學偵測系統中電化學物質之擴散（Diffusion）、遷移（Migration）及對流（Convection）並介紹接近電極表面的電雙層

（Electric Double Layer）。

18-1-1　電化學分析法種類及法拉第法／非法拉第法

　　表18-1為各種電化學分析法之控制電性（電壓E或電流I）及感測訊號（電壓E或電流I或重量或滴定量）。如表18-1所示，各種常用電化學分析法[258-260]可概分為(1)電位分析法（Potentiometry）(2)伏特安培法（Voltammetry，簡稱伏安法或伏安電流法），(3)電重量分析法（Electrogravimetry），(4)庫侖電量分析法（Coulometry），及(5)電導性分析法（Electrical Conductivity）等五類。其中伏安法，電重量分析法及庫侖電量分析法在電分析時牽涉到電極表面之氧化還原反應特稱屬於法拉第法（Faradaic Process），而電位分析法及電導性分析法在電分析時並不牽涉到氧化還原反應屬於非法拉第法（Nonfaradic Process）。電位分析法中之電位滴定法，雖然分析物和滴定劑會先起氧化還原後平衡，但電化學卻只偵測分析其平衡後溶液之電壓，並不牽涉到氧化還原反應，故電位滴定法與一般電位分析法一樣屬於非法拉第法。

　　如表18-1所示，在**電位分析法**（含電位滴定法）中無系統電流產生（電流I＝0），而偵測其分析物溶液之電壓訊號。在一般電位分析法之工作曲線是以溶液電壓對分析物濃度作圖，而在電位滴定法中則以溶液電壓對滴定液體積作圖。

　　常用之各種**伏安法**有極譜（Polarography）、循環伏安法（Cyclic voltammetry）、脈衝法（如脈衝極譜（Pulse Polarography））、剝除伏安法（Stripping Voltammetry）及電流滴定法（Amperometric Titration）。這些伏安法皆由利用外加電壓（E）使分析物產生氧化還原反應並得氧化還原電流（I）訊號，極譜、循環伏安法、脈衝法及剝除伏安法之工作曲線是以電流（I）訊號對外加電壓（E）作圖，而電流滴定法之工作曲線則以電流（I）訊號對滴定液體積作圖。

　　電重量分析法（Electrogravimetry）則用外加電壓（E）或電流（I）使分析物還原或氧化而沉積（Deposition）下來，由沉積物之重量可計算原來分析物在樣品中的含量，而電解分離（Electrolytic Separation）分析法則利用

電重量分析法將樣品中各種分析物用外加電壓（E）或電流（I）控制，使各種分析物在不同電壓（E）或電流（I）下沉積分離。

　　庫侖電量分析法（Coulometry）為利用外加電流（I）或電壓（E），使分析物氧化還原並偵測其過程中電流消耗或變化（ΔI），就可計算分析物在樣品中的含量，而庫侖電量滴定法（Coulometric Titration）用固定電流（I）由陽極氧化反應產生離子，此電化學所產生的離子並和分析物反應，偵測分析物反應所需時間（t），利用所需時間（t）及固定電流（I）即可得所用電量，也就可計算分析物在樣品中含量。

　　電導性分析法（Electrical Conductivity）為利用交流電壓（AC）電壓（V）偵測一樣品溶液之導電度，溶液中帶電物質受交流電壓影響而會由溶液中到交流電極移動而形成交流電流（I）訊號，由交流電流大小即可估計樣品溶液之導電度或離子濃度。

　　電位分析法將在本章下四節（第18-2至18-5節）介紹，而伏安法將在第19章介紹，庫侖電量分析法、電重量分析法及電導性分析法將在第20章說明介紹。

表18-1　各種電化學分析法之控制電性及感應訊號和電化學反應形態

電化學法	控制電性	感應訊號	電化學反應形態
(I)電位分析法（potentiometry）	電流I (I = 0)	電壓E vs 濃度	非法拉第反應
電位滴定法（potentiometric titration）	電流I (I = 0)	電壓（E） vs 滴定體積	(a)*
(II)伏安法（Voltammetry）	電壓（E）	電流（I） vs 電壓（E）	法拉第反應
極譜（polarography）	電壓（E）	電流（I） vs 電壓（E）	法拉第反應
循環伏安法（Cyclic voltammetry）	電壓（E）	電流（I） vs 電壓（E）	法拉第反應
脈衝法（Pulse methods）	電壓（E）	電流（I） vs 電壓（E）	法拉第反應
剝除伏安法（Stripping Voltammetry）	電壓（E）	電流（I） vs 電壓（E）	法拉第反應
電流滴定法（Amperometric titration）	電壓（E）	電流（I） vs 滴定體積	法拉第反應
(III)電重量分析法（Electrogravimetry）	電壓（E）或電流（I）	沉積質量（W）	法拉第反應

〔表18-1續〕

電化學法	控制電性	感應訊號	電化學反應形態
電解分離法 （Electrolytic Separation）	電壓（E） 或電流（I）	電流I或重量（W）	法拉第反應
(IV)庫侖電量分析法（Coulometry）	電流（I） 或電壓（E）	電流消耗或變化（ΔI）	法拉第反應
庫侖電量滴定法 （Coulometric titration）	電流（I）	時間（t）	法拉第反應
(V)電導分析法（Conductivity）	交流（AC） 電壓（V）	交流（AC）電流（I）	非法拉第反應

(a)*電位滴定法：待測物和滴定劑起氧化還原後，再偵測其平衡溶液之電壓，然在電化學偵測平衡溶液電壓時，並無牽涉到氧化還原，均屬「非法拉第反應」。

18-1-2 電化學物質之擴散、遷移及對流

電化學物質在電化學系統中向電極（Electrode）表面之轉移（Mass Transport）常見方式有擴散（Diffusion）、遷移（Migration）及對流（Convection）等三種。

當接近電極之待測物（如M^+）產生還原作用產生還原物質（如M^o，圖18-1a(A)）而使電極周邊之待測物（M^+）濃度比溶液其他地方之濃度低（如圖18-1a(B)所示），此時待測物（如M^+）會從其M^+高濃度處向低濃度處（電極表面）移動，此種從高濃度處向低濃度處的移動現象即為電化學物質之**擴散作用**（Diffusion）。此種由待測物（M^+）在電極上之還原所引起的擴散作用會產生擴散電流I_d（Diffusion current），**此擴散電流I_d**常為電化學伏安法之輸出訊號。

電化學物質的**遷移**（Migration）即為帶電荷之待測物（如M^+）在溶液系統中從低電場（如負電場）向高電場（如電極表面之高負電場）移動現象（如圖18-1b所示）。當電極之電壓改變時，常會引起待測物（M^+）的遷移作用。如圖18-1C1所示，當在特定電壓V_1（如$V_1 = -0.5$ V）系統平衡時，無任何電化學物質之轉移。然如圖18-1C2所示，當電極電壓改變成V_2（如-0.7 V）時，電極表面電荷增加而使電極表面電場成為比溶液其他地方較高的高電壓

處，此時溶液中待測物質（M^+）或其他離子會從較低電場的溶液中向較高電壓的電極表面移動，即為待測物質（M^+）或其他離子的遷移。此種由電極電壓改變所引起的遷移所產生的遷移電流特稱為**充電（變壓）電流**（Charging current），此種充電電流非由待測物質氧化或還原所引起的，故充電電流產生屬於非法拉第程序（Nonfaradic Process），所以在以待測物質氧化或還原為基礎的電化學伏安法中，充電電流常為在電極變電壓時所引起的伏安法假訊號雜訊（Noise）。

電化學物質的對流（Convection）現象則由溶液系統的攪拌（Stirring）或溶液有不均勻密度時所引起的物質移動。

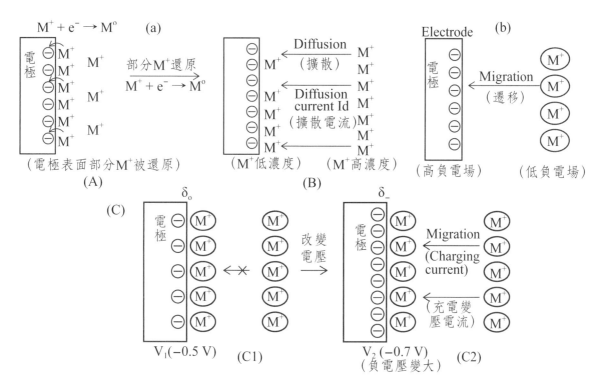

圖18-1　電化學溶液中分析物之(a)擴散（Diffusion），(b)遷移（Migration），及(c)電極電壓改變所引起的遷移而形成充電變壓電流（Charging current）

18-1-3　電雙層及擴散層

　　電化學物質在電化學系統中會受電極電荷吸引，如圖18-2a所示，待測正離子+受電極負電壓吸引，在電極表面待測正離子+和電極負電荷−會形成兩排排列的**電雙層**（Electric double layer）。如圖18-2b所示，待測正離子$^+$所感受電極負電壓（Ψ）隨著到電極表面距離(d)而減小，這關係曲線可分兩段，第一段（$d_0 \rightarrow d_1$）離子$^+$感受負電壓（Ψ）隨距離呈直線關係減小，第二段（$d_1 \rightarrow d_2$）離子$^+$感受負電壓（Ψ）則隨距離呈指數關係減小，而在距離d_2以後離子$^+$感受不到負電壓（即$\Psi = 0$），距離電極表面d_2以後感受不到電極電壓的溶液特稱本體溶液（Bulk solution），而在距離d_2以前到電極表面（即$d_2 \rightarrow d_0$）的溶液常稱為擴散層（Diffusion layer），而$d_2 - d_0$則為擴散層厚度δ（Thickness of Diffusion layer），此擴散層厚度δ會隨時間（t）越長而變大（圖18-2c）。如圖18-2a所示，在本體溶液（d_2以後）中離子正負離子濃度相等（$C_+ = C_-$），而在接近電極表面$d_0 \rightarrow d_1$溶液中正離子$^+$受電極負電壓吸引力最大，故正離子濃度遠比負離子大（即$C_+ \gg C_-$）。而在$d_1 \rightarrow d_2$溶液中，正離子$^+$所感受電極負電壓（Ψ）較小但正離子 + 濃度仍比負離子大（即$C_+ > C_-$）。

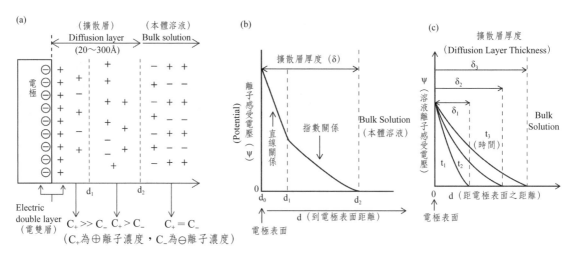

圖18-2　電化學電極表面之(a)電雙層及擴散層示意圖，(b)離子感受電壓與離子電極表面之距離關係圖及(c)擴散層厚度（δ）和時間（t）關係圖

18-2　電位法之電位及電極簡介

電位法（Potentiometry）[261~264]乃是利用在電化學電池（Electrochemical cell）中待測物質的濃度及種類對電化學電池或其中一電極的電位（Potential）之變化影響，利用電池或電極電位的變化就可測定樣品中特定待測物質的含量。電化學電池通常含兩支電極，若在電位法分析中只有其中電極之電位變化，此電極就稱爲指示電極（Indicator electrode）或稱工作電極（Working Electrode）及一參考電極（Reference Electrode）。故本節將分別介紹電化學電池電位（cell potential）、電極電位（Electrode potential）、參考電極及和電極電位與濃度皆有關的**能斯特方程式**（Nernst Equation），而各種指示電極及電位法應用在氧化還原滴定和測定鹽類之溶解度積Ksp及錯合物的形成常數K_f值將在下二節（18-3及18-4節）介紹。

18-2-1　電化學電池電位

電位法中所用的電化學電池如圖18-3所示，包含有指示電極（Indicator electrode）、參考電極（Reference Electrode）及電位計（Voltmeter）。測定電位時其指示電極和參考電極可用鹽橋隔開（如圖18-3A），若兩電極互不干擾則可不隔開而可放在同一電池槽中（如圖18-3B）。此電化學電池電位（cell potential，E_{cell}）爲陰極電位（$E_{Cathode}$）與陽極電位（E_{Anode}）之差，關係如下：

$$E_{cell} = E_{Cathode} - E_{Anode} \tag{18-1}$$

若待測物爲陽離子M^+，放入含陰極之半反應槽（Half-cell）中，此時陰極就成指示電極，換言之，陰極之電位即爲指示電極之電位（E_{Ind}），即$E_{Cathode} = E_{Ind}$，而陽極電位（E_{Anode}）也變成參考電極電位（E_{Ref}），同時因在電位法中所用的參考電極皆爲標準參考電極具有固定值的電位（E_{Const}），即$E_{Anode} = E_{Ref} = E_{Const}$，故式（18-1）可改寫成：

$$E_{cell} = E_{Ind} - E_{Ref} = E_{Ind} - E_{Const} \quad \text{[指示電極爲陰極]} \tag{18-2a}$$

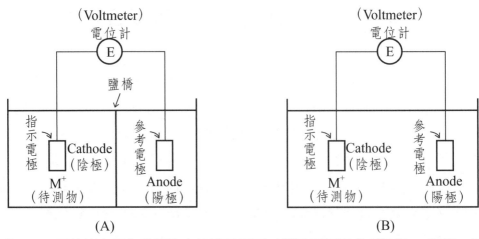

圖18-3　電位法中電化學電池之結構示意圖（指示電極和參考電極(A)隔開，及(B)
　　　　不隔開）

反之，若指示電極為陽極，而參考電極為陰極，則：

$$E_{cell} = E_{Ref} - E_{Ind} = E_{Const} - E_{Ind} \quad [指示電極為陽極] \quad （18-2b）$$

在電位法中電化學電池電位（cell potential，E_{cell}）會隨指示電極之電位（E_{Ind}）改變而改變。

18-2-2　能斯特方程式（Nernst Equation）及電極電位

在電分析化學法中一電極之電極電位（Electrode Potential）採用和一標準電極之相對值而不是其絕對值，而所用的標準電極為標準氫電極（Standard Hydrogen Electrode，SHE）。圖18-4為測定一金屬（M）電極之電極電位（E_M）電池裝置圖，在此系統中，含通氫氣（$p_{H2} = 1.00$ atm）白金（Pt）電極及浸在1.00 M H^+溶液中的標準氫電極（SHE）為陽極（Anode），而浸在M^{n+}溶液中的金屬（M）電極為陰極（Cathode），陰、陽電極反應為：

$$M^{n+} + ne^- \rightarrow M^o （陰極） \quad （18-3）$$

$$(n/2)H_2 \rightarrow nH^+ + ne^- （陽極） \quad （18-4）$$

全反應為：$M^{n+} + (n/2)H_2 \rightarrow M^o + nH^+$ 　（18-5）

此標準氫電極（SHE）／金屬（M）電極之電池系統可表示如下：

$$Pt, H_2(p = 1.00 \text{ atm})/H^+(1.00 \text{ M})//M^{n+}(aM)/M \quad （18-6）$$

此反應平衡常數（Equilibrium constant，Keq）和反應物/生成物之活性濃度（a，Activity）關係為：

$$Keq = [(a_{M^o}) \times (a_{H^+})^n]/[(a_{M^{n+}}) \times (p_{H_2})^{n/2}] \qquad (18\text{-}7)$$

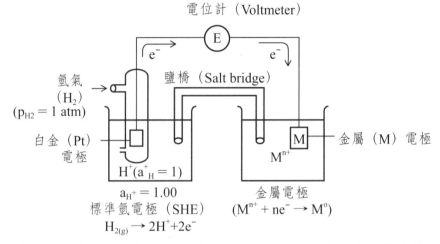

電位計（Voltmeter）

氫氣（H_2）
(p_{H_2} = 1 atm)

鹽橋（Salt bridge）

白金（Pt）電極

$H^+ (a^+_H = 1)$

a_{H^+} = 1.00
標準氫電極（SHE）
$H_{2(g)} \rightarrow 2H^+ + 2e^-$

金屬（M）電極

M^{n+}

金屬電極
($M^{n+} + ne^- \rightarrow M^o$)

圖18-4　金屬電極之電極電壓（Electrode potential）的電池測定裝置

因在標準氫電極（SHE）中a_{H^+} = 1.00 M及p_{H_2} = 1.00 atm，而金屬（M）為固體，其活性濃度（a_{M^o}）又為定值（Constant）故式（18-7）可寫為：

$$Keq = 1/(a_{M^{n+}}) \qquad (18\text{-}8)$$

然若在未平衡時，即M^{n+}之活性濃度為$(a_{M^{n+}})_I$，此反應之活性濃度商Q（concentration quotient）為：

$$Q = 1/(a_{M^{n+}})_I \qquad (18\text{-}9)$$

未平衡時此反應之自由能ΔG 為：

$$\Delta G = RT(\ln Q) - RT(\ln Keq) \qquad (18\text{-}10)$$

因

$$\Delta G = -nF \ E_{cell} \qquad (18\text{-}11)$$

由式（18-10）及（18-11）和（18-9）可得：

$$E_{cell} = -(RT/nF)\ln Q + (RT/nF)\ln Keq$$
$$= (RT/nF)\ln[1/(a_{M^{n+}})_I] + (RT/nF)\ln Keq \qquad (18\text{-}12)$$

令$(RT/nF) \ln Keq$為此電池之標準電壓E°_{cell}（Standard cell potential）即：

$$E^{o}_{cell} = (RT/nF)\ln Keq \qquad (18\text{-}13)$$

代入式（18-12）可得：

$$E_{cell} = -(RT/nF) \ln [1/(a_{M^{n+}})_I] + E^{o}_{cell} \qquad (18\text{-}14)$$

而

$$E_{cell} = E_M - E_{SHE}及E^{o}_{cell} = E^{o}_M - E^{o}_{SHE} \qquad (18\text{-}15)$$

代入式（18-14）可得：

$$E_{cell} = E_M - E_{SHE} = -(RT/nF) \ln [1/(a_{M^{n+}})_I] + (E^{o}_M - E^{o}_{SHE}) \qquad (18\text{-}16)$$

在電分析化學將標準氫電極（SHE）之標準電壓E^{o}_{SHE}及E_{SHE}皆定為0，即：

$$E^{o}_{SHE} = E_{SHE} = 0 \qquad (18\text{-}17)$$

代入式（18-16）即可得金屬電極之電位E_M為：

$$E_M = E_{cell} = -(RT/nF) \ln [1/(a_{M^{n+}})_I] + E^{o}_M \qquad (18\text{-}18)$$

當此系統中$a_{M^{n+}} = 1.00$ M時，由$E_M = E_{cell} = E^{o}_M$，換言之，可測定在$a_{M^{n+}} = 1.00$ M下，圖18-4電池電壓E_{cell}，就可得此金屬（M）電極之標準電極電位E^{o}_M（Standard Electrode Potential）。

式（18-18）整理可得：

$$E_M = E^{o}_M - (RT/nF) \ln [1/(a_{M^{n+}})_I] \qquad (18\text{-}19a)$$

或

$$E_M = E^{o}_M + (RT/nF) \ln (a_{M^{n+}})_I \qquad (18\text{-}19b)$$

此式（18-19b）即為金屬電極及其反應（$M^{n+} + ne^- \rightarrow M^o$）之能斯特方程式（Nernst Equation），對一般電極（R）系統中電化學物質之氧化態（Ox）及還原態（Red）反應如下：

$$Ox + ne^- \rightleftarrows Red \qquad (18\text{-}20)$$

一般電極之能斯特方程式即為：

$$E_R = E^{o}_R + (RT/nF) \ln (a_{Ox}/a_{Red}) \qquad (18\text{-}21a)$$

或

$$E_R = E^{o}_R + (RT/nF) \ln ([Ox]/[Red]) \qquad (18\text{-}21b)$$

式中[Red]及[Ox]分別為電化學反應系統中電化學物質之還原態及氧化態之活性濃度（Activity）。能斯特方程式[265]為1920年諾貝爾化學獎得主的德國化學家能斯特教授（Walther Nernst，1864-1941）首次提出，在電化學領

域中廣泛被利用。

在溫度25 ℃(T = 298 K)時：

$$RT/nF \ln ([Ox]/[Red]) = (0.059/n)\log ([Ox]/[Red]) \qquad （18-22）$$

代入式（18-21a）在溫度25 ℃的能斯特方程式為：

$$E_R = E^{\circ}_R + (0.059/n) \log (a_{Ox}/a_{Red}) \quad (25 \ ℃) \qquad （18-23a）$$

或

$$E_R = E^{\circ}_R - (0.059/n) \log (a_{Red}/a_{Ox}) \quad (25 \ ℃) \qquad （18-23b）$$

18-2-3　參考電極

在電位法中較常用的參考電極（Reference Electrodes）為飽和甘汞電極（Saturated Calomel Electrode (SCE)），Hg/Hg$_2$Cl$_2$ (Sat'd)/KCl電極）[266]及銀／氯化銀電極（Silver/Silver Chloride Electrode，Ag/AgCl (Sat'd)/KCl電極）[267]。

飽和甘汞電極（SCE）之結構如圖18-5a所示，由含汞（Hg）、氯化亞汞（Hg$_2$Cl$_2$）/飽和KCl的內管及含飽和KCl溶液和KCl晶體的外管所組成的，並以細毛細管（Fine capillary）和外界接觸。甘汞電極的表示法及半電池電極反應（Half-cell reaction）分別如下：

$$Hg/Hg_2Cl_2 \ (Satd.)，Cl^-(Sat'd \ or \ x \ M)|| \qquad （18-24）$$

$$Hg_2Cl_2 + 2e^- \rightarrow 2Hg + 2Cl^-，E^{\circ}(25 \ ℃) = 0.268 \ V \qquad （18-25）$$

甘汞電極的電極內溶液可用飽和KCl (Sat'd)或各種濃度（xM）的KCl，依據式（18-23a）在溫度25 ℃下此甘汞電極之能斯特方程式為：

$$E_{Hg/HgCl} = E^{\circ}_{Hg/Hg_2Cl_2} + (0.059/2) \log [1/(a_{Cl^-})^2) \qquad （18-26a）$$

即

$$E_{Hg/HgCl} = 0.268 + (0.059/2) \log [1/(a_{Cl^-})^2) \qquad （18-26b）$$

由上式可知甘汞電極之電位和電極內溶液氯離子活性濃度（a_{Cl^-}）有關，用不同濃度之電極KCl內溶液可製成具有不同之電位之甘汞電極，而最常用的甘汞電極為飽和甘汞電極（SCE），在飽和甘汞電極中電極內溶液用飽和KCl溶液，飽和甘汞電極（SCE）的電位（E_{SCE}）在溫度25 ℃時依式（18-26b）估算約為+0.24 V。圖18-5b為甘汞電極實物圖。

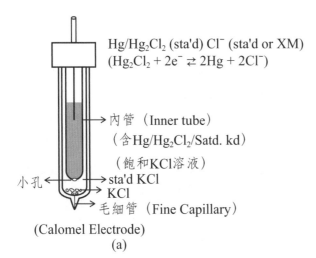

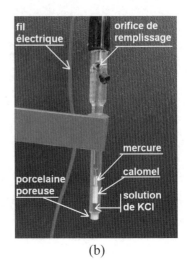

圖18-5 飽和甘汞電極（SCE）(a)結構示意圖／電極反應，及(b)實物圖（calomel = Hg_2Cl_2）[266]（b圖來源：Wikipedia, the free encyclopedia, http://en.wikipedia. org/wiki/Saturated calomel electrode）

銀／氯化銀（Ag/AgCl）電極之結構如圖18-6a所示，其內電極為Ag/ AgCl，而電極內溶液為飽和KCl（Sat'd）或不同濃度（xM）的KCl溶液，一般常用飽和KCl（Sat'd）當電極內溶液。此Ag/AgCl電極常用孔洞陶瓷介面（Ceramic junction）和外界接觸。Ag/AgCl電極的表示法及半電池電極反應（Half-cell reaction）分別如下：

$$Ag/AgCl\ (Satd.)，Cl^-(Sat'd\ or\ xM)|| \qquad (18\text{-}27)$$

$$AgCl + e^- \rightarrow Ag + Cl^-，E°\ (25\ °C) = 0.222\ V \qquad (18\text{-}28)$$

依上式，在溫度25 ℃，Ag/AgCl電極之能斯特方程式為：

$$E_{Ag//AgCl} = E°_{Ag//AgCl} + (0.059)\ log\ [1/a_{Cl^-})] \qquad (18\text{-}29a)$$

因溫度25 ℃下，$E°_{Ag//AgCl} = 0.222\ V$，上式可為：

$$E_{Ag//AgCl} = 0.222 + (0.059)\ log\ [1/(a_{Cl^-})] \qquad (18\text{-}29b)$$

若電極內溶液用飽和KCl溶液，此飽和電極KCl內溶液之Ag/AgCl電極在溫度25 ℃下之電位可依式（18-29b）估算約為+0.2 V。此Ag/AgCl參考電極在270 ℃左右高溫度仍然相當穩定，可應用在較高溫的電化學系統中。反之，飽和甘汞電極（SCE）通常用在低於80 ℃左右之電化學系統中。圖18-6b為Ag/AgCl電極實物圖。

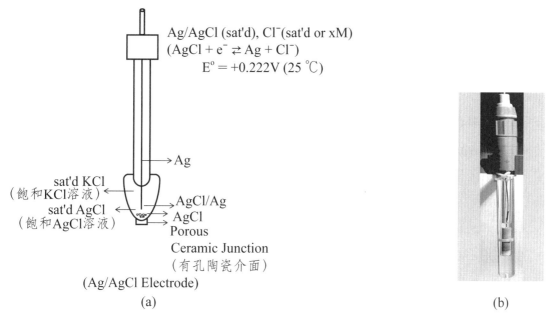

圖18-6　銀／氯化銀電極之(a)結構示意圖及電極反應及(b)實物圖[267]（b圖來源：
Wikipedia, the free encyclopedia, , http://en.wikipedia.org/wiki/Silver_chlorid
e_electrode）

18-3　電位法之指示電極

指示電極（Indicator Electrodes）指的是可以用此電極的電位來指示出
在樣品槽中（Sample cell）分析物之含量多寡，指示電極也是一種工作電極
（Working Electrode）。電位法中常用的指示電極有(1)最簡單的「金屬指示
電極（Metal Electrodes）」，(2)pH電極及離子選擇性電極（Ion Selective
Electrodes）(3)氣體感應電極（Gas-Sensing Electrodes），及(4)）酵素電
極（Enzyme Electrodes）。指示電極要和參考電極放入樣品溶液中（如圖
18-3所示）構成一電池（Cell）並量出指示電極和參考電極之電位差（即電池
電位差），計算指示電極之電位。本節將分別介紹這些指示電極的結構、工作
原理及應用。

18-3-1 金屬指示電極

　　金屬指示電極（Metal Electrodes）指的是直接利用金屬絲或金屬片做指示電極，以測試樣品溶液之電位並估算樣品溶液中欲測物之含量或濃度。然金屬指示電極又可概分兩類，其中一類（A類）為金屬指示電極的電極金屬（M）即為欲測分析物（M^{n+}）之還原態，另一類（B類）則不是，和分析物並無直接化學關係，較惰性金屬電極（Inert metal electrode），如白金（Pt）及黃金（Au）電極就屬此類金屬指示電極。

　　圖18-7a為銅（Cu）金屬電極用來偵測樣品溶液中Cu^{2+}離子濃度之結構圖，電位測定時需接參考電極，此銅電極屬於上述所提A類金屬指示電極。此銅指示電極之半電池反應及能斯特方程式為：

$$Cu^{2+} + 2e^- \rightleftarrows Cu \qquad (18\text{-}30)$$

及

$$E_{Cu} = E^\circ_{Cu} + (0.059/2)\,\log a_{Cu^{2+}}\ ,\ E^\circ_{Cu}\,(25\ ^\circ C) = +0.337\ V \qquad (18\text{-}31)$$

　　式中a_{Cu}為銅離子在樣品溶液中之活性濃度。依上式可知，測量銅電極電位（E_{Cu}），就可估算銅離子之活性濃度。

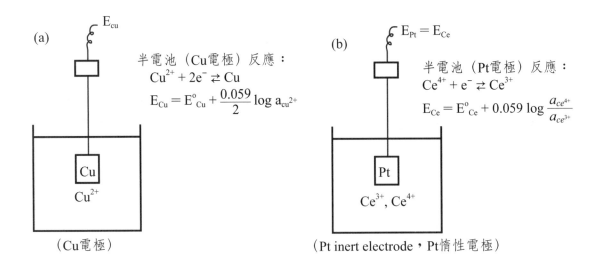

圖18-7　(a)銅（Cu）金屬電極之Cu^{2+}偵測及(b)白金（Pt）惰性金屬電極之Ce^{3+}/Ce^{4+}
　　　　離子偵測

　　圖18-7b為利用白金（Pt）惰性金屬電極（屬於B類金屬指示電極）偵測樣品溶液中Ce^{3+}/Ce^{4+}離子活性濃度比（$a_{Ce^{4+}}/a_{Ce^{3+}}$）。此白金（Pt）惰性指示電極系統之半電池反應及其電位（$E_{Pt} = E_{Ce}$）能斯特方程式分別為：

$$Ce^{4+} + e^- \leftrightarrows Ce^{3+} \qquad (18\text{-}32)$$

$$E_{Pt} = E_{Ce} = E°_{Ce} + (0.059) \log (a_{Ce^{4+}}/a_{Ce^{3+}}), \; E°_{Ce} (25 \; ℃) = +1.61 \; V$$
$$(18\text{-}33)$$

　　由測白金電極之電位（$E_{Pt} = E_{Ce}$）即可估算樣品中Ce^{3+}/Ce^{4+}離子活性濃度比（$a_{Ce^{4+}}/a_{Ce^{3+}}$）。

18-3-2　pH電極及離子選擇性電極

　　離子選擇性電極（Ion Selective Electrodes，ISE）[268]顧名思義是專用於偵測特定離子之高選擇性電極，而pH電極是專門用來偵測溶液中H^+離子濃度以推算溶液中pH值，故pH電極亦屬離子選擇性電極之一種，故本節先介紹一般離子選擇性電極之基本結構、種類及功能，然後再較詳細介紹pH電極及其他常用的各種陰陽離子選擇性電極。

18-3-2-1　離子選擇性電極簡介

　　圖18-8a為一般離子選擇性電極之基本結構示意圖，離子選擇性電極主要包含內（參考）電極（Internal (reference) electrode，常簡稱為「內電極」）、內（電解質）溶液（Internal (electrolyte) solution，常簡稱為「內溶液」）及和外界待測溶液接觸的電極薄膜（Electrode Membrane）。

　　若要測定此離子選擇性電極（ISE）需如圖18-8b所示再外接一外參考電極（External reference electrode）。整個離子選擇性電極（ISE）偵測樣品溶液之電化學系統如下：

Internal Reference Electrode （內參考電極）	Internal (Electrolyte) Solution （內（電解質）溶液）	Crystalline or Noncrystalline Membrane （晶體或非晶體電極薄膜）	External Analyte Solution （外部分析樣品溶液）	External Referance Electorde （外參考電極）

$$\text{離子選擇性電極（ISE）}\tag{18-34}$$

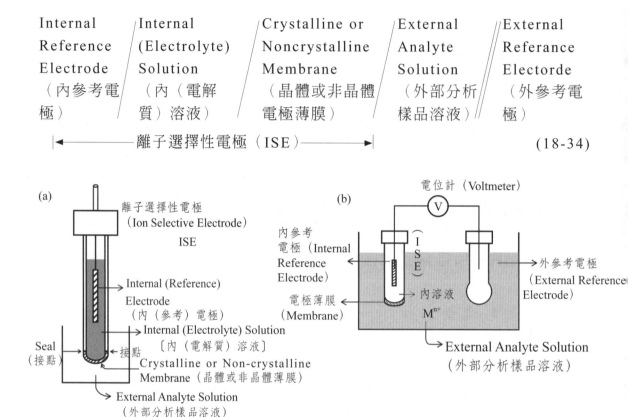

圖18-8　離子選擇性電極（ISE）之(a)基本結構圖及(b)待測溶液電位測試系統

　　離子選擇性電極（ISE）對離子之選擇性主要在電極薄膜（Membrane）之種類及特性和所用電極內溶液，電極內溶液較簡單，鈣離子選擇性電極（Ca-ISE）就用鈣離子溶液（如$CaCl_2$）當電極內溶液，而電極薄膜之選擇及製作就較複雜，電極薄膜之材質必須為可選擇性吸附所擬分析之離子，而電極薄膜材質可概分為晶體型（Crystalline）及非晶體型（Non-crystalline）電極薄膜兩大類。表18-2為各種晶體型及非晶體型電極薄膜之各種材質及所製成的各種離子選擇性電極例子。

　　由表18-2可看出常用的非晶體型電極薄膜之材質又可分三種(1)玻璃薄膜（Glass membrane），(2)液體薄膜（Liquid membrane）及(3)液體/高分子薄膜（Liquid/polymer membrane）或固體/高分子薄膜（Solid/polymer membrane）。玻璃薄膜因對溶液中之氫離子（H^+）有很好的吸附性及選擇性，故常用在pH電極上以偵測氫離子。液體薄膜是用特定離子吸附劑溶液

或液體來選擇性吸附特定離子，最有名的為利用離子交換液$(RO)_2PO_2^-$（R=$C_8 \sim C_{16}$）做為鈣離子（Ca^{2+}）選擇性電極（Ca(II)-ISE）的液體薄膜，因$(RO)_2PO_2^-$離子交換液對鈣離子有相當好的吸附力及選擇性。而液體/高分子或固體／高分子薄膜是利用可吸附離子的小分子的液體或固體和高分子混在一起研製成薄膜以吸附樣品溶液中特定離子，如表18-2所示的利用硫冠狀醚1,4 dithia-12 crown-4液體加入PVC/THF溶液圓盤中，微熱使THF溶劑蒸發即可得硫冠狀醚／PVC薄膜，此硫冠狀醚／PVC薄膜對汞離子（Hg^{2+}）的吸附力及選擇性都很好，可做為汞離子選擇性電極（Hg(II)-ISE）的電極薄膜以吸附及偵測樣品溶液中Hg^{2+}離子。另外，利用氧冠狀醚12 crown-4-PW（PW = 磷鎢酸）固體和PVC製成的氧冠狀醚-PW/PVC薄膜可做為鈉離子（Na^+）選擇性電極的電極（Na(I)-ISE）薄膜以吸附及偵測溶液中Na^+離子。

表18-2　離子選擇性薄膜電極（ISE）之種類及薄膜材料

ISE種類	薄膜材料	舉例	備註
(I)非晶體ISE (Non-crystalline Electrode)	1.玻璃薄膜（Glass membrane）	pH電極	偵測H^+
	2.液體薄膜（Liquid membrane）	離子交換液膜 Ca^{2+}電極	$(RO)_2PO_2^-$交換液
	3.液體／高分子或固體／高分子（Liquid/Polymer or Solid/Polymer）	(1)1.4dithia-12crown4（硫冠狀醚）Hg^{2+}電極 (2)12crown4-PW（氧冠狀醚－磷鎢酸（PW））Na^+電極	硫冠狀醚液體[a] +PVC成膜 氧冠狀醚 - PW固體[b] +PVC成膜
(II)晶體ISE（Crystalline Electrode）	1.單晶薄膜（Single crystal membrane）	LaF_3單晶 F^-電極	偵測F^-
	2.多晶／混晶薄膜（polycrystalline/mixed crystal membrane）	Ag_2S晶體	Ag^+/S^{2-}電極（偵測Ag^+或S^{2-}）

參考資料：(a)M. T. Lai and J. S. Shih, Analyst, 111, 891 (1986)[269]
　　　　　(b)J. Jeng and J. S. Shih, Analyst, 109, 641 (1984)[270]

18-3-2-2　pH電極

pH電極為最常用的陽離子選擇性電極，用以偵測溶液中氫離子（H^+）濃度。pH電極之電極薄膜是由玻璃膜（Glass membrane）所製成（圖18-9），

其對氫離子（H^+）有很好的靈敏度及選擇性。圖18-9a為pH電極之常見的基本結構圖，其主要含Ag/AgCl內電極、0.1 M HCl電極內溶液／AgCl（AgCl飽和）及玻璃電極膜。玻璃電極膜因浸在HCl內電極中含有氫離子（$H^+_{內}$）。此pH電極之結構可表示如下：

$$Ag/AgCl \text{ (Satd.)} , H^+ \text{ (0.1 M) } Cl^- \text{ }(a_{Cl^-})/Glass \text{ } membrane \qquad (18\text{-}35)$$

Ag/AgCl內電極之輸出電壓（$E_{Ag/AgCl}$）即為此pH電極之輸出電壓（E_{pH}），Ag/AgCl內電極之半電池反應及輸出電壓能斯特方程式如下：

$$AgCl + e^- \rightarrow Ag + Cl^- \qquad (18\text{-}36)$$

$$E_{pH} = E_{Ag/AgCl} = E^o_{Ag/AgCl} + 0.059 \log (1/a_{Cl^-_{內}}) \qquad (18\text{-}37)$$

此pH電極之工作原理及步驟如下：

樣品中氫離子（$H^+_{外}$）被玻璃膜吸收→迫使原來在玻璃膜中氫離子（$H^+_{內}$）向內電極移動→使內電極Ag/AgCl周圍正離子強度增加↑→使內電極周圍Cl^-之活性（$a_{Cl^-_{內}}$）下降↓→依式（18-37）此pH電極之輸出電壓（E_{pH}）就會上升↑

$$(18\text{-}38)$$

換言之：

樣品中氫離子（$H^+_{外}$）濃度增加↑ → pH電極輸出電壓（E_{pH}）上升↑

$$(18\text{-}39)$$

內電極周圍Cl^-之活性（$a_{Cl^-_{內}}$）和樣品中氫離子（$H^+_{外}$）濃度（$a_{H^+_{外}}$）有下列關係：

$$a_{Cl^-_{內}} = k(1/a_{H^+_{外}}) \qquad (18\text{-}40)$$

將式（18-40）代入式（18-37）可得：

$$E_{pH} = E_{Ag/AgCl} = E^o_{Ag/AgCl} - 0.059 \log k + 0.059 \log a_{H^+_{外}} \qquad (18\text{-}41)$$

令

$$E^o_{Ag/AgCl} - 0.059 \log k = E^o_{pH} \qquad (18\text{-}42)$$

代入式（18-41）可得：

$$E_{pH} = E^o_{pH} + 0.059 \log a_{H^+_{外}} \qquad (18\text{-}43)$$

由式（18-43）可知，用pH電極輸出電壓（E_{pH}）對樣品中氫離子（$H^+_{外}$）濃度（$\log a_{H^+_{外}}$）作圖可得一直線（如圖18-9b所示），此直線之斜率理論值為0.059 V (59 mV)，此直線斜率理論值稱為能斯特斜率（Nernstian slope，一陽離子（M^{n+}）之能斯特斜率理論值為0.059/n）。

實際上，pH電極操作需如圖18-9c所示外接一外參考電極（電壓E_{ref}，通常用Ag/AgCl，）組成一完整電化學系統，再用電位計（Voltmeter）測量其電位差（E_{cell}）：

$$E_{cell} = E_{pH} - E_{ref} \tag{18-44}$$

因外參考電極電壓（E_{ref}）固定，由上式即可計算出pH電極輸出電壓（E_{pH}）。

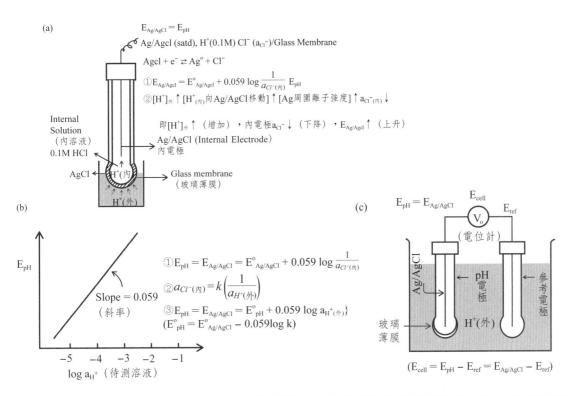

圖18-9 pH電極之(a)基本結構圖與原理，(b)電位和氫離子濃度關係，及(c)電位測定裝置

18-3-2-3 金屬離子選擇性電極

金屬離子選擇性電極亦屬陽離子選擇性電極，其結構和pH電極類似，但所用的電極內溶液及電極薄膜材質不只和pH電極不同，不同的金屬離子選擇性電極所用的內溶液及電極薄膜材質也都不同。

圖18-10為一般金屬離子選擇性電極（Metal ion selective electrodes,

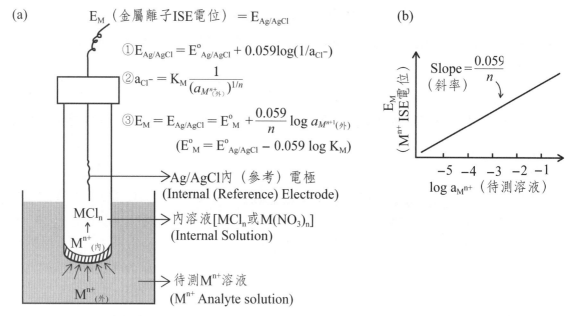

(a)

E_M（金屬離子ISE電位）$= E_{Ag/AgCl}$

①$E_{Ag/AgCl} = E^o_{Ag/AgCl} + 0.059 \log(1/a_{Cl^-})$

②$a_{Cl^-} = K_M \dfrac{1}{(a_{M^{n+}_{(外)}})^{1/n}}$

③$E_M = E_{Ag/AgCl} = E^o_M + \dfrac{0.059}{n} \log a_{M^{n+1}(外)}$

　$(E^o_M = E^o_{Ag/AgCl} - 0.059 \log K_M)$

$\rightarrow$ Ag/AgCl內（參考）電極
(Internal (Reference) Electrode)

MCl_n

$\rightarrow$ 內溶液[MCl_n或$M(NO_3)_n$]
(Internal Solution)

$M^{n+}_{(內)}$

$\rightarrow$ 待測M^{n+}溶液
(M^{n+} Analyte solution)

$M^{n+}_{(外)}$

(b)

Slope$= \dfrac{0.059}{n}$（斜率）

E_M（M^{n+} ISE電位）

-5　-4　-3　-2　-1

$\log a_{M^{n+}}$（待測溶液）

圖18-10　金屬離子選擇性電極（M^{n+} ISE）之(a)基本結構和原理，及(b)電極電位（E_M）和待測溶液中金屬離子濃度（$\log a_{M^{n+}}$）關係圖

Metal-ISE）之結構圖，其內溶液通常用欲測離子（M^{n+}）之氯化物（MCl_n）或硝酸鹽（$M(NO_3)_n$），而電極薄膜材質則不同離子選擇性電極不同，以可吸收欲測離子（M^{n+}）且有選擇性為原則。然各種不同離子選擇性電極則大都用Ag/AgCl內電極。其工作原理也和pH電極類似，也是樣品中的欲測金屬離子（M^{n+}）被電極薄膜吸收，而原來在電極薄膜中所含內溶液之金屬離子被迫往Ag/AgCl內電極移動，而造成內電極周圍正離子強度增加（如式18-38所示），以致於內電極周圍Cl^-之活性（$a_{Cl^-內}$）下降，依式（18-37）此金屬離子電極之輸出電壓（E_M）就會上升。金屬離子電極之輸出電壓（E_M）即為Ag/AgCl內電極輸出之電壓（$E_{Ag/AgCl}$）如下：

$$E_M = E_{Ag/AgCl} = E^o_{Ag/AgCl} + 0.059 \log (1/a_{Cl^-內}) \qquad (18\text{-}45)$$

內電極周圍Cl^-之活性（$a_{Cl^-內}$）和樣品中欲測離子濃度（$a_{M外}$）有下列關係：

$$a_{Cl^-內} = k_M[1/(a_{M外})^{1/n}] \qquad (18\text{-}46)$$

代入式（18-45）可得：

$$E_M = E_{Ag/AgCl} = E^o_{Ag/AgCl} - 0.059 \log k_M + (0.059/n) \log a_{M外} \qquad (18\text{-}47)$$

令

$$E^o_{Ag/AgCl} - 0.059 \log k_M = E^o_M \qquad (18\text{-}48)$$

代入式（18-47）可得：

$$E_M = E^o_M + (0.059/n) \log a_{M外} \qquad (18\text{-}49)$$

依上式，金屬離子（M^{n+}）電極之輸出電壓（E_M）對欲測金屬離子濃度（$\log a_{M外}$）可得一直線，直線之斜率（即為能斯特斜率）理論值為0.059/n伏特。

較常見的金屬離子選擇性電極為鹼金屬（如Na，K）及鹼土金屬（如Mg，Ca）離子選擇性電極，本節就介紹以固體／高分子電極薄膜製成的鈉離子（Na^+）選擇性電極（Na(I)-ISE）及用離子交換液體電極膜－製成的鈣離子（Ca^{2+}）選擇性電極。

圖18-11a為**鈉離子（Na^+）選擇性**電極（Na(I)-ISE）及其電化學系統結構圖，Na^+選擇性電極含冠狀醚12crown-4-PW（磷鎢酸）／PVC的電極薄膜、10^{-3}M NaCl內溶液及Ag/AgCl內電極。樣品中之鈉離子（Na^+）被電極薄膜中之冠狀醚12 crown-4高選擇性吸收並形成Na^+12-crown-4錯合物，而迫使原來在電極薄膜中的$Na^+_{(內)}$離子往內電極移動而造成內電極周圍正離子強度增加及氯離子活性下降，依式（18-37）此鈉離子電極之輸出電壓（E_{Na}）就會上升。依式（18-49），Na^+之電荷n = 1，此Na^+電極之輸出電壓（E_{Na}）和樣品中鈉離子濃度（a_{Na}）關係可用下式表示：

$$E_{Na} = E^o_{Na} + 0.059 \log a_{Na} \qquad (18\text{-}50)$$

依上式，如預期以Na^+電極之輸出電壓（E_{Na}）對樣品中之鈉離子濃度（$\log a_{Na}$）可得一直線，由圖18-11b所示，此直線斜率為58 mV或0.058 V，很接近能斯特斜率理論值0.059。

鈣離子選擇性電極（Ca(II) ISE）的結構圖則如圖18-12a所示，其液體電極膜由離子交換液$(RO)_2PO_2^-$($R = C_8 \sim C_{16}$)和疏水性多孔（塑膠或陶瓷）薄膜所組成，而電極內溶液常用$CaCl_2$水溶液，內電極也常用Ag/AgCl。樣品中的Ca^{2+}離子會被磷離子交換液$(RO)_2PO_2$高選擇性吸收並形成$(RO)_2PO_2^-$ Ca^{2+}錯合物，而迫使原來在電極薄膜中的$Ca^{2+}_{(內)}$離子往內電極移動，同樣地造成內電極周圍正離子強度增加及氯離子活性下降及此Ca^{2+}電極之輸出電壓（E_{Ca}）上升。依式（18-49），Ca^{2+}之電荷n = 2，此Ca^{2+}電極輸出電壓（E_{Ca}）和樣品

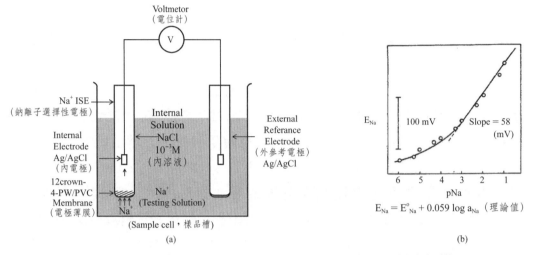

圖18-11　鈉離子選擇性電極（Na⁺ ISE）電化學系統之(a)基本結構和原理，及(b)電
　　　　極電位（E_{Na}）和待測溶液中鈉離子濃度（log a_{Na^+}）關係圖（(b)圖來源：J.
　　　　Jeng and J. S. Shih（本書作者），Analyst, 109, 641 (1984)）[270]

中鈣離子濃度（a_{Ca}）關係如下：

$$E_{Ca} = E^o_{Ca} + (0.059/2) \log \{a_{ca^{2+}}\} \qquad (18\text{-}51)$$

　　依上式，Ca^{2+}電極輸出電壓（E_{Ca}）對樣品中鈣離子濃度（$\log a_{Ca^{2+}}$）作圖
可得一直線，而直線斜率則為0.059/2伏特（能斯特斜率理論值）。

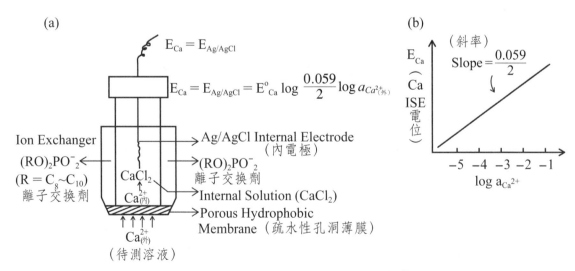

圖18-12　鈣離子選擇性電極（Ca(II) ISE）之(a)基本結構和原理，及(b)電極電位
　　　　（E_{Ca}）和待測溶液中鈣離子濃度（log $a_{Ca^{2+}}$）關係圖

18-3-2-4　陰離子選擇性電極

陰離子（X^{z-}）選擇性電極（Anion selective electrode）最有名為鹵素離子選擇性電極（如F^-電極）。圖18-13a為陰離子（X^{z-}）選擇性電極的基本結構，其含$LaX_{3/z}$（如LaF_3）單晶電極膜，內電極溶液（如F^-電極（F^- Ion selective electrode, F^- ISE）用KF）及內電極Ag/AgCl。其工作原理及步驟：

待測溶液中陰離子（X^{z-}）被$LaX_{3/z}$（如LaF_3）單晶電極膜吸收→迫使原來在單晶膜中陰離子（X^{z-}）向內電極移動→使內電極Ag/AgCl周圍負離子強度增加（正離子強度相對減少）→使內電極周圍-負離子互相排斥→使內電極周圍氯離子之活性（$a_{Cl^-內}$）上升→依式（18-37）此陰離子電極之輸出電壓（E_X）就會下降

換言之：

待測溶液中陰離子（X^{z-}）濃度增加↑→陰離子電極輸出電壓（E_X）下降↓

$$(18-52)$$

內電極周圍Cl^-之活性（$a_{Cl^-內}$）和待測溶液中陰離子（X^{z-}）濃度（$a_{X^{z-}}$）有下列關係：

$$a_{Cl^-內} = K[1/(a_{X^{z-}})^{-1/z}] \qquad (18-53)$$

式（18-53）代入內電極Ag/AgCl能斯特方程式（式18-37）可得：

$$E_X = E_{Ag/AgCl} = E^°_{Ag/AgCl} - (0.059) \log kx - (0.059/z) \log a_{X^{z-}} \qquad (18-54)$$

令

$$E^°_{Ag/AgCl} - (0.059) \log kx = E^°_X \qquad (18-55)$$

代入式（18-54）可得：

$$E_X = E^°_X - (0.059/z) \log a_{X^{z-}} \qquad (18-56)$$

由上式，陰離子電極輸出電壓（E_X）對陰離子（X^{z-}）對數濃度（$\log a_{X^{z-}}$）作圖可得如圖18-13b的反比直線，而此反比直線之斜率理論值為$-(0.059/z)$伏特（負斜率）。

若$X^{z-} = F^-$，此電極極為氟離子選擇性電極（F^-ISE），由式18-56，其輸出電位E_F為：

$$E_F = E^°_F - 0.059 \log a_{F^-} \qquad (18-57)$$

依上式，以其輸出電位E_F對F^-對數濃度（$\log a_{F^-}$）作圖，可得斜率

為－0.059（伏特）的直線。

另外，近年來也有一專對離子偵測之「離子選擇性場效電晶體感測器（Ion-selective Field Effect Transistor (ISFET) Sensor）」澎湃發展，這ISFET離子感測器和本章所介紹的離子選擇性電極大不相同，此ISFET離子感測器將會在第25章化學／生化感測器分析法中介紹。

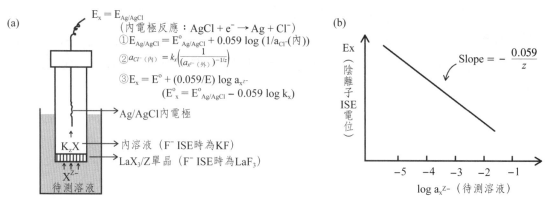

圖18-13　陰離子（X^{z-}）選擇性電極（X^{z-} ISE）之(a)基本結構和原理，及(b)電極電位（E_{Xz}）和待測溶液中陰離子濃度（$\log a_{Xz-}$）關係圖

18-3-2-5　干擾離子對離子電極之選擇性係數

欲測離子（如M^+）選擇性電極受其他離子（如Y^+）之干擾，以干擾離子對此欲測離子選擇性電極之選擇性係數（Selectivity coefficient of ISE，$K_{M,Y}$）[269-270]來表示，干擾離子（Interfering ion）之選擇性係數（K_{MY}）越大表示干擾越大。本節以鈉離子（Na^+）選擇性電極偵測鈉離子受其他離子干擾之情形為例，說明如何求得各干擾離子之選擇性係數，以瞭解各干擾離子對欲測離子選擇性電極干擾情形。

各種干擾離子（Y^{p+}）對欲測離子（M^{n+}）電極之選擇性係數（K_{MY}）偵測常用混合溶液法（Mixed solution method），其方法及步驟如下：

(1)用欲測離子（M^{n+}）電極偵測只含濃度a_M之欲測離子（M^{n+}）溶液，可得電極電位E_1，依式（18-49），其電位E_1可表示如下：

$$E_1 = E_M = E^\circ_M + (RT/nF) \log a_M \quad (25\ ^\circ C,\ RT/F = 0.059) \qquad (18-58)$$

(2)再用欲測離子（M^{n+}）電極偵測含濃度a_M之欲測離子（M^{n+}）及濃度a_Y之干

擾離子（Y^{p+}）溶液，可得電極電位E_2，可用下式表示：

$$E_2 = E^o_M + (RT/nF) \log [aM + K_{MY} \times a_Y^{n/p}] \qquad （18\text{-}59）$$

(3)利用作圖法求得干擾離子（Y^{p+}）之選擇性係數（K_{MY}）：

由式（18-59）及（18-58）相減可得：

$$E_2 - E_1 = (RT/nF) \log [(a_M + K_{MY} \times a_Y^{n/p})/a_M] \qquad （18\text{-}60）$$

轉成指數表示如下：

$$Exp[(E_2 - E_1)nF/RT]a_M = a_M + K_{MY} \times a_Y^{n/p} \qquad （18\text{-}61）$$

依上式，如圖18-14a所示，若以$Exp[(E_2 - E_1)nF/RT]a_M$對$a_Y^{n/p}$作圖可得一直線且直線斜率即為干擾離子（Y^{p+}）之選擇性係數（K_{MY}）。

圖18-14b為各種鹼土金屬離子（Y^{2+}）對鈉離子Na^+選擇性電極（見圖18-11）之干擾研究，如式18-61（$a_M = a_{Na}$，$K_{MY} = K_{NaY}$，$a_Y^{n/p} = a_Y^{n/2}$）預期，利用$Exp[(E_2 - E_1)nF/RT]a_{Na}$對各種鹼土金屬離子之$a_Y^{n/2}$作圖都可得直線並由直線斜率可求出各種鹼土金屬離子之選擇性係數（K_{NaY}，列於圖18-14b右側），由各K_{NaY}皆不大在$10^{-2} \sim 10^{-3}$間，表示各種鹼土金屬離子對Na^+電極干擾皆不大。

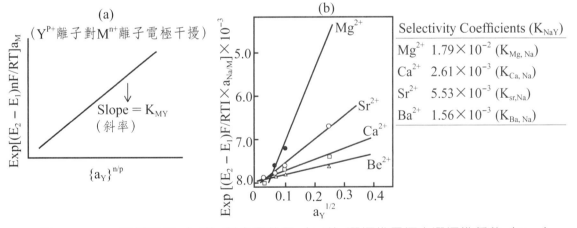

圖18-14　(a)干擾離子（Y^{p+}）對金屬離子（M^{n+}）選擇性電極之選擇性係數（$K_{M,Y}$）作圖求法，及(b)各種鹼土金屬離子（M^{2+}）對Na(I)離子選擇性電極之選擇性係數（$K_{M,Na}$）及其作圖求法（原圖來源：J. Jeng and J. S. Shih（本書作者），Analyst, 109, 641, 1984.）[270]

18-3-3　電位式氣體感應電極

電化學氣體感應偵測器（Electrochemical gas detectors）依電化學技術不同可概分為三類(1)電位式氣體感應電極（Potentiometric Gas-Sensing Electrodes），(2)伏安電流式氣體偵測器（Voltammetric Gas Detectors），(3)電量式氣體偵測器（Coulometric Gas Detector），及(4)導電式半導體氣體感測器（Semiconductor conductivity gas sensors）。本節只介紹電位式氣體感應電極、伏安電流式氣體偵測器、電量式氣體偵測器及導電式半導體氣體感測器將於下二章（第19及20章）介紹。

電位式氣體感應電極顧名思義是利用氣體感應電極的電壓變化來估算樣品中氣體之含量。最常見的為利用離子選擇性電極（如pH電極）當感應內電極並加裝一氣體可透薄膜（Gas permeable membrane）組裝而成的電位式氣體感應電極。圖18-15即為利用pH玻璃電極當感應內電極再套上一氣體可透薄膜及$NaHCO_3$內溶液而成的電位式CO_2氣體感應電極（CO_2-Potentiometric Gas-Sensing Electrode）。氣體可透薄膜通常由微孔疏水性高分子（Microporous hydrophobic polymer）材質（如Polytetrafluoroethylene或Polypropylene）所製成，欲測氣體可通過，而水溶液過不去。

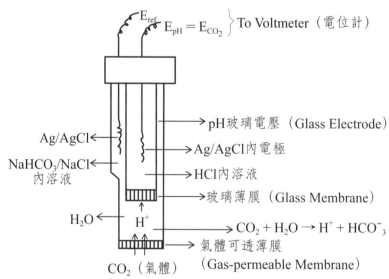

圖18-15　電位式CO_2氣體感應電極（Potentiometric Gas-Sensing Electrode）之基本結構及電位測定

在圖18-15的CO_2氣體感應電極中，CO_2氣體通過一氣體可透薄膜，溶入含$NaHCO_3$內溶液中，產生H^+離子如下：

$$CO_2 + H_2O \rightarrow H^+ + HCO_3^- \tag{18-62}$$

及反應平衡常數K：

$$K = (a_{H^+})(a_{HCO_3^-})/[CO_2] \tag{18-63}$$

因在$NaHCO_3$內溶液中，若$NaHCO_3$之濃度過高，內溶液中$aHCO_3^-$幾乎為固定值，故

式（18-63）可改寫成如下：

$$(a_{H^+})/[CO_2] = K/a_{HCO_3^-} = K_q \tag{18-64}$$

產生的H^+離子再由其內的pH電極偵測，此CO_2電極之輸出電壓（E_{CO_2}）即為其pH內電極之輸出電壓（E_{pH}），由式（18-43）pH玻璃電極之輸出電壓（E_{pH}）可改寫成如下：

$$E_{CO_2} = E_{pH} = E°_{pH} + 0.059\ \log a_{H^+} \tag{18-65}$$

式（18-64）代入式（18-65）可得：

$$E_{CO_2} = E°_{pH} + 0.059\ \log(K_q[CO_2])$$
$$= E°_{pH} + 0.059\ \log K_q + 0.059\ \log[CO_2] \tag{18-66}$$

令$E°_{pH} + 0.059\ \log K_q = K'$，式（18-66）可改寫成如下：

$$E_{CO_2} = K' + 0.059\ \log[CO_2] \tag{18-67}$$

由上式，樣品中CO_2含量$[CO_2]$可由測此CO_2氣體感應電極之輸出電壓（E_{CO_2}）來求得。許多其他的氣體之感應電極亦被開發出來，表18-3為常見的氣體感應電極（NH_3，H_2S，SO_2，NO_2及HF氣體電極）及其所用感應內電極和內溶液中反應。例如H_2S氣體電極是由Ag_2S感應內電極及水內溶液組成，H_2S氣體會和內溶液中水反應產生硫離子（S^{2-}），再由Ag_2S感應內電極偵測其產生的S^{2-}離子，並由Ag_2S內電極之輸出電壓（E_{Ag_2S}）即為此H_2S氣體電極之輸出電壓（E_{H_2S}）以類似式（18-67）估算樣品中H_2S含量。

表18-3　各種常見氣體電極之內溶液反應及感應內電極

待測氣體電極	內溶液中反應[a]	感應內電極	內電極偵測離子
NH_3電極	$NH_3 + H_2O \rightleftarrows NH_4^+ + OH^-$	NH_4^+電極	NH_4^+
CO_2電極	$CO_2 + H_2O \rightleftarrows HCO_3^- + H^+$	pH電極	H^+

〔表18-3續〕

待測氣體電極	內溶液中反應[a]	感應內電極	內電極偵測離子
H_2S電極	$H_2S + 2H_2O \rightleftarrows 2H_3O^+ + S^{2-}$	Ag_2S電極	S^{2-}
SO_2電極	$SO_2 + H_2O \rightleftarrows HSO_3^- + H^+$	pH電極	H^+
NO_2電極	$2NO_2 + H_2O \rightleftarrows NO_2^- + NO_3^- + 2H^+$	陰離子交換膜電極	NO_3^-
HF電極	$HF + H_2O \rightleftarrows H_3O^+ + F^-$	LaF_3電極	F^-

(a)內電極與氣體可透薄膜間之內溶液中的化學反應

18-3-4　電位式酵素電極

　　酵素電極（Enzyme Electrodes）通常用來偵測生化物質，酵素電極和氣體感應電極一樣也分電位式及電流式酵素電極，本節只介紹電位式酵素電極，而電流式酵素電極將在下一章（第19章）介紹。在酵素電極中，首先利用酵素催化欲測生化物質之化學反應（如氧化還原或分解反應）產生生化產物，然後再用感應內電極偵測此生化產物。

　　圖18-16為利用高分子固定化尿素酵素聚丙醯胺高分子膜（Immobilized Urease/Polyacryamide Membrane）/ 保護電極膜和NH_4^+離子選擇性電極（NH_4^+ ISE）當感應內電極所組成的尿素酵素電極（Urea Enzyme Electrode）。待測溶液中之尿素分子（Urea，NH_2-CO-NH_2）先由保護電極膜進入酵素電極中接觸固定化尿素酵素膜及內溶液（H_2O），接著尿素分子膜（Urea）被固定化尿素酵素膜（Immobilized Urease Membrane）催化起分解反應如下：

$$NH_2^- - CO - NH_2(Urea) + \xrightarrow{\text{Urease}} NH_3 + NH_4^+ + HCO_3^- \qquad (18-68)$$

　　然後所產生的被NH_4^+ISE感應內電極之感應NH_4^+電極薄膜中NH_4^+感應物質（如C60-Cryptand 22/PVC）吸附並以感應內電極之輸出電壓（$E_{NH_4^+}$）即為此尿素酵素電極之輸出電壓（E_{Urea}），由式（18-49）陽離子選擇性電極之輸出電壓（E_{NH4+}）可改寫成如下：

$$E_{Urea} = E_{NH_4^+} = E^\circ_{NH_4^+} + 0.059 \log a_{NH_4^+} \qquad (18-69)$$

因所產生的濃度（$a_{NH_4^+}$）和樣品中尿素濃度成正比例如下：

$$a_{NH_4^+} = K\ [Urea] \tag{18-70}$$

式（18-69）可改寫成：

$$E_{Urea} = E^\circ_{NH_4^+} + 0.059\ \log\ (K[Urea])$$

$$= E^\circ_{NH_4^+} + 0.059\ \log\ K + 0.059\ \log[Urea] \tag{18-70}$$

令 $E^\circ_{NH_4^+} + 0.059\ \log\ K = K'$，可得：

$$E_{Urea} = K' + 0.059\ \log\ [Urea] \tag{18-71}$$

由上式，樣品中尿素濃度[Urea]可由此尿素酵素電極之輸出電壓（E_{Urea}）估算出來。

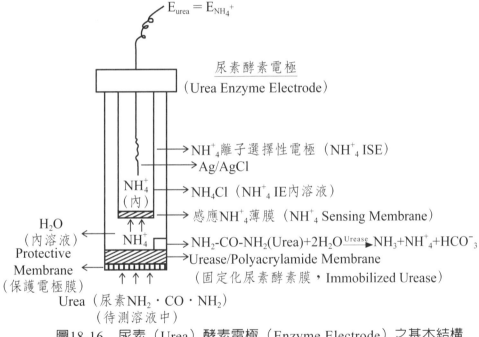

圖18-16　尿素（Urea）酵素電極（Enzyme Electrode）之基本結構

除了尿素酵素電極外，其他生化物質酵素電極亦被發展出來，其中最有名的為葡萄糖酵素電極（Glucose Enzyme Electrode），用來偵測生化樣品中葡萄糖含量。圖18-17為典型的電位式葡萄糖酵素電極之結構，主要含當感應內電極的pH玻璃電極及固定化葡萄糖氧化酵素（Glucose oxidase，GOD）膜。葡萄糖酵素電極主要原理為利用固定化葡萄糖氧化酵素（Glucose oxidase，GOD）催化進入電極內溶液（H_2O（含O_2））的葡萄糖之氧化作用如下：

$$C_6H_{12}O_6 + O_2 + H_2O \xrightarrow{\text{Glucose Oxdiase}} C_5H_{11}COO^- + H^+ + H_2O_2$$

（Glucose，葡萄糖）　　　　　　　　（Gluconate，葡萄糖根離子）（18-72）

　　由此氧化反應產物葡萄糖酸（Gluconic acid）在水中解離產生氫離子（H^+），然後此所產生的氫離子（H^+，濃度a_{H^+}）會被pH電極的玻璃電極膜吸附而引起pH電極的Ag/AgCl內電極的電位改變，而此pH電極的輸出電壓（E_{pH}）即為此電位式葡萄糖酵素電極之輸出電壓（E_{Glu}）可表示如下：

$$E_{Glu} = E_{pH} = E^o_{pH} + 0.059 \log a_{H^+} \qquad （18-73）$$

　　同時，所產生的氫離子濃度a_{H^+}，和樣品中葡萄糖酵含量[Glucose]也有下列比例關係：

$$a_{H^+} = k \, [Glucose] \qquad （18-74）$$

代入式（18-73）可得：

$$E_{Glu} = E^o_{pH} + 0.059 \log k + 0.059 \log [Glucose]$$
$$= k' + 0.059 \log [Glucose] \qquad （18-75）$$

　　式中$E^o_{pH} + 0.059 \log k = k'$，由上式可知，有測量此葡萄糖酵素電極輸出電壓（$E_{Glu}$）可估算生化樣品中葡萄糖酵含量[Glucose]。

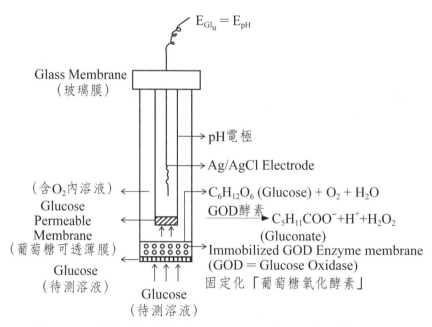

圖18-17　電位式葡萄糖（Glucose）酵素電極之結構

18-4　電位滴定法

電位滴定法（Potentiometric Titration）[271-272]是利用一可與樣品中待測物（Analyte，如Fe^{2+}）產生氧化還原反應的已知滴定液（Titrant，如Ce^{4+}）來滴定並利用一電化學系統測定滴定過程中之溶液電位變化而測其滴定終點（End point），進而利用「滴定液到滴定終點所用之當量數 ＝ 樣品中待測物之當量數」計算樣品中待測物濃度及含量。

圖18-18為利用一含白金（Pt）指示電極及甘汞參考電極（SCE）之電化學系統測定用0.1 M Ce^{4+}滴定100 mL樣品中Fe^{2+}含量之滴定過程中之電化學系統電位（$E, E = E_{solution} - E_{SCN}$）變化。此滴定氧化還原反應為：

$$Fe^{2+}（待測物）+ Ce^{4+} \rightarrow Fe^{3+} + Ce^{3+} \tag{18-76}$$

圖18-18b為滴定過程中電位（E）變化，可得滴定終點Ep，由到滴定終點（滴定液Ce^{4+}）所用總體積（V_{Ce}）和滴定液濃度（N_{Ce}）及樣品原體積（V_{Fe}）可依下式計算樣品中Fe^{2+}濃度（N_{Fe}）：

$$N_{Ce} \times V_{Cex} = N_{Fe} \times V_{Fe} \tag{18-77}$$

因Ce^{4+}及Fe^{2+}在反應中價數都只改變為1，莫耳濃度（M）等於當量濃度（N），故

N_{Ce} = 0.1 M = 0.1 N，由圖18-18b滴定圖及微分滴定圖（圖18-18c）可得$V_p = V_{Cex}$ = 100 mL，原來樣品體積V_{Fe} =100 mL；代入式（18-77）可得：

$$0.1 \text{ N} \times 100 \text{ mL} = N_{Fe} \times 100 \text{ mL} \tag{18-78}$$

即：

$$N_{Fe}（樣品中Fe^{2+}濃度）= 0.1 \text{ N} = 0.1 \text{ M} \tag{18-79}$$

由式（18-79）得知樣品中待測物之濃度（0.1 N）後，此滴定過程中溶液電位（$E_{solution}$）變化是可用下式分三步驟（滴定開始、滴定終點及滴定終點後）計算：

$$
\begin{array}{ccc}
\text{滴定開始} & \text{滴定終點（End point）} & \\
\blacktriangledown（待測物(Fe^{2+})過量） & \blacktriangledown\quad（滴定液(Ce^{4+})過量） & \\
\underbrace{\qquad\qquad\qquad\qquad\qquad\qquad\qquad\qquad\qquad\qquad} & & \\
測「待測物電位(E_{Fe})^-」 \quad Ep \quad 測「滴定液電位（E_{Ce}）」 & & \\
E_{solution} = E_{Fe} \quad E_{solution} = E_{Fe} = E_{Ce} \quad E_{solution} = E_{Ce} & &
\end{array}
\tag{18-80}
$$

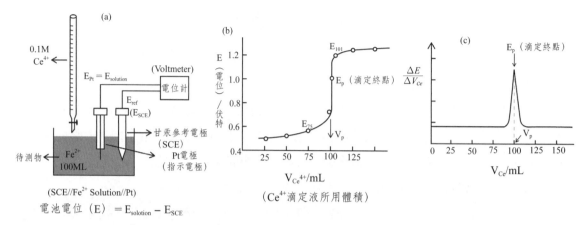

圖18-18　Ce^{4+}電位滴定樣品中Fe^{2+}之(a)電位滴定裝置，(b)一般滴定圖及(c)微分滴定圖

　　此滴定三步驟(1)滴定終點前電位，(2)滴定終點電位及(3)滴定終點後之電位變化分別

　　說明及計算如下：

⑴滴定終點前電位（以用Ce^{4+}當滴定液75 mL為例）

　　依式（18-80），在滴定終點前，待測物（Fe^{2+}）過量，雖$E_{Solution} = E_{Ce} = E_{Fe}$，但$E_{Ce}$因$Ce^{4+}$太小不易求得，故滴定終點前用待測物電位（$E_{Fe}$）來計算溶液電位（$E_{Solution}$，即用$E_{Solution} = E_{Fe}$），滴定液（$Ce^{4+}$）及待測物（$Fe^{2+}$）標準電位方程式分別為：

$$Ce^{4+} + e^- \rightarrow Ce^{3+}, E^{\circ}_{Ce} = 1.61 \text{ V} \qquad (18\text{-}81)$$

$$Fe^{3+} + e^- \rightarrow Fe^{2+}, E^{\circ}_{Fe} = 0.771 \text{ V} \qquad (18\text{-}82)$$

　　待測物電位（E_{Fe}）可依能斯特方程式（Nernst Equation，式（18-23b））表示如下：

$$E_{Solution} = E_{Fe} = E^{\circ}_{Fe} - 0.059 \log ([Fe^{2+}]/[Fe^{3+}]) \qquad (18\text{-}83)$$

在100 mL的0.1 NFe^{2+}溶液，加入0.1 NCe^{4+}滴定液75 mL後：

$$[Fe^{2+}] = (0.1 \times 100 - 0.1 \times 75)/(100 + 75) 及$$

$$[Fe^{3+}] = (0.1 \times 75)/(100 + 75) \qquad (18\text{-}84)$$

及$E^{\circ}_{Fe} = 0.771$ V代入式（18-83）可得：

$$E_{Solution} = 0.771 - 0.059 \log [(0.1 \times 100 - 0.1 \times 75)/(100 + 75)]$$

$$/[(0.1\times75)/(100 + 75)] = 0.799 \text{ V} \qquad (18\text{-}85)$$

因甘汞參考電極電位（E_{SCE}）在25 ℃爲0.246 V，整個電化學系統（Cell）之電池電位（E）在0.1 N Ce^{4+}滴定液75 mL後之電位（E_{75}）爲：

$$E = E_{75} = E_{Solution} - E_{SCE} = 0.799 - 0.246 = 0.553 \text{ V} \qquad (18\text{-}86)$$

⑵滴定終點電位（加Ce^{4+}滴定液100 mL）

如式（18-80）所示，滴定終點時，$E_{Solution} = E_{Fe} = E_{Ce}$，而$E_{Fe}$及$E_{Ce}$用能斯特方程式表示如下：

$$E_{Solution} = E_{Fe} = E^{o}_{Fe} - 0.059 \log ([Fe^{2+}]/[Fe^{3+}]) \qquad (18\text{-}87)$$

$$E_{Solution} = E_{Ce} = E^{o}_{Ce} - 0.059 \log ([Ce^{3+}]/[Ce^{4+}]) \qquad (18\text{-}88)$$

將式（18-87）及式（18-88）相加可得：

$$2 E_{Solution} = E^{o}_{Fe} + E^{o}_{Ce} - 0.059 \log [([Fe^{2+}][Ce^{3+}])/([Fe^{3+}][Ce^{4+}])]$$
$$(18\text{-}89)$$

因在滴定終點（Ep）時，$[Ce^{3+}] = [Fe^{3+}]$，$[Fe^{2+}] = [Ce^{4+}]$及$E^{o}_{Fe} = 0.771$ V，$E^{o}_{Ce} = 1.61$ V，

代入式（18-89）可得：

$$E_{Solution} = (E^{o}_{Fe} + E^{o}_{Ce})/2 = (0.771 + 1.61)/2 = 1.19 \text{ V} \qquad (18\text{-}90)$$

整個電池電位（E）在滴定終點時電位（Ep）爲：

$$E = Ep = E_{Solution} - E_{SCE} = 1.19 - 0.246 = 0.944 \text{ V} \qquad (18\text{-}91)$$

⑶滴定終點後電位（加Ce^{4+}滴定液101 mL爲例）

依式（18-80），在滴定終點後，用E_{Ce}來計算$E_{Solution}$，E_{Ce}用能斯特方程式表示如下：

$$E_{Solution} = E_{Ce} = E^{o}_{Ce} - 0.059 \log ([Ce^{3+}]/[Ce^{4+}]) \qquad (18\text{-}92)$$

加了Ce^{4+}滴定液101 mL後，

$$[Ce^{3+}] = 0.1\times100/(101 + 100) = 10/201,$$

$$及[Ce^{4+}] = 0.1\times1/(101 + 100) = 0.1/201 \qquad (18\text{-}93)$$

式（18-93）及$E^{o}_{Ce} = 1.61$ V代入式（18-87）可得：

$$E_{Solution} = 1.61 - 0.059 \log[(10/201)/(0.1/201)] = 1.49 \text{ V} \qquad (18\text{-}94)$$

整個電池電位（E）在加Ce^{4+}滴定液101 mL後（E_{101}）爲：

$$E = E_{101} = E_{Solution} - E_{SCE} = 1.49 - 0.246 = 1.24 \text{ V} \qquad (18\text{-}95)$$

18-5　電位法測定化合物分解及形成反應平衡常數（Ksp，Ka，K$_f$）

　　電位法為相當方便的技術用來測定下列化合物分解及形成反應之平衡常數：(1)難溶鹽類溶解作用之離子溶度積（Solubility Product，Ksp），(2)酸分子（HA）分解作用之分解常數（Acid dissociation constant，Ka）及(3)錯合物（Complex）之形成常數（Formation constant，K$_f$）。本節將分別介紹如何應用電位法來測定此三種分解及形成反應之平衡常數：

(A)測定「鹽類之離子溶度積（Ksp）」電位法-以測定CdX$_2$之Ksp為例：

步驟：⑴組成含此鹽類（CdX$_2$）的電池系統並測量電池電位（E$_{Cell}$）如下：

（陽極）Cd|CdX$_2$ (Sat'd), X$^-$(0.001 M)||SCE（甘汞電極陰極），

$$E_{Cell} = 0.781 \text{ V} \tag{18-96}$$

⑵列出陽極指示電極反應及其電極電壓（E$_{Cd}$）能斯特方程式：

$$Cd^{2+} + 2e^- \rightarrow Cd，E^o_{Cd} = -0.403 \text{ V} \tag{18-97}$$

$$E_{Cd} = E^o_{Cd} - (0.059/2) \log (1/[Cd^{2+}]) \tag{18-98}$$

⑶列出電池相關電位關係並計算溶液中鹽類離子濃度[Cd^{2+}]：

$$E_{Cell} = E_{SCN} - E_{Cd} = E_{SCN} (E^o_{Cd} - (0.059/2) \log (1/[Cd^{2+}])) \tag{18-99}$$

因E$_{Cell}$ = 0.781 V，E$_{SCN}$ =0.246 V，E$^o_{Cd}$ = − 0.403 V代入式（18-99）得：

$$0.781 = 0.246 - \{-0.403 - (0.059/2) \log(1/[Cd^{2+}])\} \tag{18-100}$$

由上式得：

$$[Cd^{2+}] = 3.57 \times 10^{-5} \text{ M} \tag{18-101}$$

⑷計算CdX$_2$之Ksp：([X$^-$] = 0.001 M)

$$Ksp = [Cd^{2+}] [X^-]^2 = 3.57 \times 10^{-5} (0.001)^2 = 3.57 \times 10^{-11} \tag{18-102}$$

(B)測定「酸分子之分解常數（Ka）」電位法－以測定HA之Ka為例：

步驟：⑴組成含HA及A$^-$之電極及電池系統測量電池電位（E$_{Cell}$）如下：

（陽極）Pt，H$_2$(1 atm)|HA(0.2 M)，NaA(0.1 M)||SCE（陰極），

$$E_{Cell} = 0.541 \text{ V} \tag{18-103}$$

(2)列出陽極指示電極反應及電壓（E_H）和能斯特方程式：

$$2H^+ + 2e^- \rightarrow H_2，E^o_H = 0.0 \text{ V} \tag{18-104}$$

$$E_H = E^o_H - (0.059/2) \log (1/[H^+]^2) \tag{18-105}$$

(3)列出電池相關電位關係並計算溶液中氫離子濃度[H^+]：

$$E_{Cell} = E_{SCN} - E_H = E_{SCN} - \{E^o_H - (0.059/2) \log(1/[H^+]^2)\} \tag{18-106}$$

因$E_{Cell} = 0.541$ V，$E_{SCN} = 0.246$ V，$E^o_H = 0.0$ V代入式（18-106）得：

$$0.541 = 0.246 - \{0 - (0.059/2) \log (1/[H^+]^2)\} \tag{18-107}$$

由上式得：

$$[H^+] = 8.23 \times 10^{-6} \text{ M} \tag{18-108}$$

(4)計算HA之Ka：（[HA] = 0.2 M，[A^-] = 0.1 M）

$$Ka = [H^+][A^-]/[HA] = (8.23 \times 10^{-6})(0.1)/(0.2) = 4.12 \times 10^{-6} \tag{18-109}$$

(C)測定「錯合物之形成常數（K_f）」電位法－以測定HgY^{2-}錯合物之 $K_{f(HgY2)}$為例：

步驟：(1)測定或查知含錯合物HgY^{2-}及Y^{4-}（EDTA配位子）汞電極之標 準電位（$E^o_{HgY2^-}$）：

$$Hg|HgY^{2-}，Y^{4-}（指示汞電極） \tag{18-110}$$

$$HgY^{2-} + 2e^- \rightarrow Hg + Y^{4-}，E^o_{HgY^{2-}} = 0.210 \text{ V} \tag{18-111}$$

$$E_{HgY2} = E^o_{HgY^{2-}} - (0.059/2) \log ([Y^{4-}]/[HgY^{2-}]) \tag{18-112}$$

(2)列出溶液中其他反應及溶液電壓（$E_{Solution}$）的能斯特方程式：

$$Hg^{2+} + 2e^- \rightarrow Hg，E_{HgY^{2-}} = 0.854 \text{ V} \tag{18-113}$$

$$E_{Hg} = E^o_{Hg} - (0.059/2) \log (1/[Hg^{2+}]) \tag{18-114}$$

(3)列出電池溶液電壓（$E_{Solution}$）及相關電位關係並計算HgY^{2-}錯合 物之K_f：

在同一溶液中，$E_{Solution} = E_{Hg} = E_{HgY^{2-}}$，即：

$$E_{Solution} = E_{Hg} = E^o_{Hg} - (0.059/2) \log (1/[Hg^{2+}]) \tag{18-115}$$

$$E_{Solution} = E_{HgY^{2-}} = E^o_{HgY^{2-}} - (0.059/2) \log ([Y^{4-}]/[HgY^{2-}]) \tag{18-116}$$

式（18-116）和式（18-115）相減並代入$E^o_{HgY^{2-}} = 0.210$ V及$E^o_{Hg} = 0.854$ V，可得：

$$0 = \{0.854 - (0.059/2) \log (1/[Hg^{2+}])\} - \{0.210 - (0.059/2) \log ([Y^{4-}]/[HgY^{2-}])\} \tag{18-117}$$

上式整理後，可得：

$$0.644 - (0.059/2) \log ([HgY^{2-}]/([Hg^{2+}] [Y^{4-}])) = 0 \qquad （18\text{-}118）$$

因：

$$[HgY^{2-}]/([Hg^{2+}] [Y^{4-}]) = K_{f(HgY^{2-})} \qquad （18\text{-}119）$$

式（18-119）代入式（18-118），可得：

$$0.644 - (0.059/2) \log K_{f(HgY^{2-})} = 0 \qquad （18\text{-}120）$$

即：

$$\log K_{f(HgY^{2-})} = 0.644/(0.059/2) = 21.83 \qquad （18\text{-}121）$$

HgY^{2-} 錯合物之 $K_{f(HgY^{2-})}$（形成常數）可得爲：

$$K_{f(HgY^{2-})} = 10^{21.83} = 6.77 \times 10^{-21} \qquad （18\text{-}122）$$

第 19 章

電化學伏安電流分析法

　　伏安電流分析法（Voltammetry，原稱「伏特安培法」，簡稱「伏安法」）是利用供應外加電壓（Applied voltage）使樣品中待測物分子或離子發生氧化或還原反應產生電流或電子流，利用產生的電流或電子流估算待測物含量及種類的一種電化學分析法，此伏安電流分析法因牽涉到待測物氧化還原反應，故亦屬於法拉第程序分析法（Faradaic Process）。本章將簡介伏安電流分析法及介紹常用各種類伏安電流技術如(1)極譜法（Polarography），(2)脈衝／微分脈衝極譜法（Pulse-/Differential Pulse-Polarographies），(3)循環伏安法（Cyclic Voltammetry），(4)剝除伏安法（Stripping Voltammetry），(5)液動式伏安法（Hydrodynamic Voltammetry）及其應用在伏安氧電極（Voltammetric O_2 Electrode）測氧法，伏安酵素電極（Voltammetric Enzyme-Based Electrode）生化物質測定法和伏安電流滴定法（Amperometric Titration），及(6)伏安電流式氣體偵測器（Voltammetric Gas Detectors）以偵測各種氣體（如CO）。

19-1 伏安電流分析法簡介

伏安電流分析法（Voltammetry）[273-276]為使待測物分子或離子發生氧化或還原反應需要有一如圖19-1所示穩定的外加直流電壓源（DC voltage source，外加電壓用電位計（Voltmeter）監測），及一產生氧化或還原的工作電極（Working electrode，W）和一成導電通路用的相對電極（Counter electrode，C）並需有一電流計（Ampmeter）以測量工作電極所產生氧化或還原電流。圖19-1(a)為最簡單的二電極伏安電分析系統（Two-electrode Voltammetric System），其不同的外加電壓是用手調式的可變電阻來改變的。為可自動得到各種不同的外加電壓，在伏安電分析儀大都不用手調式的可變電阻來得到各種不同的外加電壓，而改用如圖19-1(b)所用的電位自動調整系統常稱「**恆電位器（Potentiostat）**」，此恆電位器電路系統可以提供各種穩定的外加電壓（Vapp）。然雖然恆電位器電路可提供穩定的電壓，但電化學溶液常會隨著化學反應改變電阻及電壓，故需要時時監視工作電極（W）所受的電壓是否改變，故現在伏安電分析儀大都用圖19-1(b)所示的三電極伏安電分析系統（Three-electrode Voltammetric System），即除了工作電極（W）及相對電極（C）外，多加一參考電極（Reference electrode）來感測工作電極（W）電壓，並將所測的實際電壓值透過由運算放大器（OPA）所組成的電位隨動器（Voltage follower）傳回恆電位器，使恆電位器可更新其輸出電壓值使工作電極（W）電壓恢復正確值。

一般相對電極（C）常用白金（Pt）絲電極，參考電極通常用甘汞電極或Ag/AgCl電極，而工作電極（W）則常隨不同的伏安電流分析技術而不同，例如在極譜法（Polarography）中用滴汞電極（Dropping Mercury Electrode，DME），而在循環伏安法（Cyclic Voltammetry）及氧電極中則常用白金（Pt）當工作電極。

待測分子或離子在工作電極（W）進行氧化或還原，若待測物（如H_2O_2）在工作電極表面進行氧化反應工作電極（W）則為陽極（Anode）接電源的正極。反之，若待測物（如離子）在工作電極表面進行還原反應，工作電極（W）則為陰極（Cathode）接電源的負極。待測物在工作電極進行氧

化或還原所產生的氧化或還原電流通常先經一電流/電壓轉換放大器（Current to Voltage Converter，如OPA（Operational Amplifier）轉成電壓訊號（如圖19-1b所示），再用記錄器（Recorder）顯示或用類比／數位轉換器（Analog/Digital Converter，ADC）轉成數位訊號並輸入微電腦做訊號收集及數據處理和繪圖。

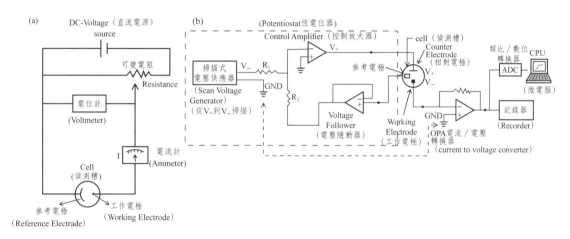

圖19-1　伏安電流分析法使用之(a)簡單二電極伏安電分析系統（Two-electrode Voltammetric System）及(b)常用的三電極（Three-electrode ）系統之結構示意圖

19-2　極譜法

極譜法（Polarography）[277，274-276]為最早被發展出來偵測金屬離子（M^{n+}）的伏安電流分析法，捷克科學家雅羅斯拉夫·海羅夫斯基博士（Dr. Jaroslav Heyrovsky）因開發極譜分析法，而得1959年諾貝爾獎。極譜法依所供應電壓方式分為線性（電壓）掃瞄極譜法（Linear Scan Polarography）及脈衝極譜法（Pulse Polarography）兩大類，而脈衝極譜法又分一般脈衝極譜法（Normal Pulse Polarography）及微分脈衝極譜法（Differential Pulse-Polarography）和方波極譜法（Square wave polarography）。本節將介紹極譜法之儀器結構與原理以及線性掃瞄極譜法和脈衝極譜法和方波伏安法／極譜

法之原理及應用。

19-2-1　極譜儀基本結構及原理

　　極譜儀（Polarograph）屬伏安電流分析儀之一種，如圖19-2所示，亦分為二電極極譜儀（圖19-2a）及三電極極譜儀（圖19-2b）。極譜儀最大特色為其所用的工作電極為滴汞電極（Dropping Mercury Electrode，DME）。二電極極譜儀（圖19-2a）中用滴汞電極（DME）做工作電極（陰極，Cathode），而常用甘汞參考電極（SCE）當相對電極（陽極，Anode），恆電位器（Potentiostat）供應各種外加電壓（E_{appl}），待測離子（M^{n+}）在具有特定外加電壓（E_{appl}）的工作電極會被還原成汞齊（M(Hg)）如下：

$$M^{n+} + ne^- + Hg \rightarrow M(Hg) \tag{19-1}$$

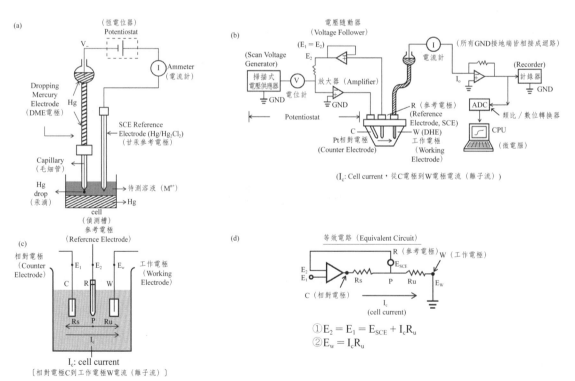

圖19-2　極譜法所用之(a)二電極（Dropping Mercury Electrode，DME及參考電極（如SCE甘汞電極）結構圖及常用三電極極譜儀之(b)基本結構圖與(c)其電位電流相關圖及(d)等效電路圖

　　待測離子（M^{n+}）在工作電極還原會產生還原電流，而此還原電流是由溶液中的待測離子（M^{n+}）擴散（擴散現象請見第18章圖18-1a及18-1-2節）移動到工作電極表面產生還原反應所引起的，故將此還原電流稱為擴散電流（Diffusion current，I_d）。理想的擴散電流（I_d）和外加電壓（E_{appl}）關係如圖19-2a所示。在二電極極譜儀（圖19-2a）中產生的擴散電流（I_d）用電流計偵測。

　　三電極極譜儀現為極譜法中最常用的儀器，如圖19-2b所示，三電極極譜儀之電解槽（Cell）中含用滴汞電極（DME）的工作電極（W），甘汞參考電極（SCE）及白金（Pt）電極做的相對電極（C）。外加電壓（E_{appl}）亦由恆電位器（Potentiostat）供應，甘汞參考電極做為偵測及校正溶液電壓。工作電極所產生的擴散電流（I_d）亦經放大器及記錄器（Recorder）顯示或用類比/數位轉換器（ADC）轉成數位訊號並輸入微電腦做數據處理。而在電解槽（Cell）中之電流稱為電解槽電流（Cell current，Ic）如圖19-2c所示的是從相對電極(C)流到工作電極（W）電流電位相關圖。圖19-2d顯示此三電極極譜儀整個電子線路之等效線路（Equivalent circuit）圖。若設由恆電位器到相對電極(C)電壓為E_1，由參考電極傳回恆電位器之校正電壓為E_2，工作電極（W）電壓為Ew，而甘汞參考電極（SCE）本身電壓為E_{SCE}，然在電解槽中，從相對電極(C)到參考電極（P點）間溶液之電阻為R_s，參考電極（P點）到工作電極（W）間溶液之電阻為R_u，整個線路圖之電壓關係為：

$$E_1 = E_2 = E_{SCE} + I_c \times R_u \qquad (19\text{-}2)$$

　　及

$$E_w = I_c \times R_u \qquad (19\text{-}3)$$

　　極譜法中一離子在工作電極所得的擴散電流（I_d）和外加電壓（E_{appl}）關係圖稱為此離子之極譜圖（polarogram），圖19-3a為理想的離子極譜圖。每一離子只有在一特定外加電壓（E_{appl}）時，才會如圖19-3a所示突然起還原或氧化反應而產生擴散電流（I_d）。擴散電流到達最高值後就呈水平狀不再隨電壓改變而改變，此最高的擴散電流稱為極限電流（Limiting current）。極限電流和基線（Base line）電流之差即為此離子的擴散電流（I_d），在一半擴散電流（$I_{d/2}$）所用的外加電壓稱為半波電位（$E_{1/2}$: Half-wave potential）。半波電位$E_{1/2}$為各種離子特有特性，但$E_{1/2}$和離子濃度無關。此半波電位$E_{1/2}$常用來表示每一種離子會產生還原氧化反應的還原或氧化電位。

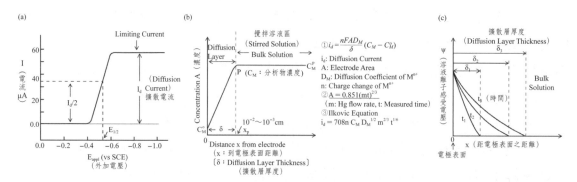

圖19-3　極譜法之(a)理想的擴散電流（I_d）極譜圖，(b)待測物(A)在溶液濃度和擴散電流關係，及(c)固定式工作電極（如用金屬片電極而不用汞滴電極）擴散層和時間關係圖（$E_{1/2}$: Half-wave potential）

　　圖19-3b為一待測離子（M^{n+}）在電解槽分佈圖，因在電極表面之離子在電解電壓下都還原成M(Hg)，故在電極表面之離子濃度（C_M^o）很小，由圖中可看出隨著遠離電極表面距離（x）的溶液離子濃度慢慢增加，到達某一距離x_p後，離子濃度會達一定值（C_M^p），由電極表面到x_p之距離δ就稱為擴散層厚度（Diffusion layer thickness），這是因為在此厚度溶液中之離子會受電極電壓吸引擴散移動到電極表面產生還原反應（請見圖19-3b及第18章18-1.3節）。換言之，離子的擴散電流（I_d）是由高濃度（C_M）離子溶液中擴散移動到低濃度（C_M^o）離子的電極表面產生還原反應所產生的，因而平均擴散電流（$I_{d(avg)}$，請見圖19-4b）和離子在溶液中與電極表面之濃度差（$C_M - C_M^o$）有下列關係：

$$I_{d(avg)} = (nFAD_M/\delta)(C_M - C_M^o) \qquad (19\text{-}4a)$$

　　式中n為待測離子（M^{n+}）還原時電荷改變數（$M^{n+} + ne^- \rightarrow M^o$），F為法拉第常數（Faraday constant, 96500 coulombs/mole），A為Hg汞滴電極面積（Electrode area），D_M為待測離子（M^{n+}）之擴散係數（Diffusion coefficient），C_M為待測離子濃度。由上式可知擴散電流（I_d）和擴散層厚度（δ）有關且成反比，然如圖19-3所示，若用一般固定工作電極（如金屬片電極）而不用滴汞電極，其擴散層厚度（δ）會隨電解時間（t）改變，那由式（19-4a）可知擴散電流（I_d）就會變化，所以在極譜法中用滴汞電極（DME），在固定時間舊的汞滴就會掉下來，而新的汞滴就會形成新的滴汞

電極，如此一來，常常為新鮮滴汞電極，擴散層厚度（δ）就可保持約一定值，所得的擴散電流（I_d）也較穩定。每一汞滴電極面積A和滴汞之速率（m, flow rate of Hg in mg/sec）及測量時間（t）有下列關係：

$$A = 0.851 \ (mt)^{2/3} \tag{19-4b}$$

有名的極譜法中之「**依可偉克方程式（Ilkovic Equation）**」即基於式（19-4b）及式（19-4a）衍生而得，在t單位sec，m單位mg/s，D單位cm^2/s，C_M單位mM（mmoles/L），I_d單位μA，「依可偉克方程式」如下：

$$I_{d(avg)} = 607 \ n \ C_M \ D_M^{1/2} \ m^{2/3} \ t^{1/6} \tag{19-4c}$$

依可偉克方程式可由擴散電流（I_d）計算出樣品溶液中待測離子（M^{n+}）之濃度（C_M）。測量時因固定m，t及樣品分子之D_M和N皆為常數，依可偉克方程式可改寫如下：

$$I_{d(avg)} = KC_M \tag{19-4d}$$

式中$K = 607 \ nD_M^{1/2} \ m^{2/3} \ t^{1/6}$。在圖19-3a極譜圖中，外加電場（$E_{app}$）和電流（I），擴散電流（$I_d$）和半波電位（$E_{1/2}$）在25 ℃下有下列關係：

$$E_{appl} = E^\circ - \frac{0.059}{n} \log \frac{i}{i_d - i} + \frac{0.059}{n} \log \left[\left(\frac{D_{red}}{D_{ox}} \right)^{1/2} \left(\frac{r_{red}}{r_{ox}} \right) \right] \tag{19-5a}$$

式中E°為M^{n+}之標準電位，D_{ox}及D_{red}分別為M^{n+}及M°之擴散係數，r_{ox}及r_{red}為M^{n+}和M°之活性係數（activity coefficient），

當$i = \frac{1}{2} i_d$則$E_{appl} = E_{1/2}$，代入（19-5b）可得：

$$E_{1/2} = E^\circ + \frac{0.059}{n} \log \left[\left(\frac{D_{red}}{D_{ox}} \right)^{1/2} \left(\frac{r_{red}}{r_{ox}} \right) \right] \tag{19-5b}$$

將式（19-5b）代入式（19-5a）可得：

$$E_{app} = E_{1/2} - (0.059/n) \log[I/(I_d - I)] \tag{19-5c}$$

由上式可知當E_{app}對$\log[I/(I_d - I)]$作圖（E_{app} <u>vs</u> $\log[I/(I_d - I)]$）可得一直線，其截距(Intercept) = $E_{1/2}$，而其斜率(Slope) = $-(0.059/n)$。

當溶液中之金屬離子（M^{n+}）和配位基（L）形成錯合物ML_p^{n+}（p為L/M數目比），其半波電位會改變成$E_{1/2(C)}$，其與金屬離子半波電位（$E_{1/2}$）之差（ΔE）和錯合物形成常數（$K_f = [ML_p]/([M][L]^p)$）有下列關係：

$$\Delta E = E_{1/2} - E_{1/2(C)} = (0.059/n)(\log K_f + p \log [L]) \tag{19-6}$$

19-2-2　線性掃瞄極譜法

線性掃瞄極譜法（Linear Scan Polarography）為傳統常用的極譜法。顧名思義，如圖19-4a所示，此法之外加電壓是隨時間以線性連續增加供應的，其所產生的擴散電流（I_d）如圖19-4b所示。由圖19-4b可知，線性掃瞄極譜法雖然簡單方便，但除擴散電流本身電流不太穩定外，當電極電壓改變時，圖19-4b顯示另有一種雜訊電流稱為**殘餘電流**（Residual current），此殘餘電流可能由樣品中雜質（Impurity）所引起或由電壓改變促使待測物質或其他物質的**遷移**（Migration）而引起的非氧化或還原之**充電（變壓）電流**（Charging current，Ic，請參見第18章第18-1-2節及圖18-1），此種充電電流（I_C）是因當電極電壓改變成變大時，電極表面電荷增加會誘使溶液中待測物質（M^+）或其他離子會從較低電場的溶液中向較高電壓的電極表面移動而形成充電電流，充電電流屬於非法拉第法（Nonfaradic Process），故對偵測因待測物質（M^+）氧化或還原之法拉第法（Faradic Process）所產生的擴散電流（I_d）時，此非法拉第法產生的充電電流（I_C）即為雜訊（Noise）。在線性掃瞄極譜法中充電電流（I_C）雜訊難去除，一般常在極譜電解槽中加入約為待測物濃度之50-100倍的輔助電解質（supporting electrolyte，如$NaNO_3$）以使待測物離子和電極間之純靜電引力減少而減少充電電流產生，然因輔助電解質本身亦可能引起一些充電電流，故加輔助電解質並不能完全去除充電電流，故常用下節所介紹之脈衝極譜法有效去除充電電流。

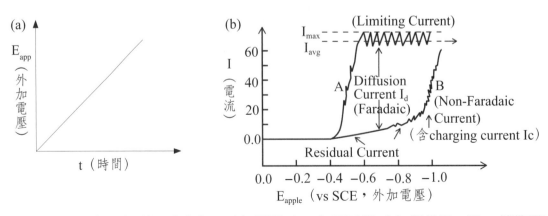

圖19-4　線性掃瞄極譜法之(a)外加電壓（E_{app}）及時間（t）關係圖，及(b)擴散電流（Id）和充電電流（Ic）電流與外加電壓關係圖

19-2-3　脈衝／微分脈衝極譜法

　　脈衝極譜法（Pulse Polarography）[278-279]顧名思義，其外加電壓是以間歇性脈衝式（如圖19-5a）供應的，而不是連續性的。常用的脈衝極譜法為一般脈衝極譜法（Normal Pulse-Polarography，NPP）[278]及微分脈衝極譜法（Differential Pulse- Polarography，DPP）[279]，在一般脈衝極譜法中，每個脈衝之脈高（Pulse height）電壓則隨時間增加而增加（如圖19-5a所示）。脈衝極譜法之開發主要去除因電壓增高所引起的充電電流（Charging current，I_c）雜訊，其原理可用圖19-5b說明，圖中要測的擴散電流（Diffusion current，I_d）和充電電流（I_c）都會隨時間衰減，但充電電流（Ic）衰減得快，大約只要0.025秒（sec）就衰減完了，而擴散電流（I_d）則衰減慢很多，所以只要等到充電電流衰減完了（約0.025秒）後，再在約0.025秒內（圖19-5b之$t_2 - t_3$間）測量電流可得幾無充電電流（I_c）雜訊的擴散電流（強度為I，如圖19-5b所示）。去除充電電流雜訊後的擴散電流（I）對外加電壓作圖即可得圖19-5c之幾無雜訊之擴散電流極譜圖。雖然一般脈衝極譜法可去除充電電流雜訊，但辨識極譜（圖19-5c）中之半波電位（$E_{1/2}$）仍難精準，故進而開發「微分脈衝極譜法」解決此問題。

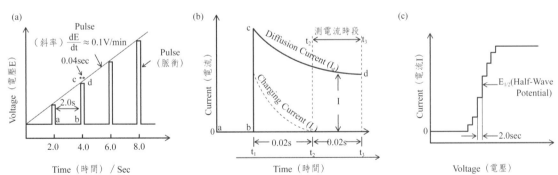

圖19-5　脈衝極譜法（Pulse-Polarography）之(a)脈衝外加電壓與時間關係，(b)脈衝引起的擴散電流（I_d）及充電電流（I_c）與時間關係，及(c)最終電流訊號和外加電壓之關係

　　微分脈衝極譜法（Differential Pulse-Polarography）[279]脈衝電壓之供應如圖19-6A(a)所示，其脈衝電壓供應方式是在線性連續增加電壓上間歇性

供應一固定脈高（Pulse height）的脈衝（即線性增加電壓之脈衝）。此種微分脈衝極譜法所得的擴散電流和充電電流如一般脈衝極譜法一樣，充電電流在很短的時間內就衰減不見，而擴散電流可維持較長時間（如圖19-6A(b)所示），故一樣可在充電電流衰減不見（約0.02秒）後，測量的擴散電流就幾無充電電流雜訊。但微分脈衝極譜法之極譜是以給脈衝前電流及給脈衝後擴散電流差（ΔI）對外加電壓作圖所得。如圖19-6A(c)所示，其極譜幾近高斯曲線（Gaussian curve），其最高點即為待測物之半波電位（$E_{1/2}$：Half-wave potential）。由於微分脈衝極譜法雜訊小且易分辨各種分析物之半波電位（$E_{1/2}$）現已為極譜法中相當普遍常用之技術。

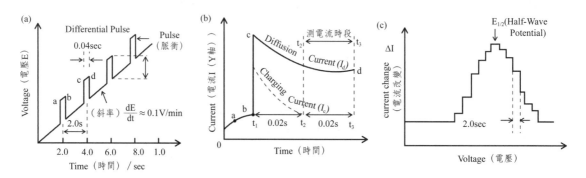

圖19-6A　微分脈衝極譜法（Differential Pulse-Polarography）之(a)脈衝外加電壓與時間關係，(b)脈衝引起的擴散電流（I_d）及充電電流（I_c）與時間關係，及(c)最終電流改變（ΔI）訊號和外加電壓之關係

19-2-4　方波伏安法／極譜法

方波伏安法（Square-Wave Voltammetry）和方波極譜法（Square-Wave Polarography）區別只在方波極譜法用滴汞電極（DME）做工作電極，而方波伏安法則用其他電極當工作電極，因而有些學者將方波極譜法視為方波伏安法特例。方波伏安法／極譜法和脈衝法一樣可將瞬間引起的充電電流衰減至可忽略的程度然後取擴散電流訊號，電位供應方式常和微分脈衝極譜法類似，使用隨時間直線增加階梯式電位（Step E, ΔEs）加上固定振幅（Ep）的電位波。所不同的是方波伏安法／極譜法所用的為如圖19-6B(a)所示的正向方波

與逆向方波相間週期性（τ）的電位波，而脈衝極譜法則用訊號收集時間較短的間歇性脈衝。方波伏安法／極譜法訊號取得方式為首先在正向波與逆向波即將結束前分別取正向波電流（I_f）及逆向波電流（I_r）（此時充電電流雜訊皆已衰減至可忽略的程度），然後由正逆向電流相減（$I = I_f - I_r$）可得淨電流（I）訊號（如圖19-6B(b)所示），此法不只可去除充電電流雜訊，亦可除去其他背景電流雜訊，故方波伏安法／極譜法之偵測靈敏度相當高。

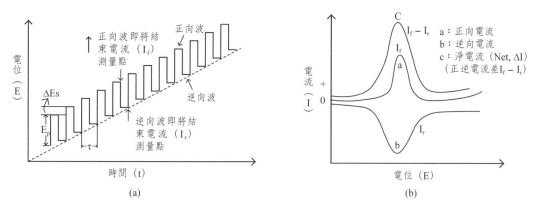

圖19-6B　方波伏安法（Square-Wave Voltammetry）之(a)方波電壓和時間關係圖及(b)正逆向電流和淨電流與電壓關係圖。(E_p = 固定電位振幅，ΔE_s = 隨時間改變之階梯電位）

19-3　循環伏安法（CV）

　　一般伏安之分析物在工作電極還原或氧化，而循環伏安法（Cyclic Voltammetry，CV）[280]之待測物在工作電極則先還原再氧化（如圖19-7a所示）或先氧化再還原，換言之，一般伏安法只得到分析物的還原或氧化反應數據，而循環伏安法用同一工作電極可得到待測物的還原及氧化反應數據。所以循環伏安法漸漸成為伏安法主流，普遍被採用。

　　循環伏安法所用的儀器也和其他伏安法一樣的三電極電化學實驗系統（如圖19-2b），其所用的工作電極（W）常為白金（Pt）電極，參考電極

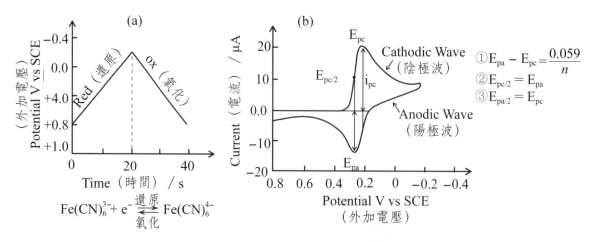

圖19-7　循環伏安法偵測$Fe(CN)_6^{3-}$離子之(a)外加電壓時間掃瞄圖，及(b)$Fe(CN)_6^{3-}$離子之循環伏安（CV）圖（電流訊號與外加電壓關係圖）[280b]

（R）則常用甘汞電極（SCE）或Ag/AgCl電極，而相對電極(C)也常用Pt電極，外加電壓也來自恆電位器（Potentiostat）。圖19-7為利用循環伏安法偵測$Fe(CN)_6^{3-}$離子的(a)外加電壓使待測物先還原再氧化的電壓掃瞄圖及(b)循環伏安（CV）圖。在電壓掃瞄圖（圖19-7a）中一開始工作電極（W）當陰極（Cathode），正電壓越來越小（往負電壓移動），而使待測物$Fe(CN)_6^{3-}$還原成$Fe(CN)_6^{4-}$離子，所產生的還原擴散電流，此還原擴散電流和極譜法一樣隨外加電壓變化如圖19-7b，此時工作電極因當陰極，故此還原擴散電流（i_{pc}）與外加電壓變化圖被稱為陰極波（Cathodic wave，見圖19-7b）。

$$Fe(CN)_6^{3-} + e^- \rightarrow Fe(CN)_6^{4-} \qquad （19-7）$$

當分析物幾乎完全還原成$Fe(CN)_6^{4-}$離子後，再利用恆電位器使工作電極之外加電壓的正電壓隨時間增加（見圖19-7a），換言之，此時工作電極之電壓反轉變成陽極（Anode），使分析物產物$Fe(CN)_6^{4-}$離子氧化回來成$Fe(CN)_6^{3-}$離子，而產生氧化擴散電流和外加電壓關係圖如圖19-7b所示，因此時的工作電極當陽極，此氧化電流（i_{pa}）和外加電壓關係圖稱為陽極波（Anodic wave，見圖19-7b）。

如圖19-7b所示，陰極波有最高點電壓（E_{pc}）及半峰電位（Half peak potential, $E_{pc/2}$），這半峰電位（$E_{pc/2}$）幾乎等於離子之標準電位（$E°$），而與離子之擴散係數（D）及活性係數（r）幾乎無關，這與極譜法中，半波電

位（$E_{1/2}$）與離子標準電位（$E°$）及擴散係數（D）和活性係數（r）都有關〔請見式（19-5b）〕略有不同，然半峰電位（$E_{pc/2}$）和半波電位（$E_{1/2}$）常相當接近。而陽極波也有最低點電壓（E_{pa}）及半峰電位（$E_{pa/2}$），這些陰極波及陽極波之電壓有下列理論關係：

$$E_{pa} - E_{pc} = 0.059/n \qquad (19\text{-}8)$$

$$E_{pc} = E_{pa/2} \qquad (19\text{-}9)$$

$$E_{pa} = E_{pc/2} \qquad (19\text{-}10)$$

式（19-7）中n為分析物還原及氧化的電荷改變數，如$Fe(CN)_6^{3-} \rightarrow Fe(CN)_6^{4-}$，n = 1。在這例子中還原後的待測物產物又可氧化回到原來待測物，此種反應稱為可逆（Reversible）反應。然並不是所有的還原或氧化都可逆的。如圖19-8所示，Diphenyl fulvene待測物之還原反應有兩步驟①及②，在第一個還原反應①是屬於可逆的，所以①反應有還原波（陰極波①），也有氧化波（陽極波①'），但第二個還原反應②，只可還原不能氧化，換言之，還原反應②為不可逆（Irreversible）反應。如圖所示，還原反應②只有還原波（陰極波②），而沒有氧化波（陽極波①'）。另外，由圖19-8可知，循環伏安法除可偵測待測物外，還可用來探討一還原或氧化反應是經過多少步驟（Steps）到達最終產物。

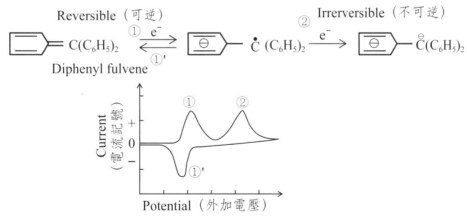

圖19-8　Diphenyl fulvene分子之氧化還原及循環伏安（CV）圖

在循環伏安法中外加電壓之掃瞄速率Vr（Scan rate of applied voltage in mV/sec）對待測物之半峰電位（如$E_{pc/2}$）及擴散電流（如i_{pc}）有相當的影

響。如圖19-9所示，應用循環伏安法偵測氧化還原可逆之分子時，其半峰電位（$E_{pc/2}$）會隨著外加電壓之掃瞄速率Vr對數值（log Vr）成幾乎線性增加（圖19-9a），而擴散電流（i_{pc}）則隨著外加電壓之掃瞄速率Vr平方根（$Vr^{1/2}$）成線性增加（圖19-9b）。

　　由上可知，循環伏安法不只可用來做偵測樣品中欲測分子或離子，亦可用來探討還原或氧化反應之可逆或不可逆本質，也可用來研究一分子或離子氧化還原之反應機制（Mechanism），看一反應經多少步驟（Steps）到最終產物。

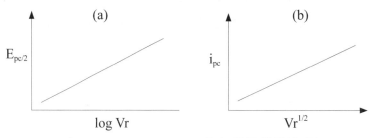

（Vr：Scan rate (mv/s)，外加電壓掃描速率）

圖19-9　循環伏安法偵測氧化還原可逆（Reversible）之分子時，外加電壓掃瞄速率（Vr）和(a)循環伏安圖中$E_{pc/2}$半電位及(b)i_{pc}電流訊號之關係

19-4　剝除伏安法

　　剝除伏安法（Stripping Voltammetry）開發用來偵測樣品中微量待測物，也是電化學分析法中少數的微量電化學分析法，其基本原理為先利用還原或氧化法將樣品中微量待測物預濃縮（Preconcentration）在工作電極（通常為汞電極）上，然後利用如循環伏安法中電壓反轉法使濃縮在工作電極的待測物從工作電極中剝除（Stripping）釋放出來。此法常用於樣品中微量陽離子或陰離子微量分析。若應用於微量陽離子之剝除伏安法，因其從工作電極中剝除時，工作電極為陽極，故偵測微量陽離子之剝除伏安法則稱為**陽極剝除伏安法**（Anodic Stripping Voltammetry，ASV）[281]。反之，偵測微量陰離子之剝除伏安法則稱為**陰極剝除伏安法**（Cathodic Stripping Voltammetry，

CSV）[282]。

陽極剝除伏安法（ASV）[281]之基本原理是先用一固定的還原電壓使微量陽離子（如M^{n+}）還原沉積（Deposition）在當陰極的工作電極（如圖19-10a之Hg電極）上一段時間（如圖19-10b所示），陽離子還原反應如下：

[Deposition-Preconcentration] M^{n+} + ne^- + Hg（工作電極當陰極）

→ M(Hg)   (19-11)

微量陽離子成中性原子（M(Hg)）濃縮在工作電極上，然後利用恆電位器（Potentiostat）控制工作電極之電壓往正電壓變化（如圖19-10b所示），使工作電極改變成陽極，此時吸附在工作電極之M(Hg)，就會產生氧化而從已變成陽極的汞工作電極剝除釋放出來，而產生氧化電流（如圖19-10c所示）。此時陽極的汞工作電極反應如下：

[Stripping] M(Hg)（工作電極當陽極）→M^{n+} + ne^- + Hg   (19-12)

如圖19-10c所示，不同的陽離子（如Cd^{2+}及Cu^{2+}）有不同氧化電壓，故不同的陽離子有不同譜峰。由氧化電流（I_M）大小即可計算樣品中各種微量陽離子含量。

剝除伏安法之電化學系統如圖19-10a所示，最常用的工作電極為圖中所示的吊汞滴電極（Hanging Mercury Drop Electrode，HMDE，此種汞電極和極譜法所用的DME電極（見圖19-2）類似但不完全一樣）。而參考電極則常用甘汞電極（SCE）。

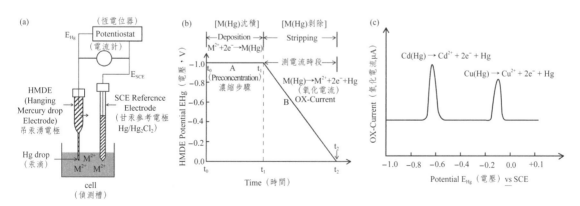

圖19-10　陽極剝除伏安法(a)常用之裝置示意圖，(b)兩段式工作電極（HMDE，Hanging Dropping Mercury Electrode）外加電壓隨時間變化，及(c)用來偵測溶液中Cd^{2+}及Cu^{2+}所得氧化電流訊號

　　陰極剝除伏安法（CSV）[282]偵測樣品中微量陰離子（X^{z-}或有機物RX）則先在當陽極的汞工作電極氧化成原子（X(Hg)）濃縮，然後再將汞工作電極改成陰極，此時在工作電極之待測物（X(Hg)）就會在改變成陰極的工作電極還原成陰離子（X^{z-}）並產生還原電流，由還原電流（I_x）大小即可計算樣品中微量陰離子含量。陰極剝除伏安法兩階段反應如下：

(Preconcentration)　X^{z-} + Hg（工作電極當陽極）→ X(Hg) + ze^- + Hg

$$（19\text{-}13）$$

(Stripping)　X (Hg)（工作電極當陰極）+ ze^- → X^{z-} + Hg　　（19-14）

19-5　液動式伏安法及其應用

　　包括循環伏安法、極譜法及許多電化學系統中電解槽中溶液通常避免攪動以免產生對流現象，但在有些電化學系統中電解槽中溶液是要攪拌（Stirring）流動的，這些電化學系統的伏安法就稱爲液動式伏安法（Hydrodynamic Voltammetry）[283]。本節將介紹一些較常見的液動式伏安法技術如(1)伏安氧電極（Voltammetric O_2 Electrode），(2)伏安酵素電極（Voltammetric Enzyme-Based Electrode）生化測定法，(3)伏安電流滴定法（Amperometric Titration），及(4)旋轉圓盤電極伏安法（Rotating Disk Electrode Voltammetry）。

19-5-1　伏安氧電極（Voltammetric O_2 Electrode）測氧法

　　常用的液動式伏安氧電極有兩種：(1)克拉克伏安氧電極（Clark Voltammetric O_2 Electrode）及(2)白金尖端氧微電極（Pt-tip O_2 Microelectrode）。

　　克拉克伏安氧電極常被稱爲**克拉克氧感測器**（Clark Oxygen Sensor）[284]，如圖19-11a所示，其由外加電壓電源（Applied voltage，0.8～ 1.5 V）、白金（Pt）陰極電極（Pt Cathode electrode）、銀陽極電極（Ag Anode electrode）、O_2可透電極薄膜（O_2 Permeable membrane）、含HCl緩衝內電極溶液（Buffered HCl）及電流計（Ammeter）所組成。攪拌中之待測溶液（Test solution）中之氧氣（O_2）透過氧電極薄膜進入氧電極電極內，氧氣（O_2）接觸氧電極中之陰極產生還原反應產生還原電流，而陽極發生氧化反應，陰陽電極之反應如下：

$$[陰極]　O_2 + 4H^+ + 4e^- \rightarrow 2H_2O \qquad (19\text{-}15)$$

$$[陽極]　Ag + Cl^- \rightarrow AgCl_{(s)} + e^- \qquad (19\text{-}16)$$

　　氧電極所產生的電流（I）用電流計偵測，而此電流訊號（I）強度和待測溶液中之氧氣濃度（$[O_2]$/ppm）有幾近線性關係（圖19-11b），電流訊號越大表示待測溶液中之氧氣濃度越高。

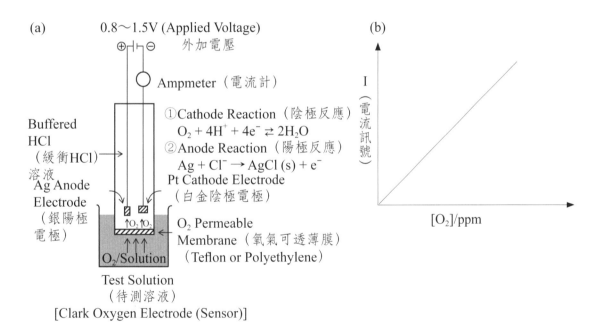

圖19-11　克拉克伏安氧電極（Clark Voltammetric O_2 Electrode）之(a)結構和電極反應，及(b)其電流訊號（I）和樣品溶液中氧含量$[O_2]$關係

　　白金尖端氧微電極（Pt-tip O_2 Microelectrode）之結構及反應如圖19-12a所示，其陰陽電極是直接接觸流動式待測樣品的，此點和克拉克伏安氧電極不同。此白金尖端氧微電極之陰極由具有白金尖端（Pt-tip）之白金電極，而陽極通常為Ag/AgCl電極。待測樣品（如血液）的氧氣（O_2）經陰極的

白金尖端發生還原反應產生O_2^-，產生還原電流，反應如下：

$$[陰極]\quad O_2 + e^- \to O_2^- \qquad\qquad (19\text{-}17)$$

所產生的O_2^-離子會向陽極移動並在陽極上發生氧化反應如下：

$$[陽極]\quad O_2^- \to O_2 + e^- \qquad\qquad (19\text{-}18)$$

如此一來，完成全線路電流，此電流訊號（I）也用電流計偵測。同時，如圖19-12b所示，此電流訊號（I）亦和待測樣品（如血液）的氧氣濃度（$[O_2]$/ppm）有線性關係。圖19-12c為利用氧微電極偵測氣體樣品中各種含量的O_2之電流訊號/外加電壓關係圖。

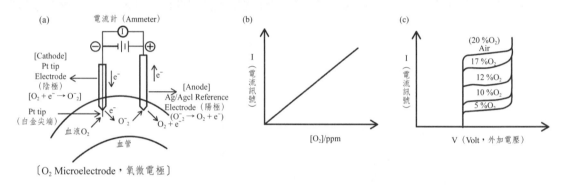

圖19-12　偵測血液中氧氣的白金尖端氧微電極（Pt-tip O_2 Microelectrode）之(a)結構和電極反應，(b)其電流訊號（I）和樣品溶液中氧含量$[O_2]$關係，與(c)氧微電極偵測氣體樣品中氧氣之電流訊號和外加電壓關係圖

19-5-2　伏安酵素電極生化測定法

伏安酵素電極（Voltammetric Enzyme-Based Electrode）生化測定法是利用酵素電極中之酵素催化待測生化分子（如葡萄糖）之氧化反應，其反應產物（如H_2O_2）再用二電極伏安法偵測並得氧化電流訊號。圖19-13a為偵測生化樣品中葡萄糖之葡萄糖伏安酵素電極之基本結構，其含內外雙層電極膜、兩電極膜間的固定化酵素（Immobilized enzyme）及含白金陽極電極（Pt Anode electrode）和銀陰極電極（Ag Cathode electrode）與KOH內溶液之內電極。雙層電極膜之外層電極膜為葡萄糖可透聚碳酸酯薄膜（Glucose permeable polycarbonate membrane），而內層電極膜為H_2O_2可透乙酸纖維素薄膜（H_2O_2 permeable cellulose acetate membrane）。

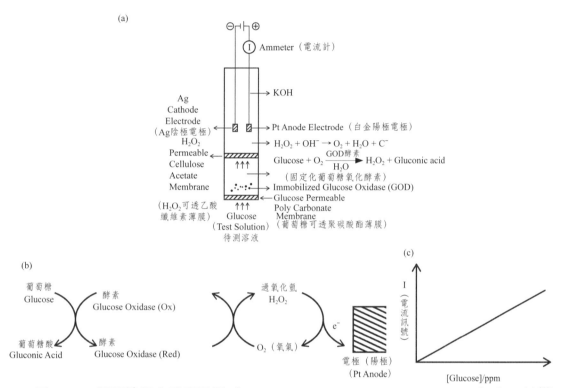

圖19-13　葡萄糖伏安酵素電極（Voltammetric Enzyme-Based Electrode）之(a)結構和電極反應，(b)酵素電極中連鎖反應示意圖，及(c)其電流訊號（I）和樣品溶液中葡萄糖濃度關係

　　如圖19-13a所示，待測溶液中之葡萄糖會透過葡萄糖可透外層電極薄膜，進入含固定化葡萄糖氧化酵素（Immobilized Glucose Oxidase，GOD）溶液中，在此溶液中葡萄糖被氧化酵素（GOD）催化和溶液中O_2產生氧化作用，反應如下：

$$\text{Glucose} + O_2 + H_2O \xrightarrow{\quad \text{Glucose Oxidase} \atop \text{(GOD)} \quad} \text{Gluconic acid} + H_2O_2 \quad (19\text{-}19)$$
（葡萄糖）　　　　　　　　　　　　　　　　　（葡萄糖酸）

　　如圖19-13a所示，葡萄糖氧化產生的H_2O_2會透過可透性內層電極膜，進入內電極中並在白金（Pt）陽極電極表面與KOH內溶液進行氧化反應放出電子產生電流（I），反應如下：

$$[\text{Pt陽極}] \quad H_2O_2 + OH^- \rightarrow O_2 + H_2O + e^- \qquad (19\text{-}20)$$

H_2O_2在陽極之氧化反應產生的電流（I）用電流計（Ammeter）偵測。圖19-13b為整個葡萄糖酵素電極中連鎖反應示意圖。圖19-13c顯示此葡萄糖酵素電極的電流訊號（I）和樣品溶液中葡萄糖含量（[Glucose]/ppm）幾近線性正比例關係。因有相當好的選擇性及高靈敏度，此電流式的葡萄糖伏安酵素電極普遍被生醫界用來偵測生化樣品中之葡萄糖含量。

19-5-3　伏安電流滴定法

伏安電流滴定法（Amperometric Titration）[285]是在固定外加電壓（Voltage，E）下利用電化學伏安法偵測在滴定過程中待測物或待測物氧化或還原反應之氧化或還原電流變化，以測得滴定終點（Ep，End point）並計算待測物在樣品中含量。

圖19-14a為伏安電流滴定法之基本裝置結構圖，包括裝有滴定劑（Titrant）的滴定管及含「指示電極」（Indicator electrode）、「參考電極」（Reference electrode）、外加電壓電源及電流計之電化學偵測系統。常用的指示電極為旋轉式微白金電極（Pt Microelectrode）。在圖19-14a中指示電極通負的外加電壓（E），此時指示電極為陰極，當滴定劑滴入待測溶液中，可能得到的滴定曲線如圖19-14b所示常見有三種：(A)只有待測分析物會被指示電極（負電壓）還原而滴定劑／產物不會被還原，此時隨著滴定劑加入增加，分析物減少還原電流也跟著減小如圖19-14b中A圖所示，直到滴定終點（Ep）分析物沒有了，還原電流也沒有了，從Ep以後保持幾近零電流訊號。(B)只有滴定劑會被指示電極還原，分析物／產物不會被還原，如圖19-14b中B圖所示，在滴定終點（Ep）前，溶液中沒剩滴定劑，還原電流幾近沒有，一直到滴定終點（Ep）後才會有多餘的滴定劑，電流訊號也才隨著滴定劑增加而增大。(C)分析物及滴定劑皆會被還原而產物不會被還原，在滴定終點（Ep）前，分析物隨滴定進行減少而溶液中也沒剩滴定劑，故還原電流持續下降如圖19-14b中C圖所示。然滴定終點（Ep）後，溶液中會有多餘的滴定劑，電流訊號也就隨著滴定劑加入而開始增大。滴定終點（Ep）前後兩滴定曲線交點即為滴定終點。

在此伏安電流滴定法中，滴定劑（Titrant）並不一定由滴定管慢慢加

入，滴定劑（如Br_2）可在樣品溶液中先生成後，再開始與待測物（如酚類（Phenols））反應，由用電化學伏安法測剩下滴定劑（如剩下Br_2可被工作電極還原成Br^-）。因Br_2會和許多可被氧化的有機物（如，酚類，烯類（C＝C）及胺類（Amines））反應，所以Br_2溶液（Bromine solution）常用來滴定這些有機物，以估算樣品中這些有機物含量。Br_2溶液可由下列反應在溶液中生成：

$$BrO_3^- + 5Br^- + 6H^+ \rightarrow 3Br_2 + 3H_2O \tag{19-21}$$

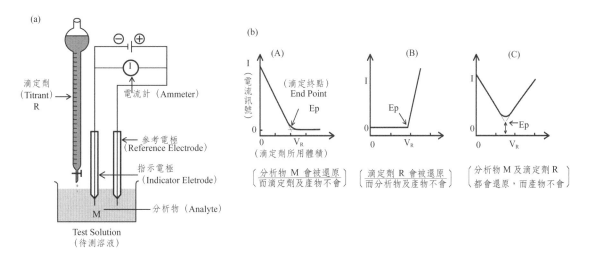

圖19-14　伏安電流滴定法之(a)裝置結構圖，及(b)在固定外加電壓（E）下，各種還原滴定之電流訊號（I）與所用滴定劑體積（V_R）關係圖：(A)只有分析物M可被還原，(B)只有滴定劑R可被還原，(C)分析物M及滴定劑R都會被還原

19-5-4　旋轉圓盤電極伏安法

旋轉圓盤電極伏安法（Rotating Disk Electrode Voltammetry）[286-287]顧名思義是利用旋轉圓盤電極的伏安法，在電極的持續旋轉下，待測分子很容易接觸伏安法的工作電極表面進行還原或氧化，因此所得的還原或氧化電流強度相對較高，同時，電極的持續旋轉也使分子擴散（Diffusion）及遷移（Migration）對還原或氧化電流強度影響變得不太重要，故旋轉圓盤電極伏

安法的電流強度（I）只和待測分子還原或氧化時電荷改變數n，法拉第常數F，電極面積A及待測分子濃度C_M有關，關係如下：

$$I（電流強度） = 0.62n\ FA\ C_M \qquad (19\text{-}22)$$

由於電極的持續旋轉，由電壓改變而使待測物質或其他物質移動到電極表面的遷移（Migration）現象所引起的非氧化或還原的充電電流（Ic）雜訊也相對減小，因而旋轉圓盤電極伏安法的電流（I）對電壓（E）關係圖中也較少雜訊。

圖19-15a為旋轉圓盤電極伏安法基本結構圖，整個電極是旋轉的，常用旋轉的電極有兩種(1)圓盤電極（Disk electrode）及環狀圓盤電極（Ring-Disk electrode）。圓盤電極如圖19-15b所示，圓盤中有圓形電極，其為工作電極，以測液體中O_2為例，此圓盤電極通負電壓E_{disk}而使測液體中O_2還原，分高低負電壓二階段氧化如下：

$$[低負電壓] \quad O_2 + 2H_2O + 2e^- \rightarrow H_2O_2 + 2OH^- \qquad (19\text{-}23)$$
$$[高負電壓] \quad O_2 + 4e^- + H_2O \rightarrow 4OH^- \qquad (19\text{-}24)$$

在低負電壓（E_{disk}）產生H_2O_2及OH^-，而高負電壓只產生OH^-，O_2在二階段還原中圓盤電極皆會產生還原電流（I_{disk}），所產生的二階段還原電流（I_{disk}）和圓盤電極外加電壓（E_{disk}）關係如圖19-16a所示。

圖19-15c為環狀圓盤電極之基本結構，其含中心的圓盤電極（Disk electrode）內電極及外圍的環狀電極（Ring-shaped electrode）外電極。外加電壓通入中心的圓盤電極為圓盤電壓（E_{disk}），以測液體中O_2為例，圓盤電極通負電壓E_{disk}當陰極（Cathode），而外圍的環狀電極相對成陽極（Anode），液體中O_2在圓盤電極如式（19-23）及（19-24）二階段氧化而其產生H_2O_2及OH^-就會漂移到外圍的環狀電極（陽極），H_2O_2遇到環狀電極就會氧化產生氧化電流（I_{ring}），反應如下

$$[環狀電極] \quad H_2O_2 + 2OH^- \rightarrow O_2 + 2H_2O + 2e^- \qquad (19\text{-}25)$$

由上式可知，測圈狀電極的氧化電流（I_{ring}）就可估計液體中O_2含量。換言之，旋轉環狀圓盤電極（Rotating Ring-Disk Electrode）測的是測圈狀電極的氧化電流（I_{ring}），這與旋轉圓盤電極（Rotating Disk Electrode）測的還原電流有所不同。

圖19-16b為利用環狀圓盤電極測O_2之環狀電極（Ring-Shaped

Electrode）的氧化電流（I_{ring}）和加在中心的圓盤電極電壓（E_{disk}）關係圖。由圖中可知，在較低負電壓（E_A以前之E_{disk}），氧化電流（I_{ring}）隨電壓增高而增高（這是因H_2O_2生成量隨電壓增高而增高），但當E_{disk}負電壓大於E_A，但小於Ep時，氧化電流會幾乎保持一定值。換言之，在負電壓Ep > E_{disk} > E_A範圍內，H_2O_2及OH^-生成速率在不同E_{disk}下幾乎是一樣。然在更高負電壓（Ep以後之E_{disk}）因如式（19-24）所示O_2氧化漸漸生成OH^-而不生成H_2O_2，而產物OH^-又不氧化，所以在較高負電壓因H_2O_2生成量慢慢減少而使氧化電流（I_{ring}）也跟著減小，到E_k點的E_{disk}電壓，氧化電流（I_{ring}）幾近於零（$I_{ring} \cong$ 0），表示在此電壓下無H_2O_2產生。

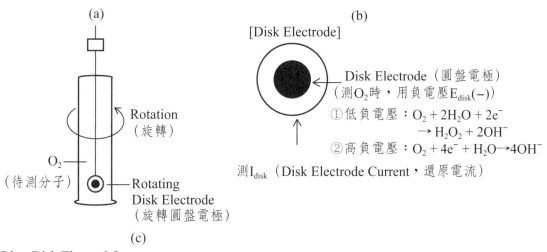

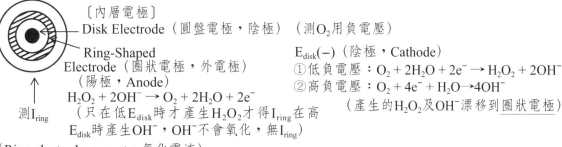

圖19-15　旋轉圓盤電極伏安法測液體中O_2之(a)旋轉圓盤電極（Rotating Disk Electrode）結構圖，(b)圓盤電極（Disk Electrode）及(c)圈狀圓盤電極（Ring-Disk Electrode）[287]示意圖

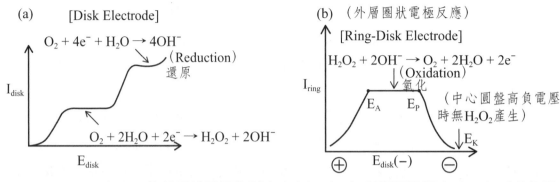

圖19-16　應用(a)旋轉圓盤電極偵測溶液中氧（O_2）所得還原電流（I_{disk}）／外加圓盤電壓（E_{disk}）關係圖，及(b)旋轉圈狀圓盤電極之外層圈狀電極偵測H_2O_2的氧化電流（I_{ring}／外加中心圓盤電壓（E_{disk}）關係圖[287]。

19-6　伏安電流式氣體偵測器

伏安電流式氣體偵測器（Voltammetric Gas Detectors）是用伏安法偵測氣態（如空氣）中氣體分子之偵檢器，其和上一節所提的測溶液中氧氣之伏安氧電極有點不同，一般伏安電流式氣體偵測器通常採用如圖19-17所示的三電極伏安電化學系統，而伏安氧電極通常是用二電極系統。圖19-17為用伏安電流式偵測器探測空氣中CO含量之基本結構圖，其含有CO氣體可透過之透氣薄膜（Gas permeable membrane，通常用Nafion或Teflon材質製成）、工作電極（如Pt電極）、相對電極（C，Pt電極）及參考電極（R）和外加電壓供應器（通常為「恆電位器（Potentostat）」）及電流記錄器。

含CO之空氣先進入具有類似毛細管控制閘（G）的氣體室中（控制閘目的在控制空氣氣體衝力及流量），通過控制閘後的CO及其他氣體再通入可透過CO之電極薄膜，通過電極薄膜之CO即可接觸到具有正的外加電壓之Pt工作電極會被氧化反應並產生氧化電流，反應如下：

$$CO + H_2O \rightarrow CO_2 + 2H^+ + 2e^- \qquad (19\text{-}26)$$

工作電極上產生的氧化電流（I）可用含電流計的電流記錄器（Recorder）記錄。用此三電極電化學系統亦可偵測空氣中其他可氧化或還

原氣體，只要改變外加電壓供應器之電壓即可。

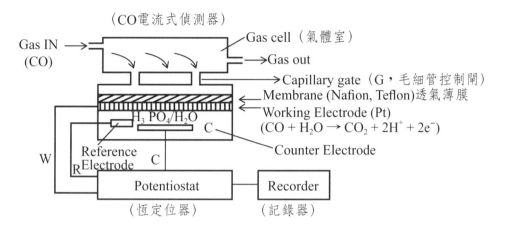

圖19-17　電流式CO氧化伏安偵測器之結構示意圖

第 20 章

電重量／電量／電導性分析法

　　電化學分析法除了利用測量電化學系統之電流或電壓以分析待測物外，還可利用待測物在電解（Electrolysis）中待測物或電極重量變化和完成電解所需的電量（庫侖），及待測物或樣品溶液的電導做為定性或定量之基礎。利用電解中待測物或電極重量變化測定待測物在樣品之含量分析法稱為電重量分析法（Electrogravimetry），而利用完成電解所需的庫侖電量（Quantity of Electricity）測定待測物含量之分析法稱為庫侖電量分析法（Coulometry）。另外，亦可應用在不同外加電壓之電解做混合物中各成分之電解分離（Electrolytic Separation）法。測定待測物或樣品溶液的電導性做為偵測待測物之特性及在樣品中含量稱為電導分析法（Electrical Conductivity）。本章將分別介紹電重量分析法、電解分離分析法、庫侖電量分析法及電導分析法之偵測原理，儀器結構及其應用。

20-1　電重量分析法

　　電重量分析法（Electrogravimetry）[288-290]常用在樣品溶液中金屬離子含量分析，其主要是利用金屬離子（M^{n+}）在作為陰極的工作電極上還原成金

屬（M°），然後稱陰極的工作電極重量增加量（即金屬沉積(Deposition)量W），即可知原來樣品溶液中金屬離子含量。

　　圖20-1a為典型的偵測樣品溶液中金屬離子的電重量分析儀器裝置示意圖，其主要元件為供應外加電壓電源、白金網陰極（Pt Gauze cathode）電極、白金陽極（Pt Anode）及電位計與電流計。其中電位計用來監測電解中供應外加電壓（通常電重量分析法用固定電壓），而圖中用可變電阻來調變外加電壓，電流計則用來監視電解是否完成，當電解完成時，系統中電流幾近為零（如圖20-1b）。電解時，待測金屬離子（如Cu^{2+}）將在白金網陰極上還原成金屬（如Cu^o）並沉積（Deposition）在白金網陰極上。以金屬離子Cu^{2+}為例，Cu^{2+}離子在白金網陰極上反應及所需還原電壓（E_{Cu}）也即白金網陰極所需的外加電壓（E_C）的能斯特方程式如下：

$$Cu^{2+} + 2e^- \rightarrow Cu^o，E^o_{Cu} = 0.34 \text{ V} \tag{20-1}$$

$$E_C = E_{Cu} = E^o_{Cu} + (0.059/2) \log [Cu^{2+}] \tag{20-2}$$

　　由式（20-2）可知所需的外加電壓（E_C）和溶液中銅離子濃度$[Cu^{2+}]$有關，然在電解中銅離子濃度一直在改變，以電解0.01 M銅離子為例，由式（20-2），剛電解時所需外加電壓（E^o_C）為：

$$E^o_C = E_{Cu} = 0.34 + (0.059/2) \log 0.01 = 0.28 \text{ V} \tag{20-3}$$

　　而電解完成（通常以溶液中剩下1.00×10^{-6} M的金屬離子為幾近完全去除標準）時所需外加陰極電壓（$E^e_{C(f)}$）為：

$$E_{C(f)} = E_{Cu(f)} = 0.34 + (0.059/2) \log (1.00 \times 10^{-6}) = 0.16 \text{ V} \tag{20-4}$$

　　由式（20-3）及式（20-4）可知，要電解0.01 M銅離子（Cu^{2+}）所需外加電壓（E_C）範圍為0.28～0.16 V。電重量分析法中電解可用(1)掃瞄式外加電壓（E_C）及(2)固定電壓（用固定外加電壓），以此銅離子（Cu^{2+}）電解而言，掃瞄式外加電壓即掃瞄外加電壓（E_C）（需含0.28～0.16 V範圍），此時外加電壓電源要改為可做電壓掃瞄的恆電位器（Potentiostat）。反之，若要採定電壓法，電解銅離子（Cu^{2+}）所需用的外加電壓（E_C）應為電解完成所需外加電壓（$E_{C(f)}$），即$E_C = E_{C(f)} = 0.16$ V，此值與樣品中銅離子濃度$[Cu^{2+}]$無關。換言之，要完全電解樣品中任何濃度的銅離子都需用外加電壓（$E_{C(f)}$）為0.16 V。可將此陰極外加電壓（$E_{C(f)}$）稱為一金屬離子要完全電解時特有的「完全電解電壓」（Completely electrolysis voltage, $E_{C(f)}$）。

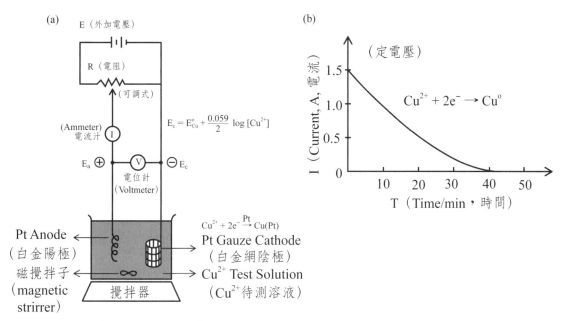

圖20-1　金屬離子（如Cu^{2+}）電重量分析法之(a)儀器裝置示意圖及(b)電解中電流變化圖

若將陽極的Pt電極改成甘汞電極（SCE），因甘汞電極（SCE）之電壓（E_{SCE}）為0.241 V，而電解完全所需電壓（E^o_C）為0.16 V，故此時整個電解槽（Cell）外加電壓（$E_{Cell(f)}$）為：

$$E_{Cell(f)} = E_{C(f)}（陰極）- E_{SCE}（陽極）= 0.16 - 0.241 = -0.08 V（20-5a）$$

然在電解剛開始時，因電解池中金屬離子濃度高會有電流產生，而電流（I_o）流動及電解池電阻（R）會引起的電壓下降ΔV（$\Delta V = I_oR$），故開始電解時所需用之電解池初始電壓（E^o_{cell}）為：

$$E^o_{cell} = (E^o c(陰極) - Ea(陽極)) - I_oR = 0.28 - 0.241 - I_oR　（20-5b）$$

不管用掃瞄式外加電壓及定電壓法，電解完成時，電流皆會降至幾乎零，然後將白金網陰極拆下並稱重，由其在電解前後之重量差（ΔW）即為樣品中金屬離子（Cu^{2+}）含量。

除金屬離子外，電重量分析法亦可應用在樣品中陰離子（如Cl^-）分析，圖20-2為電重量分析法偵測氯陰離子（Cl^-）之儀器裝置示意圖。在此陰離子電重量分析系統中除監測外加電壓用的電位計及測系統電流的電流計外，陰離子沉積（Deposition）的工作電極為銀線（Ag）陽極（Anode）電極，陰極

（Cathode）為甘汞電極（SCE），而外加電壓電源為可變電壓（如恆電位器（Potentiostat））。樣品中Cl^-陰離子在銀線（Ag）陽極上與Ag產生氧化作用，氧化反應及所需陽極（銀電極）電壓（E_A）的能斯特方程式如下：

$$Ag + Cl^- \rightarrow AgCl + e^-，E^o = 0.22 \text{ V} \tag{20-6a}$$

$$E_A = E^o + 0.059 \log (1/[Cl^-]) = E^o - 0.059 \log [Cl^-] \tag{20-6b}$$

若要電解完成（所有氯原子以AgCl沉積在銀陽極上，而也以溶液中剩下1.00（10^{-6} M的Cl^-為完全去除標準），所需的陽極（銀電極）電壓（E_A）由式（20-6b）為：

$$[陽極]\quad E_A = 0.222 - 0.059 \log (1.00 \times 10^{-6}) = -0.132 \text{ V} \tag{20-7}$$

因陰極的甘汞電極（SCE）電壓為0.241 V，故整個電解槽（Cell）外加電壓（E_{Cell}）為：

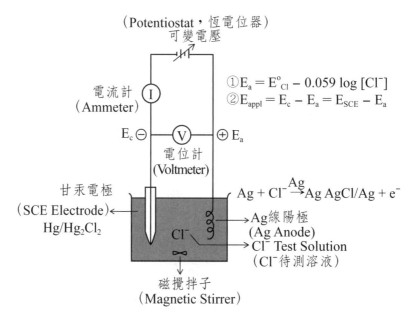

圖20-2　陰離子Cl^-電重量分析法之儀器裝置示意圖

$$E_{Cell} = E_{SCE}（陰極） - E_A（陽極） = 0.241 - (-0.132) = 0.373 \text{ V} \tag{20-8}$$

同樣地，電解完成時，系統的電流亦降至零（用電流計監測），由銀陽極電解前後改變的重量即為沉積在銀陽極的AgCl中的氯原子（Cl）之重量，也就是樣品中氯離子（Cl^-）之含量。

20-2　電解分離分析法

電解分離法（Electrolytic separation）為利用各種離子在電重量分析法中電解所需外加電壓範圍不同，可用來分離樣品中各種離子。以分離樣品中含皆為0.01 M之Ag^+，Cu^{2+}及Pb^{2+}為例，這些離子若可沉積在電重量分析系統中之陰極上其反應式及所需還原外加陰極電壓（E）的能斯特方程式如下：

$$Ag^+ + e^- \rightarrow Ag，E^\circ_{Ag} = 0.80 \text{ V} \tag{20-9a}$$

$$Cu^{2+} + 2e^- \rightarrow Cu，E^\circ_{Cu} = 0.34 \text{ V} \tag{20-9b}$$

$$Pb^{2+} + 2e^- \rightarrow Pb，E^\circ_{Ag} = -0.13 \text{ V} \tag{20-9c}$$

$$及 E_{Ag} = E^\circ_{Ag} + 0.059 \log [Ag^+] \tag{20-10a}$$

$$E_{Cu} = E^\circ_{Cu} + (0.059/2) \log [Cu^{2+}] \tag{20-10b}$$

$$E_{Cu} = E^\circ_{Pb} + (0.059/2) \log [Pb^{2+}] \tag{20-10c}$$

依各離子之能斯特方程式，各離子（濃度皆為0.01 M）開始電解所需的外加電壓（E）為：

$$E_{Ag} = 0.80 + 0.059 \log (0.01) = 0.68 \text{ V} \tag{20-11a}$$

$$E_{Cu} = 0.34 + (0.059/2) \log (0.01) = 0.28 \text{ V} \tag{20-11b}$$

$$E_{Cu} = -0.13 + (0.059/2) \log (0.01) = -0.19 \text{ V} \tag{20-11c}$$

而各離子電解完成（剩下1.00×10^{-6} M的金屬離子為幾近完全去除標準）時所需外加電壓（E^e）為：

$$E^e_{Ag} = 0.80 + 0.059 \log (1.00 \times 10^{-6}) = 0.44 \text{ V} \tag{20-12a}$$

$$E^e_{Cu} = 0.34 + (0.059/2) \log (1.00 \times 10^{-6}) = 0.160 \text{ V} \tag{20-12b}$$

$$E^e_{Cu} = -0.13 + (0.059/2) \log (1.00 \times 10^{-6}) = -0.30 \text{ V} \tag{20-12c}$$

由以上各離子之電解開始及完成時所需外加電壓範圍分別為：

$$Ag^+：0.68(V_1) \sim 0.44 \text{ V}(V_2)；$$
$$Cu^{2+}：0.28(V_3) \sim 0.16 \text{ V}(V_4)；$$
$$Pb^{2+}：-0.19(V_5) \sim -0.30 \text{ V}(V_6) \tag{20-13}$$

將陰極因金屬沉積而增加的重量及陰極外加電壓（E_C）作圖如圖20-3所示，由圖中可知，當陰極電壓（E_C）由0.7 V開始往相對負電壓掃瞄，當掃瞄電壓到Ag^+可電解電壓範圍：$0.68(V_1) \sim 0.44$ V(V_2)時，只有Ag^+會還

原成Ag沉積在陰極上，這表示Ag$^+$可用電解和Cu^{2+}及Pb^{2+}分離。電壓（E_C）持續掃瞄，一直要掃瞄到Cu^{2+}離子可開始電解之電壓（V_3，0.28 V見式（20-13）），Cu^{2+}開始電解還原並沉積在陰極上，到達電壓（E_C）為0.16 V（V_4），Cu^{2+}可電解完成並完全沉積在陰極上，而在此電壓（0.16 V）時，Pb^{2+}還不會開始電解還原（Pb^{2+}電解所需之外加電壓範圍為$-0.19(V_5)$～-0.30 V）），這表示Ag$^+$，Cu^{2+}，Pb^{2+}這三種金屬離子可用電解法互相分離。如圖20-3所示，Pb^{2+}要電壓掃瞄到-0.19 V才開始電解還原並沉積在陰極上，一直要到陰極電壓到-0.30 V Pb^{2+}才可電解完成並完全沉積在陰極上。

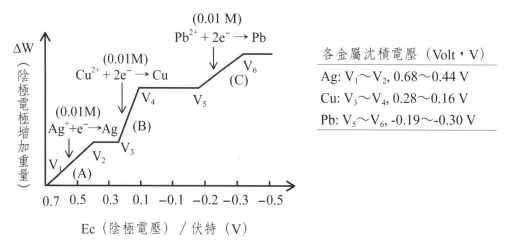

圖20-3　電解分離法分離一樣品中所含0.01 M Ag$^+$，Cu^{2+}及Pb^{2+}之陰極重量增加量（ΔW）和陰極電壓（Ec）關係圖

20-3　庫侖電量分析法

　　庫侖電量分析法（Coulometry）[289，291-293]類似伏安法同屬於氧化／還原的法拉第法（Faradaic Process），其主要應用測量待測物工作電極上起氧化或還原作用而產生的氧化電流或還原電解電流並計算待測物電解完成所通過的總電量，做為待測物在樣品中含量定量之方法。庫侖電量分析法可分定電

壓式庫侖電量分析法（Potentiostatic Coulometry）及定電流式庫侖電量法（Amperostatic Coulometry）。

20-3-1　定電壓式庫侖電量分析法

　　定電壓式庫侖電量分析法（Potentiostatic Coulometry）亦常應用含工作電極（W）、參考電極（R）及相對電極（C）之三電極電化學系統（如圖20-4a所示）並由電壓電源施加固定外加電壓（定電壓）於工作電極上，使樣品中待測物在工作電極（W）表面起還原或氧化電解反應而產生還原或氧化電流，然後偵測其產生的電流（I），直至還原或氧化電解完成沒電解電流爲止（如圖20-4b所示），然後利用電化學系統中之積分器積分隨時間（t）改變的電流可得總電量（Q）爲：

$$Q（總電量） = \int I\, dt \qquad （20\text{-}14）$$

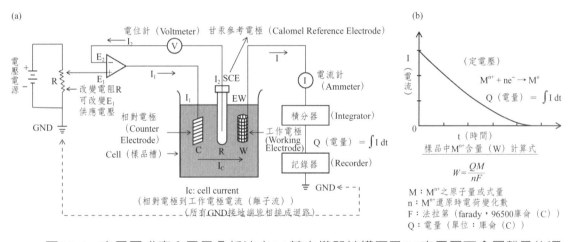

圖20-4　定電壓式庫侖電量分析法之(a)基本儀器結構圖及(b)定電壓下金屬離子的還原電流和時間關係圖

　　然後再由總電量（Q）依下式計算樣品中待測物（如金屬離子M^{n+}）之所含重量（W）：

$$W = QM/(nF) \qquad （20\text{-}15）$$

式中M爲待測物（如M^{n+}）之原子量或分子量或式量（Formula

weight），n為還原或氧化時待測物電核改變量（如$M^{n+} + ne^- = M$），而F為法拉第（Farady，96500庫侖）。在此定電壓式庫侖電量分析法中，不同的待測物需用不同的外加陰極電壓（請見上節20-2電解分離法）。

20-3-2　定電流式庫侖電量法

定電流式庫侖電量法（Amperostatic Coulometry）[289,292]顧名思義是供應定電流使待測物在電化學系統之工作電極（如圖20-5a）上產生還原或氧化電解，直至待測物消耗完畢即電解完成，電解終點時，電解終點偵測器會發一訊號給控制系統以中斷定電流供應及中止計時器可得電解終點時間tp（如圖20-5b）。因電解完成時，通常溶液的電位及導電度都會有相當明顯的改變，故常用電位計或導電度計做為電解終點偵測器。當然有時也可用化學指示劑（Indicator）變色來顯示電解完成終點。定電流式庫侖電量法之電化學系統之基本結構如圖20-5a所示，包含一定電流供應器（Constant current supply）供應定電流（I_o）及工作電極和相對電極。若待測物為金屬離子M^{n+}時，工作電極為陰極（Cathode），如圖20-5a），金屬離子M^{n+}會在陰極起還

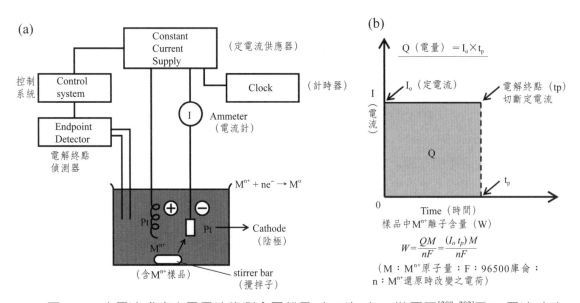

圖20-5　定電流式庫侖電量法偵測金屬離子（M^{n+}）之(a)裝置圖[289, 292]及(b)電流／時間關係圖

原反應（$M^{n+} + ne^- = M$），而相對電極為陽極（Anode）。當電解完成，所需電解時間為t_p（如圖20-5b），則此待測物電解所需之總電量（Q）為：

$$Q（總電量） = I_o t_p \qquad (20\text{-}16)$$

然後將此總電量（Q）代入式（20-15）中即可得待測物在樣品中之所含重量（W）。

若待測物（如Br^-離子）在電化學系統中電解時，會在工作電極產生氧化作用，此時圖20-5a之陽極就變成工作電極，而待測物（如Br^-離子）之氧化反應為：

$$2Br^- = Br_2 + 2e^- \qquad (20\text{-}17)$$

同樣，電解完成，也一樣可用式（20-16）及式（20-15）分別計算電解所需之總電量（Q）及待測物（Br^-離子）樣品中之所含重量（W）。

20-3-3　庫侖電量滴定法

庫侖電量滴定法（Coulometric Titration）[289]為供應固定電流（I）來滴定樣品中待測物使樣品氧化或還原利用所需時間（t）及庫侖電量（Q）以估算待測物之含量。常用的庫侖電量滴定法和一般的滴定（如酸鹼滴定及伏安電流滴定法（Amperometric Titration），請見本書第19章19-5-3節）不同的是庫侖電量滴定法所用的滴定劑（Titrant）常由庫侖電量滴定法裝置（如圖20-6a）之工作電極產生而不是外加來的，所以其工作電極又稱為產生電極（Generator electrode）。圖20-6a為利用，Ag工作電極的定電流庫侖電量電化學系統滴定樣品中氯離子（Cl^-）裝置，其含Ag工作（產生）電極及相對電極與滴定終點偵測器（End point detector），而圖20-6b為滴定步驟。在此定電流電化學滴定系統中Ag工作電極當陽極（Anode）會產生Ag^+離子當滴定劑以滴定樣品中氯離子（Cl^-），分別如下：

$$Ag（陽極） \rightarrow Ag^+（滴定劑） + e^- \qquad (20\text{-}18)$$
$$Ag^+ + Cl^-（分析物） \rightarrow AgCl \qquad (20\text{-}19)$$

到達滴定終點時，可用滴定終點偵測器偵測其溶液中電位變化，亦可外加指示劑（Indicator，如CrO_4^{2-}），滴定終點時溶液中無Cl^-離子，陽極產生的Ag^+離子會轉而和指示劑CrO_4^{2-}作用，使溶液從黃色變為紅磚色，反應如下：

$$Ag^+ + CrO_4^{2-}（黃色）\rightarrow Ag_2CrO_4（紅磚色）\qquad（20\text{-}20）$$

　　由到達滴定終點的時間（tp，單位：秒）及定電流（I，單位：安培）可計算所需總電量（Q，單位：庫侖）及樣品中氯離子（Cl^-）含量（W，單位：克）分別如下：

$$Q（所需電量）= I \times tp \qquad（20\text{-}21）$$

$$W（Cl^-含量）= (Q/96500) \times Fw \qquad（20\text{-}22）$$

　　式中Fw為分析物（Cl^-）之式量（等於35.5）。

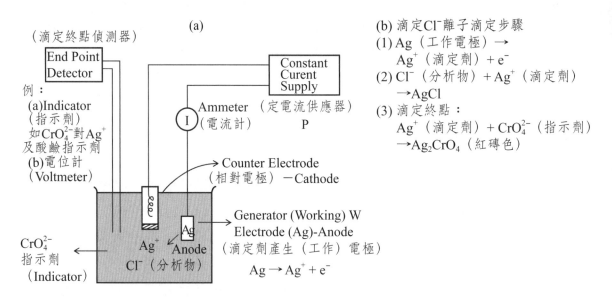

（a）

（滴定終點偵測器）
End Point Detector

例：
(a)Indicator
（指示劑）
如CrO_4^{2-}對Ag^+
及酸鹼指示劑
(b)電位計
（Voltmeter）

CrO_4^{2-}
指示劑
（Indicator）

Constant Curent Supply
（定電流供應器）
P

Ammeter（電流計）
I

Counter Electrode
（相對電極）－Cathode

Generator (Working) W
Electrode (Ag)-Anode
（滴定劑產生（工作）電極）
$Ag \rightarrow Ag^+ + e^-$

Ag^+　Anode
Cl^-（分析物）

(b) 滴定Cl^-離子滴定步驟
(1) Ag（工作電極）→
　　Ag^+（滴定劑）$+ e^-$
(2) Cl^-（分析物）$+ Ag^+$（滴定劑）
　　$\rightarrow AgCl$
(3) 滴定終點：
　　Ag^+（滴定劑）$+ CrO_4^{2-}$（指示劑）
　　$\rightarrow Ag_2CrO_4$（紅磚色）

圖20-6　定電流庫侖電量法應用滴定樣品溶液中氯離子（Cl^-）之(a)儀器結構示意圖，及(b)庫侖電量滴定氯離子之步驟

20-3-4　庫侖電量式氣體偵測器

　　庫侖電量式氣體偵測器（Coulometric Gas Detector）是以庫侖電量法（Coulometry）偵測氣體樣品中待測氣體之含量，常用以偵測空氣中水溶性且易被氧化或還原之氣體如SO_2及H_2S之含量。

　　SO_2電量式氣體偵測器（SO_2 Coulometric Gas Detector）[293(b)~(e)]之種類很多，所用的電解液及儀器之結構都相當不同，圖20-7為利用KBr電解液

之定電流電化學系統基本結構圖，其主要含一固定電流電源、工作電極（陽極）及相對電極（陰極）和含定量KBr電解液之二電極電化學系統與電流計（Ammeter）和記錄器（Recorder）。空氣樣品經電解槽上方孔道進入若空氣中無SO_2污染物時，KBr電解液中之Br^-離子會在陽極（工作電極）以固定電流（I_o）電解氧化如下：：

$$2Br^- \rightarrow Br_2 + 2e^- \qquad\qquad (20\text{-}23)$$

因電解液中Br^-離子為一定量，電解要完成的時間為一定值t_o，故無SO_2污染物時，電化學系統通過所需之總電量（Q_o）為：

$$[無SO_2時] \quad Q_o（總電量）= I_o t_o \qquad\qquad (20\text{-}24)$$

然當空氣中含有SO_2時，KBr電解液中之Br^-離子也會在氧化電解（如式20-23），電解Br^-離子也需總電量（Q_o），但此時，由陽極（工作電極）氧化電解所產生的Br_2（式20-23）會和空氣中SO_2起反應，而將還原成Br^-如下：

$$[含SO_2時]Br_2 + SO_2 + 2H_2O \rightarrow 2Br^- + SO_4^{2-} + 4H^+ \qquad (20\text{-}25)$$

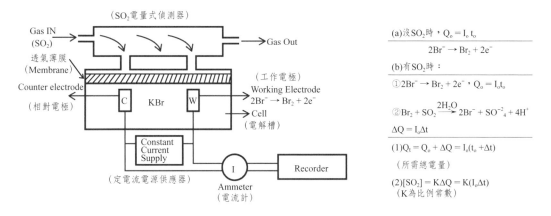

圖20-7　SO_2電量式氣體偵測器之結構及基本原理

所產生的Br^-離子量及用固定電流（I_o）電解所需多餘電解時間（Δt，電解所需總時間 = $t_o + \Delta t$)取決於空氣中SO_2含量，而此多出來的電量（ΔQ，電解所需總電量$Q_t = Q_o + \Delta Q$)及與空氣SO_2濃度[SO_2]關係為：

$$[SO_2] = k \times \Delta Q = k \times (I_o \times \Delta t) \qquad\qquad (20\text{-}26)$$

式中k為比例常數，由上式空氣中SO_2濃度即可估算出，對人的健康而言，世界各國一般規定空氣中SO_2濃度容許量約為0.35 ppm。

20-4　電導性分析法

電導性分析法（Electrical Conductivity）是利用測量樣品溶液之電導性以估計樣品中導電物質或阻礙導電物質之含量。本節將介紹電導（Conductance）表示法，測量溶液之電導性之儀器設備，電導滴定法（Conductance Titration）及導電式半導體氣體偵測器。

20-4-1　電導及測定儀器

一導電物質或樣品溶液之導電性常用電導（Conductance）[294]表示，而電導又分為比電導κ（Specific Conductance）及當量電導Λ（Equivalent Conductance）兩種表示法。比電導κ和固體樣品或樣品溶液之電阻（Resistance）與所通電長度（L，即兩Pt電極間距離）及面積（A，即兩Pt電極面積，如圖20-8所示）關係如下：

$$\kappa = (1/R) \times L/A \qquad (20\text{-}27)$$

由上式可知，比電導κ（單位mho/cm或$ohm^{-1}\ cm^{-1}$）和樣品之電阻（R）成反比，故電導性分析法常測樣品之電阻（R），而計算可其比電導κ。因樣品之通電長度（L）及面積（A）通常固定，令L/A ＝ K則式（20-27）可變為：

$$K = L/A = \kappa R \qquad (20\text{-}28)$$

式（20-28）中之K和樣品槽（Cell）之長度（L）和面積（A）有關，故常稱為**樣品槽常數**（Cell constant）或**樣品槽函數**（Cell factor）。

因為比電導κ並不能顯示樣品溶液之濃度與導電性之關係，故用當量電導Λ表示樣品溶液之當量濃度（N）與導電性之關係如下：

$$\Lambda = \kappa(1000/N) \quad （\Lambda 單位：cm^2/(eq\text{-}ohm)） \qquad (20\text{-}29)$$

若樣品溶液中的導電物質為含有陽離子（如M^+）及陰離子（如A^-），其當量電導Λ就為陽離子當量電導Λ_+及陰離子當量電導Λ_-之總和如下：

$$\Lambda = \Lambda_+ + \Lambda_- \qquad (20\text{-}30)$$

電導性分析法中偵測一樣品的電導性常用交流（AC）電導測定儀（AC

conductivity detector或稱「交流導電度計」），圖20-8為交流電導測定儀之
基本結構圖及測定樣品溶液之電阻（Rc），用以計算溶液的比電導κ）基本原
理。用交流（AC）電導系統，主要是交流（AC）電才不會使待測物產生氧化
或還原電解，反之，直流電容易引起電解反應。

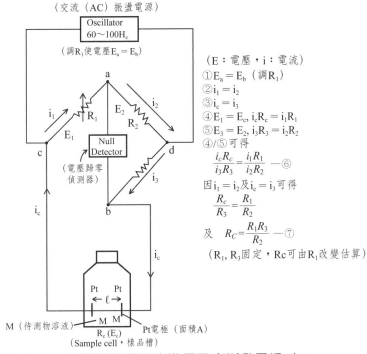

圖20-8　交流（AC）電導測定儀器之裝置及惠斯登電橋（Wheatstone bridge）線路
　　　　圖

如圖20-8所示，交流（AC）電導測定儀（AC Conductivity detector，
或稱「交流導電度計」）主要含一惠斯登電橋（Wheatstone bridge）線路，
只要調整圖中可變電阻R_1，使惠斯登電橋a，b兩端點的電壓相等（即$E_a = E_b$，相等與否可用惠司同電橋之歸零偵測器（Null detector）偵測），因$E_a = E_b$，故a，b間不會有電流通過，i_1會走c→a→d，因而$i_1 = i_2$，同理，i_3不會走b→a，而會走d→b→c，因而$i_3 = i_c$，即：

$$i_1 = i_2 \; ; \; i_c = i_3 \tag{20-31}$$

$$及 E_c = E_1 \; ; \; 即 i_c R_c = i_1 R_1 \tag{20-32}$$

$$E_3 = E_2 \; ; \; 即 i_3 R_3 = i_2 R_2 \tag{20-33}$$

　　式中R_c及E_c分別為樣品溶液之電阻及電位。由式（20-32）／式（20-33）可得：

$$i_cR_c/(i_3R_3) = i_1R_1/(i_2R_2) \qquad （20\text{-}34）$$

因$i_1 = i_2$；$i_c = i_3$（式20-31）代入可得：

$$R_c = R_1R_3/R_2 \qquad （20\text{-}35）$$

　　因R_3及R_2為固定值，故由式（20-35），樣品溶液之電阻（R_c）取決於調整使$E_a = E_b$後之可變電阻R_1之值並由電阻（R_c）依式（20-27）可計算溶液的比電導κ，測知樣品溶液之電導性。

　　雖然因為用交流（AC）電導系統，可防止待測物產生氧化或還原電解，而直流電容易引起電解反應，但因交流（AC）電導儀價格較貴，故市場上仍然有價格較低的直流電導系統（如圖20-9所示的直流電導測定儀（DC conductivity detector或稱「直流導電度計」）），然為防止電解反應，此直流電導系統中利用圖中S_3開關做瞬時測量之控制閥，瞬時開測量後，馬上就關以免起電解反應。此直流電導系統中樣品溶液之電阻（R_s）可由兩W電極間之電位差（V）及電流計瞬時測量所得電流（I）計算而得：

$$R_s = V/I \qquad （20\text{-}36）$$

同樣地，由樣品溶液之電阻（R_s）可計算溶液的比電導κ及電導性。

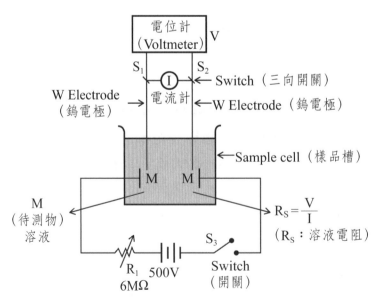

圖20-9　直流（DC）電導測定儀（DC Conductivity detector，或稱「直流導電度計」）之裝置及線路圖

20-4-2　電導滴定法

　　電導性分析法可用在待測物之滴定分析中，此種滴定分析法就稱為電導滴定法（Conductance Titration）。此電導滴定法主要原理是基於待測分析物和滴定劑及滴定產物之比電導κ（Specific Conductance）都不同。圖20-10為分別利用強鹼NaOH及弱鹼NH_4OH當滴定劑滴定分析物HCl的滴定圖。HCl樣品溶液之比電導κ會因中和（HCl + NaOH → NaCl + H_2O）產生的NaCl比原來HCl比電導κ小（一般小離子在溶液中電導移動速率較快，比電導κ也就較大），溶液之比電導κ會隨滴定進行而變小（如圖20-10a及b）。然到達滴定終點（Ep）後，在用NaOH滴定劑之滴定中，因NaOH為強鹼完全解離，比電導（很大，故溶液的比電導κ會隨NaOH滴定體積增加而變大（圖20-10a）。反之，用NH_4OH滴定劑之滴定中，因NH_4OH為弱鹼不完全解離，比電導κ不大，如圖20-10b所示，溶液的比電導κ隨NH_4OH滴定體積增加所增加量非常小，幾乎保持水平。

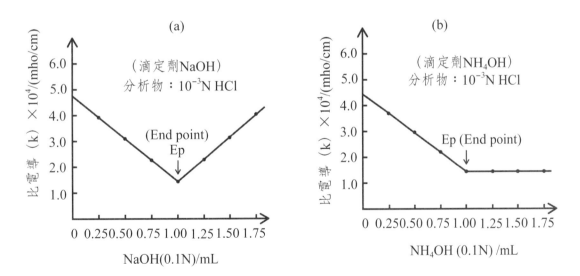

圖20-10　電導滴定法滴定0.001 N HCl溶液用(a)0.1 N NaOH及(b)0.1 N NH_4OH當滴定劑

20-4-3　導電式半導體氣體偵測器

　　在各種電化學氣體偵測器中，導電式氣體偵測器（Conductive gas detector）是最簡單成本最低的，所以導電式氣體偵測器常用來當空氣污染物現場感測器（Sensor）。導電式氣體偵測器是基於空氣污染物吸附在偵測器感應元件表面時，會使其感應元件之電阻改變，導電性及所通過的電流也因而會改變，由電阻或所通過之電流的改變量就可估計空氣中氣體污染物之含量。本小節將介紹最常見的ZnO-Fe_2O_3-SnO_2 n-型（n-Type）導電式半導體瓦斯氣體偵測器（ZnO-Fe_2O_3-SnO_2 n-Type Conductive semiconductor gas detector），圖20-11a為此導電式半導體瓦斯氣體偵測器（Conductive semiconductor gas detector）之基本結構圖。當圖中加熱器加熱使ZnO-Fe_2O_3-SnO_2 n-型半導體放出電子e^-（加熱會釋出電子為n-型半導體特性）。

(1)當空氣中沒有污染物時：

　　n-型半導體加熱放出電子e^-會被空氣中之O_2吸收產生反應如下：

$$O_2 + e^- \rightarrow O_2^- \tag{20-37}$$

　　因大部分電子被空氣中之O_2吸收，到達正⊕電極之電子就少，輸出的電流（Io）就少，也可以說在空氣中沒有污染物時，n-型半導體之電阻（R）較大（如圖20-11b所示），因而此導電式氣體偵測器之輸出電流（Io）就小。

(2)當空氣中含有瓦斯污染物時：

　　當空氣中含有瓦斯污染物時，接觸到n-型半導體之空氣中O_2相對減少，由加熱n-型半導體所放出的電子和O_2反應（式20-37）相對減少，而到達正電極之電子就會增加，輸出的電流（I_o）就增加，換言之，有瓦斯污染物時，n-型半導體之電阻（R）就變小，如圖20-11b所示，瓦斯氣體濃度越大，電阻（R）就越小。由圖20-11b可看出此n-Type導電式半導體瓦斯氣體偵測器對不同瓦斯之靈感度順序為：

$$C_4H_{10}液體瓦斯 > C_3H_8液體瓦斯 > 甲烷 > CO/H_2瓦斯 \tag{20-38}$$

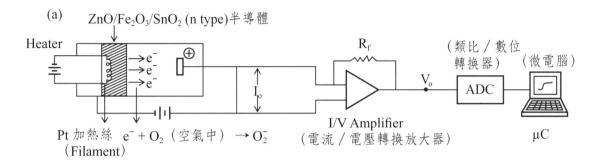

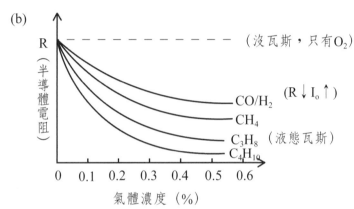

圖20-11　ZnO-Fe$_2$O$_3$-SnO$_2$ n-Type導電式半導體瓦斯氣體偵測器(a)結構及(b)半導體
導電電阻隨各種瓦斯氣體濃度變化

　　此n-型半導體電阻（R）越小，其輸出電流（I$_o$）就越大。如圖20-11b所
示，此n-型半導體偵測器之輸出電流（I$_o$）可經電流／電壓轉換放大器（I/V
Amplifier）轉換成輸出電壓（V$_o$），然後經類比／數位轉換器（ADC）讀入
電腦做數據處理及繪圖。

　　其他常當現場感測器（Sensor）的導電式半導體氣體偵測器（如SnO$_2$半
導體氣體偵測器）將在第25章化學感測器介紹。

第五篇

電子／原子顯微鏡表面分析法

第 21 章

電子顯微鏡／能譜儀表面分析法

　　一般光學顯微鏡只能觀看一待測物之形狀及外觀，沒有辦法看待測物表面之微結構（最多只能分辨μm大小物體），若要觀察一待測物表面之細微結構（需能分辨奈米（nm）大小物體），就要用電子顯微鏡。德國科學家恩斯特・魯斯卡博士（Dr.Ernst August Friedrich Ruska）因研製第一部電子顯微鏡而得1981年諾貝爾獎。本章將介紹各種電子顯微鏡之工作原理、儀器結構及其應用，本章所要介紹的電子顯微鏡／能譜儀（Electron Microscopes/Spectroscopes）有：掃瞄式電子顯微鏡（Scanning Electron Microscope，SEM）、穿透式電子顯微鏡（Transmission Electron Microscope，TEM）、化學分析電子能譜儀（Electron Spectroscope for Chemical Analysis，ESCA或稱X光光電子能譜儀（X-ray photoelectron spectroscope，XPS））歐傑電子能譜儀（Auger Electron Spectroscope，AES）、電子探針微分析（Electron Probe Microanalysis，EPMA）等，及較特殊的高能量電子繞射儀（High Energy Electron Diffractometer）、低能量電子繞射（Low Energy Electron Diffractometer，LEED ）儀和電子能耗譜儀（Electron Energy Loss Spectroscope， EELS）。

21-1 電子顯微鏡／能譜儀導論

本節將先介紹電子顯微鏡／能譜儀（Electron Microscopes/Spectroscopes）種類及其常用之電子源（Electron sources）、真空系統（Vacuum systems）及電子偵測器（Electron detectors）與電子顯微鏡之解析度（Resolution）。

21-1-1 電子顯微鏡／能譜儀種類

電子顯微鏡／能譜儀（Electron Microscopes/Spectroscopes）[295]的種類很多，各種常見電子顯微鏡／能譜儀如表21-1所示。電子顯微鏡／能譜儀一般是指利用電子束（Electron beam）當激發源激化樣品或利用其他激發源（如光源）激化樣品產生電子之顯微鏡或能譜儀，如圖21-1a所示，當一電子束從一電子源出來射向一樣品時，(1)由原來電子束所產生的反射式背向散射電子（Backscattered electron）、繞射電子（Diffracting Electron）及穿過樣品的穿透電子（Transmission Electron）與(2)由樣品產生的二次電子（Secondary electron）及歐傑電子（Auger electron），和(3)由電子撞擊樣品所產生的X光。表21-1即為利用偵測這些由電子撞擊樣品所產生的各種電子及X光可得樣品影像之各種顯微鏡或能譜儀。例如，掃瞄式電子顯微鏡（SEM）為偵測反射式背向散射電子及二次電子得樣品影像之顯微鏡，而穿透式電子顯微鏡（TEM）、歐傑電子能譜儀（AES）、低能電子繞射儀、電子能耗譜儀（EELS）及電子探針微量分析儀（EPMA）分別為偵測穿透電子、歐傑電子、繞射電子、低能量穿透電子及X光之各種電子顯微鏡／能譜儀。

表21-1　各種電子顯微鏡／能譜儀之射源及偵測項目

儀器（Instrument）	射源（Source）	偵測項目（Detection Item）
掃瞄式電子顯微鏡	電子源	反射式背向散射電子（Backscattered e^-）
（Scanning Electron Microscope, SEM）	（Electron Source）	二次電子（Secondary e^-）
穿透式電子顯微鏡	電子源	穿透電子

〔表21-1續〕

儀器（Instrument）	射源（Source）	偵測項目（Detection Item）
（Transmission Electron Microscope, TEM）		（Transmission e⁻）
電子探針微分析儀	電子源	X光
（Electron Probe Microanalysis, EPMA）		（各元素特性X光）
化學分析電子能譜儀	X光	光電子
（Electron Spectroscope for Chemical Analysis, ESCA）		（Photoelectron）
歐傑電子能譜儀	X光	歐傑電子
（Aüger Electron Spectroscope, AES）	或電子源	（Aüger Electron）
低能電子繞射儀	電子源	繞射電子
（Low Energy Electron Diffractor, LEED）		（Diffracting Electron）
電子能耗譜儀	電子源	低能量穿透電子
（Electron Energy Loss Spectroscope, EELS）		（Transmission Low energy e⁻）

　　電子能譜儀除了利用電子源外，亦有利用其他能源（如X光）撞擊樣品產生電子而得樣品能譜者，如表21-1之化學分析電子能譜儀（ESCA）及歐傑電子能譜儀（AES），即利用X光撞擊樣品（如圖21-1b所示）所產生之光電子（Photoelectron）及歐傑電子的能譜來解析樣品中之元素組成。圖21-1c爲西元1933年恩斯特・魯斯卡博士（Dr.E. A. F. Ruska）研製的第一部電子顯微鏡（穿透式電子顯微鏡）實物圖。

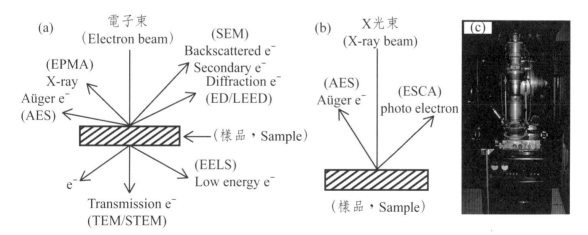

圖21-1　(a)電子及(b)X-光照射樣品引發的產生現象及應用，與(c)西元1933年恩斯特・魯斯卡博士（Dr.E. A. F. Ruska）研製的第一部電子顯微鏡實物圖[295]
　　　　（c圖：From Wikipedia, the free encyclopedia, http://en.wikipedia.org/wiki/Electron_microscope）

21-1-2 電子源

　　各種電子顯微鏡都用電子當撞擊樣品原子之入射源，故電子源為任何電子顯微鏡主要元件，而電子源的優劣對電子顯微鏡所得之解析度有相當影響。常用在各種電子顯微鏡之電子源可概分為熱游離式（Thermal Ionization，TI）[296]及場發射式（Field Emission，FE）[297]兩類電子源（Electron sources）。圖21-2a及b分別為熱游離式（TI）電子源及場發射式（FE）之基本結構及原理。

　　熱游離式（TI）電子源之電子束如圖21-2a所示，是由一電壓加熱燈絲（如鎢絲加熱至約2700 K）所放出來的，燈絲原子中之電子因加熱獲得能量，當其原子中電子之能量大於其在原子中之束縛能（Binding energy）就可能成自由電子可能，若有足夠動能就有逸出燈絲外的可能，束縛能及逸出足夠動能的總合常稱為此燈絲發出電子所需的功函數（Work Function），例如鎢絲（W）之功函數為4.5 eV（如表21-2所示）。由燈絲所發出之電子束若要使其往一定方向加速前進，必須要在電子束出口處加裝高正負電壓（E_2，約20 KV），出口處的負電壓（柵極）用來排斥出來的電子束使其離開，接著用正電壓（陽極板）吸引電子束撞擊樣品。由於LaB_6燈絲之功函數為2.0 eV比鎢絲（4.5 eV）低很多，電子容易從LaB_6燈絲跑出，故如表21-2所示，用LaB_6燈絲之熱游離式（TI）電子源所得之電子束電流密度10^6 A/cm^2（亮度）比鎢絲（10^5 A/cm^2）高，LaB_6燈絲所需加熱溫度（1800 K）反而比鎢絲（2700 K）低且使用壽命（200-1000小時）也比鎢絲（40-100小時）長，但是所需真空度（10^{-7} torr）要比鎢絲電子源（10^{-5} torr）高一點，故現在LaB_6燈絲電子源逐漸取代傳統鎢絲電子源。

　　場發射式（FE）電子源之電子束則由高電場尖端放電所得。如圖21-2b所示，在奈米級尖端（tip）施以相當高電場（10^8 V/cm），以鎢絲為基材之場發射式（FE）電子源所發出的電子束之電流密度（電子源亮度）可高達10^8～10^9 A/cm^2（表21-2），反之同樣以鎢絲為基材之熱游離式（TI）電子源只可得約10^5 A/cm^{2}之電流密度（表21-2），兩者相差10^3～10^4倍。同時，如表21-2所示，場發射式（FE）電子源發射之電子束聚焦大小(dp) < 5 nm可精確撞擊樣品上一特定點，而熱游離式（TI）電子束聚焦大小dp則在5～100 μm，

兩者相差至少1000倍。此種場發射式（FE）電子源如圖21-2b所示，由尖端（tip）發射出來的電子束也需用兩道高電壓陽極來加速用以撞擊樣品。現在市面上場發射式（FE）電子源所用的尖端（tip）基材為鎢絲（W）及在鎢絲上塗上ZrO之ZrO/W，如表21-2所示，用鎢絲基材之場發射電子源依所用的溫度又可分冷式（FC，室溫）及熱式（FT，1800 K），冷式及熱式鎢絲場發射電子源所得之電流密度差不多（約10^8 A/cm^2），只是冷式FE電子源所需需真空度（10^{-10} torr）要比熱式電子源（10^{-9} torr）高一點。用ZrO/W之FE電子源常稱為蕭基（Schottky）式電子源（F_{SE}）[298]，因ZrO/W之功函數為2.8 eV比鎢絲（4.5 eV）低，在同樣用1800 K溫度，ZrO/W電子容易射出且動能比鎢絲射出之電子高很多，故ZrO/W射出電子束所射的距離遠很多，如圖21-3所示，冷式及熱式鎢絲FE電子源從尖端射出到約2 nm處其動能就差不多接近零了（即只能射到2 nm），反之，ZrO/W射出電子束在距離尖端5 nm處仍然維持高動能，換言之，蕭基式電子源（F_{SE}）之ZrO/W射出電子束容易維持高動能射向樣品。

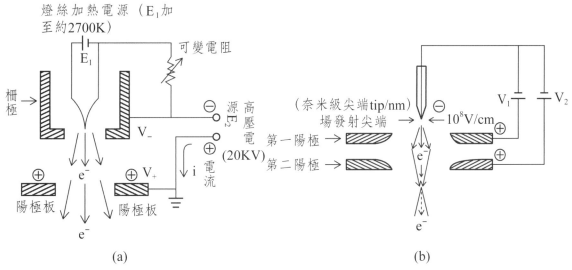

(a)　　　　　　　　　　　　　(b)

圖21-2　電子顯微鏡常用電子源(a)熱游離式（Thermal Ionization）電子源及(b)場發射式（Field Emission）電子源

表21-2　各種電子源之特性比較

	熱游離式（Thermal Ionization）		場發射式（Field Emission）		
	鎢絲	LaB$_6$	冷式	熱式	蕭基（Schottky）式
功函數 （Work Function, eV）	4.5	2.0	4.5（鎢絲）	4.5（鎢絲）	2.8(ZrO/W)
加熱溫度（K）	2700	1800	室溫	1800	1800
亮度（電子密度） （A/cm^2）	10^5	10^6	10^8-10^9	10^8	10^8
電子束聚焦大小（dp）	30-100 μm	5-50 μm	＜5 nm	＜5 nm	15-30 nm
電子能量分布（eV）	1-3	1-2	0.3	1.0	0.3-1.0
真空度要求（torr）	10^{-5}	10^{-7}	10^{-10}	10^{-9}	10^{-8}-10^{-9}
使用壽命（小時）	40-100	200-1000	＞1000	＞1000	＞1000

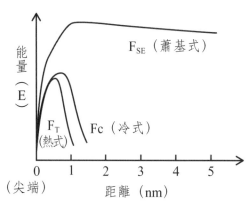

圖21-3　各種場發射（FE）電子源發射尖端所射出電子束所行距離及能量關係圖

21-1-3　真空系統

一樣品在一眞空度爲10^{-6} torr環境中，只要一秒中就會被空氣中分子（如O_2）所蓋滿一層（即1 monolayer/sec），當電子束照射樣品時，就會先撞擊樣品外層空氣分子，而非樣品分子，故所有的電子顯微鏡必須有高眞空系統（vacuum systems）。常見的高眞空（＜10^{-7} torr）系統爲擴散幫浦或稱擴散泵（Diffusion pump），吸氣幫浦（Getter pump），離子幫浦（Ion pump）及渦輪分子幫浦（Turbomolecular pump），而最常用在電子顯微鏡爲離子幫浦，

其次爲金屬擴散幫浦。本節將分別介紹這些高眞空之工作原理及基本結構。

　　擴散幫浦或稱「擴散泵」（Diffusion pump）[299]爲化學實驗室常見的眞空系統，也是質譜儀必備的眞空系統。兩者不同的是化學實驗室所用的爲**玻璃製**的擴散幫浦，而質譜儀用的爲不鏽鋼**金屬製**的擴散幫浦，玻璃製的擴散幫浦較便宜，眞空度只能到達10^{-6} torr，而金屬製的擴散幫浦眞空度可低至10^{-12} torr，因而若用在電子顯微鏡應爲金屬擴散幫浦。圖21-4a爲擴散幫浦內部結構及工作原理，擴散幫浦主要元件爲〔聚〕矽〔氧〕油（Silicon oil）或汞（Hg）加熱器及多級噴嘴（Nozzle）和一抽氣系統（通常爲一般的旋轉幫浦（Rotary pump））。如圖所示，當矽油或汞被加熱後，蒸氣衝上各級噴嘴並由噴嘴噴出而使噴嘴周邊壓力驟降，系統中的氣體（Gas，含空氣）就會被吸引衝過來並由抽氣系統將系統中的氣體抽出（Gas out）。雖然金屬擴散幫浦可抽到相當低之眞空度（10^{-12} torr），但用到矽油或汞難免會有矽油或汞污染疑慮，故市場開發不用油或汞之吸氣幫浦、離子幫浦及渦輪分子幫浦，以下分別這些不用油之幫浦。

　　吸氣幫浦或稱「吸氣泵」（Getter pump）[300]內部結構及工作原理如圖21-4b所示，其主要元件爲含Ti (85 %)及Mo (15 %)之加熱絲之加熱器，金屬Ti爲易昇華成氣體且易吸收空氣中主要成分N_2及O_2之金屬。當含Ti加熱絲被通電加熱後昇華成Ti氣體並冷卻塗佈在幫浦管壁上，管壁上的Ti層會吸收系統空氣中的氣體（如N_2及O_2），因Ti氣體會隨時產生且隨時塗佈在管壁上，管壁上新的Ti層就會吸附更多的氣體，達成抽眞空目的。因吸氣幫浦不用油，爲一相當乾淨的幫浦。然而雖然Ti對一般空氣中氣體（如N_2及O_2）吸附力相當好，但其對空氣中幾乎含1 %之惰性氣體Ar之吸附力相當弱，故一般吸氣幫浦只可抽到約10^{-7} torr眞空度。用鈦（Ti）加熱昇華的吸氣幫浦也常稱爲**鈦昇華幫浦**（Titanium Sublimation pump，TSP）[301]。

　　離子幫浦或稱「離子泵」（Ion pump）[301]爲將吸氣幫浦改裝成可吸附惰性氣體（如Ar）之改良型吸氣幫浦。

　　如圖21-4c所示，離子幫浦是先利用高電壓（約5 KV）將氣體（如Ar）離子化成離子（如Ar^+），然後再用鈦膜或鈦板吸附離子化氣體（如Ar^+）以去除系統中氣體（如Ar）。通常可在Ti吸氣幫浦中間再加裝一組高電壓中空式陰陽極（Cathode/Anode）之電極組。當一氣體（如Ar）經幫浦中間之中空陰極

時，會和陰極上的電子反應成離子（如Ar$^+$）如下：

$$Ar + e^- \rightarrow Ar^+ + 2e^- \tag{21-1}$$

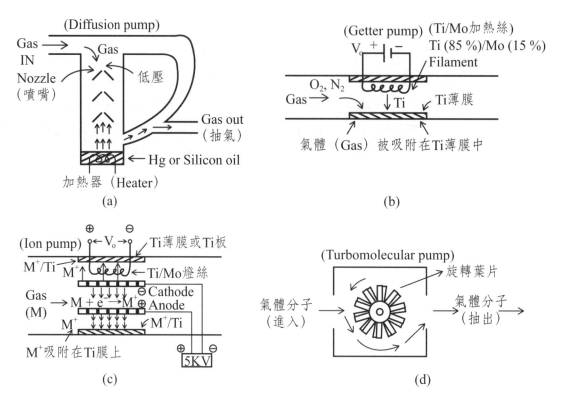

圖21-4　可用在電子顯微鏡的真空系統(a)擴散幫浦（Diffusion pump，金屬製壓力可低至10^{-12} torr），(b)吸氣幫浦（Getter pump，壓力可低至10^{-7} torr），(c)離子幫浦（Ion pump壓力可低至$< 10^{-10}$ torr）及(d)渦輪分子幫浦（Turbomolecular pump，壓力可低至10^{-10} torr）

變成Ar$^+$氣體離子就非常容易被管壁上的Ti膜層或Ti板（鈦板）吸附如下：

$$Ar^+ + Ti \rightarrow Ar^+/Ti（吸附）\tag{21-2}$$

如此本來不易被Ti吸附的Ar，就因先變成Ar$^+$而被Ti吸附，而本來就容易被Ti吸附的N$_2$和O$_2$那也會很容易被吸附，因此可去除幾乎一般空氣中所有氣體而達到抽真空目地，所以離子幫浦之真空度可低至$< 10^{-10}$ torr。 因離子幫浦之優異真空度且為極乾淨無污染之真空系統，故現在離子幫浦廣泛應用在許多電子儀器當真空系統，其中包括許多電子顯微鏡及許多加速器（包括同步輻

射（Synchrotron Radiation）加速器）中。

　　渦輪分子幫浦或稱「渦輪分子泵」（Turbomolecular pump）[302]的工作原理是藉著高速運轉的葉片將動量傳給氣體分子並壓縮氣體分子使其產生定向流動。圖21-4d為渦輪分子幫浦內部的部分構造示意圖，其轉子是由多組葉片所組成。當葉片旋轉時，入射的氣體分子便隨著葉片轉動，沿著軸向作旋轉式運動由一端移動到另一端而抽出。渦輪分子幫浦的工作範圍可從大氣壓力一直到高真空，但因為渦輪分子幫浦在大氣壓力之下工作效率很低，所以需有一個旋轉幫浦做為前級幫浦。渦輪分子幫浦的優點為抽氣快，無油污染，能獲得清潔之超真空（可低至10^{-10} torr）。渦輪分子幫浦除可用在電子顯微鏡外，還廣泛應用在高能加速器及粒子加速器與核反應裝置中。

21-1-4　電子偵測器

　　電子偵測器（Electron detectors）為電子顯微鏡／能譜儀的主要偵測電子之偵測器，常見的電子偵測器為法拉第杯（Farady cup），甬道式電子倍增管（Channel electron multiplier Tube），及多代納發射極電子倍增器（Multi-dynode electron multiplier）。最簡單為法拉第杯，而常用在電子顯微鏡／能譜儀的為甬道式電子倍增管及多代納發射極電子倍增器。另外，還有一些較特殊的電子偵測器如ET閃爍電子偵測器（Everhart-Thornley Scintillator）及半導體固體電子偵測器（Solid state electron detector）。以下將分別簡單這些常見及特殊電子偵測器之結構及偵測原理。

　　法拉第杯（Farady cup）[303]又稱法拉第籠（Farady cage），其結構相當簡單如圖21-5a所示，當電子進入由銅Cu金屬所製成的法拉第杯，Cu金屬將輸入之電子傳至一電流計（A）中，將電子訊號轉換成電流訊號（Io）輸出。

　　甬道式電子倍增管（Channel electron multiplier Tube）[304]之結構如圖21-5b所示，當電子進入一通負電壓之甬道（Channel）管中，一個電子撞擊帶滿電子之負電壓中甬道會打出更多電子成多倍電子（electron multiplier）訊號，此倍增的多倍電子訊號再傳入一電流計（A）中，將倍增電子訊號轉成電流訊號（Io）輸出。

　　多代納發射極電子倍增器（Multi-dynode electron multiplier）[304]結構

及原理類似甬道式電子倍增管，但如圖21-5c所示，多代納發射極電子倍增器用多段式多代納發射放大電極（Dynodes）取代甬道式電子倍增管中之單一甬道管。每一代納發射放大電極（Dynode）都和高電壓陽極（Anode）連接，每一代納發射極都充滿電子。入射電子首先射到Cu-Be電極（Cathode，陰極）打出一電子束，此電子束接著衝向第一個代納發射極（$1°$ dynode，D_1）中，因代納發射極（Dynode）中充滿電子，此電子束打出更多電子，然後再經第二、第三（D_2、D_3）及更多代納發射極（Dynodes）最後到陽極（Anode）會產生百萬倍（10^6）倍增電子訊號，然後此電子訊號再傳至一電流計（A）中，將此倍增電子訊號轉換成電流訊號（I_o）輸出。

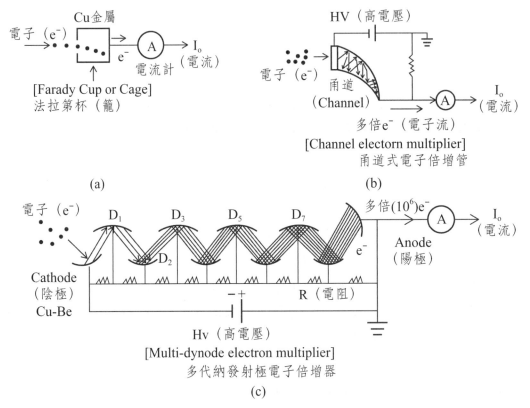

(a)　　　　　　　　　　(b)

(c)

圖21-5　常用各種電子偵測器：(a)法拉第杯（Farady cup），(b)甬道式電子倍增管（Channel electron multiplier Tube），及(c)多代納發射極電子倍增器（Multi-dynode electron multiplier）

其他較特殊之電子偵測器如ET閃爍電子偵測器（Everhart-Thornley Scintillator）[305]及固態電子偵測器（Solid state electron detector）亦用在一些電子儀器中。**ET閃爍電子偵測器**如圖21-6a所示，主要是由法拉第籠（Farady cage，又稱法拉第杯）、閃爍劑、光導管（或光纖）及光電倍增管（PMT，Photomultiplier tube）所組成，待測電子先射入法拉第籠收集並撞擊閃爍劑（如CaF_2或Eu）產生光，產生的光波再經光導管到光電倍增管（PMT），將光波訊號轉換成高倍數的電子流訊號（Io）輸出，步驟如下：

$$e^- \rightarrow \text{Farady cage} \rightarrow e^- + CaF_2 （閃爍劑） \rightarrow 光$$
$$\rightarrow PMT \rightarrow I_o （增倍電子流訊號） \qquad （21\text{-}3）$$

固態電子偵測器如圖21-6b所示為一種n/Si/p矽半導體偵測器，待測電子先射入半導體純Si層使Si離子化成$Si^+ + e^-$，e^-向p極移動，Si^+形成的h^+向n極移動而產生電流（I_o）輸出，反應如下：

$$e^- + Si \rightarrow Si^+ (h^+) + 2e^- \qquad （21\text{-}4a）$$

$$e^- \rightarrow 向p極移動；Si^+(h^+)向n極移動；產生輸出電流（I_o） \qquad （21\text{-}4b）$$

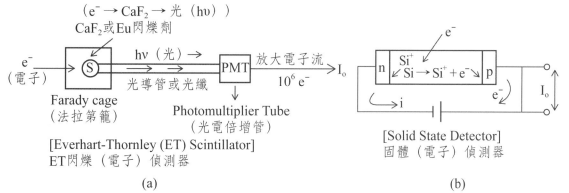

圖21-6　較特殊之電子偵測器：(a)ET閃爍電子偵測器（Everhart-Thornley Scintillator）及(b)固態電子偵測器（Solid state electron detector）

21-1-5　電子顯微鏡之解析度

顯微鏡之解析度（Resolution，R）常以能分辨兩點間最小距離do來表示[306]，換言之，若兩點間距離d小於此最小距離do（即d < do），此兩點就

不能分辨而被看成模糊的一點。而顯微鏡之解析度（R）和顯微鏡所用入射體（光波，電子或離子）之入射波波長（λ）有下列關係：

$$R（解析度） = k\lambda^{3/4}（k爲常數）\qquad（21-5）$$

顯微鏡種類相當多，依入射體可慨分爲光學顯微鏡、電子顯微鏡及離子顯微鏡三類。

光學顯微鏡之入射體爲光波，所用的光波之波長（λ）爲$2000\sim8000$ Å，因而光學顯微鏡解析度依（21-5）式可計算約爲2000 Å（如表21-3所示）。電子顯微鏡及離子顯微鏡之入射體則分別爲電子及離子，根據德布格利（de Broglie）波動理論，電子（e^-）及離子（p^+）的波長（λ_e及λp）分別可估計如下：

$$\lambda_e = h/(m_e v_e)\,;\,\lambda p = h/(m_p v_p)\qquad（21-6a）$$

式中h爲普朗克常數（Planck constant），m_e及m_p分別爲電子及離子之質量，而v_e及v_p分別爲電子及離子之入射速度。依一般電子顯微鏡之入射速度及電子質量代入（21-6a）de Broglie關係式可計算入射電子之入射波長（λ_e）約爲0.038 Å，而電子顯微鏡解析度依（21-5）式可計算約爲$3\sim5$ Å（如表21-3所示）。然常用在離子顯微鏡之入射離子爲He^{2+}，Ar^+及La^{3+}離子，其質量比電子分別重約8×10^3，8×10^4及3×10^5倍，若依de Broglie關係式及一般離子入射速度，各離子波長比電子小30-300倍。如表21-3所示，以La^{3+}離子顯微鏡爲例，入射La^{3+}離子之入射波長（λ_e）約爲0.001 Å，而其顯微鏡解析度依（21-5）式可計算約爲0.01 Å。

然在電子（e）及離子（p）顯微鏡中電子速度（v_e）及離子速度（v_p）取決於所用的加速電場電壓（V），關係如下：

$$(1/2)m_e v_e^2 = eV\,;\,(1/2)m_p v_p^2 = eV\qquad（21-6b）$$

總之，光學顯微鏡、電子顯微鏡及離子顯微鏡之解析度分別約爲2000Å，$3\sim5$ Å及0.01 Å，若樣品爲膠體、血球、蛋白質、半導體材料及大腸桿菌（大小約爲500 Å）和奈米級顆粒（大小約爲10 Å），依解析度來看，用光學顯微鏡是看不到這些膠體，大腸桿菌及奈米級顆粒的，就必須用電子顯微鏡及離子顯微鏡才看得到。反之，若要看清楚樣品中每一原子或離子（$1\sim3$ Å），用電子顯微鏡則看不清楚而會看得模模糊糊的，要看清楚每一原子或離子就必須用離子顯微鏡。

表21-3　各種顯微鏡所用波長及解析度

	光學顯微鏡	電子顯微鏡	La^{3+}離子顯微鏡
波長（λ）	2000～8000 Å	0.038 Å	0.001 Å
		$(\lambda_e = \frac{h}{m_e v})^*$	$(\lambda_{La} = \frac{h}{m_{La} v})^*$
解析度（R） (Resolution) $R = k\lambda^{3/4}$（k為常數）	2000 Å (200 nm)	3～5 Å (0.3～0.5 nm)	0.01 Å (10^{-3} nm)

*de Boglie Equation，ν為粒子（電子或La^{3+}）速度

21-2　掃瞄式電子顯微鏡（SEM）

掃瞄式電子顯微鏡（Scanning Electron Microscope，SEM）[307]幾乎為全世界所有化學、生化及材料實驗室必備之分析儀器，這是因為掃瞄式電子顯微鏡（SEM）之解析度約為3～5 Å，可用來偵測膠體（大小約為500 Å、血球、蛋白質、半導體材料和奈米級顆粒（大小約為10 Å），應用範圍相當廣泛。圖21-7為掃瞄式電子顯微鏡（SEM）之工作原理，及基本結構示意圖，其工作原理（圖21-7a）主要是利用電子束撞擊樣品試片表面，產生反射式背向散射電子（Backscattered electron）及二次電子（Secondary electron），其中二次電子是因電子束撞擊樣品而使樣品原子中之電子被敲出而得。掃瞄式電子顯微鏡（SEM）就是利用偵測所產生的反射式背向散射電子及二次電子而得試片表面之影像。由圖21-7b可知，撞擊樣品之電子束是由電子槍及高電壓所構成的電子源射出的，現在大部份市售掃瞄式電子顯微鏡之電子槍是用熱游離式（Thermal Ionization）LaB_6或鎢（W）燈絲所構成的。由電子源出來的電子束再經由磁場所構成的第一及第二聚束鏡（Focusing lens）聚焦成一集焦電子束，再經可掃瞄及可控制的掃瞄系統及磁場物鏡（Magnetic objective lens）來將集焦電子束掃瞄式撞擊樣品試片表面。撞擊樣品試片所產生的反射式背向散射電子及二次電子分別用二個電子偵測器來偵測並經放大器放大電子訊號送至陰極射線管（Cathode ray tube，CRT）之顯示器顯示試片表面影像及記錄器其訊號，亦可將此電子訊號經電流／電壓（I/V）轉換

器（如Operational amplifier，OPA）及類比／數位轉換器（Analog/Digital Converter，ADC）讀入微電腦（μc）中顯示試片表面影像及數據處理。如前文所言，電子顯微鏡都需有眞空系統，一般市售掃瞄式電子顯微鏡大部份用離子幫浦（Ion pump），也有用擴散幫浦（Diffusion pump）。因爲當電子束撞擊樣品試片亦會產生X光，所以有些市售掃瞄式電子顯微鏡亦配備有X光偵測器（如圖21-7b），不只可看試片表面影像還可知試片上元素分佈（Elemental Mapping）。

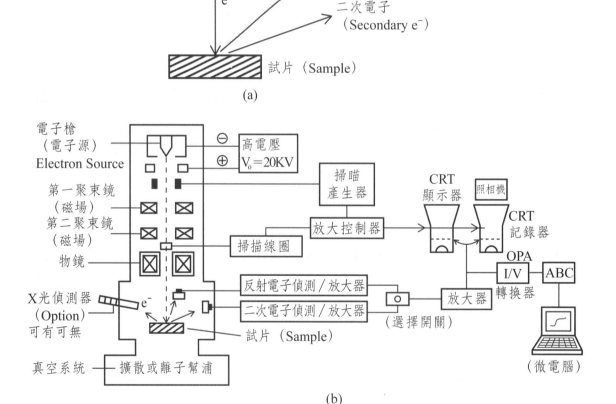

圖21-7　掃瞄式電子顯微鏡（SEM）之(a)工作原理，及(b)基本結構示意圖

圖21-8爲早期類比式（Analog type）及近代數位式市售掃瞄式電子顯微鏡實物圖，現代用電腦取代早期類比式SEM中之顯示器而成數位式SEM。

圖21-9為Zr-Al合金之掃描式電子顯微鏡（SEM）影像圖，圖21-9上部份為用偵測反射式背向散射電子（Backscattered electron）所得之SEM影像圖（其中亮點為Zr，其他為Al），而圖之下部份則為偵測二次電子（Secondary electron）所得之SEM影像圖。兩SEM影像皆相當清楚清晰，但反射式背向散射電子所得之SEM影像解析度較佳。

(a)類比式SEM

(b)數位式SEN

圖21-8　(a)早期類比式（Analog type）及(b)近代數位式市售掃瞄式電子顯微鏡實物圖[308]（參考資料：(a)Wikipedia, the free encyclopedia, http://upload.wikimedia.org/wikipedia/commons/3/37/ScanningMicroscopeJLM.jpg, (b): http://www.labbase.net/Product PicFile/small_220070515112701.JPG）

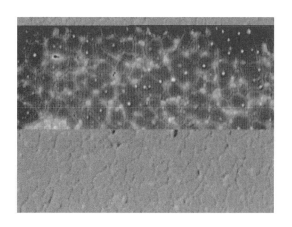

圖21-9　Zr-Al合金之掃描式電子顯微鏡（SEM）反射式背向散射電子（上部份）及二次電子（下部份）影像圖[307]（參考資料：From Wikipedia, the free encyclopedia, http://en. wikipedia.org/wiki Scanning_ electron_microscope）

電子顯微鏡（SEM）之電子束撞擊樣品試片表面所產生反射式背向散射電子及二次電子的強度和樣品試片表面原子之原子序有相當關係，如圖21-10所示，反射電子及二次電子的強度（I）都會隨試片表面原子之原子序（Z）增大而變大，而反射式背向散射電子之強度一般要比二次電子的強度大很多。

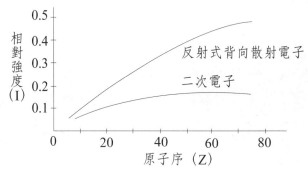

圖21-10 掃描式電子顯微鏡（SEM）中反射式背向散射電子和二次電子相對強度與試樣原子序之關係

21-3 穿透式電子顯微鏡（TEM）

穿透式電子顯微鏡（Transmission Electron Microscope，TEM）[309]顧名思義是利用電子束撞擊樣品並穿透樣品在樣品另一邊之螢幕上成像之電子顯微鏡。穿透式電子顯微鏡（TEM）之市售商品有兩類，一為電子束可掃瞄樣品稱為掃瞄穿透式電子顯微鏡（Scanning Transmission Electron Microscope，STEM），另一類即傳統不可掃瞄的穿透式電子顯微鏡（TEM），兩者不同只在掃瞄樣品系統之有無且現在商品以掃瞄穿透式電子顯微鏡（STEM）佔多數，故本節儀器部份以介紹掃瞄穿透式電子顯微鏡（STEM）為主。圖21-11為掃瞄穿透式電子顯微鏡（STEM）之工作原理，儀器結構及市售的TEM儀器實物圖。

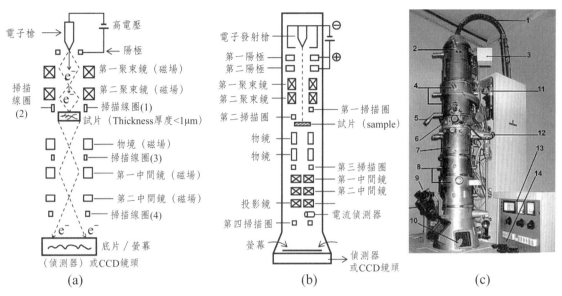

圖21-11　掃瞄穿透式電子顯微鏡（STEM）之(a)工作原理示意圖，(b)基本結構圖
　　　　　及(c)TEM實物圖[310]（(c)圖：From Wikipedia, the free encyclopedia, http://
　　　　　upload.wikimedia .org/ wikipedia/commons/ thumb/8/80/Simens_numeri.
　　　　　jpg/220px-Simens_numeri.jpg: The electron source of the TEM is at the top,
　　　　　where the lensing system (4,7 and 8) focuses the beam on the specimen and
　　　　　then projects it onto the viewing screen (10). The beam control is on the right
　　　　　(13 and 14)）

　　　如圖21-11a所示，在掃瞄穿透式電子顯微鏡（STEM）中由電子源出來的
電子束經二道聚束鏡將電子束聚焦，然後此聚焦電子束撞擊樣品並部份電子穿
透樣品，此穿過樣品之電子再經物鏡及二道中間鏡射到螢幕或底片成像或用
CCD攝影成像。圖21-11b為較詳細的掃瞄穿透式電子顯微鏡基本結構圖，在
圖中可見其儀器主要包括射出電子束之電子源（含電子槍及高壓第一及第二陽
極），用來聚焦電子束的第一及第二磁場聚束鏡，用來掃瞄的第一及第二掃瞄
圈掃瞄撞擊樣品試片（試片厚度需小於1 μm），收集穿透樣品之電子的二物
鏡，用以聚焦穿透電子之第一及第二中間鏡，同步掃瞄的第三及第四掃瞄圈，
控制電子束電子密度之電流偵測器及用以成像之螢幕或底片或CCD攝影鏡頭
或影像偵測器。圖21-11c為掃瞄穿透式電子顯微鏡（STEM）之實物圖。穿透
式電子顯微鏡（TEM）圖像基於穿透電子（Transmission electron）多寡成
圖，而穿透電子會隨樣品之原子序增大而減少（因反射電子會隨原子序增大而

變多），由穿透電子多寡及有無即可構成樣品之TEM圖像。

　　穿透式電子顯微鏡（TEM）或掃瞄穿透式電子顯微鏡（STEM）在生化上廣泛應用在偵測各種菌類（如大腸桿菌）及病毒，所以幾乎世界上所有生物系、生化系、生命科學系及醫學院都有這部儀器，圖21-12a即利用TEM檢測30 nm大小的脊髓炎病毒（Polio virus）所得之影像。另外，由於穿透式電子顯微鏡（TEM）也可應用來偵測各種高科技薄膜及奈米材料（如常用來偵測金（Au）奈米及銀（Ag）奈米粒子），同樣地，穿透式電子顯微鏡（TEM）也成為世界各國高科技材料化學實驗室之必備儀器。圖21-12b為一晶體薄膜之穿透式電子顯微鏡影像，影像非常清晰。

　　由於在穿透式電子顯微鏡（TEM）中，撞擊樣品試片之電子束需穿透樣品試片，故所測試之樣品試片厚度不能太厚，如圖21-12c所示，一般在穿透式電子顯微鏡中之樣品試片厚度需小於1 μm(<1 μm)，最好能小於0.1 μm。然因一般電子源出來的電子束到達樣品試片並不容易，所以通常需將樣品放在金（Au）或銅（Cu）金屬網上，電子易被金屬網吸引過來，大大增大撞擊樣品之電子密度，也大大提高樣品影像之解析度。

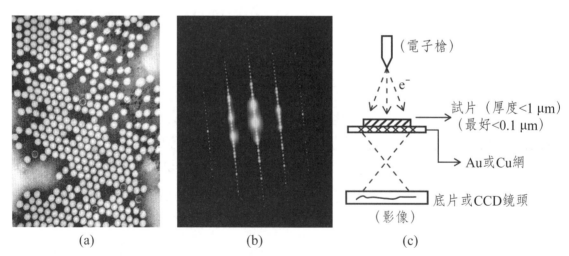

(a)　　　　　　　　　　(b)　　　　　　　　　　(c)

圖21-12　穿透式電子顯微鏡(a)脊髓炎病毒（Polio virus）TEM圖像[309]：，(b)一晶體薄膜TEM繞射圖像[311]：及(c)常用試片槽（Sample cell）（(a)及(b)圖：：From Wikipedia，the free encyclopedia, http: //en. wikipedia. org/wiki/ Transmission$_e$lectron$_m$icroscopy; http://upload.wikimedia.org/wikipedia/commons/thumb/3/32/DifraccionElectronesMET.jpg/220px-Difraccion ElectronesMET. jpg）

21-4　化學分析電子能譜儀（ESCA）或X光光電子能譜儀（XPS）

　　化學分析電子能譜儀（Electron Spectroscope for Chemical Analysis，ESCA）[312]如圖21-13a所示是利用X光照射樣品，而使樣品中之電子因吸收X光能量而從原子中發射出來（即產生光電子），由光電子動能大小知樣品原子種類及和原子間結合情形。因此儀器用X光照射樣品而產生光電子，故此ESCA儀器在學術上常又被稱**X光光電子能譜儀**（X-ray photoelectron spectroscope，XPS）[312]。此ESCA儀器為瑞典科學家凱・曼內・伯耶・西格巴博士（Dr.Kai Manne Borje Siegbahn）研發製成，西格巴博士因研製ESCA而得1981年諾貝爾獎。

　　如圖21-13b所示，當入射X光被非固體樣品中自由原子之K層電子吸收，若X光能量（E_x）大於K層電子在原子之束縛能$E_{B(k)}$（Binding energy）時，K層電子就會脫離原子游離出來形成光電子，偵測器測到的光電子之動能（E_{KE}，Kinetic energy）由圖21-13c之A，B關係應為：

$$E_{KE}（自由原子之光電子動能）= E_x - E_{B(k)} \qquad (21-7)$$

　　然若樣品為固體（圖21-13c之C）時，光電子需先克服固體障礙才能到達偵測器，要克服固體障礙所需的能量稱為功函數W（Work function），故固體樣品所產生的光電子動能EKE由式21-7修正可得：

$$E_{KE(S)}（固體樣品原子之光電子動能）= E_x - E_{B(k)} - W \qquad (21-8)$$

　　圖21-14為ESCA能譜儀中光電子產生元件示意圖。由式（21-7）及（21-8）可推論若要偵測得到光電子，X-光源所發出的X-光之能量至少要大於樣品原子之束縛能（$E_{B(k)}$），已知各種原子之束縛能最大約1000 eV，故ESCA能譜儀之光電子產生元件所用的X-光源需發出大於1000 eV（即1 KeV）之X-光。各種常用且大於1 KeV之X-光源為Mg，Al，Ti及Cu之K_{α}X-光，能量分別為1.253(Mg)，1.486(Al)，4.511(Ti)及8.048 KeV(Cu)，然各K_{α}X-光之半高寬分別為0.7(Mg)，0.8(Al)，1.4(Ti)及2.5 eV(Cu)，以Mg及Al之K_{α}X-光較低，半高寬低之X-光其X-光能量E_x誤差較小，依式（21-7）及（21-8）所測得的光電子動能也就較精確，所以各種廠牌ESCA能譜儀都用

Mg或Al之X-光當X-光源。由圖21-14所示,由用Mg或Al所製成的X-光源所發出的各種X-光,先射至一單晶體以選特定波長(如λ_1)去除雜波(如λ_2),在特定反射角可選得Mg或Al之K_αX-光(波長λ_1)並照射到樣品試片,而把其他X-光波(如波長λ_2)去除掉,當Mg或Al之之K_αX-光(波長λ_1)照射到試片就會產生光電子。

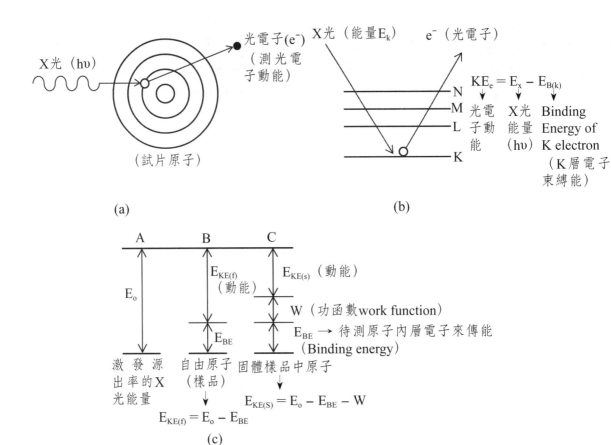

圖21-13 化學分析電子能譜儀(ESCA)之(a)原理示意圖,(b)光電子射出能量關係圖,及(c)自由原子及固體樣品中原子之光電子動能比較圖

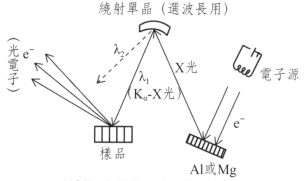

圖21-14　化學分析電子能譜儀（ESCA）光電子產生元件示意圖

　　ESCA儀之X光源在(a)一般分析實驗室為由利用高電壓加熱鎢絲／鋁靶X光產生器所產生的，而(b)在同步輻射加速器（Synchrotron Radiation accelerator）[313-314]則利用由高速（接近光速）電子旋轉所產生的。在高電壓加熱鎢絲／鋁靶X光產生器（如圖21-15a）中含一電子源（Electron source）及一金屬靶（Target），電子源為利用高電壓（HV）使接在陽極之鎢絲加熱氧化並放出電子（e^-），而金屬靶則用鋁（Al）靶，由鎢絲所放出的電子束撞擊產生器之鋁窗（即鋁靶），將鋁原子之K層（$n = 1$）之電子打掉，然後鋁原子之上一層（L層）電子（$n = 2$）掉下K層（$n = 1$）並放出K_αX-光（見圖21-13b）。

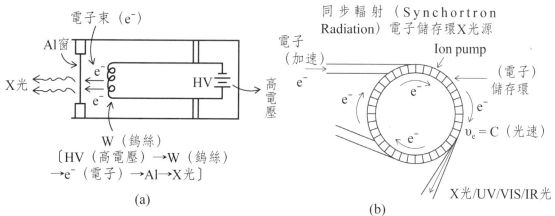

圖21-15　ESCA儀之X光源(a)高電壓加熱鎢絲／鋁靶X光產生器，及(b)同步輻射X光源示意圖

　　在**同步輻射加速器**（如圖21-15b）中電子儲存環中的電子常被加速到接近光速，當這接近光速之電子束在儲存環轉彎地方會沿著切線方向發出從紅外線－可見光－紫外線－X光（IR-VIS-UV-X光），同步輻射加速器所發出的X光之強度比一般X光管及高電壓加熱鎢絲／鋁靶X光產生器都來得強。所以許多同步輻射加速器都利用發出來強大X光做ESCA能譜分析之用。

　　圖21-16a為ESCA能譜儀之系統圖，首先為含電子源及金屬靶所構成的X-光源，電子源（常用高電壓加熱鎢絲）發出的電子束（e^- beam）撞擊金屬靶（常用Al或Mg）產生特定波長K_α-X光（X-ray），再用此特定波長（即特定能量Ex）X光照射樣品使之產生光電子（Photoelectron），然後再用一ESCA分析器（常用靜電分析儀（Electro-static analyzer，ESA））偵測光電子之動能（E_{KE}）及一電子偵測器（常用多代納發射極電子倍增器（Multi-dynode electron multiplier））偵測具有特定動能之光電子數目。最後將光電子動能及數目訊號傳入記錄器記錄及微電腦（CPU）繪樣品中各種原子之ESCA能譜圖及數據處理。

　　圖21-16b為另一種常見化學分析電子能譜儀（ESCA）空間結構圖，在此種）空間結構圖中樣品就直接塗在Al或Mg金屬靶上，當電子源出來的電子束打到Al或Mg金屬靶所產生的$K\alpha$-X光就直接照射塗在金屬靶上的樣品而產生光電子，並用可移動掃瞄的靜電分析儀（ESA）分析光電子之動能，再用電子偵測器（如「多代納發射極電子倍增器」，請參見本章21-1-4節）偵測特定動能的光電子數目。

　　靜電分析儀（ESA）分析光電子動能的空間結構及工作原理如圖21-16c所示，靜電分析儀（ESA）是由相對兩半月形正負兩電壓（+E及－E）電極所形成的，當具有不同動能的光電子之電子束由A點進入靜電分析儀中，各電子受電場作用力（eE）等於其向心力(mv^2/r)關係如下：

$$e\,E = mv^2/r \qquad\qquad (21\text{-}9)$$

　　式中m及υ分別為光電子之質量及速率，而r為不同動能的光電子所走的不同半徑。將式（21-9）整理可得：

$$r = mv^2/(e\,E) \qquad\qquad (21\text{-}10)$$

　　因光電子之動能（K_E）為：

$$K_E = (1/2)\,mv^2 \qquad\qquad (21\text{-}11)$$

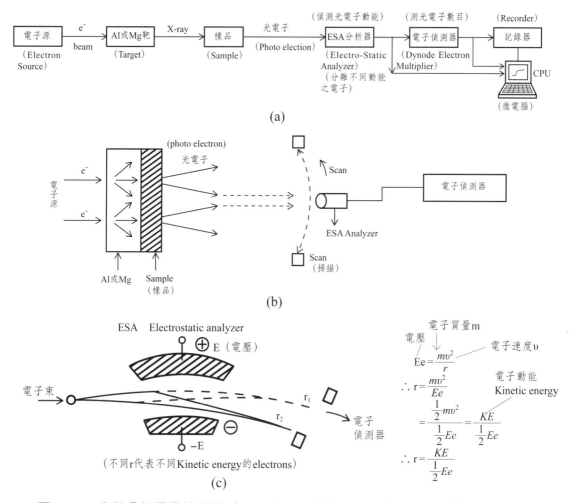

圖21-16　化學分析電子能譜儀（ESCA）(a)系統圖，(b)常見空間結構圖，及(c)靜電
　　　　　分析儀（ESA）分析器之結構及工作原理

　　將式（21-11）代入式（21-10）中可得：

　　　　r = (1/2)mυ²/[(1/2) (e E)] = K_E/[(1/2) (e E)]　　　　　（21-12）

　　由式（21-12）可知，若固定電壓（E），不同動能（K_E）之光電子就走
的不同半徑r，換言之，若將電子偵測器放在不同半徑（如r₁）出口處，就可
收集測到一具有不同動能（如K_{E1}）的光電子。

　　反之，若固定r（即將電子偵測器放在一定半徑r出口處），而改變電壓
（E），由式（21-12）可知，電壓（E）與光電子動能（K_E）成正比關係，換
言之，只要改變電壓（如改變成E₁）就可測到不同動能（如K_{E1}）的光電子。

在大部份靜電分析儀（ESA）採用固定半徑r，而用改變電壓來收集及偵測不同動能的光電子。

圖21-17為市售的化學分析電子能譜儀（ESCA）實物圖。

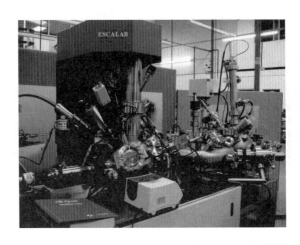

圖21-17   市售的化學分析電子能譜儀（ESCA）實物圖[315]（From: http://leung.
uwaterloo.ca/watlab/ESCA%20pics/rimg0008.jpg）

化學分析電子能譜儀（ESCA）可用來分析元素週期表中所有的有機／無機元素，這在分析儀器都相當難得的，大部份儀器只能測部份元素而已。例如X光吸收光譜儀很難測到低原子序的原子（如C），而X光繞射光譜儀則很難用在高原子序（如Au，Ag）樣品之繞射偵測。所以，ESCA能譜儀能用來偵測週期表中所有的元素為其相當大的優點。

圖21-18為ESCA能譜儀分別用來偵測有機氯化物（CH_3-CH_2-CO-Cl）及SiO_2/Si矽晶片分別所得C(1s)-ESCA及Si(2p)-ESCA能譜。如圖21-18a所示，ESCA能譜有兩種表示法：一為光電子強度（光電子數目）／光電子動能關係圖，另外為光電子強度／光電子在原來原子中之束縛能關係圖。由式（21-7）可知，光電子動能與其束縛能成反比，其束縛能越大，光電子動能就越小。在圖21-18a有機氯化物之C(1s)-ESCA能譜中，因氯（Cl）及氧（O）原子皆易吸電子，故和此兩原子接之碳（即C_3）不易失去電子成光電子，故C_3原子之束縛能比其他碳原子（C_1，C_2）都來得大，即束縛能大小順序為$C_3 > C_2 > C_1$，因而如圖21-18a所示，各碳原子所得光電子動能大小順序為$C_1 > C_2 > C_3$。

ESCA能譜中常為各元素訂定標準品，例如碳原子常用石墨當標準品（如圖21-18a），而各碳原子譜峰和標準品譜峰距離因係因各原子之化學鍵結環境不同所致，故此距離被稱為化學遷移（Chemical shift），例如C_2碳原子譜峰和石墨標準品譜峰之距離CS2為此C_2碳原子之ESCA化學遷移。

圖21-18b為SiO_2/Si矽晶片之Si(2p)-ESCA能譜，在Si矽晶片表面常有一層氧化物（SiO_2）以做絕緣保護Si矽晶片內部。故如圖所示，在SiO_2/Si矽晶片之ESCA能譜中顯示Si及SiO_2兩Si(2p)譜峰，因元素氧化物中元素屬離子（A^{Z+}）之束縛能常比原來元素（A）大，故如圖21-18b所示，SiO_2中Si原子之2p電子束縛能（約104 eV）比原來Si中之束縛能（約100 eV）大。由此SiO_2/Si矽晶片之Si(2p)-ESCA能譜，可看出ESCA是少數可以很容易鑑別樣品中各種價數之元素態（例如Si及Si^{4+}（在SiO_2中））的分析儀器，這也是ESCA分析法另一個相當重要優點。

ESCA能譜儀現可應用在各種元素分析，圖21-19為一樣品中各種元素（1s）-ESCA能譜，由圖顯示F及O原子比其他原子（如N及C原子）有較大的束縛能（Binding Energy），這是因為F及O原子比其他原子對電子親合力較大。此圖也顯示ESCA能譜對各元素間有很好的鑑別力。

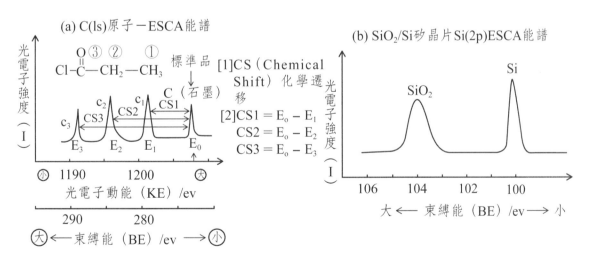

圖21-18　(a)有機氯化物之碳原子C(1s)-ESCA能譜，及(b)SiO_2/Si矽晶片之Si(2p)-ESCA能譜

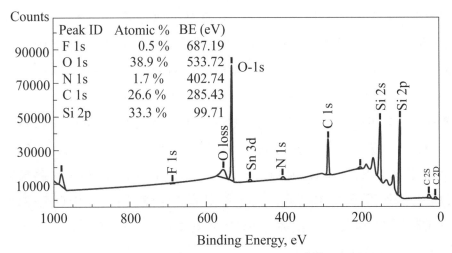

圖21-19　一樣品中各種元素(1s)-ESCA能譜圖[316]（參考資料：From Wikipedia, the free encyclopedia, http://upload.wikimedia.org/wikipedia/en/thumb/3/36/ Wide.jpg/350px-Wide.jpg）

　　ESCA能譜儀可用來鑑定樣品中各種原子之化學鍵結，故ESCA能譜可用來鑑別有機物及無機物之化學鍵結和鑑定有機／無機物所參與化學反應或物理作用。例如在無機化學方面，如表21-4（一）所示，ESCA能譜可用來鑑定各種金屬是否吸附各種氣體，例如用Ni之ESCA能譜鑑定Ni表面吸附O_2、CO及NO情形，因Ni吸附O_2、CO及NO後，其電子束縛能就會改變，其ESCA譜峰也將隨之改變，由ESCA譜峰之束縛能或光電子動能的改變，就可推斷Ni吸附O_2、CO及NO吸附情形。由表21-4所示，ESCA能譜亦可用來探討物質表面化學反應，如鐵（Fe）表面氧化或生鏽產生各種鐵氧化物（FeO，Fe_2O_3），不同氧化物Fe電子之束縛能，就有不同譜峰。同樣ESCA能譜亦可用來檢視金（Au）及光阻劑（Photoresists）沉積在矽晶表面情形。ESCA能譜更能用來探討表面催化反應機制，如哈柏法Fe_2O_3催化H_2及N_2反應產生NH_3中，可利用ESCA能譜探討H_2及N_2如何吸附到Fe_2O_3表面及如何產生NH_3過程，ESCA能譜亦可用來探討MnO_2如何吸附並催化$KClO_3$分解產生O_2反應。

　　在有機化學方面，如表21-4（二）所示，ESCA能譜除了可用來探討一般有機物（芳香族及非芳香族）鍵結情形，亦可用來偵測含Se，S，N，P及As等等雜環有機物及高分子化合物之鍵結。另外，ESCA能譜亦可用來鑑別一有

機物之組成及立體結構，例如表21-4（二）中圖a所示，若在苯環上接不同數目CH_3基，結果苯環之C原子1s電子（$C_{(1s)}$）的ESCA能譜的光電子動能（E）和苯環上CH_3基數目呈直線關係，換言之，由光電子動能（E）即可推斷苯環上接CH_3數目。

表21-4　ESCA技術在無機／有機物分析之應用

（一）Inorganic chemistry
 (a)金屬氣體吸附
  O_2……Ni，CO……Ni，NO……Ni，CO……Fe
  NO……W，N_2……W，O_2……Ru，CO……Ru
 (b)表面化學反應
  Fe oxidation（$Fe + O_2 \rightarrow FeO + Fe_2O_3 + Fe_3O_4$）
  Au deposited on Si，Photo resistor on Si
 (c)表面催化反應（Catalysis）
  $H_2 + N_2 \xrightarrow{Fe_2O_3} NH_3$，$KClO_3 \xrightarrow{MnO_2} KCl + O_2$
 (d)表面錯合反應（Coordination Reaction）
  $F(II) \rightarrow$ porphyrin
（二）Organic Chemistry
 (a)Aromatic cpds and Aliphatic cpds（芳香族／非芳香族）

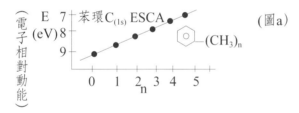

 (b)Selemium, Sulfur, Nitrogen, Phosphorus and Arsenic cpds, Heterocycles（雜環化合物）
 (c)Polymer, Polyethylene（高分子）
 (d)Sterochemistry（立體化學）

21-5　歐傑電子能譜儀（AES）

歐傑電子能譜儀（Aüger Electron Spectroscope，AES）[317]之工作原理如圖21-20a所示，其利用電子（e^-）或X光（能量Eo）撞擊或照射樣品原子

使其內層（如K層）電子被打出（游離），然後其上一層（如L層）電子掉下來到K層遞補並發出特性X光（如K_α－X光，能量$E_{K\alpha}$），此特性X光再被上層（如M層）電子吸收並使此上層（如M層）電子被打出（游離），此被打出的電子即為歐傑電子（Aüger Electron），若電子（e^-）或X光（能量Eo）照射原子→打出K層電子→L層掉下發出K_α-X光→M層電子（束縛能EBE）吸收被打出（動能KE），此被打出M層電子即稱為KLM歐傑電子（KLM Auger Electron），過程如下：

電子／X光（能量E_o）→K層電子打出→L層電子掉下發出K_α-X（能量$E_{K\alpha}$）→M層電子（束縛能E_{BE}）吸收被打出→KLM歐傑電子（動能KE）　　　(21-13)

　　由式（21-13）可知此KLM歐傑電子之動能KE為：

$$KE（歐傑電子動能）= E_{K\alpha}（樣品原子K\alpha-X光能量）- E_{BE}（歐傑電子束縛能）$$
（21-14）

　　由式（21-14）可知歐傑電子動能只與樣品原子之電子束縛能（E_{BE}）及原子之電子間轉移所得特性X光能量（$E_{K\alpha}$）有關，而其值與原來照射樣品原子的電子（e^-）或X光源之能量Eo無關，此Eo只要能將內層電子打出即可。換言之，此歐傑電子動能能譜只與樣品原子有關，而與外在電子／X光能源Eo無關，即此歐傑電子能譜完全取決於樣品原子的種類及鍵結，照射源所引起的雜訊幾乎沒有，因此，歐傑電子能譜儀為當今原子定性最佳分析儀器。

　　圖21-20b為歐傑電子能譜儀（AES）基本結構示意圖，如圖所示，用電子槍（Electron Gun）射出之電子打擊樣品（Target）而產生歐傑電子，然後用筒鏡能量分析器（Cylindrical mirror analyzer，CMA）分離不同動能的電子，再進入電子偵測器偵測。歐傑電子能譜儀中除用電子當擊發源打擊樣品外，亦可改用X光或離子（Ion Source (Optional)，如圖21-20b所示）打擊樣品產生歐傑電子。

　　歐傑電子能譜法（AES）中，照射樣品原子除其K層（主量子數n = 1）外，其他各內層（如L層(n = 2)）電子都有可能產生歐傑電子。圖21-21a為照射鎳（Ni）原子之L層所產生各種LMM歐傑電子的能譜（M_1，M_2，M_3為M層不同電子），而在歐傑電子能譜法（AES）中，實際上除了產生歐傑電子外，也會產生L層及M層游離電子（如圖21-21b），而這些LMM歐傑電子之動能就介於L層及M層間。

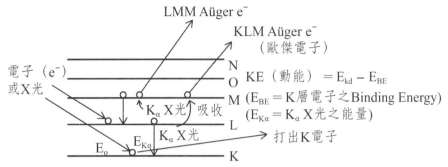

電子或X光（能量E_o）→L層電子到K層放出K_αX光→K_αX光
被M層電子吸收→M層電子被打出成「KLM歐傑電子」

(a)

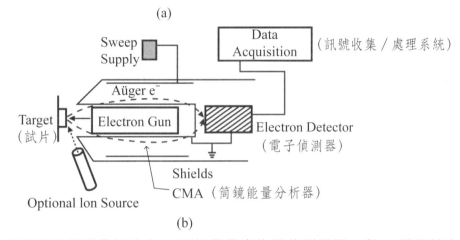

(b)

圖21-20　歐傑電子能譜分析法之(a)歐傑電子產生及偵測原理，與(b)儀器基本
　　　　結構圖[318]（b圖：From Wikipedia, the free encyclopedia, http://upload.
　　　　wikimedia.org/wikipedia/ commons/f/f7/AES$_S$etup2.JPG）

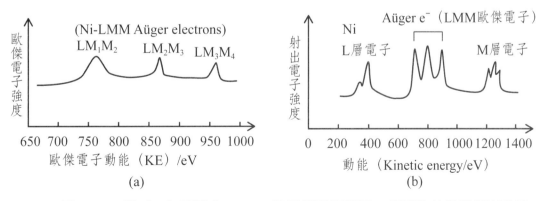

圖21-21　鎳（Ni）原子之(a)LMM歐傑電子能譜及(b)所產生的各種射出電子

　　歐傑電子之產率（數目或強度）亦和樣品原子之原子序有關，如圖21-22所示，歐傑電子產率會隨樣品原子之原子序增大而減少。反之，在過程中所產生的特性X光之強度（產率）則隨樣品原子之原子序增大而增強。

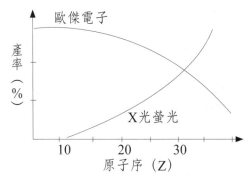

圖21-22　歐傑電子產率和樣品原子之原子序之關係圖[317]（參考資料：From Wikipedia, the free encyclopedia, http://en.wikipedia.org/wiki/Auger_electron_ spectroscopy）

　　在歐傑電子能譜（AES）表示法中，除用具有特定動能（E）的歐傑電子強度（產量N(E)）對歐傑電子動能（E）作圖所構成的能譜圖（如圖21-21）外，常用以dN(E)/dE微分式（N(E) ＝ 歐傑電子強度（具有能量E之歐傑電子數），E ＝ 歐傑電子動能）對歐傑電子動能(E)作圖，或以d(E．N(E))／dE對E作圖所構成的能譜圖來表示。圖21-23為以d(E．N(E))/dE及動能所構成的之氮化銅薄膜（copper nitride film）之氮（N）及銅（Cu）原子的歐傑電子（AES）能譜圖。

　　圖21-24a為歐傑電子能譜儀之基本結構示意圖，一般歐傑電子能譜儀常用電子束做為照射源照射樣品原子。此電子源常用高電壓加熱鎢絲產生電子束照射樣品試片。如圖21-24a所示，電子束照射試片後產生的各種不同動能之歐傑電子經筒鏡能量分析器（Cylindrical mirror analyzer，CMA）分離，其分離原理是利用分析器之電壓控制，在特定電壓V下（由電腦經電壓控制系統控制），使只有具有一特定動能（Eo）的歐傑電子經特定軌道到達圖21-24a中電子偵測器，換言之，在此V電壓下，具其他動能（E_1，E_2）的歐傑電子就不會到達電子偵測器。到達電子偵測器之歐傑電子的動能（Eo）和電壓V之關係如下：

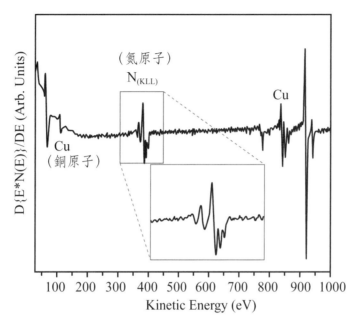

圖21-23　氮化銅薄膜（copper nitride film）之歐傑電子（AES）能譜圖[319]（d(E・N(E))/dE vs動能E，E＝歐傑電子動能，N(E)＝具有能量E之歐傑電子數）

（From Wikipedia, the free encyclopedia, http://upload.wikimedia.org/wikipedia/commons/thumb/f/f9/Cu3NAES.JPG/340px-Cu3NAES.JPG）

$$Eo（動能）= k \ e \ V/[\ln(r_2/r_1)] \qquad （21\text{-}15）$$

式中r_1及r_2分別爲CMA分析器之內外半徑，k爲能譜儀常數（Spectroscope constant），e爲電子電量。特定動能（Eo）的歐傑電子經電子偵測器偵測出來的電子之電流訊與具有特定動能之歐傑電子數目有關）再經電流／電壓轉換放大器轉成輸出電壓Vo，再將輸出電壓經類比／數位轉換器（ADC）轉成數位訊號傳入電腦中做數據處理及繪能譜圖。圖21-24b爲市售歐傑電子能譜儀之實物圖。由於化學分析電子能譜儀（ESCA）及歐傑電子能譜儀（AES）都使用電子源照射樣品試片，市面上已有將兩儀器混合成一儀器，稱爲化學分析電子能譜／歐傑電子能譜儀（ESCA/AES Spectroscope）。

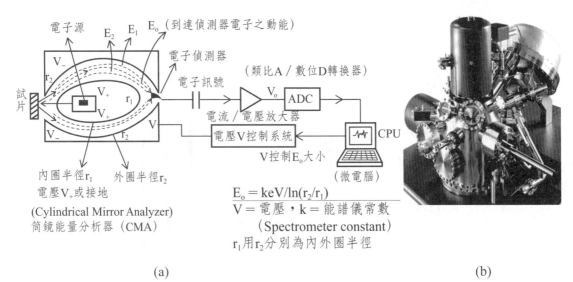

（a）　　　　　　　　　　　　　　　　　　　　　　　　（b）

圖21-24　歐傑電子能譜儀之(a)基本結構示意圖及(b)Microlab公司出產的
MICROLAB 350歐傑電子能譜儀實物圖[320]（b圖：http://www.scientek.
com. tw/upload/Microlab%20350.pdf）

　　在市售的歐傑電子能譜儀中，除常用荀鏡能量分析器（CMA）分析歐傑
電子能量外，也常用**球扇形電子能量分析器**（Spherical sector analyzer，
SSA）分辨歐傑電子能量。圖21-25為具有球扇形電子能量分析器（SSA）之
歐傑電子能譜儀的基本結構，如圖所示，在此儀器中電子源打擊試片所產生
各種動能的歐傑電子，進入球扇形電子能量分析器（SSA）中用其正負兩電壓
（V_1及V_2）控制使只有具特定動能Eo的才能到達電子偵測器，而正負兩電壓
（V_1及V_2）及可到達電子偵測器的歐傑電子之動能Eo之關係如下：

$$Eo（動能）= (V_2 - V_1)/[(r_2/r_1) - (r_1/r_2)] \qquad （21\text{-}16）$$

式中r_1及r_2分別為SSA分析器之內外圍半徑。

　　歐傑電子能譜分析法因為定性鑑別力特佳且可做定量分析，應用非常廣
泛，除一般工業材料品管及學術研究上應用外，亦對高科技產品（如矽晶片及
碳化鎢）之定性及定量分析非常有用。在高科技產業中，常利用歐傑電子能譜
偵測積體電路（IC）中各種雜質，由其能譜圖中可知在積體電路（IC）矽晶
片中是否含有其他原子（如C，Ti，O，F，Al）等雜質。

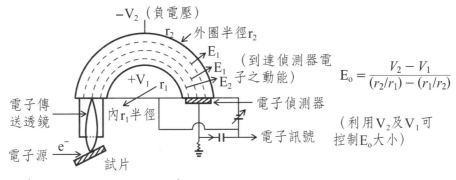

$$E_o = \frac{V_2 - V_1}{(r_2/r_1) - (r_1/r_2)}$$

（利用V_2及V_1可控制E_o大小）

圖21-25　球扇形電子能量分析器（SSA）基本結構示意圖

21-6　電子探針微分析儀（EPMA）／電子激發X射線能量分散能譜儀（EE-EDS）

電子探針微分析（Electron Probe Micro-Analysis，EPMA）[321]儀為利用電子源所發出的電子束照射樣品，使其原子產生特性X光並利用這些特性X光的能量波長及強度可計算出樣品中各原子之種類及數目的儀器，可做樣品中各種原子之定性及定量。由於其對各元素之定性有相當準確及定量精確性（尤其對金屬元素），電子探針微量分析（EPMA）儀幾乎為所有礦物及金屬材料產業及研究室必備儀器。在電子探針微分析（EPMA）儀中所用的X光偵測器有兩種：波長分散光譜儀（Wavelength dispersive spectrometer，WDS）及能量分散能譜儀（Energy dispersive spectrometer，EDS）。若用能量分散能譜儀（ESD）當偵測器之EPMA儀又稱為電子激發X射線能量分散能譜儀（Electron Excitation-Energy dispersive X-ray spectrometer，EE-EDS）。

電子探針微分析（EPMA）之原理如圖21-26a所示，當電子撞擊並打出樣品原子之內層（如K層或L層）電子後，上一層（L層或M層）電子就遞補下來而產生特性X光（如K_α或L_α-X光）。圖21-26b為一般電子激發X光能譜儀之基本結構圖，電子束由電子源（電子槍）發射出來後，經磁場組成的物

鏡（Objective lens）及聚光鏡（Condenser lens）聚焦再撞擊樣品試片產生
X光，然後再用X光偵測器偵測X光能量及強度，所得的電流或電壓訊號經放
大器再經多頻分析儀，將各種不同X光能量波長分辨出來並將各種不同X光能
量及強度訊號輸入電腦做數據處理及繪圖。如圖21-26b所示，電子探針微分
析儀（EPMA）之X光偵測器可用波長散佈光譜儀（WDS）或能量散佈能譜
儀（EDS）。波長散佈光譜儀（WDS）及能量散佈光譜儀（EDS）之結構及
工作原理請見本書第十章X光光譜法。本節將分別介紹一般電子探針微分析法
（EPMA）及特殊之電子激發X射線能量散佈能譜儀（EE-EDS）之儀器偵測
原理及應用。

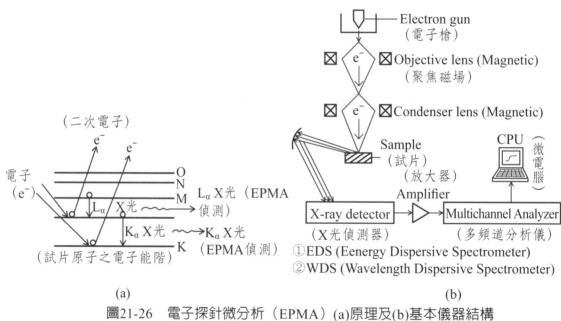

圖21-26　電子探針微分析（EPMA）(a)原理及(b)基本儀器結構

　　電子探針微分析儀（EPMA）之波長散佈偵測系統如圖21-27a所示，由電
子源射出之電子束撞擊樣品試片原子產生X光，此X光照射一繞射晶體，在特
定出射角或入射角可得特殊波長（如λ_1）之X光到達X光偵測器（繞射晶體及
X光偵測器即組成一波長散佈光譜儀（WDS）），換言之，改變出射角（如
θ_1）或入射角即可得不同波長X光到達X光偵測器。由X光偵測器出來的電流
或電壓訊號經放大器放大後進入多頻分析器取得各種不同波長之X光之波長及
強度訊號，最後將此X光之波長及強度訊號傳入電腦做數據處理及繪波長／強

度圖。

　　圖21-27b為市售的EPMA儀器內部結構示意圖，由電子源射出之電子
束先經磁場聚光鏡撞擊樣品試片原子產生X光，X光再由能量散佈能譜儀
（EDS）或波長散佈光譜儀（WDS）偵測。圖中液態N_2為能量散佈能譜儀
（EDS）所需，而波長散佈光譜儀（WDS）則如圖中所示，由一繞射晶體及
X光偵測器所組成的（EDS及WDS兩X光分析儀之工作原理及結構請見本書
第十章X光光譜法）。因電子束撞擊樣品原子可能會產生二次電子，此市售
EPMA儀亦含二次電子偵測器（Secondary electron detector）。同時，此儀
器含可見光顯微鏡（Visible light microscope）可用來攝影得樣品影像圖。
圖21-28a為市售電子探針微量分析儀（EPMA）之實物外觀圖，而圖21-28b
為最早（1960年）市售EPMA儀實物圖。

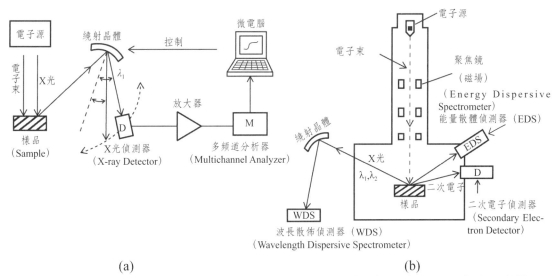

(a)　　　　　　　　　　　　　　　　　(b)

圖21-27　電子探針微分析儀之(a)波長散佈（(WDS)）偵測系統及(b)含能量分散能
　　　　　譜儀（EDS）和波長分散光譜儀（WDS）之市售儀器結構示意圖[322]（(b)
　　　　　參考資料：http://serc. carleton .edu / research_education/geochemsheets/
　　　　　techniques/EPMA.html）

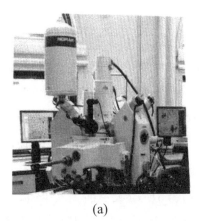

(a)

(b)

圖21-28　電子探針微分析儀(a)市售廠牌[323]（http://serc.carleton.edu /
research.ducation/geochemsheets/techniques/EPMA.html）(b)早期（1960年
代）市售EPMA儀[324]（參考資料：From Wikipedia, the free encyclopedia,
http://en.wikipedia.org/wiki /Electron_microprobe）

　　用能量分散能譜儀（ESD）當偵測器之EPMA儀又稱為電子激發X
射線能量分散能譜儀（Electron Excitation-Energy dispersive X-ray
spectrometer， EE-EDS），圖21-29為一般電子激發X射線能量分散能譜儀
（EE-EDS）之儀器基本結構圖及其Si(Li)-X光偵測器之工作原理示意圖。由
圖21-29a所示，電子束撞擊樣品試片原子所產生的各種波長能量之X光會進入
Si(Li)-X光偵測器偵測，而Si(Li)-X光偵測器即為常用的一種能量散佈能譜儀
（EDS）。由Si(Li)-X光偵測器的EDS儀出來的各種X光能量及強度的電流訊
號再經電流／電壓轉換放大器輸出放大電壓訊號，此電壓訊號再經類比／數位
轉換器（ADC）轉換成數位訊號，再經多頻道分析儀分析各種X光能量及強度
訊號並將資料經轉換處理分別送入電腦數據處理及繪圖或螢幕顯示或將資料輸
出。圖21-29b為做為能量分散能譜儀（EDS）的Si(Li)-X光偵測器之工作原理
示意圖。如圖所示，Si(Li)-X光偵測器由n-Si(Li)-p半導體所組成，X光照射
Si(Li)-X光偵測器後會使其Si(Li)游離成Li^+（電洞）及e^-（電子）如下：

$$Si(Li)+ X光 \rightarrow (Si)Li^+（電洞） + e^-（電子）\qquad（21-17）$$

　　然後e^-（電子）往半導體接正極（正電壓）之n極移動，而電洞（Li^+）往
半導體接負極（負電壓）之p極移動，形成電流訊號並放大輸出。圖21-30為

利用電子激發X射線能量散佈能譜儀（EE-EDS）偵測Rimicaris exoculata礦石所得此礦石中各種組成元素的X光能量(KeV)/X光強度之能譜。

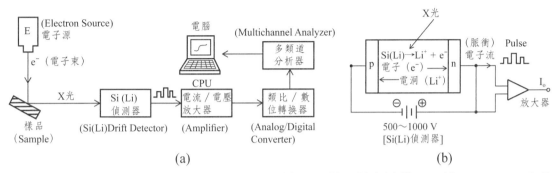

圖21-29　電子激發X射線能量分散能譜儀之(a)儀器基本結構圖及其(b)Si(Li)-X光偵測器之工作原理示意圖

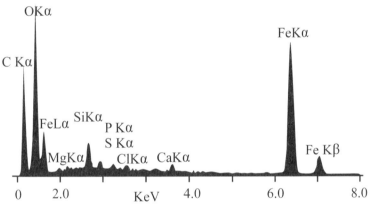

Elemental Energy dispersive X-Ray microanalyses of the mineral crust of *Rimicaris exoculata*

圖21-30　電子激發X射線能量分散能譜微分析儀應用在Rimicaris exoculata礦石元素分析[325]（參考資料：From Wikipedia, the free encyclopedia, http://en.wikipedia.org/wiki/Energy-dispersive_X-ray_spectroscopy）

21-7   電子繞射儀

西元1937年諾貝爾物理學獎授予美國紐約州紐約貝爾電話實驗室的達維生（Clinton Joseph Davisson，1881-1958）和英國倫敦大學的G.P.湯姆森（Sir George Paget Thomson，1892-1975），以表彰他們用晶體對電子繞射（Electron Diffraction）[326]所作出的實驗發現貢獻。在所有對物質樣品之電磁波及粒子繞射中，電子繞射和X光繞射（X光為已知唯一有繞射現象之電磁波）及中子繞射一樣都服從布拉格方程式（Bragg Equation）：

$$n\lambda = 2\ d\ \sin\theta \qquad\qquad (21\text{-}18)$$

式中n為整數（1，2，3..），λ為電磁波（X光）或具波動性質之粒子（如電子及中子）粒子波之波長，而θ為電磁波（X光）或波動粒子（如電子及中子）撞擊物質晶體樣品之入射角，d為物質晶體樣品中原子與原子間距離。式中$\sin\theta = 0\sim1$，n為整數，故λ（波長）應和d（原子間距離）同級大小，因物質晶體樣品中原子間距離d大都在1～3 Å，故電磁波及波動粒子（如電子及中子）之波動波長皆需在此範圍（$\lambda \approx 1\sim3$ Å），在電磁波中只有X光之波長在此範圍，故X光為唯一有繞射現象之電磁波。

波動粒子（如電子及中子）繞射的原理與X光繞射完全相同，波動粒子之波動波長亦需服從布拉格方程式（式21-18）且在此（$\lambda \approx 1\sim3$ Å）範圍，然波動粒子（如電子及中子）之波動波長發現服從**德布格利方程式**（de Broglie equation），以電子繞射而言，其電子之波動波長（λ_e）依德布格利方程式可計算如下：

$$\lambda_e\ （電子波長）\ = h/p = h/(m_e\ v_e) \qquad\qquad (21\text{-}19)$$

式中h為（Planck constant），p為電子動量（$p = m_e\ v_e$），m_e及v_e分別為電子質量及電子速度。由式（21-19）可知，若要使電子波動波長（λ_e）在可產生繞射之波長範圍（$\lambda_e \approx 1\sim3$ Å），只要依式（21-19）控制電子速度（v_e）即可使晶體樣品試片產生電子繞射現象。

圖21-31a為電子束入射一樣品晶體所引起電子繞射現象示意圖，如圖所示，一道電子束（電子束2）射入晶體表面（第一層晶格面）並反射出來，而另一道電子束（電子束1）則射入晶體第二層晶格面並反射出來成反射電子

波，兩層晶格面之距離爲d，當電子束2及電子束1分別從晶體表面（第一層晶格面）及第二層晶格面反射出來時，兩道反射電子波可能會產生建設性干擾（兩道反射電子波之波峰對波峰）成明線加強反射電子波，反之，也可能產生破壞性干擾（兩道反射電子波之波峰對波谷）互相抵消成暗線無反射電子波，這一明一暗干擾反射電子波即成電子波繞射條紋。

圖21-31b爲電子繞射分析法之偵測系統，如圖所示，電子源射出的電子束，射入樣品試片產生繞射的反射電子（Reflection electron），這些繞射的反射電子可用電子偵測器（Detector）偵測或用攝影機（CCD）攝影電子繞射圖，也可用螢光幕（Phosphorescent screen）顯示電子繞射圖。另外，圖21-31b也顯示電子繞射分析法可用低能量（50-500 eV）電子束入射樣品試片，也可用高能量（5-100 KeV）電子束入射試片。因此電子繞射分析儀依入射電子束能量高低分成兩類：低能量電子繞射儀（Low Energy Electron Diffractometer，LEED）及高能量電子繞射儀（High Energy Electron Diffractometer，HEED）。在本節稍後將針對此兩種（LEED及HEED）電子繞射儀之應用及優缺點稍加說明。

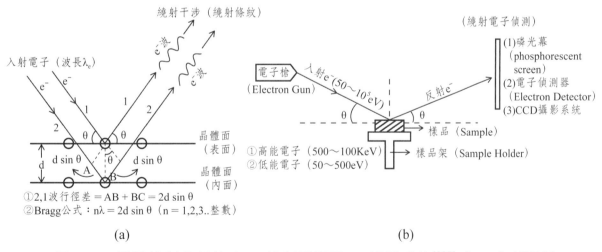

（a）　　　　　　　　　　　　　　　　　（b）

圖21-31　電子繞射分析法之(a)繞射原理及(b)偵測系統[327]（(b)參考資料：
Wikipedia, the free encyclopedia, http://upload.wikimedia.org/wikipedia/en/
thumb/0/00/RHEED_Setup.gif/ 400px-RHEED_Setup.gif）

西元1937年諾貝爾物理獎得主達維生博士（C.J.Davisson）[238]設計第

一部電子繞射實驗裝置。在達維生博士設計的第一部電子繞射儀（Electron diffractometer，圖21-32a）中，他用鎢絲電子槍當電子源產生電子束撞擊鎳（Ni）靶試片，然後利用可旋轉掃瞄式法拉第杯（Farady cup）在各散射角收集繞射電子，並將法拉第杯（其結構及原理請見本章圖21-5）電子收集器輸出電子流接到電流計，由各散射角收集繞射電子之電流繪圖極可得清析的電子繞射圖。

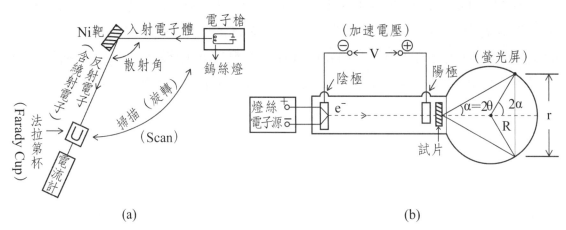

(a)　　　　　　　　　　　　　(b)

圖21-32　(a)1937年諾貝爾物理獎得主達維生博士（C.J.Davisson）第一部電子繞射實驗裝置示意圖[238]，及(b)現代一般電子繞射實驗主要元件裝置圖（電子繞射管高壓電源供應器可高至10 KV）

　　然而現代電子繞射儀如圖21-32b所示，並不用旋轉掃瞄式法拉第杯而用360°三度空間之電子螢光屏，將繞射反射電子打到螢光屏產生反射電子螢光繞射圖像。在達維生博士的第一部電子繞射儀中打到試片的電子束動能並無控制，然在現代電子繞射儀中，用加速電壓V來控制打到試片的電子束動能（KE），電子束動能（KE）和加速電壓V之關係如下：

$$KE = (1/2) \, m_e v_e^2 = eV \qquad\qquad (21\text{-}20)$$

　　式中V：加速電壓，e：電子電量，m_e：電子重量，v_e：電子速度。因電子動量p和電子速度v_e之關係如下：

$$p（電子動量）= m_e v_e \qquad\qquad (21\text{-}21)$$

　　將式（21-20）代入（21-21）可得：

$$p = (2 \, m_e eV)^{1/2} \qquad\qquad (21\text{-}22)$$

　　由德布格利方程式（de Broglie equation）可計算電子波長的理論值λ_e：

$$\lambda_e = h/p = h/(2\ m_e eV)^{1/2} \qquad\qquad (21\text{-}23)$$

由式（21-23）可知控制加速電壓V即可控制電子波動波長λ_e，便可控制繞射之產生。同時，由布拉格方程式（$n\lambda = 2d\ \sin\theta$），控制電子波動波長$\lambda$也就可控制繞射角（$\theta$，可產生繞射之電子束入射角）。加速電壓增加時，波長度短（由式21-23），繞射角度變小（由式21-18），繞射環半徑（圖21-32b螢光屏上繞射環）也會變小。

圖21-33為TiO_2晶體110面之電子繞射影像圖，TiO_2電子繞射影像圖中規則性明點即為繞射一明一暗之明點，這種一明一暗之明點規則重複性繞射影像皆可由布拉格方程式（$n\lambda = 2d\ \sin\theta$）中不同n整數值（n = 1,2,3..）來說明。電子繞射現已廣泛應用在各種材料之原子排列偵測。

圖21-33　TiO_2晶體（110面）電子繞射影像圖[329]（參考資料：Wikipedia, the free encyclopedia, http://en.wikipedia.org/wiki/File:TiO2_Good_Surface.gif）

如前言，電子繞射分析儀依入射電子束能量高低分成低能量電子繞射儀（LEED）及高能量電子繞射儀（HEED）。低能量電子繞射（LEED），是用低能量（50-500 eV）電子束入射樣品試片研究表面結構的重要技術，因電子與原子間的碰撞截面積較大，且低能量電子在固體內的平均自由徑（mean free path）非常短，可知電子動能在20～200 eV時，其脫離深度只有幾埃，即只有表面的1～2層原子而已，因此LEED是利用電子的低穿透性以得到表層靈敏度，非常適合於表面結構的探討。低能量電子繞射（LEED）之固體試片必須為單晶（single crystal），並且表面平滑，才能產生繞射效果。在低能量電子繞射技術中，因低能量電子束易損失能量，造成入射電子束會有不同能

量，所產生的繞射圖形因其繞射點之間距不同，分析上較爲困難。

　　高能量電子繞射儀（HEED）市售之儀器常稱爲反射式高能量電子繞射（Reflection-HEED，RHEED），而其工作方法是將5-50 KeV的高能量電子束沿著幾乎平行表面的角度入射，此時電子因入射角約只有3-5度，電子的穿透深度非常淺，約2-3層原子深度，因此反射的電子雖具有高能量，但因穿透深度非常淺，反射電子的訊號只攜帶表面的繞射訊號，若試片表面是單晶，反射電子會在螢幕上形成條狀的繞射圖。由條狀繞射圖的變化可很清晰觀察一磊晶成長（例如在GaAs(100)上成長GaAs/AlGaAs/GaAs），故反射式高能量電子繞射技術廣泛應用在磊晶成長的偵測。分子束磊晶（molecular beam epitaxy，MBE）技術是一種非常重要的磊晶生長技術，原理是在一高眞空的腔體內加熱所欲生長的材料，材料獲得能量後會蒸發成個別的分（原）子，以極高的熱速率及一顆顆分（原）子的方式沉積在基板上，並可利用快門阻隔的方式來控制分子束，進而獲得平坦界面。MBE的特點是在成長過程中，有反射高能量電子繞射現象，使它具有在磊晶成長時監控磊晶層成長厚度的能力，並能控制精確度達到單一原子層。磊晶成長過程中，配合反射式高能電子束繞射的裝置可以觀測薄膜的生長情形，同時可以極爲準確地掌控組成元素分（原）子的變化。目前MBE生長技術廣泛應用在半導體產業中，例如高電子移動率電晶體、雷射二極體、發光二極體等。與低能量電子繞射技術類似，反射式高能量電子繞射的繞射圖可用來判斷表面是否是單晶，但其反射的電子具有高能量不易損逸，故可得較清晰之電子繞射圖。

21-8　電子能量損失譜儀（EELS）

　　電子能量損失譜儀（Electron Energy Loss Spectroscope，EELS）[330]之爲西元1929年Rudberg博士所開發出來之儀器，Rudberg博士利用一特定能量之電子束施加在欲量測的金屬樣品上，然後接收非彈性（亦即是有能量損失）散射（Inelastic scattering）的電子，發現有能量損失的電子具有與X光類似的特性，亦即會隨著樣品的化學成分不同而有不同的損失能量，因此可以經由

能量損失位置而得知材料的元素成份。此能量損失常是被原佔據在較內層軌域
（n＝3）的電子，在躍遷至較外層軌域時（n＝4）所吸收，如：

M(n＝3)層電子＋電子(Eo)→N(n＝4)層電子＋散射電子(Eo－ΔE)

$$（21\text{-}24）$$

式中ΔE爲電子損失之能量，因不同原子所損失的能量ΔE不同，不同鍵結
的原子，所所損失的能量ΔE亦不同，因此除了可以鑑別材料的種類之外，亦
可以分析材料的鍵結強度、種類、以及離子價態，可說是一種非常有用的分
析工具。電子能量損失譜儀（EELS）特別適合於偵測外來分子與固體表面間
之鍵結情形。圖21-34爲典型的電子能量損失譜（EELS）圖，圖中最高波峰
爲原來電子能量波峰（Zero Lose Peak），其他較低波峰即爲能量損失波峰
（Energy Loss Peak）。

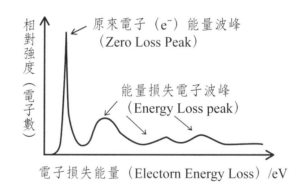

圖21-34　典型的電子能量損失譜（EELS）圖[330]（參考資料：Wikipedia, the free
encyclopedia, http://en.wikipedia.org/wiki/Electron_energy_loss_Spectrosco
py）

圖21-35爲電子能量損失譜（EELS）儀結構示意圖，電子束由電子源
出來後，經磁場電子聚焦鏡（Lens）聚焦後，進入電子單能量（Eo）選
擇器（Monochromator），選擇單一能量（Eo）電子當入射電子撞擊樣
品（Sample），此單能量電子選擇器爲濃縮型半圓形分析儀（Concentric
Hemispherical Analyser，CHA），而此CHA分析儀常用電場控制的常用靜
電分析儀（Electro-static analyzer，ESA），靜電分析儀選擇電子能量之原
理請見本章圖21-16及21-4節。當單一能量（Eo）電子經另一聚焦鏡（Lens）

後並當入射電子撞擊樣品（Sample），後經樣品原子吸收部份能量（ΔE）後，以較低能量（Eo-ΔE）的散射能量損失電子從樣品表面射出，然後進入另一個濃縮型半圓形分析儀（CHA）的電子能量分析儀（Analyzer），將損失能量不同而動能不同的各種電子分開，常用的電子能量分析儀亦為靜電分析儀（ESA），換言之，電子能量損失譜儀（EELS）中之單能量電子選擇器（Monochromator）及電子能量分析儀（Analyzer）常用一樣的濃縮型半圓形分析儀（CHA，並常用靜電分析儀（ESA）當CHA）。這些用靜電分析儀（ESA）的電場控制分開來的不同而動能的各種電子然後一一進入甬道式電子倍增管（Channel Electron Multiplier，CEM）的電子偵測器偵測這些不同而動能的各種電子之電子數。

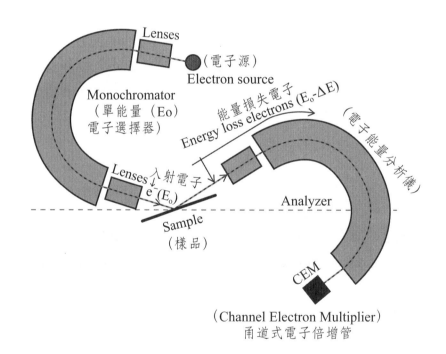

圖21-35 電子能量損失譜（EELS）儀結構示意圖[331]（參考資料：Wikipedia, the free encyclopedia: http://en.wikipedia.org/wiki/High_resolution_electron_energy_loss_spectroscopy）。

市面上有將電子能量損失譜儀（EELS）和電子顯微鏡（SEM）接在一起的EELS-SEM儀器，所組裝所成的EELS-SEM儀器不只可以得到樣品之影像

（用電子顯微鏡SEM），還可用電子能量損失譜儀（EELS）配合電子顯微鏡SEM得到樣品中各組成原子之元素分佈圖（Elemental Mapping）。因EELS-SEM儀功能相當強，既可得到整個樣品影像，又可得到組成各元素在樣品中分佈圖，可應用在各種材料之元素分佈分析。

第 22 章

原子尺度掃瞄式探針顯微鏡法及表面分析法

　　雖然電子顯微鏡比光學顯微鏡之分辨力好，可觀察分析物表面奈米級結構，但還不能觀察一物體（如矽晶片）表面原子排列，而原子（尺度）掃瞄式探針顯微鏡（Atomic-Scale Scanning probe Microscope）之開發，使得觀察矽晶片表面原子排列變爲可能，故各種原子掃瞄式探針顯微鏡中，掃描穿隧顯微鏡法（Scanning Tunneling Microscopy，STM）及原子力顯微鏡法（Atomic Force Microscopy，AFM）之開發者都因而獲得諾貝爾獎。本章除介紹最有名的掃描穿隧顯微鏡法（STM）及原子力顯微鏡法（AFM）外，也將介紹最早用在原子尺度的場離子顯微鏡（Field Ion Microscope，FIM）和最近發展的氦離子顯微鏡（Helium Ion Microscope，HIM），以及半導體工業常用的聚焦離子束（Focused Ion Beam，FIB）技術及拉塞福逆散射譜法（Rutherford Back Scattering Spectroscopy，RBS）。除了介紹接觸型的原子力顯微鏡法外，也將簡單介紹含磁力顯微鏡（Magnetic Force Microscopy，MFM）的非接觸式掃瞄作用力顯微法（Non-Contact Scanning Force Microscopy）及近年發展的各種掃瞄近場顯微鏡法（Scanning Near-Field Microscopy）。

22-1　原子尺度掃瞄式探針顯微鏡法及表面分析法導論

　　掃瞄式探針顯微鏡分析法（Scanning Probe Microscopy，SPM）[332]為利用一微探針（Microprobe）掃瞄樣品試片之顯微鏡以偵測樣品表面之原子排列的分析法。掃瞄式探針顯微鏡（SPM）種類相當多，如表22-1所示，常用的有**掃瞄穿隧顯微鏡法**（Scanning Tunneling Microscopy，STM）[333]及**原子力顯微鏡法**（Atomic Force Microscopy，AFM）[334]。德國科學家格爾德・賓寧博士（Dr. Gerd Binni）[335]，因研製「掃描穿隧顯微鏡」及「原子力顯微鏡」而得1986年諾貝爾獎。

　　由表22-1可見處除此兩常用顯微鏡外，還有許多其他顯微鏡及延伸技術可用來偵測及瞭解樣品表面排列情形。表22-1亦顯示這些掃瞄式探針顯微鏡分析法之偵測項目，這些偵測項目是針對這些掃瞄式探針顯微鏡各別的工作原理設計的，例如掃瞄穿隧顯微鏡法（STM）是偵測當顯微鏡的微探針接近導電性樣品時，樣品原子向微探針射出的穿隧電流（Tunneling current），而原子力顯微鏡法（AFM）則偵測微探針接近樣品時所產生的表面原子作用力（Surface Atomic Force）。其他探針顯微鏡所偵測項目各有不同，如偵測微探針接近樣品時所感受的磁場（如磁力顯微鏡法）、導電性（如掃瞄離子流顯微鏡法）、靜電力（如靜電力顯微鏡法）、溫度（如近場熱力顯微鏡法）、摩擦力（如摩擦力顯微鏡法）及反射波（如光子掃瞄穿隧顯微鏡法）與短暫波（如近場光學顯微鏡法）等等如表22-1所示。

　　這些掃瞄式探針顯微鏡分析法依偵測時，探針與樣品表面之距離遠近，又可概分為(1)接觸型探針顯微鏡（Contact Scanning Probe Microscope），(2)非接觸型探針作用力顯微鏡（Non-Contact Scanning Force Microscope），(3)掃瞄近場顯微鏡（Scanning Near-Field Microscope），及(4)離子顯微鏡（Ion Microscope）等四大類。在接觸型探針顯微鏡法中，探針與樣品表面之距離小於10 nm（即1-10 nm間），例如「掃描穿隧顯微鏡（STM）」及一般「原子力顯微鏡（AFM）」為接觸型探針顯微鏡，而非接觸型探針作用力顯微鏡法中，探針與樣品表面之距離則大於10 nm（約10-100 nm間），如「磁力顯微鏡法」及「靜電力顯微鏡」則為非接觸型探針顯微

鏡。掃瞄近場顯微鏡則利用電磁波（如光波及聲波）或加電和熱之探針使樣品表面產生暫存波或表面性質（如導電性溫度）改變並在近場（Near field，距離樣品表面 < 10 nm）偵測這暫存波或表面性質之顯微鏡，例如「掃瞄近場光學顯微鏡」及「掃瞄近場聲波顯微鏡」。而「離子源顯微鏡」則為利用離子源（如He^{2+}）撞擊樣品表面或由樣品表面產生的離子源離子（如He^{2+}）來產生影像之顯微鏡，如「場離子顯微鏡」及「氦離子顯微鏡」則屬於離子源顯微鏡。

各種掃瞄式探針顯微鏡常為半導體製程中做樣品材料表面分析之重要分析工具。表22-2為半導體製程中常用分析儀器及其在表面分析應用，這些分析法中主要包括掃瞄式探針顯微鏡法的原子力顯微鏡（AFM）法，及電子顯微鏡法（見本書21章）中的掃瞄式電子顯微鏡（SEM），穿透式電子顯微鏡（TEM），化學分析電子能譜儀（ESCA），歐傑電子能譜儀（AES）和電子激發X射線能量散佈光譜儀（EE-EDS）等，還有二次離子質譜儀（SIMS，見本書11章）及拉塞福逆散射譜儀（RBS）。這些半導體工業常用分析儀器除原子力顯微鏡（AFM）法及拉塞福逆散射譜儀（RBS）外，都已分別在本書第21章（電子顯微鏡法）及12章（質譜儀法）介紹了，故原子力顯微鏡及拉塞福逆散射譜儀（RBS）此兩儀器分析法將在本章介紹。

離子顯微鏡除了和電子顯微鏡一樣可以做樣品材料表面分析外，亦可和其他各種掃瞄式探針顯微鏡一樣，離子顯微鏡可做為原子尺度的顯微鏡用於偵測樣品材料表面原子排列之情形。表22-3包括「場離子顯微鏡（Field Ion Microscope，FIM）」，「氦離子顯微鏡（Helium Ion Microscope，HIM）」及「二次離子顯微鏡（Secondary Ion Microscope，SIM）」。本章除了介紹離子顯微鏡外，也將介紹和離子源有關且常用在移除或剝除半導體表面原子的聚焦離子束（Focused Ion Beam，FIB）及拉塞福逆散射譜儀（RBS）技術。

表22-1 掃瞄式探針顯微鏡分析法（Scanning Probe Microscopy，SPM）種類

SPM儀器法	偵測項目	備註
(A)常用（common）		
Scanning Tunneling Microscopy (STM)	Tunneling current （穿隧電流）	探針／表面距離1-10 nm
（掃瞄穿隧顯微鏡法）		Contact（接觸型）
Atomic Force Microscopy (AFM) （原子力顯微鏡法）	Cantilever tip/Surface Atomic Force	
	（微懸臂探針／樣品表面原子間作用力）	一般為接觸型（也有非接觸型）
(B)其他（Others）		
Magnetic Force Microscopy (MFM)	Magnetic Force	探針／表面距離 10-100 nm
（磁力顯微鏡法）	（磁力）	Non-contact（非接觸型）
Scanning Near-Field Optical Microscopy（SNFOM） （近場光學顯微鏡法）	Evanescent wave （短暫波）	同上
Photon Scanning Tunneling Microscopy (PSTM) （光子掃瞄穿隧顯微鏡法）	Reflection light （反射光）	同上
Scanning Near-Field Acoustic Microscopy （近場聲波顯微鏡法 （SNFAM））	Acoustic wave （聲波）	同上
Scanning Near-Field Thermal Microscopy（SNFTM） （近場熱力顯微鏡法）	Temperature （溫度）	同上
Scanning Capacitance Microscopy (SCM) （掃瞄電容顯微鏡法）	Capacitance （電容）	同上
Scanning Ion Conductance Microscopy (SICM) （掃瞄式離子電導顯微鏡法）	Conductance （導電性）	同上
Electrostatic Force Microscopy (EFM) （靜電力顯微鏡法）	Electrostatic Force （靜電力）	同上
Kelvin Probe Force Microscopy (KPFM)	Metal Cantilever Bending/ Vibration	同上

〔表22-1續〕

SPM儀器法	偵測項目	備註
（克耳文探針力顯微鏡）	（金屬微懸臂彎曲／振動）	
Chemical/Frictional Force Microscopy（CFM/FFM） （化學力／摩擦力顯微鏡法）	Chemical Interaction/Frictional Force （化學作用力／摩擦力）	Contact（接觸型） 探針／表面距離1-10 nm
Scanning Electrochemical Microscopy (SECM) （掃瞄電化學顯微鏡法）	Microelectrode potential （微電極電位）	同上
(C)延伸技術（Extension）		
Electrochemical Scanning Tunneling Microscopy（EC-STM） （電化學掃瞄穿隧顯微鏡法）	電極探針電壓 （Electrode tip potential）	電化學+STM
Photothermal Microscopy (PTM) （光熱顯微鏡法）	Photothermal temperature （表面光熱溫度改變）	IR + AFM
Scanning Gate Microscopy (SGM) （掃瞄閘顯微鏡法）	Capacitance (Conductive tip/Sample) tip （導電探針／樣品表面間電容）	當movable gate
Scanning Hall Probe Microscopy （掃瞄霍爾探針顯微鏡法）	Magnetic induction （磁抗）	STM + Hall sensor
Magnetic Resonance Force Microscopy （磁共振力顯微鏡法）	Surface Resonance frequency （樣品表面共振頻率）	MRI + AFM （Ferromagnetic Cantilever）
Spin Polarized Scanning Tunneling Microscopy （自旋極化掃瞄穿隧顯微鏡SP-STM）	Magnetic phenomena （樣品表面磁感應）	STM + Magnetic phenomena
Scanning Voltage Microscopy (SVM) （掃瞄電壓顯微鏡法）	Surface Voltage （表面電壓）	

表22-2　半導體製程中常用表面分析儀器

1. 原子力顯微鏡（Atomic Force Microscope，AFM）
2. 掃瞄式電子顯微鏡（Scanning Electron Microscope，SEM）
3. 穿透式電子顯微鏡（Transmission Electron Microscope，TEM）
4. 化學分析電子能譜儀（Electron Spectroscope for Chemical Analysis，ESCA）
5. 歐傑電子能譜儀（(Aüger Electron Spectroscope，AES）
6. 二次離子質譜儀（Secondary ion mass spectrometer，SIMS）
7. 電子激發X射線能量散佈光譜儀（Electron excitation Energy dispersive X-ray spectrometer，EE-EDS）
8. 拉塞福逆散射譜儀（Rutherford Back Scattering Spectroscope，RBS）

表22-3　離子顯微鏡及相關技術

1. 場離子顯微鏡（Field Ion Microscope，FIM）
2. 氦離子顯微鏡（Helium Ion Microscope，HIM）
3. 二次離子顯微鏡（Secondary Ion Microscope，SIM）
4. 聚焦離子束（Focused Ion Beam，FIB）技術
5. 拉塞福逆散射譜法（Rutherford Back Scattering Spectroscopy，RBS）

22-2　接觸式掃瞄顯微鏡

在本節接觸式掃描顯微鏡（Contact Scanning Probe Microscope）中除介紹常用的「掃描穿隧顯微鏡法」及「原子力顯微鏡法（接觸式及非接觸式）」外，還將簡單介紹「化學／摩擦力顯微術」。

22-2-1　掃描穿隧顯微鏡法（STM）

西元1986年諾貝爾獎得主－德國科學家賓寧博士（Dr.Binni）發現當一探針非常接近一導電性樣品表面，從樣品表面會有一股電流傳到探針上，他將此種電流命名為穿隧電流（Tunneling current, I_t），而此穿隧電流大小和探針和樣品表面原子之距離及原子種類有關，故利用此穿隧電流可推算樣品表面原子排列情形及原子類別，此種利用此穿隧電流得的樣品表面原子排列影像的顯微鏡就稱為掃描穿隧顯微鏡（Scanning Tunneling Microscopy，STM）[333]。

由圖22-1所示，掃描穿隧顯微鏡（STM）基本結構包含一微探針（Probe），樣品座，穿隧電流放大器（Tunneling current amplifier），探針/樣品表面距離控制及掃瞄系統（Distance control and scanning unit），控制穿隧電流大小之電壓即穿隧電壓（Tunneling voltage）及含微電腦的數據處理及顯示系統（Data processing and display）。當微探針尖端（Tip）原子接近導電性樣品原子時，就會有從樣品原子到探針尖端流出的穿隧電流（I_t），然後經放大器電流放大，再總彙掃描表面各處之放大穿隧電流傳入數據處理及顯示系統做訊號收集、數據處理及繪樣品表面原子影像圖。

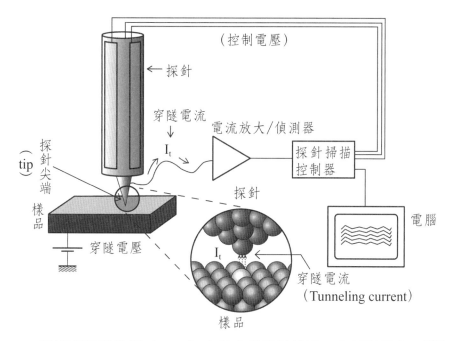

圖22-1　掃描穿隧顯微鏡（STM）之基本儀器結構及工作原理示意圖[333]（參考資料：From Wikipedia, the free encyclopedia, http://en.wikipedia.org/wiki/Scanning_tunneling_microscope）

如圖22-1所示，在掃描穿隧顯微鏡（STM）中，穿隧電流大小會隨探針的高低而改變（其探針/表面距離常在1-10 nm範圍，故掃描穿隧顯微鏡（STM）屬接觸型掃瞄式探針顯微鏡）。在掃描穿隧顯微鏡法中，可利用探針高低變化來控制穿隧電流大小使之成定值，由探針高低變化來顯像，即等電流取像法（如圖22-2a）。也可利用掃瞄系統控制探針高度成定值，由穿

隧電流大小變化來顯像，即等高度取像法（如圖22-2b）。在等電流取像法（圖22-2a）中，為使探針感受相同穿隧電流（i_t^o），探針必須隨著表面原子排列高低而上下移動（圖22-2a中A_1），如此記錄探針上下移動圖（圖22-2a中A_2）就可知表面原子排列高低排列STM影像圖。反之，在等高度取像法（如圖22-2b）中，探針高度保持一定，隨著表面原子排列高低（圖22-2b中B_1），探針感受穿隧電流不同（如i_1，i_2，i_3）也高高低低，也顯示表面原子排列高低排列STM影像圖（圖22-2b中B_2）。

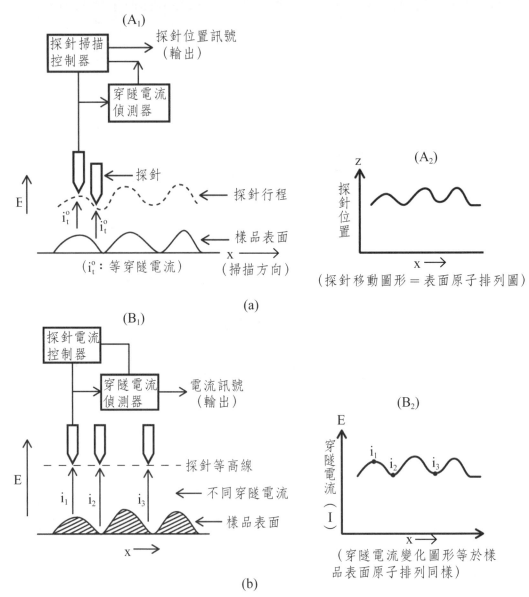

圖22-2　掃描穿隧顯微鏡法（STM）中探針之(a)等電流掃瞄法及(b)等高度掃瞄法

在掃描穿隧顯微鏡中，微探針尖端（Tip）是要感受樣品表面每一個原子傳上之穿隧電流，所以探針尖端（Tip）最好是只有一個原子大小（約0.1～0.3 nm），獨立兩原子間距離約為原子4倍，故探針尖端（Tip）大小也需0.4～1.2 nm，即約在一奈米（1.0 nm）左右最佳，換言之，需用奈米級探針尖端（Tip），否則當探針尖端大於此界線時，其所感受的穿隧電流就不只來自一個原子而是來好幾個原子，如此一來，所測出的樣品原子排列圖就不精確了，故現在世界各國材料化學研究室無不努力研發奈米級探針尖端（Tip）。一般常用的STM探針材料為較硬錐形及尖形的導體，如鎢絲及碳針。

掃描穿隧顯微鏡法（STM）可應用在導電性（導體及半導體）無機物及有機物（含生化物質）樣品中原子排列之偵測。例如圖22-3a為應用STM法偵測金（Au）100所得STM影像圖，而圖22-3b則為應用STM偵測有機半導體quinacridone在石墨表面原子排列之STM影像圖。由此兩圖可看出不管無機物或有機物樣品，都可應用掃描穿隧顯微鏡法（STM）得到相當清晰的原子排列之STM影像圖。掃描穿隧顯微鏡法（STM）因可應用在半導體樣品偵測，掃描穿隧顯微鏡已廣泛應用在高科技半導體產品分析。

(a)Au(100)表面STM圖　　　(b)石墨上半導體quinacridoneSTM圖

圖22-3　(a)金100面（Gold100）[336]及(b)有機半導體quinacridone在石墨表面[337]之STM影像圖（參考資料：From Wikipedia, the free encyclopedia,(a)http://upload.wikimedia.org/wikipedia/commons/thumb/e/ec/Atomic_resolution_Au100.JPG/220px-Atomic_resolution$_A$u100.JPG(b)http://upload.wikimedia.org/wikipedia/commons/thumb/8/82/Selfassembly_OrganicSemiconductor_Trixler_LMU.jpg/400px-Selfassembly_Organic_Semiconductor_Trixler_LMU.jpg）

掃描穿隧顯微鏡法（STM）雖然相當成功地應用在偵測導體及半導體之無機物及有機物樣品並可得樣品中清晰原子排列圖，然而美中不足的是，掃描穿隧顯微鏡法（STM）不能應用在非導體樣品偵測，因當顯微鏡探針接近非導體樣品時，不會產生穿隧電流，故掃描穿隧顯微鏡發明人－賓寧博士（Dr. Binni）緊接著開發下一節將介紹的可偵測非導體樣品的原子力顯微鏡（Atomic Force Microscope，AFM）。

22-2-2 原子力顯微鏡法（AFM）

如前文所述，因掃描穿隧顯微鏡（STM，1981年推出）不能用來偵測非導體樣品，賓寧博士（Dr.Binni，STM發明人）緊接著（1986年）開發原子力顯微鏡（Atomic Force Microscope，AFM）[334]，可用來偵測非導體樣品及導電性導體和半導體。原子力顯微鏡法（AFM）偵測原理是利用探針接近樣品原子所產生的反作用力，即原子間作用力。

圖22-4為原子力顯微鏡法（AFM）中常用來量測原子間作用力的的兩種偵測機制：(1)壓阻感測偵測法（Piezoresistive detection）及(2)雷射光回饋偵測法（Laser feedback detection）。如圖22-4a所示，壓阻感測（Piezoresistive）偵測法是利用一探針接近樣品原子產生反作力，此反作用力所形成的壓力改變（ΔP）傳遞到由壓電晶體（Piezoelectric crystal）所製成的壓電感測元件，此壓電晶體感受到外來的壓力後，其電阻會改變（ΔR）且會使其振盪頻率（ΔF）及電流（ΔI）的改變，換言之，探針接觸到樣品原子時產生壓力改變（ΔP）變大↑，電阻改變（ΔR）也變大，壓電感測元件電流訊號改變（ΔI）也跟著變化，由電流訊號改變（ΔI）大小即可知探針是否接觸到樣品原子，探針高度位置也可繪出樣品原子位置及其原子排列情形。壓阻感測器（Piezoresistor）偵測法為一般現在市售原子力顯微鏡常所採用方法。然由於二極體雷射（Diode laser）近幾年發展迅速且價格下降，用二極體雷射的雷射光回饋（Laser feedback）偵測法也日益被採用。如圖22-4b(A)圖所示，雷射光回饋法是利用雷射（Laser，常用二極體雷射）出來的雷射光照射到連接探針的微懸臂（Cantilever），然後反射到一螢幕型分列式光二極體偵測器（Split photodiode detector）之螢幕（分A，B，C，D四區）顯

示。其偵測原理如圖22-4b(B)圖所示，當探針接觸到較表面的樣品原子時（I
情形），雷射光（I）反射到光偵測器螢幕之B區，但當微懸臂探針接觸到較
深的樣品原子時（II情形），可彎曲微懸臂尖端（tip）會樣品表面原子排列高
低而產生高低變化，微懸臂尖端高低變化會使雷射光（II）反射偏斜角改變而
使反射光改射到光偵測器螢幕之A區了，由反射雷射光之偏斜情形即可推算探
針高低位置並可繪出樣品表面原子之原子排列情形。

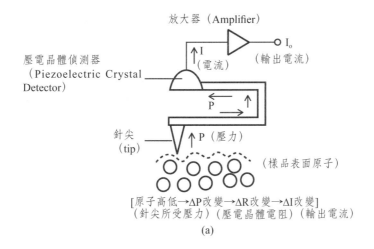

(a)

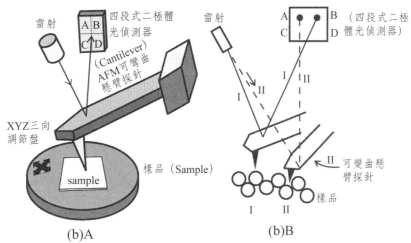

(b)A　　　　　　　　　　　　(b)B

圖22-4　原子力顯微鏡法（AFM）之偵測機制：(a)壓阻感測（Piezoresistor）
　　　　法，及(b)雷射光回饋（Laser feedback）法（A圖）[338]與其因探針位
　　　　移引起光偏原理示意圖（B圖）（參考資料：(b)A圖From Wikipedia, the
　　　　free encyclopedia, http://upload. wikimedia.org/ wikipedia/ commons/5/5e/
　　　　AFMsetup.jpg）

在原子力顯微鏡（AFM）中所用探針如圖22-5所示，較常用的探針為 SiO_2 探針及碳針，探針之針尖（tip）是越細越好，最好為奈米（nm）級針尖，因為原子間距離一般在0.4～1.2 nm範圍。在一般原子力顯微鏡（AFM）中其探針／表面距離常用在1-10 nm範圍，故一般原子力顯微鏡（AFM）屬接觸型掃瞄式探針顯微鏡。然這幾年來也開發一些探針／表面距離 > 10 nm之非接觸型原子力顯微鏡，在本節後面將簡單介紹此種非接觸型原子力顯微鏡。

(a)   (b)

圖22-5　原子力顯微鏡（AFM）所用微懸臂（Cantilever）之(a)100 μm及(b)10 μm
針尖圖[339]（參考資料：From Wikipedia, the free encyclopedia, http://upload.
wikimedia. org/wikipedia /commons/thumb/f/f1/AFM_%28used%29_cantileve
r_in_Scanning_Electron_Microscope%2C_magnification_1000x.JPG）

圖22-6a為雷射光偏斜式原子力顯微鏡（AFM）之基本結構圖，其主要含微懸臂（Cantilever），雷射（Laser），由光二極體（photodiode）及偵測器（detector）組成的分列式光二極體偵測器（Split photodiode detector），掃瞄器（Scanner）及迴饋控制電子線路（Feedback Electronics）。圖22-6b為市售之接觸型原子力顯微鏡（AFM）實物圖。

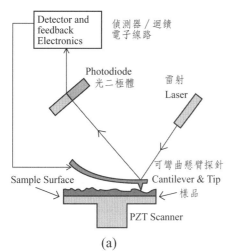 

|(a)|(b)|

圖22-6　雷射光偏斜式原子力顯微鏡（AFM）之(a)示意圖[334]，及(b)實物圖[340]（參
　　　　考資料：From Wikipedia, the free encyclopedia, (a) http://en.wikipedia.org/
　　　　wiki/Atomic _force_microscopy, (b)http://upload. wikimedia.org/wikipedia/
　　　　commons/thumb/f/f6/Atomic_force_microscope_by_Zureks.jpg）

　　因原子力顯微鏡（AFM）可用來偵測非導體樣品及導電性導體和半導
體，同時也可用來偵測固體樣品表面原子排列情形，亦可用來偵測液體樣面
原子排列，應用甚廣。圖22-7分別應用原子力顯微鏡（AFM）偵測玻璃（固
體）表面原子排列及一水樣品（液體）表面的高分子（polymer）隨水中pH值
不同之排列情形。由於可應用在幾乎所有非導體、導體和半導體的固體及液體
樣品偵測。故原子力顯鏡（AFM）已廣泛應用在包括半導體工業及高科技材
料工業之各種和材料有關工業及研究中。

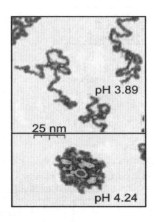

圖22-7 應用原子力顯微鏡（AFM）偵測(a)玻璃原子排列[341]及(b)不同pH之水樣表面的高分子排列情形[342][參考資料：(a)From Wikipedia, the free encyclopedia, http://upload.wikimedia.org/ wikipedia/ commons/ thumb/e/ e8/AFMimage RoughGlass20x20.JPG/220px-AFMimageRough Glass 20x20. JPG; (b) http://upload. wikimedia.org/wikipedia/commons/thumb/7/72/ Single-Molecule-Under-Water-AFM-Tapping-Mode.jpg]

　　如前所述，一般原子力顯微鏡屬於接觸型掃瞄式探針顯微鏡，然近來也開發一些探針／表面距離 > 10 nm之非接觸型原子力顯微鏡（AFM-non-contact mode）。在非接觸型AFM所用的懸臂探針為可彎曲的懸臂（Cantilever），而一般接觸型AFM則用不可彎曲的懸臂。圖22-8為非接觸型原子力顯微鏡之儀器結構，及其所用的可彎曲之微懸臂探針尖（cantilever tip）工作原理示意圖。如圖22-8(a)所示，利用雷射光（Laser）直射探針懸臂，使其反射光進入螢幕型分列式光二極體偵測器（Split photodiode detector）偵測，如圖22-8(b)所示，若微懸臂探針因受樣品原子排斥而向上彎，其反射光將原來射到二極體分列偵測器的B區轉成射到A區，如此A區及B區所受光強度差（A-B）訊號就可經相差放大器放大並輸出（Output），此放大的光強度差（A-B）訊號即可轉換成原子位置資料，利用全樣品表面掃瞄，就可得樣面之原子排列AFM像圖。

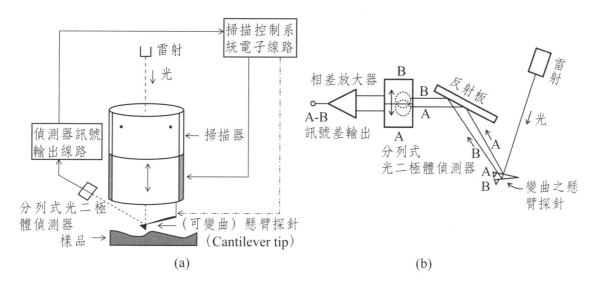

圖22-8　非接觸型原子力顯微鏡（AFM-non-contact mode）之(a)儀器結構，及(b)可彎曲之微懸臂探針尖（cantilever tip）工作原理示意圖[343]（參考資料：From Wikipedia, the free encyclopedia, http://upload.wikimedia.org/wikipedia/commons/thumb/5/5d/AFM_noncontactmode.jpg/350px-AFM_noncontactmode.jpg）

　　市售的克耳文**探針力顯微鏡**（Kelvin probe force microscope，KFM）[344]即可視為非接觸型原子力顯微鏡之一種，其內部結構如圖22-9所示，.克耳文耳文探針力顯微鏡所用的探針為導電性（Conducting）可彎曲金屬懸臂（metallized cantilever）探針，所用螢幕型光偵測器為四段式光偵測器（Four quadrant detector）。探針針尖（tip）與樣品原子表面如同電容器上下兩面，兩者間具有直流（DC）電位差（potential difference），若有外加交流（AC）電壓就會產生懸臂振動（vibrate），振動大小取決於針尖（tip）與樣品原子間作用力不同所形成的電位差（DC）。此懸臂振動不同將使二極體雷射反射光射到四區光偵測器位置不同，這雷射反射光射點不同訊號先即可轉換成原子間作用力不同訊號並透過全樣品表面掃瞄亦可的原子排列影像圖。其間由光偵測器出來的電壓訊號，再經類比／數位轉換器（A/D）轉成數位訊號，再輸入微電腦做數據處理並繪出原子排列影像圖。

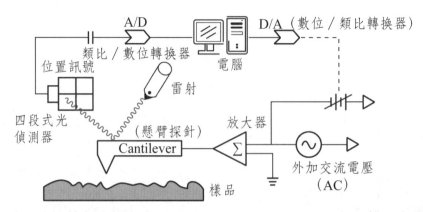

圖22-9 克耳文探針力顯微鏡（Kelvin probe force microscope）結構示意圖[344]（參
考資料：From Wikipedia, the free encyclopedia, http://en.wikipedia.org/wiki/
Kelvin_probe_force_microscope）

22-2-3 化學力／摩擦力顯微鏡法（CFM/FFM）—接觸型掃瞄作用力顯微鏡法（C-SFM）

化學力顯微鏡法（Chemical force microscopy，CFM）[345]及摩擦力顯微鏡法（Frictionalforce microscopy，FFM）皆屬於接觸型掃瞄作用力顯微鏡法（Contact Scanning Force Microscopy，C-SFM）。化學力顯微術（CFM）是利用雷射光掃瞄顯微鏡之可彎曲微懸臂（cantilever）探針吸附樣品原子而造成微懸臂彎曲及雷射光之位移，可得樣品原子在樣品表面的原子影像圖（如圖22-10），而摩擦力顯微術（FFM）則由於雷射光掃瞄顯微鏡之可彎曲微懸臂探針接觸到樣品原子產生摩擦力而使微懸臂彎曲及雷射光之位移，進而可得樣品表面的原子影像圖。

化學力顯微鏡法（CFM）之偵測原理如圖22-10所示，圖22-10a為雷射光掃瞄顯微鏡之探針還未吸附樣品原子的正常的彎曲微懸臂狀態，而當探針還吸附親水性樣品（Hydrophilic sample）原子後會產生彎曲微懸臂扭轉而造成雷射光之反射光的位移（如圖22-10b左圖（B1圖）所示，從A→B位移），雷射反射光位移圖像會投影在掃瞄顯微鏡之螢光幕上成原子影像（Image，如圖22-10b右圖（B2圖）中間之淺色樣品原子影像），光位移越大顯示樣品量越

多而雷射反射光照在原來偵測器地方（圖22-10（B1圖）中之A點）就越少，顏色也就越淡，圖22-10b右圖（B2圖）顏色越淡的地方，就是樣品量（原子）多的地方，經掃瞄就可得樣品表面之原子排列影像。

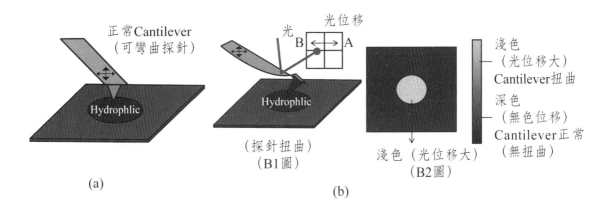

(a)　　　　　　　　　　　　　　　　(b)

圖22-10　化學力顯微鏡（CFM）之(a)正常可彎曲微懸臂（cantilever）及(b)會吸引
　　　　　親水性（hydrophilic）樣品而產生微懸臂彎曲及雷射光之位移影像[345]（參
　　　　　考資料：From Wikipedia, the free encyclopedia, http://en.wikipedia.org/
　　　　　wiki/Chemical_force_microscopy）

　　摩擦力顯微鏡（Frictional force microscope，FFM）[345-346]之可彎曲微懸臂（cantilever）探針及光偏移偵測系統如圖22-11a所示，由鎢絲所製成的可彎曲微懸臂探針接觸到樣品表面，若接觸到表面原子時會產生摩擦力而使探針感受垂直力並使可彎曲微懸臂探針產生扭轉並使雷射反射光位移，投射到四段式二極體光偵測器（Quadrant photodiode detector）之位置也跟著偏移，利用全樣品表面掃瞄所得各點之光位移資料即可得樣品表面影像圖。圖22-11b為探針所感受垂直力（Perpendicular load）及接觸所產生摩擦力（Frictional force）之關係圖，在此圖中除可看出探針所感受垂直力會隨摩擦力增加而呈直線變大外，還可看出此關係直線之斜率會隨探針針尖和樣品表面原子間作用力增加而變大。

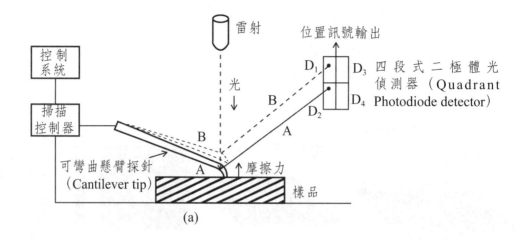

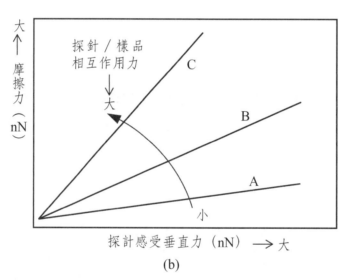

圖22-11 摩擦力顯微鏡（FFM）之(a)可彎曲微懸臂（cantilever）及光偏移偵測系
統，與(b)微懸臂感受的垂直力（Perpendicular load）及感應摩擦力和探針
針尖－表面樣品作用力（tip-surface interaction）關係圖[345]（參考資料：
(b)From Wikipedia, the free encyclopedia, http://en.wikipedia.org/wiki/Chem
ical_force_microscopy）

化學力顯微鏡及摩擦力顯微鏡皆屬於接觸型掃瞄作用力顯微鏡（Contact-
SFM），而此種接觸型掃瞄作用力顯微鏡不只可用來偵測樣品表面原子排列
情形，且可用其微探針移動樣品表面原子。西元1990年美國IBM公司利用接

觸型掃瞄作用力顯微鏡（Contact-SFM）將原來散亂在鎳（Ni）膜表面之Xe原子用微探針將將鎳膜表面之Xe原子移動並排成**IBM字樣**[347]，這是人類第一次可精確隨意移動原子的重要歷史記錄。

22-3　非接觸式掃瞄作用力顯微鏡法（NC-SFM）—磁力／靜電力顯微鏡法（MFM/EFM））

非接觸式掃瞄作用力顯微法（Non-Contact Scanning Force Microscopy，NC-SFM）[334]顧名思義是一種利用掃瞄作用力顯微鏡之探針和樣品表面距離大於10 nm之非直接接觸式的掃瞄作用力顯微法，此法中依探針和樣品作用力不同可分為凡德瓦力顯微鏡法（van der Waal Force Microscopy），靜電力顯微鏡法（Electrostatic Force Microscopy，EFM）[348]，及磁力顯微鏡法（Magnetic Force Microscopy，MFM）[349]，其中以靜電力顯微鏡法及磁力顯微鏡法較常用。

圖22-12a是以磁力顯微鏡為代表之一般非接觸式掃瞄作用力顯微鏡之基本儀器結構圖，在圖中之懸臂探針尖端（cantilever tip）可用磁性探針以感應樣品表面原子之磁力或用帶電探針以感應表面靜電力，當表面磁力或靜電力改變時，懸臂探針被樣品排斥或吸引，將使懸臂探針上下位置改變（從A→B），雷射反射光射到光偵測器的位置就會改變（如圖22-12a所示）。如圖22-12b所示帶正電探針遇到樣品表面有正靜電荷時會互相排斥而使探針往上移，樣品電荷越多，往上移越大（如圖A中之d_1），而磁性探針遇到樣品表面有相同順磁性區就會被吸引而使磁性探針往下移（如圖B中之r_1），反之若遇到逆磁表面，此磁性探針就被排斥而往上升（如圖B中之r_4）。然後利用雷射光照到上下偏移的探針後，其反射光射到分列式光偵測器位置（如從A→B）就會改變（分列式光偵測器之偵測原理請見22-2-2節及圖22-4b），而這位置改變即可反應表面原子之磁力或靜電力之改變。經掃瞄裝置掃瞄樣品表面可得樣品表面磁力分佈影像或靜電力分佈影像。分列式光感測器出來的訊號再經鎖定放大器（Lock-In Amplifier）去除雜訊後，透過電腦界面將訊號輸入微電腦中做數據處理並繪出樣品表面磁力分佈影像或靜電力分佈影像。圖22-13則為應用磁力顯微鏡（MFM）偵測3.2 Gb及30 Gb電腦硬碟表面之磁道圖像圖。由圖

可看出磁力顯微鏡可用來測得樣品試片表面上相當清晰之磁力分佈顯微圖。

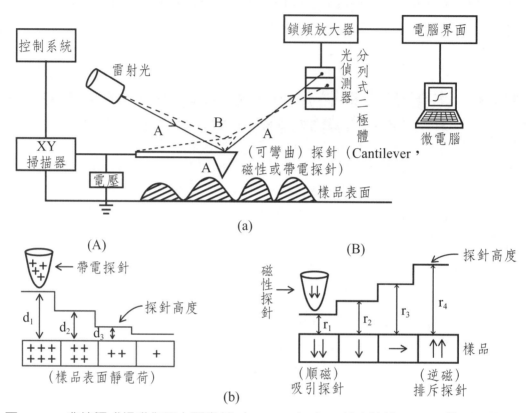

(a)

(b)

圖22-12　非接觸式掃瞄作用力顯微鏡（NCSFM）之(a)基本結構，及(b)帶電探針及磁性探針分別對樣品表面之靜電荷及磁性感應情形示意圖

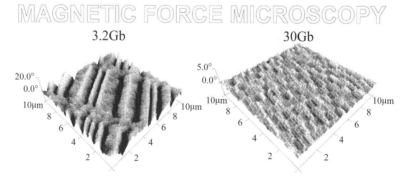

圖22-13　3.2 Gb及30 Gb電腦硬磁碟表面磁道之磁力顯微鏡（MFM）磁道顯微圖像[349]（參考資料：From Wikipedia, the free encyclopedia, http://en.wikipedia.org/wiki/Magnetic_force_ microscope）

22-4　掃瞄近場顯微鏡法（SNFM）

前述的接觸式／非接觸式掃瞄作用力顯微鏡法都是直接利用探針和樣品原子間作用力來偵測，而掃瞄近場顯微鏡法（Scanning Near-Field Microscopy，SNFM）[350]則是先利用一電磁波（如光波或聲波）或介質（如離子）先和樣品原子作用產生暫存波（Evanescent wave）或感應現象（如熱力），然後再利用顯微鏡探針在樣品原子附近近場（Near field）偵測這些短暫波或現象，因為是在樣品原子附近的近場偵測這些暫存波或感應現象，故這些掃瞄顯微鏡法就叫掃瞄近場顯微鏡法（SNFM）。掃瞄近場顯微鏡法可依所用的電磁波或介質不同分類，其種類相當多，常見的有**掃瞄近場光學顯微鏡法**（Scanning Near-Field Optical Microscopy，SNF-OM），**掃瞄近場聲波顯微鏡法**（Scanning Near-Field Acoustic Microscopy，SNF-AM），**近場掃瞄近場熱力顯微鏡法**（Scanning Near-Field Thermal Microscopy，SNF-TM），**掃瞄電容顯微鏡法**（Scanning Conductance Microscopy，SCM），**近場掃瞄電化學顯微鏡**（Scanning Electrochemical Microscopy，SECM）及**近場掃瞄離子流顯微鏡**（Scanning Ion Conductance Microscopy，SNF-ICM）等。本節將對這些常見的掃瞄近場顯微鏡法分別做簡單介紹。

　　掃瞄近場光學顯微鏡法（SNF-OM）[350]是利用雷射光照射樣品在樣品附近（近場）產生暫存波（Evanescent wave），然後利用有孔探針或收集器收集這暫存波（如圖22-14a），這些表面短暫光波會隨樣品表面原子排列形狀而不同，換言之，由暫存波振動形象即可測知樣品表面原子排列形狀。一般有孔探針採光纖探針，而光收集器則用微管（Micropipett）收集暫存波，故掃瞄近場光學顯微鏡法依暫存波收集器不同分為**光纖探針式近場光學顯微鏡**及**微管式近場光學顯微鏡**。

　　最常見的光纖探針式近場光學顯微鏡為**光子掃瞄穿隧顯微鏡**（Photon Scanning Tunneling Microscope）[351]，其偵測原理如圖22-14a所示。此光子穿隧顯微鏡中先用特定角度的入射光從樣品下方照射樣品使入射光全反射，同時在樣品上方產生暫存波，因暫存波如同光子從樣品下方穿隧到樣品上方，此顯微鏡因而稱為光子穿隧顯微鏡。此顯微鏡之探針常用尖孔石英光纖（尖孔大

小約100 nm）收集這些因全反射入射光照射樣品所產生的暫存波，並將暫存波輸送到光電倍增管偵測（如圖22-14b），再將光電倍增管所產生的電流訊號可接電流記錄器或傳入電流／電壓轉換放大器轉成電壓訊號，然後將電壓訊號經類比／數位轉換成數位訊號輸入電腦中做數據處理及繪全樣品掃瞄所得之暫存波振動圖及換算所得的樣品表面原子排列圖。

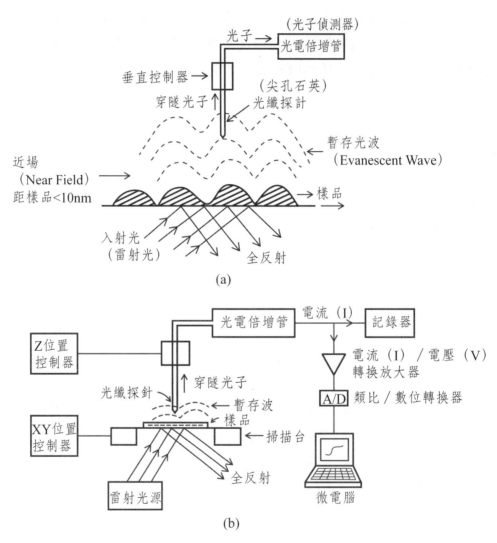

圖22-14 光纖探針式近場光學顯微鏡—光子穿隧顯微鏡之(a)偵測原理及(b)儀器結構示意圖

　　微管式近場光學顯微鏡（Micropipette Near-Field Optical Microscope）[350,352]用微管來收集暫存波，其偵測原理如圖22-15所示。此類顯微鏡依入射光和其收集微管同邊與否，又可分為**穿透式**及**反射式**近場光學顯微鏡。此穿透式顯微鏡（圖22-15a）和光子穿隧顯微鏡一樣，入射光從樣品下方照射樣品並用滴管收集在樣品上方所產生暫存波。反之，反射式顯微鏡（圖22-16b）則用一與收集滴管同邊的雷射光源照射樣品並由滴管收集所產生的反射光及暫存光，暫存光只存在近場（遠場沒有），而反射光在近場及遠場（離遠一點）皆有，故反射光及暫存光很容易分辨出來。如圖22-15所示，由穿透式或反射式近場光學顯微鏡所得的暫存波經微管收集後，經光纖進入光電倍增管偵測產生電流訊號輸出。

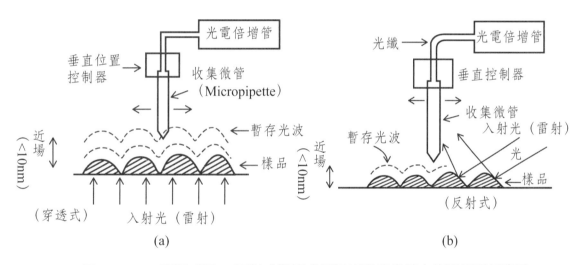

圖22-15　(a)穿透式及(b)反射式微管式近場光學顯微鏡之偵測原理示意圖

　　掃瞄近場聲波顯微鏡（Scanning Near-Field Acoustic Microscopy，SNF-AM）[353-355]顧名思義是利用聲波和樣品交互作用而偵測的近場顯微鏡。依探針及感測方法不同，較常見之近場聲波顯微鏡為穿隧式近場聲波顯微鏡。**穿隧式近場聲波顯微鏡**（Tunneling Near-Field Acoustic Microscope）[354-355]之偵測原理如圖22-16所示，用石英振動探針（通常用70 kHz共振頻率聲波）接近樣品表面，由於聲波和樣品交互作用而在樣品內產生聲波，然後由在樣品背面（下方）的聲波感測器偵測由樣品上方產生而穿隧到樣品下方的聲波，然後以電流訊號輸出，隨著掃瞄樣品表面所得訊號不同，就可測知樣品表面原子

排列情形。例如利用感應聲波振幅高度不同就可用來判斷原子至表面高度之不同。

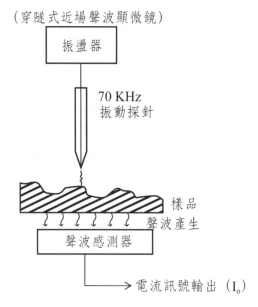

圖22-16 穿隧式近場聲波顯微鏡之偵測原理示意圖

掃瞄近場熱力顯微鏡（Scanning Near-Field Thermal Microscopy，SNF-TM）[356-357]之探針及偵測原理如圖22-17所示，此熱力顯微鏡主要是利用一加熱的探針（掃瞄時控制探針固定溫度）接近樣品表面，當探針接觸到表面原子時，加熱的探針會流出一部份熱量到樣品原子，而使探針的溫度下降，換言之，遇到有原子的地方，熱探針會將熱傳給原子，探針的溫度就會下降，如此由探針的溫度之升降曲線就可知表面原子之排列情形。如圖22-17所示，在此熱力顯微鏡中是利用熱電偶（Thermocouple）偵測探針接觸表面原子時探針溫度之改變。

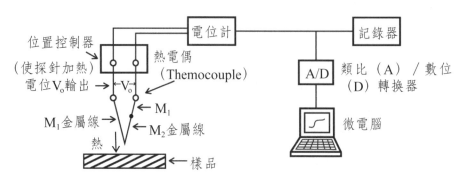

圖22-17 近場熱力顯微鏡之偵測原理及基本結構示意圖

　　近場掃瞄電容顯微鏡法（Scanning Conductance Microscopy，SCM）[358]如圖22-18a所示，為利用一微電極探針掃瞄樣品表面，使電極探針和樣品表面形成類似電容系統，利用電極探針及電容感測器偵測電極探針和樣品表面之電容，而此電容（C）和電極探針及樣品原子間距離(d)成反比（如圖22-18b所示），透過掃瞄就可得樣品表面之電容變化圖，電容變化經圖22-18a中電容感測器就可轉成電容電壓V_C變化，再經A/D轉換成數位訊號，可將此電容變化訊號傳入電腦做數據處理。然電容變化圖即可轉換成樣品表面之原子排列上上下下變化圖。換言之，透過掃瞄近場電容顯微鏡之樣品表面電容掃瞄，即可得樣品表面之原子排列影像圖。

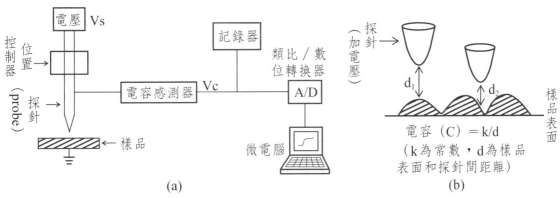

圖22-18　近場電容顯微鏡之(a)基本儀器結構，及(b)探針位置與電容關係示意圖

　　近場掃瞄電化學顯微鏡（Scanning Electrochemical Microscopy，SECM）[359]之基本儀器結構示意圖如圖22-19所示，其利用一微電極探針（tip）在電解溶液中測量樣品（substrate）表面發生的電化學反應所產生的法拉第電流（Faradaic current），即氧化還原電流，在此電化學顯微鏡中，利用恆電位器（Potentiostat）控制微電極探針（工作電極W，Working electrode）及樣品（此法樣品需為導體或半導體）與參考電極R（Reference electrode）之間電壓。由掃瞄就可得樣品表面之法拉第電流變化，因法拉第電流的大小與微電極探針／樣品間之距離有關，由表面之法拉第電流變化，就可轉換成樣品表面之原子排列高低起伏變化圖。此流動在微電極探針／樣品和輔助電極C（Auxiliary electrode）間的法拉第電流如圖22-19先輸送到恆電位器（Potentostat）並以電位輸出進入PC微電腦中做數據處理及繪「表面法拉第電流變化圖」並轉換成「樣品表面原子排列變化影像圖」。

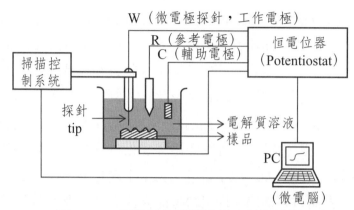

圖22-19 近場電化學顯微鏡之儀器結構示意圖

近場離子流顯微鏡（Scanning Ion Conductance Microscopy，SICM）[358，360]如圖22-20所示，乃先將樣品放入一電解質（MX）溶液中使樣品表面吸附一電解質層離子（M⁺或X⁻），然後去除電解質溶液並用一充滿電解液之微滴管（Micropipette）做此顯微鏡之探針（內含微電極）。在外加電壓下（V），當探針接近樣品表面時，樣品表面上離子（M⁺或X⁻）就會由表面進入探針並游向探針內的微電極而將離子流轉換形成微電流（I）並經離子電流放大器（Ion current amplifier）輸出，經樣品表面掃瞄可得樣品表面微電流變化，而表面離子流及微電流變化即為樣品表面之變化，由表面離子流及微電流變化影像即可得被測樣品表面之影像。此離子流顯微鏡常用於高分子及陶瓷材料之表面孔洞結構之偵測。

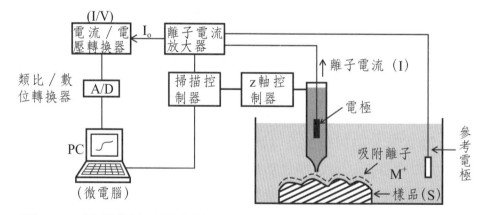

圖22-20 近場離子流顯微鏡之偵測原理及儀器結構示意圖[360]（參考資料：Wikipedia, the free encyclopedia, http://upload.wikimedia.org/wikipedia/commons/thumb/c/cc/Sicm.jpg/ 400px-Sicm.jpg）

22-5　離子顯微鏡及相關技術

本節將介紹「場離子顯微鏡（FIM）」及「氦離子顯微鏡（HIM）」與相關技術的「聚焦離子束（FIB）及拉塞福逆散射譜法（RBS）」。

22-5-1　場離子顯微鏡（FIM）

場離子顯微鏡（Field Ion Microscope，FIM）[361]為人類最早可用來偵測原子尺度的顯微鏡，其為西元1951年由彌勒博士（E.W. Miller）所發明用來觀察金屬表面原子分佈圖，圖22-21為其工作原理（圖22-21a）及基本構造（圖22-21b），在此場離子顯微鏡法樣品處理過程較其他顯微鏡複雜，首先需將樣品處理成針狀且針的末端曲率半徑需約在200～1000 Å範圍。然後將針狀樣品放入充滿成像氣體（如Ar、He、Ne）之顯微鏡真空裝置（< 10 Torr）的兩電極中。在冷凍溫度（77 K）下，成像氣體（如Ar）會吸附在針狀樣品上，然後在連接樣品的兩電極加正高電壓，使冷凍吸附在針狀樣品上的成像氣體（如Ar）電離成如圖22-21a所示的氣體離子（Gas ion，如Ar^+）及電子（e^-），然後成像氣體正離子（如Ar^+）就會被正電壓排斥射到顯微鏡的磷螢光幕（Phosphor screen），在磷螢光幕上就看到一顆一顆的和樣品表面排列情形一樣的原子亮點。其過程如下：

$$針狀樣品 + Ar（成像氣體） \rightarrow 針狀樣品（Ar） \tag{22-1}$$

$$針狀樣品（Ar）+ 正電壓 \rightarrow 針狀樣品 + Ar^+（成像氣體正離子）+ e^- \tag{22-2}$$

$$Ar^+（成像氣體正離子） \rightarrow 磷螢光幕上樣品原子亮點成像 \tag{22-3}$$

由此過程，場離子顯微鏡（FIM）可算為一點投影式顯微鏡。同時，因其成像是透過電場使吸附在針狀樣品上的成像氣體場電離成氣體正離子（Ar^+）射到螢光幕上成像，故稱為場離子顯微鏡。

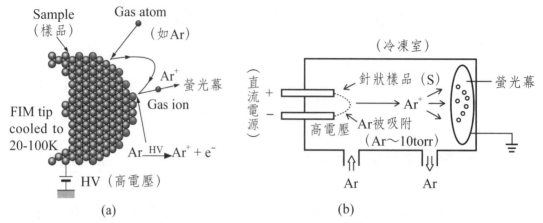

圖22-21　場離子顯微鏡（FIM）之(a)工作原理[362]及(b)基本構造[363]（參考資料：From Wikipedia, the free encyclopedia, (a)http://upload.wikimedia.org/wikipedia/commons/6/6f/FIMtip.JPG, (b)http://upload.wikimedia.org/wikipedia/commons/thumb/c/c7/FIM.JPG/220px-FIM.JPG）

22-5-2　氦離子顯微鏡（HIM）

氦離子顯微鏡（Helium Ion Microscope，HIM）[364-365]是利用氦離子（He^{2+}）來撞擊待測樣品以偵測樣品（而電子顯微鏡是用電子來撞擊待測樣品）。由德布格利方程式（de Broglie equation）：

$$\lambda_{He}（He^{2+}波長）= h/p = h/(m_{He}\ v_{He}) \tag{22-4}$$

式中h為（Planck constant），p為He^{2+}動量（$p = m_{He}\ v_{He}$），m_{He}及v_{He}分別為He^{2+}質量及He^{2+}速度。若速度一樣，He^{2+}離子De Broglie波長比電子小300倍，而其質量比電子重8000倍，利用氦離子（He^{2+}）來撞擊待測樣品大幅減少產生繞射情況，故氦離子顯微鏡（HIM）之解析度比電子顯微鏡好，其解析度可提高至次奈米（sub-nano）等級。

圖22-22a及b分別為氦離子顯微鏡（HIM）之基本操作原理及儀器結構示意圖，首先如圖22-22a所示在氦離子顯微鏡之探針尖端（Needle tip）加正電壓並通入氦氣，氦原子（He）遇到帶正電壓之探針尖端就會電離成氦離子（He^{2+}），由探針尖端產生的氦離子（He^{2+}）經加速及聚焦（如圖22-22b，可聚焦到約0.75 nm範圍）撞擊樣品表面，然後反彈成散射氦離子（Scattered

He^{2+}），隨著樣品表面掃瞄並用離子偵測器（Ion detector，圖22-22b）偵測此散射氦離子影像（Scattered He^{2+} Image），即可得樣品表面原子排列之影像圖。在氦離子撞擊樣品時亦會從樣品原子中打出電子（稱為二次電子（Secondary electron）），亦可用電子偵測器（Electron detector，圖22-22b）偵測這些二次電子並亦可得像圖可做為氦離子影像之輔助圖像。圖22-22c為市售氦離子顯微鏡實物圖。

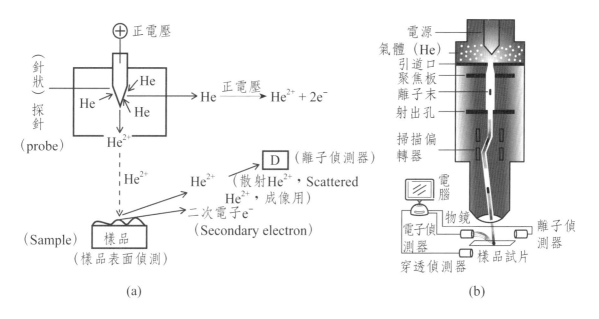

(a)　　　　　　　　　　　　(b)

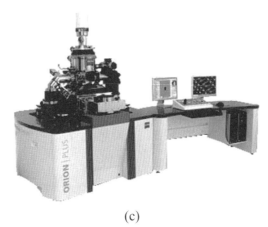

(c)

圖22-22　氦離子顯微鏡（HIM）(a)基本操作原理，(b)儀器結構示意圖及(c)市售SMT儀器實物圖[365]（參考資料：(b)及(c)http://medgadget.com/ archives /2007/09 /the_orion_helium_ion_microscope.html）。

因一般離子散射情形比電子來得少，因而偵測同一樣品時，氦離子顯微鏡（HIM）所得之影像圖比掃瞄式電子顯微鏡（SEM）來得清析。文獻報導[364b]在利用氦離子顯微鏡（HIM）及掃瞄式電子顯微鏡（SEM）偵測同一Al/Si（Aluminum on silicon）樣品時，顯示氦離子顯微鏡（HIM）所得之影像圖比SEM影像圖清晰，換言之，氦離子顯微鏡（HIM）之解析度比電子顯微鏡（SEM）較佳，同時，也可看得出氦離子（HIM）之散射情形比電子散射範圍小很多，因而氦離子顯微鏡（HIM）會有較好之解析度。

22-5-3　聚焦離子束（FIB）技術

聚焦離子束（Focused Ion Beam，FIB）[366]技術為利用一探針所發射出來的離子束撞擊樣品表面原子並移除被撞原子（常稱為**蝕刻**（Etching）），使樣品表面產生原子尺度之小洞或刻痕。圖22-23a及b分別為聚焦離子束（FIB）技術之操作示意圖及儀器探針結構示意圖，最常用在聚焦離子束（FIB）技術之離子源為Ga^{3+}離子源（亦可用Cs^+或其他離子），加速及聚焦的Ga^{3+}離子衝向樣品（如圖22-23b），如圖22-23a所示會將樣品表面原子（$n°$）或離子（I^+）擊出（樣品表面之蝕刻）產生原子尺度之小洞或刻痕（Etching）。在利用聚焦離子束（FIB）對半導體製品之蝕刻（擊出原子），常用一輔助氣體（如圖22-23a之CO）增進蝕刻效率。如圖22-23a所示，在聚焦離子束（FIB）技術中除了會擊出原子及離子外，亦會擊出電子（常稱為二次電子），由探針掃瞄樣品表面所產生的二次電子可用圖22-23a之二次電子偵測器並經掃瞄可得二次電子掃瞄圖，就可得樣品表面原子排列影像圖，所以掃瞄式聚焦離子束（FIB）儀可用做樣品表面蝕刻及也可用來偵測樣品表面原子排列影像圖。圖22-23c為聚焦離子束（FIB）技術所用之探針實物圖。

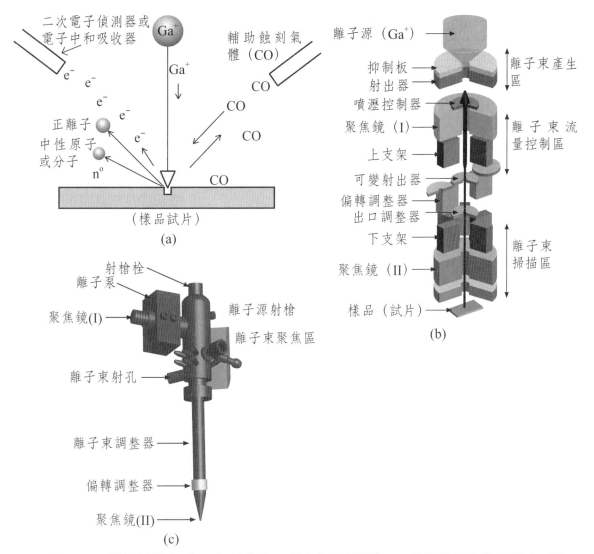

圖22-23　聚焦離子束（FIB）技術之(a)操作示意圖[367]，(b)儀器探針結構示意圖，及
　　　　　(c)儀器探針實物圖[368]（參考資料：From Wikipedia, the free encyclopedia,
　　　　　(a) http://upload. wikimedia. org/wikipedia/commons/thumb/9/91/
　　　　　Principe_FIB.jpg /360px-Principe_ FIB. jpg, (b)(c)http:// upload.wikimedia.
　　　　　org/wikipedia/commons/0/0a/Sch%C3%A9ma_FIB.jpg）

　　聚焦離子束（FIB）技術可用在積體電路（IC）晶片上打洞，以便灌入金
（Au）原子製成IC晶片上之微電極。聚焦離子束（FIB）技術不只可用在半
導體之晶片本體或有機物（如毛髮或高分子）且可用在半導體晶片之金屬表面

原子之蝕刻。圖22-24a為利用FIB技術對金屬表面之蝕刻示意圖，在FIB金屬蝕刻中，除了用聚焦離子（Focused ion）外，也還常用輔助氣體（Incoming gas molecule）先吸附在金屬表面，然後聚焦離子撞擊金屬表面之金屬原子及輔助氣體，會增加金屬表面原子之蝕刻效率。圖22-24b為一完整的聚焦離子束（FIB）儀器實物圖。

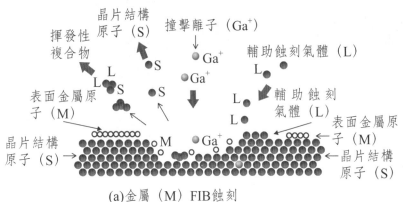

(a)金屬（M）FIB蝕刻　　　　　　　　　　(b)FIB儀器實物圖

圖22-24　聚焦離子束（FIB）技術(a)應用蝕刻一半導體晶片金屬表面[369]，及(b)儀器實物圖[370]（參考資料：From Wikipedia, the free encyclopedia, (a) http://upload.wikimedia. org/wikipedia/commons/thumb/a/aa/FIB_Deposition.jpg/590px-FIB_Deposition.jpg (b)http://upload. wikimedia. org/wikipedia/commons/thumb/1/14/Fib.jpg/330px- Fib.jpg）

　　由前面說明中曾提及在聚焦離子束（FIB）技術中除了會擊出原子及離子外，亦會擊出電子（即二次電子），由探針掃瞄樣品表面所產生的二次電子掃瞄圖可得樣品表面原子排列影像圖。圖22-25a及b分別為利用低功率聚焦離子束（FIB）照射一顆粒（Grain）及腐蝕金屬樣品產生的二次電子所構成的樣品影像圖，可見顆粒表面結構圖相當清晰，金屬表面之腐蝕影像亦相當明顯。換言之，此聚焦離子束（FIB）技術不只可以應用在各種樣品表面之蝕刻或打洞移除表面原子外，還可利用探針掃瞄透過產生的二次電子圖譜而得樣品表面原子影像圖，即掃瞄式聚焦離子束（FIB）儀亦可成當原子顯微鏡一種。

(a)　　　　　　　　　　　　(b)

圖22-25　低功率聚焦離子束（FIB）照射樣品所產生的二次電子應用在偵測(a)
顆粒（grain）樣品[371]，及(b)金屬腐蝕（corrosion）所得的圖像圖[372]
（FIB secondary electron image）（參考資料：From Wikipedia, the free
encyclopedia, (a)http://upload.wikimedia. org/wikipedia/commons/e/e2/FIB
_secondary_electron_image.jpg, (b) http://upload.wikimedia.org/wikipedia/
commons/f/fe/FIB_secondary_ion_images.jpg）。

22-5-4　拉塞福反向散射譜法（RBS）

　　拉塞福反向散射譜法（Rutherford Back Scattering Spectroscopy，RBS）
[373]為半導體工業常用來做偵測半導體產品（如矽晶片）中之原子種類（M）及
厚度(d)。此法是依據拉塞福（Rutherford）用α粒子（Alpha particle即He^{2+}粒
子）撞擊一原子的實驗結果而設計的，因而得名。在拉塞福實驗中，他發現大
部份α粒子會穿過試片原子（如圖22-26a所示），而只有極少部份α粒子撞擊後
會反向散射回來，他於是得到原子中大部份是空白空間，只有極小的原子核位
於原子中間，而因此建立了現代原子模型。反向散射α粒子之所以產生是因α粒
子撞擊到原子核彈回來緣故。拉塞福反向散射譜法（RBS）就是利用此反向散
射α粒子之能量及數量來分辨所撞擊到的原子種類。圖22-26b為拉塞福反向散
射譜法（RBS）裝置之基本結構圖，當α粒子從離子源（通常用會發出α粒子之
同位素）出來後，先經加速器加速到2-3 MeV能量（Eo）再撞擊試片（M）靶
產生反向散射α粒子，然後在固定散射角度（通常用160°散射角）安裝α粒子
偵測器以偵測反向散射α粒子之數目（產率）及能量（E）。

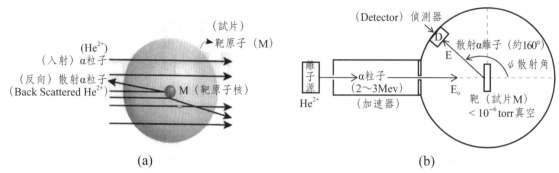

圖22-26　拉塞福反向散射譜法（RBS）之(a)反向散射α粒子（He^{2+}）[373]，及(b)儀器結構示意圖（(a)參考資料：From Wikipedia, the free encyclopedia, http://en.wikipedia.org/wiki/Rutherford _backscattering_spectrometry）

圖22-27a為拉塞福反向散射譜法（RBS）入射及反向散射α粒子之空間關係圖，而入射及反向散射α粒子之能量關係（圖22-27b）如下：

$$E = E_o \frac{m_\alpha^2}{(M+m_\alpha)^2} \left\{ \cos \psi + \left[\left(\frac{M}{m_\alpha} \right)^2 - \sin^2\psi \right]^{1/2} \right\}^2 \tag{22-5}$$

式中E及Eo分別為反向散射α粒子及入射α粒子之能量，M為樣品原子之原子量，m_α為α粒子之質量，Ψ為散射角。若固定散射角Ψ，因m_α為固定，故由反向散射及入射α粒子之能量比（E/Eo）就可得樣品原子之原子量M，即可知樣品原子為何種原子，可做為樣品原子之定性。如圖22-28所示，一鍍金之

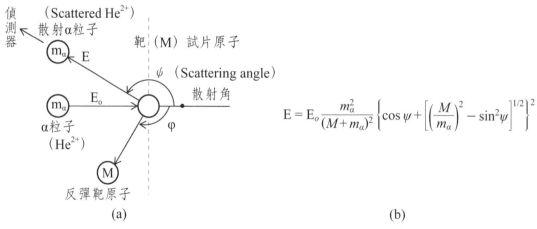

圖22-27　拉塞福反向散射譜法（RBS）入射及反向散射α粒子之(a)空間關係圖及(b)能量關係式（E及Eo分別為反向散射及入射α粒子之能量，M為樣品原子之原子量，m_α為α粒子之質量，Ψ為散射角）

矽晶片樣品中Si和Au原子之反向散射及入射α粒子之能量比（E/Eo）對散射角Ψ之曲線不同，由此E/Eo對Ψ圖（圖22-28）可做樣品中各原子之定性圖（不同原子有不同斜率之曲線）。而由每一種原子之反向散射α粒子產率則可用來估算每一種原子之原子數，可做為每一種原子之定量之用。

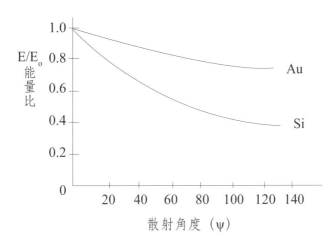

圖22-28　拉塞福反向散射譜法（RBS）照射鍍金（Au）之矽（Si）晶片樣品之反向散射及入射α粒子能量比（E/Eo）和反向散射α粒子之散射角度（Scattering angle）關係圖

　　在半導體工業中，拉塞福反向散射譜法（RBS）不只可用來偵測樣品試片中各種原子之種類（定性）及數目（定量）外，還可用α粒子撞擊樣品試片後之能量損失ΔE（即原來及反向散射之α粒子能量差（$\Delta E = E_0 - E$，Energy Loss））來估算一試片之厚度。如圖22-29所示，α粒子能量損失　E和晶片（試片）之厚度有相當良好的線性關係，α粒子能量損失　E越大就表示此晶片之厚度越厚。由於拉塞福反向散射譜法（RBS）同時可偵測各種樣品試片中各種原子之種類（定性）及數目（定量）和其試片厚度，故現今拉塞福反向散射譜法（RBS）廣泛應用在半導體工業及其他各種高科技材料工業中。

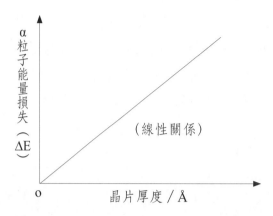

圖22-29　拉塞福反向散射（RBS）能譜法中α粒子撞擊一晶片後之α粒子能量損失ΔE

（ΔE＝E_o－E）和晶片厚度（Thickness）之關係示意圖

第六篇

放射及生化／環境和熱分析法

第 23 章

放射化學分析法

　　放射化學分析法（Radiochemical Analysis）主要建構在放射性同位素的製造及應用上，放射性同位素製造是由核反應（Nuclear Reactions）產生，核反應通常在核子反應爐（Nuclear Reactors，俗稱「原子爐」）進行，而少部份在迴旋加速器產生，故本章除介紹同位素的性質及應用外，將介紹產生同位素的核反應及核子反應爐。在一般核子反應爐中通常進行由中子引發的核反應，而在迴旋加速器中除了用中子引發核反應外，還常用質子或其他加速核子引發核反應。放射性同位素的應用可概分在化學分析及醫學診斷治療上，在化學分析上常用的分析技術為中子活化分析法（Neutron Activation Analysis）、同位素稀釋分析法（Isotopic Dilution Method）、放射線免疫分析法（Radio Immunoassay）及同位素定年法（Isotopic Dating Methods）。在醫學診斷分析/治療應用上，放射性同位素主要應用在診斷病人各器官及血管病狀之放射性核子掃瞄造影術（Radionuclide Image）及局部放射線治療（如鈷六十照射）之核醫技術。本章除將簡單這些放射化學分析、核醫技術以及核反應和同位素性質外，還會介紹在電子及半導體工業常用的中子繞射分析法（Neutron Diffraction Analysis）。

23-1 放射性同位素的放射線與活性

放射化學分析法基於放射性同位素（Radioisotopes）之應用，而放射性同位素主要特性是其會放出放射線（Radioactive rays）[374]，各種放射性同位素放出的各種放射線主要有α、β、γ射線三種，部份放射性同位素會放出X光，正子（β^+, positron），中子（n, neutron）及微中子（ν，neutrino）。各種放射性同位素放出的各種放射線之特性如表23-1所示。α（阿伐Alpha）射線為一帶+2電荷，質量數為4的氦原子（$^4He^{2+}$），β（貝他）射線（Beta ray）為一帶－1電荷的電子射線，γ（加馬）射線（Gamma ray）為一高能（約MeV）之電磁波，正子（β^+）為帶+1正電，質量和電子相同之粒子（正子為電子之反物質），X射線為能量約KeV之電磁波，中子（n）不帶電而質量和質子相等的中性粒子，微中子（ν）則為速度幾近光速之無電荷且幾無質量的基本粒子，其穿透力很強可穿過一般物質（註：A neutrino is an elementary particle that usually travels close to the speed of light, is electrically neutral, and is able to pass through ordinary matter，註節錄自 Wikipedia, the free encyclopedia）[375]。

表23-1　放射性同位素放出的各種放射線特性

放射線 （Radioctive ray）	符號 （Symbol）	粒子形式 （Particleform）	電荷 （Charge）	質量數 （Mass number）
阿伐（Alpha）射線	α	$^4_2He^{2+}$	+2	4
貝他（Beta）射線	β^-	$^0_{-1}e^-$	－1	1/1840[a]
正子（Positron）射線	β^+	$^0_{+1}e^+$	+1	1/1840[a]
加馬（Gamma）射線	γ	－	0	0
X光射線	X	－	0	0
中子（Neutron）	n	^1_0n	0	1
微電子（Neutrino）	υ	υ	0	0

(a)因質量數（1/1840）相對太小，故在核反應方程中，貝他及正子射線分別可寫為$^0_{-1}\beta^-$（貝他）及$^0_{+1}\beta^+$（正子）

表23-2為常見之放射線源（Radiation sources）及其放射時之核反應方程式，表中α射線源的U-238為天然鈾礦中主要放射線同位素，其放出α射線

⁴He後先變成Th-234，然後再經一連串核反應最後會變成Pb-206。C-14為存在生物體中及自然界的β射線（e⁻）源，放出β射線及微中子變成¹⁴N非放射性原子。Zn-65為有名的正子（β⁺，e⁺）放射源，放出正子成Cu-65。鈷六十（Co-60）為醫學常用著名的γ射線源，其不只放出兩種γ射線（能量1.17及1.35 MeV）還同時放出β射線變成Ni-60。γ射線為一種電磁波，故如其他非放射性原子放出的其他電磁波一樣形成一譜圖，圖23-1a即為用中子照射非放射性鈷（Co-59）樣品所產生的放射性鈷六十（*Co-60）同位素所發出的γ射線譜圖。圖23-1b為各種放射線（α，β，γ）之穿透性比較，α射線一張紙就可擋住，β射線紙擋不住但鋁（Al）片可擋住，γ射線紙和鋁片都擋不住，只有鉛（Pb）塊可擋大部份γ射線。

　　中子源（Neutron sources）如表23-2所示概分原子爐用及儀器所用中子源兩類，原子爐中常用的中子源為Be-9及Ra-226，Be-9和Ra-226放出的α粒子（He-4）起核反應放出中子（n）並產生非放射性原子C-12，此反應放出來的中子為快中子（能量約為MeV），若要用此快中子引發U-235連鎖反應需用石墨或其他物質變成能量約0.025 eV的熱中子，而在儀器常用的中子源為Cf-252，其可自然衰變成Cf-251並放出中子（n）。電子補獲（Electron capture）同位素源如Cm-241及K-40會補獲其原子核外的電子而會分別形成Am-241及Ar-40。Am-241為常用之X光放射性同位素，如表所示其放出59.5 KeV之X光且同時也放出一α粒子（⁴He²⁺）。然微中子（υ）源如表所示可由兩快速質子

表23-2　常見的各種放射線源及其放射之核反應方程式

α射線源：$_{92}^{238}U \rightarrow _{90}^{234}Th + _2^4He$

β射線源：$_6^{14}C \rightarrow _7^{14}N + _{-1}^0\beta^- + \upsilon$（Neutrino，微中子）

β⁺（正子）射線源：$_{30}^{65}Zn \rightarrow _{29}^{65}Cu + _1^0\beta^+$(Positron) + υ(Neutrino)

γ射線源：$_{17}^{60}Co \rightarrow _{28}^{60}Ni + _{-1}^0\beta^- + \gamma$(1.17MeV) + γ(1.33MeV)

中子源：

　（原子爐）$_4^9Be + _2^4He$（α射線由²²⁶Ra）$\rightarrow _6^{12}C + _0^1n$ + 5.7MeV

　（儀器）$_{98}^{252}Cf \rightarrow _{98}^{251}Cf + _0^1n$

電子捕獲源：

　（Electron Capture）：$_{96}^{241}Cm + _{-1}e^- \rightarrow _{95}^{241}Am$

　　　　　　　　　　　$_{19}^{40}K + _{-1}e^- \rightarrow _{12}^{40}Ar + \upsilon$(Neutrino)

X光放射源：$_{95}^{241}Am \rightarrow _2^4He(\alpha) + _{93}^{237}Np$ + X-ray(59.5KeV)

微中子（υ）源：$_1^1p$（質子）$+ _1^1p \rightarrow _1^2H + _1\beta^+ + \upsilon$(Neutrino)

碰撞而產生，而實際在許多β（電子）及β$^+$（正子）放射線源（如C-14及Zn-65）放出各別放射線時都會伴隨放出微中子。

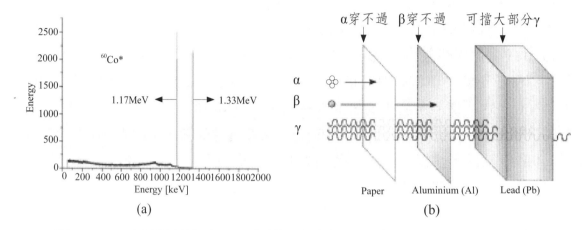

(a)   (b)

圖23-1　(a)中子照射鈷（Co-59）樣品所產生的放射性鈷-六十（*Co-60）同位素所發出的加馬（γ）射線能圖[376]，及(b)各種放射線（α，β，γ）之穿透性比較圖[374]（圖片來源：From Wikipedia, the free encyclopedia, (a) http://en.wikipedia.org/wiki/File:60Co_gamma_spectrum_energy.png, (b) http://en.wikipedia.org/wiki/Radiation）

　　一原子同位素是否為一穩定的同位素（即「非放射性同位素」）或為不穩定的放放射性同位素，可由圖23-2原子的質子數及中子數關係圖中看出來，圖中顯示當一原子之質子數約等於中子數（中子數／質子數 ≈ 1），此原子屬於穩定核種，圖23-2的中軸穩定區，即為非放射性同位素。反之，當中子數／質子數>1或中子數／質子數<1，此原子屬於不穩定核種，即遠離圖23-2的中軸之兩側不穩定區，即為放射性同位素區。

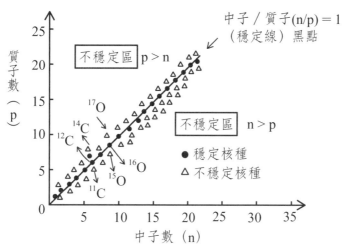

圖23-2　原子核穩定性和中子數／質子數之關係圖

放射性同位素之活性取決於其衰變速率（Decay rate，Rd），而放射性同位素之衰變速率和同位素原子數（N）關係如下：

$$\text{Rd（衰變速率）} = -dN/dt = \lambda N \tag{23-1}$$

式中λ為此放射性同位素之衰變常數（Decay constant），t為時間。將上式重整可得：

$$-dN/N = \lambda \, dt \tag{23-2}$$

積分式（23-2）為：

$$\int_{N_o}^{N} \frac{dN}{N} = \lambda \int_{o}^{t} dt \tag{23-3}$$

式（23-3）積分成為對數方程式：

$$\ln (N/No) = -\lambda t \tag{23-4}$$

將式（23-4）寫成如下指數方程式：

$$N = N_o \, e^{-\lambda t} \tag{23-5}$$

當放射性同位素衰變一半（即$N = (1/2) N_o$）時，所需時間稱為半衰期$t_{1/2}$（Half life，即$t = t_{1/2}$），將$N = (1/2) No$及$t = t_{1/2}$代入式（23-5）可得：

$$\frac{1}{2} N_o = N_o \, e^{-\lambda t_{1/2}} \tag{23-6}$$

可得：

$$\lambda = 0.693/t_{1/2} \tag{23-7}$$

一放射性同位素之活性（Activity，A）依其衰變速率（Rd）來表示，依

式（23-1）即：

$$A = Activity（活性）= -dN/dt = \lambda N \qquad (23-8)$$

將上式$A = \lambda N$代入式（23-5）可得：

$$A = A_o\, e^{-\lambda t} \qquad (23-9)$$

式中A_o及A分別為時間time = 0及time = t之同位素活性。然因放射線偵測器（Detector）之偵測效率（Detection efficiency，c）未必100％，故由偵測器所偵測到的同位素之活性（A'）和真正活性如下：

$$A' = cA \qquad (23-10)$$

上式代入式（23-9）可得：

$$A' = A_o'\, e^{-\lambda t} \qquad (23-11)$$

式中A_o'及A'分別為時間time = 0及time = t偵測器所偵測到的活性。放射性同位素之活性（A）之常用單位及定義如下：

⑴Bq (Becquerel，貝克)：1 decay/sec（1dps，每秒一衰變），即：

$$1\ Bq = 1\ dps \qquad (23-12)$$

⑵Ci（Curie，居里）：

$$1居里（Ci）= 3.70 \times 10^{10}\ dps = 3.70 \times 10^{10}\ Bq \qquad (23-13)$$

⑶cpm (Counter per minute，計數／分鐘)：每分鐘偵測器測到的計數速率。

然人體所受的輻射劑量則常以侖目（rem）及西弗（Sievert，Sv）兩種單位表示，侖目（rem）是舊單位，而西弗（Sv）為西元1985年後國際用的新單位，為紀念瑞典醫療放射線測量專家西弗博士（Dr.Sievert）一生對輻射防護的功蹟。侖目（rem）和西弗（Sv）兩單位定義及關係如下：

⑴侖目（rem）：人體每克接受加馬射線的能量為100爾格（reg）時，劑量定為一侖目。即1侖目 = 100爾格／克（1 rem = 100 erg/g）。

⑵西弗（Sv）：人體每公斤接受加馬射線的能量為一焦耳（J）時，其劑量定為西弗（Sievert，Sv）。即1西弗 = 1焦耳／公斤（1 Sv =1 J/Kg）

⑶因$1\ Sv = 1\ J/Kg = 10^7\ erg/Kg = 10000\ erg/g = 100\ rem$，即：

1西弗（Sv）= 100侖目（rem）。

23-2　放射線及中子偵測法

　　各種常見α、β、及γ放射線和中子之偵測（Detections for radioactive rays and neutron）分別說明如下：

（一）放射線偵測法

　　常用的放射線偵測法有：(1)蓋格－米勒計數器（Geiger-Müller Counter, GM. Counter或稱蓋格計數器（Geiger Counter），可偵測α，β及γ射線），(2)液體閃爍偵測器（Liquid Scintillation Detector，特別用在偵測C-14，H-3，P-32），(3)NaI閃爍計數器（NaI Scintillation Counter，可偵測（射線及X光），及(4)鍺（鋰）或矽（鋰）偵測器（(Ge(Li)) or Si(Li)detector，可偵測γ射線及X光）。

　　蓋格－米勒計數器（GM. Counter）[377]為氣體游離偵測器（Gas ionization detector）的一種，圖23-3A為氣體游離偵測器之基本結構，其游離室（Ionization chamber）中含有外接電壓之正負兩電極和充滿Ar氣體。氣體游離偵測器的輸出電流脈衝（Pulse）訊號高度（Pulse height，PH）和其外加電壓大小關係如圖23-3B所示，不同外加電壓不只有不同輸出脈衝訊號且其偵測對象也不同，例如用圖中之V_1-V_2低電壓來做檢測氣體受放射線照射而離子化的氣體離子數目之氣體游離腔（Ion chamber），其脈衝高度（PH）並不隨外加電壓改變而改變。但當用稍高電壓V_2-V_3（約100-300 V），脈衝高度和外加電壓則成正比，用此段電壓的氣體游離偵測器特稱為正比計數器（Proportional counter），此偵測器可用來偵測X射線。若用V_4-V_5（約400-600 V）高電壓則可用來偵測α，β及γ射線，用此V_4-V_5範圍外加電壓之氣體游離偵測器就稱為蓋格－米勒計數器。

　　當α，β及γ射線進入蓋格－米勒計數器之游離室中會使其中Ar游離化成Ar^+及e^-，而放出之電子（e^-）會撞擊游離室中正電極，而產生電流（Io）脈衝訊號（Pulse），其脈衝高度（Pulse height）和α，β及γ射線有關（脈衝高度一樣者表示其射線能量一樣），而其脈衝寬度（Pulse width，tp）和各射線之數目（如γ射線之光子數（或劑量（Dose）），α，β射線之粒子數）有

關，射線之劑量數目越多，脈衝寬度（tp）就越大越寬。

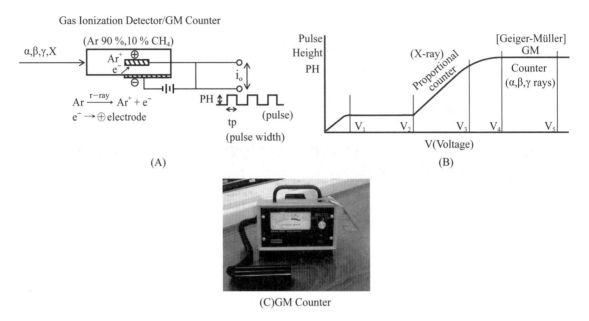

(A)

(B)

(C)GM Counter

圖23-3　偵測α，β，γ射線之蓋格計數器（Geiger-Miller Counter，氣體游離偵測器（Gas Ionization Detector）之一種）之(A)結構圖，(B)所用外加電位（V）與所得脈衝高度（Pulse height，PH）關係圖，及(C)蓋格計數器實物圖[377]（C圖來源： Wikipedia, the free encyclopedia, http://en.wikipedia.org/wiki/Geiger_counter）

　　液體閃爍偵測器（Liquid Scintillation Detector）[378]特別常用於偵測一些放出能量較低β射線之放射性同位素，特別用來偵測C-14，H-3及P-32，此三種同位素相當有用，C-14放射性同位素常用在古物年代鑑定（C-14 Dating，碳十四定年），而H-3則常用在陳年老酒的年代鑑定（Tritium(H-3) Dating，氚（H-3）定年），P-32則常用在生化反應標幟同位素及醫學癌症之醫療用途。圖23-4a為液體閃爍偵測器之基本結構及偵測原理，圖中顯示液體閃爍偵測器主體由有機閃爍劑（Scintillator）PPO（PPO = 2,5-diphenyl oxazole）反應槽及光電倍增管（PMT）所組成，樣品中之放射性同位素（如C-14）進入閃爍劑PPO反應槽中，當其放出來的具有MeV能量β射線照射閃爍劑PPO使之成高能閃爍劑PPO*，隨後高能閃爍劑PPO*放出較低能量的UV/

VIS光，然後由光電倍增管（PMT）偵測UV/VIS光（PMT只能偵測UV/VIS
範圍光，不能偵測具有MeV能量之β或γ射線），由光電轉換成電子流輸出（1
光子可產生約百萬（10^6）電子）進而轉成電流訊號輸出。其偵測過程（以偵
測C-14為例）如下：

C-14 → 放出β射線（MeV）→ PPO → PPO* → 放出UV/VIS光（eV）

→ PMT → 電子流　　　　　　　　　　　（23-14）

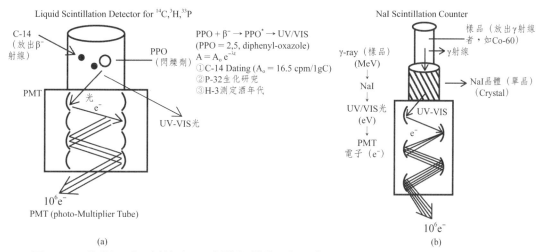

圖23-4　偵測 β 和γ射線之(a)液體閃爍偵測器（Liquid Scintillation Detector）及(b)碘
　　　　化鈉晶體閃爍計數器（NaI Scintillation Counter）之結構及偵測原理和應用

　　NaI閃爍計數器（NaI Scintillation Counter）[379]為偵測一般γ射線及X射
線最常用之偵測器，其基本結構如圖23-4b所示。由圖可看出NaI閃爍計數器
和液體閃爍偵測器主體同樣由閃爍劑槽及光電倍增管（PMT）所組成，兩者
不同的只是所用的閃爍劑不同，NaI閃爍計數器用固體NaI單晶為閃爍劑。在
NaI閃爍計數器中，樣品中之放射性同位素（如Co-60）放出具有MeV能量的γ
射線被NaI晶體吸收成高能NaI*，然後再放出較低能量的UV/VIS光（eV），
然後同樣再用光電倍增管（PMT）偵測UV/VIS光轉換成電子流輸出（1光子
可產生約百萬（10^6）電子），最後轉成電流訊號測量。
　　鍺（鋰）或矽（鋰）偵測器（Ge(Li)) or Si(Li) detector）[380]也常用來
偵測γ射線及X射線之偵測器。鍺（鋰）和矽（鋰）偵測器皆為半導體所製
成，兩偵測器不同只在半導體材質不同，而原理類似。圖23-5為鍺（鋰）偵

測器（Ge(Li) detector）之基本結構及偵測原理示意圖，其由n-Ge(Li)-p半導體組成。γ射線照射到半導體中間Ge(Li)部份，將部份Li游離成高能Li$^+$* + e$^-$*，Li$^+$*漂移（Drift）至半導體p極（負電壓），而Li游離所得的電子（e$^-$*）遊向半導體n極（接正電壓）成電子流輸出，此偵測器的電流及電子流總合成圖23-5中之脈衝（Pulse）訊號，脈衝高度（Pulse height，PH）和γ射線能量有關，PH越高能量越大，而脈衝寬度（Pulse width，tp）和γ射線劑量（Dose，或光子數）有關，tp越大表示γ射線越強劑量越大。

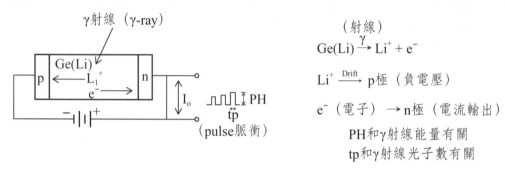

圖23-5　偵測γ射線之Ge(Li)偵測器之結構及偵測原理和應用

（二）中子偵測法

常用中子偵測法（Neutron detection）[381]如表23-3有下列幾種：(1)硼^{10}B反應偵測法，(2)鋰^{6}Li反應偵測法，(3)氦^{3}He反應偵測法，(4)撞擊Gd產生電子偵測法，及(5)閃爍劑發光法。

硼^{10}B反應中子偵測法（B-10 reaction detection method for neutron）是利用硼^{10}B易吸收中子而放出α射線及Li原子（如圖23-6a所示），再用蓋革－米勒計數器（Geiger-Miller Counter，GM Counter）偵測α射線，由蓋革－米勒計數器脈衝（Pulse）寬度（Pulse width，PW）及高度（Pulse height，PH））即可估計中子數及中子能量，^{10}B吸收中子而放出α射線Li原子之核反應式如下：

$$^{10}B + {}^1n \rightarrow {}^7Li + {}^4He（α射線）\tag{23-15}$$

鋰^{6}Li反應中子偵測法（Li-6 reaction detection method for neutron）是利用鋰^{6}Li易吸收中子而放出α射線及^{3}H原子（如圖23-6b所示），同樣，用蓋

格－米勒計數器（GM Counter）偵測α射線以測知中子數及中子能量，鋰^{6}L1吸收中子產生之核反應式如下：

$$^6Li + {}^1n \rightarrow {}^3H + {}^4He（α射線）\qquad\qquad（23-16）$$

氦^{3}He反應中子偵測法（He-3 reaction detection method for neutron）之裝置及原理如圖23-6c所示，其首先將待測中子射入一含氦氣（He，含^{3}He及^{4}He）之氣體正比計數器（Gas proportional counter，氣體游離偵測器一種，請見圖23-3）中，入射的中子（n）會先將其中之^{3}He（氦氣中含^{3}He之天然豐度為0.000137 %）離子化成^{3}He^{2+}離子，然後^{3}He^{2+}離子再繼續和中子（n）起核反應產生^{3}H$^+$及^{1}H$^+$離子如下：

$$^1n + {}^3He^{2+} \rightarrow {}^3H^+ + {}^1H^+\qquad\qquad（23-17）$$

如圖23-6c所示，產生的^{3}H$^+$及^{1}H$^+$離子撞擊氣體正比計數器之負極而產生脈衝式電流輸出。同樣地，由電流脈衝寬度（PW）及脈衝高度（PH）即可估計中子數及中子能量。

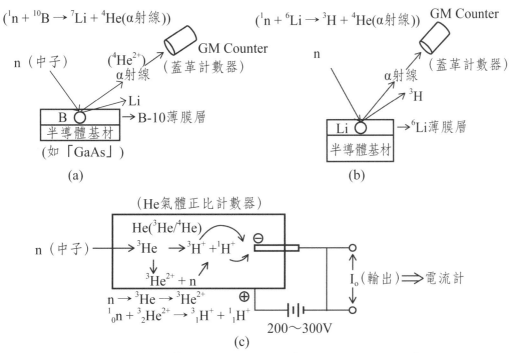

圖23-6　中子偵測法中(a)^{10}B反應偵測法，(b)^{6}L1反應偵測法及(c)^{3}He反應偵測法示意圖

表23-3　各種常用之中子偵測法基本原理

(I)硼B-10反應偵測法
　$_{5}^{10}B + _{0}^{1}n \rightarrow _{3}^{7}Li + _{2}^{4}He$（α射線）
　（α射線用蓋格－米勒計數器（GM Counter）偵測）
(II)鋰Li-6反應偵測法
　$_{3}^{6}Li + _{0}^{1}n \rightarrow _{1}^{3}H + _{2}^{4}He$（α射線）
　（α射線用GM Counter偵測）
(III)氦He-3反應偵測法
　$_{0}^{1}n \rightarrow _{2}^{3}He$（撞擊）$\rightarrow _{1}^{3}He^{2+} + 2e^{-}$
　$_{2}^{3}He^{2+} + _{0}^{1}n \rightarrow _{1}^{3}H^{+} + _{1}^{1}H^{+}$
　（$_{1}^{3}H^{+}$（氚）及$_{1}^{1}H^{+}$離子可用He Gas proportional counter偵測）
(IV)撞擊Gd產生電子偵測法
　$_{0}^{1}n$（中子）$\rightarrow Gd$（撞擊）$\rightarrow$ 產生電子（e^{-}）
　（電子可用電子倍增器（Electron Multiplier Tube）偵測）
(V)閃爍發光法
　(1)中子 $\rightarrow$ 撞擊^{10}B成$^{6}Li \rightarrow$ 放出α射線
　(2)α射線 $\rightarrow$ 撞擊閃爍劑（ZnS/Ge$_2$O$_2$S）$\rightarrow$ 螢光（閃光）
　(3)螢光可用光度計檢測其強度

　　撞擊Gd反應產生電子之中子偵測法（Gd reaction detection method for neutron）如表23-3所示，其利用Gd吸收中子放出電子並用電子倍增器（如多頻道電子倍增管（Channel electron multiplier tube）或多發射極電子倍增器（Multi-dynode electron multiplier））偵測放出之電子，可估計中子強度。

　　閃爍劑發光中子偵測法（Scintillator light-emitting neutron detection method）如表23-3所示，先利用B或Li吸收中子並放出（射線，再使放出的α射線撞擊閃爍劑（ZnS或Gd$_2$O$_2$S）螢光屏產生螢光，由螢光屏顯示的螢光強弱可顯示中子強度，也可再用光度計偵測螢光強度，由光度計之電流或電壓輸出可進一步做數據處理及精確推算中子強度（中子數及中子能量）。

23-3　核反應及核子反應爐

　　核反應（Nuclear Reactions）[382]發生方式可分為自然發生及人工製造兩種方法，故核反應也就分為自然核反應及人工核反應兩大類。本節將介紹各種自然核反應及人工核反應。

（一）自然核反應：

自然核反應來自地球內蘊藏的放射性同位素之核衰變及宇宙射線所引起核反應。分別說明如下：

⑴核衰變（Nuclear decay）

地球內蘊藏的放射性同位素種類不少，其中最著名的為放射性同位素U-238（半衰期$t_{1/2} = 4.50 \times 10^9$ years）及U-235（半衰期$t_{1/2} = 7.04 \times 10^8$ years）和Th-232（半衰期$t_{1/2} = 1.40 \times 10^{10}$ years）為母核的三大天然衰變各衍生一大串放射性同位素系列。圖23-7a為**U-238自然衰變系列**（uranium-238（鈾-238）decay series）[383]衰變圖，此系列衰變總共放出8個α粒子及6個β粒子並衍生有18個放射性同位素，最後產生穩定非放射性同位素Pb-206，而此系列所有同位素（包括U-238及Pb-206和其他18個放射性同位素）之質量數都等於4n+2整數倍。而圖23-7b為**U-235自然衰變系列**衰變圖（uranium-235 decay series）[384]，此系列衰變衍生有約16個放射性同位素並放出7個α粒子及4個β粒子，最後產生穩定非放射性同位素Pb-207，而此系列中所有同位素（包括U-235及Pb-207和其他16個放射性同位素）之質量數都等於4n+3整數倍。**Th-232**（釷-232）**自然衰變系列**衰變圖（Thonium-232 decay series）[384]則如圖23-7c所示，此系列放出7個α粒子及4個β粒子並衍生有約11個放射性同位素，最後產生穩定非放射性同位素Pb-208，而此系列中所有同位素之質量數皆為4n整數倍。

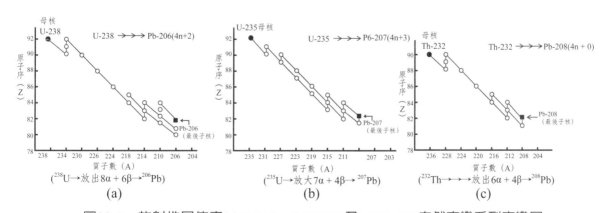

圖23-7　放射性同位素(a)U-238，(b)U-235及(c)Th-232自然衰變系列衰變圖

其他地球內天然放射性同位素種類還相當多，例如長半衰期（$t_{1/2} = 1.28 \times 10^9$ years）放射性同位素K-40普遍存在岩石中。

⑵宇宙射線核反應

宇宙射線核反應（Nuclear reactions of cosmic rays）是由宇宙射線（Cosmic ray）中之中子（n）撞擊地球上之大氣或物質所引起的核反應。最有名的為宇宙射線之中子撞擊地球大氣中之氮氣或氮化物之氮原子（N）產生放射性同位素^{14}C（碳十四）[385]及^{3}T（即^{3}H，Tritium，氚）[386]，兩者生成之核反應如下：

$$^1n + {}^{14}N \rightarrow {}^{14}C + {}^1H \tag{23-18}$$

$$^1n + {}^{14}N \rightarrow {}^3T + {}^{12}C \tag{23-19}$$

（二）人工核反應：

人工核反應（Artificial nuclear reaction）是指人造的核反應，人造核反應較著名的為(1)核分裂（Nuclear fission）及(2)核融合（Nuclear fusion），和(3)原子爐內中子所引起核反應與(4)加速器內核反應。本小節將針對此四種人工核反應及原子爐分別介紹如下：

⑴核分裂

核分裂（Nuclear fission）[387]是將一重核子用中子或其他粒子撞擊分裂成較輕原子核之核反應，其中最著名的為U-235（鈾-235）經熱中子（能量約1 eV）撞擊分裂成許多較輕原子核並產生3個中子（如表23-4及圖23-8a所示）並放出大量熱量（Q），所產生3個中子再去撞擊另外3個U-235再產生核分裂及3×3個中子，再去撞擊另外9個U-235而產生連鎖反應（Chain reaction），核反應如下：

$$^{235}U + {}^1n \rightarrow {}^{141}Ba + {}^{92}Kr + 3\,{}^1n + Q \rightarrow {}^{85}Kr + {}^{90}Sr + {}^{131}I + {}^{137}Cs + \cdots + Q \tag{23-20}$$

U-235核分裂所用之中子是由鐳（Ra）放出來的α射線（^{4}He^{2+}）和^{9}Be反應產生，反應如下：

$$^9Be + {}^4He(\alpha \text{ Ray from } {}^{226}Ra) \rightarrow {}^{12}C + {}^1n \tag{23-21}$$

U-235為天然放射性同位素，然而有些會核分裂的重核子（如Pu-239（鈽-239）及U-233（鈾-233））不是天然存在，而需人工製造，這種人造重核子的

核分裂特別稱為**滋生核分裂**（Breeder fission），如表23-4所示，^{239}Pu及^{233}U分別由^{238}U及^{232}Th受快中子（能量約MeV）撞擊所得，純化後的^{239}Pu及^{233}U和中子反應會產生連鎖反應的核分裂。Pu-239及U-233之滋生核分裂及人工製造核反應分別如下：

（一）^{238}U + ^{1}n（快中子）→ ^{239}U → ^{239}Np → ^{239}Pu　　　　（23-22a）

　　　^{239}Pu（純化）+ ^{1}n（熱中子）→ 核分裂　　　　　　　（23-22b）

表23-4　核分裂及融合反應

(A)Nuclear Fission（核分裂）

　　中子源：^{9}Be + Ra(α) → ^{12}C + n（中子，4 MeV）

　　　　n(4 MeV) $\xrightarrow{\text{H}_2\text{O, D}_2\text{O}}$ n(~1 eV)

　（Fast neutron快中子）　（Thermal neutron熱中子）

(1)一般核分裂（ordinary fission）　（U-235核分裂）

　　^{235}U + $^1_0$n（熱中子）→ $^{141}_{56}$Ba + $^{92}_{36}$Kr + 3^1_0n

原子含量│　Kr　Ba
　　　　└─────
　　　　E（原子序）

(2)滋生核分裂（Breeder fission - ^{239}Pu/^{233}U核分裂）

　　①^{238}U + $^1_0$n（快中子）→ ^{239}U → ^{239}Np → ^{239}Pu → 核分裂

　　②$^{232}_{90}$Th + $^1_0$n（快中子）→ ^{233}Th → ^{233}Pa → ^{233}U → 核分裂

(B)Nuclear Fusion（核融合）

　(1)D-D Method

　　$^2_1$D + $^2_1$D $\xrightarrow{4\times10^8\text{K}}$ $^3_2$He + $^1_0$n

　(2)D-T Method

　　$^2_1$D + $^3_1$T $\xrightarrow{4\times10^9\text{K}}$ $^4_2$He + $^1_0$n

　(3)^{3}T（Tritium）來源：

　　①156 D$_2$O/10^8 H$_2$O, 1 T$_2$O/10^{10} H$_2$O

　　②$^6_3$Li + $^1_0$n（中子）→ $^4_2$He + $^3_1$T（Li來自海水）

　　③$^7_3$Li + $^1_0$n（快中子）→ $^3_1$T + $^4_2$He + $^1_0$n（熱中子）

（二）^{232}Th + ^{1}n（快中子）→ ^{233}Th → ^{233}Pa → ^{233}U　　　　（23-23a）

　　　^{233}U（純化）+ ^{1}n（熱中子）→ 核分裂　　　　　　　（23-23b）

　　投到日本廣島的第一顆原子彈是用U-235產生核反應（圖23-8b），而投到長崎的第二顆原子彈則用Pu-239產生核反應的。

圖23-8 (a)U-235核分裂[387]，(b)日本廣島U-235原子彈爆炸圖[387]，及(c)²H-³H(D-T)核融合示意圖[388]（a，b圖：From Wikipedia, the free encyclopedia, http://en.wikipedia. org/wiki/Nuclear_fission, c圖：Wikipedia, the free encyclopedia, http://en.wikipedia.org/ wiki/Nuclear_fusion）

⑵核融合

核融合（Nuclear fusion）[388]和核分裂相反，核融合是由較輕的原子（如²D及³T）融合成較重的原子（如⁴He）的核反應。最著名的核融合反應爲在相當高溫（$10^8 \sim 10^9$ K）下，兩個²D（Deuterium，氘，重氫）原子（D-D）核融合成³He，以及一個²D原子和一個³T（Tritium，氚）原子核融合成⁴He之核反應（如表23-4及圖23-8c所示）並放出大量熱量（Q），此兩大核融合之核反應方程式如下：

$$（D-D反應）{}^2D + {}^2D \rightarrow {}^3He + {}^1n + Q \qquad （23-24）$$
$$（D-T反應）{}^2D + {}^3T \rightarrow {}^4He + {}^1n + Q \qquad （23-25）$$

核融合原料之²D原子可由重水（D_2O）取得，而³T則如表23-4所示，常由⁶Li或⁷Li和中子起核反應而得。

⑶原子爐內核反應

原子爐內核反應主要是以中子所引起的核反應，原子爐（Nuclear

Reactors）[389-391]核反應可分兩大類：(1)核電廠原子爐進行的核分裂及(2)一般原子爐所進行的學術用中子核反應。此兩種核反應皆在原子爐內進行，故本小節先簡單介紹原子爐之基本結構。

(A)核電廠原子爐[389-395]是利用約含4 %U-235做燃料並用中子照射起核分裂反應而產生大量熱能Q用以發電。圖23-9A及圖23-9B分別為核電廠（Nuclear Power Plants）原子爐之基本結構圖及原子爐心結構圖，如圖23-9A所示，核電廠原子爐含內部主體及發電渦輪系統和外部水冷卻系統，而推動渦輪發電的可用熱水或液態鈉（Liquid Na）當爐心循環冷卻液體，以吸取核分裂產生的大量熱能Q推動渦輪發電。在原子爐主體中除循環水或液態鈉外還有裝U-235燃料棒（材質為不易吸收中子的Zr-Mg）及放射鐳／鈹（Ra-

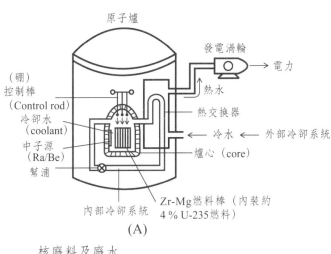

(A)

核廢料及廢水
① Kr – 85($t_{1/2}$ = 9.4 years，空浮事件)
② Sr - 90($t_{1/2}$ = 25 years，長活性廢料)
③高溫廢水（冷卻高溫廢水）
（對海水生物影響）
④其他廢料核種：如^{131}I，^{137}Cs，^{141}Ba等等

(C)

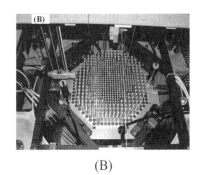

(B)

(D)

圖23-9　核電廠原子爐之(A)系統結構圖，(B)原子爐心結構圖[392]，(C)核分裂核廢料／廢水資料，及（D）台灣核三廠外觀圖[393]（(B)圖：From Wikipedia, the free encyclopedia, http://upload.wikimedia.org/wikipedia/commons/thumb/a/a7/Crocus-p1020491.jpg/800px-Crocus-p1020491.jpg; (D)圖：核三廠http://wapp4.taipower.com.tw/nsis/images/N3-3.jpg）

Be）中子源。核電廠原子爐會產生核廢料（Nuclear waste）及廢水（如圖23-9C所示），核廢料中有Kr-85，Sr-90及其他放射性核種（如I-131，Cs-137及Ba-141），其中Kr-85因爲惰性氣體不易被任何物質吸收，又易漂移常造成空浮事件，因其半衰期（$t_{1/2}$ = 9.4 y）不短，危害甚長（約50年）。另外，Sr-90半衰期（$t_{1/2}$ = 25 y）及Cs-137半衰期（$t_{1/2}$ = 30 y）更長，危害更長（約120-150年）。圖23-9D爲台灣核三廠外觀圖。

（B）**學術用原子爐**之目的常爲製得一元素之放射性同位素做爲學術研究之用，例如要製得放射性同位素鈷－60（$^{60}Co^*$），就將天然非放射性鈷－59(Co-59)樣品放入原子爐中，用中子照射即可得放射性同位素鈷－60。

學術研究用之原子爐主體和核電廠類似，只是沒有發電機組，而純用循環冷卻水流經爐心，使爐心控制在40或70 ℃以下，一般學術研究用原子爐常用水或重水（D_2O）當爐心循環冷卻液體，將非放射性樣品（如^{59}Co）放入一密封塑膠容器或Zr-Mg棒中，放入原子爐用中子照射，即可得放射性同位素（如$^{60}Co^*$）。以下爲常見一些非放射性樣品用中子照射可得同元素之放射性同位素的核反應方程式：

$$^{59}Co + {}^1n \rightarrow {}^{60}Co^* + \gamma \qquad\qquad (23\text{-}26a)$$

$$^{23}Na + {}^1n \rightarrow {}^{24}Na^* + \gamma \qquad\qquad (23\text{-}26b)$$

$$^{34}S + {}^1n \rightarrow {}^{35}S^* + \gamma \qquad\qquad (23\text{-}26c)$$

$$^{63}Cu + {}^1n \rightarrow {}^{64}Cu^* + \gamma \qquad\qquad (23\text{-}26d)$$

$$^{89}Y + {}^1n \rightarrow {}^{90}Y^* + \gamma \qquad\qquad (23\text{-}26e)$$

$$^{98}Mo + {}^1n \rightarrow {}^{99}Mo^* + \gamma \qquad\qquad (23\text{-}26f)$$

⑷加速器內核反應

有些場所（如醫院）所需的放射性同位素之半衰期相當短，不適合從原子爐製造再運送到操作場所，必須在這些場所用離子迴旋加速器（Cyclotron）[396]製造。同時，大部份原子爐只有中子源，而無其他射源（如重氫（^2D）及質子源（p，^1H）。例如^{15}O爲一正子（Positron）放射源，其所製成的^{15}O放射線藥物可用在醫院正子發射斷層掃瞄攝影儀（PET，Positron Emission Tomograph）以檢查病人身體各種器官及組織，但^{15}O之半衰期（$t_{1/2}$）只有2分鐘，不可能先在一般原子爐製造再運送到醫院，故需在醫院用離子迴旋加速器製造。圖23-10爲製造^{15}O之平面及垂直式離子迴旋加速器結構及原理示意

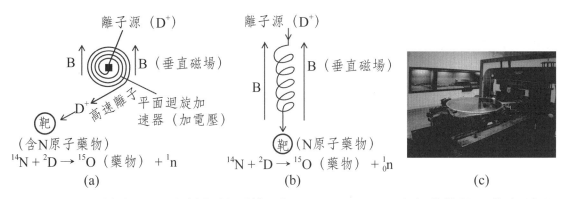

圖23-10 製造正子放射性核種^{15}O之(a)平面及(b)垂直式離子迴旋加速器（Cyclotron）結構及原理示意圖，與(c)平面離子迴旋加速器實物圖[397]（C圖：From Wikipedia, the free encyclopedia, http://upload.wikimedia.org/wikipedia/commons/c/cd/1937-French-cyclotron.jpg）

圖，其法是利用重氫離子（$^2D^+$）迴旋加速器加速，然後撞擊一含氮化物靶之氮原子（^{14}N）起核反應，即可得正子放射性^{15}O核種，核反應如下：

$$^2D + {}^{14}N \rightarrow {}^{15}O + {}^1n \tag{23-27}$$

利用離子迴旋加速器所製造人工放射性同位素種類相當多，所用之撞擊離子也各有不同，常見離子迴旋加速器所製造放射性同位素及其核反應如下：

$$^1H + {}^{18}O \rightarrow {}^{18}F + {}^1n \text{（製造}^{18}F\text{）} \tag{23-28}$$

$$^2D + {}^{10}B \rightarrow {}^{11}C + {}^1n \text{（製造}^{11}C\text{）} \tag{23-29}$$

$$^2D + {}^{56}Fe \rightarrow {}^{57}Co + {}^1n \text{（製造}^{57}Co\text{）} \tag{23-30}$$

$$^1H + {}^{68}Zn \rightarrow {}^{67}Ga + 2{}^1n \text{（製造}^{67}Ga\text{）} \tag{23-31}$$

23-4 中子化學分析法

中子化學分析法（Neutron Radiochemical Analysis）顧名思義是利用中子做為化學分析工具，中子化學分析法依中子應用概分兩類：(1)中子活化分析法（Neutron Activation Analysis）：此法利用中子活化樣品原子（如^{59}Co）成放射性同位素（如$^{60}Co^*$），然後偵測此放射性同位素所放出來的放射線（如γ射線）以估計原樣品原子之含量。(2)中子顯像法：此法

中子如同電子顯微鏡之電子一樣只當入射粒子照射樣子，然後利用中子之反射（Reflection），散射（Scattering）及繞射（Diffraction），測得樣品影像或狀態影像。在中子顯像法中以中子繞射法（Neutron Diffraction Analysis）較常用在化學分析研究室中，故本節將介紹中子活化分析法及中子繞射法。

23-4-1　中子活化分析法（NAA）

中子活化分析法（Neutron Activation Analysis，NAA）[398]通常在原子爐進行，其原理為利用原子爐之中子源（$^9Be + {}^4He$（α從Ra放射）→ $^{12}C + {}^1n$）發出的中子（n）照射到樣品原子（如^{59}Co）成放射性同位素（如$^{60}Co*$）：

$$^{59}Co + {}^1n \rightarrow {}^{60}Co* + \gamma射線 〔可用 {}^{59}Co(n, r){}^{60}Co表示〕 \qquad （23-32）$$

然後偵測此放射性同位素以估計原樣品原子在樣品之含量。中子活化所產生的放射性樣品原子（如$^{60}Co*$）之原子數（N*）的放射性原子生成速率（Rp）與中子束強度（Φ，Neutron flux in $n/cm^2.sec$），原來樣品中非放射性原子（^{59}Co）之原子數（N）和捕捉中子能力（σ，Capture cross section in $cm^2/atom$）關係如下：

$$Rp（放射性原子生成速率） = (dN*/dt)_p = N\Phi\sigma \qquad （23-33）$$

然而生成的放射性原子（如$^{60}Co*$）也會慢慢衰變（Decay），而衰變速率（Rd）和生成的放射性原子數（N*）關係如下：

$$Rd（放射性原子衰變速率） = (dN*/dt)_d = \lambda N* \qquad （23-34）$$

故放射性原子（如$^{60}Co*$）之真正活性（A，Activity）為：

$$A*（活性） = dN*/dt = Rp - Rd = N\Phi\sigma - \lambda N* \qquad （23-35）$$

即：

$$dN*/dt = N\Phi\sigma - \lambda N* \qquad （23-36）$$

積分上式可得：

$$N* = N\Phi\sigma(1 - e^{-\lambda t})/\lambda \qquad （23-37）$$

因依放射性同位素之活性為：

$$A*（活性） = dN*/dt = \lambda N* \qquad （23-38）$$

　　將此式代入上式（23-）可得在原子爐中子照射t時間後，所得放射性樣品原子（如^{60}Co*）之活性（A*）為：

$$A* = N\Phi\sigma(1 - e^{-\lambda t}) \tag{23-39}$$

　　在中子活化分析法（NAA）中，通常將待測樣品（X）和含同一待測原子（如同含^{59}Co）之一標準品（S）一起放入原子爐內，一起用中子照射，照射時間及照射位置相同，待測樣品（X）和標準品（S）照射後所得之放射性原子（如^{60}Co*）之活性由上式（23-39）分別為A_x*及A_s*如下：

　　　（樣品）　$A_x* = N_x\Phi\sigma(1 - e^{-\lambda t})$　　　　　　（23-40）

　　　（標準品）　$A_s* = N_s\Phi\sigma(1 - e^{-\lambda t})$　　　　　　（23-41）

　　式中N_x及N_s分別為待測原子（如^{59}Co）未照射前在待測樣品（X）和標準品（S）中之原子數。由上兩式可得：

$$A_x*/A_s* = [N_x\Phi\sigma(1 - e^{-\lambda t})]/[N_s\Phi\sigma(1 - e^{-\lambda t})] = N_x/N_s \tag{23-42}$$

$$即：N_x = (A_x*/A_s*)N_s \tag{23-43}$$

　　由上式可知，只要偵測待測樣品（X）和標準品（S）照射後所得之放射性原子（如^{60}Co*）之活性A_x*及A_s*，及已知標準品（S）中非放射性待測原子（如^{59}Co）含量，就可計算待測樣品（X）中待測原子。表23-5為常用中子活化分析法（NAA）偵測的各種元素及活化產生的各種放射性同位素和其所放出來放射線特性（半衰期及能量）。

表23-5　常用中子活化分析法偵測的各種元素

待測元素（非放射性）	中子核反應	活化放射性核種	活化核種發出偵測用放射線
^{14}N	(n, p)	^{14}C	0.157 MeV β射線
^{23}Na	(n, r)	^{24}Na	1.37,2.75 MeV γ射線
^{31}P	(n, r)	^{32}P	1.71 MeV β射線
^{34}S	(n, r)	^{35}S	0.17 MeV β射線
^{35}Cl	(n, r)	^{36}Cl	X射線
^{37}Cl	(n, r)	^{38}Cl	2.17,1.64 MeV γ射線
^{58}Fe	(n, r)	^{59}Fe	1.099,1.29 MeV γ射線
^{59}Co	(n, r)	^{60}Co	1.17,1.33 MeV γ射線
^{63}Cu	(n, r)	^{64}Cu	0.0075 MeV X射線
^{64}Zn	(n, r)	^{65}Zn	1.12,0.51 MeV γ射線

〔表23-5續〕

待測元素（非放射性）	中子核反應	活化放射性核種	活化核種發出偵測用放射線
^{71}Ga	(n, r)	^{72}Ga	0.834,0.63 MeV γ射線
^{74}Se	(n, r)	^{75}Se	0.265,0.405 MeV γ射線
^{81}Br	(n, r)	^{82}Br	0.55,0.61 MeV γ射線
^{85}Rb	(n, r)	^{86}Rb	1.08 MeV γ射線
^{88}Sr	(n, r)	^{89}Sr	β射線
^{89}Y	(n, r)	^{90}Y	2.28 MeV β射線
^{98}Mo	(n, r)	^{99}Mo	0.18,0.74 MeV γ射線
^{127}I	(n, r)	^{129}I	0.443 MeV,γ射線
^{185}Re	(n, r)	^{186}Rb	137 MeV γ射線
^{197}Au	(n, r)	^{198}Au	0.411 MeV γ射線
^{203}Tl	(n, r)	^{204}Tl	0.76 MeV γ射線

23-4-2 中子繞射分析法

中子繞射分析法（Neutron Diffraction Analysis）[399-400]偵測固體晶格如圖23-11A所示和X光繞射及電子繞射一樣，其行為遵循布拉格方程式（Bragg equation）：

$$n \lambda_n = 2d\sin\theta \qquad (23\text{-}44)$$

式中n為整數（1，2，3…等），λ_n為中子波長，d為晶格兩原子間間隔，θ為中子入射角（見圖23-11A），因晶格間隔d約在1～3 Å，故中子波長λ_n也要控制在1～3 Å。而中子波長λ_n可由下列之德布格利方程式（de Broglie equation）：

$$\lambda_n = h/p = h/(m_n v_n) \qquad (23\text{-}45)$$

式中m_n及v_n為分別為中子之質量及速率，h為普朗克常數（Planck constant），因中子之質量m_n及普朗克常數h皆為固定值，故依上式，只要控制中子速率V_n，就可控制中子波長λ_n，因

$$E（能量）= (1/2)\{m_n v_n\}^2，m_n v_n = (2m_n E)^{1/2} \qquad (23\text{-}46a)$$

式（23-46a）代入式（23-45）可得

$$\lambda_n = h/(2m_n E)^{1/2} \qquad (23\text{-}46b)$$

代入普朗克常數h可得中子波長λ_n，和其能量（E）關係如下：

$$E(mev) = 81.8/[\lambda_n(\text{Å})]^2 \ ; \ 1 \ mev = 10^{-3} \ ev \qquad （23\text{-}46c）$$

圖23-11B中顯示中子波長λ_n，和其能量（E）關係表，由此關係表中，可看出只有熱中子之波長λ_n在約1.8 Å，剛好和原子晶格間距d有相同的數量級，符合中子繞射時中子波長需在1～3 Å範圍之要求，故中子繞射法中常用Cf-252中子源所發出之熱中子照射晶格產生繞射現象。

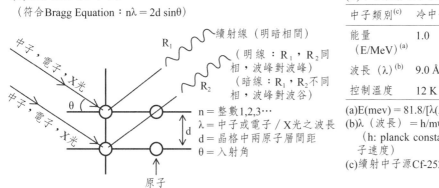

(A)繞射現象（含中子）
（符合Bragg Equation：$n\lambda = 2d \sin\theta$）

續射線（明暗相間）
（明線：R_1，R_2同相，波峰對波峰）
（暗線：R_1，R_2不同相，波峰對波谷）

n = 整數1,2,3…
λ = 中子或電子／X光之波長
d = 晶格中兩原子層間距
θ = 入射角

原子

(B)中子繞射之中子波長與能量關係表

中子類別[c]	冷中子	熱中子	中速中子
能量（E/MeV）[a]	1.0	25	1000
波長 (λ) [b]	9.0 Å	1.8 Å	0.29 Å
控制溫度	12 K	290 K(17 ℃)	1.2×10^4 K

(a)$E(mev) = 81.8/[\lambda(\text{Å})]^2$，$1mev = 10^{-3}$ eV
(b)λ（波長）= h/mυ (De Broglie Equation)（h: planck constant, m = 中子質量，υ = 中子速度）
(c)續射中子源Cf-252（半衰期$t_{1/2}$ = 2.6年）

圖23-11　(A)含中子繞射之繞射現象示意圖，及(B)中子波長／能量關係表

西元1994年諾貝爾物理獎得主克里福博士（Dr. Clifford G. Shull）因發現中子繞射而被尊稱爲中子繞射之父（Father of Neutron Scattering）。中子繞射不只可用來偵測工業材料且可應用在測定高分子量且相當複雜之生化物質結構之研究上，圖23-12即爲利用中子繞射來測定肌紅素（Myoglobin）三度空間結構。一般中子繞射強度雖然比不上X光繞射，但中子繞射強度不會隨樣品原子序變化有大變化，相當穩定。反之，X光繞射強度會隨樣品原子序變化而有大變化。

Tertiary structure of myoglobin detemined by neutron diffraction
● nitrogen, ● carbon, ○oxygen, ● hydrogen

圖23-12   應用中子繞射測定肌紅素（Myoglobin）三度空間結構圖[401]（參考資料：
From Wikipedia, open-content textbooks-Structural Biochemistry | Proteins
http://upload.wikimedia.org/wikibooks/en/2/2f/Neutron.jpg）

23-5   放射性同位素在化學分析應用

　　放射性同位素常用在下列化學分析法：(1)同位素稀釋分析法（Isotopic Dilution Method），(2)同位素定年法（Isotopic Dating Methods）及(3)放射線免疫分析法（Radio Immunoassay）。本節將分別介紹這些同位素化學分析法之應用及原理。

23-5-1   同位素稀釋分析法

　　同位素稀釋分析法（Isotopic Dilution Method）[402]常用在大型樣品總量（如池塘水的總體積及動物體內血的總體積等）或樣品中特定化合物（如多氯聯苯及戴奧辛）偵測。在樣品總量分析中，依樣品形式不同，同位素稀釋法可分固體同位素稀釋法及液體同位素稀釋法。圖23-13a及圖23-13b分別為固體及液體同位素稀釋法之進行步驟及原理。在固體同位素稀釋法中，若要測一未知固體樣品（X）之總重（W_x），如圖23-13a所示，先準備一已知重量（W_s）及放射性活性（A_o，Activity）之放射性同位素（如^{60}Co）標準樣品（S），放入待測未知固體樣品（X）中混合，混合後成混合物（M）之放射

性活性A_M和原來標準樣品放射性活性A_o關係應爲：

$$A_M = A_o[(W_s)/(W_s + W_x)] \qquad (23\text{-}47)$$

整理上式可得：

$$W_x = (A_o/A_M)\,W_s - W_s \qquad (23\text{-}48)$$

由上式，未知固體樣品（X）之總重（Wx）可由偵測標準樣品（S）放射性活性A_o及混合物（M）之放射性活性A_M，（測放射性同位素放出之放射線）和已知標準樣品之重量（Ws）計算求得。

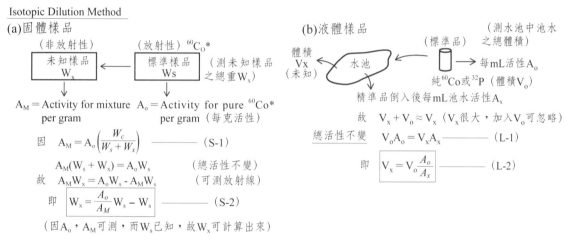

圖23-13　同位素稀釋分析法偵測(a)固體樣品總重（Wx），及(b)液體樣品總體積（Vx）

液體同位素稀釋法常用在測量一大系統之體積（如池水及動物體內血液總量），如圖23-13b所示，利用同位素稀釋法測定一池塘中水總體積，其法是準備一已知體積（V_o）及每一毫升之活性（A_o）之放射性同位素（如^{32}P或^{60}Co）標準品並加入池塘中（池水體積V_x），經充分對流後，再測每一毫升池水所含放射性同位素活性A_x。因標準品加入池塘中前後之放射性同位素總量是一樣的，即：

$$V_o \times A_o = A_x(V_x + V_o) \qquad (23\text{-}49)$$

因所加的標準品體積Vo通常遠小於池水體積V_x，即$V_x \gg V_o$，故上式可寫成：

$$V_o \times A_o = A_x(V_x + V_o) \gg A_x V_x \qquad (23\text{-}50)$$

故可得：

$$V_x = V_o \times (A_o/A_x) \qquad\qquad （23\text{-}51a）$$

即只要偵測原來標準品每一毫升之放射性同位素活性（Ao）及標準品加入池塘後每一毫升之放射性同位素活性（Ax）並代入已知標準品體積（Vo），依上式即可以計算池水體積Vx。

同位素稀釋法應用於偵測樣品中微量特定待測物含量常用「同位素稀釋質譜法」（Isotope dilution mass spectrometry）[402b-c]。在此法中常用同位素標幟待測物（如用「非放射性同位素^{2}D及^{13}C」標幟的戴奧辛標幟物1,4-dioxin-d8及多氯聯苯標幟物^{13}C-PCB）配成內標準品加入樣品（S）中並用氣態層析/質譜儀（GC/MS）偵測，依下式可得樣品中微量待測物（如戴奧辛或多氯聯苯）之濃度（C）：

$$C = \frac{A \times M^*}{A^* \times RRF \times V} \qquad\qquad （23\text{-}51b）$$

式中M*爲內標準品溶液中所添加的同位素標幟物質量，V爲樣品體積，A及A*分別爲樣品中待測物（未標幟分子）定量離子（如Cl-4 PCB, m/z = 290）及樣品中內標準品標幟分子定量離子（如^{13}C$_{12}$ Cl-4 PCB, m/z = 302）之質譜譜峰電流訊號強度，而RRF爲兩定量離子（如m/z = 290及302兩離子）之相對質譜感應因子。

23-5-2　同位素定年法

同位素定年法（Isotopic Dating Methods）[403-404]主要目的是利用放射性同位素鑑定一古物及岩石甚至地球之年紀（Dating），所鑑定的古物包括古代人工製造的古物（如古代青銅器、刀劍及衣物）及神木。常用的同位素定年法爲(1)C-14（碳十四）定年法（C-14 Dating），(2)U-238/Pb-206定年法（U-238/Pb-206 Dating），及(3)Th-232/Pb-208（^{232}Th/^{208}Pb Dating）。本節將介紹此三種常見同位素定年法之定年方法及原理如下：

碳十四定年法（C-14 Dating）[404]是利用古物中之放射性同位素定古物之年紀，常用於鑑定古代製造的銅器、鐵器、瓷器、刀劍及古衣物（如耶穌的聖袍）及上古神木等。碳十四定年法之年代鑑定原理是基於生物（動植物）

生存時因藉著呼吸體內外CO_2之交換及吸收外來的碳十四（^{14}C），故生物生存時體內之碳十四（^{14}C）放射性同位素含量幾為定值，動植物生存時體內每公斤碳所含^{14}C活性約為230 Bq/Kg（Ao，即為每克碳活性為0.23 Bq/g = 0.23 dps/g）。若此生物為古代綿羊時，當羊毛在綿羊身上時，羊毛上每公斤碳含^{14}C活性即為230 Bq/Kg（Ao），然當羊毛從古代綿羊身上剪下時，剪下的羊毛製成衣服（如圖23-13a所示），衣服上羊毛的再也無法吸收外界^{14}C，衣服上羊毛的含^{14}C量會隨時間（t）流逝而衰變（decay），因而衣服上羊毛的含^{14}C量就會隨衣服年代（t）變少，放射活性（A_t）也因而變小如下：

$$A_t = A_o\, e^{-\lambda t} \tag{23-52}$$

式中λ為^{14}C之衰變常數（Decay constant）且$\lambda = 0.693/t_{1/2}$（$t_{1/2}$為^{14}C之半衰期（5568yr）。依據上式，由偵測衣服現在^{14}C放射活性（A_t），如圖23-14a所示，就可計算出此古代衣物之年代了。歷史上著名的耶穌的聖袍年代鑑定就是用此碳十四定年法。

例題23-1　埃及金字塔裡發現一布料，其放射性碳元素的活性（A_t）為每小時每克碳480 decay（480 d/hr-g），計算此布料之年代。

解：布料製造時初始之碳活性（Ao）為230 Bq/Kg，即：

由式（23-52）

$$A_t = A_o\, e^{-\lambda t} \tag{23-52}$$

因$A_o = 230$ Bq/Kg = 230 dps/Kg

　$A_t = 480$ d/(hr-g) = 480/(60×60) dps/g = (480/3600)×1000 dps/Kg

　$\lambda = 0.693/t_{1/2} = 0.693/5568$ yr = $1.245×10^{-4}$

將A_o、A_t及λ值代入式（23-52）中，可得：

　t = [ln 230/(480×1000/3600)]/$1.245×10^{-4}$ = 4380 years

即：此金字塔裡布料之年代為4380年前製品。

至於如何應用此碳十四定年法**鑑定古代銅器或鐵器**呢？這是因為古代冶煉製銅器或鐵器時，是用木材燃燒冶煉的，木材從樹木砍下冶製銅器或鐵器時其碳原子會附在銅器或鐵器上，出初始時，銅器或鐵器上每公斤碳含^{14}C活性也為230 Bq/Kg (Ao)，同樣隨時間（t）流逝，其^{14}C也慢慢衰變（decay），同樣，經由測定現今之^{14}C放射活性（At）並依式（23-52），即可計算這些古代銅器或鐵器的年代了。

神木的年代鑑定也可用此碳十四定年法。因為神木通常有中空枯死部份及生意盎然新枝茂盛部份。在新枝茂盛部份可吸收外來的碳十四(^{14}C)，其^{14}C含量也固定（每公斤碳含^{14}C活性也為230 Bq/Kg(Ao)）。反之，在中空枯死部份再也不能吸收外來的^{14}C，故在此部分^{14}C含量及活性（At）也會隨時間（t）流逝而減小成At(At < Ao)，同樣也可偵測中空枯死部份（At）及生意盎然新枝茂盛部份（Ao）之^{14}C活性並依式（23-52），即可計算這些古代此神木的年代了。

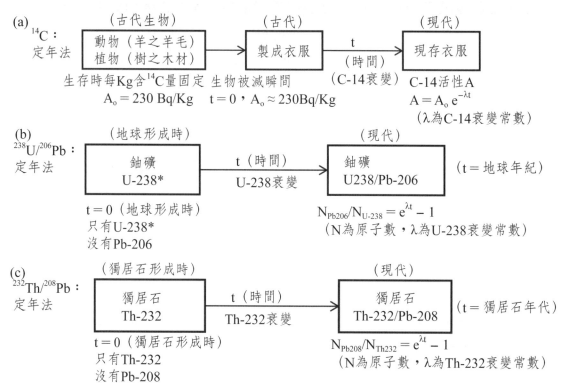

圖23-14　各種定年法(a)C-14衣服定年法，(b)U-238/Pb-206地球定年法，及(c)Th-232/Pb-208獨居石定年法之步驟及原理

U-238/Pb-206定年法[403]（U-238/Pb-206 Dating）（圖23-14b）是用來鑑定一鈾礦之年代，然而鈾礦也是地球形成時才有的，故U-238/Pb-206定年法也可用來估計地球之年齡（Age of the earth）。此法是偵測鈾礦中^{238}U及^{206}Pb原子數比，^{206}Pb為穩定性原子是由鈾礦中放射性同位素^{238}U經一連串衰變最後產物，故^{238}U為母核其在鈾礦及地球形成時初始原子數為No母，而現在鈾

礦中^{238}U原子數爲N母，由式（23-5）（即N ＝ N$_o$ e$^{-\lambda t}$），兩者關係爲：

$$N母 ＝ N^o母 \times e^{-\lambda t} \qquad (23\text{-}53)$$

然^{206}Pb爲子核其原子數爲N子，其和^{238}U初始原子數No母關係爲：

$$及 N子 ＝ N^o母 － N母 \qquad (23\text{-}54)$$

式中λ爲母核（^{238}U）之衰變常數，t爲時間。由上兩式現在鈾礦中^{206}Pb（子）/^{238}U（母）原子數比爲：

$$N子/N母＝（N^o母 － N母）/N母 ＝ N^o母/N母 － 1 ＝ e^{\lambda t} － 1$$

即

$$N子/N母 ＝ e^{\lambda t} － 1 \qquad (23\text{-}55)$$

及

$$N_{Pb\text{-}206}/N_{U\text{-}238} ＝ e^{\lambda t} － 1 \qquad (23\text{-}56)$$

由上式可知，只要測定^{206}Pb/^{238}U原子數比可知此鈾礦形成之年代及地球年齡。由U-238/Pb-206定年法推算出來的地球年齡約爲4.5×10^{9}年。

Th-232/Pb-208定年法[403]（Th-232/Pb-208 Dating）（圖23-14c）與U-238/Pb-206定年法類似，Th-232/Pb-208定年法可用來鑑定一獨居石（Monazite）之年代，Pb-208亦爲穩定性原子是由在獨居石中放射性同位素Th-232經一連串衰變最後產物，故^{232}Th爲母核，而^{208}Pb爲子核，依式（23-55）可得：

$$N_{Pb\text{-}208}/N_{Th\text{-}232} ＝ e^{\lambda t} － 1 \qquad (23\text{-}57)$$

由上式可知，只要測定^{208}Pb/^{232}Th原子數比可知獨居石形成之年代。

23-5-3　放射線免疫分析法

放射線免疫分析法（Radio Immunoassay，RIA）[405–406]中最常用的爲放射線免疫擴散（Radio Immuno-diffusion）[406]薄層分析法。放射線免疫擴散法概分(1)一維（One-dimensional）及(2)二維（Two-dimensional）放射線免疫擴散法兩類。

如圖23-14所示，一維放射線免疫擴散法又分(a)單向免疫擴散法（Single Immuno- diffusion，SID）及(b)雙向免疫擴散法（Double Immuno-diffusion，DID）兩種。圖23-15a爲單向免疫擴散法（SID）裝置圖，此法是

用一抗體（Antibody）塗佈在一Agar凝膠薄層上，然後再將用放射性同位素（如I-131）標幟過之抗原（Antigen*，如Antigen-$^{131}I_2$*）待測樣品注入薄層流動，此樣品中標幟抗原就會和薄層上抗體結合在一起成沉澱線（Precipitin line）留在薄層上，再用放射線偵測器偵測此沉澱區就可知標幟抗原留在薄層上有多少，換言之，也就可知樣品中抗原濃度了。一維雙向免疫擴散法（DID）之裝置則如圖23-15b所示，在一凝膠薄層兩區（Gel-A及Gel-B）分別塗上抗原（Antigen）及抗體，然後將樣品A（Solution A）注入薄層進入Gel-A區，若注入薄層進入GelA區，若樣品A中含有標幟抗體（Ab*）就會和Gel-A區的抗原結合成沉澱線（Precipitin line）。同樣地，樣品B（Solution B）注入薄層進入Gel-B區，若樣品B中含有標幟抗原（Ag*）就會和Gel-B區的抗體結合成沉澱線。此種雙向免疫擴散法（DID）可同時偵測兩種樣品（A，B）分別有抗體或抗原並透過放射線偵測可知其抗體或抗原含量多少。

　　圖23-15c為產生^{131}I標幟抗原（Antigen*，Ag*）或抗體（Antibody*，Ab*）方法，首先利用放射性碘離子（$^{131}I^-$*）和H_2O_2產生放射性碘（$^{131}I_2$*），再與抗原或抗體作用，就可分別得標幟抗原（Antigen-I_2*，Ag*）或抗體（Antibody-I_2*，Ab*）。

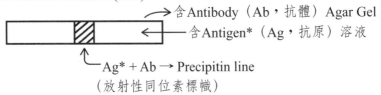

Immuno-diffusion

(a) Single Immuno diffusion (SID)

　　含Antibody（Ab，抗體）Agar Gel
　　含Antigen*（Ag，抗原）溶液
　　Ag* + Ab → Precipitin line
　　（放射性同位素標幟）

(b)Double immuno diffusion (DID)

Solution A （含Ab*或Ag*）　　Gel-A　Gel-B　　Solution B（含Ag*或A_b*）
含antigen (Ag)　　含antibody (Ab)

(c)抗原或抗體（蛋白質）I-131標幟物（^{131}I labeled protein）

(1) $2^{131}I^-$* + H_2O_2 → $^{131}I_2$* + $2OH^-$（產生$^{131}I_2$*）

(2) $^{131}I_2$* + Antigen (protein) → Antigen − I_2*（即Antigen*）

圖23-15　一維放射線免疫擴散法之(a)單向免疫擴散法（Single Immuno-diffusion，SID）及(b)雙向免疫擴散法（Double Immuno-diffusion，DID），和(c)抗原或抗體I-131標幟物（Antigen-I_2*or Antibody-I_2*）製備法

一維放射線免疫擴散法中抗體及抗原所得之沉澱線（Precipitin line）有時太細，不易觀察，故醫學診斷上發展二維免疫擴散法（Two-dimensional Immuno-Diffusion，2DID）[407]。圖23-16為利用放射性抗原（Ag*）偵測抗體（Ab）樣品之兩種2DID成像注入法及所形成的沉澱線（Precipitin line），二維免疫擴散法（2DID）通常在螢光板上執行，可得抗體（Ab）或抗原（Ag）樣品二維放射線螢光顯像圖（放射線射在螢光幕上所成圖像）。醫生可利用螢光顯像圖來瞭解病人血液抗體含量情形。

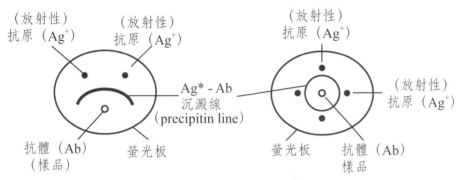

圖23-16　二維放射線免疫擴散法（Two-dimensional diffusion）之兩種二維成像注入法及所形成的沉澱線顯像示意圖

23-6　放射性同位素在醫學診斷／治療應用

放射性同位素在醫學的應用可分為醫學診斷（Radioisotopes for Medical Diagnosis）及醫學治療（Radioisotopes for Medical Therapy）兩方面，本節將分別介紹應用在醫學診斷及醫學治療的各種放射性同位素及診斷或治療原理。

23-6-1　放射性核子掃瞄造影術

放射性核子掃瞄造影術（Radionuclide Image，RI）[408-409]在世界各大醫院普遍應用做醫學診斷之工具，用來掃瞄病人各器官，血管，骨骼及腦部

以瞭解各組織狀況。而此核子掃瞄造影術中常用的放射性同位素為Tc-99 m，I-131、Xe-133、F-18、C-11、In-113及O-15等。其中Tc-99 m（Technetium-99 m，鎝-99 m）為介穩或暫穩狀態（m = Metastable）放射加馬（γ）射線同位素，Tc-99 m[410]可吸附在身體各器官及血管中並放射加馬（γ）射線，因而可用在各器官，血管，骨骼及腦部掃瞄，為各醫院最常用之核子掃瞄造影術放射性同位素。I-131常用在甲狀腺及肺部掃瞄，Xe-133也常用在肺部掃瞄，In-113則常用在肝臟掃瞄，而I-131，Xe-133及In-113也皆為放射加馬（γ）射線同位素。而F-18，C-11及O-15皆為放出正子（Positron）之放射性同位素，常用在「正子斷層掃瞄」（PET，Positron Emission Tomography）造影術中。因Tc-99 m可用在各器官，血管，骨骼及腦部掃瞄且Tc-99 m之半衰期（$t_{1/2}$）才6小時，經1天後病人身體內就幾無Tc-99 m放射性同位素了，因而Tc-99 m普遍應用在世界各國各大醫院，而正子斷層掃瞄（PET）為當今被認為最靈敏的核子掃瞄造影技術，故本節以Tc-99 m核子掃瞄造影術及正子斷層掃瞄（PET）技術介紹為主。

圖23-17a為放射性核子掃瞄造影系統示意圖及常用放射性核子種類和用Tc-99m掃瞄造影術偵測過程。以Tc-99 m掃瞄造影術為例，首先注射含**Tc-99 m藥物（俗稱Tc-99 m顯影劑）**（Contrast medium或稱對比劑）到病人靜脈血管中[410]並使病人躺在旋轉型γ射線攝影系統中，隨著血液循環到病人身體各器官中並吸附在器官組織細胞上，吸附在各器官組織的Tc-99 m會放射出γ射線，此γ射線可用γ射線攝影系統攝影各器官組織圖像。如圖23-17a所示，可移動的γ射線閃爍偵測器（常用NaI閃爍計數器（NaI Scintillation counter）當偵測器）就在病人上方，γ射線偵測器就對已注射Tc-99 m藥物病人做全身各器官及骨骼掃瞄，並把γ射線閃爍偵測器測得的訊號傳至資料收集（DAS，Data Acquisition System）/影像處理系統做數據及影像處理。23-17b為醫用放射性核子掃瞄造影系統實圖。圖23-18A-E即為Tc-99 m和其它放射性同位素如I-131、Xe-133，In-113之核子掃瞄造影術分別用在(1)血管掃瞄（Blood vessel scan），(2)肺掃瞄（Lung scan），(3)骨骼掃瞄（Bone scan），(4)肝掃瞄（Liver scan），及(5)腦部掃瞄（Brain scan）示意圖。

放射性Tc-99 m的產生[410]如圖23-19a所示，是由放射性Mo-99 m衰變所得，而Mo-99 m則由中子（n）照射Mo-98所得：

$$^{98}Mo + {}^{1}n \rightarrow {}^{99m}Mo + \gamma \tag{23-58}$$

　　然後以$^{99m}MoO_4^{2-}$離子方式吸附在離子交換樹脂管中（圖23-18b），^{99m}Mo慢慢衰變成^{99m}Tc：

　　　　$_{42}Mo\text{-}99\,m\,(^{99m}Mo$樹脂$)\rightarrow\,_{43}Tc\text{-}99m\,(^{99m}Tc$樹脂$)+\,_{-1}\beta$　　（23-59）

　　再用鹽水（NaCl）當流洗液將已衰變產生的Tc-99 m從離子交換樹脂管洗下來，洗下來的Tc-99 m溶液再加入有機氮配位基形成Tc-99 m錯合物（如圖23-19b所示）製成Tc-99 m藥物。

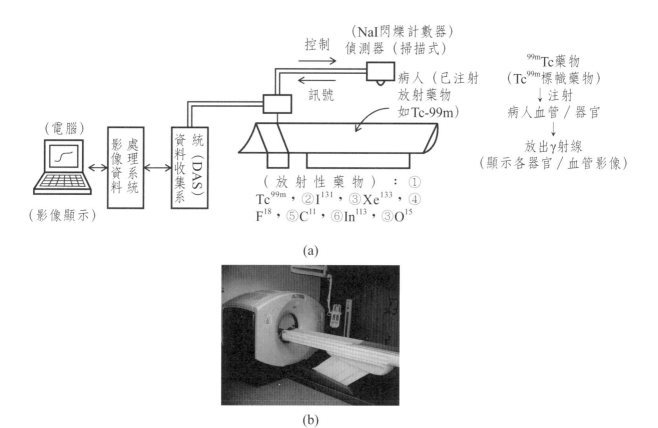

(a)

(b)

圖23-17　放射性核子掃瞄造影術之(a)γ射線攝影系統示意圖及常用放射性核子種類，(b)醫用放射性核子掃瞄造影系統實圖[411a]（(b)圖來源：From Wikipedia, the free encyclopedia, http://upload.wikimedia.org/wikipedia/commons/thumb/c/c4/16slicePETCT.jpg/785px-16slicePETCT.jpg）

(A)血管掃瞄（Blood Vessel Scan）-Tc-99m

(B)肺掃瞄（Lung Scan）-Tc-99m，I-131 & Xe-133

(C)骨骼掃瞄（Bone Scan）-Tc-99m

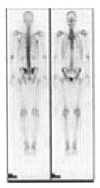

(D)肝掃瞄（Liver Scan）-Tc-99m & In-113

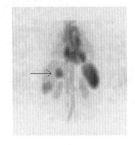

(E)腦部掃瞄（Brain Scan）

Tc-99m腦部掃描
（Brain Scan）

圖23-18　應用Tc-99m及其他核種做人體(A)血管掃瞄，(B)肺掃瞄，(C)骨骼掃瞄，
(D)肝掃瞄，及(E)腦部掃瞄[411b]

Tc-99m產生方式（Cow Method，母牛法）

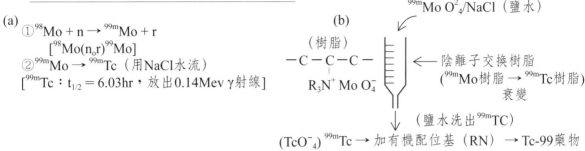

(a)
① $^{98}Mo + n \rightarrow ^{99m}Mo + r$
[$^{98}Mo(n_o r)^{99}Mo$]
② $^{99m}Mo \rightarrow ^{99m}Tc$（用NaCl水流）
[$^{99m}Tc：t_{1/2} = 6.03hr$，放出0.14Mev γ射線]

(b)
$^{99m}Mo\ O^2_4$/NaCl（鹽水）

（樹脂）
$-C-C-C-$ ← 陰離子交換樹脂
（^{99m}Mo樹脂 → ^{99m}Tc樹脂）
R_3N^+ Mo O^-_4 衰變

（鹽水洗出^{99m}TC）

（TcO^-_4）$^{99m}Tc \rightarrow$ 加有機配位基（RN）→ Tc-99藥物

(c)Tc-99藥物結構

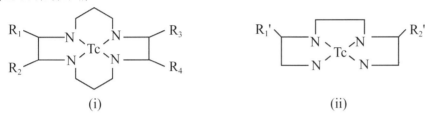

(i)   (ii)

圖23-19 Tc-99放射性同位素之(a)產生核反應，(b)萃取裝置，及(c)Tc-99藥物（當顯影劑）結構圖

正子斷層掃瞄造影術（PET，Positron Emission Tomography）[412]造影術為當今醫學界號稱最靈敏最細微的核子掃瞄造影術。正子斷層掃瞄造影術（PET）是將正子藥物（如O-15或F-18藥物，俗稱正子顯影劑）注射到病人身體內，正子（Positron，e^+，帶正電）和身體內器官之細胞原子的電子（e^-）相碰而結合質能互變產生很強的γ射線，在體外利用γ射線掃瞄攝影系統偵測各器官或血液放出來γ射線，就可得到各器官或血管的正子斷層掃瞄造影圖，反應如下：

e^+（正子）+ e^-（電子）→ γ（總能量 = 2×0.506 MeV = 1.012 MeV）

（23-60）

因正子之質量和電子質量（$m_{e^-} = 9.02×10^{-28}$ g）一樣，故正子和電子總質量（M）為：

$M = m_{e^+} + m_{e^-} = 2×(9.02×10^{-28}g) = 2×9.02×10^{-28}$ g $= 2×9.02×10^{-31}$ Kg

（23-61）

根據愛因斯坦方程式（Einstein's equation），質能互變所產生總能量E為：

$E = Mc^2 = (2×9.02×10^{-31}$ Kg$)(3.00×10^8$ m/sec$)^2 = 2×8.1×10^{-14}$J

（23-62a）

式中c為光速，因1 eV = 1.602×10^{-19} J，故放出γ射線總能量E可寫為：

$$E = 2 \times 8.1 \times 10^{-14} \text{ J} = (2 \times 8.1 \times 10^{-14})/(1.602 \times 10^{-19})$$

$$= 2 \times 5.06 \times 10^{-5} \text{ eV} = 2 \times 0.506 \text{ MeV} = 1.012 \text{ MeV} \quad （23-62b）$$

換言之，每一正子／電子結合質能互變產生總能量E為2×0.506 MeV(1.012 MeV)之相當強的γ射線。

正子斷層掃瞄造影（PET）裝置及偵測原理如圖23-20a所示，注射正子藥物（俗稱正子顯影劑）之病人躺在周圍佈滿NaI/PMT閃爍計數器（NaI/Photomultiplier tube scintillation counter）偵測系統中，以偵測正子藥物的正子和病人體內器官細胞原子的電子（e^-）相碰而結合質能互變產生的γ射線，NaI/PMT閃爍計數器偵測γ射線所產生的電子流經放大器（如用運算放大器（OPA，Operational amplifier））轉成電壓訊號輸出到類比／數位轉換器（ADC，Analog/digital converter），再轉換成數位訊號輸出到電腦中，做數據及影像處理，可顯示病人體內各器官或血管血液影像圖。圖23-20b為醫學診斷用之正子斷層掃瞄造影（PET）裝置實圖。

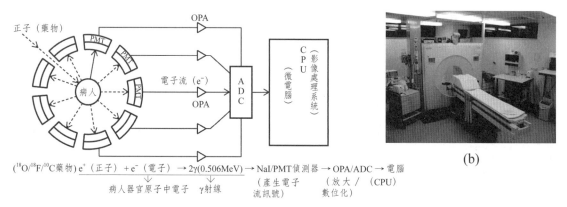

圖23-20　正子斷層掃瞄（PET，Positron Emission Tomography）裝置之(a)基本結構圖及偵測過程，和(b)醫學診斷用PET裝置實圖[413]（(b)圖來源：From Wikipedia, the free encyclopedia http://upload.wikimedia.org/wikipedia/commons/b/b8/ECAT-Exact-HR-PET-Scanner.jpg）

正子斷層掃瞄術中所用之正子藥物（俗稱正子顯影劑）的核種常用的有：F-18，C-11，及O-15，這些正子核種常用迴旋加速器產生（迴旋加速器結

構及工作原理請見本章前面圖23-9）。如圖23-21所示，^{11}C是由加速的質子（p）離子撞擊^{11}B原子產生的（即^{11}B(p,n)^{11}C），而^{18}F由加速的質子（p）離子撞擊^{18}O原子產生（即^{18}O(p,n)^{18}F），^{15}O則由加速的重氫離子（D^{+}）撞擊^{14}N原子產生的（即^{14}N(D,n)^{15}O）所得。各反應如下：

$$^{11}_{5}B + {}^{1}_{1}p \rightarrow {}^{11}_{6}C + {}^{1}_{0}n \quad [{}^{11}B(p,n)^{11}C] \tag{23-63}$$

$$^{18}_{8}O + {}^{1}_{1}p \rightarrow {}^{18}_{9}F + {}^{1}_{0}n \quad [{}^{18}O(p,n)^{18}F] \tag{23-64}$$

$$^{14}_{7}N + {}^{2}_{1}D \rightarrow {}^{15}_{8}O + {}^{1}_{0}n \quad [{}^{14}N(D,n)^{15}O] \tag{23-65}$$

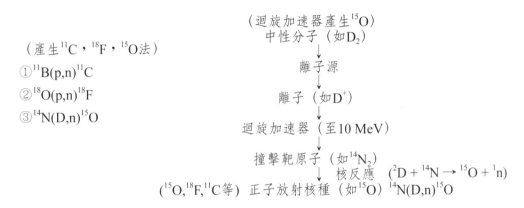

圖23-21　離子迴旋加速器生產各種會發射正子之正子核種過程

　　圖23-21中亦以用離子迴旋加速器生產正子核種^{15}O為例，說明正子核種產生步驟。首先利用中性分子（D$_{2}$，氘分子）經一離子源（常用高電壓電子源），以產生撞擊離子（D^{+}），然後利用離子迴旋加速器加速，使撞擊離子（D^{+}）撞擊靶原子（^{14}N）（如式（23-65）所示），產生正子核種^{15}O。

　　利用迴旋加速器所產生的正子核種需合成含正子有機藥物當顯影劑注射到病人體內做正子斷層掃瞄（PET）。現在市場上可買到的正子顯影劑為C-11及F-18正子有機藥物。圖23-22c為利用市售的C-11正子有機藥物顯影劑^{11}C-N-methyl spiperone結構圖，做的神經系統掃瞄圖（圖23-22A）及腦部掃瞄圖（圖23-22B）。市售亦有F-18和葡萄糖結合所成的F-18正子有機藥物顯影劑18F-FDG (FPD = 2-fluoro-2-deoxy-D-glucose)。此18F-FDG顯影劑結構因含葡萄糖，故可做和葡萄糖代謝有關的腦部掃瞄和其他與代謝有關器官之掃瞄。

C-11　正子斷層掃瞄（PET）

(A)神經系統掃瞄

(B)腦部掃瞄

(C)顯影劑（^{11}C-N-Methyl Spiperone）
　　（C-11藥物）

圖23-22　C-11正子斷層掃瞄（PET）之(A)神經系統掃瞄圖，(B)腦部掃瞄圖，及(C)
　　　　所用的C-11標幟藥物顯影劑

23-6-2　放射性核子（Co-60，P-32/Y-90/I-131）醫學治療法

利用放射性核子放射線之做醫學治療（Radionuclide Medical Therapy），最有名為Co-60[414]放出之γ射線所做各組織體外照射醫學治療。然而近年來癌症為人類健康重大危害，需做體內照射醫學治療。而做為體內照射醫學治療之核種需半衰期不太長且其放射線能量也夠強，因半衰期太長留在病人體內太久會傷害病人正常細胞。現在發現符合這兩條件的核種為P-32及Y-90。另外因碘原子易被甲狀腺吸收，I-131亦常應用甲狀腺腫之體內治療。故本節將介紹Co-60，P-32，Y-90及I-131醫學治療法。

放射性同位素^{60}Co[414]是由一般非放射性原子^{59}Co在原子爐經中子（n）照

射所得：

$$^{59}\text{Co} + {}^{1}\text{n} \rightarrow {}^{60}\text{Co}* + \gamma \qquad (23\text{-}66)$$

而^{60}Co*放射性源如圖23-23a所示，會衰變放射兩種$\beta(\beta_1, \beta_2)$及兩種γ射線，反應如下：

$$^{60}_{27}\text{Co}* \rightarrow {}^{60}_{28}\text{Ni} + {}_{-1}\beta + \gamma_1(1.17 \text{ MeV}) + \gamma_2(1.33 \text{ MeV}) \qquad (23\text{-}67)$$

圖23-23b為醫療用的鈷六十加馬射線治療機（Co-60 teletherape）之結構示意圖，治療機之機頭（Head）含鈷-60(^{60}Co*)放射源。病人躺在病人床上，由可上下左右移動的機頭上^{60}Co放射源放出γ射線照射病人，可利用此高能γ射線殺死癌細胞。

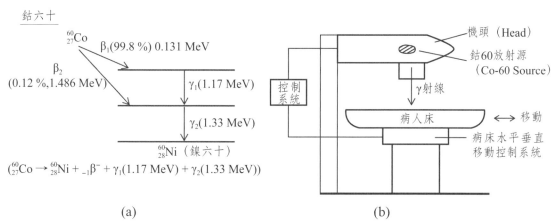

圖23-23　鈷六十（Co-60）之(a)放出β/γ射線衰變過程，及(b)含^{60}Co之加馬射線治療機之結構示意圖

　　放射性同位素^{32}P*[415]因其半衰期（$t_{1/2}$）為14.3天並不長，且其放出相當強β射線（如表23-6所示），適合用於治療癌症腫瘤，^{32}P*雖然可由中子照射引起的^{31}P(n, r)^{32}P核反應獲得，然一般大量製造的^{32}P卻由非放射性硫（^{32}S）放在原子爐中用快中子照射所得，兩者製造反應如下：

$$^{32}_{16}\text{S} + {}^{1}_{0}\text{n} \rightarrow {}^{1}_{1}\text{H} + {}^{32}_{15}\text{P}* \rightarrow 合成^{32}\text{P}*磷藥物 \qquad (23\text{-}68a)$$

$$^{31}_{15}\text{P} + {}^{1}_{0}\text{n} \rightarrow \gamma + {}^{32}_{15}\text{P}* \rightarrow 合成^{32}\text{P}*磷藥物 \qquad (23\text{-}68b)$$

由式（23-68a, b）所得之^{32}P*藥物如圖23-24所示，注射入病人腫瘤部位，利用^{32}P*放射出來高能量（0.318 MeV）$_{-1}\beta$射線，以裂解病人腫瘤。^{32}P*衰變反應如下：

$$_{15}^{32}P* \text{（磷藥物）} \rightarrow {}_{16}^{32}S* + {}_{-1}\beta(0.318 \text{ MeV}) \tag{23-69}$$

放射性同位素 ${}^{90}Y*$ [416-417]，${}^{90}Y*$的半衰期（$t^{1/2}$）和${}^{32}P*$類似為2.7天也不長，但其放出的高能量β射線（2.28 MeV）比${}^{32}P*$放出的β射線能量（0.318 MeV）還高更強（如表23-6所示）。${}^{90}Y*$藥物製造亦是由非放射性${}^{89}Y$藥物在原子爐用中子所得，製造反應如下：

$$^{89}Y \text{（釔化物藥物）} + {}_{0}^{1}n \rightarrow {}^{90}Y* \text{（釔藥物）} + \gamma \tag{23-70}$$

${}^{90}Y*$藥物也是利用注射進入病人腫瘤部位（圖23-24）並利用其衰變放出的高能量β射線（2.28 MeV）裂解病人腫瘤。${}^{90}Y*$衰變反應如下：

$$_{39}^{90}Y* \text{（釔化物藥物）} \rightarrow {}_{40}^{90}Zr + {}_{-1}\beta(2.28 \text{ MeV}) \tag{23-71}$$

表23-6　常用醫療放射性同位素之生產反應及衰變反應

同位素	生產核反應	衰變反應及放出放射線	半衰期
${}^{60}Co$	${}^{59}Co(n,r){}^{60}Co$	${}_{27}^{60}Co \rightarrow {}_{1}^{0}\beta^- + \gamma$射線（1.17/1.33 MeV）	5.3 yr
${}^{32}P$	${}^{32}S(n,p){}^{32}P$	${}_{15}^{32}P \rightarrow {}^{33}S_{16} + {}_{-1}^{0}\beta^-$（$\beta$射線，0.318 MeV）	14.3 days
${}^{90}Y$	${}^{89}Y(n,r){}^{90}Y$	${}_{39}^{90} \rightarrow {}_{40}^{90}Zr + {}_{-1}^{0}\beta^-$（$\beta$射線，2.28 MeV）	2.7 days
${}^{131}I$	${}^{235}U(n,f){}^{131}Te$	${}_{53}^{131}I \rightarrow {}_{54}^{131}Xe + {}_{-1}^{0}\beta^-$（$\beta$射線，0.627/0.723 MeV）	8.0 days
	${}^{131}Te \rightarrow {}^{131}I + \beta^-$	γ射線0.248/0.608 MeV	

放射性同位素 ${}^{131}I*$ [418] 之製造，衰變及應用分別如表23-6及圖23-24所示。I-131*放射性同位素是由U-235*燃料用中子（n）照射所引起核分裂（Nuclear fission，f）所得放射性同位素Te-131*衰變所得，反應如下：

$$^{235}U + {}^{1}n \rightarrow \text{核分裂（f）} \rightarrow {}^{131}Te* \rightarrow {}^{131}I* + {}_{-1}\beta \tag{23-72}$$

常用醫療放射性同位素藥物之製造及應用

P-32　(A)非放射性${}^{32}S$或磷(${}^{31}P$)藥物 $\xrightarrow{\text{中子照射}}$ 放射性${}^{32}P*$藥物 → 病人注射（β射線照射癌細胞）

Y-90　(B)非放射性釔(${}^{89}Y$)藥物 $\xrightarrow{\text{中子照射}}$ 放射性${}^{90}Y*$藥物 → 病人注射（β射線照射癌細胞）

I-131　(C)原子爐${}^{235}U$中子照射 → 產生${}^{131}I$（放射性）→ 製造${}^{131}I$藥物

　　　(1)製成${}^{131}I^-$（放射性碘離子）→ 甲狀線（β/γ射線照射癌細胞）

　　　(2)製成${}^{131}I_2$分子 → ${}^{131}I_2$-藥物或${}^{131}I_2$-protein → 體內各類器官（造影／治療）

　　　　　　　　　　　　　　　　　　　　　　（β射線治療用，γ射線造影用）

圖23-24　醫療用放射性同位素(A)P-32，(B)Y-90，及(C)I-131之藥物製造及應用

　　然後如圖23-24所示，將所得的放射性^{131}I*分別製成放射性碘離子（^{131}I$^-$）及放射性碘分子（^{131}I$_2$）。放射性碘離子（^{131}I$^-$）易甲狀腺吸收被當甲狀腺腫瘤治療及造影之用，而放射性碘分子（^{131}I$_2$）則和各種蛋白質結合成放射性碘－蛋白質（^{131}I$_2$-protein）標幟物（I-131 labeled compound），可打入各器官做器官腫瘤治療及造影之用。這是因為^{131}I衰變會放出兩種高能量（0.627及0.725 MeV）的β射線及γ射線。^{131}I衰變反應如下：

$$^{131}\text{I*} \rightarrow {}^{131}\text{Xe} + {}_{-1}\beta(0.627 \text{及} 0.725 \text{ MeV}) + \gamma(0.248 \text{及} 0.608 \text{ MeV}) \qquad (23\text{-}73)$$

　　^{131}I衰變所得的兩高能量β射線可用來裂解甲狀腺及各器官之腫瘤，做醫療之用。而其衰變時同時發出的γ射線則可用來做各器官及甲狀腺腫瘤掃瞄造影之用。

第 24 章

環境污染物分析法

　　自二十世紀以後人類科技發展迅速，帶動世界各國工業蓬勃發展，而工業所排出各種有機及無機廢棄物，造成嚴重環境污染。環境污染主要是空氣污染、水污染、土壤及廢棄物污染。空氣污染中主要的污染物（Pollutant）為一氧化碳（CO）、二氧化氮（NO_2）、二氧化硫（SO_2）、二氧化碳（CO_2）、粉塵粒狀物（Particulates）及有機物（如有機溶劑、戴奧辛、鹵素碳烴及多環芳香烴（Polycyclic Aromatic Hydrocarbons，PAHs），而水污染主要的污染物為重金屬及極性有機物。另外，廢棄變壓器絕緣油用的多氯聯苯（Polychlorinated biphenyls，PCBs）則是國際間關注的廢棄物，而土壤中污染物常為殘留殺蟲劑（Pesticides）之農藥及重金屬污染。由於這些環境污染物會危害人體健康，故環境污染物分析（Environmental Pollutants Analysis）成為近代環境科學重要課題。本章將針對這些空氣污染、水污染、土壤及絕緣油中之污染物對人體及環境之可能造成的危害及偵測方法加以介紹。

24-1　空氣污染及污染物分析

　　空氣污染（**Air pollution**）[419]主要來自工業及交通車輛所排出各種有機及無機廢棄物所造成的（圖1a），空氣污染對人體健康與環境危害影響極大，主要空氣污染物（圖1b）為一氧化碳（CO）、二氧化氮（NO_2）、有機物（HC, hydrocarbon）、氧化硫（SO_x）、二氧化碳（CO_2）及粉塵粒狀物（Particles），表24-1為美國一年所排出的各種空氣污染物的總量及污染來源。表24-1顯示一氧化碳（CO）、氧化氮（NO_x）及有機物（HC）的最主要污染來源來自交通（以汽車為主）排放物所造成的污染，氧化硫（SO_x）之最主要污染來源則來自定點燃燒（以燒煤的工廠或電廠為主）排放物，而粉塵粒狀物（Particles）主要來自工業生產所造成的。本節將分別對這些主要空氣污染物之污染原因、對健康與環境危害及偵測方法分節介紹。

(a)

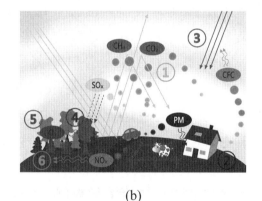
(b)

圖24-1　空氣污染之(a)工業污染源，及(b)主要空氣污染物示意圖[419a]（(b)圖：① CO_2溫室效應（greenhouse effect），②粉塵粒狀物（Particle Matter，. PM），③臭氧層破洞紫外線（UV radiation）直射，④SO_2酸雨（acid rain），⑤地表臭氧（O_3）增加，⑥空氣中NO_2及有機物（如CH_4）濃度增加；資料來源：From Wikipedia, the free encyclopedia, http://en. wikipedia. org/wiki/Air_pollution）

表24-1　美國全年（1970年）各種空氣污染物總量（百萬噸／年）[420b]

污染源	一氧化碳 （CO）	氧化氮 （NOx）	氧化硫 （SOx）	有機物 （HC）	粉塵 （particle）
交通（汽車、火車、飛機）	100.6*	10.6*	0.9	17.7*	0.6
定點燃燒（電廠、煤石油、天然氣）	0.7	9.1	24.0*	0.5	6.2
工業、生產（生產發出）	10.3	0.2	5.4	5.0	12.1*
其他（含垃圾處理及其他）	23.1	0.9	0.4	8.4	4.9
總量	134.7	20.8	30.7	31.6	23.8

*各污染物之主要污染源（如CO主要污染源為交通）

(a)交通排放11.7百萬噸NOx中，汽車排放9.1百萬噸NOx最多。

24-1-1　一氧化碳（CO）污染及偵測法

在世界各重要城市幾乎都立有空氣中一氧化碳（CO）偵測站，可見空氣中CO污染[420-423]在世界各重要城市普遍存在，空氣中CO主要來自汽車及工廠中碳燃料未完全燃燒結果：

$$C（碳燃料）+ 1/2\ O_2 \rightarrow CO \qquad\qquad （24\text{-}1）$$

CO污染最主要的危害為CO會和人體中之血紅素（Hemoglobin，Hb）及肌紅素（Myroglobin，Mb）結合，而使血紅素及肌紅素失去吸氧及輸送氧氣到各器官與組織的能力，會使人昏迷甚至死亡。圖24-2為CO和血紅素（Hb）結合情形，每一個血紅素分子都具有四個以Fe(II)為中心的血基質（Heme），每個Fe(II)中心會吸收一CO分子，一血紅素分子共可吸收四個CO分子形成CO-Hb結合。然原來這些Fe(II)中心本來是用來吸收氧（O_2）分子的，因血紅素Fe(II)中心吸收CO比吸收O_2要強約600倍（如表24-2所示），故當人體吸入CO後，血紅素再也不吸收氧（O_2），當然也就不能輸送氧到各器官與組織了。表24-2是血紅素第四個血基質Fe(II)中心吸收氧（O_2）、CO及NO能力（以其吸收之平衡常數K_4表示），可見血紅素吸收CO及NO能力分別為吸收O_2之約400倍及200000倍。

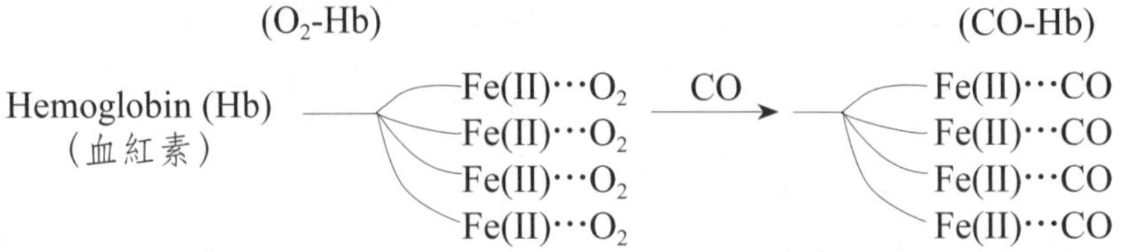

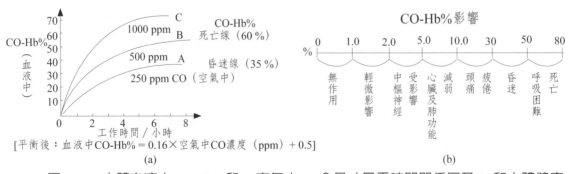

（O₂-Hb）   （CO-Hb）

$$Hemoglobin\ (Hb) \begin{cases} Fe(II)\cdots O_2 \\ Fe(II)\cdots O_2 \\ Fe(II)\cdots O_2 \\ Fe(II)\cdots O_2 \end{cases} \xrightarrow{CO} \begin{cases} Fe(II)\cdots CO \\ Fe(II)\cdots CO \\ Fe(II)\cdots CO \\ Fe(II)\cdots CO \end{cases}$$

（血紅素）

圖24-2　血紅素（Hemoglobin，Hb）／氧（O₂）及一氧化碳（CO）結合示意圖
（空氣中CO來自碳燃料未完全燃燒結果）

表24-2　血紅素（Hb）對氣體之吸收結合力

氣體（X）	血紅素對各氣體之吸收平衡常數（K_4）*
氧（O₂）	6.7×10^5
一氧化碳（CO）	2.6×10^8
一氧化氮（NO）	1.5×10^{11}

*$K_4 = [HbX_4]/[HbX_3][X]$

　　然而多少（%）血紅素（Hb）吸收CO會對人體造成健康傷害。如圖
24-3a所示，當一工人暴露在含有1000 ppm之CO污染空氣中工作約1小時後，
此時其體內約有35 %血紅素吸收有CO（即35 % CO-Hb），此人即可能會昏
倒（失去知覺）。如果其繼續工作2小時，其體內的血紅素就會有60 %吸收
有CO（（即60 % CO-Hb），此人可能就會死亡。在空氣中CO濃度小於100
ppm（<100 ppm）時[420]，血液中血紅素吸有CO百分比（即CO-Hb%）和空
氣中CO濃度（ppm）呈正相關，實驗結果顯示有下列關係：

　　　　CO-Hb%（血液）＝ 0.16×空氣中CO濃度（ppm）＋ 0.5　　　（24-2）

圖24-3　人體血液中CO-Hb%和(a)空氣中CO含量／暴露時間關係圖及(b)和人體健康
　　　　關係示意圖

　　圖24-3b爲在各種血紅素吸有CO百分比（CO-Hb%）所造成身體不適及對健康傷害情形，可看出只要CO-Hb%大於1 %，身體就會受影響，而大於5 %，就會使心臟及腦功能受傷害，大於10 %明顯嚴重傷害就出現，例如前所述（圖24-3）在40 % CO-Hb人就會昏倒失去知覺，而當60 % CO-Hb就可能會死亡。

　　空氣中CO污染現場監測法（CO field monitoring）[424-426]世界各國都採用非分散式紅外線光譜法（NDIR，Non-Dispersive Infra-Red Spectrometry）[424a]。非分散式紅外線光譜法（NDIR）偵測CO及有機物之基本原理及裝置已在本書IR光譜法第四章第4-3-2節詳加說明並請參閱，本節再做重點說明。圖24-4爲偵測空氣中CO之NDIR（CO-NDIR）的系統裝置圖。圖中由一鎢絲組成的紅外線（IR）光源發出各種波長紅外線（其中含CO會吸收的波長$\lambda_{CO} = 1.45$ μm），經一光束分裂器（Beam splitter）成兩道光束，分別射入一長約100 cm的開放式樣品槽（Sample cell，內含待測真實空氣）及封閉式參考槽（Reference cell，內爲不含CO之標準空氣），由於λ_{CO}紅外光經樣品槽時部分光被空氣中CO吸收，樣品槽出來光強度變弱（Io→I）。而經參考槽之λ_{CO}光則因其槽中不含CO，從參考槽出來時光強度仍然維持Io，從樣品槽及參考槽出來的光分別進入充滿CO偵測器之兩側，由於進入偵測器兩側之λ_{CO}光強度不同（Io及I）會激發偵測器之CO分子數不同造成放出來熱量也不同，偵測器兩側形成一冷一熱而使其間兩片金屬膜距離改變（Δd），造成兩片金屬膜間電容改變及輸出電流i_o改變（Δi_o）。換言之，空氣中CO濃度[CO]越大，即[CO]↑（越大），[Io-I]↑，Δd↑，Δi_o↑（輸出電流改變越大）。此NDIR偵測CO裝置可測1～100 ppm CO濃度，而依我國環保署公佈我國空氣中CO（八小時平均值）空氣品質標準爲9 ppm[424b]，故此NDIR裝置用來測量空氣中CO含量是合適的。圖24-5a爲建立在台北市南門的偵測CO-NDIR裝置工作站。

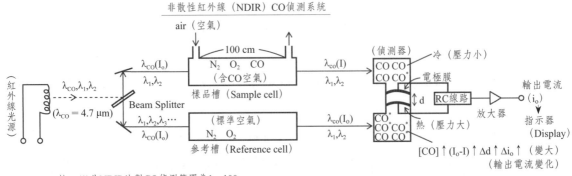

註：(1)此NDIR法對CO偵測範圍為1～100 ppm
　　(2)我國空氣中CO空氣品質標準為9 ppm

圖24-4　我國環境保護署（EPA，公告NIEA A704.04C法）偵測空氣中CO標準法－非散性紅外線（NDIR）法偵測CO測定系統（CO-NDIR）之基本結構及原理示意圖（參考資料：(1)EPA，公告NIEA A704.04C法[425]，(2)J.S.Shih，一氧化碳的污染與分析，J. Sci.Edu.（科教月刊），51，69（1982）[424a]）

圖24-5　非散性紅外線（NDIR）型一氧化碳（CO）偵測站（台北市南門）。

24-1-2　二氧化氮／一氧化氮污染及偵測

空氣中二氧化氮（NO_2）污染[420-421，427-429]對環境及人體健康危害都相當大，而二氧化氮之主要污染來源如圖24-6所示來自(1)高溫燃燒（如煤氣燃燒）使空氣中N_2和O_2反應產生及(2)氮燃料燃燒所致，反應如下：

$$N_2 + O_2（高溫燃燒>1300\ ℃）\rightarrow 2NO \qquad (24\text{-}3a)$$

$$2NO + O_2（室溫及< 600 ℃）\rightarrow 2NO_2 \qquad（24\text{-}3b）$$

及　$C_mH_nN_p$（氮燃料燃燒）$+ (m + \dfrac{n}{4} + p)O_2 \rightarrow mCO_2 + \dfrac{n}{2}H_2O$
$+ pNO_2$（室溫）　　　　　　　　　　　　　　　　　　　　（24-4）

　　如上所示，不管是一般如煤氣之高溫燃燒或含氮燃料燃燒在>1300 ℃下，首先產生的為一氧化氮（NO）排放，因為在燃燒的煤氣爐邊就有可能有NO存在。但一遇低溫< 600 ℃或室溫就NO就會和空氣中O_2反應產生NO_2。如表24-3所示，NO之產生及存在和溫度有關，在高溫>1500 ℃時NO只要1秒中就可形成500 ppm，此高溫下，空氣中NO ＞ NO_2濃度。在1300～1500 ℃時，NO形成速率雖較慢（形成500 ppm要約2分鐘），但在空氣中NO/NO_2比仍然相當大，而在500～1300 ℃時，空氣中NO仍會形成並存在。一直要到在<500 ℃低溫下，NO才不易形成，所有NO都會變成NO_2，空氣中幾乎不會有NO存在。在室溫（25 ℃）中NO幾乎就不存在。所以在室溫空氣中不會有NO存在，反之，NO_2可能會存在空氣中。

<u>二氧化氮產生原因</u>

(1)$N_2 + O_2 \rightarrow 2NO$　　（高溫>1300 ℃燃燒）
　　$2NO + O_2 \rightarrow 2NO_2$　　（在室溫中或低溫<600 ℃）
　　（在大氣中NO_2產生量比NO高）
(2)$C_mH_nN_p$（氮化物燃料）$+ (m + \dfrac{n}{4} + p)O_2 \rightarrow mCO_2 + \dfrac{n}{2}H_2O + pNO_2$

圖24-6　空氣中二氧化氮／一氧化氮（NO_2/NO）產生來源及步驟

表24-3　一氧化氮（NO）形成時間與溫度關係

溫度（℃）	形成500 ppm所需時間	NO/NO_2關係
1500～2000	約需1.0秒	NO ＞ NO_2
1300～1500	約需2.5秒	NO ≈ NO_2
500～1300	約需20分鐘	NO ＜ NO_2
25～500	難生成NO，只有NO_2（所有NO都變成NO_2）	NO ≪ NO_2（只有NO_2存在）

　　由於表24-1中可見交通排放的NO_2為最大污然源，每年排放11.7百萬噸NO_2，而交通中以汽車每年排放9.1百萬噸NO_2為最多。表24-1亦顯示含發電廠及工廠之煤，天然氣及燃料油的定點燃燒每年排放10.0百萬噸NO_2為第二大污染源。其他污染源所排放NO_2就相對少了。

　　氮氧化物（NO_2/NO）污染對環境及人體健康危害相當大，圖24-7為空氣中氮氧化物（NO_2/NO）污染所造成對環境及動植物之各種危害。首先空氣中NO_2污染會造成酸雨（圖24-7（一）），這是因為NO_2遇雨水會反應成硝酸（HNO_3）及亞硝酸（HNO_2），反應如下：

$$2NO_2 + H_2O \rightarrow HNO_3 + HNO_2 \tag{24-5}$$

　　酸雨會侵蝕金屬及大理石建築物並造成河水酸化使河中魚類難生存。其次，NO_2對人體健康危害相當大，首先因NO及NO_2會和血紅素（Hb）結合成NO-Hb，NO-Hb結合力比CO-Hb及O_2-Hb都來得大（圖24-7（二）），NO-Hb，CO-Hb及CO-Hb三者結合力比約為10^6：10^3：1。其次，NO_2進入人體內會和水起作用產生亞硝酸（HNO_2，式24-5），而亞硝酸（HNO_2）會和體內DNA中之胞嘧啶（Cytosine）反應變成尿嘧啶（Uracil）（如圖24-7（四）所示），使DNA失去功能，會使孕婦生出畸形兒。NO_2污染亦會使豆類植物根部之根瘤菌失去將氮（N_2）氮固定生成蛋白質之能力（如圖24-7（三）所示），這是因為NO_2會和根瘤菌之固氮酶素（Nitrogenase）結合，使其酵素不再和N_2結合，而失去氮固定生成蛋白質之能力，使和根瘤菌共生的豆類植物枯死。

　　在化學工廠中高溫燃燒產生的NO_2受太陽光照射很容易分解成NO，而NO會和化學工廠空氣中有機物產生一連串化學反應（如圖24-7（五）所示），會產生醛類（RCHO）、酮類（R_2CO）及會刺激眼睛的過氧化物如PAN（Peroxyacetyl nitrate，過氧乙醯硝酸酯）[430]。另外，眾所周知，大氣中之NO飄至臭氧層中會催化臭氧層之臭氧（Ozone, O_3）分解（如圖24-7（六）所示），造成臭氧層破洞（ozone holes，即臭氧減少（Ozone depletion）區）[431]，因臭氧幾乎可完全吸收對生物及人類相當有害的波長<290 nm（100-290 nm）之太陽光之紫外線，故臭氧減少會使太陽光之<290 nm紫外線直射地球危害地球上動植物之健康（易造成癌症及基因破壞）。

氮氧化物污染的危害

(一)酸雨（Acid Rain）
- pH值4.0＜雨水（正常雨水5.7～6.8）
- 來源：$H_2O + 2NO_3 \rightarrow HNO_2 + HNO_3$，$H_2O + SO_2 \rightarrow H_2SO_3$
- 酸雨使河湖中魚類難生存。
- 酸雨會腐蝕金屬、大理石及其他建築物及設備：

$$CaCO_3 + 2H^+ \rightarrow H_2CO_3 + Ca^{2+}$$

(二)NOx會和血紅素（Hb）結合

　$NO\text{-}Hb$(K（結合常數）$\approx 10^6$) ＞ $CO\text{-}Hb(10^3)$＞$O_2\text{-}Hb$ (1.0)

(三)阻礙豆類植物氮的固定（Nitrogen Fixation）
- 氮的固定：N_2（根瘤菌Nitrogenase酵素）$\rightarrow NH_3 \rightarrow$ Protein蛋白質
- 根瘤菌Nitrogenase酵素：Protein-Mo-S-Fe使$N_2 \rightarrow N_3^- \rightarrow NH_3$

  　　（ATP $\rightarrow$ ADP ＋ 能，NADH $\rightarrow$ NAD$^+$ ＋ $2e^-$ ＋ H$^+$）

　ATP = Adenosine Triphosphate, NAD = Nicotinamide Adenine Dinucleotide

(四)使DNA之Cytosine變成Uracil
- DNA結構改變易造成畸形兒

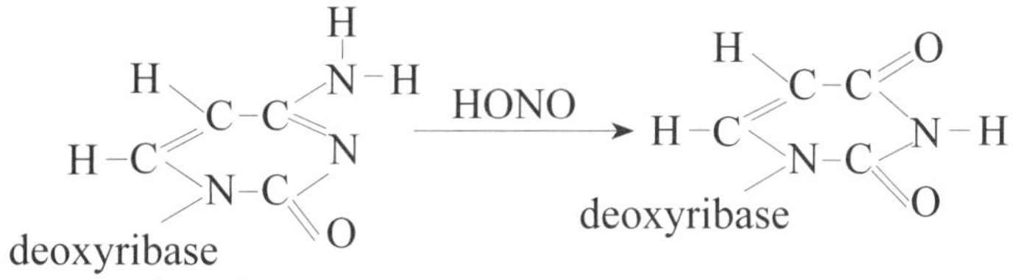

Cytosine　　　　　　　　　　　　　Uracil

(五)光煙霧（Photo-Smog）產生
- 產生過氧化物（如PAN，Peroxyacctylnitrate）刺激眼睛

$NO_2 \xrightarrow{h\upsilon} NO + O$

$NO + O + M \longrightarrow NO_2 - M$（M：吸熱體）

$O + O_2 + M \longrightarrow O_2 + M$

$O + HC(\text{Olefin/Aromatic}) \rightarrow R + RCO$

　　　　　　　RCHO (Aldehyde)

$O_2 + HC \rightarrow RCO_3^- \;+\;$ or

　　　　　　　R_2CO (Ketone)

　（產生Ketone及Aldehyde）

$RCO_3^- + NO \longrightarrow NO_3 + RCO$

$RCO + O_2 \longrightarrow RCO_3$

$CH_3O\overset{O}{\underset{}{C}}-O^- + NO_2 \rightarrow CH_3O\overset{O}{\underset{}{C}}-O-ONO_2$

　　　　　　　　　PAN

　　　（產生PAN過氧化物）

(六)使臭氧層臭氧（O_3）減少
- NO會催化臭氧層臭氧（O_3）變成O_2（NO為催化劑）

　(1)$NO + O_3 \rightarrow NO_2 + O_2$

　(2)$NO_2 + O \rightarrow NO + O_2$

　全反應：$O_3 + O \xrightarrow{NO} 2O_2$

圖24-7　空氣中氮氧化物（NO_2/NO）污染所造環境及動植物之危害

　　空氣中**NO₂**測定及高溫環境中**NO₂/NO**現場監測為環保重要課題，世界各國環保署（EPA）偵測空氣中之NO_2測定之標準方法大都採索爾茲曼光

譜法（Saltzman spectrometry）[432]，此法之偵測步驟及偵測原理如圖24-8所示。此法首先將含NO_2之空氣抽入含有索爾茲曼吸收液（Saltzman absorption solution，含Triethanolamine、Sulfanilamide及N-(1-naphthyl ethylanediamine)之樣品吸收槽，如圖24-8之偵測原理所示，NO_2會先和吸收液中之Triethanolamine反應形成NO_2^-及NO_3^-之氨鹽，其中NO_2^-會再與吸收液中之Sulfanilamide反應形成Diazonium salt（重氮鹽），然後重氮鹽再與吸收液中之N-(1-naphthyl ethylanediamine)反應產生最後產物之紫色偶氮染料物質（Azo dye stuffs）。再將此含紫色偶氮染料物之溶液倒入紫外線／可見光譜儀之偵測槽並偵測此紫色產物在540 nm波長之吸光度，計算紫色產物含量並推算原來空氣中NO_2含量。此法對NO_2之偵測下限為0.02 ppm，而依我國環保署公佈我國空氣中NO_2（小時平均值）空氣品質標準為0.25 ppm[424b]，故此法可很靈敏地用來偵測空氣中NO_2含量是否超過國家標準（0.25 ppm）。

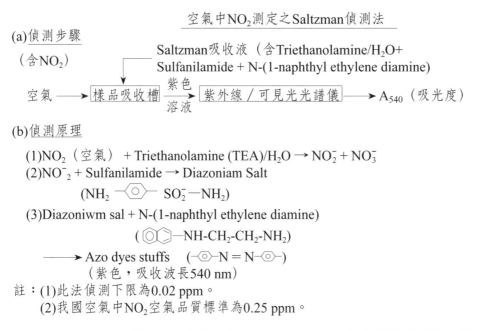

圖24-8　偵測空氣中NO_2之Saltzman法的偵測步驟及原理

雖然Saltzman法可相當靈敏偵測空氣中NO_2含量，但不適合做NO_2現場即時監測（NO_2 field monitoring）之用，世界各國環保署（EPA, Environmental Protection Agency）大都用化學冷光法（Chemical luminescence）做現場監測空氣中NO_2及NO之用[433]。圖24-9A為化學冷光法偵測空氣中NO_2/NO的偵測步驟和原理及偵測系統，此法偵測NO_2及NO之三步驟：(1)測NO_2+NO總量（M_t），(2)測NO含量（M_1）及(3)估算NO_2含量（M_2）。

[步驟一]偵測（NO_2 + NO）總量Mt（如圖24-9A-a（一）所示）：首先將空氣樣品抽入圖24-9b的NO_2/NO現場監測器中，空氣樣品先經監測器之過濾器去除懸浮顆粒，再經$FeSO_4$轉換器中，$FeSO_4$中Fe^{2+}當還原劑將空氣中NO_2還原轉換成NO：

$$NO_2 + Fe^{2+} \rightarrow NO + Fe^{3+} + 1/2\ O_2 + e^- \qquad (24\text{-}6)$$

NO_2轉換成NO後，空氣樣品進入監測器之通臭氧（O_3）反應中，NO即和臭氧（O_3）反應產生高能NO_2*，隨後此高能NO_2*即發射出波長590 nm可見光：

$$NO + O_3 \rightarrow NO_2^* + O_2 \qquad (24\text{-}7)$$

$$NO_2^* \rightarrow NO_2 + h\nu(590\ nm) \qquad (24\text{-}8)$$

然後用光電倍增管（Photomultiplier tube，PMT）偵測此光波之強度並以電流輸出，此電流再經放大器放大成輸出電流I_o，並用電流計測定此輸出電流I_o，即可推算此空氣樣品中NO_2 + NO總量（M_t）。

[步驟二]測NO含量（M_1）：首先將圖24-9A-b之監測器內之$FeSO_4$轉換器拆除，即空氣樣品直接通到監測器之反應器，直接和臭氧（O_3）反應（如式（24-7））產生高能NO_2*，同樣，高能NO_2隨即發射出波長590 nm可見光（如式（24-8））並用光電倍增管（PMT）偵測發射之光波，即可用輸出電流估算空氣中NO含量（M_1）。因此步驟不用$FeSO_4$轉換器，故空氣中NO_2在此步驟無反應，故偵測到的只是空氣中NO含量（M_1）。

[步驟三]估算NO_2含量（M_2）：只要將步驟一所得的之NO_2 + NO總量（M_t）減去步驟二所得的之NO含量M_1，即可得NO_2含量（M_2）：

$$NO_2含量（M_2）=（NO_2 + NO）總量M_t - NO含量（M_1） \qquad (24\text{-}9)$$

圖24-9B為NO_2/NO的化學冷光偵測器（NO_2/NO Chemical luminescence Detection system）結構圖及市售化學冷光偵測器外觀圖。

化學冷光法（Chemical Luminoscence，現場監測法）

(一)測[NO$_2$ + NO]總量（M$_t$）（用含FeSO$_2$之NO轉換器）

$$NO_2 \xrightarrow[FeSO_4]{\text{光熱}} NO$$

$$NO + O_3 \longrightarrow NO_2^* + O_2$$
$$NO_2^* \longrightarrow NO_2 + h\upsilon \quad (\text{強度It，590 nm})$$
所測得化學發光（hυ）強度It，用NO標準品
所得標準曲線可知[NO$_2$ + NO]總量為M$_t$

(二)測NO含量（M$_1$）（不用NO轉換器）
$$NO + O_3 \longrightarrow NO_2^* + O_2$$
$$NO_2^* \longrightarrow NO_2 + h\upsilon \quad (\text{強度I}_1，590 \text{ nm})$$
依化學發光強度（I$_1$）及NO標準工作曲線
可得氣體樣品中NO含量為M$_1$

(三)計算NO$_2$含量（M$_2$）
NO$_2$含量（M$_2$）= M$_t$（總量）– M$_1$（NO含量）

(a)

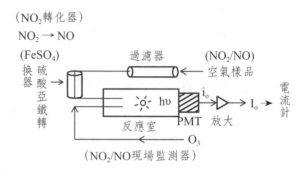

（NO$_2$轉化器）

NO$_2 \rightarrow$ NO

(b)

圖24-9A　(a)偵測空氣中NO$_2$/NO的化學冷光法之偵測步驟和原理，及(b)偵測系統示意圖

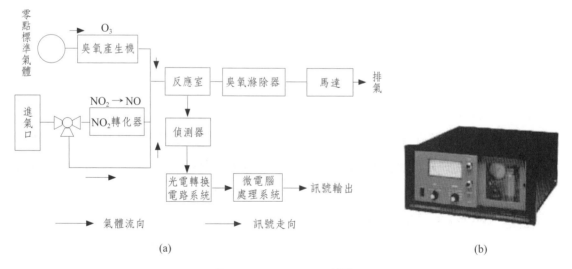

(a)

⟶　氣體流向　　　⟶　訊號走向

(b)

圖24-9B　NO$_2$/NO的化學冷光偵測器結構圖[433]，及(b)市售Chemiluminescence NO/NOx Analyzer (951 A)外觀圖[434]（資料來源：(a)我國環保署NIEA A417.11C公告方法，(b)http://southeastern-automation.com/Assets/Images/ Emerson/PAD/951a.jpg_）

　　除了化學冷光法外，市面上已開發出**電化學NO₂現場監測器**（Electrocbemical NO₂ field monitor），圖24-10爲市售NO₂電化學偵測器實物圖。此電化學NO₂現場監測器如圖24-10所示，即利用NO₂特有的氧化電位（$E_o = 0.78$ V）或還原電位（$E_o = 1.09$ V），而產生氧化或還原並偵測其氧化電流或還原電流，即可推算空氣中NO₂含量。

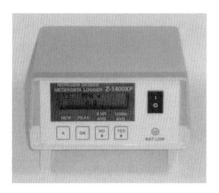

偵測氧化還原電位
(1)氧化：$NO_2 + H_2O \rightarrow NO_3^- + 2e^-$，$Eo = 0.78$ V
(2)還原：$NO_2 + H^+ + e^- \rightarrow HNO_2$，$Eo = 1.09$ V

圖24-10　偵測空氣中NO₂之市售NO₂電化學偵測器實物圖[435]及所用氧化或還原電位
（資料來源：http://www.hcxin.net/upimg/allimg/080627/1948400.jpg）

24-1-3　二氧化硫（SO₂）污染及偵測法

　　空氣中二氧化硫（SO₂）污染（SO₂ pollution）[420-421，436-437]如前述表24-1所示，主要來自工廠及電廠之定點燃燒排放廢氣。因爲許多工廠及電場仍然用煤粒做燃料，而一般煤粒（Coal particle）含有硫（S）原子雜質（煤成分之平均式爲$C_{135}H_{96}O_9NS$），故煤燃燒時硫（S）原子就會氧化成二氧化硫（SO₂）：

$$S（煤雜質）+ O_2 \rightarrow SO_2 \qquad\qquad（24-10）$$

　　表24-4顯示一座發電1000 MW煤火力發電廠（Coal-fired porrer plants）每年所排放之空氣污染物總量。其中每年排放的SO₂就有24000噸，而大部份國家環保署（EPA）所訂的SO₂國家空氣污染標準卻只有0.35 ppmSO₂。由表中可看出除發出SO₂外，還發出大量的CO，CO₂，NO₂及毒性相當強的金屬及類金屬（如Hg，As，Cd，Pb等）污染物，可見一座煤火力發

電廠會造成多大空氣污染。

表24-4 一座1000 MW燒煤火力發電每年發出空氣污染物[436b]

空氣污染物	每年總量
二氧化硫（SO_2）	24,000噸
二氧化碳（CO_2）	6,000,000噸
一氧化碳（CO）	700噸
二氧化氮（NO_2）	20,000,000噸
汞（Hg）	5噸
鈹（Be）	0.4噸
砷（As）	5噸
鎘（Cd）	0.001噸
鉛（Pb）	0.2噸
鎳（Ni）	0.5噸
灰塵（Fly ash）	2,000噸
放射性鐳（Ra^{226}/Ra^{225}）	0.006 Ci（居里）

註：煤成分：$C_{135}H_{96}O_9NS$（平均式）

空氣中 SO_2 污染對環境及人體健康之危害如表24-5所示，首先 SO_2 和 NO_2 一樣會產生酸雨造成建築物及河中魚類的死亡，其因 SO_2 會和水反應產生 H_2SO_3 或在陽光下 SO_2 和空氣之 O_2 起作用形成 SO_3，SO_3 再與水反應產生 H_2SO_4，這些反應如下：

$$SO_2 + H_2O \rightarrow H_2SO_3 \qquad (24\text{-}11)$$
$$及 2SO_2 + O_2 \rightarrow 2SO_3 \qquad (24\text{-}12a)$$
$$SO_3 + H_2O \rightarrow H_2SO_4 \qquad (24\text{-}12b)$$

SO_2 污染對植物的危害相當大，如表24-5所示，只要空氣中含0.35 ppm SO_2，就會破壞植物葉片組織，抑制植物生長，故世界各國大都訂空氣中 SO_2 污染國家標準（National standard for SO_2 pollution）為0.35 ppm。同樣地，SO_2 污染也會危害人體健康。如表24-5所示，若空氣中含1.6 ppm SO_2，就會刺激支氣管產生不舒服，10 ppm 會刺激眼睛造成眼睛傷害，20 ppm SO_2 就會立即引起咳嗽甚至呼吸系統傷害。

表24-5　空氣中SO_2污染對環境及動植物之危害

（一）產生酸雨，腐蝕建築物並使河流pH值下降
$$SO_2 + H_2O \rightarrow H_2SO_3$$
$$SO_2 + O_2 \xrightarrow{h\upsilon} SO_3; SO_3 + H_2O \rightarrow H_2SO_4$$
（二）對植物危害
　　$[SO_2] > 0.05$ ppm會使松樹不結果
　　$[SO_2] > 0.35$ ppm會破壞葉片組織，抑制生長
（三）對人體危害
　　$[SO_2] > 1.6$ ppm會刺激支氣管收縮
　　$[SO_2] > 8.0$ ppm會刺激喉嚨（立即）
　　$[SO_2] > 10$ ppm眼睛受到刺激
　　$[SO_2] > 20$ ppm會立即引起咳嗽

註：大部份國家訂「空氣中SO_2污染標準」約為0.35 ppm

　　空氣中二氧化硫（SO_2）污染偵測亦為空氣品質監測重要一環，世界各國環保署大都將(1)定電流或定電位式庫侖電量法（Amperostatic/Potentiostatic Coulometry）及(2)現場自動監測（SO_2 field monitoring）螢光法（Fluorescence Spectrometry）列為偵測SO_2污染之標準方法。圖24-11為定電流式庫侖電量電解法偵測空氣中二氧化硫（SO_2）之偵測裝置圖及偵測原理，待測空氣樣品先抽入稀釋部，用乾淨氣體（如N_2）稀釋後，再導入含氧化電極及檢測電極和KBr水溶之電解槽中並將氧化電極（陽極）之電位設定在Br^-會氧化之電壓，用固定電流（I）電解，Br^-氧化反應式如下：

$$2\ Br^- \rightarrow Br_2 + 2e^- \qquad\qquad （24\text{-}13）$$

　　Br^-完成氧化所需電解時間為t，則在此期間電解通過的總電量（Q）：

$$Q = I \times t \qquad\qquad （24\text{-}14）$$

（一）當空氣中無SO_2污染時，固定$[Br^-]_o$氧化所需時間為t_o，通過的總電量（Q_o）為：

$$Q_o = I \times t_o \qquad\qquad （24\text{-}15）$$

（二）有SO_2污染時，電解槽中$[Br^-]_o$會先氧化，所需時間為t_o，通過的總電量（Q_o）：

$$2[Br^-]_o \rightarrow [Br_2] + 2e^-，Q_o = I \times t_o \qquad\qquad (24\text{-}16)$$

但上式所產生的Br_2會和SO_2產生反應，使Br_2再回成Br^-：

$$Br_2 + SO_2 + 2H_2O \rightarrow 2Br^- + 4H^+ + SO_4^{2-} \qquad\qquad （24\text{-}17）$$

此反應所產生之Br^-濃度$[Br^-]'$：

$$[Br^-]' = 1/2[SO_2] \qquad (24\text{-}18)$$

若此多出來的$[Br^-]'$在電解槽中電解氧化,所需多出電解時間爲Δt,需多餘總電量爲ΔQ,故有SO_2時,此電解槽總氧化電量爲Q_t,多餘總電量ΔQ和Q_t,Q_o及空氣中SO_2污染濃度$[SO_2]$關係爲:

$$\Delta Q = Q_t - Q_o = (t_o + \Delta t)I - t_o \times I = k[SO_2] \qquad (24\text{-}19)$$

式中k爲關係常數,由上式可知由ΔQ即可推算出空氣中SO_2污染濃度$[SO_2]$。若將圖24-11中之定電流電源改爲定電位電源,此$KBr\text{-}SO_2$系統就變成定電位庫侖電量法系統,此時所測的是陽極$Br\text{-}$氧化電流(I)及所持續的時間(t),其總電量Q爲電流(I)及時間(t)之積分。若在無SO_2及有SO_2時之總電量分別爲Q_0及Q_S,就可計算在空氣中的SO_2含量$[SO_2] = K(Q_S - Q_0)$,其中K爲比例常數。

實際上市面上有可攜帶型的SO_2電化學儀,其直接測水中SO_2(形成SO_3^{2-}氧化成SO_4^{2-})之氧化電流,由氧化電流即可計算及顯示空氣中SO_2含量。

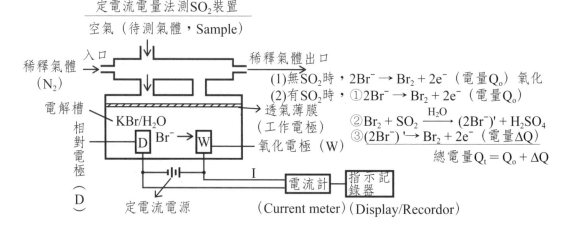

圖24-11 定電流式庫侖電量法(世界許多國家EPA標準方法)偵測空氣中二氧化硫(SO_2)之偵測裝置示意圖及偵測原理

二氧化硫(SO_2)也需要有現場自動監測系統,我國環保署公告的現場自動監測SO_2法爲**現場自動監測螢光法**[438],圖24-12爲現場自動監測SO_2螢光偵測系統。在此螢光偵測系統中,空氣樣品先抽入一活性碳吸附管中去除水分及灰塵,再進入一反應槽中,然後用波長約$190\sim230$ nm(λ_o)之紫外線照

射反應槽中空氣，空氣中SO_2會吸收此波長範圍紫外線，而放出350 nm（λ）波長之螢光，然後再在和光源入射光垂直位置的光偵測器（如「光電倍增管（PMT，Photomultiplier tube）」）偵測放出之螢光強度，由光偵測器（如PMT）輸出之電流再用電流計測量，由輸出電流（I_o）利用標準樣品（含確定量SO_2）所建立的標準曲線（Calibration curve）就可推算空氣中二氧化硫（SO_2）之含量。依我國環保署公佈我國空氣中SO_2（小時平均值）空氣品質標準為0.25 ppm[424b]。

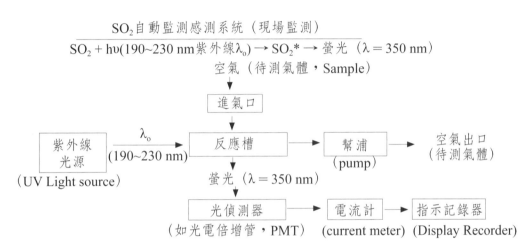

SO_2自動監測感測系統（現場監測）

$SO_2 + h\upsilon(190\sim230\ nm紫外線\lambda_o) \rightarrow SO_2^* \rightarrow$ 螢光（$\lambda = 350\ nm$）

圖24-12　現場空氣污染物二氧化硫（SO_2）自動監測螢光偵測系統結構示意圖

（我國環保署NIEA A416.11 C公告方法[438]）

24-1-4　二氧化碳（CO_2）污染及偵測法

因二氧化碳（CO_2）除會吸收地面上之紅外線熱能（CO_2會吸收667 cm^{-1}（15 μm）及2330 cm^{-1}(4.3 μm)波長IR光）外，二氧化碳氣體還具有隔熱的功能，能在低空大氣中形成一熱的保護網（如圖24-13所示）形同保溫帶，使太陽輻射到地球表面的熱量及地面所產生的紅外（IR）射線及熱能無法向高空散去，形成暖化層的溫室效應（Greenhouse effect）[439-440]，而會造成溫室效應的氣體（如CO_2）就稱為溫室氣體（Greenhouse gas）。如眾所周知，二氧化碳是全球氣候暖化（Global warming）的主因。空氣中二氧化碳（CO_2）除

了來自動植物之呼吸作用產生外，工業（如製造及發電），及交通（如汽車）上的燃燒為二氧化碳污染之主要原因。全球二氧化碳濃度已自工業革命前的280 ppm增加至2004年的370 ppm。地球表面的平均溫度從19世紀後期起，也已經增加了攝氏0.6度。CO_2溫室效應不只增加地表溫度並使全球氣候暖化，氣候暖化結果除了使全球氣候變遷並已使南北極的冰山慢慢融化，使各國海平面上升而使若干小島被上升海平面淹沒消失了。可見二氧化碳污染對環境影響之大，這也是京都議定書[441]（Kyoto Protocol，1997年12月在日本京都由聯合國氣候變化綱要公約參加國三次會議制定的）提出的原因，其目標是「將大氣中的溫室氣體含量穩定在一個適當的水平，進而防止劇烈的氣候改變對人類造成傷害」。同時，二氧化碳是室內空氣品質指標，室內空氣品質惡化會造成頭痛、疲倦、眼睛癢、流鼻水、喉嚨乾燥及紅腫等。

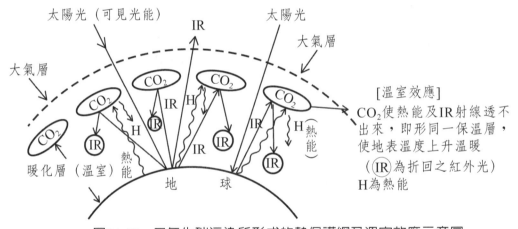

圖24-13　二氧化碳污染所形成的熱保護網及溫室效應示意圖

　　我國環保署（EPA）公告偵測空氣中二氧化碳之標準方法（NIEA A415.72A）為非散性紅外線（NDIR）分析法[442-443]，CO_2可吸收15 μm (667 cm^{-1})及4.3 μm (2330 cm^{-1})之IR射線。圖24-14a為完整的CO_2非散性紅外線（NDIR）偵測系統（NDIR Spectrometer for CO_2），包括空氣樣品處理系統及NDIR分析儀，NDIR分析儀常用傅立葉轉換IR（FTIR）光譜分析儀（FTIR光譜分析儀之儀器裝置及偵測原理請見本書第四章第4-3.1節及圖4-9）。

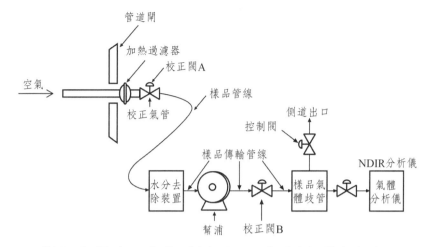

圖24-14　我國環保署（EPA）偵測空氣中二氧化碳之標準方法（NIEA A415.72A）之完整NDIR偵測系統[442]

24-1-5　空氣中有機物污染物及偵測法

空氣中有機污染物（Organic Pollutants）大都屬揮發性低分子量有機分子，較常見的為各種有機溶劑及在焚化爐及高分子或農藥工廠會產生的毒性相當強的戴奧辛（Dioxins）、多環芳香烴（PAHs）及有機鹵化物（RX），因為空氣中有機污染物大都屬揮發性，常用氣體層析（GC）及氣體層析／質譜（GC/MS）和傅立葉轉換IR光譜分析儀（FTIR）偵測這些有機污染物。本節將介紹這些空氣中有機污染物及其偵測法。

24-1-5-1　有機溶劑和揮發性有機物污染及偵測法

有機溶劑（如丙酮、氯仿、苯、環己烷及甲苯）常用在各種有機工業（如高分子、樹酯及塑膠工廠）中，有機溶劑通常易揮發，很容易排放到空氣中造成空氣污染。有機溶劑污染輕者會使人流淚、流涕、咳嗽，重者會造成肺炎、肺水腫、神經衰弱，嚴重者可造成昏迷、死亡。因有機溶劑易揮發且大都可被火焰離子化偵測器（FID）偵測，故我國環保署（EPA）公告偵測空氣中有機溶劑之標準方法（NIEA A710.10T）[444]為GC-FID（氣體層析－火焰離子化偵測器）偵測法。圖24-15為應用GC-FID偵測各種有機溶劑所得的氣

體層析圖。表24-6為利用此GC-FID氣體層析法偵測各種有機溶劑之偵測極限（Detection limit），由表可知用此GC-FID法對各種常用各種溶劑之偵測極限都可低至十位數ppb（在10～260 ppb即0.01～0.26 ppm範圍內）。

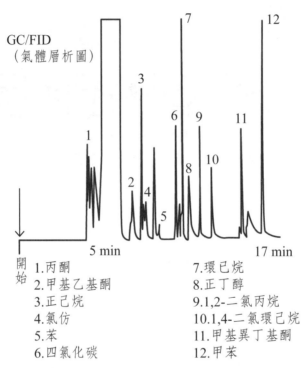

圖24-15　應用火焰離子化偵測器（FID）偵測各種有機溶劑所得的氣體層析圖[444]
（原圖來自環保署NIEA A710.10T公告法）

表24-6　氣體層析（GC/FID）偵測各種濃度有機溶劑之標準偏差和偵測極限

化合物	濃度（ppm）	標準偏差（ppm）	偵測極限（ppb）
丙酮	0.83	0.038	110
甲基乙基酮	0.43	0.063	190
正己烷	0.19	0.008	20
氯仿	1.52	0.085	260
苯	0.28	0.017	50
四氯化碳	1.27	0.039	120
環己烷	0.18	0.006	20
正丁醇	0.27	0.030	90
1,2-二氯丙烷	0.25	0.003	10

〔表24-6續〕

化合物	濃度（ppm）	標準偏差（ppm）	偵測極限（ppb）
1,4-二氯環己烷	0.29	0.027	80
甲基異丁基酮	0.19	0.012	40
甲苯	0.23	0.003	10

註：原表來自環保署NIEA A710.10T公告法[444]

　　另外，我國環保署（EPA）也公告傅立葉轉換紅外光（FTIR）光譜分析法為偵測空氣中揮發性有機化合物（Volatile Organic Compounds，VOCs）篩檢之標準方法（NIEA A002.10C公告方法）[445]，其可偵測包括溶劑之空氣中揮發性有機化合物，可補救火焰離子化偵測器（FID）不易偵測到之溶劑及其他揮發性有機化合物不適用GC-FID法之缺陷。圖24-16為偵測空氣中揮發性有機化合物之開徑式傅立葉轉換紅外光分析法之偵測系統圖。偵測系統圖中之干涉儀為邁克生干涉儀（Michelson interferometer），邁克生干涉儀之內部結構及操作原理請見本書第四章紅外線光譜分析法第4-3.1節及圖4-9。如圖24-16所示，從干涉儀出來之含干涉後各種波長（多波長干涉波）紅外光經含各種揮發性有機化合物（VOCs）之空氣中，部份波長紅外光被空氣中有機物吸收，此剩餘的多波長干涉波再射入偵測器（Detector），偵測被吸收的波長及被吸收強度變化，由被吸收的波長可推算出為空氣中何種有機物，而由被吸收強度變化可知此有機物在空氣中之含量。

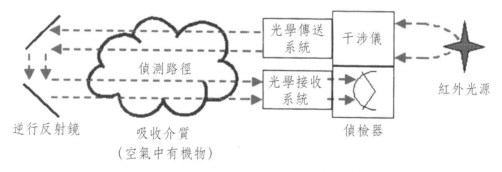

圖24-16　空氣中揮發性有機化合物篩檢方法－開徑式傅立葉轉換紅外光光譜分析偵測系統圖（原圖來自環保署NIEA A002.10C公告法）[445]

24-1-5-2　戴奧辛、多環芳香烴和鹵素碳烴（RX）污染物及偵測法

　　戴奧辛（Dioxins）為含1,4-dioxin（見圖24-17a）之衍生物總稱[446-447]，戴奧辛為具有毒性有機物，現已知戴奧辛共有210種同源異構物（congeners），工業上及焚化爐燃燒甚至森林大火都有可能產生戴奧辛，例如燃燒聚氯乙烯（PVC）就會產生戴奧辛，製造除草劑時會產生戴奧辛中，毒性最高、最具代表型的2,3,7,8-四氯戴奧辛[448]（2,3,7,8-Tetrachlorodibenzo-p-dioxins，簡稱2,3,7,8-TCDD，其結構見圖24-17b）。

　　戴奧辛對人類所造成的危害[449-450]，可以追溯到1949年3月，美國西維吉尼亞州一間製造三氯酚的化工廠發生戴奧辛污染事件，當時造成工作人員的皮膚、眼睛及肺部因受刺激，而產生腸胃不適、頭痛，接著陸續出現氯痤瘡、肝腫大及末梢多發性神經症狀。戴奧辛對人體健康的影響程度究竟有多大呢？流行病學研究證實，戴奧辛可能是多部位的致癌物；研究發現，在戴奧辛處理下，軟組織肉瘤的發生率增加、呼吸道癌症、非何杰金氏淋巴癌與胃癌發生率也有增加的現象。

　　氣體層析／質譜法（GC-MS）為我國環保署公告（NIEA-A810.13B）[451a]偵測空氣中戴奧辛及呋喃之標準方法。圖24-17c為環保署公告之應用氣體層析／質譜法（GC/MS）偵測空氣中戴奧辛之採樣系統示意圖[451b]。氣體層析／質譜法（GC/MS）中是先利用氣體層析（GC）先將從採樣系統排放口出來之空氣樣品中各種戴奧辛分開，然後再一一進入質譜儀（MS）分析各種戴奧辛之分子結構並依質譜峰高低推算其含量（氣體層析／質譜法（GC/MS）之裝置及操作原理請見本書第11章第11-7節及圖11-33與第17章第17-6節及圖17-14）。

　　多環芳香烴（Polycyclic Aromatic Hydrocarbons，PAHs）[452]是一類含有多個苯環的芳香族化合物（如圖24-18），是煤炭、木材、石油等有機物不完全燃燒的產物。目前已知的多環芳香烴類化合物約有兩百種左右。數種多環芳香烴（PAHs）具有致癌及致突變之潛勢，包括癌症、皮膚病、呼吸疾病、肺部疾病等。其中Benzo(a)pyrene就因為深具致癌及致突變潛勢而為常探討之物種。大氣中多環芳香烴參與化學反應所產生之衍生物，如硝基衍生物其致癌性較多環芳香烴尤甚，如Pyrene不具致癌性，但衍生物如1-Nitropyrene、4-Nitropyrene則具有致癌性，故多環芳香烴的危害十分值得重視。圖24-18為

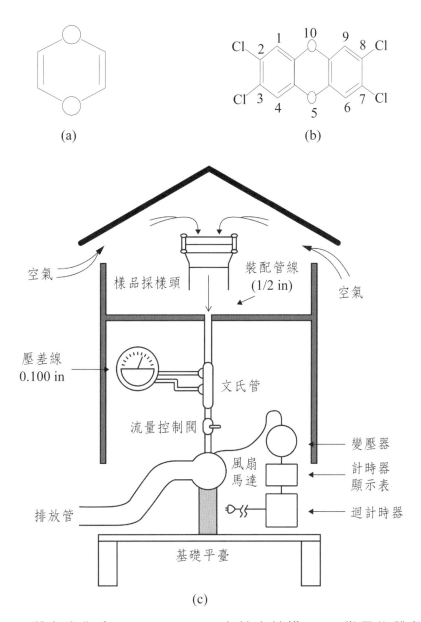

(a)

(b)

(c)

圖24-17　戴奧辛為含(a)1,4 dioxin之基本結構，(b)常見的戴奧辛TCDD
（2,3,7,8-tetrachloro dibenzo-p-dioxin），及(c)氣體層析／質譜法（GC/
MS）偵測空氣中戴奧辛之採樣系統圖[原圖取自環保署NIEA A809.11B公
告檢驗法][451b]

常見之三種多環芳香烴（PAHs）：萘（Naphthalene），蒽（Anthracene）
及芘（Pyrene）。

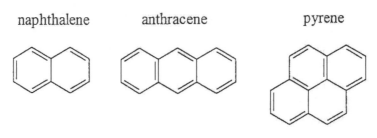

圖24-18 常見的三種多環芳香烴（PAHs）

　　我國環保署亦公告（NIEA-A730.70C）GC/MS法[453]爲偵測空氣中**多環芳香烴（PAHs）檢驗法**，圖24-19爲偵測空氣中多環芳香烴（PAHs）之GC/MS法之採樣系統，在此系統中，疑似含多環芳香烴（PAHs）之空氣由工廠排放管道中等速抽引收集於採樣組裝前半部（濾紙、採樣管、吸氣嘴）XAD-2

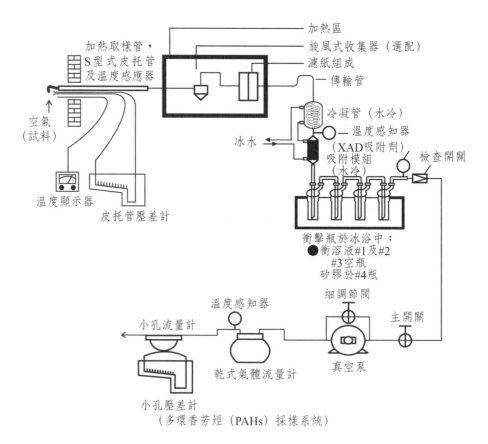

圖24-19 偵測空氣中多環芳香烴（PAHs）之GC/MS法之採樣系統

[原圖取自環保署NIEA-A730.70C公告檢驗法][453]

樹脂吸附劑、衝擊瓶等，分析方法需用同位素稀釋，並於所有樣品必須添加一定量之內標準品，且以適當有機溶劑萃取，萃取液經初步淨化，處理過的萃取液再以高解析氣相層析儀連接質譜儀（GC/MS）分析。此法先用氣體層析（GC）分離各種多環芳香烴（PAHs），再用質譜儀（MS）偵測每一多環芳香烴之分子結構及依質譜峰高低推算其含量。

　　鹵素碳烴（RX，Organohalogen compounds）常用在工業中當冷媒、溶劑、滅火劑及合成有機物之原料，也常用在醫療中當麻醉劑，用途相當廣泛。然鹵素碳烴對人體健康及環境都會造成相當危害，例如鹵素碳烴中的1,1,1-三氯乙烷（1,1,1-Trichloroethane）是一相當良好的有機溶劑，它清潔底片時，不會像其他溶劑將底片軟化，也不會破壞底片的感光乳劑，但卻發現1,1,1-三氯乙烷會使人體中樞神經系統麻醉式失去知覺而呈現中毒現象，包括頭昏眼花及失去知覺，甚至死亡。同時，蒙特利爾公約（Montreal_Convention，其全名稱為「制止危害民用航空安全的非法行為公約」）[454-455]中也提出1,1,1-三氯乙烷和另一類鹵素碳烴，氟氯烴（如freon-12（CCl_2F_2））一樣會消耗臭氧層之臭氧，並於1996年起公告禁止及限制1,1,1-三氯乙烷之使用。

　　圖24-20為我國環保署公告偵測空氣中揮發性鹵素碳烴（RX）標準方法（NIEA A714.10 T）[456]中，利用含電子捕獲偵測器（Electron Capture Detector，ECD）之氣體層析法（GC-ECD）偵測鹵素碳烴（RX）之吸附／脫附及偵測系統。其法是以定流量之空氣採樣泵收集至含Tenax-TA吸附劑之採樣管中，再將採樣管置於熱脫附裝置內，脫附之樣品經氣相層析儀分離（層析分離管：熔融二氧化矽（Fusedsilica）毛細管柱，長30 m，內徑0.53 mm），並以電子捕獲偵測器測定。本方法適用於分析大氣及周界空氣中沸點範圍約80～200 ℃之揮發性鹵素碳烴（RX），如氯仿（Chloroform）、1,1,1-三氯乙烷（1,1,1-Trichloroethane）、四氯化碳（Carbontetrachloride）、1,2-二氯乙烷（1,2-Dichloroethane）、三氯乙烯（Trichloroethene）、1,2-二氯丙烷（1,2-Dichloropropane）、1,2-二溴乙烷（1,2-Dibromoethane）、四氯乙烯（Tetrachloroethylene）、1,3-二氯丙烷（1,3-Dichloropropane）、氯苯（Chlorobezene）、溴仿（Bromoform）等。本GC-ECD偵測各種有機鹵化物之偵測極限，常依有機化合物中所含鹵素不同而異，表24-7為利用此GC-ECD偵測各種含鹵素碳烴（RX）之偵測極

限，可見此法相當靈敏，可偵測低至ng(10^{-9} g)含量之各種有機鹵化物。

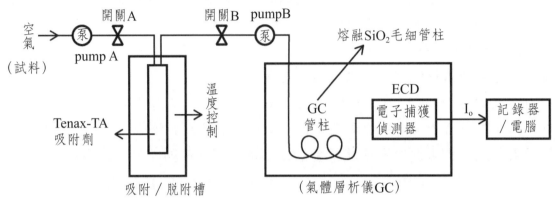

圖24-20 偵測空氣中揮發性鹵素碳烴（RX）之吸附／脫附及偵測系統

表24-7 GC-ECD氣體層析法偵測各種常見鹵素碳烴之偵測極限

化合物	偵測極限（ng）
氯仿（Cloroform）	0.08
1,1,1-三氯乙烷（1,1,1-Trichloroethane）	0.01
四氯化碳（Carbontetrachloride）	0.01
1,1-二氯乙烷（1,2-Dichoroethane）	0.91
三氯乙稀（Trichloroethene）	0.04
1,2-二氯丙烷（1,2-Dichloropropane）	1.23
四氯乙烯（Tetrachloroethylene）	0.01
1,3-二氯丙烷（1,3-Dichloropropane）	4.90
1,2-二溴乙烷（1,2-Dibromoethane）	0.03
氯苯（Chlorobenzene）	0.04
溴仿（Bromoform）	0.06

註：原表來自環保署NIEA A714.10 T公告檢驗法[456]

　　空氣中鹵素碳烴（RX）及其他具有特殊功能基有機物（如RN/RS）亦可用「多重光徑非分散式紅外線光譜儀（Multi-Pass NDIR Spectrometer）」做現場偵測，其分析原理及儀器結構請見本書第四章紅外線光譜分析法第4-3.2節。

24-1-6　空氣中粒狀污染物及偵測法

　　空氣中粒狀污染物常以粉塵漂浮在空氣中，圖24-21為我國環保署標準方法（NIEA A207.10C）[457]中偵測空氣中粒狀污染物之偵測系統。如圖所示，空氣中的粒狀污染物經由粒徑篩分器，以適當的吸引量採集到濾紙上，濾紙直接裝在微量天平（常用「石英微天平（Quartz Crystal Microbalance，QCM）」，QCM偵測原理將在本書第25章介紹）上，直接測出瞬間重量的變化（石英微天平（QCM）之石英晶體為壓電晶體，晶體之共振頻率會隨著晶體表面上吸附顆粒總重量而改變），再經儀器自動換算出即時濃度值。本方法適用於空氣中粒徑在10微米（μm）以下之粒狀污染物（PM_{10}）濃度之自動測定，其適用濃度範圍介於$0 \sim 5 \times 10^6$ μg/m^3（5 g/m^3）。

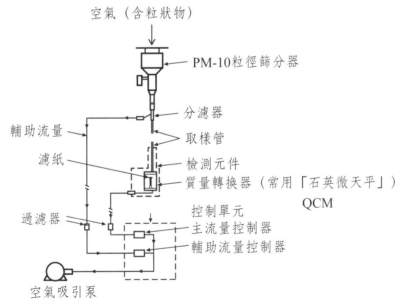

圖24-21　偵測空氣中粒狀污染物之偵測系統示意圖

[原圖取自環保署NIEA A207.10C公告檢驗法][457]

　　空氣中粒狀污染物主要成分為無機金屬鹽類或複合物，少部份為有機物。空氣中粒狀污染物之金屬成分可依我國環保署公告的NIEA A305.10C標準分析方法[458]檢測，其法是先將樣品溶解或消化後，再用感應耦合電漿質譜儀（Inductively coupled plasma-mass spectrometry，ICP-MS）檢測（ICP-

MS儀之偵測原理及儀器結構請見本書第11章11-2.10節）。此法適用於檢測大氣中粒狀污染物之銻（Sb）、鋁（Al）、砷（As）、鋇（Ba）、鈹（Be）、鎘（Cd）、鉻（Cr）、鈷（Co）、銅（Cu）、鉛（Pb）、錳（Mn）、鉬（Mo）、鎳（Ni）、硒（Se）、銀（Ag）、鉈（Tl）、釷（Th）、鈾（U）、釩（V）及鋅（Zn）等20種元素分析。此ICP-MS法對空氣中各種金屬偵測下現大部份可低至0.01 ng/m³。[458a]

空氣中PM2.5（Particulate Mattet 2.5）懸浮粒子的含量已為世界各國空氣微粒污染之重要指標。PM2.5懸浮粒子是指空氣中直徑小於或等於2.5微米（≤ 2.5µm）的懸浮粒子。它的直徑還不到人的頭髮絲粗細的1/20，可隨呼吸進入體內，積聚在氣管或肺中，影響身體健康。

較常用檢測空氣中PM2.5懸浮粒子偵測器（PM2.5 Dust Detector）為光散射式PM2.5偵測器及β射線吸收式PM2.5偵測器。分別說明如下：

(A)光散射式PM2.5偵測器：由圖24-21A圖顯示此光散射式PM2.5偵測器是用一光源（如LED光或雷射光源）發出光線射向空氣中PM2.5懸浮粒子產生散射光（Scattering ray）I_s，再用和光源呈約角度90°之光偵測器（如光二極體（Photod iode）或光電倍增管（Photomultiplier lier tube））測量此散射光光強度就可估算空氣中懸浮粒子含量。若將空氣樣品先經過一可過濾掉大於2.5 µm懸浮粒子之過濾器或過濾帶，只讓 ≤ 2.5µm懸浮粒子進入偵測器之樣品室偵測，就可偵測空氣中之 ≤ 2.5µm（PM2.5）懸浮粒子之含量。此偵測器具有高速偵測微小粉塵能力，可偵測的最小粉塵為0.1 µm。

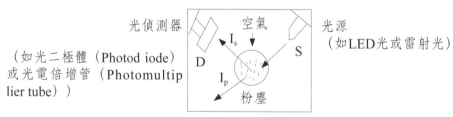

光偵測器 空氣 光源

（如光二極體（Photod iode） （如LED光或雷射光）
或光電倍增管（Photomultip
lier tube））

圖24-21A 光散射式PM2.5粉塵偵測器(a)基本結構示意圖[458b]

(B)β射線吸收式PM2.5偵測器：如圖24-24B(a)所示，利用β射線源（如¹⁴C（碳十四）放射性原子）發出強度I_o的β(e)射線射向含PM2.5懸浮粒子過濾帶，粉塵粒子會吸收部份β射線而使β射線強度下降成I並由蓋革-米勒計數

器（Geiger-Miller counter）偵測β射線，而β射線強度變化量（$\Delta I = I_o-I$）
與粉塵粒子的含量成正比關係。根據粉塵粒子的吸收β射線的多少，可計算出
粉塵的濃度（mg/m^3）。此過濾帶可過濾掉大於2.5 μm懸浮粒子，而只偵測
含PM2.5（≤ 2.5μm）懸浮粒子。圖24-24B(b)則為美國MetOne出產的BAM
1020 pm2.5粉塵偵測器實務圖。

(a)　　　　　　　　　　　　　　　　　　(b)

圖24-24B　β射線吸收式PM2.5粉塵偵測器(a)結構示意圖[458c]及(b)美國MetOne出產的
BAM 1020 pm2.5粉塵偵測器實務圖[458d]

24-2　水污染及污染物分析

　　水中污染物（water pollutants）主要為可溶於水之有毒之重金屬（如
Hg^{2+}）及類金屬（如As^{3+}）離子、陰離子（如CN^-及NO_2^-）及極性有機物。
在環境污染領域中，重金屬主要是指對生物有明顯毒性的金屬元素或類金屬元
素，如汞、鎘、鉛、鉻、鋅、銅、鈷、鎳、錫、砷等，此類污染物不易被微生
物降解，而在冶金領域中，重金屬指的是密度大於$4.5 \ g/cm^3$之金屬[459]。[本節
將分別介紹這些水中污染物對人體健康之危害及偵測方法。

24-2-1　重金屬／陰離子污染及偵測法

　　重金屬及類金屬離子水污染會造成人體健康之危害，已是眾所周知的
事實，例如吸收多量銅離子（Cu^{2+}）易得急性肝癌，而烏腳病的發生也和砷
（As）吸入人體有關。表24-8為各種重金屬及類金屬離子水污染之毒性及可

能引起的各種疾病和50％致死劑量（Lethal dose 50％，LD_{50}）[460–461]，LD_{50}即水中一金屬污染達到該金屬之LD_{50}含量時可能會引起50％人死亡。LD_{50}越小表示這金屬離子越毒。

表24-8　微量金屬及類金屬離子之致死劑量（LD）及所造成的人體危害[460b]

微量金屬	LD_{50}（致死劑量） (Lethal Dose 50％)	毒性及危害（Toxicity）
鈷（Co）	20 ppm	呼吸困難、肺腫、肺癌（及Carcinogen）、心臟病
鉻（Cr）	400 ppm	肺癌（Cr^{3+}，CrO_4^{2-}，Carcinogen）
銅（Cu）	20 ppm	急性肝炎，缺氧，生殖障礙，抑制Lactic dehydrogenase酵素
錳（Mn）	210 ppm	神經錯亂（黑頭髮需要）
鎳（Ni）	180 ppm	胃腸炎，麻痺，心臟病，呼吸，生殖障礙，癌
硒（Se）	3.5 ppm	呼吸困難，生殖障礙，胃腸癌（carcinogen），（Se<0.1 ppm，心臟病）
錫（Sn）	100 ppm	有機錫（Organic Tin）輕者呼吸困難，皮膚
釩（V）	4 ppm	嘔吐，便秘，神經系統錯亂影響葡萄糖吸收及代謝
汞（Hg）	<1 ppm	Na pump受阻，血解（Hemolysis）DNA結合，細胞生長受阻
鉛（Pb）	50 ppm	水解RNA，阻礙蛋白質合成阻礙5-H酵素，神經錯亂、生殖障礙
砷（As）	40 ppm	烏腳病，取代體內PO_4^{3-}阻礙S-H酵素活性
鎘（Cd）	0.3 ppm	取代Zn^{2+}，阻礙S-H酵素活性和細胞膜結合，改變DNA及RNA結構
碲（Te）	2.5 ppm	癌（Carcinogen）
銻（Sb）	11 ppm	阻礙S-H酵素活性，取代體內PO_4^{3-}和As屬性類似

註：LD_{50}（致死劑重）：服用此LD_{50}劑量（金屬ppm）時會有50％的人死亡。

　　由表24-8所示，汞（Hg^{2+}）及鎘（Cd^{2+}）離子之LD_{50}皆<1 ppm，這表示汞及鎘離子爲表24-8所有重金屬及類金屬離子中最毒的兩金屬離子。各種金屬其毒性及所引起的疾病皆來自於各金屬所引起的生理危害，由表24-9常見污染金屬及類金屬（As）離子所引起的生理危害中，可看出汞（Hg^{2+}）及鎘（Cd^{2+}）離子之所以有這麼大的毒性，是因汞離子（Hg^{2+}）會和DNA結合破壞DNA功能，會破壞紅血球引起血解（Hemolysis），會抑制細胞生成及阻礙生理Na pump（鈉泵，Na^+從細胞膜內面往外輸送）使神經系統受損。而鎘（Cd^{2+}）離子會和細胞膜中磷質（Phospholipid）結合，使細胞膜失去功能，

會和所有含硫S-H酵素結合，使這些含硫S-H酵素在身體中失去功能及會改變DNA及RNA結構，使DNA及RNA失去功能。其他金屬（如Cu，Pb，Sb）及類金屬（As）所引起的生理效應及危害亦如表24-9所示。

表24-9　汞、鎘、銅、鉛、砷及銻離子污染所引起的生理危害[406c]

污染離子	主要生理危害
汞（Hg）	1.Hg-DNA（polynucleotide）作用（Interaction），使DNA失去作用 2.抑制細胞生長（LD_{50}: Hg^{2+} = 7.4 ppb，$PhHg^{+}$ = 0.06 ppb） 3.破壞紅血球（Hemolysis） 4.和S-H酵素結合，抑制S-H酵素作用（Hg > Cd > Zn） 5.抑制Na/K-ATP酵素作用，破壞中樞神經系統 （毒性：CH_2Hg^{+} > $PhHg^{+}$ > Hg(II) > Hg(I)）
鎘（Cd）	1.和細胞膜中磷質（Phospholipid）結合，使細胞膜失去作用 2.Cd取代Zn-E酵素中Zn，使Zn-E酵素失去作用 3.和S-H酵素結合，使S-H酵素失去作用 4.Cd(II)會改變DNA及RNA結構，使DNA/RNA失去作用
銅（Cu）	1.Cu(II)使DNA雙股（Helix）變成單股，使DNA失去作用 2.會和S-H酵素結合，使S-H酵素失去作用 3.Cu(II)會引起急性肝炎
鉛（Pb）	1.會改變血紅素中之基質（porphyrin）之代謝，破壞吸O_2功能 2.抑制S-H酵素作用 3.分解RAN（Hydrolysis of RNA） 4.抑制從氨基酸合成蛋白質的合成作用
砷（As）	1.AsO_4^{-3}取代ATP中之PO_4^{3-}，使ATP失去功能 2.會和S-H酵素結合，抑制S-H酵素作用 （毒性：AsH_3 > As^{3+} > As^{5+} > RAs^{+}）
銻（Sb）	銻（Sb）生理危害類似砷（As）離子

　　有毒陰離子之所以會引起人體內生理危害及疾病，通常是這類陰離子會和人體內重要金屬離子（如血紅素中之Fe(II)及Zn(II)酵素）結合，使這些含這些金屬之物質（如血紅素）失去其原來生理功能或會取代各種核酸中之磷原子團（$-PO_4^{-}$），使這些核酸失去其原來功能。表24-10即舉三個常見陰離子（NO_2^{-}，CN^{-}，CrO_4^{2-}）為例，說明有毒陰離子對人體之生理危害。以NO_2^{-}為例，**NO_2^{-}**（亞硝酸離子）會和血紅素中（Fe(II)-Hemoglobin）之Fe(II)結合，而使血紅素不會吸收O_2，換言之，使血紅素失去輸送O_2到各器官和組織之能力。同時，因NO_2^{-}會和DNA及RNA反應，改變DNA/RNA結構，而使

DNA/RNA突變（Mutation）失去應有的功能。**CN⁻（氰離子）**常用在電鍍工業中，故常為電鍍廢水中常見的劇毒污染物，這是因為CN⁻離子會和人體內幾乎所有含過渡金屬離子之酵素及蛋白質中之金屬（如Cu，Fe，Zn，Co）離子結合，因而會抑制這些酵素及蛋白質作用（如表24-10所示），使這些酵素及蛋白質失去功能，可致人於死。例如CN-離子會和血紅素（Hemoglobin）中Fe(II)結合，而使血紅素失去運輸O_2氣到各器官及組織功能。**CrO_4^{2-}（鉻酸根離子）**亦為電鍍廢水中常見的有毒污染物，會引起電鍍工廠工人鼻炎、咽炎、支氣管炎、肺炎及腎炎，這是因為CrO_4^{2-}離子會和體內核酸及核蛋白結合，使它們結構改變，甚至影響核酸磷含量及造成遺傳基因缺陷。同時如表24-10所示，因CrO_4^{2-}離子有氧化力，會影響人體內許多氧化還原及水解反應。

表24-10　常見三種陰離子之生理危害效應[461b]

（一）NO_2^-生理效應
　　(1)使Fe(II)hemoglobin氧化成Fe(III)-hemoglobin，不能再吸O_2
　　(2)NO_2^-會和DNA及RNA反應，導致DNA/RNA突變（Mutation）
（二）CN^-生理效應
　　(1)CN^-對所有過渡金屬（如Cu, Fe, Zn）酵素皆有抑制作用，使酵素失去功能，
　　(2)CN^-對所有過渡金屬（如Cu, Fe, Co）蛋白質都有抑制作用，使蛋白質失去功能，
　　　例如CN⁻會與血紅素中Fe結合，使血紅素失去運輸O_2功能
（三）CrO_4^{2-}生理效應
　　(1)CrO_4^{2-}會與核酸，核蛋白結合，使核酸，核蛋白結構改變，甚至影響核酸磷含量
　　　及造成遺傳性基因缺陷
　　(2)CrO_4^{2-}會影響體內氧化還原反應及水解過程
　　(3)會引起鼻炎，咽炎，支氣管或肝病及腎炎。

　　圖24-22為廢水中金屬離子及陰離子污染物常用**檢驗**方法。如圖24-22所示，我國環保署（EPA）將(A)原子吸光法（Atomic absorption，AA），(B)感應耦合電漿法（Inductively coupled plasma，ICP）及(c)感應耦合電漿／質譜法（ICP/MS）都列為偵測廢水中金屬及類金屬離子之標準方法[462-464]。原子吸光法（AA）是用來專對單一金屬元素分析，環保署（EPA）是用石墨原子吸光法（Graphite-AA）做為偵測廢水中一般金屬離子之標準方法，此石墨原子吸光法對各種金屬／類金屬離子之偵測下限大都可低至ppb等級（如表24-11(a)所示）。感應耦合電漿法（ICP）是可同時做為多金屬元素分析的，如表24-11(b)所示，其對各種金屬／類金屬離子之偵測下限也可低至ppb。

而感應耦合電漿／質譜法（ICP/MS）不只可以同時做為多金屬／類金屬元素分析的且其對各種金屬／類金屬離子之偵測下限大都可低至ppt等級（如表24-11(c)所示）。換言之，感應耦合電漿／質譜法（ICP/MS）偵測下限（約0.01 ppb）比感應耦合電漿法（ICP）及石墨電爐原子吸光法（Graphite Furnace-AA）之偵測下限（約1 ppb）低很多，及靈敏度大很多。[Graphite Furnace-AA，ICP及ICP/MS儀器結構及原理請分別見本書第7,11兩章]

　　另外，由於廢水中汞（Hg^{2+}）離子之國家標準大都 < 1 ppb，然在石墨原子吸光法加熱中形成中性原子Hg容易逸出，因而靈敏度不高（偵測下限約20 ppb），故環保署（EPA）特別將冷蒸氣原子吸光法（Cold vapor-AA）訂為偵測水中汞（Hg）之標準方法NIEA W330.52A公告檢驗法[465]。如圖24-23所示，冷蒸氣原子吸光法偵測汞（Hg^{2+}）離子系統中，用Sn^{2+}和Hg^{2+}反應使汞離子原子化成中性汞原子（Hg），再導入石英管中用單色光照射，用其吸光度估算廢水中汞含量，此法偵測水中汞（Hg）之偵測下限可低至< 1 ppb。[冷氣原子吸光法儀器結構及原理請見本書第7兩章]

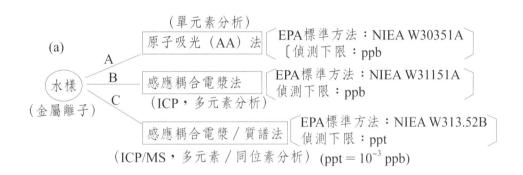

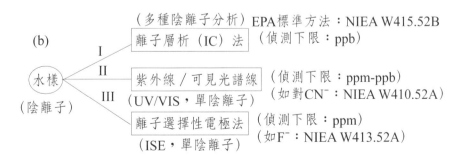

圖24-22　水樣中(a)重金屬離子及(b)陰離子污染之主要儀器偵測方法

表24-11　重金屬及類金屬應用(a)石墨電爐原子吸光法（Graphite Furnace AA），(b)感應耦合電漿法（ICP），及(c)感應耦合電漿質譜法（ICP/MS）偵測之偵測極限[462-464]

(a)Graphite AA			(b)ICP			(c)ICP/MS		
元素	波長 (nm)	偵測極限（μg/ L，≅ppb))	元素	波長 (nm)	偵測極限（μg/ L，≅ppb))	元素	地下水樣品濃度 (μg/L)	偵測極限 （μg/L， ≅ppb))
鋁	309.3	3	銀	328.06	3	As	0.535	0.013
銻	217.6	3	鋁	308.21	13	Pb	0.029	0.003
砷	193.7	1	鎘	226.50	1	Se	0.254	0.020
鋇	553.6	2	鉻	205.55	1	Cr	0.252	0.007
鈹	234.9	0.2	銅	324.75	2	Cd	<0.007	0.007
鎘	228.8	0.1	鐵	259.94	1	Ba	27.9	0.013
鉻	357.9	2	汞	194.16	6	Sb	0.027	0.004
鈷	240.7	1	鎂	279.07	30	Ni	1.44	0.011
銅	324.7	1	錳	257.61	1	Ag	<0.021	0.021
鐵	248.3	1	鎳	231.60	1	Fe	66.3	0.018
鉛	283.3	1	鉛	220.353	11	Mn	14.6	0.008
錳	279.5	0.2	硒	196.02	42	Cu	0.874	0.016
鉬	313.3	1	鋅	213.85	1	Zn	7.04	0.020
鎳	232.0	1	鋇	493.40	1	Mo	1.81	0.034
硒	196.0	2				In	0.584	0.007
銀	328.1	0.2				Ga	<0.015	0.015
錫	224.6	5						

[資料來源：環保署公告NIEA W303.51A/NIEA W311.51B/NIEAW313.52B檢驗法][462-464]

　　廢水中陰離子分析環保署（EPA）標準方法如圖24-22b所示，列有(I)離子層析法（Ion chromastogrphy，IC），(II)紫外線／可見光（UV/VIS）光譜法，及(III)離子選擇性電極（Ion-selective electrode，ISE）。離子層析法（IC，EPA：NJEA W415.52B公告法）[466]是可同時偵測廢水中多種陰離子（離子層析之儀器結構及原理請見本書第14章）。圖24-24為應用離子層析法偵測廢水中各種陰離子之離子層析圖譜。

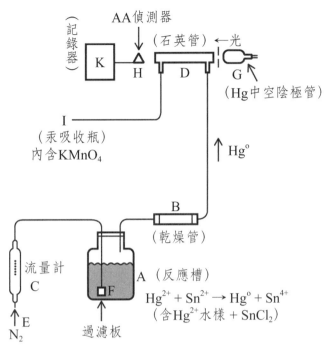

圖24-23　冷氣原子吸光法偵測水中汞（Hg）

[原圖取自環保署NIEA W330.52A公告檢驗法][465]

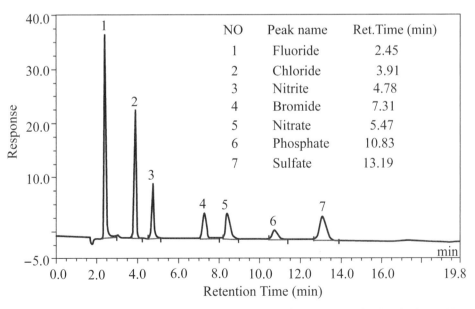

NO	Peak name	Ret.Time (min)
1	Fluoride	2.45
2	Chloride	3.91
3	Nitrite	4.78
4	Bromide	7.31
5	Nitrate	5.47
6	Phosphate	10.83
7	Sulfate	13.19

圖24-24　應用離子層析法偵測水中各種陰離子之離子層析圖譜

[原圖取自環保署NIEA W415.52B公告檢驗法][466]

　　紫外線／可見光（UV/VIS）光譜法及離子選擇性電極（ISE）則只針對特殊陰離子偵測之用。例如利用紫外線／可見光（UV/VIS）檢測水中氰（CN⁻）離子（EPA：NIEA W410 .52A公告法）[467]及用氟離子選擇性電極（F⁻-ISE）偵測水中氟（F⁻）離子（EPA：NIEA W413 .52A公告法）[468]。在氰（CN⁻）離子光譜法[467]中先將含氰（CN⁻）離子之水樣酸化，氰離子反應成氰化氫（HCN）後，從溶液中經氣滌（Purging）方式被吸收於氫氧化鈉溶液中，在pH值小於8的情況下，氰離子會與氯胺T（Chloramine-T）反應形成氯化氰（CNCl，毒性氣體，應避免吸入人體），若續在此反應溶液中加入吡啶－丙二醯脲（Pyridine barbituric acid）試劑即可產生紫色產物，使用分光光度計在波長578 nm處測其吸光度，即可求得水樣中氰（CN⁻）離子之濃度。同樣地，NO_2^-可用本章24-1.2節所提的索爾茲曼光譜法（Saltzman Spectrometry）偵測，而CrO_4^{2-}本身為黃色亦可用紫外線／可見光（UV/VIS）光譜法偵測。

　　圖24-25為氟離子選擇性電極（F⁻-ISE）[468]之結構及電極電位和氟離子濃度關係圖，F⁻電極含LaF_3電極膜及含Ag/AgCl內電極和內溶液（KF）。F⁻-ISE電極結構和原理和一般和一般陰離子選擇性電極（ISE）類似，而一般陰離子選擇性電極（ISE）之結構及原理請見本書第15章第3.2.4節「陰離子選擇性電極」。氟離子選擇性電極（F⁻-ISE）輸出電極電位（E_F）和水中氟離子濃度（aF）關係，依第15章式（15-57），可寫成：

$$E_F = E^\circ_{F^-} - (0.059) \log a_{F^-} \qquad (24\text{-}20)$$

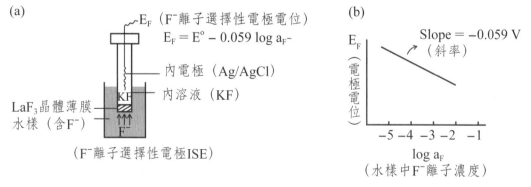

圖24-25　氟離子選擇性電極（F⁻-ISE）之(a)結構圖及(b)電極電位和氟離子濃度關係
（EPA：NIEA W413 .52A公告法）[468]

以電極電位（E_F）對濃度（aF）作圖可得圖24-25b斜率為 -0.059 V之標準直線圖。依F^-電極測出來的電極電位，利用此標準直線圖，即可估算廢水中氟離子濃度。

24-2-2　水中有機污染物及偵測法

水中有機污染物主要為極性有機物（如有機酸、鹼、醛、醇）及界面活性劑。這些水中有機物之環保署（EPA）偵測法如圖24-26所示，有(1)**化學需氧量法**（Chemical Oxygen Demand，COD），測水中可被氧化有機物總量，(2)**紅外線（IR）光譜法**，可測水中有機物之總碳量，(3)**高效能液體層析法（HPLC）**，分離及偵測各種水中有機物（如醛類），(4)**氣體層析法（GC）**，可分離及偵測各種沸點低於約250 ℃之各種水中有機物（如酚類），及(5)**紫外線／可見光（UV/VIS）光譜法**，以測定在水中可吸收紫外線／可見光之有機物及沸點較高之離子有機物（如界面活性劑）。以下將舉例說明這些偵測水中有機物污染物之偵測原理。

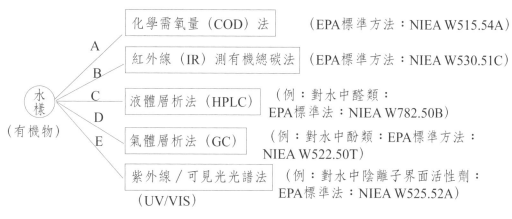

圖24-26　水樣中有機污染物之主要的儀器偵測方法

水中有機物之化學需氧量檢測法（環保署標準檢驗法NIEA W515.54A）[469]中是用重鉻酸鉀和可被氧化有機物反應來計算化學需氧量（Chemical Oxygen Demand，簡稱COD）。其法如下：在一純水及一水樣中分別加入過量重鉻酸鉀溶液，在約50 %硫酸溶液中迴流，剩餘之重鉻酸鉀，以硫酸亞鐵

銨溶液滴定，可計算在純水及水樣中消耗之重鉻酸鉀量體積分別A及B，由下式即可求得水樣中化學需氧量（COD）：

$$化學需氧量（COD/mg/L）= \frac{(A-B) \times C \times 8,000}{V} \qquad (24\text{-}21)$$

式中A：空白（純水）消耗之硫酸亞鐵銨滴定液體積（mL），B：水樣消耗之硫酸亞鐵銨滴定液體積（mL），C：硫酸亞鐵銨滴定液之莫耳濃度（M），V：水樣體積（mL）。由求得水樣中化學需氧量（COD），可表示樣品中可被氧化有機物的含量，這是因為可被氧化有機物（RH）和重鉻酸離子（$Cr_2O_7^{2-}$）會反應，而可能反應式如下：

[可能反應式]　$3RH + Cr_2O_7^{2-} + 8H^+ \rightarrow 3RHO + 2Cr^{3+} + 4H_2O$ （24-22）

[舉例：醛類]　$3RCHO + Cr_2O_7^{2-} + 8H^+ \rightarrow 3RCOOH + 2Cr^{3+} + 4H_2O$

$$(24\text{-}23)$$

水樣中總含碳物可分為有機碳及無機碳，因而水樣中之總碳量（Total carbon）為有機總碳量（Total organic carbon, TOC）及無機總碳量（Total inorganic carbon, TIC）之總和，其間關係可用圖24-27之樹狀圖來表示總碳及總有機碳的關係。總有機碳可由下式求得：

$$總有機碳（W_o）= 總碳（W_t） - 無機碳（W_I） \qquad (24\text{-}24)$$

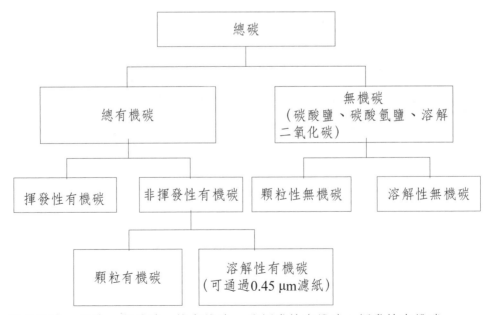

總有機碳＝總碳－無機碳，總有機碳＝非揮發性有機碳＋揮發性有機碳

圖24-27　一水樣中總碳量及總有機碳量的樹狀關係圖

　　有機總碳量可用燃燒／紅外線光譜法（環保署標準檢驗法NIEA W530.51C）[470]來求得，其法之步驟如圖24-28所示，在步驟A中，首先先用加熱器將水樣中有機碳物及無機碳物分別加熱分解成$CO_2 + H_2O$及CO_2，然後用非散性紅外線光譜法（NDIR）偵測所產生的總CO_2量，就可計算水樣中含有機碳及無機碳之總碳量（Wt）。在步驟B中，另取一水樣並先酸化此水樣，然後送入加熱器中加熱，水樣中之無機碳物會氧化分解成CO_2，而水樣中之有機碳物因已酸化，加熱不會熱解，換言之，只有無機碳物氧化分解所的CO_2會跑到NDIR偵測器偵測，故步驟B所偵測出來的為水樣中含無機總碳量（WI）。步驟C中，將步驟A中所得之有機碳及無機碳之總碳量（Wt）減去步驟B所得之無機總碳量（WI），就可得水樣中有機總碳量（W_o），即式（24-24）：W_o（有機總碳量）$= W_t$（總碳量）$- W_1$（無機總碳量）。

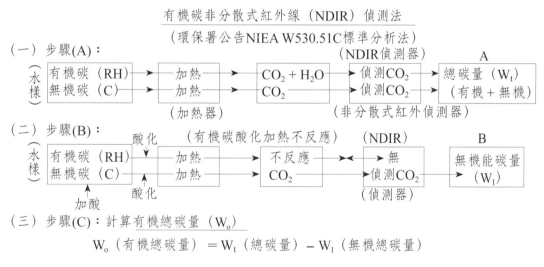

圖24-28　偵測水樣中有機總碳量之非分散式紅外線偵測法步驟及偵測原理

　　液體層析法（HPLC）是世界各國環保機關（EPA）分離及偵測各種個別有機物之主要方法。圖24-29為我國環保署所展示的用逆相管柱液體層析分離及紫外光偵測器在365 nm波長偵測微量（4 ppm）的各種醛類（甲醛、乙醛及丙醛）之液體層析圖（EPA：NIEA W782.50B公告法）[471]，圖中可見分離解析度及訊號強度皆相當優秀。同時，此液體層析偵測各種個別的醛類之偵測下限如表24-12所示，可低至μg/L($\cong$ ppb)。

表24-12　液體層析法偵測各種水樣中甲醛、乙醛及丙醛之偵測下限（μg/L）

待測物	方法偵測下限（μg/L）		
	試劑水	去氯自來水	放流水
甲醛	11.9	24.4	407
乙醛	2.6	9.8	314
丙醛	3.4	6.2	340

（原表取自EPA：NIEA W782.50B公告法）[471]

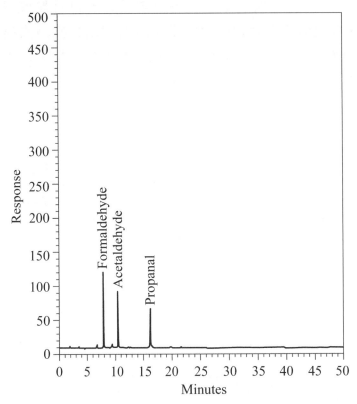

圖24-29　液體層析法偵測4 ppm甲醛、乙醛及丙醛之層析圖

（原圖取自EPA：NIEA W782.50B公告法）[471]

　　氣體層析法（GC）可用來分離及偵測各種沸點低於約250 ℃之各種水中有機物（如酚類及醇類）。表24-13為利用氣體層析法偵測水中各種酚類化合物之管柱滯留時間及偵測下限（我國環保署NIEA W522.51C公告法）[472]。有機酚類因為極性非離子型有機物易穿過細胞膜且易和細胞內有機成分結合，對人體傷害很大，偵測水中各種酚類相當重要。如表24-13所示，此氣體層析法偵測水中各種酚類化合物之偵測下限可低至μg/L(≅ ppb)，換言之，此氣體層

析法可用來水中微量（ppb）之水中各種酚類化合物。

表24-13 氣體層析法偵測水中酚類化合物之管柱滯留時間及偵測下限

化合物	停滯時間（min）	方法偵測極限（µg/L ≈ ppb）
2－氯酚	1.70	0.31
2－硝基酚	2.00	0.45
酚	3.01	0.14
2,4－二甲基酚	4.03	0.32
2,4－二氯酚	4.30	0.39
2,4,6－三氯酚	6.05	0.64
4－氯－3－甲基酚	7.50	0.36
2,4－二硝基酚	10.00	13.00
2－甲基－4,6－二硝基酚	10.24	16.00
五氯酚	12.42	7.40
4－硝基酚	24.25	2.80

（原表取自：我國環保署NIEA W522.51C公告法）[472]

　　水中陰離子界面活性劑（Anionic surfactants）之偵測常用甲烯藍比色法
（環保署公告NIEA W525.52A標準法）[473]，其法是利用陰離子界面活性劑與
甲烯藍（Methylene-blue）反應生成藍色的鹽或離子對，以氯仿萃取後，以分
光光度計在波長652 nm處測其吸光度而定量之，過程如下：

$$陰離子界面活性劑 + 甲烯藍 \rightarrow 鹽／離子對（藍色）\rightarrow 氯仿萃取$$
$$\rightarrow 測652\ nm吸光度(A) \qquad （24-25）$$

　　利用陰離子界面活性劑標準品建立吸光度／濃度檢量線，由水樣之吸光度
(A)就可計算水樣中陰離子界面活性劑濃度。

24-3　絕緣油中多氯聯苯（PCB）污染及偵測法

　　多氯聯苯（Polychlorinated biphenyl，PCB）[474-476]之結構通式如圖
24-30所示。多氯聯苯同分異構體有209種可能，這些同分異構體從單個氯原
子的取代到全取代十氯聯苯。

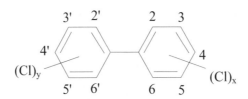

圖24-30 多氯聯苯（PCB）結構通式

多氯聯苯[474-476]不溶於水，不易降解，具有優良的絕緣性、不燃燒、抗熱降解和化學降解。多氯聯苯主要用於墨水、油漆、塑膠、複寫紙中，也大量用於變壓器油、液壓油和載熱劑中。多氯聯苯是十九世紀八十年代首先從煤焦油萃取物中分離出的，並於二十世紀二十年代開始商業合成。這種化合物在二十世紀被廣泛運用於工業變壓器和電容器。然而，早在1933年人們就發現了多氯聯苯具有毒性。二十世紀七十年代，美國就禁止了多氯聯苯的生產，並發佈了有關環境中多氯聯苯含量的法規。美國加州之65法案就是針對多氯聯苯訂了一個每人每天吸收限制量，0.09微克／每天（1微克 ＝ 10^{-6}克）。

西元1979年，彰化油脂工廠在米糠油加工除色、除臭的過程中，使用多氯聯苯（PCBs）為熱媒，其加熱管線因熱脹冷縮而產生裂縫，致使多氯聯苯從管線中滲漏出來而污染到米糠油。造成彰化、台中地區，包括惠明學校師生在內，2,000多位食用該廠米糠油的民眾受到多氯聯苯污染毒害，全身處處紅腫，身心皆受到極大創傷。

實際上多氯聯苯不只在各種油品中發現，也在其他樣品（如魚肉及土壤）中發現，而偵測油及其他樣品中多氯聯苯之含量，各國環保署（EPA）大都採用含電子捕獲偵測器的氣體層析法（GC/ECD）偵測。例如我國環保署就公告「氣相層析儀／電子捕獲偵測器（GC/ECD）」為絕緣油中多氯聯苯檢測方法（環保署標準方法NIEA T601.30B）[477]。圖24-31為利用此GC/ECD氣體層析法偵測含各種多氯聯苯的標準品Aroclor 1232所得各種多氯聯苯的氣體層析圖。本GC/ECD氣體層析法最低可偵測多氯聯苯濃度至次（sub）μg/g範圍（偵測極限）之樣品。

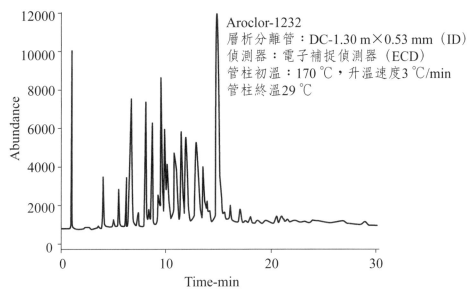

圖24-31 GC/ECD氣體層析法偵測含各種多氯聯苯的標準品Aroclor 1232層析圖（原
圖取自：我國環保署就公告環保署標準方法NIEA T601.30B）[477]

Aroclor是多氯聯苯混合物，而多氯聯苯衍生物是指特定的多氯聯苯化合
物。Aroclor名字後的數位代表這種產品中氯原子的數量（重量百分比），而
不是指特定的多氯聯苯衍生物的組成。例如，Aroclor 1232是由一群含有相同
數量的氯原子但不同的衍生物組成的多氯聯苯混合物。

24-4　土壤中農藥污染及偵測法

土壤中最常使用之農藥為有機氯農藥（Organochlorine Pesticides）
[478-481]，市售之有機氯農藥約有二十種，其中最著名的有機氯農藥為DDT（滴
滴涕）、BHC（蟲必死，分子式$C_6H_6Cl_6$）及Aldrin（阿特靈）。圖24-32為
DDT、BHC及Aldrin之分子結構。土壤中有機氯農藥污染常導致農作物及藥
物的污染，人類誤食這些含有機氯農藥的農作物（如稻米、水果及青菜）及藥
物將嚴重危害人體健康，導致各種疾病[478]。

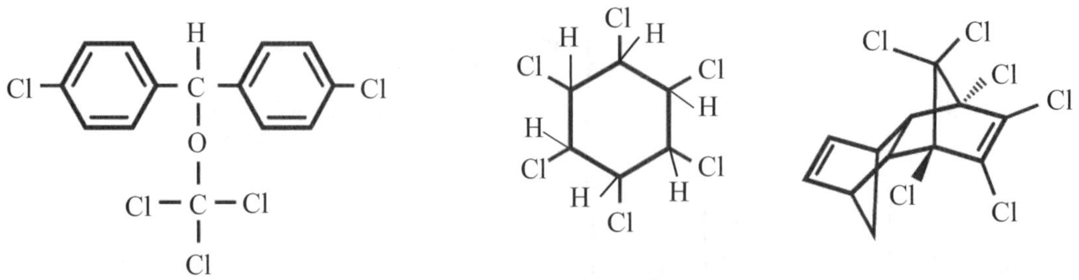

圖24-32　著名的土壤中農藥DDT（滴滴涕）、BHC（產牌：蟲必死或六六六）及
Aldrin（阿特靈）之分子結構圖

我國環保署（EPA）公告氣相層析儀／毛細管柱分析法用來偵測土壤或
水中有機氯農藥檢測方法（環保署NIEA T206.20T公告法）[482]。其法首先
取重量約2～30 g之土壤樣品並經由索氏萃取器在超音波振盪下，以正己烷－
丙酮（1：1）或二氯甲烷－丙酮（1：1）混合溶劑萃取。然後取萃取液1μL
注射至氣相層析儀中，使用毛細管柱及電子捕捉偵測器（Electron Capture
Detector，ECD）測定阿特靈等二十種有機氯農藥的含量。表24-14為利用配
備電子捕捉偵測器之毛細管氣相層析儀偵測土壤及水中二十種有機氯農藥之滯
留時間及T206.20T方法偵測極限。由表24-14可知，此電子捕捉偵測器／毛細
管氣相層析儀（ECD/GC）對各種在土壤或水中之各種有機氯農藥之偵測極限
大約都可低至ppb（μg/kg），換言之，此ECD/GC分析法可用來偵測土壤或
水中各種微量有機氯農藥。

表24-14　毛細管氣相層析法偵測土壤及水中有機氯農藥之滯留時間及偵測極限[482]

農藥名稱	滯留時間（分鐘）		水中偵測極限（μg/L）	土壤中偵測極限（μg/kg）
	DB608管柱1	DB1701管柱1		
Aldrin	11.84	12.50	0.034	2.2
α-BHC	8.14	9.46	0.035	1.9
β-BHC	9.86	13.58	0.023	3.3
δ-BHC	11.20	14.39	0.024	1.1
γ-BHC (Lindane)	9.52	10.84	0.025	2.0
α-Chlordane	15.24	16.48	0.008	—
γ-Chlordane	14.63	16.20	0.037	1.5

〔表24-14續〕

農藥名稱	滯留時間（分鐘）		水中偵測極限	土壤中偵測極限
	DB608管柱1	DB1701管柱1	（μg/L）	（μg/kg）
4，4'-DDD	18.43	19.56	0.050	4.2
4，4'-DDE	16.34	16.76	0.058	2.5
4，4'-DDT	19.48	20.10	0.081	3.6
Dieldrin	16.41	17.32	0.044	NA
Endosulfan I	15.25	15.96	0.030	2.1
Endosulfan II	18.45	19.72	0.040	2.4
Endosulfansulfate	20.21	22.36	0.035	3.6
Endrin	17.80	18.06	0.039	3.6
Endrinaldehyde	19.72	21.18	0.050	1.6
Heptachlor	10.66	11.56	0.040	2.0
Heptachlorepoxide	13.97	15.03	0.032	2.1
4,4'-Methoxychlor	22.80	22.34	0.086	5.7
Toxaphene	MR[a]	MR[a]	NA[b]	NA[b]

（原表取自：我國環保署NIEA T206.20T公告法）[482]，(a) MR = 多峰訊號，(b) NA = 數據無法使用。

第 25 章

化學／生化感測器

　　當今各種現場所用的感測器（Sensor）到處皆有，而化學感測器（Chemical sensors）是用來現場偵測各種環境中所存在各種化學物質含量。例如裝在各處偵測空氣中微量污染物及水中各種污染物，可隨時掌握各地方空氣污染或水污染情形。另外某些化學感測器亦可用於檢測人體之各種生化物質（如葡萄糖及血氧），這種可用來偵測各種生化物質之化學感測器特稱為生化感測器（Biosensors）。由於化學感測器成本低但產值高，需求量大，就葡萄糖感測器一項每年世界產值就超過50億美元，所以世界各國都積極發展各種化學感測器技術，我國行政院亦將感測器技術列為八大重點發展科技之一。化學感測器依感測器技術、材料及用途通常可概分為：壓電晶體感測器（Piezoelectric Crystal Sensors，PZ）、表面聲波感測器（Surface Acoustic Wave (SAW) Sensors）、電化學感測器（Electrochemical Sensors）、半導體感測器（Semiconductor Sensors）、光學感測器（Optical Sensors）、生化感測器（Biosensors）及熱／溫度感測器（Thermal/Temperature Sensors）。本章將對這些化學感測器之工作原理及基本結構和用途簡單介紹。

25-1 化學／生化感測器概論

化學感測器（Chemical sensors）[483-485]顧名思義是偵測各種化合物之各種感測器，而特別用來偵測各種生化物質之化學感測器特稱爲生化感測器（Biosensors）[486-488]。如圖25-1所示，化學感測器主要利用偵測化合物之特性如質量／壓力，電化學，光感應，與半導體作用力，生化特性及溫度／熱等變化，以推算樣品中各種待測化合物之含量（定量）與種類（定性）。用於偵測化合物之質量或壓力變化的化學感測器有壓電晶體感測器（Piezoelectric Crystal Sensors，PZ）及表面聲波感測器（Surface Acoustic Wave (SAW) Sensors）。應用化合物電化學之化學感測器稱爲電化學感測器（Electrochemical Sensors），利用化合物與半導體作用力之化學感測器稱爲半導體感測器（Semiconductor Sensors）。應用化合物光感應的化學感測器稱爲光學感測器（Optical Sensors），而利用具有生化特性偵測生化物質或有關化合物之化學感測器稱爲生化感測器（Biosensors）。利用化合物熱反應或偵測溫度之化學感測器稱爲熱／溫度感測器（Thermal/Temperature Sensors）。下列各節將分別介紹這些化學感測器之偵測原理及基本結構。

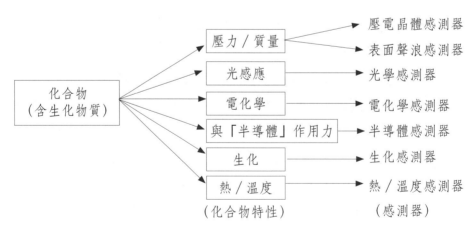

圖25-1 常用偵測化合物的化學／生化感測器及所應用之化合物特性

25-2　壓電晶體感測器（PZ）

壓電晶體感測器（Piezoelectric Crystal Sensors，PZ）[489-491]是利用壓電晶體（如石英）會因其表面之化合物質量（壓力）改變而改變壓電晶體振盪頻率，由晶體振盪頻率改變（ΔF）就可計算晶體表面上化合物質量（ΔM）。此種壓電晶體感測器之偵測下限可低至10^{-9} g，故可做化合物微量分析。

壓電晶體顧名思義是一壓晶體就產生電（流），這稱為壓電效應（Piezoelectric effect）。反過來，當壓電晶體外加電壓就會產生振盪而會有振盪頻率（Fo）輸出，此稱為反壓電效應（Converse piezoelectric effect）。一般市售壓電晶體大都為石英，由石英製成的壓電晶體感測器因可測量微量化合物，故此種石英感測器特稱為石英晶體微天平（Quartz Crystal Microbalance，QCM）[492-494]。石英壓電晶體振盪頻率改變（ΔF，Hz，例如下降50 Hz，即ΔF = − 50 Hz）和其表面化合物質量改變（ΔM，g）關係可用 Sauerbrey Equation（索爾布雷方程式）表示如下：

$$\Delta F = -2.3 \times 10^6 \times F_o^2 \times \Delta M / A \qquad (25\text{-}1)$$

式中A為石英晶體表面積（cm^2），F_o為石英晶體原始振盪頻率（單位：MHz）。壓電晶體感測器所用之石英晶體一般採用如圖25-2a所示之圓盤形薄膜石英晶片，一般市售石英晶片原始振盪頻率約在4-100 MHz範圍，在晶片上下表面分別裝上圓形電極，用於接振盪線路之用。一般都在石英晶片表面（一面或雙面）上先塗佈一吸附劑（Adsorbent）以吸附待測物，由吸附待測物之質量改變（ΔM）所引起的石英晶片振盪頻率改變（ΔF），就可估算此被吸附待測物之質量（M）。例如要偵測高分子工廠之空氣中有機污染物丙醛分子含量，可在石英晶片表面塗佈可吸附丙醛之吸附劑（如碳六十，C60），再由吸附劑吸附丙醛造成石英晶片表面重量增加及其所引起的石英晶片振盪頻率改變（ΔF），然後依式（25-1）即可計算空氣中丙醛之含量（ΔM）。吸附劑塗佈在石英晶片表面之製備過程如圖25-2a所示，用一吸附劑溶液（如C60/benzene）當塗佈液均勻滴至石英晶片表面塗佈（可用旋轉塗佈機，Spin coater）並乾燥，然後將此塗佈有吸附劑石英晶片放入壓電晶體感測器之樣品槽中。依擬測樣品為氣體或液體，壓電晶體感測器可當氣體感測器或液體感

測器。

　　一般氣體壓電晶體感測器（PZ Gas sensor）基本結構如圖25-2b所示，含有樣品注入系統（Sample injection system），樣品槽（Sample cell），振盪線路（Oscillator），計數器（Counter），微電腦及載體輸送系統（Carrier Introduction System，載體（carrier，如air，N_2或solvent））。**樣品注入系統**常用空氣壓縮機（Air compressor）抽入氣體樣品，而液體樣品可用針頭注入器（injector）直接打入樣品槽中。**樣品槽**中含有塗佈有吸附劑石英晶片及加熱包（Heat mantle），使用加熱器主要目的是使不易揮發樣品（如極性有機物，如丙醛）維持揮發狀態。樣品槽可用體積（100-250 mL）較大的廣口瓶改裝或用體積小的壓克力中空槽（可裝樣品約5 mL）。**振盪線路**是用來使石英晶片產生振盪頻率，而**計數器**中含計數晶片（IC 8253或8254）及輸送界面晶片（IC 8255），8253計數晶片用來將壓電感測器輸出頻率（F）訊號轉換成數位訊號，並利用8255界面晶片將數位訊號傳入**微電腦**（μC）中做數據處裡及繪出頻率（F）訊號和時間關係圖（圖25-2c）。當偵測實驗完成時，要利用空氣壓縮機當**載體輸送系統**，將乾淨載體（不含待測樣品成分）沖掉樣品槽中之樣品，以便下一次新的偵測實驗。常用的載體為乾淨空氣（Clean air），氮氣（N_2）或純溶劑（Solvent）。

　　偵測過程如圖25-2c所示，當石英晶片上吸附劑（C60）開始（Time(T) = 0，振盪頻率 = Fo，A點）吸附樣品槽中待測分子（丙醛）時，石英晶片振盪頻率（F）下降，當幾乎所有待測氣體被吸附劑吸附後（Time (T) ≅ 750 sec.），頻率就不會隨時間改變而成水平狀（B點），計算從T = 0到T = 750 sec（水平）之頻率變化ΔF = Fo (T = 0) − F (T = 750)，然後將ΔF值代入式（25-1）即可計算被吸附之待測分子重量（M）及空氣中待測分子（丙醛）濃度。

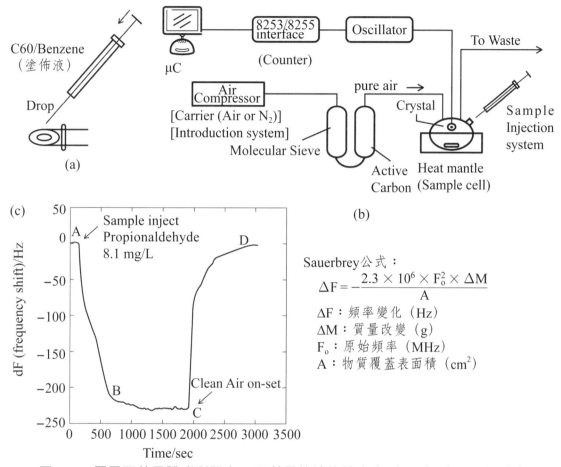

圖25-2 壓電石英晶體感測器之(a)石英晶片塗佈碳六十（C60）法，(b)氣體偵測系統，和(c)用塗佈C60晶片吸附並偵測空氣中丙醛分子所得石英晶片頻率變化（ΔF）圖及其與石英晶片表面吸附丙醛質量（ΔM）關係（原圖取自：Y. C. Chao and J. S. Shih, Anal. Chim. Acta, 374, 39 (1998)）[495].

　　計算得知待測分子（丙醛）濃度後，就需將吸附在石英晶片吸附劑上的待測分子脫附，利用載體輸送系統（Carrier introduction system）將乾淨氣體載體（如Clean air）或液體載體（如Solvent）送入樣品槽中將吸附在石英晶片的待測分子脫附沖出。如圖25-2b所示，在氣體感測器中，利用空氣壓縮機（Air compressor）當氣體載體輸送系統，將空氣抽入系統中並用分子篩及活性碳純化成乾淨空氣（Clean air）送入樣品槽中將待測分子脫附。當待測分子開始脫附時，石英晶片振盪頻率（F）會如圖25-2c所示由C點回升，待測分

子完全脫附後，振盪頻率會回到原來Time = 0時之振盪頻率（Fo，即圖25-2c中D點），換言之，此石英晶片可重複使用。

　　石英壓電晶體感測器（PZ）只要石英晶片上吸附劑選擇得宜，可用來偵測幾乎所有有機或無機化合物，所以石英壓電晶體感測器可視爲一通用型偵測器（Universal detector）。然因石英壓電晶體感測器通用型偵測器，雖可用來偵測幾乎所有化合物，可做爲各種化合物之定量，若想做化合物之定性就必須和層析（氣體層析或液體層析）或電化學技術合用，就可同時做各種化合物定性及定量之用。換言之，石英壓電晶體感測器（PZ）用來做氣體層析（GC）及液體層析（LC）可偵測（定量及定性）所有化合物之通用型偵測器。圖25-3爲用來分離一含各種醇類（ROH）樣品之**氣體層析-壓電晶體偵測器**（GC-PZ）偵測系統基本結構圖，此GC-PZ偵測系統包括C-RCA型GC儀，亞克力壓電晶體偵測器（PZ，外接振盪線路（Oscillation circuit）），熱導偵測器（TCD，Thermal conductivity detector），分離管柱（Separation column），參考管柱（Reference column），注入器（Injector），載體N_2輸送系統及微電腦。分析樣品注入後由載體N_2送入分離管柱分離樣品中各種醇類（ROH），分離後各種醇類化合物先經壓電晶體偵測器（PZ）偵測，所得PZ層析圖如圖25-3b所示。然後這些醇類化合物再經熱導偵測器（TCD，傳統通用型GC偵測器），所得TCD層析圖（圖25-3b）。由圖25-3b之PZ層析圖及TCD層析圖比較，可看出壓電晶體偵測器（PZ）和熱導偵測器（TCD）一樣可用來所有各種醇類化合物，也可當一種通用型GC偵測器。另外，由圖中可看出PZ層析圖比TCD層析圖有較強的訊號（訊號／雜訊比）。換言之，價格低廉（< 600 US$）的壓電晶體偵測器（PZ，含計頻器）比價格較高（>3000 US$）市售的熱導偵測器（TCD）可有較高靈敏度。

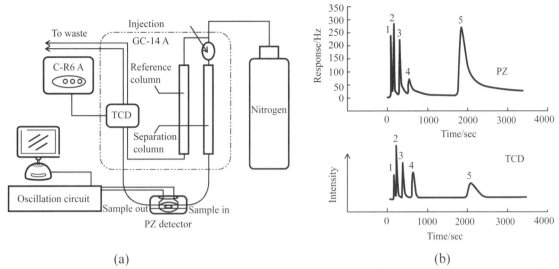

(a) (b)

圖25-3　石英壓電晶體感測器（PZ）當氣體層析儀（GC）偵測器(a)GC-PZ系統
　　　　結構圖及(b)PZ偵測各種醇類之層析圖和傳統氣體層析TCD（Thermal
　　　　Conductivity Detector）偵測器層析圖比較1.Water, 2.Methanol, 3.Ethanol,
　　　　4.Propanol, 5.Butanol,.（原圖取自：P. Chang and J. S. Shih（本書作者），
　　　　Anal. Chim. Acta, 360, 61 (1998)）[496]

　　　石英壓電晶體感測器（Pietzoelectric quartz crystal sensor）亦可用
在偵測液體樣品，而成液體壓電感測器（Liquid-PZ sensor）並用於液體層
析儀（LC）之偵測器構成**LC-PZ偵測系統**（如圖25-4所示），圖25-4a為
LC-PZ偵測系統結構示意圖，而圖25-4b及圖25-4c分別為應用此LC-PZ偵測
系統分離及偵測各種有機胺類（Amines）及各種金屬離子之層析圖。如圖
25-4a所示，此LC-PZ偵測系統含HPLC液體層析儀（主要含幫浦（Pump）
及管柱（Column）），亞克力壓電晶體偵測器（PZ，外接振盪頻率產生線
路（Oscillating frequency generator）），紫外線／可見光（UV/VIS）
偵測器（做為偵測各種有機胺類參考偵測器）或導電偵測器（Conductivity
detector，做為偵測各種金屬離子參考偵測器）及微電腦介面（Computer
interface）和微電腦。從HPLC液體層析管柱分離出來的各種有機胺類或金屬
離子分別先經UV/VIS偵測器或導電偵測器偵測，然後再流經壓電晶體偵測器
（PZ）偵測，然後將這些偵測器輸出訊號都經微電腦介面轉換成數位訊號，
再輸入微電腦做數據處理及繪層析圖。由圖25-4b之UV/VIS層析圖及PZ層析

圖可看出，壓電晶體偵測器（PZ）可偵測各種（五種）有機胺類，但常用在液體層析之UV/VIS偵測器卻只能測出一種胺類（Aniline），再次證明壓電晶體偵測器（PZ）通用性。另外，由圖25-4c亦可看出壓電晶體偵測器（PZ）可相當靈敏用來做偵測各種金屬離子之液體層析偵測器。

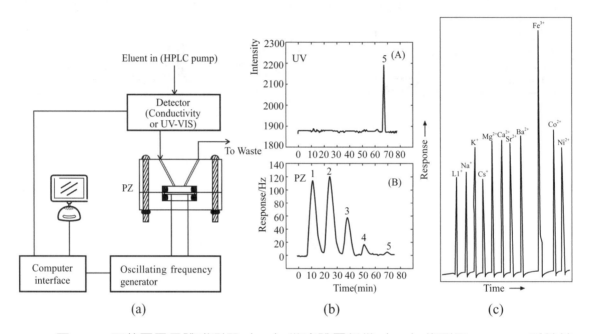

　　圖25-4　石英壓電晶體感測器（PZ）當液體層析儀（LC）偵測器(a)LC-PZ系統結構圖及應用偵測水溶液中(b)各種有機胺類（Amines）（1.Propyl amine, 2.Butyl amine, 3.Trimethyl amine, 4.Acetyl amide, 5.Aniline）及(c)各種金屬離子（原圖取自：(a)(b)C. S. Chiou and J. S. Shih（本書作者），Anal. Chim. Acta, 392,125 (1999)[497];(c)Y. S. Jane and J. S. Shih, Analyst, 120, 517 (1995)）[498]

　　石英壓電晶體感測器（PZ）／電化學偵測系統因可做為分析物定性及定量微量分析，常稱為**電化學石英壓電晶體微**天平（EQCM，Electrochemical Quartz Crystal Microbalance）[492，499-500]。圖25-5a為EQCM偵測系統儀器結構示意圖，其中CV27為循環伏安（Cyclo voltammetry）電化學系統（包括電壓（V）供應／控制器及電流收集），EQCM系統從CV27輸出電流（Io）及從頻率計數器（Frequency counter）輸出石英頻率改變（ΔF）訊號。圖25-5b

為EQCM偵測系統電路圖。圖25-5c及25-5d分別為利用此EQCM偵測系統偵測樣品中Ag⁺及Cu²⁺離子所得的Io/V及ΔF/V譜圖。由兩圖可看出，只要有電化學氧化／還原峰出現，石英頻率就會變化，從氧化／還原峰出現之電壓可做分析物定性，而從石英頻率變化（ΔF）及輸出電流（Io）可做分析物定量。一般石英壓電晶體感測器利用石英頻率變化（ΔF）對分析物之偵測下限（約0.1 ppm）要比偵測電化學輸出電流（Io）之偵測下限（約40 ppm）要好。若用EQCM和傳統QCM相比，EQCM則因金屬離子在電極表面還原有如離子濃縮，因而EQCM通常比QCM對分析物之偵測下限要低得多，要好得多。表25-1即為EQCM和傳統QCM偵測各種金屬離子（Ag^+，Cu^{2+}，Ni^{2+}）之偵測下限，由表可看出，EQCM對這些離子之偵測下限（約為0.1 ppm）要比傳統QCM對這些離子之偵測下限（約為1.6 ppm）要低，要好很多（即靈敏度高很多）。

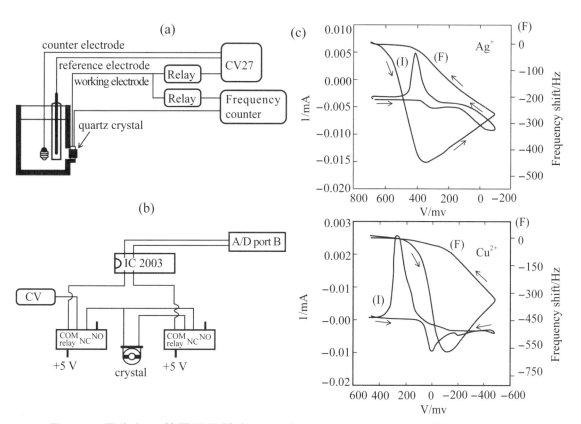

圖25-5　電化學石英壓電晶體微天平（EQCM）之(a)系統結構圖，(b)電路圖，及偵測水中(c)Ag⁺及(d)Cu²⁺離子的頻率變化及電流變化圖（原圖取自：M. F. Sung and J. S. Shih, J. Chin. Chem. Soc., 52, 443 (2005)）[500]

表25-1　EQCM和QCM偵測各種金屬離子之靈敏度及偵測極限比較[500]

Method	Metal ions	Sensitivity (Hz/ppm)	Detection limit (ppm)
EQCM(a) (Fixed V)	Ag^+	68.76	0.10
	Cu^{2+}	111.58	0.13
	Ni^{2+}	81.77	0.13
EQCM(b) (Scanned V)	Ag^+	15.16	-
	Cu^{2+}	10.31	-
QCM	Ni^{2+}	6.34	1.40
	Cu^{2+}	4.94	1.80

（原表取自：M. F. Sung and J. S. Shih, J. Chin. Chem. Soc., 52, 443 (2005)）

　　因一般石英壓電晶體感測器（PZ）只設計一個石英晶片，只能偵測一種化合物，若想同時偵測多種化合物就必須設計如圖25-6a所示的**多頻道石英壓電晶體感測器**（Multi-channel Quartz Piezoelectric crystal Sensor）[501]。在多頻道壓電感測器（圖25-6a）中，在樣品槽中設計一連串多個石英壓電晶片並在每個晶片上塗上不同的吸附劑，以吸附樣品中不同的化合物分子。此多頻道系統可利用多頻道繼電器（Relay）系統，撰寫電腦程式使振盪線路（Oscillation circuit）依序和每個石英晶片連接，並依序將各個石英晶片之輸出頻率訊號送至計數器（Counter）轉換成數位訊號經8255介面晶片傳至微電腦做數據處理及繪每一頻道頻率／時間關係圖。圖25-6為利用六頻道壓電感測器偵測氣體樣品中甲醇（CH_3OH）、二硫化碳（CS_2）及丙醛（CH_3CH_2CHO）之六頻道雷達圖。由圖可知，甲醇分子只會被塗佈高分子Polyvinyl pyrrolidon（PPY）當吸附劑之石英晶片吸附而有頻率改變訊號，而二硫化碳及丙醛則只會分別被塗佈C60/PPA（Polyphenyl acetylene）及Cryptand-22之石英晶片吸附而有訊號。如此一來就可由不同頻道石英晶片所出來的頻率改變訊號去計算樣品中各種化合物分子（甲醇、二硫化碳及丙醛）之各別含量。

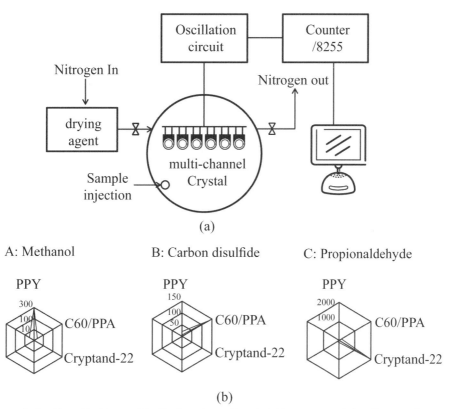

圖25-6　多頻道石英壓電晶體感測器之(a)偵測系統圖及(b)六頻道壓電感測器偵測
氣體樣品中甲醇（CH_3OH）、二硫化碳（CS_2）及丙醛（CH_3CH_2CHO）之
六頻道雷達圖（原圖取自：Y. L. Wang and J. S. Shih, J. Chin. Chem. Soc.,
53, 1427 (2006)）[501]。（PPY = polyvinyl pyrrolidon, PPA = Polyphenyl
acetylene）

25-3　表面聲波感測器（SAW）

表面聲波感測器（Surface Acoustic Wave (SAW) Sensors）[502–504]
是利用表面聲波經過分析物時，表面聲波之速度（V）頻率（f）都會改
變，由頻率的改變（Δf）就可估算分析物之質量。換言之，表面聲波感測
器（SAW）和壓電晶體感測器（PZ）一樣都屬於分析物質量壓力感測器。
圖25-7為各種表面聲波（SAW）元件示意圖，所有SAW元件之基材皆為壓

電晶體（Piezoelectric crystal），最常用的壓電晶體基材為LiTaO$_3$及石英（quartz），兩者皆可當氣體表面聲波感測器基材，然液體表面聲波感測器基材確只能用LiTaO$_3$，因LiTaO$_3$有相當高的介電常數（Dielectric constant，ε ＝ 47）可保持表面聲波，而石英介電常數（ε ＝ 4.6）相當低，表面聲波易被液體吸收而消散，故石英不適合做液體表面聲波感測器之基材。表面聲波（SAW）所用壓電晶體頻率約在100-300 MHz，比壓電晶體感測器（PZ）所用壓電晶體（約8-40 MHz）大很多。依前節式（25-1）壓電晶體頻率改變感應性（ΔF）與其原始頻率平方（F$_o^2$）成正比，故可預計表面聲波（SAW）感測器對分析物的靈敏度會比壓電晶體感測器（PZ）來得高。

圖25-7A為常用的延遲型（Delay）SAW元件結構圖，其由兩數位間轉能器陣列電極（Interdigital transducer，IDT electrodes）、兩陣列電極間之濾波波柵（Reflection grating）及壓電基材（LiTaO$_3$或石英）組成。聲波（頻率fo）波動電流從元件左邊陣列電極進入，並由左邊電極將電流頻率轉換成聲波輸出到壓電基材表面形成表面聲波，表面聲波經兩電極間被吸附劑所吸附的待測物後，表面聲波之速度（V）頻率（f）都會改變變小，但波長λo不變，即：

$$\lambda_o = V_o/f_o = V/f \qquad (25-2)$$

V$_o$和f$_o$為原來聲波之速度及頻率，而V和f則為經分析物後之聲波的速度及頻率。

頻率改變（Δf ＝ f － fo）和在基材表面分析物質量密度（質量／面積 ＝ m/A）關係式如下：

$$\Delta f/f_o = -s(m/A) \qquad (25-3)$$

式中s為SAW感測器對質量密度之靈敏度，f$_o$為原來聲波之頻率。經分析物後改變速度及頻率之表面聲波再經圖25-7A右邊轉能陣列電極（IDT）轉成聲波波動電流輸出並測量其頻率（f）及頻率變化（Δf），再利用式25-3計算被吸附劑吸附之分析物重量（m）。圖25-7A兩陣列電極間之濾波波柵是用來濾掉除聲波外其他不同波長之雜訊，兩波柵間之間距需為λ$_o$/4（λ$_o$為聲波波長）。

圖25-7B為雙埠型（Two-port）SAW元件，其與延遲型SAW元件不同在其濾波波柵不在兩電極間，而在輸入輸出兩電極外面，而兩電極間距離縮短，

然分析物／吸附劑仍放在兩電極間。圖25-7C則為單埠型（One-port）SAW元件，其濾波波柵也在兩電極外面，但兩電極（輸入輸出，In/Out）成互夾式，而分析物／吸附劑就塗佈在互夾式兩電極上，此型SAW元件雖分析物／吸附劑可塗佈量較前兩種元件來得少且易污染兩電極，但感應快，成本價格低，也常被使用。圖25-7D為雙埠型SAW元件（含共振線路）實物示意圖。

　　圖25-8A為含延遲型SAW元件（振盪頻率250 MHz）之氣體表面聲波感測器（SAW gas sensor）偵測有機氣體系統圖，如圖25-8A-a所示，在SAW元件兩電極間塗怖C60-Cryptand22吸附劑以吸附空氣中有機氣體（如乙醇）。聲波由無線電放大器所產組成的振盪線路（Osillation circuit）產生並進入左邊電極（輸入電極），表面聲波（fo）由輸入電壓發出，經被吸附劑吸附的分析物（有機氣體）後，頻率改變的輸出表面聲波（f）經輸出電壓轉能器轉成聲波波動電流，再用頻率計數器（Counter）測量聲波波動電流之頻率（即改變後聲波頻率）。圖25-8A-b為利用此SAW氣體感測器偵測空氣中乙醇蒸氣之頻率變化／濃度關係圖及和用石英壓電晶體（QCM）系統做比較圖。由圖中可看出表面聲波（SAW）感測器對乙醇蒸氣的靈敏度比壓電晶體感測器（PZ）高很多。由於此表面聲波（SAW）感測器所用壓電晶體頻率（250 MHz）比壓電晶體感測器（PZ）所用壓電晶體（10 MHz）大很多。依前節式（25-1）壓電晶體頻率改變感應性（ΔF）與其原始頻率平方（F_o^2）成正比，故此表面聲波（SAW）感測器之靈敏度比壓電晶體感測器（PZ）高很多。表面聲波感測器（SAW）對各種待測物之偵測極限可低至10^{-12} g，較壓電晶體感測器（PZ）之偵測下限（約為10^{-9} g）更低。

(A)延遲線型（Delay）SAW元件

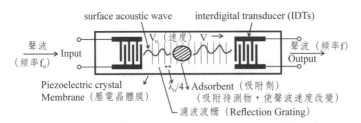

$$V_o = \lambda_o f_o \xrightarrow{\text{吸附}} V = \lambda_o f$$

吸附待測物後：
①聲波速度改變：$V_o \to V$
②聲波頻率改變：$f_o \to f$
③聲波波長不變（λ_o）

(B)雙埠型（Two-Port）SAW元件

①表面聲波在ST-cut石英晶片上之速度為3158 m/s（λ_o）
②ST-cut石英片共振頻率f_o若為300 MHz
③λ_o（波長）10.5 μm（$\lambda_o = V_o/f_o$）
④電極間距2.43 μm（間矩＝$\lambda_o/4$）

(C)單埠型（One-port）SAW元件

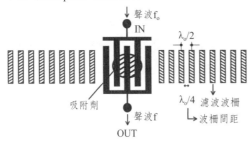

(D)雙埠型SAW元件（含共振線路）實物示意圖

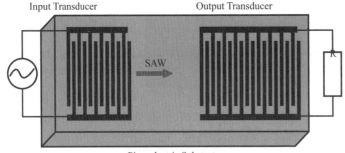

圖25-7　各種表面聲波（SAW）元件(A)常用的延遲型SAW元件結構及偵測原理，及(B)雙埠型，(C)單埠型SAW元件結構示意圖，及(D)雙埠型SAW元件（含共振線路）實物示意圖

（D圖資料來源：Wikipedia, the free encyclopedia, http://en.wikipedia.org/wiki/Surface_acoustic_wave）[502]

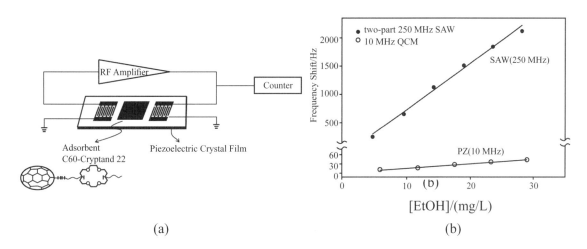

(a)　　　　　　　　　　　　　　　(b)

圖25-8　含塗佈碳六十衍生物（C60-Cryptand22）SAW元件之(a)氣體表面聲波感測
器（SAW gas sensor）偵測系統，及(b)偵測乙醇蒸氣濃度和頻率變化關係
圖並和用石英壓電晶體（QCM）系統做比較（原圖取自：H. B. Lin and J. S.
Shih, Sensors and Actuators B, 92, 243 (2003)）[503]

氣體表面聲波感測器（SAW gas sensor）亦屬於可偵測任何分析物之通
用型偵測器（Universal detector），故很適合當氣體層析儀（GC）之偵測器
形成表面聲波／氣體層析（SAW/GC）偵測系統。圖25-9-a為SAW感測器當
氣體層析（GC）偵測器之GC-SAW偵測系統結構圖，SAW偵測器亦含SAW
元件晶片、振盪線路（Oscillation circuit）及頻率計數器（counter）並接微
電腦做數據處理和繪圖。在此GC-SAW偵測系統中特含傳統通用型GC偵測器
TCD（熱傳導偵測器，Thermal conductivity detector），用以和SAW偵測器
做比較。圖25-9-b為應用SAW偵測器及TCD偵測器所得之兩層析圖，由圖中
可看出兩偵測器因皆為通用型偵測器，因而皆可偵測出所有分析物（6種化合
物），然可看出SAW偵測器對各化合物之訊號強度（或靈敏度）都比TCD偵
測器強很多。

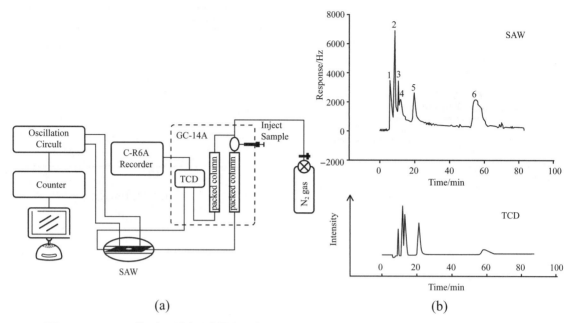

(a)　　　　　　　　　　　　　　　　(b)

圖25-9　SAW感測器當氣體層析（GC）偵測器之(a)GC-SAW偵測系統結構圖，及
　　　　(b)偵測常用溶劑之GC-SAW層析圖並與傳統GC-TCD層析圖比較（原圖取
　　　　自：H. B. Lin and J. S. Shih, Sensors and Actuators B, 92, 243 (2003)）[503]1.
　　　　Water, 2.Ethanol, 3.Acetone, 4.Chloroform, 5.Ethyl ether, 6.Toluene.

　　　只含一個SAW元件之表面聲波感測器只能偵測一種化合勿，若要同時
偵測一樣品中多種化合物，就需要含多個SAW元件之**多頻道表面聲波感測器**
（Multi-Channel SAW sensor）[504]。圖25-10為多頻道表面聲波感測系統之
結構示意圖，圖中有6個SAW元件，即為六頻道表面聲波感測系統，每一個
頻道的SAW晶片都塗佈一種吸附劑以吸附一種分析物，六個頻道晶片就可吸
附及偵測六種不同的化合物。此六頻道表面聲波感測系統含一由多個繼電器
（Relays）組成的頻道選擇器（Channel selector），以選擇和共同一個振盪
線路（Oscillation circuit）及共同頻率計數器（Counter）連接之頻道，並將
此頻道頻率訊號傳入微電腦中做數據處理及繪圖，兩頻道間訊號傳送時間相差
只在幾秒中而已，因而六個頻道之頻率訊號改變（ΔF）／時間（t）關係圖幾
乎同時可看到存在微電腦螢幕上。

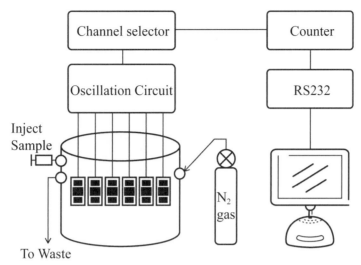

圖25-10　多頻道表面聲波感測系統（Multi-Channel SAW）結構示意圖（原圖取自：H. P. Hsu and J. S. Shih, J. Chin. Chem. Soc., 54, 401 (2007)）[504]

　　液體表面聲波感測器（Liquid-SAW sensor）[505]所用的SAW元件壓電晶片規格要求要比氣體聲波感測器嚴格多了，這是因為液體對聲波吸收力大，若用一般介電常數（ε）較小的壓電晶體（如石英，ε = 4.6）聲波很容意消散，故液體表面聲波感測器需用介電常數較高的壓電晶體（如LiTaO$_3$，ε = 47），然高介電常數之壓電晶片（如LiTaO$_3$）價格相對相當貴。圖25-11a為用LiTaO$_3$SAW元件之液體表面聲波（Liquid-SAW）偵測系統）結構示意圖，此系統一樣含振盪線路（Oscillation circuit）產生聲波及偵測頻率改變的頻率計數器（Frequency counter）和塗佈吸附劑之LiTa$_o$3SAW元件與訊號處理及繪圖用的微電腦。圖25-11b為塗佈碳六十／血紅素（FullereneC60-Hemoglobin (Hb)）吸附劑之SAW元件，以吸附及偵測液體樣品中之血紅素抗體（Anti-Hemoglobin，Anti-Hb）。圖25-11c為分析物Anti-Hb被吸附所形成聲波頻率下降及用glycine-HCl溶液清洗晶片使分析物脫附後，聲波恢復到其原始頻率圖，如此一來LiTaO$_3$ SAW晶片可重複使用。因LiTaO$_3$ SAW晶片相當貴，晶片重複使用相當重要。

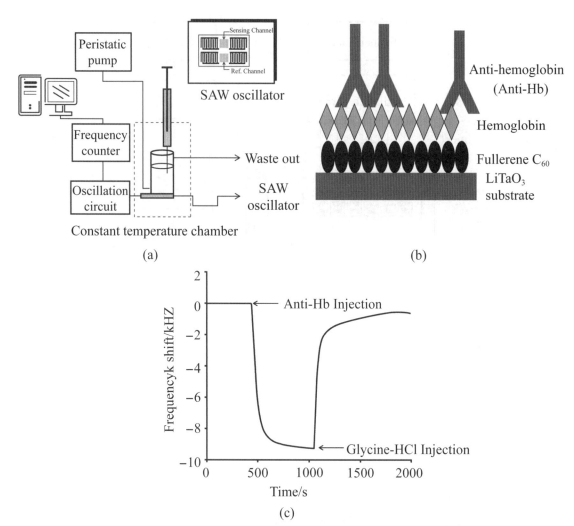

(a)

(b)

(c)

圖25-11 液體表面聲波（Liquid-SAW）偵測系統之(a)結構示意圖，及(b)應用塗佈
碳六十／血紅素（C60-Hemoglobin，C60-Hb）之SAW元件以(c)偵測溶
液中血紅素抗體（Anti-Hemoglobin）之頻率變化圖（原圖取自：H. W.
Chang and J. S. Shih, Sensors and Actuators B, 121, 522 (2007)）[505]

25-4　電化學感測器

電化學感測器（Electrochemical Sensors）[506-508]概分電位式及電流式兩種，電位式電化學感測器：常見的為離子選擇性場效電晶體感測器（Ion-selective Field Effect Transistor (ISFET) Sensor）及離子選擇性電極，而電流式電化學感測器常見有CO及煙霧氣體電化學感測器。除離子選擇性電極已在本書第18章有詳細介紹外，本節將介紹這些電位式及電流式電化學感測器結構及偵測原理。

離子選擇性場效電晶體感測器（Ion Selective Field Effect Transistor，ISFET）[508]最早是由P. Bergveld在1970年所提出的，使用不易被水分子及離子物質侵入的氮化矽（SiN_4）膜當閘極（Gate）及用離子（如M^+）分析物溶液（Solution）／參考電極分別取代傳統的「金屬氧化物半導體場效電晶體（Metal Oxide Semiconductor Field Effect Transistor，MOSFET），如圖25-11a所示」使用的金屬氧化物閘極及接在閘極的參考電極，使閘極直接和分析物溶液接觸而不接觸參考電極。圖25-12b為離子選擇性場效電晶體感測器（ISFET Sensor）矽晶片結構圖，可將感測器直接放入待測分析物樣品溶液中，而使分析物（如M^+）與閘極（Gate）上之離子感應膜（Si_3N_4膜）接受器產生作用後，離子感應膜即產生界面電位變化，電位變化訊號則會改變汲極（Drain）及源極（Source）間之輸出電流（Io）大小。ISFET的離子感應膜上如選用適當不同的離子選擇性材料，即可感應出不同離子。到目前為止已有可以感應H^+，Na^+、K^+、NH_4^+、Ca^{2+}、Ag^+、Li^+、Cl^-、Br^-等離子的ISFET產品。圖25-13a及圖25-13b分別為市售的ISFET矽晶片式酸鹼度計及市售之ISFET產品實物圖。

(a)MOSFET晶片 (b)ISFET感測器晶片

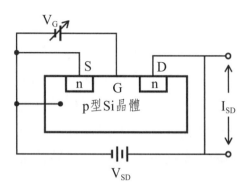 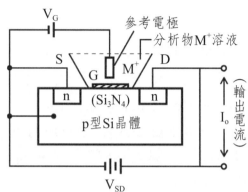

S：源極（Source），又稱「發射（電子）極E（Emitter）」，n：Si(As)-n型（type）半導體
D：汲極（Drain），又稱「接收（電子）極C（Collector）」，p：Si(B)-p型（type）半導體
G：閘極（Gate），又稱「基極B（Base）」

圖25-12　(a)傳統的金屬氧化物半導體場效電晶體（MOSFET）及(b)離子選擇性場
效電晶體感測器（ISFET Sensor）之結構比較

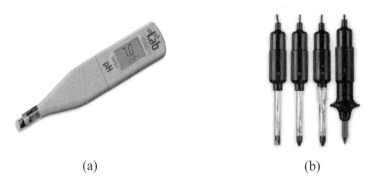

(a) (b)

圖25-13　(a)市售的ISFET矽晶片式酸鹼度計[509]及(b)市售之ISFET產品實物圖[510]
（原圖取自：(a)www. emeraldinsight. com/.../0870270309.html;(b)www.
isfet.com.tw/index.php?option= com.ontent...id）

　　電流式電化學感測器（Amperometric electrochemical-sensors）中常見
的為偵測空氣中一氧化碳之CO電流式感測器（CO Amperometric Sensor），
此感測器依是否用標準空氣做參考樣品，分單向及雙向CO電流式感測器。在
單向感測器只輸入待測空氣樣品，而雙向感測器則從感測器左右兩方分別輸
入待測空氣樣品及一標準空氣。圖25-14為單向CO電流式感測器主體（圖25-
14a）及偵測系統（圖25-14b）和雙向CO電流式感測器示意圖，其主體（圖

25-14a）主要含工作電極（W，如Pt）、參考電極（R）、相對電極(C)及電極膜（Membrane，如Teflon，Nafion）和電解液（如H_2SO_4，H_3PO_4），含CO之空氣樣品經感測器內毛細管小孔（Capillary）進入電極膜並擴散到工作電極（W），CO在電解液中工作電極上產生氧化反應如下：

$$CO + H_2O \rightarrow CO_2 + 2H^+ + 2e^-$$ 　　　　　（25-4）

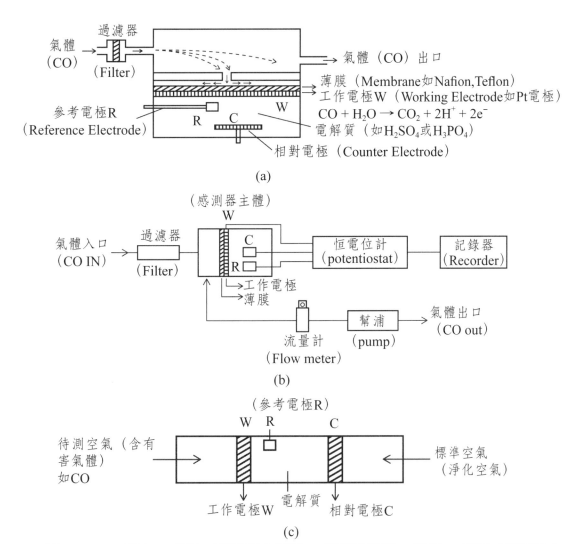

圖25-14　(a)單向CO電流式感測器主體及(b)偵測系統與(c)雙向CO電流式感測器主
　　　　　體結構示意圖

　　此反應產生的電子經相對電極(C)傳入圖25-14b中之恆電位器（Potentiostat）轉成電流訊號，並輸入記錄器（Recorder）顯示。雙向CO電流式感測器之主體（圖25-14c）內部結構及電化學反應和單向感測器類似，不同的是在雙向感測器中待測空氣樣品及標準空氣分別由左右兩方進入感測器，分別接觸工作電極及相對電極，接觸工作電極之待測空氣樣品中CO會有式（25-4）氧化反應，而接觸相對電極之標準空氣中CO不會反應，形成強烈對比，靈敏度會增加，而雜訊相對減少。

　　另外一種常見的電流式電化學感測器為**放射線電流式煙霧感測器**（Amperometric smoke sensor），圖25-15為此放射線電流式煙霧感測器之外觀及內部結構圖及工作原理。此煙霧感測器（Smoke sensor）通常如圖中(A)所示固定在建築物天花板上。此感測器之內部結構如圖中(B)所示，其含一可放出α粒子之放射線源（如Am^{241}）及外接外加電壓之一對正負電極。在**正常無煙霧時**，放射線源所放出的α粒子會將空氣中O_2解離成正離子（O_2^+）及電子（e^-）如下：

$$O_2 + \alpha(He^{2+}) \rightarrow O_2^+ + e^- \qquad (25\text{-}5)$$

　　產生的電子會向正電極移動，而使正負電極間產生電流輸出，此輸出電流（I_o）在正常無煙霧時相對大。空氣中氧含量$[O_2]$越大，輸出電流（I_o）就越大。反之，當空氣中有煙霧時，空氣中氧含量$[O_2]$相對變小，則輸出電流（I_o）就也會變小。換言之，空氣中煙霧越大，輸出電流變化變小量（ΔI_o）就會變大。變化的輸出電流（I_o）就可用運算放大器（OPA，圖25-15(B)）轉成放大電壓訊號（V_o）輸出，然後可接警報器或記錄器或顯示器。

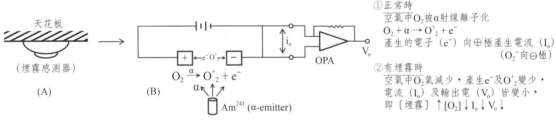

圖25-15　放射線電流式煙霧感測器(A)外觀示意圖，及(B)內部結構圖及工作原理

25-5　半導體感測器

半導體在感測器（Semiconductor Sensors）[511-512]之應用雖是先進技術，事實上早在1964年Seiyama就已利用半導體SnO_2當電子式感測器元件來偵測空氣中氣體之組成。實際上，二氧化錫（SnO_2）半導體感測器現今仍然為常用的半導體感測器。本節除了介紹此SnO_2半導體感測器外，將介紹也是常見的半導體瓦斯感測器。

二氧化錫（SnO_2）半導體感測器（SnO_2 Semiconductor Sensor）[513]之感測元件結構如圖25-16a所示，此元件是在氧化鋁板上鍍一層SnO_2膜當基材，然後在SnO_2膜接上白金絲當導線並接兩金電極，以測量SnO_2膜因吸附待測分析物而使其膜表面電阻或電流改變之變化量。SnO_2膜之所以可當感測器元件基材是利用SnO_2為n-type半導體，即SnO_2加熱表面會產生電子（e^-），故SnO_2感測器為一n型半導體感測器。在正常時（SnO_2表面無分析物時），產生的電子會被腔氣中O_2吸收，反應如下：

$$SnO_2 + Heat \rightarrow SnO_2*(e^-) \quad [加熱表面產生電子] \qquad （25-6）$$

及

$$O_2 + SnO_2*(e^-) \rightarrow O_2^- + SnO_2* \qquad （25-7）$$

若有會產生氧化或還原之分析物（**如CO**）在**SnO_2表面時**，會有下列反應：

$$CO + SnO_2*(e^-) \rightarrow CO^- - SnO_2* \qquad （25-8）$$

$$CO^- - SnO_2* + O^- - SnO_2* \rightarrow CO_2 - SnO_2* + 2e^- \qquad （25-9）$$

如式（25-9）所示，會產生兩個自由電子（e^-），而使SnO_2膜電阻變小，而感測元件輸出電流（I_o）變大。如圖25-16b此感測器線路圖所示，變大的感測元件輸出電流（Io）可連接記錄器（Recorder）顯示。圖25-17為含加熱系統的簡單加熱型（圖25-17a）及加熱溫控型（圖25-17b）之SnO_2半導體感測器組裝系統圖。二氧化錫（SnO_2）半導體感測器對其他無機氣體（如H_2S）[514]及許多極性有機物也相當靈敏，常用來做現場偵測有機工廠空氣中有害的極性有機物（如醛類RCHO）。實際上，SnO_2感測器不只可用來偵測極性無機／有機物，甚至常用來偵測瓦斯外洩時瓦斯中的非極性CH_4（只要1

%CH$_4$即可靈敏被測出）[515]。圖25-17c為市售之SnO$_2$半導體感測器實物圖。

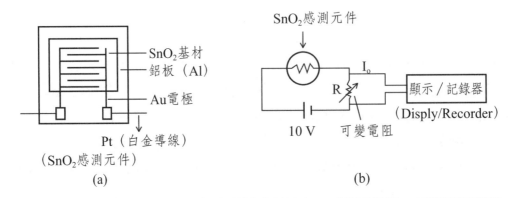

(a)　　　　　　　　　　　　　　　　(b)

圖25-16　二氧化錫（SnO$_2$）半導體感測器之(a)感測元件及(b)感測器線路圖。

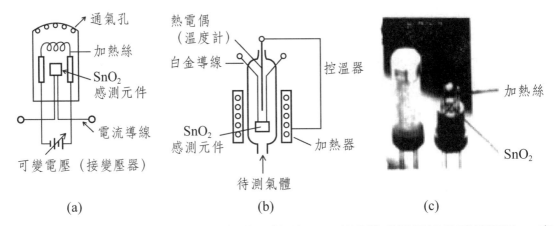

(a)　　　　　　　　　(b)　　　　　　　　(c)

圖25-17　(a)簡單加熱型和(b)加熱溫控型SnO$_2$半導體感測器組裝系統圖及(c)市
　　　　售之SnO$_2$半導體感測器實物圖[516]（(c)圖來源http://www.jusun.com.tw/
　　　　product_detail.asp? pro_ ser= 1076055）

　　半導體瓦斯感測器（Semiconductor gas sensors）常用ZnO-Fe$_2$O$_3$-SnO$_2$-n
型半導體感測器（ZnO-Fe$_2$O$_3$-SnO$_2$-n-type semiconductor sensor，ZnO-Fe$_2$O$_3$
及SnO$_2$皆為n型半導體）[517]（前述SnO$_2$感測器亦為n型半導體感測器（n-type
semiconductor sensors）），其結構及偵測原理如圖25-18所示。如圖25-18
（圖A）所示，此複合金屬氧化物n型半導體瓦斯感測器是利用白金加熱絲
（Heater）使此複合金屬氧化物n型半導體加熱產生電子（e$^-$），在正常無瓦斯
外洩時，產生的電子因被空氣中O$_2$吸收，而使O$_2$反應成O$_2$$^-$，反應如下：

$$O_2 + e^- \rightarrow O_2^- \tag{25-10}$$

因而剩下流向接收電極之電子數變小（即半導體電阻變大），以致接收電極之輸出電流（Io）也變小。反之，當有**瓦斯外洩時**，空氣中O_2含量相對變少，或因和瓦斯起氧化燃燒反應使O_2含量變少，因而n型半導體加熱產生電子被O_2吸收數也會變少（即半導體電阻變小，如圖25-18（圖B）所示）。換言之，在有瓦斯時，半導體電阻變小，剩下流向接收電極之電子數變大，因而接收電極之輸出電流（I_o）也變大。圖25-18（圖B）也顯示此半導體瓦斯感測器對不同的瓦斯有相當不同的靈敏度，同濃度的液態瓦斯（含丙烷（C_3H_8），丁烷（C_4H_{10}））比甲烷（CH_4）瓦斯及CO/H_2瓦斯所感應造成半導體電阻（R）減少量（即接收電極輸出電流（Io）增加量）幅度都來得大，即靈敏度較大。

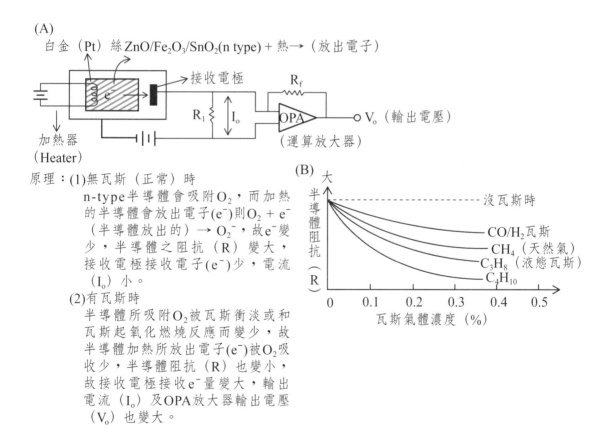

(A)
白金（Pt）絲 ZnO/Fe$_2$O$_3$/SnO$_2$(n type) + 熱→（放出電子）

接收電極

R_f

OPA（運算放大器）

R_1　I_o　V_o（輸出電壓）

加熱器（Heater）

原理：(1)無瓦斯（正常）時
n-type半導體會吸附O_2，而加熱的半導體會放出電子(e$^-$)則O_2 + e$^-$（半導體放出的）→ O_2^-，故e$^-$變少，半導體之阻抗（R）變大，接收電極接收電子(e$^-$)少，電流（I_o）小。

(2)有瓦斯時
半導體所吸附O_2被瓦斯衝淡或和瓦斯起氧化燃燒反應而變少，故半導體加熱所放出電子(e$^-$)被O_2吸收少，半導體阻抗（R）也變小，故接收電極接收e$^-$量變大，輸出電流（I_o）及OPA放大器輸出電壓（V_o）也變大。

(B)
大
半導體阻抗（R）

沒瓦斯時
CO/H_2瓦斯
CH_4（天然氣）
C_3H_8（液態瓦斯）
C_4H_{10}

0　0.1　0.2　0.3　0.4　0.5
瓦斯氣體濃度（%）

圖25-18　偵測各種瓦斯之ZnO-Fe$_2$O$_3$-SnO$_2$-n型半導體感測器之(a)結構圖及原理，與(b)半導體電阻和各種瓦斯氣體濃度關係圖

25-6　光學感測器-ATR及SPR技術

　　光學感測器（Optical Sensors）[518-519]種類繁多，本節將介紹近年來澎湃發展且相當靈敏的「衰減全反射感測器（Attenuated Total Reflectance (ATR) Sensor」及「表面電漿共振感測器（Surface Plasma Resonance (SPR) Sensor」之偵測原理及儀器結構。

25-6-1　衰減全反射感測器（ATR）

　　衰減全反射感測器（Attenuated Total Reflectance (ATR) Sensor）[520-521]是利用光波（如紅外線）在放在待測溶液中之光纖內全反射（如圖25-19a所示），而部份全反射光會被接觸光纖表面液體樣品中待測物質吸收，經多次全反射及多次吸收（圖25-19a右圖）而使光波強度大大衰減（強度$I_0 \rightarrow I$），衰減後光波（I）再用光波偵測器（Detector）偵測，由光波衰減強度（$\Delta I = I_0 - I$）就可估算液體樣品中待測物質含量。衰減全反射感測器（ATR）因基於多次全反射及多次吸收（相當於績分方式），故ATR感測器比起傳統的一次吸收型（Absorption mode）感測器（圖25-19b）及一次反射型（Reflection mode）感測型（Reflection）感測器（圖25-19c）都較靈敏，其對待測物質之偵測下限可低至ppb。

　　衰減全反射感測器（ATR）所用之光波可為紫外線（UV）／可見光（VIS）及紅外線（IR），相對所用的光纖材質分別為石英光纖（UV）、玻璃光纖（VIS）及AgBr光纖（IR）。最常見的為紅外線**ATR感測器**（Infrared (IR) ATR sensor），圖25-19a及圖25-20分別為紅外線ATR感測元件之結構及偵測原理。如圖25-20所示，當紅外線光波在光纖內全反射（Total Reflectance）時，部份光波會滲入液體樣品中dp深度，在此深度（dp）內之待測物質就會吸收滲入光波，而使全反射回去的光強度衰減，這滲入液體樣品深度（dp）和光在液體樣品中折射率（n_s）及光纖中折射率（n_0）關係如下：

$$dp = \lambda / \{2\pi n_0 [\sin^2\theta - (n_s/n_0)^2]^{1/2}\} \tag{25-11}$$

式中λ及θ分別為光波之波長及全反射入射角。ATR感測器知靈敏度之所

以比傳統一次吸收型及一次反射型感測器高，主要是多次全反射及多次吸收，其有效光距（Effective path length，P）比一次吸收及一次反射大很多，其有效光距（P）和全反射次數（N）及滲入液體樣品深度（dp）關係如下：

$$P（有效光距）= dp \times N \quad [N：全反射次數] \quad （25\text{-}12）$$

(a) AIR(Attenuated Total Reflectance) mode

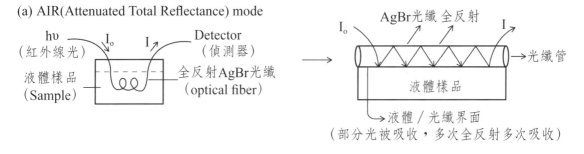

(b) Absorption mode

(c)Reflection mode

圖25-19 光學感測器常用之(a)紅外線ATR技術與傳統所用(b)光吸收及(c)光折射技術比較

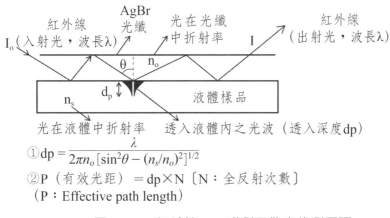

① $dp = \dfrac{\lambda}{2\pi n_o [\sin^2\theta - (n_s/n_o)^2]^{1/2}}$

② P（有效光距）= dp × N〔N：全反射次數〕
（P：Effective path length）

圖25-20 紅外線ATR感測元件之偵測原理

25-6-2 表面電漿共振（SPR）感測器

表面電漿共振感測器（Surface Plasma Resonance (SPR) Sensor）[522-524]是基於全反射雷射光照到接觸到待測樣品之奈米金膜會產生可穿透金膜之漸逝波，而此漸逝波的能量會被表面金屬原子吸收產生表面電漿共振波（SPR wave），SPR波之波向量Φ_{sp}會因樣品注入而引起的折射率改變而改變，進而可能會使雷射光強度改變及全反射共振臨界角θ（Critical angle）及吸收波長改變，然後利用光強度改變、共振臨界角θ及吸收波長改變做待測物之定量及定性。圖25-21為奈米金膜表面電漿共振波（SPR波）之產生原理及稜鏡（Prism）／奈米金膜SPR波產生機制。SPR波的產生如圖25-21a所示，一雷射光照射一奈米金膜使金膜表面感應產生正負電荷不均勻區，即形成 ⊕ 電漿（Plasma）區，此時 電荷的電子(e⁻)會由 電區→⊕電區→ 電區→⊕電區移動而形成一電子傳遞共振的SPR波。SPR波產生的重要條件為雷射在進入金膜前介質（第一介質）的介電常數（Dielectric constant，ε_1）要比金膜的介電

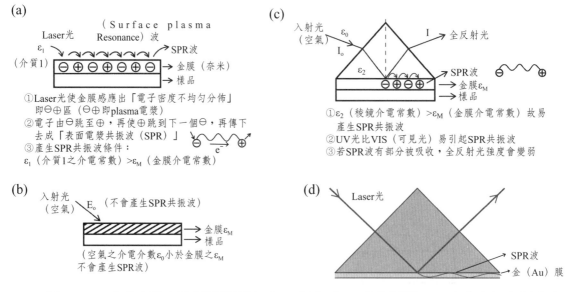

圖25-21 奈米金膜表面電漿共振波（SPR波）之(a)產生原理，(b)光由空氣直射奈米金膜，及(c)稜鏡（Prism）／奈米金膜SPR波產生機制，及(d)入射光－稜鏡－金膜－SPR波示意圖[522]（d圖：From Wikipedia, the free encyclopedia, http://en.wikipedia.org/wiki/Surface_ plasmon$_resonance.）

常數（ε_M）大，故在SPR技術中常用介電常數（ε_M）較小的奈米金膜，而不用ε_M較大之傳統金膜。然若如圖25-21b所示，雷射直接從空氣中射入金膜，此時ε_1（空氣）小於ε_M（金膜），金膜就不會產生SPR波。所以現在SPR感測元件中，雷射不直接射入金膜而如圖25-21c先射入一稜鏡（Prism）中，再由稜鏡射入金膜，因進入金膜前介質（稜鏡）之介電常數（ε_2）會比金膜的介電常數（ε_M）大，故金膜表面就會產生SPR波。在此SPR感測元件中，稜鏡當波導體，具有導波（光波）的功能。在光源方面，具有紫外線（UV）之雷射光比可見光（VIS）之雷射光更易激發SPR波。圖25-21d為入射光－稜鏡－金膜及SPR波示意圖。

如圖25-22所示，在稜鏡式表面電漿共振感測器（Prism-type SPR sensor）中，雷射全反射射入稜鏡／奈米金膜表面產生的SPR波（Surface plasma resonance wave）為一種漸逝波（Evanescent wave），此SPR漸逝波之向量會因滲入待測樣品中而改變，進而造成金奈米粒子周圍的**介電常數**（Dielectric constant）及折射率（Refraction index）之改變。這會使**雷射光強度減弱**且會使雷射全反射**臨界共振臨界角（θ）變化**及金膜吸收波長（λ）也會改變[523]。由弧形光偵測器就可偵測光強度改變、臨界共振角（θ）改變及金膜吸收波長（λ）之改變。

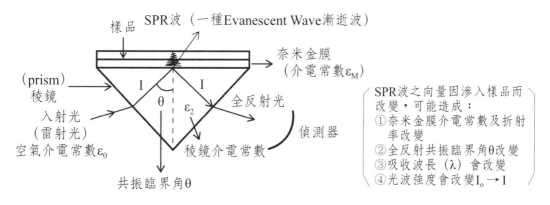

圖25-22　稜鏡式奈米金膜表面電漿共振（SPR）感測元件感測待測樣品之原理

圖25-23為應用SPR感測器偵測生化抗體（Antibody，A_b）之SPR感測元件裝置圖，如圖25-23a所示，先在稜鏡／奈米金膜表面上塗佈一層抗原

（Antigen，A_g），然後置入含抗體（A_b）樣品，樣品中之抗體就會和金膜上的抗原結合成抗體／抗原（Ab/Ag）複合物，當雷射射入稜鏡／奈米金膜表面就會產生SPR波，此SPR漸逝波之強度或向量在樣品中會因A_b/Ag複合物生成而改變（如圖25-23b），會造成SPR波及雷射光強度減弱，也會造成雷射全反射之臨界共振角改變[523]，而如圖25-23c所示，臨界共振角改變角度會隨樣品

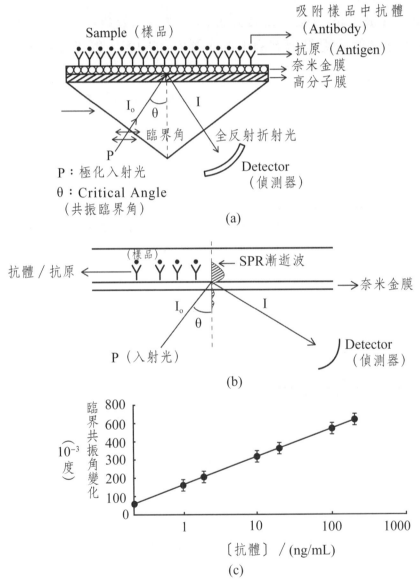

(a)

(b)

(c)

圖25-23　表面電漿共振（SPR）感測元件偵測生化樣品中抗體之(a)系統結構圖，(b)SPR漸逝波，及(c)共振角變化與樣品中抗體濃度關係圖[523]

中抗體（A_b）濃度增大而增加。同時，待測樣品分子吸附在奈米金膜上亦會導致金膜吸收波長的改變。圖25-24為樣品分子吸附在奈米金膜造成金膜吸收波長向較長的波長移動，此稱為紅遷移（Red shift）。雖然傳統的表面電漿共振感測器中都用稜鏡來當增加介電常數的波導體，然而在實際實用上不一定要用稜鏡，亦常用類似稜鏡形狀的介電常數（ε）較大的錐形或脊形結構之波導體（如矽半導體）及中空光纖（內壁鍍奈米金膜）在此表面電漿共振感測器中代替稜鏡。

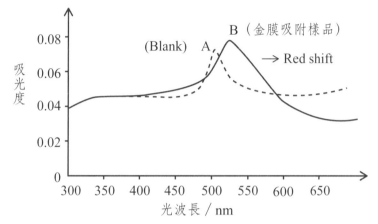

圖25-24　吸附一樣品分子之奈米金膜造成表面電漿共振（SPR）感測元件典型的金膜吸收波長改變情形。(A)沒吸附樣品及(B)吸附樣品之金膜吸收波長曲線

25-7　生化感測器

生化感測器（Biosensors）[486-488]顧名思義是為偵測生化物質之感測器，其基本結構如圖25-25所示，生化感測器是由感測元件、訊號收集處理系統及生化辨識元（Recognition element）[525]所構成的。生化辨識元（如特殊酵素、蛋白質及抗體）是生化感測器特別用來辨識偵測特種待測生化物質的組件。由圖25-25可看出除生化辨識元外，生化感測器和其他感測器一樣含感測元件，偵測器和訊號收集處理系統，感測元件及偵測系統可用本章前文所提之壓電晶體、SAW、電化學、光學、半導體及SPR等元件及偵測器，而訊號

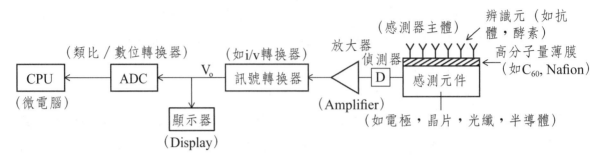

圖25-25 生化感測器（Biosensors）之基本結構示意圖

收集處理系統包括放大器、訊號轉換器（如電流變電壓如頻率變電壓等）、顯示器（Display）及類比／數位轉換器（ADC）轉成數位訊號輸入微電腦（CPU）做數據處理及繪圖。

圖25-26為由固定化酵素（Immobilized enrzyme）辨識元修飾電極當感測元件所組成的**電化學葡萄糖生化感測器**（Glucose Biosensor）[526-528]之感測系統。此感測器利用固定化酵素C60-GOD（C60-Glucose oxidase）當辨識元將樣品中葡萄糖氧化：

Glucose + 固定化酵素(C60-GOD)ox → (C60-GOD) (red) + Gluconic acid

$$(25\text{-}13)$$

然後利用化學媒介質（Mediator）將還原的固定化酵素(GOD) (red)轉回(GOD)ox並使修飾電極產生氧化電流，此感測器所用的媒介質分別為水中O_2

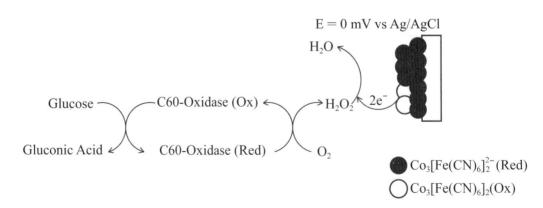

圖25-26 電化學葡萄糖生化感測器之葡萄糖／固定化葡萄糖酵素（C60-GOD）／O_2感測系統

（原圖來源：Li-Hsin Lin and Jeng-Shong Shih, J. Chin. Chem. Soc., 58, 228-235 (2011)[528]。

及Cobalt (II) hexacyanoferrate ($(Co_3[Fe(CN)_6]_2)$)，反應如下：

$$（C60\text{-}GOD）（red）+ O_2 \rightarrow （C60\text{-}GOD）（ox）+ H_2O_2 \qquad （25\text{-}14）$$

然後用外加電壓（Vapp）到辨識元修飾電極使介質$(Co_3[Fe(CN)_6])_2^{2-}$（red）氧化放出2個電子，此2個電子就和式（25-14）所得產物H_2O_2反應，而使H_2O_2還原並產生電流，反應如下：

$$（Co_3[Fe(CN)_6]）_2^{2-}（red）\rightarrow Co_3[Fe(CN)_6]_2（ox）+ 2e^- \qquad （25\text{-}15a）$$

$$2e^- + H_2O_2 + 2H^+ \rightarrow 2H_2O \qquad （25\text{-}15b）$$

測定修飾電極所產生的輸出電流（Io）就可推算樣品中葡萄糖含量。

圖25-27為石英壓電晶體**IgG抗體**生化感測器（IgG Antibody biosensor）[529]之石英晶體感測元件及偵測系統結構圖。如圖25-27a所示，在此感測元件中將碳六十／Anti-IgG抗體（C60-Anti-IgG）塗佈在石英晶體之銀電極上當辨識元以吸附待測物IgG。將此含辨識元之感測元件放入圖25-27b偵測系統中，當生化樣品含有IgG時，IgG會與Anti-IgG結合，而造成石英晶體之振盪頻率下降（ΔF），變化後的頻率（F）由圖25-27b之頻率／電壓（F/V）轉換晶片（IC9400）轉換成電壓訊號（V），再經放大器（OPA）放大並用類比／數位轉換器（ADC，A/D Converter）轉成數位訊號輸入微電腦（CPU）做數據處理及繪圖。由石英晶體頻率改變（ΔF）量就可推算樣品中IgG抗體濃度。

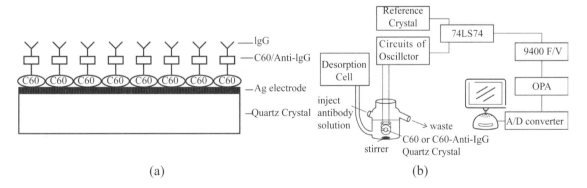

圖25-27　石英壓電晶體IgG抗體生化感測器之(a)吸附樣品中IgG之C60-Anti-IgG石英晶體感測元件，及(b)偵測系統結構圖（原圖來源：Nai-Yu Pan and Jeng-Shong Shih, Sensors & Actuators, 98, 180 (2004)）[529]

　　圖25-28為胰島素（**Insulin**）表面聲波生化感測器（Insulin SAW biosensor）[530]之塗佈碳六十／胰島素抗體（Fullerence C60-Anti-Insulin）之LaTaO$_3$ SAW晶片（圖25-28a）所組成的感測元件及偵測系統結構圖。碳六十／胰島素抗體當辨識元用以吸附樣品中胰島素（待測物）。將塗佈辨識元（C60-Anti-Insulin）之SAW感測元件放入圖25-28b偵測系統中，樣品中胰島素（Insulin）會和SAW晶片上之辨識元C60-Anti-Insulin結合，將造成LaTaO$_3$晶片上表面聲波之速度及頻率改變（ΔF），然後用計數器（Agileal 53131A）將頻率訊號（F）轉變成數位訊號，再用並列傳輸系統IEEE-488將轉變成數位訊號輸入微電腦做數據處理及繪圖。由LaTaO$_3$ SAW晶片頻率改變（ΔF）量就可推算樣品中胰島素含量。

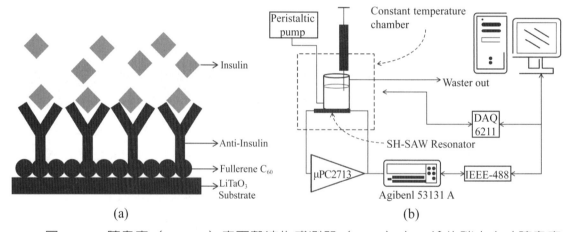

(a)　　　　　　　　　　　　　　　　(b)

圖25-28　胰島素（Insulin）表面聲波生感測器（SAW）之(a)塗佈碳六十／胰島素抗體（C60-Anti-Insulin）之LaTaO$_3$ SAW晶片感測元件用於吸附樣品中胰島素，及(b)SAW偵測系統結構圖（原圖來源：Hung-Wei Chang and Jeng-Shong Shih, J. Chin. Chem. Soc. 55, 318 (2008)）[530]

25-8　熱／溫度感測器

　　熱／溫度感測器（Thermal/Temperature Sensors）顧名思義是檢測一物質或系統所發出之熱量或所具有之溫度。熱感測器通常用來偵測物質或系統發出來的熱量所造成溫度變化，而溫度感測器純粹偵測物質或系統之溫度。然熱

感測器及溫度感測器皆由偵測溫度之熱感應元件所構成，常用的熱感應元件爲熱電偶（Thermocouple）或熱電堆（Thermopile）及熱阻體（Thermistor）兩大類，以這兩類熱感應元件所組成的溫度感測器分別稱爲熱電偶／熱電堆式溫度感測器及熱阻體式溫度感測器。而熱感測器之熱感應元件可爲熱電偶／熱電堆或熱阻體。本節除介紹熱電偶／熱電堆式溫度感測器及熱阻體式溫度感測器外，也將以熱生化感測器爲例介紹熱感測器。

　　熱電偶／熱電堆式溫度感測器（Thermocouple/Thermopile Temperature Sensors）[531-533]之感測元件爲熱電偶或熱電偶串聯所形成的熱電堆。熱電偶如圖25-29a所示，由兩種不同金屬（M_1，M_2）所組成，當兩金屬相接之兩端點溫度（T及Tr，T及Tr分別爲待測溫度及爲固定參考溫度，一般Tr爲0 ℃或室溫）不同時，就會有輸出電壓（V_o）。圖25-29b爲熱電偶輸出電壓（V_o）和待測溫度（相對於參考溫度之溫度T-Tr）關係圖。換言之，由熱電偶輸出電壓（V_o）即可推算待測溫度（T）。圖25-29c爲單一熱電偶與測量其輸出

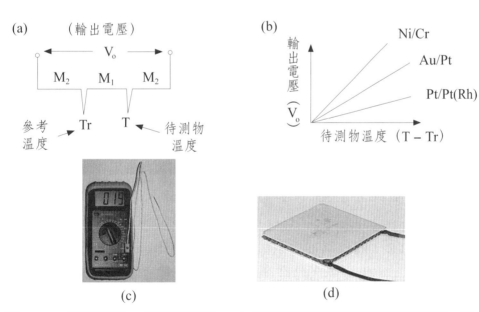

圖25-29　熱電偶之(a)基本結構圖，(b)輸出電壓和待測物溫度關係圖，和(c)單一熱電偶與測量其輸出電位之電位計實物圖[534]及(d)由多個熱電偶串聯形成的微細金屬絲熱電堆（Thermopile）外觀圖[535]（圖c及d來源：From Wikipedia, the free encyclopedia, http://upload.wikimedia.org/wikipedia/commons/thumb/e/ee/Thermocouple0002.jpg/220px-Thermocouple0002.jpg; http://upload. wikimedia. org/wikipedia/commons/thumb/8/88/Peltierelement_16x16.jpg/220px-Peltierelement_16x16.jpg）

電位之電位計實物圖,而圖25-29d為串聯熱電偶形成的微細金屬絲熱電堆(Thermopile)實物圖。圖25-30則為各種市售熱電偶溫度感測器實物圖。

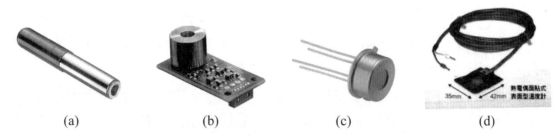

(a)   (b)   (c)   (d)

圖25-30　各種市售熱電偶溫度感測器實物圖:市售的(a)TPT300 V型(b)TSEV01CL型(c)TS 105-10型溫度感測器[536a]及(d)市售的PT-100型表面溫度感測器[536b](原圖來源:(a)~(c):http://www.meas-spec.com/temperature-sensors/thermopiles/thermopile-components-and-modules.aspx;(d)http://img.calldoor.com.tw/images/store2/0001/2404/products/d50b 6514 ca59100481f62564abe7acdc.jpg)

　　熱阻體式溫度感測器(Thermistor Temperature Sensor)顧名思義是用熱阻體(Thermistor)[537]做為感測元件。熱阻體指的是其電阻(或阻抗)對溫度改變相當靈敏的物質,依其電阻對溫度變化關係,如圖25-31所示,熱阻體概分三類:(1)NTC熱阻體(NTC Thermistor):具有負熱係數之熱阻體(Negative temperature coefficient (NTC)),即溫度越高,熱阻體之電阻就越低,(2)PTC熱阻體(PTC Thermistor):具有正熱係數之熱阻體(Positive temperature coefficient (PTC)),即溫度越高,熱阻體之電阻就越高,及(3)CTR(臨界溫度電阻)熱阻體(Critical temperature resistor thermistor):只有在一特定溫度(Tc),熱阻體之電阻才會突然變化(下降或上升,如圖25-31a所示)。由圖25-31a可看出在0-150 ℃溫度範圍內,NTC熱阻體之電阻變化的溫度範圍(0-15 ℃)比PTC熱阻體(125-150 ℃)大,故NTC熱阻體較常用,而CTR熱阻體則只在特殊溫度當開關(Switch)用。圖25-31b及圖25-31c分別為熱阻體之符號及NTC熱阻體實物圖。

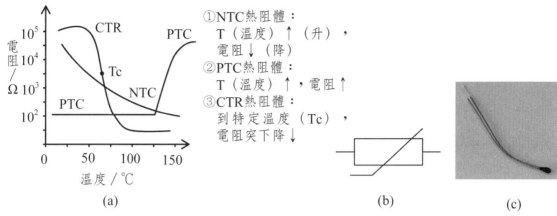

圖25-31　(a)各種熱阻體（Thermistor）之電阻和溫度關係圖，(b)熱阻體符號，及 (c)NTC熱阻體實物圖[537]（b,c圖：From Wikipedia, the free encyclopedia, http://en.wikipedia.org/wiki/Thermistor）

　　表25-2為各種常用熱阻體（Thermistor）之溫度感測範圍和所用之材料及晶片。在NTC熱阻體中由Mn/Ni/Co/FeOx半導體複合金屬氧化物所組成的LM334[538]及LM335[539]晶片之感測溫度範圍-50－350 ℃最適合一般化學研究用，所以其為最常用之溫度晶片。若要偵測較高溫度就需用ZrO_2/Y_2O_3材料熱阻體（感測溫度範圍：500－2000 ℃）。然較常用之PTC熱阻體為$BaTiO_3$熱阻體（感測溫度範圍：-50－150 ℃）。

表25-2　各種熱阻體（Thermistor）偵測溫度範圍及所用材料

熱阻體	溫度感測範圍	材料	備註
NTC	<100 K（超低溫）	C,Ce,Si	
	–30～0 ℃（低溫）	Mn/Ni/Co/FeOx + Cu	
	–50～350 ℃（常溫）	Mn/Ni/CO/FeOx（氧化物）	LM334-335[a]
	150～750 ℃（中溫）	Al_2O_3 + 過渡金屬氧化物	
	500～200 ℃（高溫）	ZrO_2 + Y_2O_3	
PTC	–50～150 ℃（常溫）	$BaTiO_3$	
CTR	0～150 ℃（常溫）	V/P/B/Si/Mg/Ca/Sr/Ba/Pb/LaOx（氧化物）	

註：(a) LM334及LM335為常用溫度感測晶片

　　圖25-32為利用**LM334熱阻體溫度感測器**（LM334 Thermistor Temperature Sensor）線路圖，當LM334晶片放入待測溫度溶液中，因

LM334晶片材料為NTC熱阻體，溶液之溫度越高，其電阻越低，其輸出電壓V1就越高，在經用參考電壓Vr之差示運算放大器（OPA）放大，此LM334溫度感測器之最後輸出電壓V_o為：

$$V_o = (R_f/R_1)(V_1 - V_r) \tag{25-16}$$

式中R_1及R_f分別為運算放大器（OPA）輸入電阻（圖25-32，$R_1 = 1\ K\Omega$）及迴授（Feedback）電阻圖25-32，$R_f = 100\ K\Omega$）。R_f/R_1為放大倍數。

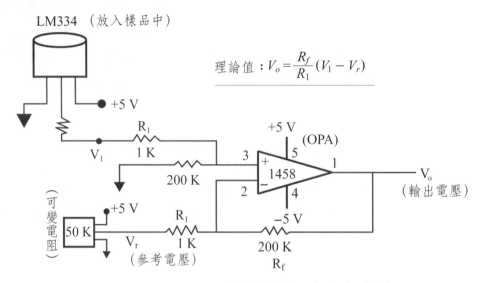

圖25-32　LM334半導體晶片溫度感測器線路圖

圖25-33為利用LM334或LM335晶片當熱感測元件組成的測葡萄糖之**熱生化感測器**（Thermal biosensor）[540-541]之裝置圖。在此葡萄糖熱生化感測器（Glucose thermal biosensor）中，利用在樣品室中固定化酵素GOD（Glucose oxidase）催化樣品中葡萄糖氧化並放出熱量（ΔH），反應如下：

Glucose + O_2 + 酵素GOD → Gluconic acid + H_2O_2，$\Delta H = 80\ Kcal/mole$

$$\tag{25-17}$$

然後利用在樣品室中之LM334或LM335晶片測樣品室溫度並輸出電壓V_s，然後也由放在圖25-33參考室中之LM334或LM335晶片測參考室溫度並輸出電流V_R，然後利用一相差放大器（如差示OPA（Operational Amplifier，運算放大器））並輸出電壓（V_o）傳入記錄器中，關係如下：

$$V_o = A(V_s - V_R) \tag{25-18}$$

　　式中A為放大器放大倍數。由輸出電壓（V_o）就可推算樣品中之葡萄糖。此熱生化感測器不只可用來偵測葡萄糖，還可用來偵測會產生熱反應之其他生化物質。

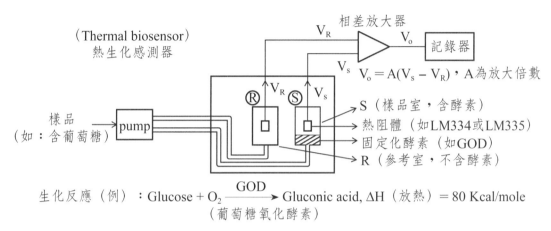

圖25-33　熱生化感測器（以測葡萄糖為例）之基本結構及原理示意圖

第 26 章

微機電與化學／生化晶片化學分析法

　　化學分析儀器縮小化爲近年來重大發展科技，而微機電（Micro-Electro-Mechanical System, MEMS）技術爲分析儀器縮小化之基石。微機電技術是將分析儀器之主要元件縮小濃縮到一小晶片中，例如將一原來體積龐大的傅立葉轉換紅外線光譜（FTIR）儀之光學干涉儀用微影技術（Lithography）濃縮到約一公分見方之一小晶片中。化學晶片（Chemical Chips）即爲用微影技術製成各種化學分析儀器元件用於檢測各種化學物質之晶片，而生物晶片（Biochips）爲專爲檢測各種生化物質之化學晶片。本章除了介紹各種常見的化學晶片（如「毛細管電泳晶片」、「電化學晶片」、「光學晶片」及「微氣體層析晶片」）及生物晶片（如「基因晶片」、「蛋白晶片」、「聚合酶連鎖反應晶片」及「生化實驗晶片」）之外，亦將介紹微影技術中微影過程、曝光、蝕刻、物理／化學蒸鍍及光罩、光阻劑及顯影劑之應用。

26-1 微機電系統／實驗室晶片簡介

本節將分別簡介微機電技術（Micro-Electro-Mechanical System, MEMS）在化學及醫學發展之微機電系統及微機電實驗室晶片（Lab on a chip, LOC）之設計及應用，並簡單介紹奈米機電（Nano-Electro-Mechanical System, NEMS）在分析儀器應用。

26-1-1 微機電系統（MEMS）

微機電系統（Micro-Electro-Mechanical System, MEMS）[542-543]指的是尺寸大小在微米（μm, 10^{-6} m）範圍之微元件、微晶片、微機器及微儀器等微系統。微機電系統（MEMS）在歐洲被稱為微系統技術（Micro-System Technology, MST），在日本則稱為微機器（Micromachines）。由於近年來奈米科科技日漸發達，已可製造某些尺寸大小在奈米（nm, 10^{-9} m）範圍之微元件系統，這些奈米級系統就稱為奈米機電系統（Nano-Electro-Mechanical System, NEMS）[544]，然奈米機電及微機電之製程（主要為微影技術（Lithography Technique））[545]類似，故現在仍用微機電系統（MEMS）技術來介紹微米級及奈米級之各種微元件、微晶片、微機器及微儀器等微系統。

在分析儀器中，最常用的微機電系統為微晶片（Microchip）[546]。顧名思義，微晶片為在很小晶片中放置微米級或奈米級元件。這些微米級或奈米級元件是用微影技術中蝕刻（Etching）成洞放進去或蝕刻成槽形成的。圖26-1a為利用微影蝕刻技術（MEMS）所製成具有複雜線路的微晶片，而圖26-1b為利用MEMS技術研製的微反應器（Microreactor）微玻璃晶片，像這樣利用MEMS技術將一個實驗放在這麼小晶片中進行所成的微晶片稱為微實驗室晶片（Lab on a chip, LOC）[547]，應用做化學分析及反應之微實驗室晶片將在下節介紹。

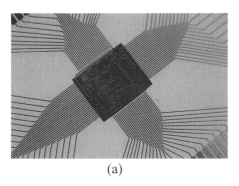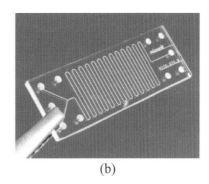

(a)　　　　　　　　　　　　　(b)

圖26-1　微影蝕刻技術（MEMS）所製成(a)具有複雜線路的微晶片[548]，及(b)微反應器（Microreactor）玻璃微實驗室晶片（Lab on a chip, LOC）[549]（參考資料：From Wikipedia, the free encyclopedia, (a)http://upload.wikimedia.org/wikipedia/en/a/a7/Labonachip 20017-300.jpg; http://upload.wikimedia.org/wikipedia/commons/0/07/Glass-microreactor-chip-micronit.jpg）

　　微機電系統（MEMS）不只可應用在化學分析儀器上，還可應用各方面領域中，如應用在醫學、工業、甚至軍事等方面。例如根據報導，英國及以色列科學家曾利用微機電技術所製成的人體內**醫學微膠囊探測器**，此微膠囊探測器含攝影機及藥物只有3×1 cm大小，從人口中放入人體內，可用其攝影機沿途攝影人體各器官情況並用無線電傳至體外供醫生查看，醫生若認為有必要，可用無線電令膠囊探測器中藥物釋放到有問題器官做治療。換言之，此微機電技術所製成的膠囊探測器在體內可做醫學診斷及治療工作。另外利用微機電技術製成的微影像偵測器、微鉗夾及微手術刀，可進入一細胞中夾住細胞並對細胞動手術，換言之，利用微機電系統可對細胞做醫療工作。

26-1-2　實驗室晶片（LOC）

　　實驗室晶片（Lab on a chip, LOC）[547]對化學實驗而言，指的是可做化學反應，化合物分離及產物偵測等實驗系統之微晶片，整個化學反應／產物分離及分析實驗都在微晶片中進行（如圖26-2，實驗晶片大小長寬只約0.5×0.5 cm）。化學實驗晶片之結構如圖26-2所示，含各種反應物樣品先注入微晶片上A點過濾板（Filter），然後經一B點進口閥（Valve），然後樣品經一注入

口I（Inlet）流入的載體（流動相）沖入C點反應槽，在反應槽中樣品各反應物互相起化學反應，所產生的產物和剩下反應物傳入分離器S（Separator）分離，分離後產物再流入光偵測器D（Detector）偵測（原來光源出來光強度Io經產物吸收後減弱成I，此減弱光強度I可用晶片上的光偵測器偵測，亦可外接光電倍增管（PMT）偵測），而反應及偵測後廢液則經幫浦P（Pump）抽出經出口（O, Outlet）排出。如此一來，此微晶片如同一化學實驗室，故稱為化學實驗室晶片。如此一來可大大減少傳統化學實驗空間及所用藥品，也許有一天化學實驗可在普通教室進行，學生坐在課桌椅就可做化學實驗了。

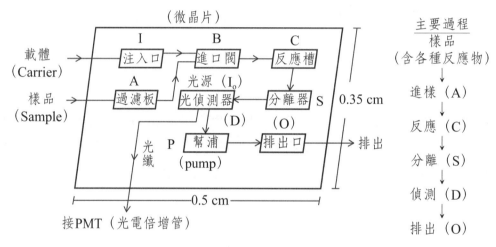

圖26-2　含反應／分離／偵測系統之實驗室晶片（Lab on a chip, LOC）[550]

26-1-3　微機電技術（MEMS Technique）

微機電（MEMS）主要是在微機電元件（如晶片）上微影蝕刻或沉積及安裝微元件。如圖26-3所示，在微晶片微機電技術主要為在微晶片上微雕的(I)微影技術（Lithography）[545]，(II)蝕刻技術（Etching）[551]及(III)沉積（Deposition）[552]其中微影技術主要過程為曝光（Exposure）及顯影（Development），而曝光含照光及塗佈光阻劑（Photo Resist）[553]晶片和光罩（Photo Mask）[554]製備。沉積技術則主要為物理／化學蒸鍍技術（Physical/Chemical Vapor Deposition (PVD/CVD)）[552]。

在(I)微影技術中(A)曝光過程[550,553]是用一激發源發出光波或粒子束透過一光罩（Photo Mask）照射在塗佈有光阻劑（Photoresist）的晶片上。在微影(B)顯微過程是將受光的光阻劑部份可被顯微劑（如水，丙酮）洗掉，而沒受光部份之光阻劑就不會被洗去（註：有的光阻劑剛好相反，受光後反而不會被顯微劑洗去，沒受光反而會被洗掉）。(II)沉積過程是將物質沉積（如Au）在被顯微劑洗掉部份上成沉積膜（如Au膜）。而在(IV)蝕刻（Etching）過程中是用蝕刻液（劑）（Etchant，如KOH, HF）將晶片上不需要的物質（如還未去除的光阻劑及晶片外層保護氧化膜）除去，最後就成微影晶片。下文將進一步較詳細介紹微影技術（含曝光及顯影）、沉積及蝕刻這些過程進行方法及所用器材和藥劑。

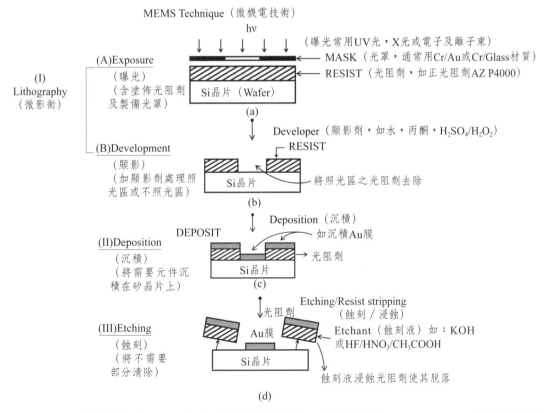

圖26-3　微機電（MEMS）主要技術及過程(I)微影術（Lithography，含曝光及顯影），(II)沉積（Deposition），及(III)蝕刻（Etching）技術圖[550]

26-1-4   奈米機電技術（NEMS）

　　由於西元2000年以來奈米科科技日漸發達，已可製造某些尺寸大小在奈米（nm, 10^{-9} m）範圍之微元件系統，這些奈米級系統就稱為奈米機電系統（Nano-Electro-Mechanical System, NEMS）[544]。在奈米機電技術應用在儀器分析較著名的發展為用在原子力顯微鏡（Atomic force microscope, AFM）的奈米探針（Nanoprobe）[544]及奈米碳管（Carbon nanotubes）[555]。現在原子力顯微鏡（AFM）所用的較好探針都屬於微米級（Micrometer, μm, 10^4 Å，其所觀察涵蓋約有100-200個原子（一個C原子約佔2-3 Å，很難觀察到真實的樣品表面原子排列情形，若能研製奈米探針，就可觀察2-4原子表面，所觀察的樣品表面原子排列就真實多了。至於奈米碳管的發展主要是因奈米碳管具有比一般碳管低磨擦力（lower friction）及高應力（higher stress），可用在微分析儀器中之奈米馬達（nanomotors），奈米開關（switches）及高頻震盪器（high-frequency oscillators）。圖26-4為奈米碳管原子結構及各種奈米碳管示意圖。

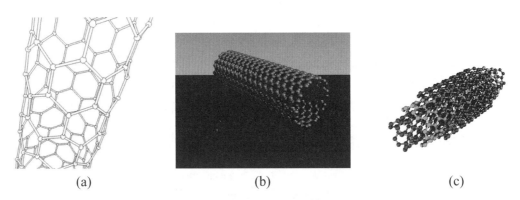

(a)   (b)   (c)

圖26-4　奈米碳管（Carbon nanotubes）之(a)原子結構示意圖，(b)單管奈米碳管（Single-walled carbon nanotube），及三管式奈米碳管（Triple-walled armchair carbon nanotube）示意圖[555]（From Wikipedia, the free encyclopedia, http://en.wikipedia.org/wiki/Carbon_nanotube）

26-2　微影技術

微影術（Lithography）是將一塗佈光阻劑之微晶片（Photoresist/Microchip）光刻微影圖形之技術。微影技術主要是含曝光和顯影（Exposure/Development）及塗佈光阻劑晶片和光罩之製備，而廣義的微影技術還包括蝕刻技術（Etching）。依微影所得圖形之解析度（Resolution）可分為微米微影（Microlithography）和奈米微影（nanolithography），微米微影和奈米微影圖形之分解力約為 ≤ 10 μm（10 micrometers）及 ≤ 100 nm（100 nanometers）。

26-2-1　曝光和顯影

曝光是用一激發源（如UV光，X光，電子，離子）發出光波或粒子束透過一光罩照射在塗佈有光阻劑（Photoresist）的晶片（如矽晶片Silicon Wafer或塑膠片和玻璃片）上。圖26-5為標準微影曝光製程標準裝置圖，一光源（Light source）或電子／離子源射出光波或粒子到光罩（Photo Mask），光罩上的圖形一定要剛好和擬刻在晶片上微影構形相反（即互成正負片），圖形光罩有如模板。光波或粒子透過光罩空隙處射出經聚焦透鏡（Focusing lens）聚焦射到微晶片上小區域內，使受光的小區域內塗佈的光阻劑變質。曝光後之晶片用顯影劑（Developer，如水及丙酮）將受光區之光阻劑處理（一般為洗掉），使微晶片呈現與光罩圖形明暗相反的微影構形。本節將分別介紹光阻劑、顯影劑及光罩功能及曝光源和微影靈敏度。

圖26-5　標準微影曝光製程裝置圖

26-2-2　光阻劑、顯影劑及光罩

　　光阻劑（Photoresist）[550,553]為一種照光後會產生分子結構及溶解性改變的分子物質。光阻劑依受光後溶解性變大及變小可分為正光阻劑（Positive Photoresist）及負光阻劑（Negative Photoresist）。換言之，正光阻劑受光後溶解性變大成可溶物質，而負光阻劑受光後溶解性變差成不可溶物質。

　　圖26-6為塗佈正光阻劑（如PMMA (Poly (Methyl Methacrylate))）之微晶片照光情形及正光阻劑PMMA受光後分子結構及溶解性改變情形（正光阻劑PMMA照光前不溶於水（水當顯影劑））。如圖26-6(a)所示，當光照射到一中間空及兩邊端空之光罩時，光從中及兩邊端空隙射到塗佈正光阻劑PMMA之矽晶片，受光後之晶片中間及兩邊之正光阻劑PMMA分子結構改變成帶負電可溶性物質（如圖26-6(b)所示）可溶於水（當顯影劑）。反之，不受光（左右兩邊）部份之正光阻劑PMMA仍然不溶於水（當顯影劑），最後，即可成如圖26-6A(a)所示之只存左右兩邊正光阻劑之矽晶片。除了正光阻劑PMMA外，常用廠商供應之正光阻劑為AZ P4000（商品名）。

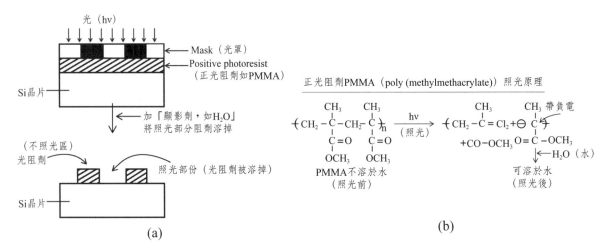

圖26-6　正光阻劑之(a)工作原理及(b)PMMA正光阻劑照光原理

　　圖26-7為負光阻劑之工作原理及負光阻劑Azide/resin照光後之分子結構及溶解性變化情形（負光阻劑Azide在照光前是可溶於水（水當顯影劑））。如圖26-7(a)所示，當光照射到一中間及兩邊端空之光罩時，光從中間及兩邊

端空隙射到塗佈負光阻劑Azide/resin（Poly（cis-isoprene））之矽晶片，晶片上中間及兩邊端負光阻劑Azide/resin受光後，如26-7(b)所示，負光阻劑Azide（R-N₃）會產生一不共用電子對（R-N：）並和resin產生共價鍵成為水不可溶物質。換言之，原來可溶於水之負光阻劑受光後即變成不可溶於水（顯影劑）之物質。反之，不受光部份之負光阻劑仍然為可溶性可被水（顯影劑）溶解，即可成如圖26-7(a)所示之只存中間及兩邊端負光阻劑之矽晶片。

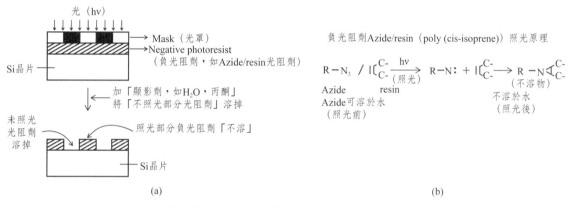

圖26-7　負光阻劑之(a)工作原理及(b)Azide/resin負光阻劑照光原理

　　在微影技術中**顯影劑**（Developer）是用來處理照光後微晶片上之光阻劑。除了水可當顯影劑（Developer）外，顯影劑可用有機溶劑（如丙酮）及水溶液（如H_2SO_4/H_2O_2, KOH）。一般正光阻劑所用之顯影劑常為鹼性水溶液（如KOH水溶液），而負光阻劑常用有機溶劑（丙酮）或有機／水（如丙酮／水）。商業上常見的顯影劑為AZ 400 K（商品名）。

　　光罩（Photo Mask）[554]是用來當照光時之圖形擋板的，光罩上的圖形一定要剛好和擬刻在晶片上微影構形相反（即光罩圖形與晶片微影構形互成正負片）。為保持光罩上圖形用久不變，常用的光罩之材料為Cr/Au／塑膠片（如Cr/Au/PMMA光罩片）。圖26-8A為最常用的鉻／金／PMMA光罩（Au/Cr/PMMAMask）製作過程。如圖所示，首先（過程a）在一PMMA塑膠片先鍍上Cr膜（約70 Å），然後再鍍上Au膜（約500 Å）成Au/Cr/PMMA。然後（過程b）在Au/Cr/PMMA塑膠片鍍上負光阻劑（如Novolak resist）及鋪上一塑膠緊貼光罩（Contact Photomask）並用UV光曝光及顯影。因用負光

阻劑，不受光部份之光阻劑可被顯影劑溶解（過程c），然後在被溶解地區鍍上Au（過程d）。最後（過程e）用化學蝕刻去除其他部份（受光部份負光阻劑）及凹槽內的Au/Cr成模板式Au/Cr/PMMA光罩片。

　　因為光罩如同鑄造業的模板，故一般光罩解析度（Resolution）影響微晶片（如矽晶片）產品之解析度，晶片的分解力越細越小，晶片上所能容納電子元件就越多，所以世界各國電子業研究人員無不努力研製分解力越細越小光罩及晶片。圖26-8B為光罩／晶片顯影示意圖。

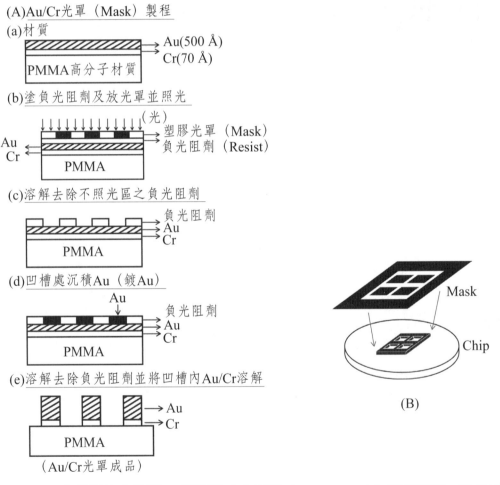

圖26-8　化學晶片中微影(A)常用鉻／金光罩（Au/Cr Mask）製作過程，及(B)光罩　　　　／晶片顯影示意圖[554]（B圖：From Wikipedia, the free encyclopedia, http://　　　　en.wikipedia.org/wiki/Photomask）

微影（Lithography）曝光／顯影過程實例

① 加「附著劑」　加「HMDS (Hexa Methyl-di-Silazane)」（Spin Coating，增加光阻劑附著力）

Si晶片　（wafer，4-12吋晶片）
　　↓去水烘烤

②　加「光阻劑」　加「正光阻劑」（photo resist）：AZ-P400

←HMDS（附著劑）

←光阻劑（AZ-P400）
←HMDS

③　烤（Bake）　100 ℃, 90 sec

④　曝光　（Exposure），放入曝光機，放入光罩（Mask）
　UV光　（照光10 sec）

光罩（Mask，Cr／玻璃或Au/Cr材質）
→光阻劑
→HMDS

⑤　顯影　（Developer AZ 400 K顯影劑）
　　　　將照光部分光阻劑去除

→光阻劑
→HMDS（附著劑）

⑥　定影　（Rinse）用純H₂O洗除雜質（定影）

⑦　硬烤　（Hard Bake）

⑧　顯微鏡　（反射式顯微鏡觀察晶片上微影圖案）

Si　（成品）

圖26-9　微機電技術中微矽晶片之微影曝光／顯影過程實例

　　圖26-9為微矽晶片（Silicon Wafer）之微影曝光／顯影過程實例，首先在矽晶片（4-12吋）上塗上附著劑HMDS（Hexa-methyl-di-silazana），然後塗佈正光阻劑AZ-400，經熱烤（Bake, 100 ℃, 90 sec.），再放入曝光機中並在矽晶片上方對準架上一Au/Cr光塑膠光罩片或Cr／玻璃片開始用UV光曝

光（約10秒），曝光後用顯影劑AZ-P400將受光部份光阻劑溶解去除，再用純水洗淨（Rinse）定影，並經硬烤（Hard bake）就可製成圖形矽晶片，硬烤為了使未曝光的地方可阻擋蝕刻液，所以要把光阻烤硬。溫度154 ℃，12分鐘（溫度比一般熱烤（軟烤，80-120 ℃，1-2分鐘）溫度要高且加熱時間也較長。最後用反射型顯微鏡或光學金相分析儀（Photo-Metallograph）觀察圖形矽晶片上之圖形，鑑定是否為要的設計圖形。

26-2-3　曝光源和微影靈敏度

　　微影中常用的曝光源（Exposure Sources）[550,556]為(1)紫外線／可見光（UV\VIS），(2)X光，(3)電子束及(4)離子束。表26-1為各種曝光源常用能源及發出的光波或粒子呈現的線寬度（Line Width）大小與打入光塗佈光阻劑晶片深淺比較。常用之UV\VIS微影（UV\VIS lithography）之曝光源為Hg-Xe燈所發出的365及436 nm光和KrF雷射光（249 nm Laser），而X光微影（X-ray lithography）常用X光管發出的3-10 KeV當曝光源。電子束微影（Electron beam lithography）則常用W/ZrO場發射電子束（Field emission electronbeam）當曝光源。然離子束微影（Ion beam lithography）常用Ar^+，He^{2+}，Ga^+等聚焦離子束（Focused ion beam，FIB）當曝光源。各種曝光源發出的光波或粒子呈現的線寬度（Line Width）大小不同，其線寬度順序如下：

UV\VIS光 (2-3 μm) > X光 (0.2 μm) > 離子束 (0.1 μm) ≈ 電子束 (0.1 μm)　　　（26-1）

　　因離子束及電子束的線寬度比X光及UV\VIS較小，可較集中射至微晶片內一小區域中。離子束（較常用離子束為Ar^+，He^{2+}，H^+）的因線寬度小易集中，但射入較淺。而電子束的線寬度和離子束一樣，但射入電子粒子小易射散，以致於在晶片內會造成大範圍的散射圈。X光的線寬度雖比離子束及電子束稍大一點，但X光射入較深且可以幾乎平行光射入，可產生晶片上下較整齊蝕刻效果。UV\VIS光的線寬度（2-3 μm）雖是各種曝光源最大的，不易集中且射入深度也比X光淺，但因UV\VIS光源其價格較低，一般微機電實驗室或研究室還是最常用。

表26-1　微影技術常用的各種曝光源功能比較

曝光源	常用能源	能源線寬（Line width）	打入光阻／晶片深淺
(A)紫外線／可見光（UV/VIS）	Hg-Xe燈（Lamp）（365 nm／436 nm）KrF Laser（249 nm）	2〜3 μm	淺
(B)X光	3〜10 KeV X光	0.2 μm	深
(C)電子束（Electron beam）	W/ZrO場發射電子（Field emission electron）	0.1 μm	中
(D)離子束（Ion beam）	Ar$^+$, He^{2+}, Ga$^+$聚焦離子束（Focused ion beam, FIB）	0.1 μm	淺

　　微影靈敏度（Lithography Sensitivity, SL）[550,556]是以曝光／顯影後光阻劑之保存率（%）和照光強度（Dose）關係來表示的，微影靈敏度是曝光／顯影有效性之一種指標。如圖26-10a所示，塗佈正光阻劑之晶片而言，當照光強度（D）為D_p^0時，晶片上受光之正光阻劑會開始解體成可溶性物質，照光強度若增大，正光阻劑保存率（%）就會下降，若照光強度增大到Dp時，晶片上受光正光阻劑就會完全改變分子結構而解體成可溶性物質，被顯影劑溶解而正光阻劑保存率為0 %。這使受光正光阻劑完全改變分子結構成可溶性物質的照光強度Dp就被稱為正光阻劑的微影靈敏度（S_L）。照光強度Dp越小表示照光效果越佳。

　　同樣地，塗佈**負光阻劑**之晶片而言，其受光部份反而不會被顯影劑溶解，如圖26-10b所示，當照光強度（D）很強到D_g^0時，所有受光負光阻劑因光強度D_g^0很強而全變成不被顯影劑溶解之物質，即負光阻劑保存率為100 %。反之，當照光強度（D）下降為Dg時，負光阻劑保存率為0 %（即負光阻劑不受照光影響），換言之，所有負光阻劑在光強度<Dg沒效果，照光要有效果就必須光強度>Dg。故此光強度Dg就被定為負光阻劑之微影靈敏度（S_L）。照光強度Dg越小也表示負光阻劑之照光效果越佳。正負光阻劑之微影靈敏度（S_L）亦常以受光後光阻劑保存率為70 %（即0.7）之光強度（$D_{0.7}$）定為其微影靈敏度（S_L）。

　　另外，微影線條的解析度（Resolution，常以微影線條之線寬（Line width）表示）可由圖26-10(a)及(b)兩圖光阻劑保存率（Preservation rate of photoresist）之下降曲線斜率（Slope）來評估，而此斜率常用γ（Contrast，對比值）表示，對正負光阻劑之對比值（γ_p及γ_g）分別表示如下：

$$\gamma_p = [\log(Dp/Dp^o)]^{-1} \qquad (26\text{-}2)$$

$$\gamma_g = [\log(Dg^o/Dg)]^{-1} \qquad (26\text{-}3)$$

由上兩式可知若Dp/Dp^o或Dg^o/Dg差越小（即照光強度log D有效範圍越小），對比值（γ_p或γ_g）就越大，表示照光時的散光情形較少，因而越大的對比值（γ_p或γ_g）通常有較佳分解力。較佳的微影分解力所得微影線條之線寬較窄（Line width較小），典型的γ_p及γ_g之值分別約為2.2及1.5。

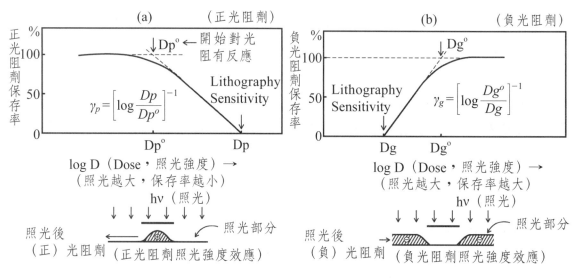

圖26-10　曝光／顯影後(a)正光阻劑及(b)負光阻劑之保存率（%）和照光強度（Dose）關係圖

26-3　蝕刻技術

微機電晶片中常需要挖洞或將不需要的晶片保護層或局部去除，就需要用蝕刻技術（Etching Technique）[550-551.557-558]在晶片挖洞及去除不需要的部份或拋光（Polishing）。蝕刻技術依所用的蝕刻劑（Etchant）為液體或氣體分為濕式蝕刻（Wet Etching）及乾式蝕刻（Dry Etching）。因濕式蝕刻常伴

隨化學反應，故也常稱為濕式化學蝕刻。圖26-11為一經微影曝光／顯影後的半導體晶片（如Si晶片）之乾式及濕式蝕刻技術示意圖，圖中用HNA蝕刻液（含HF, HNO$_3$, CH$_3$COOH）對晶片做濕式蝕刻將半導體晶片已經顯影去除光阻劑區域之絕緣保護層（如Si晶片之SiO$_2$層），而用CF^{3+}電漿（Plasma）對晶片做乾式蝕刻。由圖26-11乾式蝕刻顯示，乾式蝕刻比濕式蝕刻易製作較整齊的蝕刻成品。

　　濕式蝕刻（Wet Etching）因所需裝置比乾式蝕刻簡單常用於微機電研究實驗室，表26-2為矽（Si）及砷化鎵（GaAs）半導體晶片與晶片上保護層常用的濕式蝕刻液。以Si晶片而言，最常用的蝕刻液為HNA蝕刻液（商品名CP-4A, CP-a等，成分為HF, HNO$_3$, CH$_3$COOH），其次為HF/HNO$_3$，及KOH。而GaAs晶片常用的蝕刻液為H$_2$SO$_4$-H$_2$O$_2$-H$_2$O及H$_3$PO$_4$-H$_2$O$_2$-H$_2$O溶液。而晶片上常用保護層Si$_3$N$_4$及SiO$_2$分別常用HF/H$_3$PO$_4$及HF/NH$_4$F/H$_2$O或HF/HNO$_3$/H$_2$O當蝕刻液。微晶片上外加物常為金屬沉積物有時也需要蝕刻。表26-3為微晶片上各種常見金屬沉積物（Al, Au, Pt, W, Mo）常用蝕刻液，如Au及Pt蝕刻分別常用KI/I$_2$（產生I$_3^-$）及王水（3：1 HCl/HNO$_3$），Al及Mo用HNO$_3$, CH$_3$COOH, H$_3$PO$_4$，而W用H$_3$PO$_4$, KOH, K$_3$Fe(CN)$_4$當濕式蝕刻液。

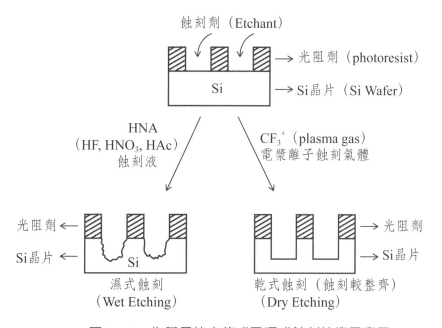

圖26-11　化學晶片之乾式及濕式蝕刻技術示意圖

表26-2 矽及砷化鎵半導體晶片主體和保護層常用濕式蝕刻液

材質 （Material）	蝕刻液 （Etchant）	組成（Composition）	蝕刻速率 （Etch Rate, μm/min）
Si	HNA蝕刻液 （HF, HNO₃, HAc）	HF (3 mL) HNO₃ (5 mL) CH₃COOH (3 mL)	34.8
	KOH蝕刻液	HOH (23.4 W%) C₃H₇OH (13.3 W%) H₂O (65.3 W%)	0.6
GaAs	H₂SO₄/H₂O₂蝕刻液	H₂SO₄ (8 mL) H₂O₂ (1 mL) H₂O (1 mL)	0.8
	H₃PO₄/H₂O₂蝕刻液	H₃PO₄ (3 mL) H₂O₂ (1 mL) H₂O (5 mL)	0.9
SiO₂	HF緩衝液 （HF Buffer）	HF (29 mL) NH₄F (113 g) H₂O (170 mL)	100
	HF/HNO₃緩衝液	HF (15 mL) NHO₃ (10 mL) H₂O (30 mL)	12
Si₃N₄	HF緩衝液	HF/NH₄F/H₂O	0.5
	H₃PO₄蝕刻液	H₃PO₄	10

表26-3 微晶片上金屬材料常用濕式化學蝕刻液

材質 （Material）	蝕刻液 （Etchant）	組成 （Composition）	蝕刻速率 （Etch Rate, μm/min）
Au	KI/I₂蝕刻液	KI (4 g) I₂ (1 g) H₂O (40 mL)	1.0
Pt	王水蝕刻液 3：1 (HCl/HNO₃)	HNO₃ (1 mL) HCl (7 mL) H₂O (8 mL)	50
W	KH₂PO₄/KOH/K₃Fe(CN)₆蝕刻液	KH₂PO₄ (34 g) KOH (13.4 g) K₃F₄(CN)₆ (33 g) （加H₂O ≧ 1 L）	160
Al	HNO₃/HAc/H₃PO₄蝕刻液（I）	HNO₃ (1 mL) CH₃COOH (4 mL) H₃PO₄ (4 mL) H₂O (1 mL)	25

〔表26-3續〕

材質 （Material）	蝕刻液 （Etchant）	組成 （Composition）	蝕刻速率 （Etch Rate, μm/min）
Mo	$HN_3/HAc/H_3PO_4$蝕刻液（II）	HNO_3 (2 mL) CH_3COOH (4 mL) H_3PO_4 (5 mL) H_2O (150 mL)	0.5

　　濕式蝕刻之蝕刻過程常伴隨化學反應，就以矽晶片用HNA蝕刻液（含HF, HNO_3, CH_3COOH）蝕刻爲例，其所牽涉到化學反應過程及總反應（式26-4）如下：

（Si-蝕刻液HNA之反應）

$$HNO_2 + HNO_3 \rightarrow 2NO_2^- + 2h^+ + H_2O \qquad (1)$$

$$2NO_2^- + 2H^+ \rightarrow 2HNO_2 \qquad (2)$$

$$Si + 2h^+ \rightarrow Si^{2+} \qquad (3)$$

$$H_2O \rightleftarrows OH^- + H^+ \qquad (4)$$

$$Si^{2+} + 2OH^- \rightarrow Si(OH)_2 \qquad (5)$$

$$Si(OH)_2 \rightarrow SiO_2 + H_2 \qquad (6)$$

$$SiO_2 + 6HF \rightarrow H_2SiF_2 + H_2O \qquad (7)$$

總反應：　　$Si + HNO_3 + 6HF \rightarrow H_2SiF_6 + HNO_2 + H_2O + H_2$ 　　（26-4）

　　由上式可知，矽晶片主體Si和HNA蝕刻液中HNO_3及HF產生氧化還原反應而變成可被溶解的H_2SiF_6因而被蝕刻。HNA蝕刻液中之CH_3COOH可使上式反應的活性中間產物-電洞（h^+）續存率增加。

　　乾式蝕刻（Dry Etching）技術如表26-4所示慨分(A)物理蝕刻（Physical Etching），(B)電漿蝕刻（Plasma Etching），(C)活性離子束蝕刻（Reactive Ion Beam Etching, RIBE），及(D)化學輔助離子束蝕刻（Chemical Assisted-Ion Beam Etching, CA-IBE）。

　　物理蝕刻以濺射（Sputtering）技術爲常用之乾式蝕刻技術，此技術就稱爲物理濺射蝕刻（Physical sputtering etching），常用高能Ar^+或XeF_2爲濺射蝕刻氣體（表26-3）。圖26-12a爲以高能Ar^+當蝕刻劑撞擊Si晶片使Si晶片上

Si原子濺出之物理濺射蝕刻裝置圖。

表26-4 各種常用乾式蝕刻法之蝕刻劑及活性蝕刻粒子

Etching Method（蝕刻法）	Reactive etching Species (Etchant) 〔活性蝕刻粒子（蝕刻氣體）〕	Remark（備注）
(A)Physical Etching（物理蝕刻）	Ar^+ (Inert gas Ar)	Sputtering（濺射）
	XeF_2 Vapor (XeF_2)	Sputtering（濺射）
(B)Plasma Etching（電漿蝕刻）	$Ar^+ + e^-$ (Inert gas plasma)	RF etching[a]
	$CF_3^+ + e^-$ (Reactive gas CF_4 plasma)	RF etching
	$Cl^+ + e^-$ (Reactive gas Cl_2 plasma)	RF etching
(C)Reactive Ion Beam Etching (RIBE)（活性離子束蝕刻）	CF_x^+ (from C_2F_6, CHF_3, CF_4 gases)[b]	High Voltage 或 RF
	Cl^+ (from Cl_2 Reactive gas)	High Voltage 或 RF
	SF_5^+ (from SF_6 Reactive gas)	High Voltage 或 RF
	Cl^+, CF_x^+ (from CCl_2F_2, CF_2Cl_3)[b]	High Voltage 或 RF
	O_2^+ or N_2^+ (from O_2, N_2 gases)	High Voltage 或 RF
(D)Chemical Assisted Ion Beam Etching (CA-IBE)（化學輔助離子束蝕刻）	Cl^+ (from Ar^+/Cl_2 gas)	$Ar \rightarrow Ar^+ + e^-$ $Ar^+ + Cl_2 \rightarrow Cl^+ + Ar$

(a)RF: Radio Frequency; (b)Reactive Gases

　　電漿蝕刻（Plasma Etching）則由無線電頻率（Radio-Frequency, RF）線圈感應氣體（如Ar, CF_4, Cl_2）產生電漿（如Ar^+/e^-, CF^{3+}/e^-, Cl^+/e^-）當蝕刻劑撞擊Si晶片如表26-3所示。圖26-12b為以CF_4用RF線圈感應產生CF^{3+}/e^-電漿並撞擊Si晶片中Si原子形成SiF_3^+或Si^+被打出而蝕刻，此屬於無線電頻率感應蝕刻（RF-Etching），其相關反應如下：

$$CF_4 + RF（無線電頻率）\rightarrow CF_3^+ + e^- \quad [電漿] \qquad （26-5）$$

$$CF_3^+ + Si（晶片）\rightarrow SiF_3^+ \quad [蝕刻] \qquad （26-6）$$

$$e^- + Si（晶片）\rightarrow Si^+ + 2e^- \quad [蝕刻] \qquad （26-7）$$

　　活性離子束蝕刻（Reactive Ion Beam Etching, RIBE）是加高電壓或RF於各種氣體而產生活性大的離子X^+（如表26-3所示的CF_3^+, Cl^+, SF_5^+, Cl^+/CF_x^+, O_2^+, N_2^+）當蝕刻劑用以撞擊Si晶片而將Si原子或離子（SiX^+或Si^+）打出形成蝕刻。圖26-12c即為活性Cl^+離子束蝕刻Si晶片之裝置圖，其先利用RF線圈使Cl_2氣體產生電漿Cl^+/e^-），再利用電漿中活性離子Cl^+撞擊Si晶片而將

Si原子或離子打出而形成蝕刻。

　　化學輔助離子束蝕刻（Chemical Assisted-Ion Beam Etching, CA-IBE）和活性離子蝕刻（RIBE）類似，一樣是用一氣體（如Cl_2）所產生的活性離子（如Cl^+）當蝕刻劑撞擊Si晶片而蝕刻，不同的是CA-IBE法多加一較容易解離的其他氣體分子（如Ar）先和原先蝕刻氣體（如Cl_2）起化學反應，來產生當蝕刻劑的活性離子（如Cl^+）再撞擊Si晶片。圖26-12d即為Ar/Cl_2當蝕刻劑CA-IBE法蝕刻Si晶片裝置圖，此法中，先用高電壓或RF使Ar解離成Ar^+/e^-，再用Ar^+和Cl_2反應產生活性離子Cl^+撞擊Si晶片，打出Si原子或離子（$SiCl^+$或Si^+）形成蝕刻。

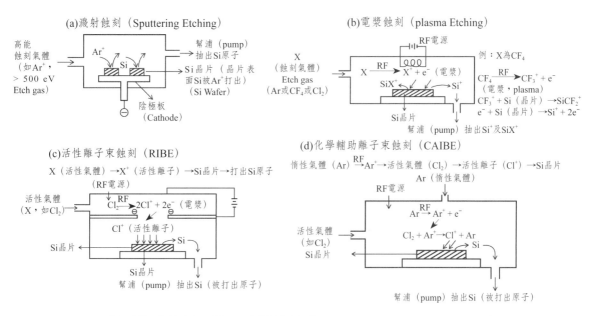

圖26-12　各種乾式蝕刻(a)物理濺射蝕刻（Physical sputtering etching），(b)電漿蝕刻（Plasma etching），(c)活性離子束蝕刻（RIBE, Reactive ion beam etching），及(d)化學輔助離子束蝕刻（CAIBE, Chemical assisted ion beam etching）技術基本裝置示意圖

　　在蝕刻矽晶片時，常常需只要蝕刻晶片某一材質（如SiO_2）而不能蝕刻傷及另一材質（如Si）。換言之，所用的蝕刻劑對晶片中材質必須有選擇性才可。表26-5即為各種蝕刻劑對晶片中各種材質之選擇性。例如，蝕刻劑SF_6可用來蝕刻SiO_2及Si_3N_4，而不能用來蝕刻Si。反之，用CHF_3當蝕刻劑可蝕刻晶

片主體Si，但不能用來蝕刻SiO_2及Si_3N_4。同樣，用CF_3蝕刻劑可蝕刻晶片中之Au，卻不會傷及晶片中的W，Ti及主體Si。

表26-5 各種蝕刻氣體對各種物質蝕刻感應

物質（蝕刻氣體）	SF_6	CHF_3	CF_3	O_2
Si	-(a)	+(b)	–	+
SiO_2	+	–	+	+
Si_3N_4	+	–	+	+
Al/AlO_3	+	+	+	+
W	–	–	–	+
Au	+	+	+	+
Ti	–	–	–	+

(a)-表不能蝕刻，(b)+表可蝕刻

26-4 沉積技術

微機電之沉積技術（Deposition Technique）[552，550]主要在微晶片上沉積、鍍膜及佈植金屬（如微電極）及其他元件，常用的沉積技術如表26-6所示有(A)物理蒸鍍技術（Physical Vapor Deposition, PVD）[559]，(B)化學蒸鍍技術（Chemical Vapor Deposition, CVD）[560]，(C)電化學沉積（Electrochemical Deposition）[561-562]及(D)離子佈植／離子鍍膜法（Ion implantation and Ion Plating）[563]。本節將分別介紹這各種微機電常用的沉積技術之基本原理及其所使用之裝置。

表26-6 各種物理／化學／電化學／離子沉積技術一覽表

Deposition（沉積法）	Process（過程／技術）	Remarks（備註）
(A)Physical Vapor Deposition（PVD，物理蒸鍍沉積法）	Evaporation（蒸發法）	成本低、沉積速率高（250,000 Åmin）
	Sputtering（濺射法）	成本高，沉積速率較低，但碰擊物不必蒸發
	Thermal spraying（熱灑法）	成本高，沉積速率也很高

〔表26-6續〕

Deposition（沉積法）	Process（過程／技術）	Remarks（備註）
	Plasma Spraying（電漿噴灑法）	成本高，可分段分區沉積
(B)Chemical Vapor Deposition（CVD，化學蒸鍍沉積法）	Atomospheric pressure CVD (AP-CVD)	100～10 KPa/400 ℃
	Low pressure CVD (LP-CVD)	1～100 Pa (1 Torr)/600 ℃
	Metallorganic CVD (MO-CVD)	常用在半導體epi晶片大面積
	Plasma Enhanced CVD (PE-CVD)	快，附著力佳，常用在金屬絕緣體
	Spray pyrolysis（噴灑熱裂法）	成本低，常用在太陽晶片、大面積
	Organic Membrane Deposition（有機膜沉積）	在半導體晶片上鍍有機膜
	Metallec Silicon (M-Si) Deposition（矽化金屬沉積）	在半導體晶片上鍍上各種矽化金屬（如$CoSi_2$, $PdSi_2$, $PdSi_2$, TiS_2）
(C)Electrochemical Deposition（ECD，電化學沉積法）	Electroless Metal Deposition（無電金屬沉積）	應用化學還原反應（不用電力）在晶片上沉積金屬（如Au）
	Electrodeposition（有電沉積）	通電使離子在陰極還原或在陽極氧化
(D)Ion Implanation/Ion plating	Ion Implanation（離子佈植）	例如將As打入Si中形成n-Type半導體
	Ion plating（離子鍍膜）	利用離子反應（如$Ti^+ + N_2 \rightarrow$ TiN）將產物（如TiN）在晶片上成膜

26-4-1　物理蒸鍍沉積技術

　　物理蒸鍍沉積技術（Physical Vapor Deposition, PVD）[550,559]，是用物理方法將欲鍍物質蒸鍍在微晶片上。物理蒸鍍技術如表26-5所示，有(1)蒸發沉積法（Evaporation），(2)濺射沉積法（Sputtering），(3)熱灑法（Thermal Spraying），及(4)電漿噴灑法（Plasma Spraying），而較常用在微晶片上之沉積法，為蒸發沉積法、濺射沉積法及電漿噴灑法，將分別介紹如下：

　　物理蒸發沉積法因成本較低且沉積速率高（可達2.5×10^5 Åmin），廣泛被採用，圖26-13a為物理蒸發沉積法之基本儀器結構，圖中加熱器（Heater）用來將欲鍍物質（Source，如Au）熔融且將熔融欲鍍物（如熔融Au）在真空（$10^{-3} \sim 10^{-6}$ Torr）下，蒸發到晶片（Substrate）上沉積。此此法所用之加熱器可用電壓電阻加熱器、RF（無線電頻率）加熱器、電子束加熱器（Electron beam heater）及雷射加熱器。圖26-13b為電子束蒸發系統，其利用熱燈絲電壓加熱或場發射（Field emission）電子源所產生的之電子束加熱器所產生的高能電子束，在磁場導引下撞擊Au（Target），加熱Au成熔融Au並產生Au蒸氣（Au*）蒸發上鍍到Si晶片（Substrate）上沉積。

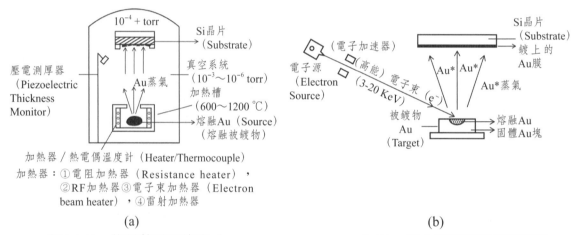

(a)　　　　　　　　　　　　　　　　　　　　(b)

圖26-13　物理蒸發沉積法（Evaporating deposition）之(a)基本儀器結構示意圖及(b)電子束蒸發系統（Electron beam Evaporation system）工作示意圖

　　物理濺射沉積法（Sputtering deposition）是利用一離子（如Ar^+）或電漿、雷射光撞擊待鍍物靶（Target，如Au金屬或導體／半導體），將欲鍍物之中性高能原子（如Au*）或高能離子（如導體／半導體中離子）撞出上濺到晶片表面沉積。圖26-14a為**離子濺射沉積法**（Ion sputtering deposition）之示意圖，此圖中利用Ar^+撞擊Au陰極（Cathode），撞出高能原子Au*，並使撞出高能原子Au*濺到Si晶片（Substrate）表面沉積，而Si晶片Au沉積率（Au原子數／Ar^+離子數）會隨高能Au*能量增大而增高。**雷射濺射沉積法**（Laser sputtering deposition）常用於在晶片上鍍上導體膜（如金屬，超

導體）或半導體膜，圖26-14b即為利用雷射光（Laser）撞擊超導體粒子靶（Target），撞出高能超導體成分（YBaCuOx）並濺到晶片（Substrate）表面沉積形成超導膜。

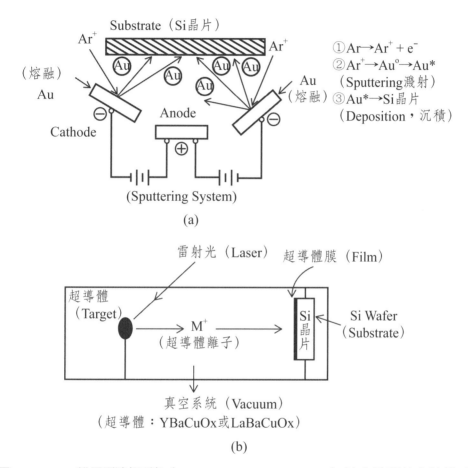

圖26-14　(a)離子濺射沉積（Ion sputtering deposition）法之儀器基本結構／工作原理，與(b)雷射濺射沉積法在矽晶片上鍍超導膜之儀器示意圖

　　電漿噴灑沉積法（Plasma spraying deposition）顧名思義是利用產生的電漿（Plasma）直接噴灑到微晶片上沉積，此法為當今電子工業常用的微晶片沉積技術。圖26-15為電子電漿噴灑系統及其所噴灑出來的矽電漿鍍到基材（Base material）上沉積矽磊晶膜（Si Epitaxy Film）之示意圖，常用之基材為晶片、玻璃及塑膠。電漿噴灑儀中利用高電壓產生電弧（Arc）使進入電漿產生室之電漿氣體（如$SiHCl_3$）分解產生電漿（如Si^+/e^-電漿）並由噴嘴

（Nozzle）噴出，噴出電漿就可鍍到基材上沉積（如在基材上鍍上矽單晶膜（Si Epitaxy film）。基材上沉積（如矽單晶膜）厚度及大小與電漿溫度會隨噴嘴和基材間之距離(d)不同而改變，在離噴嘴不同距離之區域放置基材，所接受到的電漿會有不同溫度，基材上沉積厚度及大小範圍也會有不同，即可得不同厚度及大小的沉積膜。

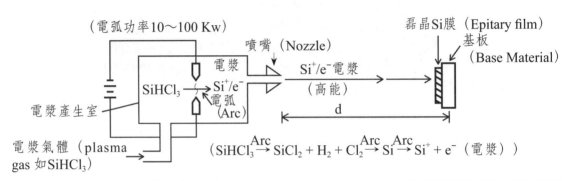

圖26-15　電漿噴灑沉積法（Plasma spraying deposition）之電漿噴灑儀結構及沉積矽磊晶膜（Si Epitaxy Film）示意圖

26-4-2　化學蒸鍍技術

化學蒸鍍技術（Chemical Vapor Deposition, CVD）[550,560]，是將蒸氣反應物（如SiH_4及N_2O）蒸發到晶片上並起化學反應產生被鍍物膜（如SiO_2膜）沉積在晶片上，即被鍍物是由各種蒸氣反應物起化學反應所產生的。圖26-16a即為利用SiH_4及N_2O蒸氣當反應物產生SiO_2鍍在晶片上的化學蒸鍍基本裝置圖，SiH_4及N_2O蒸氣到化學蒸鍍加熱系統在晶片上所起化學反應如下：

$$2N_2O + 熱 \rightarrow 2N_2 + O_2 \qquad (26\text{-}8)$$

$$SiH_4（前驅物）+ O_2 + 晶片 \rightarrow SiO_2（被鍍物）／晶片 + 2H_2 \qquad (26\text{-}9)$$

被鍍物SiO_2是由反應物SiH_4經反應變化而成的，因而反應物SiH_4常被稱為產生產物SiO_2之**前驅物**（Precursor），圖中紫外線（UV）光用來輔助化學反應之進行。

如前表（表26-5）所示，化學蒸鍍技術（CVD）相當多，大略可分常壓／低壓（Atomospheric/Low pressure）CVD，金屬有機（Metallorganic）

CVD，電漿增強（Plasma enhanced）CVD，噴灑熱解（Spray pyrolysis）CVD，有機膜沉積（Organic membrane deposition）CVD，及矽化金屬沉積（Metallic silicon (M-Si) deposition）CVD法，各種CVD特點請見前表（表26-5）。本節就只介紹常用的常壓CVD法（AP-CVD）、電漿增強CVD法、噴灑熱裂CVD法及有機膜沉積CVD法（OM-CVD）如下：

　　圖26-16b即為利用常壓CVD法（AP-CVD）在晶片上鍍Si膜之裝置圖。如圖所示，在常壓（約1 atm）下，反應物SiCl$_4$（前驅物）及H$_2$通入含晶片（Wafer）之鍍膜槽中，反應物碰到加熱器加熱後反應成Si膜鍍在晶片上，反應如下：

$$SiCl_4（前驅物）+ 2H_2 + 晶片 \rightarrow Si／片 + 4HCl \qquad (26\text{-}10)$$

未反應之反應物及所產生的HCl由鍍膜槽下方出口（Vent）吹出。

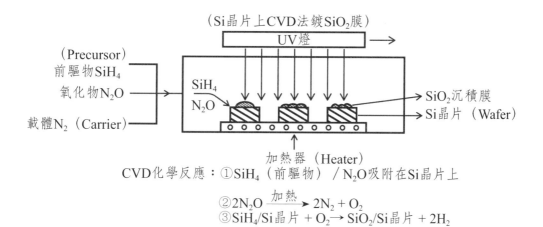

(a)

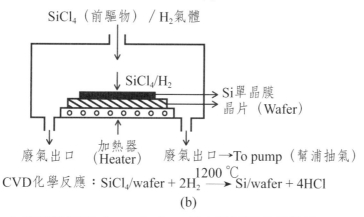

(b)

圖26-16　化學蒸氣沉積（CVD）之(a)基本裝置圖及晶片鍍SiO$_2$膜工作原理，與(b)在晶片上鍍單晶Si膜結構及工作原理示意圖

　　電漿增強化學蒸氣沉積法（PECVD）及噴灑熱解（Spray pyrolysis）CVD法[550]為現今電子工業常用方法。圖26-17a, b分別為電漿增強CVD及噴灑熱解CVD裝置圖及沉積鍍膜原理。在圖26-17a中，利用**電漿增強CVD**法在微晶片（Wafer）上鍍SiO_2膜。其法是通入Ar及反應物SiH_4（前驅物）及O_2到含晶片之鍍膜槽中並放入無線電頻率（RF，或稱射頻）線圈發出強無線電波（RF）使Ar感應產生高溫電漿（Plasma）如下：

$$Ar + RF \rightarrow Ar^{+*}/e^{-*}（電漿） \qquad (26\text{-}11)$$

　　然後高溫電漿使前驅物SiH_4激化成高能SiH_4*如下：

$$SiH_4 + Ar^{+*}/e^{-*} \rightarrow SiH_4^* + Ar \qquad (26\text{-}12)$$

　　高能SiH_4*撞擊晶片並與通入的O_2反應產生SiO_2鍍在晶片上，反應如下：

$$SiH_4^* + O_2 + 晶片 \rightarrow SiO_2 / 晶片 + 2H_2 \qquad (26\text{-}13)$$

　　圖26-17b為利用**噴灑熱解CVD**法將反應前驅物（如有機矽$Si(OC_2H_5)_4$）由噴灑噴嘴（Spray nozzle）噴到含晶片（Wafer）上並加熱使前驅物（如$Si(OC_2H_5)_4$）熱裂產生SiO_2膜鍍在晶片上，反應如下：

$$Si(OC_2H_5)_4 / 晶片 + 熱 \rightarrow SiO_2（鍍膜）/ 晶片 + 有機廢氣 \qquad (26\text{-}14)$$

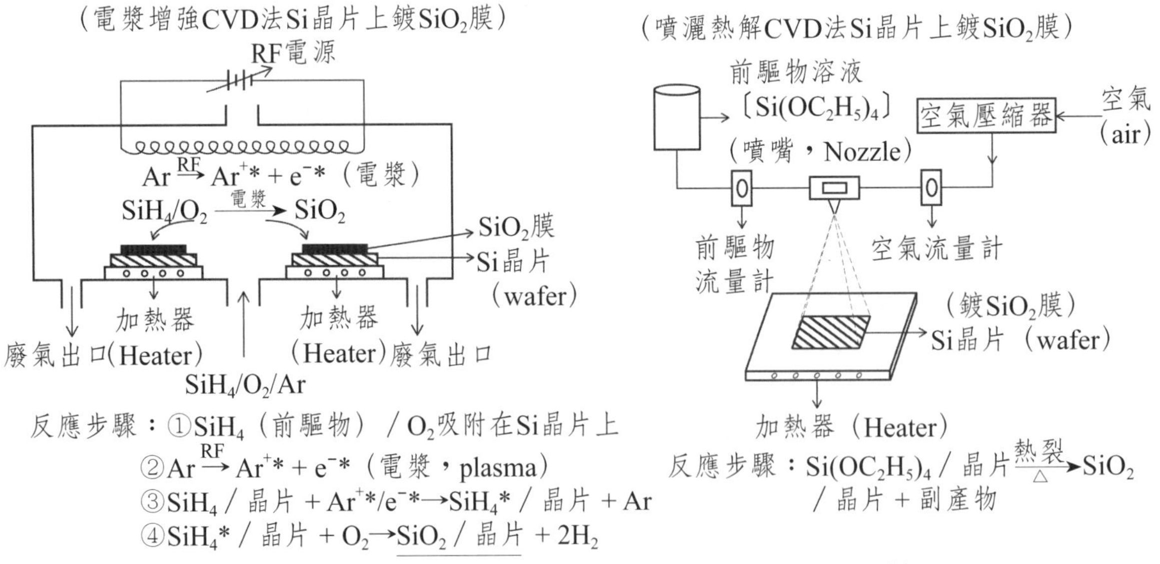

圖26-17　(a)電漿增強化學蒸氣沉積法（PECVD）鍍SiO_2及(b)噴灑熱解（Spray pyrolysis）化學蒸氣沉積法（CVD）鍍SiO_2膜之基本裝置示意圖[550]

有機膜化學蒸氣沉積法（Organic Membrane CVD, OM-CVD）通常用於在微晶片上鍍一高分子膜，圖26-18為其一般裝置圖。如圖所示，將一單體（Monomer）前驅物及Ar通入含微晶片之鍍膜管中，部份單體分子會吸附在微晶片上，並用無線電頻率（RF）線圈發出強無線電波（RF）使Ar感應產生高溫電漿（Plasma），並利用電漿高溫使微晶片上的單體分子聚合成高分子膜沉積在微晶片上，反應如下：

$$Ar + RF \rightarrow Ar^+*/e^-* （高溫電漿）\qquad （26\text{-}15a）$$

$$單體／晶片 + 高溫電漿 \rightarrow 高分子膜／晶片 \qquad （26\text{-}15b）$$

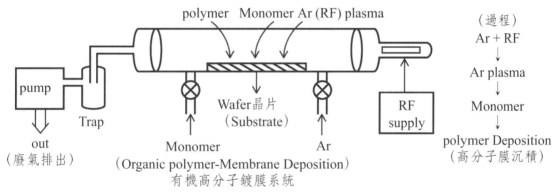

圖26-18　有機膜化學蒸氣沉積法（OM-CVD）在晶片上沉積有機高分子膜裝置圖及過程

26-4-3　電化學沉積

電化學沉積法（Electrochemical Deposition）[550,561-562]是應用電化學反應將被鍍物還原或氧化成鍍膜（如Ni膜）沉積在微晶片上，電化學沉積慨分(1)無電電鍍沉積法（Electroless Deposition）及(2)（有電）電鍍沉積法（Electroplating Deposition）兩大類。

表26-7(A)是用**無電電鍍沉積法**將Ni鍍在Si晶片上，其法是將Ni^{2+}電鍍液和無電電鍍藥劑$H_2PO_2^-/H_2O$灑在Si晶片上產生氧化還原反應，而使Ni^{2+}還原成Ni沉積在Si晶片上。Si晶片上氧化還原反應如下：

$$[還原反應]\quad Ni^{2+} + 2e^- \rightarrow Ni \qquad （26\text{-}16a）$$

[氧化反應]　$H_2PO_2^- + H_2O \rightarrow H_2PO_3^- + 2H^+ + 2e^-$　　　　　（26-16b）

（全反應）　$Ni^{2+} + H_2PO_2^- + H_2O \rightarrow Ni / 晶片 + H_2PO_3^- + 2H^+$　（26-16c）

表26-7(B)是各種欲鍍物（Au, Cu, Pd, Ni, Pt）無電電鍍所常用之無電電鍍藥劑成分。

表26-7　鍍Ni的無電電鍍沉積及各種金屬無電電鍍所用藥劑

(A)Electroless Ni Deposition（Ni的無電電鍍沉積法）
Reduction（還原反應）：
$\quad Ni^{2+} + 2e^- \rightarrow Ni$　　　　　　　　　　　(1)
Oxidation（氧化反應）：
$\quad H_2PO_2^- + H_2O \rightarrow H_2PO_3^- + 2H^+ + 2e^-$　　　(2)
全反應：$Ni^{2+} + H_2PO_2^- + H_2O \rightarrow Ni + H_2PO_3^- + 2H^+$　(3)
（Ni沉積在Si晶片上）

(B)Electroless plating Reagents for Various Metals（各種金屬無電電鍍之藥劑）	
Metal（欲鍍金屬）	Reagent（藥劑）
Au	$KAu(CN)_2$, KCN, KOH, NaOH, H_2O
Cu	$CuSO_4$, HCHO, Rochells Salt, NaOH, H_2O
Pd	$PdCl_2$, Hydrazine, Na-EDTA, Na_2CO_3, NH_4OH, Thiourea, H_2O
Ni	$NiCl_2$, NaH_2PO_2, H_2O
Pt	$Na_2Pt(OH)_6$, NaOH, ethylamine, hydrazine, H_2O

電鍍沉積法（Electroplating Deposition）顧名思義是外加電壓使被鍍前驅物產生氧化還原反應使當陰極或陽極的金屬片（如Au）或晶片（如Si晶片）上沉積被鍍物。圖26-19a為利用電鍍沉積法之外加電壓將溶液中$NiCl_2$中Ni^{2+}（被鍍前驅物）離子到當陰極（Cathode）的Au片還原成Ni鍍在Au片上，其產生的電化學反應如下：

[陰極]　$Ni^{2+} + 2e^- \rightarrow Ni$（鍍在Au片上）　　　　　（26-17a）

[陽極]　$2Cl^- \rightarrow Cl_2 + 2e^-$　　　　　　　　　　　（26-17b）

（全反應）　$NiCl_2 \rightarrow Ni$（Au片上）$+ Cl_2$　　　　　（26-17c）

圖26-19b為用有電電鍍沉積法將當陽極的Si晶片之表面氧化成SiO_2膜成SiO_2/Si晶片。因沉積反應在陽極進行，故此法又稱為**陽極反應法**（Anodization）。此法產生的電化學反應如下：

[陽極]　$Si + 2H_2O \rightarrow SiO_2/Si晶片 + 4H^+ + 4e^-$　　（26-18a）

[陰極]　$4H_2O + 4e^- \rightarrow 4OH^- + 2H_2$　　　　　　（26-18b）

$$4H^+ + 4OH^- \rightarrow 4H_2O \qquad\qquad (26\text{-}18c)$$

（全反應）　$Si + 2H_2O \rightarrow SiO_2/Si$晶片 $+ 2H_2$ 　　　（26-18d）

(a)Electroplating（電鍍法）　　　　　　　　(b)Anodization（陽極反應法）

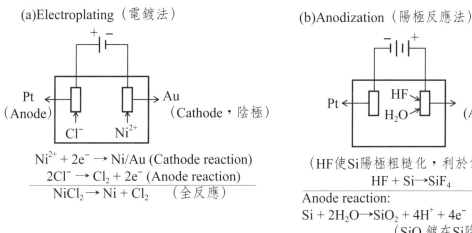

$Ni^{2+} + 2e^- \rightarrow Ni/Au$ (Cathode reaction)
$2Cl^- \rightarrow Cl_2 + 2e^-$ (Anode reaction)
_____
$NiCl_2 \rightarrow Ni + Cl_2$ 　　（全反應）

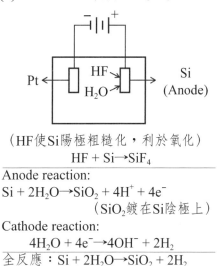

（HF使Si陽極粗糙化，利於氧化）
$HF + Si \rightarrow SiF_4$
_____
Anode reaction:
$Si + 2H_2O \rightarrow SiO_2 + 4H^+ + 4e^-$
　　　　　　　（SiO_2鍍在Si陰極上）
Cathode reaction:
$4H_2O + 4e^- \rightarrow 4OH^- + 2H_2$
_____
全反應：$Si + 2H_2O \rightarrow SiO_2 + 2H_2$

圖26-19　電鍍沉積法之(a)一般電鍍法（Electroplating）鍍Ni於Au片上及(b)陽極反應法（Anodization）在Si晶片上鍍SiO_2膜之裝置及原理示意圖

26-4-4　離子佈植及離子鍍膜法

離子佈植法（Ion implantation）[550,563]是將離子（如As^{3+}）植入微晶片內部的技術，而離子鍍膜法（Ion Plating）是用來將離子化合物（如TiN）鍍在微晶片表面的技術。

圖26-20a為利用離子佈植法將一高能離子（如As^{3+}）射入沒光罩遮蔽的半導體晶片內部示意圖。比較**離子佈植法**（圖26-20a）及傳統的**離子熱擴散植入法**（Diffusion Thermal Doping，圖26-20b），可以看出離子佈植法的離子在晶片散佈範圍較小，只集中在晶片中沒光罩遮蔽部份。反之，離子熱擴散植入法連光罩遮蔽部份都會有離子蹤影，這並不符合期待。圖26-20c為離子佈植裝置示意圖，離子（M^{z+}，如As^{3+}）從離子源（Ion source）射出到磁場分析器（Magnetic Field Analyzer）集中待植入離子（如As^{3+}）而排除其他離子

雜質，然後此離子M^{z+}進入加速管（Acceleration tube）成高速高能離子射向半導體晶片（Wafer），將離子M^{z+}射入（佈植）到晶片內部。

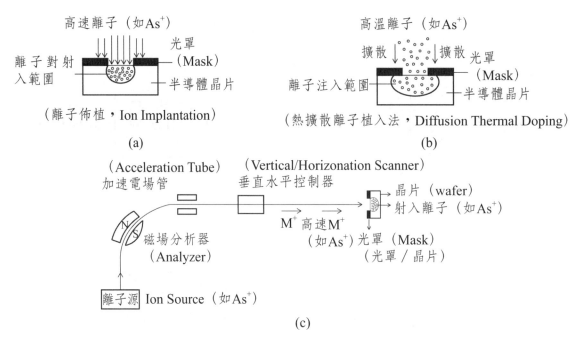

圖26-20　(a)離子佈植（Ion implantation）示意圖，(b)傳統離子熱擴散植入法（Diffusion Thermal Doping）及(c)離子佈植裝置示意圖

圖26-21為利用**離子鍍膜法**（Ion Plating）[550,564]晶片鍍TiN裝置圖。由圖所示，Ar進入鍍膜槽中遇到鎢絲（W）電子源發出的電子反應成高能Ar^+*離子及高能電子e^-*，反應如下：

$$Ar + e^- \rightarrow Ar^+* + 2e^-* \qquad (26\text{-}19)$$

同時，在Ti原子源中利用外加電壓使Ti燈絲加熱昇華成Ti^o原子射出，然後會遇到高能Ar^+*離子形成高能Ti^+*離子，反應如下：

$$Ar^+* + Ti^o \rightarrow Ar + Ti^+* \qquad (26\text{-}20)$$

高能Ti^+*離子與由外進來氮氣（N_2）及高能電子e^-*起反應產生TiN，反應如下：

$$2Ti^+* + N_2 + e^-* \rightarrow 2TiN \qquad (26\text{-}21)$$

然後產生的TiN就會射向微晶片（Substrate）並鍍在微晶片表面。

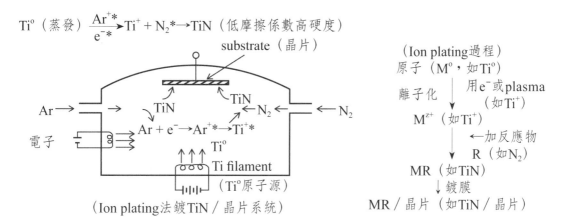

圖26-21　離子鍍膜法（Ion Plating）晶片鍍TiN裝置及工作原理示意圖

26-5　化學晶片

化學晶片（Chemical Chips）[565-566]顧名思義是在一微晶片上從事化學反應、化學合成及化學分析偵測。廣義的化學晶片還包括生物晶片（Biochips）。因本書重點在化學分析偵測，故本節只介紹和化學分析偵測有關之微晶片，如毛細管電泳微晶片（Capillary Electrophoresis (CE) Microchip）、電化學微感測器晶片（Electrochemical Microsensor Chip）、微光學系統晶片（Optical Microsystem Chip）及微氣體層析系統晶片（Micro Gas Chromatographic (GC) Chip），而和化學分析偵測有關的生物晶片將在下節（26-6節）介紹。

26-5-1　毛細管電泳微晶片

毛細管電泳微晶片（Capillary Electrophoresis Microchip, μ-CE）[565,566]是用來分離及分析樣品中各種化學成分之用，用蝕刻微晶片取代體積與長度都大的傳統毛細管。毛細管電泳微晶片為現今最常見的市售的化學分析偵測用微晶片，由於毛細管電泳微晶片製作不難，大部份毛細管電泳研究室都用微機電

及微影蝕刻技術自行研製。

　　圖26-22為常見的毛細管電泳微晶片（μ-CE，大小約為7.0×1.2 cm石英片或玻璃片或表面塗佈SiO_2塑膠片）分離及偵測系統示意圖，如圖所示，在一微晶片內用微影蝕刻技術製作十字架形上下密閉的通道當微毛細管（內徑約20 nm），分析樣品（Sample）及毛細管電泳緩衝液（Buffer solution）分別從通道十字架端口進入，而剩下的十字架端口當需要時之排泄口。十字架通道尾端則有四個出口，在其中三個出口處分別接電化學偵測系統的工作電極（W）、相對電極（C）及參考電極（R），此三電極分別接上恆電位計（Potentiostat），剩下出口當排泄口（Outlet）。然後在通道前端及末端接上高電壓以使通道產生電滲透流（Electro-Osmotic Fluid, EOF）以分離樣品中各種化學成分。各成分的電化學訊號則由接三電極之恆電位計接收並經類比／數位轉換器（A/D轉換）轉成數位訊號輸入電腦（CPU）做數據處理及繪毛細管電泳層析圖。

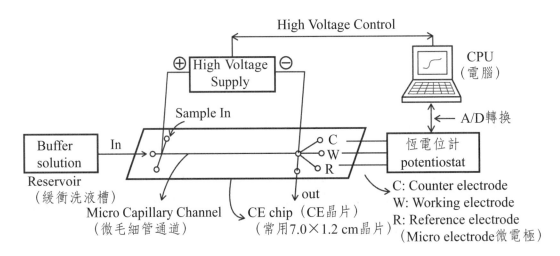

圖26-22　毛細管電泳微晶片（μ-CE）分離及偵測系統示意圖

　　毛細管電泳微晶片（μ-CE）之製作如圖26-23a所示，其由兩片各用微影及蝕刻表面刻有凹狀溝道之晶片（石英／玻璃片或表面塗佈SiO_2塑膠片）互相接合成微毛細管通道（直徑約20 μm）成一μ-CE微晶片。圖26-23b為μ-CE微晶片之製作過程，首先將晶片（兩片）清洗，然後在晶片表面沉積SiO_2薄膜（若為石英或玻璃片，通常略過此步驟），然後在每片晶片上塗佈正光阻劑並

放入含光罩（Mask）之曝光系統中，進行曝光微影，然後再將曝光部份光阻劑溶去，並用蝕刻液（通常用蝕刻液HNA（含HF, HNO$_3$, CH$_3$COOH））蝕刻曝光部份形成凹狀溝道，最後兩片晶片上下接合（凹狀溝道需上下完全對準）形成微毛細管通道製成毛細管電泳微晶片。

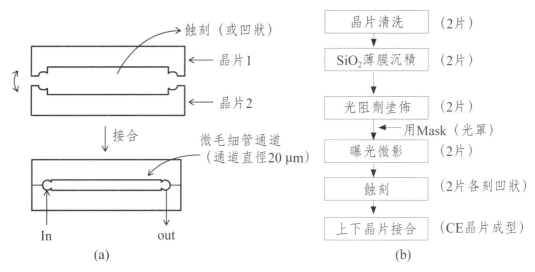

圖26-23　毛細管電泳微晶片（μ-CE）之(a)微毛細管通道形成法，及(b)CE晶片製程步驟

26-5-2　電化學微感測器晶片

電化學微感測器晶片（Electrochemical Microsensor Chip）[567]中較常見的為循環伏安微感測器晶片（Cyclic voltammetry (CV) microsensor chip）及離子選擇性場效應微感測器晶片（ion selective field-effect (ISFET) microsensor chip）。離子選擇性場效應微感測器（ISFET）矽晶片的工作原理及裝置已在本書第25章25-4節圖25-11介紹。本節只介紹循環伏安微感測器晶片之工作原理及裝置。圖26-24為電化學CV微晶片示意圖，其可應用偵測一金屬離子並可得循環伏安（CV）圖。晶片內部通道（Channel）及反應槽（Cell）是用微影蝕刻形成並注入分析物（Sample），此CV微晶片中含工作電極（W），相對電極（C）及參考電極R），此三電極皆為利用微影蝕刻及

沉積金屬（如Au, Cu, Pt），而CV微晶片所得之電流訊號由相對電極（C）輸出到電流計測量並由記錄器或外接微電腦即可得CV（如圖26-24b），而CV微晶片中電壓之改變及調節亦由微電腦透過恆電位計（Potentiostat）控制，研究報導顯示此CV微晶片所得CV圖之清晰度不會比使用傳統大體積之循環伏安儀遜色。

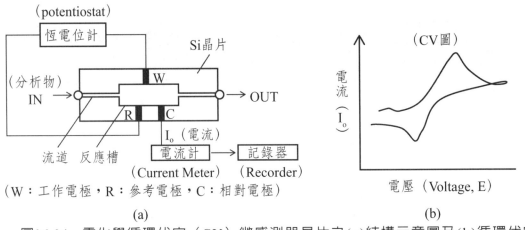

圖26-24　電化學循環伏安（CV）微感測器晶片之(a)結構示意圖及(b)循環伏安（CV）示意圖

26-5-3　微光學系統晶片

微光學系統晶片（Optical Microsystem Chip）[568-569]發展非常迅速，種類相當多如微吸收（Absorption）光譜系統晶片、微繞射（Diffraction）光譜系統晶片、微發射（Emission）光譜系統晶片、微反射（Reflection）光譜系統晶片及傅立葉轉換紅外線微光譜儀微晶片（Micro-Fourier Transform Infra Ray Spectrometer (μ-FTIR) chip）。美國加州大學Davis分校之微儀器系統實驗室（Micro Instruments and Systems Lab）[569,550]成功研發了μ-FTIR微晶片，在約6×8 cm μ-FTIR微晶片中含有可移動的移動鏡（Moving mirror）、固定的固定鏡（Fixed mirror或稱Stationary mirror）及光分器（Beam splitter）。研究顯示此μ-FTIR微晶片所得的FTIR光譜圖之解析度不會比傳統的FTIR儀差。

26-5-4 微氣體層析系統晶片（μ-GC Chip）

微氣體層析系統晶片（Micro Gas Chromatographic (μ-GC) Chip）[570-572]主要是將總長1-5公尺（m）之分離用微毛細管管柱成圓形或方形微通道微影蝕刻在約2-3公分（cm）正方形微晶片中。圖26-25為含3 cm正方的μ-GC晶片組成的微氣體層析（μ-GC）系統之分離及偵測系統示意圖。如圖所示，輸送氣體（Carrier gas）將由注入器進入的樣品帶入微毛細管管柱微晶片中分離樣品各成分後，進入氣體偵測器（如傳統TCD偵測器或TCD晶片），所得的電流或電壓訊號再經類比／數位轉換器（ADC）輸入電腦中做數據處理及繪層析圖。

西元2008年A.D. Radadia等人利用3公尺長的微毛細管管柱微晶片進樣壓力40 psi，管柱溫度為110 ℃，在7秒內分離了16種化合物[570]。可見微氣體層析（μ-GC）系統比起傳統GC儀分離速度快，分離效果也不遜色且所消耗的輸送氣體要少得多，所需樣品量也相對減少不少，所以近年來微氣體層析（μ-GC）系統的研究及發展如雨後春筍。

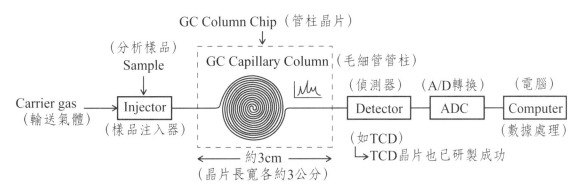

圖26-25 微氣體層析（μ-GC）系統之晶片分離及偵測系統示意圖（TCD：Thermal Couductivity Detector（熱傳導偵測器）

26-6　生物晶片

　　常用於和生化物質檢測有關之生物晶片（Biochips）[565,573]有(1)基因晶片（Gene Chip），(2)生化感測器晶片（Biosensor Chip），(3)蛋白質晶片（Protein Chip）及(4)聚合酶連鎖反應微晶片（PCR (Polymerase Chain Reaction) Reactor Microchip）。PCR微晶片是用來複製樣品中DNA數目以利DNA偵測。本節將對這些生物晶片分別介紹。

26-6-1　基因晶片

　　基因晶片（Gene Chip）[574-576]是以已知核酸分子基因（如單股DNA）塗佈在晶片上當微探針（Micro-probe），用以檢測未知樣品上相對應的核酸片段，臨床上的應用如：解讀基因密碼，瞭解親子關係，檢測病原體。基因晶片是利用微處理技術，先將已被螢光標定的人類基因（如cDNA）當微探針（Micro-probe）固著在長寬各三公分（3×3 cm）或長三公分寬二公分的玻璃片或塑膠片上，一般生物微探針（probe）之基因（如cDNA）的大小不超過直徑200微米（μm），故一片此種3×3 cm長寬之基因晶片（如圖26-26a所示）大約可同時處理四萬個cDNA點漬基因。

　　螢光標定的cDNA（Complementary DNA，互補DNA）晶片之製法，首先是利用反轉錄酶在42 ℃中將人類RNA反轉錄為cDNA並於反應過程中加入有螢光標定之三磷酸脫氧尿嘧啶（dUTP），形成螢光標定的cDNA。接著將已被螢光標定的cDNA經由機械針頭直接點印在塗佈蛋白質膜（常用聚L-離胺酸（poly-L-lysine）膜）的玻璃（或塑膠）晶片如圖26-26b所示。然後以紫外線把冷卻基因cDNA固定於玻璃晶片上，並利用琥珀酸酐（succinic anhydride）化學藥物處理玻片以降低雜交時的背景雜訊。玻片除了處理化學藥物降低背景雜訊外，並將玻片放置於100 ℃的沸水中2分鐘把雙股cDNA解旋成單股cDNA，然後馬上將玻片靜置於酒精中以固定玻片上的cDNA基因，將酒精固定過的玻片離心乾燥後，並將此種螢光標定的cDNA單股基因晶片儲存在乾燥箱中備用。圖26-26c為一DNA生物晶片影像圖。

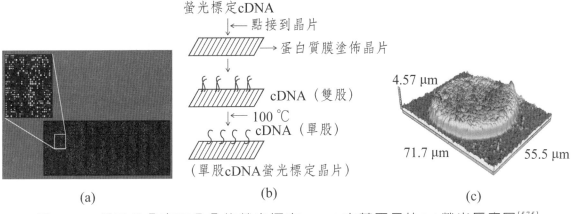

圖26-26　長三公分寬二公分的螢光標定cDNA之基因晶片(a)螢光反應圖[575]，(b)製備過程，及(c)DNA生物晶片影像圖[576]（a, c圖：From Wikipedia, the free encyclopedia,: http://upload.wikimedia.org/wikipedia/commons/thumb/0/0e/Microarray2.gif/350px-Microarray2.gif; http://upload.wikimedia.org/wikipedia/commons/thumb/3/3a/Sarfus.DNA Biochip.jpg/300px-Sarfus.DNABiochip.jpg）

　　基因晶片樣品檢測之原理可由1962年諾貝爾獎得主華生博士（Dr. J. Watson）和庫里克博士（Dr. F. H. Crick）所築構的DNA分子模型之C-G與A-T互補配對規則來說明，C鹼基（cytosine）必和配對股（complimentry strain）的G鹼基（guanosine）結合，而A鹼基（cytosine）也必和配對股（complimentry strain）的T鹼基（guanosine）結合。基因晶片即利用此項原理來確認親子間關係。如圖26-27所示, 利用一核甘酸引子(primer)及含螢光標定之父母單股DNA基因微探針（Gene probe）以不同的方式排列固定在晶片上，使得樣品（sample or target）中所含子女單股DNA能夠與晶片上父母單股DNA完整配對結合（如圖26-27所示），而改變螢光強度之改變，由螢光強度的改變即可知樣品中之子女DNA和基因晶片中微探針父母DNA同質性並可確認親子關係。

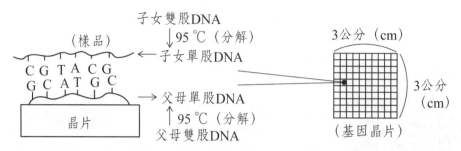

圖26-27　基因晶片上探針DNA和樣品中親子DNA結合之原理示意圖

26-6-2　生化感測器晶片

由於感測器常用於現場，感測器的體積越小越好，微機電技術發展使許多感測器晶片包括生化感測器晶片（Biosensor Chip）[577-578]之開發如雨後春筍。本節僅介紹幾種較常見生化感測器晶片，如(1)離子選擇性場效電晶體（ISFET）生化晶片，(2)表面電漿共振（SPR）生化晶片，(3)臨床醫學多種選擇性電極（μ-ISE）微晶片，及(4)免疫生化感測器（Immuno-Biosensor）微晶片。

離子選擇性場效電晶體生化晶片（Ion-Selective Field Effect Transistor Bio-Chip, ISFET Chip）[579]是將傳統的金屬氧化物半導體場效電晶體先用微影蝕刻技術製成場效電晶體微晶片（FET chip）並將其金屬柵極（Gate）以待測溶液（Sample）與參考電極（Reference electrode）所取代之（如圖26-28所示）。一旦待測溶液中的離子被感測層（sensing layer）之固定化生化物質（如纈胺黴素Valinomycin或酵素Enzyme）所吸附結合時，將會改變通道的電阻並改變柵極（Gate）電位，進而改變場效電晶體（FET）之源極（Source）及，洩極（Drain）間的輸出電流（Io）。

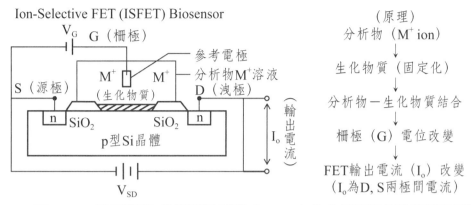

圖26-28　離子選擇 性場效電晶體（ISFET）生化感測器晶片結構及原理

　　表面電漿共振晶片（Surface Plasma Resonance Chip, SPR Chip）[580-581] 是最近發展相關快之生化感測晶片，其偵測生化物質和一般表面電漿共振感測器之偵測原理一樣（請見本書第25章第25-6.2節及圖25-21及圖25-22），不同的是此SPR微晶片是將樣品以流體通過塗佈奈米Au膜晶片（Au／晶片）表面（如圖26-29a所示）。圖26-29a爲利用SPR微晶片偵測一生化樣品中抗原（Antigen），其法是在Au／晶片上塗佈此抗原之抗體（Antibody）並用一雷射光源以全反射方式射入棱鏡／奈米Au膜表面產生的SPR波。當樣品流經Au／晶片表面時，樣品中抗原和晶片上之抗體結合並吸收部份SPR波而使全反射臨界角（θ）改變（表面電漿共振技術之較詳細工作原理及偵測方法請見本書第25章第25-6節）。圖26-29b爲市售之SPR單微晶片，體積相當小。史丹佛大學（Stanford University）化學系Zare教授（Professor Richard N. Zare）[582]實驗室（Zarelab）更開發出銅版大小的多流道多SPR元件陣列微晶片，在polydimethylsiloxane（PDMS）材質微晶片上塗佈陣列Au膜形成多流道多SPR元件陣列之SPR微晶片。利用此銅板大小之多流道SPR元件陣列微晶片可同時偵測不同生化物質或不同樣品。

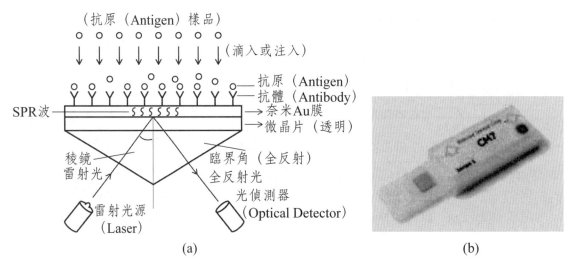

圖26-29　表面電漿共振（SPR）生化感測器晶片之(a)偵測系統結構及原理，及(b)市售的單SPR晶片[583]（(b)原圖來源：http://www.dddmag.com/ uploadedImages/Articles/2010_03/biacore.Bmp）

　　臨床醫學多種選擇性電極微晶片（μ-ISE Chip），研究報導顯示，已研究成功在只有0.15×0.25 cm長寬微晶片用微影蝕刻技術竟可植入臨床醫學最常用偵測重病病人身體狀況之六種選擇性電極[550]（Cl^-電極、H^+電極、O_2電極、K^+電極、Na^+電極及CO_2電極），而每一微電極（如H^+微電極）之長寬只約為0.05×0.05 cm而已。

　　免疫生化感測器微晶片（Immuno-Biosensor Chip）[584-585]是生化感測微晶片中最常見，其利用塗佈抗體或抗原（免疫生化物質）之微晶片吸附樣品中抗原或抗體，因而改變吸光度或反射角或阻抗等微晶片性質，以做抗體或抗原定性及定量分析。如圖26-30a所示，在一玻璃微晶片中先塗佈抗體（Antibody），當一含有抗原（Antigen）樣品分析物流入微晶片表面，樣品中抗原就會和晶片上的抗體結合成抗原／抗體複合體，若用雷射光入射微晶片表面（圖26-30b），其某種波長入射光（強度Io）就會被抗原／抗體複合體吸收，而以較低光強度（I）之反射光射向光偵測器（Photo detector）偵測，吸光度變化可估算樣品中抗原含量。

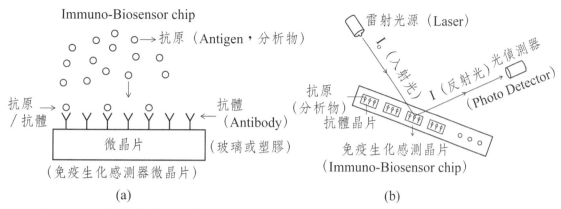

圖26-30　免疫生化感測器（Immuno-Biosensor）之(a)感測器微晶片（Microchip），及(b)偵測系統示意圖

26-6-3　蛋白質晶片

蛋白質晶片（Protein Chip）[586-588]則以蛋白質分子當微探針（Microprobe），利用蛋白質抗體—抗原反應來檢測特定蛋白質分子的存在（如圖26-31a所示），臨床上的應用如：癌症特殊蛋白質抗原（Protein antigen）的檢測及致病原的檢測。例如[587a]用塗佈有Apo B蛋白質抗體（Protein antibody）之蛋白質晶片快速（只用25 μL反應試劑的體積（一滴血即可），5分鐘）就可判定人體血清中apolipoprotein B（Apo B）蛋白質所含濃度，測量Apo B比起傳統只測量總血清膽固醇的含量，在預測心血管疾病的風險中具有更高的可信度。

一般蛋白質晶片上塗佈蛋白質抗體當探針而偵測樣品中蛋白質抗原含量，然亦可反過來製備塗佈蛋白質抗原之蛋白質晶片以偵測樣品中蛋白質抗體含量。

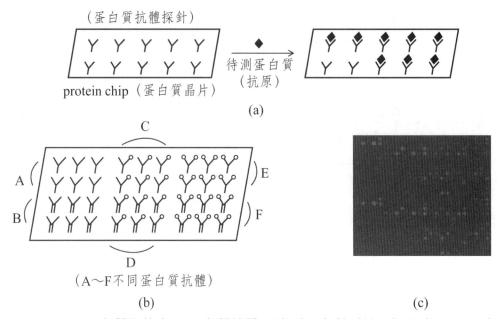

圖26-31 蛋白質晶片之(a)蛋白質抗體—待測蛋白質（抗原）反應圖，(b)含各種蛋白質抗體的蛋白質陣列晶片示意圖，及(c)蛋白質抗體和螢光標幟蛋白質抗原反應後之螢光掃瞄圖[588a]（(c)原圖來源：www.be-shine.com.tw/gpage2.html,98.131.42.229/images/photo-1 (320).jpg）[588b]

　　蛋白質晶片可分為含一特殊單一蛋白質抗體的單一蛋白質晶片（圖26-31a）及含各種蛋白質抗體（A～F）的蛋白質陣列晶片（圖26-31b）兩大類。如圖26-31c所示，蛋白質晶片通常用螢光標幟蛋白質發出的螢光顯示蛋白質抗體或抗原所在。蛋白質陣列晶片之可能成為相當有用的醫學診斷工具，部分原因是它可以直接從血漿中蒐集資料，為DNA微晶片陣列所不及。多數臨床疾病，從傳染性疾病到心臟或腎臟受損，都會在血液中留下可辨識的痕跡，以分泌或滲漏出蛋白質的方式呈現。利用此種多抗體的蛋白質陳列晶片（圖26-31b），經由單一檢驗，就可能測定許多、甚至全部代表身體有毛病的已知蛋白質，換言之，利用此種蛋白質陳列晶片，經一次檢驗，就可檢測出一病人的多種疾病，如在半小時內同時檢測4種癌症的蛋白質晶片[587b]，到目前為止，醫學研究已發現了幾十種能夠告知疾病發生或進展的蛋白質。反之，傳統的診斷檢驗一次只能檢查一種蛋白質，或少數幾種與疾病相關的蛋白質。

　　蛋白質陣列晶片的設計與DNA基因晶片類似：多種蛋白質抗體各自坐落

於像晶片般薄板上的特定位置。血液樣本中的蛋白質如與晶片上的蛋白質產生結合，就可顯示出該樣本中蛋白質的性質及數量。坐落在晶片上的蛋白質種類，可依問題不同而有所改變。每一種抗體都可辨認特定的蛋白質並與之結合（更確切地說，是辨認蛋白質上特定的區段）。蛋白質抗體與蛋白質之結合可由螢光標幟的蛋白質抗體之螢光改變圖來顯示，或可由當抗原的蛋白質螢光標幟螢光改變圖來顯示。抗體螢光標幟反應後的蛋白質抗原塗佈晶片再用晶片掃描機（圖26-32）做螢光掃描，所得螢光點圖如圖26-31c所示。

圖26-32　市售之晶片掃描儀實物圖[588b]（原圖來源：www.be-shine.com.tw/gpage2.html）

26-6-4　聚合酶連鎖反應微晶片

聚合酶連鎖反應微晶片（Polymerase Chain Reaction (PCR) Microchip）[589-590]是利用在微晶片所構成的反應槽中進行聚合酶連鎖反應（PCR）[591]，以連鎖反應複製增生樣品中待測DNA數目。因為樣品中待測DNA原來數目通常很少濃度太低，很難直接被DNA偵測到器偵測到，故需利用PCR連鎖反應在短時間（10-30分鐘）內將待測DNA複製增生到所需數量。傳統的聚合酶連鎖反應槽體積相當大且樣品用量大，故現今許多DNA研究室已使用PCR微晶片反應槽來進行PCR連鎖反應以複製增生樣品中待測DNA到所需數量。

莫理斯博士（Dr. Kary B. Mullis）[592]是PCR技術的發明者，他因

而獲得1993年諾貝爾化學獎。圖26-33a為PCR連鎖反應複製DNA（DNA replication）原理及過程，而圖26-33b為10×5×5 mm（長、寬、高）PCR微晶片反應槽結構圖。如圖26-33a步驟(A)所示，先將DNA樣品放入圖26-34b微晶片反應槽中並加熱至95 ℃左右，使樣品中雙股DNA（Double helix DNA）分解成兩條單股DNA。然後依圖26-33a步驟(B)，在圖26-33b微晶片反應槽中加入A, C, T, G四種鹼基，此四種鹼基就會以A對T及C對G原則吸附到步驟(A)所得的兩條單股DNA，而使此每一單股DNA形成雙股DNA，換言之，至此樣品中每一條雙股DNA都複製變成兩條雙股DNA，即樣品中雙股DNA數目成兩倍。然後一再重複圖26-33a步驟A（加熱至95 ℃，雙股→單股DNA）及步驟B（加入A, C, T, G鹼基反應），依時間不同分別得到4, 8, 16, 32…至10^6條（時間約30分鐘）雙股DNA，換言之，在此PCR微晶片反應槽30分鐘內重複步驟A（加熱）及步驟B（反應）就可使樣品中雙股DNA數目複製增生到10^6倍（百萬倍）DNA。因為PCR微晶片反應槽體積小，功能強，使得PCR微晶片反應槽之研製與應用在世界各國DNA研究室及實驗室如雨後春筍。

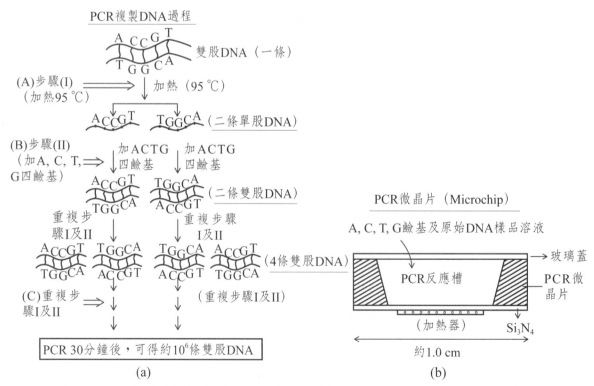

(a)　　　　　　　　　　　(b)

圖26-33　聚合酶連鎖反應（PCR）之(a)複製DNA原理及過程，及(b)PCR微晶片反應槽結構示意圖

第 27 章

熱分析法

　　熱分析法（Thermal analysis）[593]在無機、高分子及藥物食品工業上廣泛被應用在推算此分析物之分子組成及特性。例如常利用熱重分析法（Thermogravimetric Analysis, TGA）來熱裂一分析物而由裂解過程中所失去的重量可推算此分析物之分子組成，利用熱差分析法（Differential Thermal Analysis, DTA）來測定一分析物因溫度變化產生分子結構轉變或相轉換所產生的吸熱或放熱，亦可利用微差掃描熱量法（Differential Scanning Calorimetry, DSC）來測定一有機高分子是否有液晶（Liquid crystal）。熱重分析法（TGA），熱差分析法（DTA）及微差掃描熱量法（DSC）為最常見的熱分析法，熱重分析法（TGA）是偵測待測物溫度升高之重量變化（ΔW），熱差分析法（DTA）是偵測溫度升高時待測物槽和標準品槽之溫度差（ΔT），而示差掃瞄熱量法（DSC）是偵測溫度升高時為維持待測物槽和標準品槽之溫度所需加熱熱功率差（ΔP）本章將介紹這三種熱分析法之基本裝置、偵測原理及方法與應用。

27-1 熱重分析法（TGA）

熱重分析法（Thermogravimetric Analysis, TGA）[594]顧名思義是利用溫度升高而使分析物分子裂解成較小原子團或分子而失去部份組成（如H_2O，COOH）造成重量的減少，由裂解溫度及重量的減少，可做為分析物定性之用或分析物在混合物中之重量百分比。如圖27-1所示，草酸鈣晶體（$CaC_2O_4(H_2O)$）之熱重分析（TGA）熱圖譜（Thermogram）顯示在溫度升高到約150-200 °C（A區）約19.03 mg（Wo）的$CaC_2O_4 \cdot H_2O$會裂解使重量下降至約16.72 mg，而失去的重量（$\Delta W = 19.03 - 16.72 = 2.31$ mg）與原重量Wo（19.03）之比（2.31/19.03 = 0.121）剛好約等於H_2O/CaC_2O_4（H_2O式量比（18/146 = 0.123），故可推斷其失去結晶水H_2O而形成成CaC_2O_4。同樣當溫度升到約450-550 °C（B區）CaC_2O_4再裂解重量剩下約13 mg，同理可推斷其失去CO_2成$CaCO_3$，而在650-750 °C（C區）$CaCO_3$裂解再失去另一CO_2形成CaO。

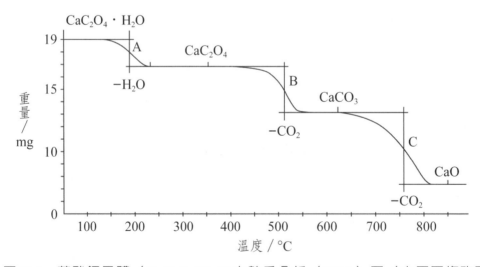

圖27-1　草酸鈣晶體（$CaC_2O_4(H_2O)$之熱重分析（TGA）圖（由原圖修改而成，原圖來源：http://upload.wikimedia.org/wikipedia/commons/thumb/8/8d/Ca_oxalate_thermogram.jpg/800px-）[595]

常見之熱重分析儀（TGA）依偵測器不同可歸為兩類，此兩類的熱重分析儀之基本結構圖分別如圖27-2a及圖27-2b所示，在此兩種的熱重分

析儀都用微天平爲其基本結構，也都將待測樣品放在加熱溫度控制的電爐（Furnace）懸掛在微天平樑臂（Beam）一端，天平的另一端也都懸掛一特定重量的砝碼（Load），同樣兩者當溫度增高使待測樣品分子熱裂而減少重量時，天平樣品端就都會往上偏移一角度天平樑臂，兩種熱重分析儀所不同爲偵測方法。如圖27-2a所示，一磁性線圈（含磁鐵及線圈與小槓桿）回歸原位裝置在外加一電流（I）時其小槓桿會使天平樑臂恢復其原來的平行位置，所需電流（I）大小和其樣品減重時天平偏移角度大小有關，當然也和樣品減少

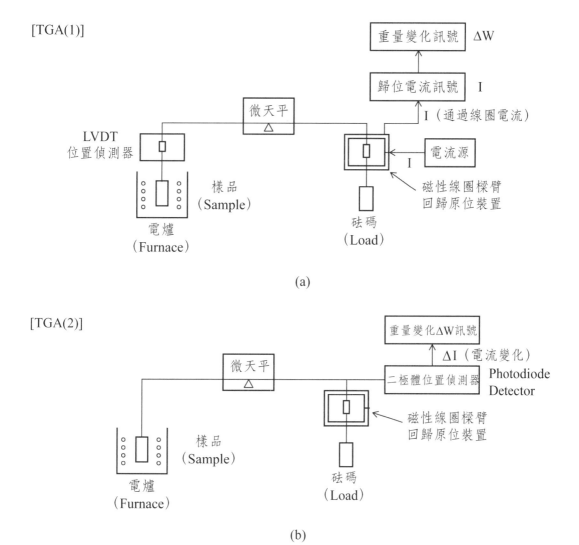

圖27-2　兩種常用熱重分析儀（TGA）之基本結構示意圖

重量（ΔW）有關，所以測定通過線圈之歸位電流（I）就可計算樣品減少重量（ΔW）。然為確定天平樑臂是否恢復其原來的平行位置，就由在樣品端的線性可變差動轉換器（Linear variable differential transformer, LVDT）當位置偵測器偵測天平樑臂是否已歸位。然在圖27-2b所示之熱重分析儀，雖也用磁性線圈回歸原位裝置使天平樑臂歸位，但其是用光二極體（Photodiode）位置偵測器，只要偵測當樣品減重天平偏移一角度時和天平樑臂歸位時因兩者位置不同照到的光強度不同而所產生不同輸出電流差（ΔI），就可計算樣品因熱裂而減少重量（ΔW），同時也可知天平樑臂是否已歸位。圖27-3為市售熱重分析儀之實物圖。

圖27-3　市售熱重分析儀實物圖（原圖來源：http://upload.wikimedia. org/wikipedia/commons/thumb/8/8e/Thermogravimetric_analyser.jpg/261px-）[596]

27-2　熱差分析法（DTA）

　　熱差分析法（Differential Thermal Analysis, DTA）[597]是偵測溫度升高時待測物樣品槽和標準品槽之溫度差（ΔT），這和熱重分析法（TGA）是偵測待測物溫度升高之重量變化不同。換言之，熱重分析法（TGA）只能測溫度升高時分子會裂解之待測物樣品，而熱差分析法（DTA）只要溫度升高時待測物的熱含量會加（吸熱）或減少（放熱）就會引起其溫度和標準品之溫度差，就有DTA訊號，所以不只可偵測溫度升高時分子產生熱裂解（吸熱）之待測物，也可以偵測溫度升高時分子不會裂解而只會吸熱（如固體體熔解（Melting））或放熱（如液體凝固）之相變化（Phase transition）之待測物。

　　熱差分析儀（DTA）之基本結構圖如圖27-4所示，將樣品槽（S, Sample cell）及標準品參考槽（R, Reference cell）同放入同一溫度控制之電爐（Furnace）中，當升至溫度時，若樣品槽中之樣品會吸熱或放熱時，樣品槽溫度（T_S）會改變而標準品槽中之標準品（常用Al_2O_3當標準品）溫度（TR）則不會變化，以至於待測物槽和標準品槽之溫度不同就會產生溫度差（ΔT）：

$$\Delta T = T_S（樣品槽）- T_R（標準品槽） \qquad （27\text{-}1）$$

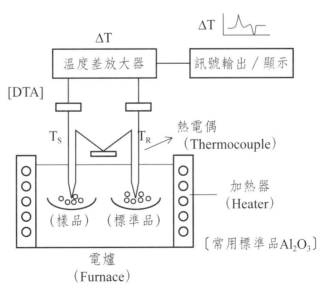

圖27-4　熱差分析儀（DTA）之基本結構示意圖

　　利用兩熱電偶（Thermocouple）偵測待測物槽和標準品槽之溫度並將測得之兩溫度電壓訊號傳至溫度差放大器（可用運算放大器（OPA）），然後將測得放大的溫度差（ΔT）電壓訊號輸出到訊號顯示器或微電腦做訊號收集及數據處理。

　　熱差分析法（DTA）之典型熱圖譜（Thermogram）如圖27-5所示，其X座標為溫度升高指標，而Y座標為待測物樣品槽和標準品槽之溫度差（ΔT），若待測物不會吸熱或放熱時，$\Delta T = 0$，但若待測物會放熱時，樣品槽（T_S）溫度就會上升，而標準品槽溫度（T_R）不變，故依式（27-1），則$\Delta T > 0$，如圖27-5所示，ΔT呈正（＋）值，訊號向上。反之，若待測物會吸熱，樣品槽（T_S）溫度就會下降，$\Delta T < 0$，如圖27-5所示，ΔT呈負（－）值，訊號向下。

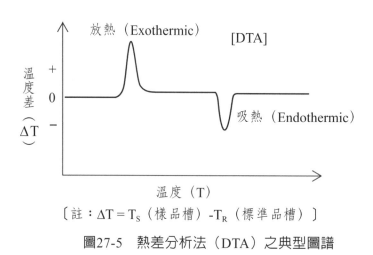

〔註：$\Delta T = T_S$（樣品槽）$-T_R$（標準品槽）〕

圖27-5　熱差分析法（DTA）之典型圖譜

27-3　微差掃描熱量法（DSC）

　　微差掃描熱量法（Differential Scanning Calorimetry, DSC）[598]為當今最普遍使用之熱分析法，其和熱差分析法（DTA）類似測待測物樣品時亦也使用標準品，同時其偵測原理也基於待測物吸熱或放熱。但不同的是在微差掃描熱量儀（DSC）中待測物樣品槽和標準品槽分別放在不同的電爐

（Furnace）加熱升溫（如圖27-6），同時在DSC法中當待測物吸熱或放熱時，測的不是溫度差，而是當待測物吸熱或放熱時，樣品槽溫度下降或上升時，供應樣品槽的熱功率（Heat power）強度（P_S）需增加或減少量，然後依其和標準品槽所用熱功率強度（P_R）之差（ΔP），可換算出待測物之吸熱或放熱量：

$$\Delta P = P_S（樣品槽）- P_R（標準品槽） \qquad (27\text{-}2)$$

或
$$\Delta P' = P_R（標準品槽）- P_S（樣品槽） \qquad (27\text{-}3)$$

微差掃描熱量儀（DSC）之基本結構圖如圖27-6所示，其含兩個加熱電爐分別將入樣品槽及標準品槽放入，及兩個分開的加熱功率控制系統（P_S及P_R）。當待測物吸熱或放熱時，如式（27-2）或式（27-3）所引起的熱功率強度差（ΔP），經圖27-6中之功率差放大器放大輸出並顯示或經微電腦訊號收集及處理和繪圖。樣品槽及標準品槽之溫度皆用熱電偶測定並用溫度控制系統控制升溫速率及溫度。圖27-7為微差掃描熱量儀（DSC）內部結構實圖，可看到中間兩個並不大的樣品槽及標準品槽。

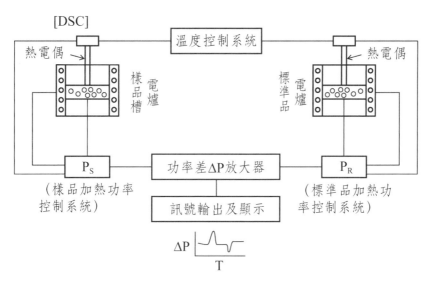

圖27-6 微差掃描熱量儀（DSC）之基本結構示意圖

Differential Scanning Calorimeter

圖27-7　微差掃描熱量儀（DSC）內部結構實圖（原圖來源：http://upload. wikimedia. org/wikipedia/commons/8/83/Inside_DSC_small.jpg）[599]

　　微差掃描熱量圖譜（DSC curve）如圖27-8所示有兩種表示法，其主要不同在圖譜上之Y軸採用熱功率強度差定義（ΔP或$\Delta P'$）不同。圖27-8A爲採用式（27-2）熱功率強度差定義：$\Delta P = P_S$（樣品槽）$- P_R$（標準品槽）。當待測物吸熱時，樣品槽溫度下降，那就需增高樣品槽加熱功率P_S，P_S變大由式（27-2）即ΔP變大，也就得圖27-8A中吸熱時往上訊號。反之，當待測物放熱時，樣品槽溫度會升高，樣品槽加熱功率P_S，就要調低才會保持原來溫度，P_S變小由式（27-2）即ΔP變小，也就得圖27-7A中吸熱時往下訊號。然而第二種表示法如圖27-8B所示，其爲採用式（27-3）熱功率強度差定義：$\Delta P' = P_R$

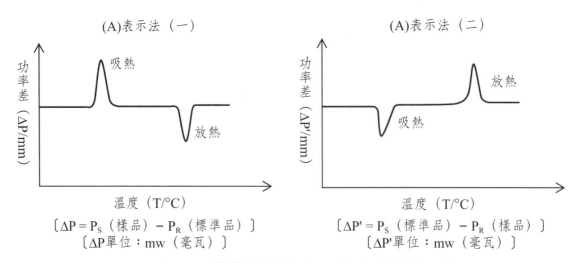

圖27-8　微差掃描熱量（DSC）圖譜兩種表示法

（標準品槽）－ P_S（樣品槽）。當待測物放熱時，樣品槽溫度會升高，樣品槽加熱功率P_S，就要調低，依式（27-3）ΔP'變大，也就得圖27-8B中放熱時就得往上訊號，反之待測物吸熱時，就得往下訊號。

　　微差掃描熱量法（DSC）和熱差分析儀（DTA）一樣，不只可偵測溫度升高時分子會裂解之待測物，也可以偵測不會裂解而只會吸熱或放熱之相變化（Phase transition）之待測物。圖27-9即為一粉末固體含各種相變化之DSC圖譜，其中含吸熱相變化之待測物玻璃轉移（Glass transition）及熔解（Melting）的向下訊號，待測物玻璃轉移是指粉末固體待測物吸熱後變成可流動性較大的玻璃狀物質，而熔解則是固體吸熱變為液體，此兩現象分子結構皆沒變。而圖27-9中向上訊號則為因升溫而由不規則排列的玻璃狀物質放熱形成結晶化（Crystallization）成規則排列的結晶的放熱訊號。

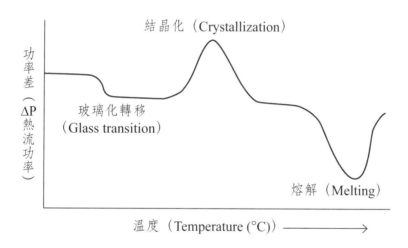

圖27-9　各種相轉換（Phase transition）之示差掃瞄熱量譜圖（DSC）（由原圖修改而成，原圖來源：http://upload.wikimedia.org/wikipedia/en/0/0f/Interpretting DSCcurve.png）[600]

　　差掃瞄熱量法（DSC）之應用很廣，可應用固體／液體材料、藥物、生化物質（如蛋白質的結構變化研究），高分子（polymer）及液晶（Liquid crystal）研究。尤其當經高科技工業之液晶顯示器大量生產之際，液晶的研究在世界各國如雨後春筍，澎渤發展，而因差掃瞄熱量法（DSC）可用來測定是否液晶及液晶之轉換溫度（Transition temperature）。圖27-10為用示差

掃瞄熱量儀（DSC）偵測一含膽固醇液晶（$C_{27}H_{45}Cl$）及冠狀醚－膽固醇液晶
（$B15C5COOC_{27}H_{45}$）之混合液晶樣品，可測出兩種液晶之轉換溫度分別爲
91.2及183.0 ℃。

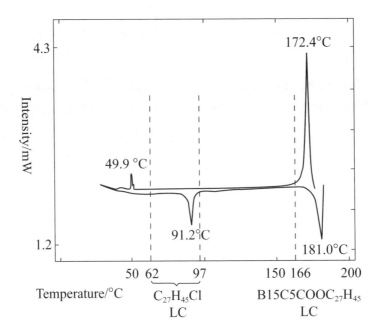

圖27-10　微差掃描熱量儀（DSC）應用於液晶（Liquid crystal, LC）之偵測（原圖
　　　　　來源：Ya-Chi-Shen and Jeng-Shong Shih, J. Chin. Chem. Soc., 55, 578-586
　　　　　(2008)）[601]

參考文獻

第一章

1. H.V. Malmstadt, C.G. Enke, and S.R. Crouch, Microcomputers and Electronic Instrumentation: Making the Right Connections, American Chemical Society, Washington, DC, (1994).

2. H. V. Malmstadt, C. G. Enke, S. R. Crouch, and G. Horlick "Electronic Measurements for Scientists" American Journal of Physics , Volume 43, Issue 6, pp. 564 (1975)

3. Y. C. Chao and J. S. Shih, Adsorption Study of Organic Molecules on Fullerene with Piezoelectric Crystal Detection System, Anal. Chim. Acta, 374,39 (1998).

4. W. H. King Jr., Piezoelectric sorption detector, Anal. Chem., 36, 1735(1964).

5. (a) Wikipedia, the free encyclopedia, http://en.wikipedia.org/wiki/Microcomputer; (b) R. T. Grauer and P. K. Suqure " Microcomputer Applications" McGraw-Hill (1987)

6. A. P. Malvino, "Digital Computer Electronics : An Introduction to Microcomputers" Tata McGraw-Hill, http://www.coinjoos.com/books/Digital-Computer-Electronics-An-Introduction-To-Microcomputers-by-Jerald-A-Brown-Albert-Paul-Malvino-book-0074622358

7. M. Rafiquzzaman, Fundamentals of Digital Logic and Microcomputer Design, 5th. Ed.,Wiley-Interscince,http://www.amazon.com/gp/product/0471727849/ref=pd_lpo_k2_dp_sr_1?pf_rd_p=1278548962&pf_rd_s=lpo-top

8. William T. Barden " The Z-80 Microcomputer Handbook, http://www.amazon.com/Z-80-Microcomputer-Handbook-William-Barden/dp/0672215004)

9. Wikipedia, the free encyclopedia,http://upload. wikimedia.org/wikipedia/commons/ 1/19 / Zilog_Z80.jpg

10. Wikipedia, the free encyclopedia, http:// upload. wikimedia. org / wikipedia/en/ thumb/3/34/ Pentium4ds.jpg /200px- Pentium4ds.jpg)

第二章

11. Wikipedia, the free encyclopedia, http://upload.wikimedia.org/wikipedia/ commons/8/8a/ Electromagnetic-Spectrum.png.

12. Wikipedia, the free encyclopedia,http://en.wikipedia.org/wiki/Fourier_transform_spectroscopy

13. Wikipedia, the free encyclopedia,http://en.wikipedia.org/wiki/Fourier_transform

第三章

14. Wikipedia, the free encyclopedia, http://en.wikipedia.org/wiki/Ultraviolet%E2%80%93visible_s pectroscopy.

15. D. A. Skoog, F. J. Holler and T. A. Nieman, Principles of Instrumental Analysis, 5th Ed., Saunders College Publishing , Chicago, U.S.A. Ch.14(1998).

16. H. H. Willard, L. L. Merritt, JR. and J. A. Dean, Instrumental Methods of Analysis, 5th Ed. D. Van Nostrand , New York, U.S.A. Ch.3 & Ch.4.

17. K. L. Cheng and J. W, Prather II, "Ultraviolet and Visible Absorption Spectroscopy" in Instrumental Analysis, Editors, Henry H. Bauer, Gary D. Christian and James E. O'Reilly, Boston : Allyn and Bacon, Ch.7.(1978)

18. Wikipedia, the free encyclopedia,http://en.wikipedia.org/wiki/Beer% E2%80%93 Lambert_law

19. Wikipedia, the free encyclopedia,http://en.wikipedia.org/wiki/Chromophore

20. http://www.google.com.tw/url?q=http://users.anderson.edu/~cewallace/class%2520info/ org_spec/UV/UV%2520Presentation.ppt&sa=U&ei=fFeJTfXGN4KmvgPbgMHIDg&ved =0CBMQFjAD&usg=AFQjCNHzv4-gbdN1YEggKk25pkj_E8qiGg ;http://www.cem.msu. edu/~reusch/VirtualText/Spectrpy/UV-Vis/spectrum.htm#uv1

21. (A)http://www.spectroinc.com/q.htm, (B) http://www.merchantcircle.com/business/ Owens. Optical.Inc.334-272-2115.

22. Wikipedia, the free encyclopedia,http://en.wikipedia.org/wiki/ Photoacoustic _spectroscopy.

23. Wikipedia, the free encyclopedia,(A) http://en.wikipedia.org/wiki/Fullerene, (B)http:// en.wikipedia.org/wiki/Fullerenehttp://upload.wikimedia.org/ wikipedia/commons/thumb/d/d7/ C60_Fullerene_solution.jpg/220px-C60_Fullerene_solution.jpg

24. S. Brewer, Solving Problems in Analytical Chemistry, Eastern Micigan University, Ypsilant, p.297.

第四章

25. Wikipedia, the free encyclopedia,http://en.wikipedia.org/wiki/Infrared_spectroscopy.

26. D. A. Skoog, F. J. Holler and T. A. Nieman, Principles of Instrumental Analysis, 5th Ed., Saunders College Publishing , Chicago, U.S.A. Ch.16 & 17(1998).

27. H. H. Willard, L. L. Merritt, JR. and J. A. Dean, Instrumental Methods of Analysis, 5th Ed. D. Van Nostrand , New York, U.S.A. Ch.3 & Ch.6.

28. E. B. Bradley, "Infrared and Raman Spectroscopy" in Instrumental Analysis, Editors, Henry H. Bauer, Gary D. Christian and James E. O'Reilly, Boston : Allyn and Bacon, Ch.8.(1978)

29. C.W. Chuang (in Dr. J.S. Shih's Lab.), MS. Thesis, National Taiwan Normal University (2000).

30. http://www.infratec.de/thermography/pyroelectric-detector.html

31. Wikipedia, the free encyclopedia,http://en.wikipedia.org/wiki/Golay_cell

32. Wikipedia, the free encyclopedia,http://en.wikipedia.org/wiki/ Fourier_ transform _spectroscopy.

33. (A)Wikipedia, the free encyclopedia,http://en.wikipedia.org/wiki/Michelson_ interferometer. (B) http://www.jascoinc.com/Libraries/Product_Brochures/ FTIRBrochure.sflb.ashx

34. J.S.Shih（施正雄）,一氧化碳的污染與分析,J. Sci.Edu.（科教月刊）,51,69 (1982).

35. (A)Wikipedia, the free encyclopedia, http://en.wikipedia.org/wiki/Attenuated_total _reflectance; (B) J. Yang（楊吉斯教授,中興大學）and M.-L. Cheng, "Development of SPME/ATR-IR Chemical Sensor for Detection of Phenol Type of Compounds in Aqueous Solutions", The Analyst, 126, 881-886 (2001).

第五章

36. Wikipedia, the free encyclopedia,http://en.wikipedia.org/wiki/Raman_spectroscopy.

37. H. H. Willard, L. L. Merritt, JR. and J. A. Dean, Instrumental Methods of Analysis, 5th Ed. D. Van Nostrand , New York, U.S.A. Ch.7.

38. D. A. Skoog, F. J. Holler and T. A. Nieman, Principles of Instrumental Analysis, 5th Ed., Saunders College Publishing , Chicago, U.S.A. Ch.18(1998).

39. http://www.jascoint.co.jp/asia/products/spectroscopy/ftir/rft6000.html.

40. http://en.wikipedia.org/wiki/Depolarization_ratio.

41. B. Chase, Anal. Chem., 59, 888A(1987)

42. (A) http://www1.chm.colostate.edu/Files/FTIR-Raman/FTIR-Raman.pdf; (B)http://www. brukeroptics.com/ft-raman.html

43. Wikipedia, the free encyclopedia,http://en.wikipedia.org/wiki/Laser

44. Wikipedia, the free encyclopedia, http://en.wikipedia.org/wiki /Ruby_laser

45. (A)Wikipedia, he free encyclopedia,http://en.wikipedia.org/wiki/Helium%

E2%80%93neon_laser.(HeNe laser demonstrated at the Kastler-Brossel Laboratory at Univ. Paris 6.); (B) http://upload.wikimedia.org/wikipedia/commons/thumb/e/e6/ Nci-vol-2268-300_argon_ion_laser.jpg/220px-Nci-vol-2268-300_argon_ion_laser.jpg

第六章

46. Wikipedia, the free encyclopedia, http://en.wikipedia.org/wiki/Fluorescence

47. Wikipedia, the free encyclopedia, http://en.wikipedia.org/wiki/Fluorescein.

48. W. R. Seitz, in Treatise on Analytical Chemistry, 2nd., Part I, Vol., p. 169, New York, Wiley, 1981]

49. Wikipedia, the free encyclopedia, http://en.wikipedia.org/ wiki/Phosphorescence)

50. D. A. Skoog, F. J. Holler and T. A. Nieman, Principles of Instrumental Analysis, 5th Ed., Saunders College Publishing , Chicago, U.S.A. Ch.15(1998).

51. H. H. Willard, L. L. Merritt, JR. and J. A. Dean, Instrumental Methods of Analysis, 5th Ed. D. Van Nostrand , New York, U.S.A. Ch.5.

52. G. H. Schenk, "Molecular Fluorescence and Phosphorescence" in Instrumental Analysis, Editors, Henry H. Bauer, Gary D. Christian and James E. O'Reilly, Boston: Allyn and Bacon, Ch.9.(1978)

53. Wikipedia, the free encyclopedia, http://en.wikipedia.org/wiki/Quantum_yield

54. Wikipedia, the free encyclopedia,http://en.wikipedia.org/wiki/Pyrene.

55. K .Kalyanasundaram, M. Gratzel, and J. K.Thomas, J. Am.Chem. Soc. 1975, 97, 3915.

56. Y.S.Jane and J. S. Shih, Synthesis and Study of Crown Ether Surfactants with Pyrene Fluorescence Probe,J.Chin.Chem.Soc.,41,159 (1994).

57. Wikipedia, the free encyclopedia,http://en.wikipedia.org/wiki/Luminescence.

58. Wikipedia, the free encyclopedia,http://en.wikipedia.org/wiki/Bioluminescence

59. Wikipedia, the free encyclopedia,http://en.wikipedia.org/wiki/Luminol

60. Wikipedia, the free encyclopedia,http://upload.wikimedia.org/wikipedia/commons/thumb/3/3a/ Luminol2006.jpg/220px-Luminol2006.jpg

第七章

61. Wikipedia, the free encyclopedia,http://en.wikipedia.org/wiki/Atomic_spectroscopy

62. D. A. Skoog, F. J. Holler and T. A. Nieman, Principles of Instrumental Analysis, 5th Ed.,

Saunders College Publishing , Chicago, U.S.A. Ch.8(1998).

63. Wikipedia, the free encyclopedia,http://en.wikipedia.org/wiki/Atomic_absorption_spectroscopy

64. H. H. Willard, L. L. Merritt, JR. and J. A. Dean, Instrumental Methods of Analysis, 5th Ed. D. Van Nostrand , New York, U.S.A. Ch.12.

65. G..D.Christian, "Flame Spectroscopy" in Instrumental Analysis, Editors, Henry H. Bauer, Gary D. Christian and James E. O'Reilly, Boston : Allyn and Bacon, Ch.10.(1978)

66. D. A. Skoog, F. J. Holler and T. A. Nieman, Principles of Instrumental Analysis, 5th Ed., Saunders College Publishing , Chicago, U.S.A. Ch.9.

67. Wikipedia, the free encyclopedia,http://en.wikipedia.org/wiki/Graphite_furnace_atomic_absorption.

68. 環保署（EPA in Taiwan）公告NIEA W306.52A及W303.51A法

69. C. E. Oda, J. D. Ingle Jr. Speciation of mercury with cold vapor atomic absorption spectrometry by selective reduction, Anal. Chem., 53 , 2305 (1981)

70. Jirii Dedina, Dimiter L. Tsalev, Hydride Generation Atomic Absorption Spectrometry, Wiley (1995).

71. Wikipedia, the free encyclopedia,http://en.wikipedia.org/wiki/Hollow_cathode_lamp

72. Wikipedia, the free encyclopedia,http://en.wikipedia.org/wiki/Electrodeless_lamp

73. Hideaki Koizumi, Correction of spectral overlap interference by Zeeman atomic absorption spectrometry, Anal. Chem., 50 , 1101(1978).

74. Wikipedia, the free encyclopedia,http://en.wikipedia.org/wiki/Atomic_emission_ spectroscopy.

75. H. H. Willard, L. L. Merritt, JR. and J. A. Dean, Instrumental Methods of Analysis, 5th Ed. D. Van Nostrand , New York, U.S.A. Ch.13.

76. R. M. Barns, Emission Spectrometry in Instrumental Analysis, , New York, U.S.A. Ch.11.

77. D. A. Skoog, F. J. Holler and T. A. Nieman, Principles of Instrumental Analysis, 5th Ed., Saunders College Publishing , Chicago, U.S.A. Ch.10.

78. B. M. Tissue, Spark and Arc Emission Sources, http://www.chemistry.adelaide.edu.au/ external/ soc-rel/content/spark.htm.

79. Wikipedia, the free encyclopedia,http://en.wikipedia.org/wiki/Inductively_coupled_plasma_atomic_emission_spectroscopy.

80. 環保署（EPA in Taiwan）公告NIEA W303.51A水質分析標準法

81. Wikipedia, the free encyclopedia, http://en.wikipedia.org/ wiki/Inductively_coupled_plasma.

82. Wikipedia, the free encyclopedia,http://en.wikipedia.org/wiki/Cold_vapour_atomic_fluorescence_spectroscopy

83. 環保署公告NIEA W331.50B 水中汞分析標準法（冷蒸氣原子螢光法測汞含量）

第八章

84. Wikipedia, the free encyclopedia, http://en.wikipedia.org/wiki/Nuclear_magnetic_resonance.

85. 施正雄，黃文彰，「核磁共振光譜分析 in 材料分析（Materials Analysis）」，汪建民，中國材料科學學會，Ch.19, 523-554.(1998).

86. H. H. Willard, L. L. Merritt, JR. and J. A. Dean, Instrumental Methods of Analysis, 5th Ed. D. Van Nostrand , New York, U.S.A. Ch.8.

87. S.Sternhll, "Nuclear Magnetic Resonance" in Instrumental Analysis, Editors, Henry H. Bauer, Gary D. Christian and James E. O'Reilly, Boston : Allyn and Bacon, Ch.12.(1978)

88. D. A. Skoog, F. J. Holler and T. A. Nieman, Principles of Instrumental Analysis, 5th Ed., Saunders College Publishing , Chicago, U.S.A. Ch.19(1998).

89. Wikipedia, the free encyclopedia, http://en.wikipedia.org/wiki/Gyromagnetic_ratio)

90. Wikipedia, the free encyclopedia, http://upload.wikimedia.org/ wikipedia/ commons /7/7c/ Bruker_Avance1000.jpg.

91. Wikipedia, the free encyclopedia, (a) http://en/wikipedia.org/wiki/Non_un/form_sampling, (b) http://en.wikipedia.org/wiki/Chemical_shift

92. Wikipedia, the free encyclopedia, http://en.wikipedia.org/wiki/Spin-spin_relaxation_time

93. Wikipedia, the free encyclopedia, http://http://en.wikipedia.org/wiki/Spin-lattice_relaxation_time

94. C.T.Chen（陳俊廷）and J.S.Shih（本書作者），La-139 and C-13 NMR Studies of Lanthanum Salt Solvation and Complexation with Crown Ethers in Various Solvents,unpublised results; C.T.Chen, MS Thesis, National Taiwan Normal University (1995).

95. Wikipedia, the free encyclopedia,http://upload.wikimedia.org/wikipedia/commons/ thumb/a/ab/ MagicAngleSpinning.svg/512px

96. Wikipedia, the free encyclopedia,http://en.wikipedia.org/wiki/Nuclear_Overhauser_effect

97. Wikipedia, the free encyclopedia,http://en.wikipedia.org/wiki/Eufod

98. Wikipedia, the free encyclopedia, http://upload.wikimedia.org/wikipedia/commons/ thumb/b/bd/ Modern_3T_MRI.JPG/250px-Modern_3T_MRI.JPG..

99. K.Nakanishi, One-dimensional and Two-dimensional NMR Spectra by Modern Pulse Techniques, University Science Books, Mill Valley, California (1990).

100. Wikipedia, the free encyclopedia,http://en.wikipedia.org/wiki /Correlation_ spectroscopy.

第九章

101. Wikipedia,the free encyclopedia,http://en.wikipedia.org/wiki/Electron_paramagnetic_resonance.

102. H. H. Willard, L. L. Merritt, JR. and J. A. Dean, Instrumental Methods of Analysis, 5th Ed. D. Van Nostrand , New York, U.S.A. Ch.9.

103. J. R. Wasson, "Electron Spin Resonance Spectroscopy" in Instrumental Analysis, Editors, Henry H. Bauer, Gary D. Christian and James E. O'Reilly, Boston : Allyn and Bacon, Ch.13.(1978)

104. Wikipedia,the free encyclopedia, http://upload.wikimedia.org/wikipedia/commons/ thumb/1/19/EPR_spectometer.JPG/300px-EPR_spectometer.JPG.

105. Wikipedia, the free encyclopedia, http://upload.wikimedia.org/wikipedia/en/thumb/2/2a/ EPR_methoxymethyl.jpg/300px-EPR_methoxymethyl.jpg.

106. Wikipedia, the free encyclopedia,http://upload.wikimedia.org/wikipedia/en/thumb/2/2a/ EPR_methoxymethyl.jpg/300px-EPR_methoxymethyl.jpg.

第十章

107. Wikipedia, the free encyclopedia,http://en.wikipedia.org/wiki/X-ray_spectroscopy.

108. H. H. Willard, L. L. Merritt, JR. and J. A. Dean, Instrumental Methods of Analysis, 5th Ed. D. Van Nostrand , New York, U.S.A. Ch.10.

109. W. J. Campbell, "X-Ray Spectroscopy' in Instrumental Analysis, Editors, Henry H. Bauer, Gary D. Christian and James E. O'Reilly, Boston : Allyn and Bacon, Ch.14.(1978).

110. D. A. Skoog, F. J. Holler and T. A. Nieman, Principles of Instrumental Analysis, 5th Ed., Saunders College Publishing , Chicago, U.S.A. Ch.12(1998).

111. Wikipedia, the free encyclopedia, http://en.wikipedia.org/wiki/X-ray_tube.

112. http://www.srrc.gov.tw/chinese/img/index_15.jpg（台灣同步輻射中心興建光子源藍圖）。

113. Wikipedia, the free encyclopedia, http://upload.wikimedia.org/ wikipedia/commons /f/f0/

Geiger.png).

114. Wikipedia, the free encyclopedia, http://upload.wikimedia.org/wikipedia/ commons/ thumb/9/ 9c/DmedxrfSiLiDetector.jpg/350px-DmedxrfSiLiDetector.jpg

115. Wikipedia, the free encyclopedia,http://en.wikipedia.org/wiki/X-ray_absorption_spectroscopy.

116. Wikipedia, the free encyclopedia,http://en.wikipedia.org/wiki/X-ray_fluorescence

117. 張澤民，施正雄（本書作者），葉有財X射線螢光法測定獨居石之鋯含量，化學，40(3),80 (1982))

118. J. R. Garcia, Marta Suarez, C. G. Guarido, Julio Rodriguez,X-ray diffraction spectrometry for the analysis of crystalline solid phases Anal. Chem., 56 (2), pp 193-196 (1984).

119. http://en.wikipedia.org/wiki/Miller_index.

120. Wikipedia, the free encyclopedia, http://upload.wikimedia.org/wikipedia/commons/ thumb/7/ 7b/X_Ray_Diffractometer.JPG/800px-X_Ray_Diffractometer.JPG)

121. Wikipedia, the free encyclopedia, http:// upload.wikimedia.org/wikipedia/commons/thumb/7/ 7d/X-ray_diffraction_pattern_3clpro.jpg/220px-X-)

122. 詹益松（Y.S.Jane），博士論文，國立台灣師範大學化學研究所，1995。（本書作者為此論文指導教授）

123. http://www.bruker-axs.de/typo3temp/pics/ abbfe0b6ac.jpg

124. Wikipedia, the free encyclopedia,http://en.wikipedia.org/wiki/X-ray_ computed_tomography

125. Wikipedia, the free encyclopedia, http://upload.wikimedia.org/wikipedia/ commons/ thumb/1/13/Rosies_ct_scan.jpg/300px-Rosies_ct_scan.jpg)

126. Wikipedia, the free encyclopedia, http://upload.wikimedia.org/wikipedia/ commons/ thumb/7/ 7e/Wilms_Tumor_CTScan.OGG/seek%3D3-Wilms_Tumor _CTScan.OGG.jpg(CT Scan of 11 cm Wilms' tumor of right kidney in 13 month old patient)

第十一章

127. Wikipedia, the free encyclopedia,http://en.wikipedia.org/wiki/Mass_spectrometry.

128. http://brc.se.fju.edu.tw/plans/homework/04a.doc

129. H. H. Willard, L. L. Merritt, JR. and J. A. Dean, Instrumental Methods of Analysis, 5th Ed. D. Van Nostrand , New York, U.S.A. Ch.16.

130. M.L.Gross, "Mass Spectrometry" in Instrumental Analysis, Editors, Henry H. Bauer, Gary D.

Christian and James E. O'Reilly, Boston : Allyn and Bacon, Ch.16.(1978).

131. D. A. Skoog, F. J. Holler and T. A. Nieman, Principles of Instrumental Analysis, 5th Ed.,Saunders College Publishing , Chicago, U.S.A. Ch.20(1998).

132. (a) Wikipedia, the free encyclopedia, http://en.wikipedia.org/wiki/Quadrapole_mass_analyzer, (b) P. E. Miller and M. B. Denton, Anal. Chem. 63, 619 (1986), (c) http://huygensgcms.gsfc. nasa.gov/ms_Analyzer_1.htm.

133. Wikipedia, the free encyclopedia, http://upload.wikimedia.org/wikipedia/ commons/ f/fc/ Toluene_ei.

134. Wikipedia, the free encyclopedia, http://upload.wikimedia. org/wikipedia/commons/6/62/ Apci. gif).

135. Wikipedia, the free encyclopedia, http://upload. wikimedia.org /wikipedia/commons/ thumb/e/ e2/NanoESIFT.jpg/220px-NanoESIFT.jpg.

136. Wikipedia, the free encyclopedia, http://en.wikipedia.org/wiki/Electrospray _ionization).

137. Wikipedia, the free encyclopedia, http://en.wikipedia.org/wiki/Matrix-assisted_laser_ desorption/ionization.

138. Wikipedia, the free encyclopedia,http://upload.wikimedia.org/wikipedia /commons/ a/af/ MALDITOF.jpg).

139. (a) Wikipedia, the free encyclopedia, http://upload.wikimedia.org/wikipedia/en/1/1b/ STATIC. SIMS.RICHA.5.GIF), (b) http://en. wikip dia.org/wiki/static_SIMS, (c) http://en. wikipedia. org/wiki/Seconday_ion_mass_Spectrometry.

140. http://static.thermoscientific.com/images/F81009~wn.jpg.

141. Wikipedia, the free encyclopedia,http://upload.wikimedia.org/ wikipedia/commons/ thumb/4/41/Stephens_TOF.gif/300px-Stephens_TOF.gif.

142. Wikipedia, the free encyclopedia,http://upload.wikimedia.org/wikipedia/commons/thumb/b/b9/ Gcms_schematic.gif/300px-Gcms_schematic.gif ..

143. Wikipedia, the free encyclopedia,http://en.wikipedia.org/wiki/Liquid_chromatography%E2%8 0%93mass_spectrometry.

第十二章

144. Wikipedia, the free encyclopedia,http://en.wikipedia.org/wiki/Chromatography.

145. http://teaching.shu.ac.uk/hwb/chemistry/tutorials/chrom/chrom1.htm

146. D. A. Skoog, F. J. Holler and T. A. Nieman, Principles of Instrumental Analysis, 5th Ed.,Saunders College Publishing , Chicago, U.S.A. Ch.26.(1998)

147. Wikipedia, the free encyclopedia,http://upload.wikimedia.org/wikipedia/commons/thumb/d/ d4/Chromatography_of_chlorophyll_-_Step_7.jpg/163px-Chromatography_of_chlorophyll_- _Step_7.jpg.(Thin layer chromatography is used to separate components of chlorophyll)

148. http://medical-dictionary.thefreedictionary.com/partition+chromatography.

149. http://faculty.ksu.edu.sa/71879/Lectures/251/Adsorption%20chromatography.ppt

150. Wikipedia, the free encyclopedia,http://en.wikipedia.org/wiki/Ion_chromatography

151. Wikipedia, the free encyclopedia, http://en.wikipedia.org/wiki/Theoretical_plate

152. (a) Wikipedia, the free encyclopedia, http://en.wikipedia.org/wiki/Van_Deemter_equation

(b) D. A. Skoog, F. J. Holler and T. A. Nieman, Principles of Instrumental Analysis, 5th Ed., Saunders College Publishing , Chicago, U.S.A. Ch.26, p685 (1998).

(c) R. E. Majors, "Solid and Liquid Phase Chromatography" in Instrumental Analysis, Editors, Henry H. Bauer, Gary D. Christian and James E. O'Reilly, Boston : Allyn and Bacon, Ch.21. p635.(1978)

第十三章

153. Wikipedia, the free encyclopedia,http://en.wikipedia.org/wiki/Gas_chromatography.

154. C. H. Lochmuller, "Gas Chromatography" in Instrumental Analysis, Editors, Henry H. Bauer, Gary D. Christian and James E. O'Reilly, Boston : Allyn and Bacon, Ch.22.(1978).

155. H. H. Willard, L. L. Merritt, JR. and J. A. Dean, Instrumental Methods of Analysis, 5th Ed. D. Van Nostrand , New York, U.S.A. Ch.18.

156. D. A. Skoog, F. J. Holler and T. A. Nieman, Principles of Instrumental Analysis, 5th Ed.,Saunders College Publishing , Chicago, U.S.A. Ch.27(1998).

157. P. Chang and J.S. Shih（本書作者），Anal. Chim. Acta 360, 61 (1998).

158. Wikipedia, the free encyclopedia, http://upload.wikimedia.org/wikipedia/commons/8/87/ Gas_chromatograph.png.

159. Wikipedia, the free encyclopedia, http://en.wikipedia.org/wiki/Thermal_ conductivity_detector

160. http://en.wikipedia.org/wiki/Flame_ionization_detector

161. (a) Wikipedia, the free encyclopedia,http://en.wikipedia.org/wiki/Electron_capture_detector

    (b) Wikipedia, the free encyclopedia,http://upload.wikimedia.org/wikipedia/commons / thumb/3/34/Electron_capture_detector.gif/200px-Electron_capture_detector.gif

162. http://www.chromatography-online.org/topics/flame/photometric/detector.html.

163. Wikipedia, the free encyclopedia,http://en.wikipedia.org/wiki/Kovats_retention_index

164. Wikipedia, the free encyclopedia,http://en.wikipedia.org/wiki/Pyrolysis%E2%80%93gas_chromatography%E2%80%93mass_spectrometry.

165. C.H.Kuo, I.H.Lin, J. S. Shih and Y. C. Yeh, Determination of Beryllium by GC, J. Chromato. Sci., 20, 455 (1982).

166. http://www.waters.com/webassets/cms/category/media/overview_images/ GCT_Premier_overview.jpg

167. http://www.chromatography-online.org/GC-Tandem/GC-IR/rs41.html

168. J.Buddrus and H.Herzog, Coupling of chromatography and NMR part 5: Analysis of high-boiling gas-chromatographic fractions by on-line nuclear magnetic resonance Anal. Chem. 55,1611(1983)

第十四章

169. R. E. Majors, "Solid and Liquid Phase Chromatogrphy" in Instrumental Analysis, Editors, Henry H. Bauer, Gary D. Christian and James E. O'Reilly, Boston : Allyn and Bacon, Ch.21.(1978).

170. Wikipedia, the free encyclopedia, hhttp://en.wikipedia.org/wiki/High-Performance liquid_chromatography.

171. 宏濬儀器有限公司 Great Tide Instrument Co, http://www.hplc.com.tw/index.htm.

172. Waters公司，http://166.111.30.161:8000/zhongxin/yiqi/HPLC-yiqi.htm

173. Superchroma公司，http://www.superchroma.com.tw/pic/2-1.gif

174. Waters公司，http://www. waters. com/ waters/nav.htm?cid=515198&locale=zh_TW

175. Waters公司，http://www. waters .com/webassets/ cms/category/media/overview_images/ 2998_overview.jpg.

176. Waters 公司,http://www.waters.com/ webassets/cms/category/media/overview_images/2475-overview.jpg.

177. Waters 公司,http://www.waters.com/ webassets/cms/ category/media/overview_images/ 2465_overview.jpg ;

178. Waters 公司,http://www.waters.com/ webassets/cms/category/media/overview_images/ 432Detector_overview.jpg.

179. Waters 公司,http://www.waters.com/webassets/ cms/category /media/ overview_images/ 2414_overview.jpg.

180. Finnigan公司,http://gmlabgmlab.googlepages.com/lc-ms.

181. (a) http://en.wikipedia.org/wiki/Ion_chromatography; (b) 環檢所公告NIEA W415.52B水中陰離子離子層析法。

182. J.M. Hwang, J. S. Shih and C.S. Wu, Analyst, 106. 869(1981).

183. Wikipedia, the free encyclopedia, http://en.wikipedia.org/wiki/Capillary_electrophoresis.

184. C.S.Chiou and J.S.Shih, Analyst,121, 1107(1996).

185. Wikipedia, the free encyclopedia,http://en.wikipedia.org/wiki/Size-exclusion_chromatography

186. Wikipedia, the free encyclopedia, http://upload. wikimedia.org/wikipedia/commons/7/7d/ Pore_size_schematic.jpg.

187. Wikipedia, the free encyclopedia,http://en.wikipedia. org/ wiki/Gel_permeation _ Chromatography.

188. Wikipedia, the free encyclopedia, http://en.wikipedia.org/wiki/Flow_Injection_analysis.

189. http://medical-dictionary.thefreedictionary.com/thin-layer+chromatography

190. A. Chomicki, K. Kloc, and T. H. Dzido, Two-dimensional separation of some amino acids by HPTLC and pressurized planar electrochromatography, JPC - Journal of Planar Chromatography - Modern TLC, 24, 6-9 (2011).

191. Wikipedia, the free encyclopedia,http://en.wikipedia.org/wiki/Immunodiffusion

192. Wikipedia, the free encyclopedia,http://en.wikipedia.org/wiki/Affinity_Chromatography,

193. Wikipedia, the free encyclopedia, http://en.wikipedia.org/wiki/Countercurrent_Chromatography.

194. Hamish Small, Martin A. Langhorst,Hydrodynamic chromatography, Anal. Chem., 54, pp 892A-898A(1982).

195. http://en.wikipedia.org/wiki/Supercritical_fluid_chromatography.

第十五章

196. Wikipedia, the free encyclopedia,http://en.wikipedia.org/wiki/Logic_gate

197. http://misterlandonsclassroom.savannah-haven.com/Unit_3_Boolean_Theorems.ppt+Boolean+Theorem&ct=clnk

198. Wikipedia, the free encyclopedia,(a)http://en.wikipedia.org/wiki/Operational_ amplifier, (b)http://en.wikipedia.org/wiki/Operational_amplifier_applications.

199. D. A. Skoog, F. J. Holler and T. A. Nieman, Principles of Instrumental Analysis, 5th Ed.,Saunders College Publishing , Chicago, U.S.A. Ch.3(1998).

200. 蔡錦福，運算放大器，全華科技圖書公司。

201. Wikipedia, the free encyclopedia,http://en.wikipedia.org/wiki/Digital-to-analog_ converter

202. Wikipedia, the free encyclopedia, http://upload. wikimedia.org/wikipedia/ commons/thumb/3/32/8_bit_DAC.jpg/220px-8_bit_DAC.jpg

203. Wikipedia, the free encyclopedia, http://en.wikipedia.org/wiki/Analog-to-digital_Converter

204. http://uk.farnell.com/telcom-semiconductor/tc9400cpd/ic-f-v-v-f-converter-9400-dip14/dp/9762736.

205. F.E.Chou and J. S. Shih, Chin.Chem.,48,117 (1990)

第十六章

206. Wikipedia, the free encyclopedia,http://en.wikipedia.org/wiki/Intel_8255

207. Wikipedia, the free encyclopedia,http://en.wikipedia.org/wiki/Peripheral_Interface_Adapter

208. Wikipedia, the free encyclopedia, http://upload.wikimedia.org/wikipedia/commons/thumb/3/33/Motorola_MC6820L_MC6821L.jpg/220px-Motorola_MC6820L_MC6821L.jpg

209. Wikipedia, the free encyclopedia,http://en.wikipedia.org/wiki/Decoder

210. Wikipedia, the free encyclopedia,http://en.wikipedia.org/wiki/Relay

211. Wikipedia, the free encyclopedia,http://en.wikipedia.org/wiki/Electronic_oscillator

212. Wikipedia, the free encyclopedia,http://en.wikipedia.org/wiki/555_timer_IC

213. (a) Wikipedia, the free encyclopedia,http://en.wikipedia.org/wiki/Counter, (b) C. J. Lu and J. S. Shih, Anal. Chim. Acta, 306, 129(1995)

214. 陳瑞龍，8051單晶片微電腦,全華科技圖書公司（1989）。

215. 蔡樸生，謝金木，陳珍源， MCS-51原理設計與產品應用，文京圖書公司（1997）。

216. 吳金成，沈慶陽，郭庭吉，8051單晶片微電腦實習與應用，松崗電腦圖書公司（1999）。

217. 鍾富昭，PIC16C71單晶片微電腦，聯和電子公司（1991）。

218. 吳一農，PIC16F84單晶片微電腦入門實務，全華科技圖書公司（2000）。

219. 何信龍，李雪銀，PIC16F87X快速上手，全華科技圖書公司（2000）。

220. 周錫民，何明德，葉仲紘，單晶片6805應用實務，松崗電腦圖書公司（1991）。

221. (a)施正雄（本書作者），單晶微電腦在化學實驗控制上之應用，Chemistry (Chin.Chem. Soc.), 47, 320 (1989)，(b)台灣益眾科技公司產品，(c)https://zh.wikipedia.org/wiki/UBS，(d)http://www.ti.com/product/pcm2704c，(e)http://www.datasheetdir.com/AK5371+Audio-ADC-Converters

第十七章

222. Wikipedia, the free encyclopedia,http://en.wikipedia.org/wiki/Semiconductor

223. A. P. Malvino, Electronic Principles, 3rd., McGraw-Hill, New York. USA,

224. 莊謙本，電子學（上），CH2-5，全華科技圖書公司（1985）。

225. Wikipedia, the free encyclopedia,http://en.wikipedia.org/wiki/Fermi_level

226. Wikipedia, the free encyclopedia,http://en.wikipedia.org/wiki/Intrinsic_semiconductor

227. Wikipedia, the free encyclopedia, http://en.wikipedia.org/wiki/Extrinsic_semiconductor

228. Wikipedia, the free encyclopedia, http://en.wikipedia.org/wiki/Wafer_(electronics)

229. Wikipedia, the free encyclopedia,http://en.wikipedia.org/wiki/Diode

230. Wikipedia, the free encyclopedia,http://en.wikipedia.org/wiki/Photodiode

231. Wikipedia, the free encyclopedia,http://en.wikipedia.org/wiki/Light-emitting_diode

232. Wikipedia, the free encyclopedia,http://en.wikipedia.org/wiki/Organic_ light- emitting_diode

233. Wikipedia, the free encyclopedia,http://en.wikipedia.org/wiki/Zener_diode

234. Wikipedia, the free encyclopedia,http://en.wikipedia.org/wiki/Schottky_diode

235. Wikipedia, the free encyclopedia,http://en.wikipedia.org/wiki/Varicap

236. Wikipedia, the free encyclopedia,http://en.wikipedia.org/wiki/Tunnel_diode

237. Wikipedia, the free encyclopedia,http://en.wikipedia.org/wiki/Rectifier

238. Wikipedia, the free encyclopedia,http://en.wikipedia.org/wiki/Solar_cell

239. Wikipedia, the free encyclopedia,(a)http://en.wikipedia.org/wiki/Transistor, (b) http://

en.wikipedia.org/wiki/Field-effect_transistor, (c) http://en.wikipedia. org/wiki/Bipolar_junctio n_transistor.

240. http://encyclobeamia.solarbotics.net/articles/phototransistor.html

241. http://vorlon.case.edu/ /~flm/eecs245/Datashee.

242. http://www.lci.kent.edu/boslab/projects/flc/index.html

243. P. J. Collings, Ferroelectric Liquid Crystals, J. Franklin. Institute, 342, 599-608 (2005).

244. Wikipedia, the free encyclopedia,http://en.wikipedia.org/wiki/Capacitor

245. Wikipedia, the free encyclopedia,http://en.wikipedia.org/wiki/Voltage_divider

246. Wikipedia, the free encyclopedia, http://en.wikipedia.org/wiki/High-pass_filter

247. Wikipedia, the free encyclopedia, (a)http://en.wikipedia.org/wiki/Low-pass_filter, (b) http:// en.wikipedia.org/wiki/Band-pass_filter.

248. Wikipedia, the free encyclopedia,http://en.wikipedia.org/wiki/Inductor

249. L. A. Currie, Detection in Analytical Chemistry, ACS Press, Washington, DC (1988)

250. G. I. Long and J. D. Winefordner, Limit of Detection, a closer look at the IUPAC definition, Anal. Chem., 55, 712A (1083).

251. H.P. Hsu and J.-S. Shih, 2006, Surface Acoustic Wave Quartz Crystal Olefin Sensor Based on Ag(I)/Cryptand-22 , Sensors & Actuators, 114,720(2006).

252. Wikipedia, the free encyclopedia,http://en.wikipedia.org/wiki/Johnson%E2%80%93 Nyquist_noise

253. Wikipedia, the free encyclopedia,http://en.wikipedia.org/wiki/Shot_noise

254. Wikipedia, the free encyclopedia,http://en.wikipedia.org/wiki/Flicker_noise

255. Wikipedia, the free encyclopedia,http://en.wikipedia.org/wiki/Environmental_noise

256. Wikipedia, the free encyclopedia,http://en.wikipedia.org/wiki/Lock-in_amplifier

第十八章

257. http://www.ece.uah.edu/~jovanov/courses/SPRING_2010/CPE_690__EE_610/Materials/-%2520L1_Basic_Electrochemistry.pdf&sa=U&ei=nx2YTYTkM5CiuQPW8J35Cw&ved=0C AsQFjAA&usg=AFQjCNHknYHftdj_IrREpH2xrB_YUH3u8A

258. H. H. Bauer and J. E. O'Reilly, Introduction to Electrochemical Methods in Instrumental Analysis, Editors, Henry H. Bauer, Gary D. Christian and James E. O'Reilly, Boston : Allyn

and Bacon, Ch.1.(1978).

259. H. H. Willard, L. L. Merritt, JR. and J. A. Dean, Instrumental Methods of Analysis, 5th Ed. D. Van Nostrand , New York, U.S.A. Ch.19.

260. D. A. Skoog, F. J. Holler and T. A. Nieman, Principles of Instrumental Analysis, 5th Ed.,Saunders College Publishing , Chicago, U.S.A. Ch.22(1998).

261. http://www.chemicool.com/definition/potentiometry.html

262. H. H. Willard, L. L. Merritt, JR. and J. A. Dean, Instrumental Methods of Analysis, 5th Ed. D. Van Nostrand , New York, U.S.A. Ch.20.

263. J. E. O'Reilly,. in Instrumental Analysis, , New York, U.S.A. Ch.2.

264. D. A. Skoog, F. J. Holler and T. A. Nieman, Principles of Instrumental Analysis, 5th Ed.,Saunders College Publishing , Chicago, U.S.A. Ch.23(1998).

265. Wikipedia, the free encyclopedia,http://en.wikipedia.org/wiki/Nernst_equation.

266. Wikipedia, the free encyclopedia,http://en.wikipedia.org/wiki/Saturated_calomel_electrode

267. Wikipedia, the free encyclopedia,http://en.wikipedia.org/wiki/Silver_chloride_electrode

268. Wikipedia, the free encyclopedia,http://en.wikipedia.org/wiki/Ion_selective_electrode

269. M. T. Lai and J. S. Shih, Analyst, 111, 891 (1986).

270. J. Jeng and J. S. Shih, Analyst, 109, 641 (1984).

271. Wikipedia, the free encyclopedia,http://en.wikipedia.org/wiki/Potentiometric_titration

272. H. H. Willard, L. L. Merritt, JR. and J. A. Dean, Instrumental Methods of Analysis, 5th Ed. D. Van Nostrand , New York, U.S.A. Ch.21.

第十九章

273. Wikipedia, the free encyclopedia,http://en.wikipedia.org/wiki/Voltammetry

274. H. H. Bauer and J. E. O'Reilly, "Polarography and Voltammetry" in Instrumental Analysis, Editors, Henry H. Bauer, Gary D. Christian and James E. O'Reilly, Boston : Allyn and Bacon, Ch.3.(1978).

275. D. A. Skoog, F. J. Holler and T. A. Nieman, Principles of Instrumental Analysis, 5th Ed.,Saunders College Publishing , Chicago, U.S.A. Ch.25(1998).

276. H. H. Willard, L. L. Merritt, JR. and J. A. Dean, Instrumental Methods of Analysis, 5th Ed. D. Van Nostrand , New York, U.S.A. Ch.22.

277. Wikipedia, the free encyclopedia,http://en.wikipedia.org/wiki/Polarography

278. (a) http://www.chemistry.adelaide.edu.au/external/soc-rel/content/npp.htm., (b) http://www. basinc.com/mans/EC_epsilon/Techniques/pulse/pulse.html

279. (a) http://www.chemistry.adelaide.edu.au/external/soc-rel/content/dpp.htm, (b) http://en. wikipedia_org/wiki/Squarewave_Voltammetry, (c) www. iosh.gov.tw/Book/Report_publish. aspx? PID = 702 & UID

280. (a) Wikipedia, the free encyclopedia,http://en.wikipedia.org/wiki/Cyclic_voltammetry, (b) P. T. Kissinger and H. Heineman, J. Chem. Edu. 60, 702(1983)

281. Wikipedia, the free encyclopedia,http://en.wikipedia.org/wiki/Anodic_ stripping_ voltammetry

282. Wikipedia, the free encyclopedia,http://en.wikipedia.org/wiki/Cathodic_stripping_voltammetry

283. http://www.ceb.cam.ac.uk/pages/hydrodynamic-voltammetry.html

284. Wikipedia, the free encyclopedia,http://upload.wikimedia.org/wikipedia/commons/0/03/ Clark_Electrode.gif

285. Wikipedia, the free encyclopedia,http://en.wikipedia.org/wiki/Amperometric_titration

286. Wikipedia, the free encyclopedia,http://en.wikipedia.org/wiki/Rotating_disk_electrode

287. Laboratory Techniques in Electroanalytical Chemistry, P.T.Kissinger and W.R.Heineman, Eds., p.112,Marcel Dekker,New York, 1984.

第二十章

288. Wikipedia, the free encyclopedia,http://en.wikipedia.org/wiki/Electrogravimetry

289. D. G. Davis, "Electrogravimetry and Coulometry", in Instrumental Analysis, Editors, Henry H. Bauer, Gary D. Christian and James E. O'Reilly, Boston : Allyn and Bacon, Ch.4. pp93-107 (1978).

290. H. H. Willard, L. L. Merritt, JR. and J. A. Dean, Instrumental Methods of Analysis, 5th Ed. D. Van Nostrand , New York, U.S.A. Ch.23.

291. Wikipedia, the free encyclopedia,http://en.wikipedia.org/wiki/Coulometry

292. D. A. Skoog, F. J. Holler and T. A. Nieman, Principles of Instrumental Analysis, 5th Ed.,Saunders College Publishing , Chicago, U.S.A. Ch.24 pp622-635 (1998).

293. (a) H. H. Willard, L. L. Merritt, JR. and J. A. Dean, Instrumental Methods of Analysis, 5th Ed. D. Van Nostrand , New York, U.S.A. Ch.24.

(b) W. Jaeschke" Multiphase Atomospheric Chemistry - Laboratory Studies" Johann Welfgang Goethe University (1985).

(c) P. C. Hauser, " Coulometry " The University of Basel (2005); http://dx.doi.org/ 10.1016/ B0-12-369397-7/00104-7

(d) "Handbook of Analytical Instuments" Khandpur (2006); , books.google.com.tw/ books?isb n=0070604606...Khandpur

(e) www.tandfonline.com/doi/abs/.../02772248509360965

294. J. W. Loveland, Conductance and Oscillometry, in Instrumental Analysis, , New York, U.S.A. Ch.5.

第二十一章

295. Wikipedia, the free encyclopedia,http://en.wikipedia.org/wiki/Electron_microscope

296. http://www.matter.org.uk/tem/electron_gun/electron_sources.htm

297. Wikipedia, the free encyclopedia,http://en.wikipedia.org/wiki/Field_electron_emission

298. http://www.fei.com/uploadedFiles/Documents/Components/brochure_Schottky_Thermal_Broc hure.pdf (FEI Company,Beam Technology Division)

299. Wikipedia, the free encyclopedia,http://en.wikipedia.org/wiki/Diffusion_pump

300. http://cas.web.cern.ch/cas/Spain-2006/PDFs/Benvenuti.pdf

301. http://www.phy.ntnu.edu.tw/departinfo/faculty/professor/phtifu/ %AD%EC%A4l%B8%D1%AAR%C5%E3%B7L%B3N/new_page_3.htm.

302. Wikipedia, the free encyclopedia,http://en.wikipedia.org/wiki/Turbomolecular_pump

303. Wikipedia, the free encyclopedia,http://en.wikipedia.org/wiki/Faraday_cup

304. Wikipedia, the free encyclopedia,http://en.wikipedia.org/wiki/Electron_multiplier

305. Wikipedia, the free encyclopedia,http://en.wikipedia.org/wiki/Everhart-Thornley_Detector

306. http://www.newton.dep.anl.gov/askasci/gen01/gen01114.htm

307. Wikipedia, the free encyclopedia,http://en.wikipedia.org/wiki/Scanning_electron_Microscope

308. Wikipedia, the free encyclopedia,http://upload.wikimedia.org/wikipedia/commons/3/37/ ScanningMicroscopeJLM.jpg ; http://www.labbase.net/ProductPicFile/small_ 220070515112701.JPG.

309. Wikipedia, the free encyclopedia,http://en.wikipedia.org/wiki/Transmission_electron_microsco

py

310. Wikipedia, the free encyclopedia,http://upload.wikimedia.org/wikipedia/commons/
thumb/8/80/Simens_numeri.jpg/220px-Simens_numeri.jpg

311. Wikipedia, the free encyclopedia, http://upload.wikimedia.org/wikipedia / commons/
thumb/3/32/DifraccionElectronesMET.jpg/220px-Difraccion ElectronesMET.jpg.

312. Wikipedia, the free encyclopedia,http://en.wikipedia.org/wiki/X-ray_photoelectron_Spectrosco
py

313. Wikipedia, the free encyclopedia, http://en.wikipedia.org/wiki/Synchrotron_radiation

314. http://www.nsrrc.org.tw/chinese/tps.aspx（國家同步輻射中心光子源）

315. http://leung.uwaterloo.ca/watlab/ESCA%20pics/rimg0008.jpg

316. Wikipedia, the free encyclopedia,http://upload.wikimedia.org/wikipedia/en/thumb/3/36/Wide.
jpg/350px-Wide.jpg)

317. Wikipedia, the free encyclopedia,http://en.wikipedia.org/wiki/Auger_electron_Spectroscopy

318. Wikipedia, the free encyclopedia, http://upload.wikimedia.org/wikipedia/commons/f/f7/
AES_Setup2.JPG

319. Wikipedia, the free encyclopedia, http://upload.wikimedia.org/wikipedia/commons/thumb/f/f9/
Cu3NAES.JPG/340px-Cu3NAES.JPG)

320. http://www.scientek.com.tw/upload/Microlab%20350.pdf（科榮公司）

321. Wikipedia, the free encyclopedia,http://en.wikipedia.org/wiki/Electron_microprobe

322. http://serc. carleton .edu / research _education/geochemsheets/ techniques/EPMA.html

323. http://serc.carleton.edu /research_education/geochemsheets/techniques/EPMA.html

324. Wikipedia, the free encyclopedia,http://en.wikipedia.org/wiki /Electron_microprobe

325. Wikipedia, the free encyclopedia, http://en.wikipedia.org/ wiki/Energy-dispersive_X-
ray_spectroscopy.

326. Wikipedia, the free encyclopedia,http://en.wikipedia.org/wiki/Electron_diffraction

327. Wikipedia, the free encyclopedia, http://upload.wikimedia.org/wikipedia /en/thumb/0/00/
RHEED_ Setup.gif/ 400px-RHEED_Setup.gif)

328. Wikipedia, the free encyclopedia,http://en.wikipedia.org/wiki/Clinton_Davisson; http://science.
scu.edu.tw/phy/M301/doc/Nb-1937'.doc

329. Wikipedia, the free encyclopedia, http://en.wikipedia.org/wiki/File:TiO2_Good_Surface.gif.

330. Wikipedia, the free encyclopedia,http://en.wikipedia.org/wiki/Electron_energy_loss_spectroscopy

331. Wikipedia, the free encyclopedia: http://en.wikipedia.org/wiki/High_resolution_electron_energy_loss_spectroscopy

第二十二章

332. Wikipedia, the free encyclopedia,http://en.wikipedia.org/wiki/Scanning_ probe_Microscopy

333. Wikipedia, the free encyclopedia,http://en.wikipedia.org/wiki/Scanning_ tunneling_microscope.

334. Wikipedia, the free encyclopedia,http://en.wikipedia.org/wiki/Atomic_force _microscopy

335. Wikipedia, the free encyclopedia,http://en.wikipedia.org/wiki/Gerd_Binnig

336. Wikipedia, the free encyclopedia,(a) http://upload.wikimedia.org/ wikipedia /commons/thumb/e/ec/Atomic_resolution_Au100.JPG/220px-Atomic_resolution _Au100.JPG.

337. Wikipedia, the free encyclopedia, http://upload.wikimedia.org/wikipedia/ commons/thumb/8/82/Selfassembly _Organic Semiconductor_Trixler_LMU.jpg/ 400px- Selfassembly _Organic_Semiconductor_ Trixler_LMU.jpg.

338. Wikipedia, the free encyclopedia, http://upload. wikimedia.org/wikipedia/commons/5/5e/ AFMsetup.jpg.

339. Wikipedia, the free encyclopedia,http://upload.wikimedia. org/wikipedia /commons/thumb/f/f1/AFM_%28used%29_cantilever_in_Scanning_ Electron_ Microscope%2C_magnification_1 000x.JPG.

340. Wikipedia, the free encyclopedia,http://upload. wikimedia.org / wikipedia/ commons/thumb/f/f6/Atomic_ force_microscope_by_Zureks.jpg

341. Wikipedia, the free encyclopedia,http://upload.wikimedia.org/wikipedia/ commons/ thumb/e/e8/ AFMimage RoughGlass20x20.JPG/220px- AFMimageRough Glass 20x20.JPG

342. Wikipedia, the free encyclopedia,http://upload. wikimedia.org/ wikipedia/ commons/thumb/7/72/ Single- Molecule-Under- Water-AFM- Tapping-Mode.jpg.

343. Wikipedia, the free encyclopedia, http://upload.wikimedia.org/wikipedia/ commons/ thumb/5/5d/AFM _noncontactmode.jpg/350px-AFM_noncontactmode.jpg.

344. Wikipedia, the free encyclopedia, http://en.wikipedia.org/wiki/Kelvin_

probe_force_microscope.

345. Wikipedia, the free encyclopedia, http://en.wikipedia.org/wiki/Chemical_force_microscopy.

346. http://www.physics.mcgill.ca/~burkes/coursework/FFM/FFM.ppt By Dr. Sarah A. Burke, McGill University.

347. D. M. Eigler, E. K. Schweizer, Nature, 344 (1990)

348. Wikipedia, the free encyclopedia,http://en.wikipedia.org/wiki/Electrostatic_ force_microscope

349. Wikipedia, the free encyclopedia,http://en.wikipedia.org/wiki/Magnetic_ force_microscope

350. Wikipedia, the free encyclopedia,http://en.wikipedia.org/wiki/Near-field_scanning_ optical_microscope

351. S. Takahashi, T. Fujimoto, K. Kato and I. Kojima, High resolution photon scanning tunneling microscope, Nanotechnology, 8, 3A (1997).

352. Shalon, Shmuel Lieberman, Klony Lewis, Aaron Cohen, Sidney R., A micropipette force probe suitable for near -field scanning optical microscopy, Review of scientific Instruments, 63(9), 4061-4965 (1992).

353. P. Gunter, U.C. Fischer and K. Dransfeld, Scanning near -field acoustic microscopy, Applied physics, B48, 89-92 (1989).

354. http://oai.dtic.mil/oai/oai?verb=getRecord&metadataPrefix=html&identifier=ADA241547

355. C. F. Quate, B. T. Khuri-Yakub, Tunneling acoustic microscopy, Stanford University (1993).

356. http://www.ncbi.nlm.nih.gov/pubmed/18681709

357. A. Kitted, W. Muller-Hirsch, J. Parisi, S. Biehs, D. Redding and M. Holthaus, Nerar -field heat transfer in a scanning thermal microscopy, Phys. Rev. Letter, 95, 224301 (2005).

358. Wikipedia, the free encyclopedia, http://en.wikipedia.org/wiki/Scanning_ion-conductance_microscopy

359. http://electrochem.cwru.edu/encycl/art-m04-microscopy.htm , ELECTROCHEMICAL MICROSCOPY (SECM) by Dr. Francois Laforge, Department of Chemistry and Biochemistry,Queens College - City University of New York,Flushing, NY 11367, USA

360. Wikipedia, the free encyclopedia, http://upload.wikimedia.org/wikipedia/ commons/thumb/c/ cc/Sicm.jpg/ 400px- Sicm.jpg.

361. Wikipedia, the free encyclopedia, http://en.wikipedia.org/wiki/Field_ion_microscope

362. Wikipedia,the free encyclopedia, http://upload.wikimedia.org/wikipedia/ commons/6/ 6f/

FIMtip.JPG

363. Wikipedia,the free encyclopedia, http://upload.wikimedia.org/wikipedia/ commons/ thumb/c/ c7/FIM.JPG/220px-FIM.JPG

364. (a)Wikipedia,the free encyclopedia,http://en.wikipedia.org/wiki/Scanning_ Helium _Ion_ Microscope, (b) http: //www .photonics .com/images/spectra/ features/2007/August/ ALIS-Feat_Fig3.jpg)

365. http://medgadget.com/ archives /2007/09 /the_orion_helium _ion_microscope.html

366. Wikipedia,the free encyclopedia,http://en.wikipedia.org/wiki/Focused_ion_beam

367. Wikipedia, the free encyclopedia,http://upload. wikimedia. org/wikipedia/commons/ thumb/9/91/Principe_FIB.jpg/360px-Principe_FIB.jpg .

368. Wikipedia, the free encyclopedia,http://upload.wikimedia.org/wikipedia/ commons/ 0/0a/ Sch%C3%A9ma_FIB.jpg.

369. Wikipedia, the free encyclopedia,http://upload.wikimedia. org/wikipedia/ commons/ thumb/a/ aa/FIB_Deposition.jpg/590px-FIB_Deposition.jpg.

370. Wikipedia, the free encyclopedia,http://upload. wikimedia .org/wikipedia/commons/ thumb/1/14/Fib.jpg/330px-Fib.jpg.

371. Wikipedia, the free encyclopedia, (a)http://upload.wikimedia.org/wikipedia/ commons/ e/e2/ FIB_secondary_electron_image.jpg.

372. Wikipedia, the free encyclopedia, http://upload.wikimedia.org/ wikipedia/commons/ f/fe/ FIB_secondary_ion_images.jpg.

373. Wikipedia, the free encyclopedia, http://en.wikipedia.org/wiki/Rutherford_ backscattering_spe ctrometry.

第二十三章

374. Wikipedia, the free encyclopedia,http://en.wikipedia.org/wiki/Radiation

375. Wikipedia, the free encyclopedia,http://en.wikipedia.org/wiki/Neutrino

376. Wikipedia, the free encyclopedia, http://en. wikipedia.org/wiki/File:60Co_gamma_ spectrum_ energy.png,

377. Wikipedia, the free encyclopedia,http://en.wikipedia.org/wiki/Geiger_counter

378. http://www.c14dating.com/lsc.html

379. http://www.directindustry.com/prod/ortec/scintillation-counters-50423-396170.html

380. http://www.canberra.com/products/524.asp

381. Wikipedia, the free encyclopedia,http://en.wikipedia.org/wiki/Neutron_detection

382. Wikipedia, the free encyclopedia,http://en.wikipedia.org/wiki/Nuclear_reaction

383. Wikipedia, the free encyclopedia,http://en.wikipedia.org/wiki/Uranium-238

384. Wikipedia, the free encyclopedia,http://en.wikipedia.org/wiki/Decay_chain

385. Wikipedia, the free encyclopedia,http://en.wikipedia.org/wiki/Carbon-14

386. Wikipedia, the free encyclopedia,http://en.wikipedia.org/wiki/Tritium

387. Wikipedia, the free encyclopedia,http://en.wikipedia.org/wiki/Nuclear_fission

388. Wikipedia, the free encyclopedia,http://en.wikipedia.org/wiki/Nuclear_fusion

389. Wikipedia, the free encyclopedia,http://en.wikipedia.org/wiki/Nuclear_ reactor_technology

390. Wikipedia, the free encyclopedia, http://en.wikipedia.org/wiki/Nuclear_power

391. http://www.whatisnuclear.com/articles/nucreactor.html

392. Wikipedia, the free encyclopedia,http://upload.wikimedia.org/wikipedia/commons /thumb/a/ a7/Crocus-p1020491.jpg/800px-Crocus-p1020491.jpg;

393. 核三廠http://wapp4.taipower.com.tw/nsis/images/N3-3.jpg.

394. Wikipedia, the free encyclopedia,http://en.wikipedia.org/wiki/Chernobyl_disaster

395. Wikipedia, the free encyclopedia, http://en.wikipedia.org/wiki/Fukushima_I_nuclear _accidents

396. Wikipedia, the free encyclopedia, http://en.wikipedia.org/wiki/Cyclotron

397. Wikipedia, the free encyclopedia, http://upload.wikimedia.org/wikipedia /commons/c/cd/1937- French-cyclotron.jpg

398. Wikipedia, the free encyclopedia, http://en.wikipedia.org/wiki/Neutron_ activation_analysis

399. Wikipedia, the free encyclopedia, http://en.wikipedia.org/wiki/Neutron_diffraction

400. http://encyclopedia2.thefreedictionary.com/Neutron+Diffraction+Analysis

401. Wikipedia, open-content textbooks -Structural Biochemistry | Proteins http://upload.wikimedia. org/wikibooks/en/2/2f/Neutron.jpg)

402. (a) Wikipedia, the free encyclopedia, http://en.wikipedia.org/wiki/Isotopic_dilution, (b)我國 環保署（EPA）M803.00B公告方法，http://www.niea.gov.tw/analysis/method/method file. asp?mt_niea=M803.00B. (c)我國環保署（EPA）NIEAW789.50B公告方法，http://www. niea.gov.tw/niea/WATER/W78950B.htm.

403. Wikipedia, the free encyclopedia, http://en.wikipedia.org/wiki/Radiometric_dating

404. Wikipedia, the free encyclopedia, http://en.wikipedia.org/wiki/Radiocarbon_dating

405. Wikipedia, the free encyclopedia, http://en.wikipedia.org/wiki/Radioimmunoassay

406. Wikipedia, the free encyclopedia, http://en.wikipedia.org/wiki/Radial_immunodiffusion

407. D.Stollar and L. Levine, [119]Two-dimensional immunodiffusion, Methods in Enzymology, 6, 848-854 (1963).

408. Wikipedia, the free encyclopedia,http://en.wikipedia.org/wiki/Nuclear_medicine

409. http://www.lookfordiagnosis.com/mesh_info.php?term=Radionuclide+Ventriculography&lang =1

410. Wikipedia, the free encyclopedia,http://en.wikipedia.org/wiki/Technetium-99m

411. (a) Wikipedia, the free encyclopedia,http://upload.wikimedia.org/ wikipedia/ commons/ thumb/c/c4 /16slicePETCT.jpg/ 785px -16slicePETCT.jpg), (b) http://en.wikipedia.org/wiki/ Nuclear_medicine

412. Wikipedia, the free encyclopedia,http://en.wikipedia.org/wiki/Positron_ emission_tomography

413. Wikipedia, the free encyclopedia, http://upload.wikimedia.org/wikipedia/commons / b/b8/ ECAT-Exact- HR- PET-Scanner.jpg)

414. Wikipedia, the free encyclopedia,http://en.wikipedia.org/wiki/Cobalt-60

415. Wikipedia, the free encyclopedia,http://en.wikipedia.org/wiki/Phosphorus-32

416. http://www.sciencedaily.com/releases/2011/03/110328092409.htm

417. Wikipedia, the free encyclopedia,http://en.wikipedia.org/wiki/Yttrium

418. Wikipedia, the free encyclopedia,http://en.wikipedia.org/wiki/Iodine-131

第二十四章

419. (a) Wikipedia, the free encyclopedia, http://en.wikipedia.org/wiki/Air_pollution, (b) http:// www.epa.gov/air/airpollutants.html.

420. (a) J. W. Moore and E. A. Moore, Environmental Chemistry, Eastern Michigan University, CH9-10 (Air pollution), 1976, (b) T. E. Waddell, "The Economic Damages of Air pallution" pp.127-131, U.S. Environ.protect.Ag., Washington D.C. (1974).

421. S. E. Manahan, Environmental Chemistry,University of Missouri-Columbia, CH11-14 (Pollutants in the atmosphere), 1979.

422. http://www.epa.gov/iaq/co.html(USA EPA)

423. Wikipedia, the free encyclopedia, http://en.wikipedia.org/wiki/Carbon_monoxide.

424. (a) J.S.Shih（本書作者），一氧化碳的污染與分析，J. Sci.Edu.（科教月刊），51,69 (1982), (b) http://taqm.epa.gov.tw/taqm/zh-tw/pda/PsiInfo.aspx.

425. EPA,公告NIEA A704.04C法;http://www.niea.gov.tw/niea/doc/ A70404C.doc

426. http://www.iaq-monitor.com/products_1_2_4view.html（台中市暉曜科技公司產品，info@iaq-monitor.com）

427. http://www.epa.gov/oaqps001/nitrogenoxides (USA EPA)

428. Wikipedia, the free encyclopedia,http://en.wikipedia.org/wiki/ Nitrogen_oxide

429. http://www.epa.gov/oms/invntory/overview/pollutants/nox.htm(USA EPA)

430. Wikipedia, the free encyclopedia, http://en.wikipedia.org/wiki/Peroxyacetyl_nitrate

431. Wikipedia, the free encyclopedia,http://en.wikipedia.org/wiki/Ozone_layer

432. G. E. Fisher, D. E. Becknell,Saltzman method for determination of low concentrations of oxides of nitrogen in automotive exhaust, Anal. Chem., 44 (4), pp 863-866 (1972).

433. 我國環保署NIEA A417.11C公告方法：http://www.niea.gov.tw/niea/AIR/A41711C.htm

434. http://southeastern-automation.com/Files/Emerson/Gas-CEMS/no-nox.html; http://southeastern-automation.com/Assets/Images/Emerson/PAD/951a.jpg(Chemiluminescence NO/NOx Analyzer)

435. http://www.hcxin.net/upimg/allimg/080627/1948400.jpg

436. (a) http://www.epa.gov/oaqps001/sulfurdioxide/ (USA EPA), (b) "A Study of Social Costs for Alternate Means of Electrical power Generation for 1980 and 1990" Argonne National Laboratory, Argonne, Illinois, 1973.

437. Wikipedia, the free encyclopedia,http://en.wikipedia.org/wiki/Sulfur_dioxide

438. 我國環保署NIEA A416.11C公告方法，http://www.niea.gov.tw/niea/ AIR/A41611C.htm.

439. Wikipedia, the free encyclopedia,http://en.wikipedia.org/wiki/Greenhouse_effect

440. http://www.aip.org/history/climate/co2.htm (CO2 Greenhouse effect).

441. Wikipedia, the free encyclopedia,http://en.wikipedia.org/wiki/Kyoto_Protocol

442. 我國環保署(EPA) NIEA A415.72A公告方法，http://www.niea.gov.tw/niea/ AIR/A41572A.htm

443. http://www.trade-taiwan.org/vender/80524015/image/2010811152833-s.jpg

444. 我國環保署（EPA）NIEA A710.10T公告方法，http://www.niea.gov.tw/niea/ AIR/A71010T. htm

445. 我國環保署（EPA）NIEA A002.10C公告方法，http://www.niea.gov.tw/niea/AIR/ A00210C.htm

446. Wikipedia, the free encyclopedia,http://en.wikipedia.org/wiki/Dioxin

447. Wikipedia, the free encyclopedia,http://en.wikipedia.org/wiki/1,4-Dioxin

448. Wikipedia, the free encyclopedia,http://en.wikipedia.org/wiki/2,3,7,8- Tetrachlorodibenzodioxin

449. http://www.who.int/mediacentre/factsheets/fs225/en/(Dioxins and their effects on human health by Media centre, World Health Organization (WHO).

450. http://yunol.stes.tc.edu.tw/07-98.htm （世紀之毒－戴奧辛（Dioxin））

451. (a)我國環保署NIEA- A810.13B公告法，http://www.niea.gov.tw/analysis/method/methodfile. asp?mt_niea=A810.13B, (b)環保署NIEA-A809.11B, http://www.niea.gov.tw/analysis/method/ methodfile.asp?mt_niea=A809.11B.

452. Wikipedia, the free encyclopedia,http://en.wikipedia.org/wiki/Polycyclic _aromatic_hydrocarbon

453. 我國環保署NIEA- A730.70C公告法，http://www.niea.gov.tw/niea/AIR/A73070C.htm

454. http://en.wikipedia.org/wiki/Montreal_Convention （蒙特利爾公約）

455. http://law.hexun.com.tw/100016690.html?mark=1&category=10008 （蒙特利爾公約）

456. 我國環保署NIEA- A714.10T公告法，http://www.niea.gov.tw/niea/AIR/A71410T.htm

457. 我國環保署NIEA- A207.10C公告法，http://www.niea.gov.tw/niea/ AIR/A20710C.htm

458. (a)我國環保署NIEA- A305.10C公告法，http://www.niea.gov.tw/niea/AIR /A30510C.htm；(b)http://www.sunnic.com/chinese/05_news/02_detail.php?NID=108；(c)http://www.xmlld. com/pm10pm25d.html; http://www.brnontech.com/news/details.asp?xw_id=114；(d)http:// ww.xmlld.com/pm10pm2.5c.html

459. Wikipedia, the free encyclopedia,http://zh.wikipedia.org/wiki/%E9%87% 8D%E9%87%91%E5%B1%9E; http://en.wikipedia.org/wiki/Heavy_metal _(chemistry).

460. (a) Wikipedia, the free encyclopedia,http://en.wikipedia.org/wiki/Median_lethal_dose
(b) E. Browing, "Toxcity of Industral Metals", 2nd. ed. Butterworth (1969)
(c) E. I. Ochiai, "Bioinorganic Chemistry" Allyn and Bacon, Boston, pp.468-481 (1977)

461. (a) Mark M. Jones, Jean E. Schoenheit and Anthony D. Weaver ,Pretreatment and heavy metal LD50 values, Toxicology and Applied Pharmacology, 49(1), 41-44 (1979)., (b) E. I. Ochiai,

"Bioinorganic Chemistry" Allyn and Bacon, Boston, pp.483-484 (1977).

462. 我國環保署NIEA- W30351A公告法，http://www.niea.gov.tw/niea/WATER/ W30351A.htm （Graphite AA測水中金屬離子）

463. 我國環保署NIEA- W311.51B公告法，http://www.niea.gov.tw/niea/WATER/W31151B.htm （ICP原子發射光譜法測水中金屬離子）

464. 我國環保署NIEA-W313.52B公告法，http://www.niea.gov.tw/niea/WATER/W31352B.htm （ICP/MS光譜法測水中金屬離子）

465. 我國環保署NIEA-W330.52A公告法，http://www.niea.gov.tw/niea/WATER/ W33052A.htm （冷蒸氣原子吸收光譜法測水中汞離子）

466. 我國環保署NIEA- W415.52B公告法，http://www.niea.gov.tw/niea/WATER/ W41552B.htm （水中陰離子檢測方法－離子層析法）

467. 我國環保署NIEA-W410.52A公告法，http://www.niea.gov.tw/niea/WATER/ W41052A.htm （水中氰化物檢測方法－UV/VIS分光光度計法）

468. 我國環保署NIEA-W410.52A公告法，http://www.niea.gov.tw/niea/WATER/ W41352A.htm （水中氟鹽檢測方法－氟選擇性電極法）

469. 我國環保署NIEA- W515.54A 公告法，http://www.niea.gov.tw/niea/WATER/ W51554A.htm （水中化學需氧量檢測方法—重鉻酸鉀迴流法）

470. 我國環保署NIEA- W530.51C公告法，http://www.niea.gov.tw/niea/WATER/ W53051C.htm （水中總有機碳檢測方法－燃燒／紅外線測定法）

471. 我國環保署NIEA- W782.50B公告法，http://www.niea.gov.tw/niea/WATER/ W78250B.htm （水中甲醛、乙醛和丙醛檢測方法－液相層析儀／紫外光偵測器法）

472. 我國環保署NIEA-W522.51C公告法，http://www.niea.gov.tw/niea/WATER/ W52251C.htm （水中酚類化合物檢測方法－氣相層析儀／火焰離子化偵測器、電子捕捉偵測器法）

473. 我國環保署NIEA- W525.52A公告法，http://www.niea.gov.tw/niea/WATER/ W52552A.htm （水中陰離子界面活性劑（甲烯藍活性物質）檢測方法－甲烯藍比色法）

474. Wikipedia, the free encyclopedia,http://en.wikipedia.org/wiki/Polychlorinated_biphenyl

475. http://web1.nsc.gov.tw/ct.aspx?xItem=10165&ctNode=40&mp=1（作者：張淑卿，長庚大學醫學系；題目：逐漸被遺忘的悲劇——多氯聯苯中毒事件）

476. http://forum.yam.org.tw/bongchhi/old/light/light153-1.htm（作者：陳修玲；第155期女性電子報—焦點話題題目：禍害無窮的多氯聯苯）

477. 我國環保署NIEA- T601.30B公告法，http://www.niea.gov.tw/niea/TOXIN/ T60130B.htm（絕緣油中多氯聯苯檢測方法─氣相層析儀／電子捕捉偵測器法）

478. http://www.greencross.org.tw/images/title_1.gif（綠十字健康網；作者：，林杰樑教授，長庚大內科；題目：食物中殘餘有機氯農藥的可能傷害及其預防之道）

479. www.fda.gov.tw/files/publish_annals/（徐雅彙，陳儀驊，劉芳淑，羅吉芳，林哲輝，中藥材有機氯劑農藥殘留檢驗，Ann. REpt. BFDA, Taiwan, ROC（藥物食品檢驗局調查研究年報），27, 42-50 (2009).

480. http://scorecard.goodguide.com/about/txt/organochlorine_pesticides.html（有機氯殺蟲劑）

481. Wikipedia, the free encyclopedia,http://en.wikipedia.org/wiki/Pesticide

482. 我國環保署NIEA- T206.20T公告法，http://www.niea.gov.tw/niea/TOXIN/ T20620T.htm（有機氯農藥檢測方法─氣相層析儀／毛細管柱分析法）

第二十五章

483. http://www.nuigalway.ie/chem/Donal/ChemSens.ppt#286,1,ChemicalSensors (Chemical sensors by Dr. Donal Leech in Physical Chemistry Lab.at National University of Ireland).

484. http://www.iupac.org/publications/pac/1991/.; A. Hulanicki, S. Glab and F. Ingman, Chemial sensors definitions and classification, pure & Appl. Chem., 63(9) 1247-1250 (1991)

485. http://www.sandia.gov/sensor/SAND2001-0643.pdf ; C. K. Ho, M.T. Itamura, M. Kelley and R.C. Hughes, " Review of chemical sensors for in-situ monitoring of volatile contaminants" Sandia reprt, Sandia National Laboratories, USA.

486. Wikipedia, the free encyclopedia,http://en.wikipedia.org/wiki/Biosensor

487. Wikipedia, the free encyclopedia,http://en.wikipedia.org/wiki/Sensor

488. http://www.ornl.gov/info/ornlreview/rev29_3/text/biosens.htm(Biosensors and Other Medical and Environmental Probes by Dr. K. Bruce Jacobson)

489. (a) Wikipedia, the free encyclopedia,http://en.wikipedia.org/wiki/Piezoelectric_sensor, (b) C. J. Lu and J. S. Shih（本書作者），Anal. Chim. Acta, 306, 129(1995)

490. P.Chang and J.S. Shih , Multchannel Piezoelectric Quartz Crystal Sensors for Organic Vapours, Anal. Chem. Acta . 403, 39-48 (2000).

491. S. M. Chang, H. Mamatsu, C. Nakamura and J.Miyake,"The principle and applications of piezoelectric crystal sensors" Materials Science and Engineering, 12(1-2), 111-123 (2000).

492. Wikipedia, the free encyclopedia,http://en.wikipedia.org/wiki/Quartz_crystal _microbalance.

493. http://www1.chem.ndhu.edu.tw/subject/update（石英晶體微天秤（QCM）介紹）。

494. http://www.chem.monash.edu.au/electrochem/th.(Introduction to Electrochemical, Quartz Crystal Microbalanceand Structural Techniques Used to Charactise Redox Reactions).

495. Y. C. Chao and J. S. Shih（本書作者），Anal. Chim. Acta , 374, 39 (1998)

496. P. Chang and J. S. Shih, Anal. Chim. Acta, 360, 61 (1998)).

497. C. S. Chiou and J. S. Shih, Anal. Chim. Acta, 392,125 (1999) ;

498. Y. S. Jane and J. S. Shih, Analyst, 120, 517 (1995))

499. http://www.old.chemres.hu/ISCC/dosman/EQCM_Introduction_Home_Page_Abdul.pdf (Electrochemical Quartz Crystal Microbalance apparatus)

500. M. F. Sung and J. S. Shih, J. Chin. Chem. Soc., 52, 443 (2005))

501. Y. L. Wang and J. S. Shih, J. Chin. Chem. Soc., 53, 1427 (2006))

502. Wikipedia, the free encyclopedia,http://en.wikipedia.org/wiki/ Surface_ acoustic_wave

503. H. B. Lin and J. S. Shih, Sensors and Actuators B, 92, 243 (2003)

504. H. P. Hsu and J. S. Shih, J. Chin. Chem. Soc., 54, 401 (2007)

505. H. W. Chang and J. S. Shih, Sensors and Actuators B, 121,522 (2007)

506. www.intlsensor.com/pdf/electrochemica (electrochemical sensors).

507. E. Bakker, Electrochemical sensors, Anal. Chem., 76, 3285-3298 (2004).

508. http://www.iupac.org/publications/analytical..(Ion-selective field effect transistor (ISFET) devices).

509. http://www. emeraldinsight. com/.../0870270309.html

510. http://www.isfet.com.tw/index.php?option=com_content...id.

511. S. M. Sze, Semiconductor Sensors, Wiley (1994).

512. http://www.amazon.com/Semiconductor-Sensors-Simon-M-Sze/dp/0471546097

513. http://www.google.com.tw/search?q=sno2+sensor&btnG=%E6%90%9C%E5%B0%8B&hl =zh-TW&source=hp&aq=f&aqi=&aql=&oq= (SnO2 sensor)

514. Wikipedia, the free encyclopedia,http://en.wikipedia.org/wiki/Hydrogen_ sulfide_sensor

515. Wikipedia, the free encyclopedia,http://en.wikipedia.org/wiki/Gas_leak_detection

516. http://www.jusun.com.tw/ product_detailasp? pro_ ser= 1076055)（志尚儀器股份有限公司, 台灣新店）

517. http://wenku.baidu.com/view/6219845e804d2b160b4ec037.html（ZnO-Fe2O3- SnO2-n型半導體感測器）

518. http://www.wtec.org/loyola/opto/c6_s3.htm(Optical sensors)

519. http://www.morrihan.com/index.php?option=com_content&view=article&id= 50&Itemid=80 (Optical sensors)

520. http://www.oceanoptics.com/products/proprobeatr.asp (ATR Probe)

521. M.C.Alcudia-Leon , R. Lucena , S.Cardenas and M.Valcarcel .Characterization of an attenuated total reflection-based sensor for integrated solid-phase extraction and infrared detection, Anal Chem. ,80(4):1146-51(2008)

522. Wikipedia, the free encyclopedia,http://en.wikipedia.org/wiki/Surface_ plasmon_ resonance.

523. (a) S.F. Chou, W.L. Hsu, J. M. Hwang and C.Y.Chen*, 2004, Development of an immunosensor for human ferritin, a nonspecific tumor marker, based on surface plasmon resonance, Biosensors & Bioelectronics. 19(9), 999-1005 (2004); (b) R.C. Jorgenson and S.S. Yee, Sensors and Actuators B: Chemical, 12, 213 (1993).

524. H. Deng, D. Yang, B. Chen and C.W. Lin*, "Simulation of Surface Plasmon Resonance of Au-WO(3-x) and Ag-WO(3-x) Nanocomposite Films," Sensors & Actuators B, 134, 502-509 (2008).

525. http://www.horizonpress.com/cimb/v/v10/01.pdf; J. P. Chambers, B.P. Arulanandam, L.L. Matta, A. Weis and J. J. Valdes, " Biosensor recognition element" Curr. Tssues Mol. Biol. 10, 1-12.

526. M. S. Lin and W.C. Shih, "Chromiumhexacyanoferrate Based Glucose Biosensor", Analytica Chimica Acta, 381, 183. (1999)

527. N.S. Oliver , C. Toumazou , A. E. Cass and D. G. Johnston, "Glucose sensors: a review of current and emerging technology"Diabet Med. 26(3), 197-210 (2009).

528. L.H. Lin and J. S. Shih（本書作者），J. Chin. Chem. Soc., 58, 228-235(2011)。

529. N.Y. Pan and J.S. Shih, Sensors & Actuators, 98,180 (2004).

530. H.W. Chang and J. S. Shih, J. Chin. Chem. Soc. 55,318 (2008)

531. http://www.eoc-inc.com/thermopile_detectors.htm

532. Wikipedia, the free encyclopedia,http://en.wikipedia.org/wiki/Thermopile

533. http://scholar.lib.vt.edu/theses/available/etd-8497-205315/unrestricted/chap2.pdf (Thermopile).

534. Wikipedia, the free encyclopedia, http://upload.wikimedia.org/ wikipedia /commons/thumb/e/

ee/Thermocouple0002.jpg/220px- Thermocouple0002.jpg.

535. Wikipedia, the free encyclopedia,http://upload. wikimedia. org/wikipedia/commons/ thumb/8/88/Peltierelement _16x16.jpg/220px-Peltierelement_ 16x16.jpg.

536. (a) http://www.meas-spec.com/temperature-sensors/thermopiles/thermopile- components-and-modules.aspx; (b)http://img.calldoor.com.tw/images/store2/0001/2404/products/d50b 6514 ca59100481f62564abe7acdc.jpg .

537. Wikipedia, the free encyclopedia,http://en.wikipedia.org/wiki/Thermistor

538. http://www.national.com/mpf/LM/LM334.html#Overview

539. http://www.national.com/mpf/LM/LM335.html

540. K. Ramanathan, B. R. Jonsson and B. Danielsson, Sol-gel based thermal biosensor for glucose, Anal. Chim. Acta, 427(1), 1-10 (2001).

541. U.Harborn , B. Xie , R. Venkatesh and B. Danielsson, Evaluation of a miniaturized thermal biosensor for the determination of glucose in whole blood, Clin. Chim. Acta, 267(2),225-237 (1997)..

第二十六章

542. Wikipedia, the free encyclopedia,http://en.wikipedia.org/wiki/ Microelectromechanical_system s.(MEMS)

543. http://www.csa.com/discoveryguides/mems/overview.php (MEMS); Review Article : MicroElectroMechanical Systems (MEMS) by Salvatore A. Vittorio.

544. Wikipedia, the free encyclopedia,http://en.wikipedia.org/wiki/ Nanoelectromechanical_systems

545. Wikipedia, the free encyclopedia, http://en.wikipedia.org/wiki/Photolithography http:// en.wikipedia.org/wiki/Lithography.

546. Wikipedia, the free encyclopedia,http://en.wikipedia.org/wiki/Microchip; http://en.wikipedia. org/wiki/Integrated_circuit

547. Wikipedia, the free encyclopedia,http://en.wikipedia.org/wiki/Lab-on-a-chip

548. Wikipedia, the free encyclopedia,http://upload.wikimedia.org/wikipedia/en/ a/a7/Labonachip 20017- 300.jpg.

549. Wikipedia, the free encyclopedia, http://upload.wikimedia.org/wikipedia/co mmons/0/07/ Glass-microreactor- chip- micronit.jp.

550. Marc Madou, Fundamentals of Microfabrication ",CRC Press, New York (1997)

551. http://www.memsnet.org/mems/processes/etch.html (Etching)

552. http://www.memsnet.org/mems/processes/deposition.html(Deposition)

553. Wikipedia, the free encyclopedia,http://en.wikipedia.org/wiki/Photoresist

554. Wikipedia, the free encyclopedia,http://en.wikipedia.org/wiki/Photomask

555. Wikipedia, the free encyclopedia,http://en.wikipedia.org/wiki/Carbon_nanotube

556. http://www.nanoscienceworks.org/publications/books/imported/0849308267/ch/ch1

557. http://elearning.stut.edu.tw/m_facture/ch9.htm (Etching)

558. http://me.csu.edu.tw/swl/non/ch7/ch7.pdf (Etching)

559. Wikipedia, the free encyclopedia,http://en.wikipedia.org/wiki/Physical _vapor_deposition

560. Wikipedia, the free encyclopedia,http://en.wikipedia.org/wiki/Chemical_ vapor_deposition

561. G Oskam, J G Long, A Natarajan and P C Searson ,Electrochemical deposition of metals onto silicon , J. Phys. D: Appl. Phys. 31 1927(1998)

562. Wikipedia, the free encyclopedia,http://en.wikipedia.org/wiki/Electroplating

563. Wikipedia, the free encyclopedia,http://en.wikipedia.org/wiki/ Ion_implantation

564. Wikipedia, the free encyclopedia,http://en.wikipedia.org/wiki/Ion_plating

565. 陳壽椿，尤進洲，李慧玲，李坤隆，化學晶片—微感測系統，化學（Chemistry），59(2), 287-298 (2001).

566. V. Dolnik, S. Liu and S. Jovanovich, Review: Capillary electrophoresis on microchip, Electrophoresis, 21, 41-54 (2000).

567. http://www.electrochem.org/dl/ma/199/pdfs/1152.pdf (Electrochemical sensor chip)

568. http://repositorium.sdum.uminho.pt/handle/1822/3094 (Optical micro-system chip)

569. Micro Instruments and Systems Lab. UCD (University of California , Davis)

570. A.D. Radadia et.al, Anal. Chem., 80, 4087 (2008)

571. http://onlinelibrary.wiley.com/doi/10.1002/tee.20418/pdf(Micr-GC)

572. C.J. Lu, W. H. Steinecker, W.C. Tian, M. C. Oborny, J.M. Nichols, M. Agah, J. A. Potkay, H. K. L. Chan, J. Driscoll, R.D. Sacks, K. D. Wise, S. W. Pang and E.T. Zellers*, "First-generation hybrid MEMS gas chromatograph" Lab on a chip, 5, 1123-1131 (2005)

573. Wikipedia, the free encyclopedia,http://en.wikipedia.org/wiki/Biochip

574. Wikipedia, the free encyclopedia,http://en.wikipedia.org/wiki/DNA_microarray

575. Wikipedia, the free encyclopedia, :http://upload. wikimedia. org/wikipedia /commons/thumb/0/ 0e/Microarray2.gif/350px-Microarray2.gif

576. Wikipedia, the free encyclopedia,http://upload.wikimedia.org/wikipedia/commons/ thumb/3/ 3a/Sarfus.DNA Biochip.jpg/300px-Sarfus.DNABiochip.jpg

577. http://www.sciencedaily.com/releases/2010/04/100422141201.htm(Biosensor Chip)

578. http://www.freepatentsonline.com/6129896.html(Biosensor Chip)

579. C.S. Lee, S.K.Kim and M. Kim, Review: Ion-selective field-effect transistor for biological sensing, Sensors,9, 7111-7131 (2009).

580. http://www.dddmag.com/news-biacore-cm7-31610.aspx (SPR sensor chip)

581. http://www.hrbio.com.cn/shuo/SPR.pdf

582. http://www.stanford.edu/group/Zarelab/research_spr.html (SPR Microchip)

583. http:// www.dddmag.com/uploadedImages/ Articles/2010 _03/ biacore. Bmp（奇異SPR晶 片）

584. http://www.ncbi.nlm.nih.gov/pubmed/11693613 (Immuno-Biosensor Chip)

585. C.Ruan, L.Yang and Y.Li, Immunobiosensor Chips for Detection of. Escherichia coli O157:H7 Using Electrochemical. Impedance Spectroscopy, Anal. Chem. , 74,4814-4820 (2002).

586. (a) http://www.chichen6.tcu.edu.tw/teaching/20071015_SNP,%20protein%20Chips%20(BC4). pdf （Protein Chips 作者：陳光琦教授，慈濟大學）；(b) Wikipedia, the free encyclopedia,http://en.wikipedia.org/wiki/Protein_microarray

587. (a)http://nctur.lib.nctu.edu.tw/handle/987654321/7405?mode = full, (b)http://homepage18. seed.net.tw/web@5/famidoc/terms/biochip/htm

588. (a) http://www.be-shine.com.tw/ gpage2.html; (b) http://www.be-shine.com.tw/ gpage2.html 98.131.42.229/images/photo-1(320).jpg （Be-Shine Biotech. Ltd.公司（台灣））

589. L. J. Kricka and P. Wilding, Review: Microchip PCR, Analytical & Bioanalytica Chemistry, 377(5),820-825 (2003).

590. http://www.pcr-blog.com/2009/05/pcr-chip.html (PCR Chip)

591. http://en.wikipedia.org/wiki/Polymerase_chain_reaction(PCR)

592. http://www.karymullis.com/(PCR)

第二十七章

593. http://en.wikipedia.org/wiki/Thermal_analysis

594. http://en.wikipedia.org/wiki/Thermogravimetric_analysis

595. http://upload.wikimedia.org/wikipedia/commons/thumb/8/8d/Ca_oxalate_thermogram.jpg/800px-

596. http://upload.wikimedia.org/wikipedia/commons/thumb/8/8e/Thermogravimetric_analyser.jpg/261px-

597. http://en.wikipedia.org/wiki/Differential_thermal_analysis

598. http://en.wikipedia.org/wiki/Differential_scanning_calorimetry

599. http://upload.wikimedia.org/wikipedia/commons/8/83/Inside_DSC_small.jpg

600. http://upload.wikimedia.org/wikipedia/en/0/0f/Interpretting DSCcurve.png

601. Ya-Chi-Shen and Jeng-Shong Shih, J. Chin. Chem. Soc., 55, 578-586(2008).

索　引

F

國家圖書館出版品預行編目資料

儀器分析原理與應用/施正雄著.--二版.--臺
北市：五南圖書出版股份有限公司，2022.08
　　面；　公分
ISBN 978-626-317-975-2(精裝)

1.CST：儀器分析

342　　　　　　　　　111009497

5BL4

儀器分析原理與應用
Principles and Applications of Instrumental Analysis

作　　　者 ― 施正雄(159.7)

發 行 人 ― 楊榮川

總 經 理 ― 楊士清

總 編 輯 ― 楊秀麗

副總編輯 ― 王正華

責任編輯 ― 金明芬

封面設計 ― 姚孝慈

出 版 者 ― 五南圖書出版股份有限公司

地　　　址：106台北市大安區和平東路二段339號4樓

電　　　話：(02)2705-5066　　傳　　真：(02)2706-6100

網　　　址：https://www.wunan.com.tw

電子郵件：wunan@wunan.com.tw

劃撥帳號：01068953

戶　　　名：五南圖書出版股份有限公司

法律顧問　林勝安律師事務所　林勝安律師

出版日期　2012年12月初版一刷
　　　　　2022年 8 月二版一刷

定　　　價　新臺幣1100元

經典永恆・名著常在

五十週年的獻禮——經典名著文庫

五南，五十年了，半個世紀，人生旅程的一大半，走過來了。

思索著，邁向百年的未來歷程，能為知識界、文化學術界作些什麼？

在速食文化的生態下，有什麼值得讓人雋永品味的？

歷代經典・當今名著，經過時間的洗禮，千錘百鍊，流傳至今，光芒耀人；

不僅使我們能領悟前人的智慧，同時也增深加廣我們思考的深度與視野。

我們決心投入巨資，有計畫的系統梳選，成立「經典名著文庫」，

希望收入古今中外思想性的、充滿睿智與獨見的經典、名著。

這是一項理想性的、永續性的巨大出版工程。

不在意讀者的眾寡，只考慮它的學術價值，力求完整展現先哲思想的軌跡；

為知識界開啟一片智慧之窗，營造一座百花綻放的世界文明公園，

任君遨遊、取菁吸蜜、嘉惠學子！